■ 2005年10月，国务院副总理、国务院南水北调工程建设委员会副主任曾培炎在江苏视察新建成的南水北调东线一期工程宝应泵站，并点击鼠标启动机组。（缪宜江　摄）

■ 2005年12月，国务院副总理、国务院南水北调工程建设委员会副主任曾培炎视察南水北调东线一期工程万年闸泵站。（高德刚　摄）

■ 2005 年 8 月，国务院南水北调办主任张基尧在北京市副市长牛有成陪同下，考察在建的南水北调中线一期京石段应急供水工程北京西四环暗涵工程。（国务院南水北调办综合司　供稿）

■ 2005 年 5 月，国务院南水北调办副主任李铁军考察南水北调中线，并听取设计人员汇报移民规划进展情况。（郭贵明　摄）

■ 2005年6月，国务院南水北调办副主任宁远在河北检查南水北调中线一期京石段应急供水工程滹沱河倒虹吸工程。
（国务院南水北调办综合司　供稿）

■ 2005年8月，水利部副部长矫勇（右三）考察南水北调中线一期水源工程。
（方启军　摄）

■ 2005年10月，江苏省省长梁保华、副省长黄莉新考察南水北调东线一期工程宝应泵站。

（江苏省南水北调工程建设领导小组办公室 供稿）

■ 2005年7月，山东省委书记张高丽、副书记姜大明考察南水北调东线一期工程济平干渠。

（高德刚 摄）

■ 2005年1月，山东省省长韩寓群检查南水北调东线一期工程济平干渠工程建设情况。

（高德刚　摄）

■ 2005年5月，湖北省副省长刘友凡（左二）考察南水北调中线一期水源工程。

（方启军　摄）

■ 2005年6月，国务院南水北调工程建设委员会专家委员会组织专家现场查勘南水北调东线一期工程。

（江苏省南水北调工程建设领导小组办公室　供稿）

■ 2005年1月，丹江口坝区搬迁第一户王瑞权签订搬迁补偿协议。

（湖北省移民局　供稿）

■ 2005年3月，南水北调中线水源有限责任公司与银团成员行签订《南水北调中线一期（水源）主体工程银团贷款合同》。 （方启军 摄）

■ 2005年12月，南水北调中线干线工程建设管理局与南水北调中线干线工程京石段河北建设管理处签订建设管理委托合同。 （南水北调中线干线工程建设管理局 供稿）

■ 2005年4月，国务院南水北调办在京召开南水北调工程征地移民工作会。（国务院南水北调办综合司　供稿）

■ 2005年11月，国务院南水北调东线工程治污工作现场会在山东济宁召开。（高德刚　摄）

■ 2005年11月，国务院六部委检查、考核南水北调东线一期工程江苏段治污工作。（江苏省南水北调工程建设领导小组办公室　供稿）

■ 2005年10月，南水北调东线一期工程淮阴三站、淮安四站工程开工建设。

（缪宜江　摄）

■ 2005年12月，南水北调东线一期工程江都站改造工程开工建设。（刘绵喜　摄）

■ 2005 年 10 月，南水北调东线一期工程宝应泵站通过试运行验收 。 (缪宜江 摄)

■ 2005 年 10 月，南水北调东线一期工程淮阴三站引河工程施工现场。 (严军 摄)

■ 2005年10月，南水北调东线一期工程淮阴三站高良涧越闸拆建（挡洪闸）工程施工现场。

（严军　摄）

■ 2005年12月，南水北调东线一期工程淮安四站施工现场。（朱红伟　摄）

■ 2005年10月，放水后的刘山泵站导流闸和跨导流河公路桥。（唐伟　摄）

■ 2005年11月，南水北调东线一期工程刘山泵站主体工程南侧混凝土连续墙施工现场。（唐伟　摄）

2005年1月，南水北调东线一期工程解台泵站导流闸公路桥扎钢筋施工现场。

（国务院南水北调办综合司　供稿）

2005年11月，南水北调东线一期工程蔺家坝泵站工程开工建设。（李军　摄）

■ 2005 年 8 月，南水北调东线一期工程万年闸泵站基础施工现场。（高德刚　摄）

■ 2005 年 12 月，南水北调东线一期工程济平干渠通水试验。（高德刚　摄）

■ 2005年9月，南水北调中线一期水源工程丹江口大坝加高工程开工建设。

（南水北调中线水源有限责任公司 供稿）

■ 2005年9月，南水北调中线一期穿黄工程开工建设。 （王志文 摄）

■ 2005年11月，南水北调中线一期京石段应急供水工程北京西四环暗涵工程涵洞施工现场。

（南水北调中线干线建设管理局　供稿）

■ 2005年10月，南水北调中线一期京石段应急供水工程永定河倒虹吸工程施工现场。

（国务院南水北调办综合司　供稿）

■ 2005年7月，南水北调中线一期京石段应急供水工程釜山隧洞施工现场。（河北省南水北调办 供稿）

■ 2005年5月，南水北调中线一期京石段应急供水工程漕河施工现场。（罗刚 摄）

■ 2005年10月，南水北调中线一期京石段应急供水工程唐河施工现场。（李志杰 摄）

■ 2005年10月，南水北调中线一期京石段应急供水工程滹沱河倒虹吸工程施工夜景。

（国务院南水北调办综合司　供稿）

■ 2005年12月，南水北调中线一期京石段应急供水工程古运河枢纽工程施工现场。

（国务院南水北调办综合司　供稿）

■ 2005年12月，南水北调中线一期穿黄工程南岸护岸控导工程开始截流施工。

（南水北调中线干线工程建设管理局　供稿）

■ 2005年11月，南水北调中线一期水源工程丹江口大坝加高工程第一仓混凝土开始浇筑。

（曲河　摄）

■ 南水北调工程的建设者正在紧张工作。（李志杰　摄）

■ 南水北调中线一期工程正在紧张施工。（国务院南水北调办综合司　供稿）

中国南水北调工程建设年鉴

2006

《中国南水北调工程建设年鉴》编纂委员会

中国电力出版社
www.cepp.com.cn

图书在版编目（CIP）数据

中国南水北调工程建设年鉴. 2006 / 国务院南水北调工程建设委员会办公室政策及技术研究中心编. —北京：中国电力出版社，2006

ISBN 978-7-5083-4889-6

Ⅰ. 中…　Ⅱ. 国…　Ⅲ. 南水北调–水利工程–中国–2006–年鉴　Ⅳ. TV68-54

中国版本图书馆 CIP 数据核字（2006）第 127051 号

中国电力出版社出版、发行

（北京三里河路 6 号　100044　http://www.cepp.com.cn）

北京盛通彩色印刷有限公司印刷

各地新华书店经售

*

2006 年 12 月第一版　　2006 年 12 月北京第一次印刷

787 毫米×1092 毫米　16 开本　35.75 印张　796 千字　14 彩页

印数 0001—4000 册　　定价 **160.00** 元

《中国南水北调工程建设年鉴》编纂委员会

《中国南水北调工程建设年鉴》
编纂委员会办公室

主　任：王志民

副主任：卢胜芳　徐子恺

编　辑　部

主　　任：欧阳琪

副 主 任：陈曦川　肖　军

编　　辑：任志远　边　玮

特约编辑：（按姓氏笔划排序）

万汴京　马秀清　马荣辉　井书光　仇文顺　王　军

王　彬　王方清　韦亚南　史福全　田自红　田克军

皮　钧　关锡璠　刘　杰　刘子慧　刘晓磊　朱　涛

朱庆利　闫　刚　闫亚林　何　睦　吴伯健　吴淑章

宋树芳　张　可　张　玫　张少华　张玉山　张素英

张素洁　李　勇　李松柏　李舜才　杜丙照　杨　方

杨　益　杨晓婧　肖慧莉　苏治中　陈　梅　陈永清

陈林涛　陈维江　周　军　周曰农　周建华　周结斌

周艳伟　武玉清　范治晖　宫汉桥　段世耀　胡周汉

赵世新　倪春飞　殷立涛　袁连冲　郭　鹏　郭贵明

高德刚　崔　荃　曹燕进　龚富华　谢义彬　谢民英

韩占峰　缪国斌　魏　伟　魏　岩

编辑说明

一、《中国南水北调工程建设年鉴》是由国务院南水北调工程建设委员会办公室主办的专业年鉴，是逐年集中反映南水北调工程建设、征地移民、水资源保护、投融资管理等过程中的重要事件、技术资料、统计报表的资料性工具书，每年编印一册。

二、《中国南水北调工程建设年鉴2006》记载2005年的事件，设10个篇目，分别为要事纪实、政策法规·重要文件、综合管理、东线工程、中线工程、西线工程、配套工程、队伍建设、统计资料、大事记。另有重要活动剪影、英文目录等。

三、本年鉴文稿内容实行文责自负。文稿的技术内容、文字、数据、保密等问题均经撰稿人所在单位把关审定。

四、本年鉴为了更好地反映南水北调工程建设项目及技术咨询工作，在“东线工程”和“中线工程”两个篇目中增设了“新开工项目介绍”栏目，从初步设计报告中摘编工程概况及主要设计内容；在“综合管理”篇目中增设了“技术咨询”栏目，以反映国务院南水北调工程建设委员会专家委员会的工作。

五、本年鉴一律使用法定计量单位。技术术语、专业名词、符号等力求符合规范要求或约定俗成。单位名称的使用首次出现时使用全称，再次出现时使用规范的简称。

六、本年鉴力求内容全面，资料准确，整体规范，文字简练，并注重实用性、可读性和连续性。限于编辑水平和经验，对于不妥或疏漏之处，欢迎批评指正。

《中国南水北调工程建设年鉴》编辑部

2006年10月

篇　目

一、要事纪实

二、政策法规·重要文件

三、综合管理

四、东线工程

五、中线工程

六、西线工程

七、配套工程

八、队伍建设

九、统计资料

十、大事记

目　录

编辑说明

壹 要事纪实

重要讲话 …… 2

国务院副总理曾培炎在国务院南水北调东线治污工作现场会上的讲话 …… 2

国务院南水北调办主任张基尧在南水北调工程征地移民工作会议上的讲话 …… 5

国土资源部副部长鹿心社在南水北调工程征地移民工作会议上的讲话 …… 14

国家文物局副局长张柏在南水北调工程征地移民工作会议上的讲话 …… 15

国务院南水北调办主任张基尧在南水北调工程项目法人工作座谈会上的讲话 …… 16

体制创新是搞好南水北调工程建设管理的保证——张基尧 …… 28

重要事件 …… 35

南水北调主体工程银团贷款合同签订 …… 35

国务院南水北调办召开南水北调工程征地移民工作会议 …… 36

国务院南水北调办、公安部联合通知严厉打击和防范假借南水北调名义诈骗 …… 37

南水北调工程项目法人工作座谈会在北京召开 …… 38

国家文物局率调研组对南水北调中、东线工程沿线文物保护工作情况进行专题调研 …… 38

山东省召开南水北调工程建设指挥部成员会议 …… 39

国务院南水北调办颁发《南水北调工程质量监督管理办法》 …… 40

国务院南水北调办领导带队视察东线治污工作 …… 40

南水北调一期工程控制性文物保护项目审查会在北京召开 …… 40

北京西四环暗涵工程开工建设 …… 41

国务院南水北调办主任张基尧率团考察南水北调中线一期工程 …… 41

《南水北调工程建设征地补偿和移民安置资金管理办法（试行）》印发实施 …… 42

南水北调中线京石段应急供水工程漕河渡槽段项目开工建设 …… 43

国家环保总局副局长汪纪戎带领调研组对南水北调东线工程江苏和山东段治污工作进行调研 …… 43

南水北调东线山东干线主体工程银团贷款正式启动 …… 44

国务院南水北调办与全国人大环

资委联合召开中华环保世纪行南水北调中线座谈会 …………… 44
印发《南水北调工程移民安置监测暂行办法》和《南水北调工程建设征地补偿和移民安置监理暂行办法》…………………… 45
水利部副部长矫勇考察南水北调中线水源工程 ………………… 45
国务院南水北调办主任张基尧考察南水北调中线北京段工程 ……… 45
南水北调工程招标投标工作座谈会在京召开 …………………… 46
南水北调一期工程文物保护工作协调小组第三、四次会议在北京召开 ………………………… 46
全国政协副主席张思卿率调研组对山东、江苏、湖北、河南四省进行专题调研 ………………… 47
水利部在京组织专家对《南水北调中线一期工程可行性研究总报告》进行审查 ………………… 47
南水北调中线水源工程——丹江口大坝加高工程开工建设 ……… 48
南水北调中线一期穿黄工程开工建设 ………………………… 49
南水北调东线一期宝应泵站工程试运行成功 ………………………… 50
国务院副总理曾培炎、回良玉主持会议审议《丹江口库区及上游水污染防治和水土保持规划》……………… 50
南水北调东线一期工程长江至骆马湖段（2003年度）工程开工 ……… 51
国务院副总理曾培炎视察南水北调东线工程 ……………………… 51
国务院南水北调东线治污工作现场会在济宁召开 ………………… 52
国务院南水北调工程建设委员会专家委员会组织专家对中线干线一期工程进行质量检查 ………………… 52
《南水北调东线工程山东段治污控制单元实施方案》通过审查 ……… 53
南水北调东、中线一期工程控制性文物保护方案批复 ……………… 53
《南水北调东线一期工程可行性研究总报告》通过水利部审查 ……… 54
国务院南水北调工程建设委员会专家委员会组织专家对东线一期江苏境内工程进行质量检查 …………… 55
国务院南水北调办主任张基尧考察中线穿黄工程 ………………… 55
中线干线工程第一份建设管理委托合同正式签订 ………………… 56
南水北调东线一期工程江都站改造工程开工 ……………………… 57
南水北调工程建设安全生产管理工作会议在京召开 ……………… 57
南水北调东线济平干渠工程试通水成功 …………………………… 58

贰 政策法规·重要文件

政策法规 ………………………… 60

国务院南水北调工程建设委员会 …… 60

南水北调工程建设征地补偿和移民安置暂行办法（国调委发［2005］1号）…………………… 60

国家发展和改革委员会 ……………… 63

工程建设项目货物招标投标办法

（国家发展改革委、建设部、铁道部、交通部、产业部、水利部、民航总局令第 27 号）…………………… 63
财政部 ………………………………… 70
南水北调工程征地移民资金会计核算办法（财会［2005］19 号）…… 70
国务院南水北调工程建设委员会办公室 ……………………………… 84
国务院南水北调工程建设委员会办公室信访工作办法（国调办综［2005］101 号）………………… 84
南水北调工程建设 2005 年度投资计划管理暂行办法（国调办投计［2005］38 号）………………… 87
南水北调工程初步设计工作投资计划管理暂行办法（国调办投计［2005］41 号）………………… 90
南水北调工程建设征地补偿和移民安置资金管理办法（试行）（国调办经财［2005］39 号） …… 91
南水北调工程建设质量监督费管理办法（国调办经财［2005］78 号）…………………………… 94
南水北调工程质量监督管理办法（国调办建管［2005］33 号） …… 96
南水北调工程建设征地补偿和移民安置监理暂行办法（国调办环移［2005］58 号）………………… 99
南水北调工程建设移民安置监测评估暂行办法（国调办环移［2005］58 号）………………………… 100
南水北调工程建设重特大安全事故应急预案（国调办建管［2005］109 号）………………………… 101
沿线各省（直辖市） …………………… 113
北京市节约用水办法（北京市人民政府令第 155 号）………………… 113
北京市南水北调工程基金筹集管理实施办法（京政办发［2005］21 号）………………………… 117
天津市南水北调前期工作管理办法（津调水办［2005］26 号）……… 117
河北省南水北调干渠工程基金筹集和使用管理实施办法（冀政［2005］41 号）………………… 119
河北省南水北调中线干线工程建设征地拆迁安置暂行办法（冀政［2005］77 号）………………… 120
河南省南水北调工程基金（资金）筹集和使用管理实施办法（豫政办［2005］29 号）………………… 126
河南省南水北调中线工程文物保护工作暂行管理办法（豫文物［2005］165 号）………………… 128
河南省南水北调工程建设征地补偿和移民安置资金管理办法（试行）（豫移综［2005］69 号）………… 132
湖北省丹江口水利枢纽大坝加高工程移民资金管理办法（鄂政办发［2005］45 号）………………… 135
陕西省汉江丹江流域水污染防治条例（陕西省人民代表大会常务委员会第四十七号公告）……………… 137
南水北调项目法人单位 ………………… 141
南水北调中线水源有限责任公司工程建设招标管理暂行办法（中水源计［2005］89 号）……… 141
南水北调中线水源有限责任公司合同管理暂行办法（中水源计［2005］90 号）………………… 142
南水北调中线水源有限责任公司工程建设监督管理暂行办法（中水源审［2005］113 号） …… 147
南水北调中线干线工程安全生产管理办法（试行）（中线局工［2005］1 号）………………………… 149
南水北调中线干线工程质量管理办法（试行）（中线局工［2005］

3 号） …… 173
南水北调中线干线工程建设监理管理办法（试行）（中线局工［2005］5 号） …… 182
南水北调中线干线工程直接管理建设项目招标投标管理办法（试行）（中线局招［2005］17 号） …… 186

重要文件 …… 192

国务院南水北调工程建设委员会 …… 192
关于南水北调工程建设中城市征地拆迁补偿有关问题的通知（国调委发［2005］2 号） …… 192
关于南水北调工程建设征地有关税费计列问题的通知（国调委发［2005］3 号） …… 192
国家发展和改革委员会 …… 193
国家发展改革委、财政部关于南水北调工程建设质量监督费收费标准的通知（发改价格［2005］312 号） …… 193
国家发展改革委关于南水北调东线工程江苏段控制单元治污实施方案审核意见的复函（发改地区［2005］318 号） …… 193
国家发展改革委关于调增南水北调东、中线一期工程三阳河、潼河及宝应站等 19 项单项工程征地补偿投资概算的通知（发改投资［2005］520 号） …… 194
国家发展改革委关于核定南水北调中线一期穿黄工程初步设计概算的通知（发改投资［2005］521 号） …… 194
国家发展改革委关于核定丹江口水利枢纽大坝加高工程初步设计概算的通知（发改投资［2005］687 号） …… 197
国家发展改革委、财政部关于南水北调工程受水区对中央直属电厂用水征收水资源费有关问题的通知（发改价格［2005］787 号） …… 200
国家发展改革委关于南水北调中线一期工程项目建议书的批复（发改农经［2005］922 号） …… 200
关于审批丹江口库区及上游水污染防治和水土保持规划的请示（发改地区［2005］1187 号） …… 202
国家发展改革委关于南水北调东线一期工程项目建议书的批复（发改农经［2005］2108 号） …… 202
国家发展改革委关于南水北调中线一期工程总干渠黄河北至漳河南段工程可行性研究报告的批复（发改农经［2005］2126 号） …… 204
国家发展改革委关于核定南水北调东、中线一期工程控制性文物保护项目概算的通知（发改投资［2005］2138 号） …… 205
财政部 …… 208
财政部、国家发展改革委关于同意收取南水北调工程建设质量监督费的复函（财综［2005］2 号） … 208
国土资源部 …… 208
关于南水北调工程建设用地有关问题的通知（国土资发［2005］110 号） …… 208
水利部 …… 211
关于印发南水北调东、中线一期工程项目初步设计组织管理工作交接方案的通知（办调水［2005］32 号） …… 211
关于做好南水北调工程 2005 年汛前开工项目初步设计阶段移民安置规划有关工作的通知（办水总［2005］60 号） …… 216
关于做好南水北调中线一期工程整

体可研报告审查准备工作的通知（办水总［2005］77号）………… 217
关于南水北调中线一期穿黄工程初步设计报告的批复（水总［2005］156号）……………………………… 217
关于丹江口水利枢纽大坝加高工程初步设计报告的批复（水总［2005］168号）…………………… 227
关于南水北调东线第一期工程二级坝泵站枢纽工程初步设计的批复（水总［2005］178号）………… 239
关于南水北调东线第一期工程南四湖水资源控制工程姚楼河闸、杨官屯河闸工程初步设计的批复（水总［2005］179号）………… 239
关于在南水北调西线工程项目建设书阶段开展一二期水源结合方案论证工作的函（办调水函［2005］296号）……………………………… 240
关于南水北调东线第一期工程长江—骆马湖段（2003）年度工程江都站改造工程、淮安四站工程、淮安四站输水河道工程、淮阴三站工程初步设计的批复（水总［2005］350号）…………………… 241
关于进一步确认南水北调中线一期工程需调水量的函(水调函［2005］445号）……………………………… 243
国家文物局 ……………………………… 244
关于印发南水北调一期工程文物保护工作协调小组第二次会议纪要的通知（文物保发［2005］1号）……………………………… 244
关于印发南水北调一期工程文物保护工作协调小组第三次会议纪要的通知（文物保发［2005］9号）……………………………… 245
关于印发《南水北调一期工程文物保护协调小组第四次会议纪要》的通知（文物保函［2005］1040号）……………………………… 245
国务院南水北调工程建设委员会办公室 ……………………………… 246
关于加快南水北调东、中线一期工程开工前各项准备工作 进一步促进南水北调工程建设意见的通知（国调办投计函［2005］74号）……………………………… 246
关于南水北调工程质量监督费具体收费标准的通知（国调办经财［2005］34号）…………………… 248
关于同意南水北调中线干线京石段应急供水工程（北京段）西四环暗涵项目开工的函（国调办建管函［2005］46号）……………… 249
关于同意南水北调中线京石段应急供水工程漕河段项目开工的函（国调办建管函［2005］52号）…… 249
关于同意南水北调中线干线京石段应急供水工程古运河枢纽项目开工的函（国调办建管函［2005］61号）……………………………… 249
关于加强南水北调工程科技项目管理工作的意见（国调办建管［2005］80号）………………… 249
关于同意南水北调中线水源工程丹江口大坝加高开工的批复（国调办建管［2005］81号）………… 253
关于同意南水北调中线一期穿黄工程开工的批复（国调办建管［2005］82号）…………………… 253
关于同意南水北调东线第一期工程淮阴三站、淮安四站工程开工的批复（国调办建管［2005］94号）……………………………… 253
关于同意南水北调东线一期骆马湖至南四湖段江苏境内刘山泵站工程开工的批复（国调办建管［2005］

95号） ………………………………… 253
关于进一步规范南水北调工程招标投标活动的意见（国调办建管［2005］103号） ………………… 254
关于南水北调中线京石段应急供水连接段工程建设管理有关问题的批复（国调办建管［2005］117号） ………………………………… 259
关于南水北调东、中线一期工程控制性文物保护方案的批复（国调办环移［2005］97号） ………… 259
国务院南水北调办公室、公安部关于严厉打击和防范不法分子假借南水北调工程名义进行诈骗活动的通知（国调办监督［2005］24号） ………………………………… 261
沿线各省（直辖市） ………………… 262
北京市南水北调工程建设委员会办公室关于成立南水北调工程北京质量监督站的通知（京调办［2005］74号） ………………………………… 262
天津市人民政府关于严格控制南水北调工程天津干线征地范围内基本建设和人口增长的通告（津政发［2005］116号） ………… 263
江苏省人民政府关于南水北调东线工程江苏段控制单元治污实施方案的批复（苏政复［2005］28号） ……………………………… 263
山东省人民政府办公厅关于明确南水北调征地补偿和移民安置组织实施工作机构的复函（鲁政办字［2005］3号） ……………… 264
山东省人民政府关于报送南水北调东线工程山东段治污工作情况的函（鲁政字［2005］251号） ……… 264
河南省关于切实做好南水北调工程（河南段）建设用地的通知（豫国土资发［2005］98号） …… 267
湖北省人民政府办公厅关于南水北调汉江中下游治理工程项目法人有关问题的批复（鄂政办函［2005］126号） ………………… 270

叁 综合管理

综述 ……………………………………… 272
工程总体进展 ………………………… 272
先期开工建设项目前期工作进展 … 274
技术审查 ……………………………… 274
投资计划管理 ………………………… 275
概述 …………………………………… 275
前期工作 ……………………………… 275
投资计划管理 ………………………… 278
重大专题和基础设施建设 ………… 278
制度建设 ……………………………… 279
工程投资完成情况 ………………… 279
资金筹措与使用管理 ……………… 279
概述 …………………………………… 279
资金筹措 ……………………………… 280
资金到位及使用情况 ……………… 281
资金使用管理 ………………………… 281
南水北调工程建设经济财务管理信息系统建设 ………………………… 283
南水北调工程经济政策研究 ……… 283

建设与管理 …………………………… 284

概述 ………………………………………… 284
工程建设项目进展 ………………… 284
工程项目管理和建设管理 ………… 284
工程技术管理 ……………………… 284
规章制度建设 ……………………… 285
质量管理 …………………………… 285
质量监督 …………………………… 286
安全生产 …………………………… 286

生态环境与征地移民 ……………… 287

东线治污工作 ……………………… 287
环境保护和生态建设 ……………… 289
环评、水保前期工作进展 ………… 290
工程用地工作 ……………………… 291
征地移民工作 ……………………… 291
南水北调东线工程造成血吸虫病北移的可能性及对策研究进展 … 293
征地移民制度体系建设和政策研究 ……………………………… 293

文物保护 …………………………… 294

概述 ………………………………… 294
国务院领导重视南水北调工程文物保护工作 ………………………… 294
文物保护工作进展 ………………… 294
文物保护工作协调会议 …………… 295
调研工作 …………………………… 295
文物保护专题报告编制、审查工作 ……………………………… 296

工程稽察 …………………………… 296

项目稽察 …………………………… 296
稽察工作 …………………………… 296
稽察队伍建设 ……………………… 297
规章制度建设 ……………………… 297
举报受理和办理 …………………… 297

技术咨询 …………………………… 298

国务院南水北调工程建设委员会专家委员会工作 ………………… 298
南水北调中线一期工程冰期输水咨询研讨会 ……………………… 299
专家委员会对北京段、河北段工程预防混凝土碱骨料反应问题进行调研 ……………………………… 300
专家委员会对南水北调中线一期工程进行质量检查 ………………… 302
专家委员会对东线工程进行质量检查 ……………………………… 302
专家委员会对大掺量磨细矿渣技术在南水北调中线天津干线工程中的研究与应用进行技术研讨 …… 303

国际合作与交流 …………………… 304

概述 ………………………………… 304
外事工作管理 ……………………… 304
重要外事活动 ……………………… 305
项目培训 …………………………… 306

新闻宣传 …………………………… 306

概述 ………………………………… 306
宣传报道 …………………………… 306
信息工作 …………………………… 308
专刊专题 …………………………… 309
制度建设 …………………………… 309
北京市新闻宣传 …………………… 309
河北省新闻宣传 …………………… 309
河南省新闻宣传 …………………… 310
湖北省新闻宣传 …………………… 310
江苏省新闻宣传 …………………… 310
山东省新闻宣传 …………………… 310
中线水源有限责任公司新闻宣传 … 311
中线干线工程建设管理局新闻宣传 ……………………………… 311

肆 东线工程

综述 …… 314

江苏段 …… 314

概述 …… 314

前期工作 …… 314

投资计划安排及完成情况 …… 315

建设管理 …… 315

科学技术 …… 319

征地移民 …… 319

环境保护及文物保护 …… 320

工程审计与稽察 …… 321

山东段 …… 321

概述 …… 321

前期工作 …… 321

投资计划管理 …… 322

征地迁占 …… 322

文物保护 …… 322

科技创新 …… 322

治污工作 …… 323

前期工作 …… 323

项目建议书 …… 323

单项工程可行性研究 …… 323

初步设计 …… 324

东线穿黄工程 …… 325

水利部批复及审查项目 …… 326

东线一期工程可行性研究报告 …… 327

报告编制 …… 327

主要成果 …… 327

主要工作内容 …… 328

报告修编 …… 328

报告审查 …… 328

在建工程 …… 329

三阳河、潼河、宝应站工程 …… 329

工程进展 …… 329

骆马湖—南四湖段江苏境内工程 …… 329

工程概况 …… 329

前期工作 …… 330

招标投标 …… 331

工程进展情况 …… 332

长江—骆马湖段工程 …… 333

工程概况 …… 333

前期工作 …… 333

工程进展情况 …… 336

济平干渠工程 …… 337

工程概况 …… 337

工程完成情况 …… 337

工程现场管理 …… 337

工程质量管理 …… 337

工程施工监理 …… 337

安全生产 …… 337

韩庄运河段工程 …… 338

工程概况 …… 338

工程完成情况 …… 338

工程现场管理 …… 338

工程质量管理 …… 338

工程施工监理 …… 338

安全生产 …… 339

招投标情况 …… 339

治污工作 …… 339

概述 …… 339

江苏段治污工作 …… 341

山东段治污工作 …… 342

江苏段治污工程规划 …………………… 345
山东段控制单元治污方案审查 …… 345
江苏段治污工程进展 …………………… 345
山东省人工湿地建设 …………………… 346
江苏段水质 ………………………………… 348
山东段水质 ………………………………… 348

新开工项目介绍 ………………………… 348

江都站改造工程 ……………………………… 348
工程概况 …………………………………… 348
工程等别和建筑物级别 ……………… 349
江都三站更新改造工程 ……………… 349
江都四站更新改造工程 ……………… 352
江都站变电所更新改造工程 ………… 354
江都西闸除险加固工程 ……………… 355
江都东西闸之间引河疏浚工程 …… 355
江都船闸改建工程 ……………………… 356
淮安四站工程 ………………………………… 357
工程概况 …………………………………… 357
工程等级和建筑物级别 ……………… 358
工程总体布置 …………………………… 358
建筑物设计 ………………………………… 358
水力机械 …………………………………… 359
电工 ………………………………………… 359
淮安四站输水河道工程 ……………… 360
工程概况 …………………………………… 360
河道工程设计 …………………………… 360
建筑物工程设计 ………………………… 361
影响处理工程设计 ……………………… 363
淮阴三站工程 ……………………………… 365
工程概况 …………………………………… 365
工程等别与建筑物级别 ……………… 366
工程总体布置 …………………………… 366
建筑物设计 ………………………………… 367
水力机械 …………………………………… 368
电工 ………………………………………… 369
泵站自动化控制方案 …………………… 371
消防设计 …………………………………… 371

伍 中线工程

综述 …………………………………… 374

概述 ………………………………………… 374
干线工程 …………………………………… 374
水源工程 …………………………………… 376

中线一期工程可行性研究报告 …… 377

报告编制 …………………………………… 377
主要成果 …………………………………… 377
主要工作内容 …………………………… 378
可行性研究报告修编 ………………… 379
可行性研究报告审查 ………………… 379

在建工程 ………………………………… 380

京石段应急供水工程 ……………………… 380
工程概况 …………………………………… 380
西四环暗涵工程 ………………………… 380
永定河倒虹吸工程 ……………………… 382
惠南庄至大宁段、卢沟桥暗涵、团城湖明渠工程 …………………………… 383
釜山隧洞工程 …………………………… 384
漕河段工程 ………………………………… 386
唐河倒虹吸工程 ………………………… 387
滹沱河倒虹吸工程 ……………………… 389
古运河枢纽工程 ………………………… 391
穿黄工程 ……………………………………… 393
工程概况 …………………………………… 393
前期工作 …………………………………… 394
招标投标 …………………………………… 394
工程进度 …………………………………… 395

建设与管理 …… 395
工程监理 …… 395
施工技术 …… 395
征地移民 …… 396
丹江口水利枢纽大坝加高工程 …… 396
工程概况 …… 396
前期工作 …… 397
招标投标 …… 398
工程施工进展 …… 399
工程建设与管理 …… 400
投资计划管理 …… 401
工程监理 …… 401
施工科学技术 …… 403
征地移民 …… 404
文物保护 …… 405
征地移民 …… 405
丹江口坝区征地移民年度进展 …… 405
湖北省征地移民工作 …… 406
河南省征地移民工作 …… 407
河北省征地移民工作 …… 409
北京市征地移民工作 …… 409
文物保护 …… 410
概述 …… 410
文物保护专题报告与制度建设 …… 410
文物保护工作 …… 411
中线水源保护 …… 412
中线水质状况 …… 412
污染防治工作 …… 412
流域生态保护 …… 412
中线工程环境影响评价工作 …… 412
水环境标准管理 …… 413
汉江中下游治理工程 …… 413
工程简介 …… 413
前期工作 …… 415
生态环境保护工作 …… 415
兴隆水利枢纽工程移民安置工作 …… 415
兴隆水利枢纽工程文物保护工作 …… 416
新开工项目介绍 …… 416
穿黄工程 …… 416
工程任务和规模 …… 416
工程布置及建筑物 …… 418
穿黄工程施工组织设计 …… 421
工程占地与移民规划 …… 425
环境保护与水土保护 …… 426
工程投资 …… 428
水文 …… 429
工程地质 …… 431
丹江口水利枢纽大坝加高工程 …… 432
工程概述 …… 432
枢纽布置及建筑物 …… 433
机电及金属结构 …… 438
施工 …… 441
工程特性 …… 443
水文 …… 448
工程地质 …… 449
西四环暗涵工程 …… 449
工程任务和规模 …… 449
工程布置及主要建筑物 …… 450
机电与金属结构 …… 453
工程拆迁占地 …… 454
环境保护 …… 455
水土保持 …… 455
水文气象 …… 455
工程地质 …… 456
漕河段工程 …… 457
工程任务与规模 …… 457
工程总布置及主要建筑物 …… 457
机电及金属结构 …… 460
征地与占迁 …… 461
环境保护设计 …… 462
水土保持设计 …… 462

水文气象 …… 462
工程地质 …… 463
漕河段工程特性 …… 463
古运河枢纽工程 …… 466
工程任务和规模 …… 466
工程布置及主要建筑物 …… 466
金属结构与电气 …… 470
征地与占迁 …… 471
环境保护 …… 472
水土保持 …… 472
水文 …… 472
工程地质 …… 474
工程特性 …… 476

陆 西线工程

综述 …… 482
概述 …… 482
前期工作进展 …… 482
重点研究项目 …… 484
一期工程水文气象分析 …… 484
一期工程受水区规划（初稿） …… 484
一期工程筹融资（初稿） …… 485
一、二期结合方案雅砻江干流坝址研究 …… 485
一、二期结合方案玛柯河引水方式研究 …… 485
长隧洞输水明流与压力流研究 …… 485
西线工程前方保障基地建设 …… 486
第一期工程综合基础数据库 …… 486
引江济渭入黄方案研究（初稿） …… 486
重要会议 …… 487
西线一期工程调水影响专题论证工作座谈会 …… 487
引江济渭入黄方案研究阶段成果专家咨询会 …… 487
南水北调西线工程深埋、长大隧道关键技术对掘进机应用研讨会 …… 488
南水北调西线第一、二期工程项目建议书任务书审查会 …… 488

柒 配套工程

北京市 …… 490
前期工作 …… 490
天津市 …… 490
概述 …… 490
前期工作 …… 490
河北省 …… 491
概述 …… 491
前期工作 …… 491

山东省 …………………………… 492

综述 …………………………… 492

河南省 …………………………… 493

前期工作 …………………………… 493

捌 队伍建设

综述 …………………………… 496

概述 …………………………… 496

国务院南水北调工程建设委员会办公室 …………………………… 496

概述 …………………………… 496

南水北调工程设计管理中心成立 … 496

人事任免 …………………………… 497

党的建设与精神文明建设 ………… 497

机关党群系统机构建设 …………… 502

保持共产党员先进性教育活动 …… 503

项目法人单位 …………………………… 507

南水北调中线干线工程建设管理局 …………………………… 507

南水北调中线水源有限责任公司 … 509

南水北调东线江苏水源有限责任公司 …………………………… 509

南水北调东线山东干线有限责任公司 …………………………… 511

有关省（直辖市）南水北调工程建设管理机构 …………………………… 512

北京市 …………………………… 512

天津市 …………………………… 513

河北省 …………………………… 513

江苏省 …………………………… 514

山东省 …………………………… 514

河南省 …………………………… 515

湖北省 …………………………… 515

玖 统计资料

在建工程基建投资统计 ……………… 520

概述 …………………………… 520

累计投资安排及完成情况 ………… 520

2005 年投资安排及完成情况 ……… 521

东线一期在建工程建设进展情况 … 521

中线一期在建工程建设进展情况 … 523

在建工程投资计划统计表 ……… 525

南水北调东、中线一期在建设计单元项目投资情况表 ……………… 525

南水北调东、中线一期在建设计单元项目完成工程量表 …………… 526

南水北调工程初步设计工作投资情况表 …………………………… 527

拾 大事记

壹 要事纪实

IMPORTANT EVENT RECORDS

重 要 讲 话

国务院副总理曾培炎在国务院南水北调东线治污工作现场会上的讲话

（2005 年 11 月 1 日）

这次到江苏、山东两省来，利用两天时间对南水北调东线工程进行调研，考察了泵站建设、运河整治、生态环境保护等项目和沿线水质情况，留下了比较深刻的印象。实施南水北调工程是党中央、国务院作出的一项战略决策，对缓解我国北方水资源短缺局面，改善生态环境，促进区域经济协调发展具有十分重要的作用。总体上看，从去年 10 月国务院南水北调工程建设委员会第二次会议以来，在有关部门和沿线各级政府共同努力下，东线治污、工程建设和生态环境保护工作已经取得了积极进展。刚才，江苏、山东两省的省长作了汇报，有关部委的同志也发了言，大家讲的都很好。下面，我谈几点意见。

一、认真学习贯彻五中全会精神，以科学发展观统领南水北调工程建设

南水北调工程是落实科学发展观的一次重要实践。各级政府和有关部门以及广大建设者要认真学习贯彻党的十六届五中全会精神，把南水北调工作与落实五中全会的精神有机地结合起来，以科学发展观统领各项建设任务。五中全会通过的《中共中央关于制定国民经济和社会发展第十一个五年规划的建议》明确指出，要加快建设资源节约型、环境友好型社会，尽快改善重点流域、重点区域的环境质量。其中特别强调，要加大南水北调水源及沿线水污染防治力度。

通过两天来的考察，感到江苏、山东两省省委、省政府高度重视南水北调工作，领导是得力的，采取的措施和办法是积极有效的。按照国务院批准的《南水北调东线工程治污规划实施意见》，五个主要方面的工作都取得了不同程度的进展。主要是，工业结构调整初见成效；规划中的污水处理厂开工已经过半；流域综合整治正在实施，区域面源污染防治体系逐步形成；船舶污染治理工作已经展开；截污导流工程前期工作正在抓紧进行。这些都增强了我们做好南水北调工作的信心。

但是我们也要看到，治污工程进展距通水要求还有一定差距。东线一期工程治污规划项目 260 项，目前在建和已完成 189 项，仍有 71 个项目没有开工，截污导流工程尚未开工；部分已建成污水处理厂未能正常发挥效益；输水沿线尚有一半的断面水质未达标，特别是南四湖、东平湖地区污染还很严重。要如期完成东线工程治污规划任务，实现水质达标目标，时间十分紧迫，任务仍很艰巨，各项工作必须抓紧进行。

考察之后，感到南水北调东线工程建设必须解决好以下几个关键性问题：

一是工程成败的关键在治污。南水北调要调的是清水，治污问题不解决，工程建成通水不仅没有意义，而且劳民伤财。因此，总体规划对水质提出了明确的要求，治污涉及面很广，治污工程涉及到的内容、工作的难度，都比原来预想的要复杂，治污需要的资金规模还未确定，必须引起高度重视，始终把治污放在东线工程建设的首位。在治污工作中，各方面要积极配合，努力实现总体规划确定的水质目标。

二是影响工程进度的关键在前期工作。

过去前期工作的深度不够，当前需要完成的设计工作量相当大，制约了工程建设的总体进展，要实现2007年通水目标难度不小。希望水利部等部门和沿线各地抓紧工作，全力以赴把各方面工作赶上来，尽快完成东线一期总体可研。关于截污导流的单项工程，前期工作做好了，成熟一个、审批一个。

三是控制工程概算的关键在项目法人责任制。整个南水北调东线一期工程的概算比我们预期的概算要突破很多。其中有些是合理的，比如设计漏项、征地补偿标准提高等原因造成的概算增加应该考虑；对不合理的，要坚决扣除。控制概算，首先要把概算的口子扎住，不扎住就会成为无底洞；扎住口子以后，关键要尽快明确项目法人的责任。只有项目法人才有控制投资规模的积极性，才愿意搞招投标，愿意减少贷款，愿意把基金用好。所以，在工作中要把项目法人推到第一线，让他们真正发挥作用，做到自负盈亏、自主经营。政府把边界条件确定好，概算超了，要追究项目法人的责任；资金节余，项目法人能得到奖励。实行项目法人责任制，是我们多年来搞工程建设积累的一条非常重要的经验。

二、采取切实有效措施，做好东线治污工作

按照东线治污规划的要求，2007年实现东线一期工程输水干线全线达到地表水Ⅲ类水质标准。东线治污工作的标准已经明确，要严格遵循"先节水后调水，先治污后通水，先环保后用水"的原则，把节水、治污、生态环境保护与调水工程建设有机地结合起来，统筹兼顾，明确责任，真正把南水北调工程沿线建成"清水走廊"、"绿色走廊"。

第一，加快治污工程建设进度。要按照治污工程规划，抓紧实施有关项目。前期工作未完成的，要加快进度，尽快报批。批准后尚未动工的城市污水处理厂，年底前要抓紧开工。特别是要加快管网配套建设和截污导流工程建设。对影响项目进度的问题，地方政府和有关部门要积极做好组织协调工作，确保治污工程不拖整个调水工程的后腿。

第二，深化污水处理收费改革。这方面江苏、山东做得不错。要认真总结推广各地引入市场机制进行污水、垃圾处理的经验，加快城市污水处理厂的改制工作。要抓住当前物价较低的有利时机，开展沿线污水处理收费改革，尽快把污水处理费标准调整到自负盈亏水平。对暂时达不到自负盈亏的地方，由地方政府制定最低收费标准，不足部分由地方各级财政解决，以保障污水处理厂正常运行。开展这项工作，一定要加强宣传引导，充分取得社会各方面的理解和支持。同时，要确保困难群众的实际生活水平不因收费改革而受到影响。

第三，大力推进产业结构调整。沿线各省要大力调整优化产业布局，加快转变经济增长方式，努力实现"节能、降耗、减污、增效"的目标。这不仅是对南水北调工程治污的要求，也是对各地落实科学发展观、实施可持续发展战略的要求。要依法淘汰落后的工艺技术，关闭破坏资源、污染环境和不具备安全生产条件的企业。坚决禁止新上高污染、高耗能、高排放的造纸、酿造、印染等项目。同时，要巩固产业结构调整取得的成果，防止出现"边治理边污染、边保护边破坏"的现象。

第四，积极开展面源污染防治。要加快沿线农业结构调整，促进农民生产生活方式的转变。严格控制畜禽养殖污染，科学施用农药和化肥，加大农村生活、生产污染治理力度。在东线调蓄湖泊周围要大力发展无公害农业、绿色农业和有机农业。在输水沿线建设水生作物带、绿色作物带。要抓紧实施大运河船舶污染综合整治工程，加强船舶生活污水、垃圾和含油废水的收集和处置，加速挂桨机船淘汰，推进标准化船型示范工作。东线治污要和淮河流域水污染防治工作统筹考虑，积极推进。

第五，搞好沿线生态环境保护。沿线生态环境保护工程与主体工程要“同时设计、同时施工、同时建成”。湿地建设要与河道和湖库的防洪相结合，逐步修复湖滨和河道入湖湿地，充分发挥生态系统的自净能力。要将城市环境整治与河段治理结合起来，解决好城市污染问题。严格控制沿线码头、堆场设置，坚决清理、整顿沿岸无序设置的小码头、小堆场，制止私设乱建。

三、进一步加强对南水北调工程建设的领导与协调

南水北调是一项宏大的系统工程，也是一项功在当代、泽及子孙的历史性工程。各地区、各有关部门要进一步统一思想，提高认识，增强做好南水北调工程建设工作的使命感、责任感和紧迫感。要加强领导、搞好协调，精心组织，有序推进，积极稳妥地做好各项工作。

——南水北调沿线江苏、山东各级政府，要自觉服从和服务于南水北调工程建设的大局，加强对工程建设的领导、组织、协调，切实履行输水工程、治污工程建设管理的责任。工程运行要达到调水工程规划的要求，供水、水质也要达到治污规划的要求。东线工程建设中，要进一步发挥地方的作用，给地方以更多的自主权，充分调动地方的积极性，中央有关部门要协助地方做好协调工作。要严格执行项目法人责任制、招标投标制、建设监理制、合同管理制，按照公开、公平、公正的原则，真正把那些有技术、有经验、有能力的建设管理队伍吸收到南水北调工程建设中来。

——发展改革委、水利部和南水北调办要统筹规划，科学论证，分步实施，搞好一、二期工程的衔接。要扎扎实实地做好总体可研，确保前期工作的质量和进度。对东、中线整体可研报告审查阶段反映出来的问题，要抓紧组织研究，提出解决方案。对已成熟的一些单项工程，如截污导流项目，要加快审批进度。

——国土资源部门要根据职责分工，与建设管理单位和移民机构一起，从工程建设的需要出发，共同做好征地工作。

——建设部门要加强对沿线城市污水处理厂、配套管网和污水再生利用等设施建设工作的指导，按预定的计划认真执行、积极推进。

——环保总局要加强对东线治污工作的指导和监督，会同水利部对调水沿线水质信息做到资料共享、信息统一发布。各级环保部门要认真履行职责，加强环境执法的力度，依法查处违法排污事件，坚决打击违法排污行为。

南水北调建设资金的筹集是当前的一个紧迫问题。在资金使用上要有全局的观念，在工程建设上要厉行节约，精打细算，严格控制，统筹规划。要把好初步设计关，坚决反对花钱大手大脚，切实防止借南水北调搞形象工程。否则工程建成了，投资太大，水价太高，也会影响工程的整体效益。

这里还要特别强调一点，要健全工程质量、安全、进度等各项管理制度，边建设、边完善，努力把南水北调工程建设成一流的水利工程。

刚才汇报中江苏、山东两省还提出一些问题。请南水北调办和有关部门认真研究；重大问题协调后向国务院南水北调工程建设委员会第三次会议汇报。

南水北调工程沿线地方各级政府和国务院有关部门，要以高度的事业心和责任感，团结协作，步调一致，扎实工作，全面贯彻执行党中央、国务院关于南水北调工程建设的战略决策，把建委会的各项工作部署切实落到实处，使南水北调工程尽早发挥经济、社会和生态等综合效益。

国务院南水北调办主任张基尧在南水北调工程征地移民工作会议上的讲话

（2005年4月5日）

征地移民工作是南水北调工程建设的重要组成部分，也是整个工程建设的难点。为了切实做好这项工作，根据国务院南水北调工程建设委员会第二次全体会议精神，经国务院领导同意，决定召开这次会议。七省（市）政府领导及国务院有关部门对这次会议十分重视，我代表国务院南水北调办对同志们出席会议表示热烈欢迎！

这次会议的主要任务是：认真贯彻南水北调工程建设委员会第二次全体会议精神，全面落实国务院批复的《南水北调工程建设征地补偿和移民安置暂行办法》，签署《南水北调主体工程建设征地补偿和移民安置责任书》，进一步统一思想，提高认识，落实责任，部署任务，推进南水北调征地移民工作，确保南水北调工程建设目标如期实现。

下面，我讲四点意见。

一、南水北调工程建设及征地移民工作的基本情况

南水北调是造福子孙的伟大工程、战略工程，是实践“三个代表”重要思想和落实科学发展观的重大举措。兴建南水北调工程，对缓解我国北方地区水资源短缺的局面，推动经济结构战略性调整，改善生态环境，提高人民群众的生活水平，增强综合国力，构建和谐社会，具有十分重大的意义。工程开工以来，得到了各方面关心帮助和支持，各项工作稳步向前推进，同时一些问题也逐步显现。

（一）当前南水北调各项工作的进展情况

一是工程建设体制、机制和制度逐步建立健全。国务院成立南水北调工程建设委员会及其办公室后，有关省市的南水北调建设委员会和办公室也相继成立，东、中线工程的四个项目法人陆续到位，逐步完善了南水北调工程建设的组织管理体系；建委会第二次会议确定南水北调工程实行委托制、代建制和项目法人直接管理相结合的建设管理模式，征地移民实行建委会领导、省级政府负责、县为基础、项目法人参与的管理体制，为南水北调工程建设提供了体制和机制保障；《南水北调工程建设管理若干意见》、《南水北调工程建设基金筹集和使用管理办法》、《南水北调工程建设征地补偿和移民安置暂行办法》经国务院同意已经颁布，一系列关于投资计划、建设管理、资金管理、征地移民管理的规章制度也陆续出台，逐步建立起工程建设管理的制度体系。此外，建委会第二次会议还确定了南水北调工程征地补偿和移民安置的有关政策，酌情提高了耕地补偿计列标准。

二是前期工作有较大进展。截至目前，东、中线一期工程项目建议书已完成编制和评估；中线可行性研究报告已编制完成，东线可行性研究报告正在汇总；建委会确定的2004年开工的七个项目可行性研究报告已经批复，2005年汛前开工的四个项目可行性研究正进行审查；丹江口大坝加高、中线穿黄工程可研报告已经国务院批复，正进行初步设计概算审定；丹江口水库移民规划正在组织审查；东、中线一期工程文物保护专题报告即将编制完成；黄河小浪底向北京供水应急工程方案研究工作正在组织专家论证。

三是在建项目进展顺利。东线江苏三阳河、潼河、宝应站工程和山东济平干渠工程已分别完成投资90.1%和75.1%，中线京石段应急供水滹沱河倒虹吸和永定河倒虹吸工程分别完成投资48.6%和70.2%。东线韩庄运河段工程和骆马湖至南四湖段江苏境内工程两个单项工程2004年底之前已经开工建设。工程建设认真履行建设程序，加强工期、质量、资金使用的管理，在建工程质量满足设计要求，资金使用管理规范，预计开工项目均可按期或提前完成建设目标。

四是2005年汛前开工项目准备正在按照建委会的要求有序进行。京石段应急供水工程漕河段、古运河段工程已完成招标和开工准备工作，近期将开工建设。东线省界工程台儿庄泵站和蔺家坝泵站，中线京石段应急供水北京西四环暗涵工程正在组织招标。另外，中线丹江口大坝加高和穿黄两个项目正在做相关准备工作，待初步设计批准后可组织招标及开工准备工作。

（二）当前南水北调工程征地移民工作中存在的主要问题

南水北调工程作为特大型基础设施，占地规模很大。根据东、中线一期工程项目建议书，工程永久占地约100万亩，临时占地约50万亩，涉及7个省市100多个县，38万人需要搬迁，50多万人需要进行生产安置，平均每年需要搬迁约8万人，任务十分艰巨、十分紧迫。征地移民工作中涉及国家、部门、地方、单位、集体、个人等错综复杂的利益关系，具有很强的政策性、社会性，实施过程中程序多、环节多，每个环节处理不好都会影响到工程建设的顺利进行，甚至关系到社会的稳定。南水北调工程开工以来，征地移民工作虽然逐步推进，但目前仍面临不少困难和问题，必须高度重视。

一是征地移民工作的责任尚未落实、管理不规范。由于各地征地移民管理的机构设置不尽一致，以及南水北调征地移民的管理体制刚刚明确、《南水北调工程征地补偿和移民安置办法》颁布时间短等因素，已开工项目在征地移民工作方面责任尚未落实，尤其是市县政府的责任不到位，征地移民办事机构协调力度不够、管理工作不规范。

二是前期工作不能满足实施的需要。目前已经实施的项目，普遍存在征地移民前期工作质量不高的问题，主要体现在实物指标不准确、缺乏切实可行的安置方案等。如中线滹沱河倒虹吸工程，由于编制的安置规划未经当地政府和相关单位的确认，导致安置规划无法实施；东线济平干渠工程由于缺乏安置方案，已经出现了一些失地农民。另外，文物保护前期工作也相对滞后，社会反响较大。

三是有关方面对征地移民实施中的问题认识不一致。对征地移民体制，有的认为建委会确定的体制是合适的，有的认为应该按照三峡工程模式，有的认为应该采取小浪底工程模式；对有关征地补偿标准的看法，有的认为按照16倍计列高了，有的认为还不够，有的把计列与兑付当成一回事；对耕地开垦费、耕地占用税、森林植被恢复费等，有关方面对法律和政策的理解不一致。这些认识上的不一致，导致了征地移民工作中的矛盾时有发生。

存在这些问题的原因是多方面的，既有客观因素，也有主观因素，既有认识问题，也有利益问题。这些问题不同程度地影响了南水北调工程的顺利进行，有的甚至成为工程开工或建设的制约因素。

（三）做好征地移民工作的有利条件

最近，胡锦涛总书记在“省部级主要领导干部提高构建社会主义和谐社会能力专题研讨班”上发表重要讲话，在谈到我国经济社会发展面临的矛盾和问题时指出，“资源紧缺对经济社会发展的瓶颈制约日益突出”；在谈到做好构建社会主义和谐社会的各项工作时指出，“当前要重点解决好土地征用、城市拆迁涉及的问题”。南水北调工程是解决我国北方地区水资源紧缺，构建社会主义和谐社会的重大战略措施，做好南水北调工程征地移民工作也是构建和谐社会的重要工作。我们要认真分析形势，抓住机遇，充分利用好当前的有利条件，积极推进南水北调工程征地移民工作。

一是党中央、国务院高度重视南水北调

工程。国务院领导多次做出重要批示，并召开汇报会、协调会，及时研究解决工程建设中的问题。特别是建委会第二次全会，对征地移民工作的方针、目标、体制、责任等重大问题做出了决策，对耕地补偿计列标准、税费计列等问题也给予了明确。这充分体现了党中央、国务院对南水北调工作的高度重视和对移民群众的关心，同时也是对全体征地移民工作者的有力支持，将极大地推动南水北调工程征地移民工作的顺利开展。

二是国务院有关部门和各省市政府对南水北调工程大力支持。征地移民工作涉及面广，仅仅依靠一个部门、依靠一级政府都不可能做好这项工作，而是需要有关各方顾全大局、同心协力、上下一致、共同努力。南水北调工程开工以来，征地移民工作得到了有关部门和地方政府的大力支持，做了大量的协调和组织实施工作，为工程开工建设创造了条件。国土资源部深入基层召开现场办公会，协调南水北调工程用地，解决工程征地工作中的突出问题；江苏省人民政府在三潼宝工程当时批准的征地补偿标准偏低，征地和安置工作困难的情况下，将工程上缴省财政的耕地占用税返还用于安置移民，确保了征地移民工作的顺利进行。

三是人民群众对南水北调工程的理解和支持。南水北调工程从提出、论证到今天的付诸实施，50多年来，全国人民尤其是北方缺水地区的人民，从城市到农村，无不企盼着南水北调工程早日实施和通水，为这些干涸的地区注入新的活力。库区和工程沿线群众服从国家安排，配合征地和搬迁，表现出了高度大局意识、责任意识。

四是南水北调征地移民体制已经明确、有关规章制度正在逐步建立健全。南水北调工程的征地补偿标准已经高于其他水利水电工程。国务院印发《南水北调工程建设征地补偿和移民安置暂行办法》后，南水北调办正在抓紧制定与之配套的资金管理、监理监测、验收、统计等管理制度，并将在征求各方面意见的基础上陆续出台，为规范征地移民工作打下坚实的基础。

五是从事南水北调工程征地移民工作的干部职工积极努力，扎实工作。在南水北调工程征地移民工作中，存在着诸多问题，尤其是江苏、山东两省率先开工的项目，由于补偿标准等政策不明确，工作起步困难，依靠地方主管部门和广大干部职工的努力，及时完成征地搬迁，为工程建设提供了保障。湖北省移民局在丹江口大坝加高工程即将启动之前，积极主动地研究和实施坝区施工场地的先行征地拆迁，为工程的开工准备创造了条件。河南省移民办积极配合项目法人研究中线穿黄工程的征地问题，积极开展开工准备阶段的征地移民工作。项目法人也积极配合省市征地移民主管部门，做好服务。漕河、古运河等项目在概算不足的情况下，中线建管局想方设法筹集资金提供地方，保证了必要的经费；丹江口大坝加高工程资金尚未到位的情况下，水源公司主动从银行借款给湖北省移民局用于坝区的征地拆迁。各方面的工作促进了拟开工项目的进展，也提高了做好征地移民工作的信心。

总之，我们既要看清当前南水北调工程征地移民工作中存在的问题，充分估计征地移民工作的困难，又要很好地把握有利时机，充分利用当前征地移民工作中的有利条件，不失时机地把征地移民工作做好、做扎实。

二、南水北调工程征地移民工作的方针、目标和原则

南水北调工程坚持开发性移民的方针，克服以往重搬迁、轻安置的做法，不仅要确保搬迁后移民的生活得到安置，而且更加注重安置以后能够发展生产，使移民安置与资源利用、经济建设结合起来，提高投资效益。工作中要坚持以人为本的思想，帮助被征地农民和移民调整产业结构，因地制宜发展种植业、养殖业及其他多种经营，提高其自身发展能力。

南水北调工程征地移民工作目标包括两个方面：一方面对于被征地农民和移民来说，要确保他们在安置后生活水平不降低，实现搬得出、稳得住、能发展；另一方面对南水北调工程建设来说，征地移民能够及时推进且平稳有序，保证工程顺利开工和建设，为工程建设创造良好的社会环境。

要实现上述方针和目标，征地移民工作应该坚持以下六个原则。

（一）以人为本，合理保护被征地农民和移民的合法权益的原则

在征地移民的前期调查、规划以及实施过程中，一定要真正为群众着想，为其长久的生产和生活着想。占地淹没影响的调查结果、制定的安置规划都关系到被征地农民和移民的切身利益，必须与被征地农民和移民见面，既要坚持国家有关征地移民政策又要系统听取他们的意见，认真吸纳合理的意见。在征地移民的实施过程中，要接受群众的监督，做到公正、合理、及时地将补偿款发放给被征地农民、移民和有关集体经济组织，妥善安置好被征地农民和移民的生产生活。通过各个环节扎实细致的工作，让每一个被征地农民和移民切实感受到党和政府的关怀，体现以人为本，切实维护好他们的利益，赢得他们对南水北调工程的理解与支持。

（二）依法办事，认真执行有关法律法规和政策的原则

征地移民工作涉及面广，相关的法律法规很多，按照依法行政的总要求，凡是征地移民涉及的法律法规都应该认真遵循。《土地管理法》和《国务院深化改革严格土地管理的决定》都规定“大中型水利水电工程建设征地补偿标准和移民安置办法由国务院另行制定”。由于多种原因，在《大中型水利水电工程建设征地补偿和移民安置条例》尚未修订的情况下，建委会第二次会议决定制定《南水北调工程建设征地补偿和移民安置办法》。根据有关法律法规，结合南水北调工程实际和特点，这个办法已经国务院批准，以南水北调工程建设委员会的名义颁发，成为南水北调工程征地移民工作的基本制度，必须认真地、不折不扣地贯彻执行。

南水北调工程征地移民的政策，包括耕地补偿计列标准、税费计列等，在《国务院南水北调工程建设委员会第二次全体会议纪要》中都作了明确规定，是南水北调工程征地移民工作的政策依据，在征地移民规划设计、概算编制、审批以及实施过程中要认真执行。对个别地方被征地农民和移民提出的过高要求，地方政府和主管部门要做深入细致的工作，宣传政策、讲明道理，对于借征地移民之机谋取个人及小集团私利、幕后指使煽动闹事的个别人要查证清楚，依法打击，把执行国家法律法规与维护群众合法权益有机结合起来。

（三）统筹规划，尊重被征地农民和移民意愿的原则

规划是做好征地移民工作的基础。在规划编制中，在地方政府的参与协调下，设计单位要统筹考虑被征地区域和安置区的条件，认真听取被征地农民、移民以及安置地有关方面的意见，合理的意见要吸收到规划中来，从而使规划方案切实可行。外迁移民安置区的生产及基础设施建设要通盘考虑，要有安全水源和便利的交通条件，把移民安置与基础设施建设结合起来。对于群众暂时不理解和不支持，有关地方政府要充分发挥基层组织和乡村干部的作用，积极做好思想工作，力争使规划更符合当地实际，更体现群众意愿，更具可操作性。

（四）责权明晰，落实征地移民工作责任的原则

国务院南水北调工程建设委员会第二次全体会议决定，南水北调工程征地移民工作实行“建委会领导、省级政府负责、县为基础、项目法人参与的管理体制”。这是借鉴我国水利水电工程建设征地移民工作的经验和教训，结合南水北调工程实际做出的重大决策，我们一定要认真领会，切实贯彻。

首先，建委会领导，是指以温家宝总理为主任、曾培炎和回良玉副总理为副主任、各有关省市政府和国务院部门主要负责人组成的南水北调建委会，负责制定征地移民的重大方针、政策、制度，研究解决重大问题。国务院南水北调办公室作为建委会的办事机构，负责宏观管理、指导和协调。其次，省级政府负责、县为基础，就是责任要落实到省，具体的安置工作由县级政府实施。征地移民工作有着很强的社会性，只有依靠各级地方政府充分发挥社会动员、资源调配、行政执法、维护稳定等政府行为，才能做好征地移民工作。第三，项目法人参与，因为南水北调工程实行的是项目法人责任制，项目法人是建委会批准成立、代表中央政府及各省市政府（出资方）负责南水北调工程建设及运行管理，承担向银行贷款和还贷责任，因此，投资主体参与征地移民工作是必要的，是南水北调工程与征地移民紧密结合的工程特点以及市场经济的运作方式决定的。项目法人主要是负责做好征地移民前期工作、筹集征地移民资金、监督资金的使用和安置的效果等等。

（五）因地制宜，以农业安置为主的原则

坚持以大农业安置为主，是我们总结建国几十年来水利水电工程征地移民工作的经验教训而得出的基本结论。小浪底水库部分农村移民安置在制药厂、钢铁厂里，文化素质和生活习惯不能适应工作的需要，企业破产后又出现了移民生活无出路问题。所以，不管从农民的生产生活习惯，还是他们的文化素质、市场经济的意识，实行农业安置，可靠程度高，风险较小，生产生活有基本保障，立足农业进可攻，退可守。正如温家宝总理在建委会二次全会上谈到征地移民工作时强调“给多少钱不如给一份地”。因此在《南水北调工程建设征地补偿和移民安置暂行办法》中，许多条款都要求落实安置必要的土地等农业生产资料，体现了以土为本，以农业安置为主的原则。当然，我们没有绝对排斥非农业安置，但要做充分的论证，必须注意客观条件，要有可靠的后续保障。

对城市拆迁涉及的搬迁人口，这些群众本来就有相应的职业或者生活来源，应该确保搬迁后其原有的职业和生活来源不受影响。城市郊区被征地农民，他们已经不能靠农业为生或者不愿意以农业方式安置，地方政府可以采取多种渠道安置他们，并按照《国务院关于深化改革严格土地管理的决定》规定的“补偿费无法保证其得到妥善安置的，从国有土地经营性收入中予以补贴”的精神妥善安置这些群众。要加强就业培训和就业引导，解决基本养老保险或基本生活保障，防止因南水北调工程建设而导致城郊被征地农民成为“无土地、无工作、无社保”的“三无”人员。

（六）公开公正，严格征地移民资金管理和监督的原则

坚持公开、公平和公正，接受社会监督，是南水北调工程征地移民工作的基本原则。在实物指标调查、制定安置规划、补偿兑现等过程中，以张榜公布、村民大会等形式充分发挥群众的监督作用，尽量做到政策透明、措施公开、计量准确、群众满意。各级地方政府要加强对征地移民主管部门的监督管理。主管部门要制定严格的征地移民资金内部管理制度，接受政府、上级主管部门的监督检查，配合支持国家审计、稽查。通过有效的管理和监督，保证征地移民专项资金管理规范，发挥最大的资金使用效益。

三、正确处理征地移民工作中的几个关系

做好南水北调工程征地移民工作，需要各部门、各省市把思想和行动统一到党中央、国务院的战略部署上来，统一到国务院南水北调工程建设委员会的决定上来，正确处理好中央与地方、整体与局部、眼前与长远等方方面面的关系，充分调动各方面的积极性，稳步有序地推进征地补偿和移民安置工作。

（一）国家、集体与被征地农民、移民的关系

做到被征地农民和移民得到妥善安置、被征地或提供安置用地的村集体经济不受损失、被拆迁的专项设施等功能得到恢复、国家的投资不浪费，是处理好国家、集体与被征地农民、移民之间关系的基本原则。

确定合理的补偿标准是处理上述关系的重要因素，补偿标准偏高或者偏低，都会造成各种问题。如果偏高，个人、集体经济、专项设施等超额得到补偿，导致补偿投资增加，相应中央和地方的支出增大、负担加重，银行贷款增多，供水成本加大，不利于南水北调工程建设和效益的发挥，同时还会给其他工程带来影响，造成实施的困难。实物指标是补偿投资概算的基础，如果调查夸大了，就会形成被征地和拆迁对象之间的严重攀比，诱发社会不稳定因素。如果调查的实物指标出现漏项，似乎是国家节省了投资，地方减轻了负担，但由于损害了群众利益，会导致实施困难，引起群众的不满和影响社会稳定。因此，我们必须按照国家的有关政策法规，按照《南水北调工程建设征地补偿和移民安置暂行办法》，实事求是的做好实物调查、规划编制和概算的核定，并在实施中严格遵循。

南水北调工程征地情况十分复杂，库区和干线特点不同。干线被征地的村，大部分被征地数量占其总的土地数量的比例较小，所余土地和生产资料加上征地补偿投资能够保证生产水平、生活水平不降低，村集体经济组织应该通过调剂土地使失去承包地的农户再次获得承包地，也可以按照土地补偿费主要用于被征地农民的原则，以其他方式妥善安置这些农户的生产生活。库区淹没面积大，大部分村被征地的数量占其总的土地数量的比例较大，本村剩余土地无法安置失去承包地的农户，根据《南水北调工程建设征地补偿和移民安置暂行办法》，应该由地方政府负责协调、就近调剂土地或规划外迁安置，出村安置的被征地农民就成为移民，相应的土地补偿费安置补助费应该给提供安置用地的村集体经济组织。地方政府要通过制定征地补偿和安置补助费发放和使用的具体办法，编制征地补偿和移民安置实施方案，协调好被征地村集体经济组织和农民、移民以及提供安置地村之间的关系。

（二）生活安置与生产安置的关系

以前有些工程在移民安置中，往往注重生活安置，忽视生产发展，没有真正解决移民的生产生活出路问题，使得移民安置不稳定。房子建得再好，没有长远的生产发展，安置就不能长久。因此编制移民安置规划时，既要重视生活安置更要重视生产发展，生产发展涉及到被征地群众能否长治久安，并逐步达到生活富裕。在征地移民的实施过程中，土地补偿费和安置补助费要用于生产发展，确保规划的生产措施落实到位并及时签订新的承包合同；对移民住房，一定要按照国家政策合理确定补偿标准，保证移民在安置地能建起新房，落实好生活安置，切忌不能因为生活安置标准不够发生挤占安置补助费的问题，影响了生产安置。在这一点上，大多数干部是清楚的，关键是教育群众，让他们有长远的生产生活目标。

（三）移民安置与基础设施建设的关系

移民安置中基础设施建设十分重要，尤其是集体外迁安置的移民，更要在安置点的规划中充分考虑供水、供电、排水、交通等设施及学校、医疗等基本生活条件，使移民能够安居乐业。但是，有的工程把移民安置点规模建得很大，标准很高，超越了当前农村的实际，既占用了大量农田，也占用了移民的生产安置费，造成移民的生产用地质量差，生产得不到发展，结果是路宽灯亮没事干、住着高楼没饭吃。丹江口水库农村移民以外迁集中安置为主，应慎重选择移民生活设施安置点，尽量少占耕地。在补偿资金的兑付上，严禁挤占移民的生产安置费来扩大基础设施建设规模。

（四）征地补偿费计列与兑付的关系

建委会二次全会确定的土地补偿和安置补助费“可按照16倍计列”，并不等于都按照16倍兑付。土地补偿费和安置补助费按照16倍计入概算后，由省（市）在切实保护被征地农民和移民合法权益、维护群众稳定的前提下，包干使用。省（市）根据实际情况和安置的需要，制定兑付的办法，编制征地补偿和移民安置实施方案，依据办法和实施方案具体兑付。各省市人均土地面积、农业产业结构和产值有很大差异，由省（市）统一掌握土地补偿和安置补助费，有利于各地根据具体情况和安置的需要调剂使用经费，解决好不同地区失地农民和移民的生产生活问题。

（五）国家补偿标准与地方补偿标准的关系

南水北调工程是解决北方地区水资源短缺和生态恶化问题的浩大工程，其公益性十分明显。同时，南水北调工程跨越多个省（市），工程战线长，既有库区、又有干线，既有东部地区的东线工程又有中部地区的中线工程，各地农业生产条件和种植结构不同，生活条件各异，为防止补偿标准不统一造成各地攀比，南水北调工程补偿标准由国家统一规定是必要的。由于各地经济社会发展的不平衡，国家标准与地方标准不可能一致，特别是沿线的二十多个城市或者城郊，即使按照国家标准，征地搬迁投资仍有明显的缺口。为了解决这个问题，经与发展改革委、国土资源部、建设部等部门研究协商，考虑到一是沿线城市及郊区补偿标准不同，不可能逐一核定补偿标准；二是南水北调工程补偿标准已经比其他大中型水利工程有较大提高，再进一步提高城市及郊区的补偿标准，会引起不同行业和项目之间更大的不平衡，对今后中央其他工程及地方工程带来较大影响；三是继续提高城市及郊区补偿标准会进一步加大工程投资，提高受水区水价，加重北方地区及用水户的负担，为此经请示国务院领导同意，南水北调建委已行文明确城市征地拆迁投资缺口部分从当地国有土地有偿使用收入中解决，给地方解决城市拆迁投资缺口明确了政策渠道。沿线二十多个城市作为工程主要受益者，应该积极主动地做好城市和郊区的征地拆迁工作，从当地国有土地有偿使用收入中筹集必要的资金。目前，河南焦作市已经承诺负责落实穿越城区的输水干线拆迁补偿缺口资金。

（六）移民安置与后期扶持的关系

水库建设与沿线不同，库区大面积集中淹没打破了当地原有的社会经济体系，恢复和调整的过程比较长；库区移民往往远迁安置、个人的生产和生活条件发生了很大改变，熟悉新的生产条件、社会关系以及生活习俗，融入当地社会也需要较长的过程。因此，为保证库区移民得到妥善安置，库区社会经济尽快恢复，国家对于库区移民采取后期扶持的政策。

针对南水北调工程而言，国务院正研究制定包括丹江口水库大坝加高工程移民在内的后期扶持政策。但是，有后期扶持政策并不等于移民安置可以草率安排。在安置阶段要严格按照规划，考虑好安置的方方面面，尽力争取一步安置到位，不能把问题简单地遗留到后期扶持。对于安置后确实出现短期内无法恢复到原有生活水平的库区移民，应通过后期扶持，确保他们安置后生活水平不降低。

（七）征地移民与工程建设的关系

征地移民是工程建设的组成部分和前提条件，同时，没有工程建设也不会有征地移民。长期以来，水利水电建设中存在“重工程，轻移民”的倾向，割裂了二者之间有机联系，造成了不少移民遗留问题，国家现在每年还要拿出大量资金来处理几十年前的水库移民问题。我们必须吸取教训，正确处理好征地移民与工程建设的关系。

征地移民工作由地方主管部门组织实施，主体工程的建设由项目法人组织实施。为切实处理好二者之间关系，需要地方主管部门和项目法人相互之间做好配合协调工作。对于地方而言，南水北调工程具有较强的公益性，沿线所在地、包括被征地农民同时也是工程的受益者，沿线各级政府有为工程建设创造良好环境的责任和义务，应当以南水北调工程在当地得以顺利开工建设为己任，把南水北调工程切实当作本省、本市、本县的工程，当作为所在地人民群众办实事、落实科学发展观的工程，切实做好征地移民工作，宣传教育群众积极支持工程建设。对于项目法人而言，在组织工程建设过程中，要高度重视征地移民工作，切实做好征地移民规划，安排征地移民计划、筹措征地移民资金，加强规划执行的协调，积极配合当地政府，做好参与、配合、支持和服务工作。

四、加强领导，努力做好征地移民工作，为南水北调工程建设提供保障

党的十六届四中全会强调，加强党的执政能力建设，要以保持党同人民群众的血肉联系为核心，以建设高素质干部队伍为关键。地方各级领导及从事南水北调工程征地移民工作的广大干部职工，直接面对人民群众，是广大群众与南水北调工程联系的桥梁。要从加强党的执政能力建设和构建社会主义和谐社会的战略高度，提高对南水北调征地移民工作的认识，加强搞好征地移民工作、服务南水北调工程的使命感和责任感，提高贯彻建委会精神、搞好征地移民工作的主动性和自觉性。

（一）加强领导、明确责任

按照“建委会领导、省级政府负责、县为基础、项目法人参与”的体制，国务院南水北调办、有关省市各级政府要切实加强对南水北调工程征地移民工作的领导，列入重要议事日程，落实各级、各部门的工作责任。

国务院南水北调办与七省市人民政府签订征地移民责任书，就是要进一步明确国务院南水北调办和省市人民政府在南水北调工程征地移民工作中责任划分。七省（市）人民政府也要采取召开征地移民工作会议，层层签订责任书、任务书，并制定协调、检查制度等多种措施，进一步落实省（市）有关部门和省（市）以下各级人民政府的责任，明确具体责任人，做到一级抓一级，层层抓落实。

（二）充实机构，完善制度，加强协调

根据《南水北调工程建设征地补偿和移民安置暂行办法》，有关地方各级人民政府必须确定相应的主管部门承担本行政区域内南水北调工程征地移民工作，要充实机构，并配备政治素质高、协调能力强、情况熟悉、业务过硬的干部。

征地移民工作的主管部门，要建立健全南水北调工程征地移民工作的规章制度，规范管理、高效运作。从事征地移民工作的干部职工，要树立政治意识、大局意识、责任意识，视南水北调为己任，视人民群众为父母，要以饱满的热情和负责的精神，主动积极、深入实际、调查研究、协调各方，给当地党委政府当好参谋，要主动汇报工作、主动争取指导，在当地党委政府的领导和组织下，调动各方面力量做好征地移民工作。

（三）做好南水北调东、中线可研报告中的征地移民规划和概算计列工作，为征地移民工作的实施打好基础

要按照国务院南水北调建委第二次会议的精神，在严格执行各项征地移民政策的前提下，制定的安置方案要切实可行，规定费用计列准确无误，避免缺漏。为妥善解决部分项目存在的实物指标不准确、生产生活安置和专项设施改建规划不落实问题，应对所有项目开展检查，对征地移民规划设计明显存在深度达不到规范要求、缺失漏项严重、未与县级地方政府及专项设施产权单位见面的，应尽快补充完善，并及时纳入总体可行性研究报告。

征地移民总体可行性研究阶段前期工作的补充和完善，由设计单位负责技术归口，省市南水北调办事机构和征地移民主管部门组织县级地方政府配合，严格按照规范要求做好规划报告编制；项目法人要积极参与总体可研阶段的征地移民规划设计，把握情况，为组织开展初步设计阶段的征地移民规划设计做好充分准备。

（四）认真贯彻国务院和建委会的有关决定精神，实现征地移民与工程建设有机结合

温家宝总理在建委会第二次全体会议上指出，“要把南水北调工程建设成为世界一流的水利工程”。没有征地移民工作的顺利实施，就不可能有工程的开工和建设，就不可能实现按期通水和建设一流工程的建设目标。因此，要努力使工程建设和征地移民有机地结合起来，以南水北调工程建设目标的按期实现促进征地移民工作的开展，以征地移民的工作成果保证南水北调工程建设目标的实现。征地移民工作涉及面广、情况复杂，我们应尽量在规划中考虑周密、措施充分，但是任何工程的征地移民都不可能全部问题都解决再开工建设，何况即使开工的工程在征地移民实施中还会遇到新的问题。南水北调工程是迄今为止最浩大最复杂的水利工程，它的建设注定是在克服困难中前进，又在前进中不断克服困难。南水北调征地移民也是一样，不可能一蹴而就，一切一劳永逸的思想，既是错误的也是有害的。

（五）认真搞好征地移民资金管理，保证资金安全和干部安全

加强征地移民资金管理始终是征地移民工作的重中之重。征地移民资金十分敏感，管理的好坏直接涉及社会稳定，关系到南水北调工程的形象甚至各级政府的形象。必须坚持按项目管理、实行专款专用的原则，严格控制公共设施的规模，严肃查处截留挪用征地移民资金的行为，严格禁止动用移民资金为各级政府及部门建设办公楼、购买小汽车以及用于规定以外的开支。要本着勤俭节约的原则，在加强资金管理同时，各级征地移民管理部门要严格控制管理费开支，积极配合和支持有关部门的审计、稽察，并认真进行整改。对违反法纪的行为，一经发现，立即严肃查处。通过严格的资金管理措施，保证资金安全和干部安全。

（六）统一思想，顾全大局，加强干部队伍的思想和作风建设

各级征地移民管理部门，一定要把思想认识统一到国务院南水北调建委会的决定精神上来，要本着既对被征地农民和移民负责又对南水北调工程负责的精神，顾全大局，克服困难，从各自的职责和任务出发，紧密联系思想实际和工作实际，切实加强干部队伍的思想、作风建设。征地移民工作直接关系群众的切身利益，关系到南水北调工程建设的顺利进行，关系到党和政府在人民群众中的形象和威望。从事征地移民工作的干部一定要从大局出发，坚持全心全意为移民服务的宗旨，体现共产党员先进性的要求，把对国家负责和对移民负责有机地结合起来，把移民的眼前利益和长远利益有机的结合起来，求真务实、廉洁奉公、任劳任怨、踏实工作，并要加强学习，提高业务能力和工作效率。把党的温暖真正送到被征地农民和移民群众的心坎上。

同志们，南水北调工程即将迎来建设和征地移民的高峰，任务艰巨而光荣。让我们紧密团结在以胡锦涛同志为总书记的党中央周围，在国务院南水北调工程建设委员会的正确领导下，团结一致，求真务实，扎实工作，为早日建成南水北调工程，共同构建社会主义和谐社会而努力奋斗！

国土资源部副部长鹿心社在南水北调工程征地移民工作会议上的讲话

（2005年4月5日）

征地移民是工程建设的前提，做好征地移民工作对维护群众的合法权益，保证工程的顺利建设、维护社会稳定、构建和谐社会都有重要意义。党中央、国务院对南水北调工程高度重视，对征地移民工作十分关心，国务院下发的《南水北调建设征地补偿和移民安置暂行办法》对征地补偿和移民安置工作做了具体的规定。家宝总理主持建委会第二次全体会议，对征地移民工作的方针、目标、体制、责任等重大问题作出决策，并对征地补偿标准、税费计列等问题明确了有关政策，我们一定要认真贯彻落实。刚才基尧主任就征地移民工作作了系统、全面的讲话。我从用地角度再简要谈三点意见。

一、节约用地，尽量少占耕地

党中央、国务院从实现我国经济社会全面、协调、可持续发展出发，提出要实行最严格的土地管理制度，切实保护耕地，特别是基本农田。兴建南水北调工程，在开发利用水资源的同时，要注重土地资源的保护和合理利用。目前南水北调东、中线正处在项目前期可行性研究报告和初步设计的审查阶段，丹江口移民规划也正在审查当中。一些应急工程正在开工建设，我们要以科学的发展观为指导，按严格保护耕地、节约用地的要求，优化工程建设用地的结构和布局，精打细算、节约用地、尽量少占工地。最严格的耕地保护制度，要求非农建设占用耕地必须做到占补平衡。建委会二次会议明确南水北调工程概算中按规定计列耕地开垦费，针对水利水电工程的特点，国土资源部、水利部和原国家经贸委下发的《关于水利水电工程建设用地的有关问题》，在落实征地占补平衡法定义务方面明确了有关的优惠政策，适用于南水北调工程。各地要结合移民安置规划。实事求是地核定需要补充耕地的面积，组织好土地开发、整理和复垦工作，使占补平衡的工作真正落到实处。

二、做好征地补偿安置工作，切实维护群众利益

中央把维护人民群众的利益作为践行“三个代表”的重要思想，加强执政能力建设的重要内容，并一再强调发展是第一要务，稳定是第一责任。当前社会已进入了人民内部矛盾突显的时期，征地中的矛盾突出，群众性事件屡有发生，南水北调工程是为民造福的工程，由于占地集中，征地量大，移民量也大，而且工程的时间紧、任务重，做好被征地农民的补偿和移民的安置工作尤为重要。南水北调工程征地补偿和移民安置的有关政策已经明确，建委会第二次会议也明确征地补偿费的倍数从10倍提高到16倍，刚才基尧主任就执行作了详细的介绍，各级政府和有关部门和用地单位要严格执行。对已经开工和审批项目的征地移民概算应进行调整，并尽快支付征地补偿费，征地补偿和移民安置资金必须专账管理，专款专用，防止拖欠、截流和挪用，要采取切实有效的安置措施，妥善安置被征地农民和移民，使他们的长远生计有保障。占地及淹没影响的调查结果制定的安置规划必须与被征地农民和移民见面，移民按照安置规划搬迁之后，生产生活水平低于搬迁前的，应通过后期扶持使其达到搬迁前的水平。工程沿线的各级政府和用地单位要从大局出发，通过扎实细致的工作，让被征地农民和移民真正感受到党中央和政府的关怀，赢得对工程的理解和支持。

三、抓紧完善用地手续，确保工作顺利进行

依照我国土地法制建设的不断完善和全社会依法用地的意识不断增强，建设用地必须纳入法制化和规范化的轨道。南水北调工程作为国际国内都十分关注的工程，更要积极努力做依法用地的表率。工程建设用地首先必须符合土地利用规划，纳入年度土地利用计划。目前各地正在准备开展新一轮土地利用总体规划修编，东、中线尚未完成总体项目建议书和可行性研究报告的部分工程，要纳入当地将要修编的土地利用总体规划。国务院南水北调办每年三季度应将下年度开工项目用地计划告国土资源部，同时抄送省级国土资源部门，以便在年度土地利用规划中提前给予安排。针对南水北调工程前期工作的特殊性，为保证工程及时用地，我们采取了特事特办的办法，并与国务院南水北调办协商，东、中线工程除经过用地预审的工程外，可以由国务院南水北调办统一组织，一次性向国土资源部申请用地预审。涉及压覆矿产资源和位于地质灾害易发区的，应按规定办理压覆矿产资源有关手续，并进行地质灾害的危险性评估。一些控制工期的单体工程，需要先行开工建设，对初步设计方案批准后，可由省发展改革委、省国土资源厅共同向国土资源部提出先行用地申请。在查清所需使用土地的权属、地类、面积，兑现对用地单位的群众的补偿，妥善处理好先行用地过程中可能出现问题的前提下，可以批准先行用地，但正式用地要在三个月内正式上报。各单项工程的项目法人应在工程开工和库区蓄水前三个月分别向有关市（县）国土资源管理部门提出用地申请，经省级国土资源部门汇总后由省人民政府报国务院。移民安置用地由主管部门按照移民安置进度，在移民搬迁前6个月向有关市（县）国土资源管理部门提出用地申请，依法报有批准权的人民政府批准。南水北调工程正在按照建委会的要求，在国务院南水北调办统一组织下有序进行。前一个时期各级国土资源管理部门与南水北调各有关单位、地方各级政府相互沟通协调做了大量富有成效的工作，既做到了依法行政、严格管理，又积极为工程建设提供了用地服务。

下一步，我们将一如既往坚决贯彻执行国务院的有关规定，紧紧围绕保护资源、支持建设、维护权益三个重点，继续加强部门之间的协调与沟通，积极指导各地及时做好用地审查报批和征地安置补偿工作，为南水北调工程的建设做出新的贡献。

国家文物局副局长张柏在南水北调工程征地移民工作会议上的讲话

（2005年4月5日）

南水北调工程是党中央、国务院为优化我国水资源配置、保障我国经济社会全面协调和可持续发展的具有重大战略意义的决策。工程涉及中国古代文化、文明的核心区域，丹江口库区和中、东线干线是古代文化遗存分布非常密集的地区，其文物价值和意义非常重大。文物保护工作是南水北调工程的重要组成部分，做好这项工作对于保护我国历史文化遗产、确保南水北调工程顺利实施具有十分重要的意义。党中央、国务院非常重视南水北调工程文物保护工作。最近，胡锦涛总书记、温家宝总理和陈至立国务委员对南水北调工程中的文物保护问题作出了重要批示，明确要求做好有关工作。国内外新闻媒体、有关专家和社会各界对南水北调工程文物保护工作都非常关注。

国家文物局按照《文物保护法》有关规定，积极协调、组织南水北调工程的文物保护工作。南水北调文物保护前期工作得到了有关部门和省市的大力支持，国家发展改革委、水利部、国务院南水北调办、国家文物局成立了南水北调工程文物保护协调小组，及时研究协调南水北调工程文物保护工作中存在的问题。南水北调工程建设委员会颁发的《南水北调工程建设征地补偿和移民安置暂行办法》将文物保护作为一项重要内容，明确了有关工作程序。有关省市文物部门克服前期经费不到位、人员紧张等困难，做了大量工作，已完成了分省文物保护专题报告的编写工作。

为了确保南水北调工程的顺利建设，要抓紧进行文物保护专题报告的汇总工作并按程序报审，使文物保护方案及时纳入到工程总体设计中。尽早启动文物保护控制性项目，妥善处理好文物保护工作时间与工程建设工期的关系。

国务院南水北调办主任张基尧在南水北调工程项目法人工作座谈会上的讲话

（2005 年 4 月 22 日）

在南水北调工程五个项目法人全部组建到位，开始全面履行各项建管职责之际，南水北调工程项目法人首次工作座谈会经过一天半的紧张工作，今天就要结束了。

昨天，宁远同志在会上发表了重要讲话，五个项目法人单位的负责同志作了大会交流发言。在下午的分组讨论中，同志们结合各自的工作，交流情况、研究问题，进一步统一了思想。刚才各组的召集人分别汇报了讨论情况，铁军同志又结合征地移民工作做了重要讲话。经过与会代表的共同努力，会议达到了预期的目的。代表们普遍反映，这次会议务实、高效，开得非常及时，很有必要，对于全面完成建委会二次全会部署的各项任务，全面贯彻落实国务院批复的《南水北调工程建设管理的若干意见》，提高认识，落实责任，解决工程建设中存在的问题，确保南水北调工程建设目标如期实现具有重要意义。

会议以后，五个项目法人单位要认真贯彻落实会议精神，按照会议要求，切实发挥项目法人在工程建设管理中的责任主体作用，抓好当前南水北调工程建设的各项工作。

结合当前南水北调工程建设情况和讨论中大家提出的问题，我谈四点意见。

一、南水北调工程建设进展情况、存在问题以及面临的挑战与机遇

党中央国务院高度重视南水北调工程建设。在建委会的领导下，自 2002 年底工程开工建设以来，各项工作从无到有，组织、机制、制度等各方面的建设取得了长足进展，在建立工作联系、理顺管理关系、建立协调机制等方面逐步取得经验，在国务院各有关部门、南水北调沿线各地方政府大力配合和支持下，在各项目法人单位和工程建设者的辛勤工作下，南水北调工程各项工作正稳步向前推进。

（一）南水北调工程建设进展情况

（1）前期工作进一步推进。南水北调东、中线工程总体可研已完成并提交水利部组织审查。2003 年拟开工的 8 项工程的可行性研究，除东线治污工程已作调整外，已全部批复。中线丹江口大坝加高的初步设计正进行概算审定，中线穿黄工程已核定初步设计概算。拟于 2005 年汛前开工的 4 项工程，中线黄河北至漳河段工程及东线穿黄工程两项可行性研究报告中咨公司已组织评估。中线穿漳工程、湖北兴隆枢纽、天津段等工程的前期工作也都有了较大进展。初步设计交由项目法人组织的工作已明确移交项目和移交办法，移交工作正在逐步进行。前期工作的进展，为下一步工程建设奠定了基础。

（2）工程建设管理模式已经确定。经过充分酝酿、认真讨论，结合社会主义经济体制改革的要求和南水北调工程的实际，南水北调建委会已经研究决定南水北调工程建设实行委托制、代建制和项目法人直接管理相结合的建设管理模式。第二次建委会后，南水北调办制定了《南水北调工程委托项目管理办法（试行）》和《南水北调工程代建项目管理办法（试行）》。中线京石段工程委托管理和项目法人直接管理（包括代建管理）项目的划分已经明确。这个新的管理模式正在为地方各级政府和各项目法人逐步接受，各项目法人在工程建设中应进一步深刻领会、认真组织，努力寻求南水北调工程建设管理模式的最佳实现形式。

（3）征地移民条件进一步完善。南水北调工程建委会第二次全体会议确定了“建委会领导，省级政府负责，县为基础，项目法人参与”的征地移民管理体制，《南水北调工程建设征地补偿和移民安置暂行办法》已经国务院同意，以建委会名义发布。发展改革委根据建委会确定的南水北调工程征地补偿计列标准，对已批准初步设计概算的19个项目进行了概算调增。南水北调建委会近期已发文明确了南水北调工程城市拆迁及耕地开垦费、森林植被恢复费、新菜地开发基金等有关政策，至此南水北调工程征地移民有关体制、政策已经明确。南水北调办组织召开了征地移民工作会议，与有关省市签订了“征地移民责任书”，进一步明确了征地移民工作责任。当前南水北调征地移民的外部条件和政策层面的问题已经基本解决。

（4）南水北调工程基金筹集工作有新进展。建委会第二次会议后，国务院批准并转发了《南水北调工程基金筹集和使用管理办法》，南水北调办会同国家发展改革委、财政部对各地执行情况进行了调查，并正在研究下达今年南水北调工程基金筹集计划。目前相关省市正在研究制定基金办法的实施细则，部分省市已经收取了一定数量的水资源费，年内可以筹集一定规模的基金。南水北调工程建设的基金渠道已经明确，基金来源已经确立。3月29日，南水北调四个项目法人与贷款银团签署了贷款协议和收费权质押合同。在南水北调工程总体规划范围内的资金已经落实。

（5）开工项目正在抓紧准备工作，已开工项目进展顺利。围绕建委会批准的工程总体建设目标和2005年汛前工程建设计划，发展改革委已安排了近期开工项目的建设资金。中线京石段漕河项目已经开工，古运河枢纽工程拟于5月上旬开工，东线台儿庄泵站、蔺家坝泵站，中线北京段西四环暗涵、惠南庄泵站招标工作正在进行。中线丹江口大坝加高工程已开始进行坝区征迁等施工准备，中线的穿黄工程已经开始监理投标和施工前的有关准备工作。已开工项目进展顺利，今年汛后将有部分单项工程竣工。

（6）东线治污及中线水源地保护工作。2004年10月，曾培炎副总理主持召开了淮河流域水污染防治现场会，对淮河流域水污染防治的指导思想、目标要求、政策措施等提出了明确要求，对促进淮河水污染治理及南水北调东线治污工作起到了巨大推动作用。根据淮河治污现场会议精神及第二次建委会确定的2007年东线一期通水目标的要求，列入淮河治污的东线治污项目在淮河流域治污“十五”计划中优先安排实施，工业点源治理项目已列入发展改革委组织编制的《淮河流域工业废水治理规划》，结合淮河治污一并实施。为进一步推动东线治污工作，我办已商发展改革委、环保总局等六部委联合下发了对东线治污责任书落实情况进行检查的通知，拟对东线治污工作阶段性目标进行考核。中线《丹江口水库及上游水污染防治和水土保持规划》已经专家审查并征求有关部门和地方意见，近期可望上报国务院。

经过一年多的工作，南水北调工程建设政策已经明确，制度基本建立，国务院各部门之间的协调工作取得显著成果。今后的工作重点将是加大国务院南水北调办与各省（市）南水北调办及项目法人之间工作的协调，加深对南水北调建委会各项政策、决策的理解，加大对各项政策、决策的执行力度，全面落实建委会决议，推动南水北调工程尽快形成建设高潮。

（二）南水北调工程建设中存在的问题

南水北调工程作为迄今为止世界上最大规模的调水工程，涉及政治、经济、社会、文化、生态环境等诸多领域，工作关系十分复杂，工程建设的复杂性、艰巨性、紧迫性前所未有。一年多来，我们虽然在推进南水北调工程建设中取得了很大的成绩，但仍面临不少困难和问题。对此，同志们要有清醒的认识。

（1）前期工作形势虽有所好转，但仍不能满足工程建设需要，前期工作面临的形势仍然十分严峻。目前南水北调东线、中线总体可研还没有批复。今年开工的四个单项可研报告也没有批复。2003 年已经批复八个项目的可研报告，还有部分初步设计没有批复。前期工作由于时间紧、任务重，方案比选不够，缺项、漏计较多，在工程建设中遇到不少困难。前期工作仍是工程开工和建设的关键制约因素。

（2）征地移民工作滞后于工程建设需要。征地移民是工程开工建设的先决条件，从已开工和拟开工项目征地移民情况看，主要有三个方面的问题。一是征地移民前期工作不完善，部分工程占地实物指标调查不准确，缺漏项较多，安置规划达不到应有的深度，部分地面附属物补偿标准偏低等，导致部分拟开工项目的征地补偿和安置难以实施。二是建委会确定的耕地开垦费、城区拆迁投资缺口有关政策有待进一步落实，森林植被恢复费、新菜地建设开发基金的规定尚未在概算中反映，导致有关手续办理、城区拆迁等难以推进。三是建委会确定的征地移民管理体制在个别地方没有落实到位，基层政府的作用未能充分发挥，地方征地移民主管部门与项目法人，及其他职能部门之间缺乏协调，没有形成工作合力。由于这些问题不同程度的存在，个别工程项目前期工作虽已具备开工条件，但仍不能开工建设，已开工项目也不时受到征地移民工作的影响。

（3）水污染防治和水资源保护工作与南水北调工程整体目标的实现存在较大差异。东线工程拟定 2007 年通水。东线治污还有相当数量的污水处理厂没有开工建设，已经开工建设的污水处理厂不能满负荷运行。对于面源污染的治理刚刚开始，截污导流工程还没有启动，中线丹江口水库和上游的水污染防治和水土保持规划迟迟未能出台。这些工作都严重制约了水污染防治和水资源保护工作的进展。

（4）南水北调工程建设管理体制和运行机制虽然已经确立，但是在运行当中，还存在诸多不同的认识，并不时地干扰工程的进展和各个方面的工作。我们要加大对第二次建委会决议的宣传，进一步统一思想、研究落实措施，加大各项工作的协调和决议执行的力度，真正把决议的内容落实到工作的各个环节，体现在工作的各个层面，不断加深对决议的理解和贯彻。

（三）南水北调工作面临的挑战

（1）中央、地方两级财政，政府部门权责分割的行政管理体制与南水北调工程建设需要统筹规划、统一建设管理的客观要求不相适应。中央和地方两级财政，在某种意义上它是两个利益主体。在资金的安排上，地方希望中央多出一些。在工程建设上，地方希望切块管理，由地方自成体系，各自为战；从工程建设和今后运行管理的需要出发，南水北调是一个系统工程，需要统一管理，统一规划，实行项目法人责任制。在征地移民方面，地方希望征地移民所有资金全部划拨给地方，由地方统一掌握；但征地移民资金的来源一部分是由项目业主向银行贷款，因此移民资金的使用管理必须有项目法人参与。对于国务院各个部门，都有不同的职责。这些职责的分割增加了协调工作的难度。所以，只有通过我们不断适应体制的要求，加强自身的工作，加强各方面的协调，把认识统一到南水北调建委会的决议上来，才能形成团结共建的局面。

(2) 转型期制度、政策、规定以及新政策出台的延时性，与工程建设要求及时解决突出问题的紧迫性不相适应。当前，我国正处在经济体制改革的过程中，既有原来的制度、政策延续使用，又有新的政策和制度不断出台。比如概算，实行代建制的招标，可能报价远远高于概算，代建商取的建设管理费高出概算的管理费。再比如设备采购，由于最近水电的大发展，水轮机、水泵的生产能力显得紧张，水泵的制作价格涨幅很大，概算远远满足不了市场的要求。招标的结果远远超出概算等等。这是计划经济和市场经济的碰撞。这些问题需要我们在工程建设中不断研究解决。在新旧体制的碰撞当中，我们既要遵循已有的政策，又要结合南水北调工程建设管理的实际提出更符合要求的办法来。

(3) 前期工作的滞后造成了南水北调施工程序的倒置，与严格规范的程序管理不相容。南水北调工程已经开工两年了，整体可研报告到现在没有批复。我们只能一个个单项工程先行启动，这对工程的整体进度的安排、项目开工的先后、资金的筹措和预算安排，调度运行设施建设等等都带来了很多的困难。

(4) 传统观念和原有的公益性水利工程建设管理模式同南水北调工程公益性与经营性相结合的特点及国家经济体制改革的要求不相适应。一般水利工程是采取中央投资、地方配套的方式，由政府组织实施的。但是南水北调工程是实行项目法人负责制的工程，公益性和经营型相结合，按照市场经济运作。因而在实施过程中传统的观念和经济体制改革新的要求就不可避免地发生碰撞。一个新的体制、一项新的制度或者一个新的举措出台，都会与传统思维、习惯做法发生碰撞，都会在不同方面遇到困难，我们应该有充分的思想准备。

(5) 管理队伍素质和承担的南水北调工程的伟大事业不相适应。我们的队伍来自四面八方，有的同志没有搞过工程建设，在建设管理南水北调这样一个特大型工程的时候，思想观念、专业知识、施工经验，以及协调、沟通能力等都难以满足工程建设的要求，面临着新的挑战。

(四) 南水北调工作面临的机遇

(1) 北方地区水资源短缺的严峻形势为南水北调工程建设提供了需求保证。2003 年、2004 年，北方部分地区水资源有所补充，但是津京冀地区水资源依然短缺。去年北京密云水库虽然补水 1 亿多立方米，但是和北京水资源消费相比，仍然有很大的缺口。实践证明，经济社会的发展对水资源的需求越来越迫切。实施南水北调工程不仅是当前经济社会发展的需要，也是一个具有战略意义的举措。

(2) 党中央、国务院对南水北调工程的高度重视和坚强领导，以及国务院有关部门及地方政府的大力配合，为南水北调工程建设提供了组织和领导保证。国务院领导多次对南水北调工作做出重要批示，召开汇报会、协调会，听取南水北调工程建设情况的汇报，及时研究解决工作中的问题。我们走的每一步都得到国务院领导和有关部门的支持。这是我们搞好南水北调工程建设的最有利条件。

(3) 南水北调从政府层面上的有关政策已经基本到位，为南水北调工程建设提供了政策保证。不管是征地移民还是工程建设管理，还是对各个部门的责任界定，都已经明确而且具备很强的操作性，这就为我们履行职责提供了法律依据，为南水北调工程建设提供了可靠的制度基础。

(4) 相对稳定的资金渠道为南水北调工程建设提供了资金保证。要搞那么大的工程没有一定的资金支持是难以实施的。现阶段南水北调工程不受资金的困扰。虽然随着工程建设的不断深入，随着资金结构的不断变化，今后还将对资金的渠道和配置提出不同意见和要求，但是，国务院已经明确了工程建设资金的总体比例，颁布了建立南水北调基金的方案，为工程建设资金的筹集确定了原则和框架，在年度资金计划中给予了充分的资金支持。

（5）全体工程建设者的工作热情和献身精神，为南水北调工程建设提供了工作保证。大家投身到南水北调工作中来，不是为了生活上的待遇，是冲着南水北调造福子孙的伟大事业，是人生的崇高追求和共产主义价值观的体现。有了这种精神，我们有什么困难不能克服，有什么障碍不能逾越。

总之，在工作中我们既要看到南水北调工程建设的进展和取得的成绩，也要清醒地认识到南水北调工程建设的艰巨性、复杂性和紧迫性，更要充分抓住南水北调工程建设面临的重要机遇和有利条件。要振奋精神，坚定信心，以高度的事业心和责任感，团结协作，扎实工作，坚定地按国务院南水北调工程建设委员会的决定，抓前期、促开工，稳移民、保建设，积极开拓南水北调工程建设各项工作的新局面。

二、项目法人在南水北调工程建设中的地位及作用

项目法人作为南水北调工程建设和运营管理的责任主体，对主体工程筹资、建设、运行、还贷负总责。各项目法人要在工程建设的实践中，找准自身定位，把握工程建设特点，探索工程建设规律，增强工程建设本领。

（一）南水北调工程建设的特点

南水北调工程有着区别于一般水利工程的自身特点。认识和把握这些特点，对于我们搞好工程建设是十分重要的。

（1）工程特点。从工程本身来讲，一是南水北调工程点多、线长，它是单位工程的集成，包括了数以百计的单项工程。从工程类别划分，有水源工程，有输水工程，有骨干工程，有配套工程，有治污工程，还有补偿工程，项目特点不同、建设周期各异，组成复杂。二是涉及的区域广。东、中线一期工程涉及七省市100多个县，利益主体多元化，协调任务十分繁重。三是前期工作任务重，时间紧迫。南水北调工程在总体规划经国务院批复后，即进入实施阶段，要实现建委会二次全会确定的东、中线一期工程通水目标，前期工作的进度和深度明显不适应工程建设的需要。四是施工组织管理复杂。在东、中线一期工程几近3000公里的战线上展开工程建设，要统筹安排好几百个单位工程建设的组织管理工作，其复杂程度是我们过去没有遇到过的。五是技术要求高。南水北调中线穿黄、丹江口大坝加高，东线低扬程、大流量水泵的造型、制造，以及工程的调度运行和自动化管理都是技术要求很高的新课题，都需要在工程建设中进行深入研究和创新。

（2）社会特点。南水北调工程与各种社会层面工作的关联度高。如征地移民，东线治污，中线水源保护，北方地区地下水限采以及生态环境的保护与改善等等。哪个方面出了问题，都会影响到调水目标的最终实现。一是征地移民问题远较一般水利工程复杂。南水北调东、中线一期工程涉及七省市，永久占地约100万亩，临时占地约50万亩；移民近40万人，仅丹江口大坝加高后的库区移民就将近30万人。征地移民既有水库移民又有干线拆迁农民，既有农村征地又有城市拆迁，工作涉及许多区域的协调。建委会二次会议明确了征地移民补偿标准，但针对不同地区、城市和乡村还要区别对待，做进一步的细化工作。二是对工程建设区域的环境保护工作要求高。南水北调工程是一个调水工程，更是一个生态工程，可持续发展的工程。因此，在工程建设中，要从人水和谐发展的角度来规范工程建设，加强管理，加强施工和生活垃圾的处理，防止造成新的环境污染和破坏，形成新的水土流失。三是南水北调工程沿线多为历史遗迹，文物保护工作任务繁重，受到社会各界的关注。一方面要抓紧文物勘探调查、制定切实的保护方案，及时纳入东、中线一期工程总体移民安置规划。另一方面各项目法人要积极配合文物管理部门，共同做好文物保护工作。四是工程协调关系复杂。南水北调工程东、中线一期工程涉及地方七省市和国务院众多部门，涉及不同的行业和领域，各项工作关联程度之高是前所未有的。要达到认识的统一，协调工作量远较一般工程要大。五是社会影响深远。南水北调工程是调水工程，更是一项生态工程，对我国经济社会的发展具有极其重要的作用。不仅党中央、国务院高度重视，全社会也非常关注。因此要求我们必须以如履薄冰、如临深渊的态度认真做好各项工作。

（3）筹资特点。南水北调工程是公益性与经营性相结合的工程，以准市场的方式进行运作。南水北调工程投资由中央拨款、南水北调基金和银行贷款三部分组成。这个资金构成反映了以下的特点：一是南水北调工程的公益性与经营性相结合的特点。这是由水资源的双重属性所决定的。不同于纯公益性水利工程，完全由政府拨款建设；也不同于纯经营性工程，在较低资本金下通过自有资金和贷款来建设。二是南水北调工程是中央直属的工程项目，针对大型跨流域、跨区域工程的特点，必须由中央主导。虽然基金由各省市负责筹集并全部作为各省市的资本金使用，但必须中央统一安排，通过项目法人，投入到工程建设中去。同时根据不同时段资金需求的变化，南水北调建委会还将研究投资变化后的有关政策。三是在资金的管理上，项目法人对资金的筹集、使用和还贷负有完全的责任，既要考虑今后的还贷又要考虑用水户的承受能力。因此，要求项目法人必须千方百计优化方案设计，降低工程造价，提高资金的使用效益，努力降低水价及减少后续还贷压力。

（4）管理特点。一是管理架构与过去不同。南水北调工程建设管理体制总体上分为政府管理机构和项目管理机构（项目法人）两个层面，具体由领导机构、工作机构、工程建设管理机构（项目法人）和项目建设管理机构四个部分组成。领导机构：国务院南水北调工程建设委员会作为工程建设高层次的领导决策机构，负责决定南水北调工程建设的重大方针、政策、措施和其他重大问题。各地方南水北调工程建设委员会或领导小组是地方南水北调配套工程的协调决策机构。工作机构：国务院南水北调办，作为建设委员会的办事机构，主要负责工程建设的组织、协调、监督、指导，规范南水北调建筑市场。协调国务院有关部门加强节水、治污和生态环境保护等社会层面的工作。各省市南水北调办，根据国务院南水北调办的授权，负责主体工程建设的部分管理工作，并负责本区域社会层面工作的协调和管理以及配套工程的建设管理。工程建设管理机构（项目法人）：对工程筹资、建设、运营管理、还贷、资产保值增值全过程负责，负责工程建设管理和运行管理，同时参与征地移民等社会层面的工作。项目建设管理机构：即受项目法人委托和代建的管理单位，承担具体项目建设管理任务。二是项目法人的组建和管理机制不同。今天在座的五个项目法人组建方式有较大差异。湖北项目实质上是补偿工程，带有纯粹的公益性，全部由中央投资，所以项目法人性质是事业单位。山东和江苏公司的中央投资是由地方暂时代为管理，机构组建委托地方进行，工程建设管理、服务，由国务院南水北调办归口。中线水源公司和中线干线管理局，又是分别由水利部和国务院南水北调办负责组建，工程建设管理的政府职责均由国务院南水北调办实施。但是无论组建方式如何，工作的目标都是一致的，都是按照总体规划的要求，完成工程建设，给社会提供工程产品，这是南水北调的一个特殊性。三是管理模式与过去不同。建委会二次全会确定南水北调主体工程建设采用项目法人直接管理、代建制和委托制管理相结合的管理模式，这是南水北调工程自身特点决定的。即对工程技术复杂、工期压力大的枢纽、重要渠段（河）及省（市）边界工程，由项目法人直接建设管理或招标选择专业建设管理机构实行代建制管理；对技术含量低、工期压力小的渠（河）道工程，由项目法人以合同方式，委托地方政府指定或组建的建设管理机构组织建设。不论采取何种方式，工程竣工后均由项目法人统一管理。建委会二次全会确定的南水北调工程建设实行项目法人直接管理与委托和代建相结合的建管模式，这是与南水北调工程建设管理要求相适应的体制创新，但这种管理模式还需要项目法人在工程建设管理的实践中不断摸索、磨合，探索其有效的实现方式。在工程建设中，项目法人要切实加强标段划分审查、工程质量管理、设计修改审批、建设资金控制等环节的管理。要坚持依法行政，照章建设，抓紧完善各项管理制度，全面实行工程建设的合同化管理。要规范工程建设招标投标行为，通过竞争机制择优选择设计、施工、监理和管理队伍。要健全工程质量、安全、进度等各项管理制度和监管体系，为优质、高效地推进工程建设提供制度保障。四是工程建设的时机和要求与以往不同。一般工程在开工建设以后，按顺序开始建设，投资曲线是两头小、中间大。南水北调工程建设则是整个工程建设在不同的时段开工，按计划在同一时段竣工，投资曲线是逐渐增大，最后形成高峰。一些项目法人希望项目早日开工，心情是可以理解的，但是从南水北调工程建设的特殊性而言，却是不适合的。早开工将来并不能早运行，早开工的项目不但增加维修压力，同时增加了管理压力。合理的开工秩序是根据优化的工程建设总体进度网络图来实施的，在初步设计具备条件的基础上，一定要严格按照工程建设的前后秩序和总体进度网络图来安排工程建设，这一点同志们要有正确的认识。

（二）南水北调项目法人在工程建设管理中的主体地位和责任

国务院批复的《南水北调工程项目法人组建方案》和《南水北调工程建设管理的若干意见》对项目法人组建形式、原则，在工程建设管理中的作用、责任都做了明确规定。项目法人应根据国务院南水北调办制定的有关办法，负责初步设计、招标投标、工程质量、安全生产、设计修改审查、建设资金控制、招标节余资金调剂使用等环节的管理，切实负起项目法人的责任。同时，要按照《南水北调工程建设管理的若干意见》中关于项目法人的有关要求，健全组织机构，完善规章制度，加强能力建设，适应南水北调工程建设的实际需要。

从一年多的工程实践来看，各项目法人基本能够履行职责，在工程的建设管理中发挥主体作用，也还存在一些比较突出的问题：一是政企不分、政事不分，与行政管理部门职责不明晰，责任不清，自身定位不准，干部仍有行政兼职的现象。二是工作程序不规范，工作作风不严谨。严格遵循建委会有关规定，认真贯彻建委会和国务院南水北调办有关精神有差距。该请示的不请示，该汇报的不汇报的现象时有发生，地方保护、行业保护的现象有时还较为严重。三是在职责范围内，独立、自主、负责地开展各项工作不够。责任意识及创新精神还需要进一步加强。

（1）项目法人的初步设计组织责任。南水北调工程项目法人组建滞后，所以项目法人责任到位也相对滞后。经过第二次建委会决定，初步设计的组织工作交由项目法人负责，项目法人要充分发挥在初步设计中的作用。通过合同的方式，委托初步设计的责任单位，保证初步设计的质量和进度，加强初设阶段的工作协调，努力实现初步设计工作的要求。

（2）项目法人的招标投标责任。在招标投标中如何做到公开、公平、公正，如何做到打破地区和行业的保护，这一点还有不少差距。各项目法人要把招投标的视野放在全国有资质的施工单位，通过选择最优秀的施工企业来提高施工管理水平，确保工程质量。要落实代建制的管理模式，不论是项目法人直接管理的项目，还是委托地方管理的项目，都要大力推行代建制。提高专业化管理水平，降低工程成本和项目法人工程建成后的冗员负担。

（3）项目法人的资金筹集责任。项目法人在资金筹措方面一定要按照年度开工的进度要求，提出合理的开工计划和建设计划。在计划当中要体现资金的配比和使用时段，体现最大效益的原则。工程建设最大的损失就是工期的损失，就是停工的损失。所以要千方百计的保证资金的供应，保证工程不能出现由于资金带来的停工。

（4）项目法人的工程质量责任。百年大计，质量第一。根据南水北调工程建设管理体制和管理模式。南水北调工程实行政府监督，项目法人负责，建设管理单位和监理单位控制，施工单位保证的质量管理和保证体系。项目法人是工程质量的责任主体，要通过建立健全内部质量管理体系，落实质量管理机构与人员，完善质量管理规章制度，建立责任制和责任追究制，采取有效措施，加强对勘测设计、监理、施工单位质量工作的管理，确保工程质量。

（5）项目法人的资金管理责任。南水北调工程贷款量很大，资金量也很大，如何管好用好这些资金，不仅关系到工程建设成本，也关系到工程建设的资金安全、干部安全。各项目法人要对所管辖的工程制定相应的资金管理制度和办法，严格资金的审查和审批，加强资金使用的监督和检查。特别要加强对间接费和临建费、招投标结余的资金管理、检查，确保建设资金都用在工程上。

（6）项目法人的社会责任。南水北调工程的复杂性不仅体现在工程技术层面，而且体现在社会层面，其中包括工程占用或者淹没大量的土地，需要迁移安置人口、迁建城集镇和专项设施、进行文物发掘和保护等。

由于项目法人作为中央政府及各省市政府（出资方）的代表，负责南水北调工程建设管理和承担向银行贷款及还贷的责任，在征地移民投资占工程总投资比重较大的情况下，从投资管理的责任而言，项目法人参与征地移民工作是必要的，是南水北调工程与征地移民紧密结合的工程特点以及市场经济的运作方式决定的。因此，项目法人在征地移民工作中要充分认识征地移民工作是工程建设顺利进行的前提和重要组成部分，要进一步明确职责，到位不越位，切实做好征地移民初步设计阶段的各项工作、筹集征地移民资金、监督资金的使用和安置的效果等等。此外，要加强工程建设的环境保护和生态保护，使工程建设真正成为文明工地和生态保护的工地。

（三）正确处理好四个关系，发挥项目法人的主导作用

各项目法人是南水北调工程建设的直接管理者，工程建设的实施都要依靠你们去组织，但是，仅有项目法人是不够的，还要做好各方协调、配合，分工合作，共同努力，才能把事情办好。因此，正确处理好与各方面的关系是十分重要的。

（1）处理好项目法人与国务院南水北调办的关系。南水北调办是从政府层面对南水北调工程进行管理的一个机构，它执行南水北调建委会的决定，落实建委会的有关方针政策，加强各部门和省市的协调，规范南水北调工程建筑市场。各项目法人在工作中要认真贯彻落实国务院南水北调办总体工作部署，认真执行国家及南水北调工程建设管理的各项规章制度。国务院南水北调办对项目法人负有协调、指导、检查、监督的责任；各项目法人在所负责的工程范围内独立自主地开展南水北调工程建设管理工作，接受国务院南水北调办的监督管理。

（2）处理好项目法人与省（市）南水北调办及移民机构的关系。项目法人要加强与各省（市）南水北调办及有关征地移民机构的沟通、协调，相互配合，在主体工程上项目法人要充分尊重国务院南水北调办给予地方南水北调管理机构的授权，创造条件尽快与地方征地移民机构签订委托协议，地方南水北调办及征地移民机构要为工程建设营造良好的工作环境，共同促进南水北调工程建设的顺利进行。各省（市）南水北调办根据《南水北调工程委托项目管理办法（试行）》规定，负责指定或组建本省（市）委托项目建设管理单位，并根据国务院南水北调办的授权，对委托、代建项目的建设活动行使部分行政监管职责。

（3）处理好项目法人与地方政府的关系。南水北调工程涉及方方面面的工作，尤其是征地移民工作有着很强的社会性，征地移民工作的进展将直接影响到工程建设进度。建委会已经明确征地移民工作责任在地方，只有充分依靠各级地方政府才能做好。项目法人在工作中，要主动加强与工程所在地的地方政府的联系，多沟通、多协调、多合作，要通过我们的工作来赢得各方面的理解、信任、尊重和支持，促进工程建设的顺利进行。

（4）处理好项目法人与被委托的建设管理单位的关系。项目法人对南水北调主体工程建设全部实行契约合同管理，要根据南水北调工程委托项目管理办法研究制定委托项目管理实施细则，与项目建设管理单位通过签订建设管理委托合同明确双方的职责。项目建设管理单位受项目法人的委托，承担委托项目在初步设计批复后建设实施阶段全过程（初步设计批复后至项目竣工验收）的建设管理，依据国家有关规定以及签订的委托合同，独立进行委托项目的建设管理并承担相应责任。项目法人作为委托项目责任主体对工程项目的质量、安全、进度、投资负最终管理责任，要加强对被委托的建设管理单位的服务，同时加强对被委托的建设管理单位的监督和检查。

三、对会上提出问题的答复

会上，同志们围绕南水北调工程建设中前期工作、征地移民、投资控制、建设管理等问题进行了充分的讨论，提出了许多意见和建议。下面，针对大家提出的带共性的问题，我谈几点意见。

（一）前期工作方面的问题

（1）关于可研报告审查和应急项目开工。总体可研报告正在组织审查，必须经过一定程序。我们和水利部同志已经协商，可研报告一定要在保证质量的前提下加快速度，宁可牺牲速度，也要保证质量。牺牲速度对整个工期会造成一定影响；但是质量上的问题，会给我们的工程运行带来隐患。希望项目法人在各个层次的可研报告审查当中，一定要认真地提出意见，使可研报告符合南水北调工程实际，不要造成方案上的缺憾和项目上的遗漏。总体可研报告批复以前，一些关键项目的开工，我们正在与发展改革委沟通，单独批复关键项目的可研报告。

（2）有关初步设计组织设计变更以及前期费用。初步设计组织工作明确由项目法人负责，项目法人要和设计单位建立工作联系，签订委托协议，具备条件的可以采取招标形式选择设计单位。重大设计变更是指涉及到工程建设项目的使用功能变化，涉及到项目规模和工程总体布局变化，涉及到工程建设的重大实施方案变更。目前初步设计变更仍按照原始批复单位批复，我们正在与水利部协商，希望把水利部批复初步设计项目的设计变更移交给南水北调办。在没有协调一致以前，凡是碰到重大设计变更，各项目法人给水利部报送的时候，应同时抄国务院南水北调办，便于做好协调工作。前期费用按照初步设计阶段划分，初步设计以前，项目建议书及可研报告的前期费用由水利部支付，初步设计阶段的前期费用由项目法人支付，希望你们认真做好初步设计阶段前期费用计划，切实把初步设计的费用用在初步设计工作中。不能把初步设计的费用用在偿还可研报告的费用上，各项目法人要做好前期费用的管理和监督。

(3) 关于设计监理费。南水北调工程建设实施建设监理制度，建设监理机构包括施工监理和设计监理。施工和设计的矛盾由建设监理机构来平衡解决，设计监理费用要纳入建设监理的费用之中。建设监理要通过招标选择，概算当中的监理费用不足，服从于招标选择的结果。各项目法人一般不再单独设置设计监理，若确实需要设置设计监理的，其设计监理费用从概算中监理费项下开支，监理费用超出概算部分通过规范程序在项目间进行调整。

(二) 征地移民工作方面的问题

(1) 关于税费计列。国家法律规定和国务院明确规定的税费我们已经全部计列。有关部门规章规定的，国务院南水北调办正在和有关部门进行协商，明确对各部门提出的税费是否计列的意见。各项目法人要本着对工程负责、对移民负责的精神，征地移民费用全部用于征地移民工作，向一线倾斜，向移民群众倾斜。在实施管理费等间接费用的划分上，国务院南水北调办正在根据工作量的划分提出意见。

(2) 关于初步设计阶段的缺项问题。希望大家利用当前对已经批复的和未批复初步设计项目的征地移民规划的补充完善的机会，尽快提出意见，把补充完善的内容纳入到东、中线整体可研。包括项目漏列、地面附着物的补偿标准，以及有关的方案实施中的问题。项目法人要把移民规划和移民工作纳入工作范围同步进行，只有征地移民工作推动了，项目建设才能有开工的条件和顺利建设的基础。

(三) 投资控制工作方面的问题

(1) 关于项目概算的控制。在可研报告阶段，项目概算由水利部编制。作为国务院南水北调办，不管是项目审查和概算审核都会征求项目法人意见。项目法人实事求是地反馈意见，打足列够。在向水利部反馈意见的同时，希望同时报告南水北调办，以便于协调促进工作。

(2) 静态控制、动态管理。南水北调工程在资金管理上实行“静态控制、动态管理”，这是市场经济的运行机制。根据静态控制、动态管理的原则，每年要测算南水北调工程物价调整指数，通过一定的机构或由国务院南水北调办批复，根据调节指数测定当年投资的增长幅度。对于工程资金的使用次序，首先是使用不可预见费，其次是招投标结余，第三是静态控制、动态管理的调价增长。

(3) 委托项目的投资控制。委托项目资金管理是投资控制的重点。希望项目法人结合委托项目管理办法研究制定对委托项目资金控制的有关实施细则。在委托项目上，可以通过已经开工的项目进行试点然后在面上逐步推开。

(4) 对优化设计奖励的问题。各项目法人实施的对象不同，不可能搞一个统一的设计优化的奖励标准。希望你们本着对国家、工程和设计单位、施工单位负责的原则提出优化设计意见，经国务院南水北调办同意，由你们自行实施。

(四) 建设管理方面的问题

(1) 有关技术标准正在组织有关部门制定。凡是符合南水北调要求的标准，按照以往的标准执行；没有标准的，我们将制定新的标准。

(2) 建设管理费用。各项目法人应该本

着精简机构、压缩人员、减少开支的原则，严格控制建设管理费用，完善建设管理费使用的审批程序。希望大家在概算审查阶段能够有理有据地提出合理要求，确实存在问题的，在实施过程中要及时与国务院南水北调办联系、沟通，通过项目间的调整来解决。对建设管理费我们将组织专项审计。

(3) 工程验收后的费用，原则是工程验收以后，谁使用谁负责。工程验收后不使用的，管理费计入建设费。

(4) 工程质量监督。对委托制项目，质量监督原则上由被委托的地方建设管理机构来实施。对代建制和直接管理的项目，对东线江苏段、山东段关键的项目，国务院南水北调办将组织质量监督机构实施现场监督，履行政府质量监督的职能。有关质量监督的办法我们将根据各个工程项目的情况，跟有关部门研究以后，同时征求项目法人的意见来具体组织实施。

以上是一些带有普遍性、共性的问题，还有一些问题需要我们深入研究，在实践中探索。我相信，随着南水北调东、中线一期工程的全面展开，随着南水北调工作的逐步深入，各种问题和困难都将在工程建设与管理的稳步推进中得到逐步解决。

四、对今后工作的要求

2005 年是南水北调工程建设的关键一年，各项工作都将全面铺开，时间紧、任务重。各项目法人要认真执行国务院有关南水北调工程建设管理的有关政策，认真贯彻落实建委会二次全会精神和国务院南水北调办工作部署，加强和促进南水北调前期工作，理顺建管体制、加大代建制工作力度，努力推进东、中线工程全面开工建设，确保工程建设质量和资金、干部安全，正确处理好工程建设与征地移民的关系，畅通工作渠道，保持和发展南水北调工程建设的良好势头，按期实现南水北调工程总体规划目标。

要认真落实建委会确定的工程建设目标，做好已开工项目建设的顺利实施及拟开工项目的开工准备工作。当前，要以推进全面开工为工作重点，促进工程整体的开工建设。要认真做好南水北调工程建设的年度投资计划管理工作、资金筹措工作，严格控制工程成本，最大限度地发挥投资效益。

（一）加强前期工作，提高初步设计工作的效率和质量

加快并做好前期工作是落实年度建设计划，实现南水北调工程建设目标的前提。建委会二次会议明确了项目法人在前期工作中负责组织初步设计的责任，各项目法人要认真履行职责，切实加强前期工作，提高工作效率和质量。

一是全面落实初步设计交接工作。要尽快制定初步设计交接方案，并与水利部、相关各省（市）南水北调办、设计院等进一步协调，抓紧落实。二是针对各项目初步设计的不同特点和要求，抓紧研究制定初步设计组织方案，以及相应的管理办法。三是针对南水北调东、中线一期工程总体建设目标，提出满足总体建设目标的初步设计总体工作计划及年度工作计划，并切实抓紧落实。四是要引进竞争机制和监督机制，努力提高设计产品质量，加快设计工作进度。五是要积极参与总体可研审查，提前介入前期工作。要及时发现和研究解决可研阶段存在的问题，向前期工作主管部门提出工作建议，为项目法人组织初步设计和组织实施奠定基础。

（二）理顺建设管理体制，加大代建制工作力度

要严格按照国务院南水北调办制定的《南水北调工程代建项目管理办法（试行）》，结合南水北调工程建设自身的特点，加大代建制管理模式的工作力度，及时总结经验，积极探索新形势下南水北调工程建设管理模式的最佳实现形式。

一是要把思想统一到国务院南水北调工程建设委员会二次会议的决定上来，坚决贯彻落实建委会决定的南水北调工程代建制、委托制和直接管理相结合的建管模式。要认真做好项目的划分，严格按照《南水北调工程建设管理的若干意见》的要求该管的管住，该放的放开。二是要充分利用社会资源，重点抓好代建制工作，项目法人直接负责的项目要推行代建制，地方受委托负责的项目也要推行代建制。三是在代建制实施中要严格资格审查，择优选择代建制项目管理单位、勘察设计单位和监理单位。抓紧研究代建制合同管理内容，制定管理合同范本。四是项目法人要加强合同执行监管。根据合同约定，依法加强对项目管理单位的监督和管理。项目管理单位在合同约定范围内就工程项目建设的质量、安全、进度和投资效益对项目法人负责，并在工程设计使用年限内负质量责任。

（三）加强工程建设管理，确保“工程、资金、干部安全”

各项目法人和受委托或招标选择的建设管理单位要认真执行建委会以及办公室制定的有关规定，规范自身建设行为，严格自律，对南水北调工程建设高标准，严要求，从严管理，构筑教育、制度、监督并重的反腐败工作体系，确保工程安全、资金安全和干部安全。

一是各项目法人单位要加强制度建设，加强内部管理和工程建设管理。全面推行工程建设的规范化、制度化、科学化管理，确保工程质量、安全、进度和投资效益，为全面加强南水北调工程建设管理提供制度上的保证。二是加强人员思想教育和作风培养，提高管理人员素质。严格工程建设管理制度，遵守基建程序，加强对招投标工作的规范管理，过好人情关、关系关。三是要牢固树立质量意识、安全生产意识，切实保证工程建设质量。项目法人作为工程质量的责任主体，要建立施工单位负责、建设监理监督、建设管理单位管理的质量保证体系。要逐步建立和完善项目法人负责、监理单位控制、设计和施工单位保证、政府部门监督的南水北调工程建设质量管理体系。严肃财经纪律，严格资金管理，杜绝浪费和腐败现象的发生。四是要加强不同层面的监督检查工作。国务院南水北调办及各个省（市）南水北调办要加强对工程建设的监督检查，加大稽察工作的力度；各项目法人单位要认真按照自身的职责，做好内部检查和控制工作。

（四）提高责任意识，做好征地移民的参与工作

征地移民工作由地方征地移民机构组织实施，主体工程的建设由项目法人组织实施。为切实处理好二者之间关系，需要地方征地移民机构和项目法人相互之间做好配合协调工作。

一是要加快征地移民规划的修改完善工作，对规划中的缺项、漏项加强核查，核定地面附着物补偿标准，制订切实可行的征地移民规划并纳入总体可研。二是在国务院南水北调办与各有关省（市）签订征地移民责任书的基础上，项目法人要尽快与各省（市）征地移民管理机构签订征地移民委托协议，明确双方的责任和权力。三是要合理制定征地移民的进度计划，做好征地移民资金的筹集和使用的监督管理，积极配合当地政府实施征地移民计划，做好参与、配合、支持和服务工作。

（五）畅通信息渠道，做好建设资料的收集、整理和报送工作

各项目法人要全面加强与国务院南水北调办的沟通，加强重大事项的汇报、请示，建立定期向国务院南水北调办报送投资统计、财务报表、建设管理等信息的制度，加强南水北调工程在建项目管理，确保阶段建设目标和整体目标的顺利实现。

一是要畅通建设管理信息渠道，及时反映前期工作、工程进展、招投标情况、施工进度、施工质量等工程建设信息。二是要按照《南水北调工程建设投资统计报表制度》

要求，明确统计机构和统计人员，加强与计划、施工、管理等部门的联系。规范财务报表的报送工作，加强财务管理，保证专款专用。三是要切实加强工程档案的管理工作，要建立规范完整的工程档案管理制度，配备合格的档案管理人员，提供必要的软硬件设施，做到档案收集完整，整理规范，全面反映工程建设全过程。四是有关项目法人要做好东线几项工程竣工的验收准备工作。

同志们，2005 年南水北调工程各项建设任务十分繁重。我们要紧密地团结在以胡锦涛同志为总书记的党中央周围，认真落实国务院南水北调建委会两次全会精神，进一步增强搞好南水北调工程建设的责任感、使命感和紧迫感，团结一致、求真务实、扎实工作，为努力实现南水北调工程建设各项目标，共同构建社会主义和谐社会而努力奋斗！

体制创新是搞好南水北调工程建设管理的保证

——张基尧

（2005 年 12 月 1 日）

2002 年 12 月 27 日，根据国务院批复的《南水北调工程总体规划》，南水北调东、中线一期工程开工建设。南水北调工程的实施，将构筑我国“四横三纵，南北调配，东西互济”的水资源总体格局，为我国北方地区经济和社会的可持续发展提供支撑和保障。

南水北调工程是一项规模宏大，投资巨额，涉及范围广，影响十分深远的战略性基础设施；同时，又是一个在社会主义市场经济条件下，采取“政府宏观调控，准市场机制运作，现代企业管理，用水户参与”方式运作，兼有公益性和经营性的超大型项目集群。其建设管理的复杂性、挑战性都是以往工程建设中不曾遇到的。在工程建设中，如何实现有效管理、有序建设，是沿袭以往的建设管理模式，还是根据工程自身特点，按照社会主义市场经济体制改革的要求，创新观念，创新思路，创新体制，走一条符合南水北调工程实际的建设管理之路，这是摆在工程建设管理者面前的一个重要课题。

一、南水北调工程特点决定其建设管理必须走创新的道路

唯物辩证法认为，事物的发展是由自身的矛盾所决定的，认识事物的本质和规律，首先要把握该事物内部矛盾的特殊性。南水北调工程具有一般超大型水利工程的普遍性，更有其自身的特殊性和内在规定性。这些特殊性和特点，决定了南水北调工程建设管理自身的规律性。认识南水北调工程建设管理体制的创新，首先必须分析南水北调工程自身的特点，只有这样，才能深刻理解南水北调工程建设管理体制创新的意义和内涵。

南水北调工程的主要特点是什么呢？

（一）工程多样性

南水北调工程点多、线长，东、中线一期工程包含单位工程 2700 余个。这些单位工程，不仅有一般水利工程的水库、渠道、水闸，还有大流量泵站，超长、超大洞径过水隧洞，超大渡槽、暗涵等。建筑形式多样，对施工技术和施工组织要求多样，对工程建设统筹、项目整合能力、综合管理水平都提出了更高的要求。

（二）投资多元性

南水北调工程投资巨大。主体工程建设由政府拨款、南水北调建设基金和银行贷款组成，政府拨款主要由中央政府安排，基金实际是订购南水北调水权，因各省市的需水量、调水距离不同而不同，中央拨款和省市筹集的南水北调工程基金共同构成项目资本金，出资者按比例行使各自的责任、义务和权利。贷款由工程建设的责任主体统一承贷并以水价和延长筹集的南水北调工程基金偿还。南水北调工程是在社会主义市场经济条

件下展开的，既有公益性，也有经营性，供水的主要对象是城市，工程建成后要依靠自身的效益来维持工程的良性运行。因此，在投资的筹集上，既要考虑到其公益性特点，加大政府的支持力度，也要考虑按市场规律运作，强化项目法人的资金筹措、建设管理的责任。投资多元化要求南水北调工程在建设过程中必须统一管理，这样有利于投资安排的统筹考虑，合理调配，保证工程建设的实际需要，又有利于从严控制建设成本，最大限度地节省投资。

（三）管理开放性

南水北调工程建设管理的开放性，是现阶段我国经济社会发展和建设社会主义市场经济的客观要求。主要表现在：第一，南水北调工程浩大，跨流域，跨区域，在项目建设的管理上，既要体现项目法人的责任主体的地位和作用，又要建立多层次分级负责管理的体系，既要充分调动项目法人的积极性，又要充分调动所经地区的积极性；第二，南水北调是一个复杂的系统工程，除主体工程建设以外，还有大量相关工作，如征地移民、生态与环境保护、水污染治理、文物保护、节水、地下水控采、产业结构调整等，涉及众多地区、众多部门的职责和利益关系调整，在社会层面的管理上，必须通过中央和地方政府及相关部门有效的合作与协调，齐抓共建来实现；第三，在南水北调工程建设中各项政策的制定与实施，必须充分考虑有利于工程建设、经济发展、社会稳定的要求，必须充分听取沿线各级政府和广大人民群众的意见，建立有效的信息沟通的渠道，接受社会、公众的监督；第四，南水北调工程建设事关我国经济社会长远发展，必须建立科学民主的决策机制，广泛听取专家和社会各界的意见和建议。这种管理开放性的特点，客观上要求建立起有效统一的管理和协调机制。

（四）区域差异性

南水北调东中线一期工程涉及七省市，城乡差别大，经济发展不均衡。水资源调配既有调水区也有受水区；调水区既要做好水资源保护，又要促进当地经济社会发展；受水区用水对象既有城市也有农村；工程沿线既有沿海经济发达省份，也有中部地区经济相对欠发达省份；工程所涉及不同区域里，既有水库移民异地安置，也有干线移民就地后靠；土地调整，既有城市拆迁，也有乡镇补偿等等。因此，在政策的制定和把握上，既要考虑政策的统一性，又要研究不同地区不同对象的特殊性，做出符合实际的安排。

（五）技术挑战性

南水北调工程在技术管理上有着自身的特殊要求。在工程技术上，面临着一些新的挑战，譬如丹江口大坝加高工程中新老混凝土结合，中线穿黄工程中大断面开挖盾构技术应用，西线高海拔、高寒地区复杂地质条件下大断面、长隧洞的施工，东线低扬程大流量水泵选型和制造，北方地区冬季冰期输水安全以及长距离调水的自动化管理，等等。在社会管理上，东线治污，中线水源区保护，受水区地下水控采，输水过程中供水安全控制，社会节水措施的落实等，需要同步抓紧工作。在经济管理中，物价指数及有关政策变化引起水价负担及社会承受能力问题，不同水平年水资源的合理调配，还贷风险的控制等等，都需要在工程建设中深入研究，妥善解决。

（六）效益的综合性

南水北调工程的效益是通过多方面来体现的。既有经济效益也有社会效益、生态效益；不仅要保证调水的水量，还要保证调水的水质，促进沿线治污水平的提高；不仅要保证调来水的有效利用，还要促进受水区的节水，通过减少受水区地下水的开采，促进区域水资源联合调度和提高利用水平。更重要的是，促进节水型城市和节水型社会的建立。统筹各类不同目标，最终达成南水北调工程总体目标的实现。

认识南水北调工程建设管理体制，还要

了解工程建设的背景。南水北调工程建设，是在社会主义市场经济条件下展开的，需要遵循社会主义市场经济规律，按照市场经济的原则构建建设管理体制、机制。南水北调工程是一个兼有公益性和经营性双重性质的工程项目。公益性体现在它是跨流域调水，具有生态补水的功能，因而要求政府主导，加强宏观调控，加强行政监管，加强统一协调；经营性体现在它供水的对象主要是城市生产、生活用水，供水工程成本要在水价中有所体现，因而要求按照现代企业制度管理，按市场机制运作。既不能沿用计划经济体制下的“政府建设，用水户无偿用水”，也不能采用完全市场化的“市场配置”，而是要积极探索和逐步建立水的“准市场”配置机制和管理体制，实现政企分开，政事分开，政资分开，政府和社会中介组织分开。只有清醒地认识南水北调工程这种特性，才能深入了解和把握工程建设管理体制的针对性和内涵。

以上特点和建设背景，决定了南水北调工程建设管理模式的选择，不能照搬一般大型基础设施项目的模式，不能脱离社会主义市场经济条件的大背景，而要紧密结合工程本身的特点，转变观念，探索创新，走出一条符合南水北调工程实际，实现科学管理、有序运作的建设管理路子。

二、以项目管理为中心，构建符合南水北调工程实际的建设管理体系

南水北调工程开工建设以来，遵循国务院批复的总体规划中关于建管体制“政府宏观调控、准市场机制运作、现代企业管理、用水户参与”的指导原则，紧密结合工程建设的实际，以项目管理为核心，在国务院南水北调工程建设委员会《南水北调工程建设管理的若干意见》的总体架构下，积极探索，提出了一整套适合工程建设需要的管理体系。

（一）南水北调工程建设管理体制的总体框架

南水北调工程建设管理体制的总体框架分为政府行政监管、工程建设管理和决策咨询三个方面。

政府行政监管。国务院南水北调工程建设委员会，作为工程建设高层次的决策机构，决定南水北调工程建设的重大方针、政策、措施和其他重大问题。国务院南水北调办公室作为建设委员会的办事机构，负责研究提出南水北调工程建设的有关政策和管理办法，起草有关法规草案；协调国务院有关部门加强节水、治污和生态环境保护；对南水北调主体工程建设实施政府行政管理。

工程沿线各省、直辖市成立南水北调工程建设领导小组，下设办事机构，贯彻落实国家有关南水北调工程建设的法律、法规、政策、措施和决定；负责组织协调征地拆迁、移民安置；参与协调省、自治区、直辖市有关部门实施节水治污及生态环境保护工作，检查监督治污工程建设；受国务院南水北调办委托，对委托由地方南水北调建设管理机构管理的主体工程实施部分政府管理职责，负责地方配套工程建设的组织协调，研究制定配套工程建设管理办法。

工程建设管理。南水北调工程建设组织以南水北调工程项目法人为主导，包括承担南水北调工程项目管理、勘测设计、监理、施工、咨询等建设业务单位的合同管理及相互之间的协调和联系。

南水北调工程项目法人是工程建设和运营的责任主体。建设期间，主体工程的项目法人对主体工程建设的质量、安全、进度、筹资和资金使用负总责；负责组织编制单项工程初步设计；协调工程建设的外部关系。

承担南水北调工程项目管理、勘测（包括勘察和测绘）设计、监理、施工等业务的单位，通过竞争方式择优选用，实行合同管理。

决策咨询。成立南水北调工程建设委员会专家委员会。主要任务是对南水北调工程建设中的重大技术、经济、管理及质量等问题进行咨询；对南水北调工程建设中的工程建设、生态环境、移民工作的质量进行检查、评价和指导；有针对性地开展重大专题的调查研究活动。

（二）建立以项目法人为主导，直接管理、委托制和代建制相结合的建设管理新模式

南水北调工程建设管理在政府宏观调控下，严格实行“项目法人责任制、招标投标制、建设监理制和合同管理制”，建立项目法人主导的，直接管理与委托相结合大力推进代建制管理的建设管理新模式，既符合改革的要求，也是南水北调工程本身的特点决定的。在工程建设初期就组建项目法人，并由其全面承担起工程的建设管理责任，有利于统筹考虑工程建设与运行管理两个阶段，有利于责权利统一。

南水北调工程沿线各省市既是用水户，也是工程投资的主体。各投资主体的出资人，利用股份制这一有效的资本组织形式，通过企业化管理的手段，实现所有权和经营权的分离，有效提高工程建设和运行管理的效率，提高资本的运作效率，从而最大限度地保障各投资主体的权益，这充分体现了我国投资体制改革的方向和要求。

根据建委会《南水北调工程项目法人组建方案》（国调委发［2003］2号），综合考虑南水北调工程的历史和现状，结合南水北调工程建设实际需要，在南水北调东、中线一期主体工程建设中组建五个项目法人，具体负责东、中线一期主体工程及汉江中下游治理工程的建设和运行管理。由于中线干线工程涉及面广，各种关系复杂，组建有限责任公司，短期内尚不具备条件，因此，先期组建中线干线工程建设管理局，作为工程建设管理的责任主体履行建设期间的项目法人职责，条件成熟时再适时改制为有限责任公司。项目法人的组建，标志着项目法人负责并主导的集中统一的南水北调工程建设管理格局已基本形成。

为发挥南水北调工程沿线各省市的积极性，对部分工程项目建设采用委托制，由项目法人以合同的方式将部分工程项目委托项目所在省市建设管理机构组织建设。对工程技术含量高、工期紧的跨河、跨路大型枢纽建筑物以及省际、市际边界工程，减少建管环节，由项目法人直接管理，以利于控制关键节点工程的建设。不论是实行直接管理还是委托制的项目，都要积极推行代建制。通过市场选择，充分发挥社会管理资源在工程建设中的作用。工程建设管理及运行管理，委托有资质有经验的建设管理单位或运行管理单位承担。代建制的推行，不仅有利于促进管理水平的提高，也为今后运行管理的资源配置预留了空间。

在项目法人的主导下，南水北调工程建设实行直接管理与委托管理相结合大力推动代建制管理的新的建设管理模式，是南水北调工程建设管理的实际需要。有利于发挥中央和地方两个积极性，有利于提高工程建设管理的效率、降低建设管理成本和提高管理水平。

（三）实行“建委会领导、省级人民政府负责、县为基础、项目法人参与”的征地移民管理体制

南水北调工程移民实行“国务院南水北调建设委员会领导、省级人民政府负责、县为基础，项目法人参与”的管理体制，既体现了从中央到地方各级政府在征地移民工作中政府主导作用，也对新形势下项目法人在征地移民工作中的作用提出了要求。

我国的土地制度决定征地补偿和移民安置工作属于政府行为。实践证明，必须依靠各级政府，才能做好征地移民工作。所谓“建委会领导”，就是由建委会制定南水北调工程征地移民的重大方针和统一的政策、制度，研究解决重大问题，国务院有关部门各负其责做好征地移民工作。

南水北调工程跨越我国东中西部多个省市，各地情况差异较大，征地移民工作有着不同于一般水利工程的复杂性，移民类型和安置方式相对复杂。在制定征地移民政策和管理制度时，既要考虑政策和制度的统一性，又要针对不同的地区和不同的单元工程征地移民特点设定一定的弹性空间。所谓“省级政府负责、县为基础”，就是说省级人民政府可以根据建委会制定的统一政策，制定本省的实施细则，进行政策的微调，解决本地带有个性的问题，落实征地移民工作各级地方政府的责任。县级人民政府作为我国土地权属和产权管理的最重要环节，需要充分发挥其在社会动员、资源调配、行政执法、维护稳定等方面的政府作用，办理具体的补偿兑付、组织拆迁安置等工作。

南水北调工程投资的多元性和准市场配置的特点，与纯公益性的水利工程完全依靠政府拨款不同。征地移民的投资是工程总投资的组成部分，决定了在主要依靠各级政府组织实施征地移民工作的同时，需要项目法人代为履行投资人的义务。所谓“项目法人参与”，是南水北调工程与征地移民紧密结合的工程特点以及市场经济的运作方式决定的。项目法人参与，对征地移民安置资金进行筹集和安排，并参与资金使用的管理，体现了投资人的权利和义务，有利于分清投资人和实施者的责任，有利于保护被征地农民和拆迁对象的权益。

（四）工程建设与水污染治理相互促进

水污染治理、水环境保护是南水北调成败的关键，是工程建设的重要内容。

根据《南水北调东线工程治污规划实施意见》，国务院南水北调办与东线沿线各省市人民政府已签订治污责任书，落实责任，采取措施，加大东线治污力度，确保东线输水干线清水廊道目标的实现。治污工作责任在地方。为了加强治污工作领导，东线沿线江苏、山东两省分别成立了东线治污领导小组，下设办公室，负责研究部署南水北调东线工程本省段的污染治理工作。国务院有关部门按照行政管理分工，分别负责各有关方面的政策协调、指导与监督工作。

中线丹江口库区水源及调水沿线的水资源保护工作，是中线工作的重点。国务院南水北调办和国家发改委、水利部、环保总局已经联合制订了《丹江口库区及上游水污染防治和水土保持规划》。为做好规划的实施工作，将建立丹江口库区及上游水源保护和生态建设协调机制，充分发挥地方政府和有关部门的作用，组织规划的实施工作。

三、正确认识新体制新机制实践过程中产生的矛盾

（一）正确把握南水北调工程建设管理过程中存在的矛盾

南水北调工程建设采取的是一种全新的建设管理体制，这种体制从研究探索，到创建和实施，是一个不断完善的过程。这一体制确立以来，在工程建设管理、征地移民、水污染治理与水环境保护工作中，发挥了重要作用。实践证明，这一体制是行之有效的。但是，作为一种新的体制，在实施过程中有许多新的理论和实践问题，需要我们在实践中不断加深理解和认识，不断进行调整和完善。这种新体制与传统的管理体制和方式难免出现一些矛盾和碰撞。正确认识和处理这些矛盾与碰撞，是推进新体制、新机制走向深入和成熟的重要问题。

（1）观念上的碰撞。集中反映在对南水北调工程的性质定位方面，以及由此引起的对工程供水目标认识的不同。在工程性质的定位上，对南水北调工程兼有公益性和经营性双重性质认识不足：有些同志认为南水北调是纯公益性工程，应由政府，甚至是以中央政府为主投资兴建；也有些同志认为南水北调工程是经营性工程，应走完全市场化的建设路子。在供水目标上，有的认为既然南水北调是供水工程，供水就应该首先考虑到农业用水和生态补水，应该直接向农业提供水源，直接通过河湖给生态补水。对工程性质和供水目标认识上的不同，将直接导致对南水北调工程筹资、建设管理和运营管理上的一系列重大的变化。

(2) 体制上的碰撞。集中反映在对工程性质的认识和市场经济体制条件下政府与企业的定位上。有的同志希望政府部门直接组织工程建设。具体到南水北调工程建设管理体制和模式方面，认为本辖区内的工程应由本地进行建设管理，到时直接“交钥匙”就行了，忽视项目法人在工程建设和运营中的责任主体的作用。在南水北调工程征地移民管理体制方面，有的同志对项目法人与征地移民管理机构签订投资包干协议存在不同的认识，认为项目法人作为企业与政府机构签协议不妥；项目法人中有的同志则认为征地移民由地方政府负责，项目法人没有主动权，因征地移民工作影响工程建设，项目法人没有责任。

(3) 方法上的碰撞。突出反映在对行业管理和项目管理的认识上。一些同志习惯于用行业管理的方法处理南水北调工程建设管理中的问题，习惯于研究、制定政策，下发文件、召开会议，部署工作，宏观指导。这些与项目管理的要求不相适应。作为项目管理，要求不但要研究、制定政策，更需要检查监督政策的落实，并根据实际情况进行及时的调整，要深入基层，到项目现场去解决问题，落实措施。以项目管理为核心的南水北调工程建设管理，在工作观念上，需要以工程建设为中心；在工作思路上，实现宏观和微观管理的结合，把宏观管理落实到微观措施上面；在工作目标上，既注重过程，更注重结果；在工作层次上，要求减少管理层次，减少环节，满足工程建设的时效需要；在工作方式上，更多通过现场调查、会议研究、现场解决问题；在工作方法上，特别需要团结协作，密切配合，抓住机遇，提高效率；在工作流程上，及时把生产一线的问题收集上来，研究解决措施。

(4) 利益上的碰撞。反映在调水区和受水区的利益碰撞，集中在调水区的利益补偿机制和调出水的价格形成机制；在投资筹集上，中央和地方的投资比例及项目安排上存在不同的意见；在工程建设的增量资产和存量资产的协调管理上存在不同的看法；在工程建设管理和建成后运营管理的主导权上，有着不同的要求，等等。

(二) 认识产生碰撞的必然性，不断深化认识并统一思想

任何一种体制和机制的形成都需要一个过程，从制度的设计到最终实现，整个过程都是一种集思广益、不断完善的过程。在这个过程中，各种观念、利益和方法的矛盾和碰撞是不可避免的。关键是按照建立社会主义市场经济体制的总体要求，按照有利于促进南水北调工程建设管理的客观需要，正确对待和处理这些矛盾与碰撞。

客观上，南水北调工程在国务院批复总体规划以后，就直接进入了工程实施，在规划阶段，虽然对工程建设管理体制进行了总体研究，提出了工程建设管理的基本原则，但具体到实践中如何落实，依然需要在建设实践中进行大量的研究探索，这个过程本身就是各种观点相互商榷，不断磨合达到认识统一的过程。在体制、机制的设计完成之后，要在工程建设中加以实践和检验，在没有经过充分的实践检验之前，许多同志产生一些疑惑也是正常的。另外，在实践的过程中，还会出现一些事先未能估计到的情况，还会遇到一些新的问题和新的困难。对待这些问题和困难，不同的人，不同的单位，站在不同角度去观察和分析，所得出的结论也将是有差异的，所提出的解决问题的方式和方法也会是不同的。

综上所述，对待和处理南水北调工程建设过程中出现的矛盾和问题，归根到底，应从实现南水北调工程总体效益的大目标出发，从落实科学发展观、构建和谐社会、促进经济社会可持续发展的高度，认识和处理这些问题，协调这些碰撞。应正确认识和处理全局与局部、眼前与长远、中央与地方、政府部门与企业、调水区与受水区等若干重大关系。注重遵循经济社会发展和工程建设两个规律，按照有利于促进工程建设的需要来进行。必须遵循中央关于建立社会主义市场经济体制改革的要求，按照政企、政事、政资分开的原则，让政府和企业各自回归自己的本位；既要发挥政府的宏观调控作用，又要充分发挥市场主体在资源配置中的主导作用；要适应改革、发展、稳定的要求，积极营造良好的工程建设环境。

四、坚定不移地贯彻建委会决策，以体制创新促进和保障南水北调工程建设顺利实施

（一）以科学发展观为指导，在南水北调工程建设中积极推进新体制、新机制的实践

党的十六届五中全会强调全面贯彻落实科学发展观，明确提出“建设资源节约型、环境友好型社会”“坚持以人为本，转变发展观念，创新发展模式，提高发展质量”。建委会二次会议明确了工程建设管理体制和建管模式、征地移民管理体制、治污和水环境保护的责任等，有关管理制度也已相继颁布实施。建委会确立的新体制新机制，是中央关于经济体制改革的总体要求在南水北调工程建设管理工作中的具体落实；是在汲取以往大型水利水电工程建设的成功经验的基础上，充分考虑南水北调工程的特点所做出的正确选择；也是经过各部门和各地方人民政府反复协商并取得共识的成果。这个体制机制选择的结果，包含了众多科技工作者和工程建设管理者的智慧，充分考虑了各方面的关系，成果来之不易。实践证明，它基本符合南水北调工程建设管理的实际和需要，在实际工作中逐步得到了各方面的理解，并日益形成共识，促进和保证了工程建设的顺利进行。

（二）遵循社会主义市场经济要求，把握工程性质，逐步统一认识

认真理解和准确把握南水北调工程的性质，是做好南水北调工程建设管理工作的前提，也是准确理解南水北调工程建设管理体制、资金筹集方式、征地移民管理体制、治污和生态保护工作的基础。南水北调工程不仅是一个调水工程、水资源配置工程，更是一个促进节水、治污、改善生态、保护环境的生态工程，是一个关系到经济社会发展全局的战略性基础设施。工程具有公益性和经营性双重功能，国务院在批复南水北调工程总体规划中，对此予以明确表述。南水北调工程公益性和经营性的双重功能，决定了南水北调工程建设必须要考虑综合利用功能，不能仅仅为单一的目标服务，既要充分考虑其社会效益，政府投资在其中要起主导作用，还必须要考虑工程的成本核算，通过自身的效益来还本付息，维持工程的良性运营；同时，通过市场运作，实现水资源的商品化，达到节约用水，促进全社会节水型城市和节约型社会建设的目标。因此，在工程建设实践中，要始终不渝地牢牢把握好工程的这一性质和定位，切实转变观念，提高认识，把各方面的认识统一到落实建委会的决议上，统一到有利南水北调工程建设上，统一到构建社会主义和谐社会目标上。在工程建设中，一方面要摒弃计划经济体制下“政府建设，用水户无偿用水”的传统观念，采用与社会主义市场经济相适应的管理体制和运行机制；另一方面，也要克服所谓“采用完全市场配置”的偏激认识，强化政府主导，加强统一协调。在实践中，特别是面临建设管理中的复杂问题，要始终保持清醒头脑，按照南水北调工程的双重性质，去认识和分析矛盾的症结，找到正确解决问题的钥匙。

（三）明确定位，理顺关系，充分发挥项目法人在工程建设中的作用

在南水北调工程建设实践中，各级南水北调工程建设管理机构，要按照党的十六届五中全会关于“转变发展观念，创新发展模式”的精神，从推进南水北调工程建设顺利实施的高度，不断加深对新体制、新机制的理解和认识，进一步在实践上进行新的探索，逐步理顺管理体制，明确管理责任，处理好利益关系。要不断增强和树立大局意识、整体意识、责任意识、机遇意识，正确处理中央与地方，政企、政事、政资的关系，准确把握工程建设中的政府定位、法人定位、市场定位。要各负其责，各得其所，各行其职，妥善处理好各方面的关系，既不能越位，也不能缺位。要充分重视和发挥项目法人在工程建设中的责任主体作用。各项目法人要认真负起责任，加强与各有关方面的配合，增强工作的预见性和主动性，共同促进协调、有序、高效的建设管理体制和运作方式的确立和完善。

（四）切实转变工作方式方法，实现项目管理的新突破

各级南水北调建设管理部门，必须切实地转变传统的思维方式和工作方式。这是南水北调工程建设的迫切需要。南水北调这一伟大工程，聚集了千百万建设者为之奋斗。对于来自各方面的建设者和建设管理机构而言，由于环境变了，条件变了，工作对象变了，我们的思想观念和工作方式也必须随之转变，只有这样，才能适应客观条件的变化和南水北调工程建设的要求。概括地说，就是要从以往的行业管理、企业管理转到项目管理上来。把对党对人民和对工程负责的一致性体现到我们的具体工作当中；把宏观控制和微观管理结合起来，既要明确目标政策制度，更要解决工程建设中的实际问题；既注重过程控制，更注重结果控制，把实现工程目标放在第一位；工作中不仅注重程序、规范、制度，更注重时效和实效；不仅要处理好人与人之间的关系，更要处理好人与事之间的关系；要特别注意减少工作层次和环节，避免形式主义，提高工作的效率；更多的通过现场调查、协调研究及时解决问题；要提倡一专多能，团结协作，密切合作、相互支持。

（五）开拓创新，勇于探索，在实践中不断完善新体制新机制

在南水北调工程建设管理过程中，体制机制的创新是一个动态的、不断完善的过程。南水北调工程建设过程，正是我国经济社会发展重要时期，经济社会建设的新要求，会时刻反映到工程建设过程中来；工程建设本身也会不断遇到新情况、新问题。不能设想新的体制和机制一旦确立，就能一劳永逸。为了促进和保证工程建设的顺利实施，完成党和人民赋予的光荣使命，应特别注重转变发展观念，创新建设模式。要不断研究新情况，解决新问题，随时改正与工程建设管理实际需要不相适应的习惯和做法，把成熟的经验和做法及时地规范下来，不断为新体制、新机制的实践补充新的内容，以体制、机制的不断创新促进和保障工程建设任务的完成。

（原载 2005 年 12 月 1 日《中国水利报》）

重 要 事 件

南水北调主体工程银团贷款合同签订

2005 年 3 月 29 日上午，由国家开发银行出任牵头行的南水北调东、中线一期主体工程银团贷款合同签字仪式在北京人民大会堂举行，标志着南水北调工程融资进入了实质性操作阶段。

国务院南水北调办主任张基尧、副主任李铁军，国家开发银行行长陈元、副行长姚中民等领导同志到会祝贺。国家发展改革委、财政部、国家审计署、水利部、银团各成员行和南水北调工程四个项目法人等有关部门和单位的负责同志出席签字仪式。

签字仪式上，南水北调主体工程银团成员行与南水北调东线江苏水源有限责任公司、东线山东干线有限责任公司、中线水源有限责任公司和中线干线工程建设管理局等四个项目法人分别签署了《南水北调东中线一期工程贷款合同》，7家银团成员行签署了《南水北调主体工程银团贷款银行业间合作协议》。根据合同约定，以国家开发银行为牵头行的国内7家金融机构将为南水北调主体工程提供总额达488亿元的银团贷款，这是迄今为止我国银行界对单个建设项目提供的金额最大的银团贷款。其中，国家开发银行将提供213亿元信贷支持，中国建设银行提供85亿元的贷款，中国银行、中国农业银行及中国工商银行各提供60亿元的贷款，上海浦东发展银行及中信实业银行各提供5亿元的贷款。

国务院南水北调办主任张基尧说，南水北调工程自2002年12月开工建设以来，各项工作稳步推进。根据国务院南水北调工程建设委员会第二次全体会议的决定，2005年将安排建设包括中线丹江口大坝加高工程、中线穿黄工程在内的13项单项工程，建设规模近600亿元，占规划阶段东、中线一期工程总规模的48%。南水北调工程即将迎来建设资金的需求高峰。在南水北调工程建设投资高峰即将来临之际，南水北调主体工程银团贷款合同的签订，为南水北调主体工程建设资金的落实做好了融资准备，为工程的顺利实施、如期实现工程建设目标奠定了资金基础。

国家开发银行行长陈元代表南水北调银团贷款成员行在签字仪式上说，国家开发银行这次作为牵头行，与其他6家银行共同参与组建了银团，既体现了国家政策性支持，又体现了市场运作方式在国家建设项目中的成功运用。作为政府的开发性金融机构，国家开发银行将一如既往地支持国家在基础设施、基础产业和支柱产业领域里的重点建设项目，发挥开发性金融在项目建设和制度建设中的双重作用，促进国民经济结构调整和经济社会协调发展。与其他工程相比，南水北调工程建设具有复杂性、长期性、系统性等特点，对金融服务提出了更高、更全面的要求，需要银行提供长期、稳定、足额的资金支持和配套金融服务。国家开发银行将继续履行好银团牵头行的职责，在银团内部的管理、组织、协调中发挥积极作用。根据各项目法人的实际需求，秉承“精诚合作，客户至上，服务第一”的宗旨，加强银团成员行之间合作和沟通，提高资金使用效率，保证银团贷款工作顺利进行，并根据工程建设的实际需求提供全方位、多功能的金融服务。

国务院南水北调办召开南水北调工程征地移民工作会议

2005年4月5日，国务院南水北调办在京召开南水北调工程征地移民工作会议，贯彻落实国务院南水北调工程建设委员会第二次全体会议决定，在南水北调工程建设征地补偿和移民安置工作中实行“建委会领导、省级政府负责、县为基础、项目法人参与”的管理体制。

国务院南水北调办主任张基尧、副主任李铁军、副主任宁远，国土资源部副部长鹿心社，国务院法制办副主任汪永清，国家文物局副局长张柏出席会议并讲话。北京市副市长牛有成、天津市副市长孙海麟、河北省副省长宋恩华、江苏省副省长黄莉新、山东省副省长陈延明、河南省副省长吕德彬、湖北省副省长刘友凡出席会议。

国务院南水北调办主任张基尧强调，党中央、国务院对南水北调工作高度重视，对移民群众非常关心，国务院领导多次对征地移民工作做出重要批示，明确方向。特别是国务院南水北调工程建设委员会确定的工程征地移民工作管理体制，是借鉴我国水利水电工程建设征地移民工作的经验，根据南水北调工程特点和建设实际作出的重大决策。南水北调工程沿线各省市、各项目法人要认真领会，切实贯彻。南水北调工程坚持开发性移民的方针，不仅要确保搬迁后移民的生活得到安置，而且更加注重安置以后能够发展生产，使移民安置与资源利用、经济建设结合起来，以南水北调工程建设为征地移民提供良好的安置条件，以征地移民工作的顺利开展为工程建设创造良好的社会环境。

国务院南水北调办主任张基尧要求正确处理征地移民工作中的几个关系，一是要正确处理国家、集体与被征地农民、移民的关系；二是要正确处理生活安置与生产安置的关系；三是要正确处理移民安置与基础设施建设的关系；四是要正确处理征地补偿费计列与兑付的关系；五是要正确处理国家补偿标准与地方补偿标准的关系；六是要正确处理移民安置与后期扶持的关系；七是要正确处理征地移民与工程建设的关系。

国土资源部副部长鹿心社强调，要依法及时征地，做好工程用地办理工作。国务院法制办副主任汪永清强调，要认真贯彻落实国务院批准的《南水北调工程建设征地补偿和移民安置办法》，坚持依法行政，依法做好征地移民工作。北京、天津、河北、河南、湖北、江苏、山东等七省市人民政府有关负责同志表示，坚决贯彻国务院南水北调工程建设委员会决定，落实各级地方政府的责任，切实做好征地移民工作，为工程建设服好务。

国务院南水北调办主任张基尧分别与南水北调东、中线一期工程沿线北京、天津、河北、河南、湖北、江苏、山东等七省市人民政府有关负责同志签订了《南水北调主体工程建设征地补偿和移民安置责任书》。会议要求，有关各省要层层签订责任书，采取得力措施，进一步落实省（市）有关部门和省级以下各级人民政府责任，做到一级抓一级，层层抓落实。

国家发展改革委、财政部、水利部等有关部门负责同志，南水北调东、中线一期工程沿线有关各省市南水北调办事机构有关负责同志，河南省移民办、湖北省移民局、南水北调各项目法人有关负责同志参加会议。

国务院南水北调办、公安部联合通知严厉打击和防范假借南水北调名义诈骗

2005年4月14日，国务院南水北调办、公安部联合发出通知，严厉打击和防范不法分子假借南水北调工程名义进行诈骗活动。

通知指出，南水北调东、中线一期工程自2002年12月正式开工以来，受到社会的广泛关注。社会上一些不法分子也趁机假借南水北调工程名义进行诈骗，极大地损害了南水北调工程的形象，干扰了工程建设的正常进行，也导致一些不明真相的单位和个人受骗上当，给社会稳定带来隐患。

通知指出，南水北调工程是新世纪党中央、国务院为缓解我国北方水资源供需矛盾，促进经济、社会、环境协调发展而建设的重大战略性工程，社会上一些不法分子假借南水北调工程名义进行的违法犯罪活动，严重扰乱了社会治安，损害了南水北调工程的形象，侵害了人民群众的利益，必须坚决打击。

通知要求，各地南水北调工程建设管理部门、项目法人、建设单位对此类问题要给予高度重视，要针对工程项目建设情况，加强正面宣传，使广大人民群众更便捷、更广泛、更及时地了解工程建设的政策、做法和相关信息。要认真答复有关单位和群众的询

问，揭露不法分子的阴谋；要积极配合公安机关调查取证，打击不法分子的诈骗活动。

通知要求，各级公安机关对假借南水北调工程名义进行诈骗的案件要给予高度重视，迅速组织侦破，做好为国家重点项目建设保驾护航的工作。对涉及跨地区的案件，各地公安机关要加强协作配合，积极开展侦查破案工作。

通知最后强调，各省（市）南水北调办（管理局）、公安厅（局）要及时掌握诈骗分子的动向，互通情况，加强防范，严厉打击；要及时将有关情况汇总上报国务院南水北调办和公安部。

南水北调工程项目法人工作座谈会在北京召开

2005年4月21~22日，国务院南水北调办在北京组织召开南水北调工程项目法人工作座谈会，进一步贯彻落实国务院南水北调工程建设委员会第二次全体会议精神，落实国务院南水北调工程建设委员会明确的《南水北调工程建设管理的若干意见》，统一思想，明确责任，推动南水北调工程建设，确保南水北调工程建设目标如期实现。国务院南水北调办主任张基尧出席会议并做总结讲话。副主任孟学农、李铁军、宁远出席会议。会议由李铁军主持。

张基尧在总结讲话中分别就南水北调工程前期进展情况、存在问题及面临的挑战与机遇，项目法人在南水北调工程建设中的地位和作用作了发言。张基尧要求，在以后的工作中各项目法人要认真执行国务院有关南水北调工程建设管理的有关政策，认真贯彻落实国务院南水北调工程建设委员会二次全会精神和国务院南水北调办工作部署，做好以下几个方面的工作：一要加强前期工作，提高初步设计工作的效率和质量；二要理顺建设管理体制，加大代建制工作力度；三要加强工程建设管理，确保“工程、资金、干部安全”；四要提高责任意识，做好征地移民的参与工作；五要畅通信息渠道，做好建设资料的收集、整理和保送工作。当前，要以推进全面开工为工作重点，促进工程整体的开工建设。要认真做好南水北调工程建设的年度投资计划管理工作、资金筹措工作，严格控制工程成本，最大限度地发挥投资效益。

这次座谈会是南水北调工程开工建设以来召开的第一次项目法人会议。按照国务院南水北调工程建设委员会批准的《南水北调工程项目法人组建方案》，项目法人是南水北调工程建设和运营管理的责任主体，对主体工程的质量、安全、进度、筹资和资金使用负总责。截至目前，南水北调东线江苏水源有限公司、东线山东干线有限责任公司、中线水源有限责任公司、中线干线工程建设管理局和负责汉江中下游治理工程的湖北省南水北调工程建设管理局等五个项目法人已经组建到位，开始全面履行各项建设管理职责。

座谈会上，南水北调工程各项目法人分别交流了情况，分组进行了座谈。国家发展改革委、国土资源部、水利部、国家开发银行等有关部门负责人参加会议。

国家文物局率调研组对南水北调中、东线工程沿线文物保护工作情况进行专题调研

2005年5月2~9日国家文物局会同水利部、国务院南水北调办、全国政协教科文卫委员会联合组成调研组赴北京、河北、河南、湖北、江苏、山东、天津等省（市），对南水北调中、东线工程沿线文物保护工作情况进行了专题调研。此次调研由国家文物局局长单霁翔带队，重点考察了目前已经开工的考

古工地和即将实施的文物保护项目，全面调查了解情况，与各省市主管领导会谈，推动有关工作。

通过此次调研，调研组认为南水北调工程文物保护前期工作滞后的问题正逐步得到解决，目前总体上进展比较顺利。中央领导批示以后，有关部门加大了协调的力度，大大加快了各项工作的进度。但是，由于工程管理体制、建设工期、投资渠道等因素的制约，南水北调工程文物保护工作目前还存在一些困难和问题。例如：文物保护专题报告的汇总和审批周期过长，严重影响了文物保护工作进度；工程涉及的文物价值重大，保护任务艰巨，而为文物保护预留的时间相对不足；工程中的文物保护工作机制不明确，经费不能及时到位；古运河作为具有特殊内涵的重要文化遗产，应进一步探讨妥善的保护方案；丹江口库区的文物安全存在隐患等。

为确保南水北调顺利进行，国家文物局将抓紧完成文物保护专题报告的编制和审批。随后将研究建立有关制度，积极筹措文物保护经费，组织全国力量开展南水北调工程文物保护工作。

在整个工作进程中，国家文物局将进一步加强宣传工作，提高工程涉及地区干部群众和施工人员的文物保护意识。配合水利部门研究解决古运河的保护问题，广泛听取专家意见，调整工程设计思路，变被动避让为主动保护，既保护文物本体，又保护古运河的功能。

国家文物局将根据科学发展观的要求，坚持“保护为主、抢救第一、合理利用、加强管理”的文物工作方针，积极加强与各有关部门的协调，做好南水北调工程中的文物保护工作，既确保祖国珍贵的文化遗产得到有效保护，同时也保证大型基本建设工程顺利实施。

山东省召开南水北调工程建设指挥部成员会议

2005年5月9日，山东省南水北调工程建设指挥部成员会议召开。省委副书记、省长、省南水北调工程建设指挥部指挥韩寓群，副省长、省南水北调工程建设指挥部副指挥陈延明出席会议并讲话，副省长、省南水北调工程建设指挥部副指挥赵克志主持会议。

会议再次传达学习了国务院南水北调工程建设委员会第二次全委会会议精神，听取了山东省南水北调局关于南水北调工程建设情况的汇报和济南、枣庄、济宁、泰安4市政府的大会发言，山东省副省长陈延明代表省政府与枣庄等12个市政府签订了《征地及施工环境责任书》。

山东省省长韩寓群充分肯定了山东省南水北调工程建设取得的成绩，代表山东省委省政府对做好山东省南水北调工程建设明确提出了五点要求：一是沿线各市县可依托水利局设立相应级别的南水北调办事机构，明确专门的班子和人员，确保有机构办事、有人办事。二是要明确职责，密切配合，为工程建设提供一个良好的施工环境。三是关于资金问题，山东省发展改革委、省财政厅要尽快制定配套资金筹集方案。四是抓好工程建设管理。五是把水污染防治作为南水北调工程建设的重中之重，使南水北调工程成为“清水走廊”。

山东省副省长陈延明就工程征地拆迁、资金筹集、机构建设等问题发表了重要的意见。

山东省副省长赵克志针对水污染防治问题强调，南水北调工程沿线水污染的治理是一个非常艰巨的任务，尽管两湖流域水环境质量有明显好转，但离国家要求差距很大，水质达标的任务非常艰巨。为此山东省政府决定采取如下措施：一是2005年6月继续开展整治不法排污行为、保护群众身体健康的第二次专项行动，这次行动要比第一次行动的范围更广，力度更大，查得更严；二是提出了实施“两湖一河”碧水行动计划的思路和方法，明确提出了抓好“抓好城市排污口、工业点源排污口、回水河流的入湖口”三大排污口治理，确保调水一条线的要求；三是抓紧南水北调截污导流工程等未开工治污项目的开工建设。

山东省政府秘书长刘宗元，副秘书长、调研室主任蒿峰，省政府办公厅分管该项工作的助理巡视员高洪波及省指挥部成员，各市水利局长以及工程沿线部分县区负责人参加了会议。

国务院南水北调办颁发《南水北调工程质量监督管理办法》

为加强南水北调工程质量监督管理，保证工程质量，根据《建设工程质量管理条例》、《南水北调工程建设管理的若干意见》和国家有关质量管理的法律法规，结合南水北调工程建设实际，在广泛征求有关各方面意见的基础上，2005年5月13日，国务院南水北调办印发了《南水北调工程质量监督管理办法》（国调办建管［2005］5号，以下简称《办法》）。

《办法》是对南水北调工程质量监督进行管理的指导性文件，明确了南水北调工程质量监督的工作机构及人员、工作内容、工作成果、工作权限、工作方式、工程建设质量监督费收支和主要使用范围，对质量监督工作的具体开展及工程开工前办理质量监督手续和缴纳质量监督费也做了相应规定。

《办法》印发后，国务院南水北调办正着手设立南水北调工程有关省（直辖市）质量监督站及重要单项工程质量监督项目站。

国务院南水北调办领导带队视察东线治污工作

2005年4月26～28日，国务院南水北调办副主任宁远带队，建设管理司和环境与移民司有关人员参加，赴江苏、山东两省对南水北调东线工程建设和治污工作进行了调研。在江苏、山东两省分别视察了江都泵站，三阳河、潼河、宝应站，解台泵站和台儿庄泵站等工程的建设情况，查看了徐州市三八河污水处理厂和济宁市微山县污水处理厂建设运营情况，考察中运河淮安段和南四湖环境综合整治情况及山东省南四湖区域产业结构调整情况，并沿途查看了取水口长江三江营、调蓄湖泊骆马湖和南四湖的水质状况。

2005年5月19～21日，国务院南水北调办副主任李铁军带队，经济与财务司、环境与移民司和南水北调中线干线建设管理局有关人员参加，赴山东对东线治污和征地移民工作进行调查。在枣庄、济宁、泰安分别察看了薛城大沙河流域综合整治工程，南四湖人工湿地水质净化试验工程，微山县、东平县污水处理厂，太阳纸业集团工业污染治理工程，洸府河宁阳段截蓄导工程，沿途还察看了南四湖和东平湖水质状况以及济平干渠工程建设情况。期间，山东省副省长赵克志主持了汇报会，分别听取了山东省人民政府、环保局、水利厅、建设厅、国土资源厅、南水北调工程建设管理局，以及有关市、县人民政府关于东线治污和征地拆迁工作汇报。

南水北调一期工程控制性文物保护项目审查会在北京召开

2005年5月26日，国务院南水北调办与国家文物局在北京联合召开会议，会议邀请黄景略、石俊营等六位文物保护、考古、水利等方面的专家对南水北调工程控制性文物保护项目进行了审查。

专家们对所报项目逐一进行讨论并形成如下意见：① 南水北调工程中的文物保护工作意义重大，任务重，时间紧，难度大，因此在总体可研报告批准之前，安排控制性文物保护项目是完全必要的。② 所审查的地下文物项目49项，地面文物3项，除韩琦墓地、洪泽湖大堤两项外，其余同意列入控制性文物保护项目。③ 由于韩琦墓地涉及情况复杂，洪泽湖大堤需与工程同步进行，建议适当增加年度工作量，北泰山庙墓群、八蜡庙墓群、辽瓦店子遗址发掘面积均增至4000m^2，江苏省未列勘探面积，应补入。④ 由于南水北调东线工程时间紧迫，建议江苏、山东两省根据实际需要，研究适当增加控制性文物保护项目。⑤ 鉴于控制性文物保护项目属于应急措施，部分间接费用可暂不计列，建议2005年度控制性文物保护项目经费控制在7500万元左右。

水利部、长江水利委员会设计院、淮河水利委员会设计院、山东南水北调工程建设管理局、中线南水北调工程建设管理局，以及北京、河北、河南、湖北、山东、江苏等省文物部门的同志出席了会议。

北京西四环暗涵工程开工建设

2005年5月28日，南水北调中线总干渠的末端控制性工程，也是南水北调中线北京段施工复杂、难度最大的单项工程——北京西四环暗涵工程开工建设。

国务院南水北调办有关部门负责同志，北京市南水北调办负责同志，南水北调中线干线管理局有关负责同志考察了施工现场。

南水北调中线北京段总干渠在北京房山区北拒马河中支南进入北京境内，穿房山山前丘陵区，房山城区西、北关，过大石河、小清河、永定河，在岳各庄桥向北沿西四环路下北上，直至终点团城湖，全长约80km。北京口门净调水量为10.52亿m^3，北京段渠首设计流量为50m^3/s，加大流量为60m^3/s；进城段输水流量为30m^3/s，加大流量为35m^3/s。

这次开工建设的北京西四环暗涵工程是南水北调中线京石段应急供水工程北京段投资和规模最大的单项工程，除近期担负着向北京市应急供水任务外，还担负南水北调中线一期工程全线贯通后的输水任务。

西四环暗涵工程上接卢沟桥暗涵，下接团城湖明渠，为中线总干渠的最后控制性工程，全长12.64km。暗涵进口位于丰台区大井村西京石高速路永定路立交桥西南角，穿越永定路及京石高速路后沿高速路北侧向东北约1.4km由岳各庄桥进入四环路下，沿四环路向北约11km在四海桥处离开四环路北行约500m，距南水北调中线终点——团城湖不到1km处与团城湖明渠相接。为保证供水安全，采用双管输水方案，即工程主体采用2孔方涵（3.8m×3.8m）和2孔并行圆洞（直径4m）的输水方式，由永定河倒虹吸进水闸控制，单孔可独立运行。工程总投资10.99亿元，总工期32个月。

西四环暗涵工程涉及交叉管线多，需要穿过五棵松地铁站、五路居框架桥，并在西四环立交桥桩基中间穿过。四环路下主体工程采用浅埋暗挖法方式施工，施工技术复杂，难度较大。由于在北京市修建西四环路时已考虑到暗涵的修建，为工程施工留出了空间，西四环暗涵的施工将不会影响西四环的交通。

国务院南水北调办主任张基尧率团考察南水北调中线一期工程

2005年6月14日，国务院南水北调办主任张基尧率团开始对南水北调中线一期工程湖北省境内工程进行考察。湖北省省长罗清泉、副省长刘友凡陪同考察。

6月14日上午，在湖北省省长罗清泉、副省长刘友凡的陪同下，张基尧实地考察了丹江口大坝加高工程准备情况，并对工程移民进行了亲切的慰问。

6月14日下午，张基尧在丹江口市主持召开“南水北调中线水源工程建设座谈会”，湖北省副省长刘友凡出席会议。会上，南水北调中线水源公司、湖北省移民局、丹江口市政府、十堰市政府、水利部长江水利委员会设计院有关负责同志就南水北调中线水源工程相关准备工作的开展做了专题汇报并提出了意见和建议。刘有凡在讲话中强调，湖北省有关方面要积极配合、加强协调，保证中线水源工程按计划开工建设。

张基尧作了总结讲话。张基尧在讲话中指出，举世瞩目的南水北调工程不仅解决北方的水资源短缺问题，同时还要兼顾调水区生态环境的保护与社会经济的发展。南北互济、互利双赢是我们在南水北调工程建设中必须坚持的一个原则，不管是在规划阶段还是在设计、建设及运行阶段，我们都要按照这个原则去考虑问题，去办事情。

张基尧强调中线水源公司从工程建设的角度出发，在下一步的工作中应着重处理好四个方面的关系：一是要处理好施工准备和主体工程开工建设的关系；二是要处理好征地移民和工程建设的关系；三是要处理好水源公司和地方政府的关系；四是要处理好规范管理和加快进度的关系。需要抓紧以下四方面的工作：一要通过规范的招标行为，选择最优的施工队伍；二要认真做好当前砂石料系统和混凝土系统的各项准备；三要做好整个工程的施工网络和今年的施工计划；四要尽量协助征地移民部门搞好征地移民工作。

关于征地移民工作，张基尧要求，要着重处理好以下五个关系：一是保护移民利益与执行国家政策的关系；二是生活安置与生产安置的关系；三是处理好征地搬迁与办理土地使用手续的关系；四是农村搬迁与城市搬迁的关系；五是普遍移民与个别移民的关系。

张基尧最后说，我们相信丹江口大坝加高工程，以及今后汉江下游的生态保护项目乃至汉江整个治理项目必将在湖北省委、省政府的领导下取得丰硕的成果。张基尧还就大家提出的一些问题进行了回答。

6月15日，张基尧主任一行考察了汉江中下游补偿工程中湖北省襄樊市、荆州市内有关局部航道整治、引江济汉工程的部分项目点。

水利部长江委，汉江集团，中线水源公司，湖北省人民政府，湖北省南水北调办、交通厅、移民局，相关市委、市政府和有关部门负责同志陪同考察。

《南水北调工程建设征地补偿和移民安置资金管理办法（试行）》印发实施

为规范南水北调工程建设征地移民资金管理，提高资金使用效率，根据《南水北调工程建设征地补偿和移民安置暂行办法》和相关财经法规，结合南水北调工程建设征地移民资金使用管理的实际情况，在广泛征求有关方面意见的基础上，国务院南水北调办组织制定并于2005年6月8日印发了《南水北调工程建设征地补偿和移民安置资金管理办法（试行）》（以下简称《办法》）。

《办法》是规范南水北调工程征地移民资金筹集、使用、管理和监督的指导性文件。《办法》对南水北调工程征地移民资金管理的基本原则、实施主体、投资包干管理、计划管理、财务管理和监督检查等方面做了具体规定。

《办法》的印发将为规范南水北调工程建

设征地移民资金管理，控制征地移民投资。

南水北调中线京石段应急供水工程漕河渡槽段项目开工建设

2005年6月13日，国务院南水北调办下达南水北调中线京石段应急供水工程漕河段项目开工建设令，这是继北京西四环暗涵工程开工建设后，京石段应急供水工程中又一开工建设的控制性项目，这也是中线干线项目法人——南水北调中线干线工程建设管理局直接管理的第一个开工项目，漕河段项目的开工建设标志着京石段应急供水工程建设步伐进一步加快。

2005年6月13日，南水北调中线干线工程建设管理局总工程师曹为民主持召开新闻通气会，介绍漕河段项目工程建设有关情况。

南水北调中线京石段应急供水工程南起石家庄，北至北京团城湖，工程将位于河北省太行山东麓的岗南、黄壁庄、王快、西大洋4座水库与总干渠连接起来，在南水北调中线工程全线通水前，向北京应急供水，年供水能力4亿m^3，工程于2007底前完成。工程线路长307.46km，隧洞9条，隧洞长11.25km，总投资173.63亿元，工期3年。

这次开工的漕河段项目是南水北调中线漕河渡槽段工程，是中线京石段应急供水中的单项工程，除近期担负着向北京市应急供水任务外，还担负南水北调中线一期工程全线贯通后的输水任务。工程位于河北省保定市满城县境内，由漕河渡槽、连接南北两端的土渠段、吴庄隧洞以及石渠段、岗头隧洞和漕河退水闸等组成，主干渠线路全长9319m，共有7座大小建筑物。设计输水流量为135m^3/s，加大流量为150m^3/s。其中，跨越漕河的巨型渡槽长2300m、底宽20m、最大跨度30m，技术较复杂，施工难度较大，不仅是整个南水北调中线干线的最大渡槽，也是我国当前的最大输水渡槽。工程总投资8.72亿元，总工期3年。

国务院南水北调工程建设委员会第二次会议确定，南水北调工程建设单项工程实行委托制、代建制和直接管理相结合的管理模式。对工程技术复杂、工期压力大的枢纽、重要渠段（河）及省（市）边界工程，由项目法人直接建设管理或招标选择专业建设管理机构实行代建制管理；对技术含量低、工期压力小的渠（河）道工程，由项目法人以合同方式，委托地方政府指定或组建的建设管理机构组织建设。鉴于漕河渡槽段工程是中线除穿黄工程外最大的交叉建筑物，技术复杂，又是控制工期的关键工程之一，工程建设采取中线项目法人直接管理方式进行建设，这也是中线干线项目法人——南水北调中线干线工程建设管理局直接管理的第一个开工项目。

中线京石段应急供水工程已于2003年12月开工建设，目前在建控制性工程——北京永定河倒虹吸工程、河北滹沱河倒虹吸工程、唐河倒虹吸工程、釜山隧洞工程等均进展顺利。截至5月底，2003年底开工建设北京永定河倒虹吸工程完成投资计划的84%、河北滹沱河倒虹吸工程完成61%；2004年9月开工建设的唐河倒虹吸工程完成19%、釜山隧洞工程完成12%。

国家环保总局副局长汪纪戎带领调研组对南水北调东线工程江苏和山东段治污工作进行调研

2005年6月19～21日，国家环保总局副局长汪纪戎带领由国务院南水北调办、财政部、建设部、水利部、国家环保总局等部门组成的联合调研组，对南水北调东线工程江苏和山东段治污工作进行了调研。调研组现场查看了沿途的治污及净化工程，查看了部分污水处理厂，听取了江苏、山东两省关于治污情况的汇报。调研组对江苏、山东两省在南水北调东线治污方面做出的努力和取得的成效给予充分肯定，对今后的工作尤其是列入治污规划的项目进展提出了建议和要求。汪纪戎在调研结束时强调，治理污染就要见实效，要让人民群众看到我们是实实在在地做事，不是在做戏，更不是在作秀。

汪纪戎对两省为确保南水北调工程顺利实施做出的治污努力给予肯定。她说，要顺利推进南水北调工程，打造清水长廊，就得扎扎实实推进治污项目，先还旧账，不欠新账。她指出，在输水干线水环境容量有限的情况下，两省已经针对某些重点污染行业编制了严于国家的排放标准，有利于减轻污染负荷，确保完成治污任务。她希望两省要认真探索企业治污的技术路线和根本措施，扎扎实实推动产业结构调整。

汪纪戎说，南水北调东线工程关键在山东，难点在山东，任务最重的是山东。按照国家调水的要求，山东近几年做了大量艰苦细致的工作和努力，尤其在关停草浆造纸、制定严格的地方行业排放标准等方面。今后要注意总结经验，推广典型，根据国家2007年调水时间的安排和要求，抓紧规划内治污项目建设，对规划外项目不等不靠，确保治污任务如期完成。

山东省副省长赵克志表示，山东将按照国务院的要求，以科学发展观为统领，遵循循环经济理念，按照“治”、“用”、“保”并举的小流域控制思路，实施污染治理、水资源循环利用、流域生态修复与保护并举的策略，进一步加快治污工程建设步伐，努力完成南水北调治污工作目标责任书确定的任务。

江苏省副省长何权在同调研组交流意见时表示，江苏将进一步完善工业污染治理设施的监督、运营机制，完善污染治理的社会化、市场化机制，进一步加大治污力度，加快治污工程建设步伐，如期完成治污任务，确保到2007年南水北调江苏段水质持续稳定达到地表水Ⅲ类标准。

南水北调东线山东干线主体工程银团贷款正式启动

2005年7月18日，南水北调东线山东干线银团贷款工作会议在济南山东大厦召开。山东省南水北调工程建设管理局局长耿福明，国家开发银行山东省分行行长于泽水，以及南水北调东线山东干线有限责任公司负责人、中国建设银行山东省分行、中国工商银行山东省分行、中国农业银行山东省分行、中国银行山东省分行、上海浦东发展银行济南分行分管融资工作的行长、经办行行长参加会议。

会上，国家开发银行山东省分行代表牵头行、山东干线有限责任公司代表项目法人、中国建设银行山东省分行代表代理行和成员行分别作了发言。会议讨论了《南水北调东线山东干线银团贷款管理操作规程》和2005年贷款发放计划，形成了会议纪要。根据南水北调东线山东干线工程进展情况，7月下旬拟启动1亿元银行贷款用于济平干渠工程，今后将根据南水北调主体工程进展的情况陆续使用银行贷款，为工程建设提供资金保障，确保工程建设顺利进行。

这次会议的召开，标志着南水北调东线山东干线主体工程银团贷款正式启动，融资工作进入了新阶段。

国务院南水北调办与全国人大环资委联合召开中华环保世纪行南水北调中线座谈会

2005年7月27日，由全国人大环资委组织，人民日报、新华社等20家新闻媒体记者参加，为期20天的中华环保世纪行赴南水北调中线采访活动圆满结束。

7月27日下午，国务院南水北调办与全国人大环资委在京联合召开中华环保世纪行南水北调中线座谈会。国务院南水北调办主任张基尧出席座谈会，听取采访团情况介绍和采访团记者的意见、建议，介绍了南水北调工程特别是水污染防治、节水、中线水源地保护等方面的工作进展情况，回答了采访团记者提出的问题。

全国人大环资委徐永清副主任委员主持座谈会，全国人大环资委调研室主任、采访记者团团长尚莒城介绍了此次南水北调中线采访的全面情况，提出了工作建议。人民日报、经济日报、工人日报、光明日报、中国青年报、中国教育报、农民日报、中国水利报等媒体记者在座谈会上介绍了采访感受、发稿情况，并分别从不同角度提出了意见和建议。

国务院南水北调办主任助理胡保林，综合司、环境与移民司有关负责同志参加座谈会。

印发《南水北调工程移民安置监测暂行办法》和《南水北调工程建设征地补偿和移民安置监理暂行办法》

为了规范南水北调工程建设征地补偿和移民安置监理和监测评估工作，有序实施移民安置规划，依据《南水北调工程建设征地补偿和移民安置暂行办法》，2005年8月3日国务院南水北调办印发了《南水北调工程移民安置监测暂行办法》和《南水北调工程建设征地补偿和移民安置监理暂行办法》。明确了移民安置监测工作的依据、范围、确定监测单位方式、监测单位须具备的条件、监测单位的主要职责、监测单位的工作方法和对监测工作的检查和配合；明确了征地补偿和移民安置监理单位的确定方法、监理合同签订、监理工作的组织实施等。

水利部副部长矫勇考察南水北调中线水源工程

2005年8月10日，水利部副部长矫勇一行到湖北丹江口现场考察南水北调中线水源工程。

现场考察丹江口大坝加高主体工程施工准备工作后，考察组一行听取了南水北调中线水源公司及汉江集团的工作汇报。矫勇对南水北调中线水源工程前一阶段的准备工作给予了充分的肯定，并就今后一个阶段工作，提出了意见。

水利部规计司、建管司、政法司有关负责同志，水利部长江水利委员会副主任、中线水源公司、汉江集团董事长徐尚阁及长江委有关部门负责同志陪同考察，南水北调中线水源公司、汉江集团有关负责同志陪同考察并汇报工作。

国务院南水北调办主任张基尧考察南水北调中线北京段工程

2005年8月17日，国务院南水北调办主任张基尧一行在北京市副市长牛有成的陪同下，考察了南水北调中线北京段工程。

考察中，张基尧听取了北京市南水北调办关于北京段工程建设整体情况汇报，围绕工程设计、质量安全等问题，进行了深入调研；实地察看了南水北调中线控制性工程——西四环暗涵工程的施工现场，慰问了参建职工，了解了西四环暗涵工程的设计方案和工程进展等情况。张基尧对工程进展情况表示满意，并对北京市政府和广大人民的大力支持表示感谢。

张基尧强调，南水北调中线工程是缓解我国华北地区水资源紧缺的一项重大基础性、战略性工程，是一项利国利民的民心工程和生态工程，各级各部门要把好设计、质量、安全关，确保工程建设的顺利进行。他相信，北京市一定能够按照党中央、国务院的部署，高标准、高质量地完成好南水北调工程的建设。

南水北调工程招标投标工作座谈会在京召开

2005年8月18日，南水北调工程招标投标工作座谈会在京召开，国务院南水北调办副主任宁远出席会议并作重要讲话，国家发展改革委法规司处长李亢出席会议并讲话，国务院南水北调办建设管理司主持会议。

宁远强调，国务院南水北调办对此次会议高度重视，张基尧专门布置，提出要求。宁远在讲话中介绍了南水北调工程招标投标工作取得的成效和项目招标情况，分析了当前工程招标投标存在的主要问题，对加强今后的有关工作提出了意见。

来自北京、天津、河北、江苏、山东、河南、湖北省（市）南水北调办事机构，南水北调中线干线工程建设管理局、中线水源有限责任公司、东线江苏水源有限责任公司、山东干线有限责任公司、湖北省南水北调工程建设管理局，水利部淮河水利委员会治淮工程建设管理局、北京市南水北调工程建设管理中心、南水北调中线干线工程京石段河北建设管理处等单位负责招标工作的同志参加了会议，作了交流发言并研讨了《国务院南水北调办关于进一步规范南水北调工程招标投标活动的意见》。

南水北调工程自2002年底开工以来，所有项目都依法进行了招标投标，特别是《南水北调工程建设的若干意见》和《南水北调工程评标专家和评标专家库管理办法》发布后，分标过细的情况得到根本改观，公开、公平、公正和诚实信用的南水北调工程招标投标市场正在形成。截至2005年6月23日，南水北调主体工程共进行了151个标段招标，其中施工88标段，监理42标段，总体比较规范，未发现重大违法违规问题。

国务院南水北调办投资计划司、建设管理司、监督司、南水北调工程建设监管中心的有关负责同志参加会议。

南水北调一期工程文物保护工作协调小组第三、四次会议在北京召开

2005年3月18日、9月1日，南水北调工程文物保护协调小组在北京分别召开第三、四次会议。

第三次会议传达并学习了中共中央总书记胡锦涛、国务院总理温家宝关于南水北调工程文物保护的批示，总结了前一阶段文物保护前期工作情况，要求长江水利委员会、淮河水利委员会尽快将文物保护专题报告按程序报审，项目法人和省级文物行政部门4月15日前将达到初步设计深度的控制性文物保护项目方案和投资概算报国务院南水北调办和国家文物局。

第四次会议对《南水北调中线一期工程文物保护专题报告（送审稿）》专家组评审意见及加强南水北调一期工程文物保护管理等问题进行了研究，肯定了专家组的意见，同意将丹江口库区157m水位以下的文物保护工作纳入《南水北调中线一期工程文物保护专题报告》。拟开展勘探、发掘的地下文物保护项目以定为A、B级的古遗址、古墓葬为基础，排除其中长期淹没在水下、无法开展考古发掘工作的项目，补充C级文物中少量具有特别重要价值的古遗址、古墓葬。会议原则同意将原搬迁的净乐宫石质构建的保护处理纳入南水北调一期工程文物保护工作范畴，不属于文物的商业性建筑不得纳入，要严格

控制其经费预算。会议决定由国家文物局牵头在总结国内其他基本建设项目文物保护工作经验的基础上，起草南水北调工程文物保护工作实施管理办法草案，提交下次协调小组讨论。

国家发展改革委、水利部调水局、国务院南水北调办和国家文物局的有关领导和同志参加了会议。

全国政协副主席张思卿率调研组对山东、江苏、湖北、河南四省进行专题调研

2005年9月9～26日，全国政协副主席张思卿率领由发展改革委、水利部、国务院南水北调办、国家文物局组成的联合调研组，对山东、江苏、湖北、河南四省进行专题调研。在调研期间，调研团根据全国政协十届三次会议精神，将召开座谈会，重点调研文物保护经费落实和使用情况，了解在工程建设中文物保护工作存在的突出困难，并对做好工程中文物保护提出指导意见。调研团还沿工程经过主要地区实地考察南水北调工程沿线的文物保护单位。

张思卿指出，南水北调是党中央、国务院作出的一项重大战略决策，文物是国家不可再生的重要资源，要以科学发展观为指导，妥善处理好文物保护与工程建设的关系，使二者之间相互协调，相互促进。张思卿强调，做好文物保护工作，功在当代，利在千秋。当前，要进一步做好水源区及沿线文物调查工作，精心编制、细化、完善文物保护规划方案，抓紧组织文物抢救发掘工作，加快推进文物保护基础设施建设，把保护工作的主动权牢牢抓在手上。要在管好用好文物保护经费的基础上，多渠道、多层次争取资金，加大对文物事业的投入力度，加强对文博专业人才的培养和引进，尽快提高文物保护的科技含量。

南水北调工程中线干渠和东线大运河连接着夏商文化、荆楚文化、燕赵文化、齐鲁文化等中国历史上重要的文化区域，是中国古代文明核心地区，涉及燕长城、北朝墓群、下寺楚墓群、武当山遇真宫、古运河等著名文化遗产。全国政协委员对南水北调工程建设中的文物保护工作十分关注，政协十届三次会议期间有委员对此作了专项发言，受到中央领导同志的高度重视，胡锦涛、温家宝及陈至立同志作了重要批示。大会之后，全国政协教科文卫体委员会将“南水北调工程建设中的文物保护工作”作为重点调研课题。

随同张思卿副主席参加此次调研的政协委员有于友先、单霁翔、王成喜、王铁成、刘振英、安家瑶、何界升、李羚、苏士澍、陈铎、漆林、毕克官、谢辰生等，以及国家文物局副局长张柏、国务院南水北调办主任助理胡保林等。

水利部在京组织专家对《南水北调中线一期工程可行性研究总报告》进行审查

2005年9月24～29日，水利部水利水电规划设计总院在北京主持召开会议，对长江设计院主持编制的《南水北调中线一期工程可行性研究总报告》（以下简称《可研总报告》）进行审查。水利部副部长矫勇、水利部总工刘宁、国务院南水北调办副主任宁远、国务院南水北调办总工汪易森等有关领导出席了会议。国家发展改革委、国土资源部、国家文物局、国务院南水北调办和水利部等部门以及中线沿线各省市有关单位、中线工程各项目法人单位和相关设计单位代表和特邀专家参加了本次会议。

水利部副部长矫勇就《可研总报告》审查讲了三个问题：① 要总体认识南水北调中

线一期工程总体可研的重要性；②要充分认识到南水北调中线一期工程总体可研的特殊性；③在审查中，要把握其复杂性。基于这三个特性，矫勇最后指出，从投资上、环境上应尽量使南水北调中线一期工程总体可研优化，在优化和基本接受之间平衡。

会议成立了以水利部总工程师刘宁为主任委员、由19位专家组成的审查技术委员会。大会听取了《可研总报告》技术总负责单位长江勘测规划设计研究院的汇报，并分组、分专业进行了深入讨论和专家技术质询。经过审查，基本同意《可研总报告》，并形成了《南水北调中线一期工程可行性研究总报告审查意见》（初稿）。

主要审查意见是：①南水北调中线一期工程的建设任务是向受水区城市提供生活、工业用水，缓解城市与农业、生态用水的矛盾，将城市部分挤占的农业、生态用水归还于农业与生态，基本控制大量超采地下水、过度利用地表水的严峻形势，遏制生态环境继续恶化的趋势，促进该地区社会、经济可持续发展。②南水北调中线一期工程的主要供水城市为北京市、天津市，河北省的邯郸、邢台、石家庄、保定、衡水、廊坊等6个省辖市、70个县级市及县城，河南省的南阳、平顶山、漯河、周口、许昌、郑州、焦作、新乡、鹤壁、安阳、濮阳等11个大中城市30个县级市及县城。③南水北调中线一期工程多年平均调水量为95亿m^3。沿线四省市水量分配为：河南省37.7亿m^3（含刁河灌区引水6亿m^3），河北省34.7亿m^3，北京12.4亿m^3，天津10.2亿m^3。④水源工程包括丹江口大坝加高工程和陶岔渠首枢纽工程。总干渠从陶岔渠首枢纽至北京团城湖闸出口线路全长1276.414km，天津干线自西黑山分水闸至天津外环河闸出口线路长155.531km。⑤施工总工期为：丹江口大坝加高工程66个月、陶岔渠首枢纽工程44个月；输水工程79个月，其中穿黄工程51个月；引江济汉工程48个月，兴隆枢纽工程54个月。⑥南水北调中线一期工程建设征地与移民主要实物指标为：工程建设用地总面积8.165万hm^2，影响总人口为28.08万人，拆迁各类房屋面积969.44万m^2。⑦南水北调中线一期工程投资估算按2004年第三季度价格水平，核定工程静态总投资13668886万元。

2005年12月，水利部水利水电规划设计总院以水总设［2005］689号文将《南水北调中线一期工程可行性研究总报告审查意见》上报了水利部。

南水北调中线水源工程——丹江口大坝加高工程开工建设

2005年9月26日，伴着右岸土石坝爆破开挖，现场施工设备轰鸣声响，备受世人关注的南水北调中线水源工程——丹江口大坝加高工程，也是南水北调中线控制工期、施工技术最具挑战的工程正式开工建设。

国务院南水北调办副主任宁远在开工典礼上发表讲话并下达开工令，水利部副部长矫勇在开工典礼上讲话，并启动爆破按钮。湖北省副省长刘友凡到会致词，河南省省长助理刘其文到会讲话。长江水利委员会副主任、中线水源公司董事长徐尚阁主持开工典礼。出席会议的领导们还为工程开工奠基。

丹江口水库枢纽位于湖北省丹江口市汉江中游干流上，是1973年按初期规模建设的一座大型综合利用水利枢纽工程，正常蓄水位157m，坝顶高程162m。河床坝段高程100m以下坝体已按正常蓄水位170m建成。水库运行多年来，为汉江中下游地区的防洪、供水、灌溉、发电、航运及水产养殖发挥了重要作用，取得了显著的经济效益和社会效益。丹江口大坝加高后，枢纽的任务是以防洪、供水为主，结合发电、航运等综合利用。

丹江口水利枢纽是南水北调中线工程的水源工程，大坝加高后多年平均可为南水北调中线一期工程供水 95 亿 m^3，对缓解华北地区水资源短缺的紧张局面，促进我国北方地区国民经济可持续发展和生态环境的改善，具有巨大的作用，并可为南水北调中线二期工程调水奠定基础，加高大坝将进一步提高水库的防洪能力和下游的防洪标准，为减轻汉江及长江干流汉口段和武汉市的防洪压力创造有利条件；工程的建设还可改善枢纽的发电和汉江干流的通航条件。

根据国务院批复的丹江口大坝加高工程初步设计报告，枢纽工程需加高的部位，主要是对初期挡水建筑物进行加高和对通航建筑物改建。挡水建筑物右岸土石坝因改线新建，左岸土石坝在初期的坝下游侧加高，混凝土坝须加高 14.6m，除加高坝顶外尚须在下游坝面贴坡加厚。大坝加高后，混凝土坝坝顶高程 176.6m，土石坝坝顶高程 176.6m，表孔坝段溢流堰顶由高程 138m 加高至 152m，升船机规模由 150t 级提高到 300t 级。

丹江口水库作为中线工程的水源工程按后期规模完建，正常蓄水位从 157m 提高至 170m，可相应增加库容 116 亿 m^3，通过优化调度，可提高中下游防洪能力扩大防洪效益，近期（2010 年水平年）调水量 95 亿 m^3，后期（2030 年水平年）调水量 130 亿 m^3，可基本缓解华北用水的紧张局面。工程总投资为 24.25 亿元，总工期 5.5 年，其中工程准备期 9 个月，正式建设期 57 个月。

南水北调中线一期穿黄工程开工建设

2005 年 9 月 27 日，备受关注的南水北调中线穿越黄河工程开工建设，该工程的开工建设与丹江口大坝加高工程的开工建设，标志着南水北调中线工程进入全线建设阶段。

国务院南水北调办副主任宁远在开工仪式上讲话，并宣布工程正式开工。水利部副部长矫勇、河南省常务副省长王明义出席开工仪式并讲话，河南省省长助理刘其文出席开工仪式。南水北调中线干线工程建设管理局局长张野主持开工仪式。

中线一期穿黄工程是南水北调中线总干渠穿越黄河的关键性工程，其任务是将中线调水从黄河南岸输送到黄河北岸，向黄河以北地区供水，同时在水量丰沛时可向黄河相机补水，一期工程设计流量为 265m^3/s，加大流量为 320m^3/s。目前选定的李村穿越黄河线路是在选比了孤柏嘴线、李村线、李寨线、牛口峪线等不同线路后最终选定的，穿越方式也是在充分论证对比了隧洞和渡槽两种方案后选定了隧洞方式穿越黄河。

南水北调中线穿黄工程是南水北调工程中投资较大、施工难度最高、立交规模最大的控制工期建筑物，同时也是人类历史上最宏大的穿越大江大河的工程，工程将采用目前世界上较为先进的盾构技术进行挖掘施工，在国内用盾构方式穿越大江大河尚属首例。

据了解，被选定的穿黄李村线位于郑州市以西约 30km 的孤柏湾处，起点为黄河南岸王村化肥厂南的 A 点，终点为黄河北岸温县南张羌乡马庄东的 S 点，渠段全长 19304.5m。设计流量条件下，A、S 点设计水位分别为 118m 和 108m，水位差 10m，北调之水将自流穿过黄河。根据选定地形条件、建筑物布置及运行管理的要求，选定了南斜北竖、退水设施在南岸的双隧洞穿越布置方案，单洞直径 7m。

南水北调中线穿黄工程为 I 等工程，其主要建筑物穿黄隧洞及其进出口、退水闸（洞）、南岸连接渠道、北岸明渠和新老蟒河倒虹吸及其他交叉建筑物等为 1 级建筑物，南岸护湾防护工程、退水闸消能建筑物和北岸导流堤、新蟒河渠倒虹吸河道防护工程、老蟒河河穿渠进出口连接段等次要建筑物为 3

级建筑物，临时工程为4级建筑物。穿黄主体建筑物（含隧洞及其进出口建筑物）设计洪水标准为300年一遇，校核洪水标准为1000年一遇；主要建筑物地震设计烈度为7度。主体工程施工工期51个月，根据2004年6月价格水平核定工程总投资为31.37亿元。

中线穿黄工程和丹江口大坝加高工程的建设为2010年丹江口水库水进京，缓解北方水资源短缺局面，为北方地区国民经济的可持续发展奠定了坚实的基础。

南水北调东线一期宝应泵站工程试运行成功

2005年10月9日，南水北调东线一期宝应泵站工程试运行圆满成功，并通过江苏省南水北调办公室组织的试运行验收，标志着南水北调东线一期首批开工项目——三阳河、潼河、宝应站工程全面建成并开始发挥效益。江苏省政府副省长黄莉新在省南水北调办主任吕振霖陪同下专程到场祝贺，并亲自点击鼠标成功开启了第3号机组。国务院南水北调办建管司有关部门负责同志出席了试运行验收。

宝应站工程作为南水北调东线一期新增的水源工程，其主要作用是与江都水利枢纽共同组成南水北调东线工程第一级抽江泵站，由宝应站抽水100m³/s入里运河，与江都站（抽水400m³/s）共同实现第一期工程抽江500m³/s流量的输水目标，同时也可结合改善里下河地区的排涝条件和水环境，并为发展沿线航运提供条件。工程规划分两期建设。

宝应站一期工程设计流量100m³/s，由宝应泵站、下游清污机桥、灌溉涵洞、扬淮公路桥、110/10kV变电所和管理设施等组成，工程投资1.4亿元，挖填土方138万m³，混凝土2.72万m³。泵站共装机4台套3500HDQ34－7.6型立式全调节导叶式混流泵（单机设计流量33.4m³/s，其中1台备用），配4台功率3400kW立式同步电动机，总装机容量达13600kW。采用液压中置式调节机构、肘形进水流道、虹吸式出水流道，真空破坏阀断流方式。

宝应站工程于2003年9月2日开工建设。工程建设过程中，参建单位和全体参建人员牢固确立质量意识，突出科技创新，从日本引进了代表目前国际先进水平的水泵核心部件和关键技术，既有效地提高了泵站装置效率，又解决了传统水泵漏油难题，减少了水污染。同时，一批新技术、新材料运用于宝应站工程，大大提升了工程科技含量。

宝应站是南水北调东线一期工程第一级抽江泵站，是南水北调工程第一批开工建设项目，也是南水北调工程第一个建成的项目。宝应站成功投入运行，将对加快江苏省南水北调工程建设发挥重要的推动和促进作用。

国务院副总理曾培炎、回良玉主持会议审议《丹江口库区及上游水污染防治和水土保持规划》

2005年10月18日，国务院副总理曾培炎、回良玉主持召开会议，听取《丹江口库区及上游水污染防治和水土保持规划》（以下简称《规划》）。国务院办公厅、国务院研究室、国家发展改革委、财政部、建设部、水利部、国土资源部、科技部、农业部、环保总局、林业局、国务院南水北调办的领导同志参加会议，进一步提出了修改意见。编制单位按照国务院领导的指示精神和各部门的意见，对《规划》进行修改完善后，国家发展改革委、水利部、环保总局、国务院南水北调办于2005年11月，正式将《规划》联合上报国务院。

南水北调东线一期工程长江至骆马湖段（2003年度）工程开工

2005年10月28日，南水北调东线一期工程长江至骆马湖段（2003年度）工程开工，为实现2007年东线一期工程的通水目标迈出坚实的一步。

国务院南水北调办主任张基尧，江苏省省长梁保华、副省长黄莉新出席开工仪式，并视察了开工现场。

南水北调东线一期工程长江至骆马湖段（2003年度）工程的主要任务是扩建完善长江至洪泽湖的里运河输水线路，建设内容包括江都站改造工程、淮安四站工程、淮安四站输水河道工程、淮阴三站工程。该工程与其他工程联合运行，可实现南水北调东线一期工程第一梯级抽江 $500m^3/s$，第二、第三梯级通过里运河输水入洪泽湖 $300m^3/s$ 的目标，并可改善白马湖和新河地区的排涝条件。

江都泵站在原有工程基础上进行改造；淮安四站布置在现有淮安二站西侧约340m处，站下进水渠与新河正交，上游出水渠入苏北灌溉总渠，在距淮安四站引河中心线260m处新建新河东闸；淮安四站输水河道从运西闸至淮安四站站下线路全长29.8km，其中里运河至白马湖段长7.47km，白马湖穿湖段2.3km，新河段20.03km，在穿湖段布置补水闸及滚水渠；淮阴三站在淮阴一站南侧156m处平行布置，引水渠与苏北灌溉总渠相连，出水渠接二河中运河。

南水北调东线一期工程长江至骆马湖段（2003年度）工程中江都站改造工程2.53亿元，施工总工期36个月；淮安四站工程1.56亿元，施工总工期30个月；淮安四站输水河道工程2.83亿元，施工总工期30个月；淮阴三站工程2.39亿元，施工总工期27个月。

今天率先开工建设的是淮阴三站、淮安四站工程。

国务院副总理曾培炎视察南水北调东线工程

2005年10月29日～11月1日，中共中央政治局委员、国务院副总理、国务院南水北调工程建设委员会副主任曾培炎视察南水北调东线工程，要求从大局出发，努力打造清水绿色走廊，确保东线工程进度和质量。国务院副秘书长汪洋、国务院南水北调办主任张基尧、国家发展改革委副主任杜鹰、国土资源部副部长李元、建设部副部长傅雯娟、水利部副部长矫勇、国家环保总局副局长张力军、国务院南水北调办副主任李铁军参加考察。

曾培炎一行在江苏省委书记李源潮、省长梁保华、副省长黄莉新，山东省委书记张高丽、省长韩寓群、副省长陈延明、赵克志等陪同下，分别考察了南水北调东线工程的源头江都水利枢纽、已经投入试运行的宝应站工程、正在建设的解台泵站和万年闸建设现场，考察了江苏宿迁市中运河整治工程、山东济宁市新薛河入湖口人工湿地工程，在南四湖实地察看了湖区水质状况。

考察期间，曾培炎强调南水北调工程成功的关键是治理污染，要严格遵循“先节水后调水，先治污后通水，先环保后用水”的“三先三后”原则，加强水源及沿线水污染防治力度，把节水、治污、生态环境保护与调水工程建设紧密结合起来，为东线一期工程早日达到输水目标创造条件，争取早日发挥工程的经济、社会和生态综合效益。

国务院南水北调东线治污工作现场会在济宁召开

2005年11月1日，国务院南水北调东线治污工作现场会在山东济宁召开，中共中央政治局委员、国务院副总理、国务院南水北调工程建设委员会副主任曾培炎出席了会议，在听取有关地方和部门的汇报后说，南水北调工程对缓解我国北方水资源短缺局面，改善生态环境，促进区域经济协调发展具有重要作用。在有关方面共同努力下，东线治污工程已全面展开，取得了积极进展。但是工程进度距实现东线一期工程输水目标还有一定距离。如期完成治污规划，时间十分紧迫，任务仍很艰巨，各项工作必须抓紧进行。

曾培炎提出五点要求，第一，加快实施规划中的治污项目。要抓紧搞好项目前期工作，加快截污导流工程建设，已批准而尚未动工的城市污水处理厂要在年底前开工，配套的污水收集管网要同步建设。第二，深化污水处理收费改革。要认真总结推广各地污水处理设施引入市场机制的经验，尽快使城市污水处理厂实现保本微利经营。污水处理收费改革要抓住时机，稳步推进。同时，要确保困难群众的实际生活水平不因改革而受到影响。第三，推进产业结构调整。沿线各省要加快转变经济增长方式，依法淘汰破坏资源、污染环境和不具备安全生产条件的企业，坚决禁止新上高污染、高耗能、高排放的项目。巩固产业结构调整成果，防止出现“边治理边污染、边保护边破坏”的现象。第四，积极开展面源污染防治。要加快沿线农业结构调整，促进农民生产生活方式的转变。要严格控制畜禽养殖污染，科学施用农药和化肥，加大农村生活、生产污染治理力度。抓紧实施大运河船舶污染综合整治工程，推进标准化船型示范工作。第五，搞好沿线生态环境保护。沿线绿化工程与主体工程要“同时设计、同时施工、同时建成”，逐步修复湖滨和河道走廊湿地，搞好城市河段治理，严格控制沿线码头、堆场设置。

曾培炎强调，南水北调工程成功的关键是治理污染，工程进度的关键是前期工作，控制概算的关键是业主责任制。各地区、各有关部门一定要从大局出发，统一思想，提高认识，加强领导，搞好协调，形成密切协作、团结共建的工作局面。要扎扎实实做好南水北调工程总体可行性研究，切实做好征地补偿和移民安置工作，健全工程质量、安全、进度等各项管理制度。要厉行节约，严格控制工程投资。在搞好东线治污的同时，加强中线水源地保护，努力把南水北调工程建设成一流的水利工程。

国家环保总局副局长张力军及江苏、山东、国务院有关部门负责人参加了会议。

国务院南水北调工程建设委员会专家委员会组织专家对中线干线一期工程进行质量检查

2005年11月8～12日，由国务院南水北调工程建设委员会专家委员会组织的11名专家，对中线干线一期在建工程进行质量检查。在查阅工程原始资料、现场查看施工质量、听取相关单位汇报后，专家们认为工程建设管理到位，工程质量良好。

11名专家中有5名中国工程院院士、两名中国工程设计大师。检查历时5天。专家们首先听取了国务院南水北调办建设管理司、南水北调中线干线工程建设管理局关于南水北调工程质量管理体系与质量监管情况的汇报，其后对中线工程北京段的永定河倒虹吸、西四环暗涵工程，河北段的唐河倒虹吸、漕河渡槽段工程进行了现场质量检查。

专家们认为：所检查的中线在建工程，目前尚未发现重大质量问题，已经发现的质量问题，已得到比较可靠的处理，工程管理是到位的，工程质量是良好的。

专家们每到一处施工现场，都细心询问设计方案及进度，仔细察看工况，认真听取参建单位的汇报、详细查阅工程建设中原始记录和检测资料，并与建设管理、设计、监理、施工及质量监督等单位进行座谈。

在专家进行现场检查的同时，专家委员会还首次请中国水利水电科学研究院工程质量检测中心的技术人员，随同专家们一起，对施工现场的沙子、水泥、钢筋、石料等取样、化验、分析；对已建好的建筑物用超声波、回弹仪等设备，检测其密实度，抗压强度等指标。

专家们在检查报告中对工程给予了充分肯定：各级政府监管部门、项目法人、设计、施工和监理单位等对南水北调中线一期工程的质量及监管是重视的，从机构、人员、规章制度、技术手段等方面采取了多种措施，质量管理工作是到位的，成效显著。被检查的施工单位能够根据有关技术标准与规范对原材料质量、混凝土浇筑质量等进行检验，监理单位对其进行抽检；原材料质量及混凝土浇筑各项指标均能达到规范标准和设计要求，质量监控基本运行正常，总体来说，管理是到位的，工程质量是良好的。目前尚未发现重大质量问题，对发现的质量问题，也已得到比较可靠的处理。

检查中，专家们也对工程建设中的混凝土超强现象、碱活性骨料问题、渡槽三向预应力结构等出谋划策。

专家们建议，应逐步推行初步设计招标工作，提高设计工作质量。同时还建议在南水北调工程中实行设计监理制，明确项目设计总工程师的相应职责。

《南水北调东线工程山东段治污控制单元实施方案》通过审查

2005年11月11日国家发展改革委会同建设部、水利部、环保总局、国务院南水北调办等在北京召开了《南水北调东线工程山东段治污控制单元实施方案》第二次审查会，会议原则同意山东省编制的《南水北调东线工程山东段治污控制单元实施方案》。

2005年6月和11月，国家发展改革委先后两次组织环境规划院、水利部、国务院南水北调办政研中心、国家城市给排水工程技术研究中心、淮河流域水资源保护局、水利部水利水电规划设计总院、中国海洋大学、山东省环境保护科学研究设计院的专家对山东省27个控制单元方案进行了审查。

根据治污工程的需要，专家们原则通过了山东省编制的治污方案，并要求山东省有关部门进一步对截污导流与人工湿地的关系以及利用人工湿地削减污染负荷的风险进行论证。至此，《南水北调东线工程山东段治污控制单元实施方案》通过专家审查。

南水北调东、中线一期工程控制性文物保护方案批复

2005年11月14日，国务院南水北调办经商国家文物局批复南水北调东、中线一期工程2005年度控制性文物保护方案，下达南水北调东、中线一期工程2005年度控制性文物保护项目专项资金5000万元。

南水北调东、中线控制性文物保护方案是针对工程建设实际，对保护工作量大、保护方案复杂、实施时间较长的控制性文物保护项目，在国家批准南水北调东、中线一期工程各单项工程初步设计之前，先行确定和实施的文物保护项目，以便做好工程占地范围内的文物保护工作，妥善衔接文物保护工作周期与工程

建设周期。保护方案由项目法人会同相关省市文物部门联合提出，经专家审查会确定，由国家发展改革委核定概算，国务院南水北调办会同国家文物局批准。批准的控制性文物保护项目共计45项，总投资5000万元，其中北京市7项，投资619万元；河北省6项，投资1388万元；河南省11项，投资1440万元；湖北省4项，投资520万元；山东省7项，投资621万元；江苏省10项，投资412万元。45个保护项目中，涉及国家级保护项目2个，分别为河北省磁县北朝墓群、易县和徐水燕长城遗址；涉及省级保护项目4个，分别为河北省磁县南营村遗址、邯郸林村墓群、河南省平高台遗址及山东省梁庄墓地。

《南水北调东线一期工程可行性研究总报告》通过水利部审查

2005年11月15～20日，水利部水利水电规划设计总院在北京主持召开会议，对《南水北调东线一期工程可行性研究总报告》（以下简称《可研总报告》）进行了审查。水利部副部长矫勇、国务院南水北调办副主任宁远出席会议并讲话。包括多位院士在内的60多位特邀专家，国土资源部、国家防汛抗旱总指挥部办公室、南水北调办、水利部、中国国际工程咨询公司等部门以及东线沿线各省有关单位、东线工程各项目法人单位和相关设计单位代表共400余人参加了会议。

水利部副部长矫勇对《可研总报告》按期编制完成给予高度评价，并强调南水北调工程是解决我国北方水资源严重短缺问题的关键性工程，它的建成对于保障受水地区经济、社会与人口、资源、环境的协调发展，意义十分重大，与会专家要以科学、严谨的态度做好《可研总报告》的审查工作。矫勇要求，在《可研总报告》的审查中，要把握好以下五个问题：一是要处理好水量和水质的问题。二是要把握好东线工程多种功能交叉问题。三是要兼顾地方利益。四是要处理好东线工程边界矛盾问题。五是要处理好两省利益和整体利益统筹结合的问题。

会议成立了以水利部总工程师刘宁为主任委员、由20位专家组成的审查技术委员会。与会人员听取了《可研总报告》技术总负责单位中水淮河工程有限责任公司的汇报，并分组进行了讨论。与会专家和代表分组讨论，基本同意该报告。会议形成了审查技术委员会意见。

主要审查意见是：① 南水北调东线一期工程的任务是改善受水区用水条件，通过水资源优化配置和污水处理回用，改善农业生产条件，控制地下水超采，改善生态环境。供水目标主要是补充苏北、鲁南、鲁北、胶东半岛及安徽部分地区的城市生活、工业和环境用水，兼顾农业、航运和其他用水，并为向天津市应急供水创造条件。② 东线一期工程的供水范围为山东省鲁南、鲁北及胶东半岛，安徽省蚌埠市、淮北市以东沿淮、沿新汴河地区，江苏省除里下河地区以外的苏北地区和里运河东西两侧地区。主要受水城市包括济南、青岛、聊城、德州、滨州、烟台、威海、淄博、潍坊、东营、枣庄、济宁、菏泽、徐州、扬州、淮安、宿迁、连云港、蚌埠、淮北、宿州等21个地级及以上城市。③ 东线一期工程调水线路总长1466.5km，在东平湖以南布置13个梯级，总水位差约39m，总调蓄库容47.29亿m^3。④ 调水规模为：抽江500m^3/s，入洪泽湖450m^3/s，出洪泽湖350m^3/s，入骆马湖275m^3/s，出骆马湖250m^3/s，入下级湖200m^3/s，入上级湖125m^3/s，入东平湖100m^3/s，胶东输水干线50m^3/s，过黄河50m^3/s。⑤ 施工总工期7年5个月。⑥ 南水北调东线一期工程建设征地及移民主要实物指标为：工程占地总面积22.41万亩，搬迁总人口2.78万人，拆迁房屋总面积144.86万m^2。⑦ 按2004年下半年价格水平，核定南水北调东线一期工程静态总投资 2660923 万元。

会后，各设计单位根据会议讨论意见，又对《可研总报告》进行了最后的修改和完善；水利部调水局就工程管理体制、水价和资金筹措等问题与江苏、山东两省进行了沟通、协调。《可研总报告》顺利通过了水利部的审查，标志着南水北调东线一期工程进入一个崭新的阶段，随着《可研总报告》的批复，各单项工程将进入全面开工建设阶段。

国务院南水北调工程建设委员会专家委员会组织专家对东线一期江苏境内工程进行质量检查

2005 年 11 月 28 日 ~12 月 2 日，国务院南水北调工程建设委员会专家委员会组织专家组对东线一期江苏境内工程进行了质量检查。专家组在检查了各参建单位质量管理体系和运行情况，以及部分在建工程实体的质量后认为，工程总体进展顺利、质量良好。

在解台泵站工程现场，专家组着重检查了已完工的导流工程和正在施工的泵站主体工程的质量情况；在宝应站工程现场，听取了泵站的监造、验收情况，并启动了 2 号机组，检查其运行情况。检查过程中，专家组听取了江苏省南水北调办、东线江苏水源有限责任公司和有关参建单位的汇报，查阅了工程建设记录、检测资料，并通过座谈等方式，了解了东线一期江苏境内工程质量管理体系和运行情况，以及解台泵站和宝应泵站工程建设的质量情况，并委托中国水利水电科学研究院对解台泵站的原材料等进行了检测分析，对两个项目工程实体的代表性部位质量进行了无损检测。

目前东线一期江苏境内工程开工项目共计 7 项，分别是三（阳河）潼（河）宝（应站）、刘山泵站、解台泵站、淮阴三站、淮安四站、江都泵站改造和蔺家坝泵站，投资规模约 26 亿元。截至 2005 年 11 月底，江苏境内工程已开工项目共完成土石方工程 2971 万 m^3，混凝土 15.9 万 m^3。累计完成投资近 11 亿元，占总投资的 42.3%。对在建工程中的 3 个项目（不含桥梁和房屋）进行了单元工程质量评定，累计评定 2551 个单元工程，合格率 100%；对 3 个项目进行了分部工程质量评定，累计评定 166 个分部工程，合格率 100%；累计评定 21 个单位工程，合格率 100%。

专家组从检查的初步情况分析认为：江苏省南水北调办、东线江苏水源有限责任公司、监理、设计和施工单位等对南水北调东线一期工程的质量及监管是重视的，从机构、人员，规章制度、技术手段等方面采取了许多措施，质量管理工作是到位的，成效显著；在工程施工过程中，施工单位能够根据有关技术标准与规范对原材料质量、混凝土浇筑质量等进行了检测，江苏省南水北调质量监督站和监理单位对其进行了抽检，原材料质量及混凝土浇筑各项指标能达到规范标准和设计要求，质量监控体系运行基本正常，工程质量良好；目前尚未发现重大质量问题，对已发现的质量缺陷问题也已得到比较可靠的处理；宝应泵站经试运行检验，情况良好。

在整个质量检查过程中，专家组还对工程建设中的设计质量、质量检测、质量管理等方面提出了切合实际的质量评价，提出了合理的建议。

国务院南水北调办主任张基尧考察中线穿黄工程

2005 年 12 月 7 日，国务院南水北调办主任张基尧到南水北调中线干线穿黄工程工地，考察工程进展情况，慰问一线干部工人。他强调，各施工单位要加快工程进度，增强质量意识和责任意识，力求把穿黄工程建成精品工程。河南省省长助理刘其文，南水北调中线干线工程建设管理局局长张野，省水利厅厅长、省南水北调办主任张海钦，省水利厅副厅长、省移民办主任李连栋，省南水北调办常务副主任薛显林，郑州市市委副书记王太峰，副市长王荣新等陪同考察。

穿黄工程是南水北调中线总干渠穿越黄河的关键性工程，也是南水北调中线干线工程总工期中的控制性项目。该工程总投资31.37亿元，总工期56个月，于2005年9月开工，计划2010年3月竣工。

张基尧在考察中指出，万事开头难，我们做的又是前无古人的工作，穿黄工程是国内第一个穿越黄河的水利项目，在施工中一定会遇到许多新技术、新难题，广大工程技术人员要增强自主创新意识、质量意识和责任意识，克服各种困难，确保工程进度，确保工程质量，把穿黄工程建成精品工程。

张基尧指出，眼下天寒地冻，工作条件又差，是事故多发期，各施工单位一定要负起责任，加强安全防护工作，不能让一个人受冻挨饿，不能出现任何安全差错。要在管理机制与制度建设上狠下功夫，在体制上、制度上勇于创新，为今后正常施工奠定一个好的基础。目前，各路大军已经进驻工地，施工人员有650人，机械设备有200多台（套），各施工单位一定要相互配合，确保2006年底全断面盾构掘进机具进洞作业，按确定的工作目标按时完工，为南水北调工程顺利进行作出积极贡献。

中线干线工程第一份建设管理委托合同正式签订

2005年12月9日，随着中线建管局副局长石春先与京石段河北建管处处长牟纯儒落笔签名，中线干线工程第一份建设管理委托合同——京石段应急供水工程（河北段）建设管理委托合同正式签订。此举标志着南水北调工程建设管理体制创新进入新的阶段，也为南水北调中线河北段项目大规模开工奠定了坚实的基础。

国务院南水北调办副主任宁远和国务院南水北调办有关司、中线建管局、河北省南水北调办负责人出席签字仪式。

南水北调工程建设实施项目法人责任制。南水北调中线干线工程建设管理局作为中线干线的项目法人，对中线主体工程建设的质量、安全、进度、筹资和资金使用负总责。

为充分调动南水北调工程沿线各省市积极性，提高工程建设管理效率和管理水平，降低建设管理成本，针对南水北调工程建设实际需要，国务院南水北调工程建设委员会第二次全体会议研究决定，南水北调工程建设管理实行以项目法人为主导，直接管理、委托制和代建制相结合的建设管理新模式。

中线京石段应急供水工程于2003年12月开工建设，目前在建的七项控制性工程中，除漕河渡槽由中线建管局直接管理外，其他项目分别委托北京和河北有关单位负责建设管理。经过近两年的实践，不断探索、总结和完善，委托制这种适合南水北调工程建设特点的建设形式，随着中线干线工程第一份建设管理委托合同的签订，正式拥有了法律保证。

中线建管局局长张野在签订仪式上表示，作为项目法人和委托项目的责任主体，中线建管局将按照国家规定和合同约定，对工程项目的质量、安全、进度、投资担负起最终管理责任，全力支持建设管理单位独立进行委托工程项目的建设管理工作。

被委托方河北省南水北调办副主任张铁龙和建管处处长牟纯儒表示，中线局与河北省签订委托管理合同，进一步明确了双方的责任、义务和权利。这是河北省南水北调工程建设的一个里程碑，标志着受委托项目的建设管理进入规范化的阶段。河北将认真履行合同，用合同规范建设行为，确保工期、质量，建设优质工程。

本次签订的京石段应急供水工程（河北段）委托项目，包括已经开工的滹沱河倒虹吸、唐河倒虹吸、釜山隧洞和古运河枢纽工程四个项目，工程长度合计164.57km，占本段总长度的71%，总投资的65%，单独设置的建筑物达到231座，工程建设规模大，管理任务艰巨。

据悉，中线北京段、天津段、河南段以及河北省石家庄以南段的建设管理委托合同也将陆续签订。

南水北调东线一期工程江都站改造工程开工

2005年12月22日，南水北调东线一期工程江都站改造工程正式开工。

江都引江水利枢纽工程是国家南水北调东线工程的源头，该工程的4座抽水站从1961年开始兴建，1977年竣工，共装有立式轴流泵机组33台套，装机容量5300kW，最大抽水流量508m^3/s，是目前我国规模最大的电力排灌站。

南水北调东线一期工程江都站改造工程是南水北调东线东线一期工程的重要组成部分，主要内容包括江都三站改造、江都四站改造、变电所改造、江都西闸除险加固、江都东西闸之间河道疏浚等。工程总投资2.6亿元，计划于2008年12月竣工。开工仪式后该工程正式进入施工阶段。

南水北调工程建设安全生产管理工作会议在京召开

2005年12月29～30日，国务院南水北调办在京召开南水北调工程建设安全生产管理工作会议。国务院南水北调办副主任宁远出席会议并要求，认真履行职责，加大工作力度，狠抓落实，全面做好安全生产工作，保障南水北调工程建设顺利进行。

自南水北调工程开工建设以来，国务院南水北调办建立健全了安全生产管理机构，制定完善了安全生产规章制度，编制了重特大安全事故应急预案，加强了安全生产监督检查，各有关省（市）南水北调办事机构、各项目法人及各有关工程参建单位坚持“安全第一、预防为主”的方针，建立健全安全生产组织机构和安全生产责任制，加强安全生产管理，开展经常性的抽查和检查，使南水北调工程建设安全生产总体情况良好。

宁远回顾了近年来南水北调工程建设安全生产管理情况，分析了南水北调安全生产面临的形势和存在的主要问题。他指出，南水北调工程作为国家的重大基础设施，一直是社会关注的焦点。工程开工以来，南水北调工程招标投标管理、工程质量管理、安全生产管理等更是受到全社会的广泛关注，社会对南水北调工程安全生产有很高的期望。这就要求我们时刻要保持警惕，如履薄冰、如临深渊、小心谨慎、兢兢业业地做好安全生产工作，避免出现重大及特大安全生产事故，不辜负社会各界的期望。

随着南水北调工程建设全面展开，施工生产安全风险较高的项目，如在北京西四环主路下施工的西四环暗涵、高空作业较多的丹江口大坝加高、深达70余米的中线穿黄隧洞等工程相继开工建设，南水北调安全生产任务将更趋繁重，安全生产的形势将更加严峻。针对南水北调工程具有线长、面广、技术要求高、建筑物类型多、工程建设管理层次多、难度大、安全生产管理任务重的特点，宁远对当前和今后一个时期的安全生产管理工作进行了部署。他要求，一是提高认识，牢固树立“以人为本”、“安全第一”的思想。二是加强教育培训，贯彻落实安全生产法律法规。三是强化制度建设，建立安全生产长效机制。四是加强监督管理体系建设，落实安全生产责任制。五是完善事故应急预案体系，提高应急管理水平。六是加大安全生产考核力度，严格安全事故责任追究制。七是保证安全生产投入，提高安全管理技术水平。八是认真做好冬春安全生产工作。

国家安全生产监督管理总局及国务院南水北调办相关司局和南水北调工程各项目法人、有关省（市）南水北调办事机构及项目管理单位负责人参加了会议。

南水北调东线济平干渠工程试通水成功

2005年12月31日凌晨，南水北调首个建成项目——济平干渠通水获得全面成功。至此，我国南北方水资源的统一调度和优化配置，正在由几代人的梦想变为现实。

2005年12月底南水北调东线工程中的济平干渠全线建成，于29日开闸放水，31日凌晨波涛汹涌的东平湖水经由济平干渠奔波90km进入了济南附近的小清河，通水全面成功。

2002年底开工的济平干渠则是南水北调首批开工、首个建成的项目。这项工程自山东东平湖出湖闸至济南市西部的小清河源头睦里庄闸，全长90km，途经泰安市的东平，济南市的平阴、长清、槐荫4个县区，工程总投资13.6亿元。

济平干渠的建成通水，可以在长江水未调来之前，先期调引东平湖水和大汶河水，向济南市区及沿途供水，以缓解济南供水危机。济平干渠通水不仅实现了我国南北方水资源的统一调度和优化配置，而且提高了山东省的水污染治理水平。

贰 政策法规·重要文件

POLICIES,LAWS AND REGULATIONS·IMPORTANT FILES

政策法规

国务院南水北调工程建设委员会

南水北调工程建设征地补偿和移民安置暂行办法

2005年1月27日
（国调委发［2005］1号）

第一章　总　则

第一条　为了规范南水北调主体工程（以下简称南水北调工程）建设征地补偿和移民安置工作，维护移民合法权益，保障工程建设顺利进行，依据《中华人民共和国土地管理法》等有关法律法规，制定本办法。

第二条　贯彻开发性移民方针，坚持以人为本，按照前期补偿、补助与后期扶持相结合的原则妥善安置移民，确保移民安置后生活水平不降低。

第三条　南水北调工程建设征地补偿和移民安置，应遵循公开、公平和公正的原则，接受社会监督。

第四条　南水北调工程建设征地补偿和移民安置工作，实行国务院南水北调工程建设委员会领导、省级人民政府负责、县为基础、项目法人参与的管理体制。有关地方各级人民政府应确定相应的主管部门（以下简称主管部门）承担本行政区域内南水北调工程建设征地补偿和移民安置工作。

第二章　移民安置规划

第五条　南水北调工程建设征地方案一旦确定，当地人民政府应发布通告，严格控制在工程征地范围内迁入人口、新增建设项目、新建住房、新栽树木等。项目法人应会同省级主管部门对工程占地、淹没影响和各种经济损失情况进行调查，经调查者和被调查者共同签字认可并公示后，由县级人民政府签署确认意见。项目法人还应商有关部门对工程征地范围内的占压矿产、地质灾害和文物等进行调查评估，提出专项报告。

第六条　在工程初步设计阶段，项目法人应会同省级主管部门编制征地补偿和移民安置规划，报国务院有关部门审批。

第七条　受工程占地和淹没影响的村集体经济组织，所余土地不能保证该组织恢复原有生产水平的，由地方人民政府负责协调和规划，就近调剂土地或开垦新的耕地；如就近难以调剂土地或者开垦新的耕地，应规划移民外迁安置。

第八条　受工程占地和淹没影响的城（集）镇、企事业单位和专项设施的迁建，应符合当地社会经济发展及城乡规划，并对新址进行水文地质和工程地质勘察、文物调查评估和保护。

第九条　对工程占地和淹没区的文物，要按照保护为主、抢救第一、合理利用、加强管理的方针，制定保护方案，并纳入移民安置规划。

第三章　征地补偿

第十条　项目法人应在工程可行性研究报告报批之前申请用地预审，在工程开工或库区蓄水前3个月向有关市、县土地主管部门提出用地申请，经省级土地主管部门汇总后由省级人民政府报国务院批准。移民安置用地由主管部门按照移民安置进度，在移民搬迁前6个月向有关市、县土地主管部门提出用地申请，依法报有批准权的人民政府批准。

第十一条 工程建设临时用地，耕地占补平衡等按有关法律法规和政策规定执行。

第十二条 通过新开发土地或调剂土地安置被占地农户或农村移民，有关地方人民政府应将土地补偿费、安置补助费兑付给提供土地的村或者迁入村的集体经济组织，村集体经济组织应将上述费用的收支和分配情况向本组织成员公布，接受监督，确保其用于被占地农户或农村移民的生产和安置。其他经济组织提供安置用地的，根据有关法律法规和政策规定兑付。

第十三条 自愿以投亲靠友方式安置的农村移民，应向迁出地县级人民政府提出申请，并由迁入地县级人民政府出具接收和提供土地的证明，在三方共同签订协议后，迁出地县级人民政府将土地补偿费、安置补助费拨付给迁入地县级人民政府。

第十四条 移民个人财产补偿费和搬迁费，由迁出地县级人民政府兑付给移民。省级人民政府应统一印制分户补偿兑现卡，由县级人民政府填写并发给移民户，供移民户核对。

第十五条 城（集）镇、企事业单位和专项设施的迁建，应按照原规模、原标准或恢复原功能所需投资补偿。城（集）镇迁建补偿费支付给有关地方人民政府。企事业单位和专项设施迁建补偿费，根据签订的迁建协议支付给企业法人或主管单位。因扩大规模、提高标准增加的迁建费用，由有关地方人民政府或有关单位自行解决。

第四章 实施管理

第十六条 国务院南水北调工程建设委员会办公室（以下简称国务院南水北调办）与有关省级人民政府签订征地补偿和移民安置责任书。根据安置责任书和移民安置规划，项目法人与省级主管部门签订征地补偿、移民安置投资和任务包干协议。

第十七条 省级主管部门依据移民安置规划，会同县级人民政府和项目法人编制移民安置实施方案，经省级人民政府批准后实施，同时报国务院南水北调办备案。

第十八条 实施阶段的农村移民安置设计，由省级主管部门采取招标方式确定设计单位。城（集）镇、企事业单位、专项设施迁建、库区防护工程的设计，由组织实施单位负责；文物保护方案的设计，按照有关法律法规确定责任单位。上述设计应严格控制在批准的初步设计范围内。

第十九条 根据国家确定的投资规模和项目法人提出的工程建设和移民任务，省级主管部门商项目法人组织编制征地补偿和移民安置计划，项目法人编制中央和军队所属的工业企业、专项设施迁建的计划，报国务院南水北调办核定。

第二十条 项目法人按照下达的征地补偿和移民安置计划，根据工作进度及时将资金拨付给省级主管部门、中央和军队所属工业企业和专项设施迁建的实施单位。征地补偿和移民安置资金必须专账管理、专款专用。

第二十一条 农村征地补偿和移民安置计划，由县级人民政府负责组织实施。农村移民安置点的道路、供水、供电、文教、卫生等基础设施的建设和宅基地布置，应按照批准的村镇规划，由乡（镇）、村组织实施。农村移民住房可根据规划由移民自主建造，不得强行规定建房标准。要按照移民安置规划将被占地农户和农村移民的生产用地落实到位，并签订土地承包合同。

第二十二条 城（集）镇、企事业单位、专项设施的迁建和库区防护工程的建设应严格履行基本建设管理规定，并根据计划安排及相应行业规程、规范组织实施。城（集）镇迁建由县级人民政府组织实施。地方所属的企事业单位或专项设施的迁建，由省级或省级以下主管部门与企业法人或主管单位签订迁建协议；中央和军队所属的工业企业或专项设施的迁建，由项目法人与企业法人或主管单位签订迁建协议。库区防护工程由项目法人负责实施。

第二十三条 省级主管部门与省级文物主管部门签订工作协议，按照协议组织实施文物保护方案。省级文物主管部门组织编制文物保护计划并纳入征地补偿和移民安置计划。在工程建设过程中新发现的文物，按照有关法律规定处理。

第二十四条 省级以下各级主管部门应及时统计计划执行情况，逐级定期报送给上一级主管部门。省级主管部门负责汇总统计资料并报国务院南水北调办，同时抄送项目法人。

第二十五条 项目法人和各级主管部门应按照国家有关规定建立健全征地补偿和移民安置档案，确保档案资料的完整、准确和安全。县级主管部门按照一户一卡建立移民户卡档案。企业法人或主管单位应将迁建的企事业单位或专项设施的设计、实施、验收等报告及时提交给与其签订迁建协议的项目法人或主管部门存档。省级文物主管部门应组织建立考古发掘和文物迁建档案，并将有关资料整理公布。

第二十六条 县级以上地方人民政府要采取切实措施，使被征地农民生活水平不因征地而降低。农村移民按照规划搬迁安置后，生产生活水平低于搬迁前水平的，应通过后期扶持，使其达到搬迁前水平。

第五章 监督管理

第二十七条 国务院南水北调办负责征地补偿和移民安置的监督和稽察。有关地方各级人民政府应当加强对本行政区域内征地移民工作的管理。各级主管部门应当加强内部管理，定期向本级人民政府和上级主管部门报告工作。审计、监察和财政部门应当依照国家有关规定对征地补偿和移民安置资金的使用情况进行审计、监察和监督。

第二十八条 对征地移民的调查、补偿、安置、资金兑现等情况，应以村或居委会为单位及时张榜公示，接受群众监督。

第二十九条 项目法人会同省级主管部门通过招标方式确定中介机构，对移民安置及生产生活情况实施监理、监测。

第三十条 对征地补偿和移民安置过程中群众反映的问题，有关地方人民政府和单位要按照“谁组织实施，谁负责受理”的原则认真解决。

第三十一条 移民安置达到阶段性目标和移民安置工作完毕后，省级人民政府应当组织验收，国务院南水北调办组织总体验收。移民安置验收未通过的，不得进行主体工程竣工验收。

第三十二条 对征地补偿和移民安置中出现的问题，以及稽察、审计、监察、验收中发现的问题，责任单位必须及时整改。对违反有关法律法规的单位，要依法给予行政处罚；对直接负责的主管人员和其他直接责任人员，依法给予行政处分；构成犯罪的，依法追究刑事责任。

第六章 附则

第三十三条 《南水北调工程总体规划》范围内的汉江中下游有关工程建设的征地补偿和移民安置办法，由有关省级人民政府参照本办法制定。

第三十四条 本办法自发布之日起施行。

国家发展和改革委员会

工程建设项目货物招标投标办法

2005年1月18日
（国家发展改革委、建设部、
铁道部、交通部、产业部、
水利部、民航总局令第27号）

第一章 总 则

第一条 为规范工程建设项目的货物招标投标活动，保护国家利益、社会公共利益和招标投标活动当事人的合法权益，保证工程质量，提高投资效益，根据《中华人民共和国招标投标法》和国务院有关部门的职责分工，制定本办法。

第二条 本办法适用于在中华人民共和国境内依法必须进行招标的工程建设项目货物招标投标活动。

前款所称货物，是指与工程建设项目有关的重要设备、材料等。

第三条 工程建设项目符合《工程建设项目招标范围和规模标准规定》（原国家计委令第3号）规定的范围和标准的，必须通过招标选择货物供应单位。

任何单位和个人不得将依法必须进行招标的项目化整为零或者以其他任何方式规避招标。

第四条 工程建设项目货物招标投标活动应当遵循公开、公平、公正和诚实信用的原则。货物招标投标活动不受地区或者部门的限制。

第五条 工程建设项目货物招标投标活动，依法由招标人负责。

工程建设项目招标人对项目实行总承包招标时，未包括在总承包范围内的货物达到国家规定规模标准的，应当由工程建设项目招标人依法组织招标。

工程建设项目招标人对项目实行总承包招标时，以暂估价形式包括在总承包范围内的货物达到国家规定规模标准的，应当由总承包中标人和工程建设项目招标人共同依法组织招标。双方当事人的风险和责任承担由合同约定。

工程建设项目招标人或者总承包中标人可委托依法取得资质的招标代理机构承办招标代理业务。招标代理服务收费实行政府指导价。招标代理服务费用应当由招标人支付；招标人、招标代理机构与投标人另有约定的，从其约定。

第六条 各级发展改革、建设、铁道、交通、信息产业、水利、民航等部门依照国务院和地方各级人民政府关于工程建设项目行政监督的职责分工，对工程建设项目中所包括的货物招标投标活动实施监督，依法查处货物招标投标活动中的违法行为。

第二章 招 标

第七条 工程建设项目招标人是依法提出招标项目、进行招标的法人或者其他组织。本办法第五条第三款总承包中标人共同招标时，也为招标人。

第八条 依法必须招标的工程建设项目，应当具备下列条件才能进行货物招标：

（一）招标人已经依法成立；

（二）按照国家有关规定应当履行项目审批、核准或者备案手续的，已经审批、核准或者备案；

（三）有相应资金或者资金来源已经

落实；

（四）能够提出货物的使用与技术要求。

第九条 依法必须进行招标的工程建设项目，按国家有关投资项目审批管理规定，凡应报送项目审批部门审批的，招标人应当在报送的可行性研究报告中将货物招标范围、招标方式（公开招标或邀请招标）、招标组织形式（自行招标或委托招标）等有关招标内容报项目审批部门核准。项目审批部门应当将核准招标内容的意见抄送有关行政监督部门。

企业投资项目申请政府安排财政性资金的，前款招标内容由资金申请报告审批部门依法在批复中确定。

第十条 货物招标分为公开招标和邀请招标。

第十一条 国务院发展改革部门确定的国家重点建设项目和各省、自治区、直辖市人民政府确定的地方重点建设项目，其货物采购应当公开招标；有下列情形之一的，经批准可以进行邀请招标：

（一）货物技术复杂或有特殊要求，只有少量几家潜在投标人可供选择的；

（二）涉及国家安全、国家秘密或者抢险救灾，适宜招标但不宜公开招标的；

（三）拟公开招标的费用与拟公开招标的节资相比，得不偿失的；

（四）法律、行政法规规定不宜公开招标的。

国家重点建设项目货物的邀请招标，应当经国务院发展改革部门批准；地方重点建设项目货物的邀请招标，应当经省、自治区、直辖市人民政府批准。

第十二条 采用公开招标方式的，招标人应当发布招标公告。依法必须进行货物招标的招标公告，应当在国家指定的报刊或者信息网络上发布。

采用邀请招标方式的，招标人应当向三家以上具备货物供应的能力、资信良好的特定的法人或者其他组织发出投标邀请书。

第十三条 招标公告或者投标邀请书应当载明下列内容：

（一）招标人的名称和地址；

（二）招标货物的名称、数量、技术规格、资金来源；

（三）交货的地点和时间；

（四）获取招标文件或者资格预审文件的地点和时间；

（五）对招标文件或者资格预审文件收取的费用；

（六）提交资格预审申请书或者投标文件的地点和截止日期；

（七）对投标人的资格要求。

第十四条 招标人应当按招标公告或者投标邀请书规定的时间、地点发出招标文件或者资格预审文件。自招标文件或者资格预审文件发出之日起至停止发出之日止，最短不得少于五个工作日。招标人发出的招标文件或者资格预审文件应当加盖印章。

招标人可以通过信息网络或者其他媒介发布招标文件，通过信息网络或者其他媒介发布的招标文件与书面招标文件具有同等法律效力，出现不一致时以书面招标文件为准，但法律、行政法规或者招标文件另有规定的除外。

对招标文件或者资格预审文件的收费应当合理，不得以营利为目的。

除不可抗力原因外，招标文件或者资格预审文件发出后，不予退还；招标人在发布招标公告、发出投标邀请书后或者发出招标文件或资格预审文件后不得擅自终止招标。因不可抗力原因造成招标终止的，投标人有权要求退回招标文件并收回购买招标文件的费用。

第十五条 招标人可以根据招标货物的特点和需要，对潜在投标人或者投标人进行资格审查；法律，行政法规对潜在投标人或者投标人的资格条件有规定的，依照其规定。

第十六条 资格审查分为资格预审和资格后审。

资格预审，是指招标人出售招标文件或者发出投标邀请书前对潜在投标人进行的资格审查。资格预审一般适用于潜在投标人较多或者大型、技术复杂货物的公开招标，以及需要公开选择潜在投标人的邀请招标。

资格后审，是指在开标后对投标人进行的资格审查。资格后审一般在评标过程中的初步评审开始时进行。

第十七条 采取资格预审的，招标人应当发布资格预审公告。资格预审公告适用本办法第十二条、第十三条有关招标公告的规定。

第十八条 资格预审文件一般包括下列内容：

（一）资格预审邀请书；

（二）申请人须知；

（三）资格要求；

（四）其他业绩要求；

（五）资格审查标准和方法；

（六）资格预审结果的通知方式。

第十九条 采取资格预审的，招标人应当在资格预审文件中详细规定资格审查的标准和方法；采取资格后审的，招标人应当在招标文件中详细规定资格审查的标准和方法。

招标人在进行资格审查时，不得改变或补充载明的资格审查标准和方法或者以没有载明的资格审查标准和方法对潜在投标人或者投标人进行资格审查。

第二十条 经资格预审后，招标人应当向资格预审合格的潜在投标人发出资格预审合格通知书，告知获取招标文件的时间、地点和方法，并同时向资格预审不合格的潜在投标人告知资格预审结果。资格预审合格的潜在投标人不足三个的，招标人应当重新进行资格预审。

对资格后审不合格的投标人，评标委员会应当对其投标作废标处理。

第二十一条 招标文件一般包括下列内容：

（一）投标邀请书；

（二）投标人须知；

（三）投标文件格式；

（四）技术规格、参数及其他要求；

（五）评标标准和方法；

（六）合同主要条款。

招标人应当在招标文件中规定实质性要求和条件，说明不满足其中任何一项实质性要求和条件的投标将被拒绝，并用醒目的方式标明；没有标明的要求和条件在评标时不得作为实质性要求和条件。对于非实质性要求和条件，应规定允许偏差的最大范围、最高项数，以及对这些偏差进行调整的方法。

国家对招标货物的技术、标准、质量等有特殊要求的，招标人应当在招标文件中提出相应特殊要求，并将其作为实质性要求和条件。

第二十二条 招标货物需要划分标包的，招标人应合理划分标包，确定各标包的交货期，并在招标文件中如实载明。

第二十三条 招标人允许中标人对非主体货物进行分包的，应当在招标文件中载明。主要设备或者供货合同的主要部分不得要求或者允许分包。

除招标文件要求不得改变标准货物的供应商外，中标人经招标人同意改变标准货物的供应商的，不应视为转包和违法分包。

第二十四条 招标人可以要求投标人在提交符合招标文件规定要求的投标文件外，提交备选投标方案，但应当在招标文件中作出说明。不符合中标条件的投标人的备选投标方案不予考虑。

第二十五条 招标文件规定的各项技术规格应当符合国家技术法规的规定。

招标文件中规定的各项技术规格均不得要求或标明某一特定的专利技术、商标、名称、设计、原产地或供应者等，不得含有倾向或者排斥潜在投标人的其他内容。如果必须引用某一供应者的技术规格才能准确或清楚地说明拟招标货物的技术规格时，则应当在参照后面加上“或相当于”的字样。

第二十六条 招标文件应当明确规定评标时包含价格在内的所有评标因素，以及据此进行评估的方法。

在评标过程中，不得改变招标文件中规定的评标标准、方法和中标条件。

第二十七条 招标人可以在招标文件中要求投标人以自己的名义提交投标保证金。投标保证金除现金外，可以是银行出具的银行保函、保兑支票、银行汇票或现金支票，也可以是招标人认可的其他合法担保形式。

投标保证金一般不得超过投标总价的百分之二，但最高不得超过八十万元人民币。投标保证金有效期应当与投标有效期一致。

投标人应当按照招标文件要求的方式和金额，在提交投标文件截止之日前将投标保证金提交给招标人或其招标代理机构。

投标人不按招标文件要求提交投标保证金的，该投标文件作废标处理。

第二十八条 招标文件应当规定一个适当的投标有效期，以保证招标人有足够的时间完成评标和与中标人签订合同。投标有效期从招标文件规定的提交投标文件截止之日起计算。

在原投标有效期结束前，出现特殊情况的，招标人可以书面形式要求所有投标人延长投标有效期。投标人同意延长的，不得要求或被允许修改其投标文件的实质性内容，但应当相应延长其投标保证金的有效期；投标人拒绝延长的，其投标失效，但投标人有权收回其投标保证金。

同意延长投标有效期的投标人少于三个的，招标人应当重新招标。

第二十九条 对于潜在投标人在阅读招标文件中提出的疑问，招标人应当以书面形式、投标预备会方式或者通过电子网络解答，但需同时将解答以书面方式通知所有购买招标文件的潜在投标人。该解答的内容为招标文件的组成部分。

除招标文件明确要求外，出席投标预备会不是强制性的，由潜在投标人自行决定，并自行承担由此可能产生的风险。

第三十条 招标人应当确定投标人编制投标文件所需的合理时间。依法必须进行招标的货物，自招标文件开始发出之日起至投标人提交投标文件截止之日止，最短不得少于二十日。

第三十一条 对无法精确拟定其技术规格的货物，招标人可以采用两阶段招标程序。

在第一阶段，招标人可以首先要求潜在投标人提交技术建议，详细阐明货物的技术规格、质量和其他特性。招标人可以与投标人就其建议的内容进行协商和讨论，达成一个统一的技术规格后编制招标文件。

在第二阶段，招标人应当向第一阶段提交了技术建议的投标人提供包含统技术规格的正式招标文件，投标人根据正式招标文件的要求提交包括价格在内的最后投标文件。

第三章 投 标

第三十二条 投标人是响应招标、参加投标竞争的法人或者其他组织。

法定代表人为同一个人的两个及两个以上法人，母公司、全资子公司及其控股公司，都不得在同一货物招标中同时投标。

一个制造商对同一品牌同一型号的货物，仅能委托一个代理商参加投标，否则应作废标处理。

第三十三条 投标人应当按照招标文件的要求编制投标文件。投标文件应当对招标文件提出的实质性要求和条件作出响应。

投标文件一般包括下列内容：

（一）投标函；

（二）投标一览表；

（三）技术性能参数的详细描述；

（四）商务和技术偏差表；

（五）投标保证金；

（六）有关资格证明文件；

（七）招标文件要求的其他内容。

投标人根据招标文件载明的货物实际情况，拟在中标后将供货合同中的非主要部分进行分包的，应当在投标文件中载明。

第三十四条 投标人应当在招标文件要求提交投标文件的截止时间前，将投标文件密封送达招标文件中规定的地点。招标人收到投标文件后，应当向投标人出具标明签收人和签收时间的凭证，在开标前任何单位和个人不得开启投标文件。

招标人不得接受以电报、电传、传真以及电子邮件方式提交的投标文件及投标文件的修改文件。

在招标文件要求提交投标文件的截止时间后送达的投标文件，为无效的投标文件，招标人应当拒收，并将其原封不动地退回投标人。

提交投标文件的投标人少于三个的，招标人应当依法重新招标。重新招标后投标人仍少于三个的，必须招标的工程建设项目，报有关行政监督部门备案后可以不再进行招标，或者对两家合格投标人进行开标和评标。

第三十五条 投标人在招标文件要求提交投标文件的截止时间前，可以补充、修改、替代或者撤回已提交的投标文件，并书面通知招标人。补充、修改的内容为投标文件的组成部分。

第三十六条 在提交投标文件截止时间后，投标人不得补充、修改、替代或者撤回其投标文件。投标人补充、修改、替代投标文件的，招标人不予接受；投标人撤回投标文件的，其投标保证金将被没收。

第三十七条 招标人应妥善保管好已接收的投标文件、修改或撤回通知、备选投标方案等投标资料，并严格保密。

第三十八条 两个以上法人或者其他组织可以组成一个联合体，以一个投标人的身份共同投标。

联合体各方签订共同投标协议后，不得再以自己名义单独投标，也不得组成或参加其他联合体在同一项目中投标；否则作废标处理。

第三十九条 联合体各方应当在招标人进行资格预审时，向招标人提出组成联合体的申请。没有提出联合体申请的，资格预审完成后，不得组成联合体投标。

招标人不得强制资格预审合格的投标人组成联合体。

第四章 开标、评标和定标

第四十条 开标应当在招标文件确定的提交投标文件截止时间的同一时间公开进行；开标地点应当为招标文件中确定的地点。

投标人或其授权代表有权出席开标会，也可以自主决定不参加开标会。

第四十一条 投标文件有下列情形之一的，招标人不予受理：

（一）逾期送达的或者未送达指定地点的；

（二）未按招标文件要求密封的。

投标文件有下列情形之一的，由评标委员会初审后按废标处理：

（一）无单位盖章并无法定代表人或法定代表人授权的代理人签字或盖章的；

（二）无法定代表人出具的授权委托书的；

（三）未按规定的格式填写，内容不全或关键字迹模糊、无法辨认的；

（四）投标人递交两份或多份内容不同的投标文件，或在一份投标文件中对同一招标货物报有两个或多个报价，且未声明哪一个为最终报价的，按招标文件规定提交备选投标方案的除外；

（五）投标人名称或组织结构与资格预审时不一致且未提供有效证明的；

（六）投标有效期不满足招标文件要求的；

（七）未按招标文件要求提交投标保证金的；

（八）联合体投标未附联合体各方共同投标协议的；

（九）招标文件明确规定可以废标的其他情形。

评标委员会对所有投标作废标处理的，或者评标委员会对一部分投标作废标处理后其他有效投标不足三个使得投标明显缺乏竞争，决定否决全部投标的，招标人应当重新招标。

第四十二条 评标委员会可以书面方式要求投标人对投标文件中含义不明确、对同类问题表述不一致或者有明显文字和计算错误的内容作必要的澄清、说明或补正。评标委员会不得向投标人提出带有暗示性或诱导性的问题，或向其明确投标文件中的遗漏和错误。

第四十三条 投标文件不响应招标文件的实质性要求和条件的，评标委员会应当作废标处理，并不允许投标人通过修正或撤销其不符合要求的差异或保留，使之成为具有响应性的投标。

第四十四条 技术简单或技术规格、性能、制作工艺要求统一的货物，一般采用经评审的最低投标价法进行评标。技术复杂或技术规格、性能、制作工艺要求难以统一的货物，一般采用综合评估法进行评标。

最低投标价不得低于成本。

第四十五条 符合招标文件要求且评标价最低或综合评分最高而被推荐为中标候选人的投标人，其所提交的备选投标方案方可予以考虑。

第四十六条 评标委员会完成评标后，应向招标人提出书面评标报告。评标报告由评标委员会全体成员签字。

第四十七条 评标委员会在书面评标报告中推荐的中标候选人应当限定在一至三人，并标明排列顺序。招标人应当接受评标委员会推荐的中标候选人，不得在评标委员会推荐的中标候选人之外确定中标人。

评标委员会提出书面评标报告后，招标人一般应当在十五日内确定中标人，但最迟应当在投标有效期结束日三十个工作日前确定。

第四十八条 使用国有资金投资或者国家融资的项目，招标人应当确定排名第一的中标候选人为中标人。排名第一的中标候选人放弃中标、因不可抗力提出不能履行合同，或者招标文件规定应当提交履约保证金而在规定的期限内未能提交的，招标人可以确定排名第二的中标候选人为中标人。

排名第二的中标候选人因前款规定的同样原因不能签订合同的，招标人可以确定排名第三的中标候选人为中标人。

招标人可以授权评标委员会直接确定中标人。

国务院对中标人的确定另有规定的，从其规定。

第四十九条 招标人不得向中标人提出压低报价、增加配件或者售后服务量以及其他超出招标文件规定的违背中标人意愿的要求，以此作为发出中标通知书和签订合同的条件。

第五十条 中标通知书对招标人和中标人具有法律效力。中标通知书发出后，招标人改变中标结果的，或者中标人放弃中标项目的，应当依法承担法律责任。

中标通知书由招标人发出，也可以委托其招标代理机构发出。

第五十一条 招标人和中标人应当自中标通知书发出之日起三十日内，按照招标文件和中标人的投标文件订立书面合同。招标人和中标人不得再行订立背离合同实质性内容的其他协议。

招标文件要求中标人提交履约保证金或者其他形式履约担保的，中标人应当提交；拒绝提交的，视为放弃中标项目。招标人要求中标人提供履约保证金或其他形式履约担保的，招标人应当同时向中标人提供货物款支付担保。

履约保证金金额一般为中标合同价的10%以内，招标人不得擅自提高履约保证金。

第五十二条 招标人与中标人签订合同后五个工作日内，应当向中标人和未中标的投标人一次性退还投标保证金。

第五十三条 必须审批的工程建设项目，货物合同价格应当控制在批准的概算投资范围内；确需超出范围的，应当在中标合同签订前，报原项目审批部门审查同意。项目审批部门应当根据招标的实际情况，及时作出批准或者不予批准的决定；项目审批部门不予批准的，招标人应当自行平衡超出的概算。

第五十四条 依法必须进行货物招标的项目，招标人应当自确定中标人之日起十五日内，向有关行政监督部门提交招标投标情况的书面报告。

前款所称书面报告至少应包括下列内容：

（一）招标货物基本情况；

（二）招标方式和发布招标公告或者资格预审公告的媒介；

（三）招标文件中投标人须知、技术条款、评标标准和方法、合同主要条款等内容；

（四）评标委员会的组成和评标报告；

（五）中标结果。

第五章 罚 则

第五十五条 招标人或者招标代理机构有下列情形之一的，有关行政监督部门责令其限期改正，根据情节可处三万元以下的罚款：

（一）未在规定的媒介发布招标公告的；

（二）不符合规定条件或虽符合条件而未经批准，擅自进行邀请招标或不招标的；

（三）依法必须招标的货物，自招标文件开始发出之日起至提交投标文件截止之日止，少于二十日的；

（四）应当公开招标而不公开招标的；

（五）不具备招标条件而进行招标的；

（六）应当履行核准手续而未履行的；

（七）未按审批部门核准内容进行招标的；

（八）在提交投标文件截止时间后接收投标文件的；

（九）投标人数量不符合法定要求不重新招标的；

（十）非因不可抗力原因，在发布招标公告、发出投标邀请书或者发售资格预审文件或招标文件后终止招标的。

具有前款情形之一，且情节严重的，应当依法重新招标。

第五十六条 招标人以不合理的条件限制或者排斥资格预审合格的潜在投标人参加投标，对潜在投标人实行歧视待遇的，强制要求投标人组成联合体共同投标的，或者限制投标人之间竞争的，责令改正，可以处一万元以上五万元以下的罚款。

第五十七条 评标过程有下列情况之一，且影响评标结果的，有关行政监督部门可处三万元以下的罚款：

（一）使用招标文件没有确定的评标标准和方法的；

（二）评标标准和方法含有倾向或者排斥投标人的内容，妨碍或者限制投标人之间公平竞争；

（三）应当回避担任评标委员会成员的人参与评标的；

（四）评标委员会的组建及人员组成不符合法定要求的；

（五）评标委员会及其成员在评标过程中有违法违规、显失公正行为的。

具有前款情形之一的，应当依法重新进

行评标或者重新进行招标。

第五十八条 招标人不按规定期限确定中标人的，或者中标通知书发出后，改变中标结果的，无正当理由不与中标人签订合同的，或者在签订合同时向中标人提出附加条件或者更改合同实质性内容的，有关行政监督部门给予警告，责令改正，根据情节可处三万元以下的罚款；造成中标人损失的，并应当赔偿损失。

中标通知书发出后，中标人放弃中标项目的，无正当理由不与招标人签订合同的，在签订合同时向招标人提出附加条件或者更改合同实质性内容的，或者拒不提交所要求的履约保证金的，招标人可取消其中标资格，并没收其投标保证金；给招标人的损失超过投标保证金数额的，中标人应当对超过部分予以赔偿；没有提交投标保证金的，应当对招标人的损失承担赔偿责任。

第五十九条 招标人不履行与中标人订立的合同的，应当双倍返还中标人的履约保证金；给中标人造成的损失超过返还的履约保证金的，还应当对超过部分予以赔偿；没有提交履约保证金的，应当对中标人的损失承担赔偿责任。

因不可抗力不能履行合同的，不适用前款规定。

第六十条 中标无效的，发出的中标通知书和签订的合同自始没有法律约束力，但不影响合同中独立存在的有关解决争议方法的条款的效力。

第六章 附 则

第六十一条 不属于工程建设项目，但属于固定资产投资的货物招标投标活动，参照本办法执行。

第六十二条 使用国际组织或者外国政府贷款、援助资金的项目进行招标，贷款方、资金提供方对货物招标投标活动的条件和程序有不同规定的，可以适用其规定，但违背中华人民共和国社会公共利益的除外。

第六十三条 本办法由国家发展和改革委员会会同有关部门负责解释。

第六十四条 本办法自 2005 年 3 月 1 日起施行。

财 政 部

南水北调工程征地移民资金会计核算办法

2005 年 11 月 11 日

（财会［2005］19 号）

第一章 总 则

第一条 为规范南水北调工程征地补偿和移民安置资金（以下简称征地移民资金）的会计核算，全面反映和监督征地移民资金的使用情况，加强征地移民资金的管理，根据《中华人民共和国会计法》、《南水北调工程建设管理的若干意见》、《南水北调工程建设征地补偿和移民安置暂行办法》及其他有关法规，制定本办法。

第二条 本办法适用于管理和使用征地移民资金的各级征地移民管理机构。

第三条 各级征地移民管理机构应当设置专门的会计机构或专职会计人员，对征地移民资金实行独立核算。

第四条 征地移民资金的拨付和使用必须遵循专款专用的原则，严禁挤占、截留、挪用。

第五条 各级征地移民管理机构必须加

强会计监督，并且接受国家有关部门的监督检查。

第二章　会计核算一般原则

第六条　征地移民资金的会计核算应正确划分会计期间，会计期间分为年度、季度和月份。会计年度自公历1月1日起至12月31日止。会计期末，各级征地移民管理机构应根据本办法的规定编制征地移民资金会计报表。年度终了时，应根据有关规定向有关部门报送会计报表。

第七条　征地移民资金的会计核算应当真实可靠、全面完整、相关可比、清晰明了、编报及时，以便监督考核征地移民资金的使用情况。

第八条　征地移民资金的会计核算必须以合法的会计凭证为依据，记录和反映各项收支活动。

第九条　征地移民资金的会计核算应当保证会计指标口径一致，会计处理方法前后各期一致，不得随意变更。

第三章　会计机构和会计人员

第十条　各级征地移民管理机构应当根据需要设置会计机构，不具备单独设置会计机构条件的，应当在有关机构中配备专职会计人员。

从事会计工作的人员，必须取得会计从业资格证书。

会计机构负责人的任免，应当符合《中华人民共和国会计法》的有关规定。

第十一条　各级征地移民管理机构应当根据需要设置会计工作岗位。

会计工作岗位的设立，可以一人一岗、一人多岗或一岗多人，但必须做到钱账分管。出纳人员不得兼任稽核、会计档案保管和收入、支出、费用、债权、债务账目的登记工作。

第十二条　会计人员在会计工作中应当遵守职业道德，严守工作纪律，提高工作质量。

第四章　内部控制制度

第十三条　各级征地移民管理机构应当根据本单位的具体情况，建立完善的内部控制制度，使各部门之间、会计机构各岗位之间形成制约关系。

第十四条　各级征地移民管理机构应当实行岗位责任制，明确会计人员的分工、职权范围、工作标准和考核办法。

第十五条　各级征地移民管理机构应当建立内部审计制度，对本单位的会计凭证、会计账簿和会计报表的合法性、真实性、准确性进行审计监督。

第十六条　各级征地移民管理机构应当建立账务处理程序制度，使本单位的账务组织、凭证传递和会计核算形式科学合理，有利于相互制约，保证会计工作有序进行。

第十七条　各级征地移民管理机构应当对征地移民资金的拨付、日常财务收支、往来款项等重要经济业务建立审批制度，明确审批程序和有关人员的审批权限，并认真贯彻执行。

第五章　会　计　科　目

第十八条　各级征地移民管理机构应根据本办法的规定设置和使用会计科目、编制会计凭证、登记账簿，对征地移民资金进行会计核算。

第十九条　在不违反本办法的前提下，各级征地移民管理机构可以根据核算和管理工作内容自行设置三级明细科目，必要时可建立辅助账。

第二十条　征地移民管理机构在填制会计凭证、登记账簿时，应填列会计科目的名称，或者同时填列会计科目的名称和编号，不能只填科目编号，不填科目名称。

第二十一条　会计科目名称和编号

序号	编号	资金占用类	
		总账科目	明细科目
1	101	拨出征地移民资金	
2	111	征地移民资金支出	
	11101		农村移民安置支出
	11102		城集镇迁建支出
	11103		工业企业迁建支出
	11104		专业项目复建支出
	11105		防护工程支出
	11106		库底清理支出
	11107		地质灾害监测防治支出
	11108		税费支出
	11109		其他费用支出
3	112	待摊支出	
	11201		勘测规划设计科研费
	11202		实施管理费
	11203		实施机构开办费
	11204		技术培训费
	11205		监理监测评估费
	11206		项目技术经济评估审查费
	11207		咨询服务费
	11208		其他
4	121	已完工移民项目	
5	131	现金	
6	132	银行存款	
7	141	应收款	
8	151	固定资产	
9	201	拨入征地移民资金	
10	205	其他收入	
11	241	应付款	
12	251	固定基金	

第二十二条 会计科目使用说明

第101号科目 拨出征地移民资金

1. 本科目核算上级征地移民管理机构向下级征地移民管理机构拨付的征地移民资金。

2. 按规定拨出征地移民资金时，借记本科目，贷记“银行存款”科目。

3. 本科目期末借方余额反映上级征地移民管理机构累计拨付给下级征地移民管理机构的征地移民资金。

4. 本科目应按接收拨款单位和设计单元工程设置明细账。

第111号科目 征地移民资金支出

1. 本科目核算各级征地移民管理机构执行征地补偿和移民安置投资概算时发生的支出，包括农村移民安置、城集镇迁建、工业企业迁建、专业项目复建、防护工程建设、库底清理、地质灾害监测防治、税费缴纳及其他费用方面的支出。

2. 本科目应设置下列明细科目：

（1）农村移民安置支出：核算各级征地移民管理机构按南水北调工程移民投资概算实施农村移民安置的各项支出。本明细科目应设置以下三级明细科目：征用土地补偿费和安置补助费、房屋及附属建筑物补偿费、农副业设施补偿费、小型水利水电设施补偿费、学校及医疗网点调整补助费、基础设施补偿费、搬迁运输费、过渡期生活补助费、移民双瓮厕所及沼气池补助费、移民渔船及渔具补助费、外迁移民专业项目增容费、其他补偿费（含零星果木及林木补偿费、坟墓迁移费、建房困难补助费、临时搬迁道路补助费及其他）。本明细科目应按照农村移民安置的概算项目分别就地安置和外迁安置进行明细核算。

（2）城集镇迁建支出：核算各级征地移民管理机构按南水北调工程移民投资概算实施城集镇迁建的各项支出。本明细科目应设置以下三级明细科目：新址征地费、基础设施补偿费（含场地平整、室外工程、道路广场、市政公用设施恢复、其他等）、对外连接设施补偿费、居民迁移补偿费、建成区农户迁移补偿费、农村移民进镇迁移补偿费、单位迁建补偿费（含镇内单位和镇外单位）、旧城功能恢复费、其他补偿费。本明细科目应按照城集镇迁建的概算项目进行明细核算。

(3) 工业企业迁建支出：核算各级征地移民管理机构按南水北调工程移民投资概算实施工业企业迁建的各项支出。本明细科目应设置以下三级明细科目：新址征地费、基础设施补偿费、搬迁运输费、房屋及附属建筑物补偿费、设施及设备补偿费、流动资产搬迁费、停产损失费、其他。本明细科目应按照工业企业迁建的概算项目进行明细核算。

(4) 专业项目复建支出：核算各级征地移民管理机构按南水北调工程移民投资概算实施专业项目恢复改建的各项支出。本明细科目应设置以下三级明细科目：交通设施恢复改建费（等级公路和桥梁）、渡口及码头改建费、输变电设施恢复改建费、电信设施恢复改建费、广播电视设施恢复改建费、水利水电设施恢复改建费、文物古迹保护费、库周交通恢复费、其他项目补偿费（含输水管道、水文和水位站、库周水准测绘控制网点、国防光缆及其他）。本明细科目应按照专业项目恢复改建的概算项目进行明细核算。

(5) 防护工程支出：核算各级征地移民管理机构按南水北调工程移民投资概算实施防护工程建设的各项支出。

(6) 库底清理支出：核算各级征地移民管理机构按南水北调工程移民投资概算实施库底清理的各项支出。

(7) 地质灾害监测防治支出：核算各级征地移民管理机构按南水北调工程移民投资概算实施地质灾害监测防治的各项支出。

(8) 税费支出：核算各级征地移民管理机构实施南水北调工程移民投资计划支付的各项税费支出。本明细科目应设置以下三级明细科目：耕地占用税、耕地开垦费、森林植被恢复费、新菜地开发建设基金等。本明细科目应按照缴纳税费项目进行明细核算。

(9) 其他费用支出：核算分摊到设计单元工程的其他费用支出。

3. 实际发生各项征地补偿和移民安置支出时，借记本科目，贷记“银行存款”科目。

期末，摊入待摊支出时，借记本科目（其他费用支出—××设计单元工程），贷记“待摊支出”科目。

移民工程完工时，累计征地移民资金支出应转入已完工移民项目的实际成本，借记“已完工移民项目”科目，贷记本科目。

4. 本科目期末借方余额反映各级征地移民管理机构累计用于未完工移民项目的征地移民资金支出数。

5. 本科目应按设计单元工程设置明细账。

第112号科目　待摊支出

1. 本科目核算各级征地移民管理机构按南水北调工程移民投资概算发生的应分摊计入移民项目的各项支出。

2. 本科目应设置下列明细科目：

(1) 勘测规划设计科研费：核算各级征地移民管理机构按南水北调工程移民投资概算为初步设计和技施设计阶段征地移民设计工作所发生的勘测、规划、设计及科研费用。

(2) 实施管理费：核算各级征地移民管理机构按南水北调工程移民投资概算所发生的工资、办公、差旅等经常性管理费用。

(3) 实施机构开办费：核算各级征地移民管理机构按南水北调工程移民投资概算为其启动和运作所发生的配置办公用房、车辆和设备购置及其他开办费用。

(4) 技术培训费：核算各级征地移民管理机构按南水北调工程移民投资概算为提高农村移民生产技能、文化素质和移民干部管理水平所发生的费用。

(5) 监理监测评估费：核算各级征地移民管理机构按南水北调工程移民投资概算所发生的监理费和监测评估费。

(6) 项目技术经济评估审查费：核算各级征地移民管理机构按南水北调工程移民投资概算所发生的项目技术经济评估审查费。

(7) 咨询服务费：核算各级征地移民管理机构按南水北调工程移民投资概算所发生的咨询服务费。

(8) 其他：核算各级征地移民管理机构按南水北调工程移民投资概算所发生的其他待摊支出。

3. 实际发生上述各项支出时，借记本科目，贷记"银行存款"等科目。

期末，所有待摊支出应按照合理、系统的方法摊入相关的设计单元项目，借记"征地移民资金支出一其他费用支出（××设计单元工程）"科目，贷记本科目。

4. 本科目期末结转后无余额。

第121号科目　已完工移民项目

1. 本科目核算已完工的各项设计单元工程的实际成本。

2. 移民项目完工时，累计征地移民资金支出应转入已完工移民项目的实际成本，借记本科目，贷记"征地移民资金支出"科目。

3. 本科目期末借方余额反映已完工移民项目的累计成本。

4. 本科目应按设计单元工程设置明细账。

第131号科目　现　金

1. 本科目核算各级征地移民管理机构的库存现金。征地移民管理机构要严格按照国家有关现金管理的规定收支现金。

2. 从银行提取现金时，借记本科目，贷记"银行存款"科目。收到其他单位交来现金时，借记本科目，贷记"应收款"等科目。

支出现金时，借记"征地移民资金支出"、"待摊支出"等科目，贷记本科目。

3. 本科目应设置"现金日记账"，由出纳人员根据收、付款凭证，按照业务发生顺序，逐笔登记，每日终了，应计算当日的现金收入合计数、现金支出合计数和结余数，并将结余数与实际库存数进行核对，做到账款相符。

4. 本科目期末借方余额反映库存现金数额。

第132号科目　银行存款

1. 本科目核算各级征地移民管理机构按照规定存入银行的款项。

2. 省级以下征地移民管理机构收到上级征地移民管理机构拨入的征地移民资金、省（市）级征地移民管理机构收到项目法人按合同支付的征地移民资金时，借记本科目，贷记"拨入征地移民资金"科目。实现的银行存款利息收入，借记本科目，贷记"其他收入"科目。

上级征地移民管理机构按计划向下级征地移民管理机构拨出征地移民资金时，借记"拨出征地移民资金"科目，贷记本科目。

从银行提取现金时，借记"现金"科目，贷记本科目。

支用银行存款时，借记"征地移民资金支出"、"待摊支出"等科目，贷记本科目。

3. 各级征地移民管理机构应设置"银行存款日记账"，由出纳人员根据收付款凭证，按照业务发生的顺序逐笔登记，并结出账面余额。"银行存款日记账"应定期与"银行对账单"核对，至少每月核对一次。月份终了，征地移民管理机构账面结余与银行对账单余额之间如有差额，必须逐笔查明原因进行处理，并应按月编制"银行存款余额调节表"，调节相符。

4. 各级征地移民管理机构应指定专人签发银行支票，不得签发空头支票和远期支票，不准出租、出借支票或将支票转让给别的单位或个人使用，不准将支票交给收款单位代为签发。

5. 本科目期末借方余额反映征地移民管理机构实际存在银行的款项。

第141号科目　应收款

1. 本科目核算各级征地移民管理机构发

生的各种应收及暂付款项，包括应收取的各种赔款、罚金、保证金以及其他有关各种应收、暂付款项。

2. 发生各种应收、暂付款项时，借记本科目，贷记有关科目。

收回应收、暂付款项时，借记有关科目，贷记本科目。

3. 本科目期末借方余额反映征地移民管理机构应收未收或暂付款项的余额。

4. 本科目应按单位和个人设置明细账，进行明细核算。

第 151 号科目　固定资产

1. 本科目核算各级征地移民管理机构在实施管理过程中使用征地移民资金购买的固定资产。

2. 购买固定资产时，按照实际支付的全部价款，借记“待摊支出一实施机构开办费”科目，贷记“银行存款”科目；同时，借记本科目，贷记“固定基金”科目。

3. 各级征地移民管理机构应按照行政事业单位有关规定对固定资产进行管理，保证账实、账账相符。

4. 本科目期末借方余额反映征地移民管理机构固定资产的实际成本。

第 201 号科目　拨入征地移民资金

1. 本科目核算征地移民管理机构收到上级征地移民管理机构拨入的、或项目法人支付的征地移民资金。

2. 省级以下征地移民管理机构收到上级征地移民管理机构拨入的征地移民资金、省（市）级征地移民管理机构收到项目法人按合同支付的征地移民资金时，借记“银行存款”科目，贷记本科目。

3. 本科目期末贷方余额反映由上级管理机构（或项目法人）累计拨入的征地移民资金。

第 205 号科目　其他收入

1. 本科目核算各级征地移民管理机构在征地补偿和移民安置实施过程中实现的利息收入等。

2. 取得利息等其他收入时，借记“银行存款”、“现金”科目，贷记本科目。

3. 本科目期末贷方余额反映实际收到的其他收入金额。

4. 本科目应按收入种类设置明细账，进行明细核算。

第 241 号科目　应付款

1. 本科目核算各级征地移民管理机构应付、暂收其他单位和个人的款项。

2. 发生应付或暂收款项时，借记有关科目，贷记本科目。

偿还应付款项或结算暂收款项时，借记本科目，贷记有关科目。

3. 本科目期末贷方余额反映征地移民管理机构应付未付或暂收款项的余额。

4. 本科目应按单位或个人设置明细账，进行明细核算。

第 251 号科目　固定基金

1. 本科目核算各级征地移民管理机构在实施管理过程用于购买固定资产的资金。

2. 购买固定资产时，按照实际支付的全部价款，借记“待摊支出—实施机构开办费”科目，贷记“银行存款”科目；同时，借记“固定资产”科目，贷记本科目。

3. 本科目期末贷方余额反映征地移民管理形成的固定基金累计数。

第六章　会　计　报　表

第二十三条　各级征地移民管理机构应当按照本办法的规定，编制和对外提供征地移民资金会计报表。

第二十四条　各级征地移民管理机构报出的会计报表应依次编定页数，加具封面，装订成册，加盖公章。封面上应注明：征地移民管理机构名称、地址、报表所属年度、月份、送出日期等，并由单位负责人、会计机构负责人签名并盖章。

第二十五条　会计报表种类

报表编号	会计报表名称	编报期	报表编号	会计报表名称	编报期
南移会01表	资金平衡表	月报、季报、年报	南移会02-3表	工业企业迁建支出明细表	年报
南移会02表	征地移民资金支出总表	季报、年报			
南移会02-1表	农村移民安置支出明细表	年报	南移会02-4表	专业项目复建支出明细表	年报
南移会02-2表	城集镇迁建支出明细表	年报	南移会03表	待摊支出明细表	年报

第二十六条　会计报表格式

资金平衡表

南移会01表

编制单位：　　　　年　月　日　　　　单位：元

资金占用	行次	年初数	期末数	资金来源	行次	年初数	期末数
一、拨出征地移民资金	1			一、拨入征地移民资金	18		
二、征地移民资金支出	2			二、其他收入	19		
1. 农村移民安置支出	3			三、应付款	20		
2. 城集镇迁建支出	4			四、固定基金	21		
3. 工业企业迁建支出	5				22		
4. 专业项目复建支出	6				23		
5. 防护工程支出	7				24		
6. 库底清理支出	8				25		
7. 地质灾害监测防治支出	9				26		
8. 税费支出	10				27		
9. 其他费用支出	11				28		
三、已完工移民项目	12				29		
四、现金	13				30		
五、银行存款	14				31		
六、应收款	15				32		
七、固定资产	16				33		
资金占用总计	17			资金来源总计	34		

单位负责人：　　　　会计机构负责人：　　　　制表人：

征地移民资金支出总表

南移会02表

编制单位：　　　　　　　　　　年　月　　　　　　　　　　单位：元

项　目	行次	概算投资	计划数		支出数	
			累计	本年	累计	本年
		1	2	3	4	5
1. 农村移民安置支出	1					
2. 城集镇迁建支出	2					
3. 工矿企业迁建支出	3					
4. 专业项目复建支出	4					
5. 防护工程支出	5					
6. 库底清理支出	6					
7. 地质灾害监测防治支出	7					
8. 税费支出	8					
（1）耕地占用税	9					
（2）耕地开垦费	10					
（3）森林植被恢复费	11					
（4）新菜地开发建设基金	12					
9. 其他费用支出	13					
总　计	14					

单位负责人：　　　　　　　　会计机构负责人：　　　　　　　　制表人：

农村移民安置支出明细表

南移会02－1表

编制单位：　　　　　　　　　　年　　　　　　　　　　单位：元

项　目	行次	概算投资	计划数		支出数			
			累计	本年	累　计		本　年	
					合计	其中：个人	合计	其中：个人
		1	2	3	4	5	6	7
1. 征用土地补偿费和安置补助费	1							
2. 房屋及附属建筑物补偿费	2							
3. 农副业设施补偿费	3							
4. 小型水利水电设施补偿费	4							
5. 学校及医疗网点调整补助费	5							
6. 基础设施补偿费	6							
7. 搬迁运输费	7							
8. 过渡期生活补助费	8							
9. 移民双瓮厕所及沼气池补助费	9							
10. 移民渔船及渔具补助费	10							

续表

项目	行次	概算投资	计划数		支出数			
			累计	本年	累计		本年	
					合计	其中：个人	合计	其中：个人
11. 外迁移民专业项目增容费	11							
12. 其他补偿费	12							
(1) 零星果木及林木补偿费	13							
(2) 坟墓迁移费	14							
(3) 建房困难补助费	15							
(4) 临时搬迁道路补助费	16							
(5) 其他	17							
总计	18							

单位负责人：　　　　会计机构负责人：　　　　制表人：

城集镇迁建支出明细表

南移会 02-2 表

编制单位：　　　　年　　　　单位：元

项目	行次	概算投资	计划数		支出数	
			累计	本年	累计	本年
		1	2	3	4	5
1. 新址征地费	1					
2. 基础设施补偿费	2					
(1) 场地平整	3					
(2) 室外工程	4					
(3) 道路广场	5					
(4) 市政公用设施恢复	6					
(5) 其他	7					
3. 对外连接设施补偿费	8					
4. 居民迁移补偿费	9					
5. 建成区农户迁移补偿费	10					
6. 农村移民进镇迁移补偿费	11					
7. 单位迁建补偿费	12					
(1) 镇内单位	13					
(2) 镇外单位	14					
8. 旧城功能恢复费	15					
9. 其他补偿费	16					
总计	17					

单位负责人：　　　　会计机构负责人：　　　　制表人：

工业企业迁建支出明细表

南移会02－3表

编制单位：　　　　　　　　　　　　年　　　　　　　　　　　　单位：元

项　　目	行次	概算投资	计划数		支出数	
			累计	本年	累计	本年
		1	2	3	4	5
1. 新址征地费	1					
2. 基础设施补偿费	2					
3. 搬迁运输费	3					
4. 房屋及附属建筑物补偿费	4					
5. 设施及设备补偿费	5					
6. 流动资产搬迁费	6					
7. 停产损失费	7					
8. 其他	8					
总　　计	9					

单位负责人：　　　　　　　　　　会计机构负责人：　　　　　　　　　　制表人：

专业项目复建支出明细表

南移会02－4表

编制单位：　　　　　　　　　　　　年　　　　　　　　　　　　单位：元

项　　目	行次	概算投资	计划数		支出数	
			累计	本年	累计	本年
		1	2	3	4	5
1. 交通设施恢复改建费	1					
（1）等级公路	2					
（2）桥梁	3					
2. 渡口及码头改建费	4					
3. 输变电设施恢复改建费	5					
4. 电信设施恢复改建费	6					
5. 广播电视设施恢复改建费	7					
6. 水利水电设施恢复改建费	8					
7. 文物古迹保护费	9					
8. 库周交通恢复费	10					
9. 其他项目补偿费	11					
（1）输水管道	12					
（2）水文和水位站	13					
（3）库周水准测绘控制网点	14					
（4）国防光缆	15					
（5）其他	16					
总　　计	17					

单位负责人：　　　　　　　　　　会计机构负责人：　　　　　　　　　　制表人：

待摊支出明细表

南移会03表

编制单位：　　　　年　　　　单位：元

项　　目	行次	概算投资	计划数		支出数	
			累计	本年	累计	本年
		1	2	3	4	5
1. 勘测规划设计科研费	1					
(1) 勘测规划费	2					
(2) 设计费	3					
(3) 科研费	4					
2. 实施管理费	5					
(1) 人员经费	6					
(2) 办公经费	7					
(3) 差旅费	8					
(4) 其他	9					
3. 实施机构开办费	10					
4. 技术培训费	11					
5. 监理监测评估费	12					
(1) 监理费	13					
(2) 监测评估费	14					
6. 项目技术经济评估审查费	15					
7. 咨询服务费	16					
8. 其他	17					
总　　计	18					

单位负责人：　　会计机构负责人：　　制表人：

第二十七条　会计报表编制说明

资金平衡表（南移会01表）

1. 本表反映各级征地移民管理机构期末全部资金来源和资金占用情况。编制本表是为了综合反映征地移民资金来源和资金占用的增减变动情况及其相互对应关系；考核、分析征地移民资金的拨入及使用情况。

2. 本表“年初数”栏的数字，根据上年末本表“期末数”栏的数字填列。

3. 本表资金占用方各项目的内容及“期末数”栏的填列方法：

(1)“拨出征地移民资金”项目（1行），反映征地移民管理机构累计拨付下级征地移民管理机构的征地移民资金，含包干内征地移民资金和包干外其他资金，根据“拨出征地移民资金”科目的期末余额填列。

(2)“征地移民资金支出”（2行），反映征地移民管理机构累计用于末完工移民项目的各项征地移民资金支出数，根据“征地移民资金支出”科目的期末余额填列。其中：

“农村移民安置支出”（3行），反映征地移民管理机构累计支出的用于农村移民安置的款项，根据“农村移民安置支出”明细科目的期末余额填列。

“城集镇迁建支出”，（4行），反映征地移民管理机构累计支出的用于城集镇迁建的款项，根据“城集镇迁建支出”明细科目的期末余额填列。

"工业企业迁建支出"（5 行），反映征地移民管理机构累计支出的用于工业企业迁建的款项，根据"工业企业迁建支出"明细科目的期末余额填列。

"专业项目复建支出"（6 行），反映征地移民管理机构累计支出的用于专业项目恢复和改建的款项，根据"专业项目复建支出"，明细科目的期末余额填列。

"防护工程支出"（7 行），反映征地移民管理机构累计支出的用于防护工程的款项，根据"防护工程支出"明细科目的期末余额填列。

"库底清理支出"（8 行），反映征地移民管理机构累计支出的用于库底清理的款项，根据"库底清理支出"明细科目的期末余额填列。

"地质灾害监测防治支出"（9 行），反映征地移民管理机构累计支出的用于地质灾害监测防治的款项，根据"地质灾害监测防治支出"明细科目的期末余额填列。

"税费支出"（10 行），反映征地移民管理机构累计支出的耕地占用税、耕地开垦费、森林植被恢复费和新菜地开发建设基金等税费，根据"税费支出"明细科目的期末余额填列。

"其他费用支出"（11 行），反映征地移民管理机构累计支出的实施管理费等其他支出，根据"其他费用支出"明细科目的期末余额填列。

（3）"已完工移民项目"（12 行），反映已完工的各项设计单元工程的实际成本，根据"已完工移民项目"科目的期末余额填列。

（4）"现金"（13 行），反映征地移民管理机构期末库存现金余额，根据"现金"科目的期末余额填列。

（5）"银行存款"（14 行），反映征地移民管理机构期末银行存款余额，根据"银行存款"科目的期末余额填列。

（6）"应收款"（15 行），反映征地移民管理机构期末各项应收及暂付款项，根据"应收款"科目的期末余额填列。

（7）"固定资产"（16 行），反映征地移民管理机构在实施管理过程中使用征地移民资金购买的固定资产，根据"固定资产"，科目的期末余额填列。

4. 本表资金来源方各项目的内容及"期末数"的填列方法：

（1）"拨入征地移民资金"（18 行），反映征地移民管理机构累计收到上级征地移民管理机构或项目法人拨入的征地移民资金，根据"拨入征地移民资金"科目的期末余额填列。

（2）"其他收入"（19 行），反映征地移民管理机构累计发生的利息收入等，根据"其他收入"科目的期末余额填列。

（3）"应付款"（20 行），反映征地移民管理机构应付、暂收其他单位和个人的款项，根据"应付款"科目的期末余额填列。

（4）"固定基金"（21 行），反映征地移民管理机构在实施管理过程用于购买固定资产的资金，根据"固定基金"科目的期末余额填列。

5. 本表各项目之间的关系如下：

（1）2 行 =3 行至 11 行之和

（2）17 行 =1 行 +2 行 +12 行 +13 行 +14 行 +15 行 +16 行

（3）34 行 =18 行至 21 行之和

（4）17 行 =34 行

征地移民资金支出总表（南移会 02 表）

1. 本表全面反映南水北调工程移民投资概算、累计计划数、本年计划数、累计支出数和本年支出数等情况。编制本表是为了检查年度投资计划执行情况，考核、分析南水北调工程移民工作的进展和完成情况，考核各项目的累计计划数、累计支出数与概算的匹配程度。

2. 本表"概算投资"栏（1 栏）所属各项目，分别反映各类征地移民资金的投资概算数，根据国家核定的投资概算逐项填列。

3. 本表"计划数—累计"栏（2 栏）所属各项目，分别反映累计各类征地移民资金的计划数，根据上级征地移民管理机构下达的累计计划数逐项填列。

4. 本表“计划数—本年”栏(3栏)所属各项目，分别反映当年各类征地移民资金的计划数，根据上级征地移民管理机构下达的本年计划数逐项填列。

5. 本表“支出数—累计”栏(4栏)所属各项目，分别反映征地移民管理机构累计拨出的各类征地移民资金，根据“征地移民资金支出”科目各明细科目的期末余额分析填列。

6. 本表“支出数—本年”栏(5栏)所属各项目，分别反映征地移民管理机构本年实际拨出的各类征地移民资金，根据“征地移民资金支出”科目各明细科目的本年借方发生额分析填列。

7. 本表各项目之间的关系如下：

(1) 8行=9行至12行之和

(2) 14行=1行+2行+3行+4行+5行+6行+7行+8行+13行

农村移民安置支出

明细表（南移会02-1表）

1. 本表全面反映南水北调工程农村移民安置投资概算、累计计划数、本年计划数、累计支出数和本年支出数等情况。编制本表是为了检查农村移民安置年度投资计划执行情况，考核、分析南水北调工程农村移民安置的进展和完成情况，考核农村移民安置各项目的累计计划数、累计支出数与概算的匹配程度。

2. 本表“概算投资”栏(1栏)所属各项目，分别反映各类农村移民安置资金的投资概算数，根据国家核定的投资概算分别填列。

3. 本表“计划数—累计”栏(2栏)所属各项目，分别反映累计各类农村移民安置资金的计划数，根据上级征地移民管理机构下达的累计计划数逐项填列。

4. 本表“计划数—本年”栏(3栏)所属各项目，分别反映当年各类农村移民安置资金的计划数，根据上级征地移民管理机构下达的本年计划数逐项填列。

5. 本表“支出数—累计(合计)”栏(4栏)所属各项目，分别反映征地移民管理机构累计拨出的各类农村移民安置资金，根据“征地移民资金支出—农村移民安置支出”科目各明细科目的期末余额分析填列。

6. 本表“支出数—累计(其中：个人)”栏(5栏)所属各项目，分别反映征地移民管理机构累计拨出的各类农村移民安置资金中支付给农村移民个人的金额，根据“征地移民资金支出—农村移民安置支出”科目各明细科目的期末余额分析填列。

7. 本表“支出数—本年(合计)”栏(6栏)所属各项目，分别反映征地移民管理机构本年实际拨出的各类农村移民安置资金，根据“征地移民资金支出—农村移民安置支出”科目各明细科目的本年借方发生额分析填列。

8. 本表“支出数—本年(其中：个人)”栏(7栏)所属各项目，分别反映征地移民管理机构本年实际拨出的各类农村移民安置资金中支付给农村移民个人的金额，根据“征地移民资金支出—农村移民安置支出”科目各明细科目的本年借方发生额分析填列。

9. 本表各项目之间的关系如下：

(1) 12行=13行至17行之和

(2) 18行=1行至12行之和

城集镇迁建支出

明细表（南移会02-2表）

1. 本表全面反映南水北调工程城集镇移民迁建投资概算、累计计划数、本年计划数、累计支出数和本年支出数等情况。编制本表是为了检查城集镇迁建年度投资计划执行情况，考核、分析南水北调工程城集镇迁建的进展和完成情况，考核城集镇迁建各项目的累计计划数、累计支出数与概算的匹配程度。

2. 本表“概算投资”栏(1栏)所属各项目，分别反映各类城集镇迁建资金的投资概算数，根据国家核定的投资概算逐项填列。

3. 本表“计划数—累计”栏(2栏)所属各项目，分别反映累计各类城集镇迁建资金的计划数，根据上级征地移民管理机构下达的累计计划数逐项填列。

4. 本表“计划数—本年”栏(3栏)所属各项目，分别反映当年各类城集镇迁建资金的计划数，根据上级征地移民管理机构下达的本年计划数逐项填列。

5. 本表“支出数—累计”栏(4栏)所属各项目，分别反映征地移民管理机构累计拨出的各类城集镇迁建资金，根据“征地移民资金支出—城集镇迁建支出”科目各明细科目的期末余额分析填列。

6. 本表“支出数—本年”栏(5栏)所属各项目，分别反映征地移民管理机构本年实际拨出的各类城集镇迁建资金，根据“征地移民资金支出—城集镇迁建支出”科目各明细科目的本年借方发生额分析填列。

7. 本表各项目之间的关系如下：

(1) 2行=3行至7行之和

(2) 12行=13行+14行

(3) 17行=1行+2行+8行+9行+10行+11行+12行+15行+16行

工业企业迁建支出

明细表（南移会02-3表）

1. 本表全面反映南水北调工程工业企业迁建投资概算、累计计划数、本年计划数、累计支出数和本年支出数等情况。编制本表是为了检查工业企业迁建年度投资计划执行情况，考核、分析南水北调工程工业企业迁建的进展和完成情况，考核工业企业迁建各项目的累计计划数、累计支出数与概算的匹配程度。

2. 本表“概算投资”栏(1栏)所属各项目，分别反映各类工业企业迁建资金的投资概算数，根据国家核定的投资概算逐项填列。

3. 本表“计划数—累计”栏(2栏)所属各项目，分别反映累计各类工业企业迁建资金的计划数，根据上级征地移民管理机构下达的累计计划数逐项填列。

4. 本表“计划数—本年”栏(3栏)所属各项目，分别反映当年各类工业企业迁建资金的计划数，根据上级征地移民管理机构下达的本年计划数逐项填列。

5. 本表“支出数—累计”栏(4栏)所属各项目，分别反映征地移民管理机构累计拨出的各类工业企业迁建资金，根据“征地移民资金支出—工业企业迁建支出”科目各明细科目的期末余额分析填列。

6. 本表“支出数—本年”栏(5栏)所属各项目，分别反映征地移民管理机构本年实际拨出的各类工业企业迁建资金，根据“征地移民资金支出—工业企业迁建支出”科目各明细科目的本年借方发生额分析填列。

7. 本表各项目之间的关系如下：

9行=1行至8行之和

专业项目复建支出

明细表（南移会02-4表）

1. 本表全面反映南水北调工程专业项目复建投资概算、累计计划数、本年计划数、累计支出数和本年支出数等情况。编制本表是为了检查专业项目复建年度投资计划执行情况，考核、分析南水北调工程专业项目复建的进展和完成情况，考核专业项目复建各项目的累计计划数、累计支出数与概算的匹配程度。

2. 本表“概算投资”栏(1栏)所属各项目，分别反映各类专业项目复建资金的投资概算数，根据国家核定的投资概算逐项填列。

3. 本表“计划数—累计”栏(2栏)所属各项目，分别反映累计各类专业项目复建资金的计划数，根据上级征地移民管理机构下达的累计计划数逐项填列。

4. 本表“计划数—本年”栏(3栏)所属各项目，分别反映当年各类专业项目复建资金的计划数，根据上级征地移民管理机构下达的本年计划数逐项填列。

5. 本表“支出数—累计”栏(4栏)所属各项目，分别反映征地移民管理机构累计拨出的各类专业项目复建资金，根据“征地移民资金支出—专业项目复建支出”科目各明细科目的期末余额分析填列。

6. 本表“支出数—本年”栏(5栏)所属各项目，分别反映征地移民管理机构本年实际拨出的各类专业项目复建资金，根据“征地移民资金支出—专业项目复建支出”科目各明细科目的本年借方发生额分析填列。

7. 本表各项目之间的关系如下：

(1) 1行=2行+3行

(2) 11行=12行至16行之和

(3) 17行=1行+4行+5行+6行+7行+8行+9行+10行+11行

待摊支出明细表（南移会03表）

1. 本表全面反映在南水北调工程移民工作过程中所发生的其他费用的投资概算、累计计划数、本年计划数、累计支出数和本年支出数等情况。编制本表是为了检查其他费用的年度投资计划执行情况和经费支出情况。

2. 本表“概算投资”栏(1栏)所属各项目，分别反映各类其他费用的投资概算数，根据国家核定的投资概算逐项填列。

3. 本表“计划数—累计”栏(2栏)所属各项目，分别反映累计各类其他费用的计划数，根据上级征地移民管理机构下达的累计计划数逐项填列。

4. 本表“计划数—本年”栏(3栏)所属各项目，分别反映当年各类其他费用的计划数，根据上级征地移民管理机构下达的本年计划数逐项填列。

5. 本表“支出数—累计”栏(4栏)所属各项目，分别反映征地移民管理机构累计拨出的各类其他费用，根据“待摊支出”科目各明细科目的累计借方发生额分析填列。

6. 本表“支出数—本年”栏(5栏)所属各项目，分别反映征地移民管理机构本年实际拨出的各类其他费用，根据“待摊支出”科目各明细科目的本年借方发生额分析填列。

7. 本表各项目之间的关系如下：

(1) 1行=2行至4行之和

(2) 5行=6行至9行之和

(3) 12行=13行+14行

(4) 18行=1行+5行+10行+11行+12行+15行+16行+17行

第七章 附 则

第二十八条 本办法由中华人民共和国财政部负责解释，需要变更时，由财政部修订。

第二十九条 本办法自2006年1月1日起施行。

国务院南水北调工程建设委员会办公室

国务院南水北调工程建设委员会办公室信访工作办法

2005年11月21日

（国调办综［2005］101号）

第一章 总 则

第一条 为了保持同人民群众的密切联系，保护信访人的合法权益，规范南水北调办信访工作，维护信访秩序和社会稳定，根据国务院《信访条例》，结合国务院南水北调工程建设委员会办公室（以下简称南水北调办）实际情况，制定本办法。

第二条 凡公民、法人或者其他组织采用书信、电子邮件、传真、电话、走访等形式，向南水北调办反映情况，提出建议、意见或者投诉请求的信访事项；国家信访局或中央、国务院有关部门转送、交办的信访事项；各省、自治区、直辖市党委和政府转送需要由南水北调办协助办理的信访事项，以及依法由南水北调办处理的信访事项等，适用本办法。

采用前款规定的形式，反映情况，提出建议、意见或者投诉请求的公民、法人或者其他组织，称信访人。

第三条 信访工作坚持属地管理、分级负责，谁主管、谁负责的原则。属南水北调办职责范围的信访事项，机关各司、直属单位按职责分工办理。非南水北调办职责范围的信访事项，向有关单位转送或交办。对于在征地补偿和移民安置过程中群众反映的问题，按照《南水北调工程建设征地补偿和移民安置暂行办法》（国调委发［2005］1号）第三十条的规定，有关地方人民政府和单位应按照“谁组织实施，谁负责受理”的原则办理。

第四条 信访工作坚持依法、及时、就地解决问题与疏导教育相结合的原则。对信访人请求事实清楚，符合法律、法规、规章或者其他有关规定的，及时办理。请求缺乏事实根据或者不符合法律、法规、规章或者其他有关规定的，要耐心细致地做好政策宣传和疏导教育工作。

第五条 南水北调办信访工作建立办公室统一领导，综合司归口管理，机关各司、直属单位按职责分工承办信访事项的工作机制。

第二章 工作机构及职责

第六条 南水北调办机关信访工作机构设在综合司，履行下列职责：

（一）负责南水北调办机关信访日常工作；

（二）负责确定信访事项的承办单位，督促检查重要信访事项的办理情况；

（三）协调跨地区、跨部门的重要信访事项，协调处理南水北调办机关的非正常上访事件；

（四）对信访信息进行研究分析，开展调查研究，提出完善政策、解决问题的建议；

（五）指导南水北调系统信访工作，制定南水北调办信访工作的规章制度；

（六）承办办公室交由处理的其他信访事项。

第七条 机关各司、直属单位按照职责分工具体承办信访事项。

第八条 建立南水北调系统各级信访工作信息网络，确保信访信息渠道畅通，加强信访信息沟通，提高重大信访事项的预见性。

第九条 南水北调办向社会公布信访工作机构的通信地址、电子信箱、投诉电话、信访接待的时间和地点、查询信访事项处理进展及结果的方式等相关事项。南水北调办在信访接待场所及南水北调办网站公布与信访工作有关的法律、法规、规章，信访事项的处理程序，以及其他为信访人提供便利的相关事项。

第三章 工 作 程 序

第十条 做好信访登记工作。综合司负责登记信访人的姓名（名称）、住址和请求、来信来访时间等基本信息，并根据所反映问题的性质确定承办司和直属单位。承办司和直属单位负责信访接谈和处理过程的记录，并保持记录的完整性。

第十一条 信访事项的受理，按下列方式进行：

（一）信访人直接向南水北调办提出的信访事项，属于南水北调办职权范围的，予以受理。采取走访形式的，南水北调办机关信访工作机构予以接待并视情况通知承办司和直属单位接待，承办司和直属单位及时做好接待工作。

（二）对国家信访局或中央、国务院有关部门转送、交办的信访事项，各省、自治区、直辖市党委和政府转送需要由南水北调办协助办理的信访事项，南水北调办机关信访工作机构予以处理并根据职责确定承办司和直属单位。

（三）信访事项已经由南水北调办承办司和直属单位受理或者正在办理，信访人在规定期限内再次向南水北调办提出同一信访事项的，南水北调办不再重复受理。

（四）已经或者依法应当通过诉讼、仲裁、行政复议等法定途径解决的信访事项，南水北调办不予受理，但应当告知信访人依照有关法律、行政法规规定程序向有关机关提出。

第十二条 信访事项的办理，按下列方式进行：

（一）按照机关各司和直属单位的职责分工办理。承办司和单位要认真办理每一封群众来信，耐心接待每一起群众来访，恪尽职守、秉公办事，查明事实、分清责任，宣传法制、教育疏导，及时妥善处理。

（二）承办司和单位应当自受理之日起60日内办结。情况复杂的，经办公室批准，可以适当延长办理期限，但延长期限不得超过20日，并告知信访人延期理由。法律、行政法规另有规定的，从其规定。

（三）对下列重要信访事项，应及时呈报办公室领导，按照批示办理：

1. 有关南水北调工程建设的重要政策和重大问题；

2. 重要的发明、创造或建议；

3. 检举或控告南水北调办管理的各级领导干部；检举或控告一般职工，问题严重的；

4. 南水北调办管理的各级领导干部的申诉及一般职工的重大申诉事项；

5. 信访疑难问题；

6. 其他需要向办公室领导呈报的信访事项。

（四）凡检举或控告南水北调办管理的各级领导干部的来信，按照谁主管、谁负责的原则转送、交办，原则上不得下转，必须下转时，只准摘转至被揭发或被控告人的上一级组织。

第十三条 加强信访事项的督办。出现下列情形之一的，应当及时督办，并提出改进建议：

（一）无正当理由未按规定的办理期限办结信访事项的；

（二）未按规定反馈信访事项办理结果的；

（三）未按规定程序办理信访事项的；

（四）办理信访事项推诿、敷衍、拖延的；

（五）其他需要督办的情形。

第十四条 信访人对办公室做出的信访事项处理意见不服的，可以自收到书面答复之日起30日内请求国家信访局复查。

第十五条 信访人对复查意见不服，仍然以同一事实和理由提出投诉请求的，南水北调办不再受理。

第十六条 办公室信访工作机构按照规定，定期对信访情况进行汇总、分析，报国家信访局。

第十七条 在信访事项办理过程中形成的文件、材料，应认真记载和整理，立卷、归档。

第四章　附　　则

第十八条 信访人反映的情况，提出的建议、意见，对南水北调工程建设或者对改进南水北调办工作有重大贡献的，由南水北调办按有关规定给予奖励。

第十九条 对在信访工作中做出优异成绩的单位或者个人，按有关规定给予表彰或奖励。

第二十条 对在信访工作中推诿、敷衍、拖延、弄虚作假或处理不当造成严重后果的直接负责的主管人员和直接责任人员，以及打击报复信访人的，按照《信访条例》规定追究行政或法律责任。

第二十一条 信访人无理取闹、妨碍信访秩序的，按照《信访条例》的规定处理。

第二十二条 “非正常上访”按《国务院南水北调办公室关于征地移民的非正常上访应急工作预案》办理，本办法不再另行规定。

第二十三条 本办法由南水北调办负责解释。

第二十四条 本办法自发布之日起施行。

南水北调工程建设2005年度投资计划管理暂行办法

2005年6月8日
（国调办投计［2005］38号）

第一章 总 则

第一条 为规范和加强南水北调工程建设投资计划管理，严格基本建设程序，控制工程投资总量，充分发挥投资效益，根据国务院批准的国务院南水北调工程建设委员会办公室（以下简称南水北调办）职责和国务院南水北调工程建设委员会印发的《南水北调工程建设管理的若干意见》，按照现行国家基本建设管理有关法律、法规和政策，结合工程建设实际情况，制定本办法。

第二条 南水北调工程属跨地区、跨流域配置水资源的特大型工程，分为主体工程和配套工程。

主体工程指总体规划确定的南水北调水源工程、输水干线工程、汉江中下游治理工程、东线截污导流工程和其他治污工程、通信与监控专项工程等。

配套工程指输水干线口门以下相关工程。

第三条 南水北调主体工程建设投资管理实行“静态控制，动态管理”的原则。

第四条 南水北调办负责组织主体工程投资计划管理工作。主体工程中其他治污工程投资计划管理依据国家有关规定执行。

项目法人负责主体工程投资计划的具体实施。

有关省、直辖市南水北调办事机构负责配套工程投资的计划管理工作。

第五条 本办法适用于南水北调主体工程建设投资计划管理。

各项目法人可参照本办法，结合工程建设实际情况制定相应的管理办法或实施细则。

第二章 建设项目划分

第六条 根据南水北调工程建设特点及投资计划管理工作的需要，南水北调主体工程划分为单项工程、设计单元工程和单位工程三个层次。

第七条 单项工程是南水北调主体工程的组成部分，是指可行性研究报告单独编制、单独批复的工程。

第八条 设计单元工程是单项工程的组成部分，是指初步设计报告单独编制、单独批复的工程。

第九条 单位工程是设计单元工程的组成部分，是指具有单独概算、可独立组织施工的工程。

第三章 年度投资计划管理

第十条 南水北调主体工程建设投资由中央拨款（包括中央预算内资金和中央预算内专项资金）、南水北调工程基金（以下简称基金）和银行贷款三部分组成。

第十一条 年度投资计划管理内容主要包括年度投资建议计划、年度投资建设项目计划草案、项目年度建设方案（新开工项目同时编报项目总体建设方案）及年度投资计划下达、调整和检查监督。

第十二条 各项目法人根据有关要求组织编制年度投资建议计划，每年八月份向南水北调办上报下一年度投资建议计划，同时抄送有关省、直辖市南水北调办事机构。

第十三条 各项目法人编制年度投资建

议计划应依据批复的项目初步设计报告（可行性研究报告）确定的建设内容和概（估）算，结合工程建设进度及拟新开工项目前期工作进展情况；同时对上一年度计划执行情况进行全面总结，提出建议和要求。

第十四条 年度投资建议计划包括续建和新开工项目，各项目法人以单位工程为基础编制建议计划，以设计单元工程、单项工程为基础进行汇总。

第十五条 年度投资建议计划主要内容为：本年度工程建设总结、已完成投资和实物工程量、形象进度；下年度主要建设内容、实物工程量、工程预期形象进度和年度投资计划；拟新开工项目应说明初步设计、开工准备等前期工作进展情况及预计完成时间等。

编报时须有详细的文字说明、图、表和电子文档。

第十六条 南水北调办根据项目法人报送的年度投资建议计划，经审核、综合平衡、统筹研究南水北调工程中央拨款、基金和银行贷款的基础上，以单项工程汇总编制南水北调主体工程建设年度投资建议计划，报国家发展和改革委员会（以下简称发展改革委）。

第十七条 根据国家确定的南水北调工程年度建设投资规模，南水北调办结合工程建设目标、项目法人编报的年度投资建议计划、工程建设实际和总体建设进度，研究确定各项目法人的年度建设投资规模。

项目法人根据确定的年度建设投资规模，结合工程建设实际情况，制定年度投资建设项目计划草案并报南水北调办核定。

第十八条 南水北调办根据工程建设实际和工程前期工作进展情况，及时向发展改革委申请年度投资计划。

第十九条 南水北调办依据发展改革委下达的单项工程投资计划，按设计单元工程下达至项目法人，报发展改革委备案，同时抄送有关省、直辖市南水北调办事机构。项目法人据此按单位工程将年度投资计划分解安排，并将安排情况报南水北调办备案。

第二十条 下达年度投资计划的项目须具备以下条件：

1. 项目初步设计已批复；

2. 项目法人已报送年度投资计划申请文件；

3. 年度投资使用银行贷款的项目，项目法人基本落实贷款相关事宜。

第二十一条 投资计划下达后，续建项目在10个工作日内，由项目法人按单位工程制定项目年度建设方案报南水北调办核备；新开工项目在施工招投标工作结束后20个工作日内，由项目法人按单位工程制定项目总体建设方案和年度建设方案报南水北调办核备。项目法人要严格按照直管制、代建制、委托制建设项目管理的有关规定，做好工程建设的各项工作。

项目总体建设方案编制大纲见附件1（略），项目年度建设方案编制大纲见附件2（略）。

第二十二条 项目法人要严格控制工程建设投资，按照批准的工程概算执行，不得擅自改变建设规模，提高建设标准，增加概算投资，严禁建设计划外项目和越权调整计划。

第二十三条 工程建设投资计划需要调整的，单项工程之间年度投资计划的调整，由项目法人提出调整意见，经南水北调办审核后报发展改革委审批；设计单元工程年度投资计划的调整，项目法人提出调整意见，由南水北调办审批，报发展改革委备案；单位工程年度投资计划的调整，由项目法人审批，报南水北调办备案。

单项工程、设计单元工程、单位工程同一的项目，或设计单元工程、单位工程同一的项目，其年度投资计划均按设计单元工程进行管理。年度投资计划的调整，按前款规定执行。

第二十四条 各项目法人要严格计划管理，建立健全相应的计划管理检查监督制度，加强对投资计划执行情况的监管，不得以任何名义滞留、克扣和挪用工程建设投资，保证工程建设和投资效益。

第二十五条 项目法人对年度基建投资计划实施动态统计管理，做好统计台账和统计分析，并按有关要求报送各类统计报表。

第二十六条 南水北调办和各项目法人按照职责对建设项目计划实施检查和监督。

各项目法人发现问题要及时纠正和处理，并将有关情况报南水北调办。

第二十七条 检查监督的主要内容包括：投资计划执行进度与工程量完成情况，是否越权调整投资计划、擅自更改设计内容、改变建设规模、提高建设标准及不合理压低或提高工程单价等。

第二十八条 项目法人应于每年1月10日前将上一年度的项目年度建设方案执行报告报南水北调办，报告的主要内容为：年度投资计划的安排和执行情况、资金到位情况、工程建设进展、形象进度、工程量、建设质量以及工程建设中存在的问题和建议等。

第四章 工程部分基本预备费管理

第二十九条 南水北调主体工程建设项目工程部分基本预备费管理的基本原则是：

1. 以批准的初步设计概算计列的基本预备费为控制额度；

2. 须按规定用于批准的相应建设项目。

第三十条 南水北调主体工程建设项目工程部分基本预备费的使用范围包括设计变更（含设计漏项）、因国家政策性变动增加的投资、解决意外事故而采取的措施所增加的工程项目及费用。

南水北调工程设计变更包括重大设计变更及一般设计变更。南水北调工程重大设计变更指初步设计批复后建设规模、功能、建设标准、总体布置、主要设备等项发生变化；其他建设内容发生变化的为一般设计变更。重大设计变更原则上报初步设计审批单位审批。

第三十一条 除重大设计变更外，工程部分基本预备费实行限额管理和分级管理。

限额管理是指一次使用工程基本预备费的额度管理。单位工程一次使用基本预备费超过200万元（含200万元）的，由项目法人提出基本预备费使用申请报南水北调办，南水北调办根据项目建设实际情况审批；一次使用基本预备费在200万元以下的，由项目法人负责管理，报南水北调办备案。

分级管理是指项目法人累计使用工程基本预备费不超过该工程初步设计概算批准计列的工程基本预备费总额的50%（含50%），使用这部分工程基本预备费时，项目法人履行相关手续自行审批；其余由项目法人向南水北调办提出申请，经南水北调办审批或授权项目法人审批后，方可使用。

第三十二条 项目法人向南水北调办申报使用基本预备费时，需提出申请，并附基本预备费使用说明、相关有效文件、资料和方案等，按有关规定办理。

工程基本预备费不足时，按有关规定及程序另行解决。

第五章 项目建设评价

第三十三条 南水北调办根据工程建设情况，适时组织项目法人对不同层次、不同类型的项目开展建设评价工作。

第三十四条 项目建设评价主要指对勘测设计、建设施工、生产运行、工程概算、投资控制、工程效益等设计内容和指标的评价。

第三十五条 各项目法人要认真对待项目建设评价成果，从中汲取经验教训，并采取相应对策、措施，进一步完善已建项目，改进在建项目，指导拟建项目。

第六章 附 则

第三十六条 南水北调主体工程建设投资"静态控制，动态管理"的相关办法由南水北调办另行制定。

南水北调主体工程建设投资结（节）余资金管理办法由南水北调办另行制定。

南水北调配套工程投资计划管理办法由有关省、直辖市南水北调办事机构负责制定。

第三十七条 本办法由南水北调办负责解释。

第三十八条 本办法自颁布之日起试行。

南水北调工程初步设计工作投资计划管理暂行办法

2005 年 6 月 14 日

（国调办投计［2005］41 号）

第一章 总 则

第一条 为加强南水北调工程初步设计工作投资计划管理，保证初步设计工作质量和进度，促进工程建设，根据国家有关政策法规和南水北调工程实际，特制定本办法。

第二条 本办法中南水北调工程初步设计工作投资（以下简称初步设计工作投资）是指用于南水北调东、中线一期主体工程初步设计工作的中央投资。

第三条 初步设计工作投资主要用于开展南水北调东、中线一期主体工程初步设计阶段的勘测设计以及必要的科学研究试验工作。

由南水北调工程各项目法人（以下简称项目法人）组织实施的初步设计工作投资在项目开工建设后计人相应单项工程建设完成投资。

由国务院南水北调工程建设委员会办公室（以下简称国务院南水北调办）组织实施的涉及工程建设全局性的专题工作投资专项计列。

第四条 国务院南水北调办是初步设计工作投资计划的主管部门，项目法人是初步设计工作投资计划组织实施的责任单位。

第五条 初步设计工作投资计划管理主要包括年度初步设计工作投资建议计划的编报、审批，年度初步设计工作投资计划的下达、调整以及计划的组织实施和监督检查。

第六条 本办法适用于由国务院南水北调办负责安排初步设计工作投资，并由项目法人组织初步设计的南水北调东、中线一期工程项目。

第二章 计 划 管 理

第七条 项目法人申请初步设计工作投资需编制年度初步设计工作投资建议计划，报送国务院南水北调办。需在下年度申请投资的项目，应于本年度 8 月份前报送建议计划。

第八条 项目法人应在总结和审核上年度初步设计工作完成情况的基础上，根据工程开工进度要求，按项目轻重缓急，编制年度初步设计工作投资建议计划。建议计划主要包括编制原则、项目说明、主要工作内容、实物工作量、工作进度安排、招投标情况、已安排投资及建议安排投资等内容的文字报告及相应表格。

第九条 国务院南水北调办对项目法人报送的年度初步设计工作投资建议计划进行审核后，根据南水北调工程建设总体进度要求，编制年度初步设计工作投资建议计划，报送国家发展和改革委员会。

第十条 国务院南水北调办根据国家发展和改革委员会下达的投资计划，制定年度初步设计工作投资计划，按项目下达到项目法人。

第十一条 初步设计工作投资计划下达后，项目法人应及时提出投资使用方案，报国务院南水北调办备案。初步设计工作投资使用方案应包括项目任务分解情况、招投标情况、实物工作量安排、资金安排、工作质量要求和进度计划要求等内容。

第十二条 项目法人应严格执行下达的初步设计工作投资计划，不得擅自调整。如确需调整，须提出调整建议方案，报国务院南水北调办批准。

第三章 组织实施及监督检查

第十三条 项目法人负责初步设计工作投资计划的组织实施，并对投资的使用负总责。要加强项目管理，制定相应的投资管理工作细则。

第十四条 项目法人要严格执行国家有关规定，合理、有效地使用资金，专款专用，不得挪用、截留。

第十五条 项目法人应按《中华人民共和国招标投标法》及国家有关规定，择优选定具有相应资质的勘测设计单位承担初步设计工作，依法签订合同，加强合同管理，并将合同签订结果报国务院南水北调办备案。

第十六条 国务院南水北调办负责对初步设计工作投资计划的执行和资金使用进行监督检查。

第十七条 凡由国务院南水北调办安排工作投资的初步设计项目，项目法人须于每年1月10日前编制上年度初步设计工作投资计划的完成情况报告，报国务院南水北调办。

第四章 附 则

第十八条 本办法由国务院南水北调办负责解释。

第十九条 本办法自公布之日起执行。

南水北调工程建设征地补偿和移民安置资金管理办法（试行）

2005年6月8日

（国调办经财［2005］39号）

第一章 总 则

第一条 为规范南水北调工程建设征地补偿和移民安置资金管理，提高资金使用效率，保障移民合法权益，确保南水北调工程建设顺利实施，根据《南水北调工程建设征地补偿和移民安置暂行办法》和相关财经法规，制定本办法。

第二条 本办法适用于南水北调主体工程建设征地补偿和移民安置（以下简称征地移民）资金的筹集、使用、管理和监督。

本办法所称征地移民资金包括直接费用、其他费用、预备费和有关税费。

第三条 征地移民资金是南水北调主体工程建设资金的组成部分，由南水北调主体工程项目法人（以下简称项目法人）统一负责筹集。

第四条 征地移民资金管理遵循责权统一、计划管理、专款专用、包干使用的原则。

第五条 依据国务院确定的“国务院南水北调工程建设委员会领导、省级人民政府负责、县为基础、项目法人参与”的南水北调工程征地移民管理体制，各级主管部门和各项目法人应各司其职、各负其责，加强征地移民资金管理。

各级主管部门是指由地方各级人民政府确定的负责本行政区域内南水北调工程征地移民工作的部门。

第二章 投资包干管理

第六条 征地移民资金实行与征地移

民任务相对应的包干使用制度。征地移民资金包干数额按国家核定的初步设计概算确定。除国家已批准的因政策调整、不可抗力等因素引起的投资增加外，不得突破包干数额。

第七条 项目法人应与省级主管部门签订征地移民投资包干总协议或单项、设计单元工程征地移民投资包干协议。

征地移民中的中央和军队所属的工业企业或专项设施（以下简称非地方项目）的迁建，由项目法人与非地方项目迁建单位签订迁建投资包干协议。项目法人委托给省级主管部门实施的非地方项目，则由省级主管部门与非地方项目迁建单位签订迁建投资包干协议。非地方项目在征地移民投资包干协议中明确。

第八条 征地移民中的文物保护项目由省级主管部门与省（直辖市）文物主管部门签订文物保护投资包干协议。

第九条 征地移民投资包干协议中必须明确规定下列内容：

（一）征地移民任务的具体内容；

（二）征地移民工作的进度要求；

（三）征地移民资金包干额度和费用组成；

（四）征地移民资金拨（支）付方式；

（五）双方的责任、权利和义务。

第十条 直接费用由省级主管部门和项目迁建单位包干使用。

第十一条 其他费用按照“谁组织，谁负责”的原则，由省级主管部门、项目法人按各自职责和承担的工作量分块包干使用，具体划分比例在签订投资包干协议时确定。

省级主管部门、项目法人应根据征地移民投资包干协议确定的工作内容及地方国土资源等部门参与征地移民工作的职责和工作量合理安排有关费用。

第十二条 预备费按照征地移民任务（包括非地方项目迁建）分配额度，并考虑特殊因素作适当调整。

中线水源工程30%的预备费随年度征地移民投资计划匹配下达，需动用预备费，由省级主管部门审批，并经项目法人报国务院南水北调办备案；其余70%预备费的动用，省级主管部门应提出书面申请，由项目法人审核后报国务院南水北调办审批。

东线工程和中线干线工程50%的预备费随年度征地移民投资计划匹配下达，需动用预备费，由省级主管部门审批，并经项目法人报国务院南水北调办备案；其余50%预备费的动用，省级主管部门应提出书面申请，由项目法人审核后报国务院南水北调办审批。

由项目法人组织实施的非地方项目，其预备费随年度征地移民投资计划匹配下达的比例按本条第二、三款执行。需动用随年度投资计划匹配下达预备费的，由项目法人审批并报国务院南水北调办备案；需动用其余预备费的，由项目法人提出申请，报国务院南水北调办审批。

第十三条 有关税费由项目法人按已批准的征地移民投资概算中核定的金额支付给省级主管部门和非地方项目迁建单位，省级主管部门和非地方项目迁建单位按规定缴纳给有关部门或单位。

第三章 计 划 管 理

第十四条 年度征地移民投资计划依据经批准的初步设计阶段征地移民规划及投资概算、移民安置实施方案、南水北调工程项目开工及建设进度的要求进行编制，并纳入南水北调工程建设年度投资计划。

第十五条 年度征地移民投资计划的内容应包括农村征地补偿和移民安置、城（集）镇迁建、企事业单位和专项设施迁建、防护工程、库底清理和文物保护等的规模和投资。年度征地移民投资计划的报表编制格式和编报要求另行规定。

第十六条 省级主管部门商项目法人编制年度征地移民投资计划（包括受项目法人委托的非地方项目投资计划），项目法人组织编制非地方项目年度征地移民投资计划，并由项目法人汇总后一并报国务院南水北调办。

第十七条 根据国家发展和改革委员会下达的年度投资计划，国务院南水北调办将年度征地移民投资计划下达项目法人。

依据已签订的征地移民投资包干协议和征地移民工作进度，项目法人将年度征地移民投资计划分解到省级主管部门和非地方项目迁建单位。

第十八条 省级主管部门和非地方项目迁建单位依据分解的年度征地移民投资计划，结合工程建设进展情况和相关协议，组织计划的实施。

第十九条 各级主管部门、各项目法人、非地方项目迁建单位和相关单位应维护年度征地移民投资计划的严肃性，不得擅自调整。确需调整的，省级主管部门负责的项目由省级主管部门提出调整意见，非地方项目由项目实施单位提出调整意见，由项目法人按原程序报批。

第二十条 省级以下各级主管部门应及时统计计划执行情况，逐级定期报送给上一级主管部门。省级主管部门负责汇总统计资料并经项目法人报国务院南水北调办。

第四章 财 务 管 理

第二十一条 各级主管部门、各项目法人应按其职责负责征地移民资金的财务管理，设立专门的财务管理机构或配备会计人员，建立完善的财务内控制度，加强票据、印章管理，实行会计、出纳分设，严格资金收支程序，严肃财务纪律，严禁设立小金库。

第二十二条 项目法人应依据征地移民投资包干协议，按照批准下达的年度征地移民投资计划和征地移民工作进度，及时将资金支付给省级主管部门、非地方项目迁建单位。

省级主管部门按年度征地移民投资计划和征地移民工作进度，及时向下级主管部门拨付资金，并按规定及时向有关部门或单位缴纳有关税费。

第二十三条 各级主管部门、各项目法人应在一家国有或国家控股商业银行开设征地移民资金专用账户，专门用于征地移民资金的管理。

省级主管部门、各项目法人开设、变更、撤销银行账户应报国务院南水北调办备案，省级以下主管部门开设、变更、撤销银行账户应报省级主管部门备案。

第二十四条 各级主管部门、各项目法人应确保征地移民资金专项用于南水北调工程征地移民工作，任何部门、单位和个人不得截留、挤占、挪用征地移民资金。

各级主管部门、各项目法人应严格执行经批准的征地移民规划及移民安置实施方案，不得超标准、超规模使用征地移民资金。

第二十五条 各级主管部门、各项目法人应设置专门的会计账簿核算征地移民资金，执行统一的会计制度。

第二十六条 各级主管部门应按规定向上一级主管部门报送财务报告。项目法人对省级主管部门和非地方项目迁建单位的财务报告汇总后上报国务院南水北调办。

第二十七条 省级主管部门在单项、设计单元工程完工后，审核汇总并向项目法人报送该工程项目的征地移民资金财务决算报告，项目法人对省级主管部门和非地方项目迁建单位的财务决算报告汇总后上报国务院南水北调办。

第二十八条 各级主管部门、各项目法人的征地移民资金形成的银行存款利息收入，应用于征地移民工作，不得挪作他用。

第五章 监 督 管 理

第二十九条 各级主管部门应当加强内部审计和检查，定期向本级人民政府、上级主管部门报告征地移民资金使用情况。

省级主管部门、项目法人应对征地移民资金及时到位、使用和管理情况等进行监督检查。

第三十条 各级主管部门、项目法人及非地方项目迁建单位应接受国务院南水北调办对征地移民资金及时到位、使用和管理情况等的监督检查和稽察。

第三十一条 各级主管部门、项目法人及非地方项目迁建单位有义务接受审计、监察和财政部门依法对征地移民资金进行审计、监察和监督，并按要求及时提供有关资料。

第三十二条 对征地移民的调查、补偿、安置、资金兑付等情况，应以村或居委会为单位及时张榜公布，接受群众监督。

第三十三条 对监督检查、稽察、审计和监察中发现的问题，责任单位应及时整改。违反本办法规定，截留、挤占、挪用征地移民资金的单位，应依法给予行政处罚；对直接负责的主管领导和责任人，应依据相关法律、法规和规章追究其法律责任，构成犯罪的，应依法追究其刑事责任。

第六章 附 则

第三十四条 省级主管部门应依据本办法制定征地移民资金管理办法实施细则，并报国务院南水北调办备案。

第三十五条 南水北调工程总体规划范围内的汉江中下游工程和治污工程征地移民资金管理，参照本办法执行。

南水北调配套工程的征地移民资金管理规定，由有关省（直辖市）自行制定。

第三十六条 本办法由国务院南水北调办负责解释。

第三十七条 本办法自2005年7月1日施行。

南水北调工程建设质量监督费管理办法

2005年9月12日

（国调办经财［2005］78号）

第一条 为了规范南水北调工程建设质量监督费的收支行为，根据国家相关规定，制定本办法。

第二条 本办法适用于南水北调主体工程建设质量监督机构与项目法人及项目建设管理单位的南水北调工程建设质量监督费（以下简称质量监督费）的收支活动。

办法所称质量监督机构是指承担南水北调工程质量监督管理的南水北调工程建设监管中心（以下简称监管中心）、国务院南水北调办在相关省（直辖市）和重点工程项目设立的质量监督站、项目站，以及省（直辖市）质量监督站设立的项目站。

第三条 质量监督费纳入中央财政预算，实行“收支两条线”管理，遵循“统收统支、预算管理、总量控制”的原则。

第四条 质量监督费由监管中心统一收缴，项目法人或项目建设管理单位应按规定及时缴纳。

第五条 质量监督费的收费按以下标准执行：

（一）丹江口大坝加高、穿黄、泵站、交叉建筑物、渡槽、隧洞等工程按建安工作量的0.7‰收取；

（二）渠道、河道等工程按建安工作量的0.6‰收取。

第六条 项目法人和项目建设管理单位在办理质量监督手续时，应确定质量监督费缴纳计划。质量监督费缴纳计划依据收费标准和下列规定确定：

（一）工期24个月以内的工程项目，质量监督费应在开工年度一次性全额缴纳；

（二）工期36个月以内的工程项目，质量监督费在开工年度缴纳60%，其余在以后年度按年均衡缴纳；

（三）工期超过36个月的工程项目，质量监督费在开工年度缴纳50%，其余在以后年度按年均衡缴纳。

在工程竣工验收前应缴清该工程全部的质量监督费。

第七条 监管中心应根据确定的项目质量监督费缴纳计划，向项目法人或项目建设管理单位发出质量监督费缴款通知书，项目法人或项目建设管理单位应在质量监督费缴款通知书规定的时间之内，将质量监督费缴入财政部为监管中心开设的中央财政汇缴专户。

质量监督费缴款通知书由监管中心统一印制。

第八条 监管中心应使用财政部统一印制的《非税收入一般缴款书》，按规定填写相关财政信息。《非税收入一般缴款书》只用于向中央财政汇缴专户缴款使用，《非税收入一般缴款书》的领购、登记、保管、销毁按财政部有关规定执行。

第九条 质量监督费作为项目支出，纳入部门预算。

第十条 质量监督费开支范围为：

（一）人员费，包括质量监督机构专职人员的工资、津贴、加班、保险、劳保、福利、奖金、差旅费等；

（二）设备费，包括质量检测设备、工器具及交通工具、办公设备的购置、维修、保养费用等；

（三）办公费，包括办公用房租赁、办公用品、水电、印刷、通讯、图书资料购置费用等；

（四）巡查费，包括临时外聘巡回检查人员劳务费、津贴、保险费、差旅费等；

（五）抽检费，包括工程质量监督检测、试验及质量监督工作检查的费用；

（六）会务费，包括开展质量监督工作发生的各项会议经费；

（七）培训费，包括质量监督人员的调研、教育、培训费用；

（八）课题费，包括有关质量监督管理政策的研究制定、质量监督技术研究等课题研究费。

（九）其他用于质量监督工作所必需的费用。

第十一条 监管中心应依据预算管理的要求和年度质量监督计划，编制质量监督年度经费支出预算，纳入监管中心年度预算，报国务院南水北调办。

第十二条 监管中心接到国务院南水北调办批复的质量监督费年度预算后，应严格按照批复的预算和有关国库集中支付、政府采购制度规定组织实施。对国务院南水北调办设立的重点工程项目站和省（直辖市）质量监督站的经费支出管理，由监管中心根据批复的预算进行控制。具体操作办法由监管中心确定。

第十三条 质量监督费应实行专款专用，独立核算，任何单位或个人不得截留、挪用、坐收坐支，也不得擅自提高收费标准，扩大收费范围和开支范围。如因情况变化，需要调整预算的，必须按照预算审批程序，经过批准后方可调整。

第十四条 质量监督机构和项目法人及项目建设管理单位应加强对质量监督费的收缴和支出管理的内部监督检查，制定相关内部控制制度，明确管理责任，并主动接受和积极配合物价、财政、审计部门和国务院南水北调办的监督与检查。

第十五条 违反本办法规定，截留、挪用、坐收坐支质量监督费，或违反物价、财政部门规定，擅自扩大收费范围、提高收费标准、扩大开支范围以及因失职、渎职造成严重损失或不良影响的，应依法追究有关单位直接领导和责任人的责任，触犯刑律的，依法追究刑事责任。

第十六条 本办法由国务院南水北调办负责解释。

第十七条 本办法自颁发之日起执行。

南水北调工程质量监督管理办法

2005年5月13日

（国调办建管［2005］33号）

第一章 总 则

第一条 为加强南水北调工程质量监督管理，规范质量监督行为，保证工程质量，根据《建设工程质量管理条例》、《南水北调工程建设管理的若干意见》和国家有关规定，制定本办法。

第二条 本办法适用于南水北调主体工程的质量监督，配套工程可参照执行。

第三条 南水北调工程质量监督工作，采用统一集中管理、分项目实施的质量监督管理体制。国务院南水北调工程建设委员会办公室（以下简称“南水北调办”）依法对南水北调主体工程质量实施监督管理。

第四条 南水北调东线主体工程、中线干线工程委托项目和汉江中下游治理工程项目，其质量监督工作由南水北调办委托有关省（直辖市）南水北调办事机构负责实施。

第五条 南水北调工程建设项目法人、项目建设管理、勘测设计、监理、施工、设备供应等单位依照法律法规承担工程质量责任，并接受监督。

第二章 机构和人员

第六条 南水北调办在质量监督管理方面的主要职责为：贯彻执行国家和国务院南水北调工程建设委员会有关工程建设质量管理的方针政策和法律法规；负责对工程建设责任主体质量管理行为和有关质量监督实施机构质量监督责任落实情况进行监督检查；负责重要项目质量监督机构设立的批准和省（直辖市）质量监督站设立的核准；组织交流工程质量监督工作经验；组织发布南水北调工程质量监督信息。

第七条 南水北调办在南水北调主体工程所在省（直辖市）设立南水北调工程省（直辖市）质量监督站。

省（直辖市）质量监督站的主要任务为：贯彻执行国家和南水北调办有关工程建设质量管理的方针政策和法律法规；负责委托项目的质量监督，具体实施东线工程和中线干线工程委托项目、汉江中下游治理工程的质量监督工作；设立项目站或组织巡回检查组并向南水北调办备案；定期向南水北调办汇总报送工程质量监督信息。

省（直辖市）质量监督站的具体组建和日常管理工作由南水北调办委托相关省（直辖市）南水北调办事机构负责。

第八条 南水北调办委托南水北调工程建设监管中心承担质量监督管理的有关具体工作。

南水北调工程建设监管中心质量监督工作的主要任务为：贯彻执行国家和南水北调办有关工程建设质量管理的方针政策和法律法规；受南水北调办委托具体实施丹江口大坝加高工程、中线干线工程中由项目法人直接管理和代建管理项目的质量监督；定期向南水北调办汇总报送工程质量监督信息；承办南水北调办委托的其他质量监督管理方面的具体工作。

第九条 从事南水北调工程质量监督的人员必须具备以下条件：

（一）坚持原则，责任心强，身体健康；

（二）取得工程师及以上专业技术职称，或具有大专以上学历并有五年以上从事水利水电工程建设、设计、施工、监理、咨询等工作的经历；

（三）熟悉水利工程建设管理工作；

（四）通过南水北调办考核合格，获得证书。

第十条 质量监督人员不得与其所从事质量监督工程项目的项目法人、项目建设管理、监理、设计、施工、设备制造等单位存在经济利益关系。

第十一条 省（直辖市）质量监督站、南水北调工程建设监管中心设立的项目站和组织的巡回抽查组及质量监督人员由南水北调办负责考核。

省（直辖市）质量监督站设立的项目站和组织的巡回抽查组及质量监督人员由省（直辖市）南水北调办事机构负责考核。

第三章 质量监督

第十二条 南水北调工程开工前应办理质量监督手续。工程质量监督期为自办理质量监督手续始，到工程通过竣工验收止。

第十三条 委托南水北调工程建设监管中心组织实施质量监督的项目，由项目法人或其授权的项目建设管理单位在工程开工前到南水北调工程建设监管中心办理监督手续，并由南水北调工程建设监管中心报南水北调办备案；省（直辖市）质量监督站组织实施质量监督的项目，由项目法人或受其委托的项目建设管理单位在工程开工前到省（直辖市）质量监督站办理监督手续，并由省（直辖市）质量监督站报南水北调办备案。

项目法人或受其委托的项目建设管理单位办理质量监督手续时，需填报《南水北调工程质量监督申请书》（格式见附件1），同时提交以下材料：

（一）工程项目建设有关审批文件（复印件）；

（二）项目法人或项目建设管理单位与监理、设计、施工等单位签订的合同（复印件）；

（三）项目建设管理、监理、设计、施工、设备供应等单位的基本情况和工程质量管理组织情况，相关人员执业资格证书等资料；

（四）必要的设计文件、施工设计图纸和监理规划或监理实施细则；

（五）其他需要的文件资料。

工程实施中与质量监督相关的有关文件、纪要、变更通知、图纸等应随时或根据要求及时提交质量监督机构。

项目开工后签订的监理、设计、施工合同，一般应在合同签订后10个工作日内将复印件提交质量监督机构。

第十四条 南水北调工程建设监管中心或省（直辖市）质量监督站收到《南水北调工程质量监督申请书》后10个工作日之内，经审核后，办理《南水北调工程质量监督书》（格式见附件2）。

第十五条 南水北调工程建设监管中心或省（直辖市）质量监督站应结合工程项目实际，制订质量监督计划或质量监督实施细则，明确监督重点，并在质量监督手续办理完毕后20个工作日内印送项目法人或项目建设管理单位。项目法人或项目建设管理单位在收到质量监督实施细则后应及时书面通知工程参建各方。

第十六条 南水北调工程质量监督采用巡回抽查和派驻项目站现场监督相结合的工作方式进行，建安工程量超过5亿元人民币的工程建设项目，一般应派驻项目站。具体工作方式由南水北调工程建设监管中心或省（直辖市）质量监督站在办理质量监督手续时确定。

南水北调工程质量监督项目站是南水北调工程建设监管中心或省（直辖市）质量监督站在重要项目工程设立并派驻项目建设现场进行质量监督的派出机构。

南水北调工程质量监督巡回抽查组是由南水北调工程建设监管中心或省（直辖市）质量监督站进行质量监督巡回抽查时组成的

工作组织。

第十七条 南水北调工程质量监督的主要依据：

（一）法律法规和国家关于南水北调工程建设管理的政策；

（二）工程建设标准强制性条文；

（三）经批准的工程设计文件；

（四）其他重要文件。

第十八条 南水北调工程项目质量监督的主要工作内容：

（一）制订质量监督年度计划；

（二）对工程项目划分进行确认；

（三）对责任主体和有关机构履行质量管理责任、建立质量保证体系及进行质量管理行为的监督检查；

（四）对工程实体质量的监督抽查；

（五）对施工技术资料、监理资料以及检测报告等有关工程质量文件和资料的监督检查；

（六）对工程施工质量验收情况的监督检查；

（七）按照工程建设标准强制性条文的要求，做好相关工作；

（八）提交工程质量监督报告；

（九）其他规定内容。

第十九条 工程质量监督报告是质量监督工作的成果。工程质量监督报告应根据质量监督情况，客观反映责任主体和有关机构履行质量责任的行为及检查到的工程实体质量的情况。工程质量监督报告由项目站或巡回抽查组编写，其负责人审定签字并加盖公章。工程竣工验收前，质量监督的有关工作信息应每季度汇总报告一次。

工程质量监督报告应包括以下内容：

（一）工程概况和监督工作概况；

（二）对责任主体和有关机构建立质量保证体系和质量管理行为及执行工程建设强制性标准的检查情况；

（三）工程实体质量监督抽查（包括监督检测）情况；

（四）工程质量技术档案和施工管理资料抽查情况；

（五）工程质量问题的整改和质量事故处理情况；

（六）各方质量责任主体及相关有资格的人员的不良记录内容；

（七）工程质量验收监督检查情况；

（八）按照工程建设标准强制性条文的要求开展工作情况；

（九）其他应当包含的内容。

第二十条 工程质量监督权限如下：

（一）对项目法人或项目建设管理单位、监理、设计、施工等责任主体的资质（资格）等级、经营范围进行核查，发现越级承包、转包或违法分包工程等不符合规定或合同要求的，责成项目法人或项目建设管理单位限期改正；

（二）质量监督人员持证进入施工现场执行质量监督。对工程有关部位进行检查，调阅项目法人或项目建设管理单位、监理和施工单位的质量检测成果、检查记录和监理日志、施工记录等相关资料；

（三）对违反技术规程、规范、质量标准或设计文件的，责成责任单位采取纠正措施；

（四）对使用未经检验或检验不合格的设备、材料及半成品或构配件等，责成责任单位采取纠正措施；

（五）报请有关部门或司法机关调查追究造成重大工程质量事故的单位和个人的相关责任。

第二十一条 工程质量监督检测是工程质量监督工程实体质量抽查的重要手段，由监督人员根据工程重要程度和现场质量情况进行随机抽查；质量监督机构也可委托经南水北调办同意的工程质量检测单位进行监督检测。

被检查、检测单位应按要求提供有关资料并配合工作。

第四章　工程质量监督费

第二十二条　南水北调工程建设质量监督费实行“统收统支、预算管理、总量控制”。南水北调工程建设质量监督费由南水北调办委托南水北调工程建设监管中心统一收支。

第二十三条　项目法人或项目建设管理单位应按国家相关规定及时缴纳南水北调工程建设质量监督费。

项目法人或项目建设管理单位在办理监督手续时，应经质量监督机构同意确定质量监督费缴纳计划；在工程竣工验收前应缴清全部的工程质量监督费。

第二十四条　南水北调工程建设质量监督费的使用，由南水北调工程建设监管中心及各省（直辖市）质量监督站向南水北调办报送年度质量监督计划和年度经费预算，经南水北调办审核后，纳入南水北调办年度预算。具体支出使用由南水北调办根据工程建设实际和财政部批准的预算执行，相关事宜由南水北调工程建设监管中心负责。

第二十五条　南水北调工程建设质量监督费应用于工程质量监督工作经费开支，不得挪作他用。主要使用范围为：项目站和巡回抽查人员、交通等工作经费、质量监督检测、施工质量验收监督检查、质量监督培训和咨询、质量监督工作质量检查、验收协调等。

第五章　奖　　惩

第二十六条　项目法人或项目建设管理单位未按规定办理质量监督手续而擅自开工的，由南水北调办对责任单位通报批评，并责令限期改正。

第二十七条　对伪造质量数据、提供与事实不符结论或弄虚作假的，视情节轻重，由南水北调工程建设监管中心及省（直辖市）质量监督站提请南水北调办对责任单位和责任人按有关规定进行处罚，构成犯罪的由司法机关依法追究其刑事责任。

第二十八条　对在工程质量管理和质量监督工作中做出突出成绩的单位和个人，由南水北调办给予表彰和奖励。质量监督人员滥用职权、玩忽职守、徇私舞弊的，视情节轻重，依法给予行政处分，构成犯罪的由司法机关依法追究其刑事责任。

第六章　附　　则

第二十九条　本办法由南水北调办负责解释。

第三十条　本办法自发布之日起施行。

附件（略）

南水北调工程建设征地补偿和移民安置监理暂行办法

2005 年 8 月 10 日

（国调办环移［2005］58 号）

第一条　为了规范南水北调工程建设征地补偿和移民安置监理工作，有序实施移民安置规划，依据《南水北调工程建设征地补偿和移民安置暂行办法》制定本办法。

第二条　本办法适用于南水北调主体工程建设征地补偿和移民安置监理（以下简称监理）工作。

专项设施、基础设施建设、文物保护等监理执行相关行业规定。

第三条　国务院南水北调办负责监理工作的指导、监督。

项目法人会同省级主管部门编制监理招标文件，在工程初步设计批准后开展招标工作，确定监理单位。

省级主管部门和项目法人共同与中标监理单位签订监理合同。

省级主管部门负责监理工作的组织实施，市、县主管部门和实施单位配合开展工作。

中标监理单位按照监理合同进行监理，监理项目实行总监理工程师负责制。

第四条 监理单位必须具备以下条件：

（一）能独立承担民事责任的法人。

（二）与项目法人、省级主管部门、实施单位和项目设计单位无隶属关系。

（三）具有完成相应监理工作的经历和资源。

第五条 中标监理单位不得转让、分包监理业务。监理人员应保持相对稳定，监理人员的变更须报省级主管部门和项目法人备案。总监理工程师的变更，须经省级主管部门同意，报项目法人备案。

第六条 监理单位的职责如下：

（一）对补偿、拆迁和安置的进度、资金兑付、工作质量等进行检查。

（二）对征地补偿和移民安置规划设计方案的变更提出意见。

（三）对补偿、拆迁和安置的实施情况定期向省级主管部门报告，提交监理月报、半年报、年报；提交省级主管部门要求编制的监理专题报告；提交移民安置阶段性验收和竣工验收监理工作报告；提交监理工作结束时的总结报告，并将以上报告同时抄送项目法人。

第七条 监理工作程序如下：

（一）依照监理合同组建现场监理机构和配备监理人员，并在监理合同约定的时间将监理人员派驻到现场。

（二）依据移民安置规划或实施方案编制监理规划和细则。

（三）将监理人员的姓名和工作范围报送省级主管部门，由省级主管部门通知有关部门和实施单位。

（四）在开展现场监理工作前向有关部门和实施单位说明工作程序和工作方法。

（五）采取实地检查、现场调查、座谈等方法开展工作。

（六）在完成监理合同约定的全部工作后，退还全部设计文件和资料。

第八条 省级主管部门应及时向省政府报告监理单位提供的工作报告和情况，同时抄报国务院南水北调办。

项目法人亦应将资金支付使用等有关情况及时上报国务院南水北调办。

第九条 本办法由国务院南水北调办负责解释。

第十条 本办法自印发之日起施行。

南水北调工程建设移民安置监测评估暂行办法

2005年8月10日

（国调办环移［2005］58号）

第一条 为了规范监测评估南水北调工程建设移民安置工作的效果，准确掌握移民生产生活情况，依据《南水北调工程建设征地补偿和移民安置暂行办法》制定本办法。

第二条 本办法适用于南水北调主体工程农村移民生产生活情况的监测评估（以下简称监测）工作。

第三条 监测工作依据移民安置规划和实施方案组织开展。

第四条 监测范围为征地影响区与安置区。

第五条 国务院南水北调办负责监测工作的指导、监督。

项目法人会同省级主管部门编制监测招标文件，通过招标确定监测单位。

省级主管部门和项目法人共同与中标监测单位签订监测合同。

省级主管部门负责监测工作的组织实施，市、县主管部门和实施单位配合开展工作。

中标监测单位按照监测合同进行监测。

第六条 监测单位必须具备以下条件：

（一）与项目法人、省级主管部门、实施单位和项目设计单位无隶属关系。

（二）具有移民社会调查和移民监测工作的资源和能力。

（三）具有从事移民安置监测的实际

经验。

第七条 监测单位应确定项目负责人对监测工作负总责。项目负责人应具有高级技术职称和政策分析、社会调查经验。

第八条 监测单位的主要职责如下：

（一）对农村移民搬迁前的生产生活情况进行基底调查，对安置后生产用地落实、生产生活恢复等进行监测，反映有关情况并履行保密义务。

（二）向省级主管部门提交监测报告。移民工作开始前，提交基底调查报告；移民工作开始后，每半年提交一次监测报告；移民工作结束时，提交总结评估报告。根据省级主管部门的需要或实施情况，进行专题调查并提交专题监测报告。以上报告同时抄送项目法人。

第九条 监测单位应运用资料分析、现场调查、抽样调查、跟踪调查等方法收集移民安置生产生活情况的信息，采用统计、分析等方法进行评估。

第十条 省级主管部门应及时检查监测工作，解决监测工作中的问题，各级主管部门和相关单位应积极配合监测工作。

第十一条 省级主管部门应将监测情况报告省政府，同时抄报国务院南水北调办。

第十二条 本办法由国务院南水北调办负责解释。

第十三条 本办法自印发之日起施行。

南水北调工程建设重特大安全事故应急预案

2005年12月9日

（国调办建管［2005］109号）

1. 总则

1.1 目的

规范南水北调工程建设重特大安全事故的应急管理和应急响应程序，提高事故应急快速反应能力，有效预防、及时控制南水北调工程建设重特大安全事故的危害，最大限度减少人员伤害和财产损失，保证工程建设顺利进行。

1.2 编制依据

1.2.1 《中华人民共和国安全生产法》、《建设工程安全生产管理条例》等国家法律法规。

1.2.2 《国家突发公共事件总体应急预案》及《国家安全生产事故灾难应急预案》等专项应急预案。

1.2.3 《国务院关于进一步加强安全生产工作的决定》、《南水北调工程建设管理的若干意见》等有关规定。

1.3 适用范围

1.3.1 本预案适用于南水北调工程建设过程中发生的下列事故的应对工作：

（1）特别重大（Ⅰ级）事故和重大（Ⅱ级）事故。事故等级划分的具体规定见附则。

（2）其他需要由国务院南水北调工程建设委员会办公室（以下简称“南水北调办”）处置的安全事故。

1.3.2 南水北调工程建设重特大安全事故主要包括：

（1）重特大土石方塌方和结构坍塌事故；

（2）重特大特种设备或施工机械事故；

（3）重特大火灾、爆炸及环境污染事故；

（4）重特大道路交通事故；

（5）重特大工程质量安全事故；

（6）其他原因造成的工程建设重特大安全事故。

1.3.3 南水北调工程建设过程中涉及的自然灾害、公共卫生、社会安全等事故，按照国务院和地方人民政府相应应急预案执行。

1.4 工作原则

1.4.1 以人为本、安全第一。把保障人民群众的生命安全和健康作为首要任务，最大限度地预防和减少突发事故造成的人员伤亡和危害。

1.4.2 统一领导、分级负责。在国务院和国务院南水北调工程建设委员会统一领导下，南水北调办、有关省（直辖市）南水北调工程建设办事机构（以下简称“省（市）南水北调办事机构”）、项目法人按照各自的职责和权限，负责有关事故灾难的应急管理和处置工作。

1.4.3 条块结合、属地为主。南水北调工程建设重特大安全事故的应急救援，遵循属地为主的原则，现场应急指挥机构以地方人民政府为主组建，项目法人服从现场应急指挥机构的指挥。现场应急指挥机构组建到位履行职责前项目法人仍应当做好救援抢险工作。南水北调办予以协调和指导，省（市）南水北调办事机构积极协调配合。

1.4.4 依靠科学，依法规范。采用先进技术，发挥专家和专业人员的作用，提高应急管理和救援的技术水平和指挥能力；依据有关法律、法规，加强应急管理，使应急管理和救援工作规范化、制度化、法制化。

1.4.5 预防为主，平战结合。贯彻落实“安全第一，预防为主”的方针，坚持事故应急与预防工作相结合。做好预防、预测、预警和预报工作，做好常态下的风险评估、物资储备、队伍建设、装备完善、预案演练等工作。

2. 组织指挥体系及职责

南水北调工程建设重特大安全事故应急组织指挥体系在国务院和国务院南水北调工程建设委员会的统一领导下，由南水北调办、省（市）南水北调办事机构、工程项目法人、施工和其他参建单位应急管理和救援机构组成，见图1。

2.1 南水北调办职责

2.1.1 协调、指导和监督南水北调工程建设重特大安全事故应急体系的建立和实施以及重特大安全事故的应急救援、处理；检查督促各省（市）南水北调办事机构、各项目法人制定和完善应急预案，落实预案措施；组织或配合上级部门及国家安全生产监督管理职能部门进行事故调查、分析、处理及评估工作；负责制定重特大安全事故信息发布方案和信息发布工作。

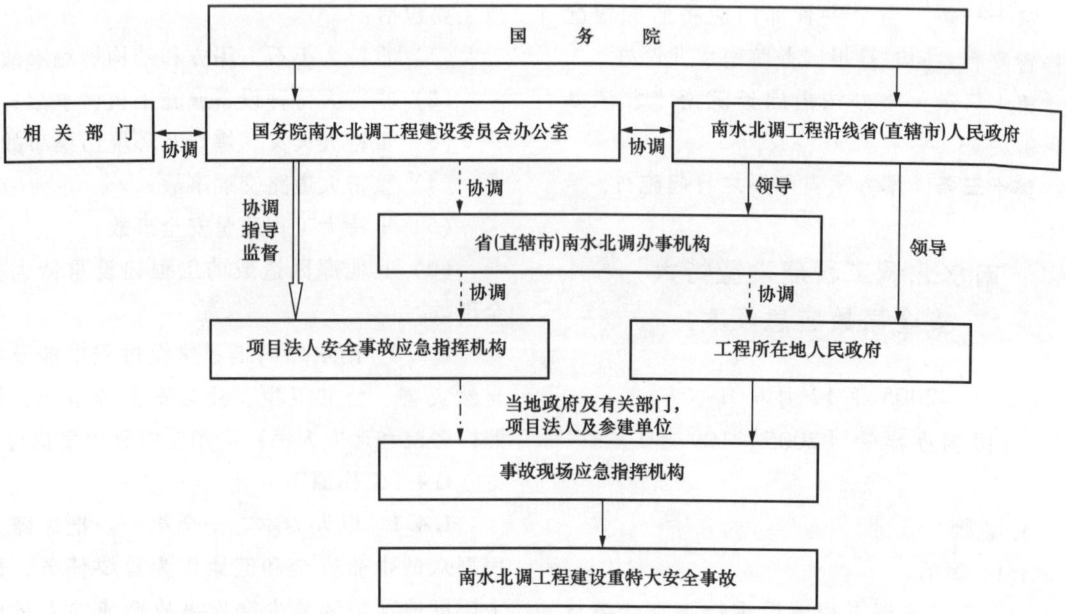

图1 南水北调工程建设安全生产重特大安全事故应急组织体系图

南水北调办设立南水北调工程建设重特大事故应急处理领导小组（以下简称“领导小组”），负责具体工作。领导小组组成：

组　长：宁　远（南水北调办副主任）

副组长：李新军（南水北调办建设管理司司长）

成　员：彭克加（南水北调办综合司副司长）

王平生（南水北调办投资计划司副司长）

熊中才（南水北调办经济与财务司副司长）

李　勇（南水北调办建设管理司副司长）

张力威（南水北调办环境与移民司司长）

刘　岩（南水北调办监督司副司长）

张忠义（南水北调工程建设监管中心主任）

2.1.2　领导小组下设办公室，办公室设在南水北调办建设管理司。主要职责为：传达领导小组的各项指令，汇总事故信息并报告（通报）事故情况，负责南水北调工程建设重特大事故应急预案的日常事务工作；组织事故应急管理和救援相关知识的宣传、培训和演练；承办领导小组交办的其他事项。

2.1.3　根据需要，领导小组可设专家技术组、事故救援和后勤保障组、事故调查组等若干个专业组（以下统称为“专业组”）。专业组的设置，由领导小组根据具体情况确定。有关专家从南水北调办安全生产专家库中选择；特殊专业或有特殊要求的专家，由领导小组办公室商请国务院有关部门和单位推荐。各专业组在领导小组的组织协调下，为事故应急救援和处置提供专业支援和技术支撑，开展具体的应急处理工作，主要职责：

（1）专家技术组：根据重特大安全事故类别和性质，及时调集和组织安全、施工、监理、设计、科研等相关技术专家，分析事故发生原因，评估预测事故发展趋势，提出削减事故对人员和财产危害的应急救援技术措施和对策，为领导小组及现场应急指挥机构提供决策依据和技术支持。

（2）事故救援和后勤保障组：按照领导小组及其办公室的要求，具体协调和指导事故现场救援，负责相关后勤保障并及时向领导小组报告事故救援情况。

（3）事故调查组：按照事故调查规则和程序，全面、科学、客观、公正、实事求是地收集事故资料，以及其他可能涉及事故的相关信息，详细掌握事故情况，查明事故原因，评估事故影响程度，分清事故责任并提出相应处理意见，写出事故调查报告，提出防止事故重复发生的意见和建议，配合上级有关部门的事故调查。

2.2　省（市）南水北调办事机构职责

省（市）南水北调办事机构根据有关职能和南水北调办的委托，做好相关工作。主要职责：

负责制定并实施相关的配套应急预案；协调事故应急救援处置及善后处理；对受委托负责监管项目应急预案的制定和落实进行监督检查。

2.3　项目法人职责

南水北调工程项目法人是安全生产的责任主体，其主要负责人是所负责工程建设安全生产第一责任人。项目法人应设立工程重特大安全事故应急指挥机构，为事故预防及事故发生后的应急救援和处置提供组织保障。项目法人应急指挥机构的总指挥为项目法人第一行政领导。

项目法人主要职责：

（1）制定所负责工程的安全事故应急预案（包括专项应急预案），明确工程各参建单位的责任，落实应急救援的具体措施；

(2) 事故发生后，迅速采取有效措施组织抢救，防止事故扩大和蔓延，努力减少人员伤亡和财产损失，同时按规定立即报告南水北调办和地方人民政府；

(3) 接受现场应急指挥机构的领导和指挥；

(4) 组织配合医疗救护和抢险救援的设备、物资、器材和人力投入应急救援，并做好与地方有关应急救援机构的联系；

(5) 配合事故调查、分析和善后处理；

(6) 组织应急管理和救援的宣传、培训和演练；

(7) 完成事故救援和处理的其他相关工作。

项目法人根据工程建设的特点与实际，可能发生事故的性质、规模和范围等情况设置具体项目事故应急指挥机构。

项目法人应急指挥机构应当公布联系人及联络方式并报上级及其他相关应急救援和指挥机构。

委托建设管理和代建的项目，相应安全生产及应急处理职责应当在项目委托管理合同中明确。

2.4 施工及项目其他参建单位的职责

2.4.1 施工单位职责

根据国家法律法规的规定和南水北调办制定的应急救援预案，按照项目法人要求，参加项目事故应急指挥机构并承担相应职责；建立本单位事故应急救援组织；结合工程建设实际和特点，工程项目部制定事故应急救援预案；配备应急救援器材、设备；组织应急管理和救援的宣传、培训和演练；配合事故调查处理；妥善处理事故善后事宜。

2.4.2 其他参建单位职责

按项目法人要求参加项目事故应急指挥机构并承担相应职责；依据有关规定，制定工程项目建设重特大安全事故应急预案；开展经常性的安全生产检查、事故救援和培训教育，定期组织应急救援演练，有效预防安全事故发生，提高应急救援能力；充分利用现有救援资源，包括人员、技术、机械、设备、通信联络、特种工器具等资源，高效组织、密切配合应急救援工作，防止安全事故影响的进一步扩大和事故损失的蔓延；配合事故调查处理，妥善处理事故善后事宜。

2.5 现场应急指挥机构及职责

重特大安全事故发生后，依照国家关于应急管理的有关规定组建的现场应急指挥机构，负责现场事故应急救援的统一领导与指挥。

现场应急指挥机构的主要职责：

(1) 组织指挥事故现场救援，提出并实施控制事态发展的措施；

(2) 按照国家有关规定做好现场保护的有关工作；

(3) 根据授权负责现场信息发布工作；

(4) 为事故调查、分析和处理提供资料；

(5) 完成与现场事故救援有关的其他工作。

2.6 事故救援联络协调机制

按照国家要求，南水北调办与有关部门和单位建立事故救援联络协调机制。在事故发生时，南水北调办做好与其他部门和单位应急预案衔接的有关工作，做到事故信息和资源共享。

3. 预警预防机制

相关单位应针对工程建设可能发生的重特大安全事故，完善预警预防机制，开展风险分析评估，做到早发现、早预防、早处置。

3.1 预警预防信息

3.1.1 建立预警支持系统。南水北调办、国务院相关部门、省（市）南水北调办事机构和项目法人在利用现有资源的基础上，建立相关技术支持平台，保证信息准确，渠道畅通；反应灵敏，运转高效；资源共享，指挥有力。

3.1.2 项目法人应组织有关专家及建设管理、设计、施工及监理等单位，对工程建设过程中可能面临的重大灾害风险作出评估，特别是对土石方塌方和结构坍塌、特种设备或施工机械、火灾、爆炸、环境污染、道路交通、工程质量等可能引起重特大事故的灾害风险作出评估，准确识别危险源和危险有害因素，做好对工程建设过程中的事故监测和预防，并妥善处理相关信息。

3.1.3 对可能引起重特大安全事故的险情，项目建设管理机构应当经核实后立即报告项目法人和工程所在地人民政府；项目法人应当在发现险情后2小时内报告南水北调办。

3.2 预警级别及发布

3.2.1 对照事故等级，南水北调工程建设事故应急预警级别分为Ⅰ级（特别重大安全事故）、Ⅱ级（重大安全事故）、Ⅲ级（较大安全事故）和Ⅳ级（一般安全事故）四级预警。

3.2.2 预警发布要遵循科学慎重、预防为主的原则。可能发生特别重大（Ⅰ级）和重大（Ⅱ级）安全事故，由项目法人报请南水北调办发布。对可能发生较大（Ⅲ级）、一般（Ⅳ级）安全事故的，由项目法人应急指挥机构发布预警指令。

3.2.3 预警发布应符合国家有关规定，发布程序应按规定执行。

3.3 预防行动

3.3.1 项目法人、项目建设管理机构、施工及其他参建单位应根据工程实际和环境情况，编制事故灾害防治方案，明确防范的对象、范围，提出防治措施，确定防治责任人。

3.3.2 项目法人、省（市）南水北调办事机构接到可能导致南水北调工程建设重特大事故的信息后，及时确定应对方案，并按照预案做好应急准备。

3.3.3 南水北调办接到可能导致南水北调工程建设重特大事故信息后，密切关注事态进展，及时给予指导协调，并按照预案做好应急准备工作。

4. 应急响应

根据发生的安全事故等级，按Ⅰ级（特别重大安全事故）、Ⅱ级（重大安全事故）、Ⅲ级（较大安全事故）、Ⅳ级（一般安全事故）四级响应启动相应预案。

4.1 事故报告

Ⅰ级、Ⅱ级事故发生后，事故现场有关人员应当立即报告本单位负责人和项目建设管理单位；项目建设管理单位立即报告工程所在地人民政府、省（市）南水北调办事机构和项目法人；项目法人接到报告后，应当在事故发生后2小时内报告南水北调办和省（直辖市）人民政府；省（市）南水北调办事机构接到报告后，应当立即报告省（直辖市）人民政府；南水北调办接到报告后2小时内，报告国务院，同时抄送国务院安全生产委员会办公室、工程所在地省级人民政府和国务院有关部门、单位。

报告内容为：事故发生的单位、时间、地点、事故类别、伤亡人数、影响范围、事故初步原因，以及所采取的应急措施等。重特大事故信息报告内容及格式见附录8.3。

紧急情况下，事故报告单位可越级上报。

4.2 分级响应

4.2.1 Ⅰ级、Ⅱ级事故发生后，南水北调办立即启动本应急预案，协调组织事故应急救援抢险，组织专家及有关资源参加救援，提供技术支撑，协调省（直辖市）人民政府和国家有关部门参与应急救援的有关工作。有关救援工作进展情况，及时报告国务院，同时抄送国务院安全生产委员会办公室和国务院有关部门。

Ⅰ级、Ⅱ级事故发生后，领导小组组长或其委托的副组长应当立即到达事故现场，指挥或指导应急救援工作，领导小组成员迅速就位履行职责。

Ⅰ级、Ⅱ级事故发生后，省（市）南水北调办事机构、工程项目法人、施工和其他参建单位应当启动相应预案，应急指挥机构应当立即运作，各有关单位负责人迅速到位，及时组织实施相应事故应急救援，服从现场应急指挥机构的统一领导和指挥。

Ⅰ级事故发生导致国家突发公共事件总体应急预案或专项预案启动时，本预案响应行动服从相应预案安排。

4.2.2 Ⅲ级、Ⅳ级应急响应行动的组织由项目法人、省（市）南水北调办事机构决定。超出本级应急救援处置能力时，及时报请上一级应急指挥机构。有关救援工作进展情况，及时报告南水北调办。

4.3 紧急处置

4.3.1 Ⅰ级、Ⅱ级事故发生后，事故发生单位必须迅速营救伤员，抢救财产，采取有效措施，防止事故进一步扩大。

4.3.2 做好现场保护工作，因抢救人员防止事故扩大以及为缩小事故等原因需移动现场物件时，应做出明显的标志，拍照、录像，记录及绘制事故现场图，认真保存现场的重要物证和痕迹。

4.3.3 项目法人、施工和其他参建单位按现场应急指挥机构的指挥调度，提供应急救援所需资源，确保救援工作顺利实施。

4.3.4 参加紧急处置的各单位，随时向上级人民政府或主管单位汇报有关事故灾情变化、救援进展情况等重要信息。

4.4 指挥和协调

4.4.1 重特大安全事故发生后，现场应急指挥机构负责现场应急救援的指挥。专业组、项目法人及各参建单位在现场应急指挥机构统一指挥下，密切配合、共同实施抢险救援和紧急处置行动。现场应急指挥机构组建前，事发单位和先期到达的应急救援队伍必须迅速、有效地实施救援。

省（市）南水北调办事机构协调工程所在地人民政府事故救援、事故发生地相关范围内的治安环境安全，做好人民群众的安全防护，保证应急救援人员工作安全，防止衍生、次生、耦合等事故的发生。

4.4.2 现场指挥、协调、决策应以科学、事实为基础，充分发扬民主，果断决策，全面、科学、合理地考虑工程建设实际情况、事故性质及影响、事故发展及趋势、资源状况及需求、现场及外围环境条件、应急人员安全等情况，充分利用专家对事故的调查、监测、信息分析、技术咨询、救援方案、损失评估等方面的意见，削减事故影响及损失，避免事故的蔓延和扩大。

4.4.3 在事故现场参与救援的所有单位和个人应服从领导、听从指挥，并及时向现场应急指挥机构汇报有关重要信息。

4.4.4 信息共享和处理

（1）重特大安全事故发生后，常规信息、现场信息由项目法人负责采集，具体信息采集的范围、内容、方式、传输渠道和要求，按照国家相关规定执行，并在项目法人应急预案中明确。

（2）重特大安全事故有关信息必须及时报送南水北调办，并按规定同时报送工程所在地人民政府，其他事故有关信息按有关规定执行，并报南水北调办备案。

（3）事故信息上报和公开按照规定程序执行。

4.5 应急人员的安全防护

4.5.1 重特大事故的应急救援应高度重视应急人员的安全防护，应急人员进入危险区域前，应采取防护措施以保证自身安全。

4.5.2 项目法人、施工和其他参建单位应根据工程特点、环境条件、事故类型及特征，事先准备必要的应急人员安全防护装备，以备救援时使用。

4.5.3 事故现场应急指挥机构根据情况决定应急救援人员的进入和撤出，根据需要具体协调、调集相应的安全防护装备。

4.6 群众的安全防护

4.6.1 重特大安全事故发生后，现场应急指挥机构负责组织群众的安全防护工作，决定应急状态下群众疏散、转移和安置的方式、范围、路线、程序。

4.6.2 根据事故状态，现场应急指挥机构应划定危险区域范围，商请当地人民政府和上级领导机构及时发布通告，防止人、畜进入危险区域，并在事故现场危险区域设置明显警示标志。

4.6.3 项目法人应当与工程所在地人民政府建立应急互动机制，确定保护群众安全需要采取的防护措施。

4.6.4 省（市）南水北调办事机构协调工程所在地人民政府加强社会治安综合治理，确保事故灾害区域的社会稳定。

4.7 重特大安全事故的调查分析、检测与后果评估

4.7.1 重特大安全事故现场救援处置工作结束后，南水北调办组织事故调查组对事故进行全面调查、检测、分析和评估，事故相关项目法人、施工和其他参建单位配合。

4.7.2 事故调查组对重特大安全事故应进行全面、科学、公正的分析研究，评估危害程度，考评应急救援指挥效能和实际应急效能，提出需要改进的应急救援方案和措施。

4.7.3 各级应急指挥机构及项目法人应通过事故调查评估，总结经验教训，完善工程安全事故预防措施和应急救援预案。

4.7.4 国务院或其授权成立事故调查组的，南水北调办配合或参与相关调查工作。

4.7.5 国家对重特大安全事故的调查分析、检测与后果评估另有规定的，从其规定。

4.8 信息发布

4.8.1 Ⅰ级、Ⅱ级事故信息发布工作由南水北调办按照国家有关法律法规和南水北调办关于信息发布的有关规定执行。Ⅲ级、Ⅳ级事故的信息发布由项目法人按照有关规定发布，并报南水北调办和相关省（市）南水北调办事机构。

4.8.2 安全事故信息发布应当实事求是、及时准确。

4.9 应急结束

安全事故现场应急救援活动结束，事故现场得以控制，环境符合相关标准，导致次生、衍生、耦合等事故的隐患消除，调查取证完成后，事故现场应急指挥机构宣布应急救援结束。Ⅰ、Ⅱ级事故应急处置工作由南水北调办宣布解除应急状态；Ⅲ、Ⅳ级事故应急处置工作由项目法人宣布解除应急状态。应急状态解除后，应急救援队伍撤离现场。

启动国家突发公共事件总体应急预案或专项预案实施应急处置的，其应急状态解除按相关预案规定办理。

5. 后期处置

5.1 善后处置

5.1.1 重特大安全事故应急救援结束后，根据事故发生区域、影响范围，由南水北调办或省（市）南水北调办事机构会同协调工程所在地人民政府及有关部门进行事故善后处置。

5.1.2 项目法人及事故发生单位应负责各项善后工作，妥善解决伤亡人员的善后处理，以及受影响人员的生活安排。

5.1.3 项目法人、事故发生单位及其他有关单位应积极配合事故的调查、分析、处理和评估。

5.1.4 项目法人组织有关单位共同研究，采取有效措施，修复或处理发生事故的工程项目，尽快恢复工程的正常建设。

5.2 重特大安全事故调查报告和经验教训总结及改进建议

5.2.1 重特大安全事故调查与处理应实事求是，尊重科学，严格按有关法律、行政法规执行。重特大安全事故如系责任事故，事故发生单位必须按照“事故原因未查明不放过，事故责任者未处理不放过，整改措施未落实不放过，有关人员未受到教育不放过”

（即“四不放过”）的原则处理。

5.2.2 重特大安全事故调查报告由事故调查组负责完成。

5.2.3 项目法人、事故发生单位及其他参建单位，应从事故中总结经验，吸取教训，采取有效整改措施，确保后续工程安全、保质保量地完成。

5.2.4 南水北调各级应急指挥机构每年应针对工程建设各个方面和环节进行定性定量的总结、分析、评估，总结经验，找出问题，吸取教训，提出改进意见和建议，以进一步做好安全工作。

5.3 保险

项目法人和工程参建各单位应当依法办理工程和意外伤害保险。重特大安全事故应急救援结束后，项目法人及相关责任单位应及时协助办理保险理赔和落实工伤待遇工作。

6. 保障措施

6.1 通信与信息保障

6.1.1 各应急指挥机构、有关主管部门、参与事故应急活动或与事故应急管理和救援有关的部门及人员通信方式，由各有关单位提供，南水北调办汇总编印分送各有关单位，需要上报的，报有关部门备案。有关单位及人员通信方式发生变化的，应及时通知南水北调办以便及时更新。

6.1.2 应急通信应充分利用公共广播和电视等媒体发布信息，通知群众尽快撤离危险区域，确保人民群众的生命安全。

6.1.3 重特大安全事故应急管理和救援期间，现场指挥和救援通信方式以无线对讲为主，辅以有线电话（含传真）、手机、微波等专用无线或有线通信、互联网，特殊情况时，启用卫星通信等备用设备或其他联络渠道。

6.1.4 涉及应急预案中需要的通信系统及设备，由有关单位根据需要配置并在配套预案中明确，各单位应加强维护，确保应急期间及时进行信息采集及信息畅通。

6.1.5 通信与信息联络需要保密的，按照国家有关规定执行。

6.2 应急救援与装备保障

6.2.1 现场救援与（工程）抢险及物资装备保障

（1）根据可能突发的重特大安全事故性质、特征、后果及其应急预案要求，南水北调办、省（市）南水北调办事机构、项目法人、施工和其他参建单位根据工作需要应当配备适量或明确专用应急机械、设备、器材、工具等物资装备，以保障应急救援调用。

（2）项目法人在制定具体的应急预案时，应明确备用物资装备的类型、数量、性能、存放位置，并定期进行检查维护。应急救援时立即报现场应急指挥机构以供调用。

（3）救援装备应首先充分利用工程建设的既有资源，必要时动用工程所在地人民政府及有关部门的应急装备或其他社会资源。项目法人应事先尽可能调查了解工程所在地人民政府的应急装备及资源情况，并在其制定的具体事故应急预案中明确可能需要调用的装备及资源、调用程序和保障措施等。

6.2.2 应急队伍保障

（1）应急队伍应首先充分利用工程建设各参建单位及人员，作为先期应急管理和救援队伍。

（2）必要时动用工程所在地人民政府及有关部门的应急救援资源（包括政府、机关团体、企事业单位、公益团体、志愿队伍及其他社会公众力量等），作为后继应急管理和救援队伍。项目法人应事先调查了解工程所在地的应急救援资源情况，并在其制定的具体事故应急预案中明确后继应急管理和救援队伍的来源、专业、数量、调用程序和保障措施等。

（3）特殊事故的专业应急救援队伍应依靠工程所在地人民政府来保障，如消防、医疗卫生、水下抢救等，根据事故的具体情况可以作为先期或增援应急管理和救援队伍。

（4）必要时请求工程所在地部队作为应急管理和救援增援队伍。

（5）项目法人应与工程所在地人民政府、部队、有关专业应急队伍保持密切联系。必要时可共同组织应急救援培训和演练。

（6）应急队伍的调用由应急救援指挥机构统一协调、指挥和调用，有关单位应予以配合。

（7）有关应急救援队伍应根据工程特点，定期或不定期进行应急抢险培训，应急救援处置演练。

6.2.3 交通运输保障

（1）交通运输应首先充分利用工程建设施工现场的既有运输工具，项目法人应在其制定的具体事故应急预案中明确交通运输工具的来源、形式与功能、数量、状况、调用程序和保障措施等。必要时，动用工程所在地人民政府及有关部门、其他企事业单位、社会公众、部队等拥有的运输工具。

（2）项目法人及工程参建单位在工程施工过程中，应合理组织，随时保证施工现场交通畅通（包括水平和垂直运输），特殊情况时应当明确保障临时应急交通通道畅通的措施。

6.2.4 医疗卫生保障

医疗卫生以就近和有医疗救治能力与专长为原则，依靠工程所在地各医疗卫生机构。各项目法人应熟悉当地医疗救治机构分布，救治能力和专长，掌握联系方法，定期保持联系。

当与应急救援医疗机构相距较远时，项目法人应组织、督促有关单位配备必要的现场医疗救护条件，以备事故发生时，能采取临时应急救治措施。

6.2.5 治安保障

（1）项目法人及参建单位在日常工作中，应密切与当地公安机关的联系，在公安机关指导下，按照有关法律、法规的规定，加强内部治安保卫机构和内部治安保卫制度建设。

（2）项目法人及参建单位应充分利用内部治安保卫力量维护工程内部治安秩序，保护重要部位、重要文件资料安全，保护现场，保全证据，抢救受伤人员，并及时向公安机关报告。

（3）项目法人在必要时请当地公安机关和临近部门、单位给予支援，在公安机关的统一指挥下，维护现场治安秩序。事先应掌握与当地公安机关和临近部门、单位的联系方式。

（4）项目法人及参建单位在具体事故应急预案中应明确规定内部治安保卫机构在事故处理中的具体工作，并定期组织演练。

6.2.6 经费保障

（1）各参建单位应当做好事故应急的必要资金准备。应急救援资金首先由事故责任单位承担，事故责任单位暂时无力承担的，由当地人民政府、项目法人协调解决。南水北调办应急管理和救援工作资金按照《财政应急保障预案》的规定解决。

（2）事故应急管理和救援完毕后，有关费用根据事故调查、分析结果，按国家有关规定进行处理。

（3）国家另有规定的，从其规定。

6.3 技术储备与保障

6.3.1 南水北调办整合南水北调工程建设各级应急救援（技术、经济及管理等）专家库，常设专家技术组，根据工程重特大安全事故的具体情况，及时派遣或调整现场应急救援专家成员。

6.3.2 南水北调办负责统一组织有关单位对南水北调工程安全事故的预警、预测、预防、应急管理和救援技术研究，提高应急监测、预防、处置及信息处理的技术水平，增强技术储备。

6.3.3 南水北调工程重特大安全事故风险评估、预防、处置的技术研究和咨询依托有关专业机构。

6.3.4 有关省（市）南水北调办事机

构、项目法人及工程参建单位也应具有事故应急管理和救援的一般技术储备和保障。

6.4 宣传、培训和演习

6.4.1 宣传

南水北调办、省（市）南水北调办事机构、项目法人组织应急法律法规和工程建设事故预防、避险、避灾、自救、互救常识的宣传工作。项目法人还应根据工程建设实际和事故可能影响范围，与工程所在地人民政府建立互动机制，采取多种形式向工程参建单位、人员或公众宣传相关应急知识。

6.4.2 培训

（1）南水北调办负责对省（市）南水北调办事机构、项目法人应急指挥机构有关领导及人员统一组织应急管理、应急救援等培训。

（2）培训对象包括有关领导、应急人员、工程参建单位有关人员等，培训工作应做到合理规范，保证培训工作质量和实际效果。

（3）项目法人应组织各参建单位人员进行各类安全事故及应急预案教育，对其应急救援人员进行上岗前培训和常规性培训。培训工作应结合实际，采取多种形式，定期与不定期相结合，原则上每年至少组织一次。

6.4.3 演练

（1）南水北调办根据工程进展情况和总体工作安排，适时选定某一工程，组织相关单位进行重特大安全事故应急救援演练。

（2）项目法人应急指挥机构应根据工程具体情况及事故特点，组织工程参建单位进行突发事故应急救援演习，必要时邀请工程所在地人民政府及有关部门或社会公众参与。

（3）演练结束后，组织单位总结经验，完善事故防范措施和应急预案。

6.5 监督检查

6.5.1 南水北调办对项目法人、省（市）南水北调办事机构实施应急预案进行指导和协调。

6.5.2 按照工程建设管理事权划分，项目法人、省（市）南水北调办事机构对工程参建单位制定和实施应急预案进行监督检查。

6.5.3 对检查发现的问题，监督检查单位应当及时责令整改，拒不执行的，报请有关主管部门予以处罚。

7. 附则

7.1 名词术语

南水北调工程建设安全事故等级划分标准如下。

7.1.1 特别重大（Ⅰ级）事故

造成30人以上死亡（含失踪），或危及30人以上生命安全，或1亿元以上直接经济损失，或100人以上中毒（重伤），或需要紧急转移安置10万人以上的安全事故。

7.1.2 重大（Ⅱ级）事故

造成10人以上、30人以下死亡（含失踪），或危及10人以上、30人以下生命安全，或直接经济损失5000万元以上、1亿元以下的事故，或50人以上、100人以下中毒（重伤），或需要紧急转移安置5万人以上、10万人以下的安全事故。

7.1.3 较大（Ⅲ级）事故

造成3人以上、10人以下死亡（含失踪），或危及3人以上、10人以下生命安全，或30人以上、50人以下中毒（重伤），或直接经济损失较大的安全事故。

7.1.4 一般（Ⅳ级）事故

造成3人以下死亡（含失踪），或危及3人以下生命安全，或30人以下中毒（重伤），或直接经济损失不大的安全事故。

上述事故等级划分表述中，“以上”含本数，“以下”不含本数。

根据国家有关规定和南水北调工程建设实际情况，事故等级将适时作出调整。

7.2 预案管理与更新

本预案由南水北调办具体负责管理与更新，报国务院备案，同时抄送有关部门及工程沿线省（直辖市）人民政府。

根据工程建设实际，适时对本预案组织评审，并视评审结果和具体情况进行相应修改、完善或修订。

省（市）南水北调办事机构和项目法人制定及其更新的事故应急预案应报南水北调办备案。

7.3 国际沟通与协作

按照国家外事有关规定，积极开展国际间同类型工程预防和处置重特大安全事故的经验交流，借鉴国外经验，进一步做好南水北调工程重特大安全事故防范与处置工作。

7.4 奖励与责任

7.4.1 对南水北调工程建设重特大安全事故应急管理和救援工作做出突出贡献的单位、集体或个人，南水北调办进行表彰和奖励。

7.4.2 对工程建设中玩忽职守造成重特大安全事故和在安全事故发生后隐瞒不报、谎报、故意延迟不报的，依照国家有关法律法规和有关规定，追究当事人和单位负责人责任；构成犯罪的，依照法律追究责任。

7.4.3 各级应急指挥机构、项目法人、施工和其他参建单位按本预案要求，承担各自职责和责任。在南水北调工程建设重特大事故应急管理和救援中，由于玩忽职守、渎职、违法违规等行为造成严重后果的，依照国家有关法律及行政法规，追究当事人责任，予以处罚；构成犯罪的，依照法律追究责任。

7.5 制定与解释部门

本预案由南水北调办制定并负责解释。

联系部门：南水北调办建设管理司

联系电话：010－63204856

传　　真：010－63204857

7.6 预案实施或生效时间

本应急预案自发布之日起实施。

8. 附录

8.1 与重特大安全事故相关的应急预案

有关省（市）南水北调办事机构应根据事权划分、职责分工和工程建设具体情况，制定相应安全事故应急预案。

项目法人对可能发生的重特大安全事故性质、特点和类别，制定详细、可行的安全事故应急预案和专项预案。

8.2 相关机构及值班电话

8.2.1 国家有关部门值班电话：

国务院南水北调工程建设委员会办公室：010－63204856

国家安全生产监督管理总局：010－64214613

劳动和社会保障部：010－84207625

8.2.2 省（市）南水北调办事机构：

北京市南水北调工程建委会办公室：010－88028399

天津市南水北调工程建委会办公室：022－58790719（白）

022－58790713（晚）

河北省南水北调工程建委会办公室：0311－85185615

江苏省南水北调工程建设领导小组办公室：025－86338481

山东省南水北调工程建设管理局：0531－86974061

河南省南水北调中线工程建设领导小组办公室：0371－66028177

湖北省南水北调工程建设领导小组办公室：027－87831996

8.2.3 项目法人：

南水北调中线干线工程建设管理局：010－83970211（白）

010－83970215（晚）

南水北调中线水源有限责任公司：0719－5374012

南水北调东线江苏水源有限责任公司：025－86338476

南水北调东线山东干线有限责任公司：0531－6974049

湖北省南水北调工程建设管理局：027－87844397

8.3 重特大安全事故报告基本内容及格式

8.3.1 重特大安全事故信息报告内容及格式

重特大安全事故信息报告内容及格式

<table>
<tr><td>报告单位</td><td></td><td>报告人</td><td></td></tr>
<tr><td>报告时间</td><td colspan="3">年　月　日　时　分</td></tr>
<tr><td colspan="4">基本情况；
事件类型：　　　　　　初步原因：
事件地点：　　　　　　伤亡情况：
抢险情况：　　　　　　救护情况：
财产损失：
已脱险和受险人群：

现场指挥部及联系人、联系方式：</td></tr>
<tr><td colspan="4">预计事件事态发展情况：</td></tr>
<tr><td colspan="4">需要支援项目：</td></tr>
<tr><td>接收信息部门</td><td colspan="3"></td></tr>
<tr><td>下次报告时间</td><td colspan="3">年　月　日　时　分</td></tr>
</table>

8.3.2 信息发布内容框架

（1）事件基本情况及进展情况；

（2）领导指示；

（3）应急救援工作成效；

（4）下一步的计划；

（5）需要澄清的问题。

8.3.3 预案启动格式框架

（1）信息来源；

（2）事件现状；

（3）宣布事项；

（4）宣布人。

沿线各省（直辖市）

北京市节约用水办法

2005 年 4 月 25 日
（北京市人民政府令第 155 号）

第一条 为加强节约用水管理，科学合理利用水资源，建设节水型社会，根据《中华人民共和国水法》和《北京市实施〈中华人民共和国水法〉办法》，制定本办法。

第二条 本市行政区域内的节约用水和节约用水管理工作，适用本办法。

第三条 本市厉行节约用水，统一调配地表水、地下水和再生水，发挥价格对用水行为的调节作用，按照计划供水、定额管理的原则，采取行政、经济、工程、科技等措施，促进节约用水工作。

第四条 各级人民政府应当建立节约用水责任制，把节约用水工作纳入国民经济和社会发展计划，健全节约用水社会化服务体系，推广节水新技术、新工艺、新设备，培育和发展节水产业，组织开展节约用水宣传活动，提高全社会的节约用水意识。

单位和个人有节约用水的义务。

第五条 市人民政府水行政主管部门（以下简称市节水管理部门）负责全市节约用水的统一管理和监督工作。

区、县人民政府水行政主管部门和未设置水行政主管部门的区人民政府指定的节约用水管理部门（以下简称区、县节水管理部门）按照规定的权限，负责本行政区域内的节约用水监督管理工作。

市和区、县人民政府有关部门按照各自职责分工，负责本行政区域内节约用水的有关工作。

第六条 在节约用水和节约用水管理工作中做出突出贡献的单位和个人，由市和区、县人民政府给予表彰奖励。

在节水科学技术研究开发和创建节水型社会、节水型单位、节水型社区的工作中做出突出成绩的单位和个人，由市和区、县节水管理部门给予表彰奖励。

在节水科学技术推广使用和单位节水管理工作中做出突出成绩的个人，所在单位应当予以表彰奖励。

第七条 市节水管理部门应当编制全市节约用水规划，报市人民政府批准后组织实施。

区、县节水管理部门应当依据全市节约用水规划，编制本行政区域的节约用水规划，报同级人民政府批准后组织实施。

第八条 市发展与改革行政主管部门应当会同市节水管理部门和其他有关部门，根据水资源状况，制定本市工业、农业、服务业的投资项目指导目录和限制发展项目名录，限制落后的、耗水量高的工业、农业和服务业项目发展。

第九条 本市相关行业产品生产和服务的用水定额由市有关行业主管部门组织制定，报市节水管理部门和市质量监督检验行政主管部门审核同意；无行业主管部门的行业用水定额，由市节水管理部门和市质量监督检验行政主管部门组织制定。

行业用水定额由市人民政府向社会公布。

第十条 节水管理部门应当根据年度用水计划、相关行业用水定额和用水单位的生活、生产经营需要，核定用水单位的用水指标，并在每年 12 月 31 日前将下一年度的用水指标下达到相关用水单位。

新增用水单位和新建用水项目在投入使

用前，应当到节水管理部门申请核定用水指标。

第十一条 用水单位在本市境内迁移的，原核定的用水指标继续有效。

用水单位迁移需要在本市境内转移用水指标的，应当及时到市或者相关区、县节水管理部门办理用水指标转移手续。

第十二条 用水应当计量。

供水单位和用水户应当安装水计量设施，并加强对水计量设施的检查与日常维护，保证计量准确。水计量设施发生损坏的，应当及时修理或者更换。

用水单位无水计量设施的，节水管理部门责令限期安装，并自取水之日起，按照工程设计取水能力或者取水设备额定流量全时程运行计算取水量，直至安装水计量设施为止。

第十三条 用水单位有两类以上用水性质类别需要执行不同用水价格计价的，应当根据不同用水性质类别分别安装水计量设施。

用水单位未按照不同用水性质类别分别安装水计量设施单独计价交费的，按照该单位用水性质类别中水价最高的标准计算收费。

第十四条 用水单位应当按照节水管理部门下达的年度用水指标用水；超出的用水量，除据实交纳水费外，由节水管理部门根据该单位用水实际执行的水价标准，按照下列倍数收取累进加价费用：

超出规定数量20%（含本数）以下的部分，按照水价的一倍标准收取；超出规定数量20%至40%（含本数）的部分，按照水价的二倍标准收取；超出规定数量40%以上的部分，按照水价的三倍标准收取。

第十五条 供水单位和其他直接从河流、湖泊或者地下取用水资源的单位应当按照节水管理部门的要求，及时、准确报送供水情况或者实际用水量。

第十六条 新建、扩建、改建建设项目的节水设施应当与主体工程同时设计、同时施工、同时投入使用。

规划行政主管部门在审批建设项目设计方案时，应当就节水设施方案征求同级节水管理部门的意见；规划设计单位应当按照国家和本市的节水标准和规范进行节水设施设计；施工图审查单位应当严格审查节水相关内容。

节水设施竣工后，建设单位应当向节水管理部门申报验收。未经验收或者验收不合格的，建设项目不得使用，节水管理部门不予核定用水指标，供水单位不得正式供水。

节水设施包括用水器具、工艺、设备、计量设施、再生水回用系统和雨水收集利用系统。

第十七条 城市房屋拆迁时拆迁人应当根据拆迁施工进度，与供水单位签订停止供水协议，明确拆迁施工现场的节水管理责任。

供水单位应当配合拆迁施工进度，采取措施及时关闭拆迁施工现场的供水管线。

第十八条 工业用水单位应当采用先进技术、工艺和设备，增加循环用水次数，提高水的重复利用率。以水为原料的生产企业应当采用节水型生产工艺和技术，减少水资源的损耗。

再生水输配水管线覆盖地区内的工业用水，应当使用符合用水水质要求的再生水。

间接冷却水应当循环使用，循环使用率不得低于95%。

纯净水生产企业产水率不得低于原料水的70%。

第十九条 市农业、林业行政主管部门应当会同有关部门根据本市水资源状况调整农业生产布局和林、牧、渔业用水结构。

区县人民政府应当根据本行政区域内的水资源状况，指导农业生产经营单位和个人合理调整作物种植结构，发展高效益节水型农业，限制并压缩耗水量大、效益低的农作物种植面积。

第二十条 农业用水应当计量收费。农村地区逐步实行村民生活用水、乡镇企业生产用水与农田灌溉用水分别安装水计量设施分类计量。

农田灌溉应当采取管道输水、渠道防渗、喷灌、微灌、滴灌等先进的节水灌溉方式，提高用水效率。

第二十一条 农业用井改为非农业用途的，用水单位应当到节水管理部门办理变更手续，重新核定用水指标，并按照新的用水性质类别计价交费。

第二十二条 绿化用水鼓励使用雨水和符合用水水质要求的再生水，逐步减少使用城市自来水。

城镇地区的绿地、树木、花卉应当采用喷灌、微灌、滴灌等节水灌溉方式，并严格执行园林绿化灌溉制度，提高绿化用水效率。

住宅小区、单位内部的景观环境用水和其他市政杂用用水，应当使用雨水或者再生水，不得使用自来水。

第二十三条 洗车企业应当建设循环用水设施。再生水输配水管线覆盖地区内已接通再生水的洗车企业，应当使用再生水。

第二十四条 禁止生产或者销售国家明令淘汰的耗水量高的设备、产品以及未通过节水产品认证和不符合本市节水标准的用水器具。

市节水管理部门应当会同市质量监督检验行政主管部门确认“节水型用水器具名录”和“明令淘汰用水器具名录”，并向社会公布。

第二十五条 供水单位应当加强供水管网维护管理，提高供水管网监测和维护管理水平，保障供水管网的漏失率符合国家规定标准。

公共供水单位应当向社会公布抢修电话，出现故障应当及时抢修。

第二十六条 节水管理部门和相关单位应当建立水资源实时监控、资源优化配置和节水信息管理系统，完善用水信息统计、报告制度。

用水量较大单位的用水可能超出用水指标时，节水管理部门应当给予预警提示。

第二十七条 用水单位应当采取措施加强节约用水管理，做好下列工作：

（一）建立健全节约用水责任制；

（二）设立节水专门机构或者指定专人具体负责节约用水工作；

（三）建立用水记录和用水统计分析，明确用水计划、节水目标、节水措施，定期进行合理用水分析或者水平衡测试；

（四）加强用水设施的日常维护管理；

（五）开展节约用水宣传。

第二十八条 新闻媒体应当加强节约用水宣传工作，播放和刊登节约用水公益广告。

教育行政主管部门应当将节约用水知识列入学校教育内容。

旅行社接待游客时，应当进行节约用水宣传，提高游客的节约用水意识。

饭店、影剧院、体育场馆等公共场所应当设置节约用水宣传标语，宣传节约用水知识。

第二十九条 本市加快建立节水技术开发推广体系和节水设备、节水器具研制生产体系。

政府有关部门应当组织开展节水科学技术研究，整合节水科技资源。

鼓励单位和个人开发研制节水型生活用水器具以及节水技术、工艺、设备和产品。

第三十条 鼓励单位和个人向节水管理部门或者节水执法部门举报浪费用水行为，有关部门接到举报后应当及时调查处理。

接到举报的有关部门应当为举报人保密，并对举报属实、为查处重大浪费用水行为提供主要线索和证据的举报人给予奖励。

第三十一条 节水管理部门应当加强对直接从河流、湖泊或者地下取用水资源的单位水计量设施的查验，按时收取水资源费。

供水单位应当完善用水计量和查表制度，准确记录用水量，按时收取水费。

用水单位和个人应当配合节水管理部门和供水单位工作人员的查表、收费工作。

第三十二条 违反本办法的规定，由节水管理部门责令停止违法行为，限期改正，并按下列规定予以处罚：

（一）供水单位和其他直接从河流、湖泊或者地下取用水资源的单位未按规定及时向节水管理部门报送或者提供虚假资料的，处1000元罚款；

（二）间接冷却水直接排放或者循环使用率低于95%的，处1000元以上5000元以下的罚款；

（三）农业用水不计量或者农田灌溉大水漫灌造成浪费用水的，处1000元以下的罚款；

（四）擅自改变农业用井用途的，处2万元以上10万元以下的罚款；

（五）住宅小区和单位内部的景观环境用水使用自来水的，处1000元以上5000元以下的罚款；

（六）用水设施、设备和器具失修、失养或者管理不善造成浪费用水的，每处处500元以上1000元以下的罚款；

（七）用水单位使用明令淘汰用水器具的，每件处100元罚款；

（八）擅自从公共供水设施、消防设施取水的，处1万元以上3万元以下的罚款。

第三十三条 违反本办法第十四条规定，用水单位不按时缴纳累进加价费用的，由节水管理部门责令限期改正，按日加收滞纳部分千分之二的滞纳金。

第三十四条 在城市房屋拆迁过程中，拆迁人违反本办法第十七条第一款规定，未与供水单位签订停止供水协议或者未按照协议要求擅自施工造成水资源严重浪费的，除补交相应费用外，由节水管理部门处以应交水费1倍以上5倍以下的罚款。

供水单位违反本办法第十七条第二款规定，没有正当理由故意拖延、不与拆迁人签订停止供水协议或者未及时采取措施停止供水造成水资源浪费的，由节水管理部门责令改正，并处1000元以上5000元以下的罚款。

第三十五条 建筑施工过程中挖断公共供水管线或者违章压占公共供水管线造成水资源浪费的，由节水管理部门责令改正，并处1000元以上1万元以下的罚款；造成损失的，由责任人依法赔偿损失。

第三十六条 违反本办法第十八条第四款规定，纯净水生产企业产水率低于70%的，由节水管理部门责令限期改正；逾期仍不能达标的，核减其用水指标；情节严重的，依法停止供水。

第三十七条 违反本办法第二十四条规定，生产或者销售不符合本市节水标准用水器具的，由质量监督检验行政主管部门或者工商行政管理部门按照各自职责，责令停止生产、销售，并按每套（件、台）50元以上100元以下的标准计算处以罚款。

第三十八条 本办法规定的行政处罚事项，市人民政府决定由城市管理监察组织行使的，由城市管理监察组织处罚。

第三十九条 本办法自2005年5月1日起施行。1986年6月13日市人民政府发布的《北京市城镇节约用水奖励办法》、1988年9月21日市人民政府发布的《北京市建设项目节约用水设施与主体工程同时建设管理办法》、1989年11月14日市人民政府批准、1989年11月30日北京市市政管理委员会发布、根据1994年3月23日市人民政府批准修改的《北京市超计划用水加价水费征收管理办法》、1994年7月6日市人民政府第11号令发布的《北京市城镇用水浪费处罚规则》、2000年12月1日市人民政府第66号令发布的《北京市节约用水若干规定》同时废止。

北京市南水北调工程基金筹集管理实施办法

2005年4月29日
（京政办发［2005］21号）

为筹集南水北调主体工程建设资金，完成本市上缴国家南水北调工程基金任务，确保南水北调工程建设顺利实施，根据国务院办公厅印发的《南水北调工程基金筹集和使用管理办法》，结合本市实际，制定本实施办法。

一、本市筹集南水北调工程基金的任务数额为54.3亿元，上缴年限和每年上缴的额度按照国家下达的年度上缴计划任务执行。

二、本市筹集南水北调工程基金的方式为从本市现行征收的水资源费中，按照50%的比例上缴中央财政，不足部分从本市南水北调工程专户资金中划入国家南水北调工程基金。

三、本市南水北调工程专户资金由上缴市级国库的水资源费等资金构成，实行专户管理，专项使用。

四、水资源费的征收和使用管理办法由市发展改革委、市财政局和市水务局商市有关部门按照国家有关规定，结合本实施办法另行制定。

五、市和区、县各级水资源费的执收单位在收取水资源费后，应在缴入市和区、县级财政国库的同时，将其中的50%作为南水北调工程基金就地缴入中央国库，纳入中央财政预算。

六、市和区、县各级水资源费的执收单位使用“一般缴款书”办理南水北调工程基金的缴款手续。具体缴库办法由市财政局另行制定。

七、有关南水北调工程基金的免税事宜按照国家有关政策执行。

八、本市南水北调市内配套工程及前期费中需政府投入的资金，可由本市南水北调工程专户资金上缴国家南水北调工程基金后结余部分和基本建设投资等统筹安排。

九、各级财政、价格、审计、监察部门要加强对南水北调工程基金筹集和管理的监督检查。对违反有关法律法规的单位和个人，依法予以处理。

十、本实施办法执行中的问题由市南水北调办、市发展改革委、市财政局商有关部门协调解决。

十一、本实施办法自2005年6月1日起执行。

天津市南水北调前期工作管理办法

2005年11月23日
（津调水办［2005］26号）

第一条 为加强南水北调工程前期工作管理，规范南水北调工程勘测、设计、科研等各项工作，保证前期工作进度和质量，根据国务院南水北调建设委员会办公室、水利部关于南水北调工程前期工作有关规定，结合本市实际情况，制定本办法。

第二条 本办法适用于由我市管理的南水北调主体工程和南水北调配套工程的规划、可行性研究、初步设计等阶段的前期工作，凡承担南水北调工程勘测、设计、科研、咨询服务工作的单位（以下简称“项目承担单位”），均应遵守本办法。

第三条 天津市南水北调工程建设委员会办公室（以下简称“市调水办”）是南水北调工程前期工作的主管部门。在项目法人成立前，市调水办为前期工作项目责任单位，项目法人成立后，项目法人为前期工作的项目责任单位。

第四条 南水北调工程前期工作项目实行计划和合同管理模式。

第五条 市调水办规划设计处负责组织有关部门编制南水北调工程前期项目工作计划，报主任办公会批准。计划批准后，一般不进行调整，确需调整的，有关部门提出调整意见，须重新报主任办公会批准。

第六条 市调水办有关部门根据批准的年度前期项目工作计划分别组织实施。规划设计处归口管理。

第七条 南水北调工程前期工作通过招标或委托方式确定项目承担单位，实行合同管理。其中经费少于50万元的项目和一些专业性较强项目采用委托方式；其他项目均采用招投标方式。勘测、设计、环评、水保、科研、咨询服务等承担单位应具备相应资质和能力。

第八条 采用委托方式确定的项目承担单位应根据项目责任单位的要求编制项目任务书，经市调水办批准后实施，并按有关规定签订委托协议。

项目任务书的主要内容应包括：（一）上阶段主要工作结论及审查意见；（二）立项的依据和缘由；（三）主要工作内容、工作量、工作进度安排、工作成果和表现形式（包括中间阶段主要成果及进度）及工作经费；（四）勘测、设计、科研试验、咨询服务等专项工作大纲和技术大纲等。

第九条 采用招标方式确定的项目承担单位，应根据《中华人民共和国合同法》与项目责任单位签订合同，并按照项目责任单位的要求编制工作技术大纲，经市调水办批准后实施。

合同的主要内容应包括：（一）工作依据、主要工作内容、工作阶段及深度；（二）提交成果及进度要求、费用及付款方式；（三）成果审查验收及双方责任等。

第十条 项目承担单位应分阶段向项目责任单位报告前期工作进展情况、存在问题及解决意见。项目责任单位有关部门按照职责分工，督促、检查前期工作执行情况。

第十一条 项目责任单位不得随意向外提供或宣布有关资料和成果，确需提供时应征得市调水办的同意。

第十二条 项目承担单位对外委托任务须经项目责任单位批准，并向市调水办备案。

第十三条 项目承担单位应实行项目责任制，明确项目责任人和技术负责人，并向项目责任单位备案。

第十四条 项目责任单位按市调水办要求及时汇报中间工作成果，并接受市调水办的监督、检查。

第十五条 项目承担单位应保证勘测、设计、科研等原始资料和成果的真实性和完整性，并按期向项目责任单位提交工作成果及相关资料的电子版。

第十六条 项目承担单位向项目责任单位报送的前期工作成果，经审查达不到规范、规程要求的，项目承担单位须按期修改补充完善，符合规范、规程要求的工作成果予以验收。

第十七条 项目责任单位应将审查验收的设计成果及时报送市调水办，并归档。

第十八条 项目责任单位应严格按照前期工作经费管理的有关规定，管好用好前期工作经费，专款专用，不能滞留、挪作他用。

第十九条 市调水办对前期工作经费实行监督管理，并接受上级有关部门监督、检查。

第二十条 项目责任单位应定期向市调水办报送财务统计报表，统计报表应附有形象进度文字说明及统计分析。

第二十一条 本办法由天津市南水北调工程建设委员会办公室负责解释。

第二十二条 本办法自印发之日起执行。

河北省南水北调干渠工程基金筹集和使用管理实施办法

2005年5月16日
（冀政［2005］41号）

第一条 为筹集部分南水北调干渠工程建设资金，落实《国务院办公厅关于印发〈南水北调工程基金筹集和使用管理办法〉的通知》（国办发［2004］86号）精神，规范南水北调干渠工程基金筹集和使用行为，确保我省南水北调干渠工程建设顺利实施，根据国家有关规定，结合我省实际，制定本实施办法。

第二条 本实施办法所称南水北调干渠工程基金（以下简称基金）是指为完成南水北调干渠工程中央下达河北省的基金征收任务所筹集的专项资金。

第三条 基金通过提高水资源费标准增加的收入筹集，也可将现行水资源费部分收入划入基金。

第四条 基金征收对象为南水北调工程受水区的石家庄、廊坊、保定、沧州、衡水、邢台、邯郸市直接从江河、湖泊、水库或地下取用水资源的单位和个人。中央直属电厂用水征收的水资源费，按国家有关规定执行。

基金缴纳单位为取用水单位和个人。城镇供水企业取水由供水企业缴纳；自备井取水由自备井产权单位缴纳；直接从江河、湖泊和水库取水，由取水单位或个人缴纳。城镇供水企业缴纳的基金，不计入供水成本，由供水企业使用财政专门票据向用水户收取后，统一缴当地水行政主管部门。

农村中的农民生活用水、农业生产用水和城镇享受最低生活保障金居民用水暂不征收基金。

第五条 为限制过度开采地下水、促进水资源合理利用，基金标准按照地下水高于地表水、自备井水高于城市供水的原则确定。

省价格主管部门会同有关部门定期对受水区用户水价承受能力进行调查分析，统筹考虑用户水价承受能力和供水成本等相关因素，逐年或定期提出基金征收标准，报省政府批准后执行。

第六条 基金征收任务由省南水北调工程基金工作小组根据基金征收标准和各地用水量测算提出，报省政府批准后下达有关设区市政府执行。基金征收管理所需费用由同级财政预算安排。

第七条 有关基金免税的政策，按财政部、国家税务总局有关规定执行。

第八条 基金由水源工程所在地县级以上水行政主管部门负责征收。省水行政主管部门每半年向省基金工作小组报告一次征收情况。

第九条 基金征收单位应根据实际取水量持政府价格主管部门颁发的《收费许可证》，定期向取水单位送达《河北省水资源费缴款通知书》，并开具省级财政部门统一印制或监制的水资源费（含基金）征收票据。取水单位或个人应当按照通知书规定的期限、金额和缴款方式，到指定银行及时、足额缴纳水资源费（含基金）。

第十条 征收基金水量计量点为井口或江河、湖泊和水库取水口。取水单位和个人必须装置合格的量水设施，如实向水行政主管部门提供取水点位置、取水设施等与取水量有关的资料，无计量设施的，水行政主管部门按取水设施的实际最大取水能力计收。

第十一条 县级以上水行政主管部门收取水资源费后，应在取得收入的当日，将其中的基金缴入中央国库，纳入中央财政预算管理。

第十二条 县级以上水行政主管部门使用“一般缴款书”办理缴库手续。在填写缴款书时，“财政机关”栏填写“财政部”，

"预算级次"栏填写"中央级","预算科目"栏填写基金预算收入科目第8410款"南水北调工程基金收入"。

第十三条 南水北调干渠工程基金属于政府性基金,实行专款专用,年终结余可结转下年使用。

第十四条 各级基金征收责任单位要确保基金足额征收,各级财政部门要保证基金及时、足额上解。有关设区市政府要确保基金及时足额上缴中央国库。

第十五条 任何部门和单位不得截留、挤占或挪用基金。各级财政、发展改革、价格、审计、监察等部门要加强对基金征收、使用和管理的监督检查,对违反有关法律、法规规定的单位和个人,依法追究责任。

第十六条 基金征收期限暂定为2005~2010年。

第十七条 本办法由河北省物价局、河北省财政厅负责解释。

第十八条 本办法自2005年7月1日起执行。

河北省南水北调中线干线工程建设征地拆迁安置暂行办法

2005年9月16日

(冀政[2005]77号)

第一章 总 则

第一条 为规范我省南水北调中线干线工程建设征地和拆迁安置(以下简称征迁安置)工作,保证南水北调工程顺利实施,根据国家有关法律法规及《南水北调工程建设征地补偿和移民安置暂行办法》,结合我省实际,制定本办法。

第二条 征迁安置工作应严格按国家有关法律、法规及政策进行,做到公开、公平、公正,接受社会监督。

第三条 征迁安置工作按照国务院确定的管理体制实施,结合我省实际,实行分级、分部门负责,条块结合,县为基础,项目法人参与的工作机制。

第四条 南水北调工程本着合理利用土地、保护耕地的原则,按照国家批准的数量、类别征收土地,任何单位不得借机多征多占。

第五条 各级人民政府应对被占地农民进行妥善安置,并坚持以下原则:

(一)统筹兼顾国家、集体、个人利益。

(二)以人为本,尊重群众意愿,维护被占地农民的合法权益,确保被占地农民生活水平不降低。

(三)因地制宜,统筹考虑农业安置、就业安置、货币安置、养老保险安置、投亲靠友安置等方式,优先考虑本村农业安置。

第六条 专项设施和企事业单位恢复,严格执行国家确定的"原标准、原规模或恢复原功能"政策。

第七条 占压文物发掘与保护,坚持保护为主、抢救第一、合理利用、加强管理的方针。

第八条 征迁安置工作实行任务与投资包干责任制,坚持责权统一、计划管理的原则。

第九条 省、有关设区市(以下简称市)及县(市、区)(以下简称县)人民政府应确定负责征迁安置的工作机构。

第十条 本办法适用于我省南水北调中线干线工程初步设计批复后的征迁安置工作。

第二章 各级各部门责任

第十一条 省人民政府对南水北调中线干线工程省内征迁安置工作负总责,研究制定重大方针政策,与有关市人民政府签订征迁安置责任书,落实征迁安置任务。

第十二条 有关市人民政府为辖区内征迁安置责任主体,领导辖区内征迁安置工作,与沿线各县人民政府签订责任书,将任务分解落实到县。

第十三条 有关县人民政府为辖区内征迁安置实施主体，负责组织有关部门和乡（镇）人民政府、村集体经济组织，按期完成本辖区征迁安置任务，及时提供工程建设用地，为工程建设创造良好的外部环境。

第十四条 省南水北调工程建设委员会办公室（以下简称省南水北调办）是省征迁安置工作的综合管理部门，负责编制计划，落实资金，指导、协调、督促、检查各级各部门按期、保质完成征迁安置各项工作。

第十五条 有关市南水北调工程建设委员会办公室（以下简称市南水北调办）是辖区内征迁安置工作的主管部门，指导、协调、督促、检查市有关部门和县征迁安置各项工作，组织县编制实施计划，控制进度与投资，及时处理实施过程中出现的问题。

第十六条 有关县确定的南水北调征迁安置工作机构是县征迁安置工作的主管部门（以下简称县征迁安置主管部门），负责编制、落实征迁安置实施计划，完成承担的具体征迁安置工作，督促、检查、协调相关行业部门完成各自承担的征迁安置任务。

第十七条 省国土资源、林业、通信、电力、文物、水利、交通、农业等部门（以下简称省行业主管部门）是本系统、本行业所涉及征迁安置工作的责任部门，负责协调解决本系统征迁安置工作中的问题，管理本行业迁建、恢复项目的实施工作。市、县有关部门要按市、县人民政府及省行业主管部门的部署和要求，按期、保质完成任务。

第十八条 各级各部门都要按照构建和谐社会的要求，做好宣传和沿线群众的思想工作，争取群众的理解和支持。市、县人民政府要组织有关部门，制定辖区内预防和处置群体性突发事件的预案，确保社会稳定。

第三章 工程建设用地征收

第十九条 永久性建设用地征收。

（一）南水北调中线干线工程项目法人（以下简称项目法人），在工程建设计划下达后，向工程所在地县国土资源主管部门（以下简称县国土主管部门）提出用地申请，涉及占用林地的还应向县林业主管部门提出占用林地申请。各单项工程可行性研究报告批复文件、初步设计批复、建设项目用地预审、占压矿产资源审核意见、地质灾害危险性评估、占用林地审核同意书等共性用地报批材料，由项目法人直接提供给省国土资源厅。被占地群众异地安置、城镇和企事业单位迁建、专项设施恢复用地，由县征迁安置主管部门向县国土主管部门提出用地申请。

（二）县国土主管部门按规定实行预公告，会同县林业主管部门、县征迁安置主管部门、乡（镇）人民政府、村集体经济组织（或企事业单位）、项目法人，对拟用地块的权属、地类、面积等现状进行调查并勘界埋标，共同签字确认。耕地与林地类别的划分，由县国土、林业主管部门根据现状和相关规划现场协商确定，遇有争议时由县级人民政府依法确定。土地权属有争议时，按《土地权属争议处理暂行办法》处理。

（三）市、县征迁安置主管部门组织项目法人、设计单位、监理单位、县有关部门及被占压企事业法人、乡（镇）人民政府和村集体经济组织，随同土地勘界，对地上附着物和占压影响的各类专项设施情况进行清点，共同确认，并由产权人签字。对主体工程外的附属工程永久用地，应按照节约和保护土地的原则，商项目法人与设计单位进行优化。

（四）县国土主管部门依法编制《建设用地项目呈报说明书》、《农用地转用方案》、《补充耕地方案》、《征收土地方案》、《供地方案》。沿线具有开发补充耕地条件的区域，应优先列入县《补充耕地方案》，并与被占地农民生产安置有机结合。《征收土地方案》由县国土主管部门会同县征迁安置主管部门和有关单位，按市政府依据国家批复的有关政策所确定的具体补偿标准和安置方案，告知被征地农村集体经济组织和农户，并听取意见后编制。

（五）县国土主管部门完成上述方案编制并依法履行相关程序后，按规定组卷并逐级上报，经省国土资源厅审核汇总后，由省人民政府报国务院。

（六）县国土主管部门会同县征迁安置主管部门，将批准征地机关、批准文号、征收土地的用途、范围、面积、征地补偿标准、农业人口安置办法和办理征地补偿的期限等，在被征收土地的乡（镇）、村予以公告。县征迁安置主管部门组织有关乡（镇）人民政府、村集体经济组织，填写省南水北调办统一印制的分村、分户兑现卡，三个月内完成土地、青苗、地上附着物等各项补偿费兑付，并及时落实安置方案。

（七）市、县国土主管部门按批准的《供地方案》依法供地。颁发《国有土地划拨决定书》、《建设用地批准书》。

（八）对控制工期的工程，可按有关规定先行用地。在确认所需使用土地的权属、地类、面积，兑现地上附着物和青苗补偿费，妥善处理好先行用地有关问题的前提下，项目法人向省国土资源厅提出先行用地申请，并抄送用地涉及的市、县国土资源部门。省国土资源厅报国土资源部审查同意后，控制工期的单体工程可先行用地。

第二十条 临时使用土地。

（一）项目法人或建设管理单位向县征迁安置主管部门报送临时用地数量、使用目的、拟占用区域等相关材料。

（二）市南水北调办根据国家批复及现场实际，组织县征迁安置主管部门、项目法人或建设管理单位和设计单位，按照方便和满足施工要求、减少对当地居民影响、保护耕地、节约用地的原则，对临时用地方案进行优化。

（三）项目法人或建设管理单位根据优化后的临时用地方案，向县国土主管部门报送临时用地申请。

（四）县国土、林业主管部门会同县征迁安置主管部门、乡（镇）人民政府、村集体经济组织、项目法人或建设管理单位、设计单位、监理单位进行实地勘察，确认地类、权属和面积。县征迁安置主管部门组织相关单位、被占地村集体经济组织和个人，对用地范围内地上附着物和专项设施进行清点，并签字确认。

（五）县征迁安置主管部门、项目法人或建设管理单位与被占地村集体经济组织（或单位）三方共同签订占用协议，明确临时占地的位置、面积、类别、补偿标准和数额、支付方式及占用时间等。

（六）县国土主管部门与县征迁安置主管部门签订《临时用地土地复垦协议书》，明确责任和复垦要求等。

（七）县国土主管部门按有关规定，颁发《临时用地批准书》。

第四章 生活和生产安置

第二十一条 居民生活安置。

（一）县征迁安置主管部门以2004年核查成果为基础，对被占压情况进行核实，会同乡（镇）人民政府、村集体经济组织（居委会）和被占压房屋户主，依据土地利用总体规划和城市规划或村镇规划选址并制定恢复方案，签订恢复协议。乡（镇）人民政府和村集体经济组织（居委会）负责落实宅基地，并按有关规定办理手续。

（二）根据恢复方案和签订的恢复协议，县征迁安置主管部门组织开展场地平整等基础设施建设，乡（镇）人民政府、村集体经济组织负责组织被占压房屋户主按期自行拆建房屋，有条件的可本着群众自愿原则建设村民住宅楼，任何部门不得强行规定建房标准。

（三）被占地农民需成建制异地安置且不

出县的，由市南水北调办会同县人民政府组织设计单位编制异地安置实施方案（含生产安置），报市人民政府批准后，抄省南水北调办备案。

市、县征迁安置主管部门组织设计单位，编制异地安置居民点及生产安置的基础设施建设设计，并审查批复。其设计应严格控制在国家批准的初步设计范围内。

县征迁安置主管部门按照批准的实施方案和设计组织开展场地平整等基础设施建设（含生产安置基础设施建设）。乡（镇）人民政府、村集体经济组织负责组织被安置农民自行拆建房屋。

第二十二条 农民生产安置，应结合当地实际，因地制宜，选取适当方式，妥善安置。

（一）本村农业安置。村集体经济组织耕地资源比较丰富，所留机动地、新开垦的耕地和依法收回的耕地，能基本满足被占地农民生产需要的，应当依法落实被占地农民生产用地，重新签订土地承包合同，办理农村土地承包经营权证变更手续。本村农业安置由县人民政府组织农业、国土、征迁安置主管部门、乡（镇）人民政府和村集体经济组织实施。

（二）就业安置。由县征迁安置主管部门按国家批复组织实施。

（三）投亲靠友安置。投亲靠友仍从事农业生产的，本人需出具迁入地县级人民政府同意接收、提供土地证明和户籍准迁证，经迁出地乡（镇）人民政府和县征迁安置主管部门同意，三方签订合同，办理相关手续。

（四）自谋职业自主安置（含投亲靠友非农业安置）。需出具居住地（投亲接收地）有关单位对其职业与住房情况的证明，经村集体经济组织、乡（镇）人民政府和县征迁安置主管部门审查，确认其具备自谋职业条件后，办理相关手续并予以公证。

（五）货币安置。村集体经济组织无耕地资源或不足的，可实行货币安置。经村民代表大会讨论通过，乡（镇）人民政府同意，报县征迁安置主管部门批准后实施。

（六）失地农民养老保险安置。由乡（镇）人民政府、村集体经济组织提出参保对象，县征迁安置主管部门审批后按有关规定办理。市人民政府另有规定的，从其规定。

（七）异地农业生产安置。由县人民政府组织农业、国土、征迁安置主管部门、乡（镇）人民政府按照批准的实施方案组织实施。

第五章 城镇、企事业单位和专项设施恢复

第二十三条 省南水北调办以书面形式向省级行业主管部门通报专项设施占压情况。电力、通信、水利等省级行业主管部门负责督促、协调、落实本行业、本部门专项设施恢复工作，明确专项设施恢复的具体要求，管理恢复项目的前期工作，并组织实施、指导验收。

第二十四条 电力、通信、水利等省级行业主管部门按照专项设施恢复要求，安排本行业的恢复项目设计，会同省南水北调办审查专项设施恢复方案和投资，审查成果作为市、县征迁安置主管部门与市、县行业主管部门签订恢复协议的依据。

第二十五条 县征迁安置主管部门根据工程建设需要，以书面形式通知被占压专项设施县级行业主管部门，明确迁建时间和技术要求，并签订恢复协议。

第二十六条 企事业单位恢复，由县征迁安置主管部门与企事业主管部门或企事业法人签订恢复协议，企事业主管部门或企事业法人按协议组织实施。

第二十七条 城镇恢复工作由县人民政府组织实施。

第二十八条 具备条件的电力、通信、水利等专项设施恢复项目，应实行招投标制、

建设监理制、合同管理制。

第二十九条 中央和军队所属企业和专项设施迁建恢复，由项目法人或委托有关部门组织实施。

第三十条 乡（镇）、村小型专项设施恢复，由县征迁安置主管部门组织乡（镇）人民政府和村集体经济组织实施。

第三十一条 不需恢复的专项设施和企事业单位，由县征迁安置主管部门将补偿资金按协议拨付权属所有者。

第三十二条 文物保护与发掘工作，由省南水北调办与省文物部门签订工作协议，省文物部门组织实施。

第六章 计划和资金管理

第三十三条 征迁安置工作实行计划管理，除国家政策调整、重大设计变更和不可抗力因素影响外，投资规模不做调整。

第三十四条 征迁安置资金实行专户存储、专款专用、专账核算，任何单位和个人不得挤占、截留和挪用。市、县征迁安置主管部门应在一家国有或国家控股商业银行开设专用账户，开设、变更、撤销银行账户应报上一级主管部门备案。

第三十五条 根据国家确定的投资规模和项目法人提出的工程建设任务，省南水北调办商项目法人编制年度征迁安置计划，报国务院南水北调办核定。省南水北调办将核定的计划分解下达到市。

第三十六条 市南水北调办根据省下达的计划，编制分县征迁安置实施计划。

第三十七条 省南水北调办按照工作进度，及时将资金拨付市南水北调办。市南水北调办依据实施进度将资金拨付县征迁安置主管部门。

第三十八条 征迁安置资金兑付方案由县征迁安置主管部门和设计单位编制。由市南水北调办审查批复后，抄报省南水北调办备案。市人民政府可根据实际情况制定分解兑付办法。

第三十九条 县征迁安置主管部门在规定时限内，按照公开、公平、公正的原则，组织乡（镇）人民政府和村集体经济组织，经张榜公示后，将土地补偿费、安置补助费兑付给村集体经济组织；将青苗和地上附着物补偿费兑付给青苗和地上附着物所有者；按协议拨付居民房屋补偿资金；按协议拨付城镇、企事业单位、专项设施恢复补偿资金。

第四十条 土地补偿、安置补助资金的分配和使用，按《国务院关于深化改革严格土地管理的决定》（国发［2004］28号）和《河北省人民政府关于加强和改进征地工作建立被征地农民基本生活保障制度的通知》（冀政［2004］37号）执行。各级政府及农业、民政、征迁安置等部门，应加强监督检查，确保土地补偿、安置补助资金的分配和使用符合有关规定。

第四十一条 征迁安置补偿资金中的直接费，市南水北调办可在单项工程内部、县之间调剂使用，并报省南水北调办备案。调剂后的节余资金，由市南水北调办安排用于征迁安置工作。

第四十二条 其他费用的使用按国家有关办法执行。

（一）管理费由省南水北调办按省、市、县各自承担的工作任务合理分配。国土等部门的工作经费，由县人民政府确定，从县级征迁安置主管部门掌握的管理费中解决。

（二）勘测设计科研费由勘测设计单位使用，地方协作、配合工作经费由设计单位支付给市南水北调办，具体支付比例由省南水北调办根据地方工作量核定。

（三）监理监测费由项目法人会同省南水北调办按招标或委托协议拨付给监理监测单位。

（四）技术培训费用于被占地农民劳动技

能和征迁安置工作人员业务培训，由省南水北调办按工作任务划分各级使用比例。

第四十三条 预备费的50%由省统一管理，其余50%由国务院南水北调办管理。各市在通过项目、县际间直接费调剂后仍不足，确需动用预备费时，向省南水北调办申请，按国家确定的程序审批。

第四十四条 耕地占用税、耕地开垦费、森林植被恢复费和新菜地开发基金，按《关于南水北调工程建设征地有关税费计列问题的通知》（国调委发［2005］3号）及国家批复缴纳。由地方掌握使用的税费，应按有关规定优先用于南水北调征迁安置区。国家未批准计列的税费不予缴纳。

第四十五条 设计单位、监理单位应派驻现场设计代表和征迁安置监理工程师。遇有错漏项和用地方案调整等情况时，县征迁安置主管部门组织设计单位提出设计变更，经监理工程师确认后，按程序上报。

（一）征迁安置方案等重大设计变更，由县征迁安置主管部门提出申请，逐级按程序上报审批。

（二）农村的补偿方案变更包括：永久用地、临时用地、房屋及附属建筑物、基础设施、树木、坟墓、小型水利电力设施等补偿方案变更，不突破已批复直接费概算的，由市南水北调办负责批复，在项目内或项目间调剂资金，并报省南水北调办备案。

（三）专项设施的设计变更，由县行业主管部门或企业法人向县征迁安置主管部门提出设计变更的书面说明，经征迁安置设计代表和现场监理核实确认，报原恢复方案审批单位批准实施，在市、县内调剂资金。

（四）设计变更需动用预备费的，报省南水北调办按程序审批。

第四十六条 因故工期后延，造成临时用地补偿费增加，应分清原因，分别处理。因征迁安置原因造成的，可先在市、县掌握的直接费中调剂解决，仍有资金缺口可申请动用预备费解决；因项目法人或建设管理单位、施工单位造成的，由项目法人或建设管理单位、施工单位解决。

第四十七条 征迁安置工作节余资金，按国家有关规定使用。征迁安置资金形成的银行存款利息收入，应用于征迁安置工作，不得挪作他用。

第七章 阶段验收和土地使用权移交

第四十八条 征迁安置验收以县为单位、以国家批准的标段划分为最小单元进行。验收内容主要包括：工程建设用地征收，被占地农民生活和生产安置，城镇、企事业单位和专项设施恢复，资金使用等。

第四十九条 南水北调征迁安置验收工作分为实施单位自查、县人民政府自验、市复验、省初验和国家终验五个阶段。各实施单位必须对验收中发现的问题及时整改。

各实施单位在单项工程完成后开展自查，其中专项设施自查工作由行业主管部门指导完成。自查完成具备验收条件后，向县人民政府提出验收申请。

县人民政府组织有关部门进行自验，写出自验报告，报市南水北调办申请市复验。

市南水北调办组织辖区内征迁安置复验，写出复验报告，向省南水北调办申请进行省初验。

省初验由省南水北调办组织有关部门开展。对发现的问题进行整改后，由省南水北调办申请国家终验。

第五十条 文物发掘与保护验收由省文物部门负责，验收报告由省南水北调办纳入省初验报告。

第五十一条 县人民政府自验工作完成后，县征迁安置主管部门填写《南水北调中线干线工程占地移交清单》，向项目法人移交永久用地与临时用地。控制性工程先行用地，在完成规定工作后向项目法人移交用地。

第五十二条 项目法人向县国土主管部门依法申请土地登记，县国土主管部门依法颁发《国有土地使用权证》。

第八章 监督管理

第五十三条 各级人民政府及各有关部门，应当加强对征迁安置工作的监督检查。各级征迁安置主管部门应定期向本级人民政府和上级主管部门报告征迁安置实施情况。

第五十四条 各级征迁安置主管部门和实施单位应主动接受财政和审计机关依法对征迁安置资金拨付、使用和管理情况进行的监督和审计。

第五十五条 各级征迁安置主管部门应加强征迁安置工作的检查、督促、指导、协调，确保各项政策落实到位。

第五十六条 南水北调征迁安置实行全过程监理。监理监测单位由项目法人会同省南水北调办招标选择。

（一）监理监测单位依据有关法规、办法及经批准的征迁安置规划、签订的有关合同、协议等文件，按照公正、独立、自主的原则开展工作。

（二）监理监测单位的主要工作内容包括：监督政策执行情况，控制征迁安置的进度、质量和投资，进行合同和信息管理，协调有关单位之间的工作关系，对被征地居民生产生活安置、收入水平恢复，专业项目迁建恢复等情况进行监测评估。

（三）征迁安置监理在征迁安置工作高峰期采用旁站监理，一般工作采用巡视检查的方式，征迁安置监测评估采用定期检查的方式。

（四）占压实物数量变化和补偿兑付，需经监理工程师签字后方可开展后续工作。

（五）监理单位应按《南水北调工程建设征地补偿和移民安置监理暂行办法》有关规定，定期向有关单位提交监理月报、半年报、年报等材料。

第五十七条 各级管理和实施单位应按国家有关规定，建立征迁安置文书、技术、财务等类别档案，确保档案的规范完整、系统、准确和安全。

第五十八条 各实施单位应及时向征迁安置主管部门报送统计、财务报表。

第五十九条 建立省南水北调工程建设委员会办公会议制度和省南水北调办每月通报、调度制度，建立县人民政府与项目法人或建设管理单位的协调联系机制，及时解决存在的问题。

第六十条 对在南水北调工程征迁安置工作中，做出突出成绩的单位和个人，由县级以上人民政府给予表彰和奖励。

第六十一条 征迁安置所涉及的单位、个人，认为其合法权益受到侵害，可依法向征迁安置主管部门或信访部门反映，征迁安置主管部门及信访部门对反映的问题，按照“属地管理、分级负责，谁主管、谁负责”的原则，责成有关部门及时进行核实并妥善处理。

第九章 附则

第六十二条 有关市可根据本办法制定实施细则。

第六十三条 本办法自公布之日起实行。

河南省南水北调工程基金（资金）筹集和使用管理实施办法

2005年4月7日

（豫政办［2005］29号）

第一条 为筹集南水北调主体工程基金和我省配套工作建设专项资金，规范南水北调工程基金（资金）筹集和使用管理，确保南水北调工程顺利实施，根据国家《南水北调工程基金筹集和使用管理办法》，制定本实施办法。

第二条 南水北调工程基金（资金）通过提高水资源费征收标准、扩大水资源费征收范围增加的收入筹集，还可将现行水资源费部分收入等划入南水北调工程基金（资金）。

第三条 凡直接从江河、湖泊或地下取用水资源的单位和个人，均应按照本办法的规定缴纳南水北调工程基金（资金）。

对农村中的农民生活用水和农业生产用水暂不征收南水北调工程基金（资金）。

第四条 水资源费征收标准在现行标准上平均每立方米提高0.2元。

为限制过度开采地下水，确保水资源的合理利用，水资源费的征收标准要按照地下水高于地表水、自备水高于城市公共供水的原则确定，逐步使城市供水公共管网覆盖范围内取用地下水的自备水费高于自来水价格。具体征收标准由省发展改革委、财政厅另行制定。

第五条 南水北调工程基金（资金）在全省范围内筹集。11个受水省辖市新增加的水资源费全额计入南水北调基金（资金）；7个非受水省辖市新增加的水资源费按30%计入南水北调基金（资金），其余70%的资金作为水利建设资金由当地安排使用。

根据上述原则和各省辖市2001～2003年水利年报平均用水量，按年均2%递增幅度，确定各省辖市应筹集南水北调基金（资金）数额（见附件）。

第六条 南水北调工程基金（资金）征收方式：城市公共供水水资源费由城市公共供水企业在售水环节采用价外附加的方式征收；自备用水户水资源费由当地水行政主管部门负责在取水环节征收。

第七条 南水北调工程基金（资金）的征收期限根据工程建设和偿还部分银行贷款本息所需资金情况确定。工程建设所需基金（资金）在工程建设期内筹集，偿还部分银行贷款本息所需基金（资金）在工程建设期满后筹集。

第八条 各省辖市应按照分解的征收任务，确保南水北调工程基金（资金）的足额征收、上缴。

第九条 南水北调工程基金（资金）实行财政集中汇缴方式。即各县（市）财政主管部门按月将南水北调工程基金（资金）按照征收计划足额上缴上一级财政主管部门，由省辖市财政主管部门汇总并按照省定征收任务全额上缴财政主管部门。

第十条 南水北调工程基金（资金）应确保上解。省财政主管部门将各省辖市上缴的南水北调工程基金（资金）中，属于南水北调工程基金部分，使用“一般缴款书”办理缴库手续。在填写缴款书时，“财政机关”栏填写“财政部”，预算级次栏填写“中央级”，“预算科目”栏填写基金预算科目第8410款“南水北调工程基金收入”。属于地方南水北调配套工程建设专项资金部分，作为“南水北调配套工程建设专项资金”纳入财政专户管理。

第十一条 为鼓励各省辖市征收积极性，南水北调工程基金（资金）征收、上缴实行计划管理，凡足额完成上缴任务的，水资源费超收部分全额留当地使用。完不成上缴任务的，差额部分由当地财力抵顶。

第十二条 南水北调配套工程建设专项资金，实行专款专用，年终结余结转下年度安排使用。

第十三条 南水北调配套工程建设专项资金的使用，由南水北调工程办公室根据批准的工程设计文件、投资来源和工程建设进度提出年度投资建议计划，报省发展改革委审核后，纳入省固定资产投资计划。省财政厅根据批准的年度投资计划，按照有关规定核拨南水北调配套工程建设资金。

第十四条 每年年终，南水北调工程办公室应按照财政部门有关规定，编制南水北调配套工程财务收支年度决算，报省财政主管部门。在南水北调配套工程财务收支决算报表中，应对南水北调配套工程专项资金收支情况单独予以反映。

第十五条 南水北调工程基金（资金）缴款单位和个人应严格按照本办法的规定及时足额缴纳南水北调工程基金（资金）。

第十六条 县级以上水行政主管等部门、城市公共供水企业应严格按照本办法规定的征收范围、征收对象和征收标准，征收南水北调工程基金（资金），并按月足额缴入同级财政专户。不得多收、少收、免收、缓收，或者隐瞒、截留、坐收坐支南水北调工程基金（资金）。

第十七条 南水北调工程基金（资金）征收手续费按1%执行。

第十八条 南水北调工程办公室要按照规定用途使用南水北调工程基金（资金），确保资金专款专用，严禁挪作他用。

第十九条 各级财政、发展改革、审计、监察部门要加强对南水北调工程基金（资金）征收、使用和管理的监督检查。财政部门要分出中央基金和省配套工程建设资金进行专户管理，严格南水北调基金（资金）支出监管；发展改革部门要认真审核南水北调配套工程投资计划，加强工程招投标等活动的监管；审计、监察部门要对基金（资金）的征收、使用进行每年至少一次的审计监督。对违反有关法律、行政法规规定的单位和个人，要给予处罚或行政处分。

第二十条 本办法由省发展改革委、财政厅商有关部门负责解释。

第二十一条 本办法自2005年5月1日起施行。

附件：各省辖市筹集南水北调工程基金（资金）数额表

附件

各省辖市筹集南水北调工程基金（资金）数额表

单位：亿元

分类	省辖市	各地数额	中央基金	地方配套
接受水区统计	郑州	7.74	4.34	3.40
	平顶山	4.02	2.25	1.77
	安阳	3.65	2.04	1.61
	鹤壁	1.44	0.81	0.63
	新乡	3.71	2.08	1.63
	焦作	3.61	2.02	1.59
	濮阳	2.98	1.67	1.31
	许昌	3.22	1.81	1.41
	漯河	2.16	1.21	0.95
	南阳	5.73	3.21	2.52
	周口	2.77	1.55	1.22
	小计	41.03	22.99	18.04
按非受水区统计	开封	0.61	0.34	0.27
	洛阳	1.91	1.07	0.84
	三门峡	0.52	0.29	0.23
	商丘	0.79	0.44	0.35
	信阳	0.73	0.41	0.32
	驻马店	0.50	0.28	0.22
	济源	0.22	0.12	0.10
	小计	5.28	2.95	2.33
黄河流域水力发电	省水利厅	0.22	0.12	0.10
全省合计		46.53	26.06	20.47

注 省水利厅负责小浪底、三门峡、故县等水利枢纽水力发电南水北调基金（资金）的直接征收。

河南省南水北调中线工程文物保护工作暂行管理办法

2005年7月28日

（豫文物［2005］165号）

第一章 总 则

第一条 为加强河南省南水北调中线工程文物保护工作，切实有效地保护抢救祖国历史文化遗产，根据《中华人民共和国文物保护法》、《中华人民共和国文物保护法实施条例》、《河南省〈文物保护法〉实施办法》及相关法律、法规，特制定本办法。

第二条 河南省境内南水北调中线工程丹江口水库大坝加高工程淹没区（以下简称"河南丹江口库区"）、中线干渠范围内及涉及区域内的一切地下、地上文物的保护工作管理，均适用于本办法。

第三条 河南省境内南水北调中线工程涉及区域内具有历史、艺术、科学价值的文物，受国家保护，具有科学价值的古脊椎动物化石和古人类化石受国家保护。

第四条 河南省境内南水北调中线工程涉及区域内一切地下、水下、地上文物属于国家所有，古脊椎动物化石和古人类化石地点、古文化遗址、古墓葬、古建筑、古碑刻等属于国家所有。属于集体所有和私人所有的具有文物价值的建筑、民居等，在办理移民补偿后，属于国家所有。

第五条 各级政府以及一切机关、组织和个人都有保护文物的义务。任何单位和个人不得侵占、截留或破坏文物，阻挠文物抢救保护和科学研究工作的开展。

第二章 管 理 体 制

第六条 河南省文物管理局负责河南省境内南水北调中线工程文物抢救保护管理工作，接受国家文物局的业务指导、监督。经费管理上接受国家审计部门和移民部门的审计、监督。

第七条 河南省文物管理局南水北调文物保护工作领导小组，领导河南省南水北调中线工程文物保护工作。

领导小组下设南水北调文物保护办公室，具体负责项目规划、资金管理、对外协调；编制年度计划、拟定项目协议、检查项目进度、委托项目监理、按协议拨付项目经费；组织项目验收、组织出土文物和文物构件移交；指定文物暂存单位；资料建档、汇总出版、成果展示、新闻发布等工作。

第八条 为确保工作质量，河南省境内南水北调中线工程文物保护工作实行监理制度，由办公室依据有关规定组织实施，具体管理办法另行制定。

第九条 南水北调建设、管理部门参与南水北调中线工程文物保护工作的协调。工程涉及区域内的沿线各级政府和有关部门要支持南水北调中线工程文物保护工作，负责协调辖区内南水北调中线工程文物保护工作过程中的各种工作关系，为南水北调中线工程文物保护顺利实施创造条件。做好南水北调中线工程建设中的文物安全工作。

第十条 具备文物勘探、考古发掘、文物保护工程相应资格或资质的单位，受河南省文物管理局南水北调文物保护工作领导小组委托、可承担河南省境内南水北调中线工程文物保护工作。

承担文物勘探工作的法人单位须具有国家文物局批准的团体考古领队资格或河南省文物管理局颁发的《文物钻探许可证》。

承担考古发掘工作的法人单位须具有国家文物局颁发的团体考古领队资格。未取得团体领队资格的我省省辖市考古机构，经办公室同意，可由项目承担单位吸纳参与该项目相关工作。

承担文物保护工程的法人单位须具有国家文物局颁发的《文物保护工程勘察设计资质证书》、《文物保护工程施工资质证书》。

第三章 项 目 管 理

第十一条 河南省南水北调中线工程文物保护工作实行项目责任制。办公室依据《南水北调中线工程文物保护专题报告》按年度编报文物保护项目实施计划、经费计划，报河南省政府移民办公室安排计划后实施；按法定程序履行有关项目考古发掘、文物保护工程的报批、汇报手续。

第十二条 申请承担南水北调文物勘探、考古发掘、文物保护工程的法人单位，向办公室提出承担南水北调文物保护工作的书面申请，并提交法人单位和业务人员的资格材料。经资格审查后，河南省文物管理局南水北调文物保护工作领导小组与申请单位签订项目协议书。

文物勘探工作，原则上由项目发掘单位委托项目所在地具备资格的业务单位承担；根据工作需要，办公室可指定其他具备资格的业务单位承担。承担考古发掘项目的单位为第一责任方，并对该项目的文物勘探工作质量负有监理责任；承担文物勘探工作的业务单位为第二责任方，必须确保文物勘探工作质量，并接受第一责任方的监理。

香港、澳门、台湾地区及国外、国际组织和单位申请承担河南南水北调中线工程文物抢救保护项目，河南省文物管理局按法定程序履行有关报批手续。

第十三条 河南省文物管理局南水北调文物保护工作领导小组为项目协议的委托方，由办公室负责检查项目进展情况和工作质量，按项目进度拨付经费，组织项目结项，验收资料建档，汇总出版工作成果。

第十四条 申请单位为项目协议的责任方，负责实施项目计划任务，保证项目工作质量，按项目进度提交工作报告、经费使用报告，及时报告重要发现和重大成果，并负责工作人员的人身安全以及出土文物、文物构件移交前的安全。

第十五条 办公室统一印制项目工作文字、表格等资料文本，责任方按行业技术规范及项目委托协议书要求记录、填写。

项目制度工作结束后，责任方应按项目协议书提交项目工作的文字、绘图、摄影、摄像等全套原始记录资料，项目工作总结和学术研究报告，出土文物、文物构件的清单和暂存手续，项目经费的结算报告，以及协议要求有关资料的电子信息数据载体等。

第十六条 河南省文物管理局南水北调文物保护办公室可指定项目所在地的文物机构为项目协议的协作方，参与项目实施中的工作关系协调，负责建设工程中的文物安全巡视以及出土文物、文物构件的入库暂存和入库文物安全等工作。

第十七条 在项目实施中，协议责任方、协作方须严格按照协议工作计划进行工作。如协议责任方、协作方认为需要对协议工作计划进行调整，必须报经河南省文物管理局南水北调文物保护办公室书面同意后方可实施。

第十八条 所有河南省境内南水北调中线工程文物保护项目的管理、实施、协作等工作均纳入责任追究制度。所有参与文物保护工作各方均应本着对国家负责的原则，严格履行项目协议，认真完成工作任务，并对工作项目区域内及工程建设施工过程中新发现的重要文化遗存及时进行抢救。

第四章 经 费 管 理

第十九条 河南省文物管理局南水北调文物保护办公室负责对河南省境内南水北调中线工程文物抢救保护经费进行统一管理，实行专款专用，按国家移民资金管理规定专户存储并进行单独核算，向移民部门报送有关报表，接受国家有关部门进行的项目经费审计。

第二十条 河南省境内南水北调中线工程文物保护项目经费包括考古勘探费、考古发掘费、文物保护工程勘察设计费和施工费、协调费、巡视费。

河南省境内南水北调中线工程文物保护工作单列统筹费、行政管理费，由办公室管理使用。其中统筹费为定额标准中特殊文物保护费、资料出版费部分，用于办公室组织的多个项目进行的诸如多学科研究、专家论证、学术会议、新闻发布、工作表彰、报告出版、未知文物的抢救保护等工作。

第二十一条 河南省境内南水北调中线工程文物保护经费实行项目协议管理。项目协议经费由河南省文物管理局南水北调文物保护办公室依据国家有关部门批复项目经费与协议责任方、协作方具体商定。

南水北调中线工程（河南段）文物保护项目协议经费的5%由办公室指定的协作方使用，协作方须按项目协议认真履行有关责任。

中线干渠（河南段）文物保护项目协议经费的5%由办公室指定工程涉及的市县级文物机构使用，用于辖区内工程施工过程中文物保护情况的巡视、监督、非发掘区的文物拣选等。

第二十二条 河南省文物管理局南水北调文物保护办公室根据项目工作进度，按协议经费50%、30%和20%的比例向协议责任方分三期下拨经费，其中第三期20%经费为项目通过结项后的项目尾款，待所有文物、资料移交后拨付。协议协作方的经费在协议生效后分两次进行拨付。

第二十三条 协议责任方和协作方须开设项目经费专户，进行单独核算。按项目进度向河南省文物管理局南水北调文物保护办公室提交经费使用情况报表及项目经费决算报表，接受国家有关部门进行的项目经费审计。

第二十四条 协议责任方和协作方应对项目经费进行严格管理，确保专款专用。任何单位和个人不得挪用、挤占、拆借、截用南水北调文物保护经费。

第五章　出土文物及文物资料管理

第二十五条 河南省文物管理局南水北调文物保护办公室对河南省境内南水北调中线工程文物保护项目的出土文物、文物构件及文物资料进行统一管理。

第二十六条 除国家文物局、河南省文物管理局另行调拨外，河南丹江口库区和中线干渠的出土文物、文物构件由办公室指定的协议协作方负责入库暂存，并负责其安全管理。

未经河南省文物管理局许可，任何单位和个人不得将出土品和文物构件携离河南省境。用于鉴定、测年或多学科研究需要出境的各类标本，必须经河南省文物管理局批准，并在指定期限内交还。

第二十七条 根据国家和河南省文物事业发展的实际需要，河南省文物管理局指定出土文物、文物构件的长期保管收藏单位。任何单位和个人不得借故扣压，阻挠文物移交和科学保护研究工作。

迁建保护的地面文物，原属于集体、私人所有的，经移民补偿后由河南省文物管理局会商当地文物行政管理部门指定其管理使用单位。

第二十八条 河南省境内南水北调中线工程文物保护工作的有关项目资料、经费资料、文物资料以及管理资料，由河南省文物管理局南水北调文物保护办公室统一管理。

第六章　奖　　惩

第二十九条 所有承担河南省境内南水北调中线工程文物保护项目文物勘探、考古发掘、文物保护工程的法人单位或个人，凡违反行业技术规范、本办法或项目协议的，河南省文物管理局有权上报有关部门进行处理或扣除其项目协议经费尾款，直至取消资格。

第三十条 在河南省境内南水北调中线工程文物保护工作过程中，做出下列事迹的公民、法人和其他组织，河南省文物管理局给予表彰和奖励：

（一）坚决与盗掘古遗址、古墓葬、损毁文物、走私文物等犯罪行为作斗争，确保文物安全成绩显著的；

（二）有重大考古发现或重要研究成果的；

（三）认真履行项目协议，项目验收评定为优秀的；

（四）长期参与项目管理、实施、协作等工作，并做出重要贡献的。

第三十一条 在河南省境内南水北调中线工程文物保护工作过程中，对于违反文物保护法律法规的公民、法人和其他组织，河南省文物管理局给予行政处罚，构成犯罪的由司法部门追究刑事责任。

第七章 附 则

第三十二条 本办法自公布之日起施行。

第三十三条 本办法由河南省文物管理局负责解释。

河南省南水北调工程建设征地补偿和移民安置资金管理办法（试行）

2005年10月20日
（豫移综［2005］69号）

第一章 总 则

第一条 为规范我省南水北调中线工程建设征地补偿和移民安置资金管理，根据国务院南水北调办公室制定的《南水北调工程建设征地补偿和移民安置资金管理办法（试行）》结合我省实际，制定本办法。

第二条 本办法适用于本省南水北调中线工程建设征地补偿和移民安置资金（以下简称移民资金）的使用、管理和监督。

第三条 移民资金管理遵循责权统一、计划管理、专款专用、包干使用的原则。

第四条 依据国务院确定的“国务院南水北调工程建设委员会领导、省级人民政府负责、县为基础、项目法人参与”的南水北调工程征地移民管理体制，各级移民主管部门和有关单位要各司其职，各负其责，加强移民资金管理。

第二章 投资包干管理

第五条 移民资金实行与征地移民任务相对应的包干使用制度。包干数额按省政府批准的省辖市实施规划确定。除国家批准的因政策调整、不可抗力等因素引起的投资增加外，严格控制包干数额。

第六条 各省辖市征地移民投资包干协议，由省政府移民办公室与有关省辖市主管部门签订。

非地方项目由省政府移民办公室与有关单位或其主管部门签订包干协议。

第七条 征地移民中的文物保护项目投资包干协议，由省政府移民办公室与省文物主管部门签订。

第八条 征地移民投资包干协议中必须明确规定下列内容：

（一）征地移民任务的具体内容；
（二）征地移民工作的进度要求；
（三）移民资金包干额度和费用组成；
（四）移民资金拨（支）付方式；
（五）双方的责任、权利和义务。

第九条 直接费用由各级移民主管部门和项目迁建单位包干使用。直接费用包括农村移民经费、城（集）镇和镇外单位迁建费、工矿企业补偿费、专业项目复建费等。

第十条 在征地移民实施过程中，确需使用预备费的，由各级移民主管部门逐级审核上报，省政府移民办公室按照管理权限和有关程序审批或报批。

第十一条 项目法人支付给省政府移民办公室的有关税费，由省政府移民办公室纳入年度计划逐级下达，根据有关规定缴纳给有关部门。

第三章 计 划 管 理

第十二条 按照国务院南水北调办公室有关要求，依据省政府批准的征地移民实施规划、南水北调工程项目开工及建设进度，省政府移民办公室商项目法人编制上报年度征地移民投资计划（包括受项目法人委托的非地方项目投资计划）。

第十三条 年度征地移民投资计划的内容，应包括农村征地补偿和移民安置、城

（集）镇迁建、企事业单位和专项设施迁建、库底清理、地质灾害处理和文物保护等的规模和投资。报表编制格式和编报要求按照国务院南水北调办公室有关规定执行。

第十四条 省政府移民办公室依据项目法人下达的年度征地移民投资计划，商所属移民主管部门，结合工程建设进展情况和相关协议，分解下达到省辖市和有关单位，并组织按计划实施。

第十五条 各级移民主管部门和相关单位应维护年度征地移民投资计划的严肃性，不得擅自调整。确需调整的，由各级移民主管部门和相关单位上报，按原程序审批。

第十六条 各市、县（区）主管部门应及时统计计划执行情况，逐级定期报送给上一级主管部门。省政府移民办公室负责汇总统计资料，并经项目法人报国务院南水北调办公室。

第四章 财务管理

第十七条 河南省政府移民办公室负责本省行政区内南水北调中线工程移民资金的财会管理工作，统一规范移民资金活动。实行省、市、县（区）三级主管部门负责管理和核算，县（区）为基础会计核算单位，乡（镇）、村为报账单位的管理体制。

第十八条 各级移民主管部门要严格遵守《会计法》，设立专门财务管理机构或配备专职财会人员，会计人员须具有会计从业资格；建立健全内部控制制度，加强会计基础工作。

第十九条 河南省南水北调工程移民资金暂按《河南省在建水利工程移民资金会计核算办法》、《河南省移民办公室关于移民资金会计核算办法补充规定》进行核算管理。

第二十条 各级移民主管部门应按规定向上一级主管部门报送财务报告。

第二十一条 各级移民主管部门根据批复的年度征地移民投资计划和实施进度，及时向下一级主管部门拨付资金。

第二十二条 移民资金要专户存储，专款专用，任何部门、单位和个人不得截留、挤占、挪用。不准以移民资金进行委托贷款和为任何单位或个人提供借、贷款抵押、担保等。

第二十三条 各项移民资金支出要严格按照制度规定和支付程序要求办理，严禁以拨代支。

（一）移民个人补偿补助费，优先用于建房，根据核定的分户资金卡，填写补偿费领款单，按进度分期支付，搬迁后结清，凭移民户签收的补偿领款单核销。

（二）农村移民集体补偿费，要落实到农村集体经济组织。首先用于征用生产用地，凭划地相关手续核销。土地征用经费由县（区）移民主管部门协调各有关方办理相关手续后，由县（区）移民主管部门支付给安置地；不需异地征地或征地后剩余农村集体补偿费由县（区）移民主管部门直接与移民村办理清结手续后支付，继续用于恢复和发展生产。

（三）异地安置移民新建居民点生活用地征用经费核销，同生产用地征用经费支付程序的要求。

（四）移民新村基础设施建设费、安置区专项建设费，由县（区）根据批复的实施规划，编制实施计划，由实施管理责任单位与施工单位签订合同，根据合同分期预付款项，按项目验收的有关规定组织验收。财会部门按项目进行核算，凭计划、合同、预决算、验收报告和交付使用手续核销。

（五）城（集）镇、事业单位、工矿企业等补偿迁建费，按批准的投资概算和实施进度分期拨款，凭被补偿单位收款凭证核销。

（六）专业项目复建，按批复的投资概算和基本建设管理程序组织实施，由实施责任管理单位与施工单位签订合同，根据合同分期预付款项，按项目验收的有关规定组织验收。财会部门按项目进行核算，凭计划、合同、预决算、验收报告和交付使用手续核销。委托地方行业主管部门实施的项目，经验收结算后，予以核销。

（七）其他移民项目资金，参照上述有关规定管理。

第二十四条 其他费用包括勘测规划设计费、实施管理费、技术培训费、科研费等费用，由省政府移民办公室按照国家批复资金额度，统筹安排使用。

各级移民主管部门应遵守和执行国家有关政策及财经制度，严格控制各项支出。要精打细算，量入为出，严禁铺张浪费，并按规定用途使用。

第二十五条 加强货币资金管理。各级移民主管部门应在一家国有或国家控股商业银行开设移民资金专用账户，专门用于移民资金的管理。开设、变更、撤销银行账户应报上一级主管部门备案。

按照钱、账和银行印鉴分管和会计、出纳分设的原则，建立内部牵制机制，严格手续，保证资金安全。

严格遵守国务院《现金管理暂行条例》和中国人民银行《支付结算办法》等，除按规定可以使用现金的范围外，均应通过开户银行办理结算。集中兑付给移民个人的补偿费，应采用现金支票支付或办理好存折（单）交移民领取。

各级移民主管部门的资金，都必须通过单位财会部门管理和核算，不准建立账外账、私设“小金库”。

第二十六条 在单位与单位之间或单位与个人之间发生的资金往来款项，应及时清理结算。

第二十七条 建造、购置、调入固定资产或报废、变卖固定资产，应按照国家关于《事业单位财务规则》或《行政单位财务规则》和《行政事业单位资产处置管理实施办法》的规定办理。

第二十八条 各级移民主管部门移民资金形成的银行存款利息收入的使用，需报经省政府移民办公室批准，继续用于征地移民工作，不得挪作他用。

其他收入，根据国家有关规定，用于或冲减相关的支出。

第五章 监督管理

第二十九条 各级移民主管部门应当加强内部审计和检查，建立健全内部审计制度，定期向本级人民政府、上级主管部门报告移民资金使用情况。

第三十条 各级移民主管部门和有关单位应接受国务院南水北调办公室和省政府移民办公室、项目法人对移民资金及时到位、使用和管理情况的监督。

第三十一条 各级移民主管部门和有关单位有义务接受国家审计等部门依法对移民资金进行的检查监督，并按要求及时提供有关资料。

第三十二条 对农村征地移民的补偿、安置、资金兑付等情况，应以村或居委会为单位，根据有关主管部门批准的计划、实施要求和规定，及时张榜公布，接受群众监督。

第三十三条 对检查、审计、稽察、验收、监理中发现的问题，责任单位应及时整改。违反本办法规定，截留、贪污、挤占、挪用移民资金的单位，应依法给予严肃处理；对直接负责的主管领导和责任人，应依据相关法律、法规追究其相应责任；构成犯罪的，应依法追究其刑事责任。

第六章 附则

第三十四条 各级移民主管部门应根据本办法制定和完善本单位移民资金使用管理的各项规章制度，并逐级上报上级主管部门备案。

第三十五条 本办法由省政府移民办公室负责解释。

第三十六条 本办法自下发之日起施行。

湖北省丹江口水利枢纽大坝加高工程移民资金管理办法

2005 年 5 月 8 日
（鄂政办发［2005］45 号）

第一章　总　则

第一条　为了加强对湖北省丹江口水利枢纽大坝加高工程移民资金（以下简称坝区移民资金）的管理，提高投资效益，妥善安置好移民，根据国家有关规定，结合我省实际情况，制定本办法。

第二条　凡使用、管理坝区移民资金的单位，须执行本办法。

第三条　坝区移民资金的管理原则：

（一）统一领导，分级管理。丹江口水利枢纽大坝加高工程移民工作在省政府领导下，省移民局负责移民资金的管理、监督和项目的组织实施。各级移民管理机构在本级人民政府领导下负责本级和所属单位移民资金管理工作，同时接受上级业务主管部门的指导、监督。

（二）计划管理。各级移民管理机构必须执行经批准的移民规划和移民年度实施计划，实行计划管理和项目管理。按移民计划和进度拨款，实行决算和验收制度。

（三）专款专用。坝区移民资金是专门用于施工占地移民安置补偿的专项资金。移民资金由移民管理机构直接管理：管理专户储存、专款专用、专账核算。严禁任何单位和个人将移民资金挪作他用。移民经费的拨付与使用，必须严格执行国家的财务制度、财经纪律。

第四条　坝区移民资金的来源：

（一）南水北调中线水源有限责任公司拨付的坝区移民补偿资金。

（二）坝区移民资金利息收入。

（三）其他资金。

第五条　各级移民管理机构应配备业务素质较高的计划、财务人员，加强对移民资金的管理。各单位要支持财务人员认真履行职责，并保持人员的相对稳定。

第六条　为了确保移民任务的完成和移民资金的正常使用，各级移民管理机构要不断建立健全计划、财务、项目管理、竣工验收、审计检查等各环节、各层次的管理和审批制度。

第二章　计　划　管　理

第七条　根据批准的湖北省丹江口水利枢纽大坝加高工程移民安置规划，按照移民进度与工程进度相衔接的要求，编制移民年度投资计划。

第八条　省移民局负责丹江口水利枢纽大坝加高工程移民投资计划的审批，指导、检查年度投资计划的编制和执行。

第九条　年度投资计划的编制与审批：每年 9 月 30 日以前，县级移民管理机构编制下一年度投资计划报市级移民管理机构；10 月 31 日以前，市级移民管理机构审查、汇总的年度投资计划报省移民局审批。各级移民管理机构必须以省移民局审批后下达的年度投资计划为执行依据。

第十条　各级移民管理机构根据批准的年度投资计划项目及时分解下达到项目实施单位。地方人民政府和有关部门都要自觉维护计划的严肃性，确保计划任务的完成。

第十一条　计划的调整：年度投资计划属指令性计划，必须严格执行。确因特殊情况需要调整的，本年度投资计划每年 10 月份左右调整一次。属投资大类内的项目调整，由市移民局审批，报省移民局备案；属投资大类计划的调整，由省移民局审批。

第十二条　扩大规模、提高标准的，其投资超过移民补偿的项目，超过部分自行解决。

第十三条 建立移民计划年度报告制度。各级移民管理机构，必须在每年年终向上一级移民管理机构提交本级执行移民年度计划的书面报告。移民项目法人单位，亦须按上述规定向本级移民管理机构报告有关情况。

第十四条 建立健全移民统计制度。各级移民管理机构负责移民统计工作，并及时、准确、全面地搜集整理移民工程进度、经费使用情况等统计资料，向有关方面及时报告统计信息。

第三章 财务管理

第十五条 各级移民管理机构负责本级移民资金财务管理并对下级单位财务管理进行监督和指导。

第十六条 移民资金必须按批准的范围使用。其范围主要包括农村移民安置补偿费、城镇迁建补偿费、工矿企业迁建补偿费、专业项目复建费、临时占地补偿及复垦费、实施管理费、培训费、基本预备费、勘测设计费及监理费、耕地占用税、耕地开垦费、森林植被恢复费等项目。

第十七条 移民资金的拨付由省移民局根据计划及资金到位情况及时拨付给市移民管理机构，市移民管理机构按隶属关系下拨，不允许人为滞留资金。

第十八条 在国家有关部门尚未制定南水北调移民资金会计制度的情况下，各级移民管理机构暂参照财政部颁发的《三峡库区移民资金会计制度》进行会计核算。移民建设单位，按国家基本建设财务管理的有关规定，建立健全财务核算制度。

第十九条 移民资金其他费用使用的有关规定：

（一）移民机构的实施管理费。从移民项目经费总额中按规定比例提取，由省移民局统筹安排使用。经费的使用建立“下管一级”责任制。各级行管费由管理机构内部设置的机构单独建账、单独开户。

（二）培训费、基本预备费、勘测设计费、监理费等间接费用，由省移民局统一掌握，统筹安排。

第二十条 移民管理机构银行存款利息，其性质属移民资金，实行报批，按计划使用。

第二十一条 各级移民管理机构要严格执行国家有关法律、法规、政策和财经制度，管好用好移民资金。对不符合规定的开支，移民部门可以拒付。

第四章 项目管理

第二十二条 移民资金实行按建设项目进行管理。建设项目必须把做好移民搬迁安置工作放在首位，严格按照批准的规划项目组织实施。

第二十三条 移民工程项目，按固定资产投资项目的有关规定进行管理。凡纳入经批准的移民安置规划中的项目，视为已立项。项目进行可行性论证后，再进行设计和评估。设计文件经批准后可纳入年度计划安排。凡纳入年度计划的项目视为开工报告已批准。项目前期准备工作所需经费，可在年度计划中合理安排，但要计入该项目移民概算总投资。

第二十四条 各级移民管理机构，应与相应的移民工程项目法人单位签订承包合同，明确双方的权利与责任。项目建设过程中，移民管理机构有权对移民工程项目的进度、质量、资金使用和移民安置情况进行监督检查，保证移民工程项目按工程承包合同顺利完成。

第二十五条 移民工程项目竣工后，按国家制定的固定资产投资项目工程验收的有关规定及时组织验收，移民管理机构必须认真组织或参加验收工作，验收结果要逐级上报。

第二十六条 坝区移民工程项目造价是移民工程项目预（概）算的依据，也是进行项目决算及审计的依据。移民工程项目造价的编制、审核和批准由各级移民管理机构按照相应管理权限进行管理，并定期组织检查。各级国家审计机关在年度审计（日常审计）过程中，有权直接或委托有资质的社会中介组织对移民工程项目造价的编制、审核、批准及执行情况进行审计监督检查。

第二十七条 各级移民管理机构对各自负责的移民工程项目，均应建立项目管理档案，并妥善保管，保持资料的完整齐全。

第五章 监督与检查

第二十八条 建立以监察部门牵头，移民、审计、检察、财政等部门参加的移民资金监督网，定期或不定期开展对移民资金管理和使用情况的联合检查，并督促审计整改工作。

各级国家审计机关依法履行国家有关法律、法规赋予的职责，加强对移民资金管理和使用情况的审计监督。

第二十九条 建立健全移民系统内部财务检查制度，做到内部财务检查与审计机关的外部审计相结合，对各级移民管理机构的主要负责同志实行离任审计。各级移民管理机构以及使用移民资金的各单位，均应接受移民系统的财务内部检查和审计机关的外部审计，接受上级移民管理机构的财务监督。

第三十条 各级移民管理机构的财务部门，依照《中华人民共和国会计法》，对移民资金的使用实行会计监督。

第三十一条 有下列情况之一的，上级移民管理机构暂缓拨付资金：

（一）未经批准，擅自调整、修改移民安置规划和移民资金年度项目计划的；

（二）擅自变更移民项目建设内容、地点、规模和标准的；

（三）移民资金支付手续不完备，支付审批程序不规范，结算凭证不合规的；

（四）未按规定向上级主管机构报送移民资金计划、会计报表、统计报表等有关资料或报送资料内容不全、严重失真的；

（五）不配合审计、财务检查的，不提供有关资料或提供资料严重失真的；

（六）未按审计决定规定期限和要求进行整改的。

第三十二条 有下列情况之一的，上级移民管理机构暂停移民资金拨付，并报有关单位追究违规单位负责人及有关责任人的责任：

（一）财会机构不健全，财务管理混乱的；

（二）违反国家法律法规和财经纪律的；

（三）违反基本建设程序的；

（四）擅自变更移民资金年度计划的；

（五）挤占挪用移民资金用于移民机构行管费或非移民项目；

（六）发生重大工程质量问题和安全事故，造成重大经济损失和不良社会影响的。

第三十三条 对移民资金管理成绩显著的单位和个人，由移民管理机构给予精神或物质奖励。

第六章 附 则

第三十四条 本办法由省移民局负责解释。

第三十五条 各级移民管理机构应依照本办法制定相关的管理规定和制度。

第三十六条 本办法自发布之日起施行。

陕西省汉江丹江流域水污染防治条例

2005 年 12 月 3 日
（陕西省人民代表大会常务委员会第四十七号公告）

第一章 总 则

第一条 为了防治汉江、丹江流域水污染，保护和改善水资源环境，保证水资源的有效利用，促进区域经济可持续发展，根据《中华人民共和国环境保护法》、《中华人民共和国水污染防治法》等法律、行政法规，结合本省实际，制定本条例。

第二条 本条例适用于本省行政区域内汉江、丹江流域的地表水体和地下水体的污染防治。

第三条 汉江、丹江流域水污染防治坚持预防为主、防治结合，从源头防治污染、保护生态环境和谁污染谁治理的原则。

汉江、丹江流域水污染防治工作实行统一规划、综合治理、分级负责、分段管理和排污总量控制与环境容量控制相结合的制度。

第四条 省人民政府负责汉江、丹江流域水污染防治总体规划的批准和规划的监督实施。

汉江、丹江流域市、县（区）人民政府负责本行政区域内汉江、丹江流域水污染防治规划的实施。

第五条 省人民政府和汉江、丹江流域市、县（区）人民政府应当将汉江、丹江流域水污染防治工作和城镇生活污水处理设施、生活垃圾处理设施建设纳入国民经济与社会发展规划和年度计划，将水污染综合性防治费用列人财政预算。

第六条 省环境保护行政主管部门对汉江、丹江流域水污染防治工作实施统一监督管理。

汉江、丹江流域市、县（区）环境保护行政主管部门对本辖区内水污染防治工作实施统一监督管理。

汉江、丹江流域市、县（区）交通行政主管部门对船舶污染实施监督管理。

省和汉江、丹江流域的市、县（区）发展和改革、水利、建设、卫生、国土资源、农业、林业、工商等行政部门，应当按照各自职责负责做好水污染防治工作。

第七条 任何单位和个人有保护汉江、丹江流域水环境的义务，有权对污染和破坏汉江、丹江流域水环境的行为检举和控告。受理机关和部门应当按照有关规定予以处理。

各级人民政府和有关部门对在汉江、丹江流域水污染防治工作中做出显著成绩的单位或者个人，应当给予表彰奖励。

第二章 污 染 防 治

第八条 省环境保护行政主管部门负责制定汉江、丹江流域水污染防治总体规划，报省人民政府批准。汉江、丹江流域市、县（区）人民政府根据汉江、丹江流域水污染防治总体规划，制定本行政区域水污染防治规划以及水污染防治计划和方案，报上一级人民政府批准后实施。

汉江、丹江流域水污染防治总体规划包括以下内容：

（一）流域水体的环境功能要求；

（二）分阶段、分区域、分断面达到的水质目标及达标时限；

（三）水污染防治的重点控制区域、重点污染源的工业污染和面源污染的具体防治措施；

（四）流域内城镇生活污水和生活垃圾处理设施建设规划。

第九条 汉江、丹江流域的市、县（区）人民政府应当结合本行政区域水污染防治规划和汉江、丹江流域水环境功能区划，合理规划产业发展和城乡建设布局，调整产业结构，推行清洁生产。

在汉江、丹江流域新建、改建、扩建的工业、工程项目，应当依法进行环境影响评价，符合环境影响评价要求，并经规定程序批准后，方可开工建设和生产。

已有的工业、工程项目应当依法进行污染防治，对造成水污染严重的生产企业和矿山企业，应当限期治理，治理不达标的，应当限期转产或者依法关闭。

第十条 建设项目中的水污染处理设施，

进行集群综合处理的，必须与建设项目同时配套建设；建设项目单体处理的，必须与建设项目同时设计、同时施工、同时投入使用。

水污染物处理设施应当保持正常运行，不得擅自拆除或者停运、闲置。

第十一条 禁止向水体排放有剧毒性、放射性、腐蚀性等有害的废液、废水或者倾倒固体废弃物。

禁止将可溶性剧毒废渣直接埋入地下。

输送、运输、贮存有毒、有害废水或者其他污染物的管道、沟渠、坑塘、运输车辆、贮存仓库、容器等，必须采取防渗漏等安全措施。

第十二条 进行地下勘探、采矿、选矿等活动应当采取水污染防治措施。禁止向裂隙、溶洞、渗坑、渗井排放有毒、有害废水。

第十三条 船舶装载运输油类或者有毒货物，必须采取防溢流和防渗漏措施。排放含油污水、生活污水必须符合船舶污染物排放标准。

船舶残油、废油应当回收，船舶垃圾应当集中收集处理，不得排入水体。

第十四条 汉江、丹江流域的水电企业负责电站水库库区水面漂浮物的打捞和水藻的防治。

发生特大洪涝灾害，库区水面产生大量漂浮物时，政府应当组织社会力量进行打捞和防治。

第十五条 禁止在汉江、丹江流域河流沿岸倾倒生活垃圾、建筑垃圾、动物尸体及其他废弃物。

第十六条 汉江、丹江流域的市、县（区）人民政府应当加强生态环境综合治理，按照规划实施退耕还林（草），保护天然林和湿地，禁止毁林开荒，防止水土流失，保持生态平衡。

第十七条 汉江、丹江流域市、县（区）、乡（镇）人民政府和县以上农业、林业行政主管部门，应当积极指导农业生产者推广使用有机肥，科学合理使用化肥、农药、农用薄膜，对农作物秸秆、畜禽粪便及其他废弃物进行无害化处理，发展农村沼气，综合利用资源，防止面源污染，确保水质安全。

汉江、丹江流域生产、销售含磷制品应当符合国家环境标志产品的要求。

禁止使用农药等有毒物质捕杀鱼类生物。

第十八条 汉江、丹江流域城镇应当按照规划要求，建立污水集中处理和垃圾集中处理设施，确保污水排放和污染物处理达到国家和地方规定的标准。鼓励多渠道投资，建设城镇污水和固体废弃物集中处理设施，可以进行有偿经营。

第三章 监督管理

第十九条 汉江、丹江流域实行水污染物排放总量控制制度。市、县（区）环境保护行政主管部门根据省水污染物排放总量控制计划，对本行政区域内排污单位的水污染物排放量实行监督管理。

第二十条 省、市、县（区）环境保护行政主管部门应当建立汉江、丹江流域水环境监测网络，定期向县级以上政府报告本行政区域内水环境质量状况，并向社会公布。

汉江、丹江流域市、县（区）环境保护行政主管部门，应当建立水污染防治档案。

第二十一条 汉江、丹江流域市、县（区）水行政主管部门应当按照水功能区要求监测流域内河流、水库、湖泊的水量、水质，核定水域纳污能力，向同级环境保护行政主管部门提出该水域的限制排污总量意见。

第二十二条 省水污染物排放总量控制计划确定的重点排污单位应当向省环境保护行政主管部门申领排污许可证，其他排污单位应当按照规定向市、县（区）环境保护行政主管部门申领排污许可证。

环境保护行政主管部门应当按照《中华人民共和国行政许可法》规定的期限和程序发放排污许可证。

排污单位排放水污染物不得超过国家和地方规定的标准，排放总量不得超过排污许可证许可的排放量。

第二十三条 汉江、丹江流域的县级以上环境保护行政主管部门会同水行政主管部门按照水污染物排放总量控制的要求和标准，应当对排污口实行监督管理。

重点排污单位必须在排污口安装污水计量、检测装置。

新建、改建或者扩大河道排污口，应经水行政主管部门同意。

第二十四条 汉江、丹江流域发生水污染事故或者其他突发性事件，严重污染或者可能严重污染水环境，发生地的人民政府应当采取有效措施，尽快消除或者减轻污染危害，并及时报告上一级人民政府，通报可能受到污染危害的地方政府及有关单位，采取相应安全防护措施。

第四章 法 律 责 任

第二十五条 违反本条例第十条第二款规定，擅自拆除或者停运、闲置水污染物处理设施的，由县级以上环境保护行政主管部门责令恢复正常使用或者限期重新安装使用，处五千元以上五万元以下罚款。

第二十六条 违反本条例第十一条第一款、第二款规定，向水体排放有害的废液、废水或者倾倒固体废弃物的，将可溶性剧毒废渣直接埋入地下的，由县级以上环境保护行政主管部门责令其停止违法行为，采取措施消除危害后果，处一万元以上十万元以下罚款。

第二十七条 违反本条例第十一条第三款规定，输送、运输、贮存有毒、有害废水或者其他污染物的管道、沟渠、坑塘、运输车辆、贮存仓库、容器等未采取防渗漏等安全措施的，由县级以上环境保护行政主管部门责令其停止违法行为，采取措施消除危害后果，处二千元以上二万元以下罚款。

第二十八条 违反本条例第十二条规定，向裂隙、溶洞、渗坑、渗井排放有毒、有害废水的，由县级以上环境保护行政主管部门责令其停止违法行为，采取措施消除危害后果，处一千元以上一万元以下罚款；情节严重的，处一万元以上五万元以下罚款。

第二十九条 违反本条例第十三条规定，有下列行为之一的，由县级以上交通行政主管部门责令改正，按照以下规定处罚：

（一）未采取防溢流和防渗漏措施或者排放含油污水、生活污水不符合船舶污染物排放标准的，处二百元以上二千元以下罚款；

（二）向水体排放船舶残油、废油或者倾倒船舶垃圾的，处一千元以上一万元以下罚款。

第三十条 违反本条例第十五条规定，在汉江、丹江流域河流沿岸倾倒生活垃圾、建筑垃圾、动物尸体及其他废弃物的，由县级以上环境保护行政主管部门责令其停止违法行为并予以清理。

第三十一条 违反本条例第十七条第三款规定，使用农药等有毒物质捕杀鱼类生物的，由县级以上渔业行政主管部门依照法律、法规的规定予以处罚。

第三十二条 违反本条例第二十二条第一款、第三款规定，有下列行为之一的，由县级以上环境保护行政主管部门责令改正，按照以下规定处罚：

（一）未取得排污许可证排污的，处一万元以上五万元以下罚款；

（二）水污染物排放总量超过排污许可证规定的，处五千元以上五万元以下罚款，情节严重的，吊销排污许可证。

第三十三条 违反本条例第二十三条第二款规定，未按照规定在排污口安装污水计量、检测装置的，处三千元以上一万元以下罚款。

第三十四条 对违法行为处三万元以上罚款、吊销排污许可证或者责令关闭的，应当告知当事人有要求举行听证的权利。

第三十五条 当事人对行政处罚决定不服的，有权申请行政复议或者提起行政诉讼。

第三十六条 环境保护行政主管部门和其他行政主管部门的工作人员滥用职权、玩忽职守、徇私舞弊，导致严重水污染事故的，由其所在单位或者上级主管部门给予行政处分；构成犯罪的，由司法机关依法追究刑事责任。

第五章 附 则

第三十七条 本条例自2006年3月1日起施行。

南水北调项目法人单位

南水北调中线水源有限责任公司工程建设招标管理暂行办法

2005年8月30日
（中水源计［2005］89号）

第一章 总 则

第一条 为加强南水北调中线水源有限责任公司（以下简称公司）的招标管理，规范招标行为，确保招标工作质量、控制工程投资、提高投资效益，结合水源工程的实际情况，制定本办法。

第二条 水源工程建设招标应遵循《中华人民共和国招标投标法》、国务院南水北调工程建设委员会办公室（以下简称“国务院南水北调办”）及国家发展与改革委员会等有关部门的规章办法。

第三条 本办法适用于水源工程建设期所有符合国家规定的招标项目。

第四条 公司计划部是公司招标管理责任部门，负责工程招标管理的具体工作。

第五条 招标工作应遵循“依法进行、规范行为、廉洁自律、公平公正、科学择优”的原则。

第二章 工程招标组织与职责

第六条 招标管理具体事务工作由公司计划部牵头负责。主要职责包括：

（一）研究制定分标方案并报国务院南水北调办核准；

（二）制定招标工作计划；

（三）向国务院南水北调办呈报招标申请报告；

（四）选择招标代理机构；

（五）组织或委托编制招标文件、标底和招标文件的审查；

（六）提出评标委员会主任和公司评标专家人选，按规定从国务院南水北调工程评标专家库中抽取评标专家；

（七）招标、评标工作的组织；

（八）决标、合同谈判和合同签订具体工作；

（九）其他有关招标投标工作。

第七条 公司其他部门依据经批准的招标方案和工作计划，承担涉及其职责范围的招标业务和事务工作。

第三章 招标条件与招标方式

第八条 水源工程建设项目招标包括：建筑工程、安装工程、设备及物资采购、工程监理、除主体工程设计以外的其他设计等按规定必须招标的项目。

第九条 开展工程建设招标的项目应具备下列基本条件：

（一）招标设计已完成；

（二）工程项目建设资金已列入水源工程的年度投资计划，资金来源落实；

（三）已与设计单位签订供图协议，设计供图能满足招标项目施工进度要求；

（四）建设项目的征地和移民搬迁的实施、安置工作已经落实或满足招标项目承建单位进场和按施工进度实施要求；

（五）应由项目法人提供的供电、供水、主材供应等条件已经落实。

第十条 工程建设项目招标应采用公开招标方式，或经国务院南水北调办批准允许采用的其他方式。

第四章 招 标 工 作

第十一条 招标应按规定的程序进行，主要工作内容包括：

（一）确定招标方案并报国务院南水北调办核准；

（二）制定招标工作计划；

（三）编制招标文件并组织有关部门、专家完成对招标文件的审查；

（四）按规定向国务院南水北调办报送招标申请报告并取得批准（若需要）；

（五）确定招标代理机构，发布招标公告或投标邀请书；

（六）发售资格预审文件（实行资格预审的项目）并完成对潜在投标人的资格预审；

（七）向资格预审合格的潜在投标人发售招标文件；

（八）组织投标人进行现场踏勘，召开标前会接受投标人对招标文件有关问题进行澄清、答疑，并以书面形式通知投标人；

（九）接受投标文件、开标和评标；

（十）根据评标委员会的推荐意见由公司总经理办公会研究确定本项目的中标单位；

（十一）发布中标通知书；

（十二）向国务院南水北调办提交招标报告（若需要）；

（十三）进行合同谈判，与中标人签订合同。

第十二条 评标标准和方法应当在招标文件中载明，在评标时不得另行制定或修改、补充任何评标标准和方法。

第十三条 评标方法可采用综合评分法、综合最低评标价法、最低投标价法、综合评议法、两阶段评标法和法律、法规规定的其他方法。

第十四条 评标委员会主任由公司领导研究确定。评标专家组按规定由公司和从国务院南水北调工程评标专家库中抽取的专家组成，工作小组由公司有关部门和招标代理机构的人员组成。

第十五条 保密

凡涉及标底、评标、决标过程和结果的任何人员不得透露或泄露。属于审查、澄清、评价、排序、推荐中标人的任何情节、资料、建议等情况，遵守保密规定。

第五章 附 则

第十六条 本办法由水源公司计划部负责解释。

第十七条 本办法自发布之日起执行。

南水北调中线水源有限责任公司合同管理暂行办法

2005 年 8 月 30 日

（中水源计［2005］90 号）

第一章 总 则

第一条 为加强和规范南水北调中线水源有限责任公司（以下简称公司）的合同管理，以适应中线水源工程建设管理的需要，依据《中华人民共和国合同法》及国家、有关部委相关法律法规，结合公司实际，制定《南水北调中线水源有限责任公司合同管理暂行办法》（以下简称办法）。

第二条 本办法适用于公司所有对外签订的合同的管理，其中环境保护与移民类的合同管理办法另行制定。

第三条 公司在对外进行所有经济交往中必须依据国家的法律、法规及公司的有关规定签订合同。

第四条 计划部是公司合同归口管理部门，公司相关职能部门是合同实施管理部门。

第二章 合同分类及编码

第五条 公司签订的合同均应按本办法进行合同分类，合同分类及代码明细如下：

合同分类及代码明细表

合同类别	分类别代码	包含内容
建筑安装合同	JAL	临时工程合同
	JAZ	主体工程土建及金结设备安装合同
	JAD	机电安装合同
	JAJ	工程安全监测合同
采购合同	CG	设备、物资采购及设备制造合同
设计（科研）合同	SJ	勘察设计、科研合同
监理合同	JL	监理合同
咨询合同	ZX	咨询服务、招标代理、保险等合同
环境保护及移民合同	HY	环保、征地移民管理合同
综合类合同	ZH	办公设施固定资产、物业管理等其他合同

第六条 合同编码形式如下图所示：

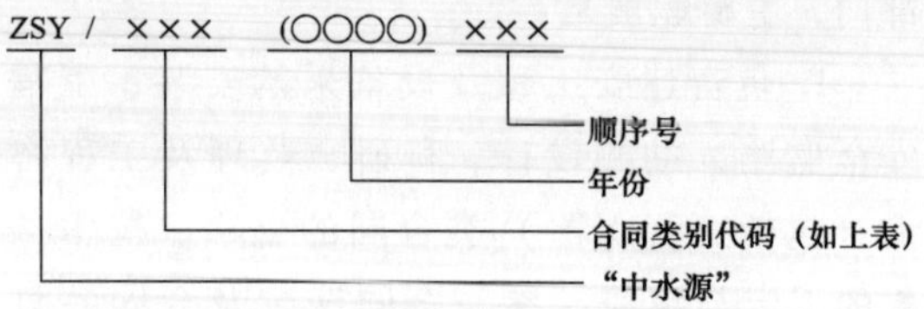

第三章 合同管理原则及职责划分

第七条 合同管理实行“分级负责、归口管理、部门实施”的原则。

第八条 合同实施管理部门应对合同的工期、质量、投资进行监督和控制。

第九条 公司各职能部门职责：

（一）计划部是公司合同归口管理部门，主要职责：

1. 负责公司合同实施计划及合同文本的编制、审查与报审；

2. 负责合同签约前的准备工作，包括招标代理机构的选定、招标文件的准备和审查、投标单位的资格预审、评标办法和标准的审查以及招评标过程的组织等工作；

3. 负责牵头组织合同谈判和合同签约工作；

4. 负责合同执行情况的检查、监督；

5. 负责合同结算工作，包括结算方式、结算项目、单价（含价差）、合价、总价审核；

6. 负责组织处理合同变更、合同纠纷、合同补偿、索赔等商务方面的工作，根据工程建设项目建立索赔档案管理系统；

7. 负责所有合同的日常管理工作（合同登记、编号、会签、发放、保管、统计和档案建立以及合同台账的建立、登记，并负责招标文件、估价资料、函件的收集、整理及归档等有关方面的工作）；

8. 负责合同项目立项的估价工作；

9. 负责工程完工结算资料的保管、统计和归档。

（二）工程部是水源工程建安工程、设备材料采购安装、勘测设计、科研、监理及工程咨询（包括工程保险）类合同的实施管理部门，主要职责是：

1. 负责建安工程及设备采购安装、工程安全监测、勘测设计、科研、监理及工程咨询（包括工程保险）类合同的立项、技术条款的拟定与审查、参与合同谈判及合同签订工作；

2. 负责建安工程及设备采购安装合同的进度、质量、施工安全、技术管理；负责勘测设计、科研、监理及工程咨询（包括工程保险）类合同的进度、质量及技术管理；

3. 负责建安工程及设备采购安装和勘测设计、科研、监理及工程咨询（包括工程保险）类合同的工程项目、工程量（或实物、技术成果等）、完工资料等完成情况的审查、验收及签证；

4. 负责合同的工程勘测设计、科研试验成果、工程施工图纸及技术通知、完工资料的管理；

5. 负责有关合同项目完工图纸资料等工程技术资料的审核验收及归档。

6. 参与合同变更、合同纠纷、合同补偿、索赔等相关工作。

（三）环境与移民部是公司环境保护、征地移民及与之有关的合同的实施管理部门，主要职责是：

1. 负责环境保护、征地移民及与之有关合同的立项、参与合同文本的编制、合同谈判及合同签订等工作；

2. 负责环境保护、征地移民及与之有关合同的实施过程的监管，办理验收，负责合同结算工作量的签证；

3. 参加环境保护、征地移民及与之有关合同的合同变更、合同纠纷及索赔问题的合同谈判。

（四）综合部是公司行政办公及与之有关综合类合同的实施管理部门，主要职责是：

1. 负责公司行政办公及与之有关综合类合同立项、参与合同文本的编制、合同谈判和合同签订等工作；

2. 负责公司行政办公及与之有关的合同实施过程的监管、办理验收，负责合同结算工作量的签证；

3. 参与公司行政办公及与之有关的综合类合同的合同变更、合同纠纷及索赔问题的合同谈判。

（五）财务部负责公司合同结算价款的财务支付，也是公司财务、财产保险咨询服务类合同的实施管理部门，主要职责是：

1. 提出财务、财产保险咨询服务类合同的立项、参与合同文本的编制，参加合同谈判和合同签订等方面的工作；

2. 参与公司所有对外合同文本的修订，参加合同谈判及合同签订工作。主要负责审查承包人的财务与资信状况，并对合同中财务支付条款的合法、合规性以及合同中有关税费与价款支付方式条款等进行审查；

3. 负责办理合同结算价款的财务支付；

4. 负责公司财务、财产保险咨询服务类合同的实施监管，办理验收，负责合同结算工作量的签证；

5. 参与公司财务、财产保险咨询服务类合同变更、合同纠纷及索赔问题的合同谈判。

第四章　合同项目的立项

第十条　已列入公司年度投资建议计划、年度投资建设计划中的项目，均视为已立项的合同项目，不需再办理合同立项手续。

第十一条　第十条范围以外的项目均应按公司《南水北调中线水源有限责任公司合同项目立项管理暂行办法》的规定以及第九条各部门职责中有关立项工作的要求办理立项审批手续。

第十二条　当出现危及生命、工程质量或工程安全等紧急事件时，合同实施部门向公司分管领导汇报后可先行安排实施。

紧急事件结束后，合同实施部门应及时按有关规定补办合同项目立项审批手续。

第五章　合　同　签　订

第十三条　水源工程建安工程、设备材料采购、工程监理等符合《招标投标法》规定的项目均应通过招标的方式选择承建、制造或实施单位。单项工程的设计、科研项目也可采取招标的方式选定实施单位。某些咨询、保险、办公用品（设备、器具）、材料等项目经公司研究同意，也可采用议标或比价法选择承建、制造或实施单位。

第十四条　合同文本的起草

合同是双方当事人确认权利和义务关系所达成的契约，必须采用书面形式确认。

招标项目的合同文本应按招标文件提供的合同条件由计划部负责编制。

非招标的项目的合同文本的起草，由计划部负责并会同合同实施管理部门共同起草，计划部组织有关职能部门审定，报公司分管领导审批。

第十五条　合同文本应包括以下基本内容：

合同标的，即合同履行内容、范围等；

合同价格和工程量报价单（未进行招标项目的合同取费应符合国家、相关部委和初设概算中相应的标准）；

合同支付条款，包括预付款、进度款的支付、保留金的扣留和支付、履约保函、预付款保函（必要时）或其他合同保函的提交与退回；

合同工期要求；

技术规范、质量标准、验收规程与规范及验收程序；

合同的变更条款与条件；

合同的索赔条款与条件；

合同的价格调整条款；

合同的解除条款与违约责任；

合同奖惩条款；

争议解决条款；

除上述条款外的其他必要条款；

非招标项目的合同应具有合同价款计算书及取费依据、标准，并作为合同的附件。

第十六条　合同文本会签审查

（一）合同文本会签审查是确保合同文本签约质量，维护公司合法权益和避免违纪行为的一项关键工作。各部门和各级管理人员应严格把关，对合同文本内容进行认真的审核，及时提出修改、补充意见。计划部对提出的修改、补充意见必须逐条予以落实。

（二）各部门依照国家规定、规范，独立行使合同文本会签审查权力。

（三）合同文本会签审查的工作制度：

1. 公司计划部为合同会签审查承办部门。合同会签审查单由计划部指定专人编号，编号形式为（年份）+顺序号。

2. 合同立项申请部门内部审查。合同立项申请部门应组织部门相关人员对拟签合同文本的合同条款进行内部审查，签署部门意见和负责人签名。

3. 公司有关职能部门会签审查。各部门根据职责范围，对合同条款的相关内容提出审查意见并签名。

合同会签审查，凡只签姓名，不签审查意见者，均视为同意，并承担相应责任。

合同会签流程见附件1。

4. 公司综合部监察审计处负责对公司所有经济合同进行全过程的监督检查。

第十七条　合同谈判

合同谈判由计划部组织，各有关部门按其职责分工参加。

合同谈判前，各有关部门应仔细研究有关招投标文件、收集有关资料，提出需要澄清、解答和双方协商的问题，由计划部负责汇总形成谈判提纲。合同谈判中，不应涉及变更招标投标文件中实质性的内容。

在合同谈判前预先确定主谈人，参与谈判代表不得少于三人。

合同谈判完毕，谈判内容应形成补充协议，并经双方授权代表人签字。

第十八条　合同批准

南水北调中线水源工程项目合同均按分级授权进行审批（其中合同立项审批权限亦按本条执行）。

1. 合同总价在1000万元（含1000万元）以上的报董事长审批，或由董事长授权总经理审批。

2. 合同总价在1000万元以下的由总经理审批。合同总价在100万元（含100万元）以下的总经理可授权分管副总经理审批。

3. 合同总价在30万元（含30万元）以下的分管副总经理可授权计划部主任审批。

第十九条 合同的签字

所有合同都必须经公司法定代表人或其授权人签字。

第二十条 合同印章的管理

公司合同专用章由计划部保管。计划部应指定专人负责合同印章的保管与用印，并制定合同印章保管与使用管理办法。

第二十一条 公司所有项目合同的签订严格按本办法明确的“审查、会签、批准”的工作程序办理。非招标项目的签批程序见附件2。

第六章 合 同 履 行

第二十二条 合同履行过程中的合同综合管理由计划部归口负责，合同项目实施管理部门按职责划分认真履行其各自职责。

计划部要及时跟踪合同执行情况，并定期检查合同价格与实际结算情况的差异。

第二十三条 合同结算按《南水北调中线水源有限责任公司合同结算管理暂行办法》执行。

第二十四条 合同结算价款财务支付按《南水北调中线水源有限责任公司合同价款财务支付管理暂行办法》执行。

第二十五条 合同变更及索赔管理按《南水北调中线水源有限责任公司合同变更及索赔管理暂行办法》执行。

第八章 合同解除、终止或撤销

第二十六条 合同解除、终止或撤销以及合同纠纷处理，按合同和《中华人民共和国合同法》有关条款执行。

第九章 合 同 资 料 管 理

第二十七条 合同资料包括合同文件、合同结算过程中的各种单据、合同履约过程中的合同变更及索赔处理资料等与合同有关的资料均由计划部指派专人及时整理并按期归档。

第二十八条 计划部应根据本办法的合同分类建立合同台账，按期向财务部、工程部及公司领导报送合同统计资料。

第二十九条 合同文件的正本不得外借，副本外借时，应按规定办理外借手续，并及时收回。

第三十条 合同文件的发放，由计划部根据合同涉及的实施管理部门及单位发放，具体发放的部门、单位及份数见下表。

合同文件发放表

序号	合同分发单位	正、副本	份数	备注
一	公司领导	副本	4	
二	公司部门	正本 副本	1 6~8	
1	计划部	正本 副本	1 2	归档
2	财务部	副本	2	
3	合同实施管理部门	副本	2~4	根据需要，可配备电子版
三	监理单位	副本	2	
四	合同签约对方	正本 副本	1 待定	副本按合同规定分发

第三十一条 合同完工验收资料等相应档案资料的归档执行公司的有关文件规定。

第十章 其 他

第三十二条 合同订立、合同履行及合同资料的管理应执行公司有关保密的规定。

第三十三条 合同项目完工结算审计后，

由计划部组织对合同的执行情况进行后评价。

第三十四条 本办法如有遗漏或与国家法律法规、政策相抵触的，按国家有关法律、法规、政策执行。

第三十五条 本办法由公司计划部负责修订和解释。

第三十六条 本办法自发布之日起生效。

附件1：合同会签流程

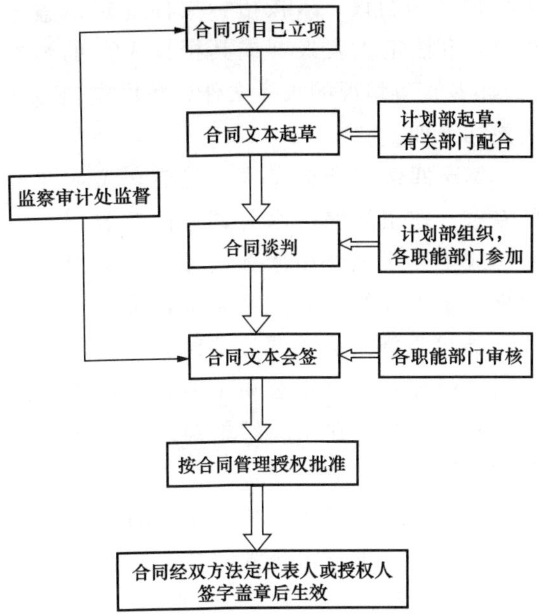

附件2：合同审核会签审查表（非招标项目）

南水北调中线水源有限责任公司合同会签审查单

会签编号：(200）号　　　　　　年　月　日

合同名称					
合同编号			合同金额		
合同对方名称					
合同实施部门			负责人		
主谈人		拟稿人		审核人	
参加谈判人员签名					
部门会签					
☐综合部					
☐财务部					
☐工程部					
☐移民部					
☐纪检监察					
计划部				经办人：	
				负责人：	
合同批准					

备注：1. 会签部门由与本合同有关的部门签字认可；

2. 合同批准根据合同管理权限由总经理或分管副总经理或合同实施部门签字认可。

南水北调中线水源有限责任公司工程建设监督管理暂行办法

2005年11月28日

（中水源审［2005］113号）

第一条 为加强水源工程建设项目的招标、合同执行、完工结算等工作的全过程监督管理，维护国家的利益，预防腐败现象的发生，实现"工程安全、资金安全，干部安全"的目标，根据国家有关政策法规和水利部、国务院南水北调工程建设委员会办公室（以下简称国务院南水北调办）、国家审计署、监察部驻水利部监察局［监察—（2004）4号文件］及湖北省的有关规定制定本办法。

第二条 本办法适用于南水北调中线水源有限责任公司（以下简称公司）工程建设项目的各个环节、各个阶段。

第三条 公司审计监察纪检处是对公司工程建设项目实施监督的管理部门。对项目的立项审核、招标方式确认、投标人资质审查、评标专家确定、标底制作、开标评标、合同谈判、合同签订、合同执行、施工现场管理、完工验收与竣工结算等工作实行全过程监督。

第四条 公司对项目的管理与监督实行多部门会签制，由实施部门负责运作并备案。

第五条 有关部门的技术服务咨询项目

立项申请由项目需求部门或实施部门按公司《南水北调中线水源有限责任公司合同项目立项管理暂行办法》提出。经计划部、财务部、合同实施管理部门和审计监察纪检处会签，送公司分管领导审核后报公司主要领导审定。

第六条 项目设计宜采取招标的形式，确定设计单位或由计划部和项目申请部门研究提出拟定委托的设计单位，经公司领导研究后确定。项目申请部门负责与设计单位进行工作联系，并负责组织技术问题的研讨以及设计成果的审查。

第七条 招标代理由计划部选择提出，报公司分管领导审核，由公司主要领导确定。计划部负责与招标代理公司进行工作联系。

第八条 工程建设招标方式分为公开招标和邀请招标。由计划部或项目合同执行部门严格按照《中华人民共和国招标投标法》（以下简称招投标法）及国务院南水北调办有关法规选择招标方式，由公司分管领导审核并送公司主要领导确认，并报经国务院南水北调办批准，通知招标代理公司执行。

第九条 公开招标需按照《招投标法》及有关法规发布招标公告。邀请招标由计划部和项目合同实施部门从承包人备选库中提出拟邀请单位名单，由公司分管领导审核后报公司主要领导审定。

第十条 招标文件由招标代理公司或公司指定的有关单位负责编制，计划部负责组织财务部、审计监察纪检处，合同实施部门以及有关专家进行审查。资格预审文件、招标文件和评标办法最终须由公司领导审定。

第十一条 资格预审（如有）由招标代理公司组织进行，经计划部、审计监察纪检处确定的有关部门和专家对投标人进行资质审查，报经公司分管领导同意后，将审查结果通知各申请投标人。

第十二条 标底编制（如有）由计划部负责委托编制单位，编制地点由审计监察纪检处协同有关部门确定，并派员负责标底编制期间的监督、保密、封闭管理等工作，负责密封标底的保管。

第十三条 开标会议由招标人主持，邀请所有投标人参加。审计监察纪检处派出监督员按照《招投标法》及有关规定履行监督职能，对出现未按规定交纳投标保证金、逾期递交投标文件、投标文件密封不符合招标文件要求、投标人法定代表人或授权代表人未参加开标会议、未按招标文件规定加盖单位公章和法定代表人（或其授权人）的签字（或印鉴）等情况的投标文件，予以拒绝或按无效标处理。

第十四条 评标专家的确定。参加评标的专家，在国务院南水北调办的监督下，由公司或招标代理公司派员通过南水北调工程评标专家库计算机管理系统随机抽取，由抽取人员和监督人员共同签字确认，按规定业主指派的评标专家由公司主要领导确定。评标委员会的名单在中标结果确定前应当严格保密。

第十五条 评标细则由计划部和招标代理公司编制，送公司分管领导审核后报公司主要领导确定。

第十六条 评标监督人员，由审计监察纪检处联系，报国务院南水北调办确定。评标地点由计划部和招标公司商定，并负责保密。评标监督人员负责评标期间的评标纪律宣读和执行，负责对外联系、资料保密工作，负责评标细则执行情况、专家独立评价、评分统计等整个评标过程的监督。

第十七条 确定中标人。公司总经理办公会根据评标委员会提出的评标报告和推荐的中标候选人，根据《招投标法》及有关规定确定中标人。中标人确定后，计划部应在规定时间内向中标人发出中标通知书，并同时将中标结果通知所有未中标的投标人。

第十八条 合同谈判按照公司《合同管理制度》的规定，由计划部会同财务部、审计监察纪检处、合同实施等相关部门（可根据需要邀请有关专家）进行。

第十九条 合同审计签证与备案按照公司有关文件规定执行。审计监察纪检处5日内完成审计签证。计划部门应将签署的合同送审计监察纪检处留存。

第二十条 合同完工结算以国家审计机关或社会审计单位的审计结果为决算依据条款（根据国家审计署、国务院南水北调办和水利部监察局的要求），必须作为强制要约条款固定在通用条款及专用条款或补充协议中，合同双方必须严格遵守。同时合同条款中还必须对完工前的合同价款支付总量有相应的控制。合同廉政条款应专门签署，并作为合同的组成部分。公司审计监察纪检处负责对廉政条款执行情况进行检查；负责对完工结算项目社会审计的委托管理工作。

第二十一条 合同的签订由公司计划部负责组织。公司所有对外合同签订必须由公司法人或其授权委托人亲自签字。其他任何人无权代表公司对外签订合同。

第二十二条 合同履行由项目合同实施管理部门全面负责，与地方协调关系，审计监察纪检处定期或不定期对合同履行中廉政条款执行情况进行检查；对施工单位分包情况进行督察；对指定材料、指定设备、指定供应商的行为履行监督管理职能。

第二十三条 合同的变更必须按公司《南水北调中线水源有限责任公司合同管理暂行办法》中的条款执行。变更金额每累计超过原合同额的15%时，应由计划部将双方谈定的变更内容签订补充协议书，以规范合同管理。补充协议书作为合同的组成部分送审计监察纪检处备案。

第二十四条 合同结算与合同价款支付必须严格按照公司《南水北调中线水源有限责任公司合同结算管理暂行办法》和《公司财务支付管理办法》的规定和程序进行。承包人的合同项目完工结算书报出后，监理和公司各相关部门要及时审核，并由计划部提出完工结算审计申请，由审计监察纪检处负责委托社会审计单位进行审计。审计期间公司各有关部门必须认真配合。审计意见报公司领导同意后，才能办理合同的完工结算和财务支付。

第二十五条 对于工程中急需施工的小型项目，从立项申请和合同文件的签订均按公司《南水北调中线水源有限责任公司合同管理暂行办法》执行。所签合同文件仍按本办法第十九条规定，分送审计监察纪检处备案。

第二十六条 由施工单位自行进行的工程材料、设备招标，都应通知公司审计监察纪检处参加，对其招标的过程实施监督，并将合同副本送公司审计监察纪检处备案。

第二十七条 审计监察纪检处在合同执行结束后应对项目的设计、监理、承包人、现场管理等各个方面的监督情况进行综合总结、评价，并报告公司同时归入项目监督档案。

第二十八条 本办法自颁布之日起施行。

附件：合同完工结算审计申请表（略）

南水北调中线干线工程安全生产管理办法（试行）

2005年1月5日

（中线局工［2005］1号）

南水北调中线干线工程安全生产管理规定

第一章 总 则

第一条 为贯彻“安全第一、预防为主”的方针，保证南水北调建设工程的安全生产，有效控制各类生产安全事故，保障从业人员的安全、健康和国家财产免遭损失，加强和规范工程建设过程中的安全管理工作，依据国家有关安全生产的法律、法规和行业安全管理要求，结合南水北调中线干线工程的特点，特制定本管理规定。

第二条 本管理规定适用于南水北调中线干线工程建设管理局（以下简称中线建管局）、建设管理单位（含中线建管局直管、通过招标管理或委托地方管理的项目建设管理单位）、监理单位、设计单位、材料设备供应单位、施工单位。

第三条 参与工程建设各单位的法人代表（行政正职）是安全生产的第一责任人，安全生产必须贯彻“管生产必须管安全”和“谁主管、谁负责”的原则，建立健全安全生产保障体系和落实各级安全生产责任制，实行各级安全生产目标承诺制度，做到在计划、布置、检查、总结、评比生产工作的时候，同时计划、布置、检查、总结、评比安全工作。

第四条 参与工程建设的各单位应依据国家法律、法规、标准和本规定，制定适合本管辖权范围内安全生产管理的规章制度，保障安全生产工作的科学化和规范化。

第二章 安全承诺和目标

第五条 参与工程建设各单位的法人代表（行政正职）代表单位作出公开、明确的安全承诺，提供必需的支持，以实际行动表明对安全生产工作的重视。

第六条 承诺的内容根据实际情况作出，包括保证遵守国家法律、法规：不发生重大生产安全事故；避免人员伤亡和财产损失；安全生产资源保证等。

第七条 承诺的形式采用签订安全生产责任书或正式的公开声明等。

第八条 中线建管局根据国家法律法规和南水北调中线干线工程安全生产工作的特点，制定“安全第一、预防为主、以人为本、科学管理”的安全生产管理方针，明确南水北调中线干线工程的安全生产管理工作的整体方向和思路，提出总要求。

第九条 南水北调中线干线工程安全生产总体目标为杜绝以下重大事故：

（一）重大人身伤亡事故；

（二）重大施工机械设备事故；

（三）重大火灾事故；

（四）特大交通事故；

（五）重大垮（坍）塌事故。

第十条 参与工程建设的各单位应根据安全方针和各自的职责，制定相应的安全目标，实现“一职责、一目标”，通过各层次目标的实现，最终保证建设工程安全生产。

第三章 安全生产机构和职责

第十一条 中线建管局应建立完善的安全生产管理组织机构（如图所示），配备必需的人员，明确相关人员职责。

建设管理单位和施工单位应配备专职安全生产管理人员。

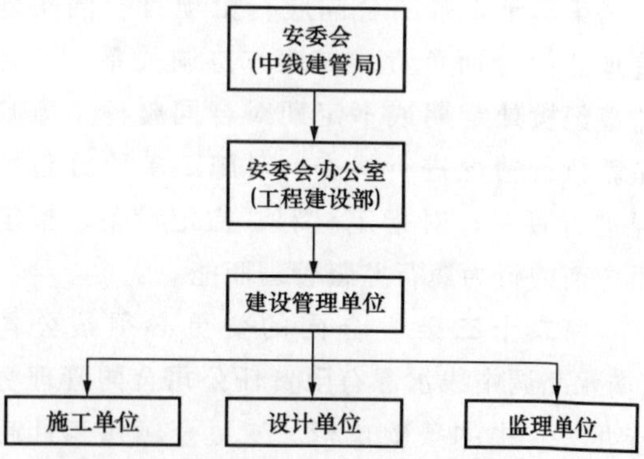

南水北调中线干线工程安全生产管理机构图

第十二条 成立中线建管局、建设管理单位、监理、设计单位参加的中线干线工程安全生产管理委员会（以下简称“安委会”）。

第十三条 安委会设主任一人、常务副主任一人、副主任数人和委员若干人，中线建管局局长任安委会主任。

第十四条 安委会下设办公室，负责日常的安全监督、协调和事故统计工作，完成安委会交办的事项。办公室设在中线建管局工程建设部。

第十五条 中线建管局是南水北调中线干线工程的项目法人，按照“管生产必须管安全”的原则，对中线干线工程安全生产负总责；建设管理单位对承担的建设管理项目的安全生产负全面责任。中线干线工程参与工程建设的各单位的法人代表（行政正职）是本单位的安全生产工作的第一责任人。

第十六条 中线建管局职责

（一）贯彻执行国家、地方政府有关安全生产方针、政策、法律法规和标准；

（二）领导、监督中线干线工程参与工程建设的各单位安全生产工作的组织和管理；

（三）制定、审批和发布中线干线工程各类安全生产规章制度；

（四）提供安全生产所需的资源，批准重大安全技术方案和实施措施，核定重大安全设施的经费，并为安全、文明施工创造条件；

（五）建立安全生产管理机构或配备专职人员，监督各建设管理单位、施工单位建立安全生产管理机构或配备专职人员；

（六）监督审查各建设施工单位主要负责人和安全生产专职管理人员的安全管理资格；

（七）监督建设管理、监理、施工等各参建单位对职工进行安全生产教育、执行安全规章制度、提供劳动防护用品、为职工办理工伤保险等情况；

（八）发生重大事故时积极组织抢救，协助重大事故的调查、处理；

（九）负责与地方政府有关部门的联系，接受其对安全生产工作的行政管理。

第十七条 安委会职责

（一）贯彻执行国家、地方政府有关安全生产方针、政策、法律法规和标准；

（二）组织制定包括安全生产责任制和应急救援预案在内的各项安全生产规章制度；

（三）分析安全施工形势、监督安全生产和文明施工，领导和协调解决南水北调中线干线工程中参与工程建设的各单位的安全生产工作和重大安全、文明施工问题；

（四）研究、落实工程施工中的重大安全技术问题及处理方案或措施（含费用）；

（五）参与对重大和特大事故的调查处理；

（六）组织、聘用、管理、委派建设工程安全监督员；

（七）其他需要组织、协调的安全生产工作。

第十八条 工程建设部（安委会办公室）职责

（一）贯彻执行国家、地方政府和中线建管局有关安全生产方针、政策、法律法规、标准和规章制度；

（二）具体落实编制安全生产规章制度；

（三）定期召开有关单位参加的安全工作例会；

（四）督促建设管理单位、监理单位按施工合同和中线建管局的有关规定，对各工程项目的安全生产和施工单位的安全工作进行现场监督管理；

（五）按施工合同规定，为施工单位的安全生产创造必要的条件；

（六）审查承包和设备材料供应方的安全生产资质；

（七）参与招标文件中施工设备设施的安全技术要求、重伤率、死亡率和职业病发生率的控制指标、事故或超标的经济责任及其奖罚规定的制定；

（八）审定重大安全技术方案、措施及其费用，报中线建管局审批，监督重大安全技术方案、措施的实施及其费用的使用；

（九）有权对施工单位安全管理工作中出现的严重失控、施工或生产安全没有保证等情况，通过建设管理单位或监理单位，责令其停工或停产整顿，必要时中止合同；

（十）组织安全检查，监督整改措施的落实，提出奖惩意见；

（十一）组织或协助对各类事故的调查处理；

（十二）负责建立南水北调中线干线工程的安全管理档案，并对档案进行研究分析，发现和解决有规律性的安全生产问题；

（十三）组织安全生产和安全管理的培训与经验交流。

第十九条 建设管理单位职责

（一）贯彻执行国家、地方政府和中线建管局有关安全生产方针、政策、法律法规、标准和规章制度；

（二）代表中线建管局与参与工程建设的单位签订安全生产协议；

（三）负责监督和管理施工现场日常的安全生产工作，定期向中线建管局报告工程建设的安全情况；

（四）负责监督各项安全规章制度、安全技术措施、事故预防措施和上级有关安全生产指示的贯彻执行；

（五）按年度对整个施工区域内的安全生产工作进行计划安排和总结，上报中线建管局；

（六）组织经常性的安全检查，对发现的问题限期整改并监督整改措施的落实；

（七）参加或协助组织事故调查及处理工作；

（八）监督施工单位安全技术措施计划、施工组织设计计划和预防事故措施计划的落实；

（九）分析工程建设中的安全薄弱环节，对事故隐患、危险点提出超前预防的措施意见；

（十）协调解决各施工单位在交叉作业中存在的安全施工问题；

（十一）定期召开安全会议，发布安全生产简报；

（十二）建立工程项目安全管理档案。

第二十条 材料设备供应、施工等单位职责

（一）负责承包工程项目的施工安全，接受监理单位的监督管理，承担施工安全协议规定的安全责任；

（二）贯彻执行国家、地方政府和中线建管局有关安全生产方针、政策、法律法规、标准和规章制度；

（三）建立健全安全生产管理机构、安全管理工作体系和安全管理制度；

（四）提供施工所需的安全生产资源；

（五）按施工人员（包括本企业人员和非本企业人员）的3‰配备专职安全管理人员，1000人以上，不得少于5人；500～1000人，不得少于3人；500人以下，不得少于2人；专职安全管理人员必须取得安全管理资质；

（六）按国家有关安全生产及职业病方面的法律法规和合同等规定，在工程材料设备供应、设备安装和施工中应有足够的安全技术措施计划等安全投入，做到安全施工，减少或杜绝职业病的危害；

（七）编制施工组织设计时，应制订安全技术方案、措施及其经费计划。重大安全技术方案、措施应经监理单位审核，报工程建设部审定。特别重大的应报安委会审批；

（八）安全生产管理工作应与生产工作同时计划、布置、检查、总结和评比；

（九）对全体职工（包括临时用工人员）进行安全教育和技术培训，坚持先培训后上岗和特殊工种持证上岗的制度；

（十）定期组织施工现场安全检查，发现问题及时整改；

（十一）对施工的安全技术措施、安全防护设施、工器具、运输设备和特种设备进行专门管理和检查；

（十二）危险性较大的作业要有安全措施，专人管理和监护；危险性较大的作业区域和设备设施要有安全标志；

（十三）为全体职工办理工伤保险，提供劳动防护用品；

（十四）制定应急预案，当事故或紧急情

况发生时根据预案采取应急措施；

（十五）组织或协助各类事故的调查处理。

第二十一条　监理单位职责

（一）负责对项目的安全生产工作进行现场监督管理；

（二）督促检查施工单位建立、健全安全管理工作体系和安全管理制度；督促检查施工单位认真执行国家及有关部门颁发的安全生产法规和规定；

（三）审查批准施工单位制定的安全技术措施和防护措施；

（四）发现施工单位安全生产严重失控、出现危及安全生产的重大问题时，应及时下达停工令，指令施工单位采取措施整顿或处理；

（五）检查工程的防汛度汛措施；

（六）定期组织安全生产检查，发现重大问题可向建设管理单位提出处理建议，一般问题有权进行现场处理；

（七）参加安全事故的调查分析，审查施工单位的安全事故报告及报表，监督施工单位对安全事故的处理。定期向中线建管局报告安全生产情况，并按规定编制监理工程项目的安全统计报表。对出现的重大安全事故必须在规定的时间内及时向中线建管局报告。

第二十二条　设计单位职责

（一）工程设计必须符合国家标准和部颁规程、规范，保证工程安全；

（二）设计单位应把安全生产贯穿设计的全过程，努力为安全生产创造条件，承担委托设计合同规定的责任；

（三）设计必须充分考虑施工条件和施工技术对安全生产的影响，施工风险较大的项目，必须通过优化设计保证安全，必要时应参与编制重大安全技术方案、措施的工作；

（四）对施工中遇到影响安全的各种险情，必须按委托设计合同规定做好观测、预报工作，向中线建管局及时提出采取有效技术防护措施的建议；

（五）协助对重大、特别重大事故的调查处理。

第二十三条　工会组织职责

（一）监督同级单位各项安全生产工作的执行情况；

（二）接受和处理职工反映的各种与安全生产有关的意见和建议，切实保障职工的合法权益；

（三）参与各类伤亡事故的调查处理工作。

第二十四条　建设管理单位负责人安全职责

（一）对建设管理项目的安全生产工作负全面责任；

（二）建立健全建设管理项目的安全生产责任制和安全管理制度；

（三）监督检查建设管理项目的安全生产规定的执行情况，发现问题及时解决；

（四）严格履行安全生产合同或协议规定的安全生产管理内容；

（五）协助和配合中线建管局对建设管理项目的安全生产监督管理工作；

（六）参加主要负责人的安全生产培训考核，取得安全生产管理资格；

（七）审定本单位年度安全工作目标计划，主持本单位安全工作例会，及时研究解决安全工作中存在的问题；

（八）保证安全技术措施经费的提取和使用，确保现场具备完善的安全文明施工条件；

（九）保证安全奖励基金的建立和使用，确保本单位安全奖惩办法的实施；

（十）坚持事故调查处理的“四不放过”原则，组织并主持人身重伤事故的调查处理工作，协助死亡事故和重大施工机械设备、火灾事故的调查处理工作。

第二十五条　安全监督员职责

（一）代表安委会监督建设管理、材料设备供应、施工等单位的安全生产工作；

（二）全面了解建设项目的安全生产工作情况，发现问题按有关安全生产管理规定处理；不能解决的向安委会报告；

（三）督促建设单位全面认真执行中线建管局的安全生产规章制度；

（四）对建设单位的安全生产进行监督检查，有权进行现场处理，监督整改措施的落实；

（五）及时准确沟通中线建管局和建设管理单位的有关安全生产管理信息；

（六）向安委会报告工程项目安全生产状况。

第二十六条 建设管理单位主要负责人安全生产职责

（一）参加有关主管部门安全生产培训和考核，按规定取得安全生产管理资格证书；

（二）保证配备有资质的专职安全生产管理人员从事安全生产管理工作；

（三）在计划、布置、检查、总结和评比生产工作的时候，同时计划、布置、检查、总结和评比安全生产工作；

（四）每月至少召开一次安全生产专门会议，研究安全生产工作；

（五）每月至少参加一次安全生产检查；

（六）对管辖范围内的工作考核时，必须有专门的安全生产考核内容；

（七）全面了解掌握管辖范围内的生产安全事故情况，根据“四不放过”原则进行调查处理，及时准确上报各类事故情况；

（八）发生事故时必须积极组织抢救，不得擅离职守；

（九）保证为所属全体职工办理工伤保险；

（十）监督安全生产资金的使用，不得挪用。

第二十七条 建设管理单位安全管理人员职责

（一）参加安全生产管理培训考核，取得安全生产管理资格；

（二）熟悉了解施工工艺和设备方面的知识和技能；

（三）做好本职工作范围内安全生产管理工作；

（四）在安全生产管理工作中分析、总结和发现管理方面的问题；

（五）坚持原则，严格执行和落实各项安全生产规定。

第四章 安全生产管理

第二十八条 参与工程建设的各单位必须建立、健全安全生产制度，严格执行国家安全生产法律、法规、标准和规程。

第二十九条 参与工程建设的各单位，应依据各自安全生产管理职责，建立各级安全生产管理专门机构，配备专业人员。

第三十条 做好上岗培训和考核工作，确保全员受到应有的安全工作规程、规定、制度和相应的安全与健康知识的培训，具备相应的安全素质和工作能力。加强对特种作业人员的培训和技术考核，保证持证上岗。

第三十一条 参与工程建设的各单位应定期对技术人员、管理人员、安全监督人员进行安全教育、培训和考核。

第三十二条 根据工程施工的变化，对施工中采用新技术、新工艺、新型机械（机具），以及转岗复岗等情况，进行适应新方法、新岗位等安全技术培训和考核。

第三十三条 保证提供安全生产需要的设备、检测仪器、安全防护装备、通讯器材和交通工具等。

第三十四条 参与工程建设的各单位必须按国家有关规定为作业人员配备与其作业风险相适应的劳动防护用品，不得以发放钱物等形式代替劳动防护用品。

第三十五条 对于工程施工所需的安全防护设施，必须使用经国家认可的合格产品，并按相应规定进行保养、使用和维护。

第三十六条 加强工程建设中的各种危

险源、隐患的管理，必须对项目可能存在的重大风险和职业危害进行分析，提出相应措施，以保证这些危险源、隐患始终处于受控状态；对危险性较大的，要建立专门的监控制度和安全生产技术措施计划，并予以落实。

第三十七条 对高处、带电、大件运输和吊装、高边坡开挖、隧洞与深井挖掘衬砌、爆破作业、水上水下等危险性较大的施工作业，必须有安全施工措施，编写书面的作业指导书，作业指导书必须明确安全责任人、安全施工措施等，并保证施工前对参加施工的所有人员进行交底。

第三十八条 购买、运输、储存和使用危险物品时，必须取得国家规定的相应资质，取得安全使用证，建立专门的安全管理制度，采取可靠的安全措施。

第三十九条 按规定对炸药、雷管等爆破器材以及汽油等高危险物品的运输、储存和使用进行严格管理，建立专门管理制度，防止遗失，有效预防爆炸和火灾事故。

第四十条 加强对爆破施工的安全管理和监督，防止发生人员伤亡、机械设备、建筑设施和居民住宅的损坏等事故。

第四十一条 对施工生产设备、设施实施管理，确保其符合法律、法规要求，运行性能完好，满足施工安全的需要。

第四十二条 设备、设施的安装、使用、保养和维修必须建立相应制度，实行专人管理，需持操作证的施工机具、设备和检验、测量、试验设备等，实行操作证管理。

第四十三条 在工程施工和生活保障中使用的各种国家规定的特种设备，按规定向主管部门办理有关手续，必须建立特种设备台账，按有关规定严格执行日常保养和定期检验，并做好记录，由有关人员签字。

第四十四条 中线干线工程区域内和对外或专用公路应按国家道路交通安全管理规定设置道路交通与安全标志，干扰较大和交叉路口应设岗指挥，保证车辆安全通行与行人安全。中线干线工程区域内实行封闭管理，凡在工程区域内行驶的车辆都必须遵守有关安全管理规定。

第四十五条 主体工程与永久建筑物，生产、生活与公用设施，都应配备消防设备与器材，临时性工棚的安全距离应符合消防规定，并配有足量的消防器材，防止火灾事故的发生。各主要施工单位应按规定配备与所承包的工程施工相适应的消防器材，应接受所属地方消防部门的监督。

有消防要求的工程立项、设计审查和竣工验收，均应有地方消防主管部门参加，并按规定办理手续，才能开工和投入使用。

第四十六条 南水北调中线干线工程施工期的防汛和安全度汛工作，由中线建管局或建设管理单位负责统一组织、部署。施工、设计和其他有关单位都应做好各自的安全防汛工作，监理单位和有关部门应进行检查和监督。

第四十七条 合理设计、布置、施工供配电网络及变电所，满足电气安全技术规程的要求。复杂或干扰较大的施工作业区和道路交叉处以及临时性工程的配电线路和设施，应有安全防护措施，防止倒杆、断线、车辆挂线或撞杆等事故的发生。严格按有关电气安全施工与安全运行管理规章制度对变电所、输配电网络进行施工作业和运行管理，保证安全可靠供电。

工程区域内施工变电站的运行管理单位与工程区域内供电线路的管理维护单位应按照各自的职责划分，加强管理，确保安全。

第四十八条 油库、炸药库、通讯站、变电所等重要部位和设施及需防护的露天施工作业区，应采取可靠有效的防雷措施，对防雷设施由有资质的专业部门每年进行检测。

第四十九条 工程区域内的水厂及供水主管网（含泵站），由用水单位委托专业化单位运行管理。供水支管、施工作业与生活区的供水管网由各单位自行管理，并接受供水管理单位的监督。运行管理单位应按有关规定、规范及安全制度进行生产和供水，保证施工与生产用水的卫生，防止污染与中毒事故的发生，并接受地方政府环保和卫生部门的监督管理。

第五十条 承包和材料设备供应方必须具备国家规定的资质，接受有关安全生产检查、监督和管理。

第五十一条 承包或材料设备供应方的安全生产管理必须遵守国家有关安全法律法规，符合中线建管局安全生产管理规定，具备相应安全生产条件：

（一）建立健全安全生产责任制；

（二）按要求配备安全生产监督管理人员；

（三）人员资质符合要求；

（四）特种作业人员持证上岗；

（五）配备必需的劳动防护用品；

（六）设备、设施、器具和安全标志符合安全生产要求；

（七）已建立职业健康安全管理体系。

第五十二条 在工程施工等承包合同中，应列出安全设施和劳动保护的费用金额，且包括在合同总价内。应规定安全风险抵押金，当重伤和残疾事故人数超过合同规定控制指标或发生重大事故且事故责任属承包单位时，中线建管局或建设管理单位可部分或全部扣除安全风险抵押金，作为对承包单位的罚款。当重伤、死亡事故人数未超过合同规定控制指标、未发生重大事故或事故主要责任不属于承包单位，在工程竣工或项目合同结算时，中线建管局或建设管理单位应将安全风险抵押金全部支付给承包单位。

罚款纳入南水北调中线干线工程安全生产奖励专用基金，未发生因工死亡事故，应按南水北调中线干线工程安全生产有关制度进行表彰和奖励。

第五十三条 安全生产管理交流和总结评比

（一）施工单位每半年进行一次安全生产工作交流和年终总结评比，监理单位或主管部门参加；

（二）安委会于每年7月组织一次安全工作交流会，年终组织年度总结评比大会。

第五章 应急响应

第五十四条 中线建管局以及参与工程建设的各单位应建立事故或紧急情况应急响应预案。应急管理实行分级管理，各建设管理单位建立相应的应急指挥系统，根据施工情况建立局部应急预案。应急预案应覆盖重大危险源、危险化学品、爆破器材、特种设备以及施工过程中可能发生的紧急情况。

第五十五条 应急预案的制定必须符合实际情况，具备所需的应急指挥系统、应急装备和设施、通信系统、应急保障等，满足应急的要求，具备应急能力。

第五十六条 中线建管局以及参与工程建设的各单位必须加强应急预案的培训，定期组织有关人员对应急预案进行演练。

第五十七条 参与工程建设的各单位发生重大事故或紧急情况时必须及时报告中线建管局和当地政府。

第六章 监督检查

第五十八条 中线建管局及参与工程建设的各单位对工程施工过程的安全生产管理情况进行定期和不定期监督检查，检查实行中线建管局组织和施工单位自查相结合的形式。

第五十九条 中线建管局每半年至少组织一次安全检查；建设管理单位每季度至少组织一次安全检查；其他单位组织的检查，在以上检查的基础上自行组织。

第六十条 安全检查分为一般性检查、阶段性检查、专业性检查和季节性检查等方式进行。

第六十一条 中线建管局、建设管理单位、监理单位组织的定期安全大检查，对所检查的单位和工程的安全生产工作做出评价。定期安全检查，负责组织的单位行政领导应亲自主持或参加。

第六十二条 安全大检查的主要内容应以查领导、查管理、查隐患、查事故防范措施为主，同时将环境卫生、生活卫生和文明施工等纳入检查范围。

第六十三条 对安全检查中发现的重大隐患，应填写“安全隐患整改通知单”，限期整改。对因故不能立即整改的问题，应采取临时措施，并制订整改措施计划报检查组备案。

第七章 事故调查和处理

第六十四条 本规定所称事故，是指南水北调中线干线工程施工中发生的人身伤害事故、设备事故、火灾事故等。

第六十五条 人身事故划分

轻伤事故：指一次事故中只发生轻伤的事故；

重伤事故：指一次事故中发生的重伤（包括伴有轻伤）、无死亡的事故；

一般伤亡事故：指一次死亡 1～2 人（多人事故时包括轻伤和重伤）的事故；

重大伤亡事故：指一次死亡 3～9 人的事故；

特大伤亡事故：指一次死亡 10 人以上（含 10 人）的事故；

特别重大事故：指一次死亡 50 人以上（含 50 人）的事故。

第六十六条 非人身伤害事故分类

一般事故：指一次事故直接经济损失（不扣除保险公司赔偿，下同）1 万元以上，10 万元以下（不含 10 万元）的事故；

较大事故：指一次事故直接经济损失 10 万元以上，100 万元以下（不含 100 万元）的事故；

重大事故：指一次事故直接经济损失 100 万元以上，1000 万元以下（不含 1000 万元）的事故；

特大事故：指一次事故直接经济损失 1000 万元以上的事故。

第六十七条 发生事故后，事故发生单位应在 12 小时内上报主管单位，并同时上报监理单位，主管单位或监理单位在接到报告后 4 小时内上报建设管理单位，再由建设管理单位在接到报告后 4 小时内上报工程建设部，工程建设部向中线建管局主管领导汇报，中线建管局在接到报告后 4 小时内上报国务院南水北调工程建设委员会办公室。

发生重大伤亡事故、特大伤亡事故、特别重大事故或重大事故、特大事故，各单位必须快速电话逐级上报，随后按程序上报。

事故报告应包括事故发生的时间、地点、单位；事故简要经过、伤亡人数和情况及经济损失初步估算；发生原因的初步判断；事故发生后采取的措施及事故控制情况。

第六十八条 事故发生后，隐瞒不报、谎报，或故意拖延报告时限的，由有关主管部门或单位对有关人员给予相应处分，构成犯罪的，依法追究刑事责任。

第六十九条 人身伤害事故的调查、处理，必须严格按国务院《企业职工伤亡事故报告和处理规定》和 GB 6442—86《企业职工伤亡事故调查分析规则》及工程合同的规定执行。发生事故的单位及其主管部门，应按照事故调查组提出的处理意见和防范措施建议进行处理。

第七十条 设备事故的调查处理，由设备主管部门会同安全生产管理部门和有关工程技术等部门实施。

第七十一条 火灾事故的调查处理，由消防主管部门会同安全生产管理部门和有关工程技术等部门实施。

第七十二条 事故的处理必须贯彻“四不放过”的原则。中线建管局以及参与工程建设的各单位对发生的事故，应在查清原因，分清责任的基础上，按照有关规定对事故责任人进行处理，落实整改措施，建立事故档案。

第七十三条 中线建管局工程建设部负责统计南水北调中线干线工程施工过程中发生的事故。

第七十四条 参与工程建设的各单位对管辖范围内的事故按照月报、半年报和年报的规定向主管部门和所属安全生产监督管理机构上报事故报表。

第八章 附 则

第七十五条 本规定由南水北调中线干线工程建设管理局负责解释。

第七十六条 本规定自颁布之日起执行。

第七十七条 术语和定义

危险源：指可能造成人员伤害、疾病、财产损失、作业环境破坏或其他损失的根源或状态。

事故隐患：可导致事故发生的物的危险状态、人的不安全行为及管理上的缺陷。

四不放过：事故原因没查清不放过、事故责任者没有受到处理不放过、责任者和群众没有受到教育不放过、防范措施没有落实不放过。

危险物品：是指易燃易爆物品、危险化学品、放射性物品等能够危及人身安全和财产安全的物品。

爆破器材：包括各类炸药、雷管、导火索、导爆索、非电导爆系统、起爆药和爆破剂。

安全生产教育培训管理制度

一、目的和依据

为提高员工的安全意识和自我保护能力，掌握所需的安全知识和安全生产技能，确保人身安全，杜绝事故的发生。根据《中华人民共和国安全生产法》和有关规定的要求，结合南水北调中线干线工程的实际，特制定本制度。

二、适用范围

南水北调中线干线工程各参建单位。

三、安全教育培训的实施

1. 教育培训实施程序

分析培训需求——制定培训计划——实施培训——考核——建立培训档案

参与工程建设的各单位开展安全教育培训时均应按以上程序执行。

2. 中线建管局所属人员的安全教育培训，由工程建设部配合教育培训管理部门实施。

3. 建设管理单位、施工、设计、监理等有关单位和部门人员的安全教育培训，由所属单位负责实施。

4. 工程建设部有权对各单位和部门的安全教育培训进行监督检查。

四、安全教育的内容

安全教育的内容主要包括：安全思想教育、安全技术知识教育、安全管理知识教育、劳动卫生技术知识教育、岗位安全知识和安全技能等教育。

1. 安全思想教育

安全思想教育旨在提高员工的安全生产的自觉性和责任心。主要内容是安全生产方针、政策、法律法规和劳动纪律、安全规章制度的教育，从而实现员工的遵纪守法，保障安全生产。

2. 安全技术知识教育

安全技术知识教育的目的是提高员工的安全素质，增强岗位作业的安全性。主要内容包括：企业内危险区域、施工过程中的危险源，所有设备、工器具的安全注意事项，有毒有害物质的防护知识、电气安全知识、起重安全知识、高处作业安全知识、防火防爆安全知识，事故案例，发生事故紧急救护和自救知识及运输安全知识等。

3. 岗位安全知识教育

企业职工必须具备本岗位及相关岗位的安全基本常识，必须按规定接受安全知识的教育和培训，专职安全管理人员每年应集中培训，经考核合格后才能上岗。

4. 全技能教育

国家规定的特种作业人员如：电工作业、金属焊接切割作业、起重机械作业、登高架设作业、压力容器作业、爆破作业、厂内机动车辆驾驶、锅炉作业等等，必须进行专门的安全技术培训，经考试合格后方准独立作业，并持证上岗。

5. 安全管理知识教育

安全管理知识教育的目的是使各级管理人员熟知，掌握安全管理的理论、手段和方法，不断提高安全管理水平和绩效。主要内容是：现代安全管理知识及有关法律法规和各项安全规章制度等。

6. 劳动卫生技术知识教育

劳动卫生技术知识教育的目的是使广大员工熟知生产过程和生产环境中对人体健康有害的因素，并采取防范措施保护员工的身体健康。其主要内容有：防毒技术、防尘技术、噪声控制技术、振动控制技术、射频控制技术、高（低）温作业技术等。

五、安全教育的形式

安全教育的形式主要有：三级安全教育、特种作业专业教育、定期安全教育、特殊情况安全教育和经常性安全教育等。

1. 三级安全教育

新进入单位或施工现场的人员，如新分配的学生、招收的合同工、临时工、外包队人员等，必须进行全面系统的安全教育，一般由施工单位、厂队、班组三部分组成，称为三级安全教育。凡经安全教育的人员要建立三级教育卡，不少于24学时。

复岗、转岗人员必须进行相应的安全教育。

2. 主要负责人和安全管理人员的安全管理资格教育

各级主要负责人和安全生产管理人员安全资格培训时间不得少于24学时；每年再培训时间不得少于8学时。

施工单位主要负责人和安全生产管理人员安全资格培训时间不得少于48学时；每年再培训时间不得少于16学时。

上述人员必须经考核合格后方能上岗。

3. 特种作业教育

按有关规定，凡从事起重、焊接、爆破、起重机械操作、特殊高处作业和架子工、厂内机动车辆驾驶，接触易燃易爆、有害气体、射线、剧毒等作业，属特种作业。对上述人员必须进行操作技术和安全知识的培训，经有关部门考试合格并取证后，方可上岗。

4. 日常安全教育

所有单位每年组织一次本单位的各级领导、工程技术人员、管理人员、专职安监人员、班组长和施工人员的全员安全教育培训和考试，教育内容要分层次，有针对性，除此之外对新开工程项目要结合工程特点进行安全教育。

各单位日常可采取多种形式开展经常性的安全教育，如：安全简报、安全活动日、安全知识竞赛、安全广播、安全录像、安全板报、安全展览、安全会议、安全讲座、专题培训、班前班后会等。

5. 特殊情况的安全教育

施工采用新技术、新工艺、新工种等必须进行适应新岗位、新操作方法的安全技术教育，经考试合格后方可上岗。

对造成事故的责任人员及严重违反安全规章制度的人员，要重新进行安全教育并经考试合格后方可上岗。

施工安全管理制度

一、目的和依据

为加强南水北调中线干线工程的施工安全管理，推行现代管理方法，科学组织施工，强化施工过程的动态管理，提高施工现场的安全文明施工水平，预防伤亡事故的发生，确保职工的安全与健康，根据国家有关安全生产的法律法规和有关行业安全管理的规定，结合南水北调工程的实际，特制定本制度。

二、适用范围

南水北调中线干线工程各参建单位。

三、安全组织和安全职责

1. 各施工单位应根据“管生产必须管安全”的原则，建立本单位的安全组织，成立安全领导小组，确定安全负责人，负责所承担工程的安全管理。

2. 参与工程建设的各单位可根据工程规模和人员多少，设置安全生产管理机构，或专（兼）职安全生产管理人员，原则上应按3‰的比例配备安监人员。

3. 在同一施工现场，由建设管理单位总负责，各参建单位除负责本单位施工安全外，还应服从现场总负责单位的监督检查和管理。

4. 参与工程建设的各单位（包括分包单位）必须健全各级、各部门、各类人员的安全职责，明确考核办法，认真落实。

5. 为强化施工过程的管理，施工单位必须建立健全如下管理制度：安全生产责任制、安全例会制度、安全教育培训制度、安全检查制度、安全奖惩制度、安全施工措施及作业票管理制度、安全防护设施管理制度、危险作业审批制度、事故调查处理统计报告制度、文明施工及环境保护管理制度、防火防爆和危险物品管理制度、分包工程安全管理制度、安全用电管理制度、机械设备和工器具管理制度、车辆交通安全管理制度、未成年工和女工特殊保护管理制度、施工现场安全保卫制度、职业危害控制管理制度等。

建设管理单位根据实际情况完善以上管理制度。

四、施工现场安全管理

（一）平面布置

1. 开工前，在施工组织设计中，必须有详细的施工平面布置图，运输道路、临时用电线路布置、各种管道、仓库、加工作业场所，主要机械设备位置及工地办公、生活设施等临时工程安排，均要符合安全规定要求。

2. 施工现场应设置工程名称、建设单位、设计单位、监理单位、施工单位名称标牌，并有施工平面图、工程概况、安全纪律及有关安全规定等。

3. 划分管理区域，落实区域管理职责，坚持谁主管谁负责的原则。

4. 现场排水设施应全面规划，排水沟的截面及坡度应进行计算，其设置不得妨碍交通和周围环境。

5. 施工用和生活用临建房要严格按规定搭设，严禁私搭乱建，不得建在高压线路下方。

（二）道路运输

1. 制订中线干线工程区域内部和外部专用公路的交通安全管理细则，按规定设置道路交通安全标志，干扰较大的交叉路口应设岗指挥。

2. 施工现场通道不得任意挖掘或截断，如因工程需要，必须开挖时，有关部门应事先协调、统一规划，并采取可靠措施。

3. 中线干线工程区域内实行封闭式管理，凡在工程区域内行使和运输作业的车辆都必须遵守有关机动车辆安全管理规定。

4. 道路尽量布置成环形，路面应平整、压实，并高出自然地面，道路宽度和转弯半径符合规定要求。

（三）材料堆放

1. 现场材料、设备的堆放执行定置化管理，各种材料、设备及构件等都必须按施工平面布置图规定的地点，分类堆放整齐稳固；各类材料的堆放不得超过规定高度，严禁乱堆乱放，防止发生意外伤害事故。

2. 施工所用剩余器材、废料等要随时清理回收，并分类集中管理，做到工完料净场地清，保持现场的干净整洁。

3. 有毒有害物质及易燃易爆物品，应存放在严禁烟火的专用仓库，并设专人管理，建立管理制度，严格管理。

（四）安全设施

1. 安全设施如防护栏、防护罩、安全网，各种限制保险装置必须齐全有效，不得擅自拆除或移动。

2. 施工现场危险部位，应按规定设置明显标志和围栏，夜间应设红灯警示，严防伤亡事故的发生。

3. 施工机械设备的安全设施必须完备。

（五）特种设备

1. 施工作业涉及的特种设备包括锅炉、压力容器（含气瓶）、起重机械等。

2. 特种设备的选用、安装和拆除等工作必须由具备相应资质的单位实施。

3. 特种设备正式使用前，必须到当地特种设备监察机构登记，经审查批准并取得使用证方可使用。

4. 必须建立健全特种设备专门管理制度和档案、专人（取得特种作业证）管理、定期检验和维护保养。

5. 特种设备的安全防护设施和附件必须完备。

（六）防火

1. 编制施工组织设计时，应有消防安全要求、现场平面布置图、施工方法和施工技术，并符合消防安全规定。

2. 施工现场应明确划分用火作业、易燃材料的堆放、仓库、废品集中点的区域，并明确责任，提出要求，设置防火标志。

3. 施工现场应配备充足的消防器材和设施，如：消防水、消防栓、砂箱、铁锹、灭火器等。

4. 施工现场明火作业，必须执行审批制度，经有关部门批准后方可动火，并制定有效的防火措施。

5. 主体工程与永久建筑物，生产、生活与公用设施都应配备消防设施与器材，并配备与工程建设相适应的消防组织和人员，各施工单位应接受地方消防部门的监督检查。

6. 有消防要求的工程的竣工验收，应邀请地方消防主管部门参加，并按规定办理手续，方可开工和投入使用。

（七）爆破与防爆

1. 各施工单位应根据有关爆破规定和所承包工程的具体情况制订施工爆破安全管理办法，并实施于爆破作业的全过程。

2. 施工单位应根据工程的情况，制订爆破作业计划，主体工程和重要、特殊部位需爆破时应作出爆破设计，报监理单位审核，大型爆破作业应向有关部门办理申报手续。

3. 爆破作业必须按规定时间进行，确定警戒范围，明确警报信号，做到统一指挥、统一时间、统一信号、统一组织警戒。

4. 炸药、雷管、导爆索等火工器材必须从正规厂家和供货单位购买，为确保质量，要认真执行验收规定，使用时如发生炸药爆炸、雷管拒爆、导火索不传爆等事故时应做好记录，查明原因，妥善处理。

5. 监理单位应严格审批爆破方案和设计，督促使用单位进行火工器材质量的抽查和管理，加强爆破作业的现场检查与监督。

6. 对于爆破及引爆物品的储存、保管、运输及使用必须健全管理制度，严格按规定执行。

7. 现场施工用氧气、乙炔等气瓶的运输、存放、使用必须严格按有关规定执行，严防爆炸伤人。

（八）安全用电

1. 现场施工用电，必须整体规划，合理设计。变、配电及线路的布设要符合电气安全技术规程的要求，满足施工用电的需要。

2. 施工作业区及临时性工程的配电线路和设施，必须按规定设置和安装，不能保证安全距离的情况下要采取可靠的防护措施，增设屏障、遮拦等，并挂警告标志牌。

3. 对变电所、输配电及网络，要严格按电气安全施工与安全运行规章制度进行管理，确保安全可靠的供电，杜绝发生断电、触电事故。

4. 各种高大建筑、高大机具、重点部位，如：油库、炸药库、通讯站、变电所等必须装设避雷装置，采取有效的避雷措施，防止雷击事故的发生。

5. 施工现场的各种电气设备、电动机械、金属支架及平台，必须有可靠的接地或接零保护，接地或接零线应采用多股铜线，禁止使用独股铝线。

6. 在阴暗、潮湿或金属容器内工作时必须使用安全电压，非电工禁止从事电气作业。

（九）职业危害管理

1. 施工作业职业危害主要包括有毒有害物品、粉尘、噪声、振动、高低温、辐射、劳动组织不合理和环境不良等因素。

2. 对职业危害因素必须进行检测检验，超标的必须采取控制措施。

3. 难以控制的职业危害因素必须采取个体防护措施。

4. 对从事职业危害较重的作业人员应定期进行体检，发现问题及时治疗并调整岗位。

（十）女工和未成年工特殊保护

1. 未成年工指已满十六周岁不满十八周岁的作业人员。

2. 女工保护主要指经期、孕期、产期、哺乳期和更年期的保护。

3. 建立健全专门管理制度和档案。

4. 未成年工和女工不得从事标准规定的重体力劳动，不得超过规定的作业时间，不得从事规定的禁忌作业。

5. 应组织女工每年进行一次体检。

（十一）用水管理

1. 工程区域和生活区域内的水厂、供水主管网（含泵站），由用水单位委托专业化单位运行管理。供水支管、施工与生活用水，由各单位自行管理，但接受供水单位的监督。

2. 供水单位必须确保施工和生活用水的供应，并保证水源的卫生，严防水污染和中毒事件的发生，供水单位要接受地方环保、卫生部门的监督检查。

五、环境管理

1. 参建各单位应当遵守国家有关环境保护的法律规定，采取措施控制施工过程中的各种粉尘、废气、废水、固体废物及噪声、振动对环境的污染和危害。

2. 施工单位应采取以下防止环境污染的措施：

1）妥善处理泥浆水，未经过处理不得直接排入城市排水设施和河流；

2）不得在施工现场焚烧沥青或油毡、油漆等有毒有害物质；

3）采取有效措施控制施工过程中的扬尘；

4）禁止将有毒有害废弃物用作土方进行回填；

5）对产生噪声、振动的施工机械，应采取有效措施进行控制，减轻噪声扰民。

3. 对环境的污染不能控制在规定范围内的，建设管理单位应会同施工单位事先报请环境主管部门批准。

六、分包单位管理

1. 发包单位对分包单位的安全施工负有监督和指导的责任，必须将分包单位的安全管理列入本单位的重要议事日程，严禁以“包”代管，或以“罚”代管。

2. 发包单位在招用分包单位时，必须对其安全资质进行严格审查，未经资质审查或审查不合格的单位，严禁录用。

3. 分包单位安全资质审查内容主要有以下方面：

1）有关部门颁发的营业执照和施工资质证书原件；

2）经过公证的法人代表授权委托书；

3）由当地政府主管部门颁发的“安全生产许可证”和近三年安全施工记录；

4）安全施工的技术素质（包括负责人、工程技术人员和工人）及特种作业人员取证情况；

5）安全管理机构及其人员配备情况；

6）保证安全施工的机械、工器具及安全防护设施、用具的配备；

7）安全文明施工管理制度。

4. 发包单位应对分包单位的职工体检、安全教育、人员流动、遵纪守法、防护用品用具的配备和使用进行监督。

5. 发包单位与分包单位签订合同时，必须明确各自的安全责任，凡由分包单位责任造成的伤亡事故，应由分包单位承担全部经济损失。

6. 对分包单位必须实行安全工作与经济挂钩的管理办法，对管理混乱、野蛮施工、不服从发包单位的管理，事故多发的分包单位必须终止合同，限期退出并严禁重新录用。

七、安全施工措施

1. 工程项目的一切施工活动必须要有书面的作业指导书，作业指导书中必须要有安全施工措施专题，并在施工前对参加施工的所有人员进行交底。无措施或未交底，严禁施工。

2. 重要临时设施、重要施工工序、特殊作业、季节性施工，多工种交叉等施工项目的安全施工措施须经施工技术、安监管理等部门审查，总工程师批准后执行。

3. 重大的起重、运输作业、特殊高处作业及带电作业、爆破等危险作业项目的安全施工措施及方案，须经施工技术、机械管理和安监部门审查，经总工程师批准，办理相关作业票后执行。

4. 编制作业指导书及安全施工措施，应符合下列要求：

1）针对工程施工特点，指出危险点和重要控制环节与对策；

2）明确作业方法、流程及操作要领；

3）根据人员和机械（机具）配备，提出保证安全的措施；

4）针对施工环境和条件，提出安全防护和文明施工的标准和要求；

5）指出发生危险及紧急情况时的针对性预防和紧急措施。

5. 对于不认真执行安全施工措施或擅自更改安全施工措施的行为，一经检查发现，应对责任人进行严肃处理。

6. 对施工现场进行有效管理，防止无关人员进入。

安全生产检查管理制度

一、目的和依据

为加强生产（施工）现场的安全管理，发现并消除生产（施工）中存在的安全隐患和不安全因素，纠正各类违章现象，促进作业人员和管理人员认真履行安全职责，增强全员安全意识，及时了解安全生产动态，保障安全生产，根据安全生产法律法规和有关规定的要求并结合南水北调中线干线工程的安全生产特点制定本制度。

二、适用范围

本制度适用于南水北调中线干线工程各参建单位。

三、检查的组织与实施

安全生产检查包括日常性检查、阶段性检查、专业性检查、季节性检查及定期安全大检查。

1. 日常性检查：是指厂队、班组对施工责任区的检查，包括作业环境、安全设施、作业人员、机械设备、工器具及个人防护、施工通道、材料堆放等。施工单位专职安监人员每日巡查一次，施工单位领导不定期抽查。

2. 阶段性检查：是指施工单位根据工程各个不同施工阶段的特点或专项业务管理需要，由施工单位不定期进行的安全检查；建设管理单位和监理单位根据需要进行监督检查。

3. 专业性检查：是针对某一个专业设施及工种的专门检查。如起重机械、施工用电、压力容器、脚手架搭设等。由施工单位实施检查；建设管理单位和监理单位根据实际需要实施检查。

4. 季节性检查：是指工程建设项目有关单位组织的根据不同季节开展的安全检查。如：防寒防冻、防暑降温、防汛及恶劣天气的安全检查。进入夏季、雨季和冬季之前由施工单位实施检查；建设管理单位和监理单位根据实际需要实施检查。

5. 定期安全检查：南水北调中线干线工程建设管理局每半年组织一次有关单位和部门参加的安全大检查，工程建设部具体组织实施；建设管理单位应每季度组织一次安全检查，由建设管理单位组织实施；监理、施工单位每月至少组织一次检查。负责组织的单位行政领导应亲自主持并参加，应邀请同级工会负责人参加检查。

四、一般安全检查内容

1. 查领导：是否坚持“安全第一、预防为主”的安全生产方针；是否把安全工作列入重要议事日程并付诸实施；是否做到“计划、布置、检查、总结、评比”生产的时候，同时计划、布置、检查、总结、评比安全工作。

2. 查管理：各项安全管理制度是否得到落实，安全管理的台账、记录是否齐全；安全技术措施的编制和交底是否有针对性并执行；安全生产管理系统是否正常发挥作用；安监部门的安全管理和安全监察是否到位，并尽职尽责。

3. 查隐患：施工现场存在哪些事故隐患，有哪些违章违纪现象；安全防护设施及安全标志的设置是否齐全可靠；是否做到了文明施工。重点是人的不安全行为、物的不安全状态、环境的不安全因素。

4. 查事故处理：发生事故后是否按规定进行调查、分析、处理、统计和上报，有无瞒报、谎报或拖延不报的现象；事故调查处理是否实事求是、原因分析是否准确、责任是否明确、整改措施是否有效。

五、结合工程实际重点检查内容

1. 安全管理机构是否健全，专职安监人员是否按规定配齐。

2. 安全管理资料和管理制度是否健全和完善。

3. 各类作业人员的遵章守纪情况。

4. 各类作业人员安全知识和技能水平及安全教育培训效果。

5. 各种安全检查发现的隐患是否及时处理和整改。

6. 在制定施工方案时，是否制定了有针对性的安全技术措施，实施前是否进行了安全交底。

7. 施工现场的安全防护设施是否齐全、可靠、有效、有无隐患。

8. 施工现场的临时用电设施，是否符合规范要求，电气元件有无破损残缺、有箱无锁、一闸多机现象。

9. 各种施工机械、机具的防护装置和漏电接地保护系统是否齐全有效。

10. 单位给施工人员是否配发了个人防护用品，如安全帽、安全带、防毒面罩、防护眼镜、手套等。

11. 易燃、易爆、有毒物品是否按规定保管和存放，是否健全了管理制度。

12. 重点部位、危险点是否制定了事故预防措施，配备了消防器材，消防器材是否摆放合理、可靠有效，有关部门人员是否熟练掌握消防技能。

13. 特种作业人员是否持证上岗。

14. 特种设备是否报有关安监部门备案，是否建立了档案，定期检查和日常维护保养情况。

15. 作业场所的文明施工是否做到了干净整洁，垃圾、废料是否及时清理；材料设备是否摆放有序。

16. 各种安全标志是否齐全、挂在明显部位、内容有针对性。

六、对检查中发现的问题的整改

1. 各类安全检查中发现的安全隐患，应如实进行登记，作为整改和备查的依据，同时为加强管理提供信息。

2. 一般问题，现场能解决的，立即整改。

3. 重大问题，发出隐患通知单，整改单位应按三定原则（定责任人、定期限、定措施）进行整改，按要求整改单位应填报《整改反馈单》报原检查单位，申请复查。原检查单位收到《整改反馈单》后，应及时组织复查。

4. 各级安监部门应执行检查、整改、复查、销案制度，各项记录和资料应保存齐全，建立台账。

事故调查处理和应急管理制度

一、目的和依据

为规范南水北调中线干线工程各类事故的报告、调查、分析、处理和统计工作，保证工程建设中各类事故及时上报、调查和处理，维护国家和职工生命财产的安全。根据《中华人民共和国安全生产法》、《企业职工伤亡事故报告和处理规定》、《特别重大事故调查程序暂行规定》、《国务院关于特大安全事故行政责任追究的规定》和《企业职工伤亡事故调查分析规则》（GB 6442—86）、《企业职工伤亡事故分类标准》（GB 6441—86）等有关法律法规和标准的要求，制定本制度。

二、适用范围

南水北调中线干线工程参建各方在生产过程中发生的人身伤害事故、设备事故和火灾事故。

三、总则

1. 参与工程建设的各单位应制定事故调查、处理管理制度和应急预案，对发生的事故及时报告、调查、分析和处理，采取纠正和预防措施，防止类似事故重复发生。

2. 伤亡事故的报告、统计、调查和处理工作必须坚持实事求是、尊重科学的原则，严禁弄虚作假、谎报、瞒报。

四、事故等级划分

南水北调中线干线工程施工中发生的事故分为人身伤害事故和非人身伤害事故，非人身伤害事故分为设备事故、火灾事故。

1. 人身伤害事故划分

轻伤事故：指一次事故中只发生轻伤的事故，指损失工作日 1 日至105 日的事故。

重伤事故：指一次事故中发生的重伤（包括伴有轻伤）、无死亡的事故。

一般伤亡事故：指一次死亡 1～2 人（多人事故时包括轻伤和重伤）的事故。

重大伤亡事故：指一次死亡 3～9 人的事故。

特大伤亡事故：指一次死亡 10 人以上（含 10 人）的事故。

特别重大事故：指一次死亡 50 人以上（含 50 人）的事故。

2. 非人身伤害事故分类

一般事故：指一次事故直接经济损失（不扣除保险公司赔偿，下同）1 万元以上，10 万元以下（不含 10 万元）的事故；

较大事故：指一次事故直接经济损失 10 万元以上，100 万元以下（不含 100 万元）的事故；

重大事故：指一次事故直接经济损失 100 万元以上，1000 万元以下（不含 1000 万元）的事故；

特大事故：指一次事故直接经济损失 1000 万元以上的事故。

五、事故报告和现场处置

1. 发生事故后，事故发生单位应在 12 小时内上报主管单位，并同时上报监理单位，主管单位或监理单位在接到报告后 4 小时内上报建设管理单位，建设管理单位在接到报告后 4 小时内上报中线建管局，中线建管局在接到报告后 4 小时内上报国务院南水北调工程建设委员会办公室。

发生人身伤害重大伤亡事故、特大伤亡事故、特别重大事故或非人身伤害重大事故、特大事故，各单位必须快速电话逐级上报，随后按程序上报。

2. 事故报告内容应包括事故发生的时间、地点、单位；事故简要经过、伤亡人数和事故情况及经济损失初步估算；发生原因的初步判断；事故发生后采取的措施及事故控制情况。

还应说明报告人姓名、单位、联系电话等。

3. 在报告的同时，应立即启动事故应急预案，按规定采取应急措施。

4. 事故发生后，事故单位负责人应立即组织救护受伤人员、实施应急措施防止事故蔓延、组织非应急人员撤离现场，并负责对事故现场实施保护。

5. 任何人不得擅自移动和取走现场物件。因抢救人员和国家财产，防止事故扩大需移动现场物件时，必须做出标志，绘制现场事故图，摄影或录像并做详细说明。

六、事故调查职权

1. 中线建管局所属人员发生轻伤事故，由工程建设部组织事故调查；重伤事故和较大以上非人身伤害事故由主管安全生产工作的副局长领导，工程建设部组织事故调查。

2. 建设管理单位所属人员发生轻伤事故，由建设管理单位组织调查；重伤事故和较大以上非人身伤害事故由主管安全生产工作的副局长领导，工程建设部组织事故调查，建设管理单位协助。

3. 其他参与工程建设的各单位发生的轻伤和重伤事故及非人身伤害事故由发生事故的具备法人资格的生产经营单位负责调查，并将事故报告和统计报表按有关规定上报。

4. 发生一般伤亡以上的事故，由所在地政府安全生产监督管理部门调查，相关单位协助。

5. 设备事故的调查处理，由设备主管部门会同安全生产管理部门和有关工程技术等部门进行。

6. 火灾事故调查处理，由消防主管部门会同安全生产管理部门和有关工程技术等部门进行。

七、事故调查和分析

（一）成立事故调查组

事故发生后，为迅速查明事故原因，处理事故责任者和教育群众，保证尽快恢复生产，应根据事故严重程度的不同，组成相应的事故调查组。

1. 事故调查组设组长1名，副组长2~3名。组长由负责组织事故调查部门派员担任，负责主持事故调查工作。调查组成员应包括安全、技术、设备、工会及其他相关单位或部门的人员。

2. 调查组成员应符合下列要求：

（1）具有事故调查所需要的一方面专长；

（2）与所发生事故没有直接利害关系；

（3）有较强的分析和判断能力；

（4）具有客观公正、认真负责、实事求是的品德；

（5）知识面要广，实践经验丰富。

3. 事故调查组的职责

（1）组织技术鉴定；

（2）查明事故发生的原因、过程、人员伤亡及财产损失情况；

（3）查明事故的性质、类别及责任单位和主要责任者；

（4）提出事故处理意见和防范措施的建议；

（5）写出事故调查报告；

（6）事故调查人员有权向发生事故的单位、部门和有关人员了解发生事故的情况，并索取有关资料。任何单位和个人不得拒绝，并如实反映情况，不得隐瞒事实，更不得出具伪证、破坏现场或阻挠事故的调查。

（二）事故调查

通过调查，掌握事故情况，查明事故原

因，分清事故责任，制定整改措施。事故调查主要包括如下内容：

1. 调查事故的发生时间、地点、季节、气候、经过、原因、损失情况。

2. 调查伤亡人员姓名、性别、年龄、工种、工龄、工资、级别、职称职务、伤势部位、死亡原因；受过何种安全教育、技术培训。

3. 调查人证、物证、旁证，了解事故前的情况，有无预防事故的措施，事故中的变化，事故后的状况。

4. 调查方法

（1）现场勘察：保护与事故现场有关的物体、痕迹、状态，并做好记录：采用照相和录像方式，保存事故现场视频资料；绘制事故现场图、工艺流程图、设备结构图。

（2）物证搜集：对损坏的物体、部件、碎片、残留物、致害物进行收集和标记。

（3）在现场搜集到的物件均应贴上标签，注明地点、时间、管理者，所有物件要保持原样，不准冲洗、擦拭。

（4）对健康有害的物品，应在不损坏原始证据的前提下，采取安全防护措施。

（5）人证材料收集，尽快收集证人口述材料，了解事故的经过。

（6）背景材料的收集，发生事故当天的工作程序、活动情况；操作者的动作、位置、过去有否事故记录；设备、设施、材料的性能、质量、设计资料、技术文件、工作指令、规章制度的执行情况、工作环境状况；个人防护措施及出事前的健康状况。

（7）采样分析：采集发生事故设备、管线及空间的残余气体、液体及火灾和爆炸的残留物等，对其进行分析。

（三）事故分析

1. 整理和分析有关现场调查材料。

2. 确定事故发生的时间、地点、经过、性质、起因、致害物、人员伤害方式、不安全行为、状态和环境影响等。

3. 确定事故的直接原因和间接原因，应从直接原因入手，深化到间接原因，掌握事故的全部原因，再分清主、次，进行责任分析。

4. 确定事故的责任者，根据事故调查所确认的事实，通过对直接原因和间接原因的分析，找出事故直接责任，确定主要责任和次要责任。

（四）对事故责任者提出处理建议

在事故责任分析清楚后，应根据事故的性质和后果的严重程度以及事故责任者所应负责任的大小提出具体处理意见。

对事故责任者的处理应持慎重态度，对于确因玩忽职守、强令违章冒险作业等所造成的重大伤亡事故的责任者，应提请司法部门追究其刑事责任。

（五）提出防止事故重复发生的措施

通过对事故的调查和分析结果，根据事故中暴露出的隐患和管理上的问题，对事故单位提出防止类似事故重复发生的整改措施建议、要求。措施的内容要具体，有针对性，每项措施都应有具体执行人、负责人和措施执行情况的检查人，并规定整改期限，认真组织实施。

（六）事故调查报告

事故调查组在对所发生的事故进行全面调查分析后，应由调查组组长组织编写事故调查报告，事故调查报告应包括如下内容：

1. 事故的基本情况：包括单位名称、行业经济类型、隶属关系、发生事故的日期、类别、地点、伤亡人数、伤亡人员情况、经济损失、事故等级等；

2. 事故经过；

3. 事故原因分析，包括直接原因、间接原因；

4. 事故的纠正与预防措施建议；

5. 事故责任分析；

6. 事故责任者及对责任者的处理意见；

7. 调查组成员名单及调查组成员签字表；

8. 附件（包括影像资料、技术鉴定报告和图表资料）。

（七）事故的处理

1. 事故处理必须坚持事故原因没查清不放过、事故责任者没有严肃处理不放过、责任者和群众没有受到教育不放过、防范措施没有落实不放过的“四不放过”原则。

2. 事故调查组提出的防范措施建议由发生事故的单位实施落实；事故责任者由发生事故的单位和其主管单位（部门）负责处理。

3. 因忽视安全生产、违章指挥、违章作业、玩忽职守或存在事故隐患，而不采取有效措施以致造成伤亡事故的由上级主管部门按有关规定对有关责任人给予行政处分，构成犯罪的，由司法机关依法追究刑事责任。

4. 违反规定，在伤亡事故发生后隐瞒不报、谎报、故意拖延不报、故意破坏事故现场，或无正当理由拒绝接受调查及拒绝提供有关情况和资料的，由有关部门按国家有关规定，对单位负责人和直接责任人给予行政处分；构成犯罪的由司法机关追究刑事责任。

5. 在调查处理伤亡事故中玩忽职守、徇私舞弊或者打击报复的，由其所在单位按照国家有关规定，给予行政处分：构成犯罪的，由司法机关追究刑事责任。

6. 伤亡事故处理工作应当九十日内结案，特殊情况不得超过一百八十日。伤亡事故处理结案后，应当公开宣布处理结果。

（八）事故结案归档材料

当事故处理结案后，以下事故资料应归档管理：

1. 职工伤亡事故登记表；

2. 事故调查报告；

3. 批复文件和事故处理有关材料；

4. 纠正与预防措施的实施和验证材料；

5. 有关事故的通报、简报及文件。

八、事故统计

1. 工程建设部负责统计南水北调中线干线工程施工过程中发生的各类事故。

2. 施工、设计、监理等单位负责统计各自承包的工程、项目及本单位所有施工人员、管理人员（包括全民、集体、合同、临时、农民工等）在施工过程中发生的事故。

3. 中线建管局、建设管理单位，分别负责统计本单位及所管辖部门发生的事故。

九、事故调查报告的报送

1. 死亡、重伤事故调查报告，按表五的要求填写。

2. 施工单位的死亡、重伤调查报告除报本系统上级单位、地方安全生产监督管理部门外，应上报工程监理单位，监理单位审查并签署意见后，报送建设管理单位。

3. 设计、监理等单位的死亡、重伤事故报告，应上报主管单位，当地安全生产监督管理部门、建设管理单位。

4. 中线建管局接到重大以上事故的报告，应及时上报南水北调工程建设委员会办公室。

十、事故统计报表的报送

1. 伤亡、设备、交通事故统计报表按表一、表二、表三、表四、表六填写。

2. 报表的报送程序与时间

（1）施工单位的月报表于次月 2 日前报送监理单位，经监理单位审核后，于次月 4 日前转报建设管理单位、工程建设部，半年报表于 7 月 2 日、4 日按月报程序报送，年报表于次年 1 月 4 日、6 日按月报表程序报送；

（2）建设管理单位、监理单位、设计等其他合同单位的月、半年和年报表，分别于次月 4 日、7 月 4 日和次年 1 月 6 日报送工程建设部。

十一、应急管理

（一）应急组织及职责

1. 各级组织应建立相应的应急指挥系统，并明确有关部门的职责。

2. 各级组织应建立应急指挥中心，负责事故、紧急状况和灾害发生时的应急处理及抢险救灾的指挥工作，指挥中心的职责应包括以下内容：

（1）组织制定、修改、完善企业的应急预案；

（2）发生事故、紧急状况和灾害时，负责组织、指导、协助进行应急处理；

（3）掌握险情事故、紧急状况和灾害发生的情况，及时向有关领导汇报，确定险情对策，并向有关单位通报；

（4）负责应急力量的调配，应急物资准备，定期组织应急培训和演习。

3. 有关部门职责

（1）工程建设部门是应急指挥中心，负责应急救援工作的指挥协调，其他相关部门协助。

（2）负责保卫工作的部门负责紧急状态下救灾现场的警戒，管理交通运输，紧急疏散有关人员。

（3）消防部门负责现场火灾扑救。

（4）医院、急救中心负责伤员的救护和治疗。

（5）物资供应部门负责应急救援物资的运输供应。

（二）应急预案的编制要求

1. 所有生产（施工）要害部位、重大危险源和危险设施、危险作业及可能发生重大人身、设备、环境污染等事故场所，都应编制应急预案。

2. 灾害事故应急预案应由中线建管局和建设管理单位制定。生产事故应急预案由建设管理单位、施工单位制定，并报上级主管部门批准。

3. 应急预案应充分考虑危害事故发生后的相互影响和可能引起的连锁反应。

（三）应急预案的内容包括

1. 评估潜在事故危险的性质、规模及紧急状态发生时的可能后果。

2. 制定与外部机构联系的计划、方案，包括与紧急救援服务机构的联系。

3. 救援设施及内外报警和通信联络的方法、步骤。

4. 应急指挥中心（部）的地点和组织网络。

5. 应急救援及控制措施，包括抢险和救护等。

6. 在紧急情况下现场人员的行为，包括人员疏散、撤离、警戒、隔离计划等。

7. 应急预案所需的资源（人、物资、设备等）获得的渠道和方式。

8. 应急设备、物资。

（1）电话、无线电和其他通信设备的准备；

（2）安全检测仪器；

（3）个人防护和其他救护设备；

（4）消防设施、器材及材料；

（5）照明设施及破拆工具；

（6）其他抢险救灾所需物资。

9. 应急资料。

（1）现场示意图；

（2）存放危险物质的地点；

（3）安全设施的位置；

（4）消防系统和附加水源；

（5）污水和排水系统；

（6）场区道路和出口；

（7）装置与周围居民区的关系图；

（8）危险救灾人员的地址及联络方式；

（9）生产（施工）现场的承包负责人名单；

（10）地方医疗、消防服务机构的地址、电话及其他联系方式。

（四）应急预案的审批与检查

1. 应急预案制定后，应由预案实施单位负责人批准，并报上级应急指挥中心备案；

2. 应急预案一经批准，应急指挥部门应确保应急预案实施范围内的每个员工和外部应急服务机构的有关人员熟悉和了解。

3. 应急指挥部门应对应急预案进行必要的检查，其内容有：

（1）通讯系统是否能正常运行；

（2）各种救护设施（用品）是否齐备、有效；

（3）疏散、撤离步骤是否适宜；

（4）事故处置人员能否及时到位；

（5）相关人员的行为能否满足应急预案要求；

（6）救援物资是否储备充足，品种齐全，保管完好，设备、设施是否处于完好备用状态。

（五）应急培训与演练、评估与修订

为确保有关人员熟悉、了解应急预案，有效响应紧急状况，应急指挥部应认真组织应急预案的培训与演练。

1. 应急预案的培训按有关安全教育培训规定执行。

2. 应急预案的演练一般半年进行一次。

3. 每次演练后，应对该预案是否全面检验进行确认并找出不足和缺陷。

4. 对应急预案存在的缺陷进行必要的修改，以适应应急管理需要。

5. 修改后的应急预案应及时通知有关部门和人员。

（六）应急事件的报告

1. 当紧急事件发生时，发现人应立即向有关部门报警，同时按应急预案进行应急处理。

2. 各单位接到应急报告后，指挥部门应立即启动应急预案，根据事故情况采取应急措施，防止事故扩大，同时向上一级应急指挥中心汇报。

3. 应急指挥中心应根据灾情的情况，做出具体处理和抢险救灾工作安排。

南水北调中线干线工程职工伤亡事故月（年）统计表（表一）

填报单位：　　　　　　　　　　　　　　　　　　　　　　　　　　　年　月

类别 / 项目名称	职工平均人数（人）				伤亡事故件数（件）					伤亡人数（人）							职工千人负伤率‰	其中：			直接经济损失（元）
	总计	其中：本单位职工	其中：民工	其中：其他	总计	重大以上事故	一般事故	重伤事故	轻伤事故	总计	死亡	重伤	轻伤	其中：非本单位职工 死亡	其中：非本单位职工 重伤	其中：非本单位职工 轻伤		死亡	重伤	轻伤	
合　计																					
本月施工总产值																					

单位负责人：　　　　部门负责人：　　　　制表人：　　　　报出日期：　　年　月　日

南水北调中线干线工程职工伤亡事故月（年）统计表（表二）

填报单位： 年 月

事故类别	事故件数	伤亡合计（人）			技术和设计上有缺陷			设备、设施工具、附件有缺陷			安全设施缺少或有缺陷			生产场地环境不良			个人防护用品缺少或有缺陷			没有安全操作规程或不健全			违反操作规程或劳动纪律			劳动组织不合理			对现场工作缺乏检查或指挥错误			教育培训不够、缺乏安全操作知识			其他		
		死亡	重伤	轻伤	死亡	重伤	轻伤	死亡	重伤	轻伤	死亡	重伤	轻伤	死亡	重伤	轻伤	死亡	重伤	轻伤	死亡	重伤	轻伤	死亡	重伤	轻伤	死亡	重伤	轻伤	死亡	重伤	轻伤	死亡	重伤	轻伤	死亡	重伤	轻伤
总计																																					
物体打击																																					
提升、车辆伤害																																					
机械伤害																																					
起重伤害																																					
触电																																					
淹溺																																					
灼烫																																					
火灾																																					
高处坠落																																					
坍塌																																					
冒顶片帮																																					
透水																																					
放炮																																					
火药爆炸																																					
其他爆炸																																					
中毒和窒息																																					
其他伤害																																					

单位负责人： 部门负责人： 制表人： 报出日期： 年 月 日

南水北调中线干线工程设备事故月（年）统计表（表三）

填报单位： 年 月

序号	事故发生时间	事故发生地点	设备及类型	相关人员	事故简要经过（含设备损坏情况、人员伤亡情况）	事故等级	经济损失
1							
2							
3							
4							
5							

单位负责人： 部门负责人： 制表人： 报出日期： 年 月 日

南水北调中线干线工程交通事故月（年）统计表（表四）

填报单位：　　　　　　　　　　　　　　　　　　　　　　　　　　年　月

序号	事故时间	事故地点	车牌号及车辆类型	相关人员	事故简要经过（含车辆损坏情况、人员伤亡情况）	事故等级	经济损失
1							
2							
3							
4							
5							

单位负责人：　　　　部门负责人：　　　　制表人：　　　　报出日期：　　年　月　日

南水北调中线干线工程人身伤亡事故调查报告书（表五）

1. 单位详细名称：________________（盖章）
   地址、电话：________________
2. 业别________________分级隶属关系：（中央、省、市、县）
   直接主管部门________________
3. 事故日期：______年______月______日______时______分
4. 事故地点：______
5. 事故类别______主要原因分析________________
6. 这次事故情况：死亡______人　重伤______人　轻伤______人

姓名	伤害情况（死、重、轻）	工种及级别	性别	年龄	本工种工龄	受过何种安全教育	估计财产损失	附注

7. 事故经过和原因；
8. 预防事故重复发生的措施，执行措施的负责人、完成期限，以及执行情况的检查人；
9. 对事故的责任分析和对责任者的处理意见；
10. 参加调查的单位和人员：姓名、职务、职称；
11. 附件清单（包括图纸、资料、原始记录、笔录、试验和分析计算资料、事故照片、录像等）。
    单位负责人________________部门负责人________________

______年____月____日

南水北调中线干线工程伤亡事故登记表（表六）

单位名称：________________发生事故地点________________

发生事故日期：______年___月___日___时___分

事故类别：__________主要原因分析__________

姓名	伤害情况（死、重、轻）	工种及级别	性别	年龄	本工种工龄	附注

事故经过和原因：

预防事故重复发生的措施：

单位负责人：　　　　部门负责人：　　　　制表日期：　　　　年　月　日

南水北调中线干线工程质量管理办法（试行）

2005 年 1 月 5 日
（中线局工［2005］3 号）

第一章　总　　则

第一条　为加强南水北调中线干线工程（以下简称中线干线工程）质量管理，明确工程参建各方职责，保证工程质量，依据国务院《建设工程质量管理条例》和国务院南水北调工程建设委员会办公室（以下简称南水北调办）颁发的相关规定，结合中线干线工程特点，特制定本办法。

第二条　中线干线工程质量管理贯彻“百年大计，质量第一”和“质量管理，预防为主”的总方针。加强组织措施和技术措施，防止质量事故。当质量与工期、成本和经济利益发生矛盾时，必须把保证工程质量放在第一位。

第三条　中线干线工程质量管理目标是，参建各方严格履行合同责任，达到合同规定的质量要求，把中线干线工程建设成为世界一流工程。

第四条　中线干线工程质量管理，依据国家及行业颁布的质量管理法规、现行技术规程规范和标准，以及合同规定的质量标准、技术文件及其他相关条款。

第五条　中线干线工程质量管理是对全干线所有建设实施阶段实行的全过程、全面的质量管理。

第六条　中线干线工程质量管理，实行项目法人负责、监理单位控制、设计、施工及其他参建方保证、政府监督相结合的质量管理体系。

第七条　本办法适用于中线干线工程建设所有参建方。

第二章 参建各方职责

第八条 建设管理单位、设计单位、施工单位、工程监理单位依法对建设工程质量负责，各参建单位第一领导是工程质量的第一责任人。

第九条 南水北调中线干线工程建设管理局（以下简称中线建管局）职责

中线建管局是中线干线工程建设的项目法人，对整个南水北调中线干线工程质量负责，其主要职责：

（一）贯彻落实国家及行业主管部门颁发的工程质量管理的法律法规，督促检查《南水北调中线干线工程质量管理办法》的实施，收集实施中的情况和意见。

（二）制定中线干线工程质量管理办法及奖惩细则。

（三）监督、检查、指导建设管理单位、监理单位和施工单位的质量管理工作，定期组织在建工程质量检查。

（四）组织或参加质量事故的调查处理、验收工作。

（五）组织或参加工程验收和工程的安全鉴定工作。

（六）接受国家有关部门及质量监督机构的检查。

第十条 建设管理单位职责

依据合同或授权，对承担的建设管理项目工程质量负全面管理责任，其主要职责：

（一）建立健全建设管理单位的工程质量管理体系，负责监督检查参建各方建立健全质量检查和保证体系。

（二）监督检查监理、设计、施工等单位在合同中承诺投入的技术力量、设备、人力和有关人员的任职资格等落实情况，并进行资质或资格审查，防止无质量保证能力的设计、施工、监理、材料和设备供应商参与竞标。

（三）督促设计单位按时提交满足质量要求的设计图纸和文件。

（四）监督检查监理单位对施工单位在施工全过程中的质量控制工作，做到事前审批、事中监督、事后把关。

（五）组织审查施工单位报送的重要建筑物的施工组织设计。

（六）对工程施工中所有原材料、半成品、成品以及施工设备、永久设备质量适时组织抽检或者出厂验收。

（七）负责组织招标文件的编制，在合同文件中明确工程、工程材料及设备等的质量标准及合同双方保证工程质量的责任和义务。

（八）定期组织开展工程质量检查及考核评比活动，及时通报检查和考核情况。

（九）定期对工程质量情况进行统计、分析与评价，并向中线建管局报告。

（十）组织或参加工程质量事故的调查处理和工程的安全鉴定等工作。

（十一）组织单位工程验收，参加阶段验收和竣工验收。

（十二）接受上级有关部门和中线建管局的质量监督。

第十一条 设计单位职责

设计单位对所承担的工程设计质量负责，其主要职责：

（一）建立、健全质量保证体系。

（二）实行项目管理设总负责制，严格设计成果校审制度，保证供图进度和质量。

（三）在设计文件和招标文件中，明确设计意图以及施工、验收、材料、设备等的质量标准。

（四）做好施工地质等工作。

（五）及时进行设计交底，做好现场技术服务工作。

（六）及时研究处理参建各方发现并提出的设计问题。

（七）参加工程质量事故调查、处理和验收工作。

（八）参加有关单位组织的工程质量检查、工程验收和工程安全鉴定工作。

第十二条 监理单位职责

监理单位对工程质量负监督和控制责任，其主要职责：

（一）审查招标设计，参与工程招标工作。

（二）负责审查、复核、签发设计单位提供的设计图纸及文件（含设计变更）。

（三）组织设计交底工作。

（四）审查施工单位的质量保证体系，督促施工单位进行全面质量管理。

（五）审查批准施工单位报送的施工组织设计。

（六）检查用于工程的设备、材料和构配件的质量。

（七）采取旁站、巡视或平行试验等形式对施工工序和过程的质量进行监控。

（八）及时向建设管理单位报告工程质量事故，组织或参加工程质量事故的调查、事故处理方案的审查，并监督工程质量事故的处理。

（九）定期向建设管理单位报告工程质量情况，对工程质量情况进行统计、分析与评价。

（十）参加工程安全鉴定工作。

（十一）组织分部工程验收，参加单位工程、工程阶段验收和竣工验收工作。

第十三条 施工单位职责

施工单位对承包工程项目的施工质量负直接责任，监理单位、建设管理单位或者中线建管局的工程质量检查签证与验收不替代也不减轻施工单位对施工质量应负的直接责任。施工单位主要职责：

（一）建立健全质量保证体系，加强施工人员的岗位技术培训、质量意识教育。

（二）施工组织设计中，必须明确制定保证施工质量的技术措施。

（三）按施工规程规范及合同规定的技术要求进行施工，规范施工行为，严格质量管理，严格实施保证施工质量的技术措施。

（四）设立满足现场需要的工地试验室。

（五）按合同规定对进场工程材料及设备进行试验检测、验收，保证试验检测数据的及时性、完整性、准确性和真实性。

（六）定期向监理单位报告工程质量情况，对工程质量情况进行统计、分析与评价。

（七）及时向监理单位报告工程质量事故，提供质量事故的分析报告，并实施工程质量事故的处理。

（八）配合做好工程验收和工程安全鉴定工作。

（九）接受建设管理单位、监理单位和政府质量监督机构对施工质量的检查监督，并予以支持和积极配合。

第十四条 材料、设备供应商职责

材料、设备供应商按合同规定对其提供的产品质量负责，其主要职责：

（一）建立健全质量保证体系，明确制定保证产品质量的技术措施。

（二）按行业规程规范及合同规定的技术要求进行加工制造，严格质量管理，严格实施保证供应产品质量的技术措施。

（三）接受并配合监理单位的随机抽检及驻厂监造工作。

（四）产品出厂时，必须提交相应的出厂证明、产品合格证及质量检验报告。

（五）配合做好有关方组织的出厂验收。

（六）做好产品的售后服务工作。

第三章 设计质量管理

第十五条 设计单位必须全面履行设计合同及供图协议中有关保证设计质量、供图进度、现场技术服务的职责，满足工程质量与施工进度要求。

第十六条 设计中提倡采用新工艺、新技术、新材料、新设备，但必须进行技术经济论证，并充分考虑当前施工水平对工程安全的影响。

第十七条 招标设计和施工图设计应按照国家批准的中线干线工程初步设计确定的原则进行。

（一）工程招标设计的内容应包括：招标工程项目与范围、总体布置及相关图纸、主要结构型式、主要布置、主要结构配筋图及设备选型、施工程序与主要施工方法、进度安排与控制性工期、主要技术要求与主要技术标准、总工程量与分项目工程量明细、分标建议与招标进度安排等项内容。

（二）工程施工图设计，应在具体结构型式及设备选型、施工的技术质量要求、施工难度、工程量等方面与招标设计相一致，避免与承包合同（或设备制造采购合同）产生较大或重大变更。

第十八条 设计审查及设计图纸、文件的签发

（一）设计单位提交的图纸、文件必须有严格的审查和审签手续。

（二）建设管理单位依照合同接受设计单位报送的图纸后，经审查签发监理单位，监理单位应在合同规定期限内进行审查，然后签发施工单位。未经监理单位审签并加盖公章的设计文件、图纸不得作为施工的依据。

（三）施工单位必须对签收的设计文件、图纸、变更通知进行认真核对后方可施工，对于施工过程中发现的设计文件、图纸、变更通知中的问题，报监理单位复查。

第十九条 设计的修改与变更

（一）设计单位应提高设计质量，切实保证初步设计、招标设计、施工图设计各阶段的设计工作质量和设计深度，并使各阶段的设计成果能够紧密衔接，避免因设计工作质量问题而造成的设计修改与变更。

（二）当工程规模、工程总布置、主要建筑物形式、安全设防标准、施工度汛标准及其他涉及工程安全的重大问题，与国家审定的初步设计原则有重大变更时，必须由中线建管局组织设计单位编制相应的设计文件报初步设计批复部门审查批准；与工程招标文件和合同出现重要设计变更时，设计单位应将变更文件报中线建管局，由中线建管局组织有关各方审核；一般设计变更，设计单位将变更文件直接报建设管理单位，由其组织有关单位审核。

（三）施工图设计与招标设计原则发生较大变化时，应事先报中线建管局。

第二十条 设计优化

（一）工程设计优化，必须保证工程质量。

（二）设计单位应认真听取各方提出的设计优化及其变更的建议，并加以论证，积极采纳合理化建议，并对采纳建议后的设计质量负责。

第二十一条 现场设计代表机构应专业配套，人员相对稳定，适应现场施工对设计的需要，并对设计问题及时做出决策。

第二十二条 实行设计质量保留金制度，保留金的数额按合同规定执行。

第四章 工程主要材料和设备质量管理

第二十三条 材料和设备的采购必须通过招标方式确定满足资质等级和具有质量保证能力的供货厂家。

第二十四条 施工单位应对进场的工程材料及时按批量抽样试验检测，并将试验检测成果及采购单位提交的产品资料报监理单位，监理单位应进行抽样检测、审查签认。对试验检测数据有异议时，报建设管理单位组织重新抽检并最终确定。

第二十五条 监理单位的抽样检测、审查签认不减轻、不替代施工单位对工程质量应负的责任。

第二十六条 设备进场后由监理单位组

织有关各方进行交接验收。

第二十七条 材料、设备的供应商应按照合同规定，负责材料、设备的检验检测、监造和出厂验收工作。

第二十八条 材料、设备制造商在产品加工制造过程中，严格执行行业规程规范及合同规定，强化质量检验检测制度，保证产品质量。

第二十九条 设备的监造、出厂验收、交接验收不减轻、更不替代设备制造商应负的质量责任。设备安装调试及运行中经监理单位确认为设备制造质量问题，由供应商责成制造商予以处理。

第五章 施工质量管理

第三十条 施工准备的质量管理

（一）施工单位必须在施工组织设计中明确质量保证体系报监理单位审查批准。

（二）施工单位应当对施工场地、施工道路、施工机械设备和人员、材料、水电供应等的准备情况认真检查落实。

（三）施工单位必须做好试验工作，确定优化施工及质量控制的参数，提出工艺试验报告，报监理单位批准。

第三十一条 施工过程的质量管理

（一）施工单位必须严格按合同规定的质量标准、监理单位签发的设计图纸和文件以及批准的施工方案组织施工。

（二）用于施工的工程材料、设备，必须经监理单位检查签证。

（三）施工单位应教育、约束、监督各级施工人员规范施工行为，严格按照施工规程规范及合同规定进行施工。专业性、技术性强，对工程质量影响大的工种必须由技术考核合格取得资格的人员持证上岗。

（四）施工单位应严格工序管理，制定并认真实行工序交接检查签证制度，上道工序不合格不得进入下道工序。

（五）施工单位应充分保证隐蔽工程的质量，严格控制并主动报请监理单位全过程监控，在施工单位自检和监理单位复检确认隐蔽工程质量符合要求之前不得进行下道工序。

（六）施工单位应按合同规定建立工地试验室，试验人员资质、试验设备必须报监理单位批准。

（七）施工单位必须按合同及有关规定的项目和检测频率对工程材料、半成品、成品的质量进行试验检测，施工单位对提交的试验成果的真实性、可靠性、代表性负责。

（八）施工单位在混凝土浇筑前应按合同及有关规程规范规定进行混凝土材料级配和配合比试验，确定合适的骨料级配参数和符合合同规定的混凝土配合比，并报监理单位审查批准。

（九）监理单位必须对工程材料和施工质量独立地进行监督性的抽样试验检测。

（十）监理单位应加强施工现场的监理工作，对施工的全过程进行全面的检查监督，对工程重要的部位和关键工艺过程进行旁站监理。

（十一）建设管理单位可以直接对任何施工项目或部位的工程材料、施工质量进行监督性的抽样检测。

（十二）施工单位应积极主动配合监理和建设管理单位进行的监督、检查、检测、检验等工作，任何单位和个人不得干扰或者阻碍。

第三十二条 施工质量检查签证与工程验收

（一）所有的施工质量检查与工程验收，均必须在施工单位按“三检制”自检合格并正式提出验收申请后进行。

（二）监理单位应及时对施工质量进行检查签证，按时组织分部工程的验收，参加单位工程、阶段验收和竣工验收工作。

（三）工程验收必须有设计单位参加，并

听取设计单位的意见。

（四）工程阶段验收、单位工程验收和合同项目竣工验收时，建设管理单位、监理、设计、施工、材料设备供应商等单位应在其提供的文件中，对工程质量进行详实的介绍和评价。

（五）参建各方应及时做好工程资料的收集、整理、建档工作，合同工程项目竣工验收后移交建设管理单位。

第三十三条 施工单位应定期（月、季、年）向监理单位报送施工质量统计报表（见表2、表3)，监理单位审核后报建设管理单位，各单位按要求汇总上报中线建管局。

第六章 质量评定工作的组织与管理

第三十四条 单元工程质量由施工单位组织评定，监理单位复核。

第三十五条 分部工程质量评定在施工单位自评的基础上，由监理单位复核，经建设管理单位审查后上报质量监督部门核备。

第三十六条 重要建筑物的分部工程，单位工程以及工程项目的质量等级，在施工单位自评的基础上，由监理单位复核，上报质量监督部门核定。

第七章 工程质量事故

第三十七条 工程质量事故分为一般质量事故、较大质量事故、重大质量事故、特大质量事故四类，具体划分标准详见表1。

第三十八条 工程质量事故的报告

（一）工程质量事故发生后，当事方应立即采取措施尽可能避免或者减轻损失和影响，初步判定事故类别，按事故发生方、监理单位、建设管理单位、中线建管局、南水北调办顺序上报。书面报告详见表4。

（二）一般工程质量事故，事故发生方应立即报监理单位、建设管理单位，在事故发生后8小时内再以书面报告事故情况；较大、重大和特大工程质量事故，应立即按程序逐级上报，事故发生后的12小时内再逐级以书面报告事故情况，中线建管局在事故发生后的48小时内书面报南水北调办；对突发性重大或特大事故，有关建设各方在初步了解事故情况后按程序即刻电话上报，随后以书面报告。

第三十九条 建设管理单位、监理、设计和施工单位应对工程质量事故的经过作好记录，并对事故现场进行拍照录像备查。

第四十条 工程质量事故调查

（一）工程质量事故调查权限：

1. 一般工程质量事故由建设管理单位组织设计、监理、施工等单位调查，调查报告报中线建管局；

2. 较大工程质量事故由中线建管局组织有关单位调查，调查报告报南水北调办；

3. 重大、特大工程质量事故由中线建管局报请南水北调办组织调查。

（二）工程质量事故调查的主要内容：

1. 事故发生的时间、地点、工程项目及部位；

2. 事故发生经过及事故状况；

3. 事故原因及事故责任单位、主要责任人；

4. 事故类别及处理后对工程的影响（工程寿命、使用条件）；

5. 对补救措施及事故处理结果的意见；

6. 提出事故责任处罚建议；

7. 今后防范措施意见；

8. 附件：事故取证材料等。

（三）工程质量事故调查应遵循“三不放过”的原则。

第四十一条 工程质量事故的处理

（一）工程质量事故处理方案，应在事故发生主要原因查清的基础上，按以下规定实施：

1. 一般工程质量事故，由建设管理单位组织监理、设计、施工等单位共同制定处理方案并实施，报中线建管局备案。

2. 较大工程质量事故，由中线建管局组织专家及有关单位共同制定处理方案后实施。

3. 重大及特大工程质量事故，由中线建管局组织有关单位及专家提出处理方案，报南水北调办审核后实施。

（二）工程质量事故处理与验收

1. 工程质量事故由施工单位负责处理。一般工程质量事故处理完成后，建设管理单位组织检查验收；较大质量事故处理完成后，中线建管局组织检查验收；重大、特大工程质量事故处理完成后，报请南水北调办组织检查验收。

2. 属设备制造原因造成的工程质量事故，由制造商负责处理。一般工程质量事故处理完成后，由建设管理单位组织检查验收；较大工程质量事故处理完成后，由中线建管局组织检查验收；重大、特大质量事故处理完成后，报请南水北调办组织检查验收。

（三）工程质量事故处理完成后的14天内，由造成事故的责任方提交“工程质量事故处理报告”。其基本内容规定如下：

1. 工程概要。工程项目名称，工程设计单位，工程监理单位，工程施工单位及施工承包合同号、合同工期，事故发生前已完成工程量及工程形象。

2. 工程质量事故发生时间、地点、工程项目及部位。

3. 工程质量事故发生经过、事故状况描述（附图）以及工程质量事故类别。

4. 工程质量事故发生原因及主要责任人。

5. 工程质量事故处理方案及处理结果。

6. 工程质量事故造成的损失（工期、经济损失）及处理后对工程影响（工程寿命、工程使用）。

7. 对事故责任人（主要责任人及有关人员）的教育与处罚。

8. 应吸取的教训及防范措施。

9. 其他。

第四十二条　工程质量事故责任及处罚

（一）工程质量事故的责任由事故调查单位判定。

（二）工程质量事故的经济处罚由中线建管局或建设管理单位根据事故大小及其对工程的影响以及工程质量事故调查组所提建议，按国家有关规定和合同规定对质量事故责任者执行处罚。

（三）凡发生工程质量事故的，由中线建管局给予通报批评，并抄报南水北调办。

（四）因工程质量事故危害公共利益和安全，构成犯罪的，由司法机关依法追究刑事责任。

（五）工程项目实施过程中，如监理单位未能及时发现和纠正严重设计错误及施工质量问题，对严重违反合同规定和规程规范的施工行为失察或失控，监理单位则对工程质量事故按监理委托合同承担相应的责任。

第四十三条　对工程多次发生质量事故，除事故直接责任单位应负直接责任外，建设管理单位应负管理上的有关责任。

第四十四条　施工单位应按合同及监理单位的规定，定期（季、年）向监理单位报送工程质量事故报表（见表5），监理单位审核后报建设管理单位，各单位按要求汇总上报中线建管局。

第八章　附　　则

第四十五条　质量管理的奖惩办法另行制定。

第四十六条　本办法由中线建管局负责解释。

第四十七条　本办法自颁发之日起执行。

表1　南水北调中线干线工程质量事故分类表

情况 \ 事故分类		特大质量事故	重大质量事故	较大质量事故	一般质量事故
事故处理所需的物资、器材和设备、人工等直接费用损失金额（万元）	对大体积混凝土、金属结构、机电安装工程	>3000	>500 ≤3000	>100 ≤500	>20 ≤100
	土石方工程、混凝土薄壁工程	>1000	>100 ≤1000	>30 ≤100	>10 ≤30
事故处理所需合理工期（月）		>6	>3 ≤6	>1 ≤3	≤1
事故处理后对工程功能和寿命影响		影响工程正常使用，需限制运行条件	不影响正常使用，但对工程寿命有较大影响	不影响正常使用，但对工程寿命有一定影响	不影响正常使用和工程寿命

注　小于一般质量事故的质量问题称为质量缺陷。

表2　南水北调中线干线工程工程质量月报表

工程标段名称（含桩号）：　　　　　　　　　　填报单位：

施工单位：　　　　　　　　　　　　　　　　　填报日期：　　年　月　日

编号	建筑物名称	单位	本月检查 合格	本月检查 优良	本月检查 优良率%	自开工至本月累计 合格	自开工至本月累计 优良	自开工至本月累计 优良率%	本月发生的质量事故 次数	本月发生的质量事故 损失金额（万元）	其中重大事故 次数	其中重大事故 金额（万元）	其中特大事故 次数	其中特大事故 金额（万元）	因质量事故造成人员伤亡（人） 死亡	因质量事故造成人员伤亡（人） 重伤	本月质量情况简述
合　计																	

施工单位		监理单位	
项目经理	年　月　日	总监理工程师	年　月　日

注　本表仅统计单元工程。

表 3　南水北调中线干线工程工程质量（季报、年报）表

工程标段名称（含桩号）：　　　　填报单位：

施工单位：　　　　填报日期：　　年　月　日

编号	建筑物名称	单位	自开工至报告期累计	其中			备注
				合格	优良	优良率%	
合　计							

施工单位		项目经理	年　月　日
监理单位		总监理工程师	年　月　日

注　本表仅统计单元工程。

表 4　南水北调中线干线工程质量事故报告表

填报单位：　　　　报出时间：　　年　月　日

工程名称		监理单位	
地　　点		施工单位	
发生事故时间		项目经理	
事故性质		设计单位	
事故情况及主要原因			
处理或初步处理意见			
监理单位审批或核签意见		监理单位	
		总监理工程师	
		日　　期	年　月　日
中线建管局审查意见		建设管理单位	年　月　日
		工程建设部	年　月　日

注　本表可附页填写。

表5　南水北调中线干线工程质量事故（季度、年报）表

工程标段名称：　　　　　　　　　　　　　　　　　　　　填报单位：

施工单位：　　　　　　　　　　　　　　　　　　　　　　填报日期：　　年　月　日

编号	建筑物名称	自年初至报告期质量事故													因质量事故造成人员伤亡（人）		备注
			其中损失金额（万元）									损失金额（万元）					
					原因分析								其中				
		质量事故次数	重大事故（次）	特大事故（次）	违反基建程序	勘测	设计	施工	设备	材料	其他	合计	重大事故	特大事故	死亡	重伤	
		1	2	3	4	5	6	7	8	9	10	11	12	13	14	15	
施工单位						监理单位											
项目经理				年　月　日		总监理工程师										年　月　日	

南水北调中线干线工程建设监理管理办法（试行）

2005年1月14日

（中线局工［2005］5号）

第一章　总　　则

第一条　为规范南水北调中线干线工程的建设监理工作，强化南水北调中线干线工程建设管理局（以下简称“中线建管局”）作为项目法人对建设监理的统一监督和管理，建立规范化、制度化、科学化的监理工作管理体系，根据水利部《水利工程建设项目施工监理规范》及行业部门关于工程建设监理的法规、政策，结合南水北调中线干线工程建设的特点，特制定本办法。

第二条　建设监理管理的工作目标，是通过对南水北调中线干线工程建设监理实施有效的监督、检查、指导、管理，强化监理工作责任，严明监理工作纪律，规范监理工作程序，确保建设监理单位在南水北调中线干线工程建设中充分发挥作用，履行职责，正确行使合同所赋予的监理权限，有效地控制工程建设的投资、进度和质量。

第三条　建设监理单位根据国家有关工程建设的法律、法规、规程、规范和批准的项目建设文件、工程建设合同、建设监理合同，坚持“守法、诚信、公正、科学”的原则，控制工程建设的投资、进度、质量，实施环境保护和安全文明施工管理，协调建设各方的关系。

第四条 本办法适用于南水北调中线干线工程建设监理管理工作。

第二章 建设监理的管理机构及职责

第五条 中线建管局全面负责南水北调中线干线工程建设监理管理工作，各建设管理单位负责所辖工程范围内的建设监理管理工作。

第六条 中线建管局职责

（一）依据行业部门制定的有关建设监理的规定，制定南水北调中线干线工程建设监理管理办法；

（二）指导、监督、协调建设管理单位的建设监理管理工作；

（三）监督、检查建设管理单位对建设监理工作的各项具体办法的制定和执行情况；

（四）监督委托建设管理单位对建设监理单位的招标选择工作；

（五）监督监理委托合同的执行情况；

（六）监督建设管理单位对建设监理单位的检查、考核工作；

（七）汇总分析建设管理单位上报的监理月、季、年报等；

（八）接受上级部门对建设监理管理工作的监督检查。

第七条 建设管理单位职责

（一）贯彻执行行业部门及中线建管局制定的有关建设监理的规定、办法；

（二）督促建设监理单位加强对监理项目的投资、进度、质量控制，督促建设监理单位做好合同管理、信息管理、安全文明施工、环境保护及组织协调工作；

（三）审批建设监理单位编制的监理规划，督促和检查建设监理规划及监理实施细则的落实情况；

（四）受理有关方面对建设监理单位或监理人员的投诉，组织实施调查、核实及相关处理工作；

（五）监督检查建设监理单位的人员、设备等资源配备情况；

（六）督促建设监理单位监督检查施工单位施工日志、月施工报告，按时报送监理报告；

（七）监督建设监理单位按有关规定组织的各类工程验收；

（八）接受上级部门对建设监理管理工作的监督检查。

第三章 建设监理单位的招标

第八条 根据国家有关工程建设管理的规定，南水北调中线干线工程所有主体工程土建及设备安装项目和临时工程施工项目应全部实行建设监理制。建设监理单位必须采用招标方式择优选定。

第九条 南水北调中线干线工程建设监理单位应具备下列资质和资格条件：

（一）必须具有水利水电工程建设监理甲级资格证书和相应的水利水电工程建设监理（业绩）经历；

（二）有与拟委托标段类似项目（如隧洞、渡槽、倒虹吸、暗涵、管涵、明渠等）的工程施工监理经历且业绩较好；

（三）已从事监理项目无违规、违纪处罚等不良记录。

第十条 监理标段划分应充分考虑南水北调中线干线工程施工战线长、施工布置相对分散的特点，从方便管理的角度合理确定监理标段范围。一般以一个监理标段控制多个施工标段为原则进行划分。

第十一条 中线建管局委托建设管理的工程项目监理招标报告，由建设管理单位编制完成后报中线建管局，经中线建管局审查报国务院南水北调工程建设委员会办公室核准后实施。

第四章 监理机构和人员

第十二条 建设监理实行总监理工程师负责制。总监理工程师是项目监理组织履行监理合同的负责人，行使合同赋予监理单位的全部职责，全面负责项目监理工作。

第十三条 建设监理单位应把好监理人员素质关，按照批准的《监理规划》中规定的组织机构和人员安排计划，及时安排监理人员进场，开展监理工作。

第十四条 建设监理单位应该结合工作特点，组织监理人员进行岗前业务培训。全体监理人员都应熟悉所从事的监理业务，熟悉有关规章制度，对工程建设应具有高度责任感，应维护工程建设大局，在监理合同规定的授权范围内，应积极采取措施防范可能发生的质量安全事故或其他损失与损害。

第十五条 建设监理单位应成立监理人员业绩考核小组，制定监理人员业绩考核评定标准与办法，报建设管理单位备案，并按月对监理人员进行业绩考核；建设监理单位应建立监理考勤制度，监理人员考勤表应根据监理合同的要求及时报送建设管理单位审查备案。

第十六条 在项目实施过程中，主要监理人员（包括总监理工程师、监理工程师等具有岗位证书的人员）应按合同到位并报建设管理单位备案，未经建设管理单位书面同意不得随意更换，若确实需要更换时，必须选配与合同规定条件（专业素质和工作能力）相当的监理人员到位，并承担相应责任。总监理工程师临时离开现场必须书面授权具有相应资格的人员行使其职责，总监理工程师的临时离开和对被委托人的授权必须事先报送建设管理单位批准。其他主要监理人员临时离开现场也必须有相应资格的人员接替其工作，监理人员的出勤率必须满足合同要求。

第十七条 监理单位的现场监理人员数量、专业结构、专业素质、工作能力和身体状况等不能满足监理工作要求时，报经建设管理单位批准后，必须及时进行调整。

第十八条 现场监理人员应按施工要求及时到岗开展监理工作，并佩戴监理人员标志。

第五章 监理工作实施

第十九条 监理合同签订后，建设监理单位应按照监理合同的规定开展监理准备工作，并在合同规定的时间内向建设管理单位报送《监理规划》（一式三份，附电子文本）。监理规划必须按照《水利工程建设项目施工监理规范》的要求编制，监理人员的配置必须有明确的监理人员安排计划和监理人员资质、业绩等详细情况（应附监理人员身份证、职称证、资格证、岗位证等复印件，并准备证件原件以备核查）。

第二十条 建设监理单位应根据各标段的不同施工任务和专业项目要求，在监理合同规定的时间内根据《水利工程建设项目施工监理规范》、《监理合同》以及建设管理单位批准的《监理规划》等编制《监理实施细则》（一式三份，附电子文本）报建设管理单位备案。《监理实施细则》应包括专业项目的特点、监理工作的流程、监理工作的控制要点及目标值、监理工作的方法和措施等。

第二十一条 建设监理单位应按监理合同以及建设管理单位批准的《监理规划》、《监理实施细则》的要求，建立和健全监理控制体系，按时组织人员及设备到位，认真开展监理工作。

第二十二条 在合同项目开工前，建设监理单位应将监理单位的人员、职责分工、监理工作程序与制度等通知被监理的承包人。

第二十三条 建设监理单位应按照《监理实施细则》规定的监理工作程序，认真审核承包人提交的项目工程开工申请报告，检查承包人的施工准备情况，如按合同规定的进场人员、施工设备、材料、试验室、测量、附属设施等；建设监理单位批准合同项目开工应得到建设管理单位的事先同意。

第二十四条 建设监理单位应按施工承包合同规定的时间，要求承包人提交项目管理机构及人员安排报告、总进度计划、供图计划、材料供应计划、工程设备供应计划、施工设备进场计划、资金流计划、场地使用计划、施工措施计划和施工组织设计、安全防护手册、文明施工措施计划、承包人质量保证体系等，并及时进行审查，提出明确的审批意见。必要时召集由建设管理单位、设计单位参加的专题审查会议进行会审。

第二十五条 建设监理单位应按照合同规定认真审批承包人提交的单位工程、分部工程和单元工程的开工申请报告，严格开工审批制度。

第二十六条 建设监理单位应按照项目总进度计划的要求，审批承包人按照合同规定提交的年、季、月度进度计划，并报送建设管理单位。

第二十七条 建设监理单位应按照进度计划和图纸供应计划核查图纸到位情况，及时向建设管理单位报告图纸延误情况及其可能造成的影响。建设监理单位应组织做好设计交底工作，做好图纸审查、签发与管理工作。对图纸中出现的错、漏或与现场情况不符、设计变更等问题，应及时向建设管理单位报告，提出相应意见和修正措施。

第二十八条 建设监理单位应监督承包人建立和健全质量保证体系并监督其贯彻执行，认真检查落实承包人对批准的施工组织设计的贯彻落实情况。

第二十九条 建设监理单位应按照《监理实施细则》规定，控制建筑材料质量；控制测量基准点、基准线的复核和承包人施工控制网施测、施工放线、工程测量等的质量；控制工程施工质量，实施工序质量控制，对工程的关键部位、关键工序，必须进行旁站监理。

第三十条 建设监理单位应加强对施工过程中使用的材料、工艺、混凝土配合比等相关施工参数的检查、取样和性能检验，制定合理的取样试验原则、程序和方法。对于重要的试验项目，从取样、试验、数据采集都须派专人旁站监理，对提出的试验成果进行认真审核，并对承包人的试验室设备、仪器、人员资格进行严格监督检查。

第三十一条 建设监理单位应按照行业部门颁发的工程质量评定标准要求，监督质量评定工作的开展，保证质量评定的准确性、真实性和适时性。

第三十二条 建设监理单位应按照施工合同规定的完工目标、批准的进度计划，严格监督工程施工进度，随时检查、分析实际进度与进度计划的偏差，对已出现进度偏差应及时采取应对措施。对实际进度出现的严重偏离，应及时向建设管理单位报告。

随时核查建设管理单位应提供的场地、设备、材料、图纸等的按时到位情况，对上述条件的延误及其可能造成的影响，应及时向建设管理单位报告。

第三十三条 建设监理单位应依据施工合同认真做好工程计量与支付的审核，严格按程序做好变更、索赔、违约等合同管理工作，严格控制工程投资。对可能涉及工程费用增加的设计变更要严格审查，分析原因、找出问题并与设计、施工单位配合，提出控制工程投资的具体措施，报建设管理单位审核；费用增加较大的工程变更必须报中线建管局审核报批后方可实施。

第三十四条 建设监理单位应认真做好施工安全与环境保护监理工作，监理工作中发现施工存在重大质量安全问题或隐患等情况时，建设监理单位必须及时上报建设管理单位和中线建管局。

第三十五条 建设监理单位应按照《监理实施细则》规定，建立会议制度，及时召开第一次工地会议，定时召开周例会、月例会，并根据工程实际需要召开专题会议。

第三十六条 建设监理单位应做好现场

记录、试验、检验、测量、文函与会议纪要等资料的管理工作，实现计算机辅助管理，保证监理文件、资料的完整性、准确性和适时性；建设监理单位应有专人负责文档资料的管理工作；建设监理单位应按照批准的《监理日志》格式认真及时做好监理日志，按月汇总，由总监理工程师审核后及时归档。

第三十七条 建设监理单位应按《监理实施细则》要求，制定工程验收计划并报建设管理单位批准，积极做好验收准备工作，按照国家有关规定和《监理合同》的要求完成监理资料整理，参加或组织工程验收。

第三十八条 建设监理单位应做好监理组织机构图、监理岗位责任制、施工进度计划、工程形象进度图等的上墙公示工作，保证公示内容的准确性和适时性。

第三十九条 建设监理单位报送的监理月报，均在下月2日前报送建设管理单位，建设管理单位汇总后于下月4日前上报中线建管局；建设监理单位每年12月25日前向建设管理单位提交年度总结报告及下年度监理工作计划，建设管理单位汇总后于12月30日前上报中线建管局。以上报告均应一式三份并附电子文本。

第六章 监督与奖惩

第四十条 南水北调中线干线工程的建设监理工作由中线建管局统一监督管理。

第四十一条 监督管理的主要内容有：

（一）检查督促建设管理单位全面履行建设监理委托合同，并做好对建设监理单位工作情况的监督检查与考核工作；

（二）检查督促建设管理单位正确处理与监理单位的关系，充分发挥建设监理的作用；

（三）检查督促建设监理单位按建设监理委托合同要求配置能够满足工作需要的试验检测设备和测量仪器，并对建设监理单位审查认可的试验、测量等成果进行抽查、复验、复测。

第四十二条 建设监理单位或人员违反本规定，有下列行为之一者，由建设管理单位给予警告；情节严重者，由中线建管局或建设管理单位给予通报批评或终止合同；构成犯罪的，移送司法机关依法处理。

（一）聘用无《水利工程建设监理工程师岗位证书》的人员从事监理工程师业务；

（二）分包所监理工程的施工，或经营与所监理工程有关的建筑材料、构配件和施工机械、设备等；

（三）故意损害建设管理单位或被监理方的利益；

（四）因工作失误造成重大事故；

（五）渎职，与施工单位勾结瞒报、虚报、偷工减料，造成严重经济损失和严重后果。

第四十三条 工程项目建设过程中，对监理工作表现突出的监理单位和人员，中线建管局或建设管理单位给予奖励。

第七章 附 则

第四十四条 本办法由南水北调中线干线工程建设管理局负责解释。

第四十五条 本办法自发布之日起施行。

南水北调中线干线工程直接管理建设项目招标投标管理办法（试行）

2005年4月25日

（中线局招［2005］17号）

第一章 总 则

第一条 为规范南水北调中线干线工程直接管理建设项目招标投标活动，根据《中华人民共和国招标投标法》、《南水北调工程建设管理的若干意见》（国调委发［2004］5

号，以下简称《若干意见》）和国务院南水北调工程建设委员会办公室（以下简称国务院南水北调办）的有关规定，结合南水北调中线干线工程建设的特点，特制定本办法。

第二条 本办法适用于南水北调中线干线工程直接管理建设项目（以下简称直管项目）的招标投标活动。

选择代建制项目管理单位及相应工程项目建设监理单位、选择委托项目和代建项目勘察设计单位等的招标投标活动按照本办法执行。

第三条 直管项目的招标投标活动应当遵循公开、公平、公正和诚信的原则，并接受国务院南水北调办的行政监督管理。

第四条 不得将依法必须进行招标的直管项目化整为零或者以其他任何方式规避招标。

第五条 不得违法限制或者排斥本地区、本系统以外的法人或者其他组织参加投标，不得以任何方式非法干涉招标投标活动。

第二章 招标范围、项目规模及划分

第六条 本办法第二条所述项目，包括项目的勘察、设计、施工、监理以及与项目有关的重要设备、材料等的采购，达到以下规模之一的必须进行招标：

（一）建筑或安装工程、环境保护、水土保持和生态建设工程等施工工程，单项合同估算价在200万元人民币及以上的；

（二）机电设备及辅助设备、金属结构及设备、重要施工设备、主要材料等物资设备的采购，单项合同估算价在100万元人民币及以上的；

（三）工程建设监理、移民（含环境保护和水土保持）监理、设备监造、社会专业化项目建设管理单位的选择、工程监测、勘察设计、科研及咨询等服务的采购，单项合同估算价在50万元人民币及以上的；

（四）分标单项合同估算价低于本条第一、二、三款规定标准，但项目总投资额在3000万元人民币及以上的。

第七条 必须招标的直管项目按其性质和规模的不同，划分为如下两类：

（一）重大项目

1. 2000万元人民币及以上的施工工程；

2. 1000万元人民币及以上的物资设备采购；

3. 100万元人民币及以上的服务采购。

（二）一般项目

1. 2000万元人民币以下的施工工程；

2. 1000万元人民币以下的物资设备采购；

3. 100万元人民币以下的服务采购。

第三章 组织、机构及职责分工

第八条 南水北调中线干线工程建设管理局（以下简称中线建管局）成立招标委员会，其主要职责为：

（一）贯彻执行国家有关招标投标的法律、法规以及南水北调办制定的相关规定、办法；

（二）制定和修订中线建管局有关招标投标工作的管理办法及实施细则；

（三）领导中线建管局直接招标项目的招标投标活动。

第九条 招标委员会的办事机构为招标中心，设在计划合同部，其主要职责为：

（一）起草中线建管局有关招标投标工作的管理办法及实施细则并汇总修改意见；

（二）负责中线建管局招标工作的归口管理；

（三）负责招标代理机构的选择，协调局有关职能部门与招标代理机构的工作联系；

（四）承办招标委员会的专题会议和其他会议；

（五）负责招标投标保密工作；

（六）负责招标、评标成果资料的整理分析与招标投标业务档案管理；

（七）负责招标委员会交办的其他事宜。

第十条 招标工作由招标中心归口管理，中线建管局有关职能部门（以下称招标责任部门）分别负责，具体工作分工如下：

（一）建筑或安装工程、金属结构及设备、工程建设监理、工程监测、代建制项目管理单位的选择、勘察设计、科研及咨询等的招标工作由计划合同部负责管理，有关部门配合；

（二）机电、电力、通信、控制等设备、主要材料、设备监造等的招标工作由机电物资部负责管理，有关部门配合；

（三）移民、环境保护、水土保持等工程的招标工作由移民环保局负责管理，有关部门配合；

（四）上述分工以外的招标工作由招标委员会指定部门负责管理。

第四章 招 标

第十一条 招标分为公开招标和邀请招标。招标人是指中线建管局。

第十二条 国家有关规定明确不适宜公开招标或不宜招标的项目，报国务院南水北调办核准后可采用邀请招标或者不进行招标。邀请招标的投标人必须在三家以上，参加投标的投标人不应少于三家。

第十三条 招标实行招标代理制或招标人自行办理招标事宜，招标人自行办理招标事宜的需报经国务院南水北调办批准。招标责任部门按照《若干意见》有关规定提出招标代理机构选择意见，并经招标中心报招标委员会批准。招标代理机构代理直管项目招标时，该招标代理机构不得参加或代理该直管项目的投标。

第十四条 招标应当具备以下基本条件：

（一）相关手续已经核准；

（二）建设资金或其来源已落实；

（三）有招标所需的技术文件。

第十五条 招标投标工作一般按下列程序进行：

（一）招标前，编制招标分标方案报国务院南水北调办核准，并同时编制招标工作计划；

（二）申请国务院南水北调办对招标投标活动实施全过程监督管理；

（三）编制招标文件；

（四）发布（出）招标信息（招标公告或投标邀请书）；

（五）发售资格预审文件；

（六）按规定日期接受潜在投标人编制的资格预审文件；

（七）组织对潜在投标人资格预审文件进行审核；

（八）向资格预审合格的潜在投标人发售招标文件；

（九）组织购买招标文件的潜在投标人现场踏勘；

（十）接受投标人对招标文件有关问题要求澄清的函件，对问题进行澄清，并书面通知所有潜在投标人；

（十一）组织成立评标委员会，并在中标结果确定前保密；

（十二）在规定时间和地点，接受符合招标文件要求的投标文件；

（十三）组织开标评标会；

（十四）在评标委员会推荐的中标候选人中，确定中标人；

（十五）向国务院南水北调办提交招标投标情况的书面报告；

（十六）发中标通知书，并将中标结果通知所有投标人；

（十七）进行合同谈判，并与中标人订立书面合同。

第十六条 工程技术部负责组织对项目分标方案的审查，审查意见报招标委员会审核后，由招标中心负责编写招标分标方案，在招标信息发布（出）前20天报经国务院南水北调办核准。

招标责任部门同时编制招标工作计划提交给招标委员会。

第十七条 采用公开招标的，应在《若干意见》规定的媒介上发布招标公告。

第十八条 根据直管项目的特点和需要，可以要求潜在投标人或者投标人提供满足其资格要求的文件，按照《若干意见》有关规定对潜在投标人或投标人进行资格审查，并提出资格审查报告，经参审人员签字后存档备查。在招标选择项目管理单位时，应及时将通过资格审查的项目管理单位名单报国务院南水北调办备案。

第十九条 资格审查分为资格预审和资格后审。进行资格预审的，一般不再进行资格后审。

第二十条 招标文件主要内容依据国家有关部门颁布的相应规定、办法确定。

招标文件规定的各项技术标准应符合国家强制性标准；招标文件中的合同部分，应根据不同直管项目的特点，采用国家有关行业部门正式颁布或国务院南水北调办制定的合同范本。

评标标准和方法在招标文件中载明，在评标时不再另行制定或修改、补充任何评标标准和方法。

第二十一条 资格预审文件和招标文件实行审核制。招标责任部门组织编制资格预审文件和招标文件，重大项目的资格预审文件和招标文件由招标中心组织审查，并将审查意见报招标委员会审批；一般项目的资格预审文件和招标文件由招标中心组织审定，报招标委员会审签。经审批（签）的资格预审文件和招标文件方能出售。参加审查工作的局有关职能部门分别对其相关部分负责。

第二十二条 招标人应当按照投标邀请书或者招标公告规定的时间、地点出售资格预审文件或招标文件，并制表登记。自资格预审文件或招标文件出售之日起至停止出售之日止，最短不得少于5个工作日。

第二十三条 招标人对已发出的招标文件进行必要澄清或者修改的，应当在招标文件要求提交投标文件截止日期至少15日前，以《招标文件补充通知》的书面形式通知所有潜在投标人，并要求潜在投标人立即以书面形式确认收到通知。该澄清或者修改的内容为招标文件的组成部分。

第二十四条 从发售招标文件到提交投标文件的截止时间，应根据直管项目实际情况，及潜在投标人编制投标文件实际需要的时间具体确定，但最短不少于20日。

第二十五条 招标委员会根据直管项目的特点决定是否编制标底。编制标底的，标底编制、审核过程和标底必须严格保密。标底在开标前由招标中心严密封存保管，在开标时公布，评标时发给评委使用，评委使用后收回存档保管。标底的编制、审核、保管应尽量减少接触的人员。

第五章 投　标

第二十六条 投标人必须具备《若干意见》和招标文件或资格预审文件中规定的资质（资格）条件。

第二十七条 投标人应当按照招标文件的要求编制投标文件。投标文件应对招标文件提出的实质性要求和条件作出响应。

第二十八条 招标人在招标文件规定的时间和地点，接受投标人按招标文件要求递交的投标文件和投标保证金，并制表登记。

第二十九条 投标人根据招标文件载明的项目实际情况，拟在中标后将中标项目的部分非主体、非关键性工作进行分包的，应当在投标文件中载明。

第三十条 在投标截止时间之前，投标人可以书面要求撤回已递交的投标文件或进行补充和修改，但应当符合招标文件的要求。投标人补充、修改的内容为投标文件的组成部分，与投标文件具有同等法律效力。投标人递交的“撤回通知”必须密封递交，并标明“撤回”字样，招标人应当退还投标保证金。

在投标截止时间之后，投标人不得撤回投标文件。

第三十一条 投标人必须按招标文件规定投标，也可附加提出“替代方案”，且应当在其封面上注明“替代方案”字样，供招标人选用，但不作为评标的主要依据。

第三十二条 两个或两个以上单位组成联合体共同投标的，应当按资质等级较低的单位确定联合体资质（资格）等级，联合体各方签订共同投标协议后，不得再以自己的名义单独投标，也不得组成新的联合体或参加其他联合体在同一项目中投标。招标人不得强制投标人组成联合体共同投标。

第三十三条 联合体参加资格预审并获通过的，其组成的任何变化都必须在提交投标文件截止之日前征得招标人的同意。如果变化后的联合体削弱了竞争，含有事先未经过资格预审或者资格预审不合格的法人，或者使联合体的资质降到资格预审文件中规定的最低标准下，招标人有权拒绝。

第三十四条 联合体各方必须指定牵头人，授权其代表所有联合体成员负责投标和合同实施阶段的主办、协调工作，并应当向招标人提交由所有联合体成员法定代表人签署的授权书。

第三十五条 投标人不得相互串通投标报价，不得排挤其他投标人的公平竞争，损害招标人或者其他投标人的合法权益。

第三十六条 投标人不得以低于成本的报价竞标，也不得以他人名义投标或者以其他方式弄虚作假，骗取中标。

第三十七条 投标人应当对递交的资格预审文件及投标文件中有关资料的真实性负责。

第六章 开标、评标和中标

第三十八条 开标应当按招标文件中确定的时间和地点进行，招标代理机构协助招标人负责开标会的组织和安排。开标邀请按招标文件规定应出席开标会的所有投标人的法定代表人或其授权代理人、招标人代表、监督人员等参加，并制表登记。

评标委员会成员不得出席开标会议。

第三十九条 开标人员至少由主持人、开标人、唱标人和记录人组成，上述人员对开标负责。

第四十条 开标一般按下列程序进行：

（一）主持人在招标文件确定的时间宣布停止接收投标文件，开始开标；

（二）宣布开标程序及开标人员名单；

（三）确定投标人法定代表人或授权代表人是否在场；

（四）宣布投标文件开启顺序；

（五）依开标顺序，先检查投标文件密封是否完好，再启封投标文件；

（六）宣布投标要素，并做好记录，同时由投标人签字确认；

（七）由记录人对上述工作进行记录，并存档备查。

第四十一条 评标工作由招标人依法组建的评标委员会负责。

第四十二条 不少于评标委员会人数三分之二的评标专家根据《南水北调工程评标专家和评标专家库管理办法》（国调办建管［2004］72号）产生。不超过评标委员会人数三分之一的评标专家可以由招标人指定。评标专家在中标结果确定前保密。评标委员会主任由招标人指定。

第四十三条 评标工作按照《南水北调中线干线工程招标项目评标委员会评标工作细则》执行。

第四十四条 评标委员会经过评审，认为所有投标文件都不符合招标文件要求时，可以否决所有投标，招标人应当重新组织招标。对已参加本次投标的单位，重新参加投标不应当再收取招标文件费。

第四十五条 评标工作完成后，评标委员会应按照《评标委员会和评标方法暂行规定》（七部委令第12号）要求的内容编写书面评标报告并提交给招标人，评标报告由评标委员会全体成员签字。

第四十六条 书面评标报告提出后，招标委员会一般应在15日内确定中标人，但最迟应当在投标有效期结束日30个工作日前确定。

第四十七条 确定中标人后，由招标人或委托招标代理机构向中标人发出中标通知书，同时将中标结果通知所有未中标的投标人。

第四十八条 招标责任部门组织编写招标投标情况报告，包括招标项目基本情况（含招标范围）、招标方式、发布招标公告的媒介、投标人情况、开标情况、评标委员会评标报告、中标结果和其他必需的资料或需说明的问题。自确定中标人之日起15日内，向国务院南水北调办提交招标投标情况报告。

中标结果应在《若干意见》规定的国务院南水北调办网站以及中国政府采购网上发布。

第四十九条 自中标通知书发出之日起30日内，招标人和中标人按照招标文件和中标人的投标文件商签合同，合同谈判一般不得对招标过程中双方承诺的合同条件做实质性的修改。

招标人和中标人签订合同后5个工作日内，应当向中标人和未中标的投标人退还其投标保证金；中标人签订合同的同时，应提交履约保证金。

第五十条 当确定的中标人拒绝签订合同时，招标人可没收其投标保证金，并与确定的下一个候补中标人签订合同。

第七章 纪律与监督

第五十一条 所有参加招标投标活动的机构和人员，都必须遵守《中华人民共和国招标投标法》和国家以及国务院南水北调办关于招标投标的有关办法、规定，以及中线建管局颁布的相关制度和办法，自觉接受监督检查。

第五十二条 在招标投标活动中出现的违法违规行为，按照《中华人民共和国招标投标法》及相关部门制定的有关法规、规定与办法进行处罚。

如发现招标代理机构和参加投标活动的机构有违法违规行为，该机构将被禁止参加南水北调中线干线工程的建设活动。

第五十三条 中线建管局纪检监察部门负责对招标投标活动进行全过程监督检查，对招标投标活动中出现的泄露保密资料和标底、串通招标、歧视排斥投标、违规评标、违规授标等问题和举报进行调查、核实，对中线建管局违纪人员进行处罚。

第五十四条 中线建管局内与投标人有利害关系的人不得参与招标工作。

第八章 附 则

第五十五条 直管项目招标投标档案资料的管理按照《南水北调中线干线工程招标投标档案资料管理暂行办法》执行。

第五十六条 直管项目涉及机电产品国际招标的，按照《机电产品国际招标投标实施办法》（商务部2004年第13号令）执行。

第五十七条 本办法中线建管局负责解释。

第五十八条 本办法自发文之日起正式实行。

重要文件

国务院南水北调工程建设委员会

关于南水北调工程建设中城市征地拆迁补偿有关问题的通知

（国调委发［2005］2号）

北京、天津市人民政府，河北、江苏、山东、河南、湖北省人民政府：

《国务院南水北调工程建设委员会第二次全体会议纪要》（国阅［2004］136号）决定“南水北调工程土地补偿和安置补助之和可按耕地征用前3年平均产值的16倍计列”，这一决定保护了被征地农民的合法权益，有力促进了南水北调工程的顺利进展。目前，在南水北调东、中线一期工程建设过程中，部分地方政府提出，即使按照该标准，涉及城市征地拆迁补偿与地方政府规定的补偿标准差距仍然较大，这一问题已经影响到相关工程征地移民工作的正常进行，要求尽快解决征地移民投资缺口。

为此，南水北调办与国家发展和改革委员会、国土资源部和建设部等建委会成员单位进行了研究，鉴于一是南水北调工程沿线涉及征地拆迁的城市有20余座，各地征地拆迁标准不同，难以分别制定各城市的拆迁补偿标准，二是南水北调工程征地拆迁补偿标准已是当前水利水电工程中较高的，进一步提高标准会导致更多城乡、行业征地移民的矛盾。经国务院领导同意，决定：南水北调工程沿线特别是城市征地拆迁补偿经国家批复后与当地征地拆迁标准之间的差额，根据《国务院关于深化改革严格土地管理的决定》（国发［2004］28号）精神，由当地人民政府使用国有土地有偿使用收入予以解决。请各省、直辖市人民政府在工作中遵照执行，并请各有关单位做好相关工作。

特此通知。

国务院南水北调工程建设委员会
二〇〇五年三月一日

关于南水北调工程建设征地有关税费计列问题的通知

（国调委发［2005］3号）

国务院南水北调工程建设委员会各成员单位：

《国务院南水北调工程建设委员会第二次全体会议纪要》（国阅［2004］136号）决定“要按照国家有关规定，将森林植被恢复费、耕地开垦费、耕地占用税等费用编入工程概算”，为征地移民工作中税费计列确定了原则。经国务院领导同意，现将南水北调工程征地中有关税费问题进一步明确如下：

一、关于耕地开垦费问题。南水北调库区及干线工程耕地开垦费按国土资源部、国家经贸委、水利部联合发布的国土发［2001］355号文件的规定执行，即按各省、自治区、直辖市人民政府规定的耕地开垦费下限标准的70%收取，待《大中型水利水电工程建设征地补偿和移民安置条例》修订出台后，再进行调整。

二、关于森林植被恢复费问题。按照财

政部与国家林业局发布的《森林植被恢复费征收、使用管理暂行办法》（财综［2002］73号）规定的标准计列。同时，南水北调主体工程沿线交费区渠道两侧绿化由地方负责，不列入概算。

三、关于新菜地开发建设基金问题。在南水北调东、中线干线工程建设项目概算中，按《土地管理法》规定，计列新菜地开发建设基金。

请有关部门和地方政府认真贯彻执行。

特此通知。

国务院南水北调工程建设委员会

二〇〇五年四月四日

国家发展和改革委员会

国家发展改革委、财政部关于南水北调工程建设质量监督费收费标准的通知

（发改价格［2005］312号）

国务院南水北调工程建设委员会办公室：

你办《关于商请批准收取南水北调工程建设质量监督费的函》（国调办经财函［2004］80号）收悉。根据《财政部、国家发展改革委关于同意收取南水北调工程建设质量监督费的复函》（财综［2005］2号）规定，现将南水北调工程建设质量监督费收费标准及有关问题通知如下：

一、你办所属南水北调工程建设监管中心对南水北调主体工程质量实施监督时，向工程项目法人单位收取南水北调工程建设质量监督费的收费标准，按建安工作量的0.35‰～0.7‰计收，具体收费标准由你办按照实施工程质量监督的工作量大小核定，报国家发展改革委、财政部备案后执行。

二、收费单位应按规定到国家发展改革委办理收费许可证，并使用财政部统一印制的行政事业性收费票据。

三、收费单位应严格按上述规定执行，不得擅自增加收费项目、扩大收费范围和提高收费标准，并自觉接受价格、财政部门的监督检查。

四、本通知自2005年1月1日起执行。收费标准试行2年，试行期满后，由你办按规定程序向国家发展改革委、财政部重新申报。

国家发展和改革委员会

财政部

二〇〇五年三月一日

国家发展改革委关于南水北调东线工程江苏段控制单元治污实施方案审核意见的复函

（发改地区［2005］318号）

江苏省发展改革委：

为确保南水北调东线工程的水源清洁，落实南水北调东线治污规划，国务院于2003年转发了国务院南水北调办等部门关于《南水北调东线工程治污规划实施意见》的通知（以下简称《实施意见》）。根据《实施意见》，你省编报了《南水北调东线工程江苏段控制单元治污实施方案》（苏发改区域发［2004］394号，以下简称《方案》），要求我委审核。经组织有关部门和专家对《方案》进行了审查，现将审核意见函复如下：

一、你省编制的14个控制单元治污实施方案基本符合南水北调东线治污总体规划的

要求，技术方案基本合理，能够满足污染治理和区域经济发展的需要。

二、对于《方案》中新增加的工业点源治理项目，要按照"谁污染、谁治理，污染者付费"的原则，由企业自筹解决。对已经做到达标排放仍需进一步治理的工业企业，国家适当给予治理污染的补助。其中对于纳入淮河流域治污范围的工业企业治理项目，可结合淮河流域治污规划统筹考虑。

三、对于城市污水处理项目，在进行项目可行性研究时，要严格按照"厂网配套，管网先行"的原则，进一步论证建设和投资规模。同时，要落实产业化运作的各项措施，完善污水处理收费政策。

四、对截污导流工程项目，其投资规模原则上应控制在原规划的范围之内。对于建设内容、规模和投资变化不大的截污导流工程，可按建设程序，由项目法人组织编制单项可研，并将成果纳入东线一期工程的总体可研。对于徐州市区尾水输送工程，由于建设内容变化较大，请你省进一步组织有关专家对其技术线路、建设内容及投资规模进行论证，在充分比选的基础上，提出投资合理、技术可行的方案，并由项目法人组织编制单项可研，原规划范围内的投资规模纳入东线一期工程总体可研。超出原规划的投资，应根据治污的目标和任务，在项目可研阶段明确投资来源，由用于治污的南水北调工程基金、银行贷款和地方自筹资金进行合理分担。

五、根据治污工作的需要，同意将槐泗河控制单元改为新通扬运河泰州段控制单元，泰州市治污项目的实施仍放在用水保障区。

以上意见，供你们在报请省政府审批《方案》时参考。

国家发展和改革委员会
二〇〇五年三月七日

国家发展改革委关于调增南水北调东、中线一期工程三阳河、潼河及宝应站等19项单项工程征地补偿投资概算的通知

（发改投资［2005］520号）

水利部、国务院南水北调办公室：

根据《国务院南水北调工程建设委员会第二次全体会议纪要》精神，我们对已核定过初步设计概算的南水北调东、中线一期工程三阳河、潼河及宝应站等19个单项工程（详见附表），土地补偿费和安置补助费之和按该耕地征用前3年平均年产值的16倍重新进行了核定，核增征地补偿投资64948万元。其中东线一期工程江苏省核增9801万元、山东省核增11566万元，中线一期工程北京市核增1629万元、河北省核增41952万元（分项核增投资详见附表）。所增工程建设资金在南水北调工程所需建设投资中统筹解决。

附表：南水北调工程已核定过初步设计概算项目征地补偿投资调整表（略）

国家发展和改革委员会
二〇〇五年三月二十九日

国家发展改革委关于核定南水北调中线一期穿黄工程初步设计概算的通知

（发改投资［2005］521号）

水利部：

你部《关于报送南水北调中线一期穿黄工程初步设计核定概算的函》（水规计［2004］586号）收悉。经审查，现通知如下：

一、核减你部上报的南水北调中线一期

穿黄工程初步设计概算投资1796万元，据此核定该工程初步设计概算投资为313706万元。其中：建筑工程176497万元，机电设备及安装工程3091万元，金属结构设备及安装工程1358万元，施工临时工程28132万元，独立费用28813万元，基本预备费16652万元，控导工程14471万元，建设及施工场地征用费19546万元，水土保持和环境保护工程1507万元，建设期贷款利息23639万元。分项审核意见如下（详见附表）：

（一）核定建筑工程概算投资176497万元。人工费和生活及福利房屋改按引水工程计算，调整人工费、电价、砂子预算价格、碎石预算价格、块石预算价格、PVC排水管单价、退水洞土方开挖工程单价、检修通道斜洞土方开挖工程单价、填缝材料单价、北岸渠道段卵石预算价格以及浆砌石护坡工程量等，邙山斜洞段盾构机掘进单价中地层影响系数调整为1.2，取消与细部结构重复计列的止水、栏杆等项目投资；渠道堤顶道路综合造价、南岸改扩建公路综合造价和跨渠桥综合造价分别调整为50万元/km、70万元/km和4.8万元/m；取消内部观测投资中资料整理费用，其他建筑工程取费费率调整为2.5%，并随取费基数调整。增减相抵，相应核增投资11707万元。

（二）核定机电设备及安装工程概算投资3091万元。调整电价、动力电缆工程单价、35kV动力电缆工程单价、1kV动力电缆工程单价、通信电缆工程单价、火灾报警系统电缆工程单价、光缆工程单价，取消生产办公设备及其他机电设备项目投资。增减相抵，相应核减投资287万元。

（三）核定金属结构设备及安装工程概算投资1358万元。调整电价、轨道单价、平板事故检修门综合单价、弧形工作闸门综合单价、拦污栅安装单价、铠装胶管DN102单价，取消闸门喷锌防腐费。增减相抵，相应核减投资62万元。

（四）核定施工临时工程概算投资28132万元。调整人工工资、电价及砂石料等单价，临时房屋人均建筑面积指标和其他施工临时工程取费费率分别调整为12m^2/人和2.5%，并随计算基数调整，相应核减投资4642万元。

（五）核定建设管理费等独立费用28813万元。调整建设管理费和生产准备费；征地费不作为勘测设计费的计费基数，科研试验费随计算基数调整；调整定额编制管理费、工程质量监督费、工程保险费费率及勘测设计费的取费标准，并随计算基数调整；工程材料价差按2004年9月份价格水平进行调整。增减相抵，相应核减投资26873万元。

（六）核定基本预备费16652万元。费率由8%调整为7%，并随计算基数调整。相应核减投资3992万元。

（七）核定控导工程静态投资14471万元。调整施工用电、砂石料等基础单价，调整工程材料价差并取消其他直接费、现场经费、间接费、企业利润等取费，调整其他建筑工程、临时房屋、其他施工临时工程等取费费率，调整勘测设计费费率、建设单位人员经常费、定额编制管理费费率、质量监督费费率。增减相抵，相应核减投资1329万元。

（八）核定建设及施工场地征用费19546万元。各类补偿单价按2004年9月份价格水平进行调整，黄河滩地补偿倍数调整为16倍，取消邙山隧洞上面的永久征地，停产损失统一按渠道征地占用房屋补偿投资的10%计列，补列漏计的临时用地青苗补偿费等，其他费用随计算基数调整，耕地开垦费按河南省文件规定低限标准的70%计列，森林植被恢复费暂按财综［2002］73号文标准的一半计算。增减相抵，相应核增投资1267万元。

（九）核定环境保护和水土保持工程投资1507万元。取消与移民拆迁中复垦费重复计算的渣场及料场平整费用、水土保持设施补偿费，调整监理费、勘测设计费费率。相应核减投资1224万元。

（十）核定建设期贷款利息23639万元。报送概算中未计列贷款利息，按贷款额占静态总投资的45%和年利率6.12%计算利息，相应核增23639万元。

二、核定南水北调中线一期穿黄工程初步设计概算总投资为313706万元，工程建设资金在南水北调中线工程所需建设投资中统筹解决。

三、请你部据此审批初步设计，请有关方面严格按核定的初步设计概算控制工程投资。

附表：南水北调中线一期穿黄工程初步设计概算核定表

国家发展和改革委员会

二〇〇五年三月二十九日

附表：

南水北调中线一期穿黄工程初步设计概算核定表

单位：万元

序号	工程项目或费用名称	报送概算	调整概算	核定概算
	工程总投资	315502	-1796	313706
	工程静态总投资	315502	-25435	290067
	建设期贷款利息		23639	23639
Ⅰ	工程部分	294492	-25478	269014
A	穿黄工程	278692	-24149	254543
一	建筑工程	164790	11707	176497
(一)	主体建筑工程	148765	15403	164168
(二)	交通工程	5768	-586	5182
(三)	房屋建筑工程	1868	-428	1440
(四)	永久供电工程	400		400
(五)	内外部观测工程	2038	-295	1743
(六)	其他建筑工程	5951	-2387	3564
二	机电设备及安装工程	3378	-287	3091
三	金属结构设备及安装工程	1420	-62	1358
四	施工临时工程	32774	-4642	28132
五	独立费用	55686	-26873	28813
(一)	建设管理费	3950	-540	3410
(二)	生产准备费	1480	-507	973
(三)	科研勘测设计费	18114	-2636	15478
(四)	其他	32142	-23190	8952
	一至五部分合计	258048	-20157	237891
六	基本预备费	20644	-3992	16652
	小计	278692	-24149	254543
B	控导工程	15800	-1329	14471
Ⅱ	移民及环境部分	21010	43	21053
一	建设及施工场地征用费	18279	1267	19546
二	环境保护投资	763		763
三	水土保持投资	1968	-1224	744

国家发展改革委关于核定丹江口水利枢纽大坝加高工程初步设计概算的通知

（发改投资［2005］687号）

水利部：

你部《关于报送丹江口水利枢纽大坝加高工程初步设计核定概算的函》（水规计［2004］635号）收悉。经审查，现通知如下：

一、核减你部上报的丹江口水利枢纽大坝加高工程初步设计概算投资209万元，据此核定该工程初步设计概算投资为242525万元。其中建筑工程90913万元，机电设备及安装工程37490万元，金属结构设备及安装工程16091万元，施工临时工程9554万元，建设单位管理费等独立费用21570万元，工程材料价差4501万元，基本预备费9006万元，建设及施工场地征用费21603万元，水土保持工程1334万元，环境保护工程652万元，大坝下游过江大桥4350万元，建设期贷款利息25461万元。分项审核意见如下（详见附表）：

（一）核定建筑工程概算投资90913万元。调整部分工程单价、工程量及运输距离，取消与细部结构重复计列的止水、路面等项目投资以及块石单价中的取费，取消2台2万kW自备防汛电厂钢管加固土建工程投资，钢筋混凝土趸船长度和机房综合造价指标分别调整为120m和800元/m^2，过江大桥项目投资由该项移出单独列项，核减动力、照明、通信线路以及水情测报系统工程投资，并随计算基数调整，相应核减投资5758万元。

（二）核定机电设备及安装工程概算投资37490万元。调整部分设备单价，水轮机转轮和发电机设备单价分别调整为2400万元/套和1856万元/套，220kV和110kV输电线路单价分别调整为45万元/km和32万元/km，外部观测设备和安全监测自动化系统分别调整为500万元和470万元，巡逻船数量调整为1艘，综合运杂费费率调整为5%，防汛自备电厂水轮发电机组改造投资暂不计列，相应核减投资6088万元。

（三）核定金属结构设备及安装工程概算投资16091万元。取消新购置设备防腐涂装项目投资，深孔弧形门设备含防腐费用后综合单价调整为13000元/t，运杂费费率调整为5%，自备电厂钢管加固投资暂不计列，相应核减投资848万元。

（四）核定施工临时工程概算投资9554万元。块石单价、临时过坝措施费和中转站投资分别调整为39.46元/m^3、100万元和300万元，取消110kV变电站扩容项目投资，并随取费基数调整，相应核减投资1197万元。

（五）核定建设管理费等独立费用21570万元。调整水文、泥沙及水质观测项目投资；核增工程管理经常费，工程建设监理费费率调整为0.63%；生产职工培训费和管理用具购置费按新建项目的20%计列，备品备件购置费、工器具及生产家具购置费费率分别调整为0.4%和0.08%；取消特殊科研费，增列大坝研究费，建设及施工场地征用费不作为勘测设计费的计算基数；调整科学研究试验费、勘测设计费、定额编制管理费、工程质量监督费及工程保险费费率，并随取费基数调整。增减相抵，相应核减投资6119万元。

（六）核定材料价差4501万元。主要材料价差按2004年9月份价格水平计列，并随工程量调整，相应核减投资991万元。

（七）核定基本预备费9006万元。随计算基数调整，相应核减投资1200万元。

（八）核定建设及施工场地征用费21603万元。各类补偿单价按2004年9月份的价格进行调整，调整永久占地及料场临时用地数量，补列漏计的坟墓迁移费、零星果木补偿费、临时生活补助费、临时占地青苗补偿费，暂不计列汉江集团公司使用的除企业和居民住宅用地外的其他国有土地的补偿投资以及2台800kW自备防汛小电厂补偿投资，取消移民机构开办费，有关税费随永久征地数量调整，森林植被恢复费暂按财综［2002］73号文标准的一半计列，耕地开垦费按湖北省有关文件规定的低限标准的70%计算，增减相抵，相应核减投资3849万元。

（九）核定水土保持工程概算投资652万元。核减重复计算的渣土压实、草皮养护、乔木养护、灌木养护等项目，绿化用雪松和广玉兰苗木规格由大苗改为幼苗，施工交通设施水土保持防治区香樟和广玉兰改为意杨，调整推土机推渣土、铲运机铲运土等项目的单价，相应核减投资1143万元。

（十）核定环境保护工程概算投资1334万元。补列漏计的仪器设备及安装费用、环境保护临时措施费用，相应核增投资173万元。

（十一）核定建设期贷款利息25461万元。报送概算中未计列贷款利息，按贷款额占静态总投资的45%和年利率6.12%计算利息，核增投资25461万元。

（十二）关于大坝下游过江大桥，考虑到该桥建成后可以缓解因加坝造成的两岸交通紧张状况，作为丹江口水库大坝加高施工期的施工通道，便于大坝加高工程的施工组织，因此，该桥概算投资中的4350万元列入丹江口水利枢纽大坝加高工程的概算投资中，其余投资由湖北省丹江口市在城建维护税中安排，大桥建设过程中如有超概算部分由丹江口市政府负责落实。按此意见，相应核增投资1350万元。

二、关于征用汉江集团国有土地、2台2万kW自备防汛电厂改造、2台800kW防汛小电厂的补偿问题。考虑到南水北调中线水源有限公司目前只是丹江口水库大坝加高建设期项目法人，丹江口水库大坝加高工程建成后，可能会涉及项目法人和资产重组等问题，因此，本次初步设计概算除对汉江集团使用的国有土地中的企业用地和居民住宅用地及地面附着物进行补偿外，对其余征用的国有土地的补偿费、防汛自备电厂改造投资和小电厂的补偿投资暂不计列。

三、丹江口水利枢纽大坝加高工程初步设计核定概算总投资242525万元。工程建设资金在南水北调中线工程所需建设投资中统筹解决。

四、请你部据此审批初步设计，并请你部加强项目管理，严格按照核定的初步设计概算控制工程投资。

附表：丹江口水利枢纽大坝加高工程初步设计概算核定表

国家发展和改革委员会
二〇〇五年四月二十八日

附表：

丹江口水利枢纽大坝加高工程初步设计概算核定表

单位：万元

序号	工程或费用名称	报送概算	调整概算	核定概算
	静态总投资	242734	−25670	217064
	建设期贷资利息		25461	25461
	工程总投资	242734	−209	242525
I	工程部分	211326	−22201	189125
一	建筑工程	96671	−5758	90913
（一）	挡水工程	89775	−4320	85455
（二）	发电厂工程	183	−183	0
（三）	航运工程	1911	−308	1603

续表

序号	工程或费用名称	报送概算	调整概算	核定概算
（四）	交通工程	1040		1040
（五）	房屋建筑工程	1774	-617	1157
（六）	其他建筑工程	1988	-330	1658
二	机电设备及安装工程	43578	-6088	37490
（一）	发电设备及安装工程	29826	-5283	24543
（二）	升压变电设备及安装工程	981	-33	948
（三）	公用设备及安装工程	12771	-772	11999
三	金属结构设备及安装工程	16939	-848	16091
（一）	泄洪工程	7379	-427	6952
（二）	引水工程	2488	-326	2162
（三）	航运工程	6714	-95	6619
（四）	设备拆除工程	358	0	358
四	施工临时工程	10751	-1197	9554
（一）	导流工程	25	-1	24
（二）	施工交通工程	3116	-340	2776
（三）	施工供电工程	710	-250	460
（四）	房屋建筑工程	2371	-205	2166
（五）	其他临时工程	4529	-401	4128
五	独立费用	27689	-6119	21570
（一）	建设管理费	6124	-479	5645
（二）	生产准备费	411	-200	211
（三）	科研勘测费	18614	-4890	13724
（四）	其他费用	2540	-550	1990
	一至五部分合计	195628	-20010	175618
六	主要材料价差	5492	-991	4501
七	基本预备费	10206	-1200	9006
	静态总投资	211326	-22201	189125
Ⅱ	移民及环境部分	28408	-4819	23589
一	建设及施工场地征用费	25452	-3849	21603
（一）	农村移民迁建补偿	3791	451	4242
（二）	城区迁建补偿	9165	-2602	6563
（三）	工业企业迁建补偿	3145	121	3266
（四）	专业项目复建补偿	1267	-720	547
（五）	补充调查项目补偿	3021	-95	2926
（六）	其他费用	1503	-254	1249
（七）	基本预备费	2189	-310	1879
（八）	有关税费	1371	-440	931
二	环境保护工程	479	173	652
三	水土保持工程	2477	-1143	1334
	静态总投资	28408	-4819	23589
Ⅲ	大坝下游过江大桥	3000	1350	4350

国家发展改革委、财政部关于南水北调工程受水区对中央直属电厂用水征收水资源费有关问题的通知

（发改价格［2005］787号）

北京、天津、河北、河南、山东、江苏省（直辖市）人民政府：

根据《国务院办公厅关于印发〈南水北调工程基金筹集和使用管理办法〉的通知》（国办发［2004］86号）有关规定，为做好南水北调工程基金筹集工作，现就南水北调工程受水区的北京、天津、河北、河南、山东和江苏6省（直辖市，以下简称6省市）对中央直属电厂用水征收水资源费的具体办法等有关问题通知如下：

一、6省市恢复对辖区内中央直属电厂征收水资源费，并按《南水北调工程基金筹集和使用管理办法》有关规定筹集南水北调工程基金。

二、对中央直属电厂与地方所属电厂用水执行统一的水资源费征收政策。

三、对中央直属电厂征收水资源费的标准，由6省市价格主管部门会同财政部门统一制定，报省级人民政府批准后执行，并报国家发展改革委、财政部备案。

四、本通知自2005年1月1日起执行。

国家发展和改革委员会
财政部
二〇〇五年五月十日

国家发展改革委关于南水北调中线一期工程项目建议书的批复

（发改农经［2005］922号）

水利部：

你部《关于报送南水北调中线一期工程项目建议书及审查意见的函》（水规计［2004］131号）收悉。经中国国际工程咨询公司评估，现批复如下：

一、南水北调中线一期工程是缓解京津及华北地区缺水的重大战略性基础设施，对于保证和促进水资源调入区的经济发展、环境改善和社会发展与稳定具有重要的战略意义。该工程从长江支流汉江上的丹江口水库引水，沿黄淮海平原西部伏牛山和太行山山前平原开渠输水，为沿线郑州、安阳、保定、北京、天津等大中城市自流供水。该工程的建设任务是改善受水区用水条件。通过水资源优化配置和污水处理回用，改善农业生产条件，控制地下水超采，改善生态环境。供水目标为以城市生活和工业供水为主，兼顾生态和农业。

二、在可行性研究阶段，要经过进一步研究和论证，做好以下工作：

（一）关于责权结合和调水规模

《国务院关于南水北调工程总体规划的批文》提出，在《规划》提出的调水规模基础上，按照责权结合的原则，认真研究水价、用水权、筹资方案等因素，在立项阶段进一步核实工程调水规模。据此，需要将调水量的用水权分配与有关省市所承担的建设资金、贷款偿还、基本水价等责任实行统筹考虑，请有关省市出具责权结合的意见，在此基础上进一步核定工程调水规模。

（二）关于基本水价和计量水价

根据我委与你部联合上报国务院的《关于审批南水北调工程总体规划的请示》（计农经［2002］2506号）和有关规定，为保证工程建成后正常运营、还本付息，实行两部制水价，即分为基本水价和计量水价；按地方承诺的多年平均调水量，确定每年应交纳的基本水费，用于补偿工程的固定成本；每年按合同确定规模内的实际取水量缴纳计量水费，用于补偿工程的变动成本；超出合同确定的取水量另行计价。为了测算和落实银行

贷款，并防止工程建成后难以正常运行，需要进一步测算基本水价、计量水价，并请用水地区承诺应交纳的基本水费。

（三）关于投资测算和筹措方案

你部所报项目建议书投资估算为1105亿元，较规划阶段总投资920亿元有较大幅度增加。为准确掌握总投资，落实国务院要求的“静态控制，动态管理”原则，需在可行性研究阶段对各单项工程投资和总投资数进一步核算，并协商提出筹措方案。同时，需要与《规划》阶段提出的投资分项进行对比和说明。

（四）关于项目法人的定位

按照南水北调工程建设委员会第二次全体会议纪要，要按照政企分开、政事分开的原则，严格实行项目法人责任制；项目法人必须承担起筹资、建设、运行、还贷、资产保值增值的责任。前期工作阶段应落实上述有关要求，项目建议书、可研报告的编制工作，与项目法人治理结构及其应承担的责任关系密切，需进一步协商和落实责任主体及其有关责任。

为确保项目法人责权一致，使项目法人真正愿意而且能够承担起筹资、建设、运营、还贷及资产保值增值责任，应参考中咨公司评估报告中关于项目法人组建方案的意见，研究分析目前水源公司、干线工程建管局、丹江口水利枢纽管理局三个单位的相互关系和存在的矛盾和问题，根据投资体制改革方向的要求，按照有利于统一调度管理和调动各方积极性相结合的原则，研究提出管理体制方案。

（五）关于中央与地方的事权和责任划分

南水北调工程对缓解日益严重的水资源紧缺、生态恶化状况和长远的可持续发展具有重要意义，是跨流域、跨省市、具有经营性和公益性双重功能的特大型战略性水利工程，也是一项十分复杂的系统工程。从这一性质出发，在落实建设资金、完善各级项目法人治理结构、法人之间签订合同、出资额与股权相结合、确定管理体制及运行机制、征地补偿和移民安置、配套工程与骨干工程的衔接、按期停止超采地下水、工程沿线文物保护、丹江口水库上游水污染防治和水资源保护、汉江中下游各项工程、完善有关法律法规和政策等方面，既要有中央的积极性，也要充分调动沿线省市及其所属有关地区的积极性，在搞好宏观调控的同时，各级要充分发挥市场机制的作用。这些工作，需在进一步研究论证并与多部门、多层次协商的基础上，优化方案并落实事权和责任。

（六）有关工程一、二期结合的问题

中咨公司在评估报告中认为，南水北调这样的特大型工程，必须考虑长远；一期工程以2010年作为设计水平年太近，应考虑2020年、2030年的缺水情况；一期工程完成后，二期工程的两个扩建方案（渠道加宽；新建一条渠道或管道），难度都很大；黄河以南渠道按二期规模一次建成较为合理，其理由是黄河以南渠道设计流量，如果由$350m^3/s$增加到$500m^3/s$，投资仅增加10%左右（20多亿元），而调水能力可以达到《规划》中提出的二期规模130亿m^3，比建议书中提出的95亿m^3增加35亿m^3，一方面可以利用渠道多余的过流能力在汛期将丹江口水库弃水补给黄河下游，另一方面在黄河以北地区缺水严重时，可以利用黄河和黄河以北现有河道向北方供水。

中咨公司在评估报告中还推荐引江济汉工程一次建成$500m^3/s$的规模，可以满足二期调水130亿m^3的需要，比满足一期调水的规模（$350m^3/s$）只增加5.5亿元投资，可使兴隆以下航道的中水流量有较大改善。中咨公司同时建议，进一步研究汉江中下游引江济汉、兴隆枢纽、航道整治等工程完成后，增加北调水量的可能性。

在可行性研究阶段，请参考中咨公司的上述评估意见，对两种方案进行同等深度的研究、比选。

请你部根据上述意见，商有关部门及地方，进一步做好论证、优化方案和协商落实责任等工作，编制可行性研究报告，按程序报批。

国家发展和改革委员会
二〇〇五年五月三十日

关于审批丹江口库区及上游水污染防治和水土保持规划的请示

（发改地区［2005］1187号）

国务院：

实施南水北调工程是缓解我国北方地区缺水、优化水资源配置的一项重要举措。丹江口水库作为南水北调中线工程的水源地，水库水质的好坏直接关系到中线工程的成败。保护丹江口库区及上游地区的水质，加强生态环境建设，对确保南水北调中线工程水质安全、实现水资源可持续利用、促进经济社会可持续发展具有重要意义。

党中央、国务院高度重视丹江口水库水质保护、水土保持和生态建设工作，中央领导多次批示要求抓紧编制丹江口库区及上游水污染防治和水土保持规划，保护好丹江口水库水质。为贯彻落实中央领导的指示精神，自2002年底以来，国家发展改革委会同水利部、国家环保总局、国务院南水北调办公室等部门和陕西、河南、湖北三省组织编制了《丹江口库区及上游水污染防治和水土保持规划》（以下简称《规划》，见附件）。2004年11月，国家发展改革委组织有关部门和专家对《规划》进行了审查。会后，规划编制组根据审查意见对《规划》进行了修改。今年3月，国家发展改革委再次征求国务院有关部门和三省的意见，目前已取得了一致意见。

丹江口水库现状水质良好，近几年可以达到调水水质要求。但随着区域经济社会的发展，库区及上游中长期水污染形势不容乐观。为防止经济社会发展中产生新的污染源和水土流失，《规划》遵循“预防为主、保护优先”的原则，确定丹江口库区及上游3省7个地（市）的40个县（总面积8.81万km^2）作为规划区。《规划》坚持水量水质并重、点源面源同控，突出近期防治重点，提出了未来5～15年丹江口库区及上游水污染防治和水土保持的目标和对策措施。

为实现南水北调中线工程水源地的长治久安，《规划》提出近期水污染防治、水土保持和面源污染防治项目890个，总投资69.67亿元，2010年可实现年削减COD 9.6万t，氨氮0.39万t，使水土流失严重的24个县的水土流失治理程度达到30%～40%；提出远期治理项目1234个，共需投资124.34亿元。鉴于规划区内多为国家级或省级贫困县，为确保水污染防治和水土保持工程与南水北调中线工程总进度协调一致，建议国家对近期项目给予一定比例的资金支持，国家投资的具体比例，待《规划》实施时，再研究提出意见后上报国务院。

现将《规划》送上，请审批。

附：一、《丹江口库区及上游水污染防治和水土保持规划》（略）

二、国务院关于丹江口库区及上游水污染防治和水土保持规划的批复（代拟稿）（略）

国家发展和改革委员会
二〇〇五年七月一日

国家发展改革委关于南水北调东线一期工程项目建议书的批复

（发改农经［2005］2108号）

水利部：

你部《关于报送南水北调东线一期工程

项目建议书及审查意见的函》（水规计［2004］216号）收悉。经中国国际工程咨询公司评估和反复研究，现批复如下：

一、南水北调东线一期工程从江苏扬州附近的长江下游干流取水，部分利用现有河道、湖泊和江苏省江水北调工程，新建必要的提水、输水等工程，并发挥洪泽湖、骆马湖、南四湖、东平湖等的调蓄作用，逐级提水北送。该工程的任务是改善受水区用水条件，通过水资源优化配置和污水处理回用，改善农业生产条件，控制地下水超采，改善生态环境。供水目标主要是补充苏北、鲁北、鲁南及胶东半岛、安徽部分地区的城市生活、工业和环境用水，适当兼顾农业和其他用水，并为向天津市应急供水创造条件。

二、在可行性研究阶段，要经过进一步研究和论证，做好以下工作：

（一）关于责权结合和调水规模

《国务院关于南水北调工程总体规划的批复》提出：在《规划》提出的调水规模基础上，按照责权结合的原则，认真研究水价、用水权、筹资方案等因素，在立项阶段进一步核实工程调水规模。据此，需要将调水量的用水权分配与有关省所承担的建设资金、贷款偿还、基本水价等责任实行统筹考虑，请有关省出具责权结合的意见，在此基础上进一步核定工程调水规模。

（二）关于基本水价和计量水价

根据我委与你部联合上报国务院的《关于南水北调工程总体规划的请示》（计农经［2002］2506号文）和有关规定，为保证工程建成后正常运营、还本付息，实行两部制水价，即分为基本水价和计量水价；按有关地方承诺的多年平均调水量，确定每年应交纳的基本水费，用于补偿工程的固定成本；每年按合同确定规模内的实际取水量缴纳计量水费，用于补偿工程的变动成本；超出合同确定的取水量另行计价。为了测算和落实银行贷款，并防止工程建成后难以正常运行，需要进一步测算基本水价、计量水价，并请用水地区承诺应交纳的基本水费。

（三）关于投资测算和建设资金来源

你部所报项目建议书的总投资估算为214.18亿元，较规划阶段总投资有较大幅度增长。为准确掌握总投资，落实国务院要求的“静态控制，动态管理”原则，需要在可行性研究阶段对各单项工程投资和总投资数进一步核算，并研究提出建设资金的具体来源。同时，需要与《规划》阶段提出的投资分项进行对比和说明。

（四）关于项目法人的定位

根据南水北调工程建设委员会第二次全体会议纪要，要按照政企分开、政事分开的原则，严格实行项目法人责任制；项目法人必须承担起筹资、建设、运行、还贷、资产保值增值的责任。前期工作阶段就应该落实上述有关要求，项目建议书、可研报告的编制工作，与项目法人治理结构及其应承担的责任关系密切，需进一步协商和落实责任主体及其有关责任。

为确保项目法人的责权一致，使项目法人真正能够承担起筹资、建设、运营、还贷及资产保值增值责任，应参考中咨公司评估报告中关于项目法人组建方案的意见，研究分析目前淮河水利委员会与项目法人的相互关系和存在的问题，根据有关规定的要求，按照有利于统一调度管理和调动各方积极性相结合的原则，研究提出管理体制方案。

（五）关于中央与地方、江苏省与山东省的事权和责任划分

南水北调工程对缓解日益严重的水资源紧缺、生态恶化状况和长远的可持续发展具有重要意义，是跨流域、跨省、具有经营性和公益性双重功能的特大型战略性水利工程，也是一项十分复杂的系统工程。从这一性质出发，在落实建设资金、完善各级项目法人治理结构、法人之间签订合同、出资额与股权相结合、确定管理体制及运行机制、征地

补偿和移民安置、配套工程与骨干工程的衔接、按期停止超采地下水、工程沿线文物保护、工程沿线水污染防治和水资源保护、完善有关法律法规和政策等方面，既要有中央的积极性，也要充分调动沿线省及其所属有关地区的积极性，在搞好宏观调控的同时，各级要充分发挥市场机制的作用。这些工作，需在进一步研究论证并与多部门、多层次协商的基础上，优化方案并落实事权和责任。为有利于工程建成后的运行管理，江苏与山东两省之间，应该在水量、水质、水价等方面签订责权结合的协议。

（六）关于中咨公司评估报告中提出的建议

中咨公司在评估报告中认为，水污染防治是南水北调东线工程的重中之重。《治污规划》批准后，工程建设相对滞后。纳入一期工程的截污导流工程有关前期工作，仍停留在规划阶段。如仍不能切实加大前期工作强度，落实治污工程总体牵头单位，则即使东线一期工程的主体工程于2007年全部按期完成，也难以保证“先治污后通水”和调水水质的要求，存在很大的水质安全风险。需进一步明确治污责任主体，落实治污经费，完善治污方案。

中咨公司在评估报告中建议，对移民安置工程、截污导流工程、里下河水源调整工程，以及洪泽湖、南四湖下级湖、东平湖抬高蓄水位影响处理工程，进一步核实工程量，落实方案，提出专项报告。

中咨公司在评估报告中还建议：明确防洪、排涝和航运等以社会效益为主的工程管理主体，以及管理运行费用在各功能间的分摊关系；协调调水与防洪调度和现状用水的关系；明确淮委有关管理机构与工程项目法人之间的关系；在进一步核定工程量和投资的基础上，合理测算水价，并分析地方的承受能力，提出政策建议。

在可行性研究阶段，请参考中咨公司的上述意见，对有关问题进行深入研究，对工程建设和运行管理方案进行比选。

三、请你部根据上述意见，商有关部门及地方，进一步做好论证、优化方案和协商落实责任等前期工作，编制可行性研究报告，按程序报批。

国家发展和改革委员会
二〇〇五年十月二十日

国家发展改革委关于南水北调中线一期工程总干渠黄河北至漳河南段工程可行性研究报告的批复

（发改农经［2005］2126号）

水利部、国务院南水北调办，河南省发展改革委：

水利部报来的《南水北调中线一期工程总干渠黄河北至漳河南段工程可行性研究报告》（水规计［2004］438号）收悉。经研究，现批复如下：

一、原则同意南水北调中线一期工程总干渠黄河北至漳河南段工程可行性研究报告。根据《南水北调工程总体规划》，该工程由穿黄工程末端起，至豫、冀两省交界穿漳河工程起点止，作为南水北调中线一期工程的组成部分，承担向京、津、冀输水的任务，有必要尽快开工建设。

二、本阶段初步核定该工程的主要建设内容是，建设总长为237.56km的总干渠，设计水位为108～92.19m，其中渠道长221.07km，各类渡槽、暗涵和倒虹吸等建筑物长16.49km；各类交叉建筑物333座。

本阶段初步核定该工程建设规模为：黄河北至焦作李河、焦作李河至新乡老道井、新乡老道井至淇县李庄沟、淇县李庄沟至安阳市南流寺、安阳市南流寺至漳河南各渠段的设计流量和加大流量分别为265m^3/s和

$320m^3/s$、$260m^3/s$ 和 $310m^3/s$、$250m^3/s$ 和 $300m^3/s$、$245m^3/s$ 和 $280m^3/s$、$235m^3/s$ 和 $265m^3/s$。

该工程渠道、各类交叉建筑物及控制工程等主要建筑物为1级建筑物，附属建筑物、河道防护工程和河穿渠工程上下游连接段等次要建筑物为3级建筑物，临时工程按施工组织设计要求确定建筑物等级。

总干渠河渠交叉断面以上集雨面积大于等于 $20km^2$ 的河渠交叉建筑物设计洪水标准为100年一遇，校核洪水标准为300年一遇；集雨面积小于 $20km^2$ 的左岸排水建筑物设计洪水标准为50年一遇，校核洪水标准为200年一遇；总干渠与各类河渠交叉建筑物以及左岸排水建筑物连接段的洪水标准与相应主体建筑物的洪水标准一致。

该工程永久占地5.48万亩，临时占地5.16万亩，拆迁房屋142.05万 m^2，拆迁涉及人口25770人。工程总工期42个月。

三、按2004年三季度价格水平，核定该工程静态投资1718173万元。工程投资与南水北调中线一期工程统筹安排。

该工程建设期的管理，由国务院南水北调办公室与河南省和有关部门商定。工程运行期的管理，与中线一期工程的管理体制统筹研究确定。

四、项目法人要按批准的建设规模和标准组织编制与本批复对应的初步设计。在初步设计阶段，要深入考虑协调各方意见，进一步测算、核定工程规模和投资规模以及征占地、拆迁房屋和移民数量，优化工程方案和移民安置规划。初步设计在概算经我委核定后，由水利部审批。项目法人要严格按照招标投标法及其相关规定，委托招标代理机构公开招标选择勘察设计、施工、监理和设备材料供应等单位，严格执行建设监理制和合同管理制。

国家发展和改革委员会
二〇〇五年十月二十一日

国家发展改革委关于核定南水北调东、中线一期工程控制性文物保护项目概算的通知

（发改投资［2005］2138号）

国务院南水北调办公室：

你办《关于报送南北水调一期工程2005年度控制性文物保护项目核定概算的函》（国调办投计［2005］60号）收悉。经审查，现通知如下：

一、核减你办上报的南水北调东、中线一期工程控制性文物保护项目投资262万元，据此核定项目投资为5000万元。其中北京市7个项目投资619万元，河北省6个项目投资1388万元，河南省11个项目投资1440万元，湖北省4个项目投资520万元，山东省7个项目投资621万元，江苏省10个项目投资412万元。分省（市）审核意见如下（详见附表）：

（一）核定北京市7个项目投资619万元。按统一人工工日标准计列人工费用；调整消耗材料费、设备更新费、记录资料费、运输费、临时建筑费、标本测试费、项目管理费以及安全保卫费取费基数；取消文化层厚大于2m的扩大系数；不可预见费费率调整为3%；暂不计列项目预备费、资料出版费等其他经费；岩上墓葬区发掘面积调整为 $3250m^2$。增减相抵，相应核增投资3万元。

（二）核定河北省6个项目投资1388万元。按统一人工工日标准计列人工费用；原技工费调整为112.5元/m^2；不可预见费费率调整为3%；暂不计列项目预备费、资料出版费等其他经费；青苗补偿费调整为3元/m^2；取消重复计列的北朝墓地文物保护扩大系数。相应核减投资197万元。

（三）核定河南省11个项目投资1440万元。按统一人工工日标准计列人工费用；原

技工费调整为 112.5 元/m^2；不可预见费费率调整为 3%；暂不计列项目预备费、资料出版费等其他经费。相应核减投资 61 万元。

（四）核定湖北省 4 个项目投资 520 万元。按统一人工工日标准计列人工费用；原技工费调整为 112.5 元/m^2；不可预见费费率调整为 3%；青苗补偿费按 3 元/m^2 计列。相应核减投资 18 万元。

（五）核定山东省 7 个项目投资 621 万元。按统一人工工日标准计列人工费用；原技工费调整为 112.5 元/m^2；不可预见费费率按 3% 计列；暂不计列项目预备费、资料出版费等其他经费；青苗补偿费按 3 元/m^2 计列。相应核增投资 34 万元。

（六）核定江苏省 10 个项目投资 412 万元。按统一人工工日标准计列人工费用；原技工费调整为 112.5 元/m^2；不可预见费费率调整为 3%；暂不计列项目预备费、资料出版费等其他经费；三垛清代民居建筑群，尽量利用旧料，调整部分单价。增减相抵，相应核减投资 23 万元。

二、南水北调东、中线一期工程控制性文物保护项目核定概算投资 5000 万元，在南水北调工程建设资金中统筹安排。

三、请你办商国家文物局和有关省（市）加强项目管理，严格按照核定的概算控制项目投资。

附表：南水北调东、中线一期工程控制性文物保护项目概算核定表。

国家发展和改革委员会
二〇〇五年十月二十四日

附表：

南水北调东、中线一期工程控制性文物保护项目概算核定表

单位：万元

序号	项目或费用名称	报送概算	调整概算	核定概算
	总投资	5262	-262	5000
一	北京市	616	3	619
1	惠南庄泵站—王庄—杨家庄勘探区	99	-11	88
2	岩上幕葬区	92	115	207
3	坟庄—六间房遗址	103	-21	82
4	顺承郡王家族墓葬区	51	-15	36
5	皇后台遗址	49	-13	36
6	丁家洼遗址	145	-37	108
7	常乐寺（果各庄）墓葬区	77	-15	62
二	河北省	1585	-197	1388
1	磁县南营村遗址	197	-21	176
2	磁县北朝墓群	712	-113	599
3	邯郸林村墓群	408	-34	374
4	唐县北放水遗址	136	-15	121
5	易县燕长城遗址	108	-11	92
6	徐水燕长城遗址	20	-3	26
三	河南省	1501	-61	1440
（一）	丹江口库区	98	-1	97

续表

序号	项目或费用名称	报送概算	调整概算	核定概算
1	毛坪墓群	98	-1	97
(二)	中线工程总干渠	1403	-60	1343
1	平高台遗址	140	-7	133
2	娘娘寨遗址	116	-6	110
3	薛村遗址	257	-11	246
4	陈沟遗址	144	-5	139
5	老道井墓地	153	-5	148
6	刘庄遗址	117	-5	112
7	郭里汉代墓地	157	-7	150
8	羑河墓地	31	-1	30
9	黄张遗址	92	-4	88
10	固岸曹魏后赵墓地	196	-9	187
四	湖北省(丹江口库区)	538	-18	520
1	丹江口北泰山庙墓群	164	-4	160
2	丹江口市牛场墓群	102	-3	99
3	郧县青龙泉(梅子园)遗址	59	-3	56
4	郧县老幸福院墓群	213	-8	205
五	山东省	587	34	621
1	程子崖遗址	200	7	207
2	梁庄墓地	39	3	42
3	马垓墓地	42	2	44
4	薛垓墓地	88	6	94
5	郭楼遗址	44	1	45
6	小北山墓地	58	5	63
7	百墓山墓地	116	10	126
六	江苏省	435	-23	412
1	鸭州汉——唐墓地	53	1	54
2	白马湖一区二窑明代墓	5		5
3	杨庄古生物化石地点	14	-1	13
4	周湾古生物化石地点	11	-1	10
5	板闸古粮仓遗址	7		7
6	淮阴站化石出土地点	23	-1	22
7	楚州元、明、清墓群	29		29
8	夹沟明、清墓群	6		6
9	三垛清代民居建筑群	248	-21	227
10	板闸古税关	39		39

财 政 部

财政部、国家发展改革委关于同意收取南水北调工程建设质量监督费的复函

（财综［2005］2号）

国务院南水北调工程建设委员会办公室：

你办《关于商请批准收取南水北调工程建设质量监督费的函》（国调办经财函［2004］80号）收悉。经研究，现就有关事项函复如下：

一、根据国务院南水北调工程建设委员会《关于印发〈南水北调工程建设管理的若干意见〉的通知》（国调委发［2004］5号）等规定，为保障南水北调工程质量监督管理工作需要，同意你办所属南水北调工程建设监管中心对南水北调主体工程质量实施监督管理时，收取南水北调工程建设质量监督费。

二、南水北调工程建设质量监督费的收费标准由国家发展改革委、财政部另行核定。

三、南水北调工程建设监管中心收费时，应按规定到指定的价格主管部门办理收费许可证，并使用财政部统一印制的行政事业性收费票据。

四、南水北调工程建设质量监督费纳入中央财政预算，实行“收支两条线”管理。南水北调工程建设监管中心收取南水北调工程建设质量监督费后，应在取得收入的当日，将收入全额就地缴入中央国库。缴库时填写“一般缴款书”，其中：“财政机关”栏填写“财政部”，“预算级次”栏填写“中央级”，“预算科目”栏填写“一般预算收入”科目第42类“行政性收费收入”第4248款“南水北调办行政性收费收入”。支出由财政部按照其履行职能的需要核定。

五、南水北调工程建设监管中心要严格按照上述规定执行，不得擅自增加收费项目、扩大收费范围和提高收费标准，并自觉接受财政、价格、审计部门的监督检查。

六、本文规定自2005年1月1日起执行。

财政部
国家发展和改革委员会
二〇〇五年二月二日

国 土 资 源 部

关于南水北调工程建设用地有关问题的通知

（国土资发［2005］110号）

北京、天津、河北、山东、江苏、河南、湖北等省（市）国土资源厅（国土资源局、规划和国土资源局）、南水北调工程建设办事机构、移民局（办），南水北调工程各项目法人（筹备机构）：

建设南水北调工程是党中央、国务院根据我国经济社会发展的需要，为推动经济结构的战略性调整，解决我国北方地区水资源严重短缺问题，改善生态环境和工农业生产条件，提高人民生活水平做出的重大决策。工程建设规模大，涉及地域广，建设周期长，用地情况复杂。为进一步明确政策，保证工

程建设依法、科学、集约、规范用地，根据《土地管理法》、《南水北调工程建设征地补偿和移民安置暂行办法》和国家有关规定，现将南水北调工程建设用地有关问题通知如下：

一、关于建设项目用地预审

针对南水北调工程前期工作的特殊性，南水北调工程东线、中线工程除已通过建设项目用地预审的单项工程外，可由国务院南水北调工程建设委员会办公室（以下简称国务院南水北调办）会同有关部门组织各项目法人，以总体可行性研究报告为单位汇总整理用地预审材料，一次性向国土资源部申请用地预审。国务院批复的南水北调工程总体规划作为用地预审的依据。国土资源部出具的用地预审意见，作为批准总体可行性研究报告的必备材料。在总体可行性研究报告审批之前需要开工的单项工程，可分别按规定办理建设项目用地预审。

南水北调工程已列入《全国土地利用总体规划纲要》，具体建设项目由国务院及国务院有关部门批准、核准的，用地涉及农用地转用、占用耕地的，在项目法人报批用地时由国土资源部直接配给农用地转用计划指标。国务院南水北调办在每年第三季度末将下年度开工专案用地计划报国土资源部，同时抄送有关省级国土资源部门。

因工程选线（址）原因，确实无法避开占用部分基本农田的，要在开展土地资源调查的基础上，按有关规定补划相同数量的基本农田，保证当地基本农田面积不减少、质量不降低。市、县国土资源部门编制的土地利用总体规划调整方案随其他建设用地报批材料一同报批。

二、关于永久性用地申报

南水北调工程各单项工程建设用地可分别组织报批。各项目法人按照工程进度安排，在开工用地或蓄水前3个月分别向有关市、县国土资源部门提出用地申请，经省级国土资源部门审核，以省为单位一次性报国务院批准。

移民安置用地由各项目法人或移民部门按照移民规划进度安排，在移民搬迁前6个月向有关市、县国土资源部门提出用地申请，纳入城市或村庄、集镇建设用地，依法报有批准权一级人民政府批准。

三、关于建设用地报批材料

南水北调工程各单项工程可行性研究报告批复文件、初步设计批复文件、建设项目用地预审意见、压占矿产资源审核意见、地质灾害危险性评估、占用林地审核同意书等共性用地报批材料，由各项目法人直接提供给省级国土资源部门，由省级国土资源部门统一汇总并整理；工程建设所在地市、县国土资源部门负责拟订、编绘并整理用地呈报材料“一书四方案”、报批所需图件等基础性材料。

南水北调工程各单项工程建设用地报批材料减少为一套文字材料、一套图件材料，有关电子数据随建设用地报批材料一同报部。

四、关于控制工期的单体工程先行用地

南水北调工程部分控制工期的关键性单体工程，确需先行开工用地的，在工程初步设计批准后，由项目法人向省级国土资源部门提出先行用地申请，并同时抄送用地涉及的市、县国土资源部门。有关省级国土资源部门报国土资源部审查同意后，控制工期的单体工程可先行施工用地。

有关省级国土资源部门要督促地方政府和建设单位在先行用地批准后3个月内将建设用地正式报批材料报国土资源部审查。

五、关于征地补偿安置

南水北调工程征地补偿费按照国务院南水北调工程建设委员会确定的标准计入工程总投资。有关省（市）人民政府应按照与国务院南水北调办签订的《南水北调主体工程建设征地补偿和移民安置责任书》要求，制定本省（市）具体的补偿兑付办法。按上述标准和办法执行尚不足以保证被征地农民生活水平不降低，长远生计有保障的，当地人民政府可以用国有土地有偿使用收入予以补贴。有关地方人民政府要加强对征地补偿费用分配使用的监督管理，维护被征地农民的合法权益。

工程建设涉及使用其他单位或者个人依法使用的国有农用地的，参照征地补偿费用标准给予补偿。使用其他单位或者个人依法使用的国有建设用地的，按用地实际情况经协商按有关规定办理。使用无明确使用单位的国有未利用地，可不予补偿。

六、关于耕地占补平衡

南水北调工程建设占用耕地，由各项目法人负责补充数量和质量相当的耕地；没有条件补充或补充的耕地不符合要求的，应按规定缴纳耕地开垦费。补充耕地的具体办法，按照国土资源部、原国家经贸委、水利部《关于水利水电工程建设用地有关问题的通知》（国土资发［2001］355号）有关规定执行。

有关地方国土资源部门要按照建设项目补充耕地与土地开发整理复垦项目挂钩的要求，按规定确定和实施土地开发整理复垦项目，切实完成耕地占补平衡任务。有关省级国土资源部门要对补充耕地的落实情况进行监督检查并组织验收，验收结果报国土资源部备查。

七、关于有关部门的工作配合

为保证南水北调工程依法、及时用地，决定成立“南水北调工程用地协调小组”，组成单位和人员名单见附件。用地涉及各省（市）相关部门也应成立相应的用地协调机构，加强组织领导和工作配合。

国土资源等部门开展工作所需经费应予以保证，可通过签订合同协议的形式明确责任、任务，协商落实。

附件：南水北调工程用地协调小组名单

国土资源部
国务院南水北调工程建设委员会办公室
二〇〇五年六月三日

附件：

南水北调工程用地协调小组名单

组　长：刘天增（国土资源部耕地保护司副司长）
　　　　袁松龄（国务院南水北调办环境与移民司副司长）
秘书长：王　玲（国土资源部耕地保护司征地处处长）
　　　　范治晖（国务院南水北调办环境与移民司处长）
成　员：吴淑章（国土资源部规划司规划计划处调研员）
　　　　张阳阳（国土资源部地籍司调查处调研员）
　　　　何凤山（国土资源部利用司地用处调研员）
　　　　王宝恩（国务院南水北调办环境与移民司副处长）
　　　　王　平（国务院南水北调办投资计划司处长）
　　　　井书光（国务院南水北调办建设管理司副处长）
　　　　丁　晓（北京市国土资源局处长）
　　　　李大为（北京市南水北调办处长）
　　　　张志强（天津市规划和国土资源局处长）
　　　　阎志新（天津市南水北调办处长）
　　　　徐建兴（河北省国土资源厅处长）
　　　　张铁龙（河北省南水北调办副主任）
　　　　王　选（山东省国土资源厅处长）
　　　　庄兴华（山东省南水北调建管

局处长）

王永章（江苏省国土资源厅调研员）

张劲松（江苏省南水北调办副主任）

吴洪杰（河南省国土资源厅处长）

王家永（河南省南水北调办处长）

王长春（河南省移民办副主任）

贺楚华（湖北省国土资源厅副处长）

王芳玉（湖北省南水北调办副主任）

段世耀（湖北省移民局副局长）

邓培全（南水北调中线干线建管局移民局局长）

李　勇（南水北调中线水源有限责任公司移民部部长）

荣迎春（南水北调东线江苏水源有限责任公司副总经理）

周黎明（南水北调东线山东干线有限责任公司总经理）

水　利　部

关于印发南水北调东、中线一期工程项目初步设计组织管理工作交接方案的通知

（办调水［2005］32号）

各有关单位：

为了贯彻落实国务院南水北调工程建设委员会第二次全体会议关于调整工程项目初步设计组织管理工作的精神，水利部规划计划司、国务院南水北调办投资计划司会同有关单位于12月20日在京召开了南水北调东、中线一期工程初步设计组织管理工作会议。会上研究讨论了《南水北调东、中线一期工程项目初步设计组织管理工作交接方案》和相关问题，并对交接工作进行了全面部署和动员。现将该方案印发给你们，请各有关单位和项目法人尽快拟定具体工作方案，并将交接成果一并报水利部和国务院南水北调办备案，保证南水北调东、中线一期工程初步设计组织管理工作的顺利衔接和平稳过渡。

附件：《南水北调东、中线一期工程项目初步设计组织管理工作交接方案》

中华人民共和国水利部办公厅

国务院南水北调工程建设

委员会办公室综合司

二〇〇五年一月二十日

附件：

南水北调东、中线一期工程项目初步设计组织管理工作交接方案

建设项目的初步设计是项目法人实施工程建设的重要依据，原国家计委《关于实行建设项目法人责任制的暂行规定》要求，建设项目初步设计应由项目法人负责组织编制。国务院南水北调工程建设委员会第二次全体会议决定“在南水北调工程项目法人组建后，工程项目初步设计的组织工作逐步移交项目法人负责”。为贯彻落实国务院南水北调工程建设委员会第二次全体会议精神，考虑到南水北调工程5个项目法人已基本组建完毕的实际情况，决定逐步将南水北调东、中线一

期工程项目初步设计组织管理工作移交给项目法人负责。

一、关于南水北调东、中线一期工程初步设计项目的划分和进展情况

长期以来，南水北调工程前期工作由水利部、国家发展改革委负责。在国务院有关部门的大力支持下，在有关省、直辖市的共同努力下，2002年完成了《南水北调工程总体规划》并经国务院批准。考虑到北方地区缺水的严峻形势，国务院决定尽快开工建设东线、中线一期工程的部分单项工程，以保证规划确定的通水目标如期实现。为此，水利部在项目法人未组建前，组织开展了部分单项工程的初步设计工作。2004年6月，根据南水北调工程前期工作的实际情况，为了满足单项工程开工的要求，同时保证南水北调工程设计的完整性和系统性，水利部经商国务院有关部门，提出了统筹考虑总体项目建议书、总体可行性研究报告、单项工程可行性研究报告和单项工程初步设计的前期工作程序，并得到国务院南水北调工程建设委员会的同意。根据这一程序，总体可研批复之前，由国务院或委托国家发展改革委审批单项可研，水利部根据批复的单项可研审批单项初步设计；总体可研批复之后，单项工程初步设计的审批工作交国务院南水北调办承办。

根据南水北调东、中线一期工程的建设内容，为便于前期工作的开展，水利部经商国务院南水北调办，将东、中线一期工程划分为32个单项工程及50个设计单元工程，开展初步设计工作，并在《关于进一步做好南水北调东、中线一期工程前期工作的通知》（水调水［2004］278号）予以明确。

由于项目法人未能及时到位，2003年以来，负责南水北调工程前期工作的水利系统有关流域机构和水利厅（局）及有关部门，积极做好初步设计的组织管理工作，克服时间紧、任务重、压力大和协调难度大等困难，通力合作，精心组织，积极协调，各设计单位克服设计周期短、经费缺乏、外部制约因素复杂等困难，整合设计力量，加强内部管理，采取多种方式，不断加快设计进度，提高设计质量，使南水北调工程各项前期工作取得了重大进展。国务院南水北调工程建设委员会第一次全体会议确定的7个单项工程的22个初步设计报告已全部编制完成，其中，已批复16项，其余的初步设计报告均已通过水规总院审查，满足了工程开工建设需要。

二、南水北调东、中线一期工程项目初步设计组织管理工作交接实施意见

（一）交接原则

初步设计组织管理工作的交接，要本着有利于初步设计前期工作的顺利衔接、平稳过渡，有利于工程的建设管理，有利于保证前期工作质量和进度的原则，尊重历史，实事求是，根据南水北调东、中线一期工程的50个单项工程初步设计的不同进展情况，采取不同的方式进行交接。

（二）交接内容

初步设计组织管理工作的交接包括初步设计主管部门之间的责任交接、工作交接和文件交接，以及初步设计承担单位向项目法人进行技术交底。责任交接，即目前初步设计的主管单位将初步设计组织工作管理的全部责任交接给项目法人；组织工作交接，即目前初步设计的主管单位将初步设计工作的进展情况、前期经费的支出状况、遗留的主要问题等向项目法人交接清楚，保证工作交接后项目法人能顺利地组织开展初步设计工作；文件交接，指目前初步设计的主管部门要将现有初步设计的各类审查审批文件完整地交接给项目法人。初步设计承担单位向项目法人进行技术交底是指初步设计承担单位在交接阶段必须完整地向项目法人进行技术交底，包括设计思路、设计主要内容、设计方法、设计资料，以及已经完成的技术文件。

（三）交接方式

根据各项目的进展情况，按以下5种情况进行交接。

1. 已经批复初步设计的项目由项目法人负责工程建设的组织实施，按规定做好技术交底和资料的交接工作。

2. 已经水利部审查并已报国家发展改革委复核投资的初步设计项目，待国家发展改革委核定投资后，由水利部批复给原报审单位和相关项目法人，按规定做好技术交底和资料的交接工作，由项目法人负责工程建设的组织实施。

3. 国务院南水北调工程建设委员会确定在2005年汛前开工建设的单项工程中，已由原初步设计组织管理单位将初步设计报告报请水利部审批的项目，其组织管理仍由报审单位负责，由水利部按程序批复给原报审单位和项目法人，按规定做好资料交接工作，由项目法人负责工程建设的组织实施。

4. 国务院南水北调工程建设委员会确定在2005年汛前开工建设的单项工程中，初步设计尚未报送水利部审批的项目，其初步设计的组织管理工作，原则上从现在起由项目法人负责，报水利部审批。

5. 南水北调东、中线一期工程50个设计单元工程中的其他初步设计的组织管理工作，原则上由项目法人负责。在南水北调东、中线一期工程可行性研究报告经国务院批准后，报国务院南水北调办审批。

各项目初步设计组织管理工作交接前后的负责单位和承担单位情况详见表1、表2。

三、初步设计组织管理工作交接的有关要求

初步设计组织管理工作交接涉及到多个部门和单位。各单位要本着对党和人民负责，对事业、对历史负责的精神，按照国务院南水北调工程建设委员会的要求，发挥各方面的积极性，顾全大局，密切配合，确保初步设计组织管理工作交接的顺利进行，促进南水北调东、中线一期工程各项前期工作的顺利开展和工程建设的顺利实施。

（一）有关流域机构、省（市）水利厅（局）或南水北调办要切实做好交接工作

作为原来的初步设计组织管理工作负责单位，有关流域机构、省（市）水利厅（局）或南水北调办要高度重视交接工作，对各自负责项目的基本情况、进展情况、需要继续解决的问题等，要全面、深入地向相关项目法人说明，详细地向项目法人提供组织管理中涉及的相关文件资料。初步设计组织管理工作交接后，要继续按照各自职责做好行业管理工作，主动为项目法人开展初步设计的组织管理工作提供服务。

（二）各项目法人要切实承担起初步设计的组织管理职责

各项目法人要按照国务院南水北调工程建设委员会第二次全体会议确定的工程建设目标和《关于实行建设项目法人责任制的暂行规定》（国家计委计建设［1996］673号），积极主动、认真组织好初步设计工作；要根据有关法律法规的规定，按照有关政府管理部门行业管理的要求，积极做好相关工作；要充分利用社会设计资源，组织好设计力量，保证设计质量和进度；要注意尊重历史，承前启后，实事求是，处理好各方面的关系。对于已经完成和已经安排做了部分工作的初步设计项目，设计单位要按要求和规定，提出勘测设计费使用情况报告，相关项目法人要认真核定相关设计经费，从批准的项目勘测设计费中支付相关设计单位。

（三）有关设计单位要认真做好技术交底和资料提供工作

对已有的设计成果和工作内容，各设计单位要完整地向相关项目法人进行技术交底，并向项目法人提供设计文件和资料。要详细、客观地向相关项目法人提供和说明已经开展工作的工作量、经费落实情况等，为项目法人提供技术咨询服务。

表1　南水北调工程东线一期工程初步设计项目进展及组织工作交接一览表

序号	项目名称	初步设计进展情况	交接前		交接后		备注
			组织管理单位	承担单位	组织管理单位	承担单位	
1	三阳河、潼河、宝应站工程	已批复	江苏省调水办	江苏省设计院			
2	骆马湖以南段2003年度工程	除淮阴三站未完成外其他已完成并通过水利部审查	江苏省调水办	江苏省设计院	江苏调水办		
3	骆马湖以南段运河线工程	已开展部分工作	江苏省调水办	江苏省设计院	东线江苏水源公司		
4	骆马湖以南段运西线工程	已开展部分工作	江苏省调水办	江苏省设计院	东线江苏水源公司		
5	洪泽湖、南四湖蓄水影响处理工程	未全面开展	淮委		东线江苏水源公司、东线山东干线公司		
6	刘山泵站	已批复	江苏省调水办	江苏省设计院			
7	解台泵站	已批复	江苏省调水办	江苏省设计院			
8	蔺家坝泵站	已批复	淮委	中水淮河公司			
9	江苏境内截污导流工程	已开展部分工作	江苏省调水办	江苏省设计院	东线江苏水源公司		
10	台儿庄泵站	已批复	淮委	中水淮河公司			
11	韩庄、万年闸泵站	已批复	山东建管局	山东省设计院			
12	姚楼河闸、杨官屯河闸	已通过水利部审查	淮委	中水淮河公司	淮委		
13	大沙河闸、潘庄引河闸	已通过水利部审查	淮委	中水淮河公司	淮委		
14	南四湖水质监测工程及骆马湖水资源控制工程	已通过审查	淮委	中水淮河公司	淮委		
15	二级坝泵站	已通过水利部审查	山东建管局	山东省设计院	山东建管局		
16	南四湖至东平湖段工程	已开展部分工作	山东建管局	山东省设计院	东线山东干线公司		
17	东平湖影响处理工程	已开展部分工作	海委	中水北方公司	东线山东干线公司		
18	山东济平干渠工程	已批复	山东建管局	山东省设计院			
19	济南至引黄济青段工程	未全面开展	山东建管局		东线山东干线公司		

续表

序号	项目名称	初步设计进展情况	交接前		交接后		备注
			组织管理单位	承担单位	组织管理单位	承担单位	
20	穿黄河工程	已报水利部审批	海委	中水北方公司	海委		
21	鲁北段工程	未全面开展	山东建管局		东线山东干线公司		
22	山东省境内截污导流工程	未全面开展	山东建管局		东线山东干线公司		
23	管理信息系统专项工程	未全面开展	淮委		东线江苏水源公司、东线山东干线公司		

表2 南水北调工程中线一期工程初步设计项目进展及组织工作交接一览表

序号	项目名称	初步设计进展情况	交接前		交接后		备注
			组织管理单位	承担单位	组织管理单位	承担单位	
1	丹江口水库大坝加高工程	已报国家发改委复核投资	长委	长委设计院	长委		
2	陶岔枢纽工程	已基本完成	长委	长委设计院	长委		
3	陶岔至沙河南段工程	未全面开展	长委		中线建管局		
4	沙河南至黄河南段工程	已全面开展	河南省调水办		中线建管局		
5	穿黄工程	已批复	长委	长委、黄委设计院联合设计组	长委		
6	黄河北至漳河南安阳段工程	已报水利部审批	河南省调水办	河南省设计院	河南省调水办		
7	黄河北至漳河南段其他工程	已开展部分工作	河南省调水办	河南省设计院	中线建管局		
8	穿漳河工程	已开展部分工作	长委	长委设计院	中线建管局		
9	邯邢段工程	已开展部分工作	河北省调水办	河北省二院	中线建管局		
10	邢石段工程	已开展部分工作	河北省调水办	河北省一院	中线建管局		
11	滹沱河倒虹吸工程	已批复	河北省调水办	河北省一院			
12	漕河渡槽（含吴庄、岗头隧洞）	已批复	河北省调水办	河北省一院			

续表

序号	项目名称	初步设计进展情况	交接前		交接后		备注
			组织管理单位	承担单位	组织管理单位	承担单位	
13	釜山隧洞工程	已批复	河北省调水办	河北省一院			
14	唐河倒虹吸工程	已批复	河北省调水办	河北省一院			
15	古运河枢纽工程	已批复	河北省调水办	河北省一院			
16	京石段河北境风其他工程	已批复（其中干渠对河流防洪影响另行报批）	河北省调水办	河北省一院	河北省调水办		
17	永定河倒虹吸工程	已批复	北京市调水办	北京市设计院			
18	西四环暗涵工程	已批复	北京市调水办	北京市设计院			
19	惠南庄泵站工程	已批复	北京市调水办	北京市设计院			
20	京石段北京境内其他工程	已批复（其中铁路交叉工程另行报批）	北京市调水办	北京市设计院	北京市调水办		
21	天津干线工程	未全面开展	天津市调水办		中线建管局		
22	丹江口大坝加高移民安置	规划报告已完成	长委	长委设计院	中线水源公司		
23	通信、调度、管理专项工程	未全面开展	长委		中线水源公司、中线建管局		
24	兴隆水利枢纽工程	未全面开展	湖北省调水办		湖北省建管局		
25	引江济汉工程	未全面开展	湖北省调水办		湖北省建管局		
26	汉江中下游部分闸站改造工程	已委托有关设计院开展工作	湖北省调水办		湖北省建管局		
27	汉江中下游局部航道整治工程	已委托有关设计院开展工作	湖北省调水办		湖北省建管局		

关于做好南水北调工程2005年汛前开工项目初步设计阶段移民安置规划有关工作的通知

（办水总［2005］60号）

北京、河北、河南、江苏、山东省（市）南水北调办公室：

为做好南水北调工程2005年汛前开工项目初步设计阶段的移民安置规划有关工作，保证工程顺利开工建设，请各有关单位组织做好如下工作：

一、工程占地及淹没影响实物指标调查是移民安置规划和计算占地补偿投资的基础，关系到移民群众的切身利益。各设计单位在调查过程中应按照国家的有关规定和规范要求，在各级地方人民政府和有关专业部门的配合及移民群众的参与下，深入实地，结合当地实际情况，实事求是地做好调查工作，准确提出调查成果。县级人民政府和实物指标的权属人应对调查成果签字或盖章予以确认。

二、移民安置规划是妥善安置移民的前提，设计单位应配备足够的技术力量，有关单位和地方各级人民政府应重视移民安置规划工作，组织有关专业人员与设计单位共同做好移民安置环境容量分析，制定切实可行的移民安置规划方案。县级及其以上人民政府应对规划方案提出书面确认意见。

三、对涉及交通、电力、电信等专业项目的恢复改建应按规范要求开展规划设计工作。提出的规划设计成果应征求当地有关专业部门意见。

四、移民安置规划是南水北调工程规划设计工作的重要组成部分，有关省（市）南水北调办公室应进一步加强对此项工作的领导、组织、检查和督促，并主动协调各级地方人民政府和交通、电力、电信等专业部门，为设计单位开展移民安置规划工作创造良好条件。

水利部办公厅

二〇〇五年四月六日

关于做好南水北调中线一期工程整体可研报告审查准备工作的通知

（办水总［2005］77号）

各有关单位：

根据部领导指示和4月27日南水北调中线一期工程整体可研审查准备工作会议精神，为进一步全面推进中线一期工程可研审查工作的进度，确保可研报告的编制质量，现将有关工作要求通知如下：

一、承担中线一期工程整体可研报告编制任务的单位要按照准备工作会议精神，本着对国家和人民高度负责的精神，进一步提高思想认识，集中力量，责任到人，对分段单项可研和专题报告，按照严格控制投资增长的原则和本阶段深度的要求，结合预审过程中的审查意见，抓紧做好修改、补充和完善工作。

二、各有关单位要认真对主要工程量、土质类别和运距等进行复核，进一步提高成果质量。水规总院牵头，会同调水局、长江委组织专门力量，尽快开展工程量等的核查工作。

三、长江委院要进一步组织好专业技术人员，在工程量等复核的基础上，对整体可研报告中的综合说明、工程投资估算和经济评价等进行修编，按照4月27日准备工作会议确定的时间要求将修编成果报送水利部，以便安排好整体可研正式审查时间。

四、长江委院应本着安全可靠、经济实用的原则，结合各渠段的实际情况，尽快提出膨胀土地基的处理措施和方案，由水规总院组织国内有经验的专家进行专题审查，确认处理方案。

特此通知。

水利部办公厅

二〇〇五年五月八日

关于南水北调中线一期穿黄工程初步设计报告的批复

（水总［2005］156号）

南水北调中线干线工程建设管理局：

水利部长江水利委员会报送了《关于审批〈南水北调中线一期穿黄工程初步设计报告〉的请示》（长规计［2004］733号），我部水利水电规划设计总院对随文上报的初步设计报告进行了审查，并提出了审查意见（见附件1）。经研究，我部基本同意该审查意见。现批复如下：

一、穿黄工程位于郑州市以西约30km孤柏山湾处，是南水北调中线总干渠穿越黄河的关键性工程，其任务是将中线调水从黄河南岸输送到黄河北岸，向黄河以北地区供水。该工程是南水北调中线一期工程总干渠立交规模最大的建筑物工程，是实现通水目标主要控制工期的工程之一，因此，尽快建设该工程是十分必要的。

二、同意穿黄工程的建设规模按南水北调中线一期工程的规模确定，其设计流量为$265m^3/s$，加大流量为$320m^3/s$。

三、南水北调中线一期工程为Ⅰ等工程，同意穿黄工程为Ⅰ等工程，其主要建筑物穿黄隧洞及其进出口、退水闸（洞）、南岸连接渠道、北岸明渠和新老蟒河倒虹吸及其他交叉建筑物等为1级建筑物，南岸护湾防护工程、退水闸消能建筑物和北岸导流堤、新蟒河渠倒虹河道防护工程、老蟒河河穿渠进出口连接段等次要建筑物为3级建筑物，临时工程为4级建筑物。

同意穿黄工程穿越黄河主体建筑物（含隧洞及其进出口建筑物）设计洪水标准为300年一遇，校核洪水标准为1000年一遇；新老蟒河交叉建筑物设计洪水标准为100年一遇，校核洪水标准为300年一遇，北岸河滩明渠防洪标准与新老蟒河交叉建筑物洪水标准相同。

同意主要建筑物地震设计烈度为7度，其动参数值按国家地震局分析预报中心对穿黄工程地震危险性分析提供的成果，作为抗震设计依据。穿黄隧洞（含斜井段、洞身段、竖井段和退水洞段）按基准期50年、超越概率5%地震动参数进行抗震设计，相应基岩面地震加速度为0.158*g*；其他主要建筑物地震设计烈度7度时相应的基岩面地震加速度为0.119*g*。

四、同意上线（李村线）作为穿黄工程的选定轴线。同意穿黄工程总体布置，主要由南岸连接渠道、双线穿黄隧洞及其进出口建筑物、北岸河滩明渠、穿越新老蟒河交叉建筑物、北岸连接明渠、隧洞进口退水闸和跨渠交叉建筑物、控导工程等建筑物组成。黄河南岸起点A坐标为$X=3859513.335$，$Y=38433903.562$；北岸终点S坐标为$X=3870778.958$，$Y=38419017.710$，线路总长为19304.5m。

五、基本同意施工进度计划安排，准备工程和主体工程施工工期为51个月。

六、根据《国家发展改革委关于核定南水北调中线一期穿黄工程初步设计概算的通知》（发改投资［2005］521号，见附件2），核定穿黄工程静态总投资为290067万元，总投资313706万元。

七、请你们按基本建设程序要求，抓紧开工前的准备工作；根据审查意见在下阶段进一步完善和优化设计；按照项目法人责任制、招标投标制、建设监理制、合同管理制及批复的设计文件要求，认真组织工程建设，确保工程质量，按期完成工程建设任务。

特此批复。

附件：1.《南水北调中线一期穿黄工程初步设计报告审查意见》

2.《国家发展改革委关于核定南水北调中线一期穿黄工程初步设计概算的通知》（发改投资［2005］521号）

水利部

二〇〇五年四月二十一日

附件1：

南水北调中线一期穿黄工程初步设计报告审查意见

2004年7月10～12日，水利部水利水电规划设计总院在北京召开会议，对长江水利委员会长江勘测规划设计研究院和黄河水利委员会勘测规划设计研究院穿黄工程联合项目组（以下简称联合项目组）编制完成、水利部长江水利委员会以长规计［2004］733号文上报的《南水北调中线一期穿黄工程初步设计报告》（以下简称《初设报告》）进行了审查。参加会议的有：国务院南水北调工程建设委员会办公室，水利部南水北调规划设计管理局，南水北调中线干线工程建设管理局，水利部长江水利委员会、黄河水利委员会，长江水利委员会长江勘测规划设计研究院，黄河水利委员会勘测规划设计研究院等单位的领导、专家和代表。与会人员听取了联合项目组的汇报，进行了认真讨论。会后，联合项目组对《初设报告》进行了补充、完善和修改，并形成了初设补充报告。经审查，基本同意修改后的《初设报告》，主要审查意见如下。

一、水文

（一）设计洪水

同意穿黄断面300年一遇和1000年一遇的设计洪峰流量分别为14970m^3/s和17530m^3/s。

由于新蟒河与南水北调总干渠交叉断面处100年一遇的设计洪峰流量已超过河道最大过流能力，并已漫过河道南堤入黄河，基本同意该处交叉建筑物的设计流量按河道在该处的最大过流能力860m^3/s作为依据。

基本同意老蟒河与南水北调中线总干渠交叉断面处的设计洪峰流量成果。下阶段应对该成果进一步复核。

（二）本阶段应考虑沁河遇20年一遇以上洪水其右岸堤防可能溃决并向新、老蟒河分流的因素，分析估算工程建成前后新、老蟒河与南水北调中线总干渠交叉断面处及渠段沿线的设计洪水位成果。

（三）原则同意新蟒河与南水北调中线总干渠交叉断面处的河道一般冲刷深度成果，考虑到含沙量取值、河床质粒径确定等具有一定的误差，有关专业使用该数时宜留有适当余地。

二、工程地质

（一）1997年国家地震局分析预报中心对工程区300km范围内的构造及地震环境、近场区30km范围内的主要断裂及其活动性、地震参数进行了专门研究。据研究报告，工程区位于华北断块区南部的豫皖断块边缘，新乡—商丘断裂带以北断裂差异活动强烈，第四系断裂发育，常有中强震发生。穿黄工程地震危险性主要受新乡、郑州、焦作等潜在震源区的近场地震影响。场址区50年基准期超越概率10%对应的地震烈度为6.9度，基岩面地震加速度峰值为0.119g，超越概率为5%对应的基岩面地震加速度峰值为0.158g。

（二）少黏性土层于桩号5+708~7+808段为严重液化势、桩号7+808~10+208段为中等液化势、桩号10+208~12+608段为中等至严重液化势，同意对这些地段的评价意见，需对其进行适当的抗震加固处理。

（三）穿黄隧洞地段地质条件基本清楚，基本同意对工程地质及水文地质条件的评价意见。鉴于松散堆积物下伏新第三系砂岩的基岩面起伏不平、洞底距基岩面较近、钻孔间距较大等因素，下阶段应补充钻孔，详细确定基岩面高程。

（四）南岸明渠地段地质条件基本清楚，基本同意对该地段工程地质及水文地质条件的评价意见。但是明渠段边坡高19~40m，且夹有⑨-1、⑨-2两层黄土状粉质壤土，自然状态下均呈饱和状态，其强度低、震动时易产生液化、土体内的水不易排出，渠坡稳定性差，施工时应注意确保其边坡稳定性。

（五）基本同意对南岸邙山隧洞地段土体工程地质和水文地质条件的评价意见。隧洞进口段遇⑨-2层软黄土，同意施工时采取超前支护措施的建议。

（六）北岸明渠及青风岭明渠地段地质及水文地质条件基本清楚，基本同意对工程地质和水文地质条件的评价意见。下阶段进一步复核黄土状粉质壤土湿陷深度。

（七）新蟒河渠倒虹吸工程和老蟒河倒虹吸工程地质及水文地质条件基本清楚，基本同意对工程地质和水文地质条件的评价意见。下阶段应给出新蟒河渠倒虹吸工程详细工程地质剖面图。

（八）南岸邙山隧洞进口地段、南岸邙山退水隧洞地段、北岸出口竖井地段和南岸施工竖井地段工程地质和水文地质条件基本清楚，基本同意对上述各建筑物的工程地质条件评价意见。

（九）路渠交叉建筑物包括不同等级的7座公路桥，其中河沟北、四化路、司马路、1号路、陈沟西路和新洛路桥已有地勘资料。下阶段应补充4号路桥地质勘察工作、南岸河北沟桥和四化路桥应加大勘探深度。

（十）渠渠交叉建筑物有李村南干渠渡槽和李村北干渠渡槽，同意其评价意见，但应适当加大勘探深度。

（十一）北岸穿黄隧洞出口护堤地段工程地质条件基本清楚，基本同意其评价意见。对堤基砂土抗地震液化加固处理和防冲刷处理是必要的。

（十二）天然建筑材料及施工供水

1. 同意对陈家沟料场的土料质量、储量和开采运输条件的评价意见。

2. 丹河砂砾石料场经储量复核，现有储量大于400万m^3，可以满足本工程用量要求。同意对丹河砂砾料场的砂料含泥量高、粒度偏细、孔隙比大但没有碱活性反应的评价意见。同意对砾料质量的评价意见，用高碱水泥（含碱量1.3%）14天的膨胀量为0.0933%，接近规程规定的小于0.1%的标准，下阶段应复核砾料的碱活性反应，并采用低碱水泥。

3. 同意对东竹园、草店、馒头山、陈门块石料场的石料质量、储量和开采条件的评价意见。同意东竹园石料场作为人工骨料场。

三、工程任务与规模

（一）穿黄工程起点为黄河南岸王村乡王村化肥厂南的A点，终点为黄河北岸温县南张羌乡马庄东的S点。该渠段渠线全长19304.5m，该渠段是南水北调中线工程的组成部分，担负向黄河以北地区供水任务。

（二）同意穿黄工程的规模按南水北调中线一期工程的规模确定，其设计流量为265m^3/s，加大流量为320m^3/s。

（三）基本同意设计流量条件下A、S点设计水位分别为118m和108m（85国家高程基准，下同）；加大流量条件下A、S点加大水位暂采用118.738m和108.71m。下阶段应进一步复核加大流量水面线。

（四）本阶段应尽快对黄河、新老蟒河的洪水影响评价报告进行审查批复。下阶段应进一步研究该渠段总干渠调度控制运用方式。

（五）为保障中线穿黄工程的防洪安全，对该河段进行河道整治是必要的。基本同意河道整治工程安排的原则、总体布局。

四、工程布置及建筑物

（一）工程等别和标准

1. 南水北调中线一期工程为Ⅰ等工程，同意穿黄工程主要建筑物穿黄隧洞及其进出口、退水闸（洞）、南岸连接渠道、北岸明渠和新老蟒河倒虹吸及其他交叉建筑物等为1级建筑物，南岸护湾防护工程、退水闸消能建筑物和北岸导流堤、新蟒河渠倒虹河道防护工程、老蟒河河穿渠进出口连接段等次要建筑物为3级建筑物，临时工程为4级建筑物。

2. 同意穿越黄河的穿黄工程主体建筑物（含隧洞及其进出口建筑物）设计洪水标准为300年一遇，校核洪水标准为1000年一遇；新老蟒河交叉建筑物设计洪水标准为100年一遇，校核洪水标准为300年一遇，北岸河滩明渠防洪标准与新老蟒河交叉建筑物洪水标准相同。

3. 同意本工程主要建筑物地震设计烈度

为7度，其动参数值按国家地震局分析预报中心对穿黄工程地震危险性分析提供的成果，作为抗震设计的依据。穿黄隧洞（含斜井段、洞身段、竖井段和退水洞段）按基准期50年、超越概率5%地震动参数进行抗震设计，相应基岩面地震加速度为0.158g；其他主要建筑物地震设计烈度7度时相应的基岩面地震加速度为0.119g。

（二）穿黄工程轴线选择

本工程在可研阶段推荐隧洞方案作为穿黄工程选定型式的基础上，对穿黄隧洞比选了上线（李村线）和下线（满沟线）两条洞线，两洞线布置基本不受黄河河势和洪水影响，均能满足总干渠安全输水要求。上线斜井直接接隧洞，避开了邙山高边坡和河岸复杂防护技术，北岸河道宽阔方便施工，但进口布置退水闸时，退水渠道只能采用隧洞方式退水；下线进口连接段过邙山采用隧洞可避开渠道高边坡，南岸漫滩开阔有利施工场地布置，北岸河滩明渠渠线较短，可减少砂土液化处理工程量，但南岸明渠存在高填方，南岸明渠和北岸斜洞或竖井段基础处理工程量大。综合比较，考虑黄河河势的不确定性和河道部门对河势控导工程的规划意见，同意上线（李村线）作为穿黄隧洞的选定轴线。

（三）工程布置

1. 穿黄方案比较

可研阶段对隧洞方案和渡槽方案在技术经济上进行深入比选，推荐了隧洞方案；本阶段同意隧洞方案作为穿黄工程的选定方案。

2. 工程总体布置

（1）根据选定线路地形条件，建筑物布置及运行管理要求，对南斜北竖、退水设施在南岸，南斜北竖、退水设施在北岸和南竖北斜、退水设施在南岸的三种跨河型式进行了比较，南斜北竖、退水设施在南岸的穿越型式其工程投资、运行管理和安全可靠等方面均优。同意穿黄隧洞布置采用南斜北竖、退水设施在南岸的布置方案。

（2）在穿黄隧洞平面布置上比较了单洞和双洞方案。两方案均能满足总干渠运行要求。双洞方案较单洞方案洞径规模相对较小，施工技术难度低，风险小，工期有保证，工程调度运用灵活，便于检修，自身输水保证率高，但该方案投资较高，经综合比较，同意采用双洞输水方案。

（3）同意北岸河滩明渠穿越新蟒河采用渠道倒虹吸型式，老蟒河以倒虹吸型式穿越总干渠。

（4）同意穿黄工程由南岸连接渠道、双线穿黄隧洞及其进出口建筑物、北岸河滩明渠、穿越新老蟒河交叉建筑物、北岸连接明渠、隧洞进口退水闸和跨渠交叉建筑物、控导工程等建筑物组成的工程总体布置。黄河南岸起点A坐标为$X=3859513.335$，$Y=38433903.562$；北岸终点S坐标为$X=3870778.958$，$Y=38419017.710$，线路总长为19304.5m。

（四）穿黄隧洞及进出口建筑物

1. 基本同意穿黄隧洞纵断面设计。双洞平面布置穿黄隧洞中心线间距为32m，邙山隧洞（斜井段）中心线间距为28m，隧洞长度经方案比选，基本同意推荐洞长为800m方案；过河平洞段隧洞埋深经河床冲刷深度计算和基岩面高程复核，确定的隧洞洞底高程和隧洞最小埋深基本合理。下阶段进一步研究将平洞中心线间距由32m调整为28m的可行性，并结合补充地质勘探工作进一步复核隧洞洞底高程设计，重点是桩号6+825附近基岩面较高部位。

2. 基本同意隧洞结构设计原则、横断面结构型式和主要尺寸。隧洞内径为7.0m，采用外层为装配式钢筋混凝土管片结构、内层为现浇预应力钢筋混凝土整体结构，中间设排水弹性垫层，内外层衬砌分别受力的结构型式。下阶段应按内外衬分别受力的计算原则，对各种可能不利运行工况，补充相关结构计算内容和论证采取的工程措施；为满足垫层排水和变形要求，应进一步落实垫层材料、规格和性能，提出内衬施工不影响垫层功能的措施。

3. 基本同意隧洞进口段截石坑、渐变段、闸室段、邙山洞段和隧洞出口竖井段、过河平洞段、闸室段和消能段的布置，结构型式、主要尺寸和控制高程，下阶段应对出口竖井与过河平洞段连接处的结构布置进一步研究，应满足接头处的沉降变形要求；对地连墙设计应按补充地质资料和各种运行工况、复核其应力变形，提出墙体合理配比和弹模要求；结合水工模型试验，进一步优化进出口闸室等建筑物设计，复核出口侧堰顶高程，并完善相关结构计算内容。

4. 基本同意退水闸、退水洞的布置及各建筑物型式。下阶段应对闸室等部位结构尺寸进行复核优化；对洞身一、二期衬砌型式、厚度按相关计算进行复核。

基本同意退水闸出口消能防冲建筑物设计和出口防冲保护及出口边坡整治设计。

5. 基本同意隧洞出口建筑物采取的加固地基和处理液化土层措施。下阶段应结合推荐加固措施采用的施工方法，进一步复核加固范围和型式。

（五）南岸连接明渠

1. 基本同意南岸连接明渠渠底纵坡设计和横断面采用的梯形断面型式及断面要素设计。邙山段渠道边坡高达 30～40m，天然地下水位高出底板 22.5～30.5m，可能存在边坡稳定和局部渠坡失稳问题。下阶段应进一步核算边坡稳定和论证排水效果及坡面防护措施。

2. 基本同意连接渠道衬砌、防渗和排水设计。本段渠道属总干渠渠道的一部分，其设计标准宜与总干渠设计保持一致。下阶段应对渠道衬砌与防渗结构型式、防渗材料规格选择进行复核、落实；对高地下水位渠段，应进一步完善、优化自排和抽排相结合的排水设施。

（六）北岸渠道

1. 基本同意北岸河滩明渠和连接渠道纵断面渠底纵坡选择、横断面梯形渠道型式及主要结构尺寸。填方渠道填筑土料设计基本满足规范要求，其设计压实指标偏低，下阶段应进一步复核。

2. 基本同意渠道内坡衬砌、防渗、排水型式选择和外坡坡面防护设计。下阶段对外坡防护设计应结合河工试验和顺堤流速计算进一步优化。

3. 基本同意对本阶段桩号 9＋336.47～12＋608 段渠基地震液化砂层通过方案比较提出的处理措施。考虑到发生地震概率、液化后可能对渠道造成的危害和修复特点，下阶段应结合加固措施施工方法和加固材料的选用，对处理范围、深度进行复核优化。

基本同意对北岸连接渠道桩号 15＋413.97～19＋304.5 段填方渠道填土高度大于 3m 的弱湿陷性黄土采取夯实加固地基的处理措施。

4. 基本同意北岸导流堤的堤线布置、防护范围和采用的型式、控制尺寸。

（七）新、老蟒河倒虹吸

1. 基本同意北岸河滩明渠穿越新蟒河采用渠道倒虹吸的建筑物布置、结构型式和主要尺寸。倒虹吸由进出口渐变段、检修闸室段和管身段组成，水平管身采用两孔一联箱形结构。

2. 基本同意倒虹吸管身顶高程选择和埋深设计。

3. 基本同意倒虹吸管身基础粉细沙层通过方案比选，采取的抗地震液化措施。下阶段应结合碎石桩施工方法，对桩径、桩距进行优化。

4. 基本同意老蟒河采用河道倒虹吸的型式穿越总干渠，基本同意倒虹吸建筑物布置和结构型式。河倒虹由进出口渐变段和管身段组成，孔口尺寸采用 6.90m×6.90m，3 孔一联箱形结构。

（八）渠道交叉建筑物

1. 基本同意南岸跨渠石化路桥、北岸跨渠新洛路、1号路桥等七座桥梁的桥位选择、桥线布置和桥型设计。石化路、司马路、1号路和新洛路四桥汽车荷载等级为公路—Ⅱ级，其他桥梁汽车荷载等级为公路—Ⅱ级折减；各桥上部结构一般为预应力钢筋混凝土工字形或T形梁结构，下部结构均为圆形柱墩接混凝土灌注桩基础。

2. 基本同意李村南干渠、李村北干渠跨渠渡槽的轴线确定，进出口渐变段和槽身布置及槽形选择。渡槽上部结构为简支矩形槽、下部结构采用混凝土排架柱接灌注桩基础。

（九）排涝工程

基本同意北岸河滩总干渠明渠与新老蟒河之间、老蟒河与青风岭之间设置的陈家沟排水沟和南张羌与北张羌之间的排水通道。排涝标准采用5年一遇，新老蟒河之间排涝工程采用排水通道过渠方案，老蟒河与青风岭之间排涝工程采用穿堤埋管型式。

（十）安全监测

基本同意本工程安全监测设计原则，安全监测项目设置和监测设施布置设计。本工程重点监测部位和监测内容应是穿黄隧洞段（含进出口和邙山隧洞）和南岸深挖方渠道段的变形和渗流控制，出口竖井因其体形结构和受力较复杂，应属重点监测部位，其监测内容可进一步加强。下阶段应进一步复核各监测断面位置和仪器数量，内观设计宜简化。

（十一）控导工程

原则同意穿黄工程上下河段提出的整治工程范围和整治项目安排。原则同意孤柏嘴控导工程初定的工程长度、平面布置和结构型式，报告推荐孤柏嘴工程采用的透水坝方案下阶段应与有关部门进一步协商，共同研究确定。

五、电工及金属结构

（一）电工

1. 基本同意穿黄段两岸均设35/0.4kV变电站，工作电源引自总干渠35kV供电系统，0.4kV侧设柴油发电机组作为备用电源。

2. 基本同意35/0.4kV变电站主接线方案，变配电设备采用靠近负荷中心、室内安装方式。下阶段应根据主要电气及监控设备布置需求复核配套建筑面积。

3. 同意以PLC为基础构成现地监控单元，系统具备全线自控和现地独立手动控制功能。设计应进一步比选监控设备选型及配置（含闸门及变电站等监控），依此复核设备投资。应统筹考虑全线自动化监控系统运行软件的配置。

4. 基本同意该段采用光纤通信方式。设计应根据所在区段各监视对象特点及运行管理要求，复核视频监视系统通信需求及主干和区段光端设备选型；并与中线总体设计协调确定管理监视站设置方案。

5. 采用共用接地网方案时，其接地电阻值应根据监控及通信等系统要求核定。

（二）金属结构

1. 基本同意穿黄隧洞选用的拦污栅和单轨移动式启闭机、平板定轮事故检修闸门和固定卷扬式启闭机、弧形工作闸门和液压启闭机、叠梁检修闸门和门式启闭机、退水闸选用平板定轮工作闸门、平板滑动检修闸门共用台车式启闭机的设计方案和布置型式。下阶段应进一步论证隧洞出口检修闸门的设置位置。

2. 原则同意新蟒河倒虹吸选用的闸门和启闭机型式和布置方案。下阶段应进一步比较论证出口闸门的工作方式及型式。

3. 基本同意各类闸门选用的结构材料、数量、支承型式、支承材料、启闭机容量和启闭机扬程等主要技术参数。

4. 基本同意选用防冰冻和溶冰的设计原则。下阶段应进一步完善设计方案和措施。

5. 基本同意各类金属结构设备选用的防腐蚀设计方案。

六、施工组织设计

（一）同意黄河北岸结合穿黄隧洞竖井的布置设施工竖井，后期改建为输水隧洞竖井；基本同意黄河南岸布置临时施工竖井，两岸施工竖井工作平台渡汛洪水标准均为20年一遇。考虑施工安全，施工竖井工作平台应具备抵御超标准洪水的应急防护工程措施，以确保井口不得进水。

（二）同意施工竖井平台尺寸及两座竖井相互独立的布置方式。基本同意竖井内径尺寸、结构设计和防水措施，下阶段可进一步研究减少竖井井深的合理性。

（三）基本同意新、老蟒河导流建筑物级别为4级，施工导流洪水标准取5年一遇。两处均采用断流围堰、明渠导流方式。老蟒河主体工程量不大，可在一个枯水期内完工，下阶段应按非汛期施工导流进行相应调整。

（四）基本同意北岸丹河天然砂砾料场、馒头山石料场和陈家沟土料场的规划选择和开采加工方式。南岸选择东竹园石料场，全部采用人工加工方式生产混凝土粗、细骨料。

（五）同意穿黄过河隧洞及南岸邙山隧洞采用盾构机施工。基本同意其他部位主体工程施工方法和主要设备选型。北岸施工竖井深度超过40m，垂直运输量较大，按规范要求应设置导向设备。

（六）基本同意南、北岸分别进场的对外交通布置及公路等级标准。

（七）基本同意场内主要交通干线布置及公路等级标准。

（八）基本同意主要施工工厂、预制管片加工厂、泥水系统生产规模及工艺流程设计。

（九）同意南、北岸施工用电均按一类负荷采用两路独立电源供电。下阶段应研究盾构机供电电源采用国内通用标准10kV的可能性，以减少供电电压等级。

（十）基本同意南、北岸穿黄隧洞进出口分别布置独立施工工区的施工总布置方案。

（十一）基本同意南、北岸分别进行的土石方挖填平衡成果及弃碴场地规划。

（十二）基本同意施工进度计划安排，关键线路为盾构机订货、组装、掘进、二次衬砌及竖井混凝土浇筑，施工强度适中，准备工程和主体工程施工工期51个月为合理工期。盾构机定货应在准备工程开始前三个月完成。

七、工程占地及移民安置

（一）基本同意工程征地范围。永久征地范围包括建筑物占地、削坡占地、防护林带用地及管理区用地；施工临时用地包括施工营地及工厂、料场、弃渣场用地等。

（二）工程占地实物指标在2003年进行了全面调查，以后根据工程方案变化进行了适当调整，调整后工程永久征地为4690亩，临时占地3965亩，移民276人，拆迁房屋3.56万m^2，涉及中学一所，6kV以上输电线路28条，电信线路26条，以及输油管、输水管等专项设施。

（三）同意就近后靠的移民安置方案。移民生产用地大部分在本村调剂解决；对占地比重较大的村，从邻村或乡镇农场划拨耕地安置移民。

（四）根据工程占地特点，移民建房以分散安置为主是可行的。下阶段应结合耕地调整情况，在条件允许时适当集中布置。

（五）基本同意各专业项目的迁建补偿方案。

（六）同意征地移民补偿投资编制原则和方法，耕地补偿补助倍数暂按10倍计算。

（七）根据有关规定，耕地开垦费按70%计列。

八、环境保护设计

（一）基本同意采用沉沙池和隔油沉淀池处理施工期生产废水的措施设计。下阶段应按生产废水排放量进一步优化沉沙池的设计。

（二）基本同意在两个生活区修建化粪池并配置一体化生活污水净化装置，对施工期生活污水进行处理的措施。下阶段应从技术、

续表

序号	项目或费用名称	报审投资	核增（+）	核减（-）	审定投资
十	泥水处理系统	3030			3030
十一	预制管片厂等设施	2078			2078
十二	房屋建筑工程	3653	50		3703
十三	其他临时工程	7539	104		7643
	第五部分　独立费用	63514	8522	16350	55686
一	建设管理费	3055	895		3950
二	生产准备费	1461	19		1480
三	科研勘测设计费	21431		3317	18114
四	建设及施工场地征用费	13033		13033	0
五	其他	24534	7608		32142
	一至五部分合计	263237	11848	17036	258049
	基本预备费	18426	2218		20644
	工程主要材料价差	8711		8711	0
	控导工程	15811		11	15800
	静态总投资	306185	14066	25758	294493
Ⅱ	建设及施工场地征用费	0	18278		18278
Ⅲ	环境保护工程	1131		368	763
Ⅳ	水土保持工程	1952	16		1968
	工程总投资合计（Ⅰ＋Ⅱ＋Ⅲ＋Ⅳ）				
	静态总投资	309268	32360	26126	315502

关于丹江口水利枢纽大坝加高工程初步设计报告的批复

（水总［2005］168号）

南水北调中线水源有限责任公司：

水利部长江水利委员会《关于审批〈丹江口水利枢纽大坝加高工程初步设计报告〉（修订本）的请示》（长规计［2004］736号）收悉。我部水利水电规划设计总院对随文上报的初步设计报告进行了审查，并提出了审查意见（见附件1）。经研究，我部基本同意该审查意见。现批复如下：

一、丹江口水利枢纽位于湖北省丹江口市汉江中游干流上，是1973年按初期规模建设成的一座大型综合利用水枢纽工程。水库运行30多年来，为汉江中下游地区的防洪、供水、灌溉、发电、航运及水产养殖发挥了重要作用，取得了显著的经济效益和社会效益。

丹江口水利枢纽大坝加高后，枢纽的任务是以防洪、供水为主，结合发电、航运等综合利用。丹江口水利枢纽是南水北调中线的水源工程，大坝加高后多年平均可为南水北调中线一期工程供水95亿m^3，对缓解华北地区水资源短缺的紧张局面，促进我国北方地区国民经济可持续发展和生态环境的改善，具有巨大的作用，并可为南水北调中线二期工程调水奠定基础；加高大坝将进一步提高水库的防洪能力和下游的防洪标准，为减轻长江干流汉口段和武汉市的防洪压力创造有利条件；工程的建设还可改善枢纽的发电和汉江干流的通航条件。丹江口水利枢纽大坝加高对于南水北调中线工程和汉江流域综合治理都具有重要的作用。因此，工程建设是十分必要和紧迫的。

二、基本同意丹江口大坝加高工程的建设规模为：在南水北调总干渠渠首设计流量350m^3/s的条件下，多年平均经陶岔可调水量为97.1亿m^3，保证率为95%时可调水量为61.7亿m^3；水库正常蓄水位提高至170m，死水位为150m，极限消落水位为145m，设计洪水位为172.2m，校核洪水位为174.35m；水库汛期限制水位为160（夏汛）~163.5m（秋汛），夏季预留110亿m^3防洪库容，秋季预留81.2亿m^3防洪库容；电站按原规模进行改造，装机容量为900MW；通航建筑物的通航标准改造扩建为300t级。

三、丹江口水利枢纽工程为Ⅰ等工程。同意大坝加高工程中河床及两岸混凝土坝、左右岸土石坝及副坝、电站厂房、船闸上闸首等主要建筑物为1级；通航主要建筑物为2级，次要建筑物为3级；下游消能防冲设施及护岸工程等建筑物为3级，临时建筑物为4级。鉴于历史情况和本工程重要性，同意加高工程的1级挡水建筑物按1000年一遇洪水设计，可能最大洪水（10000年一遇洪水加大20%）校核；电站厂房按200年一遇洪水设计，1000年一遇洪水校核；下游消能防冲设施洪水标准为100年一遇，护岸工程洪水标准为50年一遇。

同意1级挡水建筑物的地震设计烈度为7度，以中国地震局中震安评［2003］3号文批复的《丹江口水利枢纽大坝加高工程地震安全性评价报告》提供的动参数值作为抗震设计依据。

四、同意大坝加高工程主河床及两岸混凝土坝、左岸土石坝在初期工程基础上加高培厚；同意右岸新建土石坝的工程总体布置方案。枢纽工程由左岸土石坝、混凝土坝左联坝段、厂房坝段、表孔溢流坝段、深孔溢流坝段、混凝土坝右联坝段及通航坝段、右岸土石坝段及左岸副坝和库区董营副坝等建筑物组成。大坝加高后混凝土坝及其左、右岸土石坝总长3442m。

五、基本同意施工进度计划安排，总工期为5.5年，其中工程准备期9个月。表孔坝段加高是控制施工进度和安全度汛的关键部位，下阶段应进一步做好施工进度安排优化工作。

六、根据《国家发展改革委关于核定丹江口水利枢纽大坝加高工程初步设计概算的通知》（发改投资［2005］687号，见附件2)，核定丹江口水利枢纽大坝加高工程静态总投资为217064万元，总投资为242525万元。

七、请你们按照基本建设程序抓紧开工前的准备工作，根据审查意见进一步完善和优化设计；按照项目法人责任制、招标投标制、建设监理制、合同管理制及批复的设计文件要求，认真组织好项目实施，控制建设规模和标准，确保工程质量，按期完成工程建设任务。

特此批复。

附件：1. 丹江口水利枢纽大坝加高工程

初步设计报告审查意见

2. 国家发展改革委关于核定丹江口水利枢纽大坝加高工程初步设计概算的通知（发改投资［2005］687号）

水利部

二○○五年四月二十九日

附件1：

丹江口水利枢纽大坝加高工程初步设计报告审查意见

丹江口水利枢纽工程位于湖北省丹江口市汉江干流上，是一座具有防洪、供水（灌溉）、发电、航运及水产养殖等综合效益的大型水利枢纽工程。该工程于1958年9月正式开工兴建，1973年底按初期规模全部建成。该工程初期规模为水库正常蓄水位150m（吴淞零点，下同），坝顶高程162m，电站装机900MW。1975年原国家计委批准将丹江口水库正常蓄水位提高到157m。丹江口水利枢纽由河床混凝土坝和坝后式电站、连接混凝土坝及两岸土石坝、通航建筑物等组成。其中河床混凝土坝水下部分已按后期最终规模兴建，两岸混凝土坝及土石坝按初期规模兴建。丹江口水利枢纽初期工程运用三十多年来，取得了显著的经济效益和社会效益。随着我国国民经济的迅猛发展，北方缺水形势日益严峻，丹江口水利枢纽大坝加高工程作为南水北调中线引水的重要水源工程，对于解决北方水资源短缺，促进地区之间经济、社会和生活的协调发展有着重要意义。根据南水北调工程总体规划、南水北调中线工程修订规划、南水北调中线第一期工程项目建议书及批复的《丹江口水利枢纽大坝加高工程可行性研究报告》，丹江口水利枢纽工程正常蓄水位从157m提高至170m，相应增加库容116亿m^3，可提高中下游防洪能力，扩大防洪效益，近期调水量95亿m^3，后期调水量120亿~130亿m^3。

2002年4月，长江勘测规划设计研究院（以下简称长江院）编制完成了《丹江口水利枢纽后期续建枢纽工程初步设计报告》，水利部长江水利委会以长计［2002］263号文将报告上报水利部。2002年6月12~17日，水利部水利水电规划设计总院在湖北省丹江口市召开会议，对该报告进行了审查，会后长江院根据初审意见进行了修改、补充和完善。

2003年8月，水利水电规划设计总院先后对修改后的原初设报告以及长江水利委员会根据国家发展和改革委员会的要求新编上报的《丹江口水利枢纽大坝加高工程可行性研究报告》（长规计［2003］510号）进行了审查。

2004年11月国家发展和改革委员会批复了该项目的可行性研究报告（发改农经［2004］2530号）。根据批复意见，在多次审查的基础上，长江院又进一步对原初设报告进行了修改，于2004年12月提交了《丹江口水利枢纽大坝加高工程初步设计报告》（修订本）（以下简称《初设报告》），长江水利委员会以长规计［2004］736号文上报水利部。12月10~12日，水利水电规划设计总院在北京召开会议，对《初设报告》和坝区工程占地及移民专题报告进行了复审。参加会议的有：国务院南水北调工程建设委员会办公室，水利部南水北调规划设计管理局、水库移民开发局，长江水利委员会规划计划局、水资源保护局、汉江集团，南水北调中线水源有限责任公司，湖北省南水北调办公室、移民局、交通规划设计院、港航管理局，湖北丹江口市政府及有关单位、十堰市移民局，河南省南水北调办公室、省水利设计院，长江院等单位的领导、专家和代表。经审查，基本同意该《初设报告》修订本。主要审查意见如下：

一、水文

（一）基本同意采用1956~1998年径流系列，丹江口水库多年平均天然入库径流量为387.8亿m^3。

（二）基本同意丹江口坝址年最大和秋季最大的7天洪量设计成果采用1963年设计值，即坝址1000年一遇和可能最大洪水（10000年一遇加20%）的年最大7天洪量分别为189亿m^3和281亿m^3。

河南"75.8"特大暴雨洪水发生后，原长江流域规划办公室提出了《丹江口水利枢纽设计洪水和可能最大洪水复核报告》，原水利电力部规划设计管理局以［78］水电规利字第35号文对该报告的批复中指出："通过长办与南京大学协作，对本流域的可能最大暴雨与洪水做了大量的分析工作，其成果与1963年提出的万年一遇加百分之二十的保证修正值数据接近，同意按万年一遇加百分之二十作为该枢纽的保坝标准"。由于汉江流域1978年以来没有发生过类似1935年的特大暴雨洪水，故基本同意可能最大洪水的7天洪量仍沿用1963年设计洪水成果中10000年一遇加20%的7天洪量数值。

（三）丹—碾区间年最大和秋季最大的洪峰流量、24小时洪量、7天洪量和碾盘山年最大及秋季最大的7天洪量设计成果仍采用1994年设计值。

（四）基本同意采用同频率组成法拟定碾盘山以上设计洪水地区组成。典型洪水过程选用"35.7"、"75.8"、"64.10"和"83.10"四个典型年。

（五）基本同意对丹江口水库原水情测报系统进行改造扩建，其中心站、中继站、遥测站的规模为1:1:78。

二、工程地质

（一）丹江口水利枢纽库坝区位于北大巴山褶皱带和南秦岭褶皱带内的相对稳定地区。2003年，国家地震局以中震安评［2003］3号文批复："丹江口水利枢纽大坝坝址的地震基本烈度复核评定为Ⅵ度"，"其壅水建筑物设防概率水准取$P_{100}=0.02$，相应的基岩水平加速度峰值为150g；非壅水建筑物的设防概率水准取$P_{50}=0.05$，相应的基岩水平加速度峰值为80g；一般建筑物的设防概率水准取$P_{50}=0.10$，相应的基岩水平加速度峰值为60g"。

（二）基本同意水库区工程地质条件的分析评价意见。在丹、唐分水岭的汤山—禹山、朱连山北坡、羊山南坡等局部地段库水可能渗漏。下阶段应在上述地段布置地下水动态观测网，监测后期工程蓄水前后地下水的变化，确定库水可能渗漏的途径和渗漏量。根据库周地质条件和原水库运行时的地震记录，水库蓄水后可能有触发地震问题，工程施工和运行期应进行地震监测。

（三）同意董营副坝工程地质条件的分析评价意见。

（四）河床混凝土坝段坝基在初期工程建设时已按后期工程规模的要求进行了处理，坝体抗滑稳定主要受大坝基础底部与基岩间的抗剪（断）强度控制，《初设报告》提出的抗剪（断）强度参数建议值基本合理。基本同意对坝下游冲刷坑地段岩体结构类型和抗冲能力的初步分析评价意见，下阶段应进一步分析大泄量洪水时岩体的抗冲能力。

（五）两岸混凝土坝联接段加宽部位地基中分布缓倾角断层和裂隙，坝基开挖时应予清除或处理，并考虑施工可能对已建工程造成的不利影响。同意坝基置于微新风化状态岩体上。左岸33～37混凝土联接坝段加宽部位防空洞混凝土回填部分经检测质量较差，同意对该部位采取相应工程处理措施。

（六）基本同意左、右岸土石坝和左坝头副坝工程地质条件的分析评价意见。同意对左、右岸土石坝坝基淤泥质土进行清除。

（七）工程所需要的土料储量丰富，除黏粒含量和塑性指数偏高外，其他质量指标基本满足防渗体土料和均质坝土料的设计要求。羊皮滩砂砾石料场和七星崖砂砾石料场中的砂作为混凝土细骨料，均存在含泥量偏高、细度模数偏低等问题。但羊皮滩砂砾石料场的砂子粒径相对较粗，将该料场作为混凝土骨料场比较合适。下阶段应补充土石坝坝壳料的有关质量指标。

三、工程任务和规模

（一）丹江口水利枢纽大坝加高后工程的任务调整为以防洪、供水为主，结合发电、航运等综合利用。

（二）同意本工程近期水平年为2010年，远期水平年为2030年。

（三）原则同意《初设报告》提出的规划近、远期水平年汉江中下游和丹江口水库以上地区需水量预测和汉江中下游地区水资源供需平衡分析成果。

（四）同意《初设报告》提出的工程供水范围。根据原国家计委、水利部联合有关部委主持审查通过的《南水北调城市水资源规划》报告的成果，中线工程供水范围内主要城市受水区近期2010水平年缺水量约78亿m^3，远期2030年缺水量约128亿m^3。

（五）基本同意对丹江口大坝加高后的可供水量分析成果，即在总干渠渠首设计流量350m^3/s的条件下，多年平均经陶岔可调出水量为97.1亿m^3，保证率为95%时可调出水量为61.7亿m^3。

基本同意受水区水资源供需平衡分析成果。

（六）同意水库正常蓄水位为170m，死水位为150m，极限消落水位为145m。

（七）基本同意水库汛期限制水位为160（夏汛）~163.5m（秋汛），夏季预留110亿m^3防洪库容，秋季预留81.2亿m^3防洪库容。经分析，遇汉江1935年型同大洪水，水库与下游杜家台分蓄洪区联合运用，可将汉江中下游河道泄量控制在安全范围内，中下游民垸基本不分洪，同时还可减少杜家台分蓄洪区的运用机率。

（八）基本同意水库设计洪水位为172.2m，校核洪水位为174.35m。

（九）同意电站仍按原规模进行改造，装机容量为900MW。

（十）基本同意通航建筑物的通航标准按照可行性研究报告批复意见，经论证由150t级改造扩建为300t级。

（十一）下阶段应结合南水北调中线总干渠、北方受水区水资源调度方案及汉江下游水资源调度方案，进一步研究丹江口水利枢纽的调度运行方式。

四、工程布置及建筑物

（一）工程等别和标准

1. 丹江口水利枢纽工程为Ⅰ等工程。同意大坝加高工程河床及两岸混凝土坝、左右岸土石坝及副坝、电站厂房、船闸上闸首等主要建筑物为1级；通航主要建筑物为2级，次要建筑物为3级；下游消能防冲设施及护岸工程等建筑物为3级，临时建筑物为4级。

2. 鉴于历史情况和本工程重要性，同意加高工程1级挡水建筑物按1000年一遇洪水设计，可能最大洪水（10000年一遇洪水加20%）校核；电站厂房按200年一遇洪水设计，1000年一遇洪水校核；下游消能防冲设施洪水标准为100年一遇，护岸工程洪水标准为50年一遇。

3. 同意1级挡水建筑物的地震设计烈度采用7度，以中国地震局中震安评［2003］3号文批复的《丹江口水利枢纽大坝加高工程地震安全性评价报告》提供的动参数值作为抗震设计依据。

4. 同意通航建筑物改扩建后的通航驳船吨级为300t。

（二）工程布置

同意大坝加高工程主河床及两岸混凝土坝、左岸土石坝在初期工程基础上加高培厚；同意右岸新建土石坝的工程总体布置方案。枢纽工程由左岸土石坝、混凝土坝左联坝段、厂房坝段、表孔溢流坝段、深孔溢流坝段、混凝土坝右联坝段及通航坝段、右岸土石坝段及左岸副坝和库区董营副坝等建筑物组成。大坝加高后混凝土坝及其左、右岸土石坝总长3442m。

（三）泄洪建筑物

1. 同意在已建深孔和表孔坝段进行泄洪建筑物改扩建的设计方案。鉴于初期工程深孔体型已按后期水位条件设计，加高工程仍采用原设计深孔体型尺寸；加高后表孔坝段堰顶高程为152.0m。表孔坝段堰面型式和主要结构尺寸、深孔和表孔坝段泄流能力均满足设计要求。

2. 基本同意水力计算和水工模型试验初步成果。下阶段应根据补充整体水工模型试验成果进一步研究泄洪冲刷问题；论证改进结构型式及增加坝下防冲措施的必要性，并对泄洪运用方案进行优化。

3. 基本同意溢流坝闸墩补强在考虑了合理配筋率、施工难易程度和加固效果后，采用钻孔植筋加固闸墩纵向钢筋补筋方案，但应进一步了解闸墩内原有钢筋的布设情况，合理确定钻孔位置，避免原有结构受力钢筋受到损坏。溢流面钢筋伸入闸墩内应有足够的锚固长度。闸墩顶的桥面板与闸墩形成刚性连接时，应保证相应的构造要求。

（四）混凝土坝

1. 混凝土坝加高

（1）基本同意混凝土坝坝体加高培厚的工程布置和断面结构型式。下阶段应进一步优化坝体断面及细部结构设计。

（2）基本同意初期工程大坝安全鉴定报告对工程质量的评价及局部遗留质量问题的处理措施。对右2～右6混凝土坝段143m高程水平裂缝补强措施，右3－1转弯坝段反向变形问题处理，深孔胸墙修补、左岸河床坝段113m高程水平裂缝补强及右岸5～7坝段157.5m高程电缆廊道裂缝处理等遗留质量问题应在全面复查的基础上进一步落实处理方案。

（3）基本同意坝基抗滑稳定、坝体应力的复核方法和内容，复核成果基本满足现行重力坝设计规范要求，由于该规范目前尚无大坝加高的专用条文，故在沿用该规范进行加高部分坝体断面设计时，应较常规坝体断面设计在安全系数上留有一定余度。设计采用的抗剪断指标f'、c'系施工初期试验成果，经长期蓄水运行局部坝段抗剪断指标可能会降低，坝体加高过程坝基稳定、坝体应力又受到蓄水高度、加培方式、新老混凝土结合措施和温度应力等诸多因素的影响，故应在施工期和运行期加强观测，并与计算成果比较，分析其变化规律。

2. 基础处理

（1）基本同意加高工程混凝土坝基础开挖设计原则和基础开挖标准，左、右岸混凝土联接坝段加培部分可建于微风化至弱风化下部岩石。

（2）基本同意两岸混凝土联接坝段将原“排灌型”孔改为帷幕灌浆和坝基排水孔分列布置方案。同意补做排水孔的孔径、孔距及孔深选择，帷幕防渗标准可按现行规范透水率$q \leqslant 1.0$Lu控制，防渗范围确定基本合理。由于灌浆是在高水位下进行，下阶段应通过现场灌浆试验合理提出灌浆工艺和确定灌浆材料配比。

（3）基本同意两岸混凝土联接坝段基础加宽部分固结灌浆范围和布置型式。

（4）基本同意《初设报告》对加高前混凝土坝基础处理质量问题的评价意见。对坝基地质缺陷采取的处理措施和效果基本满足大坝对基础的要求。下阶段应进一步复核25～28坝段深槽破碎带、9～11坝段破碎带交汇区、33～37坝段F_{697}断层、F_{1270}缓倾角断层及防空洞回填混凝土质量等地质缺陷的处理措施。

3. 混凝土坝加高新老混凝土结合措施

（1）基本同意深孔、厂房坝段下游坝坡采用直接贴坡和贴坡柱状浇筑、坡面设键槽、并缝筋、插筋，上部新老混凝土垂直缝补做键槽设灌浆系统的方案。

（2）基本同意溢流坝段在原初期溢流面

或预留台阶上柱状浇筑，溢流面新浇堰体与闸墩结合部采用预留浅宽槽的方案。

(3) 基本同意两岸混凝土新老混凝土结合措施。右联混凝土坝段右4～右9坝段采用直接浇筑，右7～右3坝段采用直接贴坡浇筑结合人工补做键槽，左岸42～44坝段采用直接贴坡浇筑。

(4) 下阶段应结合现场试验、坝段观测资料分析和仿真计算补充工作，进一步研究施工期库水位控制在152m高程以下的合理性和保证措施。进一步落实混凝土配合比、温度控制标准和温控措施、保温材料和使用部位，研究合理施工季节与工期关系以及保证新老混凝土结合技术的新材料、新工艺。

(5) 由于已完成的现场试验和仿真计算结果均表明后帮式加高大坝时新老混凝土结合面可能会脱开，影响大坝整体性，下阶段应研究缝面不同脱开范围和张开度对坝基稳定和坝体应力的影响，并进一步研究落实尽可能减少新、老混凝土结合面脱开的工程措施。

(五) 通航建筑物

1. 基本同意通航建筑物仍由上游导航防护建筑物、过坝垂直升船机、中间渠道、斜面升船机和下游引航道等建筑物组成的总体工程布置。

2. 基本同意各导航建筑物扩建的结构设计内容和型式。上游导航防护建筑物需新建编解船队浮码头；垂直升船机承重结构1～6号支墩按原截面尺寸加高；7、8号支墩需下部扩大截面，上部加高，加高时应对新老混凝土结合采取必要的工程措施和温控措施；9～10号支墩先局部凿除后加高；中间渠道增设靠船设施；斜面升船机上下游坡道加长；峰室、绳道及机房等建筑物重建；下游引航道增设挡水设施。

(六) 左、右岸土石坝及副坝

1. 基本同意右岸新建黏土心墙砂卵石坝，左岸加高培厚黏土斜培、心墙接黏土斜墙防渗体的坝体断面设计和结构尺寸。坝顶高程由设计洪水加超高确定，坝顶宽10m，上游坝坡1∶2.25～1∶2.75、下游坝坡1∶2.0～1∶2.5。下阶段应根据复核后的坝体稳定计算成果进一步优化心墙断面、边坡坡比，护坡结构及反滤层设计。根据现场碾压试验，复核碾压参数和压实标准。

2. 基本同意新建的右岸土石坝左坝头采用正交式与混凝土坝下游坡连接，左岸土石坝坝头与左联混凝土坝采用侧墙式连接。下阶段应通过绕坝渗流计算进一步复核其渗径长度。

3. 基本同意新建右岸土石坝下坝脚挡土墙、左岸土石坝左联下游挡土墙及延建挡土墙采用重力式结构，加高挡土墙采用贴坡式。下阶段应进一步优化挡土墙断面结构型式和挡墙高度，落实挡墙前坝体排水措施，对加高挡土墙应提出加高后保证新老混凝土结合的工程措施。

4. 基本同意右岸新建土石坝和左岸延长土石坝坝壳基础开挖和表面清基标准；基本同意新建左、右岸土石坝防渗帷幕灌浆的设计原则和防渗帷幕设置范围及帷幕灌浆孔布置，防渗帷幕控制标准$q \leqslant 5$Lu。

5. 基本同意左岸土石坝左坝头副坝和库区董营副坝的布置、均质土坝断面型式和结构设计内容。

(七) 安全监测设计

1. 基本同意大坝安全监测设计的基本原则。监测内容和监测仪器设置应突出重点、兼顾一般，做到少而精。

2. 基本同意混凝土坝、两岸土石坝在初期工程观测设计的基础上所确定的监测断面和监测项目。鉴于本工程的重要性，对变形监测等重点项目宜采用技术性能好、观测精度高的观测设施，原坝基渗流监测设施应确保安全运用的可靠性。

3. 混凝土坝与土坝内部观测设计应力求简化，重点应为加高后新老混凝土接合部位和两岸混凝土坝与土坝接头部位。

4. 根据续建工程特点，应结合大坝加高施工方法，优化施工期观测内容和项目的设置，及时为采取的有关工程措施提供依据。

五、水力机械、电工及金属结构

(一) 水机

1. 丹江口水电厂

(1) 同意对1~6号机组（3号机组除外）的水轮机进行改型更换。机组同步转速仍取100r/min，但应适当降低水力模型的单位转速。

同意更换4、5号发电机定、转子部分部件，并设置发电机最大发电容量（其值应结合水轮机模型转轮开发研究情况，进一步优化确定）。

(2) 机组招标后应进行调保计算复核，应选择合理的导叶关闭时间，降低蜗壳压力和尾水管进口真空度。

(3) 同意对1~6号机组调速系统、4~5号机组励磁系统、技术供水及排水系统、压缩空气及水力监测系统的设备进行局部更新改造。

由于水轮机改型难度较大，应尽早开展专项研究，优选水力模型，优化主机参数，以有效改善真机汽蚀性能及运行稳定性、提高真机加权平均效率。

2. 自备防汛电厂

大坝加高后，自备防汛电厂水轮机运行水头增幅较大，同意对水轮发电机组、进水蝶阀及其配套的油压装置控制装置、部分辅助系统设备进行更新改造。

3. 暖通

(1) 基本同意初定的坝顶续建建筑物通风空调系统布置方案、电站厂房通风空调系统改造方案及初选的主要暖通设备型式和主要参数。

(2) 基本同意坝内建筑物通风、事故排烟设计方案及初定主要设备。

(3) 同意封堵25号坝段原空调取水口。

(4) 基本同意坝顶续建建筑物及斜面升船机的生活给排水设计及初定的主要设备型式、数量。

4. 消防

(1) 基本同意初定的大坝坝顶各建筑物消防总体设计方案、工程消防设计、初定的主要消防设备型式、数量及布置。

(2) 同意右岸自备防汛电厂及斜面升船机建筑物增设室外消防栓。

(3) 基本同意初定的大坝坝顶及升船机各建筑物的消防监测报警系统设计及主要设备型式及布置。

(4) 在复核主要消防设备数量后，应编制消防专题报告报消防主管部门审批。

(二) 电工

1. 同意根据大坝加高工程需要，对升船机、坝顶门机及闸门、部分厂用电供电系统等进行更新改造。

2. 基本同意6kV厂用电Ⅰ、Ⅱ段母线配电柜改造方案，厂用变压器（7B）适当增容，继电保护及监控系统进行相应改造。

3. 同意与4号发电机组增容相适应，其升压变压器增为200MVA，安装方式不变。

4. 基本同意垂直及斜面升船机、18坝段变电所等系统供电方式。下阶段应进一步复核18坝段变电所变电器容量。

5. 输电线路穿越汤家沟附近施工期建筑物时，可按规范安全距离的有关要求进行改造。

6. 基本同意升船机电气传动系统采用交流传动方式，本阶段按0.4kV交流传动方案考虑。下阶段应研究适当调整升船机运行速度，降低电机功率（或适当提高电压等级）的可能及合理性，对交流传动方案进一步比选。

7. 基本同意各闸门以PLC为基础构成监控系统；泄洪闸现地单元应具备独立手动控制功能，应保证PLC故障时闸门操作的可靠性。

8. 基本同意升船机视频及广播指挥系统设计方案。

9. 下阶段应根据监控及电气传动系统对过电压保护和接地的相关要求，复核确定设计方案及接地阻值。

（三）金属结构

1. 基本同意大坝加高工程各类金属结构设备布置方案和改建加固内容。

2. 根据金属结构安全检测报告复核，在大坝水位170m时，深孔事故检修闸门主要受力构件多处应力超标，同意按原门型重新设计制作，更换2扇；基本同意该检修闸门埋件水上部分局部更换和加高的方案。下阶段应对水下部分的埋件根据实际磨损锈蚀情况，进一步研究提出相应的加固防腐措施。

3. 基本同意深孔弧形工作闸门启闭设备采用固定式卷扬机一门一机的方案，但应进一步优化布置，改善深孔弧形工作闸门、启闭机及电气设备的维修条件；鉴于弧形工作闸门的侧轨和门楣埋件锈蚀严重，同意更换。下阶段应对弧形工作闸门底缘以上1.5m范围内严重锈蚀区门体结构应进一步复核其强度，并研究加固补强和抗磨蚀措施。

4. 同意堰顶溢流工作闸门和事故检修闸门的支承滑块材料均采用复合材料，替换原压合胶木；对部分堰顶溢流工作闸门主要受力焊缝缺陷，应采取补焊或加强措施；堰顶溢流工作闸门门槽埋件全部更换；下阶段应进一步复核门槽底部、门槽下游侧面及其闸墩底部的水流空穴条件，并研究必要的防蚀措施。

5. 根据第二次大坝安全检测报告，同意原有两台4000kN坝顶双向门机继续使用，并更新改造该门机电气设备，维修或更换有缺陷的机械部件。为满足泄洪期间开启多孔闸门的运用要求，基本同意增设一台5000kN坝顶双向门机及其附属设备。下阶段应对其启闭容量进行复核，并优化门机静载试验方案。

6. 基本同意对电站进水口快速闸门门叶下部进行加固处理。下阶段应进一步提出加固补强措施。快速闸门原液压启闭机及油泵站已运用超过30年，设备老化，配件更换困难，基本同意重新设计制造，全部予以更换。

7. 基本同意在原址扩建的300t级升船机采用移动式垂直升船机加斜面升船机的布置方案。原则同意垂直升船机和斜面升船机的机构设计及检修维护方案。下阶段应对机构设计和检修维护方案做进一步的比选优化；并进一步对下游引航道清淤挡水闸门型式进行研究。

8. 基本同意初选的金属结构设备的防腐蚀工程项目内容和初选方案，但应进一步研究补充在水下及潮湿环境下的防腐蚀的方案和工艺措施。

六、施工组织设计

（一）同意按丹江口水利枢纽现状调度运行方式基本不变条件下提出的施工度汛方案，表孔坝段分年分批加高，大坝施工可避开洪水影响。

（二）基本同意开工后第1至第3年汛前，大坝以贴坡为主，库水位由拆除坝体高程控制；第4至第5年汛前，大坝以加高为主，库水位由防洪限制水位控制。下阶段可进一步优化施工期水库调度运行方式和水位控制。

（三）同意斜面升船机下游面临时挡水围堰建筑物级别为5级，洪水标准可为施工时段5年一遇。

（四）施工期间通航建筑物过坝运输量不大，同意主要采用分流运输方式，少量物资可利用大坝上下游左岸驳运码头转运。

（五）基本同意砂砾料场分区规划及开采加工方式，土料场左右岸各选一处，块石料用量不大，选择一处料场可满足要求。

（六）基本同意主体工程施工方法及施工设备选型。下阶段应进一步研究钢筋混凝土和大面积薄层混凝土拆除技术。对爆破拆除的各部位混凝土均应采用控制爆破，各项钻爆参数需经试验确定，并实施现场监测。

（七）基本同意新浇混凝土施工期综合温控措施，初期通水冷却应注意控制降温速率，中后期通水可适当延长。运行期坝体新老混凝土结合面可能产生的开裂，主要由季节性气温变化引起，应研究采用工程措施解决。

（八）基本同意场内主要交通干线、临时汽渡码头、砂石码头的布置及等级标准。坝下永久过江大桥宜尽早兴建，如能在工程准备期内通车，可取消汽渡码头。

（九）根据现场条件，基本同意左、右岸分别布置主要生产、生活工区的施工总布置方案。

（十）基本同意各主要施工工厂生产规模和工艺流程设计。

（十一）基本同意施工进度计划安排，总工期为5.5年，其中工程准备期9个月。表孔坝段加高是控制施工进度和安全度汛的关键部位，每批堰孔加高均应在当年汛前具备度汛条件。

七、工程管理

丹江口水利枢纽大坝加高工程是南水北调中线一期工程的水源工程。根据国家发展改革委批复（发改农经［2004］2530号），由项目法人南水北调中线水源有限责任公司负责本工程建设期的管理。

建议尽快明确工程的运行管理体制。

八、坝区工程用地及移民

（一）坝区占地范围

1. 基本同意设计提出的坝区占地范围。

2. 实施阶段应在优化施工组织设计和布置方案的基础上，根据占地特性，严格控制永久征地面积。

（二）坝区占地实物指标

1. 基本同意实物指标调查的方法、内容和成果。

2. 坝区占地主要实物指标为：永久占地2310亩，其中农村850亩，城区1460亩，人口2590人（含淹没区166人），各类房屋101646m^2及工矿企业和专业项目若干。临时占地面积4568亩。

（三）移民安置规划

1. 基本同意农村移民安置生产规划的原则、安置标准和安置方案。

2. 基本同意农村移民搬迁安置的原则、方式和居民点的选择与布置。

3. 基本同意城区居民迁建方案。

（四）企事业单位和专业项目迁（改）规划

基本同意企事业单位和专业项目迁（改）的原则和方案。

（五）补偿投资概算

1. 基本同意坝区占地处理投资概算编制的依据和方法。

2. 基本同意坝区耕地补偿补助倍数按16倍计列。

3. 鉴于坝区征地为城区及其郊区，应根据坝区种植结构适当调整耕地分类。

4. 基本同意调整复核后专业菜地、鱼塘和园地的年亩产值。

5. 同意按照湖北省其他类似项目的补偿办法计列林地的土地补偿和安置补助费。

6. 适当调减过渡期生活补助费。

7. 基本同意报告计列的农村和城区移民建房困难补助费。

8. 城区国有农业用地按农村相应补偿单价计列补偿费用，国有建设用地中已利用和可利用土地的补偿单价调整为每亩10.54万元。

9. 增列城区居民点内部基础设施建设补偿费。

10. 核销城区迁建补偿投资中的勘测设计费。

11. 进一步复核电力设施等专业项目迁（改）补偿单价。

12. 勘测设计费费率由2.5%调整为3%。

13. 考虑到工程建设的实际情况，同意从总移民机构开办费中先行列支60万元。

14. 核销临时占用耕地的青苗补偿费。

15. 根据国土资发［2001］355号文的规定，坝区耕地开垦费应按湖北省规定的下限计列。

九、环境保护设计

（一）基本同意生产废水和生活污水处理措施设计。施工期应切实做好水质保护工作，尤其应注意对本江段两个企业自备水厂取水口水质的保护。

（二）基本同意采取的降尘、降噪措施。工程施工运输道路穿越丹江口市区，下阶段应进一步复核集中居民点、学校等扬尘、噪声环境敏感点，做好相应措施设计。

（三）基本同意施工期人群健康保护措施设计。

（四）基本同意施工期环境监测计划。本工程距离丹江口市较近，环境敏感点较多，应注重施工期的环境管理、监理和监测工作。

十、水土保持设计

（一）基本同意水土保持设计依据及标准。

（二）基本同意水土流失防治责任范围的界定。

（三）基本同意水土流失防治分区及措施总体布局。

（四）基本同意挡水建筑物区采取护坡、挡土墙、排水渠、风景林、种植草皮，弃渣场区采取土地整治和植被恢复，料场区采取临时防护、植被恢复，施工区采取绿化，施工道路区采取排水、草皮护坡和护路林等水土保持措施设计。下阶段应进一步优化树、草种，合理配置水土保持植物措施，并注重施工期临时防护措施。

（五）基本同意水土保持施工进度安排。

（六）基本同意水土保持监测设计。下阶段应进一步复核监测频次，细化监测项目，做好水土保持监测工作。

（七）基本同意水土保持投资概算依据及方法。

十一、设计概算

（一）同意工程设计概算的编制原则及编制依据。同意人工工资、施工用电、水、风预算单价等基础单价，同意钢筋、柴油、汽油等主要材料预算价格，并按限价进入工程单价计算，超出部分进行补差。

（二）调整混凝土钻孔单价，调整过江大桥、场坝区美化等项投资。

（三）调减发电设备、升船机、交通设备等项投资。

（四）调整建设管理费、勘测设计费等项费用。

经调整，按2004年下半年价格水平核定丹江口水利枢纽大坝加高工程初步设计概算静态总投资242734万元，总投资242734万元（详见：丹江口水利枢纽大坝加高工程初步设计概算核定表）。

十二、经济评价

（一）基本同意经济评价的原则和方法。

（二）丹江口水利枢纽是南水北调中线工程的水源工程和汉江流域规划确定的大型控制性工程，具有防洪、供水、发电、航运等综合利用效益。大坝加高工程完成后，可为南水北调中线工程提供优质可靠水源，并为汉江中下游防洪发挥重要作用。经测算，该工程国民经济内部收益率大于12%，项目在经济上是可行的。

（三）下阶段应根据国家审批的资金筹措方案、审定的库区淹没和移民安置补偿的投资及南水北调中线工程和水源工程的管理体制，进一步分析研究水源工程的供水水价。

丹江口水利枢纽大坝加高工程初步设计概算审定表

单位：万元

序号	项目或费用名称	上报投资	核增（+）	核减（-）	审定投资
Ⅰ	枢纽工程				
	第一部分　建筑工程	101205		1534	99671
一	挡水工程	90017		242	89775
二	发电厂工程	183			183
三	航运工程	1911			1911
四	交通工程	5040		1000	4040
五	房屋建筑工程	1777		3	1774
六	其他建筑工程	2277		289	1988
	第二部分　机电设备及安装工程	46217		2639	43578
一	发电设备及安装工程	31571		1745	29826
二	升压变电设备及安装工程	981			981
三	公用设备及安装工程	13665		894	12771
	第三部分　金属结构设备及安装工程	17694		755	16939
一	泄洪工程	7465		86	7379
二	引水工程	2496		8	2488
三	航运工程	7375		661	6714
四	设备拆除工程	358			358
	第四部分　临时工程	11229		478	10751
一	导流工程	25			25
二	临时交通工程	3296		180	3116
三	施工供电工程	710			710
四	临时房屋建筑工程	2562		191	2371
五	其他临时工程	4636		107	4529
	第五部分　独立费用	38933		11244	27689
一	建设管理费	7624		1500	6124
二	生产准备费	425		14	411
三	科研勘测设计费	28313		9699	18614
	其中：勘测设计费	26001		8326	17675
四	其他	2571		31	2540
	一至五部分合计	215278		16650	198628
	材料价差	5492			5492
	基本预备费	11039		833	10206
	静态总投资	231809		17483	214326
	总投资	231809		17483	214326
Ⅱ	建设及施工场地征用费	21194	4258		25452
Ⅲ	环境保护投资	450	29		479
Ⅳ	水土保持投资	2477			2477
	工程总投资合计（Ⅰ+Ⅱ+Ⅲ+Ⅳ）				
	静态总投资	255930	4287	17483	242734
	总投资	255930	4287	17483	242734

关于南水北调东线第一期工程二级坝泵站枢纽工程初步设计的批复

（水总［2005］178号）

山东省南水北调工程建设管理局、水利部淮河水利委员会：

山东省水利厅《关于报送南水北调东线第一期工程韩庄万年闸二级坝三泵站和韩庄运河水资源控制工程初步设计的报告》（鲁水规计字［2003］180号）收悉。我部水利水电规划设计总院对随文报送的《南水北调东线第一期工程二级坝泵站枢纽工程初步设计报告》进行了审查，并提出了审查意见（见附件1）。经研究，我部同意该审查意见。现批复如下：

一、二级坝泵站位于南四湖上级湖与下级湖交界处的二级坝上，是南水北调东线第一期工程的第10级抽水泵站，也是苏、鲁两省省际供水的关键工程。工程的主要任务是从南四湖下级湖向上级湖提水，实现南水北调东线第一期工程向山东省供水的目标。因此，尽快建设该工程是十分必要的。

二、同意二级坝泵站的设计流量为125m^3/s；泵站站上设计水位为34.1m，站下设计水位为30.89m，设计净扬程为3.21m；泵站装机5台（其中1台备用），装机容量为9250kW。

三、同意二级坝泵站为一等工程，泵站、前池、进水池、出水池、进水闸及闸前引水渠渐变段、出水渠为1级建筑物，次要建筑物为3级。基本同意泵站设计洪水标准为100年一遇、校核洪水标准为300年一遇。

同意主要建筑物地震设计烈度为7度，地震动峰值加速度为0.10g。

四、基本同意在现有船闸东侧和二级坝以南布置泵站枢纽，上、下游由引水渠、出水渠与船闸引航道衔接的工程布置方案。

五、同意工程施工总工期为2.5年。

六、根据《国家发展改革委关于核定南水北调东线一期工程二级坝泵站枢纽工程初步设计概算的通知》（发改投资［2005］519号，见附件2），核定南水北调东线第一期工程二级坝泵站枢纽工程静态总投资为24171万元，建设期还贷利息为1046万元，总投资为25217万元。

七、请按照基本建设程序，抓紧开工前的准备工作；根据审查意见进一步优化完善设计方案，并严格按照项目法人责任制、招标投标制、建设监理制和合同管理制组织工程建设，确保工程质量，按期完成工程建设任务。

附件：1. 南水北调东线第一期工程二级坝泵站枢纽工程初步设计报告审查意见（略）

2.《国家发展改革委关于核定南水北调东线一期工程二级坝泵站枢纽工程初步设计概算的通知》（发改投资［2005］519号）（略）

水利部

二〇〇五年五月十日

关于南水北调东线第一期工程南四湖水资源控制工程姚楼河闸、杨官屯河闸工程初步设计的批复

（水总［2005］179号）

南水北调东线江苏水源有限责任公司、山东省南水北调工程建设管理局、水利部淮河水利委员会：

淮河水利委员会《关于报送〈南水北调东线第一期工程南四湖水资源控制工程姚楼河闸、杨官屯河闸工程初步设计报告〉的报告》（淮委规计［2003］603号）收悉。我部水利水电规划设计总院对随文上报的初步设计报告进行了审查，并提出了审查意见（见

附件1)。经研究，我部同意该审查意见。现批复如下：

一、南四湖地处江苏和山东两省交界处，入湖河流众多，多数河流具有泄洪、排涝、引水灌溉和航运等功能。南四湖承担东线南水北调的调蓄和输水任务，为保证南四湖地区的正常输水和水资源统一管理，在姚楼河、杨官屯河及其他南四湖主要支流修建水资源控制闸是十分必要的。

二、姚楼河闸和杨官屯河闸的主要任务是加强对南四湖水资源的控制与管理，并兼有挡洪、泄洪、排涝和通航等功能。

三、基本同意姚楼河闸、杨官屯河闸的设计泄洪标准为20年一遇；排涝标准为10年一遇；挡洪标准为防御南四湖1957年型洪水，相应水位37.0m。

杨官屯河闸通航标准为VII—（3）级，姚楼河闸设置通航孔。

四、基本同意姚楼河闸、杨官屯河闸的控制闸闸室、船闸上闸首、以及防渗范围内的上、下游翼墙和船闸闸室等主要建筑物级别为1级，船闸下闸首以及防渗范围外的上、下游翼墙和船闸闸室等次要建筑物级别为3级。

同意主要建筑物地震设计烈度为7度，地震动峰值加速度为0.10g。

五、姚楼河闸、杨官屯河闸均位于南四湖上级湖湖西，基本同意两工程的总体布置方案。

姚楼河闸共两孔，闸两侧通过土堤与湖西大堤连接，闸轴线距湖西大堤约150m，与河道中心线正交。

杨官屯河闸共两孔，其中一孔兼做船闸上闸首，闸两侧通过土堤与湖西大堤连接，闸轴线距湖西大堤约130m，与河道中心线正交。

六、基本同意姚楼河闸、杨官屯河闸工程施工总工期均为12个月。

七、根据《国家发展改革委关于核定南水北调东线一期工程姚楼河闸、杨官屯河闸初步设计概算的通知》（发改投资[2005]518号，见附件2），核定姚楼河闸工程静态总投资为2175万元，建设期还贷利息为57万元，总投资为2232万元；核定杨官屯河闸工程静态总投资为2937万元，建设期还贷利息为77万元，总投资为3014万元。

八、请你们按照基建程序要求尽快完成姚楼河闸、杨官屯河闸工程的开工准备工作；根据审查意见进一步完善和优化设计；严格按照项目法人责任制、招标投标制、建设监理制和合同管理制组织工程建设，确保工程质量，按期完成工程建设任务。

特此批复。

附件：1. 南水北调东线第一期工程南四湖水资源控制工程姚楼河闸、杨官屯河闸工程初步设计报告审查意见（略）

2.《国家发展改革委关于核定南水北调东线一期工程姚楼河闸、杨官屯河闸初步设计概算的通知》（发改投资［2005］518号）（略）

水利部

二〇〇五年五月十日

关于在南水北调西线工程项目建设书阶段开展一二期水源结合方案论证工作的函

（办调水函［2005］296号）

黄河水利委员会：

根据国务院对南水北调工程总体规划的批复精神，在西线一期工程的项目建议书阶段要对可调水量进行复核。考虑到目前四川省岷江水资源开发程度已很高，都江堰以下至新津近百公里河段每年都出现断流现象，四川省为解决四川盆地今后发展对水资源的需求，考虑要从大渡河流域向岷江流域调水，这对西线一期工程从大渡河上游调水的可调水量将有很大的影响。为此，经请示部领导同意，请你们在西线工程项目建议书阶段，开展一、二期水源结合方案论证工作。现将有关意见函告如下：

一、补充论证西线工程原规划确定的一期工程和二期工程水源合并的可行性。如果四川从大渡河流域向岷江流域调水，对规划中的西线一期工程从大渡河上游调水的可调水量可能将有影响，而西线一期工程调水规模如小于40亿m^3，将会影响其规模效益和经济合理性。考虑到总体规划阶段确定的西线二期工程的水源为雅砻江干流，水量较有保证，故可研究将原安排的二期工程的水源工程——雅砻江干流水库纳入一期工程建设，并将一期工程隧洞向前延伸约44km与之连接，以弥补或适当增加一期工程调水量，从而较好地满足黄河流域上游有关省区工农业用水需求和黄河流域生态用水需求。为此，请在西线一期工程项目建议书编制工作中，补充论证原规划纲要确定的一期工程和二期工程水源合并，并适当扩大一期工程调水规模的可行性。

二、按照项目建议书阶段的工作深度开展补充论证工作。西线工程原规划确定的一期工程和二期工程水源合并方案的补充论证工作，要与目前正在开展的西线一期工程项目建议书编制工作达到同等深度，严格按照项目建议书阶段的深度要求进行。

三、考虑到补充论证工作将增加工作量，可适当延后西线一期工程项目建议书编制工作的完成时间。请按照上述要求，提出具体的工作安排，修订项目建议书编制工作的任务书报部审批，并尽快组织开展相关的外业补充工作。

水利部办公厅

二〇〇五年六月十七日

关于南水北调东线第一期工程长江—骆马湖段（2003）年度工程江都站改造工程、淮安四站工程、淮安四站输水河道工程、淮阴三站工程初步设计的批复

（水总［2005］350号）

南水北调东线江苏水源有限责任公司：

淮河水利委员会《关于报送南水北调东线第一期工程长江至骆马湖段（2003）年度工程〈江都站改造工程初步设计〉、〈淮安四站及输水河道工程初步设计〉、〈淮阴三站工程初步设计〉的报告》（淮委规计［2004］371号）收悉。我部水利水电规划设计总院对随文报送的《南水北调东线第一期工程长江—骆马湖段（2003）年度工程江都站改造工程初步设计》、《南水北调东线第一期工程长江—骆马湖段（2003）年度工程淮安四站工程初步设计》、《南水北调东线第一期工程长江—骆马湖段（2003）年度工程淮安四站输水河道工程初步设计》、《南水北调东线第一期工程长江—骆马湖段（2003）年度工程淮阴三站工程初步设计》进行了审查，提出了审查意见（见附件1、2、3、4）。经研究，我部同意该审查意见。现批复如下：

一、南水北调东线第一期工程长江—骆马湖段（2003）年度工程的主要任务是扩建完善长江至洪泽湖的里运河输水线路，建设内容包括江都站改造工程、淮安四站工程、淮安四站输水河道工程、淮阴三站工程。该工程与其他工程联合运行，可实现南水北调东线一期工程第一梯级抽江500m^3/s，第二、第三梯级通过里运河输水入洪泽湖300m^3/s的目标，并可改善白马湖和新河地区的排涝条件。因此，建设江都泵站改造工程、淮安四站及输水河道工程、淮阴三站工程是必

要的。

二、江都站改造工程内容为：江都三站、四站更新改造，江都变电所更新改造，西闸加固，东、西闸间河道疏浚扩挖等。基本同意江都泵站站上设计水位为8.5m，站下设计水位0.7m，设计净扬程7.8m；江都三站设计流量为$100m^3/s$，装机10台，装机容量16000kW；四站设计流量为$180m^3/s$，装机7台，装机容量24850kW。基本同意江都西闸及东、西闸间河道设计水位和流量。

基本同意淮安四站设计流量为$100m^3/s$，泵站站上设计水位为9.13m，站下设计水位4.95m，设计净扬程4.18m，装机4台，装机容量8960kW。

淮安四站输水工程线路全长29.8km，主要建设内容为疏浚扩挖运西河、新河河道，白马湖湖内开槽，加固北运西闸，拆建镇湖闸。基本同意主要控制点设计水位，北运西闸闸上水位为6.41m，闸下为6.31m；镇湖闸闸上为6.5m，闸下为5.55m；设计输水流量为$100m^3/s$。

基本同意淮阴三站设计流量为$100m^3/s$，站上设计水位为13.1m，站下设计水位8.82m，设计净扬程4.28m，平均扬程3.06m，装机4台，装机容量8960kW。

三、基本同意江都三站、江都四站、淮安四站、淮阴三站为一等工程，泵站站身、进水闸、拦污栅、进水池、出水池、清污机桥、防渗范围内的翼墙及江都站变电所、江都船闸等主要建筑物为1级建筑物；江都西闸和新河东闸闸室、防渗范围内的翼墙等主要建筑物及淮安四站输水河道工程为2级建筑物；上述闸、站的次要建筑物及江都站东、西闸间的河道，淮安四站输水河道堤防与沿线穿堤建筑物为3级建筑物。

基本同意泵站设计洪水标准为100年一遇，校核标准为300年一遇。同意江都三站、四站和淮阴三站抗震设计烈度为7度。

四、基本同意工程布置方案。江都泵站在原有工程基础上进行改造；淮安四站布置在现有淮安二站西侧约340m处，站下进水渠与新河正交，上游出水渠入苏北灌溉总渠，在距四站引河中心线260m处新建新河东闸；淮安四站输水河道从北运西闸至淮安四站站下线路全长29.8km，其中里运河—白马湖段长7.47km，白马湖穿湖段2.3km，新河段20.03km，在穿湖段布置补水闸及滚水堰；淮阴三站在现有淮阴一站南侧156m处平行布置，引水渠与苏北灌溉总渠相连，出水渠接二河中运河。

五、基本同意江都站改造工程施工总工期为36个月，淮安四站工程施工总工期为30个月，淮安四站输水河道工程施工总工期为30个月，淮阴三站工程施工总工期为27个月。

六、国家发展和改革委员会以《国家发展改革委关于核定南水北调东线一期工程长江—骆马湖段（2003）年度工程初步设计概算的通知》（发改投资［2005］1294号，见附件5）核定江都站改造工程静态总投资为23987万元，建设期融资利息为1352万元，总投资为25339万元；淮安四站工程静态总投资为14925元，建设期融资利息为744万元，总投资为15669万元；淮安四站输水河道工程静态总投资为27432万元，建设期融资利息为853万元，总投资为28285万元；淮阴三站工程静态总投资为22696万元，建设期融资利息为1246万元，总投资为23942万元。

七、请你们按照基建程序要求尽快完成工程的开工准备工作，进一步完善和优化设计，严格按照项目法人责任制、招标投标制、建设监理制、合同管理制及批复的设计文件，认真组织好项目实施，并尽快安排贯流泵机组水力设计、设备招标与制造等事宜，确保工程质量，按期完成工程建设任务。

特此批复。

附件：1. 南水北调东线第一期工程长江—骆马湖段（2003）年度工程江都站改造工程初步设计审查意见（略）

2. 南水北调东线第一期工程长江—骆马湖段（2003）年度工程淮安四站工程初步设计审查意见（略）

3. 南水北调东线第一期工程长江—骆马湖段（2003）年度工程淮安四站输水河道工程初步设计审查意见（略）

4. 南水北调东线第一期工程长江—骆马湖段（2003）年度工程淮阴三站工程初步设计审查意见（略）

5.《国家发展改革委关于核定南水北调东线二期工程长江—骆马湖段（2003）年度工程初步设计概算的通知》（发改投资［2005］1294号）（略）

水利部

二○○五年八月十七日

关于进一步确认南水北调中线一期工程需调水量的函

（水调函［2005］445号）

北京市、天津市、河北省、河南省人民政府：

在南水北调工程总体规划阶段，我部于2001年以《请对南水北调工程需调水量提出初步意见的函》（办函［2001］27号）征求了有关省（市）对需调水量的初步意见，并根据各有关省（市）对需调水量的要求，确定了中线一期工程的调水规模。2002年12月23日，国务院批复了南水北调工程总体规划。

按照国务院对南水北调工程的总体部署，我部组织开展了中线一期工程可行性研究。目前，《南水北调中线一期工程可行性研究报告》（以下简称《可研报告》）已经编制完成，并已通过我部水规总院组织的审查。根据国务院在批复南水北调总体规划时要求“要在《规划》提出的调水规模基础上，按照责权结合的原则，认真研究水价、用水权、筹资方案等因素，在立项阶段进一步核实调水规模”的精神，现按《可研报告》对水价测算的初步成果和按总体规划阶段确定的各有关省（市）分配水量，再次征求你省（市）的意见。

请于2005年11月30日前将你省（市）关于确认南水北调中线分配水量的意见函复我部。如逾期不予回复，我部将视作你省（市）仍维持总体规划阶段关于水量等问题的意见。

附件：南水北调中线一期工程分配水量及初步测算口门平均水价表

水利部

二○○五年十一月十四日

附件：

南水北调中线一期工程分配水量及初步测算口门平均水价表

省（市）	分配水量（亿 m^3）	净水量（亿 m^3）	口门平均水价（元/m^3）
北京市	12.37	10.52	2.01～2.05
天津市	10.15	8.63	2.04～2.08
河北省	34.71	30.40	1.21～1.24
河南省	31.69	29.94	0.55～0.56

注：1. 各省分配水量为陶岔渠首水量。

2. 净水量指输水总干渠分水口门水量。

3. 口门平均水价系按银行贷款45%、还贷期继续征收基金用于还贷测算的省（市）内各分水口门还贷期平均水价。

国家文物局

关于印发南水北调一期工程文物保护工作协调小组第二次会议纪要的通知

（文物保发［2005］1号）

各有关单位：

2004年12月29日，南水北调一期工程文物保护工作协调小组在北京召开第二次会议，总结了前一段南水北调一期工程文物保护前期工作，对文物保护专题报告的汇总并纳入工程总体可研报告、文物保护工作投资及重点文物保护项目的方案编制等问题进行了研究。经征得协调小组成员单位同意，现将南水北调工程文物保护工作协调小组第二次会议纪要印发给你们，请在今后的工作中认真贯彻执行。

附件：南水北调一期工程文物保护工作协调小组第二次会议纪要

国家文物局
水利部
国务院南水北调工程建设委员会办公室
二〇〇五年二月十八日

南水北调一期工程文物保护工作协调小组第二次会议纪要

2004年12月29日，南水北调一期工程文物保护工作协调小组在北京召开第二次会议。国家发展改革委投资司、农经司，水利部调水局，国务院南水北调办投资计划司、环境移民司和国家文物局文物保护司的有关同志参加了会议。

会议总结了前一阶段南水北调一期工程文物保护前期工作，对文物保护专题报告的汇总并纳入工程总体可研报告、文物保护工作投资及重点文物保护项目的方案编制等问题进行了研究。

会议认为，在国务院领导同志的关心下，通过南水北调一期工程文物保护工作协调小组各成员单位的密切合作、大力协调，南水北调一期工程涉及省市的水利、调水、文物部门和有关单位的共同努力，南水北调一期工程文物保护专题报告的编写工作进展比较顺利。分省报告已经基本完成并通过专家论证，为南水北调一期工程文物保护前期工作的开展奠定了较好的基础。

会议要求各省级文物部门要在2005年1月初将文物保护专题报告报送本省水利、调水部门和有关单位；长江水利委员会、淮河水利委员会要抓紧按照《南水北调工程文物保护工作协调小组第一次会议纪要》和水利部办公厅《关于加快南水北调工程文物保护前期工作的通知》的要求，做好文物保护专题报告的汇总工作，并按程序尽快组织报审。各省级水利、调水部门和有关单位要尽快与各省级文物部门签订前期工作合同，并落实相关前期工作费用。

为保证南水北调一期工程的顺利实施，应妥善解决文物保护工作时间与南水北调一期工程建设工期的矛盾。有关省市文物部门要对保护工作量大、保护方案复杂、对南水北调一期工程建设工期构成制约的少数控制性文物保护项目，尽快编制达到初步设计深度的文物保护方案和投资概算，由南水北调一期工程项目法人和省级文物行政部门联合报国务院南水北调办和国家文物局。国务院南水北调办商国家文物局组织对文物保护方案进行审查，并根据审定的文物保护方案对投资概算进行审核后报国家发展改革委核定。投资概算经核定后的相应的文物保护方案由国务院南水北调办会同国家文物局审批。其他文物保护项目仍按照《南水北调工程文物保护工作协调小组第一次会议纪要》确定的程序抓紧汇总，并连同上述少数控制性文物保护项目一道，纳入南水北调一期工程总体可研报告。

为进一步做好重点文物保护方案的论证工

作，会议提请有关部门和单位尽快提出遇真宫的保护可比选方案和大运河山东段保护方案建议。

关于印发南水北调一期工程文物保护工作协调小组第三次会议纪要的通知

（文物保发［2005］9号）

各有关单位：

2005年3月18日，南水北调一期工程文物保护工作协调小组在北京召开第三次会议。会议传达并学习了胡锦涛总书记、温家宝总理关于南水北调工程文物保护问题的批示，总结了前一阶段南水北调一期工程文物保护前期工作的进展情况，对汇总文物保护专题报告、编制文物保护控制性项目和今年拟开工的四个单项工程的文物保护等问题进行了研究。经征得协调小组成员同意，现将南水北调一期工程文物保护工作协调小组第三次会议纪要印发给你们，请在今后的工作中认真贯彻执行。

附件：南水北调一期工程文物保护工作协调小组第三次会议纪要

国家文物局
水利部
国务院南水北调工程建设委员会办公室
二〇〇五年四月六日

南水北调一期工程文物保护工作协调小组第三次会议纪要

2005年3月18日，南水北调一期工程文物保护工作协调小组在北京召开第三次会议。国家发展改革委农经司、投资司，水利部调水局，国务院南水北调办环境移民司和国家文物局文物保护司的有关同志参加了会议。

会议传达并学习了胡锦涛总书记、温家宝总理关于南水北调工程文物保护问题的批示，总结了前一阶段南水北调一期工程文物保护前期工作的进展情况，对汇总文物保护专题报告、编制文物保护控制性项目和今年拟开工的四个单项工程的文物保护等问题进行了研究。

会议认为，胡锦涛总书记、温家宝总理的批示对于做好南水北调一期工程文物保护工作具有重要指导意义，各有关单位一定要在思想上高度重视南水北调一期工程的文物保护工作，并在工作中进一步落实中央领导的批示精神，认真做好南水北调一期工程中的文物保护工作，既要确保南水北调一期工程的顺利实施，又要保护好我国珍贵的历史文化遗产。

会议要求长江水利委员会、淮河水利委员会按照《南水北调工程文物保护工作协调小组第一次会议纪要》、《南水北调一期工程文物保护工作协调小组第二次会议纪要》和水利部办公厅《关于加快南水北调工程文物保护前期工作的通知》的精神，尽快将汇总后的文物保护专题报告按程序报审。

会议强调南水北调一期工程项目法人和省级文物行政部门应按照《南水北调一期工程文物保护工作协调小组第二次会议纪要》的要求，于4月15日前将达到初步设计深度的控制性文物保护项目方案和投资概算报国务院南水北调办和国家文物局。国务院南水北调办商国家文物局组织对文物保护方案进行审查，并根据审定的文物保护方案将投资概算和投资计划尽快报国家发展改革委核定。

对于今年拟开工的四个单项工程的可研报告，会议认为应包括文物保护的内容，报国家发展改革委审批前须征求国家文物局意见。

关于印发《南水北调一期工程文物保护协调小组第四次会议纪要》的通知

（文物保函［2005］1040号）

各有关单位：

2005年9月1日，南水北调工程文物保

护协调小组在北京召开第四次会议，研究了《南水北调中线一期工程文物保护专题报告（送审稿）》专家组评审意见及加强南水北调一期工程文物保护管理等问题。

现将《南水北调一期工程文物保护协调小组第四次会议纪要》印发给你们，请在今后的工作中认真贯彻执行。

附件：《南水北调一期工程文物保护协调小组第四次会议纪要》

国家文物局
水利部
国务院南水北调工程建设委员会办公室
二〇〇五年九月二十一日

附件：

南水北调一期工程文物保护协调小组第四次会议纪要

2005年9月1日，南水北调一期工程文物保护工作协调小组在北京召开第四次会议。国家发展改革委农经司，水利部调水局，国务院南水北调办投资计划司、环境移民司和国家文物局文物保护司的有关同志参加了会议。

会议简要总结了前一阶段南水北调一期工程文物保护前期工作，对《南水北调中线一期工程文物保护专题报告（送审稿）》专家组评审意见及加强南水北调一期工程文物保护管理等问题进行了研究。

会议认为，协调小组成立以来，各成员单位非常重视，开展了卓有成效的工作。随着有关工作的不断推进，大家对文物保护的重视程度也在不断加深。

会议肯定了专家组的评审意见，同意将丹江口库区157m水位以下的文物保护工作纳入《南水北调中线一期工程文物保护专题报告》。拟开展勘探、发掘的地下文物保护项目以定为A、B级的古遗址、古墓葬为基础，排除其中长期淹没在水下、无法开展考古发掘工作的项目，补充C级文物中少量具有特别重要价值的古遗址、古墓葬。

作为丹江口库区157m水位以下的唯一一处地上文物，净乐宫的保护非常重要。会议原则同意将原已搬迁的净乐宫石质构件的保护处理纳入南水北调一期工程文物保护工作范畴，不属于文物的商业性建筑不得纳入，要严格控制其经费预算。

为进一步加强对南水北调一期工程文物保护工作的管理与实施，会议决定，由国家文物局牵头在总结国内其他基本建设项目文物保护工作经验基础上，起草南水北调工程文物保护工作实施管理办法草案，提交下次协调小组会议讨论。

国务院南水北调工程建设委员会办公室

关于加快南水北调东、中线一期工程开工前各项准备工作进一步促进南水北调工程建设意见的通知

（国调办投计函［2005］74号）

各有关单位：

南水北调工程在党中央、国务院的关怀和南水北调工程建设委员会的正确领导下，各部门和单位认真贯彻国务院南水北调工程建设委员会两次会议精神，团结协作，扎实工作，各项工作取得了明显进展，工程建设正在稳步推进。

但是，南水北调工程自2002年开工建设以来，截至2005年7月底，开工在建设计单元工程12项，累计完成投资仅28亿元。目

前，前期工作进度依然难以满足开工建设需要；一些初步设计已批复、投资计划落实的项目，由于征地拆迁及移民安置等原因，无法如期开工；部分项目在初步设计批复、投资计划下达后项目建设协调不及时，建设管理机构组建迟缓；已开工项目在建设过程中也存在工程干扰、进度滞后、初步设计阶段遗留问题多等问题。这些问题制约了工程建设进展，直接影响到南水北调工程建设委员会确定的建设目标的实现。

为顺利实现国务院和建委会提出的东、中线一期工程建设目标，加快南水北调工程建设进度，在项目可行性研究报告批复后至项目主体工程开工前，各项目法人、有关单位需要提前研究，及时预测和提前研究解决问题方案，增强工作的前瞻性和预见性，抓紧和配合做好有关投资计划、项目建设管理及征地移民等方面的工作，现通知如下：

一、初步设计批复前应加强的工作

一是做好项目初设审批和投资计划工作。

项目法人要动态跟踪项目初步设计审批和概算核定的每一个工作环节；在初设技术审查后即抓紧组织招标设计工作和技施设计工作，并抓紧向南水北调办报送工程建设建议计划；初设概算核定后由南水北调办及时向发改委报送年度投资建议计划。

二是协调做好建设管理有关工作。

项目法人抓紧协商相关省市南水北调办事机构提出项目管理划分方案，明确项目法人和地方建设管理单位的建设管理职责；项目法人和地方有关方面要提前确定具体项目的建设管理模式，制定项目开工计划，报南水北调办备案。

项目法人和地方有关方面都要积极推行代建制，并及时提出各自负责建设管理项目实行代建制的具体实施方案，加大南水北调工程使用代建制的工程建设项目范围。

各有关方面要抓紧项目建设管理单位机构组建，落实各设计单元工程的项目管理单位。地方要尽快明确或组建委托项目的建设管理单位，代建制项目要提前着手组织招标选择项目建设管理单位，项目法人直管项目要及时组织现场项目部。

积极开展招标工作。项目初步设计技术审查通过后，项目法人或建设管理单位提前开展招标设计工作，组织制定项目分标方案报南水北调办，组织研究初步设计遗留至下一阶段的有关问题的解决措施，先行组织开展监理招标准备工作；项目初步设计概算核定后，项目法人或建设管理单位及时通过招标确定监理单位，组织编制施工招标文件，组织开展“四通一平”准备工作。

三是做好征地移民准备工作。

征地移民工作涉及面广、工作程序严格、办理周期长，为缩短工作周期，满足工程建设工期要求，各有关单位和部门要加强协调配合，在可研报告批复之后即重点加快做好征地拆迁及移民安置的相关准备工作。

项目初步设计技术审查通过后，省市征地移民主管部门应及时组织设计单位编制移民安置技施设计报告，进行土地勘测定界、实物指标复核等基础工作，协调好相关部门，扎实做好《建设用地申请书》及配套材料的申报准备工作，做到初步设计一经批复，即能很快达到申报建设用地的报批要求。

项目初步设计概算核定后，项目法人和省市征地移民主管部门应及时组织协商征地移民投资和任务包干协议的相关事宜。

二、初步设计批复后应加强的工作

一是落实年度投资计划。

南水北调办及时下达年度投资计划，项目法人负责实施，并在工程建设招投标结束后及时编制总体建设方案和年度建设方案报南水北调办核备。

二是及时完成施工招投标工作。

项目法人应及时开展工程招投标工作；对一些关键项目、难点项目的招标投标，项目法人要提前研究招标投标过程中可能出现的问题，增加预见性，避免出现招标失误。项目法人要及时申请办理工程质量监督手续，提前做好项目开工的其他各项准备工作。

三是尽快完成征地拆迁工作。

征地移民工作按照“建委会领导、省级人民政府负责、县为基础、项目法人参与”的原则，各有关单位各司其职，密切配合，尽早完成征地拆迁工作。项目初步设计一经批复，项目法人应立即和省市征地移民主管部门签订征地移民投资和任务包干协议并及时向主管部门支付征地移民资金；省市征地移民主管部门要尽快组织实施征地补偿和移民安置方案，首先完成补偿和搬迁，尽快达到工程开工入场要求。项目法人和省市征地移民主管部门应积极配合、协调做好申报建设用地材料报批工作，及时获得建设用地许可或先行用地许可。

项目法人和省市征地移民主管部门要认真贯彻执行国土资源部和国务院南水北调办联合颁布的《关于南水北调工程建设用地有关问题的通知》（国土资发［2005］110号）文件，对南水北调工程部分控制工期的关键性单体工程，确需先行开工用地的，项目法人及时向有关国土资源部门提出先行用地申请，并和省市征地移民主管部门一同积极协调有关部门，尽早批准先行用地。

南水北调工程建设各项目法人、省市南水北调办事机构及有关单位要提前介入、靠前指挥、精心组织，坚定不移地搞好南水北调工程建设开工前的各项准备工作，切实推动和促进工程建设，加快南水北调工程建设进度，确保南水北调工程建设目标的顺利实现。

国务院南水北调工程建设委员会办公室
二〇〇五年八月十六日

关于南水北调工程质量监督费具体收费标准的通知

（国调办经财［2005］34号）

南水北调工程建设监管中心：

现将《财政部、国家发展改革委关于同意收取南水北调工程建设质量监督费的复函》（财综［2005］2号）和《国家发展改革委、财政部关于南水北调工程建设质量监督收费标准的通知》（发改价格［2005］312号）转发给你们，请认真贯彻执行。现就南水北调工程质量监督费收取和使用管理的有关事项补充通知如下：

一、根据发改价格［2005］312号文规定，我办结合南水北调工程建设实际情况，核定的不同类型工程质量监督费的具体标准是：

1. 丹江口大坝加高、穿黄、泵站、交叉建筑物、渡槽、隧洞等工程按建安工作量的0.7‰收取。

2. 渠道、河道等工程按建安工作量的0.6‰收取。

二、你中心应严格执行国家发展改革委、财政部关于收取南水北调工程质量监督费的规定和我办核定的工程质量监督费具体标准，不得扩大收费范围和提高收费标准，并严格执行国家行政事业性收费“收支两条线”的管理规定。

附件：1.《财政部、国家发展改革委关于同意收取南水北调工程建设质量监督费的复函》（财综［2005］2号）（略）

2.《国家发展改革委、财政部关于南水北调工程建设质量监督收费标准的通知》（发

改价格［2005］312号）（略）

国务院南水北调工程建设委员会办公室
二〇〇五年五月十七日

关于同意南水北调中线干线京石段应急供水工程（北京段）西四环暗涵项目开工的函

（国调办建管函［2005］46号）

南水北调中线干线工程建设管理局：

你局《关于南水北调中线京石段应急供水工程（北京段）西四环暗涵工程开工的请示》（中线局工［2005］22号）收悉。经核查，南水北调中线干线京石段应急供水工程西四环暗涵项目的初步设计报告已经批复，工程现场已经完成占地划界、地面实物核查，项目的投资计划已经下达，工程的现场准备工作已经完成，基本具备开工条件，同意项目建设管理单位北京市南水北调工程建设管理中心组织工程开工建设。

国务院南水北调工程建设委员会办公室
二〇〇五年五月二十六日

关于同意南水北调中线京石段应急供水工程漕河段项目开工的函

（国调办建管函［2005］52号）

南水北调中线干线工程建设管理局：

你局《关于南水北调中线京石段应急供水工程漕河段项目开工的请示》（中线局工［2005］28号）收悉。经核查，南水北调中线京石段应急供水工程漕河段项目的初步设计报告已经批复，投资计划已经下达，招投标已经完成，工程现场已完成临时占地和永久占地征用划界、地面实物核查，先行用地手续已经国土资源部批准，施工单位已经进场，现场各项准备工作就绪，基本具备开工条件，同意该工程开工建设。

国务院南水北调工程建设委员会办公室
二〇〇五年六月七日

关于同意南水北调中线干线京石段应急供水工程古运河枢纽项目开工的函

（国调办建管函［2005］61号）

南水北调中线干线工程建设管理局：

你局《关于南水北调中线干线京石段应急供水工程古运河枢纽项目开工的请示》（中线局工［2005］35号）收悉。经核查，南水北调中线干线京石段应急供水工程古运河枢纽的初步设计报告已经批复，投资计划已经下达，招投标工作已经完成，工程现场已完成临时占地和永久占地征用划界、地面实物核查，先行用地手续已经国土资源部批准，现场各项准备工作就绪，基本具备开工条件，同意该工程开工建设。

国务院南水北调工程建设委员会办公室
二〇〇五年七月十三日

关于加强南水北调工程科技项目管理工作的意见

（国调办建管［2005］80号）

各项目法人，省（直辖市）南水北调办事机构：

为加强对南水北调工程科技项目的管理，提高科技项目的推广应用效用，更好地服务于工程建设，根据国家相关规定，结合南水北调工程建设的实际，提出以下意见。

一、科技项目划分与项目组织

（一）南水北调工程科技项目（以下简称

"科技项目"）是指由国务院南水北调工程建设委员会办公室（以下简称"南水北调办"）归口管理的，围绕南水北调工程建设开展研究、开发、应用的项目。根据重要程度、影响范围等，科技项目划分为三个层次，即：国家项目、南水北调办项目和项目法人项目。

国家项目是指对南水北调工程建设有重大影响，难度高，涉及专业、范围广，需要通过国务院科技主管部门审定立项的科学研究与技术开发项目。

南水北调办项目是指为研究解决南水北调工程范围内普遍性的重要技术难题，需要通过南水北调办审定立项的科学研究与技术开发项目。

项目法人项目是指由南水北调工程各项目法人组织的科学研究与技术开发项目。

（二）南水北调办负责国家项目和南水北调办项目的立项和实施过程中的行政监督管理，具体工作由南水北调办科技主管部门负责。

南水北调办有关业务主管部门（以下简称"项目组织单位"），负责与主管业务相关的科技项目的管理。

经项目组织单位确定的承担科技项目的单位（项目承担单位）按照项目立项的宗旨在项目组织单位指导下承担项目的组织实施工作。

经项目承担单位通过委托或招标择优选择的项目实施单位负责项目的具体实施。

（三）项目法人根据工程建设的实际需要，组织对所辖工程的重大技术问题进行分析研究，自主决定项目法人项目并组织实施，同时将其科技项目的安排情况及时报南水北调办备案。

二、科技项目立项

（四）科技项目的选择要根据工程建设需要，按照服务工程、注重实用、鼓励创新和突出重点的原则进行。

（五）项目组织单位可根据工程建设和所负责业务需要，组织提出科技项目安排建议；项目法人、省（直辖市）南水北调办事机构和南水北调办技术合作单位可以就南水北调工程建设重大技术等问题向南水北调办提出科技项目安排建议。

南水北调办在综合平衡有关方面提出的科技项目建议的基础上，以共性问题、重大控制性工程的关键技术问题及重大社会影响问题为重点，组织有关部门和专家评审，提出南水北调办科技项目和申请国家项目的清单。

国务院南水北调工程建设委员会要求开展的工程建设重大技术项目，列入南水北调办科技项目或国家项目。

（六）项目建议单位应当填写《南水北调办科技项目建议书》（见附件1）并于每年6月30日前向南水北调办申报下一年度科技项目。

（七）列入申请国家和南水北调办的科技项目清单并经批准立项的项目，由项目组织单位根据有利于研究成果在南水北调工程建设中推广应用的原则确定项目承担单位。项目承担单位对项目实施的进度、质量和投资控制负责。

（八）项目承担单位应编写《南水北调办科技项目可行性研究报告》（见附件2），报项目组织单位评审。

（九）项目承担单位根据经评审后的可行性研究报告和项目特点委托或招标选择项目实施单位。与工程设计关系密切的科技项目实施单位一般应有原设计单位参加。

（十）通过《南水北调办科技项目可行性研究报告》审查的科技项目，由受南水北调办委托的项目组织单位与项目承担单位签订《南水北调办科技项目协议》（见附件3）；由项目承担单位与项目实施单位签订《南水北调办科技项目实施合同》（见附件4），明确科技项目各方的责任、权利、义务。

（十一）项目实施单位应当具备以下

条件：

1. 具有与拟研究科技项目相适应的研究人员、设备和经费；

2. 具有相关专业领域科研经验与业绩；

3. 资信情况良好；

4. 法律法规规定的其他条件。

三、科技项目实施

（十二）科技项目实行年度计划管理。南水北调办科技项目年度计划，由南水北调办科技主管部门商有关业务主管部门组织专家和有关单位评审后，报南水北调办审定。

（十三）科技项目所需资金或配套资金，由南水北调办根据实际情况统筹安排。南水北调办积极拓宽经费渠道，增加经费投入，支持重大科技项目。鼓励项目承担单位自筹经费参加科技项目的研究和开发。

项目承担单位应加强对经费的使用管理，及时按项目实施进度拨付资金。

项目实施单位应加强对经费的使用管理，做到专款专用，不得自行扩大使用范围或挪作他用。

（十四）项目承担单位依据《南水北调办科技项目协议》和《南水北调办科技项目实施合同》全面负责科技项目的实施，协调并处理科技项目执行中出现的问题，并根据要求制定切实可行的工作计划，经项目组织单位同意后执行。

科技项目实施单位应当严格执行《南水北调办科技项目实施合同》，制定科技项目科研计划，经项目承担单位同意后实施。

（十五）科技项目实行年度执行情况报告制度，项目承担单位必须于每年6月10日前向项目组织单位报告项目进展情况，具体格式为《南水北调办科技项目执行情况报告》（见附件5）。

项目承担单位对重大事项应当及时报告，对涉及合同中的目标、内容、负责人、关键技术方案、完成时间等进行调整或变更事项，须报经项目组织单位同意。未经同意，项目承担单位不得擅自变更《南水北调办科技项目协议》内容。项目实施单位同样要将科技项目执行及变更情况按照科技项目实施合同及时向项目承担单位报告。

（十六）科技项目执行过程中，有下列情况之一的，项目承担单位有权终止科技项目实施合同：

1. 科技项目执行不力，长期拖延或技术骨干发生重大变动，致使科技项目无法执行或科技成果难以及时应用于工程建设的；

2. 由于不可抗拒因素或其他因素造成科技项目无法按时完成；

3. 经费使用出现严重违规或违纪的；

4. 法律法规规定的其他条件。

（十七）在科技项目执行过程中，对于不能按时报告科技项目执行情况或遇有重大问题没有报告的项目承担单位，南水北调办将对其通报批评；对于没有正当理由，不能完成科技项目的实施单位，将对其通报批评，追缴部分或全部已拨经费，并视情节暂停其承担南水北调办科技项目的资格并予以公布。

四、科技项目验收

（十八）科技项目完成后，必须进行验收。验收分为初步验收和成果验收，初步验收由项目承担单位组织，成果验收由项目组织单位组织。

初步验收由项目实施单位单位向项目承担单位提出《南水北调办科技项目验收材料》（见附件6），并按规定提交有关文档（含电子文档）、资料。经审核符合验收条件的科技项目，由项目承担单位聘请包括相关南水北调工程项目法人在内的有关专家组成验收组进行验收。验收组的专家应当认真阅读科技项目验收资料，必要时，应进行现场考察，收集相关方面意见，核实或复测相关数据，提出验收意见和结论。

成果验收由项目承担单位在初步验收完成后向项目组织单位提出，并按规定提交科技项目成果、初步验收意见和结论。项目组织单位组织专家和单位组成验收组进行验收。

验收组由熟悉和了解相关专业技术、经济、科技管理等方面的专家组成，验收组专家人数根据项目大小、特点决定，一般为7人以上单数。

（十九）科技项目验收以《南水北调办科技项目协议》、《南水北调办科技项目实施合同》文本约定的内容和确定的考核目标为基本依据，主要对科技项目研究工作完成的情况、实施技术路线、关键技术及效果、科技成果应用和对工程建设的影响、科技项目实施的组织管理经验与教训、经费使用的合理性等做出客观的、实事求是的评价。

（二十）验收组应在验收意见中明确提出"通过验收"或"不通过验收"的结论，由验收组织单位审定后以书面形式下达《南水北调办科技项目验收意见通知书》（见附件7）。未通过验收的科技项目，项目承担单位或项目实施单位接到通知3个月之内，经整改或完善有关文件资料后，可再次提出验收申请。

存在下列情况之一的科技项目，不能通过验收：

1. 完成合同规定任务不到85%；

2. 提供的验收文件、资料、数据不真实；

3. 擅自改变合同目标、研究内容。

两次以上未通过验收的科技项目，项目承担单位及项目实施单位须承担经济损失，南水北调办将视情节暂停项目实施单位或项目主要负责人承担南水北调办科技项目的资格1至3年。

（二十一）初步验收和成果验收的费用由项目承担单位在项目经费中列支。

五、科技项目成果

（二十二）科技成果系指科技项目在实施中所取得的阶段成果，包括：新技术、新工艺、新材料、新产品、新设计、计算机软件以及专利等。科技项目研究成果及其形成的知识产权按照国家有关规定执行。

（二十三）通过验收的科技项目成果必须按照科技部《科技成果登记办法》进行成果登记，项目承担单位应于验收后1个月内向南水北调办科技主管部门履行登记手续。

（二十四）项目组织单位应严格按照国家有关科技成果转化的规定，组织项目法人切实做好科技成果在南水北调工程建设中的推广和应用工作。项目法人应积极做好科技成果的推广应用工作。

（二十五）科技项目成果鉴定（评审）由项目承担单位向项目组织单位申请，按照国家科技成果鉴定（评审）办法执行，成果鉴定（评审）的费用由项目承担单位在项目经费中列支。

（二十六）科技项目成果涉及国家秘密的，按照《中华人民共和国保守国家秘密法》、《科学技术保密规定》及相关规定执行，有关单位和人员应做好保密工作。

六、其他

（二十七）科技项目立项、招标、评估、检查、验收、鉴定（评审）、奖励等环节的实施过程中应组织专家进行咨询。咨询专家的组成应具有代表性和互补性。人数、年龄和知识构成应相对合理。有关专家咨询意见应形成文字，作为科技项目立项和管理的参考依据，并严格按照科技档案管理的要求进行管理。

（二十八）项目组织单位、承担单位应按《科学技术研究课题档案管理规范》和有关科技项目数据管理规定要求，将科技项目实施所取得的实验报告、数据手稿、图纸、声像及其他形式的科学数据进行收集整理，建立档案。

科技项目验收后，项目组织单位应将验收结果及相关资料报南水北调办档案主管部门归档，并告知南水北调办科技主管部门。

（二十九）科技项目的奖励按照《国家科学技术奖励条例》和科技部有关规定进行。

（三十）申请国家项目得到批准的，相应科技项目的实施和管理按照国家有关规定执行；未得到批准的，根据工程建设的实际需要和轻重缓急，纳入南水北调办科技项目。

附件：1.《南水北调办科技项目建议书》（略）

2.《南水北调办科技项目可行性研究报告》（略）

3.《南水北调办科技项目协议》（略）

4.《南水北调办科技项目实施合同》（略）

5.《南水北调办科技项目执行情况报告》（略）

6.《南水北调办科技项目验收材料》（略）

7.《南水北调办科技项目验收意见通知书》（略）

国务院南水北调工程建设委员会办公室
二〇〇五年九月十六日

关于同意南水北调中线水源工程丹江口大坝加高开工的批复

（国调办建管［2005］81号）

南水北调中线水源有限责任公司：

你公司《关于南水北调中线水源工程丹江口大坝加高开工的请示》（中水源工［2005］84号）收悉。经核查，南水北调中线水源工程丹江口大坝加高项目的初步设计已经批复，资金已经落实，工程施工单位及施工监理单位已经通过招标选定，工程现场已完成占地征用划界、地面实物核查及施工用地手续，现场施工准备工作就绪，项目基本具备开工条件，同意开工建设。

国务院南水北调工程建设委员会办公室
二〇〇五年九月二十一日

关于同意南水北调中线一期穿黄工程开工的批复

（国调办建管［2005］82号）

南水北调中线干线工程建设管理局：

你局《关于南水北调中线一期穿黄工程开工的请示》（中线局工［2005］45号）收悉。经核查，南水北调中线一期穿黄工程项目的初步设计已经批复，资金已经落实，工程施工单位及施工监理单位已经通过招标选定，工程现场已完成占地征用划界、地面实物核查及施工用地手续，现场施工准备工作就绪，项目基本具备开工条件，同意开工建设。

国务院南水北调工程建设委员会办公室
二〇〇五年九月二十一日

关于同意南水北调东线第一期工程淮阴三站、淮安四站工程开工的批复

（国调办建管［2005］94号）

南水北调东线江苏水源有限责任公司：

你公司《关于南水北调东线第一期工程淮阴三站、淮安四站工程开工建设的请示》（苏调水司［2005］36号）收悉。经核查，南水北调东线第一期工程淮阴三站、淮安四站工程项目的初步设计报告已经批复，投资计划已经下达，招投标已经完成，工程现场已完成占地征用划界、地面实物核查及施工用地手续，现场各项准备工作就绪，基本具备开工条件，同意开工建设。

国务院南水北调工程建设委员会办公室
二〇〇五年十月二十七日

关于同意南水北调东线一期骆马湖至南四湖段江苏境内刘山泵站工程开工的批复

（国调办建管［2005］95号）

南水北调东线江苏水源有限责任公司：

你公司《关于南水北调东线一期骆马湖至南四湖段江苏境内刘山泵站工程开工建设

的请示》（苏调水司［2005］45号）收悉。经核查，南水北调东线一期骆马湖至南四湖段江苏境内刘山泵站工程项目的初步设计报告已经批复，投资计划已经下达，招投标已经完成，工程现场已完成占地征用划界、地面实物核查及施工用地手续，现场各项准备工作就绪，基本具备开工条件，同意开工建设。

国务院南水北调工程建设委员会办公室
二〇〇五年十月三十一日

关于进一步规范南水北调工程招标投标活动的意见

（国调办建管［2005］103号）

各项目法人、各有关省（直辖市）南水北调办事机构：

为全面贯彻落实《国务院办公厅关于进一步规范招标投标活动的若干意见》（国办发［2004］56号），现提出以下意见。

一、监督管理

（一）国务院南水北调工程建设委员会办公室（以下简称"南水北调办"）依法对南水北调主体工程项目招标投标活动实施监督管理，对重大项目的招标、投标、开标、评标、中标过程进行监督检查，组建并管理南水北调工程评标专家库，受理有关南水北调工程建设项目招标投标活动的投诉和举报，依法查处招标投标活动中的违法违规行为。

有关省（直辖市）南水北调办事机构根据南水北调办的委托，对委托范围内的项目招标投标活动进行监督管理并向南水北调办负责，接受南水北调办的指导和检查，对发现的重大事项应当及时报告。每半年向南水北调办报告一次行政监督管理情况。

（二）行政监督管理工作内容包括：接受并按规定核准（或受委托初步核准）招标人在招标前提交的分标方案；对招标投标活动进行监督；对招标投标活动中出现的严重违法违规行为提出处理意见和建议；接受招标人的招标投标情况书面总结报告。

（三）对开标和评标活动监督的工作方式主要为：检查招标投标有关文件，核查投标单位的资质等级和资信情况等；监督标底（或成本价）形成、招标、投标、开标、评标、中标等与招标投标有关的活动；向有关单位调查了解情况；现场查验，调查、核实招标结果执行情况；受理投诉和举报。

（四）行政监督人员在监督检查过程中不得非法干预或影响正常评标，不得作为评标委员会成员直接参与评标，不得泄露应当保密的事项。

（五）招标人作为项目招标投标管理的责任主体，应当严格执行国家有关法律法规和南水北调工程建设关于招标投标的有关规定，建立健全内部管理和监督的体制、机制及制度，落实责任，精心组织，严格管理，规范招标活动，确保招标质量。

二、招标

（六）南水北调主体工程勘测设计、监理、施工、货物（包括重要设备、材料等，以下简称"货物"）等项目符合国家规定的范围和标准的，应当依法招标选择承包单位。推行项目代建管理模式的，应当按照南水北调办的有关规定招标选择项目管理单位。

勘测设计（勘察、测量、初步设计、技施设计）招标应当具备的条件：按照国家有关规定需要履行项目审批手续的，已履行审批手续，取得批准；勘测设计所需资金已有明确安排；所必需的勘测设计基础资料已经收集完成；勘测设计分标方案已经核准；法律法规规定的其他条件已经具备。

监理招标应当具备的条件：初步设计已经批准（或已通过技术审查且初步设计概算已经核定）；监理所需资金已有明确安排；监理分标方案已经核准；有招标所需的设计图纸及技术资料。监理工作一般应包括设计监理和施工监理，对工程设计和工程建设的质量、进度和投资等进行监督、控制管理，协调业主、设计单位、施工单位的关系。监理内容的具体要求可根据工程具体情况，由招标人在招标文件中明确。

施工招标应当具备的条件：初步设计已经批准；建设资金来源已落实或年度投资计划已经安排；满足招标要求的设计文件已经具备，施工图纸交付已有明确安排；施工分标方案已经核准；有关建设项目永久征地、临时用地和移民搬迁的实施、安置工作已有明确安排。

货物招标应当具备的条件：初步设计已经批准；货物技术经济指标已基本确定；货物分标方案已经核准；货物所需资金已有明确安排。

项目代建管理招标应当具备的条件：初步设计已经批准（或已通过技术审查且初步设计概算已经核定）；项目代建管理方案已经核准。

其他招标应当具备法律法规和国家关于南水北调工程建设有关规定要求的相应条件。

（七）南水北调主体工程项目招标工作的程序：向行政监督管理单位提交分标方案申请核准；编制招标文件；发布招标信息（招标公告或投标邀请书）；发售资格预审文件（实行资格预审的，下同）；按规定日期接受潜在投标人递交的资格预审文件；组织对潜在投标人资格预审文件进行审核；发售招标文件；组织购买招标文件的潜在投标人现场踏勘；接受投标人对招标文件有关问题要求澄清的函件，对问题进行澄清，并书面通知所有潜在投标人；组织成立评标委员会；在规定时间和地点，接受符合招标文件要求的投标文件；组织开标评标会；确定中标人；发中标通知书；向行政监督管理单位提交招标投标情况的书面总结报告；进行合同谈判，与中标人订立书面合同。

（八）南水北调主体工程项目分标方案必须在招标公告发布前20日报经南水北调办核准。分标方案主要应包括项目概况、标段划分原则、标段划分理由、分标情况（含标段内容、工期、相应概算等）、必要的图纸等内容。

（九）采用代理招标的，招标人一般宜采用竞争方式选择招标代理机构，并在委托合同中明确须遵守的南水北调工程招标投标有关规定。招标代理机构不得与被代理招标项目的投标人有隶属关系或者其他利益关系。

招标人拟自行招标的，须具有自行招标条件和能力，并按有关规定和管理权限经核准后才能办理自行招标事宜。

（十）南水北调主体工程项目的招标公告和中标结果，应当依照法律法规和《南水北调工程建设管理的若干意见》有关规定进行公告。

招标公告应当载明招标人及招标代理机构的名称和地址、招标项目的性质、内容、数量、实施地点和工期（供货、服务、时间）要求、对投标人的资格和经历（业绩）要求、开标时间和地点以及获取投标文件的办法等事项，但不得限制潜在投标人的数量。

招标人对招标公告内容的真实性、准确性和完整性负责。

招标人在南水北调办网站发布招标公告，应当在预定发布招标公告日期前3个工作日将招标公告及相关材料报南水北调办。相关材料应包括招标项目名称及概况、招标已具备的条件、招标计划安排、评标委员会组建方案、招标文件（含评标方法和标准）；代理机构名称及联系人、联系方式；发布公告的时间和其他必要内容。

（十一）对投标人的资格审查分为资格预审和资格后审，一般应采用资格预审方式，由招标人或受委托的招标代理机构负责实施，资格预审前应告知有关行政监督管理单位，并接受依法实施的行政监督。

招标人应当根据工程的性质和特点编制

资格审查文件，资格审查文件应详述审查条件、方法和标准。资格审查应当以相同条件对所有潜在投标人进行审查，审查前不得以任何理由限制或者排斥潜在投标人，并提出资格审查报告，经审查人员签字确认。

（十二）招标人应当根据国家法律法规和南水北调工程建设的有关规定，结合项目特点和需要组织编制招标文件并负责审查。

招标文件应当载明详细的评标方法和标准，评标标准中的评价因素均应根据招标项目的特点进行科学、合理的量化。在评标时不得另行制定或修改、补充任何评标方法和标准。

招标文件应当规定实质性要求和条件，说明不满足其中任何一项实质性要求和条件的投标将被拒绝，并用醒目方式标明；没有标明的要求和条件在评标时不得作为实质性要求和条件。对标的物的技术、标准和质量有特殊要求的，招标文件中应当提出相应要求，并将其作为实质性要求和条件。

（十三）招标人对已发出的招标文件进行必要澄清或者修改的，应当在招标文件要求提交投标文件截止日期至少15日前，以书面形式通知到所有投标人。投标人对招标文件如有疑问，应当在投标截止时间10日前向招标人提出；招标人对投标人疑问进行回复的，应当在投标截止时间5日前以书面形式向所有投标人进行一致的解答。

招标人的澄清、修改或解答的内容为招标文件的组成部分。

（十四）南水北调主体工程项目招标鼓励推行无标底招标。

南水北调主体工程项目招标采用标底或成本价的，招标人应按照有利于工程建设和投资控制的原则，根据批准的设计、概算（估算），依据有关规定，结合市场供求状况，综合考虑工期、质量等方面的因素合理确定。标底或成本价编制过程和结果在开标前必须严格保密，在开标时予以公布。

（十五）招标公告在正式媒介发布至发售招标文件或资格预审文件的时间间隔不少于5日；招标文件或资格预审文件发售期限，最短不应当少于5个工作日。

招标文件应当按其制作成本确定售价，监理招标文件每套售价不超过1000元人民币，其他招标文件每套售价不超过3000元人民币。

（十六）招标文件中应当明确投标保证金金额，一般不超过合同估算价的千分之七，但勘测设计招标最高不应超过10万元人民币，其他招标最高不应超过80万元人民币，最低不应低于3万元人民币。

三、投标

（十七）招标人要按照国家有关规定和南水北调办的有关要求，认真核验招标代理、勘测设计、监理、施工、货物供应等单位的资质（资格）和经历（业绩），确保资质和业绩一致，不得让无资质（资格）或资质（资格）等级不够、无相应经历（业绩）的单位参与招标投标活动。

（十八）投标人应当按照招标文件的要求编制投标文件。投标文件应对招标文件提出的实质性要求和条件作出响应。拟在中标后将中标项目的部分非主体、非关键性工作进行分包的，应当在投标文件中载明。

（十九）投标人应当在投标截止时间前，将投标文件密封送达投标地点。招标人收到投标文件后，应当向投标人出具标明签收人和签收时间的凭证，在开标前任何单位和个人不得开启投标文件。

招标人对逾期送达的或者未送达投标地点的或者未按招标文件要求密封的投标文件不予接收。

（二十）投标人在投标截止时间前，可以按照招标文件的规定补充、修改、替代或者撤回已提交的投标文件，并书面通知招标人。

在提交投标文件截止时间后，投标人不得补充、修改、替代或者撤回其投标文件。

投标人补充、修改、替代投标文件的，招标人不得接受。

（二十一）两个以上法人或者其他组织可以组成一个联合体，以一个投标人的身份共同投标。联合体各方签订共同投标协议后，不得再单独投标，也不得组成新的联合体或参加其他联合体在同一标段中投标。联合体投标的资质、责任等方面的管理按国家有关规定执行。

（二十二）禁止任何投标人串通投标或招标人与投标人串通投标的行为。

（二十三）提交投标文件的投标人少于3个的，招标人应当依法重新招标。重新招标后投标人仍少于3个的，经批准后可以不再进行招标，或者仅对合格投标人进行开标和评标。

评标委员会根据国家有关规定和招标文件否决不合格投标或者界定为废标后，有效投标不足3个的，由评标委员会决定是否继续进行评标或重新招标。决定重新招标的，招标人应当自决定之时起2日内将有关情况报南水北调办。

四、开标

（二十四）开标由招标人或其委托的招标代理机构主持，在招标文件确定的地点和提交投标文件截止时间的同一时间公开进行。开标时，由投标人代表检查投标文件的密封情况，也可以由招标人委托的公证机构检查并公证；经确认无误后，由工作人员当众拆封，宣读投标人名称、投标价格和投标文件的其他主要内容。

招标人或其委托的招标代理机构应与投标人确认投标文件的完整性。

开标过程应当记录，并由有关各方签字确认。

五、评标

（二十五）评标委员会由招标人组建，负责评标活动，向招标人推荐中标候选人或者根据招标人的授权直接确定中标人。

评标委员会的人数为5人以上单数，其中技术、经济等方面的专家不得少于成员总数的三分之二，并按照《南水北调工程评标专家和评标专家库管理办法》确定。

评标委员会设负责人的，评标委员会负责人由评标委员会成员推举产生或者由招标人确定。评标需要分组的，如评标委员会负责人是招标人代表，则招标人代表不再担任各组负责人。评标委员会负责人、各组负责人与评标委员会的其他成员有同等的表决权。

评标委员会成员不得与投标人有利害关系。所指利害关系包括：是投标人负责人的近亲属；在5年内与投标人曾有工作关系；或与投标人有其他社会关系或经济利益关系。评标专家的回避性检查在评标专家抽取时进行；招标人评标代表的回避性检查在开标前进行，招标人应向行政监督管理单位提供其评标代表近5年的简历。评标委员会成员发现需要回避时，应当主动回避。

南水北调工程评标专家库评标专家抽取程序为：招标人在抽取评标专家前确定抽取评标专家的人数、专业分布。开标前3～4日，招标人代表经单位介绍，提供已获取招标文件的潜在投标人名单，在南水北调工程评标专家库抽取评标专家。原则上同一单位、同一地区抽取的评标专家不超过1人（同一地区不同主管部门的单位除外），尽可能来自不同类型（性质）的单位（如建设管理、招标代理、设计、监理、施工等）。招标人按规定指定专家作为其代表进入评标委员会的，专家所在单位的入库评标专家不再抽取作为该项目的评标专家。

（二十六）评标委员会成员应在开标前集中，并在开标前开始进行不少于半天的评标培训。培训工作由南水北调办或各省市南水北调办事机构负责。培训内容应包括有关招标投标法律法规、所评标项目背景和概况、评标工作程序及赋分要求、评标工作纪律要求等。评标培训内容不得有妨碍评标公正性的任何倾向性意见或暗示。评标委员会成员应签署遵守评标工作纪律、承担评标工作相应职责、与投标人无利害关系的书面承诺。

招标人应当给予评标专家合理的劳务报酬，并负责评标专家参加评标工作时的交通、食宿等费用。

（二十七）评标委员会成员应当严格遵守评标纪律，认真细致全面地审阅投标文件，客观、公正、独立地开展评标工作，不受包括招标人在内的任何单位和个人的制约、影响，对所提出的评审意见承担责任。

评标委员会成员不得与任何投标人或者与招标结果有利害关系的人进行私下接触，不得收受投标人、中介人、其他利害关系人的财物或者其他好处。评标委员会成员和与评标活动有关的工作人员不得透露对投标文件的评审、中标候选人的推荐情况以及与评标有关的其他情况。

（二十八）评标委员会应当根据招标文件规定的评标方法和标准，对投标文件进行系统地评审和比较。招标文件中没有规定的方法和标准不得作为评标的依据。

评标委员会应当审查每一投标文件是否对招标文件提出的所有实质性要求和条件作出响应。未能在实质上响应的投标，应作废标处理。对投标人提交的经历（业绩）证明等材料，必要时应进行查证、核实。

评标委员会可以书面方式要求投标人对投标文件中含义不明确、对同类问题表述不一致或者有明显文字和计算错误的内容作必要的澄清、说明或补正，但不得向投标人提出带有暗示性或诱导性的问题，或向其明确投标文件中的遗漏和其他错误。投标人的澄清、说明或补正不能改变投标文件的实质性内容。

评标委员会推荐的中标候选人应当限定在1～3名，并标明排列顺序。

（二十九）评标委员会完成评标后，应当在评标会议结束前向招标人提出书面评标报告。

评标报告由评标委员会全体成员签字。对评标结论持有异议的评标委员可以书面方式阐述其不同意见和理由。评标委员会成员拒绝在评标报告上签字且不陈述其不同意见和理由的，视为同意评标结论。评标委员会应当对此作出书面说明并记录在案。

评标报告的内容应当包括：基本情况；评标委员会成员名单；开标记录；符合要求的投标一览表；废标情况说明（如有）；评标标准、方法；经评审的价格或者评分比较一览表；经评审的投标人排序；推荐的中标候选人名单与签订合同前要处理的事宜；澄清、说明、补正事项纪要。

（三十）评标过程记录应当纳入档案管理。

六、中标

（三十一）招标人应当在评标结束后的1个工作日内在中国南水北调网站公示评标结果［格式见附件1（略）］。

（三十二）招标人应按照国家有关规定确定中标人。中标人确定后，招标人应当向中标人发出中标通知书，并同时将中标结果通知所有未中标的投标人。中标通知书对招标人和中标人具有法律约束力。中标通知书发出后，招标人改变中标结果或者中标人放弃中标的，应当承担法律责任。

（三十三）招标人和中标人应当自中标通知书发出之日起30日内，按照招标文件和中标人的投标文件订立书面合同。招标人与中标人不得再行订立背离招标实质性内容的其他协议。中标人应严格按照合同约定投入投标时承诺的人员和设备等资源参加南水北调工程建设。

招标人应当在签订合同后5个工作日内，向中标人和未中标的投标人退还投标保证金，并通知有关媒体发布中标信息。

（三十四）招标人应自确定中标人之日起15日内向南水北调办提交招标投标情况的书面报告，代建、委托项目招标人经项目法人向南水北调办报告，委托项目招标人和东线项目招标人同时向有关省（直辖市）南水北调办事机构报告。书面报告应当包括的内容有：招标范围；招标方式和发布招标公告的媒介；评标委员会的组成和评标报告；中标结果［中标信息表格式见附件2（略）］。

（三十五）合同中确定的建设规模、建设标准、建设内容应当严格控制在批准的初步设计及概算文件范围内；合同价格确需超出批准的初步设计及概算文件范围的，招标人应当在招标前或中标合同签订前，报南水北调办审查同意。

（三十六）招标人不得指定分包人。

中标人不得转包或违法分包，一经发现，可要求其改正；拒不改正的，可终止合同，并报请有关行政监督管理单位查处。

七、其他

（三十七）经批准需要进行国际招标的，按照国家有关规定执行。

（三十八）违反招标投标有关规定的，必须依照有关规定进行处理；违反法律的，依法追究法律责任。

国务院南水北调工程建设委员会办公室
二〇〇五年十一月二十三日

关于南水北调中线京石段应急供水连接段工程建设管理有关问题的批复

（国调办建管［2005］117号）

南水北调中线干线工程建设管理局：

你局《关于京石段应急供水工程（石家庄至北拒马河段）连接段工程建设管理有关问题的请示》（中线局计［2005］39号）收悉。经研究，批复如下：

一、同意由你局委托保定市南水北调工程建设委员会办公室和王快水库管理处组建项目建设管理单位，负责京石段应急供水工程沙河灌渠改造项目的建设管理任务。

二、请你局按照有利于发挥各方面积极性和责权利相统一的原则，与项目建设管理单位签订建设管理委托合同。

三、请你局根据《关于印发〈南水北调工程委托项目管理办法（试行）〉的通知》（国调办建管［2004］79号）精神，加强对沙河灌渠改造项目建设过程的监督管理，确保工程建设的顺利实施。

四、请你局对该段工程建成后的产权归属及运行管理等问题及早进行协调研究，提出你局意见报我办。

此复。

国务院南水北调工程建设委员会办公室
二〇〇五年十二月二十八日

关于南水北调东、中线一期工程控制性文物保护方案的批复

（国调办环移［2005］97号）

南水北调中线干线工程建设管理局、南水北调中线水源有限责任公司，南水北调东线江苏水源有限责任公司、南水北调东线山东干线有限责任公司：

你局（公司）会同相关省市文物部门联合上报的南水北调东、中线一期工程2005年度控制性文物保护方案和投资概算收悉。根据《南水北调工程建设征地补偿和移民安置暂行办法》、南水北调文物保护工作协调小组会议精神、文物专家对控制性文物报告的审查意见（见附件1）和发展改革委核定的概算，经商国家文物局，现批复如下：

一、为了保证南水北调工程的顺利实施，做好工程占地范围内的文物保护工作，妥善衔接文物保护工作周期与工程建设工期，针对工程建设实际，对保护工作量大、保护方案复杂、实施时间较长的控制性文物保护项目，在国家批准南水北调东、中线一期工程各单项工程初步设计之前，先行确定和实施

控制性文物保护项目是十分必要的。控制性文物保护项目是南水北调东、中线一期工程文物保护项目的组成部分，一并纳入工程总体可行性研究报告和投资估算。

二、按照《国家发展改革委关于核定南水北调东、中线一期工程控制性文物保护项目概算的通知》（发改投资［2005］2138号，见附件2)，核定南水北调东、中线一期工程控制性文物保护项目45项，核定总投资5000万元。

北京市7项，核定投资619万元，核定项目为：惠南庄泵站—王庄—杨家庄勘探区88万元、岩上墓葬区207万元、坟庄—六间房遗址82万元、顺承郡王家族墓葬区36万元、皇后台遗址36万元、丁家洼遗址108万元、常乐寺（果各庄）墓葬区62万元。

河北省6项，核定投资1388万元，核定项目为：磁县南营村遗址176万元、磁县北朝墓群599万元、邯郸林村墓群374万元、唐县北放水遗址121万元、易县燕长城遗址92万元、徐水燕长城遗址26万元。

河南省11项，核定投资1440万元，核定项目为：丹江口库区毛坪墓群97万元、平高台遗址133万元、娘娘寨遗址110万元、薛村遗址246万元、陈沟遗址139万元、老道井墓地148万元、刘庄遗址112万元、郭里汉代墓地150万元、关河墓地30万元、黄张遗址88万元、固岸曹魏后赵墓地187万元。

湖北省4项，核定投资520万元，核定项目为：丹江口北泰山庙墓群160万元、丹江口市牛场墓群99万元、郧县青龙泉（梅子园）遗址56万元、郧县老幸福院墓群205万元。

山东省7项，核定投资621万元，核定项目为：程子崖遗址207万元、梁庄墓地42万元、马垓墓地44万元、薛垓墓地94万元、郭楼遗址45万元、小北山墓地63万元、百墓山墓地126万元。

江苏省10项，核定投资412万元，核定项目为：鸭州汉—唐墓地54万元、白马湖一区二窑明代墓5万元、杨庄古生物化石地点13万元、周湾古生物化石地点10万元、板闸古粮仓遗址7万元、淮阴站化石出土地点22万元、楚州元明清墓群29万元、夹沟明清墓群6万元、三垛清代民居建筑群227万元、板闸古税关39万元。

三、根据《南水北调工程建设征地补偿和移民安置暂行办法》，由项目法人根据协议将经费全额支付给相关省市征地移民主管部门，省市征地移民主管部门与省市文物主管部门签订工作协议，由省市文物主管部门按照协议组织实施。

四、文物保护投资是征地补偿和移民安置投资的组成部分，省市征地移民主管部门要严格遵照有关办法和程序，专款专用，加强管理、检查和监督，加强与省市文物主管部门的协调与沟通，及时拨付资金，确保项目顺利实施。

五、省市文物主管部门是实施控制性文物保护项目的责任主体，项目法人和省市征地移民主管部门要积极配合省市文物主管部门，严格按照批复的控制性文物保护项目和建设内容抓紧实施，确保按质按量在规定的期限内完工，为南水北调工程建设创造条件。在控制性文物保护项目实施阶段要及时向有关部门报送统计和财务报表，准确反映项目实施进度。项目完成后按有关规定进行验收。

附件：1. 南水北调工程控制性文物保护项目专家审查会意见

2. 国家发展改革委关于核定南水北调东、中线一期工程控制性文物保护项目概算的通知（发改投资［2005］2138号）（略）

国务院南水北调工程建设委员会办公室

二〇〇五年十一月十日

附件1：

南水北调工程控制性文物保护项目专家审查会意见

5月26日，国务院南水北调工程建设委

员会办公室与国家文物局在北京联合组织召开南水北调工程控制性文物保护项目专家审查会，邀请文物保护、考古、水利等方面的专家对南水北调工程控制性文物保护项目进行了审查。经讨论，形成以下意见：

一、南水北调工程中的文物保护工作意义重大，任务重，时间紧，难度大，因此在总体可研报告批准之前，安排控制性文物保护项目是完全必要的。

二、所审查的地下文物项目49项，地面文物3项，除韩琦墓地、洪泽湖大堤两项外，其余同意列入控制性文物保护项目。

三、由于韩琦墓地涉及情况复杂，洪泽湖大堤需与工程同步进行，建议暂不列入；湖北丹江口库区根据实际情况，建议适当增加年度工作量：北泰山庙墓群、八蜡庙墓群、辽瓦店子遗址，发掘面积均增至4000m^2；江苏省未列勘探面积，应补入。

四、由于南水北调东线工程时间紧迫，建议江苏、山东两省根据实际需要，研究适当增加控制性文物保护项目。

五、鉴于控制性文物保护项目属于应急措施，部门间接费用可暂不计列；建议2005年度控制性文物保护项目经费控制在7500万元左右。

专家签字：小浪底建管局高工 [illegible]

国家文物局考古专家组组长 黄景略

国家文物局考古专家组成员 徐光冀

国家文物局考古专家组成员 叶学明

天津文化遗产保护中心主任 陈雍

中国文物研究所研究员 [illegible]

2005年5月26日

国务院南水北调办公室、公安部关于严厉打击和防范不法分子假借南水北调工程名义进行诈骗活动的通知

（国调办监督［2005］24号）

北京市、天津市、河北省、河南省、湖北省、山东省、江苏省南水北调工程建设委员会办公室（管理局）、公安厅（局）：

南水北调工程是缓解我国北方水资源严重短缺、优化配置水资源的重大战略性基础设施，是党中央、国务院实践“三个代表”重要思想和落实科学发展观的重大举措，是中外历史上最大的水利工程。南水北调工程分东、中、西三条调水路线，工程调水规模448亿m^3，预计建设工期50年，目前正在实施的是东、中线第一期工程。自2002年12月正式开工以来，工程建设进展顺利，并受到社会的广泛关注。

但是，社会上一些不法分子假借南水北调工程名义进行诈骗，极大地损害了南水北调工程的形象，干扰了工程建设的正常进行，也导致一些不明真相的单位和个人受骗上当，给社会稳定带来隐患。这些不法分子采用的主要诈骗手段有：打着受政府委托的名义为南水北调工程建设融资，以此骗取资金；谎称已向南水北调工程投资，可以通过非正常途径获得南水北调工程施工合同，以签订分包合同的形式索取高额保证金，骗取施工单位和个人的钱财；谎称已获得南水北调工程石材或其他建筑材料供应合同，以收抵押金方式租用设备骗取钱财；谎称为南水北调工程建设招工，散发虚假广告，以上岗前培训名义举办培训班骗取钱财。各类诈骗活动主要集中在南水北调工程沿线各省市，目前已经掌握的主要行骗行为多以“北京三农建筑工程有限公司”、“中华民族投资有限公司”、

"中国国际36局"和"中华南水北调投资集团"等名义进行。

为严厉打击不法分子，维护南水北调工程建设良好形象，确保工程建设正常进行，保护广大人民群众的利益不受侵犯，国务院南水北调工程建设委员会办公室与公安部联合就有关问题通知如下：

一、南水北调工程是新世纪党中央、国务院为缓解我国北方水资源供需矛盾，促进经济、社会、环境协调发展而建设的重大战略性工程，社会上一些不法分子假借南水北调工程名义进行的违法犯罪活动，严重扰乱了社会治安，损害了南水北调工程的形象，侵害了人民群众的利益，必须坚决打击。

二、各地南水北调工程建设管理部门、项目法人、建设单位对此类问题要给予高度重视，要针对工程项目建设情况，加强正面宣传，使广大人民群众更便捷、更广泛、更及时地了解工程建设的政策、做法和相关信息。要认真答复有关单位和群众的询问，揭露不法分子的阴谋；要积极配合公安机关调查取证，打击不法分子的诈骗活动。

三、各级公安机关对假借南水北调工程名义进行诈骗的案件要给予高度重视，迅速组织侦破，做好为国家重点项目建设保驾护航的工作。对涉及跨地区的案件，各地公安机关要加强协作配合，积极开展侦查破案工作。

四、各省（市）南水北调工程建设委员会办公室（管理局）、公安厅（局）要及时掌握诈骗分子的动向，互通情况，加强防范，严厉打击；要及时将有关情况汇总上报国务院南水北调工程建设委员会办公室和公安部。

特此通知。

国务院南水北调工程建设委员会办公室
公安部
二〇〇五年四月十四日

沿线各省（直辖市）

北京市南水北调工程建设委员会办公室关于成立南水北调工程北京质量监督站的通知

（京调办［2005］74号）

各相关单位：

根据《关于成立南水北调工程北京质量监督站的批复》(国调办建管函[2005]49号),国务院南水北调工程建设委员会办公室决定设立南水北调工程北京质量监督站,现将有关问题通知如下：

一、北京市南水北调工程建设委员会办公室负责南水北调工程北京质量监督站的日常管理工作。

二、王万鹏同志担任南水北调工程北京质量监督站站长。

三、南水北调工程北京质量监督站具体负责南水北调中线干线北京段委托项目的质量监督工作。

四、南水北调（北京段）工程建设项目法人、项目建设管理、勘测设计、监理、施工、设备供应等单位依照法律法规承担工程质量责任，并接受监督。

特此通知。

附件：国务院南水北调工程建设委员会办公室关于成立南水北调工程北京质量监督站的批复（略）

北京市南水北调工程建设委员会办公室
二〇〇五年六月二十一日

天津市人民政府关于严格控制南水北调工程天津干线征地范围内基本建设和人口增长的通告

（津政发［2005］116号）

南水北调中线工程天津干线已进入初步设计审批阶段，根据国务院南水北调工程建设委员会办公室、国家发展改革委、水利部《关于严格控制南水北调中、东线第一期工程输水干线征地范围内基本建设和人口增长的通知》（国调办环移［2003］7号）精神，现就严格控制南水北调天津干线工程天津段征地范围内基本建设和人口增长等问题通告如下：

一、南水北调天津干线工程天津段起点自我市武清区王庆坨镇西南、津保高速公路东，线路由西向东，穿青北排水干渠、京沪高速公路、津同公路、京福公路过红光养鸡场后向南，在李家房子村穿越子牙河、津浦铁路、西青道至中北工业园西南再向东，终点至曹庄花卉北外环河附近，全长约24km，工程占地约6172亩。线路路径业经市规划行政主管部门批准。

二、受南水北调中线干线工程建设管理局委托，天津市水利勘测设计院已会同沿线各区政府指定的责任单位于2005年6月对天津干线占地范围内实物指标进行了现场调查，各区政府和有关部门对占地实物指标已经确认。调查后新建房屋、新栽树木、新建大棚等设施一律不予认定和赔偿。

三、自本通告发布之日起，沿线各乡镇、村、企事业单位和群众未经允许，严禁在天津干线划定的范围内新建、扩建和改建工程项目，与天津干线交叉的建设项目须经市规划行政主管部门审批，并征得天津市南水北调工程建设委员会办公室同意。未经审批、自行建设的工程项目一律自行拆除，不予赔偿。

四、严格控制沿线人口的自然增长和机械增长。

五、在天津干线建设期间，沿线各区人民政府、市农垦集团及有关部门要积极协助配合工程建设单位做好征地、拆迁、人口安置、文物保护、治安管理等工作，确保工程建设顺利进行。

六、沿线各区人民政府和各有关部门要结合当地实际，发布公告或利用各种媒体，将本通告精神传达到天津干线涉及范围的乡镇、村、企事业单位和人民群众。

天津市人民政府

二〇〇五年十二月三十日

江苏省人民政府关于南水北调东线工程江苏段控制单元治污实施方案的批复

（苏政复［2005］28号）

省发展改革委、环保厅、水利厅、建设厅、省南水北调办公室：

你们《关于报批〈南水北调东线工程江苏段控制单元治污实施方案〉的请示》（苏发改区域发［2005］338号）收悉。经研究，现批复如下：

一、根据国家发展改革委审核意见，《南水北调东线工程江苏段控制单元治污实施方案》基本符合南水北调东线治污总体规划要求，技术方案基本可行，能够满足污染治理和区域经济发展的需要，省人民政府原则同意此实施方案。

二、按照2007年底江苏境内南水北调东线工程沿线地区及出省水质持续稳定达到地表三类水质的要求，要重点抓好工程项目的开工和在建项目的推进。请你们会同工程沿线地区市、县人民政府和省有关部门，按照统筹规划、突出重点、分类指导、注重实效的原则，认真组织实施。

三、在截污导流项目中，对徐州市尾水输送工程要进一步组织建设方案论证，在充分比选的基础上，提出技术可行、投资合理的方案，并由项目法人单位组织编制单项可研。淮河入海水道和新沂河入海口滩涂湿地生态处理工程已纳入《淮河流域水污染防治“十五”计划》，要抓紧开展项目前期工作，按照计划目标组织实施。

四、南水北调东线工程江苏段控制单元治污工程建设资金，以地方自筹为主，并通过推行项目市场化运作进行筹集。工业点源治理项目，按照“谁污染、谁治理、污染者付费”的原则，由企业自筹解决。城市污水处理项目，要坚持厂网配套、管网先行，落实产业化运作各项措施，完善污水处理收费政策。省有关部门要按照国家政策规定，积极帮助争取并落实国家补助资金和南水北调工程治污基金，支持各地的控制单元治污工程建设。对截污导流工程超过原规划的投资，应根据治污目标任务，在项目可研阶段明确投资来源，由用于治污的南水北调工程基金、银行贷款和地方自筹资金合理分担。

五、我省是南水北调东线工程源头地区，实施并完成江苏段控制单元治污工程，对于确保输水干线水质达标起着决定性的作用。省有关部门要按照各自的职责分工，各负其责，团结治污，认真做好控制单元治污工程建设的组织实施、指导帮助和督促检查工作，确保按期完成项目建设任务，为全国南水北调大局作出应有的贡献，并切实推动我省工程沿线地区的环境保护和生态建设。

江苏省人民政府

二〇〇五年四月二十八日

山东省人民政府办公厅关于明确南水北调征地补偿和移民安置组织实施工作机构的复函

（鲁政办字［2005］3号）

国务院南水北调工程建设委员会办公室：

贵办《关于商请明确南水北调征地补偿和移民安置组织实施工作机构的函》（综环移函［2004］129号）收悉，经研究，函复如下：

根据国务院南水北调工程建设委员会的要求和省政府规定的山东省南水北调工程建设管理局的职责，确定“山东省南水北调工程建设管理局”为山东省南水北调征地补偿和移民安置组织实施工作机构，代山东省人民政府行使山东省南水北调工程征地补偿和移民安置组织实施工作。

山东省人民政府办公厅

二〇〇五年一月十日

山东省人民政府关于报送南水北调东线工程山东段治污工作情况的函

（鲁政字［2005］251号）

国务院南水北调工程建设委员会：

接到贵委《关于印发〈2005年南水北调东线工程阶段性治污工作目标责任考核工作方案〉的函》（综环移函［2005］127号）后，我省高度重视，立即组织有关部门按照要求进行了自查。现将南水北调东线工程山东段治污工作情况函告如下：

山东省委、省政府按照党中央、国务院和国务院南水北调工程建设委员会的总体部署和要求，把调水沿线山东段治污作为构建和谐山东的关键环节和重要的政治任务，从大局出发，全省动员，扎实工作，认真落实国务院颁布实施的《南水北调东线工程治污规划》和国务院南水北调工程建设委员会办公室与省政府签订的《山东省南水北调治污工作目标责任书》，一个流域一个流域地抓，一条河流一条河流地治，主要开展了以下工作：

一、建立治污工作机制。全省各地建立了以污染责任单位为主体，党委领导、人大监督、政府负责、环保监管、部门配合、公众参与、舆论监督的工作机制。省及调水沿线各市政府成立了南水北调治污工作领导小组，统一指挥、协调治污。省政府与有关市签订了治污目标责任书，全面落实沿线各级政府治污责任。对有关市、县、企业实行严格的考核，每月定期公布调水沿线重点河流出入境断面水质和治污项目进度，督促各市治污工作。省政府每年开展“整治违法排污保障群众健康”环保专项行动，对违法企业严肃查处，对各级相关责任人给予行政处分。各级人大每年组织环境执法检查。

二、进一步健全法规规章。省委、省政府发布了《关于加快生态省建设的意见》和《关于加强水污染防治的决定》，省人大颁布实施了《山东省南四湖水污染防治条例》和《山东省沂沭河水污染防治办法》，省政府下发了《山东生态省建设规划纲要》，颁布实施了《山东省党政领导干部环保工作实绩考核办法》、《山东省环境污染行政责任追究办法》、《山东省行政辖区跨界断面水质目标考核奖惩办法》和《山东省发布城市环境风险警示办法（试行）》，编制实施了《南水北调东线工程山东段水污染防治总体规划》，开展了小流域污染综合治理。

三、价格政策逐步到位。在治污资金严重短缺的情况下，山东不等不靠，采取积极的政策措施推动项目进展。企业自筹资金建设治污设施。省财政及济宁市政府筹措资金启动人工湿地建设。省财政拿出资金对几批实施工业结构调整关闭草浆、酒精生产线的企业予以补助。加快污水处理费调整步伐，所有设区市污水处理费标准已于2004年底提高至0.8元/t左右，为保障污水处理厂正常运转、推动建设和运营走上市场化道路奠定了基础。利用价格政策鼓励使用中水，省政府先后出台了《山东省水资源费征收使用管理办法》和《山东省节约用水办法》，实行超定额用水加价制度。

四、实施“治用保”并举的小流域污染控制。针对山东实际，确定了南水北调沿线治污总体思路，即从调水沿线每一条汇水河流入手，按照目标、总量、项目、投资四位一体的小流域控制思路，实施“治用保”并举策略，综合运用经济、法律、科技和必要的行政手段，注重发挥市场机制、宏观管理机制和公众参与机制的作用，全面推进流域内经济结构调整、城市环境基础设施建设、清洁生产、污染治理、污水资源化、生态保护和建设等各项工作。加快中水截蓄导用工程（截污导流工程）建设，在薛城大沙河上建设了三级拦蓄、净化工程，逐级降解污染，COD浓度由上游的62mg/L下降到28mg/L，每年可回灌地下水1000多万m^3、扩大灌溉面积16万亩。山东省污染控制单元确定的22个中水截蓄导用工程（截污导流工程），目前已全部纳入东线总体可研报告中，4个率先实施的单项工程可研报告已上报水利部审查。积极开展湿地修复和保护，2003年以来，开展了南四湖人工湿地中试基地和试验工程建设，对主要污染物的降解能力可达50%左右。2005年又开工建设3000亩人工湿地水质净化示范工程，已着手制定退耕还湿补贴政策，组织沿南四湖、东平湖各县（市、区）开展人工湿地试点工作，2006年计划扩大到3万亩，“十一五”期间基本完成30万亩湖区人工湿地建设工程。

五、结构性污染治理取得重要进展。山东的污染特点是结构性污染严重，解决的根本出路在于产业结构战略性调整。以调水沿线为重点，在“九五”期间关停万吨以下造纸企业的基础上，2001年对所有2万t及以下61家造纸企业的草浆生产线实施关闭，其中调水沿线40家。到2004年又关闭了8家5万t以下造纸企业草浆生产线和所有5000t及以下酒精生产线。城郭河原来是调水沿线污染最重的河流之一，2004年COD浓度最高达240mg/L，2005年6月底，关停了上游华闻纸业草浆生产线，近3个月河流COD浓度保持在40mg/L以内。坚持分类指导、稳妥推进，整个关闭工作始终平稳有序。2005年底前还将关闭调水沿线黄河以南段28家造纸、酒精、淀粉企业（生产线）。适应市场经济要求，颁布实施了造纸、纺织染整、畜禽养殖、生活垃圾填埋水污染物、水泥等5个分阶段逐步加严的地方污染物排放标准，引导企业自觉解决结构性污染问题。与2000年相比，2004年全省造纸企业COD排放量下降了46.5%，但产量、销售收入和利税却分别增长了110.5%、835.6%和428.6%，实现了经济和环保的"双赢"。

六、城市环境基础设施建设步伐加快。按照"理顺价格，配套管网，市场运作，强化监管"的思路，不断加快环境基础设施建设。目前调水沿线已建成28座城市污水处理厂，处理能力188万t/日。其中，"十五"以来投资25.2亿元，新建19座，增加处理能力132万t/日。目前还有21座在建，力争2006年底完成，新增处理能力85万t/日。沿线建成垃圾处理厂2座，处理能力1100t/日。到2007年底前，调水干线20km内的市、县（市、区）都将建设一座符合标准的垃圾处理厂。省建设厅、监察厅坚持一月一检查、一调度、一通报，调水沿线已建成的污水处理厂中，有10座满负荷运转率达到了75%，其余的都达到了50%以上。

七、开展农业面源污染防治。实施了"两减三保"（减少农药、减少化肥，保产量、保质量、保环境）计划，按照"优化结构、减少总量"的原则，在调水汇水区划定农药化肥禁施、限施区。2005年省财政安排专项资金，2006年将进一步加大投入，力争用3年时间，投入1.2亿元，实现调水沿线农药施用量减少40%、化肥施用量减少30%的目标。沿线各市着手建设了畜禽养殖污染治理示范工程，已建成的规模化畜禽养殖场争取在2006年底前全部实现畜禽粪便资源化、无害化处理。

八、强化环境执法监管。以影响生产生活、群众反映强烈的环境问题为重点，以"整治违法排污保障群众健康"环保专项行动为抓手，连续4年开展了环保执法检查。2004年全省共出动8.23万人次，检查企业4.86万次，立案查处了1363起环境违法案件，按照《山东省环境污染行政责任追究办法》，对15名分管副县长、乡镇领导和县环保局长以及48名企业负责人给予党纪政纪处分。2005年以来，以调水沿线为重点，连续开展了3次环保突击暗查。省人大、省政府负责同志带队夜查，深入一线，共检查排污单位543家（次），责令65家违法企业停产整顿或限期治理，对9名干部和25名企业负责人给予了党纪政纪处分。

虽然南水北调东线山东段治污工作取得了一定进展，但我们清醒地认识到，调水沿线山东段水污染防治任务仍很艰巨。一是水环境质量与国家治污要求还有较大差距。2005年1~9月份，在考核的24个控制断面中，仅有3个达到东线治污规划水质要求。二是治污项目建设进度有较大差距。国家南水北调治污规划确定我省投资86.8亿元建设的217个治污项目，到目前已完成投资17.3亿元，完成率19.9%；建成项目66个，在建113个，共占82.5%；仍有38个尚未开工，占17.5%。

下一步，我们将切实加快治污项目建设，强化检查调度和资金筹措，逐一落实项目目标、责任、进度和期限；进一步加强城市生活污染治理，深化公用事业管理体制改革；落实最严格规范的污染物容量总量控制制度，发布实施山东省南水北调水污染物排放标准；以行政辖区废水资源化作为重点，层层制定并坚决实施废水减排、限排和禁排规划，逐步实现行政辖区内部水资源的充分循环；积极开展环境优美乡镇、生态县（市）等创建活动，广泛开展国土绿化和山体保护与恢复，把调水沿线两岸建成绿色长廊；深入开展环保执法专项行动，不断强化环境监管，坚决按照党中央、国务院的总体部署，努力完成治污任务，将调水干线建成清水廊道。

九、我省的几点建议

（一）按照国家统一部署，我省在国家《南水北调东线工程治污规划》的基础上编制上报了共27个单元、投资86.8亿元的《控制单元治污方案》。为确保调水水质，我省还规划增加了部分削减氮磷污染、中水截蓄导等项目，总投资24亿元，按照国家有关部委要求，列为专项上报，恳请予以审批增补。

（二）为加大治污资金筹措力度，建议国家将我省缴纳的三峡建设基金转作南水北调地方治污资金，由省统一集中使用。

附件：山东省列入《南水北调东线工程治污规划》项目进展汇总表

山东省人民政府

二〇〇五年十一月十四日

附件：

山东省列入国家《南水北调东线工程治污规划》项目进展汇总表

分项指数	城镇污水集中处理及回用	工业点源综合治理					截污导流	区（流）综合整治工程	合计
		结构调整	截污回用	清洁生产	再提高	小计			
项目总数（个）	52	33	21	37	52	143	18	4	217
已建成（个）	10	33	7	5	11	56	0	0	66
在建（个）	22	0	14	32	41	87	0	4	113
未建（个）	20	0	0	0	0	0	18	0	38
建成率	19.2%	100.0%	33.3%	13.5%	21.2%	39.2%	0.0%	0.0%	30.4%
未建率	38.5%	0.0%	0.0%	0.0%	0.0%	0.0%	100.0%	0.0%	17.5%
计划投资（万元）	576300	41100	5865.5	23200	33299	103464.5	147510	41100	868374.5
已完成投资（万元）	111968	30240	3678.5	2595.3	11732	48245.4	0	12500	172713.4
已完成国家投资（万元）	34770	0	0	0	0	0	0	0	34770
已完成地方投资（万元）	77198	30240	3678.5	2595.3	11732	48245.4	0	12500	137943.4
计划投资完成率	19.4%	73.6%	62.7%	11.2%	35.2%	46.6%	0.0%	30.4%	19.9%

河南省关于切实做好南水北调工程（河南段）建设用地的通知

（豫国土资发［2005］98号）

南水北调工程（河南段）沿线市、县（区）国土资源局、南水北调工程建设办事机构、移民办，南水北调工程各项目法人（筹备机构）：

为保障南水北调工程建设用地，确保工程建设顺利进行，国土资源部和国务院南水北调工程建设委员会办公室联合下发了《关于南水北调工程建设用地有关问题的通知》（以下简称《通知》），现转发给你们，并结合河南实际，提出以下贯彻意见，请一并遵照执行。

一、提高认识，加强领导

建设南水北调工程是党中央、国务院根据我国经济社会发展的需要，为推动经济结构的战略性调整，解决我国北方地区水资源严重短缺问题，改善生态环境和工农业生产条件，提高人民生活水平做出的重大决策。省委、省政府对南水北调工程（河南段）建设非常重视，将其列入河南省重点建设项目，要求各级政府和有关部门从大局出发，积极做好协调服务工作，创造良好的建设环境，确保南水北调工程（河南段）建设顺利进行。工程沿线各级国土资源部门和移民主管部门要充分认识南水北调工程建设的重大意义，在政府的统一领导下，各尽其职，密切协作，为工程建设提供优质高效的服务，确保南水北调工程（河南段）顺利实施。

二、关于建设项目用地预审的意见

南水北调工程用地预审意见由国土资源部出具。在总体可行性研究报告审批之前需要开工的单项工程，其项目法人可分别向国土资源部申请用地预审。

三、关于永久性用地申报的意见

南水北调工程各单项工程建设用地按照《通知》要求组织报批，其农用地转用计划指标由国土资源部直接配给。确需占用基本农田的，按有关规定补划相同数量的基本农田，并保证当地基本农田面积不减少、质量不降低，市、县国土资源部门编制的土地利用总体规划调整方案随其建设用地报批材料一同报批。

移民安置用地由移民部门按照移民规划进度安排，在移民搬迁前6个月向有关市、县国土资源部门分批次提出用地申请，纳入城市或村庄、集镇建设用地，依法报有批准权一级人民政府批准。

四、关于建设用地报批材料的意见

南水北调工程各单项工程可行性研究报告批复文件、初步设计批复文件、建设项目用地预审意见、压占矿产资源审核意见、地质灾害危险性评估、使用林地审核同意书等共性用地报批材料，由各项目法人直接提供4套给省国土资源厅，省国土资源厅负责统一汇总整理；工程建设所在地市、县国土资源部门负责拟订、编绘并整理用地呈报材料“一书四方案”、报批所需图件等基础性材料，报批材料为4套文字材料、3套图件材料，有关电子数据随报批材料一同报省国土资源厅。

移民安置用地报批材料为2套文字材料、2套图件材料，文字材料包括移民安置规划。

五、关于控制工期的单体工程先行用地的意见

控制工期的单体工程先行用地要在查清所需使用土地的权属、地类、面积，兑现被用地单位群众的地上附着物和青苗补偿，妥善处理好先行用地有关问题的前提下，按照《通知》要求办理。

六、关于征地补偿安置的意见

我省将按照《通知》的有关规定，制定南水北调工程征地及使用国有土地补偿兑付办法。

七、关于耕地占补平衡的意见

严格按照《通知》要求执行。

八、关于临时用地的意见

临时用地的补偿标准按照国务院南水北调工程建设委员会确定的标准执行。

临时用地手续由各项目法人（或其委托的单位）根据工程进度，在临时用地前1个月向当地县（市、区）国土资源部门申请，国土资源部门要简化程序，特事特办，尽快审批，原则上在5个工作日内批准。批准使用集体土地的应由项目法人（或其委托的单位）与农村集体经济组织签订临时用地合同，支付相关补偿费后方可施工；使用国有土地的应由项目法人（或其委托的单位）与当地国土资源部门签订临时用地合同。

临时用地使用期满后，项目法人要按照国家和省有关复垦规定及施工规范负责复垦，并由当地县（市、区）国土资源部门验收，省国土资源厅进行抽查；没有条件复垦或者复垦不符合要求的，项目法人应缴纳土地复垦费，由当地人民政府组织复垦；确实无法复垦的，由项目法人依法办理农用地转用、土地征收手续，交由当地人民政府合理安排使用。

九、关于有关部门工作配合的意见

为保障南水北调工程（河南段）依法、规范、及时用地，决定成立“河南省南水北调工程用地协调小组”，组成单位和人员名单见附件。下设办公室，具体负责日常协调工作，重大问题由协调小组研究决定。用地涉及的各市相关部门也应成立相应的用地协调机构，加强组织领导和工作配合。

国土资源部门开展工作所需经费应予以保证，由省国土资源厅统一与有关单位协商落实，以签订合同协议的形式明确责任、任务。

附件：1. 河南省南水北调工程用地协调小组名单

2. 国土资源部、国务院南水北调工程建设委员会办公室《关于南水北调工程建设用地有关问题的通知》（国土资发［2005］110号）（略）

河南省国土资源厅

河南省南水北调中线工程建设领导小组办公室

河南省人民政府移民工作领导小组办公室

二〇〇五年八月五日

附件 1：

河南省南水北调工程用地协调小组名单

组　长：唐全国（省国土资源厅副厅长）
刘正才（省南水北调办副主任）
王长春（省移民办副主任）

副组长：吴洪杰（省国土资源厅用地审批处处长）
王家永（省南水北调办环境移民处处长）
万汴京（省移民办规划计划处处长）

成　员：高　锋（省国土资源厅用地审批处副处长）
雷子平（省国土资源厅耕地保护处副处长）
李晓燕（省国土资源厅土地利用处副处长）
高　岚（省国土资源厅地籍处副处长）
李树英（省国土资源厅规划处助理调研员）
薄志新（省征地储备中心主任）
刘亚琪（省南水北调办环境移民处副处长）
张西辰（省移民办规划计划处副处长）
王　军（郑州市国土资源局副局长）
刘玉钊（郑州市南水北调办副主任、郑州市移民局副局长）
王建民（平顶山市国土资源局副局长）
曹宝柱（平顶山市南水北调办副主任）
王海超（平顶山市移民办副主任）
田树林（安阳市国土资源局副局长）
李凤山（安阳市南水北调办副主任）
石进武（鹤壁市国土资源局副局长）
李江书（鹤壁市南水北调办主任）
李世成（新乡市国土资源局副局长）
郭树东（新乡市南水北调办主任）
孟书文（新乡市移民办副主任）
李金旺（焦作市国土资源局副局长）
段承欣（焦作市南水北调办主任）
李遂江（许昌市国土资源局副局长）

刘宏恩（许昌市南水北调办副主任）
刘庚寅（漯河市国土资源局局长）
陈祥安（漯河市水利局副局长）
刘佳勤（南阳市国土资源局副局长）
齐声波（南阳市南水北调办副主任）
陈杰森（南阳市移民局副局长）
办公室　主任：吴洪杰（兼）
办公室副主任：高　锋（兼）
张西辰（兼）
余纪云　刘亚琪（兼）
办公室　成员：梁大庆　乔小雨

湖北省人民政府办公厅关于南水北调汉江中下游治理工程项目法人有关问题的批复

（鄂政办函［2005］126号）

省南水北调工程建设管理局：

你局《关于要求由省南水北调工程建设管理局担任汉江中下游治理工程项目法人的请示》（鄂调水局［2005］24号）收悉。经省人民政府研究，批复如下：

一、同意由省南水北调工程建设管理局担任汉江中下游引江济汉、兴隆枢纽、部分闸站改造和局部航道整治等四项治理工程项目法人。

二、省南水北调工程建设管理局作为汉江中下游治理工程项目建设的责任主体，对项目建设的工程质量、工程进度、资金管理和生产安全负总责。项目法人在建设阶段的主要职责是：按照工程建设程序和批准的建设规模、内容、标准组织工程建设；根据工程建设需要招标选择或组建工程项目建设管理单位，或委托地方建设管理机构从事主体工程建设管理，并监督检查其建设管理行为；负责办理工程质量监督和工程开工报告报批手续；负责与工程所在地人民政府及有关部门协调解决征地移民、房屋拆迁、挖压占补偿、施工治安环境等外部条件；依法对工程项目的建设管理、勘测设计、监理、施工和材料及设备等组织招标，签订有关合同，实行合同管理并认真履行合同责任和义务；组织编制、审核、上报项目年度建设计划，落实工程建设资金，严格按照概算控制工程投资，管好、用好建设资金并按照合同及时支付工程款；负责工程建设质量管理和安全生产工作；负责工程进度和工程建设信息管理工作；组织制订、上报在建工程安全度汛方案，并对在建工程安全度汛负责；负责组织编制竣工决算；负责工程档案资料的管理，包括对各参建单位所形成档案资料的收集、整理、归档工作进行监督、检查；按照有关验收规程负责组织或参与验收工作；负责突发事件预警方案的制定和预警机制的建设。

三、四项治理工程中，引江济汉和兴隆枢纽两项工程实行法人自建制；部分闸站改造和局部航道整治项目根据工程的进展情况，实行委托制或代建制。

四、省南水北调工程建设管理局法人代表为吴克刚，技术负责人为周汉奎。

湖北省人民政府
二〇〇五年十一月十六日

叁 综合管理

GENERAL MANAGEMENT

综　　述

工程总体进展

2005年，是南水北调东、中线干线工程全面开工建设的重要一年，也是“十五”时期的最后一年。在党中央、国务院的亲切关怀和国务院南水北调工程建设委员会的正确领导之下，在国务院各有关部门和地方政府的大力支持下，南水北调工程建设以认真贯彻和落实党的十六大和十六届三中、四中、五中全会精神，认真贯彻落实中央经济工作会议精神，以开展保持共产党员先进性教育活动为契机，全面贯彻落实国务院南水北调工程建设委员会两次全会精神，牢固树立和认真落实科学发展观，扎实工作、团结奋斗，南水北调各项工作都有了明显的进展。

在2005年中，国务院温家宝总理，曾培炎、回良玉副总理多次对南水北调工作作出重要批示，听取南水北调工程建设情况的汇报，及时研究解决工作中的问题。曾培炎副总理赴南水北调东线考察调研，有力地推动了南水北调工程建设的进展。

（一）组织机构全部到位并开始履行职责，建管模式已经确立，建管体系基本形成

2005年，以《南水北调工程建设管理的若干意见》（以下简称《若干意见》）为总体框架的、适合南水北调工程建设管理的新体制和新机制基本形成，沿线各省（直辖市）领导机构及其办事机构、国务院南水北调工程专家委员会、五个项目法人单位已组建到位，并开始全面履行工作职责。项目法人主导，直接管理与委托相结合，大力推进代建制管理的建设管理新模式，在工程实践中逐步被接纳并逐步显现出优势和活力。《南水北调工程建设管理的若干意见》、《南水北调工程基金筹集和使用管理办法》、《南水北调工程建设征地补偿和移民安置暂行办法》等一系列关于建设管理、资金管理、征地移民管理的规章制度已经国务院同意颁布实施。在《若干意见》印发实施基础上，还相继出台了《南水北调工程质量监督管理办法》、《南水北调工程建设稽察办法》、《南水北调工程委托项目管理办法》、《南水北调工程代建项目管理办法》、《南水北调工程评标专家和评标专家库管理办法》等配套规章制度和办法。

（二）前期工作取得新进展

根据国务院南水北调工程建设委员会第二次全会有关前期工作职能调整的决议，国务院南水北调办与水利部建立了有效的协调机制，协商落实了初步设计委托审查单位并签订了协议，各项目法人也积极组织开展初步设计工作。截至年底，东、中线工程项目建议书已经发改委批复，中线总体可研已报国家发展改革委，东线总体可研正由水利部组织审查；建委会第二次会议确定的7个续建项目已全部开工建设，4个2005年拟新开工项目有三项可研报告已报国家发展改革委，其中中线黄河北至漳河项目已经批复；初步设计工作已按建委会决定移交项目法人负责，各单项工程初步设计正抓紧进行。丹江口库区移民规划已编制完成并纳入中线总体可研。小浪底向北京供水应急工程方案专题已经完成。东线治污，山东、江苏两省治污控制单元实施方案已通过国家发展改革委组织的专家审查，截污导流部分单项工程可研报告已报水利部备审。

（三）控制工程相继开工建设，东、中线一期工程开始形成全面开工局面，在建工程进展顺利

在2004年工程建设的基础上，中线控制

性工程丹江口大坝加高和穿黄工程于9月份开工建设；东线工程苏鲁边界刘山、解台、台儿庄、蔺家坝等一批泵站项目开工建设。作为应急向北京供水的中线京石段工程河北境内漕河、古运河等一大批跨河枢纽，北京境内惠南庄泵站和西四环暗涵工程已经开工建设。

东线江苏三阳河、潼河、宝应站工程及山东济平干渠工程已竣工并单独发挥效益。中线北京永定河倒虹吸、河北滹沱河倒虹吸工程已完成计划过半，唐河倒虹吸及釜山隧洞等工程进展顺利。

至此，南水北调开工建设的项目总规模已达300亿元。2005年度实际完成投资18.3亿元。已开工建设项目管理规范，质量良好，投资控制有序，进度满足要求。

（四）征地移民工作稳步推进

2005年1月，经国务院同意，国务院南水北调工程建设委员会印发《南水北调工程征地补偿和移民安置管理办法》，明确了征地移民工作的机制和原则。据此，国务院南水北调办先后与7省市政府签订了征地移民工作责任书，项目法人与开工项目的征地移民机构签订了工作协议或形成了会议纪要。东、中线一期工程用地预审已经国土资源部批准。

在地方各级政府和征地移民机构的努力下，东、中线完成永久征地3万亩，搬迁1万多人，安置被征地农民近2万人，新开工项目征地移民工作基本顺利，总体工作进展良好。

（五）东线治污、中线水源地保护工作有新起色

根据《南水北调东线工程治污规划实施意见》，国务院南水北调办与环保总局、建设部等部门建立了东线治污协调监督检查机制，加大了对东线治污工作的监督、检查力度。

东线：江苏、山东两省普遍提高了污水处理的收费标准，加大了对违法排污企业的查处。目前，《南水北调东线治污规划》中明确的260项工程，结合淮河水污染治理规划的实施，已有83项建成投产，占31.9%；130项在建，占50%；47项正在加强前期工作，占18.1%。工业结构调整已基本完成。22项截污导流工程中，江苏3项、山东4项的可研报告已经完成，正在审批。由于两省政府采取了一系列有力措施，加上近年来自然降雨丰沛的因素，东线水质黄河以南26个断面中，Ⅲ类水断面占42%，Ⅳ类或Ⅴ类水断面占46%，劣Ⅴ类水断面12%，比去年同期有明显好转。

中线：《丹江口库区及上游水污染防治及水土保持规划》在国务院领导听取专题汇报后，有关部门已修改完成，并开始研究《规划》批复后的实施意见。同时，国务院南水北调办进一步协调有关部门加强黄姜加工、清洁生产、产业结构调整及末端水治理的有关工作。

（六）文物保护工作进入正常轨道

建委会第二次会议后，成立了以国家文物局为组长的协调机构。文物保护专题报告已经编制完成经专家审查并纳入了东、中线一期工程总体可研。在总体可研批复前，2005年已预安排资金5000万元，对6省45处文物提前进行保护发掘。

（七）建立协调机制，规章制度不断完善

为推动南水北调各项工作的顺利进行，国务院南水北调办与水利部等部门，建立了前期工作协调机制；与国土资源部建立了征地协调机制；与国家文物局等部门建立了南水北调文物保护协调机制；与环保总局、建设部等部门建立了东线治污协调监督机制。南水北调办与有关部门多次召开了双边或多边协调会议，及时协商解决工程建设中的有关问题，同时还加大了与调水沿线有关省市的协调。

在2005年中，南水北调工程建设虽然取得了较大的进展，但与南水北调工程建设委员会提出的建设目标相比还存在一定的差距，工程建设仍然面临着严峻的挑战，主要表现为：一是前期工作的进度与质量不能满足工程开工建设的要求，制约了工程建设的进度；二是东线治污工作总体滞后，截污导流工程进展缓慢，实现Ⅲ类水质目标任务艰巨；三是南水北调工程对工程质量、安全、资金管理都提出了更高的要求，与传统观念及经济体制改革要求不可避免地发生了碰撞。这些都需要在今后的工作不断克服困难、提高工程建设与管理水平，保证工程建设的顺利进展。

（朱　涛）

先期开工建设项目前期工作进展

根据国务院南水北调工程建设委员会第二次全会的决定，在东、中线整体可行性研究报告批复前，安排部分单项工程先期开工建设。截止到2005年底工作进展情况如下：

（1）单项工程可行性研究报告及其审批情况。到2005年底，国家发展改革委批复了下列单项工程的可行性研究报告，分别是：东线的骆马湖以南段2003年度工程，江苏骆马湖至南四湖段工程，韩庄运河段工程，南四湖水资源控制和水质监测工程，骆马湖水资源控制工程，东线穿黄工程，中线丹江口大坝加高工程，中线穿黄工程，京石段应急供水工程，黄河北至漳河南段工程；2个单项工程的可行性研究报告待批，分别是：东线南四湖至东平湖段工程，中线的漳河北至石家庄段工程。

（2）初步设计进展情况。上述11个单项工程共分29个项目开展初步设计，到2005年底，已批复的初步设计有21项；已完成概算复核待批复初步设计的1项；已报国家发展改革委待投资复核的初步设计1项；其他6项初步设计，有1项可行性研究报告已批，待复核投资后批复；有1项已由水利部组织审查待可行性研究报告批复或待修改完善后即可报国家发展改革委进行投资复核，4项已基本完成初步设计，待可行性研究报告批复后，即可根据可行性研究报告批复意见修改完善，进行审查后报国家发展改革委进行投资复核。

（3）已批复的初步设计项目。东线的骆马湖以南段2003年度工程，刘山泵站，解台泵站，蔺家坝泵站，韩庄、万年闸泵站，台儿庄泵站，姚楼河闸、杨官屯河闸，二级坝泵站；中线的丹江口大坝加高工程，穿黄工程以及京石段应急供水11个单项工程。

（4）已完成概算复核待批复初步设计项目。南四湖水质监测和骆马湖水资源控制工程，未批初步设计的原因主要是工程建设管理的主体尚未确定。

（5）已报国家发展改革委待投资复核的初步设计项目。中线黄河北—漳河南安阳段工程。

（6）待报国家发展改革委复核投资后批复初步设计的。东线穿黄工程。

（7）已由水利部组织审查，待可行性研究报告批复及修改完善后，即可报国家发展改革委进行投资复核项目。东线大沙河闸和潘庄引河闸。

（8）已基本完成初步设计，待可行性研究报告批复后，即可根据可行性研究报告批复意见修改完善，需审查后报国家发展改革委进行投资复核的项目。东线南四湖至东平湖段工程；中线黄河北至漳河南段其他工程，邢台至石家庄段工程，邯郸至邢台段工程。

（杨占军）

技术审查

为做好南水北调工程技术审查工作，保证前期工作的质量和进度，针对南水北调工程前期工作时间紧、任务重、难度大、要求高的形势，水利部水利水电规划设计总院加强与国务院南水北调办、水利部有关司局的沟通，积极协调各方面的关系，建立和完善内部工作制度，保证各项工作按计划进行。明确了由主管副院长负责的东线、中线审查工作的领导负责制；成立了由各专业资深专家和有关部门、有关单位的知名专家组成的中线、东线两个审查专家组；派专人催报设计文件，跟踪设计工作进展；进行设计督查，建立审查意见文件督办制度，专门编写南水北调工程项目审查简报。通过精心的组织和安排，从技术审查层面严把前期工作质量，2005年水利部水利水电规划设计总院共完成南水北调工程项目审查103项。

水利部水利水电规划设计总院在南水北调工程技术审查中更加重视征地移民、环境保护和水土保持设计等专业的审查，严格执行工程环境影响、水土保持报告书与主体工程报告同时上报、同步审查的要求，使水利工程建设可能带来的生态和移民问题在前期工作阶段就得到应有的重视。

（宋树芳）

投资计划管理

概　　述

2005年是南水北调东、中线一期工程建设重要的一年。截至2005年底，南水北调东、中线一期工程项目建议书已经国家发展改革委批复；东、中线一期工程可行性研究报告已由水利部组织了技术审查，其中中线一期工程可行性研究报告已报国家发展改革委；国务院南水北调工程建设委员会第二次全体会议确定的2005年汛前开工建设的13项单项工程除3项（东线一期穿黄河工程、南四湖至东平湖段工程、中线一期漳河北至石家庄段工程）可行性研究报告待国家发展改革委批复外，其余10项单项工程可行性研究报告已全部批复，批复总投资446亿元；已批复初步设计报告的设计单元工程有23项，批复概算总投资285亿元。

截至2005年底，南水北调工程已下达投资计划的单项工程9项，分别为东线三阳河潼河宝应站工程、山东济平干渠工程、江苏骆马湖至南四湖段工程、山东韩庄运河段工程、长江至骆马湖段2003年度工程、南四湖水资源控制和水质监测及骆马湖水资源控制工程，中线京石段应急供水工程、穿黄工程、丹江口大坝加高工程。其中8项单项工程（共含23个设计单元工程）中的16个设计单元工程已开工建设。这8项单项工程总投资规模达279亿元，已开工建设的16个设计单元工程总投资为132亿元，其中2005年新开工设计单元工程7项。

2002～2005年南水北调工程共安排投资计划123.8亿元，其中中央预算内资金95亿元，基金8.1亿元，贷款20.7亿元。安排东线一期工程30.3亿元，其中中央预算内资金18.3亿元，基金8.1亿元，贷款3.9亿元；中线一期工程91.5亿元，其中中央预算内资金74.7亿元，贷款16.8亿元。截至2005年底累计完成投资39亿元，累计完成土石方6116万m^3，累计完成混凝土浇筑101万m^3。2005年南水北调工程共安排投资计划62.1亿元（包括初步设计工作投资），全年完成投资18.3亿元。

（周曰农）

前　期　工　作

贯彻落实国务院南水北调工程建设委员会第二次全体会议关于“在南水北调工程项目法人组建后，工程项目初步设计的组织工作逐步移交项目法人负责。在国务院批准南水北调东、中线一期工程可行性研究报告后，单项工程初步设计的审批工作，交由南水北调办承办”的精神，有关方面积极协调指导项目法人组织开展初步设计工作。安排下达了2亿元初步设计工作投资，促进初步设计招投标工作，研究制定了初步设计及审查审批工作组织管理方案、初步设计管理办法和初步设计工作投资计划管理办法，落实组织管理机构，初步设计的组织管理工作稳步进行。

2005年5月和10月，国家发展改革委分别以发改农经［2005］922号和发改农经［2005］2108号文批复了南水北调中线和东线一期工程项目建议书。9月和11月，中线和东线一期工程可行性研究总报告分别通过了水利部水利水电规划设计总院的技术审查。12月，水利部将中线一期工程可行性研究总报告报送国家发展改革委。

截至2005年底，国务院南水北调工程建设委员会第二次全体会议确定的2005年汛前13项开工项目除3项（东线穿黄工程、南四湖至东平湖段工程、中线漳河北至古运河段工程）可行性研究报告待国家发展改革委批复外，其余10项单项工程可行性研究报告已全部批复；已批复初步设计报告的东、中线一期工程设计单元项目有23项。南水北调工程项目前期工作批复情况见表1。

表1　南水北调工程项目前期工作批复情况表

万元

可行性研究				初步设计				备注
序号	报告名称	批复投资	批准文号	序号	报告名称	批复投资	批准文号	
	东线一期工程	559772			东线一期工程	488207		
1	东线三阳河、潼河、宝应站工程	87000	计农经[2002]2842号	1	三阳河、潼河、宝应站工程	91823	水总[2003]40号	
2	东线山东济平干渠工程	128300	计农经[2002]2843号	2	山东济平干渠工程	130591	水总[2003]41号	
3	东线骆马湖以南段2003年度工程	88143	发改农经[2004]3061号	3	骆马湖以南段2003年度工程	93235	水总[2005]350号	
4	东线江苏骆马湖至南四湖段工程	62629	发改农经[2004]1106号	4	刘山泵站工程	24106	水总[2004]355号	
				5	解台泵站工程	18785	水总[2004]356号	
				6	蔺家坝泵站工程	18106	水总[2004]354号	
5	东线山东韩庄运河段工程	74501	发改农经[2004]1107号	7	韩庄、万年闸泵站工程	47928	水总[2004]353号	
				8	台儿庄泵站、支流控制闸工程	26573	水总[2004]522号	
6	东线南四湖水资源控制和水质监测工程、骆马湖水资源控制工程	51785	发改农经[2004]3060号	9	姚楼河闸、杨官屯河闸工程	5246	水总[2005]179号	
				10	二级坝泵站工程	25217	水总[2005]178号	
				11	大沙河闸、潘庄引河闸工程			
				12	南四湖水质监测工程，骆马湖水资源控制工程	6597	发改投资[2005]1776号	

续表

可行性研究				初步设计				备注
序号	报告名称	批复投资	批准文号	序号	报告名称	批复投资	批准文号	
7	东线穿黄工程	67414	发改农经[2006]276号	14	东线穿黄工程			
	中线一期工程	3779012			中线一期工程	2341554		
1	丹江口大坝加高工程	203657	发改农经[2004]2530号	1	丹江口大坝加高工程	242525	水总[2005]168号	
2	中线穿黄工程	306228	发改农经[2004]2529号	2	穿黄工程	313706	水总[2005]156号	
3	中线京石段应急供水工程	1736300	发改农经[2003]2089号	3	滹沱河倒虹吸工程	54665	水总[2003]645号	
				4	漕河渡槽段(包括吴庄、岗头隧洞)工程	88361	水总[2004]305号	
				5	釜山隧洞工程	20246	水总[2004]145号	
				6	唐河倒虹吸工程	22102	水总[2004]142号	
				7	古运河枢纽工程	18499	水总[2004]306号	
				8	永定河倒虹吸工程	29181	水总[2003]646号	
				9	西四环暗涵工程	109978	水总[2004]394号	
				10	惠南庄泵站工程	77531	水总[2004]563号	
				11	惠南庄泵站至大宁段、卢沟桥暗涵、团城湖明渠工程	377634	水总[2004]566号	
				12	北拒马河暗渠工程	14107	水总[2004]598号	
				13	河北境内其他工程	973019	水总[2004]605号	
4	中线黄河北至漳河南段工程	1718173	发改农经[2005]2126号	14	安阳段工程	200484	水规计[2006]9号	水利部报送国家发改委核定概算
				15	黄河北至漳河南段其他工程			
	总体工作							
1	东线一期工程可行性研究		水利部报送文：水规计[2006]46号					报送静态总投资266亿元；治污工程140亿元
2	中线一期工程可行性研究		水利部报送文：水规计[2005]587号					报送静态总投资1367亿元

（王建宾）

投资计划管理

2005年南水北调工程共安排投资计划62.1亿元，其中东线一期工程6.6亿元（中央预算内专项资金4.8亿元，贷款1.8亿元），中线一期工程53.5亿元（中央预算内专项资金37.8亿元，贷款15.8亿元），初步设计工作投资2亿元（全部为中央预算内资金）。主要用于7项单项工程的13项设计单元工程建设，其中东线单项工程4项，分别为三阳河潼河宝应站工程、山东济平干渠工程、长江至骆马湖段2003年度工程、南四湖水资源控制和水质监测及骆马湖水资源控制工程；中线单项工程3项，分别为京石段应急供水工程、中线穿黄工程、丹江口大坝加高工程。2005年共安排23个项目的初步设计工作。

按项目开工时间（段）划分，本年度安排续建单项工程3项，总投资42亿元；安排新开工单项工程4项，总投资17.8亿元；另安排文物保护专项及初步设计工作投资共2.5亿元。南水北调2005年单项工程投资安排情况见表2。

表2　南水北调工程2005年单项工程投资安排情况表　　万元

序号	项目名称	工程总投资	累计下达投资	2005年安排投资		
				小计	中央拨款	贷款
	合计		1238445	621462	446050	175412
	续建项目		1036745	419762	268850	150912
一	三阳河、潼河、宝应站单项工程	91823	91823	8848	4900	3948
二	山东济平干渠工程	130591	120591	9515	5300	4215
三	江苏骆马湖至南四湖段工程	60997	21000			
四	山东韩庄运河段工程	74501	22000			
五	京石段应急供水工程	1785323	778931	401399	258650	142749
	新开工项目		176700	176700	152200	24500
一	江苏长江至骆马湖段2003年度工程	93235	39500	39500	30000	9500
二	南四湖水资源控制和水质监测、骆马湖水资源控制工程	51785	7200	7200	7200	
三	中线穿黄工程	313706	70000	70000	60000	10000
四	丹江口大坝加高工程	242525	60000	60000	55000	5000
	东、中线一期控制性文物保护项目		5000	5000	5000	
	东、中线一期工程初步设计工作投资		20000	20000	20000	

（王建宾）

重大专题和基础设施建设

2005年，国务院南水北调办进一步完善了相关管理办法和管理程序，积极组织，加强管理，逐步形成了规范项目立项、完善项目管理程序、建立项目执行档案、跟踪项目建设过程、协调项目管理事宜的管理方法和程序。

2003～2005 年共安排 9 个项目建设，累计安排投资 9500 万元，其中 2005 年安排投资 4500 万元。具体项目及投资安排情况见表 3。

表 3　南水北调工程重大专题和国务院南水北调办基础设施、能力建设项目投资安排情况

万元

序号	项目名称	累计安排投资	2005 年安排投资	累计完成投资
	合　计	9500	4500	4176
1	小浪底工程引水供北京应急方案论证	2403		1800
2	南水北调工程投资计划项目管理及基建统计系统建设	587		403
3	南水北调工程建设管理专项设备购置	500		500
4	南水北调工程建设管理信息系统建设	1350	1000	156
5	南水北调工程投资静态控制和动态管理应用体系	1400	1100	151
6	南水北调工程建设项目管理网络控制系统建设	1200	1000	59
7	南水北调工程建设重大关键技术研究及应用	1260	1000	480
8	南水北调工程资料、档案管理设备购置	200	100	164
9	直属事业单位基础设施和能力建设	600	300	463

（周曰农）

制　度　建　设

2005 年 6 月，《南水北调工程建设 2005 年度投资计划管理暂行办法》、《南水北调工程初步设计工作投资计划管理暂行办法》印发实施。

（周曰农）

工程投资完成情况

（一）工程累计投资完成情况

截至 2005 年底，南水北调工程累计完成投资 38.9 亿元，其中工程建设投资完成 37.9 亿元。

东线一期工程累计完成投资 23.4 亿元，占东线一期在建设计单元项目总投资的 55%。中线一期工程累计完成投资 14.5 亿元，占中线一期在建设计单元项目总投资的 16%。

（二）工程 2005 年投资完成情况

南水北调工程建设 2005 年完成投资 18.3 亿元，其中东线一期工程完成 7 亿元，中线一期工程完成 11.3 亿元。2005 年初步设计工作投资完成 1 亿元。

（周曰农）

资金筹措与使用管理

概　　述

2005 年，南水北调工程资金筹措和使用管理工作全面推进，南水北调工程基金政策贯彻落实取得进展，各项目法人与南水北调工程银团签订了贷款合同，南水北调工程可研阶段新增投资筹资政策研究已取得初步成果，工程建设资金管理制度逐步完善，工程

建设资金监管逐步开展，日常财务管理和监督进一步规范化、制度化，保障了建设资金安全，提高了资金使用效益。

（谢民英）

资 金 筹 措

（一）贯彻落实国务院批准的基金办法

为深入贯彻国务院办公厅印发的《南水北调工程基金筹集和使用管理办法》（国办发［2004］86号），2月21～25日，国务院南水北调办李铁军副主任带队，国家发展改革委、财政部相关司同志参加，专程赴天津、山东、江苏调研基金政策落实情况，督促地方加快制定落实基金政策的具体措施。

国家发展改革委会同有关部门研究制定中央直属电厂缴纳南水北调工程基金的具体政策，并于5月10日印发了《关于南水北调工程受水区对中央直属电厂用水征收水资源费有关问题的通知》（发改价格［2005］787号），进一步拓展了南水北调工程基金征收的范围，为各地方按期完成基金上缴任务创造了条件。

6月22日，财政部和国务院南水北调办在北京联合召开南水北调工程基金工作座谈会。南水北调工程受水区6省市财政部门和南水北调办事机构负责基金工作的同志参加了会议，分析了南水北调工程基金政策实施的进展情况和存在的问题，提出了分年度下达南水北调工程基金任务的措施，并对2005年度南水北调工程基金上缴额度进行了讨论，部署了下一步全面开展南水北调工程基金征收工作。10月10日，财政部会同国家发展改革委、国务院南水北调办研究提出了受水区6省市基金年度征收方案，并上报国务院。

北京、河北、河南三省市政府出台了南水北调工程基金筹集和使用管理实施办法。4月7日，河南省人民政府办公厅印发了《河南省南水北调工程基金（资金）筹集和使用管理实施办法》的通知（豫政办［2005］29号）；4月29号，北京市人民政府办公厅印发了《北京市南水北调工程基金筹集管理实施办法》的通知（京政办发［2005］21号）；5月16号，河北省人民政府办公厅印发了《河北省南水北调工程基金筹集和使用管理实施办法》的通知（冀政［2005］41号）。

国务院有关部门对河北省基金筹资困难问题进行了研究。根据河北省用户可承受水价，研究南水北调中线一期工程建设期间河北省可筹集基金额度，并提出河北省基金筹资缺口问题在可研筹资方案研究中一并考虑的意见。

国务院南水北调办研究提出了调整东线治污基金征收方式的意见。根据曾培炎副总理视察南水北调东线一期工程时的指示精神，为进一步调动沿线地方治污工作的积极性，确保按期实现治污目标，国务院南水北调办研究提出了东线山东、江苏两省用于治污的南水北调工程基金不再上缴中央国库的建议，并以《关于征求对南水北调东线一期工程治污基金收缴方式调整建议意见的函》（综经财函［2005］156号）征求了国家发展改革委、财政部、建设部、水利部、国家环境保护总局的意见。

（二）落实南水北调工程贷款来源

经过南水北调东线江苏水源有限责任公司、东线山东干线有限责任公司、中线水源有限责任公司和中线干线工程建设管理局等4个项目法人与银团的充分协商，双方就贷款额度、期限、利率、担保等有关问题达成一致意见。3月29日上午，在北京人民大会堂举行了南水北调东、中线一期主体工程银团贷款合同签字仪式，国务院南水北调办主任张基尧、副主任李铁军，国家开发银行行长陈元、副行长姚中民等同志出席签字仪式并致辞。国家发展改革委、财政部、国家审计署、水利部、国务院南水北调办相关业务司的负责人参加了签字仪式。南水北调主体工程银团成员行与南水北调东线江苏水源有限责任公司、东线山东干线有限责任公司、中线水源有限责任公司和中线干线工程建设管理局等四个项目法人分别签署了《南水北调东中线一期工程贷款合同》，7家银团成员行签署了《南水北调主体工程银团贷款银行业间合作协议》。根据合同约定，以国家开发银行为牵头行的国内7家银行将为南水北调主体工程提供总额达488亿元的银团贷款，这是迄今为止我国银行界对单个建设项目提供的金额最大的银团贷款。至此，南水北调工程所需银行贷款已经落实。

（三）研究南水北调工程可研阶段新增投资筹资方案

由于征地移民政策性调整、工程方案局部调整以及物价上涨等因素，总体可研阶段东、中线一期工程静态投资比规划阶段增加幅度较大，再加上工程建设期贷款利息和材料价格上涨等动态投资，预计南水北调东、中线一期工程总投资将比规划估算的静态投资有较大增加。

为了筹措工程建设资金，国务院有关部门对增加银行贷款的可能性及其影响进行具体分析，对增加南水北调工程基金难度及操作的可能性进行论证，并着力对增加中央投资的资金渠道进行研究，同时，国家发展改革委组织有关部门对南水北调工程发行企业债券的可行性进行了专题研究，可研阶段新增投资筹资政策研究取得初步成果。

（谢民英）

资金到位及使用情况

2005年，财政部下达南水北调办工程建设资金基建支出预算27.03亿元，其中中央预算内基建支出预算1.95亿元，国债专项资金基建支出预算25.08亿元。国务院南水北调办分解下达至各项目法人，分别用于东线水源一期工程建设3.86亿元、用于东线干线一期工程建设1.64亿元、用于中线水源一期工程建设5.58亿元、用于中线干线一期工程建设15.75亿元、用于汉江中下游治理工程建设0.2亿元。截至2005年底，财政部累计下达南水北调工程建设资金基建支出预算77.43亿元。此外，项目法人还筹集了南水北调工程基金1.58亿元和银行贷款7.43亿元用于工程建设。

截至2005年底，南水北调工程建设累计完成投资58.57亿元，其中东线水源一期工程累计完成投资7.42亿元、东线干线一期工程累计完成投资8.12亿元、中线水源一期工程累计完成投资4.17亿元、中线干线一期工程累计完成投资38.72亿元、汉江中下游治理工程累计完成投资0.14亿元。

（谢义彬）

资金使用管理

（一）经济财务制度建设

为满足南水北调工程建设资金管理的需要，2005年进一步加强经济财务制度建设。一是6月8日国务院南水北调办印发了《南水北调工程建设征地补偿和移民安置资金管理办法（试行）》，该办法对征地移民资金的投资包干管理、计划管理、财务管理、监督管理等方面作了规定。二是11月11日财政部印发了《南水北调工程征地移民资金会计核算办法》，该办法自2006年1月1日起施行，该办法针对南水北调工程征地移民特殊性，对征地移民机构财会人员和会计机构、制度建设、会计科目设置和会计报表报送等方面作出了详细的规定。三是9月13日国务院南水北调办印发《南水北调工程建设质量监督费管理办法》，该办法对南水北调工程建设质量监督费的收费标准、缴纳计划、缴费方式及开支范围等方面作了规定。

（二）财政管理制度改革

一是实施国库集中支付制度改革。根据

国务院第三次廉政工作会议精神，中央部门2005年要全面实施国库集中支付改革。2005年3月，财政部确定国务院南水北调办为国库集中支付改革新增单位。7月7日，财政部以《关于确认国务院南水北调工程建设委员会办公室2005年国库集中支付改革范围划分的通知》（财库［2005］220号）确定国务院南水北调办本级及直属事业单位全部纳入改革范围，实施改革的预算单位级次为二级；确定"南水北调工程投资静态控制、动态管理应用体系"等3个基本建设项目的部分支出实行财政直接支付，南水北调工程建设资金（财政拨款部分）基建拨款支出由财政部暂按财政直接支付方式支付到项目法人；除上述实行财政直接支付的资金外，其余的财政拨款全部实行财政授权支付。同时确定了零余额账户的开设以及新旧账户、改革前后会计账务衔接等问题。8月1日，南水北调系统正式实施国库集中支付制度改革。二是实行非税收入收缴管理制度改革。2005年3月，财政部确定国务院南水北调办为2005年非税收入收缴管理制度改革单位，将南水北调工程建设质量监督费纳入改革范围。9月16日，财政部以《关于确认国务院南水北调工程建设委员会办公室收入收缴管理制度改革有关事宜的通知》（财库［2005］330号），确定南水北调工程建设质量监督费收费方式由就地缴库变更为非税收入收缴直接缴库；确定该项收费缴入财政部为南水北调办所属的南水北调工程建设监管中心开设的中央财政汇缴专户；确定南水北调工程建设监管中心使用《非税收入一般缴款书》收取南水北调工程建设质量监督费收入。截至2005年底，南水北调工程建设监管中心已收缴南水北调工程建设质量监督费23.1万元，全部缴入中央国库。三是严格执行政府采购改革的有关规定。凡应纳入政府采购范围的支出，全部按政府采购规定办理。

（三）审计调查工作

为加强南水北调工程建设资金的监督和管理，确保资金安全、规范、合理使用，国务院南水北调办于2006年8月委托4家会计师事务所对北京市水利建设管理中心及其负责的永定河倒虹吸工程、南水北调中线干线工程石京段河北建设管理处及其负责的滹沱河倒虹吸工程、南水北调山东干线有限责任公司及其负责的济平干渠工程、南水北调东线江苏水源有限责任公司及其负责的三阳河潼河宝应站工程等四个在建工程项目开展专项审计调查。为加强对事业单位的监督管理，提高会计核算水平，国务院南水北调办于11月委托1家会计师事务所对两个直属事业单位开展专项审计调查。针对审计调查中反映的问题，与各被审计调查单位逐个交换了意见，并落实整改措施。这次安排的审计调查，为促进加强资金管理，完善规章制度，提高管理水平起到重要作用。

（四）南水北调工程建设质量监督费纳入中央财政预算管理

2005年2月2日，财政部、发展改革委以《关于同意收取南水北调工程建设质量监督费的复函》（财综［2005］2号），明确国务院南水北调办所属的南水北调工程建设监管中心对南水北调主体工程实施监督管理时，收取南水北调工程建设质量监督费。

国务院南水北调办根据现行工程质量监督费政策，在调查研究的基础上，结合南水北调工程实际，研究提出了制定南水北调工程质量监督费标准及相关政策意见，并于5月17日以《关于南水北调工程质量监督费具体收费标准的通知》（国调办经财［2005］34号），印发给南水北调工程建设监管中心和各项目法人执行。南水北调工程建设质量监督费纳入中央财政预算，实行"收支两条线"管理，直接缴入中央国库。

（五）决算和预算工作

一是按时完成2004年决算报表编制并进

行2004年度预算执行情况分析。根据财政部编制2004年度部门决算报表和国有建设单位决算报表的要求，国务院南水北调办对有关财务人员进行了培训，核对部门预算及基建拨款情况，在此基础上汇总编制了2004年度部门决算报表和国有建设单位决算报表，分别于2005年3月18日、3月29日报送财政部。并对2004年预算执行情况进行系统分析，撰写了2004年度预算执行情况分析报告，提出了改进预算管理的建议。二是分解下达了2005年度部门预算并认真组织实施。国务院南水北调办根据财政部批复的2005年度部门预算，分解下达到各预算执行单位，并加强预算资金的管理与监督，严格按照批复预算的范围和标准控制各项支出。三是及时编制并上报了2006年度部门预算。国务院南水北调办进一步加强了与财政部的沟通和联系，2006年经费预算较上年有较大幅度增加，为办机关及事业单位的正常运转及专题研究等专项工作提供了充足经费保障。

（六）召开南水北调经济财务工作座谈会

为贯彻国务院南水北调工程建设委员会第二次全会精神，分析南水北调经济财务工作面临的形势，国务院南水北调办于2005年11月3~4日在京召开南水北调经济财务工作座谈会，南水北调工程沿线省（市）南水北调办事机构、移民机构，各项目法人、事业单位主管经济财务工作的负责人及其经济财务部门负责人、南水北调办机关各司负责人参加了会议，国务院南水北调办党组成员、副主任李铁军同志出席会议并作重要讲话。与会人员围绕“三个安全”的建设管理目标，探讨了加强资金管理、研究经济政策、正确履行职能等方面的问题。

（七）开展业务培训，提高财会人员素质

国务院南水北调办组织办机关、直属事业单位、沿线省（市）南水北调办事机构、项目法人及建设管理单位会计人员进行了业务培训，培训内容包括部门预算、国库集中支付、政府采购、非税收入等改革以及审计调查等，部分财会人员参加了财政部、国务院机关事务管理局、中央国家机关政府采购中心等单位举办的培训班，进一步了提高财会人员业务素质和工作效率。

（谢义彬）

南水北调工程建设经济财务管理信息系统建设

按照南水北调工程建设管理信息系统规划，国务院南水北调办组织建设了“南水北调东、中线一期工程经济财务管理信息系统”，该系统主要目标是建立南水北调工程经济财务管理信息系统应用平台，为国务院南水北调办及相关单位的预算管理、工程建设资金监管、工程水价动态分析，提供信息支撑。截至2005年底，该系统已完成总体设计方案、监管指标体系设计、经济财务需求分析报告以及与财政部预算管理系统、中央预算单位财政资金支付系统等信息系统的接口工作。

（谢义彬）

南水北调工程经济政策研究

为了南水北调工程顺利建设，保证工程建成后良性运行，在国务院批准的《南水北调工程总体规划》确定的原则基础上，国务院有关部门对南水北调工程水价形成机制、供水成本核算方法、两部制水价、投资控制机制、贷款贴息政策、风险管理等经济政策开展深入研究。

（谢民英）

建设与管理

概　　述

2005年南水北调工程建设全面展开。中线丹江口大坝加高工程、穿黄工程、北京西四环暗涵工程等一批控制性工程相继开工。工程建设管理体制和运行机制进一步完善，项目法人全部组建完成，直管、委托和代建相结合的建设管理模式全面运行。严格实行招标投标制、建设监理制和合同管理制，南水北调建设市场秩序进一步规范。建立健全工程沿线各省（直辖市）及重要工程项目的质量监督机构，强化质量自检和抽检工作，已完分部工程和单元工程质量全部满足设计要求。安全生产管理进一步加强，在建项目安全生产总体处于受控状态。组织实施南水北调工程建设重大关键技术项目研究并取得阶段性成果，一批专用施工标准编制完成。多项管理制度正式印发实施，建设管理的规范化水平持续提高。

（井书光　程邦谊）

工程建设项目进展

2005年新开工设计单元工程6项，分别是东线长江至骆马湖2003年度工程、中线北京西四环暗涵工程、漕河段工程、古运河枢纽工程、丹江口大坝加高工程、穿黄工程。2002年南水北调首批开工的东线三阳河潼河宝应站工程、济平干渠工程基本建成并开始发挥效益，2003年开工的中线永定河倒虹吸工程和滹沱河倒虹吸工程基本完成。其他续建项目及新开工项目进展顺利，工程进度控制良好。苏鲁省际工程蔺家坝泵站、台儿庄泵站项目基本具备开工条件，二级坝泵站建管机构正式组建。

（程邦谊）

工程项目管理和建设管理

以2005年3月南水北调东线江苏水源有限责任公司的组建为标志，南水北调东、中线5个项目法人全部组建完毕。项目法人直接管理、委托制和代建制相结合的建设管理新模式进入全面实施阶段。中线京石段应急供水工程河北境内工程委托管理合同正式签订。采用代建制管理的第一个项目北拒马河暗渠工程开始启动。河南境内工程黄河以北段项目管理划分方案正式批复。为进一步发挥地方南水北调办事机构的作用，将南水北调工程部分行政监督管理职能委托给沿线7个省（直辖市）。组织召开了南水北调工程招标投标工作座谈会，充实完善了南水北调工程评标专家库，建立了对招标公告、评标结果、中标信息的公示制度，加强了对开标评标工作的监督。严格推行建设监理制，已开工项目全部通过公开招标选择了建设监理。着手建设监理工作座谈会的准备工作。加强工程建设程序执行情况的监督，严格审批项目开工。协调工程建设年度进度计划，组织在建工程进度控制的监督检查，逐月发布建设进度信息。协调指导项目阶段性验收工作，组织起草工程验收相关规范并取得阶段性成果。

（程邦谊）

工程技术管理

2005年，国务院南水北调办和各参建单位采取一系列措施加强工程技术管理，为工程建设提供科技支撑。

国务院南水北调办印发《关于加强南水北调工程科技项目管理工作的意见》，对南水北调工程科技项目的划分与组织、立项、实施、验收等方面提出规范管理意见。为保证南水北调抽水泵站投入运行后具有良好的经济性和高度可靠性，在执行国家现行技术标准和有关规定的基础上，国务院南水北调办印发《南水北调泵站工程水泵采购、监造、安装、验收指导意见》，对水泵采购、监造、安装、验收等关键环节进行技术和管理方面的指导，并对水泵主要技术指标提出了具体要求。

国务院南水北调办在北京召开“南水北调工程建设技术管理座谈会”研讨南水北调工程建设重大关键技术问题，研究提出南水北调工程“十一五”重大科技需求和重大科技项目，组织实施包括工程项目管理技术、长距离调水水力调配与运行控制技术、中线一期穿黄隧洞工程抗震安全及施工关键技术、丹江口大坝加高工程关键技术、高性能混凝土抗裂技术、大型渡槽结构优化设计及动力分析、土袋技术在膨胀土地基处理中的应用等南水北调工程建设重大关键技术的研究及应用，并取得阶段性成果。与水利部联合召开“大型渠道混凝土机械化摊铺技术研讨会”，推广渠道混凝土机械化衬砌技术。南水北调工程各参建单位积极主动地开展科技攻关，优化设计方案、施工组织方案，保证工程质量安全，降低工程建设成本。

国务院南水北调办组织开展了丹江口水利枢纽混凝土坝加高施工技术标准、中线一期穿黄工程输水隧洞施工技术标准、大型渠道机械化衬砌施工技术标准、北京西四环暗涵浅埋暗挖法施工单元工程质量评定验收标准、PCCP采购管理规定和安装指南等南水北调工程专用技术标准编写工作。

（马　黔）

规章制度建设

2005年，为加强对南水北调工程建设质量、安全、科研和市场的监督管理，规范相关工作，国务院南水北调办和各参建单位组织制定了一系列工程建设管理方面的规章制度。

作为《南水北调工程建设管理的若干意见》的配套办法，国务院南水北调办制定并印发《南水北调工程质量监督管理办法》、《南水北调工程建设重特大安全事故应急预案》、《关于加强南水北调工程科技项目管理工作的意见》、《南水北调泵站工程水泵采购、监造、安装、验收指导意见》、《关于进一步规范南水北调工程招标投标活动的意见》等文件，并以会议、座谈、培训等多种方式进行贯彻落实。国务院南水北调办还结合工程招标评标工作，组织对南水北调工程评标专家库的部分评标专家进行了招标投标业务、南水北调工程概况、有关法律法规知识的培训。

各省（直辖市）南水北调办事机构、项目法人根据所负责建设项目的特点，制定了加强和规范工程质量、安全、科研和市场管理等工程建设管理方面的规章制度，并举办学习培训班，就《南水北调工程建设管理的若干意见》及其配套办法进行了深入的宣传教育培训，在工程建设实践中贯彻执行。

（马　黔）

质量管理

2005年，国务院南水北调办发布了工程质量监督管理办法，设立质量监督机构，项目法人负责、监理单位控制、施工和设计单位保证与政府监督相结合的南水北调工程质量监督管理体制机制逐步建立健全，工程建设质量总体处于受控状态。

为加强南水北调工程质量监督管理，规范质量监督行为，国务院南水北调办组织制定并印发《南水北调工程质量监督管理办法》，明确了南水北调工程质量监督工作采用统一集中管理、分项目实施的体制，对质量监督机构的职责与人员条件、质量监督的主要内容与工作程序、质量监督工作成果管理等方面作出了规定。国务院南水北调办设立了北京、天津、河北、河南、湖北、江苏、山东等工程沿线七省（直辖市）质量监督站及丹江口大坝加高、中线穿黄、漕河渡槽、惠南庄泵站等重要单项工程质量监督项目站，对主体工程在建项目实施质量监督；9月，在北京召开了“南水北调工程质量监督工作会”，宁远副主任出席会议作重要讲话并为南水北调省（直辖市）和重要单项工程质量监督机构负责人颁发聘书。南水北调东线主体工程、中线干线工程委托项目和汉江中下游治理工程项目，其质量监督工作由国务院南水北调办委托有关省（直辖市）南水北调办事机构负责实施。

国务院南水北调办、南水北调工程建设委员会专家委员会、有关质量监督机构、各项目法人和项目建设管理单位多次对东线、中线在建工程项目进行质量检查，其中南水北调工程建设委员会专家委员会提出检查报告并报送国务院。

（马　黔　张　晶）

质　量　监　督

（一）质量监督制度建设

监管中心制订质量监督管理规章制度，包括《南水北调工程建设监管中心质量监督项目站管理办法》、《南水北调工程建设监管中心质量监督经费管理办法》、《南水北调工程建设监管中心质量监督巡查管理办法》和《南水北调工程建设质量监督项目站质量监督实施细则》等。

（二）质量监督工作的实施

受国务院南水北调办委托，监管中心在惠南庄泵站工程、漕河渡槽段工程、丹江口大坝加高工程和中线穿黄工程组建了质量监督项目站，具体实施这些项目的质量监督。四个质量监督项目站的人员已到位，监管中心聘请水利工程质量监督专家对相关人员进行了培训，有关质量监督工作已正常展开。

（三）组建工程质量监督专家库

2005年10月，监管中心完成了工程质量监督专家信息库的组建工作。经筛选共录入水利工程建设管理、质量管理、设计、施工、机电设备制造与安装、金属结构制造与安装、测量等7个专业40余名专家的有关信息。

（四）南水北调工程建设质量监督费管理

2005年2月2日，财政部、国家发展改革委以《财政部 国家发展改革委关于同意收取南水北调工程建设质量监督费的复函》（财综［2005］2号）批复了监管中心对南水北调工程建设质量监督费的收费许可。2005年3月1日，国家发展改革委、财政部以《国家发展改革委、财政部关于南水北调工程建设质量监督费收费标准的通知》（发改价格［2005］312号）批准监管中心对南水北调工程建设质量监督费的收费标准范围为建安工作量的0.35‰～0.7‰。2005年5月17日，国务院南水北调办以《关于南水北调工程质量监督费具体收费标准的通知》（国调办经财［2005］34号）核定了南水北调工程质量监督费具体收费标准为丹江口大坝加高、穿黄、泵站、交叉建筑物、渡槽、隧洞等工程按建安工作量的0.7‰收取，渠道、河道等工程按建安工作量的0.6‰收取。

（殷立涛）

安　全　生　产

南水北调工程建设安全生产管理的目标是：杜绝群死、群伤的重特大事故发生，力争避免和减少较大事故的发生，工程建设百亿产值死亡率低于全国工程建设领域平均水平。

南水北调工程建设各有关单位高度重视安全生产工作，认真贯彻执行党中央、国务院关于安全生产的方针政策，成立了相应的机构，明确了安全生产责任制，制定了安全生产规章制度，积极采取措施保障安全生产，初步建立了安全生产管理体系。国务院南水北调办、各省（直辖市）南水北调办事机构、项目法人和项目建设管理单位多次组织在建项目安全度汛和安全生产检查，加强在建项目安全生产管理。南水北调在建工程安全生产整体处于有序和受控状态，未发生重特大安全生产事故。

2005年12月9日国务院南水北调办组织制定并印发了《南水北调工程建设重特大安全事故应急预案》并报国务院备案，建立应急机制，规范南水北调工程建设重特大安全事故的应急管理和应急响应程序，提高事故应急快速反应能力，有效预防、及时控制南水北调工程建设重特大安全事故的危害。各项目法人、省（直辖市）南水北调办事机构也开展了配套预案的编制工作。

国务院南水北调办组织召开“南水北调工程建设安全生产管理工作会议”，宁远副主任出席会议作重要讲话。

（李　勇　马　黔）

生态环境与征地移民

东线治污工作

（一）概述

治理东线污染、建设“清水廊道”，保护中线水源地丹江口水库“一库清水”是实施南水北调工程的前提和基础，也是衡量工程成败的关键。在江苏、山东两省的努力下，东线治污规划中工业结构调整项目初见成效；污水处理厂开工建设已经过半；流域综合整治正在实施，区域面源污染防治体系逐步形成；船舶污染治理工作已经展开；截污导流工程前期工作正在抓紧进行。中线《丹江口库区及上游水污染防治和水土保持规划》已编制完成，并报国务院。

（郭　鹏）

（二）治污项目进展

截至2005年底，规划260项治污项目中，已经建成运营83项，建成率32%；在建130项，在建率50%；未动工47项，未建率18%。

江苏省列入规划的43项治污项目，已经建成运营17项，建成率40%；在建17项，在建率40%；未动工9项，未建率21%。包括产业结构调整、清洁生产和再提高在内的9项工业点源治理项目已完成8项；26项城市污水及再生利用设施已建9项，在建13项，未开工4项，已建、在建、未开工率分别为35%、50%和15%；规划4项流域综合整治项目有3项已开工建设；规划4项截污导流项目，除徐州项目外，扬州、宿迁、淮安截污导流项目可研、环评、水保报告已经水利部审查。

山东省列入规划的217项治污项目中，已经建成运营66项，建成率30%；在建113项，在建率51%；未动工38项，未建率18%。其中，143项工业点源治理项目已完成56项，在建87项，完成率和在建率分别为39%和61%；规划52座城市污水及再生利用设施已建10项，在建21项，未开工17项（其中有12项已完成前期工作，具备开工条件），已建、在建、未开工率分别为21%、44%和35%；规划4项流域综合整治项目全部在建；规划18项截污导流项目在进行前期工作，其中洸府河、东鱼河、微山县、新薛河等4项截污导流工程可研报告已经水利部审查。

（三）重点监测考核断面水质

根据两省监测，2005年第三季度，在近年降水比较丰沛的情况下，山东省23个水质监测断面中，1个达到Ⅲ类水质标准，6个为Ⅳ类水质，5个断面为Ⅴ类水质，仍有11个断面为劣Ⅴ类水质。其中仅沂河郯城码头、邳苍分洪道东偏泓、老万福河高河桥三个水质监测断面达到了治污规划确定的水质目标。江苏省辖区内14个水质考核断面，有9个断面达到地表水Ⅲ类水质标准，水质达标率为64%，2005年与2000年规划年同期相比，14个可比断面水质均有所好转。

（四）曾培炎副总理视察东线工程

2005年10月29日~11月1日，中共中央政治局委员、国务院副总理、国务院南水北调工程建设委员会副主任曾培炎视察南水北调东线工程，要求从大局出发，努力打造清水绿色走廊，确保东线工程进度和质量。国务院副秘书长汪洋、国务院南水北调办公室主任张基尧、国家发展改革委副主任杜鹰、国土资源部副部长李元、建设部副部长傅雯娟、水利部副部长矫勇、环保总局副局长张力军、南水北调办公室副主任李铁军参加考察。

曾培炎副总理一行在江苏省委书记李源潮、省长梁保华、副省长黄莉新、山东省委书记张高丽、省长韩寓群、副省长陈延明、赵克志等同志陪同下，分别考察了南水北调东线工程的源头江都水利枢纽、已经投入试运行的宝应站工程、正在建设的解台泵站和万年闸建设现场，考察了江苏宿迁市中运河整治工程、山东济宁市新薛河入湖口人工湿地工程，在南四湖实地察看了湖区水质状况。

曾培炎副总理于11月1日在山东省济宁市召开的国务院南水北调东线治污工作现场会上，听取了山东、江苏两省的汇报。

（五）阶段性治污目标责任考核

根据国务院批转的《南水北调东线工程治污规划实施意见》（国函［2003］104号）的规定，2005年南水北调东线黄河以南段输水干线应基本达到地表水Ⅲ类水质标准，江苏省境内及出水水质达到地表水Ⅲ类水质标准，山东省南四湖、东平湖水体水质应基本达到地表水Ⅲ类水质标准。2005年2月，国务院南水北调办、国家发展改革委、监察部、建设部、水利部、环保总局联合以综环移［2005］8号文印发了《关于开展南水北调东线工程治污工作目标责任考核的通知》，要求在2005年底对南水北调东线沿线江苏、山东两省治污目标责任进行阶段性考核。9月，国务院南水北调办起草了《2005年南水北调东线工程阶段治污工作目标责任制考核工作方案》，并邀请发展改革委、监察部、建设部、水利部和环保总局的代表对考核方案进行研究。10月10日，国务院南水北调办以综环移函［2005］127号正式将考核方案印发两省人民政府，请其准备自查报告，做好各项准备工作。11月7日，江苏省以苏调办［2005］38号报送了《关于南水北调东线江苏段治污工作自查情况的报告》；11月14日山东省人民政府以鲁政字［2005］251号报送了《关于报送南水北调东线工程山东段治污工作情况的函》。

11月16~21日，国务院南水北调办公室、国家发展改革委、监察部、建设部、水利部和环保总局等六部委组成联合考核组，对山东省和江苏省南水北调东线工程治污工作进行了阶段性考核，并将考核情况上报国务院。

（六）控制单元审查

2005年1月6日，国家发展改革委会同国务院南水北调办在京主持召开江苏省控制单元治污实施方案复审会，对江苏省编报的14个单元治污方案进行审查，专家组认为单元方案经过修改完善后，基本符合东线治污规划的要求，技术方案基本合理，可作为下阶段治污工作的依据。3月，国家发展改革委以国发改地区［2005］318号对江苏省控制单元治污实施方案提出审查意见。4月江苏省人民政府以苏政复［2005］28号《省政府关于南水北调东线工程江苏段控制单元治污实施方案的批复》文件批复了江苏段控制单元治污方案。

2005年6月22～23日，国家发展改革委在山东省烟台市主持召开南水北调东线工程山东段控制单元治污实施方案审查会，对山东省编制的27个治污控制单元实施方案进行了审查。会后，根据专家审查意见，山东省发展改革委牵头组织省内有关部门和地市对省辖27个单元治污方案进行了修改完善。2005年11月11日，国家发展改革委在京主持召开山东省治污实施方案复审会，专家组认为对该方案做必要修改、调整、论证后，可作为下阶段工作的基础。

（七）截污导流项目进展

2005年2月25日，江苏省南水北调办以苏调办函［2005］8号报送了《关于成立其境内截污导流工程项目法人的函》，由扬州、淮安、宿迁、徐州四市分别组建南水北调东线截污导流工程建设处，作为项目法人，负责项目建设。山东省境内截污导流工程由山东省南水北调工程建设管理局负责建设。

2005年3月28日，国务院南水北调办分别以国调办环移函［2005］23号和24号致函江苏省南水北调办和山东省南水北调工程建设管理局，要求切实做好其境内截污导流项目有关工作，筛选较成熟的截污导流项目，尽快编制可研报告，准备前期开工。此后，两省本着成熟一个、上报一个的原则，分别筛选了《东线治污规划》中较成熟的截污导流项目，开展单项可研、环评报告和水保方案的编制工作，并单独上报。为加快截污导流项目前期工作，山东省南水北调工程建设管理局于9月23日，邀请国务院南水北调建委会专家委员会、办公室环境与移民司、水利部调水局以及山东省环保局南四湖管理办公室的有关专家，在山东省济宁市召开了山东段菏泽东鱼河、宁阳洸河、济宁微山、枣庄薛城小沙河控制单元等6个截污导流项目可研报告技术咨询会，为山东省先期启动的部分截污导流工程提出指导意见。12月16日，江苏省南水北调办在徐州市召开了加快江苏省截污导流工程建设座谈会，国家发展改革委、建设部、水利部、环保总局、国务院南水北调办的代表与地方代表就截污导流工程建设中的问题，进行了交流。

江苏、山东两省分别对先期实施的截污导流项目编制完成了可研报告，并上报前期工作主管部门水利部。5月23～29日，受水利部委托，水利部水利水电规划设计总院对江苏省淮安市和宿迁市截污导流工程的可研报告进行了预审，12月，对此两项工程修改后的可研报告进行了复审，并对扬州市截污导流工程可研报告进行审查；12月5～8日对江苏省此3项截污导流工程的水保方案报告进行了审查，对其环评报告进行了预审；12月7～14日，对山东省枣庄市薛城小沙河、菏泽东鱼河、宁阳洸河、济宁微山县四项截污导流工程的可研报告进行了预审，提出修改意见。

12月20日，国家环保总局委托江苏省环保厅对江苏省江都、淮安、宿迁3市截污导流工程的环境影响评价报告进行审查。

（任　静　郭　鹏）

环境保护和生态建设

（一）中线水源保护规划编制修改

2005年3月，发展改革委办公厅以发改办地区［2005］485号致函建设部、农业部、水利部、环保总局、林业局、南水北调办，以及湖北、河南、陕西省发展改革委对《丹江口库区及水源水污染防治和水土保持规划》（以下简称《规划》）初稿征求意见，共收到反馈意见52条，其中24条被采纳，体现在修改后的《规划》中，其他意见将在今后《规划》实施工作中进一步研究解决。

2005年7月，国家发展改革委、水利部、环保总局、国务院南水北调办将《规划》联合上报国务院。

2005年10月18日，曾培炎、回良玉副总理主持召开会议，听取《规划》汇报，国务院办公厅、国务院研究室、国家发展改革委、财政部、建设部、水利部、国土资源部、科技部、农业部、环保总局、林业局、国务院南水北调办的领导同志参加会议，进一步提出了修改意见。编制单位按照国务院领导的指示精神和各部门的意见，对《规划》进行修改完善后，国家发展改革委、水利部、环保总局、国务院南水北调办于2005年11月，正式将《规划》联合上报国务院。

（二）入河排污口调查

2005年11月长江流域水资源保护局会同湖北、河南、陕西三省的水利和环保部门组织开展了对丹江口库区及其支流入河排污口的调查登记工作。

（三）黄姜加工产业结构调整及污染治理

2005年5月，温家宝总理在《国内动态清样（第1261期）〈陕南黄姜加工业加重南水北调中线水源污染〉》上批示“要及早改进黄姜加工工艺，实现清洁生产，保护南水北调水源地不受污染”。6月份，国务院南水北调办政研中心组织北京大学的专家赴丹江口库区湖北、河南两省有关市、县进行现场调研。7月份，国务院南水北调办召开黄姜加工产业政策研讨会，与国家发展改革委、环保总局及湖北、河南两省的代表商讨黄姜加工产业发展指导政策。

2005年10月，国家发展改革委、科技部、环保总局和国务院南水北调办联合赴丹江口库区，就黄姜种植产业政策调整及清洁生产技术工作进行了调研，并将《关于开展丹江口库区及上游黄姜加工行业水污染防治有关工作的报告》（国调办环移［2005］120号）上报国务院。国家发展改革委已将黄姜加工产业的有关内容列入了《产业结构调整指导目录（2005年本）》，规定：300t/年以下皂素（含水解物）生产装置（综合利用除外）为限制类项目；100t/年以下皂素（含水解物）生产装置2007年底前淘汰；盐酸酸解法皂素生产工艺及污染物排放不能达标的皂素生产装置2006年前淘汰。

环保总局组织开展《皂素工业污染物排放标准》制订工作，并于7月将编制完成的初稿公布在互联网上，征求意见。

（四）中线干线保护区划定工作

2005年12月27日至28日，国务院南水北调办环境与移民司会同环保总局污控司、水利部水资源司、南水北调中线干线建管局，并邀请有关专家，赴河南省安阳市考察了拟建的安阳市医疗废弃物集中处置场，并就该项目对南水北调中线干渠水质可能造成的影响和保护措施，及中线干线保护区划定的有关问题与省环保、水利、南水北调等部门进行了座谈。建委会专家委员会有关专家参加了调研。

（任　静　郭　鹏）

环评、水保前期工作进展

（一）东线

2005年11月15～20日，受水利部委托，水利部水利水电规划设计总院在京主持召开了南水北调东线一期工程水土保持方案报告书审查和环境影响评价预审会议。

（二）中线

2005年4月6日至8日，水利部水利水电规划设计总院在武汉主持召开了南水北调中线一期工程环境影响复核报告书专题报告技术审查会，《南水北调中线一期工程战略环境影响评价研究》、《南水北调中线一期工程对生态完整性与水生生态影响研究》、《南水北调中线一期工程对汉江中下游生态环境影响研究》、《南水北调中线一期工程水库淹没与移民对生态环境影响及对策措施研究》、《丹江口水库水质预测与保护措施研究》、《南水北调中线一期工程输水干线水质监测与管理信息系统研究》等6个专题报告进行了技术审查。

2005年9月25～27日，水利部水利水电规划设计总院在京召开《南水北调中线一期环境影响评价报告》审查会。

（任　静　郭　鹏）

工程用地工作

（一）概述

南水北调工程用地工作，是国土资源部重点工作之一。国务院南水北调工程建设委员会成立后，国土资源部有关司局指定专人及时参与有关南水北调工程用地协调工作，主要与国务院南水北调办环境移民司共同研究工程用地有关问题，保障南水北调工程依法及时用地。

（二）用地政策

2004年2月24日，国土资源部、国务院南水北调办联合召开“南水北调工程用地工作座谈会”，国土资源部副部长鹿心社、国务院南水北调办公室副主任李铁军到会并讲话。

根据这次会议精神，在充分征求有关省（市）国土资源部门意见的基础上，国土资源部、国务院南水北调办于2005年6月联合下发《关于南水北调工程建设用地有关问题的通知》（国土资发［2005］110号），进一步明确用地政策和用地报批要求，并成立了由国土资源部耕地司、国务院南水北调办环境移民司、7省（市）国土资源部门和南水北调办以及业主单位参加的“南水北调工程用地协调小组”，加强组织领导和工作协调。

（三）先行用地手续办理

在南水北调工程建设期间，国土资源部陆续按规定办理了11件南水北调工程控制工期的单体工程先行用地手续，分别是：东线山东省东平湖至济南段工程2002年开工段、东线江苏省三阳河、潼河、宝应站工程2002年开工段、东线山东省胶东地区引黄调水工程、中线京石段应急供水工程滹沱河倒虹吸工程、中线京石段应急供水工程唐河倒虹吸、釜山隧道工程、东线韩庄运河万年闸及韩庄泵站枢纽工程、中线京石段应急供水工程漕河段工程、中线京石段应急供水工程古运河暗渠工程、中线穿黄工程、中线水源工程丹江口水利枢纽大坝加高工程、东线江苏省刘山站、解台站、蔺家坝站、淮安四站。

（四）正式用地审批

在批准单体工程先行用地的单项工程中，已经完善正式用地报批手续的有2件，分别是：（1）东线工程山东省东平湖至济南段工程建设用地于2004年11月报经国务院批准。（2）中线京石段应急供水工程河北省境内用地于2006年1月报经国务院批准。

南水北调工程河南省境内穿黄工程正式用地报批材料已报国土资源部审查，正在抓紧审查。

国土资源部门依职责保障南水北调工程依法及时用地。加强对地方国土资源部门的工作指导，与国务院调水办有关司共同协商，理顺地方国土资源部门、调水部门职能分工，妥善解决用地报批工作中的实际问题，使工程建设用地依法合规。

（国土资源部）

征地移民工作

（一）落实征地移民管理体制

根据《南水北调工程建设征地补偿和移民安置暂行办法》，办公室与东中线一期工程沿线的北京、天津、河北、山东、江苏、河南、湖北等七个省市人民政府协商了《南水北调主体工程征地补偿和移民安置工作责任书》，由省市人民政府明确了负责南水北调工程征地移民工作的省级主管部门，在此基础上，4月5日组织召开了由国土资源部、国务院法制办、水利部、国家发展改革委等有关部门和七个省市人民政府参加的南水北调工程征地移民工作会议，并在会议上签订了责任书。随后，河北、北京、山东、江苏、河南、湖北等省市也相继召开了南水北调工程征地移民工作会议，省市县逐级签订了责任书。至此，南水北调工程征地移民工作的管理体制得到落实。

（二）工程建设用地

针对南水北调工程建设用地面积大，有关法律法规政策的复杂多变，为了使工程沿线征地移民主管部门和项目法人熟悉国家法律法规和工作程序，国务院南水北调办与国土资源部于年初联合举办了南水北调工程建设用地培训。为了系统地解决在南水北调工程用地预审、纳入全国土地利用规划、用地指标、用地手续、先行用地等问题，国务院南水北调办与国土资源部协商，于6月6日联合印发了《关于南水北调工程建设用地问题的通知》（国土资发［2005］110号），成立了南水北调工程建设用地工作协调工作组，协调了中线漕河段、古运河段、穿黄工程、丹江口大坝加高工程、东线刘山、解台、蔺家坝泵站等控制性工程建设用地。

根据《土地管理法》和《国务院关于深化改革严格土地管理的决定》要求，办公室组织各项目法人编制用地预审材料，经汇总后将东线一期工程（拟用地总规模12531.6hm）、中线一期工程（拟用地总规模51417.9hm）的用地预审一次性报国土资源部。11月25日，国土资源部批准了东线一期、中线一期工程用地预审，为南水北调工程的用地指标、办理正式用地手续、审批总体可行性研究创造了必要条件。

（三）征迁和安置

2005年的征地补偿和移民安置的实施，在沿线各级人民政府的重视支持下，在主管部门的努力下，在项目法人的参与下，征地移民实施取得了重要进展。东线刘山、解台、淮阴三站、淮安四站、万年闸、韩庄运河、中线穿黄工程、丹江口大坝加高工程坝区的征地补偿兑付工作基本完成，部分移民和被征地农民得到安置，其他安置人口结转到2006年。丹江口坝区移民的安置工作在湖北省各级地方政府和移民部门努力下，坚决贯彻开发性移民方针，高度重视生产安置，农村移民搬迁后及时通过调整土地和改田造地工程，使得安置后的人均耕地数量基本保持达到或超过搬迁前水平，做到安居乐业。截至年底，东中线一期工程完成永久征地3万亩，搬迁安置1万多人，安置被征地农民约2万人。

（四）前期工作

为了解决已开工项目反映出来征地移民设计质量不高、缺漏项较多、缺乏安置规划等问题，办公室在参与总体可研和单元工程的征地移民规划设计审查中，重点关注和要求设计及其审查单位严格把关，落实国务院南水北调工程建设委员会的征地移民方针政策。6月27日，办公室环境与移民司、投资计划司会同水利部调水局、水利部水利水电规划设计总院在郑州召开会议，专题研究解决征地移民规划设计存在的问题。办公室在与水利部召开的南水北调前期工作协商会上，就做好征地移民前期工作统一了认识。通过各方努力，促进了征地移民规划设计质量的提高。

（五）信访工作

随着征地补偿和移民安置的实施，群众对政策的理解和认可以及一些矛盾的暴露和消化需要一个过程，沿线部分市县在征迁时出现了不同程度的群众来信来访，咨询政策和进行申诉。绝大部分群众反映的问题在基层得到了妥善解决，少部分群众信访到省主管部门，个别信访到国务院南水北调办。

为了做好征地移民群体性事件的预防和处置，国务院南水北调办要求地方积极宣传政策，通过公正、公开等措施，防止群众由于对政策和程序的不理解引发上访，同时，指导和组织有关省市建立了预防和处置征地移民群体性事件的工作机制和预案，形成了南水北调工程预防和处置征地移民群体性事件工作网络。

（范治晖）

南水北调东线工程造成血吸虫病北移的可能性及对策研究进展

2005年，国务院南水北调办公室政策及技术研究中组织江苏省血吸虫病防治研究所等单位开展了南水北调东线工程造成血吸虫病北移的可能性及对策研究。专题研究在水源河道（芒稻河）、输水河道（里运河）设置6个监测断面，采用逐月打捞的方法观察漂浮物携带钉螺扩散情况；组织专业人员对东线血吸虫病历史流行区进行钉螺分布调查；专题研究分析了东线水流水势、水工建筑对钉螺迁移的影响；同时还采用回顾性调查的方法，对江苏省江水北调工程有关情况进行了类比研究。

研究结果认为：南水北调东线逐级提水运行模式不同于农田灌溉模式，沿线水工建筑具有一定的阻挡钉螺北移作用，输水河道常年保持高水位运行不利于钉螺孳生繁殖，江水北调工程运行40多年未发现钉螺北移扩散，亦未有33°15′以北地区自然界发现钉螺的报告。因此，南水北调东线工程调水致钉螺向北扩散的可能性很小，东线工程的实施将不会增加钉螺和血吸虫病北移的风险。

研究认为水源区引水河道有可能引起钉螺在当地血吸虫病历史流行区的扩散，因此建议加强东线水源区及引水河道影响区的钉螺监测，落实工程和非工程防控措施，确保东线工程的正常运行。

（黄轶昕　梁幼生）

征地移民制度体系建设和政策研究

国务院南水北调工程建设委员会第二次全体会议明确了南水北调工程征地补偿和移民安置的方针政策和管理体制，并要求办公室抓紧编制南水北调工程征地补偿和移民安置办法，尽快按程序报国务院审批。国务院于2005年1月批准了国务院南水北调办公室上报的《南水北调工程建设征地补偿和移民安置暂行办法》，1月27日，以国务院南水北调工程建设委员会的名义印发。

根据《南水北调工程建设征地补偿和移民安置办法》，国务院南水北调办公室抓紧配套制度管理建设，组织起草有关办法和规定。6月16日，国务院南水北调办公室印发了《南水北调征地移民资金管理办法》。8月10日，国务院南水北调办公室印发了《南水北调工程建设征地补偿和移民安置监理暂行办法》和《南水北调工程移民安置监测评估暂行办法》。

国务院南水北调办公室还参加了国务院法制办主持的《大中型水利水电工程建设征地补偿和移民条例》的研究和修订工作，参加了国家发展和改革委组织的全国水库移民后期扶持政策调研。

（范治晖）

文 物 保 护

概　　述

2005年3月和9月，南水北调一期工程文物保护工作协调小组分别召开了第三次和第四次会议，研究文物保护专题报告、文物保护控制性项目和加强文物保护管理等问题。10月，国家发展改革委核定了南水北调东、中线一期工程控制性文物保护项目概算。核定南水北调东、中线一期工程控制性文物保护方案项目45项，总投资5000万元。11月，国务院南水北调办批复了控制性文物保护方案并下达了投资计划。各地文物部门根据下达的计划进行了保护性发掘，初步缓解了工作周期紧张的情况。总体可研阶段的文物保护专题报告已经完成，分别通过了水利部组织的，由国家文物局、国务院南水北调办和水利部推荐的包括文物、工程和概算等方面专家的审查。报告中，南水北调东、中线一期工程文物保护项目共计710个，中线609个，东线101个，保护经费共计98526万元。

（范治晖）

国务院领导重视南水北调工程文物保护工作

2005年，胡锦涛、温家宝、曾培炎和陈至立等党和国家领导同志先后七次批示南水北调工程文物保护工作。为进一步促进南水北调工程文物保护工作，全国政协副主席张思卿率领由发展改革委、水利部、南水北调办公室、国家文物局组成的联合调研组，于9月9日～9月26日，对山东、江苏、湖北、河南四省进行专题调研。调研组实地考察了有关工程和工程涉及的文物抢救情况，听取了各地的工作汇报，并与当地政府及相关部门对有关问题进行了座谈、研究。

文物保护工作进展

2005年，南水北调工程沿线各省文物部门积极努力，在经费难以完全到位，征地拆迁没有完成的情况下，克服困难，多方筹措资金，积极协调，力争文物保护工作先行，取得了一系列可喜的成绩。

北京市文物研究所在工程拆迁征地工作未完成的情况下，对管线经过之地进行了全面文物勘探，共勘探272万m^2，发现重要文化遗址和墓葬12余处，共计需发掘面积19350m^2。

河北省文物部门对磁县北朝墓群和林村墓地进行了全面勘探（其中磁县北朝墓群勘探面积1984945m^2，林村墓地勘探面积723000m^2），还对唐县北放水遗址、林村墓群、满城荆山遗址和墓地以及蔚公遗址进行了发掘。唐县北放水遗址发现了较为丰富的极具地方特色的夏时期文化遗存，填补了保定地区夏时期考古学文化研究的空白，对于研究该地区考古文化的渊源、流布、族属、性质等具有重要意义；林村墓群3号墓的发掘对研究战国时期贵族墓葬形制、结构及埋葬习俗提供了珍贵的实物资料；满城荆山遗址和墓地的发掘，为研究战国时期当地居民的社会生活、两汉时期的墓葬形制和葬俗提供了重要资料；蔚公遗址的发掘为研究满城县汉代至元代当地居民的生活状况，提供了实物资料。

从2005年4月15日开始，河南省南水北调中线工程控制性考古发掘工作陆续展开。截至2005年12月31日，实际发掘面积达44100m^2，与年度计划发掘面积28100m^2相比，超额57%，并取得了重要考古收获，为深入了解当地古代历史文化面貌提供了一批新的实物资料，特别是薛村遗址、刘庄遗址、娘娘寨遗址、固岸墓地的发掘，为有关重要学术课题研究的深入开展提供了一批十分重要的考古发掘资料，对探讨夏商文化演变的态势，先商文化的墓葬制度、人种族属、社会结构，尤其是商人渊源等重大学术问题，以及解决学术界长期悬而未决的西周东虢国故址问题和我国白瓷制作工艺的起源等具有很大的推进作用。其中刘庄遗址及墓地的考古工作获“2005 年全国十大考古新发现”。

湖北省文物局积极组织丹江库区考古发掘工作。郧县老幸福院墓群共发掘 $4600m^2$，揭露了从战国至明清时期的墓群，出土遗物有陶器、瓷器、铁器、铜器、银器及饰件，这些对认识了解研究鄂西北地区战国至秦汉时期的社会经济状况、生活习俗、丧葬制度等将具有重要意义。北泰山庙墓群全部完成 $4500m^2$ 的控制性工作计划，发掘土坑竖穴墓 33 座。从发掘掌握的材料分析，该墓地可能是一处贵族家族墓地。牛场墓群完成 $2310m^2$ 的考古发掘任务，清理东周小型楚墓 48 座。郧县辽瓦店子遗址经勘探，确定埋藏面积达 20 万 m^2 以上，时代从新石器一直到汉代，已进行 $4500m^2$ 的发掘，发现有保存较好的夏、商、西周时期的遗存，可望填补鄂西北地区文化发展序列上的空白。

文物保护工作协调会议

2005 年 3 月 18 日，南水北调工程文物保护工作协调小组召开第三次会议，传达并学习了胡锦涛总书记、温家宝总理关于南水北调工程文物保护问题的重要批示，并对如何落实中央领导批示、文物专题报告纳入工程总体可研报告、控制性文物保护项目编制和拟开工四个单项可研的文物保护等问题进行了研究。会议明确要在工作中进一步落实中央领导的批示精神，认真做好南水北调一期工程中的文物保护工作，既要确保南水北调一期工程的顺利实施，又要保护好我国珍贵的历史文化遗产。同时，会议明确了几项具体工作要求。一是长江水利委员会和淮河水利委员会要尽快将汇总后的文物保护专题报告按程序报审。二是强调南水北调一期工程项目法人和省级文物行政部门应于 4 月 15 日前将达到初步设计深度的控制性文物保护项目方案和投资概算报国务院南水北调办和国家文物局。三是由国务院南水北调办商国家文物局，组织对文物保护方案进行审查，并根据审定的文物保护方案将投资概算和投资计划尽快报国家发展改革委核定。

2005 年 9 月 1 日，南水北调工程文物保护工作协调小组召开第四次会议。会议简要总结了南水北调一期工程文物保护工作，肯定了《南水北调中线一期工程文物保护专题报告（送审稿）》专家组评审意见，同意将丹江口库区 157 米水位以下的文物保护工作纳入《南水北调中线一期工程文物保护专题报告》，补充 C 级文物中少量具有特别重要价值的古遗址、古墓葬。同时，为进一步加强对南水北调一期工程文物保护工作的管理，会议决定，由国家文物局牵头在总结国内其他基本建设项目文物保护工作经验基础上，起草《南水北调工程文物保护工作实施管理办法》（草案），提交下次协调小组会议讨论。

调　研　工　作

2005 年 5 月 2 日 ~9 日国家文物局会同水利部、国务院南水北调办、全国政协教科文卫委员会组成调研组，赴北京、河北、河南、湖北、江苏、山东、天津等省（市），对南水北调中、东线工程沿线文物保护工作情况进行了专题调研。调研组重点考察了目前已经开工的考古工地和即将实施的文物保护项目，全面调查了解情况，与各省市主管领导会谈，推动有关工作。

2005 年 11 月 16 日，国家文物局在河南郑州召开南水北调工程文物保护工作动员大会，动员全国具有考古发掘资质的专业研究单位，全力支援南水北调工程文物保护工作，最大限度地保护文物并支持南水北调工程的顺利施工。单霁翔局长在会上作了重要讲话，号召全国具有考古发掘资质的专业研究单位增强大局意识，增强使命感、责任感，以对历史负责的态度和保护文化遗产的决心积极投身会战。

文物保护专题报告编制、审查工作

2005年，国家文物局积极协调各相关部委，精心组织各省文物部门，共同努力，编制完成《南水北调中线一期工程文物保护专题报告》和《南水北调东线一期工程文物保护专题报告》，并多次参加有关部门召开的专家审查会，顺利完成对上述两个报告的专家审查工作。截至2005年底，上述两个文物专题报告已上报发展改革委，进入下一个审批程序。

同时，各省文物部门纷纷建章立制，规范文物保护工作。河北省文物局和河南省文物局都与本省相关部门联合下发了规范南水北调工程文物保护工作的相关规章制度，包括文物保护工程管理、项目监理、经费使用和考古发掘工作规范等多个方面。北京、湖北的相关管理规定也在制定之中。南水北调沿线各省市还都成立了南水北调文物保护工作领导小组，并下设办公室，专职负责南水北调文物保护抢救的日常管理工作。

（国家文物局）

工　程　稽　察

项　目　稽　察

根据年度稽察工作计划安排，国务院南水北调办2005年共组织进行经常性稽察6次，稽察复查3次，安全检查1次：

经常性稽察：分别对南水北调东线解台泵站、万年闸泵站、刘山泵站和南水北调中线唐河倒虹吸、釜山隧洞、漕河项目等6个工程项目的建设情况进行了稽察。其中，刘山泵站工程是委托江苏省南水北调办组织进行稽察。

稽察复查：2005年3月，与国家发展改革委稽察办联合对山东济平干渠工程项目的稽察整改情况进行了复查；6月，国务院南水北调办再次组织对济平干渠工程项目整改复查报告所提出问题的整改意见进行了复查；7月，委托河北省南水北调办对滹沱河倒虹吸工程建设稽察整改情况进行了复查。

专项检查：2005年1月，国务院南水北调办组织对永定河倒虹吸穿北京市西五环路浅埋暗挖工程进行了安全生产和文明施工专项检查。

为跟踪和掌握稽察工作情况，确保稽察工作能够紧密结合工程进展，按照南水北调工程项目划分，就项目开工时间、计划完工时间、稽察（复查）时间、整改情况反馈时间等信息，编制了稽察工作进度形象图。

（魏　伟　熊雁晖　胡　玮　陈维江）

稽　察　工　作

（一）编制稽察工作进度形象图

为跟踪和掌握稽察工作情况，确保稽察工作能够紧密结合工程进展，按照南水北调工程项目划分，就项目开工时间、计划完工时间、稽察（复查）时间、整改情况反馈时间等信息，编制了稽察工作进度形象图。

（二）召开稽察工作座谈会

2005年8月，国务院南水北调办召开了南水北调工程建设2005年稽察工作座谈会。会议围绕“工程建设与管理举报调查”、“工程建设质量稽察”、“工程建设招投标稽察”和“稽察报告编写”等四个专题展开。与会专家结合自己的专业交流经验、发表看法、提出建议。座谈会起到了对稽察工作进行阶段总结和促进的作用。

（三）总结分析稽察中发现的问题

为从全局掌握南水北调工程建设情况，国务院南水北调办组织对2005年稽察过程中发现的问题进行了归纳总结和分析，提出了要加强项目法人责任制落实，增强参建单位责任意识，重视工程前期勘察设计和招投标工作，确保工程建设稽察整改意见落实等意见。

（魏　伟　熊雁晖）

稽察队伍建设

根据稽察专家聘任管理的有关规定，国务院南水北调办在原聘稽察专家组组长4人、稽察专家38人的基础上，增聘了52名稽察专家，专业涵盖工程设计、计划合同、工程监理、质量管理、基建财务、征地移民和生态建设等多个方面。稽察专家库的人数及专业结构基本能够满足今后稽察工作的需要。

根据南水北调工程建设进展情况和工程建设稽察发现的新情况、新问题，国务院南水北调办对从事稽察工作的人员进行经常性的业务培训，以提高稽察人员业务素质，保证稽察工作的效率和质量。

（胡　玮　赖斯芸）

规章制度建设

（一）编辑法规汇编及工作手册

为便于稽察工作人员掌握和熟悉与南水北调工程建设有关法律法规及规章制度，国务院南水北调办组织编制了《南水北调工程建设稽察工作法规汇编》（以下简称《汇编》）和《南水北调工程建设稽察工作手册》（以下简称《手册》）。《汇编》于2005年10月印发，在南水北调工程各建设管理单位开始使用。《手册》于2005年12月印发，供内部培训及稽察人员使用。

2005年9月，监管中心印发了《南水北调工程建设监管中心稽察报告初审工作暂行管理办法》，明确了初审工作的工作程序、工作内容及初审意见运转程序。

（二）稽察档案管理制度

稽察档案管理是稽察工作的重要组成部分。2005年9月，监管中心印发了《稽察档案管理办法》。从归档范围和分类、档案材料的收集与归档、整编要求和档案的利用与管理等方面对南水北调工程稽察档案管理工作进行了规定，为规范稽察资料的管理提供了依据。

（三）稽察经费使用管理办法

2005年5月，监管中心印发了《南水北调工程建设监管中心稽察专项经费支出管理办法》，从支出的范围、费用的审批、报销作出了明确的规定。

（魏　伟　曹纪文　陈维江　熊雁晖）

举报受理和办理

依据《南水北调工程建设项目举报受理及办理管理办法》（国调办监督［2004］52号），国务院南水北调办在2005年共受理办理举报27件，其中：群众来访8件、电话举报8件、电子邮件举报3件、信函举报（包括有关单位转来信件）7件。举报反映的问题主要涉及征地补偿及移民安置11件、工程诈骗6件、工程招标投标5件、工程分包3件和其他问题2件。上述举报，国务院南水北调办直接组织调查和处理7件，转有关单位调查处理18件，举报事件不详，暂无法调查的

2 件。

2005 年 4 月 14 日，国务院南水北调办与公安部联合向南水北调工程沿线各省（市）南水北调办（局）、公安厅（局）下发了《关于严厉打击和防范不法分子假借南水北调工程名义进行诈骗活动的通知》（国调办监督［2005］24 号），对不法分子假借南水北调工程名义进行诈骗的活动进行打击。

（监督司）

技 术 咨 询

国务院南水北调工程建设委员会专家委员会工作

2005 年，国务院南水北调工程建设委员会专家委员会（以下简称专家委员会）根据专家委员会章程要求做了一些有益的、探索性的工作，提出了一些比较好的咨询意见，受到了有关方面的重视，有些被采纳，起到了应有的作用。

2005 年，由专家委员会主持或与其他单位联合主持开展的活动有 12 次，编印发简报 10 期，调研报告和技术研讨会纪要各 1 份。在组织方式上，由专家委员会组织其成员，以及适当吸纳部分有影响的、造诣较高的专家组成专家组，或专家委员会与有关机构、单位共同组织活动，或由专家委派出成员参加有关机构、单位组织的活动。在活动方式上，有技术咨询、考察、研讨、调研等。

有关活动的情况和成果以专家委简报形式，发送专家委员会各委员和国务院南水北调办领导及有关司局参阅，并按国务院南水北调办领导的批示精神办理。初步实践表明，这种方式是合适的、也是可行的。

专家委员会的工作特点：

（1）专家委员会活动比较紧密地围绕工程建设的重点和关键问题来组织和开展，专家委员会的工作应与国务院南水北调办的中心工作相衔接。专家委员会在年初召开了南水北调东、中线一期工程技术座谈会，国务院南水北调办主任张基尧出席会议并讲话，副主任宁远以及国务院南水北调办有关司局和中线工程项目法人、技术单位等出席会议。出席会议的专家委员会委员结合南水北调工程建设和前期审查工作中存在问题，从工程建设管理、设计管理、施工技术、运行调度、输水风险分析、工程沿线生态保护、征地移民、供水水价、投资控制等方面提出了许多建设性的意见和建议。张基尧主任到会认真听取了专家们的建议，并作了重要讲话。张基尧主任分析了南水北调工程建设的特点和目前存在的一些问题，强调指出，南水北调工程建设首先必须坚持两个原则：一是坚持质量第一的原则，正确处理进度与质量的关系，把质量放在第一位；二是坚持遵循国务院批复的总体规划的原则。其次，要做到四个加强：一是加强专项科研，验证设计，指导施工；二是加强对设计工作的协调和指导，保证设计质量；三是严格可研报告审查，把好前期工作质量关；四是采用设计招标，认真做好各项初步设计工作。张基尧主任的讲话对专家委员会的工作起了十分重要的导向作用。

（2）专家们在工作中参与意识强，热情高，具有强烈的责任感。许多专家的工作十分繁忙，但对专家委员会组织的工作和活动非常支持，往往放下手中的其他工作来参加专家委员会的工作和活动。专家们经常白天考察、开会，晚上利用休息时间阅看资料。许多专家不顾年事已高，仍深入现场工地认真考察。详细询问有关施工细节和工程建设质量情况，受到了现场技术人员、工人的敬重和好评。

专家们在活动中提出了许多有益的意见和建议，如对中线工程冰期输水、调度运行方案、预防混凝土碱骨料反应，以及进一步加强工程质量管理等问题的意见和建议，都受到了有关方面的高度重视。

（3）专家委员会秘书处有关工作人员与各位专家建立了良好的工作关系，气氛融洽、配合默契，有较高的工作效率。秘书处设于监管中心，许多日常事务（如财务、活动安排等）由中心负责管理，减少了常设人员，提高了办事效率。由于许多时候会有一些突击性的工作，时间紧迫，但是有关工作人员都能任劳任怨，积极热情地完成各项服务性工作，受到了专家们的一致好评，相互建立了良好的工作关系和感情，保证了各项工作的顺利开展。

（4）在南水北调办领导和有关司局以及财政部的关心、支持下，专家委员会的年度工作经费得到了落实和保障，有力地支持和保障了专家委员会工作的正常运行。2005 年度专家委员会共到位工作经费 390 万元，实际支出 389.8920 万元。

2005 年初专家委员会秘书处会同监管中心制订了《南水北调工程建设委员会专家委员会工作经费管理暂行办法》，对工作经费的预算编制、开支范围、使用原则、开支标准、经费审批与报销程序等作了明确的规定，使专家委员会工作经费得到了规范、制度化的使用。

12 月份，在南水北调办开展的内部财务检查工作中，对专家委员会经费使用情况进行了检查，未发现重大经济财务问题。

（5）专家委员会围绕 2005 年工程建设的重点和关键问题开展了专题研究技术咨询，从工程建设管理、设计管理、施工技术、运行调度、输水风险分析、工程沿线生态保护、征地移民、供水水价、投资控制等方面提出了许多建设性的意见和建议。

（张国良　曹雪玲）

南水北调中线一期工程冰期输水咨询研讨会

2005 年 1 月 6～8 日，专家委员会组织专家和中线工程建设管理局、水利部水利水电规划设计总院、中国水利水电科学研究院、长江水利委员会、海河水利委员会、河北省水利厅等单位的有关专家和代表，对引黄济津工程冰期输水情况进行了现场考察，并在天津召开中线一期工程总干渠冰期输水专家研讨会。

南水北调中线一期工程总干渠位于北纬 32°～40°，东经 111°～118°，大部分渠段在黄河以北，寒冷季节输水沿线将会出现不同程度的冰情和冰害问题，且结冰和融冰为自北向南逐渐变化，会出现南北冻、融情况不同的复杂状态。又因南水北调总干渠线路长、建筑物多、流量变幅大，当形成流冰、冰塞、冰坝时，将对渠道输水能力、工程的调度运行方式乃至工程的安全等都会产生很大影响。研究解决好上述问题，对于保障工程冰期输水的顺利进行至关重要，也是保证南水北调中线工程能够达到规划目标的关键问题之一。

研讨会上，海委就 2004 年引黄济津工程冰期输水情况进行了汇报，河北省南运河管理处汇报了引黄济津工程冰情观测资料，中国水利水电科学研究院介绍了南水北调中线工程冰期输水的研究成果，长江水利委员会科学院汇报了《南水北调中线一期工程总干渠冰期输水专题研究》的进展情况。通过考察和听取汇报、分析情况，专家们对冰期输水的危害性有了较深刻的感性认识和体会，并结合引黄济津工程冰期输水的特点对南水北调中线工程冰期输水问题展开了认真的讨论，与会专家认为：

（1）南水北调中线一期工程黄河以北渠段，尤其是石家庄以北渠段，冰期输水时将有冰害问题。南水北调中线一期工程已开工建设，从工程设计上解决好南水北调中线工程冰期输水问题已迫在眉睫，有关方面应予足够重视，推动此项工作的深入开展。

（2）长江水利委员会水科院所做的南水北调中线一期工程冰期输水专题研究的主要结论偏于乐观，与引黄济津等工程冰期输水的实际情况出入较大，需要采取的工程措施也不够明确。专家建议：对现有成果做进一步复核，尽快抓紧研究，补充、完善。需要采取的工程措施，如必要的排冰设施等应有明确意见，并反映在总体可研设计成果中，包括必要的观测、管理设施，以及投资等要考虑进去。

对冰情研究宜以没有工程措施和采取工程措施后两种情况加以分析研究，针对不同时段（包括流冰、冰冻、融冰等）、不同渠段、不同流量等条件下的具体情况，研究提出一个比较明确的成果。包括冰期输水对工程输水能力、因排冰造成的输水损失量，以及调水目标的影响等，冰期输水对建筑物的影响及危害性和有效的工程措施。

（3）南水北调中线一期工程为常年输水，冬季输水应作为一个正常工况设计，除在工程措施上提出有效的防冰害措施外，冰期输水对调度运行方式等也将产生较大影响，有可能需要制订冰期和非冰期两种不同的调度运行模式，调度运行方案会是比较复杂的，设计上应予充分重视，以保证实施调度运行的可行性。

（4）已经实施的引黄济津工程与南水北调中线工程在地理位置、气候条件等方面比较相近，其冰期输水的经验十分宝贵，资料要加以认真总结、分析，对南水北调中线工程冰期输水在工程措施、调度运行等方面有重要借鉴作用。建议长江水利委员会设计院、长江水利委员会科学院与海河水利委员会、河北省设计院、南运河管理处、中国水利水电科学研究院等单位密切配合，收集资料，补充完善专题报告。

建议对目前正在输水的引黄济津工程观测资料进一步补充、完善，若有可能对其输送加大流量时再观测一次。

专家委员会对北京段、河北段工程预防混凝土碱骨料反应问题进行调研

专家委员会于2005年7月19～22日组织专家对北京段、河北段工程预防混凝土碱骨料反应（以下简称AAR）问题进行了专题调研。南水北调中线干线工程建设管理局和北京市、河北省南水北调办等单位派员参加。

碱骨料反应是混凝土工程损坏的重要问题之一。本次调研的范围为南水北调中线干线北京段和河北北段工程，地处国内已知的混凝土碱活性骨料分布区。在北京、天津已发生多起由AAR引起的工程破坏事例。水利工程由于使用环境多与水接触易发生AAR问题。因此，专家们一致认为在该地域兴建水利工程，更要高度重视AAR问题，严格把好骨料的质量关、混凝土的总碱量控制关、碱集料反应抑制关，确保工程混凝土耐久性。

据了解，针对南水北调中线工程混凝土用骨料，南水北调中线干线工程建设管理局、北京市、河北省各有关南水北调工程建设部门都提出了严格系统的质量要求，在各阶段勘查中，对所选料场岩石都进行了相关碱活性的检测试验。

工程所用的人工碎石都选择了碳酸盐岩，易开采、易加工，生产成本较低。专家强调本地区碳酸盐岩多数存在较严重的碱硅酸反应活性，部分具有碱碳酸盐反应活性，需要严格检验并区别。

根据以往的工作经验，该地区震旦地层碳酸盐岩可以肯定具有碱活性，但由于地层

岩性的不均匀性，专家建议即使该地层岩石某批个次检验为合格尽可能不予采用，否则需采取抑制措施；寒武、奥陶灰岩可以作为本地区工程用料场的首选地层，但地层中也夹杂有活性岩性层，需要根据岩石的沉积韵律等，详细划分岩性层，依岩性层按南水北调中线干线建设管理局提出的《预防混凝土工程碱骨料反应技术条例》（以下简称《条例》）要求取样，严格检测。对碳酸盐岩多用岩相法检测，此法周期短，费用低，提供的信息多，一是有助于地层单元的划分和取样布置；二是可以指导选择正确的测试方法；三是判断岩石是否具有碱活性、碱活性物质含量种类及活性程度的最直接手段。

专家认为，对具有碱硅酸反应活性的骨料应按照《条例》要求，采取抑制措施预防活性反应。但对碱碳酸盐反应尚无有效抑制措施，且反应发展迅速，危害性大。为严防碱碳酸盐活性骨料混入工程，杜绝漏检，专家建议对北京、河北段现已选择的碳酸盐岩料场要进行全面的岩相法再检。首先要对所选矿山进行详细的地层单元划分，明确岩性段，对各岩性段按《条例》要求进行取样送检。

对含有碳酸盐岩的卵石，同样对待。

调查区内河砂普遍具有碱硅活性，如采取有效抑制措施，可以有条件使用。河砂由于长期的分选作用，碳酸盐岩含量普遍较少，故对河砂可以不专门做碱碳酸盐活性检测。但在对砂进行常规岩相法检测时，一定要描述清楚河砂中碳酸岩砂粒的含量及可能的活性，对异常的砂源（碳酸岩砂粒含量大于20%）仍需做进一步检测，确认无害后方能使用。

（1）鉴于碱碳酸盐反应危害的严重性，对其碱活性检测的把关十分重要。建议将沿途所有已选用碳酸盐岩骨料料场仔细划分岩性段，对各岩性段矿样按《条例》要求复检一次，以严防具碱碳酸盐反应的活性骨料混入工程。

（2）对河沙可以不专门做碱碳酸岩活性检测。但对沙进行常规岩相检测时，如发现异常沙源（碳酸岩沙粒含量大于20%），则仍需做进一步检测，确认无害后方能使用。

（3）关于混凝土总碱含量控制：

1）PCCP管是一种特殊的混凝土构件，设计标号为C50～C60，水泥用量较高，如对混凝土总碱含量控制在2.5kg/m³确有困难，则必须使用非碱活性骨料加以解决。

2）对钢筋混凝土预应力渡槽、C50薄壁结构混凝土、倒虹吸、管涵等应严格按《条例》要求，如使用具有碱硅酸反应活性骨料或具有碱硅酸反应疑似活性骨料时，须严格控制混凝土含碱量，并有AAR抑制措施。如果混凝土总碱量超过标准，则不宜使用碱硅酸反应活性骨料。

3）关于正在施工的北京西四环暗涵喷混凝土支护的含碱量2.5kg/m³控制难以做到问题，专家认为，考虑到该支护混凝土的作用和运行条件，建议可适当放宽到3.0kg/m³控制。

4）对工程用粉煤灰，应严格取样分析其有效碱含量，并调查供货电厂粉煤灰碱含量的历史记录，对有高碱含量记录的供货商，要慎重选择，确保使用的粉煤灰质量稳定合格。

5）北京段人工料场选定的数量较少，还存在北京市政府限制开采问题，需尽快补充找矿，确定新的合格料场，确保工程全部使用合格骨料。

6）目前商业采购砂石料多为矿源附近一家一户小规模生产，基本采用廉价的颚式破碎机，骨料粒形多为针片状。为了保证混凝土工程质量，建议有关单位自行或招标建设中型可移动型砂石加工料场，或先办一两处关键工程加工料场，以利混凝土工程的质量与寿命。

7）建立混凝土工程预防碱骨料反应责任

制。在承包施工合同中，纳入预防碱骨料反应责任，以避免任何疏忽酿成的事故，确保全程输水混凝土的质量安全。

专家委员会对南水北调中线一期工程进行质量检查

11月8日～12日，专家委员会组织专家组对中线干线一期工程进行质量检查。专家们首先听取了国务院南水北调办建设管理司、南水北调中线干线工程建设管理局关于南水北调工程质量管理体系与质量监管情况的汇报，其后对中线工程北京段的永定河倒虹吸、西四环暗涵工程，河北段的唐河倒虹吸、漕河渡槽段工程进行了现场质量检查，并查阅了工程质量记录资料。

通过查阅工程原始资料、现场查看施工质量、听取相关单位汇报后，专家们认为：南水北调中线工程建设管理到位，工程质量良好。所检查的中线在建工程，目前尚未发现重大质量问题，已经发现的质量问题，也已得到比较可靠的处理。

检查中，专家们对北京西四环暗涵工程施工能够按规定每开挖0.5米即进行施工支护的做法表示认同，一致认为，所检查工程各工序、工艺控制得比较好，质量控制体系运行正常。

在专家进行现场检查的同时，专家委员会还首次委托中国水利水电科学研究院工程质量检测中心的技术人员，随同专家们一起，对施工现场的砂子、水泥、钢筋、石料等取样检验；对已建的混凝土建筑物质量进行无损检测。

通过几天的检查，认真的讨论，专家们在检查报告中对所检查的工程给予了肯定：各级政府监管部门、项目法人、设计、施工和监理等单位对南水北调中线一期工程的质量及监管是重视的，从机构、人员、规章制度、技术手段等方面采取了多种措施，质量管理工作是到位的，成效显著。被检查的施工单位能够根据有关技术标准与规范对原材料质量、混凝土浇筑质量等进行检验，监理单位对其进行抽检，原材料质量及混凝土浇筑各项指标均能达到规范标准和设计要求，质量监控基本运行正常，工程质量良好。目前尚未发现重大质量问题，对发现的质量问题，也已得到比较可靠的处理。

检查中，专家们发现混凝土超强现象比较普遍。为此他们提出，为保证混凝土的耐久性，可以通过适当提高粉煤灰掺量，充分利用后期强度，降低胶凝材料总用量，减少混凝土碱含量，降低水化热，提高耐久性、经济性。

中线工程的建设中，受砂石骨料来源限制，施工中难以做到全部采用非碱活性骨料，这成为中线工程质量控制的一大难点。对此，专家们提出，要进一步加强混凝土碱活性骨料试验研究和控制，当前应采取的措施为降低每方混凝土总含碱量，包括全面使用低碱水泥、低碱Ⅰ级粉煤灰、矿粉及低碱高效减水剂等。专家们并对沿线各项工程混凝土总含碱量及相应的材料品种和供应商分标段提出明确要求，力求将总含碱量控制在2.0kg/m^3以下。

漕河渡槽槽身为三向预应力结构，技术要求高，专家们认为千万不可掉以轻心。

专家们还建议，工程建设中应逐步推行初步设计招标工作，提高设计工作质量。并建议在南水北调工程实行设计监理制，明确项目设计总工程师相应职责。

专家委员会对东线工程进行质量检查

2005年11月28日～12月2日，专家委员会组织专家组对南水北调东线一期江苏境内工程进行质量检查。此次，主要检查了各参建单位质量管理体系和运行情况，以及部分在建工程实体的质量。专家组认为，工程总体进展顺利、质量良好。

在工程现场，专家组着重检查了解台泵站已完工的导流工程和正在施工的泵站主体工程的质量情况，以及宝应站工程泵站的监造、验收情况，并启动了2号机组，检查其运行情况。在整个质量检查过程中，专家组通过听取江苏省南水北调办、南水北调东线江苏水源有限责任公司和有关参建单位的汇报，以及查阅工程建设记录、检测资料和座谈等方式，了解南水北调东线一期江苏境内工程质量管理体系和运行情况，以及解台泵站和宝应泵站工程建设的质量情况，并委托中国水利水电科学研究院对解台泵站的原材料等进行检测分析，对两个项目工程实体的代表性部位进行了无损检测。

目前，南水北调东线一期江苏境内工程开工项目共计7项，分别是三（阳河）潼（河）宝（应站）、刘山泵站、解台泵站、淮阴三泵站、淮安四泵站、江都泵站改造和蔺家坝泵站，投资规模约26亿元。截至2005年11月底，江苏境内工程已开工项目共完成土石方工程2971万m^3，混凝土15.9万m^3。累计完成投资近11亿元，占总投资的42.3%。据有关单位提供资料，已对在建工程中的3个项目（不含桥梁和房屋）进行了单元工程质量评定，累计评定2551个单元工程，合格率100%；对3个项目进行了分部工程质量评定，累计评定166个分部工程，合格率100%；累计评定21个单位工程，合格率100%。专家组认为，工程总体进展顺利、质量良好。

专家组从检查的初步情况分析认为，江苏省南水北调办、江苏水源公司、监理、设计和施工单位等对南水北调东线一期工程的质量及监管是重视的，从机构、人员、规章制度、技术手段等方面采取了许多措施，质量管理工作是到位的，成效显著。

在工程施工过程中，施工单位能够根据有关技术标准与规范对原材料质量、混凝土浇筑质量等进行检测，江苏省南水北调质量监督站和监理单位对其进行了抽检，原材料质量及混凝土浇筑各项指标能达到规范标准和设计要求，质量监控体系基本运行正常，工程质量良好。目前尚未发现重大质量问题。对已发现的质量缺陷问题也已得到比较可靠的处理。宝应泵站经试运行检验，情况良好。

在整个质量检查过程中，专家组还对工程建设中的设计质量、质量检测、质量管理等方面提出了评价和建议。

专家组建议，将设计单位纳入质量保证体系，切实做好初步设计招标试点工作，引入竞争机制，择优选择设计单位，将有利于提高设计质量，并对项目法人正在组织开展的泗阳等三个泵站工程的招标工作，给予了充分肯定。建议在南水北调工程实行设计监理制，明确项目设计总工程师相应职责。

专家组还建议，希望有关单位细化和落实对水泵模型、图纸、制模、实件加工之间的衔接与管理，进一步加强水泵监造工作；加强对实体泵站装置效率的测验、评价，以利于更好消化吸收引进技术，总结经验，提高东线工程水泵装置的制造和建设水平。

专家委员会对大掺量磨细矿渣技术在南水北调中线天津干线工程中的研究与应用进行技术研讨

2005年12月14～15日，专家委员会组织专家在京召开了“大掺量磨细矿渣技术在南水北调中线天津干线工程中的研究与应用”技术研讨会。南水北调中线干线建设管理局、天津市南水北调办公室有关单位的领导和代表参加了会议。会议听取了项目承担单位天津市南水北调工程建设委员会办公室、南京水利科学研究院、天津市水利科学研究所对课题研究情况的汇报。专家组对课题研究方向、研究内容、试验方法、阶段成果进行研究讨论，并对课题研究内容提出了意见和建议。

专家普遍认为：南水北调中线天津干线混凝土箱涵工程所采用骨料存在疑似碱活性问题，局部地段地下水位偏高和存在地下水侵蚀等问题，天津市南水北调工程建设委员会办公室组织开展"大掺量磨细矿渣技术在南水北调中线天津干线工程中的研究与应用"课题研究，是非常必要的。课题研究的主要目的是抑制混凝土碱骨料反应、提高混凝土抗侵蚀性能和工程安全保证程度的技术措施和方案。

课题研究进行了大量的试验工作，其研究方向、试验方法、技术路线基本正确，数据规律性较好。目前取得的中间试验结果表明：大掺量磨细矿渣对抑制混凝土碱骨料反应有一定效果，并可以提高混凝土抗侵蚀性能。鉴于目前有效抑制混凝土碱骨料反应以及耐久性研究尚在进行，专家建议，下一步对大掺量磨细矿渣、矿渣粉煤灰双掺组合对抑制混凝土碱骨料反应及抗硫酸盐侵蚀等性能继续试验研究，并与单掺粉煤灰组合结果进行比较，提出比较结论，供决策参考。

专家组建议在继续补充完善前一阶段试验研究的基础上，可进一步加强以下几方面的研究内容：① 天津干线属于箱涵结构，混凝土工程量大，要高度重视混凝土的耐久性，建议进一步完善大掺量磨细矿渣混凝土力学性能、热学性能、变形性能和抗碳化、抗冻、抗侵蚀等耐久性能。② 进一步扩大水泥、磨细矿渣、粉煤灰、外加剂、骨料的调查范围，以及对混凝土建筑物使用条件的说明，加强对以上材料的关键控制参数、指标等的试验研究，以及与现有规程规范的要求衔接，提出满足施工质量控制的技术要求。③ 增加磨细矿渣、粉煤灰双掺组合的试验组数和内容，进一步完善大掺量矿渣组的研究内容。④ 从初步成果看，现配合比中胶凝材料总用量偏高，可能与砂料细度模数偏低有关，建议开展天然砂和人工砂混合试验研究，解决现有天然砂细度模数偏低问题。⑤ 进一步研究混凝土早期强度、水化温升、施工工艺、质量监控等一系列技术问题，提出解决措施，优化混凝土配合比，结合相应的施工工艺进行典型工程实践验证，并进行全面的技术经济分析。⑥ 继续开展对已建工程碱骨料反应的情况调查追溯，为今后混凝土耐久性设计提供技术支持。

（张国良　曹雪玲）

国际合作与交流

概　述

到2005年底，南水北调办系统国际合作的框架初步建立起来。2005年办领导分别率团对加拿大、墨西哥、芬兰、俄罗斯进行访问。筹备完成了2005年出国培训计划，实现了赴加拿大"大型工程项目建设管理"培训团和赴法国"水务及水环境保护"培训团计划，在加强南水北调工程国际交流与合作、借鉴国外先进技术和管理经验等方面取得初步成效。完成了与法国、荷兰有关部门合作意向的洽谈和联系。接待了日本、瑞典、韩国、荷兰、法国、美国等外国访华团对南水北调办的访问。

（胡周汉　何韵华）

外事工作管理

在《关于印发〈国务院南水北调工程建

设委员会办公室外事工作管理办法〉的通知》（国调办综［2003］16号）及《关于印发〈国务院南水北调工程建设委员会办公室护照（通行证）管理暂行规定〉的通知》（综人外［2003］11号）基础上，进一步规范了出国考察、培训、来访等外事工作程序，制定了"外事工作呈报单"，编写了外事教育材料和办领导出访情况手册，建立了国务院南水北调办公室护照管理数据库，并对因私出国情况在北京市出入境管理局进行了备案。

（胡周汉　何韵华）

重要外事活动

（一）来访

2005年1月20日下午，国务院南水北调办总工汪易森会见法国装备、交通、国土整治、旅游及海洋部经济与外事司康柏年先生及法国驻华大使馆商务参赞郭日海先生一行。双方就两部委合作事宜进行了交流与探讨。

2005年3月1日上午，国务院南水北调办总工汪易森会见日本日立中国有限公司副总经理藤冈圭亮一行。双方就南水北调工程中泵站技术等有关话题进行了交流。

2005年3月3日上午，瑞典洛克赛克国际股份有限公司全球销售经理Robert Stubb一行拜访国务院南水北调办。双方就南水北调工程中多径电缆和管道密封技术的应用可行性等有关话题进行了交流。

2005年5月27日，国务院南水北调办副主任宁远会见了美国Business Objects公司高级副总裁James R. Tolonen一行。双方就工程信息化技术等方面进行了交流。

2005年6月10日，国务院南水北调办主任张基尧会见了荷兰水利、交通与公共工程部公共工程及水资源管理总司长凯茨先生一行，张主任向客人简要介绍了当前南水北调工程建设的进展情况，并就双方在南水北调工程方面的合作与交流和客人交换了意见。随后，汪易森总工与客人进行了技术交流。

2005年7月18日下午，美国RAHCO公司副总裁Darrell L. White先生一行拜访国务院南水北调办。双方就渠道衬砌问题进行了交流。

2005年7月28日上午，国务院南水北调办总工汪易森会见了国际水利工程学会冰工程委员会主席、美国Clarkson大学教授沈洪道先生一行。双方就南水北调工程中冰期输水问题进行了交流。

2005年10月11日，国务院南水北调办副主任宁远会见了法国Business Objects公司董事会主席Bernard Liautaud先生一行。双方就工程信息化技术等方面进行了进一步交流。

2005年12月23日，国务院南水北调办张基尧主任会见了印度尼西亚公共工程部部长佐克·吉尔曼托（Mr. Djoko Kirmanto）先生一行。会谈中张主任首先介绍了南水北调工程的基本情况，随后双方就南水北调工程建设、移民安置、水价、资金等方面进行了交流。

（二）出访

应芬兰农业与林业部、俄罗斯自然资源部水资源署邀请，国务院南水北调办副主任宁远9月4～13日率团出访芬兰、俄罗斯两国。访问期间，考察团分别与芬兰农业与林业部、俄罗斯自然资源部水资源署进行了座谈交流，对两国在水资源管理体制、调水工程建设与运行管理、水源地管理与保护、冰期输水、城市供水等方面的经验和做法进行深入了解并交换了意见，实地考察了芬兰赫尔辛基长距离调水隧洞工程、芬兰凯米乔卡公司及其管理的洛卡水库、波蒂帕塔水库，俄罗斯莫斯科运河工程、莫斯科市卢布廖夫卡供水厂等，并向有关方面介绍了我国南水北调工程建设管理的情况。

应加拿大土木工程学会和墨西哥国家水资源委员会的邀请，国务院南水北调办副主任孟学农11月7～16日率团出访加拿大、墨西哥两国。对加拿大、墨西哥两国的水资源管理体制、调水工程的运行机制等方面进行了考察。访问期间，考察团与两国的水资源管理部门进行座谈，对两国在水资源管理及调水工程运行等方面的经验进行了深入了解并交换了意见，实地考察了加拿大兰万灵公司、圣劳伦斯河道管理机构、尼亚加拉瀑布水电站、墨西哥勇敢谷引水工程，并向有关方面介绍我国南水北调工程建设有关情况。

（胡周汉　何韵华）

项目培训

2005年10月、11月，为学习借鉴国外先进的工程建设管理经验，提高南水北调工程建设管理的能力和水平，经国家外专局批准，国务院南水北调办分别组织了赴加拿大“大型工程项目建设管理”培训团和赴法国“水务及水环境保护”培训团，并顺利完成培训任务。

（胡周汉　何韵华）

新闻宣传

概述

2005年，围绕国务院南水北调工程建设委员会第二次会议精神的贯彻落实，围绕南水北调工程建设中心工作，围绕征地移民体制贯彻落实、东线治污、水源地保护、基金征收、文物保护等社会层面工作进展等，组织中央媒体深入工程建设一线开展一系列宣传报道。工作组织过程中，坚持正面引导、团结鼓劲，准确把握宣传口径和新闻切入点，形成新闻合力，为工程建设营造良好的氛围。

继续取得中央宣传主管部门的支持，将南水北调工程建设的宣传纳入中央宣传大格局中，针对工程建设相关的敏感问题，及时发布指导全国新闻媒体的宣传报道口径，积极做好中宣部组织开展的“经典中国·重点工程篇”之南水北调工程的宣传组织工作。

（陈曦川　杜丙照）

宣传报道

（一）“经典中国·重点工程篇”之南水北调工程篇的报道

积极与参与报道的人民日报、新华社、中央人民广播电台、中央电视台、经济日报、光明日报、中国日报、中国青年报、法制日报、科技日报、农民日报、工人日报、中国水利报等中央新闻单位沟通，了解报道需求，共同策划宣传报道方案。组织召开媒体记者通气会，介绍南水北调工程建设情况，组织记者联合采访国务院南水北调办公室领导。组织做好相关访谈类节目的制作工作，先后组织完成中央电视台《决策者说》“专访张基尧主任：六问南水北调工程”节目录制，以及张基尧主任做客人民网“强国论坛”与网民实时在线交流活动。在中央新闻媒体的积极参与与大力支持下，直接发稿24篇（件）。由于报道时间集中，形成了南水北调工程宣传报道的高潮。

沿线有关各省按照中宣部的部署和要求，相继开展了宣传组织工作。如北京市2005年组织开展了“首都市民走进重点工程之南水北调工程”的宣传，组织北京主要媒体就南水北调北京段西四环暗涵工程等在建工程进行了报道。

（二）重点宣传工作

围绕项目开工和在建工程建设、重要制度出台、东线治污、文物保护等重要工作、重要会议、重要活动开展了重点宣传。全年共策划组织较大的报道活动13次，新华社、人民日报、中央电视台、经济日报等中央主要新闻媒体直接发稿140余篇。工作中，加强了策划与组织工作，每次宣传活动都做到“六个一”，即精心制定一个策划方案、准备一套素材（包括新闻通稿、图片及其他背景材料）、组织一次活动、报送一期信息专报、编印一期《简报》以及整理一期《近日媒体关注》。

结合南水北调工程建设征地移民工作会议的召开，组织中央主要新闻媒体对国务院南水北调工程建设委员会确定的南水北调工程建设征地移民管理体制和管理制度进行了宣传报道。人民日报头版刊登题为“国家确定南水北调工程开发性移民方针”的消息，新华社发出题为“国家确定南水北调工程移民方针”、“南水北调工程将移民近40万 涉及7省市100多个县”、“南水北调严控征地范围内新增人口和建设项目”、“南水北调移民财产补偿费和搬迁费由迁出地兑付”、“南水北调征地补偿和移民安置资金要专账管理”、“南水北调征地补偿和移民安置资金须严格审计”等6篇通电，其他中央媒体也发出一系列报道，产生了较好的舆论反响。在此之后，组织中央主要新闻媒体对“南水北调工程征地移民资金管理办法”的出台实施进行宣传报道。

与中线水源公司、中线建管局一起组织中央主要媒体对丹江口大坝加高工程、中线穿黄工程等重点工程开工建设进行了宣传。媒体对中线水源地——丹江口大坝加高工程十分关注，据不完全统计，参与报道的媒体达500多家。人民日报分别以“南水北调工程进入建设高峰”、“南水北调中线提速”为题连续两天进行报道；新华社在开工当日发出12篇通电，对丹江口大坝加高工程开工建设情况、工程建设相关背景进行报道，并分别以“盛世治水——从三峡工程到南水北调”、“治水正其时”为题发表了评论文章。其他中央媒体以及中线工程沿线地方主要媒体也作出大量报道。为配合工程开工，湖北日报推出8个版连版印刷的巨幅全彩特刊《南水北调 造福中华》、《南水北调 情牵荆楚》，对工程决策、意义进行了全面展示，湖北电视台与湖北广播电台对开工典礼进行了直播。中央主要媒体以及沿线地方主要媒体对中线穿黄工程、漕河渡槽工程、北京西四环暗涵工程、东线江苏淮阴三站和淮安四站开工及建设进行了重点关注，作出大量报道。

（三）敏感问题宣传

在全国人大环资委开展的中线水源地环保世纪行刚刚结束后，在江苏、山东两省南水北调办事机构的大力支持下，及时组织人民日报、新华社、中央人民广播电台等媒体开展东线治污报道行，有力地引导了社会舆论。人民日报刊发的题为“南水北调不会成‘污水北调’”通讯文章，成为媒体一个时期对东线治污的报道方向。结合控制性文物项目方案批复、5000万元文物保护专项资金安排下达之际，组织中央主要媒体对工程建设中的文物保护进行客观报道，有力地引导了社会舆论，客观上改变了一个阶段有关媒体对南水北调工程文物保护工作报道不够客观的现状。围绕打击以南水北调工程名义诈骗行为，组织中央电视台、中国水利报，正面宣传了南水北调工程建设管理制度和管理程序，震慑了不法分子。

结合部分项目建成、建设进展、科技创新等，对工程建设及科技创新工作进行宣传；组织中国水利报赴南水北调东线报道工程建设形象进度，配合做好人大环资委组织的南水北调中线水源地环保世纪行的宣传报道，配合有关部门组织做好工程融资方面的宣传报道。

（四）编印《近日媒体关注》

全年共编印87期，涉及媒体300多篇报道，内容主要涉及东线治污、中线水源地保护、文物保护、基金征收、水价调整、征地移民、血吸虫防治等方面的报道，为办领导、机关各司及时提供媒体动态。办领导多次对反映的情况，特别是治污、水源地保护、文物保护等较敏感的社会层面的舆论信息十分重视，多次作出重要批示，为开展有针对性地宣传工作指明了方向。

（五）采访接待工作

全年，组织安排接待20余次媒体来访，其中包括英国BBC、挪威电视台、日本共同社、法国费加罗报等涉外媒体6次，安排中央电视台、中央人民广播电台采访近10次。及时更新日常宣传口径，指导日常宣传工作。为进一步做好日常接访工作，根据重要决策和工作需要，及时更新了近期南水北调工程建设宣传口径。编印有关宣传资料。为及时总结南水北调工程建设宣传报道经验，做好新闻宣传的工作衔接，做好今后的宣传工作，完成《南水北调工程建设新闻集》2003年和2004年两卷编印，进一步扩大了宣传效果。

南水北调各项目法人、沿线有关省（直辖市）办事机构围绕工程建设进展、基金征收等工作进展，组织开展了大量宣传工作。

（陈曦川　杜丙照）

信息工作

（一）政务信息公开工作

按照中央、国务院有关政务公开以及加大政务信息发布力度的要求，组织制定了《国务院南水北调办公室政务信息公开管理办法》，编制了与其配套的《政务公开目录》，组织开展了南水北调工程建设的政务信息公开工作。目前，已经做到有关南水北调工程建设的大政方针、相关法律法规与规章制度、工程建设进展、招投标、水质等政务信息及时公开，主动向社会提供信息。

（二）南水北调政务信息工作

建立信息网络，畅通信息渠道。在及时向与国务院办公厅、中央办公厅编报信息专报的同时，建立了与各项目法人、沿线各省市南水北调办事机构及移民机构的信息网络，畅通了信息渠道。各单位也逐步建立起相应信息网络。

建立信息报送制度，规范信息报送工作。结合南水北调工程建设实际，2005年11月印发了《关于加强综合政务信息的通知》，对南水北调信息工作进行了全面部署，明确了信息专报、工作简报和网站信息等三种信息载体方式。通知发出后，各单位按照工作要求，落实信息报送制度，通过信息专报、工作简报等方式报送了大量具有决策参考价值的工作信息；各项目法人与部分省市在年底前开通了各自门户网站，及时向社会发布工程建设进展信息。

加强了简报工作，加大对各地区、各单位情况反映力度。对各单位报送信息编发成《南水北调简报》，向上级部门、国务院南水北调工程建设委员会成员单位反映。对各单位报送的专报信息和简报信息，及时进行编发、转发、摘发，并通过中国南水北调网站反映出来。

（三）中国南水北调网站信息维护工作

在各单位大力支持下，网站功能不断增加，栏目相对固定并有所调整，内容不断丰富。与中国水利报《南水北调专刊》同步推出“聚焦在建工程”专栏，对所有在建项目进行展示。加强了对各单位网站发布信息的转发、摘发力度。把好内容审查关，确保发布信息权威、准确、及时，巩固网站的权威窗口地位，充分发挥网站沟通社会大众、宣传工程建设、传递真实信息、引导社会舆论的作用，中国南水北调网站已经成为中国最权威的发布南水北调工程建设信息的窗口。

（陈曦川　杜丙照）

专刊专题

2005年，中国水利报《南水北调专刊》共出版45期、90个版、近70万字，全面及时地报道了南水北调工程建设管理工作的方方面面。

开展了专题策划“南水北调东线行”，发表现场随笔10余篇、记者观察近10篇；开展了“走中线看清水走廊”系列报道；多角度、多形式报道了中线丹江口大坝加高工程、穿黄工程、北京西四环暗涵工程，东线淮阴三站、淮安四站工程、江都站改造工程等开工盛况；跟踪报道了率先开工建设的东线山东济平干渠通水成功、江苏宝应泵站工程完工等；开设了“聚焦在建工程”栏目，通过图文并茂的方式，对东、中线在建工程进行了多角度、多层次、全方位的报道。此外还开展了银团贷款专题报道、打击假借南水北调行骗的报道、两会代表委员寄语南水北调、“盘点2005展望2006”系列报道等。

（陈曦川　杜丙照）

制度建设

2005年5月16日，国务院南水北调办印发《国务院南水北调办公室政务信息公开管理办法》（综政宣［2005］22号）。

2005年6月6日，国务院南水北调办印发《国务院南水北调办公室政务信息公开目录》（综政宣［2005］27号）。

2005年11月21日，国务院南水北调办印发《关于加强综合政务信息工作的通知》（国调办综［2005］102号）。

（陈曦川　杜丙照）

北京市新闻宣传

北京市南水北调办组织开展西四环暗涵工程开工、配合市委宣传部组织开展市民走进重点工程——南水北调西四环暗涵工程的宣传报道，组织编印《北京市南水北调工程建设委员会办公室简报》41期；编制《北京市南水北调工程基础数据》、《北京市南水北调工程实施规划纲要》和《北京市南水北调工程2005年行动计划》等基础资料。

（北京市南水北调办）

河北省新闻宣传

河北省南水北调办充分利用电视、电台、报刊、网络等形式，向社会各界广泛宣传南水北调工程建设对河北经济社会发展的重大意义及河北段工程建设进展情况。制作并下发了《南水北调工程建设系列宣传画》，在工程沿线村庄张贴，把征迁安置政策送到千家万户，并组织河北日报、河北人民广播电台、河北电视台等记者，深入到石家庄、保定两市张贴现场和工程建设工地进行采访报道。整理了2005年南水北调工程建设声像档案，为今后宣传奠定了基础。利用河北电视台《新闻广角》栏目，制作一期反映南水北调建设成就专题节目；与省委宣传部制作《解读南水北调》节目，在河北电视台《今日河北》栏目播出，制作反映2005年上半年河北省南水北调工程建设进展情况的专题片一部，征迁安置工作汇报片一部，制作反映南水北调工程2005年全年阶段性建设成果的专题片一部。组织做好《南水北调与水利科技》工作，2005年发表科技论文144篇，信息动态20多条。

（张素洁）

河南省新闻宣传

河南省南水北调办坚持正面宣传为主，切实加强组织领导，明确专人负责，保证了宣传工作的连续性和系统性。全年编发各种信息、简报、新闻报道等300多篇。重点组织开展了四个安全体系建设、前期工作、停建令执行、水污染防治及水源区保护、专家听证制度建设、廉洁效能监督预防机制建设等方面的宣传。切实加强信息工作，建立信息工作联系网络，准确、及时、全面地为国务院南水北调办、河南省委、省政府等上级部门提供信息，做到下情上达。全年编发简报20期，各类信息近100条。

（田自红）

湖北省新闻宣传

湖北省南水北调办5月至6月组织人民日报、新华社、中国水利报、湖北日报、湖北电视台、湖北人民广播电台等媒体开展“迎接丹江加坝”专题宣传活动，共发表新闻作品67篇（条）。特别是湖北日报5月31日推出了8个版连版印刷的巨幅全彩特刊《南水北调造福中华》，给人以激励、震撼和启迪。湖北电视台在《午间视野》开辟“南水北调中线工程专家访谈室”专栏，请省调水局领导和有关专家到演播室作现场访谈，带领观众走近南水北调工程，感受世纪伟业风采，收到了很好的效果。12月28日开通了《湖北南水北调网》。

（龚富华）

江苏省新闻宣传

江苏省南水北调办与东线江苏水源公司团结协作，密切配合，积极筹划，做好国务院领导同志视察东线工程的宣传配合工作，积极提供相关材料和图像资料，组织新华日报、江苏卫视等媒体及时报道。认真策划国务院南水北调办以及省委、省人大、省政府、省政协领导同志视察江苏南水北调工程的宣传工作，取得了较好效果。组织新华日报对国务院南水北调办等6部门来江苏考核阶段性治污目标完成进展情况进行报道。中央电视台先后三次在《新闻联播》栏目对江苏南水北调工程建设情况进行报道。组织中央和省主要媒体对淮阴三站、淮安四站和蔺家坝泵站等一批控制性工程开工建设情况进行报道。配合做好中央主要媒体来苏集中采访报道活动，人民日报、中央人民广播电台、新华社江苏分社等媒体相继报道了南水北调江苏段工程的建设和管理情况；配合中国水利报策划组织了南水北调东线行的系列采访，在中国水利报连续刊载9篇深度报道，取得了良好的宣传效果。进一步加强信息工作，建立健全信息工作机制和网络，准确、及时、全面地为国务院南水北调办、江苏省南水北调工程建设领导小组提供信息，做好社会层面的信息发布工作。全年累计编发工程简报23期，专报信息7期，政务信息7期。开通江苏南水北调网站。

（袁连冲　李松柏）

山东省新闻宣传

山东省南水北调建管局与东线山东干线公司团结协作，密切配合，切实加强对宣传信息工作的领导，健全宣传信息宣传网络，出台了《新闻宣传工作暂行管理规定》。全年在省级以上报刊发表新闻稿件60余篇，在省级以上电视台、广播电台播出新闻40余次，被中国南水北调网站采用80余条，编发《南水北调工程动态》56期。组织举办大型渠道机械化衬砌设备、济平干渠建成试通水等两个大型新闻发布会。人民日报、新华社山东分社、中央电视台、中国水利报、中国环境报、大众日报、山东电视台、山东人民广播电台、齐鲁电视台等中央和省级主要新闻媒体参会并作出报道。协助新华社、人民日报、中央人民广播电台东线治污采访组，中国水利报南水北调专题报道组，英国金融时报驻北京记者站站长，挪威电视台《未来水资源》采访组等多次采访任务。制作《山东南水北调》宣传画册和《济平干渠渠道设计和施工工艺》专题片。开通山东南水北调网站。

（高德刚）

中线水源有限责任公司新闻宣传

中线水源有限责任公司围绕丹江口大坝加高工程开工及建设，组织或接待人民日报、新华社、中央电视台、中央人民广播电台、经济日报、中国水利报、湖北日报、十堰日报等中央和地方主要新闻媒体40余次，记者达500余人次，深入工程建设一线，开展了形式多样的宣传活动。围绕大坝加高前期准备工程动工、主体工程开工以及浇筑第一仓混凝土等三个重要阶段，组织开展了重点专题报道。据统计，仅对9月26日丹江口大坝加高开工典礼报道的媒体达500多家，新闻稿件数量空前，规模宏大。

（中线水源有限责任公司）

中线干线工程建设管理局新闻宣传

中线干线工程建设管理局围绕南水北调工程建设大局，精心谋划，积极主动，团结协作，大力开展新闻宣传活动。制定了《中线建管局2006～2010年宣传工作规划》，建立涵盖各建管单位的信息联络员队伍，发挥局《工作简报》、《信息专报》两个重要信息平台作用，为领导及时提供综合政务信息。密切与中央主要新闻媒体的合作关系，先后对漕河工程开工、穿黄工程开工、中线工程施工经验交流会、穿黄工程Ⅱ－A、Ⅱ－B标签字仪式、与河北签订委托合同签字仪式等重要活动，组织开展新闻宣传。开通中线建管局网站，向社会展示中线干线工程建设进展和形象。

（陈志荣　王志文）

CHINA SOUTH-TO-NORTH WATER DIVERSION PROJECT CONSTRUCTION YEARBOOK

肆 东线工程

THE EASTERN ROUTE PROJECT OF THE SNWDP

综　　述

江　苏　段

概　　述

2005年，按照国务院南水北调建设委员会和江苏省南水北调工程建设领导小组部署，在保证续建工程按计划实施的前提下，开工建设了江苏境内长江—骆马湖段江都站改造工程、淮安四站工程、淮安四站输水河道工程、淮阴三站江都站改造工程和蔺家坝站工程，各项工作按计划有序推进，较好地完成了年度工程建设任务。

（李松柏）

前　期　工　作

《南水北调东线一期工程总体可行性研究报告》对江苏省境内一期工程划分为5个省内单项工程、3个涉及省界单项工程，以及文物调查及保护专题报告。江苏省境内5个单项工程为三阳河潼河宝应站工程、骆马湖—南四湖段江苏境内工程、长江—骆马湖段2003年度工程、长江—骆马湖段其他工程、截污导流工程；涉及省界有南四湖骆马湖水资源控制工程、洪泽湖抬高蓄水位影响处理工程、南四湖下级湖抬高蓄水位影响处理工程3个单项工程，以及调度运行管理系统。上述工程按照程序调整划分为20个单项计36个设计单元工程。

2005年，完成了《南水北调东线一期工程总体可行性研究报告》编制、审查及评估工作，根据江苏省实际情况，认真研究并及时反映总体可行性研究中有关重大问题，及时做好淮阴三站、淮安四站及输水河道、江都站改造初步设计审批衔接工作，为工程顺利开工创造良好条件。在系统分析建设条件的基础上，提出“2007年东线一期工程通水、2010年基本完成”的总体建设目标。研究制定初步设计工作组织方案，有序安排单项工程初步设计工作，计划用2年时间基本完成江苏省境内工程初步设计工作。在组织形式上积极推行设计招标，成功地组织了泗阳站、刘老涧二站和皂河二站3项工程初步设计的公开招标，择优选定江苏省水利勘测设计研究院有限公司、上海勘测设计研究院分别承担此3项工程初步设计工作。在组织前期过程中，注重工程设计质量过程控制，重点强化招标设计和施工图管理，严把设计质量和投资关，积极鼓励优化设计，节约资源和节省投资。

截至2005年底，江苏境内共组织完成初步设计的有4个单项计10个设计单元工程，其中三阳河潼河宝应站工程、骆马湖—南四湖段江苏境内工程、长江—骆马湖段2003年度工程已开工实施；骆马湖、南四湖水资源控制江苏境内工程的初步设计已完成技术审查及概算核定，南四湖水资源控制姚楼河闸、杨官屯闸工程已批复，骆马湖水资源控制工程正在积极协调中。江都、淮安、宿迁、徐州4市的截污导流工程前期工作取得了新进展，其中江都、淮安、宿迁3市的截污导流工程可行性研究报告已经水利部报国家发展改革委审批，初步设计正在抓紧进行。2005年，江苏省境内剩余单项初步设计的组织工作基本完成，超前安排了运河线的淮安二站改造、皂河一站改造、泗阳站、刘老涧二站、皂河二站及运西线的泗洪站、金湖站等单项工程的初步设计工作，其中淮安二站改造、皂河一站改造、高水河整治工程初步设计初稿已经完成。

（王丽慧　白传贞）

投资计划安排及完成情况

（一）总的实施原则

根据前期工作进度和江苏省实际，本着实事求是、科学合理的原则，江苏省初步确定一期工程总的实施原则是：扎根长江，从源头做起，逐级提高调水能力；先通后畅，建好边界工程，实现一期工程2007年通水目标。一期工程建设目标分为两步：第一步，到2007年实现一期工程通水目标，具备向山东省引水条件；第二步，到2010年基本建成一期工程。

（二）在建工程项目

截至2005年底，南水北调东线江苏境内在建工程有三阳河潼河宝应站工程、骆马湖—南四湖段工程、长江—骆马湖段工程共计3个单项工程，包含7个单元工程。其中，三阳河潼河宝应站、解台站、刘山站为续建项目，淮阴三站、淮安四站及输水河道、蔺家坝站、江都站改造为新开工建设项目。7个单元工程，批复总投资26亿元。2005年江苏境内共安排计划投资4.5亿元，年度实际完成投资4.57亿元，累计完成工程投资12.05亿元，工程累计完成土方3077万m^3、石方9.24万m^3、混凝土17.48万m^3。

（三）在建工程形象进度

续建工程中，三阳河潼河宝应站工程基本建成，于2005年10月9日顺利通过江苏省南水北调办组织的试运行验收，宝应站工程于2005年10月通过公开招标，委托中标单位江苏省江都水利工程管理处实行合同期运行管理；刘山站施工导流工程于2005年9月底通过江苏省南水北调办组织的验收，泵站工程完成底板浇筑；解台站施工导流工程于2005年6月底通过江苏省南水北调办组织的验收，泵站工程完成水泵层浇筑。

新建工程中，淮阴三站、淮安四站于2005年10月开工建设，其中淮阴三站先期开工实施的挡洪闸及引河工程完成闸底板、岸墙底板混凝土浇筑，基本完成上游越闸、下游引水涵洞拆除；淮安四站工程先期开工实施的新河东闸及鸭洲生产桥工程，其中新河东闸完成底板、闸身、排架和翼墙的混凝土浇筑，鸭洲生产桥开始吊装桥面板；淮安四站输水河道工程于2005年12月开工建设，其中镇湖闸上下游围堰已经合龙，上游围堰加固和临时交通道路基本结束，闸塘排水正在进行，老闸拆除已经开始，河道工程正在进行6至9号排泥场子堰和圩堤填筑；江都站改造工程于2005年12月开工建设，先期实施东西闸间河道清淤工程，完成临时设施建设、北岸原有护坡拆除、Y形导流墩方桩预制、河道疏浚正在进行；蔺家坝泵站顺堤河改道单位工程先期实施，计划2006年汛前完成并投入使用。

（白传贞　王丽慧）

建　设　管　理

根据南水北调工程实行项目法人为主体的建设管理模式，推行“准市场”运作机制的特点，南水北调东线江苏水源有限责任公司（以下简称“江苏水源公司”）在工程建设过程中，严格基本建设程序，强化目标管理，注重过程控制，不断增强创新意识，促进建设管理水平的提升。

（一）现场机构设置

为加快南水北调工程建设步伐，经国务院南水北调办同意，江苏省水利厅成立江苏省南水北调三阳河潼河宝应站工程建设局，具体负责南水北调三阳河、潼河和宝应站工程的建设管理工作；成立江苏省南水北调刘山解台站工程建设处，具体负责刘山站和解台站工程的建设管理工作。为确保在建工程顺利实施，江苏水源公司批准成立后，有步骤地对处于建设中的三阳河、潼河、宝应站工程和刘山、解台站工程进行有效管理。

为保证年度新开工项目顺利实施，江苏水源公司按照工程实施计划和工程特点，充分利用社会和水利系统人才技术资源组建现场建管机构，积极探索委托建设和代建制模式。成立了江苏省南水北调淮阴三站淮安四站工程建设局，具体负责淮阴三站、淮安四站及输水河道工程的建设管理工作。其中对征迁难度大、施工战线比较长的淮安四站输水河道工程，委托淮安市组织实施。对技术要求高、施工难度大的淮阴三站工程，委托江苏省水利勘测设计院有限公司组织实施。针对江都站改造工程新老工程结合比较紧、施工比较复杂的特点，与江苏省江都水利工程管理处联合组建成立了江苏省南水北调江都站改造工程建设处，较好地处理了工程加固和运行的关系。对省际边界工程蔺家坝站，根据有关省部协调意见精神，委托淮委沂淮工程建设管理局成立南水北调东线工程建管局组织实施。

（二）工程招投标

江苏境内南水北调工程招标由江苏水源公司统一组织，严格执行国家南水北调工程建设招标投标有关规定，规范工程招标和评标行为，强化招标文件审查，确保江苏省境内工程招投标工作规范有序和公平、公正、公开，并认真配合江苏省纪委省监察厅驻南水北调工程纪检监察工作派驻组和江苏省南水北调办现场监察监督，全年未接到一次投诉或举报。根据工程建设计划，共完成了解台站、刘山站、淮阴三站、淮安四站、淮安四站输水河道、江都站改造等共 41 个标（包）的招投标工作。在国务院南水北调办、江苏省南水北调办和江苏省纪委省监察厅派驻南水北调纪检监察组的领导和监督下，在各参建单位积极配合下，江苏省的招标工作取得了一定的成绩：一是形成了一套较为规范的招投标工作管理程序；二是为各工程项目选择了适合的承包人，保障了各项工程的顺利开工；三是通过招投标工作，有效地控制了工程投资。为规范江苏境内工程的招标文件编制工作，江苏水源公司组织招标代理机构、设计单位、现场建设单位并聘请相关专家，对各类工程的招标文件进行了范本修订，避免了每次标书重复审查工作，也统一了各类工程招标文件的编制格式。

（三）合同管理

江苏境内工程建设合同管理工作与工程招标工作同步进行，41 个标段的合同均已签订，未发现违规分包或转包情况。2005 年，在建工程基本无重大设计变更，一般性设计变更由现场建设单位按规定履行了手续，合同执行情况良好，未发生合同纠纷和争议现象。根据省部联席会议要求，江苏省委托淮委建设局承担蔺家坝泵站工程建设管理，已签订了委托建设管理协议。在协议的执行过程中，双方职责明确，团结协作，保证了工程顺利实施。

（四）质量管理

2005 年，江苏水源公司始终把质量管理放在突出位置，全年实现质量管理无事故目标。

（1）提高认识，加强领导，建立健全质量管理网络。工程质量管理实行项目法人负责、监理单位控制、施工单位保证和政府监督相结合的质量管理体制。建立了由各参建单位组成的质量管理责任网络，明确工程质量具体责任人，实行质量领导人责任制和质量终身负责制，并建立工程质量责任人备档制度。江苏水源公司专门制定了《南水北调东线江苏段工程质量管理办法》，江苏水源公司及所属建设单位均成立了以负责人为组长的质量管理领导小组，对工程质量进行检查和监督。

(2) 严格执行招标投标制，做好前期工作，把好工程质量关。江苏境内工程严格执行招标投标制，通过招标择优选择具有相应资质条件的监理单位对工程进行监理。通过招标择优选择有实力、业绩、信誉的优秀企业参加施工，在合同中明确合同双方的质量责任，明确施工要求、材料设备规格、质量标准等质量条款，以确保工程质量。

(3) 建立健全施工质量检查体系，加强施工质量管理。江苏水源公司全面负责工程质量管理工作，所属各建设单位具体负责承建工程质量管理工作，根据工程的具体特点，建立质量管理机构和制定质量管理制度，监理单位配备专职质量工程师，专门从事工程施工质量控制工作，并督促施工单位认真执行“三检制”，从而建立了完整的三级质量检查体系。

(4) 强化招标设计，建立施工图审批制度，有效控制投资和质量。为有效控制设计变更，江苏水源公司积极强化招标设计，优化方案，控制投资，并以批复的招标设计作为施工招标的依据。为确保工程质量和进度，江苏水源公司及时组织建设单位并邀请相关专家对施工图纸分批进行审查批复，同时组织设计单位、监理单位、施工单位进行技术交底，及时解决施工图纸中的技术问题，确保工程质量。

(5) 加强检测，严格控制原材料、中间产品，保证实体质量。原材料、中间产品除施工单位自检、监理单位抽检外，建设单位还委托质量检测机构在工地设立试验室，对原材料、中间产品进行检测，同时在工程阶段验收、单位工程验收前，对工程质量进行检测，以保证工程实体质量。

(6) 严格工序管理，确保工程质量。工程实施过程中，各建设单位会同相关参建单位对工程施工质量进行动态管理，注重对关键工序、关键部位的质量控制。监理单位现场采用巡视、旁站、测量、分析性复核、跟踪检测、平行检测等手段对工程质量进行控制。施工单位每道工序结束经自检合格后，报请监理工程师检查合格后方可进行下道工序的施工。

(五) 安全管理

南水北调江苏境内工程建设时间紧、任务重、战线长、地点分散，安全生产不确定因素较多，任何麻痹大意、疏于管理均可能造成人员伤亡和财产损失，影响工程建设进度，影响当地社会稳定乃至重点工程形象。江苏水源公司按照“安全第一、预防为主”的方针，始终把安全生产当做重要工作常抓不懈，建立健全安全生产管理体制、安全生产责任网络，落实安全生产措施，真正做到思想重视、措施落实、工作到位。截至2005年底，主要开展了以下工作：

(1) 高度重视，充分认识安全生产重要性。一是建立健全安全生产组织管理网络。各建设管理单位均成立由单位负责人为组长、各主要部门和参建单位负责人为成员组成的安全生产领导小组，施工单位均同时配备具有相应资格和经验的专职安全员，真正做到了组织管理网络健全、人员落实、职责明确，保证了工程建设的顺利进行。二是加强安全生产宣教工作，提高全员安全生产意识和自保能力。各建设单位利用工程例会强调安全生产重要性，广泛加强安全生产方针、政策、法律、法规的宣传，做到“警钟长鸣，常抓不懈”，同时开展安全生产知识培训和竞赛，普及安全知识教育，加深全体员工安全生产印象，提高参建人员的安全生产意识和自保能力。

(2) 层层落实安全生产责任制。江苏水源公司、现场建设管理单位、监理单位、施工单位、项目经理部直至各作业组间，均层层签订安全生产责任状，落实安全生产责任制，把责任制落实到每一个工种和每一个具体环节。同时建立安全生产责任网络，实行由各参建单位主要负责人负责的安全生产责任制，明确各参建单位主要负责人对所承建工程的安全生产负总责，专（兼）职安全员、工区和班组（或分公司）负责人对所承建工程的安全生产负主要责任。并建立安全生产身份证备案制度，形成安全生产责任人网络，以层层落实安全生产责任制，明确安全生产责任人。

（3）采取有效措施，杜绝安全隐患。

1）建立健全安全生产规章制度和安全生产操作规程。江苏水源公司及各建设单位督促施工单位制定和完善安全生产规章制度和安全生产操作规程，建立正常的安全生产例会制度，并对监理、施工单位的工作人员上岗进行登记，做到持证挂牌上岗，对特殊工种人员进行岗前培训和安全技术交底。

2）加强防范，防止人身安全事故。施工单位对施工机械进行定期维修保养，对特种机械按规定进行检测，确保施工机械的完好，减少机械运行故障。对驾驶员实行持证上岗，按规定进行年检，并配足机手轮班，以消除疲劳工作状态。对高空作业施工，重点做好防止人员坠落和防落体伤人防范工作，施工人员一律佩戴安全帽、安全带，施工现场配挂安全网，同时采取培训措施保证高空作业人员素质。

3）配备相应设施，做好防火、防爆、防盗、防疫等工作。施工现场均配备了防火器材，电器电路由电工专业搭接，配备触电保安器和部分设有防爆开关。

4）定期、不定期进行安全生产检查，促进安全生产工作。江苏水源公司和各现场建设管理机构建立了工程安全生产巡查制度，采取定期和不定期、不定点、随机抽检相结合的方式，对所有在建工程进行专项和节前安全检查，对发现的违章违纪及时进行处理，对发现的安全隐患，按照“四不放过”的原则进行处理，及时提出整改措施，以避免同类事情再次发生。

5）制定安全生产突发事件应急预案，落实应急措施。根据江苏水源公司要求，各施工现场由建设单位牵头制订了安全生产各种突发事件应急预案，现场配备必要的消防、保卫等应急和保护措施。

南水北调江苏境内在建工程在各参建单位的共同努力下，安全生产管理网络健全，责任落实，总体情况良好，自开工建设以来，未发生一起人身伤亡等重大安全责任事故，保证了国家重点建设项目的顺利实施。

（六）管理创新

在前期工作中，江苏水源公司积极推进设计招标，完成了泗阳站、刘老涧二站和皂河二站三项工程初步设计招标，在南水北调工程建设中率先作了探索。通过强化招标设计和施工图设计管理，优化设计，完善方案，有效地保证了工程设计质量，实现工程投资控制目标。对东线江苏境内建筑和环境进行总体规划，邀请东南大学建筑学院、上海勘测设计研究院、江苏省水利勘测设计研究院有限公司、中交第四航务工程勘察设计院江苏分院开展了方案征集工作。在运行管理体制上，为适应南水北调工程新体制新机制的要求，提高工程管理效能，江苏水源公司对建成的宝应站工程项目管理采用招标方式，择优选定了江苏省江都水利工程管理处作为合同期运行管理单位，并建立考核制度。这既是南水北调工程中第一个采用委托方式管理的泵站工程，也是对大型泵站工程采取所有权和管养权分开的首次探索。

（七）文明工地创建

在工程建设中，江苏水源公司切实加强党风廉政建设和精神文明建设，积极开展文明工地创建活动，鼓舞士气，凝心聚力，营造良好的工程建设氛围。宝应站工程被评为水利部文明建设工地，宝应站建设处先后被省总工会授予“江苏省重点工程劳动竞赛功臣集体”，被共青团江苏省委评为“省级青年文明号”；江苏省刘山解台站工程建设处被共青团省级机关委员会评为“省级机关青年文明号”。同时，加强廉政制度建设，积极推进“廉政文化进工地”活动，实行“双合同制”，在签订工程建设合同的同时签订廉政合同，公司、现场机构和施工、监理等单位相互监督、严格执行，为实现“工程安全、资金安全、干部安全”提供了有效保障。

（李松柏　白传贞）

科 学 技 术

2005年，在南水北调工程建设和前期工作中，以科研为先导，努力提高工程技术含量。工程设计中，针对东线工程泵站扬程低、梯级多、年运行时间长等特点，组织开展相关技术研究。对贯流泵的灯泡结构、位置，以及流道型线等技术问题作专题研究；开展立式轴流泵及装置研制，服务南水北调工程建设，该项目已被列为“十五”国家重大技术装备研制（科技攻关）项目。工程建设中，对宝应站工程进出水流道模型、水泵装置模型、上下游翼墙基础抗滑、流道混凝土防裂等项目与科研院校开展合作研究，开展了泵站混凝土浇筑仿真与防裂研究，采用了混凝土浇筑防裂新技术，实践中收到了明显的效果。将国家重点科技推广项目如“电机绝缘在线监测技术”、“环境友好型高弹性快固化防护涂料的应用研究”等项目依托宝应站工程开展示范研究。由于一大批新技术在工程中得以应用，从而整体提升了工程建设的技术含量。“泵站建设新技术研究与示范”申报了水利部重点科技推广项目，“泵站流道混凝土防裂研究”被列为水利部科技创新项目。

（王丽慧　白传贞）

征 地 移 民

根据国务院南水北调工程建设委员会第二次全体会议“南水北调工程征地移民工作实行建委会领导、省级政府负责、县为基础、项目法人参与的管理体制”的精神，江苏省实行由省南水北调工程建设领导小组领导、各级人民政府负责、项目法人参与的管理体制。由江苏省南水北调办公室成立征地拆迁安置办公室负责组织，通过与工程沿线徐州、淮安、扬州市人民政府签订工程建设拆迁安置责任状和投资包干协议实施。2005年，刘山站、解台站、蔺家坝站、淮阴三站、淮安四站及输水河道（新河）工程所在地拆迁工作已经完成，累计完成征地拆迁和移民安置投资约1.5亿元。其中新征永久征地3000亩，拆迁各类房屋5万m^2，拆迁农户400户，安置人口1500人。

（一）前期工作

为切实抓好征地拆迁前期工作，保证实施阶段征地拆迁和移民安置工作顺利开展，2005年4月，组织江苏省工程勘测研究院有限责任公司开展了征迁安置补充调查和实物量复核工作。全面核查江苏境内南水北调工程范围内的征地拆迁和移民安置实物量，划定征地红线，确定用地范围，作出勘测定界。2005年7月份，根据总体可行性研究单项工程预审要求，会同江苏省工程勘测研究院有限责任公司，对弃土区改永久征地为临时占地情况变化及有关补偿政策调整引起的实物量变化进行了再次复核。总体可行性研究预审后，配合江苏省水利勘测设计院有限公司召开专题会议，协助布置完善有关可行性研究阶段实物量、安置规划方案、专项设施复迁建方案认可盖章手续，经修改调整完善，及时报可行性研究汇总单位和审查单位。

（二）组织实施

为保障征地拆迁和安置工作有序进行，根据国务院南水北调办出台的有关政策文件，结合江苏省实际情况，研究提出了《江苏省南水北调工程建设管理办法》，对征地拆迁和移民安置工作作了具体规定，并研究出台《江苏省南水北调工程征地补偿和移民安置资金财务管理办法（试行）》，对有关市、县财务人员进行了培训，确保南水北调工程征地补偿和移民安置资金规范管理，合理使用。根据批复的征地补偿和移民安置规划，及时编制征地拆迁和移民安置实施方案，使拆迁安置工作既保证拆迁群众“搬得出、稳得住、能发展”，又保证工程顺利开工和建设。在拆迁时，重视宣传发动，坚持做到政策公开、标准公开、实物量公开、补偿资金公开，坚持做到“专户专储，封闭运行”，确保征地拆迁补偿政策和标准落实到位。加强组织建设，徐州、淮安市、江苏省农垦集团以及相关县（区）、乡（镇）成立南水北调建设领导小组和拆迁安置办事机构，落实工作人员，明确工作责任，层层落实责任制。根据工作需要，深入调查，有的放矢，及时召开征地拆迁工作协调会议，解决有关征地拆迁方面存在的问题，保证工程按期开工。

（三）监理监测

为确保移民安置工作质量，对淮阴三站、淮安四站及输水河道工程征迁安置监理、监测评估单位实行公开招标，充分发挥监理、监测评估单位的作用。在监理工作中，主要对征迁工作进行现场管理、监督，包括对实物量的核实、确认，对安置工作出现问题的积极协调处理，对监测工作的加强，对移民安置工作的前期抽样调查，做到对安置实施情况全面了解、准确评估。

（四）征地手续办理

江苏省南水北调办会同国土部门就有关征地补偿标准、规费缴纳、基本农田保护和耕地占补平衡等进行了专门协商。通过江苏省南水北调办的努力，国务院南水北调办环境移民司积极协调，南水北调东线第一期江苏境内工程土地预审已经国土资源部审查通过，刘山、解台、蔺家坝、淮安四站工程先用后征手续也已办理，三阳河、潼河、宝应站工程用地正式手续正在抓紧办理，已于2005年12月底前上报国土资源部。

（祁朝标　李松柏）

环境保护及文物保护

（一）环境保护

实施水土保持（植物防护）工程，有效地改善生态环境、保护水质。2005年，已完成首批三阳河、潼河共19km季节性植物栽种，三垛、司徒镇区段景观布置结束。对血吸虫宿主钉螺容易滋生繁殖的三阳河、潼河、宝应站工程地区，在血防机构的指导下，加强血防工作的宣传，并配合做好监测工作，同时积极采取工程防护措施，将原设计中的12km干砌块石护坡改为现在的预制块护坡；将三阳河与北澄子河的原水位变化区的土工模袋护砌方案，调整为现在的现浇混凝土。

（二）文物保护

江苏省积极组织南水北调文物保护调研工作，2005年2月江苏省水利厅与江苏省文化厅共同对南水北调东线江苏境内工程沿线进行了调研，交流了江苏境内规划调水线路、工程布局、分期安排情况以及扬州、淮阴、宿迁、徐州四市文物考古部门对工程前期文物调查、勘探工作情况，对文物分布较为密集的调水线路进行了实地查勘。建立了文物工作协调机构，按照《文物保护法》规定，成立了“江苏省文化厅南水北调文物保护工作领导小组”；6月，两厅联合成立了“江苏省南水北调文物保护工作协调小组”，下设办公室，由两厅分管领导担任组长。江苏省水利厅及时提供工程范围详细图纸及相关文件材料，两厅配合完成《江苏省南水北调东线一期工程文物调查报告》和《江苏省南水北调东线一期工程文物保护专题报告》（初稿）的编制，组织文物、考古和水利方面的专家学者对报告进行了专题论证。

（戴宝林　白传贞）

工程审计与稽察

2005年10月13日~11月5日，国务院南水北调工程建设委员会办公室委托江苏兴光会计师事务所有限责任公司对江苏水源公司和三阳河潼河宝应站工程进行审计调查。审计调查内容为内部财务管理制度建立及执行，建设资金使用管理，工程概算执行，投资控制的节约激励机制，工程价款结算和支付管理，工程合同签订、执行和合同项目质量等级控制以及招标管理等情况。江苏水源公司以及现场建设管理单位给予全力配合。

11月28日~12月2日，国务院南水北调工程建设委员会专家委员会对南水北调东线江苏境内解台站、宝应站工程进行稽查，稽查的主要内容是：建设程序、施工期设计工作、建设管理、计划下达与执行、资金使用和管理、工程质量保证体系和工程质量等。江苏水源公司以及现场建设管理单位积极配合，本着实事求是的原则，全力配合稽察组开展工作，对于稽察组提出的意见和建议虚心接受，并及时进行整改，使稽查工作得以顺利开展，得到稽察组的高度评价。

（白传贞）

山 东 段

概 述

2005年，南水北调东线一期山东段在建的11个单项工程中，济平干渠工程如期建成，并调试、运行、试通水一次成功，已完成的单元工程，合格率达100%，优良率达到85%；韩庄运河段万年闸泵站工程已完成土石方180万m^3，完成投资4000余万元。其余9个单项工程的前期工作进展顺利。

（高德刚）

前 期 工 作

截至2005年底，东线一期山东段9个单项工程的前期工作进展顺利。总体可行性研究得到审查，投资和项目得到确认，各单项工程有了较大进展。

（1）完成了韩庄运河段台儿庄、万年闸、韩庄三座泵站和韩庄运河水资源控制工程（大沙河、三支沟、魏家沟3座橡胶坝）的初步设计。

（2）国家发展改革委、水利部批复了南四湖水资源控制及水质监测工程中的二级坝泵站工程、姚楼河闸、杨官屯河闸工程的初步设计。

（3）南四湖—东平湖段输水工程可行性研究报告已通过水利部水规总院的审查，国家发展改革委委托中咨公司对两湖段工程进行了评估，初步设计阶段的工作正在进行，待可行性研究批复后即可上报。

（4）东平湖输蓄水影响处理工程可行性研究报告已通过水规总院的初审、复审，并汇入东线一期工程总体可行性研究报告中。

（5）穿黄枢纽工程的可行性研究报告已于2005年1月由中国国际工程咨询公司（以下简称中咨公司）进行了评估，待批复，初步设计阶段的工作已同步开展。

（6）鲁北段输水工程、济南—潍坊段工程的可行性研究报告通过了水规总院组织的预审，已根据审查意见进行了修改并汇总纳入东线总体可行性研究报告中。

（7）东线山东污染控制单元已得到专家和国家有关部门的认可，山东截污导流项目投资得以确认，整个截污导流工作由被动转为主动状态。泰安宁阳、菏泽东鱼河、枣庄薛城小沙河控制单元等3项截污导流工程的可行性研究报告已通过了水利部水规总院的审查，设计单位正全力以赴按照专家意见修改完善可行性研究报告，并同时开展初步设计，力争尽早开工建设。

（8）文物保护专题报告、各单项工程（除截污导流）环境影响评价、水土保持方案、矿产资源占压、地质灾害评估等专题报告已完成，水利部水规总院已组织了审查。

（高德刚）

投资计划管理

截至2005年12月31日，已下达济平干渠工程投资计划130591万元，其中中央投资55800万元，省级水资源费27160万元，济南市投资11640万元，银行贷款指标36015万元；已到位资金91300万元，其中，中央预算内专项资金55800万元已全部到位，省级水资源费到位25500万元，贷款到位10000万元。下达万年闸泵站、韩庄泵站、台儿庄三座泵站工程第一批投资计划南水北调国债专项资金22000万元，下达计划资金已全部到位。下达了南四湖水资源控制及水质监测工程中二级坝泵站工程建设投资计划7200万元。为做好工程占地范围内的文物保护工作，先行拨付了文物保护经费621万元。

（徐国涛）

征地迁占

2005年11月25日，国土资源部批复了南水北调工程东线一期工程建设用地预审意见（国土资预审字［2005］490号文），至此，南水北调山东段工程用地预审手续全部办理完毕。2005年完成了鲁宁石油管道，东平湖水文设施，长清、槐荫区电力、通信线路等11个单位、140处专项设施的迁移工作，合同额716万元；完成平阴县刁山坡和平阴镇6.3亩及东平县渠首闸7.96亩的补充征地。完成万年闸泵站永久征地789.39亩；搬迁人口86人；迁移电力、通信、广电、码头等专项设施5处；完成征地移民总投资1464万元。台儿庄、韩庄泵站和3个橡胶坝工程完成永久征地共952.28亩；搬迁人口136人；已拨付征地移民资金近2235万元。2005年11月7日，在济南召开了南水北调东线一期主干线山东段工程永久压覆煤炭资源储量核实报告专家审查会，12月21日进行了复审，最终确认了整个南水北调工程山东段新增压矿储量，为工程征地办理压矿手续做好了基础工作。根据林业部门办理使用林地手续的要求，编制完成整个南水北调山东段使用林地可行性研究报告。

（黄国军）

文物保护

山东省南水北调工程建设管理局协调省文物部门会同工程设计单位开展了工程沿线文物调查，编制了《南水北调东线工程山东省文物调查报告》和《南水北调东线工程山东省文物保护专题报告》。2005年12月，水利部水规总院对《南水北调东线工程山东省文物保护专题报告》进行了审查，并将其汇入南水北调东线一期工程总体可行性研究。

（黄国军）

科技创新

在东线工程建设过程中，山东省南水北调工程建设管理局与省内外十多家科研机构、高等院校、设计和施工单位合作，对“渠道防渗、防湿陷、防冻胀、防扬压”，“大型渠道混凝土衬砌机械化成型”等十余项课题进行了科学实验和技术创新研究，其中3项被列为国家重大技术装备科技攻关和重大技术引进“948”项目。在引进美国勾马克碾压式衬砌机和意大利玛森萨滑模衬砌机的基础上，研制了具有自主知识产权的大型渠道机械化衬砌设备系列产品，并成功投入到济平干渠和平原水库建设中。该项技术填补了多项国内空白，在技术上有多处重大创新。2005年共申报国家发明和实用新型专利16项，被国家主管部门授权使用新型专利4项，公布发明专利3项。

（高德刚）

治 污 工 作

2005年1月10日，山东省政府办公厅行文确定山东省南水北调工程建设管理局为山东省截污导流工程项目法人。国家发展改革委于2005年6月22日和2005年11月11日两次召开南水北调东线工程山东段控制单元治污实施方案审查会，通过了《南水北调东线工程山东段控制单元治污方案》。

根据国务院南水北调办、水利部的要求，结合省政府“两湖一河”碧水行动计划，确定在黄河以南首先做好泰安宁阳、菏泽东鱼河、济宁微山、枣庄薛城小沙河控制单元等6项截污导流工程的可行性研究报告编制工作。泰安宁阳、菏泽东鱼河、枣庄薛城小沙河控制单元等5项截污导流工程的可行性研究报告通过了水利部水规总院的审查。并将《南水北调东线一期截污导流工程可行性研究报告》纳入了东线一期工程总体可行性研究。按照主体工程投资“静态控制、动态管理”的原则，根据东线治污规划，初步确定山东省截污导流工程总投资按国务院批复的东线治污规划14.75亿元执行，项目由原来的18项调整为21项。

（周建仁）

前 期 工 作

项 目 建 议 书

《南水北调东线第一期工程项目建议书》编制工作责任单位为水利部淮河水利委员会和水利部海河水利委员会，技术总负责单位为中水淮河工程有限责任公司、中水北方勘测设计研究有限责任公司，参编单位为江苏省水利勘测设计研究院有限公司、山东省水利勘测设计院。此项工作自2002年完成初稿，经水利部水规总院审查后，几经修改，于2004年6月完成修订稿，淮委2004年6月10日以淮委规计［2004］264号文报水利部。2004年6月16～20日水利部水规总院进行了审查，2004年6月29日水利部以《关于报送南水北调东线第一期工程项目建议书及审查意见的函》（水规计［2004］216号）报国家发展和改革委员会。

中国国际工程咨询公司在2004年9～10月对《南水北调东线一期工程项目建议书》进行现场调研和评估的基础上，于2005年6月向国家发展改革委上报了项目建议书的咨询评估报告。2005年10月20日国家发展改革委以发改农经［2005］2108号文批复了《南水北调东线一期工程项目建议书》。

（马秀清　陈兰川）

单项工程可行性研究

2005年4月，水利部批复了《南水北调东线第一期工程南四湖水资源控制和水质监测工程、骆马湖水资源控制工程水土保持方案报告书》；5月，水利部将《南水北调东线第一期工程南四湖—东平湖段工程可行性研究报告》的审查意见报送国家发展改革委，将《南水北调东线第一期工程南四湖—东平湖段环境影响报告表》的预审意见报送国家环保总局。

根据水利部关于南水北调东线第一期工程项目的划分，东线第一期工程共分为16个单项工程开展可行性研究工作。截至2005年12月底，已有6个单项工程经国家发展改革委批复（详见表1）。

表1　南水北调东线第一期工程单项工程可行性研究工作进展情况表

（截至2005年12月31日）

序号	单项工程名称	进展情况
1	三阳河、潼河、宝应站工程	计农经［2002］2482号文批复
2	长江—骆马湖段2003年度工程	发改农经［2004］3061号文批复
3	长江—骆马湖段其他工程	已经水利部水规总院审查
4	江苏骆马湖—南四湖段工程	发改农经［2004］1106号文批复
5	韩庄运河段工程	发改农经［2004］1107号文批复
6	洪泽湖、南四湖抬高蓄水位影响处理工程	已编制完成并经水利部水规总院设计督查和预审
7	南四湖水资源控制和水质监测工程、骆马湖水资源控制工程	发改农经［2004］3060号文批复
8	南四湖—东平湖段工程	水规计［2005］198号文报送国家发展改革委
9	东平湖影响处理工程	已编制完成并经水利部水规总院设计督查和预审
10	山东济平干渠工程	计农经［2002］2483号文批复
11	济南—引黄济青段工程	已编制完成并经水利部水规总院设计督查和预审
12	穿黄工程	水规计［2004］231号文报送国家发展改革委
13	鲁北段工程	已编制完成并经水利部水规总院设计督查和预审
14	通信、调度和管理专项工程	已编制完成并经水利部水规总院设计督查和预审
15	江苏省境内截污导流工程	江都、淮安、宿迁三市截污导流工程可行性研究已经水利部水规总院审查
16	山东省境内截污导流工程	枣庄市薛城小沙河控制单元、菏泽市东鱼河、宁阳县洸河、微山县截污导流工程可行性研究已经水利部水规总院审查

（陈兰川）

初　步　设　计

根据2005年4月水利部水规总院对《南水北调东线第一期工程南四湖水资源控制工程潘庄引河闸工程初步设计报告》的初审意见，2005年6月，淮委组织完成了潘庄引河闸工程初步设计报告的修订工作并报送水利部，水利部水规总院于2005年7月对修订后的报告进行了复审。

2005年，水利部先后批复了南四湖水资源控制工程姚楼河闸、杨官屯河闸工程初步设计，长江—骆马湖段（2003）年度工程江都站改造工程、淮安四站工程、淮安四站输水河道工程、淮阴三站工程初步设计，二级坝泵站枢纽工程初步设计。此外，国家发展改革委于2005年9月核定了南四湖水资源监测工程、骆马湖水资源控制工程初步设计概算。

根据水利部关于南水北调东线第一期工程项目的划分，东线第一期工程共分为23个项目开展初步设计工作。截至2005年12月底，已有10个项目初步设计经水利部批复（详见表1）。

表1　南水北调东线第一期工程单项工程初步设计工作进展情况表

（截至2005年12月31日）

序号	单位工程名称	进展情况
1	三阳河、潼河、宝应站工程	水总［2003］40号文批复
2	长江—骆马湖段2003年度工程	水总［2005］350号文批复
3	长江—骆马湖段运河线工程	相关准备工作已开展
4	长江—骆马湖段运西线工程	相关准备工作已开展
5	刘山泵站	水总［2004］355号文批复
6	解台泵站	水总［2004］356号文批复
7	蔺家坝泵站	水总［2004］354号文批复
8	韩庄、万年闸泵站	水总［2004］353号文批复
9	台儿庄泵站	水总［2004］522号文批复
10	洪泽湖、南四湖抬高蓄水位影响处理工程	相关准备工作已开展
11	姚楼河闸、杨官屯河闸	水总［2005］179号文批复
12	二级坝泵站	水总［2005］178号文批复
13	大沙河闸、潘庄引河闸	水利部水规总院已审查
14	南四湖水质监测工程，骆马湖水资源控制工程	水利部水规总院已审查，初步设计概算已经国家发展改革委核定
15	南四湖—东平湖段工程	相关准备工作已开展
16	东平湖影响处理工程	正在开展相关准备工作
17	山东济平干渠工程	水总［2003］41号文批复
18	济南—引黄济青段工程	相关准备工作已开展
19	穿黄工程	已编制完成并报送水利部
20	鲁北段工程	相关准备工作已开展
21	通信、调度和管理专项工程	相关准备工作已开展
22	江苏省境内截污导流工程	相关准备工作已开展
23	山东省境内截污导流工程	相关准备工作已开展

（陈兰川）

东线穿黄工程

（一）工程概况

东线穿黄河工程是南水北调东线工程从东平湖至黄河以北输水干线的一段输水工程，全长7.87km，是南水北调东线的关键控制性项目。工程位于山东省东平和东阿两县境内，黄河下游中段。经过多年的规划研究，尤其是穿黄勘探试验洞的开挖成功，东线穿黄河的位置和方式已基本明确。

穿黄河工程从东平湖老湖区引水，经隧洞穿过黄河主槽及黄河北大堤，与黄河以北输水干渠相接。工程主要由出湖闸、南干渠、埋管进口检修闸、滩地埋管、穿黄隧洞、穿引黄渠埋涵、出口闸及连接明渠等建筑物组成。

根据南水北调东线规划，穿黄河工程第一期按 $100m^3/s$ 流量进行建设，穿黄隧洞洞径7.5m。

工程主体工程量为：淤泥开挖189万 m^3，土方明挖458万 m^3，石方洞挖3.6万 m^3，土方回填336万 m^3，钢筋混凝土23.4万 m^3，钢筋13504t，预注灌浆6270m。

按照2004年下半年价格水平，工程总投资为64839.24万元。

（二）可行性研究

根据水利部《关于印发〈水利部2003年南水北调工程前期工作会议纪要〉的通知》（办调水［2003］29号）安排，南水北调东线第一期工程穿黄河工程可行性研究工作责任单位为海河水利委员会，技术总负责单位为中水北方公司（原水利部天津水利水电勘测设计研究院）。2003年5月中水北方公司完成了《南水北调东线第一期工程穿黄河工程可行性研究报告》（送审稿），海河水利委员会以海规计［2003］48号报水利部。经过水利部水规总院审查，修改后于2004年6月上报修订稿，水利部2004年7月2日以《关于报送南水北调东线一期工程穿黄河工程可行性研究报告及审查意见的函》（水规计［2004］231号）报国家发展改革委。受国家发展改革委委托，2005年1月和3月中咨公司进行了评估。

（三）初步设计

按照水利部的要求，为保证前期工作进度安排和项目实施，根据中咨公司对穿黄河工程可行性研究的评估意见，2005年7月中水北方公司重新编制完成了《南水北调东线第一期工程穿黄河工程初步设计报告》，海河水利委员会以《关于报批南水北调东线第一期工程穿黄河工程初步设计报告的请示》（海规计［2005］76号）报水利部。

（马秀清）

水利部批复及审查项目

（一）批复项目

南水北调东线第一期工程长江—骆马湖段（2003）年度工程初步设计核定概算（水规计［2005］53号），南水北调东线第一期工程长江—骆马湖段（2003）年度工程淮阴三站工程初步设计核定概算（水规计［2005］145号），南水北调东线第一期工程南四湖水质监测工程、骆马湖水资源控制工程初步设计核定概算（水规计［2005］205号），南水北调工程2005年汛前开工项目初步设计阶段移民安置规划有关工作（办水总［2005］60号），南水北调中线一期穿黄工程初步设计报告（水总［2005］156号），丹江口水利枢纽大坝加高工程初步设计报告（水总［2005］168号），南水北调东线第一期工程二级坝泵站枢纽工程初步设计报告（水总［2005］178号），南水北调东线第一期工程南四湖水资源控制工程姚楼河闸、杨官屯河闸工程初步设计报告（水总［2005］179号），南水北调东线第一期工程长江—骆马湖段（2003）年度工程江都站改造工程、淮安四站工程、淮安四站输水河道工程、淮阴三站工程初步设计报告（水总［2005］350号）。

（二）审查项目

南水北调东线第一期工程南四湖—东平湖段工程可行性研究报告（水总规［2005］131号），南水北调东线第一期工程南四湖—东平湖段环境影响报告表（水总环移［2005］132号），南水北调东线第一期工程南四湖—东平湖段工程水土保持方案报告书（水总环移［2005］174号）。

（高　音）

东线一期工程可行性研究报告

报告编制

根据水利部的统一安排，淮河水利委员会（以下简称“淮委”）会同海河水利委员会（以下简称“海委”）作为东线工程前期工作的责任单位，负责组织、协调南水北调东线第一期工程总体可行性研究报告的编制工作；中水淮河工程有限责任公司会同中水北方勘测设计研究有限责任公司作为东线第一期工程前期工作技术总负责单位和设计总成单位，具体承担总体可行性研究报告编制工作等。

在2004年编制完成的《南水北调东线第一期工程项目建议书》和《南水北调东线第一期工程可行性研究报告编制技术大纲》的基础上，2004年8月14～15日，淮委会同海委主持召开南水北调东线第一期工程可行性研究报告编制工作会议，对东线第一期工程的总体可行性研究报告编制工作进行部署和动员。会后，淮委印发了《南水北调东线第一期工程可行性研究报告编制工作方案》。

根据总体可行性研究报告编制工作的需要，从2004年12月起，设计总成单位开始组织技术人员按专业编写可行性研究总报告及专题报告的框架。2005年1月6日，淮委会同海委在蚌埠召开会议，部署东线第一期工程总体可行性研究报告汇总工作。从1月8日开始，设计总成单位及苏鲁两省安排各专业技术骨干集中开展工作。

2005年3月，《南水北调东线第一期工程可行性研究报告（送审稿）》和各专题报告、单项工程可行性研究报告及环境影响评价、水土保持报告按期编制完成并报送水利部；2005年4～7月，水利部水规总院对未审批的单项工程可行性研究报告进行了预审；8月水利部水规总院对工程管理等部分专题报告进行了预审。

2005年10月17日和20日，淮委组织人员先后赴江苏和山东，再次与两省水利厅分别协调东线第一期工程管理体制、投资分摊和水价测算等问题。为了推进山东省境内文物保护规划的前期工作，2005年10月24日淮委在安徽蚌埠召开东线第一期工程山东文物保护协调会，促使山东省水利厅与山东省文物局就山东省境内文物保护规划前期工作达成基本一致。

根据水利部水规总院对各单项可行性研究报告及专题报告的预审意见和淮委与苏鲁两省协调的结果，淮委会同海委组织设计单位于2005年10月修订完成了《南水北调东线第一期工程可行性研究总报告》。

（陈兰川）

主要成果

南水北调东线第一期工程总体可行性研究主要成果包括总报告、水土保持总体方案报告书、工程环境影响总报告书，以及若干附件、附图集等。其中可行性研究总报告又包含工程水文、工程规模与水量调配、文物调查及保护专题报告等10个专题报告和三阳河潼河宝应站、胶东输水干线西段东平湖—济南段（济平干渠）、南四湖水资源控制和水质监测工程、骆马湖水资源控制工程等16个单项工程可行性研究报告，以及东线第一期工程骨干网及首级施工控制测量工程设计报告。全套报告共178册，字数超过2000万字，图幅超过5000幅，其中，仅总报告就达100余万字。

（陈兰川）

主要工作内容

《南水北调东线第一期工程可行性研究报告》是在《南水北调工程总体规划》和《南水北调东线第一期工程项目建议书》的基础上，对工程水文、工程地质、工程方案、征地移民、投资估算、资金筹措方案和水价测算、工程调度运行管理、环境及洪水影响评价、文物保护等方面又进行了深入的研究和论证。进一步明确了南水北调东线第一期工程供水范围是苏北、皖东北、鲁西南、鲁北和山东半岛。工程规模为抽江水 $500m^3/s$，入东平湖 $100m^3/s$，过黄河 $50m^3/s$，送山东半岛 $50m^3/s$。多年平均抽江水量为87.66亿 m^3，受水区干线分水口门净增供水量36.01亿 m^3，其中江苏省19.25亿 m^3，山东省13.53亿 m^3，安徽省3.23亿 m^3。工程主要包括：疏浚开挖整治河道14条，新建泵站21座，改建泵站4座，新建调蓄水库工程3座，实施洪泽湖和南四湖下级湖抬高蓄水位影响处理工程，实施东平湖影响处理工程，建设穿黄河工程，建设沿线截污导流工程，实施里下河水源调整补偿工程和血吸虫病防治工程。主要工程量约为：土石方开挖2.09亿 m^3、土方填筑0.98亿 m^3、混凝土及钢筋混凝土409.48亿 m^3、砌石341.66亿 m^3。工期为89个月。按2004年第三季度价格水平，东线一期工程静态总投资为266.09亿元，建设期融资利息为23.55亿元，总投资为289.64亿元。

2005年底，中水淮河工程有限责任公司和中水北方勘测设计研究有限责任公司根据审查意见，对可行性研究报告进行了修改和完善。

（马秀清）

报告修编

2005年11月15～20日，水利部水规总院对《南水北调东线第一期工程可行性研究总报告》进行了审查；11月24日，水利部南水北调规划设计管理局主持召开《南水北调东线一期工程可行性研究报告》审查审批落实工作会议，对总体可行性研究修编工作提出了明确要求。

根据会议精神和水规总院的审查意见，淮委会同海委组织设计单位补充编制了《工程水文》专题报告和《南水北调东线第一期工程骨干网及首级施工控制测量工程设计报告》，并于2005年12月底组织完成了总体可行性研究全套报告的修编工作。

（陈兰川）

报告审查

南水北调东线一期工程主要包括河道工程、泵站工程、调蓄水库工程、蓄水影响处理工程、穿黄河工程、截污导流工程和水源调整补偿工程。水利部淮河水利委员会组织中水淮河工程有限责任公司、中水北方勘测设计研究有限责任公司和沿线各省市水利设计单位于2005年3月编制完成了《南水北调东线第一期工程可行性研究总报告》，并以淮委长规计［2005］105号文将可行性研究总报告上报水利部。

东线一期工程总体可行性研究审查在新老工程交叉、多方利益协调、水质等问题上有特殊性。自可行性研究总报告上报以后，从2005年4月开始，水利部水规总院分别对总报告按工程分项、输水河道按分段及专题进行了57次预审。各设计单位根据预审意见和复审意见对分项、分段可行性研究报告和专题报告进行了修改、补充和完善。

2005年11月15～20日，水利部水规总院在北京召开会议，对可行性研究总报告进行了审查。会议邀请了国内知名专家69人，参加会议的各部门、各省市代表近400人。水利部副部长矫勇、国务院南水北调工程建设委员会办公室副主任宁远出席会议并讲话。会议成立了以水利部总工程师刘宁为主任委员、由20位专家组成的审查技术委员会。与会人员听取了可行性研究总报告技术总负责单位中水淮河工程有限责任公司的汇报，并分组进行了讨论。会议形成了审查技术委员会意见。会后，各设计单位根据会议讨论意见，又对可行性研究总报告进行了最后的修改和完善；水利部调水局就工程管理体制、水价和资金筹措等问题与江苏、山东两省进行了沟通、协调。

（李小燕）

在 建 工 程

三阳河、潼河、宝应站工程

工 程 进 展

三阳河、潼河、宝应站工程与江都水利枢纽共同组成南水北调东线第一级抽水泵站，三阳河、潼河、宝应站工程设计新增抽水能力 $100m^3/s$ 入里下河，与江都站（抽水 $400m^3/s$）共同实现东线一期工程抽水 $500m^3/s$ 规模的输水目标。

三阳河、潼河、宝应站工程自2002年12月开工建设以来，截至2005年底，工程累计完成土方2713万 m^3，完成混凝土13.4万 m^3，完成工程投资8.29亿元，占工程总投资的90.3%，其中2005年度共完成投资1.06亿元。征用土地的7个乡镇土地补偿资金全部兑付结束。移民集中安置小区、中心村、安置点建设全部完成。

三阳河、潼河、宝应站工程河道工程全长为44.215km，已全部完成，单位工程完工验收，工程质量均被评为优良等级。2005年汛后实施的河道工程管理通道及巡查便道已全部完成；计划实施的21座桥梁均已贯通，并完成交工验收工作；潼河影响工程中三横南节制闸、三横北套闸基本完成。三阳河沿线影响建筑物计35座已全部通过水下验收，影响工程中顺河桥梁主体工程基本结束。

三阳河Ⅰ标～Ⅴ标，潼河Ⅰ标、Ⅱ标计19km水土保持（植物防护）工程全部结束。第二批项目除三阳河Ⅵ标外其余标段已完成季节性树种的种植。

宝应站工程房屋建筑装饰、机电设备安装、自动化系统安装调试工作均已完成，并已顺利通过试运行验收。管理所房屋、传达室、围墙施工全部结束。管理所环境绿化工程已完成上下游引河植物种植及管理区施工。

（白传贞　孙养武）

骆马湖—南四湖段江苏境内工程

工 程 概 况

骆马湖—南四湖段江苏境内工程是连接骆马湖与南四湖省际间的调水工程，采用不牢河和韩庄运河双线输水，通过不牢河和顺堤河输水，实现从骆马湖（中运河）抽引 $125m^3/s$ 供不牢河沿线用水并调水入南四湖下级湖 $75m^3/s$ 的规划目标。工程主要建设内容是：改扩建刘山泵站和解台泵站，新建蔺家坝泵站。刘山泵站、解台泵站和蔺家坝泵站为一等工程，主体工程为1级建筑物，次要建筑物为3级。泵站设计洪水标准为百年一遇，校核洪水标准为三百年一遇。工程永久占地1676亩，临时占地327亩，生产安置人口711人，工程总投资为60736万元（其中刘山站24106万元，解台站18785万元，蔺家坝站17845万元）。工程建设总工期2.5年。解台站工程已于2004年10月开工建设，刘山站工程于2005年3月开工建设，蔺家坝泵站将于2006年1月开始开工建设。

前期工作

（一）可行性研究报告

2003年7月，江苏省水利勘测设计研究院编制完成了《南水北调东线第一期工程骆马湖—南四湖段江苏境内工程可行性研究报告》，淮河水利委员会以淮委规计［2003］390号文报送水利部。

2003年9月26～30日，水利部水利水电规划设计总院受水利部委托，对《南水北调东线第一期工程骆马湖—南四湖段江苏境内工程可行性研究报告》进行了审查。根据审查意见，江苏省水利勘测设计研究院修改完善了报告。

2003年10月23～25日，水利部水利水电规划设计总院对可行性研究报告修订本进行了复审，并基本同意了该报告。

2003年11月18～25日，中国国际工程咨询公司受国家发展和改革委员会的委托，组织专家对《南水北调东线第一期工程骆马湖—南四湖段江苏境内工程可行性研究报告（修订本）》进行了评估。

2004年6月16日，国家发展和改革委员会以《国家发展改革委关于南水北调东线骆马湖—南四湖段江苏境内工程可行性研究报告的批复》（发改农经［2004］1106号）批准了《南水北调东线第一期工程骆马湖—南四湖段江苏境内工程可行性研究报告》。

（二）初步设计

1. 刘山泵站工程

（1）工程概况。刘山泵站位于邳州市宿羊山镇境内，是南水北调东线工程的第七级抽水泵站，设计流量125m^3/s，装机5台套（其中1台备用）。刘山站工程主要工程量为土方开挖119.82万m^3，土方填筑75.71万m^3，砌石及滤层3.65万m^3，混凝土及钢筋混凝土4.69万m^3，钢结构659.74t，主机泵5台套。工程静态总投资22675万元，建设期贷款利息为929万元，总投资为23064万元。

（2）初步设计。2003年11月，江苏省水利勘测设计研究院编制完成了《南水北调东线第一期工程骆马湖—南四湖段江苏境内刘山泵站初步设计》，淮河水利委员会以淮委规计［2003］518号文报送水利部。2003年12月1～2日，水利部水利水电规划设计总院受水利部委托，对《南水北调东线第一期工程骆马湖—南四湖段江苏境内刘山泵站初步设计》进行了审查，根据审查意见，江苏省水利勘测设计研究院对报告进行了修改完善，形成了《南水北调东线第一期工程骆马湖—南四湖段江苏境内刘山泵站初步设计（审订本）》。2004年8月26日水利部以《关于南水北调东线第一期工程骆马湖—南四湖段江苏境内工程刘山泵站初步设计的批复》（水总［2004］355号）批准了《南水北调东线第一期工程骆马湖—南四湖段江苏境内工程刘山泵站初步设计》，其中，国家发展和改革委员会以《国家发展改革委关于核定南水北调东线骆马湖—南四湖段江苏境内工程刘山泵站初步设计概算的通知》（发改投资［2004］1539号）进行了批复。

2. 解台站工程

（1）工程概况。解台站工程位于徐州市贾汪区大吴镇境内，是南水北调东线工程的第八级抽水泵站，设计流量125m^3/s，装机5台套（其中1台备用）。解台站工程主要工程量为土方开挖 68.6 万 m^3，土方填筑 42.07 万 m^3，砌石及垫层 6.08 万 m^3，混凝土及钢筋混凝土 3.68 万 m^3，钢结构 437.15t，主机泵 5 台套。工程静态总投资 18188 万元，建设期贷款利息为 407 万元，总投资为 18595 万元。

（2）初步设计。2003 年 11 月，江苏省水利勘测设计研究院编制完成了《南水北调东线第一期工程骆马湖—南四湖段江苏境内解台泵站初步设计》，淮河水利委员会以淮委规计［2003］518 号文报送水利部。2003 年 11 月 27～28 日，水利部水利水电规划设计总院受水利部委托，对《南水北调东线第一期工程骆马湖—南四湖段江苏境内解台泵站初步设计》进行了审查，根据审查意见，江苏省水利勘测设计研究院对报告进行了修改完善，形成了《南水北调东线第一期工程骆马湖—南四湖段江苏境内解台泵站初步设计（审订本）》。2004 年 8 月 26 日水利部以《关于南水北调东线第一期工程骆马湖—南四湖段江苏境内工程解台泵站初步设计的批复》（水总［2004］356 号）批准了《南水北调东线第一期工程骆马湖—南四湖段江苏境内工程解台泵站初步设计》，其中，国家发展和改革委员会以《国家发展改革委关于核定南水北调东线骆马湖—南四湖段江苏境内工程解台泵站初步设计概算的通知》（发改投资［2004］1540 号）进行了批复。

3. 蔺家坝泵站工程

（1）工程概况。蔺家坝泵站工程位于徐州市铜山县境内顺堤河滩地上，是南水北调东线工程的第九级抽水泵站，设计流量 $75m^3/s$，装机 4 台套（其中 1 台为备机）。蔺家坝泵站工程主要工程量为土方开挖 97.31 万 m^3，土方填筑 26.05 万 m^3，砌石及垫层 0.9 万 m^3，混凝土及钢筋混凝土 4.2 万 m^3，钢结构 549.4t，主机泵 4 台套。工程静态总投资 17225 万元，建设期贷款利息为 620 万元，总投资为 17845 万元。征地拆迁增加费用 261 万元，工程总投资 18106 万元。

（2）初步设计。2003 年 11 月，中水淮河工程有限责任公司编制完成了《南水北调东线第一期工程蔺家坝泵站工程初步设计报告》，淮河水利委员会以淮委规计［2004］60 号文报送水利部。2004 年 11 月 27～28 日，水利部水利水电规划设计总院受水利部委托，对《南水北调东线第一期工程蔺家坝泵站工程初步设计报告》进行了审查。2004 年 8 月 26 日水利部以《关于南水北调东线第一期工程蔺家坝泵站工程初步设计的批复》（水总［2004］354 号）批准了《南水北调东线第一期工程蔺家坝泵站工程初步设计报告》，其中，国家发展和改革委员会以《国家发展改革委关于核定南水北调东线一期工程蔺家坝泵站工程初步设计概算的通知》（发改投资［2004］1536 号）进行了批复。

招 标 投 标

2005 年 9 月以前，招标工作由建设处组织，认真贯彻、严格执行《招标投标法》及国家有关规定，遵循公开、公平、公正和诚实守信的原则，择优选择承包商。组织有关专家对招标文件进行严格审查，招标报告报经主管部门批复同意后，分别在“中国采购与招标网”、“中国招投标网”、“江苏水利网”、《中国水利报》、《中国经济导报》、《江苏经济报》、“中国南水北调网”等媒介发布招标公告。整个招投标过程都是在江苏省监察厅、驻江苏省水利厅监察室监督和江苏省水利工程建设招标投标管理办公室指导下进行，评标结果报国务院南水北调办备案。2005 年 9 月以后，招标工作已按国务院南水北调办招标程序由江苏水源公司统一组织。截至 2005 年底，已完成了刘山站和解台站工程的导流工程、建设监理、钢材采购、主体土建施工及设备安装、主机泵及附属设备、清污机、液压启闭机、桥式起重机等项目招标工作。

工程进展情况

（一）刘山泵站工程

刘山站导流工程于2005年3月先期开工，在参建各方的共同努力下，导流河上游段水下工程于6月3日通过了水下验收并及时放水，保证了刘山北站开机翻水，满足了上游地区工农业生产用水的需要。9月29日，刘山站施工导流工程顺利通过了投入使用验收。施工导流工程共完成土方开挖63万m^3，堤防填筑38万m^3，混凝土0.82万m^3，砌石0.54万m^3，钢筋340.8t，钢结构制作安装114t（含预埋件），累计完成投资2090万元。

主体工程于9月15日发出开工通知，9月16日开始填筑上游围堰和临时工程建设，10月19日上游围堰合龙，10月20日下游围堰合龙。降水井于11月20日全部完成并投入使用，南侧的防渗墙施工完成328m，北侧多头搅防渗墙已全部完成，下游围堰多头搅防渗墙全部完成，拌和站、砂石料场、钢筋场、木工场硬化已全部完成，基坑土方开挖基本完成，于12月底前完成泵站底板封底工作。生活区临时设施搭设基本完成，工程2005年共下达计划7000万元，到位资金7000万元，累计完成工程投资8202万元（其中建安工程投资3333万元，主机泵设备562万元，其他费用4307万元），占总投资的34%。工程累计完成土方挖填145万m^3，混凝土浇筑0.99万m^3，砌石0.75万m^3，钢结构制作安装114t。

（二）解台站工程

解台站导流工程于2004年10月24日先期开工建设，导流控制闸于2005年2月20日基本完成，导流河、跨灌溉渠公路桥工程于2005年5月25日基本完成。整个导流工程已于2005年6月3日通过交付使用验收，工程质量等级被评定为优良。2005年7～9月，徐州地区遭遇有资料记载以来的第二大降雨量，导流工程及时发挥工程效益。导流工程投入使用后，开始闸站主体工程的施工，7月21日主体工程上游围堰合龙，8月11日下游围堰合龙。截至2005年底，已完成泵站工程水泵层、站侧下游第一、二节翼墙底板及节制闸底板的混凝土浇筑；上、下游引河抛石防冲槽已全部完成；跨出水引河公路桥工程桩基及墩台已全部完成，预应力大孔板及小型预制构件已完成，计划2006年1月进行桥面系的吊装；主水泵、主电动机已进入制作阶段。

工程2005年共下达计划6000万元，到位资金6000万元，至2005年底累计完成投资8267万元（其中：征迁2400万元，建筑工程投资3304万元，安装工程费用1114万元，独立费用1269万元，其他180万元），占工程总投资的44%。共完成土方88.9万m^3，混凝土2.08万m^3，石方2.54万m^3，金属结构260t。

（三）蔺家坝泵站工程

2004年12月7日，国务院南水北调建设委员会办公室建设管理司在蚌埠市组织召开了南水北调苏鲁省界有关工程项目建设管理协调会，并形成了会议纪要，明确蔺家坝泵站工程由淮委治淮工程建设管理局承担建设管理工作。2005年3月24日，江苏水源公司与淮委建设局签署了《南水北调东线一期工程蔺家坝泵站和骆马湖水资源控制工程项目委托建设管理协议》，进一步明确、划分了项目法人与项目建设管理单位的职责。2005年6月12日，淮委南水北调东线工程建管局蔺家坝泵站工程建管处的全部工作人员进驻蔺家坝工地现场办公，2005年6月25日，监理、施工单位的部分人员进驻工地，做好开工前准备工作。2005年11月7日，经过多方努力，蔺家坝征地拆迁工作全面启动。截至2005年底，累计完成工程投资1952万元，占总投资的10.8%。累计完成土方22万m^3。

（陈学军　白传贞　龚玉栋
王迎建　李　军）

长江—骆马湖段工程

工 程 概 况

南水北调东线第一期工程长江—骆马湖段工程的主要建设任务是扩建完善长江至洪泽湖的里运河输水线路，建设内容包括江都站改造工程、淮安四站工程、淮安四站输水河道工程、淮阴三站工程。该工程与其他工程联合运行，可实现南水北调东线一期工程第一梯级抽江水500m³/s，第二、第三梯级通过里运河输水入洪泽湖300m³/s的目标，并可改善白马湖和新河地区的排涝条件。

前 期 工 作

（一）可行性研究

根据《南水北调工程总体规划》和国务院南水北调工程建设委员会第一次全体会议精神，在南水北调东线一期工程总体设计的基础上，淮河水利委员会在江苏省水利勘测设计院工作的基础上及协调江苏省有关方面意见后，向水利部报送了《南水北调东线第一期工程长江—骆马湖段（2003）年度工程可行性研究报告》（淮委规计［2003］488号，以下简称《可研报告》）。

2003年10月18～21日，水利部水规总院在北京召开会议，对水利部淮河水利委员会报送的《可研报告》进行了审查。会后，设计单位根据初审意见对《可研报告》进行了修改和补充。

2003年12月3～6日，水利部水规总院对修改后的报告进行了复审，并于2004年4月8日再次进行了审核。经审查，基本同意修改补充后的《可研报告》。

2004年5月14日，水利部水规总院以《水利部水规总院关于报送南水北调东线第一期工程长江—骆马湖段（2003）年度工程可行性研究报告审查意见的报告》（水总规［2004］47号）报水利部。

2004年6月10日，水利部以《水利部关于报送南水北调东线一期工程长江—骆马湖段（2003）年度工程可行性研究报告及审查意见的函》（水规计［2004］188号）上报国家发展与改革委员会。

2004年12月31日，国家发展与改革委员会以发改农经［2004］3061号文，通知水利部、南水北调办和江苏省发展改革委，原则同意《南水北调东线一期长江—骆马湖段（2003）年度工程可行性研究报告》。同意该工程由拟成立的南水北调东线江苏境内工程项目法人负责建设管理，项目法人要按批准的建设规模和标准组织编制工程初步设计。

（任志远）

（二）初步设计

1. 江都站改造工程

（1）工程概况。江都站位于江苏省扬州市以东17km的江都市境内、淮河入江水道的尾闾与新通扬运河的交汇处。1961年开始兴建，1979年全部建成。工程以4座大型电力抽水泵站为主体，并配以12座节制闸、6座船闸、3座引水涵洞、输水河道以及输变电等工程，具有调水、泄洪、排涝、通航、发电等综合功能。由于该泵站及配套工程经长期高强度的运行，设施老化、效率下降，并存在诸多隐患，已严重地制约了调水功能的发挥。为确保南水北调水源供给，因此，该站被列入改造建设范围。根据南水北调建设总体规划，江都站改造工程是南水北调东线第一期工程的重要组成部分，它和宝应站共同组成南水北调东线工程第一级抽水泵站。工程建成后，与宝应站共同运行，可实现一级泵站抽江水 500m³/s 的目标，为向北调水提供水源保证。江都站改造工程主要内容有：江都三站更新改造工程、江都四站更新改造工程、江都站变电所更新改造工程、江都西闸除险加固工程、江都东西闸之间河道疏浚工程、江都船闸更新改造工程补偿。在净扬程 7.8m 的情况下按江都泵站设计总抽水流量 400m³/s 的原则确定江都三站、四站的设计流量，江都三站设计流量为 100m³/s，装机容量 16000kW；四站设计流量为 180m³/s，装机容量 24850kW。江都三站、四站的主要建筑物泵站站身、进水闸、拦污栅、进水池、出水池、防渗范围内的翼墙，江都站变电所、江都船闸等主要建筑物为 1 级建筑物；江都西闸闸室及防渗范围内的翼墙等主要建筑物为 2 级建筑物；上述工程的次要建筑物及东、西闸之间的河道为 3 级建筑物。江都三站、四站的建筑物结构型式为堤后式，江都西闸结构型式为钢筋混凝土。江都三站、四站采用立式轴流泵更换全部水泵，其中三站 10 台、四站 7 台。暂按水力模型 ZMB－70、JM－7.5 换算真机主要参数。水泵叶片仍采用液压全调节操作方式。三站、四站均采用 6kV 电压等级供电。三站进水流道修改成肘形。变电所的 110kV 侧采用单母线、6kV 侧采用单母线分段的接线方式，且设置 3 台无载调压主变压器。变电所 110kV 配电装置采用户内 GIS 设备。江都西闸更换弧形门和启闭机，在江都东闸设置回转式清污机。江都站改造工程静态总投资 23987 万元，建设期贷款利息为 1352 万元，总投资为 25339 万元。工程于 2005 年 12 月开工，总工期 3 年。

（2）初步设计。2004 年 9 月，江苏省水利勘测设计研究院有限公司编制完成江都站改造工程初步设计。设计编制依据为江苏省水利勘测设计研究院有限公司 2003 年编制的《南水北调东线第一期工程长江—骆马湖（2003）年度工程可行性研究报告》及其审查和评估意见、中水淮河工程有限责任公司等单位 2003 年编制的《南水北调东线第一期工程总体设计方案报告》及其审查和评估意见，中水淮河工程有限责任公司等单位 2004 年编制的《南水北调东线第一期工程项目建议书》及其审查和评估意见。2005 年水利部以水总［2005］350 号《关于南水北调东线第一期工程长江—骆马湖段（2003）年度工程江都站改造工程、淮安四站工程、淮安四站输水河道工程、淮阴三站工程初步设计的批复》对江都站改造工程的初步设计进行了批复。

2. 淮安四站工程

（1）工程概况。淮安四站工程主要建设内容为泵站工程、站下清污机桥、新河东闸、管理处交通桥、变电所改造、环境保护、水土保持、管理设施、移民征地、110kV 供电线路改造、1.05km 输水河道工程等。泵站选用 4 台叶轮直径为 3.0m 的全调节立式轴流泵机组（含 1 台备机），单机流量 33.4m³/s，配套电动机功率 2500kW，总设计流量为 100m³/s，总装机容量为 10000kW。泵站采用肘形流道进水、平直管出水，快速闸门断流。站下清污机桥共分 16 孔，每孔净宽 4.1m，下游侧布置回转式清污机。新河东闸共分三孔，闸孔净宽 8.0m，设计流量 150m³/s。淮安四站初步设计批复概算为 15669 万元，主要工程量：土方挖填 106 万 m³，混凝土及钢筋混凝土 2.41 万 m³，砌石及垫层 2.44 万 m³，钢筋 1874 t，钢结构 460t，机泵 4 台套。

淮安四站工程总工期 30 个月，初步设计批复概算投资为 15669 万元。其中建筑工程概算投资 4588 万元、机电设备及安装工程概算投资 4056 万元、金属结构设备及安装工程概算投资 930 万元、施工临时工程概算投资 614 万元、建设单位管理费等独立费用概算投资 2093 万元、基本预备费 737 万元、工程占地及移民补偿概算投资 1081 万元、水土保持工程概算投资 94 万元、环境保护工程概算投资 57 万元、110kV 供变电工程概算投资 675 万元、建设期贷款利息744万元。资金组成有：中央预算内拨款占30%，贷款占45%，南水北调基金占25%。

（2）初步设计。2004年8月10~13日，水利部水利水电规划设计研究院在北京召开会议，对水利部淮河水利委员会报送的《南水北调东线第一期工程长江—骆马湖段（2003）年度工程淮安四站工程初步设计》（淮委规计［2004］371号）进行了审查，会后设计单位根据会议讨论意见对报告进行了修改完善，经审查基本同意修改后的初步设计。2005年7月15日，国家发展和改革委员会向水利部下发了《国家发展改革委关于核定南水北调东线第一期工程长江—骆马湖段（2003）年度工程初步设计概算的通知》（发改投资［2005］1294号），8月17日，水利部向南水北调东线江苏水源公司下发了《关于南水北调东线第一期工程长江—骆马湖段（2003）年度工程江都站改造工程、淮安四站工程、淮安四站输水河道工程、淮阴三站工程初步设计的批复》（水总［2005］350号）文件。

3. 淮安四站输水河道工程

（1）工程概况。淮安四站输水河道工程是淮安四站的配套工程，位于扬州市宝应县、淮安市楚州区和白马湖农场境内，由运西河（7.5km）、穿湖段（2.3km）和新河段（20.03km）三段组成，全长29.8km，设计输水流量为100m³/s。主体工程包括：河道开挖，沿线桥梁拆建，控制建筑物加固、拆建，沿线影响建筑物拆建，洼地影响工程等。淮安四站输水河道工程总工期30个月，初步设计批复概算投资为28285万元。

（2）初步设计。2004年8月12~13日，水利部水利水电规划设计研究院在北京召开会议，对水利部淮河水利委员会报送的《南水北调东线第一期工程长江—骆马湖段（2003）年度工程淮安四站输水河道工程初步设计》（淮委规计［2004］371号）进行了审查，会后设计单位根据会议讨论意见进行了修改完善，经审查基本同意修改后的初步设计报告。2005年7月15日，国家发展和改革委员会向水利部下发了《国家发展改革委关于核定南水北调东线第一期工程长江—骆马湖段（2003）年度工程初步设计概算的通知》（发改投资［2005］1294号），8月17日，水利部向南水北调东线江苏水源公司下发了《关于南水北调东线第一期工程长江—骆马湖段（2003）年度工程江都站改造工程、淮安四站工程、淮安四站输水河道工程、淮阴三站工程初步设计的批复》（水总［2005］350号）文件。

4. 淮阴三站工程

（1）工程概况。江苏省南水北调淮阴三站工程位于淮安市清浦区和平镇境内，与现有淮阴一站并列布置，和已建淮阴一、二站和拟建的洪泽站共同组成南水北调东线第三梯级。工程建成后，具有向北调水、提高灌溉保证率、改善水环境、提高航运保证率等功能。淮阴三站工程内容包括：泵站工程、变电所工程、高良涧越闸拆建（挡洪闸）工程、管理所工程等。工程等别为一等，工程规模为大（1）型。泵站工程设计调水流量100m³/s，设计扬程4.28m，最大扬程4.78m，平均扬程3.06m，采用4台直径3.3m的灯泡贯流泵机组，单机配套功率2500kW，总装机容量10000kW，泵站采用堤后式贯流泵方案，平直管进出水流道，快速闸门断流，液压启闭机启闭。高良涧越闸拆建（挡洪闸）工程为淮阴一站和三站共用的挡洪闸，是在拆除原高良涧越闸的基础上新建的。设计流量260m³/s，净孔宽度10m，共5孔，总净宽50m。闸身采用胸墙式结构，平面钢闸门，绳鼓启闭机启闭。闸室上设钢筋混凝土预制空心板公路桥，桥面净宽7m。变电所工程包括110kV输电线路、室内变电所，保留原20000kVA三圈变压器一台，新增25000kVA主变压器一台。主电动机采用10kV供电，淮阴一站保留6kV供电。主体工程量：挖填土方248万m^3，砌石5.07万m^3，混凝土及钢筋混凝土38858m^3，金属结构473t。工程总投资2.67亿元。淮阴三站工程总工期27个月，初步设计批复概算投资为23942万元。

(2) 初步设计。2004年8月17～18日，水利部水利水电规划设计研究院在北京召开会议，对水利部淮河水利委员会报送的《南水北调东线第一期工程长江—骆马湖段(2003)年度工程淮阴三站工程初步设计》(淮委规计［2004］371号)进行了审查，会后设计单位根据会议讨论意见进行了修改完善，经审查基本同意修改后的初步设计。2005年7月15日，国家发展和改革委员会向水利部下发了《国家发展改革委关于核定南水北调东线第一期工程长江—骆马湖段(2003)年度工程初步设计概算的通知》(发改投资［2005］1294号)，8月17日，水利部向南水北调东线江苏水源公司下发了《关于南水北调东线第一期工程长江—骆马湖段(2003)年度工程江都站改造工程、淮安四站工程、淮安四站输水河道工程、淮阴三站工程初步设计的批复》(水总［2005］350号)文件。

工程进展情况

(一) 江都站改造工程

江都站改造工程于2005年12月开工建设。截至2005年底，东西闸之间河道疏浚工程已开工，进展顺利。工程施工设备已基本进场，工程所需首批材料已准备齐全，河道两岸的清杂工作已基本结束，正在进行施工围堰的填筑、水上土方的开挖和护坡的整治，同时水下疏浚工作也已正式启动，各项工作均按计划进行。

(二) 淮安四站工程

淮安四站工程于2005年9月正式开工建设。截至2005年年底，基本完成淮安四站移民安置工作；完成新河东闸闸室、排架的浇筑；完成新河东闸上、下游翼墙的浇筑；完成鸭洲生产桥12根灌注桩的施工、桥桩接长、帽梁制作工作，完成20根预制梁的制作；完成泵站下游引河部分清淤及整坡工作。共完成土方开挖38万m^3，混凝土4800m^3，累计完成投资3018万元。

(三) 淮安四站输水河道工程

淮安四站输水河道工程于2005年9月正式开工建设。至2005年底，新河段河道疏浚工程桩号8+900～13+865段的老堤已清基完成，相应排泥场子堰正在填筑，沿线桥梁新(拆)建工程正在落实拆桥方案和预制场地建设等工作，镇湖闸拆建工程上下游施工围堰开始填筑。工程累计完成工程投资9642万元，完成土方挖填5万m^3。

(四) 淮阴三站工程

淮阴三站工程于2005年10月28日正式开工建设。挡洪闸工程已完成了上下游围堰、205国道的临时改线、下游引河北堤填筑，泵站上下游引河开始引河土方开挖及中隔堤土方施工，上游三角围堰区内淤泥基本清除；基本拆除了原高良涧越闸；变电所电气设备采购A包GIS组合开关、B包变压器、C包高压开关柜已签订合同，开始制作。变电所电气设备采购D包电缆、变电所土建及设备安装工程即将签订合同，进场施工。截至2005年底，共完成土方挖填60万m^3，累计完成投资2161万元。

（沈宏平　凌　平　朱红伟
白传贞　史　展　岳座铭
严　军　王亦勤）

济平干渠工程

工 程 概 况

济平干渠工程是南水北调东线工程的重要组成部分，自东平湖出湖闸至济南市西部的小清河源头睦里庄闸，全长90km，途经山东省泰安市的东平，济南市的平阴、长清、槐荫共4个县、区，工程总投资130591万元，设计引水规模50m^3/s，多年平均引水量8.8亿m^3。

工程完成情况

截至2005年12月31日，工程累计完成投资11.36亿元（占工程总投资的87.7%），其中2005年完成投资23586万元。共完成土石方开挖917.45万m^3，土方填筑611.23万m^3，钢筋制作安装9927.6t，混凝土及钢筋混凝土浇筑28.24万m^3，机电设备安装539台套，完成金属结构安装480.8t，渠道衬砌完成约86km，完成桥梁120座、倒虹40座、水闸28座。

工程现场管理

济平干渠工程由山东干线公司委托山东省南水北调工程建设指挥部负责建设管理，山东省南水北调工程建设指挥部分别在平阴、长清设立现场指挥部具体管理。

工程质量管理

工程质量管理实行施工单位保证、监理单位控制、政府质量监督、项目法人负责相结合的管理模式。施工单位建立、健全质量检查和质量保证体系，实施“三检制”；监理单位采取现场巡回检查、旁站检查等方式控制；质量监督站采取抽查等方式监督；施工过程中出现的缺陷，按照“三不放过”原则处理。据统计，工程全部合格，优良品率90%。

工程施工监理

济平干渠工程由黄河工程咨询监理公司、山东省科源工程建设监理中心、山东省水利建设监理公司、南京科兴监理公司承担监理工作。各监理单位设立项目监理部，派驻总监理工程师及专业监理人员组建监理机构进行现场监理工作。监理部严格按照施工监理规范，完善各项管理制度并严格执行既定的各项规章制度，规范监理工作程序，在搞好“三控两管一协调”的同时，强化质量控制，切实有效地履行监理合同，在工程进度、工程质量、安全生产、文明施工等方面按照合同要求严格执行。为了保证施工安全，监理部实施了施工日报制度，建立实施月安全检查制度等。监理过程做到了隐蔽工程、重要工序、重点部位100%旁站，平常反复巡视，按规范要求抽检。随时监督检查施工单位的质量保证体系和落实情况，强化质量管理与检查，严格按照验收程序对每个单项工程检查验收。

安 全 生 产

山东省南水北调工程建设管理局成立了安全生产领导小组和山东省南水北调工程建设重特大事故应急处理领导小组，制定了在建工程《安全度汛方案及防洪预案》，建立了安全生产工作责任制。2005年3月、6月和9

月组织了三期安全培训。2005年4月、9月和12月分别对济平干渠工程开展了以“查隐患、防事故、保稳定”为重点的安全生产大检查活动，检查了工程各参建单位安全生产责任制的落实情况，施工现场、施工设施运行等安全环节规章制度的执行情况，以及确保施工安全和度汛安全的应急预案及措施的制订情况。

韩庄运河段工程

工程概况

韩庄运河段工程包括万年闸、韩庄和台儿庄三座泵站，运河疏浚及其配套建筑物工程。韩庄运河是京杭大运河的一部分，上起南四湖下级湖出口韩庄闸，流经济宁市微山县、枣庄市峄城区、台儿庄区，至苏鲁省界陶沟河口与中运河相接，全长42.7km，南水北调东线一期工程在该段利用韩庄运河现有河道输水。南水北调韩庄运河段工程是实现南水北调向北输水和省际供水目标的关键性工程。

工程完成情况

截至2005年12月31日，万年闸泵站工程年度完成投资113万元，总计完成投资3575万元。完成土石方开挖69.14万m^3，土方回填22.45万m^3，浆砌石9500m^3，混凝土浇筑13100m^3。韩庄泵站下达投资8000万元，台儿庄泵站下达投资6000万元，两个项目均在进行征地等开工前的各项准备工作。

工程现场管理

韩庄运河段万年闸泵站由山东干线公司直接设立现场指挥部负责建设管理。台儿庄泵站工程根据山东省南水北调工程建设管理局与淮河水利委员会治淮工程建设管理局签署《南水北调东线第一期工程台儿庄泵站工程项目委托建设管理框架协议》，淮河水利委员会治淮工程建设管理局受山东干线公司委托，作为台儿庄泵站工程项目建设的责任主体，具体负责工程招标、合同签订、工程实施过程管理等工作；山东干线公司根据南水北调工程建设管理的有关规定，负责工程资金筹措、征地、移民安置、外部环境协调、工程质量检查、监督以及工程项目验收。

工程质量管理

工程质量管理实行施工单位保证、监理单位控制、政府质量监督、项目法人负责相结合的管理模式。施工单位建立、健全质量检查和质量保证体系，实施“三检制”；监理单位采取现场巡回检查、旁站检查等方式控制；质量监督站采取抽查等方式监督；施工过程中出现的缺陷，按照“三不放过”原则处理。据统计，工程全部合格，其中优良品率90%。

工程施工监理

万年闸泵站由中水淮河工程有限责任公司负责监理，台儿庄泵站由杭州亚太建设监理咨询有限公司负责监理。各监理单位设立项目监理部，派驻总监理工程师及专业监理人员组建监理机构进行现场监理工作。监理部严格按照施工监理规范，完善各项管理制度并严格执行既定的各项规章制度，规范监理工作程序，在搞好“三控两管一协调”的同时，强化质量控制，切实有效地履行监理合同，在工程进度、工程质量、安全生产、文明施工等方面按照合同要求严格执行。为了保证施工安全，监理部实施了施工日报制度，建立实施月安全检查制度等。监理过程做到了隐蔽工程、重要工序、重点部位100%旁站，平常反复巡视，按规范要求抽检。随时监督检查施工单位的质量保证体系和落实情况，强化质量管理与检查，严格按照验收程序对每个单项工程检查验收。

安全生产

成立了安全生产领导小组和山东省南水北调工程建设重特大事故应急处理领导小组，制定了在建工程《安全度汛方案及防洪预案》，建立了安全生产工作责任制。2005年3月、6月和9月组织了三期安全培训。2005年4月、9月和12月分别对韩庄运河段工程开展了以“查隐患、防事故、保稳定”为重点的安全生产大检查活动，检查了工程各参建单位安全生产责任制的落实情况，施工现场、施工设施运行等安全环节规章制度的执行情况，以及确保施工安全和度汛安全的应急预案及措施的制订情况。

招投标情况

2005年1月27日国务院南水北调办批复了南水北调东线一期台儿庄泵站工程分标方案（国调办建管函（2005）4号文）。2005年3月15日，台儿庄泵站工程建设监理开标会议在蚌埠召开，4月14日，淮委治淮工程建设管理局与杭州亚太建设监理咨询有限责任公司签订了台儿庄泵站工程建设监理合同。2005年3月27日，台儿庄泵站工程建筑工程、金属结构及机电设备安装工程开标会议在蚌埠市召开，4月20日，淮委治淮工程建设管理局与中国水利水电第十一工程局在蚌埠签订了台儿庄泵站工程建筑工程、金属结构及机电设备安装工程施工合同。2005年7月5日，淮委治淮工程建设管理局与上海凯士比泵有限公司签订了台儿庄泵站工程主水泵及附属设备采购承包合同，与湘潭电机股份有限公司签订了台儿庄泵站工程主电动机及附属设备采购承包合同。2005年10月10日，台儿庄泵站工程钢筋水泥采购招标开标、评标会议在蚌埠召开，中标单位为安徽省厚德物资设备有限责任公司。2005年12月8～9日，台儿庄泵站工程金属结构标开标、评标会议在蚌埠召开，山东省水利机械工程总厂为台儿庄泵站金属结构制造商。

（高德刚　苏传政　徐国焘）

治污工作

概述

（一）南水北调东线水质现状

2005年度，南水北调东线37个监测断面中，有12个断面达到《南水北调东线工程治污规划》（以下简称《规划》）目标要求，达标率为44.7%。

山东省23个监测断面中3个断面达到《规划》目标要求，占13.0%。南四湖、东平湖水质均为劣V类，超标因子为总氮、总磷。

江苏省14个监测断面中9个断面达到《规划》目标要求，占64.3%。洪泽湖营养状态指数55，营养状态级别为轻度富营养，水质类别为劣Ⅴ类，超标因子为总氮、总磷。

2005年，南水北调东线主要水污染物COD排放总量为30.7万t，完成COD削减任务的17.1%；氨氮排放总量2.83万t，完成氨氮削减任务的19.7%。其中山东省主要水污染物COD排放总量为18.7万t，完成COD削减任务的26.3%；氨氮排放总量1.91万t，完成氨氮削减任务的37.4%。江苏省主要水污染物COD排放总量为12.0万t；氨氮排放总量0.92万t，均未完成削减任务。

（二）南水北调东线工程治污进展情况

自国务院批复实施《规划》以来，东线工程沿线地方人民政府和国务院有关部门高度重视东线工程治污工作，实施了城市污水处理、工业结构调整、工业污染治理、流域综合整治和截污导流等多项措施。东线工程沿线水质基本保持稳定。但总体来看，污染仍十分严重，距离《规划》目标尚有较大的差距。

《规划》确定到2007年底应完成260个治污项目。截至2005年底，已完成83项，占应建项目总数的31.9%；在建130项，占50%；47个项目未动工，占18.1%。其中，城市污水处理共78项，已完成19项，占项目总数的24.4%；在建35项，占44.9%；未动工24项，占30.8%。工业结构调整和工业点源综合治理共152项，其中，已完成64项，占42.1%；在建87项，占57.2%。流域综合治理及生态示范共8项，其中，在建7项，占87.5%。截污导流共22项，全部未动工。

（三）南水北调东线主要工作进展

1. 工业污染综合治理

（1）淘汰落后工艺技术，关闭破坏资源和污染环境的企业。国家环保总局督促山东和江苏两省按照《国务院办公厅关于加强淮河流域水污染防治工作的通知》的要求，进一步加强对造纸、酿造和化工等污染严重行业的治理。2005年底前，对现有石灰法制浆生产线、年制浆能力3.4万t以下化学制浆生产线、年生产能力2万t以下黄板纸企业、1万t以下废纸造纸企业、1万t以下酒精生产线、1万t以下淀粉生产线，由县级以上地方人民政府责令关闭。

（2）加快核发排污许可证，全面实施清洁生产。对约2000多家企业发放了排污许可证，正在对东线工程沿线所有重点排污企业发放排污许可证，逐步做到禁止无证或超总量排污。

2. 东线一期工程环境影响评价审查

2005年1月，国家环保总局组织水利部、国务院南水北调办等单位，在北京召开了南水北调东、中线一期工程环境影响评价工作座谈会，会议研究了加快南水北调东、中两线工作进度的有关事宜。目前，环境影响评价工作和审批进展如下：

（1）总体环境影响评价情况。2005年3月底，完成了《南水北调东线第一期工程环境影响报告书》。

（2）单项工程环境影响评价情况。长江—骆马湖段（2003年）工程、三阳河潼河宝应站工程、骆马湖—南四湖段工程、韩庄运河段工程、南四湖—东平湖工程、济平干渠工程、穿黄工程共7项工程环境影响报告书已通过审批。南水北调东线第一期工程、南四湖湖内工程、南四湖洪泽湖影响处理工程、东平湖影响处理工程、济南至引黄济青段工程、鲁北段工程共6项工程环境影响报告书已通过预审。

（3）截污导流工程环境影响评价情况。江苏省、山东省、淮安市、宿迁市截污导流工程环境影响报告书已编，待审查。

（4）专题研究成果。生态环境影响、战略环境影响、血吸虫病北移扩散、地表水环境影响、地下水环境影响、江苏省江水北调影响回顾、江苏省环境管理体系、山东省环境管理体系8个专题报告已预审。

3. 环境监督

（1）组建南水北调环境监测网络。国家

环保总局正在会同国务院有关部门组建南水北调环境监测网络，制定《南水北调水环境监测网络实施方案》，按照统一布点、统一技术规范、统一评价标准、统一质量保证、信息共享的原则，对水质、水量、排污口、流动污染源和农业面源污染进行统一监测，并发布沿线水环境状况。

（2）为保障南水北调环境安全，保证持续安全用水，统筹各方利益，国家环保总局编制完成了《南水北调东线水污染防治监督管理办法》和《南水北调东线突发水污染事故应急预案》，同时会同国务院有关部门开展“清理整顿不法排污企业、保障群众健康环保行动”，将东线工程沿线作为重点，依法查处超标排污不法企业。

（国家环保总局污控处）

江苏段治污工作

为保护南水北调东线源头水质，江苏省制定实施了《江苏省长江水污染防治条例》，明确了“环境优先”原则，编制实施了《江苏省地表水（环境）功能区划》，在南水北调东线水质敏感地区划定保护区域，制定了《江苏省市县党政主要领导干部环境保护工作实绩考核暂行办法》。

（一）工业污染防治

针对南水北调沿线造纸等行业结构性污染比较突出的问题，江苏省坚持“调整、提高、集中、严管”的做法，不断深化工业污染防治。一是加快造纸等重污染行业的结构调整步伐。调水沿线地区关停了生产规模在2万t以下的14家造纸企业的化学制浆生产线，关闭“十五小”、“新五小”企业156家。二是通过开展清洁生产审核和循环经济试点，提高污染企业达标排放水平。调水沿线地区256家工业企业通过了清洁生产审核，40多家企业通过了ISO14000环境管理体系认证，20多家单位开展了循环经济试点，还有57家重点企业正在实施达标后再提高工程。三是将新建项目集中到工业小区，老项目逐步搬迁，在工业小区建设集中污水处理设施。四是要求所有建设项目开展环境影响评价，并实施“三同时”制度，根据南水北调水质要求，否决可能对水质造成污染的工业项目。对重点工业污染源发放排污许可证，规范企业环境行为，实行无证禁排、持证排污、超证处罚。所有重点污染源建设了自动监控系统，与环保部门联网，实行实时监督。每年组织开展打击违法排污企业、保障群众健康环保专项行动，保持对环境违法行为的高压态势，2004年查处了违法排污企业200多家。通过落实上述措施，减轻了工业污染负荷，降低了工业污染比重。江苏省调水沿线地区工业污染占整个污染的比重，从“九五”期间的60%降低到目前的45%，结构性污染问题有所缓解。

（二）城镇污水处理厂建设

江苏省调水沿线地区计划新建26座污水处理厂，目前已建成9座，新增污水处理能力30.75万t/d；在建13座，建设规模42万m^3/d；其余4座争取2006年年内全部开工。为推进城市污水处理厂建设，江苏省根据“污染者付费、治污者收益”的原则，提高了污水处理费征收标准，建立环境资源有偿使用机制。目前，沿线5个省辖市市区已全部调整到每吨0.8元以上，大部分县（市）污水处理费也已调整到每吨0.8元以上。污水处理价格机制的逐步形成，调动了社会各方面和外商投资兴建城镇污水处理厂的积极性。徐州的三八河污水处理厂、荆马河污水处理厂、奎河污水处理厂等采用BOT、TOT方式建设，较好地解决了污水处理厂的投资和运营问题。针对沿线水质氨氮指标经常超标的实际情况，要求新建、改建、扩建的城镇污水处理厂配套建设脱氮设施，湖库周边的城镇污水处理厂同步建设除磷设施；要求已建成的污水处理厂，2006年底前完成脱氮设施改造。

（三）调水沿线水环境综合整治

（1）将调水源头江都取水口划为饮用水源保护区，国家环保总局批准为源头生态功能区，扬州市编制了专门的保护规划，并委托高等院校编制可行性研究和初步设计，目前部分工程已启动实施。

（2）认真开展截污导流工程前期工作。扬州、淮安、宿迁3市的截污导流工程，可行性研究已通过国家的预审，正在抓紧初步设计工作。徐州的截污导流工程也在积极开展有关前期工作。

（3）加强生态建设。调水沿线地区积极开展全国生态示范区创建工作，实施生态农业示范县建设，大力发展生态农业，加强无公害农产品、绿色食品和有机食品基地建设，狠抓农业面源污染防治。2005年，江苏省南水北调沿线地区通过生态农业示范县建设，已建成无公害农产品、绿色食品和有机食品基地1500多万亩，化肥使用量比2000年减少了15%以上。

（4）积极推进船舶石油污染综合整治。为进一步减少京杭运河徐扬段船舶垃圾和油废水排放量，改善南水北调水质和京杭运河徐扬段的水环境质量，江苏省发展改革委已经批复了由江苏省交通厅编制的《京杭运河船舶污染综合整治项目可行性研究报告》，目前正在委托有关单位做初步设计，2005年年底前可正式实施。

（四）亟待加强的治污工作

江苏省南水北调东线治污工作虽然取得了一定成效，但与国家的要求和人民群众的期望还有较大的差距：

（1）环境污染仍然较为突出。2005年，江苏省调水沿线污染物排放总量仍然较高，部分地区超过环境容量，考核断面水质离持续稳定达到地表水Ⅲ类标准还有一定差距。

（2）部分治污工程进展较慢。目前，还有四分之一的治污项目没有开工。

（3）工程配套措施跟不上。污水处理厂管网建设滞后，已建成的污水处理厂管网配套率只有50%左右。

（4）工业污染治理设施的监督、运营机制不能完全适应环境管理要求，偷排、超标排污情况时有发生。

（5）污染治理社会化、市场化机制尚需进一步完善。江苏省出台的提高污水处理费的政策尚未完全调整到位，自备水源污水处理费征收工作也亟须加强，一些地方污染治理设施仍由政府负责运营管理。

针对这些问题，江苏省将继续认真贯彻国务院的部署和曾培炎副总理在南水北调东线治污工作现场会上提出的“努力把南水北调工程沿线打造成清水走廊、绿色走廊”的要求，进一步加强组织领导，加大工作力度，加快治污工程建设步伐，确保到2007年南水北调东线江苏段水质持续稳定地达到地表水Ⅲ类标准。

（江苏省淮河流域水污染防治领导小组办公室）

山东段治污工作

南水北调东线工程关键在治污。山东省委、省政府按照党中央、国务院和国务院南水北调工程建设委员会的总体部署和要求，把调水沿线山东段治污作为构建和谐山东的关键环节和重要的政治任务，从大局出发，全省动员，扎实工作，认真落实国务院颁布实施的《南水北调东线工程治污规划》和国务院南水北调办与山东省政府签订的《山东省南水北调治污工作目标责任书》，一个流域一个流域地抓，一条河流一条河流地治。

（一）建立治污工作机制

山东省各地建立了以污染责任单位为主体，党委领导、人大监督、政府负责、环保监管、部门配合、公众参与、舆论监督的工作机制。山东省政府及调水沿线各市政府成立了南水北调治污工作领导小组，统一指挥，协调治污。省政府与有关市签订了治污目标责任书，全面落实沿线各级政府治污责任。对有关市、县、企业实行严格的考核，每月定期公布调水沿线重点河流出入境断面水质和治污项目进度。各级人大每年组织环境执法检查，督促各市治污工作。

（二）健全法规规章

山东省委、省政府发布了《关于加快生态省建设的意见》和《关于加强水污染防治的决定》，省人大颁布实施了《山东省南四湖水污染防治条例》和《山东省沂沭河水污染防治办法》，省政府下发了《山东生态省建设规划纲要》，颁布实施了《山东省党政领导干部环保工作实绩考核办法》、《山东省环境污染行政责任追究办法》、《山东省行政辖区跨界断面水质目标考核奖惩办法》和《山东省发布城市环境风险警示办法（试行）》。编制实施了《南水北调东线工程山东段水污染防治总体规划》，开展了小流域污染综合治理。

（三）价格政策逐步到位

在治污资金严重短缺的情况下，山东省采取积极的政策措施，推动项目进展。积极引导企业自筹资金，建设治污设施。加快污水处理费调整步伐，所有设区市污水处理费标准已提高至0.8元/t左右，有效促进了污水处理厂建设和运营，保障了污水处理厂的正常运转。利用价格政策鼓励使用中水，省政府先后出台了《山东省水资源费征收使用管理办法》和《山东省节约用水办法》，根据有关部门颁布的用水定额，实行超定额用水加价制度。省财政拿出资金对几批实施工业结构调整关闭草浆、酒精生产线的企业予以补助。省财政及济宁市政府筹措资金启动了人工湿地建设。

（四）实施“治用保”并举的小流域污染控制

针对山东实际，确定了南水北调沿线治污总体思路，即从调水沿线每一条汇水河流入手，按照目标、总量、项目、投资四位一体的小流域控制思路，实施“治用保”并举策略，综合运用经济、法律、科技和必要的行政手段，全面推进流域内经济结构调整、城市环境基础设施建设、清洁生产、污染治理、污水资源化、生态保护和建设等各项工作。加快中水截蓄导用工程建设，调整确定了山东截污导流工程（中水截蓄导用工程）的建设规模和建设项目，编制完成了四个重点项目的可行性研究报告上报审查。在薛城大沙河上建设了三级拦蓄、净化工程，逐级降解污染，COD浓度由上游的62mg/L下降到28mg/L，每年可回灌地下水1000多万m^3，扩大灌溉面积16万亩。积极开展湿地修复和保护，2003年以来，开展了南四湖人工湿地中试基地和试验工程建设，对主要污染物的降解能力可达50%左右。2005年又开工建设3000亩人工湿地水质净化示范工程，已着手制定“退耕还湿”补贴政策，组织沿南四湖、东平湖各县（市、区）开展人工湿地试点工作，2006年计划扩大到3万亩，“十一五”期间基本完成30万亩湖区人工湿地建设工程。

（五）结构性污染治理取得重要进展

山东省水污染特点是结构性污染严重，解决的根本出路在于产业结构战略性调整。以调水沿线为重点，在“九五”期间关停万吨以下造纸企业的基础上，2001年对所有2万t及以下61家造纸企业的草浆生产线实施关闭，其中调水沿线40家。到2004年又关闭了8家5万t以下造纸企业草浆生产线和所有5000t及以下酒精生产线。城郭河原来是调水沿线污染最重的河流之一，2004年COD浓度最高达240mg/L，2005年6月底关停了沿岸华闻纸业草浆生产线，河流COD浓度保持在40mg/L以内。坚持分类指导、稳妥推进，整个关闭工作始终平稳有序。2005年底前还将关闭调水沿线黄河以南段28家造纸、酒精、淀粉企业（生产线）。适应市场经济要求，颁布实施了造纸、纺织染整、畜禽养殖、生活垃圾填埋水污染物、水泥等5个分阶段逐步加严的地方污染物排放标准，引导企业自觉解决结构性污染问题。与2000年相比，2004年全省造纸企业COD排放量下降了46.5%，但产量、销售收入和利税却分别增长了110.5%、835.6%和428.6%，实现了经济和环保的“双赢”。

（六）城市环境基础设施建设步伐加快

按照“理顺价格，配套管网，市场运作，强化监管”的思路，不断加快环境基础设施建设。目前调水沿线已建成28座城市污水处理厂，处理能力188万t/d。其中，“十五”以来投资25.2亿元，新建19座，增加处理能力132万t/d，目前还有21座在建，力争2006年底完成，新增处理能力85万t/d；沿线建成垃圾处理厂2座，处理能力1100t/d。统筹污水处理厂的建设、运营等各项工作，山东省建设厅、监察厅坚持一月一检查、一调度、一通报。调水沿线已建成的污水处理厂中，有10座满负荷运转率达到了75%，其余的都达到了50%以上。

（七）开展农业面源污染防治

实施了“两减三保”（减少农药、减少化肥，保产量、保质量、保环境）计划，按照“优化结构、减少总量”的原则，在调水汇水区划定农药化肥禁施、限施区，2005年省财政安排专项资金，2006年进一步加大投入，力争用3年时间，投入1.2亿元，实现调水沿线农药施用量减少40%、化肥施用量减少30%的目标。沿线各市着手建设了畜禽养殖污染治理示范工程，2006年底前已建成的规模化畜禽养殖场争取全部实现畜禽粪便资源化、无害化处理。

（八）强化环境执法监管

山东省政府每年开展“整治违法排污，保障群众健康”环保专项行动，以影响生产生活、群众反映强烈的环境问题为重点，连续4年开展了环保执法检查。2004年全省共出动8.23万人次，检查企业4.86万次，立案查处了1363起环境违法案件，按照《山东省环境污染行政责任追究办法》，对15名分管县长、乡镇领导和县环保局长以及48名企业负责人给予党纪政纪处分。2005年以来，以调水沿线为重点，组织了三次“整治违法排污，保障群众健康”环保专项行动。每次行动都由赵克志副省长任总指挥并亲自带队，山东省发展改革委、经贸委、监察厅、环保局等部门分管领导各带领一个检查组，对全省企业违法排污、损害群众利益突出问题进行明查暗访。累计检查重点工业污染源422个（次）、城市污水处理厂121座（次）、河流断面51个（次），责令25家企业停产整顿、40家企业限期治理达标。全省各市、县（市、区）监察机关及相关企业按照管理权限和程序，依法依纪对34名相关责任人给予党纪政纪处分。其中，国家机关工作人员9人（县处级2人、科级6人、一般干部1人），企业法人10人，企业直接负责人15人。通过对违法企业的严肃处理，特别是对企业厂长、政府领导的行政处分，切实起到了警示作用，在山东省各地引起强烈反响。

（山东省环保局）

（九）截污导流前期工作

（1）明确截污导流工程项目法人。2005年1月10日，山东省政府办公厅行文确定山东省南水北调工程建设管理局为山东省截污导流工程项目法人。

（2）初步确定了截污导流工程建设规模。按照主体工程投资“静态控制、动态管理”的原则，根据东线治污规划，初步确定山东省截污导流工程总投资按国务院批复的东线治污规划14.75亿元执行，但项目由原来的18项调整为21项。

（3）编制完成了《南水北调东线一期截污导流工程可行性研究报告》，纳入了东线一期工程总体可行性研究。

（4）选择成熟项目先行开展可行性研究报告编制工作。根据国务院南水北调办、水利部的要求，结合省政府"两湖一河"碧水行动计划，确定在黄河以南首先做好泰安宁阳、菏泽东鱼河、济宁微山、枣庄薛城小沙河控制单元等6项截污导流工程的可行性研究报告编制工作。泰安宁阳、菏泽东鱼河、枣庄薛城小沙河控制单元等5项截污导流工程的可行性研究报告通过了水利部水规总院的审查。

（周建仁）

江苏段治污工程规划

江苏省根据《国务院批转南水北调办等部门关于南水北调东线工程治污规划实施意见的通知》（国函［2003］104号）精神，编制了《南水北调东线工程江苏段14个控制单元治污方案》（以下简称《治污方案》）。2005年1月6日，国家发展改革委审查通过了《治污方案》，并以《国家发展改革委员会关于南水北调东线工程江苏段控制单元治污实施方案审核意见的复函》（发改地区［2005］318号）提出了意见。2005年4月28日，江苏省政府批复了《南水北调东线江苏段14个控制单元治污方案》（苏政复［2005］28号）。《治污方案》共确定102个项目，包括《南水北调东线治污规划》中确定的43个项目。102个项目分别为：65个工业点源项目，比原治污规划增加56项；26个污水处理厂；6个综合整治项目，新增了徐州贾汪区大吴生态氧化塘和桃园河生态氧化塘2项；5个截污导流工程，新增加泰州市截污导流项目。较原治污规划新增项目59个，新增投资10亿多元。

（江苏省南水北调办）

山东段控制单元治污方案审查

2005年6月22～23日，国家发展改革委会同建设部、水利部、环保总局、国务院南水北调办等在烟台召开了南水北调东线工程山东段治污控制单元实施方案审查会。会议邀请了10位专家对实施方案进行审查，对山东27个控制单元治污方案提出了修改意见。

2005年11月11日，国家发展改革委会同建设部、水利部、环保总局、国务院南水北调办等在北京召开了南水北调东线工程山东段治污控制单元实施方案第二次审查会。审查会原则同意山东省编制的《南水北调东线工程山东段治污控制单元实施方案》。

（山东省环保局）

江苏段治污工程进展

江苏省委、省政府高度重视南水北调东线工程建设，按照国务院的部署要求，在加快建设南水北调工程的同时，积极推进沿线水污染防治，取得初步成效。2005年，南水北调江苏段43个治污项目已完成17项，在建17项，累计完成投资15.2亿元，占总投资的31%。2005年第三季度，14个考核断面中，9个断面高锰酸盐指数等6项指标达到地表水Ⅲ类标准，水质达标率为64.3%。

（江苏省淮河流域水污染防治领导小组办公室）

《南水北调东线治污规划》确定江苏共需实施治污项目43个，至2005年底已累计完成17项，在建17项。控制单元治污方案确定的102个项目，至2005年底已累计完成69个，其中，65个工业点源治理项目已完成58个；污水处理厂完成10个，在建16个；4个综合整治项目已开工；5个截污导流工程中泰州市截污导流通过向银行贷款已建成投运，其他4个均未开工，其中江都、淮安、宿迁市截污导流工程可行性研究报告通过水利部审查并已报国家发展改革委，徐州市截污导流工程在进行可行性研究报告编制。

（江苏省南水北调办）

山东省人工湿地建设

（一）概述

2005年，济宁污水处理厂人工湿地实验基地完成全部数据测试成果。济宁市微山县3000亩人工湿地示范工程正式启动建设。

山东省副省长赵克志率山东省发展改革委、财政厅、建设厅、环保局、调水局等有关部门人员对南四湖湿地进行了现场调研，确定了湿地建设总体规划，并在济宁召开了枣庄、济宁、泰安、莱芜、菏泽五市分管市长、环保局长参加的南四湖、东平湖流域治污工作会。

为提升人工湿地水平，山东省环保局与美国美商生化科技有限公司签订了人工湿地咨询服务协议。11月3日至4日，山东省南水北调治污领导小组办公室组织中美有关专家对南四湖流域主要入湖河口人工湿地修复工作进行现场调研，并在济宁市微山县召开学术研讨会。山东省南水北调治污领导小组办公室副主任、省环保局副局长张波做了专题报告。

12月16日，山东省财政厅印发了《关于下达人工湿地水质净化试点工程补助经费的通知》，对山东省11个人工湿地水质净化示范和试点工程给予资金补助（见表1）。人工湿地试点工作启动。

表1　山东省11个人工湿地试点项目名称表

续表

序号	项目名称	补助资金（万元）
1	济南平阴县城西人工湿地试点工程	100
2	枣庄薛城区大沙河人工湿地试点工程	100
3	枣庄市中区大沙河支流付湾人工湿地试点工程	100
4	济宁兖州市城南泗河的宽阔大肚子河段人工湿地试点工程	100
5	济宁鱼台县王鲁镇上级湖内人工湿地试点工程	100
6	济宁泉河流域人工湿地试点工程	95
7	泰安东平县老湖镇东平湖东岸大汶河口人工湿地试点工程	100
8	莱芜市莱城区牟汶河方下段人工湿地试点工程	100
9	临沂市滨河湿地生态保护项目	100
10	临沂市鸡龙河河道走廊人工湿地试点工程	100
11	菏泽市安兴河人工湿地试点工程	100

（二）人工湿地测试

在济宁污水处理厂建造占地面积约为1500m^2（有效湿地床面积1000m^2）的人工湿地中试验处理系统，试验水量50～100m^3/d。为了便于进行试验控制和管理，实行分类栽植、独立双系统运行，处理工艺为A－B两段人工湿地处理工艺。

试验进水经过分析比较选用济宁污水处理厂二级出水，水质满足pH＝6～9，COD≤150mg/L，BOD_5≤30mg/L，NH_3-N≤25mg/L。

1. 湿地床设计参数

（1）选取4个湿地池，单池面积250m^2，长31.25m，宽8m；

（2）A1、B1、A2为芦苇池，B2为香蒲池；

（3）湿地床中植物密度为70～120株/m^2；

（4）控制水深分别为0.15m、0.30m、

0.50m；

（5）湿地床底按1‰～3‰整理平整或做成垄沟和浅型滞流结构。

2. 湿地床运行参数　三年来在人工湿地试验基地，开展了广泛的试验工况组合和多因素影响的试验测试研究，对人工湿地净化水量和污染物负荷取值进行了较宽范围的试验研究，人工湿地试验运行参数见表2。

表2　人工湿地水质净化运行负荷表

项　目		最小值	最大值	平均值	负荷单位
每亩湿地每天处理量	试验水量	4.1	75.7	27.1	t/（亩·d）
	COD	1.02	4.14	3.11	kg/（亩·d）
	BOD_5	0.36	0.77	0.52	kg/（亩·d）
	总磷	0.081	0.097	0.087	kg/（亩·d）
	氨氮	0.45	0.53	0.49	kg/（亩·d）
停留时间		1.2	26.5	4.7	d

（三）试验成果

三年来在人工湿地试验基地，开展的水质监测指标有：流量、水温、pH、DO、COD、BOD_5、TP、NH_4^+-N、TN、细菌总数等。水质监测指标总数量为8308个。经试验数据整理和成果分析，人工湿地水质净化污染物去除率见表3，人工湿地水质净化污染物去除量见表4，人工湿地芦苇生长要素一览见表5。

表3　人工湿地水质净化污染物去除率表

%

项　目	最小值	最大值	平均值
COD	38	60	45.0
BOD_5	41	60	49.2
总磷	40	62	49.2
氨氮	48	65	56.1

表4　人工湿地水质净化污染物去除量表

项　目	kg/（亩·天）	kg/（亩·年）	t/（万亩·年）
COD	1.399	510.7	5107.21
BOD_5	0.256	93.4	933.84
总磷	0.043	15.6	156.35
氨氮	0.275	100.4	1003.80

表5　人工湿地芦苇生长要素一览表

特征指标	高度（m）			直径（mm）			年产量（t/亩）	
	最大	最小	平均	最大	最小	平均	自然重	干重
数值	3.58	1.65	2.9	17.8	2.7	7.0	3.36	2.41

由以上几表可以看出，人工湿地对COD、BOD_5、总磷、氨氮的平均去除率分别为45.0%、49.2%、49.2%、56.1%；每万亩人工湿地每年对COD、BOD_5、总磷、氨氮的平均去除量分别为5107.21、933.84、156.35、1003.80t/（万亩·年）；芦苇生长平均高度2.9m、直径7mm，芦苇年产量2.41t/亩。

（四）湿地规划编制进展

山东省环保局委托清华大学胡洪营教授编制了《南四湖、东平湖人工湿地修复规划》。

（五）学术研讨会

在微山召开的人工湿地座谈会上，山东省南水北调治污领导小组办公室副主任、省环保局副局长张波做了专题报告，介绍了山东省的治污思路。清华大学的胡洪营教授和美国美商生化科技有限公司的专家分别介绍了湿地建设的经验。

江苏段水质

东线江苏段共考核14个断面，按照国家环保总局要求的水环境质量指标（溶解氧、高锰酸盐指数、五日生化需氧量、石油类、挥发酚）和污染物总量控制指标（化学需氧量、氨氮）评价。2005年全年14个断面监测中8个断面水质达到地表水Ⅲ标准，达标率57.1%，其中高锰酸盐指数达标率78.6%。

（江苏省南水北调办）

山东段水质

东线山东段共考核23个断面，2005年第三季度水质监测断面中，1个达到Ⅲ类水质标准，6个为Ⅳ类水质，5个断面为Ⅴ类水质，仍有11个断面为劣Ⅴ类水质，沂河郯城码头、邳苍分洪道东偏泓、老万福河高河桥三个水质监测断面达到了治污规划确定的水质目标。

（山东省环保局）

新开工项目介绍

江都站改造工程

工程概况

江都泵站枢纽工程（以下简称江都站）位于江苏省扬州市东17km的江都市城区西南，淮河入江水道的尾闾芒稻河和新通扬运河的汇合处，距淮河入江口门三江营约12km，地理位置为北纬32°25′，东经119°34′。枢纽工程1961年开始动工兴建，1979年全部建成，以4座抽水泵站为主体，并配以万福、太平、金湾、芒稻等13座节制闸，两个地下涵洞，邵伯、芒稻等6座船闸，三阳河、高水河、新通扬运河等输水干线，以及输变电工程等组成，是具有远距离跨流域调水、农业灌溉、排涝、发电、航运以及提供城乡工业、生活用水等综合利用功能的大型水利工程，是南水北调东线工程从长江取水的起点泵站。

江都站建成以来，多年平均抽江水量为32亿m^3，年最大抽江水量为66亿m^3，但近几年来在农业用水高峰期，第二级淮安站抽水仅在150m^3/s左右，且站下水位常常低于设计水位，实践证明了抽江能力现状偏低。对江都站进行改造显得更为迫切，既需满足南水北调要求，同时也要为里下河水源调整提供部分水源。

江都站设计流量400m^3/s，总装机流量505.6m^3/s，建成已40年，工程经长期高强度的运行，各种设施已不能满足现代需要，主要表现为江都站机泵老化，效率减弱；变电所设备陈旧；江都西闸存在隐患，江都站下引河冲刷、淤积日益严重；河道输水不畅。这些因素，严重地制约了调水功能的发挥。南水北调东线工程实施以后，江都站年运行时间最高达6000h以上，因此必须进行改造才能满足设计供水的保证率。

根据《南水北调东线第一期工程总体设计方案》，江都站中的一站与二站已由江苏省水利厅进行了全面加固改造，南水北调第一期工程中江都站改造的主要项目为：①江都三站更新改造工程；②江都四站更新改造工程；③江都站变电所更新改造工程；④江都西闸除险加固工程；⑤江都东西闸之间引河疏浚工程；⑥ 江都船闸改建工程。

工程等别和建筑物级别

江都站枢纽工程设计调水流量 $400m^3/s$，根据 2003 年 4 月水利部水利水电规划设计总院对《南水北调东线第一期工程项目建议书（修订稿）》的审查意见和《泵站设计规范》，确定为一等工程，其主要建筑物江都三站、江都四站为 1 级水工建筑物，东西闸之间河道为 3 级建筑物。

江都西闸原设计为 2 级建筑物。按《水利水电工程等级划分及洪水标准》第 2.1.3 条，过闸流量 $950m^3/s$ 的拦河水闸为 3 级建筑物；按《泵站设计规范》第 2.0.5 条，流量大于 $200m^3/s$ 的泵站进水闸为主要建筑物，其级别为 1 级。由于江都西闸与长江堤防连在一起，江堤达标时，长江堤防按 2 级建筑物加固，江都西闸作为大中型建筑物，其级别为 2 级。经综合考虑，本次加固江都西闸闸身仍为 2 级建筑物，上、下游连接建筑物为 3 级建筑物。

江都站变电所工程等级为二类，电力负荷等级为二级。

江都船闸 95m×10m×2.5m（长×宽×吃水深），属Ⅵ级船闸，按《船闸设计规范》，为 4 级水工建筑物。由于江都船闸是高水河堤防的组成部分，因此其建筑物级别应按船闸规模和高水河堤防中的高级别确定。高水河是里运河的组成部分，两岸大堤均为里下河防洪屏障，保护农田面积超过千万亩，按《水利水电工程等级划分及洪水标准》，高水河堤防工程级别为 2 级。因此江都船闸为 2 级水工建筑物。

江都三站更新改造工程

一、工程现状

江都三站装有 ZLQ13.5－8 型液压全调节立式轴流泵 10 台套，配套 1600/600kW、24/48P 立式可逆电动发电机，总装机容量 16000kW，设计扬程 8m，单机流量 $13.5m^3/s$。可逆式机组除可抽水抗旱、排涝外，在淮河来水较丰有余水下泄时，可反转发电，在水头 4m 时，单机可发电 300kW。自 1969 年建成 30 多年来，单机累计运行时间在 64000～77000h 之间，单机年平均运行时间在 1800～2300h 之间，共抽水 288.5 亿 m^3，发电 5475.8 万 kW·h。

江都三站为堤后式布置，进水流道为近似平面蜗壳流道，出水流道为虹吸式出水流道，真空破坏阀断流。6kV 电源由江都水利枢纽泵站专用变电所直供，主机控制采用集中与现场相结合的方式，并设有低电压、过电流、零励磁等保护。江都三站站身由主厂房、副厂房、公路桥三部分组成。主厂房自下而上分别为底板层、水泵层、检修层、电机层和站房。副厂房主体为虹吸式出水管驼峰，驼峰顶部装有真空破坏阀，副厂房内装有真空泵、空气压缩机等辅助设备。进水流道外侧布置有拦污栅、检修闸门槽、工作桥。副厂房北侧设有公路桥。虹吸管出口布置拦污栅一道，供发电运行时进水拦污用。主厂房机组中心距 6.0m，站墩厚 0.6m，10 台机组分设 2 块底板（5 台一联），站身总长 61.62m，底板顺水流向 20.0m，顶面高程 －6.5m，水泵层、检修层、电机层高程分别为 －3.8m、2.4m、5.0m，检修间地坪高程 5.7m，叶轮中心高程 －3.5m。出水流道底板顺水流向 11.5m，顶面高程 －0.8m，公路桥宽 4.9m，桥面高程 10.0m。副厂房宽 3.0m，厂房地坪高程 11.0m。出水流道中间出水管长 13.76m，驼峰顶高程 10.5m，驼峰底高程 90m。上、下游翼墙均为重力式浆砌块石结构。

二、更新改造主要内容

在江都三站检测、核算、鉴定的基础上，经多方案比较论证确定江都三站更新改造的主要内容：

（一）更换10台套水泵、电动机

江都三站装有10台ZLQ13.5－8型立式轴流泵，叶轮直径2.0m，额定转速250r/min，*nD*值为500。针对水泵存在的问题，江都水利工程管理处曾委托扬州大学水利学院等单位对江都三站水泵技术改造方案进行了泵装置模型试验，根据调整的规划水位和江都三站扬程、流量的特点，宜选用比转速500左右的轴流泵水力模型叶轮，经比较ZBM981－500水力模型比较符合江都三站的运行特征。

考虑单台机组保持原有13.5m³/s的流量，结合泵站扬程的要求，换算到原型水泵叶轮直径为2000mm、转速200r/min，设计工况点的水泵效率为88.5%。

江都三站拟更换为效率较高、空蚀性能较好、叶轮直径2.0m、额定转速200r/min的立式轴流泵，采用液压全调节，设计工况点的水泵效率为88.5%，设计流量13.7m³/s。电动机选用30极1600kW同步电动机，保留反向发电功能，电动机仍按同步电动机结构制造，不考虑双线圈结构，在电气系统中按正向抽水、反向发电两种工况设计。改造后的水泵主要技术参数见表1。

表1 江都三站更新改造ZLQ13.7－7.8水泵主要技术参数表

工况		净扬程（m）	流量（m³/s）	叶片角度	轴功率（kW）	泵效率（%）
调水	设计	7.8	13.73	0°	1309	88.5
	平均	6.4	14.6	0°	1165	88.5
	最小	3.5	16.6	0°	864	81
	最大	8.8	11.73	0°	1300	85
排涝设计		5.3	15.45	0°	1063	87

（二）更换高、低压电气设备

1. 电气主接线　该站6kV电源由江都站变电所专供，6kV高压计量由变电所统一计量，本站不设计量柜。由变电所引来的6kV电缆引至江都三站6kV高压进线柜，6kV侧采用单母线不分段的接线方式。站用变压器采用两台型号为SC9－500/6、变比为6/0.4kV的变压器，0.4kV侧采用单母线分段的接线方式。

根据有关设计规范的规定，当同一母线上均为同步电动机时，必须计算第一台电动机的启动。经计算，满足规定的电压降小于允许电压降15%的要求，故能直接启动。6kV高压同步电动机均可采用全电压直接启动方式，可在超前$\cos\varphi=0.9$下连续运行。

2. 主要电气设备选择

（1）同步电动机和励磁装置：江都三站改造后选用的配套电动机为TL1600—30/2600，额定功率为1600kW立式同步电动机，励磁系统采用微机励磁装置，整流变压器采用干式整流变压器。

（2）站用变压器：站用变压器为两台容量为500kVA的干式变压器，型号为SCB10—500/66/0.4kV，阻抗电压百分值为6.0%。

（3）高压电气设备选择：所选高压电气设备经计算校核，均符合规程规定与当地电网要求。

3. 配电装置及设备布置　江都三站电气设备均采用户内式配电装置，集中布置在江都三站东侧控制楼。办公室、会议室布置在一楼；6kV高压开关柜、低压开关柜、直流屏、励磁屏、励磁变压器、站用变压器、集控室布置在二楼；微机监控系统、微机保护装置及控制台等集中布置在集控室内，以便于值班人员运行管理。

4. 增设自动控制系统　增设的江都三站自动控制系统，实现对江都三站10台机组、辅助设备等监控，实现10台机组的开停机、叶片调节、励磁调节的自动控制。

本站微机监控系统采用分层分布结构配置，在集控室设置2台互为热备用的ICS工控机、服务器、视频主机、屏幕墙、UPS与打印机等；现地控制单元设置6组PLC，1组PLC现地控制单元控制两台机组；公用控制单元PLC设置1组，控制变压器、辅机与液压系统等公用设备。工控机、服务器和现地控制单元通过以太网实现信息交换和程序控制。现地控制单元是站内控制机组运行的最高一级自动控制单元，即使在上位机出现故障时，它也能保证机组的正常运行和程序控制的各种运行操作。现地控制单元设自动、手动切换装置，在现地控制单元故障时，可进行手动操作。

5. 新建集中控制室　因主厂房内设备拥挤、运行环境差：在主厂房东侧加接2层约1000m^{2}的控制室，一楼布置办公室、会议室及资料室等，二楼布置集控室、6kV高压开关室、低压开关室、站用变压器室、励磁变压器室、励磁屏室及电工试验室等。

6. 进水流道改造　江都三站建成运行后，发现水泵有间歇性振动，电动机的电流表指针也随着间歇振动而摆动，为使改造后的江都三站能安全、稳定、高效地运行，进水流道应进行必要的改造。

对已建泵站进水流道进行改造，必然要受到主要控制尺寸（如开挖深度、流道的最大宽度等）的限制，针对该站进水流道存在的问题和具体情况，设计了两个改造方案，即弯肘形进水流道方案和簸箕形进水流道方案。

经比较，泵站现有流道改造成弯肘形流道施工较为方便，此外，弯肘形流道应用的泵站多，有比较成熟的设计和施工经验，所以江都三站进水流道的改造拟采用弯肘形流道。

7. 出水流道的加固　从观测资料来看，出水流道中段出水管沉陷、裂缝，但出水管总的沉陷量不大，回填土经过30多年的固结，也应基本稳定，不需要全部拆除新建。对于接头部位由于橡胶止水撕裂而导致漏水、漏气的问题，拟采用局部处理方案：在接头伸缩缝两端各凿除50cm，将U形橡胶止水更换为紫铜片止水，在紫铜片止水两侧用柏油油毡填实，并重新浇筑C25混凝土，要求接头两端平顺连接，原结构尺寸、钢筋保持不变。

8. 主、副厂房加固、重建　泵站10台机组采用一列式布置，5台一联。根据计算结果，站身地基容许承载力、抗滑安全系数和不均匀系数均满足规范要求。但主厂房经过30年使用，厂房屋顶漏水，内外粉刷破损脱落。本次改造屋顶须重做防水层，主厂房内外重新装饰装修。

副厂房砖结构墙体多处出现裂缝，宽度最大达10mm，影响副厂房内设备和巡检人员的安全。而且，中段出水管的接头处理时，对副厂房也有影响。拟将副厂房全部拆除并新建，新建的副厂房要求与原副厂房的结构型式相同。

9. 翼墙加固　江都三站上游（出水侧）、下游（进水侧）翼墙为重力式浆砌块石结构，墙顶高程分别为10.0m、5.5m，底板底高程分别为－1.80m、－7.50m，底宽分别为11.5m、9.50m。经计算，上游翼墙的基底应力不均匀系数和抗滑安全系数均满足规范要求；下游翼墙的设计工况抗滑安全系数不满足规范要求，地震期工况基底应力不均匀系数和抗滑安全系数均不满足规范要求。

针对下游翼墙的基底应力不均匀系数和抗滑安全系数均不满足规范要求，拟采用在墙后施打搅拌桩，提高墙后土的抗剪强度指标，降低墙后土压力的加固方法。经计算，需在距翼墙底板1m外，施打7排直径为60cm的搅拌桩，120cm×120cm（行距×列距），桩底高程穿过土的破坏面，水泥掺入比15%。下游翼墙经加固后，其基底应力不均匀系数和抗滑安全系数均满足规范要求。

10. 更换检修闸门、增设清污设施　针对江都三站金属结构方面存在的问题：①将现有的10套20扇钢筋混凝土平板闸门更换成钢质平面滑块闸门，更换后的钢闸门门体尺寸为2.7m×2.8m（宽×高），根据《泵站设计规范》，3台机组宜设1套，本站10台机组配置4套8扇检修钢闸门。②将原20扇拦污栅进行更新，更新后的拦污栅尺寸为2.7m×3.5m，同时改造拦污栅的起吊设备。③在江都东闸下游闸墩顶部外挑牛腿，增设便桥和清污设施。

11. 更新辅机设备　江都三站辅机系统设备均为20世纪60年代产品，经30年的运行，设备老化，产品淘汰。油、气、水系统管道绝大部分锈蚀严重，阀门启闭困难，应该加以更新。行车大车行走速度太快，拟加以改造，真空破坏阀要进行全面维修保养更换易损件，更新水泵层长柄检修阀，供、排水泵等设备。

江都四站更新改造工程

（一）工程现状

江都四站于1973年开始设计，1976年动工兴建，1977年竣工投入运行，已经运行了26年。作为江都水利枢纽中规模最大、单机流量最大的泵站，在江苏省江水北调工程中发挥了巨大效益。

根据1973年的初步设计文件，江都四站设计规模为150m³/s，按照单机流量30m³/s考虑安装5台机组，并安装同规模的备用机组2台，因此江都四站安装了7台ZLQ－30.2－7立轴式全调节轴流泵，配3000kW立式同步电动机。

根据江都四站投入运行以来的运行和检修、试验、检测资料分析，江都四站存在设备老化、型号陈旧、运行效率低、可靠性不高等缺陷，已经不能适应南水北调东线工程长时间连续运行、效率高、可靠性高等要求。

（二）更新改造主要内容

在检测、核算和鉴定的基础上，经比较分析确定江都四站更新改造的主要内容有：

1. 更换7台套水泵、电动机　根据江都四站扬程和流量的特点，拟选用比转速600左右的水力模型叶轮；根据模型性能曲线，考虑尽可能利用原有水工建筑物的裕度，机组可以适当地增加流量，结合泵站扬程的要求，原型水泵叶轮直径考虑3000mm，转速继续保持150r/min，设计工况点的水泵效率为88.44%，设计流量33.0m³/s，为满足不同工况下的流量要求，仍采用液压调节系统，对关键部件作适当改进；选用TL3550－40/3250同步立式电动机，容量3250kW，电压6kV，转速150r/min。改造后的水泵主要技术参数见表1。

表1　江都四站更新改造ZLQ33.0－7.8水泵主要技术参数表

工况		净扬程（m）	叶片角度	流量（m³/s）	功率（kW）	泵效率（%）
调水	设计	7.8	－2°	33.04	3152	88.44
	平均	6.4	－2°	34.86	2876	85.6
	最小	3.5	－2°	37.53	2074	76.3
	最大	8.8	－3°	28.7	3056	88.4
排涝设计		5.3	－2°	36.13	2620	82.5

2. 辅助设备的更新改造　根据技术改造所选用主机泵的性能要求，满足泵站管理运用和检修需要，以及现有土建工程的具体条件进行辅助设备系统的改造。重点是完善辅机系统，更换老化和淘汰的设备以及腐蚀严重的油、气、水管路、阀件等。同时改造厂房内的起重机。

3. 主要电气设备更新改造

（1）110kV专用变电所移位改造。由于江都原枢纽变电所将移位，新变电所距江都四站为350m，江都四站电源改由枢纽变电所供电，江都四站将不设专用变电所，电压等级为6kV。采用6根YJV－3×240电缆向江都四站供电（电缆直接进入电缆柜）。泵站备用电源由枢纽变电所提供400V电源（电缆供电）。在历次增容过程中，由于位置、距离、压降等原因，在江都四站单设了专用变电所，采用的是线路—变压器组方案，原变压器为SFZL－31500/110/6.3kV，造成江都枢纽设置两处变电所的现状。根据枢纽变电所和专用变电所的现状，设备全部处于超期服役状态，主设备全部需要更新改造。

（2）6kV 配电装置的更新改造。关于6kV 配电装置，江都四站采用的现场一对一布置方式，开关全部为 SN10－10C 型，设备运行达近 30 年，设备全部处于超期服役状态，需要更新改造。6kV 母线瓷瓶老化，闪络严重，母排在副厂房顶部双层布置，检修、维护困难，需要全部更新改造。

（3）站用变压器和高、低压电缆改造。对于站用变压器（2台），容量为 SJ－560kVA 6/0.4kV，均已超过使用年限，空载损耗大，噪声高，设备属于早已淘汰的产品，而且容量偏紧，经常处于超负荷运行，需要更新改造。

泵站高低压电缆均超过使用年限，铠装锈蚀严重，绝缘电阻下降，充油电缆渗油严重，大部分电缆老化，均在超期服役，需要全部更新。

（4）主电动机改造。主电动机的改造是江都四站改造工程的重点，江都四站共有 7 台电动机，型号为 TDL325/58－40，额定功率为 3000kW，电压为 6kV。电动机为 1974 年产品，1977 年正式投产。服役近 30 年，检测资料显示，机组绝缘下降、老化严重，电动机的介损、电容增加率均超过规定要求，局部放电测量值反映出电动机绝缘存在较多空隙。另外，主电动机的镜板磨损严重，不平度已达 0.06mm，远远超过标准要求。主电动机的推力瓦、导向瓦磨损严重，巴氏合金的厚度从原来的 10mm 减少到 6mm 左右，直接影响主电动机的运行。

鉴于上述情况，江都四站的主电动机建议全部更换改造，新电动机选用 VPI 真空浸漆技术，对电动机定子绝缘采用整体浸漆，提高电动机的绝缘水平。电压等级与原来相同，单机容量初选 3550kW，以满足南水北调工程的要求。

（5）主机励磁装置改造。由于江都四站的励磁设备已运行二十多年，超期服役，1998 年因设备老化严重，但因资金原因，当时仅更换了励磁柜内的控制设备与励磁变压器，未能全部更新改造，不能满足南水北调的要求。

（6）增设江都四站至新变电所的通信设施。

4. 土建设施加固　江都四站是江都枢纽的重要组成部分，工程等级为一等 1 级水工建筑物。本次稳定复核计算的主要部位为主站身，计算工况分设计、校核、检修和地震等工况，抗震基本烈度按Ⅶ度考虑。

站身稳定复核计算有关地基参数仍按原勘探成果取用。江都四站曾对基底摩擦系数进行过抗滑摩块试验：混凝土浇在土上时，$C=22\text{kPa}$，$\varphi=35°$；混凝土放在土上时，$C=10\text{kPa}$，$\varphi=25°$。原设计稳定计算采用的是原勘探成果指标，即地基土取 $C=24\text{kPa}$，$\varphi=19°$，本阶段复核计算仍按此取用。站身地基容许承载力 235kPa。

根据站身稳定计算成果，站身地基承载力及基底应力不均匀系数均能满足规范要求。站身抗滑安全系数若按－10.7m 高程平面计算，设计和校核 1 两种工况 K_{C1} 不能满足规范要求。由于底板往下游以 3°20′角度上翘，所以可以按斜底板计算，抗滑安全系数 K_{C2} 均能满足规范要求。

江都四站上、下游第一节翼墙均为连拱空箱式挡土墙，墙顶高程分别为 10.0m、5.5m，底板底高程分别为－2.80m、－8.50m，底板长度分别为 12.5m、14.0m。经计算，上、下游翼墙的地基承载力及基底应力不均匀系数和抗滑安全系数均满足规范要求。

5. 监控、视频系统的电缆改造　由于江都四站控制楼将进行改造，所有的屏蔽电缆、同轴电缆、超五类电缆需用重新敷设，部分设备需进行调整。

6. 监控、视频系统需重新进行安装　由

于江都四站监控系统在1999年作为水利部“948”工程项目已经投入使用，该项目作为单项工程，未涉及其他工程。本次江都四站改造工程，将对控制楼进行改造，高低压设备将集中布置，监控系统、视频系统的位置将移动，监控、视频系统需重新安装、局部改造，并增加部分设备，电缆将重新敷设。本次工程对监控、视频系统不进行全面更新改造。

7. 更换检修闸门　针对江都四站金属结构方面存在的问题，采取了以下措施：① 将现有的7套14扇钢筋混凝土平板闸门更换成焊接钢闸门。新闸门拟设计成实腹式多主梁焊接结构，门叶由钢板、型钢焊接而成，采用喷锌防腐、橡皮止水、滑块支撑。闸门平水启闭，利用门机吊装，为了能将闸门提出门槽和减低门机的高度，考虑将检修闸门分成上、下两节，上下节高度相同。考虑两台机组同时检修，设4扇钢质检修闸门。② 将原拦污栅更新，同时改造拦污栅的起吊设备。③ 增设2套浮箱叠梁检修门，用于泵站检修门槽埋件的埋设处理。使用时将拦污栅提出，将浮箱叠梁检修门放在拦污栅槽中使用，用于拦堵江都东、西闸之间河道污物。④ 更新现有2×80kN门式启闭机，新门机的轨距和起吊高度按能将检修闸门、拦污栅、浮箱叠梁全部吊出孔口设计。

江都站变电所更新改造工程

（一）工程现状

江都站变电所位于枢纽管理区内。江都站变电所始建于20世纪60年代，目前采用单回110kV电源供电（江都砖桥220kV变电所—江都站变电所），距离约6km。江都站变电所另有2回35kV备用电源回路（江都提砖线、扬州引湾线），距离各为6km、18km。作为所用变电源和泵站总备用电源，江都站变电所采用的是110/6kV电源向江都一站、江都二站、江都三站组合导线供电；对于江都四站电源，采用的是从江都站变电所的110kV母线上引接110kV电源至江都四站专用变电所，使用110/6kV电源直接向江都四站供电（母排供电）。江都站变电所距江都一站、江都二站、江都三站、江都四站的距离（中心）分别为150m、150m、300m、700m。江都站变电所属扬州市供电公司调度。

原江都站变电所采用的是单母线接线，设有110kV进线间隔1回、110kV主变压器进线间隔3回、110kV电压互感器间隔1回；配有110/6.3kV主变压器3台（其中1台装于江都四站），容量分别为20000kVA、20000kVA、31500kVA；江都站变电所设有35kV进线间隔2回、所用变压器间隔2回、35kV电压互感器间隔1回、所用变压器间隔2回（所变为800kVA、325kVA 35/0.4kV）；江都站变电所内设有6kV配电装置、400V低压配电装置，并配有独立的直流电源系统（铅酸蓄电池）、电抗器室以及控制室。变电所配备110kV、35kV、6kV、400V以及直流200V五种电压等级。变电所的面积为90m×65m。

（二）更新改造主要内容

新变电所所址选择在江都二、三站之间，原变电所东南350m处。供电负荷等级定为二级。变电所110kV一回专用线路从江都砖桥220kV变电所（距离6km）引接，另一回专用线路从扬州湾头220kV变电所（距离18km）引接（预留）。变电所电压等级为110kV、35kV、6.3kV、0.4kV。本次将一、二、三、四站合并新建一座110kV变电所。变电所共设三台变压器，一台40000kVA 110/6.3kV双绕组变压器，采用6kV高压电缆向一站、二站送电，一台25000kVA 121/6.3kV向江都三站送电。一台40000 110/6.3 kV双绕组有载调压变压器，采用6kV高压电缆向江都四站送电。变压器在6kV侧互为备用。经比较采用户内变电所的型式布置，一次系统采用单母线分段方案，设备选用 GIS 组合开关。变电所采用一套监控系统、一套视频系统。

江都西闸除险加固工程

（一）工程现状

江都西闸位于江都市境内的新通扬运河河口，是江苏省江水北调江都站抽引江水和里下河自流引江的渠首工程。工程自 1964 年 6 月投入运行以来，在挡洪、排涝、灌溉、航运等方面均发挥了巨大效益。

该闸共 9 孔（其中南侧一孔兼作通航孔），闸孔净宽 10m。原设计流量 505m^3/s，校核流量 600m^3/s，闸底板 3 孔一联，分设 3 块，坐落在重粉质壤土上。因壤土面自北向南有 4% 的倾斜坡度，施工时将持力层上部软土挖除，故底板底面高程北高南低，北块底板底面高程为 -8.0m，中块、南块底板底面高程为 -8.5m。闸底板顶面高程为 -5.8m。每块底板长 23.0m（顺流向），宽 35.4m，闸顶高程 9.0m。节制孔设有钢筋混凝土胸墙。采用弧形钢闸门控制，门顶高程 3.0m。闸门配 2×75kN 电动、手摇两用卷扬式启闭机操作。通航孔为钢质平板直升式活动胸墙，闸门用 2×225kN 电动、手摇两用卷扬式启闭机启闭，闸上公路桥净宽 4.5m，设计荷载为汽 -6，校核荷载为拖 -30。闸室上游侧布置工作便桥，中间布置工作桥及其排架，排架顶端设工作桥，工作桥桥面高程 15.03m，净宽 4.5m。

南北岸墙为钢筋混凝土空箱扶壁式结构，岸墙底板底面高程分别为 -9.0m、-7.5m，墙顶高程均为 9.0m。上、下游第Ⅰ节翼墙为钢筋混凝土扶壁式结构，岸墙及第Ⅰ节翼墙底板均坐落在第Ⅱ层重粉质壤土上。其余翼墙均为浆砌块石重力式结构，底板坐落在第Ⅰ层粉砂土地基上。上游翼墙墙顶高程为 7.5m，下游翼墙墙顶高程为 5.2m，上、下游翼墙墙顶均设高 1m 的挡浪板。

闸室上游设钢筋混凝土防渗铺盖长 10m，兼作反向消力池。中块铺盖与中块闸底板之间设置拉条钢筋，形成闸身抗滑阻滑板。防渗铺盖上游设灌砌块石铺盖长 10m，干砌块石护底长 20m，末端设 2m 深抛石防冲槽。闸室下游设 10m 长混凝土透水护坦，后接 10m 长灌砌石及 20m 长干砌块石海漫，末端设 2m 深抛石防冲槽。上、下游近闸段引河底宽 100m，底高程 -5.0m，边坡 1∶3。两岸设灌砌块石护坡长 30m，干砌块石护坡长 50m，上、下游分别在高程 3.0m、1.5m 处设 8.0m 宽灌砌块石平台。

（二）除险加固主要内容

江都西闸本次加固设计采用引水设计流量 950m^3/s。

江都西闸除险加固的主要项目：① 对闸墩、公路桥、工作桥、便桥、胸墙等部位混凝土进行碳化处理；② 公路桥由 5.0m 拓宽至 7.0m；③ 在工作桥上增建启闭机房；④ 工作桥排架填实加固；⑤ 闸门门槽改造；⑥ 在工作桥排架上增建检修门牛腿；⑦ 翼墙加固；⑧ 下游防冲设施加固；⑨ 闸门启闭机更换；⑩ 电气设备改造；⑪ 增设部分管理设施。

江都东西闸之间引河疏浚工程

（一）工程现状

新通扬运河江都东西闸之间河道是江都站的进水河道，是里下河地区引江水灌溉渠道首段河道，是江都水利枢纽实现东引、北送、排涝等功能的重要配套工程，它东起新通扬运河江都东闸，西至新通扬运河江都西闸，全长 1.476km（江都东闸公路桥西边线至江都西闸公路桥东边线），该段河道呈东西走向，沿线北岸由东向西垂直分布江都第四、第三、第二、第一 4 座泵站，江都四站至江都一站站下引河长度分别为 172m、174m、167m、157m。

该河道主要起灌溉排涝输水作用。灌溉期打开江都西闸，引长江水输送至江都站下，抽水至里运河北送；打开东闸，可自流引江水至里下河。里下河受涝时，由江都东闸排入涝水，泵站可抽排涝水入里运河。

江都东西闸之间河道自1958年开挖后，随着一、二、三站的兴建，先后进行过三次相应的拓浚，但尚不能满足抽引江水$400m^3/s$加自流引江$550m^3/s$的要求。目前河底宽50～70m，河底高程－5.0m左右。江都西闸下游引河侧冲刷相当严重，闸下被冲成长140m、宽80m、深3m左右的深塘，最深处达－8.0m。

江都一、二站站下引河原河底高程为－3.5m、－4.0m，至2002年4月其河底高程已淤至0m左右；三、四站站下引河河底高程也由－4.5m、－6.0m淤积至－2.0m、－4.5m左右。江都东闸以东新通扬运河1978年已按标准底宽50m、河底高程－7.0m进行了疏浚。

目前东西闸之间河道护砌状况：江都西闸下游南北岸浆砌块石护坡各长30m，干砌块石护坡各长50m，上限高程5.5m，下限高程－5.0m，坡脚设有块石防冲槽，坡比1:3，且高程1.5m处有一宽8.0m的平台；江都东闸上游现有干砌块石护坡南北岸各长20m，上限高程5.0m，下限高程－7.0m；东西闸之间河道一站至二站、二站至三站之间有干砌块石护坡，上限高程5.0m，下限高程0.0m；各抽水站站下引河采用块石护坡或混凝土护坡护砌至河底，其中一、二站有局部挡土墙护砌，墙高2.5m左右。

（二）疏浚工程主要内容

江都东西闸距离1476m，江都东西闸之间河道自1958年开挖后，随着江都一、二、三、四站的兴建，进行过三次拓浚。现状河底底宽50～70m，河底高程－5.0m左右。由于各种因素影响，实际引江能力只有原设计的65%左右。

江都东西闸之间河道设计河底高程－8.0m，设计河底宽80～50m，边坡1:3；江都一、二、三、四站站下引河疏浚至原设计断面，以满足引水950～$550m^3/s$的要求。疏浚后河坡采取护坡措施，以阻断泥沙淤积来源并防止河坡再度受冲。

站下引河流态改善措施迄今为止的各模型试验方案，有的流态不够好，有的试验水头损失达15.5～17.5cm，所以仍需进一步进行科研试验。借鉴一般河道和闸下解决偏流打多道丁坝的措施，本阶段暂按一至二站设三道从两岸向河底伸10m、三至四站设三道从两岸向河底伸15m的混凝土刺墙进行工程量计算和投资估算，混凝土刺墙墙顶高程2.0m。

江都船闸改建工程

（一）工程现状

江都船闸原名仙女庙船闸，位于江都市城区北侧。该闸沟通高水河和老通扬运河，是里下河、里运河地区通长江及京杭大运河的重要口门，对江都及周边地区的经济发展起着很大作用。

该闸始建于1953年，当时上游为老通扬运河，下游为高水河，是里下河地区通往长江的控制口门之一。闸首及闸室净宽10.2m，长95m，门槛水深2.5m。闸首采用横拉门。设计上游水位为6.84m（老通扬运河侧），高水河北通邵伯，南经芒稻河入长江。

1954年大洪水暴露了闸身高度不够。1956年分别对上下闸首加高补强，闸室墙升高1.2m，同时加固了闸门。

1964年，江都水利枢纽工程初步建成，当江都站抽水北送或里下河地区涝水南排时，芒稻河水位曾抬高至8.5m左右，致使江都船闸组合水位调向反流。船闸因此停止通航。

1966年，对江都船闸进行了恢复通航，此次加固仅局限于上闸首，引江抽水最高水位9.0m加固上闸首，闸室及下闸首仍维持原状，并保证上游（芒稻河侧）水位在6.84m以下，上下游水位差不超过3.84m时船闸能够通航。

据管理部门统计，江都船闸1971～1975年年最高停航天数105天，1976～1979年每年停航158～209天，1980～1992年年最高停航天数166天。1966～1992年江都船闸年平均停航100天。由于停航，运送物资将绕道25km，增加运输费用。

1994年，由交通部门对江都船闸进行了再次大修，增加了船闸通航时间。在高水位不通航期间，闸室蓄水，保持三级水位。

（二）改建工程项目

根据江都船闸安全检测和复核计算结果，江都船闸改建工程项目为：① 上闸首接高加固；② 下闸首拆除重建；③ 闸室墙表面重做；④ 下游导航墙增加挡浪板；⑤ 混凝土碳化裂缝处理；⑥ 闸门、启闭机更换；⑦ 电气设备更新改造；⑧ 配备拖船一艘。

（任志远 摘编）

淮安四站工程

工程概况

淮安水利枢纽位于江苏省淮安市楚州区三堡乡境内里运河与灌溉总渠交汇处，是淮河下游洪水东泄入海四大枢纽之一，也是南水北调东线工程抽江北送的第二梯级，具有防洪、除涝、灌溉、工业及城市供水、航运、发电等综合功能。已建成的主要建筑物有：运东拦河节制闸、船闸和水电站，淮安一线、二线、三线船闸，淮安第一、二、三泵站，运西水电站，运东引江闸，沙庄引河闸，新河北闸，镇湖闸，北运西闸等。淮安站的外部电源由淮阴电厂供电至淮安一、二站变电所，电压等级为110kV。变电所现有容量为35000kVA。

淮安站抽水至总渠运东闸上，除少部分淮安市用水外，利用苏北灌溉总渠和里运河送水至淮阴站下。作为南水北调东线一期工程的第二个梯级泵站，淮安站总设计流量300m^3/s，加上备机在内为340m^3/s，已建成的淮安一、二、三站设计流量分别为60、120、60m^3/s，合计240m^3/s，总装机容量19600kW。因此，拟建的淮安四站设计引水流量为100m^3/s，结合白马湖地区排涝100m^3/s。

淮安四站输水线路自里运河经北运西闸、运西河，再经白马湖、新河送至淮安四站站下，全长约30km，沿线北运西闸、镇湖闸等干河控制建筑物为20世纪60、70年代所建，经江苏省水利厅组织的安全鉴定专家委员会鉴定为Ⅲ类闸，作为淮安四站的配套建筑物，拟对其进行加固改造，以利于工程发挥更好的效益。

淮安四站拟建于现淮安二站西侧，引河中心线距二站引河中心线340m，泵站底板中心线距新河中心线300m。由于淮安一、二站由里运河经沙庄引河闸引水，四站由新河引水，两侧引水水位不同，主要为控制新河和沙庄引河两侧的送水水位，防止沙庄引河高水倒灌新河，影响新河地区的排涝和冬春期降渍。拟在二站和四站之间新建新河东闸，替代原新河北闸发挥作用，由于新河北闸闸上公路桥是淮洪公路上的桥梁，为该地区主要交通要道，而且闸上建有沟通新河灌区东西干渠的渡槽，因此，该闸宜保持现状，只需拆除闸门、启闭机等，废除其节制闸的作用。

工程等级和建筑物级别

淮安四站是淮安水利枢纽工程的组成部分，是南水北调东线第一期工程的第二个梯级泵站之一，根据淮安四站规模效益及其重要性，根据水利部水规总院2003年4月对《东线一期工程项目建议书（修订稿）》的审查意见，确定淮安四站为一等工程，泵站站身、上游引河堤防等主体建筑物级别为1级，下游清污机桥、翼墙等次要建筑物级别为3级，其他干河控制建筑物等级为2级。

工程总体布置

淮安四站是以调水为主的泵站，兼有排除白马湖地区涝水的效益，根据方案初步确定输水线路自里运河经北运西闸、运西河，穿白马湖，再由新河送至淮安四站站下。站址设于淮安二站西侧距淮安二站引河中心线约340m处，主要枢纽建筑物为泵站、下游清污机桥、新河东闸等。泵站站身布置以尽量靠近淮安二站、站下公桥中心线和淮安二站站下公路桥中心线一致为原则，初步拟定站身底板中心线与新河中心线相距300m，下游引河接新河，上游引河破堤入苏北灌溉总渠。站下清污机桥和泵站分开布置，在四站站下引河距泵站90m处新建清污机桥一座。

根据站址处地形地貌、供电电源及交通道路布置，将检修间布置在泵房西侧，控制室布置在泵房东侧。

为控制新河和沙庄引河送水水位，拟废除原新河北闸，在四站东侧距四站引河中心线220m处新建新河东闸一座。

建筑物设计

（一）主泵房设计

经机泵选型，淮安四站采用4台前置灯泡式贯流泵，叶轮直径3000mm，单机流量33.4m^3/s，配套电动机功率2240kW，主泵与电动机采用行星齿轮连接。泵站采用堤身式泵房，块基型基础，4台机组分设于两块钢筋混凝土底板上，进出水流道均采用平直管出水，出口处采用快速闸门断流，配2×200kN油压启闭机启闭，另设事故闸门，并在下游侧设检修闸门备用，确保机组安全运行。

泵站站址处地面高程为8.50m，泵房底板底高程-3.15m，面高程-1.85m，叶轮中心线高程为0.25m，底板顺水流向长31.8m，垂直水流向宽39.22m。站身下游侧设计顶高程8.50m，设站内交通桥和工作便桥，站身上游侧设计顶高程12.7m，设工作便桥，和上游引河堤防相接。主厂房为钢筋混凝土结构，总宽13.1m，内设320/50kN桥式起重机一台，厂房西侧为安装间，东侧为控制室。

淮安四站采用泵站和清污机桥分开布置的型式，由于四站位于淮安一、二站清污机桥西侧，无法利用原清污机桥清污，拟在四站站下引河距泵站90m处新建清污机桥一座。

清污机桥根据站下引河断面进行设计，垂直水流向总长116m，共分16孔，每孔净宽4.1m，底板顺水流方向长6m，闸墩顶高程为6.9m，上设工作桥和人行便桥，桥面高程为7.5m，并设吊装排架，排架高7.8m，下设工字钢轨道和电动葫芦。清污机桥中间8孔的底板面高程0.0m，两边各有3孔底板，坡度为1∶3，底板高程0.0～5.0m，两边孔底板面高程5.0m。清污机桥中间12孔安装回转式清污机，清污机栅体与底板夹角75°，其余孔口安装固定式拦污栅。

（二）其他建筑物设计

新河东闸为整体式平底板、胸墙式水闸，闸孔总净宽24m，分3孔，每孔净宽8m，闸室底板高程0.0m，底板顺水流向长12m，垂直水流向宽28m。闸墩顶高程7.5m，墩顶设检修便桥、工作桥排架等。闸门采用平面钢闸门，门顶设胸墙，胸墙底高程4.8m，闸门采用2×16t绳鼓式启闭机启闭。闸室上、下游设钢筋混凝土扶壁式翼墙，扩散角为8°。

新河东闸总长约87m，沙庄引河侧设消力池长19.0m，池深0.5m，底板厚0.6m，下设20m浆砌块石护底和深2.0m的防冲槽。新河侧设10m长钢筋混凝土防渗护坦和20m长浆砌块石护底。

水力机械

（一）泵型比选

根据淮安四站设计扬程和站址处地形地貌，经方案比较拟选用前置灯泡式贯流泵。该泵型站身结构简单，机组卧置，可以降低站身高度，与四周地形衔接较好，而且机组效率较高，在国外已经得到了较广泛的应用，设备可靠性能满足设计要求。

（二）流道型式及断流方式

泵站进出水流道均采用平直管出水，出口处采用快速闸门断流，配2×200kN油压启闭机启闭，另设事故闸门，并在下游侧设检修闸门备用，确保机组安全运行。

（三）机组安装高程确定

考虑到机组启动方便以及理论计算的近似性，且根据《泵站技术规范》的要求确定：进水流道进口上缘应淹没在进水前池最低工作水位以下至少0.5m，初步确定叶轮中心线在下游最低运行水位以下4.0m，即叶轮中心线安装高程为0.25m。

（四）技术供水系统

（1）淮安四站主要用水对象有：电动机、减速齿轮箱、轴承冷却用水、水泵主轴密封润滑用水、消防用水及厂房工作人员生活用水等，供水系统拟从深井取水，采用直接供水方式。设技术供水泵2台，一台工作一台备用。选用两台IS125.100－200A型离心泵作为技术供水泵，互为备用。

（2）供水管路母管内径取100mm，干管内径取50mm，支管直径根据厂方设备选配。在主机组各用水管路上均装有示流信号器监视水流，水流中断时发出报警信号。

（3）厂房消火按两股用水量18m^3/h考虑，选用两台IS65－50－160型离心泵作为消防泵，互为备用。

（4）厂房工作人员用水直接取自市政管网。

电工

（一）电气主接线

淮安四站考虑引接总渠变电所2号主变压器6.3kV侧电源，采用6kV高压电缆向淮安四站供电，泵站采用6kV单母线供电方案。6kV母线上配置6kV高压柜7台，即进线柜、主机柜（4台）、站用变压器柜和电压互感器柜。所用变压器电源从附近10kV电源引接。站用变压器、所用变压器在低压侧互为连锁，0.4kV低压分段开关拟用自动电源投入装置。

（二）变电所改造

1. 变电所现状　淮安灌溉总渠变电所是目前淮安一、二、三站的专用变电所，已于1997年进行改造，现有110kV/35kV/6.3kV三绕组变压器2台，1号主变压器型号SFSL－2000，容量20000kVA，向淮安一站和三站供电；2号主变压器型号SFSL－15000，容量15000kVA，目前专为淮安二站供电。总渠变电所2号主变压器为1973年产品，1997年进行改造。

2. 变电所改造　淮安总渠变电所已于1997年进行改造，本次变电所改造仅限于满足新建淮安四站运行的要求。目前考虑新建淮安四站供电电源需在总渠变电所引接，因此，增容2号变压器较为经济合理。淮安四站站址距离总渠变电所500m左右，距离较近，故拟定为总渠变电所增容后的2号变压器6.3kV侧向淮安四站鸭洲站址供电，6kV高压柜全部更新。为了适合淮安四站的运行要求，总渠变电所2号主变压器容量需从15000kVA增加到31500kVA。

（三）电气主接线

淮安四站考虑引接总渠变电所 2 号主变压器 6.3kV 侧电源，采用 6kV 高压电缆向淮安四站供电，泵站采用 6kV 单母线供电方案。6kV 母线上配置 6kV 高压柜 7 台，即进线柜、主机柜（4 台）、站用变压器柜和电压互感器柜。所用变压器电源从附近 10kV 电源引接。站用变压器、所用变压器在低压侧互为连锁，0.4kV 低压分段开关拟用自动电源投入装置。

（四）供电电源、输电线路、电压等级及回路

灌溉总渠变电所至淮安四站站址距离较近，约 500m，淮安四站可考虑引接总渠变电所 2 号主变压器 6.3kV 侧电源，采用 6kV 高压电缆向淮安四站供电，泵站采用 6kV 单母线供电方案。

（任志远 摘编）

淮安四站输水河道工程

工 程 概 况

淮安枢纽位于江苏省淮安市境内，是南水北调东线工程的第二梯级泵站。淮安四站输水河道采用新河输水线利用现有河湖送水，从里运河北运西闸至淮安四站站下，全长 29.8km，分为运西河、白马湖湖区及新河三段，运西河长约 7.47km，是白马湖区投机排涝水入里运河及滨湖地区补水的通道，现状输水能力约 $50m^3/s$；输水线所经湖区（穿湖段）长 2.3km，现状湖水位正常维持在 6.5m，湖底高程 5.0m 左右，水草茂密；新河段长约 20.03km，是白马湖地区的主要排涝河道，现状河道较宽深，河底高程平均 0.4m 左右，河底宽 15～30m，现状河道输水能力约 $80m^3/s$。根据东线规划，淮安枢纽第一期工程调水总规模为 $300m^3/s$，其中 $200m^3/s$ 利用现有淮安站自里运河北送，余下的 $100m^3/s$，计划兴建淮安四站解决。淮安四站设计规模 $100m^3/s$，该工程主要作用是将南水北调东线工程第一抽水梯级入里运河水送入洪泽湖，由下一级泵站继续北送，同时可以结合提高白马湖地区、新河两岸的排涝能力。新河输水河道考虑区间用水，按 130～$100m^3/s$ 规模疏浚。

运西河段，桩号 6+050 至北运西闸 5.55km 扩挖左（南）侧，出土帮宽南堤；桩号 6+050 至入湖口长 1.42km，扩挖右（北）侧，出土右侧，同时结合南侧宝应圩堤加固达标，并赔建堤后排涝河，运西河南堤结合管理通道。白马湖穿湖段长 2.3km，连接北运西河和新河，湖内抽槽，河湖分开送水，出土结合筑左隔堤，其余沿白马湖北堤分段堆放，为满足排涝、通航、补水等要求，左隔堤建有排涝滚水堰和补水闸（含通航孔）。新河段长 20.03km，自镇湖闸至淮安四站站下疏通河道，恢复原设计规模，出土沿左（西）侧堆放，并结合筑圩堤，部分河段堆土为避让村庄、集镇，调土至右侧。由于工程的实施切断了河道两岸的交通，影响了地方的生产生活，需相应实施跨河桥梁和沿线影响处理工程。

河 道 工 程 设 计

（一）河道工程

河道中心线布置以 1992 年总体设计比较方案采用的中心线为依据，结合现状河道实际情况进行优化，其原则充分利用老河道，尽量减少开挖量和安置拆迁量。

运西河河道中心线：运西河自里运河至入湖口长 7.47km，其中里运河口至北运西闸

0.47km 已达到 $130m^3/s$ 的输水规模，该段河道中心线基本沿老河道布置。北运西闸至入湖口，中心线起点为北运西闸中心，为与穿湖段衔接，运西河入湖口附近中心线适当偏向右（北）侧。

穿湖段中心线：穿湖段长 2.3km，为尽量缩小湖区抽槽，封闭送水减少的湖区面积，河道中心线与 1992 年总体设计相比，适当右偏，进湖口和入湖口与运西河和新河平顺连接。

新河段：新河长 20.03km，沿线穿过三个集镇。设计方案主要是对老河道进行整理，恢复原设计标准，为减少挖压拆迁量，河道中心线偏左（西）侧布置，其中镇湖闸、新河北闸上下游各 200m 段范围沿闸中心线开挖，过渡段采用圆弧连接。

设计糙率：新河段采用原规划糙率 0.023，运西河段河道原规划设计糙率 0.0225，本次设计分析仍采用此设计糙率。穿湖段原设计糙率为深槽 0.0225、滩地 0.035。考虑到白马湖水草较多，而且该段河道考虑到白马湖养殖水位要求，水面比降平缓，设计流速较小，不能完全抑制水草的生长，因此穿湖段河道设计糙率有所加大，设计糙率为 0.023，滩地糙率采用 0.045。

河道设计水位里运河口 6.43m，运西河入湖口 6.05m，新河镇湖闸上 6.0m，镇湖闸下 5.5m，新河北闸闸上水位 5.2m，淮安四站站下 5.1m。

该区为平原河道，设计河道采用分段平底河坡。设计河底高程考虑上下游衔接，以及与现状跨河闸、桥等建筑物连接。运西河段全长 7.47km，设计河底高程为 1.5m，底宽 25m；白马湖湖区段抽槽长度 2.3km，设计底高程 1.0m，底宽 24m；新河段长 20.03km，设计河底高程 0.0m，底宽 30～35m，设计边坡为 1:3。

河道工程开挖工程量 242.99 万 m^3，其中运西河段 100.519 万 m^3、穿湖段 35.02 万 m^3、新河段 107.46 万 m^3；填筑工程量 58.23 万 m^3，其中运西河段 38.51 万 m^3、穿湖段 14.77 万 m^3、新河段 4.95 万 m^3。

河道主要设计参数见表 1。

表 1　河道设计参数表

河　段　名	河底高程（m）	河底宽（m）	河坡	青坎高程（m）	青坎宽（m）	设计输水位（m）
运西河段	1.5	25	1:3	7.0	10	6.43～6.05
穿湖段	1.0	24	1:3	平湖底	10～30	6.05～6
新河段镇湖闸—新河北闸	0	30	1:3	7.0	5～10	5.55～5.2
新河北闸—站下	0	35	1:3	现状	现状	5.2～5.1

（二）护砌工程

淮安四站输水河道是以送水为主结合排涝、航运的综合性利用河道，为使运西河、穿湖段、新河平顺连接，在运西河入湖口、穿湖段与新河衔接处采用圆弧连接。考虑河道流速较大，为防止弯道段冲刷，需对入湖口防护，长度 300m。因在湖中施工，采用水下抛石，护砌上限在设计水位以上 0.5m，下限至河底。抛石粒径采用 0.3m，抛石厚度为 0.6m，护岸坡度不陡于 1:1.5。

护砌工程（包括排水系统）共需开挖土方 $48189m^3$，砌石 $3717m^3$，混凝土 $13859m^3$。

建筑物工程设计

（一）北运西闸加固工程

北运西闸位于淮安市楚州区境内，属京杭运河水系，主要作用为排涝、灌溉和通航。该闸建成于 1965 年 7 月，3 孔，每孔净宽

8m，中孔为通航孔，净高6.6m，两边孔净高4.8m，闸总长92.5m，总宽27.4m，底板高程3.2m，交通桥面高程11.0m，工作桥面高程13.2m。该闸的底板、消力池、闸墩、公路桥、胸墙、工作便桥、排架、工作桥均为钢筋混凝土结构，上、下游翼墙为浆砌块石重力式挡土墙。采用弧形钢闸门，配备2×7.5t卷扬式启闭机。

根据江苏省水利建设工程质量检测站2003年5月提供的《北运西闸病害质量检测报告》及现状工程安全复核计算，目前主要存在以下问题：

（1）上、下游第一节翼墙抗滑稳定不能满足规范要求。

（2）白马湖侧无消能设施，上、下游无防冲槽。

（3）闸墩、排架、工作桥、工作便桥、胸墙、公路桥等钢筋混凝土结构表面碳化严重，碳化深度在70～98mm，钢筋锈蚀率较高。

（4）工作桥主梁裂缝较多，缝宽在0.1～0.25mm之间。

（5）公路桥每根主梁混凝土裂缝6～8条，缝宽大都在0.1～0.25mm之间，个别缝的缝宽大于0.25mm，且为贯穿缝；公路桥设计荷载标准偏低。

（6）闸门的大部分杆件、板梁的锈蚀率在10%以上，锈蚀等级在3等以上，对闸门的安全运行已构成一定的危害。

（7）闸门底止水全部损坏，侧止水橡皮基本失效，渗漏水严重，侧轨全部锈坏，侧滚轮锈死失效，油臂丢失。

（8）上、下游灌砌块石护坡损坏严重，下游水位变化区的块石护坡损坏尤为严重，上、下游块石护坡偏短，末端已冲毁。

（9）公路桥栏杆与翼墙顶部栏杆全部风化剥落，露筋露石。

（10）电气、线路老化，无启闭机房，无检修门启闭系统，水文设施陈旧，下游堤防防洪标准不足。

根据北运西闸目前存在的问题，初步确定对北运西闸采取以下几项主要加固措施：

（1）上、下游翼墙拆除重建。

（2）增设白马湖侧消力池及上下游防冲槽。

（3）拆除重建工作桥排架，增设检修门起吊设备。

（4）拆除重建工作桥、胸墙、工作便桥、公路桥等。

（5）对闸墩采用环氧砂浆进行防碳化处理。

（6）更换弧形钢闸门。

（7）对启闭机设备进行维修保养，更换老式电气与老化线路，增设启闭机房，增设检修门门库与启闭设备。

（8）上、下游块石护坡重新砌筑并接长，上、下游引河清淤，下游加固堤防。

（9）更新水文、观测设施，建控制室，完善管理设施，增加自动监控系统。

北运西闸主要工程量为土方开挖79837m^3，砌石5557m^3，混凝土及钢筋混凝土1867m^3。

（二）镇湖闸加固工程

镇湖闸位于淮安市楚州区南闸镇，属白马湖水系，主要作用为排涝与灌溉。该闸建成于1974年12月，4孔，每孔净宽6m，净高5.7m，闸总长81.54m，总宽38.2m，闸底板高程0.0m，闸顶高程9.0m，设计流量150m^3/s。该闸的反拱底板、消力池、胸墙、公路桥、工作便桥、排架、工作桥为钢筋混凝土结构，其中底板为现浇混凝土反拱结构，公路桥为预制混凝土正拱结构。闸门为钢丝网水泥波形板框架结构，两中孔配备2×20t螺杆启闭机，两边孔配备2×10t螺杆启闭机。

（三）镇湖闸采用拆除重建方案

新建的镇湖闸闸室底板高程为0.0m，底板顺水流向长12m，垂直水流向长28m，底板厚1.2m。闸墩顶高程上游侧10.3m，下游侧

8.0m，边墩厚0.9m，中墩厚1.1m，墩顶设公路桥、检修便桥、工作桥排架等。公路桥宽6.5m，桥面顶高程8.5m；工作桥排架宽3.0m，顶高程14.0m，上设工作桥，梁高1.0m，桥面顶高程15.0m。闸门采用平面钢闸门，门顶设胸墙，胸墙底高程5.5m，闸门启闭机采用2×16t绳鼓式启闭机。

镇湖闸主要工程量为土方开挖62260m^3，砌石3956m^3，混凝土及钢筋混凝土5003m^3。

（四）穿湖段排涝滚水堰及补水闸设计

穿湖段采取河湖分开方案，为不影响原有排涝、补水、通航等功能，需在新建的隔堤上建排涝滚水堰和补水闸。

滚水堰位于穿湖段南隔堤中段，设计流量150m^3/s，设计水位上游6.5m、下游6.2m。全长550m，设计断面为梯形，采用混凝土底板，浆砌块石墙身结构。设计堰顶高程为6.2m，顶宽2.0m，设计底板高程为4.5m，厚0.5m，底板顺水流向长5m，白马湖侧和送水河侧分别设5m、10m长浆砌块石护底和深1.5m的防冲槽。滚水堰和两侧隔堤连接处设钢筋混凝土扶壁式翼墙，上、下游扩散角均为10°。

补水闸位于运西河入白马湖进口处，设计流量30m^3/s，设计排涝水位上游7.45m、下游7.5m，设计引水水位上游6.00m、下游5.9m。设计为整体式平底板，闸孔总净宽为8m，为兼顾通航，设为单孔闸，闸室底板高程为2.0m，底板顺水流向长10m，垂直水流向宽10.2m。闸室上、下游设钢筋混凝土扶壁式翼墙，扩散角为8°。白马湖侧设消力池长11.2m，池深0.5m，底板厚0.6m，下设20m浆砌块石护底和深2.0m的防冲槽；运西河侧设消力池长15.0m，池深0.5m，底板厚0.6m，下设20m浆砌块石护底和深2.0m的防冲槽。

补水闸主要工程量为土方开挖57971m^3，砌石1968m^3，混凝土及钢筋混凝土2016m^3。

滚水堰主要工程量为砌石12800m^3，混凝土及钢筋混凝土2417m^3。

（五）桥梁工程设计

由于淮安四站输水河道的开挖，切断了原有的交通道路。为保持现有交通，方便人民群众的生产和生活，需要改建、赔建、新建一批跨河桥梁。布置原则为：老河段拆一补一、适当改善，基本达到每隔2～3km布置一座桥。本次新河线新建、赔建、拆建桥梁共计11座，其中，公路桥3座，生产桥8座。桥梁结构采用板梁式，公路桥设计荷载：汽—20级，挂—100；生产桥设计荷载：汽—10级，履—50。

桥梁工程主要工程量为土方开挖20994m^3，土方填筑20590m^3，砌石741m^3，混凝土及钢筋混凝土5823m^3。

影响处理工程设计

沿线影响工程按“占一补一、确保运行、不留后遗、有所改善”的原则进行布置。为了不影响运西地区的排涝和灌溉问题，解决新河中水位长期运行带来低洼地的排涝、降渍问题，需新建、拆建、加固各类沿线封闭建筑物和洼地处理配套建筑物41座，其中新建、赔建泵站9座；拆建、加固节制闸21座；新建、拆建涵洞10座；加固倒虹吸1座。

泵站工程采用分散建站将涝水抽排入白马湖、白马湖上引河、新河和里运河。考虑本地区降渍及预降水位的需要，泵站进水池设计水位均取4.0m；出水池设计水位按不同河道分别考虑，白马湖水位取8.0m，里运河取汛期平均水位6.5m，新河及白马湖上引河水位取5.5m。

水泵型号分别采用800ZLB－125350、ZLB－75700、ZLBc－125800、ZLB－70。泵站采用堤后式布置；进水池采用圆弧墙结构和“一”字形翼墙结构；站身采用钢筋混凝土湿室型结构，出水池采用钢筋混凝土方形池；穿堤涵洞采用钢筋混凝土箱式涵洞；拦污栅设置在进水池外侧，拦污栅桥结合作为站内交通桥；闸门设置于堤后侧，进水池控制采用水泵穿墙管上设置浮箱式拍门。泵站设计参数见表1。

节制闸和圩口闸设计采用整体式平底板结构，宽顶堰过流，边墩兼作岸墙，上游翼墙采用圆弧接“一”字墙型式，下游翼墙采用“八”字墙。结构均为浆砌块石重力式。节制闸设计参数见表2。

表1　泵站设计参数表

序号	工程项目名称	性质	设计流量 (m^3/s)	水位组合情况（m）		水泵台数	水泵型号 (m)	电动机功率（kW）
				进水池	出水池			
1	小圩泵站	赔建	0.5	4.0	8.0	1	800ZLB—125	55
2	林庄泵站	赔建	0.5	4.0	8.0	1	800ZLB—125	55
3	朱庄泵站	赔建	0.5	4.0	8.0	1	800ZLB—125	55
4	李邵泵站	新建	0.3	4.0	5.5	1	350ZLB—75	22
5	永陆泵站	新建	0.9	4.0	5.5	1	700ZLBc—125	55
6	于南河泵站	新建	1.9	4.0	5.5	2	700ZLBc—125	2×55
7	柏庄闸站结合	新建	1.4	4.0	5.5	2	700ZLBc—125	2×55
8	农场南总站	拆建	4.6	4.0	8.0	3	800ZLB—70	3×155
9	南闸中心河二站	新建	9.5	4.0	6.5	5	800ZLB—125	5×115

表2　节制闸设计参数表

序号	工程项目名称	性质	设计流量 (m^3/s)	水位组合情况（m）		孔数	闸孔净宽 (m)
				上游	下游		
1	贝庄节制闸（运西河南）	赔建	15	8.1	8.0	1	4
2	南北闸河节制闸（运西河南）	赔建	15	8.1	8.0	1	4
3	太平庄圩口闸（运西河南）	赔建	15	8.1	8.0	1	4
4	大陶闸	拆建	12	5.7	5.5	1	3
5	平林闸	拆建	15	5.7	5.5	1	4
6	姚庄闸	拆建	12	5.7	5.5	1	3
7	镇湖进水闸	拆建	12	5.75	5.55	1	3
8	中心河节制闸	加固	15			1	4
9	新河闸	拆建	30	5.6	5.5	2	3
10	胡庄闸	拆建	15	5.7	5.5	1	4
11	一队节制闸	加固	20			1	4
12	农场一闸	拆建	15	5.6	5.4	1	4
13	农场新二闸	拆建	12	5.6	5.4	1	3
14	农场二闸	拆建	15	5.6	5.4	1	4
15	农场三闸	拆建	12	5.7	5.5	2	3
16	杨庄节制闸	拆建	15	5.7	5.5	1	4
17	农场四闸	拆建	12	5.7	5.5	1	3
18	于南河节制闸	拆建	15	5.7	5.5	1	4
19	永陆河节制闸	拆建	12	5.7	5.5	1	3
20	李邵节制闸	拆建	12	5.7	5.5	1	3
21	五分闸	拆建	20	5.3	5.1	1	4

涵洞设计根据实际情况，设计为单孔方涵，尺寸主要为1.5m×1.5m×50m和1.0m×1.0m×50m。上游设混凝土防渗铺盖和防冲护坦，下游设消力池，消力池末端设浆砌石海漫。涵洞上、下游翼墙均为重力式浆砌块石结构，翼墙型式均为“八”字形带转角圆弧。涵洞设计参数见表3。

表3　涵洞设计参数表

序号	工程项目名称	性质	设计流量 (m^3/s)	水位组合情况（m）		孔数	工程规模 (m×m×m)
				上游	下游		
1	临湖涵洞	赔建	2.0	6.5	6.0	1	1.0×1.0×50
2	赵刘庄涵洞	赔建	2.0	6.5	6.0	1	1.0×1.0×50
3	大西涵洞	赔建	2.0	6.5	6.0	1	1.0×1.0×50
4	卫星涵洞	赔建	2.0	6.5	6.0	1	1.0×1.0×50
5	方庄涵洞	赔建	2.0	6.5	6.0	1	1.0×1.0×50
6	立新涵洞	赔建	2.0	6.5	6.0	1	1.5×1.5×50
7	中太进水涵洞（北）	赔建	2.0	6.5	6.0	1	1.5×1.5×50
8	三支大沟涵洞	拆建	10.0	6.0	5.5	1	1.5×1.5×60
9	南阳涵洞	拆建	10.0	6.0	5.5	1	1.5×1.5×60
10	五分地涵洞首	加固					

山阳地涵倒虹吸设计流量6m^3/s，设计水位上游5.8m，下游5.1m。设计为单孔箱式倒虹吸方涵，孔口尺寸为2.0m×2.0m×140m，上游设混凝土防渗铺盖和防冲护坦，下游设消力池，消力池末端设浆砌石海漫。涵洞上、下游翼墙均为重力式浆砌块石结构，翼墙型式均为“八”字形带转角圆弧。

影响处理工程主要工程量为土方开挖89201m^3，土方填筑69812m^3，砌石12205m^3，混凝土及钢筋混凝土7539m^3。段渠底高程2.22～2.08m，底宽4m；潼6+800～0+600段渠底高程2.08～2.17m，底宽3m。

（任志远 摘编）

淮阴三站工程

工 程 概 况

根据南水北调东线第一期工程总体规划，淮阴三站与已建成的淮阴一站、淮阴二站及拟建的洪泽站组成南水北调东线工程的提水第三梯级，规划东线第三梯级淮阴梯级向北供水的一期流量为450m^3/s，入洪泽湖水量为69.46亿m^3，现有第三梯级淮阴梯级总设计抽水能力为200m^3/s，其中淮阴一站设计抽水能力为100m^3/s，淮阴二站设计抽水能力为100m^3/s，现有调水入洪泽湖的年能力为32.76亿m^3，尚需增调入洪泽湖36.70亿m^3。南水北调工程总体规划确定淮阴三站的设计规模为100m^3/s，洪泽站设计规模为150m^3/s，并确定淮阴三站为南水北调东线工程第一期工程开工项目。

淮阴三站工程位于江苏省淮安市清浦区和平镇境内，在淮阴一站南侧，与淮阴一站并列布置。拟建淮阴三站北距淮安市区约30km，南与洪泽县城高涧镇相距约10km。淮阴三站拟选用四台直径3.00m的前置灯泡式贯流泵（其中一台备用），配套电动机功率为2240kW，总装机容量为8960kW。淮阴三站工程包括：泵站、下游清污机桥、上游挡洪闸（设计流量$260m^3/s$）、110kV/10kV室内变电所。

工程等别与建筑物级别

淮阴站是南水北调东线工程第一期工程第三梯级站，淮阴三站装机流量为$100m^3/s$，淮阴梯级一期设计流量为$300m^3/s$，根据《泵站设计规范》（GB/T 50265—97）确定淮阴站梯级属于大（1）型工程，泵站为一等工程。泵站上游引河与二河东堤相接，而此处的二河东堤又是苏北灌溉总渠北堤、入海水道南堤，两河道堤防均为一等工程1级堤防。

淮阴三站为堤后式泵站，主站身、泵站上下游翼墙（防渗范围内）、上游挡洪闸、下游清污机桥按1级建筑物设计，泵站上下游引河堤防、上下游翼墙（非防渗范围内）等次要建筑物按3级建筑物设计，场外道路接线按三级道路标准设计，场内道路按四级道路标准设计，路面等级为中等，临时工程按4级建筑物设计。

工程总体布置

根据泵站设计规范要求和该站址的场地情况，主站身位于淮阴一站南侧，与一站并列布置，站中心距114m，为改善出水流态和挡洪闸的进水流态，上下游引河轴线与淮阴一站引河轴线呈2°小角度交角，挡洪闸轴线与两轴线交角的角平分线重合；为延长泵站下游引河长度，保证站前进水平顺，将一站下游引河沿原排涝引河前出至端部，再转弯接入总渠，三站下游引河接现一站引河斜弯段由总渠引入。站下清污机桥中心与站身中心相距250m，挡洪闸与站身相距570m。管理所拆除后移至越闸南与总渠之间，排泥场设在下游引河以东。

上下游翼墙平面上呈“八”字形，为直墙接圆弧翼墙与引河河坡连接，上下游第一节翼墙平面扩散角均为9.00°。上游翼墙顶高程为13.60m，填土面高程为13.60m，墙顶做1m高挡浪板。下游翼墙顶高程12.00m，填土面高程为12.00m，上下游翼墙部分为四节布置。其中第一、二节均采用钢筋混凝土空箱挡土墙，三、四节翼墙采用浆砌块石重力式。

站身上游河底布置15m钢筋混凝土（有斜坡）的防渗铺盖，再外接浆砌块石护底护坡，河底高程6.50m，河底从泵站出口底高程2.2m在55m范围内渐变至6.50m，其余平坡，站上游护砌总长80m。站身下游河底布置15m长的钢筋混凝土护坦，平坡（高程1.90m），厚70cm，其中7m为不透水护坦，8m为透水护坦，下设反滤层，再接浆砌块石护底，河底高程自高程1.9m在55m范围内渐变至高程5.0m，站身下游护砌总长95m；上下游引河河底在站身上下游侧及清污桥处护砌总长205m。上游引河出口及下游引河入口圆弧段采用模袋混凝土护坡。

上游引河长分两段：挡洪闸下引河长580m，闸上二河内长495m，下游引河长650m（至总渠河口线）。上游引河河底高程为6.50m，堤顶高程15.50m，在高程13.00m设10m宽平台，底宽40m，边坡1:3；下游引河河底高程为5.00m，堤顶高程14.20m，在高程10.50m设5m宽平台，底宽50m，边坡1:3。二河堤顶高程18.50m，在高程13.00m设10m宽平台，边坡1:3。

上游挡洪闸（即越闸拆建）轴线与两轴线交角的角平分线重合，挡洪闸与现引河接近成正交，挡洪闸与站身相距570m，设计过闸流量为$260m^3/s$。闸室为开敞式平底板结构，共5孔，每孔净宽10.00m，闸孔总净宽50.00m。工作桥上设启闭机房，闸室两侧设控制楼和检修门库，工作桥面高程23.50m，闸室段为现浇钢筋混凝土公路桥。

泵站出水引河侧钢筋混凝土护坦长16.00m，浆砌块石护坡护底长35m。二河侧消力池长16.00m，池深0.5m，海漫长31.00m，浆砌块石护坡护底长18.00m，干砌块石护坡护底长13.00m。引河侧第二级翼墙为扶壁式钢筋混凝土翼墙，第三、四级翼墙为浆砌石重力式挡土墙。二河侧第一、二级翼墙为空箱扶壁式钢筋混凝土翼墙，第三、四级翼墙为浆砌石重力式挡土墙，岸墙为空箱扶壁式钢筋混凝土结构。闸门采用弧形钢闸门，共计5扇，相应配置5台QHZ－2×225kN卷扬式弧门启闭机及一套电气设备。

下游清污机桥布置在泵站下游侧，清污机桥底板中心线距主站身底板中心线250m，总长115.20m，桥面宽6m，桥面高程13.30m，清污机桥共13孔，每孔净宽6m，其中7孔布置于河槽底宽范围，居中布置，其余6孔顺坡布置。中间11孔布置回转式清污机，最边孔因高度较小，不设清污机，仅布置固定拦污栅。污物通过皮带输送机送至堤侧，再由汽车转运。

站区建筑总体布置：建筑工程总面积约为6780m^2，包括控制楼1310m^2，变电所420m^{2}以及管理所用房5050m^2。

建筑物设计

（一）泵站

根据泵型、挡水和工程场区情况等综合考虑，淮阴三站泵站站身结构布置采用堤后式泵房。站身为块基型整体结构，站身底板顺水流向总长均为37.20m，垂直水流向考虑四台机组布置总长35.82m，在垂直水流向居中设一条沉降缝将底板分为两块，每块底板平面尺寸为37.20m×17.91m，底板进出口顶面高程分别为1.90m、2.20m。

叶轮中心安装高程4.40m。出水流道断流采用快速闸门断流，油压启闭机快速启闭闸门。为了解决水泵启动瞬间（约9～15s）由于闸门不能迅速开启而导致启动扬程加大、电动机损坏，在快速闸门上设置4扇1.6m×1.3m拍门，同时适当加大电动机功率。

站身上游侧出水流道顶部布置上游工作桥和站内外交通桥，工作桥桥面总宽7.8m，桥面高程15.5m。为防止机组事故停机造成机组损坏，设事故门。桥面布设事故门和工作快速门各4扇，相应配套各4台2×400kN油压启闭机，分别控制上游快速工作闸门和事故闸门。在桥面设1m高的挡浪板兼作栏杆。上游交通桥桥面宽8.05m，桥面高程14.2m。站身下游侧布置检修闸门和工作桥，桥面总宽7.25m，桥面高程14.2m，检修闸门设定位设施，检修闸门平时锁定于下游交通桥下，检修时通过20t简易门机启闭。为了便于与上下游桥面及站区接线，站区地面高程均设计为14.2m，站身中间段自下而上依次为进出水流道层（V1.90m、V2.20m）、辅机层（V7.9m）、主厂房地面层（地面V14.40m），厂房内布置主钩300kN、副钩50 kN桥式吊机。在泵站主厂房南侧布置检修间，北侧布置控制楼。主厂房总宽14.1m，层高11.1m。检修及安装间平面尺寸为14.1m×11.4m，控制楼平面尺寸为18.50m×27.2m。

（二）配套建筑物设计

新建挡洪闸在原高良涧越闸位置，拆除原高良涧越闸后重建，作为淮阴一站、淮阴三站共用防洪闸。新建挡洪闸闸室为开敞式平底板结构，共5孔，每孔净宽10.00m，闸孔总净宽50.00m。闸室底板顶面高程6.50m，分为三块，中间3孔一联，两侧各设一边孔，为减少边墩受力设空箱岸墙。底板顺水流方向长22.0m，闸墩顶高程引河侧为16.0m，二河侧为18.5m。工作桥排架顶高程为22.7m；工作桥上设启闭机房，闸室两侧设控制楼和检修门库，工作桥面高程23.50m，闸室上现浇钢筋混凝土肋形板梁公路桥，桥面净宽

7.00m，桥面高程18.50m。

引河侧钢筋混凝土消力池长16.00m，池深0.5m，混凝土护坦下设置反滤层：浆砌块石护底长35.00m，浆砌块石护坡长26.00m，护坡顶高程13.6m。

二河侧钢筋混凝土消力池长16.00m，池深0.5m，海漫长31.00m，顶面高程为6.50m；浆砌块石护底长31m，浆砌块石护坡长15.00m，护坡顶高程16.5m。

引河侧第一、二级翼墙为扶壁式钢筋混凝土翼墙，第三、四级翼墙为浆砌石重力式挡土墙，墙顶高程均为13.60m，填土面高程为13.60m，墙顶做1m高挡浪板。二河侧第一、二级翼墙为单箱空箱扶壁式钢筋混凝土翼墙，第三、四级翼墙为浆砌石重力式挡土墙，墙顶高程均为16.5m，填土面高程为16.5m，墙顶做1m高挡浪板。岸墙为双箱空箱钢筋混凝土结构，墙顶高程为16.5m，岸墙同时作为控制楼基础。翼墙平面上呈“八”字形，为直墙接圆弧翼墙与引河河坡连接，引河侧及二河侧第一节翼墙平面扩散角分别为12°和9°。

闸门采用弧形钢闸门，共计5扇，相应配置5台QHQ－2×225kN卷扬式弧门启闭机及一套电气设备。

挡洪闸设计过闸流量为260m³/s，主要考虑淮阴一站、三站设计流量及整个淮阴梯级备用流量。挡洪闸位于二河东堤上，设计级别为1级水工建筑物。闸上公路桥设计荷载为汽－20级，挂－100校核，按地震基本烈度Ⅶ度设防。

淮阴三站下游清污机桥位于泵站下游引河上，底板垂直水流向中心线距泵站底板中心线250m。清污机桥设计荷载等级为汽－10，总长115.20m，共13孔，每孔净宽6m，其中7孔居中布置于河槽底宽范围，其余6孔顺坡布置。底板顶面高程5.00m，墩顶高程12.50～13.30m，桥面高程13.30m、宽6m。清污机桥中间孔均设回转式清污机。过栅落差考虑15cm。两侧边孔高程较高抽水运行时过水面积小，故不设清污机，仅布置固定拦污栅。污物通过皮带输送机送至堤侧，再由汽车转运。

下游清污机桥底板分为5块，河槽中7孔分3块底板，中间3孔一联，底板尺寸20.80m×17.60m，其余2孔一联，底板尺寸14.00m×17.60m，两岸斜坡上各设1块底板，底板尺寸15.40m×17.60m。底板厚度0.80m，墩身厚度根据清污机设备布置分为0.80m和1.20m两种。清污机桥两侧修筑浆砌石U形挡墙，与下游引河堤顶连接至高程14.20m。考虑到淮阴三站抽水运行时间长，清污机桥两侧均采用浆砌块石护坡、护底，上游护砌长10m，下游护砌长20m。

水　力　机　械

（一）泵型选择

1. 水泵设计参数　淮阴三站设计抽水流量为100m³/s，为大（1）型泵站，是南水北调东线工程的第三梯级泵站之一，根据南水北调的规划要求，泵站年运行5000h。淮阴三站运行特征水位和扬程见表1。

表1　淮阴三站运行特征水位和扬程

特征水位		站下（m）	站上（m）	净扬程（m）
供水	设计扬程	8.82	13.10	4.28
	最低扬程	9.85	10.50	0.75
	最高扬程	8.32	13.10	4.78
		8.82	13.60	4.78
	平均扬程	8.82	11.93	3.11

2. 泵机组选择　根据淮阴三站年运行时间长和经常运行扬程较低的特点，初选采用4台灯泡贯流泵机组（其中1台备用），单机流量34m³/s。传动方式选用行星齿轮传动，电动机和行星齿轮减速箱布置在一个与泵轮相连的灯泡体内。采用平直的进出水流道，灯泡体前置，设置后导叶，叶轮调节方式采用液压全调节。

（二）流道型式及断流方式

1. 流道型式　进出水流道主要是对水流进行整流、收缩、导流，并回收水流的动能。进出水道形状对泵站装置效率影响较大。本站进出水流道均采用平直管。电动机及水泵上部流道顶板采用中分式可拆卸的钢结构，便于电动机、水泵检修。为减少机组段和流道开挖，并便于布置检修闸门，流道进、出口均为矩形断面。

由于淮阴三站年运行时数长，对水泵装置效率的要求较高，为确保所设计的贯流式进出水流道水力性能优异，充分发挥出贯流式水泵装置在低扬程条件下运行效率高的优势，在下一阶段将对进、出水流道进行三维紊流流态数值模拟及流道优化水力设计工作。

2. 断流方式　本站贯流泵机组的进出水流道为平直管，流道平直，水流顺畅，出水流道断流采用带小拍门的快速闸门断流，油压启闭机启闭闸门，这样可以有效减少启动扬程，避免电动机过载，有利于启动。

3. 水泵叶轮安装高程的确定　根据模型泵资料，按相似理论换算出原型：NPSHP＝6.67m。

为了保证不发生空蚀，允许吸上高度计算中必需空蚀余量应加大20%～40%，在计算中取35%，即：$H_{允吸}=1013.0.24-1.35\times6.67=1.06$m。

计算结果为正值，表示该泵允许有吸上高度，但为了便于启动，应将叶轮中心线淹没于水下0.5～1.0m。考虑叶轮进口损失0.5m，水泵安装高程为8.32－1.5－0.5＋1.06＝7.38m。由《泵站设计规范》：进口上缘应淹没在进水池最低运行水位以下至少0.5m。综合考虑，确定水泵叶轮安装高程为4.4m。

电　工

（一）泵站接入电力系统方式

1. 供电方式　根据淮阴三站两处站址的综合比较结果，选择越闸站址。其具体供电方案，现分述如下：

由于淮阴三站紧邻淮阴一站南侧建设，根据淮阴三站工程站址位置的布置要求，需对原淮阴一站的110kV户外专用终端变电所做全部拆除处理。该变电所是为淮阴一站配套而建设的专用变电所，供电电压等级为110kV，现有两路电源进线，一路电源由淮阴区杨庄华能淮阴电厂引来（称杨越线），一路电源由洪泽110kV变电所引来（称越洪线），两路供电电源在越闸变电所高压侧实现互为备用。该变电所现装设20000kVA的三绕组变压器一台，电压等级为110/35/6kV。其中35kV电源出线因整个供电网络的调整，已与电网解列，退出了运行。6kV电源出线作为淮阴一站主机泵专用输电线路，出多股组合母线送至一站6kV总柜。该变电所与淮阴一站同期建成，已投入运行有十多年的时间，原有的设备选型及配置形式均较为落后，许多设备已是国家明文规定的淘汰产品，其备品备件已无法采购和更换，较难满足现代供用电系统的设备发展要求，急需作更新处理，以利更好地为南水北调工程做好能源的供应和服务工作。

为了便于运行管理，方便调度，以及达到减员增效的目的，根据有关管理部门的意见，淮阴一站和淮阴三站按合用一座室内总变电所进行新建。为能够在变电所低压侧实现两站电源的互为备用，新建的淮阴三站所配套的主机电压，也应该按6kV电压等级进行配置，以利于与已建的淮阴一站的主机电压等级相配套。由于淮阴一站原有电源的接入系统，已达到了二级负荷要求的两路电源进线的相关配置，故在本工程实施中，其总变电所的接入系统，仍维持原接线方案。

该变电所的设备配置方案，按接入两台主变压器供电方案进行规划。该方案可充分利用越闸变电所现有的供电条件，并按双电源、双变压器的外桥加外跨条接线和室内布置的型式，配置共箱式GIS系统配电装置和

20000kVA 的主变压器两台（暂配一台，另一台待由淮阴一站改造时配备完善）。该方案配置正常运行时，两台主变压器为解列运行方式，每台主变压器分别承担一站和三站的全部开机负荷。当有一台主变压器故障或检修时，可调整为一台主变压器带动一站和三站的全部开机负荷。这样设置，可以使新建的总变电所在高低压侧均能实现互为备用，运行管理和操作调度也较为方便。

2. 运行方式　淮阴三站站址位于江苏省淮安市二河梯级段，为南水北调工程中的第三级泵站。该梯级段除淮阴第二抽水站具有抽水和发电功能外，其他两座泵站的运行方式，均为仅具有单一的抽水功能。根据南水北调东线工程的总体规划，该梯级段的各座泵站，年抽水运行时间均在 5000h 以上，负荷的利用率较高。淮阴三站 110kV 接入系统为双电源双变压器运行方式，需要统筹日常运行和检修维护的时间配置，以利确保机组的安全运行。

3. 启动方式　根据淮阴三站电动机的配置情况，按照同步电动机最不利的启动要求，应对第一台同步电动机的启动压降进行计算。

经计算，淮阴三站采用 110/6 kV 室内供电方案，主变压器容量为 20000kVA，电动机在其最不利状态下的启动压降为 7.11%，能够满足直接启动的有关要求，该站同步电动机的启动方式确定采用全压直接启动。

4. 防雷保护与接地　根据 110kV 变电所的防雷要求，110kV 线路全程设置避雷线，并在铁塔终端杆上设避雷针，在 110kV 进线端及母线上，均配置氧化锌避雷器。在主机中性点配备 Y1W－4.6/12 型氧化锌避雷器，泵站屋顶设置避雷带。

线路终端杆上避雷针，需设置独立的接地系统，接地电阻≤10Ω。室内 110kV 配电装置、泵站的高低压配电装置的接地网，按接地电阻≤4Ω 配置。所有电器设备的金属外壳、桥架等必须与该接地网连接。微机监控装置的系统接地，须配置独立接地系统，按接地电阻≤4Ω 配置，并采用多股铜心屏蔽电缆与微机装置相连。

（二）电气主接线

1. 电气主接线方案　根据淮阴一站和淮阴三站的装机台数、装机容量和电源条件，本期工程按淮阴一站和淮阴三站合用一座 110kV 室内总变电所进行规划，并按双电源、双变压器的外桥加外跨条接线型式布置，配置共箱式 GIS 系统配电装置和主变压器，以便对电能的控制和分配进行操作。该变电所共配置 20000kVA 主变压器两台，低压侧出线电压为 6kV，然后用多根单芯电缆将电源送至一、三站的 6kV 配电室。

淮阴三站所配机组为卧式同步电动机，单机功率为 2240kW，采用全压直接启动方式，无刷励磁。由于该泵站机组台数较少，泵站侧 6kV 主接线采用单母线不分段方案，从 6kV 母线上引出 7 条回路，即 1 回 6kV 进线回路，4 台主机回路，1 回电压互感器回路，1 回站用变压器回路。主变压器 6kV 侧至 6kV 进线高压柜、主机高压柜至主机、站变压器均采用 6kV 交联聚乙烯电缆输送电源。

2. 低压系统主接线　低压系统主接线，采用单母线分段方式。泵站 0.4kV 电源由三部分组成，即以 6kV 站用变压器为主供电源，10kV 所用变压器和 120kW 柴油发电机为备用电源，三路低压电源在低压侧实现相互联络及互锁。

在泵站正常运行期间，由接在主变压器低压侧的 600kVA 站用变压器进行供电。

在非运行期间，日常生产和生活用电利用越闸临时翻水站原有的一条 10kV 电源供电，并配置一台 120kW 的自启动柴油发电机组为备用。

（三）电气设备布置

淮阴三站工程采用站变分开的设备布置型式，将 110kVGIS 组合开关、主变压器及 6kV 低压出线均布置在 110kV 室内总变电所内放置。将6kV主机电源柜等其他泵站电气设备均布置在泵站控制楼内放置，并根据使用功能的要求，设置中央控制室、6kV高压开关室、低压开关室、所用变压器室、消防控制室、电气试验室、站用变压器室以及电缆夹层等。在控制楼的布局上，要求控制楼的底层应与主厂房电机层、检修向相通。在设备布置上，可将高低压开关室、站用变压器及所用变压器布置于底层放置，二层设计为电缆夹层，三层作为控制室及值班室使用。

其他辅机设备如检修门控制箱、捞草机控制箱、PLC采集箱等全部就地布置于现场。

泵站自动化控制方案

为达到少人值守、无人值班的目标，该站的变电所和泵站共配置了一套微机监控系统、一套视频监视系统，以利对工程实现全面的控制、测量、保护、调度和监督，并将信号向上级传输，上级管理部门也可以在授权状态下对现场机组运行状态进行调试和控制。

消 防 设 计

淮阴三站主体工程为水工建筑物，大部分为钢筋混凝土结构，工程的火灾危险部分主要集中在泵站控制室和变电所，其火灾特点主要是以电气设备为主，火灾危险类别除主副厂房、变电所为丙类外，其他均为丁类和戊类。消防重点是电气设备，这些设备主要集中在泵站主厂房、泵站辅机房、控制楼、室内变电所。

在泵站主厂房顶配置8个感烟探测器，在每个楼梯口设置应急灯与出口标志灯箱。在主厂房内两侧各配置4台泡沫灭火器，在辅机房设2台推车式 CO_2 灭火器。在控制楼各层设消防报警广播，在楼梯口设出口标志灯箱。控制楼及变电所各层设置消防报警按钮，并设置2个8kg的干粉灭火器。每层房间布置烟雾自动报警器，在主变压器室除布置烟雾自动报警器外，还布置感温探测器。

整个控制楼配置一套火灾报警系统，所有的感烟探测器、感温探测器、现场火灾手动报警按钮、火灾报警广播全部与消防控制室的火灾报警控制器相连，并配备单独的工作电源。

主变压器单独设置在控制楼外的变电所，室内设事故油池，油池底部设 ϕ150mm 排油管道，通至室外贮油池，贮油池按 $5m^3$ 设在大门侧，储存 $0.50m^3$ 黄沙。主变压器室与110/6 kV开关室、计量室、低压配电室、励磁变压器室、直流柜室、总控制室各配备一台SDE惰性气体自动灭火柜，电缆层配备20kgABC干粉灭火器。所有进厂房的电缆入口处全部用防火包封堵，以隔绝火源。

（任志远 摘编）

CHINA SOUTH-TO-NORTH WATER DIVERSION PROJECT CONSTRUCTION YEARBOOK

伍 中线工程

THE MIDDLE ROUTE PROJECT OF THE SNWDP

综　述

概　述

2005年，南水北调中线穿黄工程、丹江口大坝加高工程、西四环暗涵工程、漕河段工程和古运河枢纽工程等一批控制性工程相继开工；永定河倒虹吸工程和滹沱河倒虹吸工程基本完成；釜山隧洞工程、唐河倒虹吸工程等其他续建项目进展顺利，工程进度控制良好；中线项目法人全部组建完成；直管、委托和代建相结合的建设管理模式已进入全面实施阶段；征地移民工作稳步向前推进；工程严格实行招标投标制、建设监理制和合同管理制，南水北调中线工程建设市场秩序进一步规范。

在前期工作方面，国家发展改革委以发改农经［2005］922号文批复了南水北调中线一期工程项目建议书，以发改农经［2005］2126号文批复了南水北调中线一期工程总干渠黄河北—漳河南段工程可行性研究报告；4月，水利部以水总［2005］156号文批复了南水北调中线一期穿黄工程初步设计报告，以水总［2005］168号文批准了丹江口水利枢纽大坝加高工程初步设计报告；9月，中线一期工程可行性研究总报告通过了水利部水利水电规划设计总院的技术审查；12月，水利部将南水北调中线一期工程可行性研究总报告报送国家发展和改革委员会。

（张玉山）

干线工程

（一）前期工作情况

2005年，南水北调中线干线建设管理局组织有关人员从技术、建设、管理、运行的角度提出了《关于南水北调中线一期工程总体可研报告编制的有关意见》，分析整理了《南水北调中线一期工程总体可研报告补充完善工作的意见和建议》以及管理专题补充修改意见。根据南水北调中线一期工程项目初步设计审批体制的调整及组织管理工作交接方案通知的部署和批复意见，南水北调中线干线工程建设管理局编制了勘测设计组织管理方案、初步设计组织管理方案，提出了有关初步设计组织管理的若干意见。

作为项目法人，南水北调中线干线工程建设管理局具体组织开展了穿黄工程初步设计概算、沙河南—陶岔渠首可行性研究、沙河南至黄河南可行性研究报告、天津干线可行性研究报告、焦作矿区线路比选报告、安阳段初步设计报告、漳河北至古运河段可行性研究报告等的预审会、咨询会、复审会、审查会、评估会，推进了初步设计工作的开展。按照程序完成了相关工程的设计单元划分、项目管理划分及招标标段划分，促进了工程的开工建设。

（二）投资计划安排及完成情况

南水北调中线干线一期在建工程包括京石段应急供水工程和穿黄工程两个单项工程，共9个单元工程，其中，永定河倒虹吸、滹沱河倒虹吸、唐河倒虹吸、釜山隧洞4个工程为续建工程；北京西四环暗涵、古运河枢纽、漕河段和穿黄工程4个单元工程为2005年开工的新建工程。

实行代建制管理的北拒马河暗渠工程与河北段第三、四、九标段的代建单位、监理单位已经进场。另外，南水北调中线干线工程建设管理局直管的京石段其他6个标段、委托河北建设管理的43个标段、委托北京建设管理的PCCP段、西甘池隧洞、崇青隧洞工程以及委托河南建设管理的安阳河段工程等项目正在进行开工前的各项准备工作，至2005年底大部分工程已完成招标工作。

2005年，国家下达南水北调中线干线京石应急段工程投资计划40.14亿元，穿黄工程投资计划7.00亿元。截至2005年底，京石段工程和穿黄工程累计完成投资38.69亿元，其中完成工程投资11.54亿元；累计完成土石方工程1162.96万m^3，混凝土浇筑49.21万m^3，钢筋制安5.02万t。

续建工程中，京石段永定河倒虹吸工程的工程概算总投资29181万元，截至2005年底，国家已下达投资计划29181万元，累计完成投资28044万元；滹沱河倒虹吸工程的工程概算总投资54665万元，截至2005年底，国家已下达投资计划50907万元，累计完成投资31015万元；唐河倒虹吸工程的工程概算总投资22102万元，截至2005年底，国家已下达投资计划15350万元，累计完成投资10639万元；釜山隧洞工程的工程概算总投资20246万元，截至2005年底，国家已下达投资计划13843万元，累计完成投资6650万元。

新建工程中，西四环暗涵工程的工程概算总投资109978万元，截至2005年底，国家已下达投资计划30000万元，累计完成投资20448万元；漕河渡槽工程的工程概算总投资88361万元，截至2005年底，国家已下达投资计划26000万元，累计完成投资16660万元；古运河枢纽工程的工程概算总投资18499万元，截至2005年底，国家已下达投资计划6000万元，累计完成投资4164万元；中线穿黄工程的工程概算总投资313707万元，截至2005年底，国家已下达投资计划70000万元，累计完成投资23555万元。

（三）建设管理

根据南水北调工程建设管理的实际需要，经国务院南水北调工程建设委员会办公室批复，南水北调工程建设管理可采取项目法人直接管理、委托制和代建制3种模式。漕河渡槽工程和穿黄工程项目建设由南水北调中线干线工程建设管理局组建的两个建设管理部直接管理；北京西四环暗涵工程项目和古运河枢纽工程分别委托北京市建管中心和河北省建管处建设管理，并分别组成项目现场管理机构。

针对南水北调中线干线工程不同建设管理模式，采用集中统一管理、分项目实施的质量管理方式，初步构建了施工、设计单位保证，建设监理单位控制，建设管理单位负责和项目法人负总责的质量管理体系，保证了在建工程施工质量，累计评定单元工程5651个，合格率100%，优良率94.1%，评定分部工程42个，合格率100%，优良率100%；形成项目法人、建设管理单位、建设监理、施工单位四级进度管理体系，确保工程的进度满足总体目标的要求；建立和完善安全生产管理体系，整体安全生产形势稳定。

2005年共开展91项招标工作，其中，南水北调中线干线工程建设管理局直接管理和代建管理招标22项，委托管理单位自行招标58项，代建管理单位自行招标9项，其他2项。全线全年共组织签订合同106项，其中北京建管中心17项，河北建管处25项，南水北调中线干线工程建设管理局64项，其中包括28项委托、代建、施工、监理、勘测设计合同。

（四）科学技术

2005年，针对南水北调中线干线工程，开展了膨胀土渠坡处理技术的实验研究及应用、穿黄隧洞衬砌仿真实验研究等重点项目，以及混凝土碱活性检验及抑制试验、漕河渡槽试验跨研究及施工，举办了关于盾构、PCCP管、大型水泵及变频器设计、混凝土摊铺机械技术的国内外技术考察和调研活动。在重大施工技术方面，针对城市地下工程的特点，采用了浅埋暗挖技术，在穿黄工程中采用盾构技术，取得了良好效果。

（五）征地移民及水土保持、环境保护工作

截至2005年底，完成了续建工程的滹沱河、永定河、唐河、釜山以及新开工的漕河、西四环、古运河等8个工程项目的全部征地和搬迁安置工作和穿黄工程部分征地和搬迁安置工作。

在环境保护、水土保持方面，各工程施工单位采取了相应的保护环境、保持水土的措施，南水北调中线干线工程建设管理局拟定了环境保护与水土保持项目管理规定（草案），参加了总体可行性研究和单项设计环境评价、水土保持方案审查，并委托中国水利水电科学研究院和水利部水利水电规划设计总院江河咨询中心对南水北调中线干线水源保护和水质监测进行了专题研究。

（六）工程审计与稽察

2005年9月，国务院南水北调工程建设委员会办公室委托北京中正天旭会计师事务所和大信会计师事务所分别对北京市水利建设管理中心及其负责的永定河倒虹吸工程和南水北调中线干线工程京石段河北建设管理处及其负责的滹沱河倒虹吸工程进行审计调查，审计调查内容为内部财务管理制度建立及执行，建设资金使用管理，工程概算执行，投资控制的节约激励机制，工程价款结算和支付管理，工程合同签订、执行和合同项目质量等级控制以及招标管理等情况。

12月20日，国务院南水北调工程建设委员会办公室组织专家对南水北调中线干线漕河项目建设进行稽察，稽察的主要内容是：建设程序、施工期设计工作、建设管理、计划下达与执行、资金使用和管理、工程质量保证体系和工程质量等。

（陈志荣　王志文　高春萍　常志兵　宋德章　晏绪芳）

水源工程

（一）前期工作情况

2002年12月23日，国务院以国函［2002］117号文批准了《南水北调工程总体规划》。2005年5月30日，国家发展和改革委员会以发改农经［2005］922号文批准了《南水北调中线一期工程项目建议书》。2004年11月15日，国家发展和改革委员会以发改农经［2004］2530号文批准了《丹江口水利枢纽大坝加高工程可行性研究报告》。2005年4月29日，水利部以水总［2005］168号文批准了《丹江口水利枢纽大坝加高工程初步设计报告》。2005年9月21日，国务院南水北调工程建设委员会办公室以国调办建管［2005］81号文批准了《南水北调中线水源工程丹江口大坝加高开工报告》。至此，丹江口大坝加高工程开工所需报批手续全部办理完毕。2005年9月26日，南水北调中线水源工程丹江口大坝加高正式开工建设。

至2005年底，丹江口大坝加高工程前期准备工作基本完成，平整场地28.2万m^2，兴建施工道路9.6km，建筑房屋26栋；共完成土石方开挖78.09万m^3，土石方填筑75.92万m^3，路面混凝土浇筑8.11万m^3，施工营地房屋建筑3.17万m^2。

（二）建设管理

主体工程监理、施工招标于2005年4～7月完成；7月底，设计、监理、施工单位3方人员及设备陆续进场；9月中旬，质量监督人员进场，9月26日大坝加高工程正式开工建设，11月25日浇筑第1仓混凝土。至2005年底，基本完成了三大系统（砂石系统、混凝土拌和系统、混凝土浇筑系统）的建设和两项准备（技术准备、混凝土浇筑仓面准备）工作。左岸土石坝下游挡土墙基础、左联坝段基础、右岸土石坝挡土墙基础开挖基本完成；左岸土石坝张苞岭段、王大沟段及右岸土石坝表层清理完成；深孔坝段贴坡部位的混凝土拆除工作基本完成；混凝土坝段“一枯”形象高程以下的碳化层凿除、键槽切割、锚杆施工基本完成；垂直升船机、斜面升船机承船箱拆除完成；老虎沟电站坝体范围内的管道拆除完成；2×800kW 小水电机组拆除基本完成。至 2005 年底，共完成主体工程土方开挖 11.77 万 m^3，石方开挖 8.86 万 m^3，土方填筑 0.60 万 m^3，混凝土浇筑 0.49 万 m^3。

（三）专题研究

2005 年，在专题研究方面，南水北调中线水源有限责任公司确定了“新老混凝土结合专题研究”、“老坝体钢筋混凝土及大面积薄层混凝土拆除专题研究”、“大坝加高施工与水库运行安全调度关系专题研究”、“裂缝调查及加固处理专题研究”、“闸墩钢筋的补筋措施”、“高水头下帷幕灌浆试验研究”、“防渗帷幕效果检测”等多项科研项目，并拟定了工作方案。对于环境保护和文物保护有关工作，随着工程的进展也在逐步向前推进。

（杨树明　王从兵　郭武山）

中线一期工程可行性研究报告

报　告　编　制

2002 年 12 月国务院以国函［2002］117 号文批复了《南水北调工程总体规划》，2004 年 8 月，《南水北调中线一期工程项目建议书（修订本）》通过了中国国际工程咨询公司（以下简称中咨公司）的评估。其间，按照水利部的部署，各有关设计单位相继开展了各分段（项）工程的可行性研究和单项工程的初步设计等工作，其中京石段应急供水工程（石家庄—北拒马河段、北京段）中部分单项工程相继开工建设。

2004 年 7 月 8 日国务院召开南水北调工程协调会，为从整体上全面推进南水北调工程前期工作，规范工程建设和前期工作程序，确保工程技术方案的统一性和完整性，要求编制《南水北调中线一期工程整体可行性研究总报告》（以下简称《可行性研究总报告》）。之后，国务院南水北调工程建设委员会第二次全体会议又明确要求加快整体可行性研究的编制工作，以满足南水北调中线一期工程 2010 年通水的建设目标。同时，对工程总投资控制等提出了明确要求，强调对工程投资实行“静态控制、动态管理”的管理方式。

遵照国务院有关会议精神，在水利部的部署和长江水利委员会的组织下，经过 1500 余名参编工程技术人员，历经 5 个多月的顽强拼搏、艰苦奋战，由长江设计院负责主编，沿线河南省水利勘测设计院、黄河勘测规划设计有限公司、河北省水利水电勘测设计研究院、河北省水利水电第二勘测设计研究院、北京市水利规划设计研究院、天津市水利勘测设计院、湖北省水利水电勘测设计院、湖北省交通规划设计院等单位参编的《南水北调中线一期工程可行性研究总报告》，于 2005 年 2 月 5 日全部完成，并以长规计［2005］58 号文将《可行性研究总报告》上报水利部。

（刘子慧　毛文跃）

主　要　成　果

南水北调中线一期工程可行性研究成果由总报告、附件、附表集及专题报告组成。

总报告：《南水北调中线一期工程可行性研究总报告》及附图册。

附件一：《南水北调中线一期工程可行性研究总报告——水文气象报告》。

附件二：《南水北调中线一期工程可行性研究总报告——工程地质勘察报告》及附图册、附表集。

附件三：《南水北调中线一期工程可行性研究总报告——工程设计报告》及附图册。

附件四：《南水北调中线一期工程可行性研究总报告——工程建设征地移民规划设计报告》。

附件五：《南水北调中线一期工程可行性研究总报告——投资估算报告》。

附表集：《南水北调中线一期工程可行性研究总报告总干渠总体布置附表集》。

专题报告：

《南水北调中线一期工程可行性研究总报告——丹江口水库分期蓄水专题研究》。

《南水北调中线一期工程可行性研究总报告——总干渠水力学及调度专题研究》。

《南水北调中线一期工程可行性研究总报告——总干渠冰期输水专题研究》。

《南水北调中线一期工程可行性研究总报告——综合管理信息系统专题研究》。

《南水北调中线一期工程可行性研究总报告——总干渠黄河以南渠道一次建成专题研究》。

《可行性研究总报告》共106册，其中文字超过2000万字，图纸近万张。

《可行性研究总报告》成果丰富、翔实，是南水北调中线一期工程重要的控制性技术文件，将为南水北调中线一期工程投资“静态控制、动态管理”提供依据，对于确保工程技术方案的统一性和完整性具有重要作用。

（刘子慧　毛文跃）

主要工作内容

（一）总体工作

《可行性研究总报告》以最新完成或批准的分段（项）工程可行性研究、单项工程初步设计成果为基础，其中，京石段应急供水工程、丹江口水利枢纽大坝加高工程、中线一期穿黄工程为已经国家发展和改革委员会（以下简称国家发展改革委）审批的初步设计成果；黄河北—漳河段为已经水利部水利水电规划设计总院（以下简称水规总院）审定的可行性研究成果；其余单项工程均为按水规总院审查意见及复核意见修改后的可行性研究成果。《可行性研究总报告》强化了总体设计，突出了成果的整体性和系统性，对重点技术进行深入论证。长江设计院对水文、地勘成果进行了全面整理、分析；对一期工程建设目标、任务、工程规模、总体布置进行了全面、系统的论证；对总干渠水面线及水力学设计作了进一步复核，对部分重要建筑物设计进行了典型复核；对总干渠供电、通信、计算机监控、综合管理信息系统的总体设计及施工组织总体设计进行了深化和优化；对工程占地及移民安置补偿单价和标准，进行了分析、协调，并按有关政策对补偿倍数进行了调整；对工程管理进行专题研究；对单项工程投资进行了分析、复核，并将价格水平年统一调整至2004年3季度；进行了工程总体经济评价，并对全线水价进行了统一测算。同时根据南水北调中线一期工程项目建议书审查意见，对重点技术问题进行了深入论证研究，包括丹江口水库分期蓄水可行性论证、总干渠运行调度研究、总干渠冰期输水研究、焦作煤矿区线路比选、潮河段绕岗或切岗方案比选、陶岔渠首是否建电站方案等。

（二）主体工程

《可行性研究总报告》提出中线一期工程以2010年为规划水平年，供水目标以北京、天津、河北、河南等主要城市生活、工业供水为主，兼顾生态和农业用水。多年平均调水95亿m^3，相应渠首引水规模为350～420m^3/s。主体工程由水源工程、输水工程和汉江中下游治理工程组成。

（1）水源工程。丹江口大坝按最终规模加高，坝顶高程由现状的162m加高到176.6m，正常蓄水位由157m提高到170m，相应库容达到290.5亿m^3，增加库容116亿m^3，可由年调节水库变为不完全多年调节水库。

（2）陶岔渠首枢纽。陶岔渠首枢纽为向北方调水的渠首，亦为丹江口水利枢纽的副坝。引水闸于1973年建成，已发挥了向河南刁河灌区供水的效益。为适应丹江口水库大坝加高挡水和引水条件，需移址重建。

（3）输水工程。输水总干渠利用有利地形条件，经长江流域与淮河流域的分水岭——方城垭口，沿唐白河平原北部和黄淮海平原西部边缘布置，大部分渠段与京广铁路平行。全长1431.945km，其中引水渠首至北京团城湖长1276.414km，天津干线长155.531km（从河北省徐水县西黑山至天津外环河）。总干渠以明渠输水为主，北京、天津段采用管涵输水，明渠段与交叉河流全部立交，形成各类交叉建筑物、控制建筑物、隧洞、泵站等，总计1796座。

（4）汉江中下游治理工程。为减少或消除调水对汉江中下游产生的不利影响，需兴建兴隆水利枢纽、引江济汉、部分闸站改造、局部航道整治4项工程。

按2004年3季度市场价格水平计算，南水北调中线一期工程静态总投资为13668886万元。

（刘子慧　毛文跃）

可行性研究报告修编

《可行性研究总报告》上报水利部后，水利部随之组织对尚未审查的分段或分项工程和分专题报告进行了审查。2005年4月24～27日，针对分段（项）可行性研究审查中存在的一些问题，水利部在武汉和北京召开了南水北调中线一期工作整体可行性研究审查准备工作会议，明确各有关设计单位在原工作的基础上结合水利水电规划设计总院对分段、分项审查的意见，在可行性研究总报告审查前修改、补充、完善，长江设计院据此对可行性研究总报告进行修编。

同时，水利部水利水电规划设计总院会同国务院南水北调规划设计管理局，在长江设计院及相关省市院的配合下，历时1个多月，对南水北调中线一期工程总体可行性研究进行了核查工作。核查组按照从严控制、实事求是的原则，重点对各段总体可行性研究与总体规划相比投资增加原因进行分析，对各段总体可行性研究的工程量和投资进行核查，通过本次核查，基本查明了总体可行性研究与总体规划相比投资增加原因，并对总体可行性研究的工程量和投资进行了严格控制，使总体可行性研究更具有技术经济合理性。

2005年9月24～29日，水利部水利水电规划设计总院对《可行性研究总报告》进行了审查。

长江设计院按照审查意见，再次对《可行性研究总报告》体系进行了补充、完善，并根据审查意见以及国家发展改革委对《南水北调中线一期工程项目建议书（修订本）》的批复意见和水利部指示精神，在《可行性研究总报告》体系中增加两项专题研究报告：综合管理信息系统专题研究与总干渠黄河以南渠道一次建成专题研究，即成果体系最终由108册组成，并上报国家发展改革委进行评估。

（刘子慧　毛文跃）

可行性研究报告审查

南水北调中线一期工程是我国水利建设史上投资最大的单项工程，其总体可行性研究审查具有特别的重要性和复杂性。水利部长江水利委员会组织长江勘测规划设计研究院及沿线各省市水利设计单位于2005年2月编制完成了《南水北调中线一期工程可行性研究总报告》，并以长规计［2005］58号文将《可行性研究总报告》上报水利部。为了确保审查进度和质量，水利水电规划设计总院从2005年初着手，进行了46次分段、分项和专题预审。各单项工程预审结束之后，为进一步全面推进中线一期工程可行性研究审查工作的进度，确保可行性研究报告的编制质量，水利水电规划设计总院会同水利部南水北调规划设计管理局赴沿线各省市水利设计院对可行性研究阶段的设计工程量等设计成果进行了核查。针对可行性研究阶段的重点技术问题，水利水电规划设计总院邀请国内部分知名专家分别召开了南水北调中线一期工程总干渠膨胀土处理方案技术讨论会和南水北调中线一期工程及引江济汉工程渠道边坡技术讨论会。各设计单位根据预审意见和核查意见对分项、分段可行性研究报告和专题报告进行了修改、补充和完善。

2005年9月24～29日，水利水电规划设计总院在北京召开会议，对可行性研究总报告进行了审查。会议邀请了国内知名专家近60人，参加会议的各部门、各省市的代表近400人。水利部矫勇副部长、国务院南水北调工程建设委员会办公室宁远副主任出席会议并讲话。会议成立了以水利部刘宁总工程师为主任委员、由19位专家组成的审查技术委员会。与会人员听取了《可行性研究总报告》技术总负责单位长江水利委员会长江勘测设计研究院的汇报，并分组进行了讨论。会议形成了审查技术委员会意见。会后，各设计单位根据会议讨论意见，又对《可行性研究总报告》进行了最后的修改和完善。

2005年12月，水利水电规划设计总院以水总设［2005］689号文将《南水北调中线一期工程可行性研究总报告审查意见》上报了水利部。

（朱 峰 邵剑南）

在 建 工 程

京石段应急供水工程

工 程 概 况

南水北调中线京石段应急供水工程包括石家庄至北京团城湖的总干渠工程和河北省4座水库与总干渠连接工程，其中石家庄至北京团城湖总干渠工程是南水北调中线一期工程的组成部分。该应急供水工程的总干渠规模、分水口门设置等与南水北调中线一期工程一致，4座水库与中线总干渠的连接渠工程规模按应急供水要求确定。

该工程建设内容为：石家庄至北京团城湖307.46km总干渠，其中预应力钢筒混凝土管道（PCCP）55.47km，包括沿线修建隧洞9座、渡槽50座、倒虹吸84座、暗渠3座、涵洞24座、节制闸16座、退水闸12座、分水口门22座、公路桥118座、铁路交叉建筑物14座、低压暗涵2座、加压泵站1座等建筑物。应急供水连接渠道工程411m，渠道衬砌11.62km，包括节制闸3座、引水闸3座、跌水3处、涵洞3座、进水闸3座。

西四环暗涵工程

（一）工程简介

西四环暗涵工程是中线总干渠末端、穿

越北京城区的控制性工程，上接卢沟桥暗涵，下接团城湖明渠，总长12.64km，设计流量$30m^3/s$，加大流量$35m^3/s$。工程由4部分组成：明挖施工方涵长1397m，为3.8m×3.8m的2孔；暗挖施工方涵长185m，为3.8m×3.8m的2孔；浅埋暗挖圆涵为直径4.0m的2孔，长10959m；还有出口闸。西四环暗涵主要处在卵砾石层中，埋深一般在5.5～15m之间，最深埋深达20m左右。主要建筑物包括涵身、出口闸、分水口2处、检修井2处、排气阀井4对、通气孔23对、排水检修进人孔6对。主要建筑物为1级。工期32个月，总投资为109942万元。

（二）前期工作

（1）可行性研究。《西四环暗涵工程可行性研究报告》包含在《南水北调中线京石段应急供水工程（北京段）总干渠可行性研究报告》中，该报告于2003年8月通过了水利部水利规划设计总院的审查，2003年12月3日得到国务院批准。

（2）初步设计。西四环暗涵工程的初步设计由北京市水利规划设计研究院编制完成，经初审后，长江水利委员会以《关于审查南水北调中线京石段应急供水工程（北京段）西四环暗涵初步设计报告（修订本）的请示》上报水利部。2004年9月10日，水利部以《关于南水北调中线京石段应急供水工程（北京段）西四环暗涵初步设计报告的批复》批准了该项目的初步设计报告。国家发展改革委以《国家发展改革委关于核定南水北调中线京石段应急供水工程（北京段）西四环暗涵初步设计概算的通知》核定了该工程的概算投资。

（三）招标投标

该工程已批复的分标方案为：土建施工标、建设监理标、第三方安全监测标、永久监测设备采购标、防水板材料采购及安装标。其中，土建施工标分为8个标段；建设监理标分为2个标段；第三方安全监测标分为2个标段；防水板材料采购及安装标分为2个标段。

土建施工标于2005年5月10日和6月10日分两批进行开标，其中Ⅰ标中标人为黑龙江省水利水电工程总公司，Ⅱ标中标人为中国水利水电第十四工程局，Ⅲ标中标人为中铁隧道集团有限公司，Ⅳ标中标人为中铁十九局集团有限公司，Ⅴ标中标人为中铁十六局集团有限公司，Ⅵ标中标人为中铁七局集团有限公司，Ⅶ标中标人为江南水利水电工程公司，Ⅷ标中标人为中铁十二局集团有限公司与北京翔鲲水务建设有限公司联合体。

建设监理标于2005年4月26日开标，其中Ⅰ标中标人为水利部山西水利水电勘测设计研究院，Ⅱ标中标人为北京燕波水利工程管理有限公司。

第三方安全监测标2006年1月19日开标，其中Ⅰ标中标人为北京市市政工程研究院，Ⅱ标中标人为中国水利水电第四工程局。

永久监测设备采购标及防水板材料采购及安装标尚未开标。

（四）建设管理

建设管理单位为北京市南水北调工程建设管理中心，设有现场项目管理部。工程于2005年5月开工，截至年底完成主洞施工5068.3m，竖井施工235m，廊道施工629m，总进尺5932m。累计完成土方14.0万m^3，喷射混凝土2.89万m^3，钢筋制安7320t。该工程项目划分为4个单位工程，71个分部工程。截至年底，评定单元工程合格951个，合格率100%，优良913个，优良率96%，未进行分部和单位工程评定。安全生产情况良好，未发生一起安全事故。工程实际进度与总进度计划中的年、季、月进度计划比较，完成率达到98%，进度控制效果良好。工程投资得到有效控制。

（五）工程监理

监理单位针对西四环暗涵工程通过城区并采用浅埋暗挖施工方法，特别注重对超前小导管、钢格栅、喷射混凝土和回填灌浆施工工序控制，加强对主体工程用水泥、骨料碱活性控制，不断完善安全体系，监控监测基准值和标准值的量测控制，合理布设观测点，严格控制施工工序，保证工程安全。

（六）施工科技

根据西四环暗涵工程特点，施工过程中，着重加强对西四环暗涵道路及立交桥现状评估研究，地铁1号线五棵松站在南水北调总干渠下穿区间洞体结构道床现状检测评估研究，暗涵内部变形、监测方法、变形预警与调控方案以及长期变形自动安全监控方法研究。

（七）征地移民

按照国家批复的初步设计，西四环工程计划征地205.4亩，其中永久征地12.7亩，临时占地192.7亩，搬迁安置44人。西四环工程按上述批复已全部完成。

（韩黎明　苏霞　高宇　常志兵　赵本基　赵梁明　隋立山）

永定河倒虹吸工程

（一）工程简介

永定河倒虹吸位于北京市丰台区永定河卢沟桥拦河闸下游3.9km处，总长2518.79m，为4孔钢筋混凝土暗涵。该工程由北京建设管理中心负责建设管理，于2003年12月30日正式开工建设。

截至2005年底，累计完成土石方开挖139万m^3，土石方回填97.14万m^3，混凝土浇筑13.25万m^3，钢筋14760t。工程共完成方涵2376m，完成方涵总长95%，退水闸闸门吊装工程施工完毕。2005年5月30日，本工程第Ⅱ、Ⅲ标按合同工期完成了全部工程，除Ⅰ标进口翼墙受液化气管线改移影响和Ⅳ标左堤内外两处因房屋拆迁影响无法施工外，永定河河道内和大宁水库内的工程已全部完工。

（韩黎明　苏霞）

（二）招标投标

（1）监理招标。永定河倒虹吸工程监理招标工作于2003年10月17日~11月5日进行，共设两个监理标段，其中，第一标段中标单位为北京中水科工程总公司，第二标段中标单位为北京燕波水利建设监理有限责任公司。

（2）施工招标。永定河倒虹吸施工招标工作于2003年10月27日开始进行，共设4个施工标段，其中，第一标段中标人为河南黄河工程局，第二标段中标人为北京通成达水务建设有限公司，第三标段中标人为北京市京水建设工程有限责任公司，第四标段中标人为河南省水利第一工程局。

（陈林涛）

（三）工程施工

由河南黄河工程局、北京通成达水务建设有限公司、北京市京水建设工程有限责任公司、河南省水利第一工程局担负一、二、三、四标段施工，各施工单位分别成立永定河倒虹吸工程项目经理部，全权负责现场施工、管理。施工单位都建立了质量保证体系，执行了工程质量管理制度，严格施工工艺，避免了纵向裂缝的出现。单元工程质量评定1764个，全部合格，其中优良1619个，占92%。

（四）建设监理

北京中水科工程总公司负责监理施工一标和四标，北京燕波水利建设监理有限责任公司负责监理施工二标和三标，本年度两个工程监理单位均通过水利工程监理单位资格评审和复审。现场工程师每天在工地时间不少于50%，旁站监理在关键工序坚守工作面，工程进度、质量、安全得到控制。

（五）施工技术

本工程施工采用多项先进技术，其中选用钢模台车模板方案浇筑暗涵109仓，混凝土体积46425m^3，工程质量与外观均比较理想。

（六）征地移民

水利部批复初步设计（水总［2003］646号），核定征地拆迁投资504万元。2005年3月29日，国家发展改革委增补6倍土地补偿费，增调征迁投资至504万元（发改投资［2005］520号）（注：永定河不涉及永久征用耕地，没有增加征迁投资）。至2005年底，完成永久征地4.5亩，临时用地175.9亩，生产生活安置人口12人，完成征迁投资504万元。

（韩黎明　苏霞　高宇　常志兵）

惠南庄至大宁段、卢沟桥暗涵、团城湖明渠工程

（一）工程简介

南水北调中线京石段应急供水工程（北京段）起点为惠南庄泵站出口，终点为团城湖闸下游出口与京密引水渠接点，渠线总长77.793km（包括永定河倒虹吸和西四环暗涵长度）。其中惠南庄至大宁段工程起点为惠南庄泵站出口，终点为大宁调压池出口，全长56.479km；卢沟桥暗涵工程的起点与永定河倒虹吸相连，全长5.269km；团城湖明渠起点上接西四环暗涵出口，终点与距团城湖1.118km处的京密引水渠昆南段相连，全长0.885km。以上各渠段均为南水北调中线京石段应急供水工程的组成部分，除近期担负向北京应急供水任务外，还担负南水北调中线一期工程全线贯通后的输水任务。

（张玉山）

（二）西甘池隧洞和崇青隧洞工程简介

西甘池隧洞和崇青隧洞是南水北调中线总干渠（北京段）惠南庄—大宁调压池输水干线的重要组成部分。工程除近期承担京石段应急供水任务外，待南水北调全线贯通后将继续承担总干渠向北京供水的任务。

西甘池隧洞和崇青隧洞流量与惠南庄—大宁段输水干线一致，设计流量为50m^3/s，加大流量为60m^3/s，小流量自流输水为20m^3/s。

无论利用自然水头，还是泵送加压，在任何流量情况下，西甘池隧洞和崇青隧洞均采用全断面压力输水。

崇青隧洞位于惠南庄—大宁段输水干线上。隧洞全长480m，双洞布置，双洞中心距20m，隧洞内径4m。

西甘池隧洞位于惠南庄—大宁段输水干线上。隧洞全长1800m，双洞布置，双洞中心距20m，隧洞内径4m。隧洞中部设排气阀井1处。

施工总工期：根据南水北调中线京石段应急供水工程（北京段）2007年9月底通水的要求及施工组织设计安排，并考虑到不属于本标的后续工程（隧洞内PCCP管安装及隧洞进出口段的施工等）应留有的工期，西甘池隧洞土建工程施工工期为18个月，崇青隧洞土建工程施工工期为15个月。

（三）惠南庄—大宁段工程简介

惠南庄—大宁段采用PCCP管道输水，线路总长56.359km，占北京段总干渠全长的70%。PCCP输水管道工程设计流量50m^3/s，加大流量60m^3/s，自流流量20m^3/s。工程上接惠南庄泵站，下接大宁调压池，由2排并行4m直径预应力钢筒混凝土（PCCP）输水管道、西甘池隧洞、崇青隧洞和大宁调压池组成。全线设置分水口建筑4座、连通建筑3座、控制阀建筑1座、排气阀建筑101处、排空退水建筑19处，与河道交叉27处，公路交叉17处，铁路交叉4处，沿管线全线设置巡线路长约56km。

输水型式为压力流输水，采用2根直径4m（局部直径3.6m）PCCP，除隧洞和连通处两条管道中心线距离为20m外，其余管道中心线距离为6.1m。线路中心线长约56.359km，其中52.3759km为4m直径PCCP管，2.280km为4m直径PCCP隧洞内穿管，1.7034km为4m直径及3.6m直径钢制配件

（含连通设施、分水口管件、排气阀管件、排水口管件、弯头管件和末端控制阀管件、合龙管等）。

工期：23 个月（2005 年 12 月 30 日～2007 年 11 月 30 日）

（陈林涛）

（四）招标投标

1. 西甘池及崇青隧洞工程

（1）监理招标。本工程监理招标工作于 2005 年 9 月 26 日开始进行，只划分 1 个监理标段，中标人为河南华北水电工程监理中心。

（2）土建工程招标。本工程土建招标工作于 2005 年 9 月 26 日开始进行，共划分为 2 个施工标段，第一标段（西甘池隧洞）中标人为北京通成达水务建设有限公司，第二标段（崇青隧洞）中标人为葛洲坝集团基础工程有限公司。

2. 惠南庄—大宁段工程

（1）PCCP 管道制造。PCCP 管道制造招标工作于 2005 年 9 月 29 日开始进行，共分为 3 个合同标段，第一标段中标人为北京河山引水管业有限公司与成都金炜制管有限责任公司联合体，第二标段中标人为山东电力管道工程公司，第三标段中标人为新疆国统管道股份有限公司。

（2）PCCP 管道工程监理。PCCP 管道工程监理招标工作于 2005 年 10 月 19 日开始进行，共划分 2 个监理标段，第一标段中标人为山西省水利水电工程建设监理公司，第二标段中标人为北京燕波工程管理有限公司。

（3）PCCP 管道工程施工。PCCP 管道工程施工招标工作于 2005 年 10 月 28 日开始进行，共划分为 6 个合同标段，第一标段中标人为中国水利水电第十一工程局，第二标段中标人为北京通成达水务建设有限公司，第三标段中标人为中国葛洲坝水利水电工程集团有限公司，第四标段中标人为中铁十六局集团有限公司，第五标段中标人为北京翔鲲水务建设有限公司，第六标段中标人为北京市京水建设工程有限责任公司。

（陈林涛）

釜山隧洞工程

（一）工程简介

釜山隧洞位于河北省徐水县北河庄村东南 0.5km，工程等别为一等，主体建筑物为 1 级。设计流量为 100m³/s，加大流量为 120m³/s，基本地震烈度Ⅶ度。

釜山隧洞全长 2654m，采取双洞线方案，由进口段、洞身段、出口段 3 部分组成。其中：进口段长 60m，洞身段长 2509m，采用双洞线圆拱直墙型方案，洞身为无压流圆拱直墙型断面，断面尺寸为宽 7.3m，高 8.107m，设计水深 5.02m，洞身用钢筋混凝土全衬砌和锚喷支护加局部混凝土衬砌两种型式，出口段长 85m。

釜山隧洞工程于 2004 年 9 月 1 日开工，计划 2006 年 8 月 31 日竣工，工程总工期 24 个月。

（二）投资计划管理

本工程概算总投资 20246 万元。截至 2005 年底中线局累计下达投资计划 11932.43 万元。资金累计到位 8210 万元，全部为国家预算内专项资金。自开工以来累计完成投资 5385 万元，其中建筑工程完成投资 3536 万元（合同额）。

（三）招标投标

（1）监理招标。本工程监理招标于 2004 年 4 月 4 日公开开标，只划分 1 个监理标段，中标人为河北省水利水电工程监理咨询中心。

（2）施工招标。本工程施工招标于 2004 年 7 月 9 日公开开标，共划分 2 个施工标段，第一标段中标人为中铁十二局集团有限公司，第二标段中标人为中国葛洲坝水利水电工程集团有限公司。

（四）工程进展

截至 2005 年底，釜山隧洞工程 1 号洞洞挖完成1595m，占总量的63.6%，锚喷支护完成1505m，占总量的60.0%；2号洞洞挖完成1648m，占总量的65.7%。锚喷支护完成1567m，占总量的62.5%。累计土方开挖完成22.2万m^3，为设计工程量的102%，石方开挖17.2万m^3，为设计工程量的96%，石方洞挖20.8万m^3，为设计工程量的65%，混凝土浇筑0.9万m^3，为设计工程量的15%，钢筋制安288t，为设计工程量的8%，砌石0.33万m^3，混凝土预制砌筑0.23万m^3，砌石及混凝土预制砌筑工程已经基本完成。

截至2005年底，共完成永久占地467亩，临时用地267亩，生产生活安置人口247人，累计完成征迁安置投资924万元。

（王淑华）

（五）工程施工

本工程共分2个施工标段。一标段由中铁十二局施工，二标段由葛洲坝集团施工，各自组建项目部进行现场施工管理。中铁十二局树立全员质量意识，建立健全质量保证体系，落实制度和监控措施，使工程质量始终处于受控状态，针对隧洞软弱围岩的地质特点，加强安全管理，开工以来从未发生一起安全事故。葛洲坝集团建立健全质量管理体系，完善约束机制，加强质量监督检查，坚持质量一票否决制，强化全员、全方位、全过程的质量监控，确保了质量目标的实现。确立了创建“安全工程”目标，狠抓安全生产和文明施工，开工以来未发生一起安全事故。

截至2005年底，各工程质量评定情况为：一标段评定131个，全部合格，其中优良119个，占90.8%；二标段评定151个，全部合格，其中优良141个，占93.4%。分部工程质量评定情况：一标段评定1个，优良1个。

（韩黎明）

（六）工程监理

监理单位是河北省水利水电工程监理咨询中心，下设2个监理处，做到了隐蔽工程、重要工序、重点部位100%旁站，平常反复巡视抽检，实施监理例会、施工日报、每月安全检查制度，督促施工单位抓好质量安全工作。

（韩黎明　王淑华）

（七）施工技术

釜山隧洞地质结构复杂，软弱围岩地段长，施工难度大，施工单位先后开发和推广运用“四新”成果达10项。①小导管注浆超前预支护。在洞口段时，采用ф42mm热轧无缝钢管，超前预注浆加固围岩施工技术。②在Ⅳ类软弱围岩中采用短台阶分步开挖技术，为初期支护的分步快速施工，有效控制初期支护的变位创造了条件。③左洞Ⅲ类围岩破碎段采取超前下导洞施工技术，安全揭露394+498～394+525段溶洞裂隙带，为安全施工提供宝贵地质材料。④自行研制了结构简单、操作灵活、既适应Ⅳ类围岩台阶法、又适应Ⅱ、Ⅲ类围岩全断面开挖的可调式简易钻孔台车、喷锚台车。⑤长大隧洞施工通风技术，采用可调式变频风机，大直径软管长距离压入式通风技术，有效解决了长大隧洞通风问题。⑥独头掘进无轨运输技术，采用1台320B挖掘机扒渣，2台50B侧卸装载机装渣，10台东风车出渣，三者配套协调，使每循环出渣时间均控制在1.5h以内，缩短工时近50%，使装渣、运输机械、车辆在最小的工作场地上发挥最大效能。⑦信息化监控量测技术，通过对围岩及支护进行监控量测，及时进行数据处理分析，反馈指导施工，为支护参数调整提供了依据。⑧混凝土生产工厂化技术。组建了混凝土搅拌站，统一进料，集中拌和，形成了机械上料，自动计量，搅拌、运输、泵送的机械化体系，有效控制和提高了混凝土质量。采用外掺粉煤灰技术，提高了混凝土性能，抑制砂碱活性。⑨超前地质预测预报技术，施工中采用先进的量测探测技术对围岩进行超前预报，并据此拟定相应的施工预案，确保隧洞施工安全顺利。⑩ 增加联络洞在 394 +920，为釜山隧洞衬砌施工增加工作面，增加运输通道。这些技术的开发、推广、应用，为有效地实施动态管理，提高应变能力，掌握工期、安全、质量、成本控制的主动权，提供了可能，创造了条件。

另外，为了有效预防混凝土碱骨料反应，节省投资，经过试验，釜山隧洞喷射混凝土配合比中掺加了 20% 的粉煤灰，抑制中易水河砂碱活性，降低混凝土的总碱含量。喷射混凝土采用了黄河外加剂厂的低碱速凝剂（HZC－1）。

（八）征地移民

2004 年 5 月，水利部批复初步设计（水总［2004］145 号），核定征地拆迁投资 1388 万元。2005 年 3 月 29 日，国家发展改革委增补 6 倍土地补偿费，调增征迁投资至 1734 万元（发改投资［2005］520 号）。至 2005 年底，完成永久征地 467 亩，临时用地 276 亩，生产生活安置人口 247 人，完成征迁投资 924 万元。

（王淑华）

漕河段工程

（一）工程简介

漕河渡槽段工程位于河北省保定市满城县境内，担负着近期向北京市应急供水以及中线一期工程全线贯通后的输水任务。

工程由吴庄隧洞、漕河渡槽、岗头隧洞、吴庄隧洞与漕河渡槽间的土渠段、漕河渡槽与岗头隧洞间的石渠段、位于土渠上的大楼西南沟排水涵洞、大楼西沟排水涵洞和位于石渠上的退水闸等共 7 座大小建筑物组成，线路全长 9319m。主要建筑物为 1 级。设计输水流量为 $125m^3/s$，加大流量为 $150m^3/s$。漕河渡槽槽身段采用三槽一联的矩形预应力钢筋混凝土结构，单槽净宽 6m，高 5.4m，中墙厚度为 0.7m。渡槽跨度分 20m 跨和 30m 跨两种：20m 跨共 35 跨，长 710m；30m 跨共 41 跨，长 1230m。工期为 3 年，总投资为 87275 万元。

（二）前期工作

（1）可行性研究。漕河渡槽段工程可行性研究报告包含在《南水北调中线京石段应急供水工程（石家庄至北拒马河段）可行性研究报告》中，该报告于 2003 年 12 月 3 日得到国务院批准。

（2）初步设计。工程初步设计由河北省水利水电勘测设计研究院编制完成，经初审后，长江水利委员会以《关于报审〈河北省南水北调中线京石段应急供水工程（石家庄至北拒马河段）漕河段初步设计总报告〉的请示》上报水利部。2004 年 7 月 29 日，水利部以《关于南水北调中线京石段应急供水工程（石家庄至北拒马河段）漕河段初步设计报告的批复》批准了该项目初步设计报告。国家发展改革委以《国家发展改革委关于核定南水北调中线京石段应急供水工程（河北段）漕河段初步设计概算的通知》核定了该工程的概算投资。

（三）招标投标

（1）监理招标。本工程监理招标于 2004 年 9 月 27 日公开开标，只划分 1 个监理标段，中标人为中水北方勘测设计研究有限责任公司。

（2）土建施工招标。本工程土建施工招标于 2004 年 10 月 24 日公开开标，共划分 4 个土建施工标段，其中，第一标段中标人为中铁十三局集团有限公司，第二标段中标人为中国水利水电第四工程局，第三标段中标人为中国葛洲坝水利水电工程集团有限公司，第四标段中标人为中国水利水电第一工程局。

（四）建设与管理

建立健全以各参建单位第一责任人为主体的质量管理体系，健全管理制度，加强对槽身试验跨试验的组织领导，加大桩基础的检测力度，对重大技术问题组织设计、监理、施工单位及科研院所集中攻关，优化方案，使工程质量处于可控状态。截至12月底，漕河项目8个单位工程，76个分部工程，4077个单元工程，已完成单元工程质量评定162个，其中优良156个，占96.3%。

坚持“安全第一、预防为主”的方针，建立健全工程安全管理体系、安全制度、安全责任制，组织安全文明施工检查，整个漕河渡槽段项目2005年的安全目标顺利实现。

（五）工程进展

土石方开挖177.4万m^3，土石方回填22.77万m^3，土石方洞挖13.33万m^3，混凝土浇筑4.76万m^3，钢筋制安3312t；灌注桩累计进尺13292m。漕河渡槽的600根灌注桩完成529根；19个扩大基础中开挖完成12个，2个正在开挖施工中；76个承台浇筑完成26个；77个墩身浇筑完成3个，7个正在浇筑；试验跨槽身浇筑及预应力钢绞线张拉全部完成；240m落地槽基础开挖全部完成，并进行了部分碎石回填。吴庄隧洞进口土石方开挖全部完成，出口左右洞累计进尺756m，洞身段开挖进尺总计807m。三段土渠700m基本挖填成形，排水涵洞混凝土全部浇筑完成。退水闸开挖全部完成，石渠段开挖基本完成。岗头隧洞进出口段开挖、洞脸锚喷支护等基本完成，洞身段开挖进尺总计918m。

（六）工程监理

中水北方勘测设计研究有限责任公司设置了漕河项目监理部，监理人员共计35人，其中高中级职称占监理人数的87%。监理部分为工程一部（主管一标段、二标段）和工程二部（主管三标段、四标段），并划分为6个监理组，成立现场监理试验室和设置专家顾问组。监理部制定了监理规划、实施细则，建立质量控制体系和各项规章制度，加强对监理项目的投资、进度、质量控制，做好合同管理、信息管理、安全文明施工、环境保护及组织协调工作。南水北调中线干线工程建设管理局漕河建管部对监理单位的人员资质、试验设备等资源配备情况进行多次检查，并对监理成果进行抽查、复验、复测。

（七）施工技术

在该工程的施工中，主要采用了2种施工技术，一是通过骨料碱活性检验及碱骨料反应抑制性试验，确定灌注桩及渡槽槽身混凝土配合比，使混凝土性能满足设计要求；二是通过槽身试验跨试验，验证结构设计合理性和可靠性，检验渡槽结构及性能，提供纵梁预应力张拉方式及效果，获取槽身抗裂、限裂及温控数据，制定大跨度预应力渡槽的施工工艺。

（韩黎明　苏霞　高宇　常志兵　赵本基　赵梁明　隋立山）

（八）征地移民

2004年7月，水利部批复初步设计（水总［2004］305号），漕河工程计划征地4416亩，其中永久征地2475亩，临时占地1941亩，搬迁安置21人，核定征地拆迁投资4990万元。2005年3月29日，国家发展改革委增补6倍土地补偿费，调增征迁投资至6076万元（发改投资［2005］520号）。至2005年底，完成永久征地1488亩，临时用地1120亩，生产生活安置人口1609人，完成征迁投资5678万元。

（常志兵　王淑华）

唐河倒虹吸工程

（一）工程简介

唐河倒虹吸工程位于河北省定州市，京广铁路唐河桥以西14km，西大洋水库下游16.4km。工程等别为一等，主体建筑物等级为1级。倒虹吸设计流量为135m^3/s，加大流量为160m^3/s。工程设计防洪标准按100年一遇，校核标准300年一遇。地震设计烈度为Ⅵ度。

唐河倒虹吸工程是京石段应急供水工程

中大型建筑物之一，工程由进出口连接渠、倒虹吸、节制闸、退水闸4部分组成，总长1542.4m。倒虹吸由进口渐变段、进口闸室、管身、出口工作闸、出口渐变段5部分组成。管身采用三孔一联钢筋混凝土箱型结构，断面尺寸为5.5m×5.7m（宽×高）。退水闸位于倒虹吸进口渐变段前245m，采用涵洞式结构，过水断面为1孔5m×5m。

主要工程量：土方开挖137万m^3，土方回填136万m^3，砌石工程4.8万m^3，混凝土13.4万m^3，钢筋制安0.93万t。

唐河倒虹吸工程于2004年9月1日开工，计划2006年8月31日竣工，工程总工期24个月。

（二）投资计划管理

本工程概算总投资22102万元。截至2005年底中线局累计下达投资计划13486.1万元。资金累计到位9478万元，全部为国家预算内专项资金。自2004年9月1日开工以来累计完成投资9201万元，其中建筑工程完成投资7233万元（合同额）。

（三）招标投标

（1）监理招标。本工程监理招标于2004年2月1日公开开标，只划分1个监理标段，中标人为水利部山西水利水电勘测设计研究院与河北天和监理有限公司联合体。

（2）施工招标。本工程施工招标于2004年7月9日公开开标，共划分2个施工标段，其中第一标段中标人为中国水利水电第六工程局，第二标段中标人为河北省水利工程局。

（四）工程建设进展

根据2005年施工进度计划，完成了倒虹吸管身段、斜坡段、进出口闸室段的土方开挖、混凝土浇筑、土方回填、进出口导流堤填筑和退水闸土方开挖、混凝土浇筑等施工任务，截至2005年底累计完成土方开挖111.6万m^3，混凝土浇筑7.35万m^3，钢筋制安6883t，土方填筑77.5万m^3。

截至2005年底，共完成永久占地529亩，临时用地367亩，生产生活安置人口248人，累计完成征迁安置投资1279万元。

（五）工程施工

中国水利水电第六工程局担负一标段施工，河北省水利工程局担负二标段施工，施工单位成立了唐河倒虹吸工程项目经理部，建立了以项目经理为第一责任人的质量保证体系，设置了质检处和试验室，实行“三检制”，加强现场质量管理、检验控制，实行联合检查验收，以期达到质量目标。

在施工过程中，加强原材料和关键工序控制，材料进场后施工单位会同监理人员进行检验和交货验收，合格后入库，并做好验收记录。施工过程中所采用的砂石骨料、水泥、混凝土拌和物等原材料和中间产品，施工单位严格按规范要求进行检测，监理单位依据合同约定，按承包人自检频率的10%进行检测。不合格材料绝不允许使用，确保工程质量。对混凝土浇筑、地基基础、地基处理、管身倒八角、橡胶止水、闭孔板安装等关键部位承包人精心组织施工，并严格控制。监理单位实行旁站监理，对隐蔽工程监理组织各参建单位进行联合验收。

截至2005年底唐河倒虹吸工程共验收623个单元工程，全部合格，其中优良单元工程589个，优良率94.5%。已完成的工程质量满足合同、规范及设计要求。

唐河倒虹吸工程开工以来，各参建单位认真贯彻落实“安全第一、预防为主”的方针，采取有效的安全保证、控制措施，杜绝各类安全隐患，防止生产安全事故的发生，在工程参建各方共同努力下，唐河倒虹吸工程从开工至今未出现一起安全事故。

（王淑华　韩黎明）

（六）工程监理

建设监理单位为水利部山西水利水电勘测设计研究院和河北天和监理有限公司联合体。工程施工过程中，监理按照“三控制，二管理，一协调”的原则，对工程进行了有效的控制，监理人员严把质量关，一经发现不符合设计、规范的施工行为，即责令施工单位及时纠正，使工程质量不断提高。对管身段建基面等隐蔽工程和工程关键部位，监理部会同有关参建单位进行联合验收，使已完成的工程项目的质量满足合同、规范及设计要求。为了确保计划工期目标的实现，监理部审查、审批、调整施工进度计划，积极为施工单位出主意，想办法，向设计代表积极反馈施工图纸问题，加快了施工进度，保证了施工质量。工程投资控制良好，完成投资与完成工程量基本符合，工程价款支付基本同步。开展安全监督、文明施工与环境保护，采取有效措施，预防和消除了安全事故，创建了安全生产和文明施工的环境，未出现任何工程质量和安全事故。

（七）施工技术

工程施工中主要采用了3种切合实际的施工技术，确保了工程的质量和进度。一是应用三轨门架式皮带布料机技术，提高了混凝土输送强度，满足入仓速度要求，降低了层间间歇时间，避免了施工冷缝的发生；二是采用钢模板连体施工工艺，分三期完成管身段混凝土施工，提高了混凝土表面平整度和光洁度；三是实施温控措施，保证高温天气混凝土入仓温度不大于28℃，满足设计要求。

（韩黎明　苏霞　高宇　常志兵　赵本基　赵梁明　隋立山）

（八）征地移民

2004年4月，水利部批复初步设计（水总［2004］142号），核定征地拆迁投资1597万元。2005年3月29日，国家发展改革委增补6倍土地补偿费，调增征迁投资至1750万元（发改投资［2005］520号）。至2005年底，完成永久征地529亩，临时用地367亩，生产生活安置人口248人，完成征迁投资1279万元。

（王淑华）

滹沱河倒虹吸工程

（一）工程简介

滹沱河倒虹吸工程是南水北调中线总干渠穿越滹沱河的建筑物，位于河北省石家庄市正定县，在京广铁路滹沱河桥上游4.6km，黄壁庄水库下游25.5km，于2003年12月30日开工建设。

滹沱河倒虹吸枢纽工程由进出口连接渠、倒虹吸、节制闸、退水闸、导流堤等部分组成。建筑物总长为2993.64m，其中倒虹吸部分长2225m。倒虹吸由进口渐变段、进口闸室、管身段、出口闸室、出口渐变段5部分组成。管身采用三孔一联钢筋混凝土箱形结构，单孔过水断面尺寸为6.0m×6.2m。

滹沱河倒虹吸枢纽工程等别为一等，主体建筑物级别为1级，倒虹吸设计流量$170m^3/s$，加大流量$200m^3/s$，工程防洪设计标准为100年一遇，校核标准300年一遇。地震设防烈度为Ⅵ度。

主要工程量为土方开挖371.94万m^3，土方回填326.34万m^3，砌石8.23万m^3，混凝土24.23万m^3，钢筋制安2.56万t。工程总投资5.4665亿元。

（二）投资计划管理

本工程概算总投资54665万元，截至2005年底中线局累计下达投资计划指标49932.88万元。资金累计到位37503万元，全部为国家预算内专项资金。

截至2005年底，累计完成投资31015万元，其中建筑工程完成投资21957万元（合同额），2005年累计完成投资11779万元，其中建筑工程完成投资11230万元（合同额）。

（三）招标投标

（1）监理招标。本工程监理招标工作于2003年11月14日～12月7日进行，只划分1个监理标段，中标人为中国水利水电建设工程咨询西北公司与河北省水利水电工程监理咨询中心联合体。

(2) 施工招标。本工程施工招标工作于2004年11月21日~12月16日进行，招标范围为主体工程（不含永久供电系统、安全监测系统、监控系统的设备购置和安装）以及为保证主体工程施工所必需的临时工程，设2个标段，其中第一标段中标人为河北省水利工程局，第二标段中标人为中国水电第十一工程局。

(3) 设备采购招标。液压启闭机招标工作于2005年4月至6月进行，采取国内公开招标的方式，中标人为江苏武进液压启闭机有限公司。

（四）工程建设进展

滹沱河倒虹吸工程自2003年12月30日开工以来，工程建设进展顺利。根据滹沱河倒虹吸工程总体施工进度计划，2005年工程施工部位主要是倒虹吸管身、进出口闸室、进出口扭坡渐变段、进出口导流堤、退水闸及地基处理。到2005年底除进出口区征地没有全部落实，致使进口导流堤和出口明渠不能施工外，其他工程管身2043m、出口扭坡段及地基处理已全部完成，进出口闸室和退水闸闸室已封顶，进口扭坡段及导流堤防冲墙完成了部分施工。2005年底累计土方开挖完成294.1万m^3，为设计工程量的82%，土方回填194.8万m^3，为设计工程量的79%，混凝土浇筑21.0万m^3，为设计工程量的90%，钢筋制安20962t，为设计工程量的88%，基础处理13317m，为设计工程量的98%，金属结构141t，为设计工程量的31%。

2005年滹沱河倒虹吸工程未发生任何安全事故，工程质量状况良好。1797个单元工程合格率100%，优良率达到95.7%，18个分部工程优良率达到100%。

截至2005年底，共完成永久占地720.29亩，临时用地1242.78亩，累计完成征迁安置投资1874万元。

（王淑华）

（五）工程施工

河北省水利工程局担负一标段施工，中国水电十一局担负二标段施工，两施工单位分别成立项目经理部。一标施工采用钢模台车、组合台模、简易组合台模和三轨多功能倒虹吸涵管混凝土施工系统，安装固定式塔吊，配备可移动皮带运输，实施温控及防雨措施，不断改进工艺，保证了浇筑强度、质量，避免施工冷缝。二标工程设置土建专业施工处，采用塔吊吊运材料，龙门吊式皮带布料机输送混凝土入仓手段浇筑混凝土，完成了施工任务。截至2005年年底，共验收单元工程1797个，合格1797个，合格率100%，优良单元工程1720个，占95.7%；分部工程验收18个，合格分部工程18个，合格率100%，优良分部工程18个，优良率100%。质量情况总体较好。各参建单位采取有效的安全保证、控制措施，全年没有发生一起重伤及其以上的安全事故。

第一标段：河北省水利工程局作为该标段的施工单位，为满足施工进度计划的要求，在原有一套钢模台车和二套组合台模的情况下，又增加了一套简易组合台模，满足了施工进度的需求，为按期完成年度计划提供了技术和物资保证。

大跨度、大体积的水平管身段混凝土浇筑，给施工提出新的课题。为解决混凝土浇筑强度问题，拌和混凝土采用2座HZS75强制式拌和站，混凝土水平运输采用5辆6m^3搅拌车。自行研究进行方案设计、与有关单位协作加工制作了三轨多功能倒虹吸涵管混凝土施工系统。

第二标段：水电第十一局作为本标段的施工单位，2005年度施工主要安排在管身、闸室及扭坡渐变段等部位，水平管身混凝土施工采用了和一标段相同的浇筑模式。

斜管段施工（101~103号）：101~102号管节利用水平管身段管顶平台采用伸缩式皮带布料机浇筑，103号管节采用伸缩式皮带布料机与塔吊配吊罐入仓相结合方法进行浇筑。

闸室段施工：闸室段施工按照先底板、后闸墩、再上部构筑物的分层方式进行施工。闸室段混凝土采用塔吊配合吊罐入仓的方式浇筑，底板一次性浇筑，闸墩按3.3m分层。

渐变段施工：渐变段施工顺序为先底板，后边墙。底板浇筑采用小型钢模板拼装，墙体模板，前三段迎水面采用大型组合钢模板。第四段至第六段由于坡面较为平缓，且混凝土较薄，不便于常规的立模方法浇筑混凝土。施工中采用翻板模进行浇筑。

（韩黎明　苏霞　高宇　常志兵　赵本基　赵梁明　隋立山）

（六）工程监理

建设监理单位为中国水利水电建设工程咨询西北公司和河北省水电监理中心，本年度两监理单位均通过资格评审和复审。监理单位建立了项目监理部，监理部在完成日常监理工作外，提出并组织了部分工程由原设计振冲碎石桩改为夯扩挤密碎石桩、由地下混凝土灌注改为高压摆喷灌浆、由原设计地面施工改为大开挖明浇筑方案修改论证并实施，满足了施工需要。

在严格监理的同时，监理部提出了许多合理建议，加强了“事前监理”，让承包商少走弯路，消灭质量问题于萌芽状态。

与此同时，监理部不断完善监理的各项规章制度和监理工作手段，职责、图表等规范上墙，建立实施周监理例会制度。为了保证施工安全，监理部实施的施工日报制度，建立实施月安全检查制度等。

监理过程做到了隐蔽工程、重要工序、重点部位100%旁站，平常反复巡视，按规范要求抽检，及时发现和纠正承包商施工中存在的一些质量问题。

在实施监理过程中，随时监督检查施工单位的质量保证体系和落实情况，强化质量管理与检查，严格按照验收程序对每个单项工程检查验收。

（韩黎明　王淑华）

（七）施工技术

工程施工中主要采用了3种切合实际的施工技术，确保了工程的质量和进度。一是设计和应用了伸缩移动式皮带布料机，消除柱、墙、结构复杂和竖向钢筋较多仓号的布料死角，解决了斜管段的混凝土浇筑；二是应用镜面混凝土施工工艺于闸室施工过程中，从各方面加以控制，使闸室混凝土表面平整、光滑、有光泽，达到镜面混凝土效果；三是在扭曲渐变段中使用全钢大模板技术，整个扭坡混凝土体形变化连续、平顺、无弯折，外露面光滑美观。

（苏　霞）

（八）征地移民

2003年12月，水利部批复初步设计（水总［2003］645号），核定征地拆迁投资4668万元。2005年3月29日，国家发展改革委增补6倍土地补偿费，调增征迁投资至5419万元（发改投资［2005］520号）。至2005年底，完成永久征地720.29亩，临时用地1242.78亩，完成征迁投资1874万元。

（王淑华）

古运河枢纽工程

（一）工程简介

南水北调古运河枢纽工程位于石家庄市郊区，担负近期向北京市应急供水、中线一期工程全线贯通后的输水任务。工程由上游渠道段、古运河暗渠和田庄分水闸3部分组成，工程等别为一等，主要建筑物为1级。上游渠道设计流量200m³/s，暗渠设计流量170m³/s，工程设计防洪标准为100年一遇，校核标准300年一遇。地震基本烈度为Ⅶ度。

建筑物区域均为第四系松散地层，持力层为细砂层及中砂层。古运河暗渠同时穿越石家庄市北防洪堤（107国道副线）及石太高速公路，建筑物总长657.7m，由上游渠道、进口渐变段、进口闸室段、洞身段，出口闸室段、出口渐变段组成。其中洞身段长435m，过水断面为三孔一联拱涵结构，单孔过水断面尺寸为6.6m×8.4m（宽×高）；田庄分水闸位于古运河暗渠进口处，分水角度为60°，设计流量为65m^3/s，建筑物总长129m，由进口圆弧翼墙段、闸室段、消力池段、出口渐变段、下游渠道防护段5部分组成，闸室共1孔，孔宽6.5m。

主要工程量：土方开挖77万m^3，土方回填61.3万m^3，砌石6万m^3，混凝土7.6万m^3，钢筋制安0.64万t。

工程工期为23个月，总投资为18148万元。

（苏　霞　王淑华）

（二）前期工作

（1）可行性研究。古运河枢纽工程可行性研究报告包含在《南水北调中线京石段应急供水工程（石家庄至北拒马河段）可行性研究报告》中，该报告于2003年12月3日得到国务院批准。

（2）初步设计。古运河枢纽工程的初步设计由河北省水利水电勘测设计研究院编制完成，经初审后，长江水利委员会以《关于审查河北省南水北调中线京石段应急供水工程（石家庄至北拒马河段）古运河枢纽初步设计报告的请示》上报水利部。2004年7月29日，水利部以《关于南水北调中线京石段应急供水工程（石家庄至北拒马河段）古运河枢纽初步设计报告的批复》批准了该项目的初步设计报告。国家发展改革委以《国家发展改革委关于核定南水北调中线京石段应急供水工程（河北段）古运河枢纽初步设计概算的通知》核定了该工程的概算投资。

（苏　霞）

（三）投资计划管理

本工程概算总投资18499万元，截至2005年底南水北调中线局累计下达投资计划指标3666万元。资金累计到位3666万元，全部为国家预算内专项资金。截至2005年底累计完成投资2612万元，其中建筑工程完成投资1351万元（合同额）。

（王淑华）

（四）招标投标

监理招标：本工程监理招标于2004年11月27日公开开标，只划分1个监理标段，中标人为天津冀水工程咨询中心。

土建施工招标：本工程土建施工招标于2004年12月3日公开开标，只划分1个土建施工标段，中标人为河北省水利工程局。

（高宇　赵本基　赵梁明）

（五）工程施工进展

古运河暗渠工程需穿越石家庄市北防洪堤和石太高速公路，穿越石太高速公路采用管棚法施工方案，其余采用一般开挖方案。

古运河枢纽工程2005年6月20日开工，截至2005年底，临时工程全部完成，主体工程古运河暗渠完成100m。暗涵9个管节段的底板混凝土及侧墙混凝土、进口闸室底板混凝土已经浇筑完成，1号顶拱浇筑完成。累计完成土方开挖完成37.3万m^3，混凝土浇筑4万m^3，钢筋制安3094t。

古运河枢纽工程自开工以来，未发生任何安全事故，工程质量状况优良，31个单元工程合格率100%，优良率达到100%。

（王淑华）

（六）建设与管理

古运河枢纽工程实行委托管理，建管单位为石京段河北建设管理处。各参建单位负责人员共同组建“古运河枢纽工程质量管理领导小组”，全面组织、管理、控制、实施工程质量工作。与施工单位签订目标管理责任书，制定工程质量管理等规章制度，各参建单位制定实施细则，形成各负其责、相互协调的工作机制。以制度为基础，加强质量保证体系及落实情况，审查施工组织设计和各种施工方案，论证混凝土配合比，共同确定原材料，审查各种数据资料，进行定期、不定期检查，加强巡视混凝土浇筑过程，联合验收隐蔽工程。通过建立健全安全生产组织管理机构，制定以安全生产责任制为核心的安全生产管理规章制度并狠抓落实，强化监管措施，开展安全生产检查，安全生产工作保持良好状态。自开工以来，实现了安全生产零事故。

（韩黎明）

（七）工程监理

监理单位建立了项目监理部，监理部实行总监负责制，监理部下设综合技术部和暗渠Ⅰ、暗渠Ⅱ、田庄分水闸等3个项目组，各项目组设项目监理工程师1人，并配备水工、地质、测量、电气、材料试验、金属结构等相应专业监理工程师和监理员，并根据项目划分及专业情况，明确岗位职责。监理部建立健全了自身的质量保证体系，按照投标文件承诺和监理规划、实施细则，对施工全过程进行有效控制。

同时，不断完善各项管理制度并严格执行既定的各项规章制度，规范监理工作程序，在搞好“三控两管一协调”的同时，强化质量控制，切实有效地履行监理合同。

另外，建立实施周监理例会制度、施工日报制度和月安全检查制度等，保证了施工安全、进度和质量。

监理过程做到了隐蔽工程、重要工序、重点部位100%旁站，平常反复巡视，按规范要求抽检，及时发现和纠正存在的一些问题。

（八）施工技术

工程施工过程中，施工单位大胆创新实践，研制成功“大型混凝土工程一体化连续施工系统”，该系统将繁杂的混凝土浇筑过程转化为流水作业方式，全部自动化操作，减少了中间环节，使混凝土从取料、拌和、布料浇筑一次完成直接入仓，既提高了浇筑强度，保证了混凝土浇筑质量，也缩短了施工时间，使新技术、新工艺充分发挥了效益。

（王淑华）

（九）征地移民

2004年7月，水利部批复初步设计（水总［2004］306号），古运河工程计划征地902亩，其中永久征地365亩，临时占地537亩，核定征地拆迁投资1734万元。2005年3月29日，国家发展改革委增补6倍土地补偿费，调增征迁投资至2085万元（发改投资［2005］520号）。至2005年底，完成永久征地194亩，临时用地451亩，生产生活安置人口397人，完成征迁投资1286万元。

（常志兵　王淑华）

穿　黄　工　程

工　程　概　况

穿黄工程是南水北调中线穿越黄河的控制性工程，线路和型式经多方案比较，选定于郑州市以西约30km的孤柏山湾李村附近横穿黄河，南岸起点为河南省荥阳县王村化肥厂南，终点为温县南张羌乡马庄东，全长19.3km。

工程主要建筑物布置自南至北依次为：南岸连接明渠、进口建筑物、穿黄隧洞、出口建筑物、北岸河滩明渠、北岸连接明渠等，还有河道控导工程。穿黄隧洞及其进出口、退水闸（洞）、连接渠道和其他交叉建筑物等为1级建筑物。穿黄工程可利用水头10m，设计流量为265m^3/s，加大设计流量为320m^3/s。穿黄隧洞按黄河300年一遇洪水设计，1000年一遇洪水校核；北岸河滩明渠及新、老蟒河交叉建筑物按交叉河流100年一遇洪水设计，300年一遇洪水校核。

穿黄隧洞段包括南岸800m邙山隧洞和3450m过黄河隧洞段，共长4250m，置于第四系覆盖层中，隧洞外侧底部最大外水压力为44.21m水头压力。隧洞采用双线布置，隧洞内径7m，中心间距为32m。采用双层衬砌结构，外层为装配式钢筋混凝土管片，厚40cm，管片宽度1.6m；内层为现浇预应力钢筋混凝土整体结构，厚45cm，内、外层衬砌设置弹性防水、排水垫层相隔。穿黄隧洞采用泥水平衡盾构机自北向南推进施工。工期为51个月，总投资313706万元。

（韩黎明　苏　霞）

前　期　工　作

（一）可行性研究

南水北调中线穿黄工程设计由长江水利委员会长江勘测规划设计研究院和黄河勘测规划设计有限公司组成的穿黄工程联合项目组承担。2003年8月，水利部水利水电规划设计总院对穿黄工程可行性研究报告进行了审查。2004年11月15日，国家发展改革委以《印发国家发展与改革委关于审批南水北调中线一期穿黄工程可行性研究报告的请示的通知》对可行性研究报告进行了批复。

（二）初步设计

穿黄工程的初步设计由长江水利委员会长江勘测规划设计研究院和黄河勘测规划设计有限公司组成的穿黄工程联合项目组编制完成，经初审后，长江水利委员会以《关于审批〈南水北调中线一期穿黄工程初步设计报告〉的请示》上报水利部。

2005年4月21日，水利部以《关于南水北调中线一期穿黄工程初步设计报告的批复》批准了该项目的初步设计报告。国家发展改革委以《国家发展改革委关于核定南水北调中线一期穿黄工程初步设计概算的通知》核定了概算投资。

（苏　霞）

招　标　投　标

穿黄工程共分土建施工标、安全监测标、建设监理标、盾构设备采购标和机电设备采购标5类。其中，土建施工标5个，分为Ⅰ标段（南岸渠道）、Ⅱ－A标（上游隧洞）、Ⅱ－B标（下游隧洞）、Ⅲ标（北岸渠道）、Ⅳ标（孤柏嘴护湾工程）；安全监测标（Ⅴ标）；建设监理标及盾构设备采购标各1个；机电设备采购标包括金属结构设备采购标3个标段、水机设备采购标3个标段、供电设备采购标及通信光缆采购标。

（1）土建施工标。土建施工标划分的5个标段于2005年8月10日和2005年8月25日分两批进行开标，其中Ⅰ标中标人为中国水利水电第十一工程局；Ⅱ－A标中标人为中铁隧道集团有限公司与中国葛洲坝水利水电工程集团有限公司联合体；Ⅱ－B标中标人为中铁十六局集团有限公司与中国水利水电第七工程局联合体；Ⅲ标中标人为中国水利水电第四工程局；Ⅳ标中标人为河南黄河工程有限公司。

（2）安全监测标。安全监测标（Ⅴ标）于2005年8月17日开标，中标人为中国水电顾问集团西北勘测设计研究院。

（3）建设监理标。建设监理标只划分为1个标段，于2005年5月16日开标，中标人为小浪底工程咨询有限公司。

（4）盾构设备采购标。盾构设备采购标于2005年11月21日开标，中标人为德国海瑞克公司。

（5）机电设备采购标。机电设备采购标尚未启动招标。

（高　宇　赵本基　赵梁明）

工 程 进 度

2005年9月27日，穿黄工程全面开工建设，至年底完成土方工程量4.93万m^3。南岸Ⅰ标开始渠道土方开挖。Ⅱ－A标完成了北岸竖井平台填筑，深层搅拌桩175组，累计长度7975m；Ⅱ－B标完成北岸竖井平台填筑，深层搅拌桩完成126组，累计长度为6000m。自凝灰浆墙和地连墙混凝土导墙正在施工。Ⅳ标孤柏嘴控导工程施工平台填筑完成了1000m长河中进占，挑流丁坝成功截流。各标段营地建设工程，南、北岸变电站和部分供电线路工程，北岸进场道路、沿渠路及南岸场区道路已经完成。丹河砂石料场临建及加工系统土建部分完成。

（韩黎明）

建设与管理

穿黄工程为南水北调中线干线工程建设管理局直接管理的项目，于2005年4月组建穿黄工程建设管理部，设立6个职能部门，编制40人。穿黄工程建管部成立了安全管理委员会和质量管理委员会，建立、健全和完善了安全和质量管理体系，制定保证安全生产和工程质量规章制度。穿黄工程建设管理部要求参建各方按制度、按程序、按规范办事，建立岗位职责、工作流程、管理制度及考核细则。通过进度、质量、安全、文明施工的逐月考核、评比、奖惩等手段，调动工程建设各单位的积极性。穿黄工程自开工以来，工程质量状况良好，共对40个单元工程进行了质量评定，合格率100%，优良率95%。

（韩黎明）

工 程 监 理

穿黄工程建设监理单位为小浪底工程咨询有限公司，该公司具备甲级资格证书，年度复检合格。于2005年9月进场，并设立工程建设监理部，至年底，监理部已进场监理人员47人，其中高级职称14人、中级职称16人。工程建设监理部认真履行监理职责，督促各施工单位的人员、设备进场，强化技术、管理文件审批，明确合同程序，编制了监理规划及北岸竖井地下连续墙、灰浆墙、深层搅拌桩、帷幕灌浆、钻孔灌注桩、挤密砂桩等基础处理监理实施细则，建立了具有穿黄工程特点的监理规章制度。

总之，建设监理部对工程投资控制、合同管理、安全管理、文明施工、环境保护、组织协调等各方面的工作和总体监理效果满足监理合同要求，对穿黄工程建设发挥了有效作用。

（韩黎明）

施 工 技 术

为确保穿黄工程的顺利进行，针对施工中可能存在的深地连墙施工技术、高地下水位的高边坡稳定及施工降水技术、液化砂层的地基处理技术、盾构机长距离掘进及隧洞快速衬砌施工、长距离输水隧洞混凝土开裂及防渗、隧洞施工涌水涌砂的预防难题等各方面技术难题，穿黄工程建设管理单位已将上述难题列为14个科技研究计划项目，分别是高水压条件下泥水盾构施工同步注浆研究，高水位、弱透水层大型渠道降水施工技术研究，穿黄河段河势及防洪研究，盾构施工泥浆配合比优化试验研究，北岸渠道黄土状粉质壤土湿陷特性及处理措施研究，长距离输水隧洞混凝土开裂及防渗技术的研究，大型交叉建筑物不均匀沉降地基基础处理研究，控导工程施工技术研究，土质高边坡开挖与支护措施研究，北岸渠道砂土震动液化处理研究，穿黄隧洞拼装式管片衬砌防水材料设计和试验研究，饱和水土层洞室开挖与支护技术，盾构施工涌水涌砂预防措施研究，长距离输水渠道衬砌防渗混凝土配合比研究。

（苏霞　隋立山）

征地移民

按照国家批复的初步设计，穿黄工程计划征地8309.5亩，其中永久征地4348.7亩，临时占地3960.8亩，搬迁安置276人；截至2005年底，穿黄工程完成征地6309.5亩，其中永久征地3348.7亩，临时占地2960.8亩。

（常志兵）

丹江口水利枢纽大坝加高工程

工程概况

丹江口水利枢纽位于湖北省丹江口市境内的汉江干流与其支流丹江汇合口下游约800m处，控制流域面积9.52万km^2，坝址以上年均径流量388亿m^3，具有防洪、供水、发电、灌溉、航运等综合功能。枢纽由拦河大坝、升船机、水电厂等建筑物组成，总长2494m，最大坝高102.4m，电厂装机容量6×150MW。初期工程于1958年9月开工，1973年建成。初期工程建设时已考虑到后期大坝加高的要求，预先采取了在混凝土坝下游面设置键槽，河床混凝土坝高程100m以下按正常蓄水位170m方案进行建设等必要的工程措施，为大坝加高创造了有利条件。

丹江口大坝加高工程是在丹江口水利枢纽初期工程的基础上进行培厚加高改造的。大坝加高工程主要包括：混凝土坝及左岸土石坝培厚加高、新建右岸土石坝及位于陶岔附近的董营副坝、改扩建升船机、金属结构及机电设备更新改造等。加高后大坝最大坝高117m，总长由现在的2494m加长为3442m，其中混凝土坝总长1141m，共分为54个坝段，分为右岸混凝土联接坝段（17个，339m）、深孔坝段（6个，144m）、溢流坝段（11个，264m）、厂房坝段（8个、174m）、左岸混凝土联接坝段（12个、220m），右岸土石坝长877m、左岸土石坝长1424m。初设批复的主体工程主要工程量为土石方开挖77.31万m^3，土石方填筑542.39万m^3，混凝土浇筑125.45万m^3，混凝土拆除4.53万m^3，钢筋制安0.91万t，金结制安1.32万t。工程施工总工期5.5年，工程总投资24.25亿元。

大坝加高后，坝顶高程由162m抬高至176.6m，正常蓄水位由157m抬高至170m，相应库容由174.5亿m^3增加至290.5亿m^3，总库容339亿m^3。通过优化调度，可使汉江中下游的防洪能力由目前的20年一遇提高到近百年一遇，满足近期调水95亿m^3、后期调水120亿~130亿m^3的要求。

丹江口水利枢纽初期工程共迁移人口38.2万人，淹没和影响土地286km^2。大坝加高后，库区淹没涉及河南和湖北两省共5个县、市、区，需迁移人口32.8万人，淹没和影响土地307.7km^2。

表1　丹江口大坝加高主体工程工程量表

项目	土石方		混凝土			混凝土面凿毛（万m^2）	钢筋制安（t）	锚筋（万根）	接缝灌浆（万m^2）	钻灌		金结制安及钢材（万t）
	开挖（万m^3）	填筑（万m^3）	现浇（万m^3）	预制（万m^3）	拆除（万m^3）					帷幕灌浆（万m）	固结灌浆（万m）	
工程量	77.31	542.39	122.71	2.74	4.53	13.15	9070.7	1.73	3.89	3.93	1.67	1.32

表2　丹江口水利枢纽工程特性表

项目	单位	初期工程	加高工程
坝顶高程	m	162	176.6
正常蓄水位	m	157	170
正常蓄水位库容	亿 m^3	174.5	290.5
设计洪水位	m	160	172.2
校核洪水位	m	164.09	174.35
校核洪水位库容	亿 m^3	209.7	339.1
死水位	m	140	150
死水位库容	亿 m^3	76.5	126.9
防洪库容	亿 m^3	56～78	111.1～140.9
夏秋季防汛限制水位	m	149～152.5	160～163.5
中下游防洪标准		20～100年一遇	100～200年一遇
调节特性		年调节	多年调节
水库面积	km^2	745	1050
装机容量	MW	900	900
年发电量	亿 kW·h	38.3	33.78（31.09）
升船机规模	t	150	300
大坝总长	m	2494	3442
混凝土坝长	m	1141	1141
左岸土石坝长	m	1223	1424
右岸土石坝长	m	130	877

（杨树明　王从兵　郭武山）

前　期　工　作

（一）可行性研究

2003年8月，水利部水利水电规划设计总院对长江水利委员会根据国家发展改革委的要求编制上报的《丹江口水利枢纽大坝加高工程可行性研究报告》（长规计［2003］510号）进行了审查，并报送至国家发展改革委。经中国国际工程咨询公司评估，2004年10月国家发展改革委向国务院报送了《国家发展改革委关于审批丹江口水利枢纽大坝加高工程可行性研究报告的请示》（发改农经［2004］2330号）。

2004年11月15日，国家发展改革委《印发国家发展改革委关于审批丹江口水利枢纽大坝加高工程可行性研究报告的请示的通知》（发改农经［2004］2530号），印发了经国务院批准同意的《国家发展改革委关于审批丹江口水利枢纽大坝加高工程可行性研究报告的请示》（发改农经［2004］2330号），批准了水利部上报的《丹江口水利枢纽大坝加高工程可行性研究报告》。

（二）初步设计

2002年4月，长江勘测规划设计研究院编制完成了《丹江口水利枢纽大坝加高工程初步设计报告》，长江水利委员会以长计［2002］263号文将报告上报水利部，此后，水利部水利水电规划设计总院对该报告进行了审查。《丹江口水利枢纽大坝加高工程可行性研究报告》批复后，长江勘测规划设计研究院根据批复意见进一步对原初设报告进行了修改，长江水利委员会于2004年12月以长规计［2004］736号文向水利部上报了《丹江口水利枢纽大坝加高工程初步设计报告》（修订本）。水利部水利水电规划设计总院对报告进行了审查，并以水规计［2004］635号向国家发展改革委报送了《关于报送丹江口水利枢纽大坝加高工程初步设计核定概算的函》。

2005年4月28日，《国家发展改革委关于核定丹江口水利枢纽大坝加高工程初步设计概算的通知》（发改投资［2005］687号），对丹江口大坝加高工程初步设计进行了概算核定，核定工程总投资为242525万元。

2005年4月29日，水利部以《关于丹江口水利枢纽大坝加高工程初步设计报告的批复》（水总［2005］168号）文，批复了长江水利委员会报送的《丹江口水利枢纽大坝加高工程初步设计报告》，基本同意丹江口大坝加高工程建设规模和建筑物等级和设计标准，同意工程总体布置方案，基本同意施工进度计划安排。

（魏新柱　李全宏）

招　标　投　标

根据南水北调中线水源工程建设实际情况，按照“利于协调、竞标择优、控制投资、保证工期”的原则，中线水源公司将丹江口大坝加高主体工程划分为左岸土建施及金结设备安装标、右岸土建施工及金结设备安装标、（补充新划分的标的名称）等14个标。2005年，中线水源公司共进行了10个项目的公开招标工作，具体情况见表1“2005年公开招标项目情况表”。

表1　2005年公开招标项目情况表

序号	合同编号	合同名称	招标代理单位	招标文件发售日期	开标日期	定标日期	中标单位	合同签订日期
1	ZSY/JAL（2005）004	南水北调中线水源工程南水北调中线水源工程丹江口大坝加高右岸施工营地房屋（Ⅰ）施工合同书	汉江集团丹江口水源招标有限公司	2005年1月27日	2005年2月20日	2005年3月3日	江苏龙海建工集团有限公司	2005年3月19日
2.	ZSY/JAL（2005）005	南水北调中线水源工程丹江口大坝加高右岸施工营地房屋（Ⅱ）施工合同书	汉江集团丹江口水源招标有限公司	2005年1月27日	2005年2月20日	2005年3月3日	孝感新科建设工程总公司	2005年3月19日
3	ZSY/JAL（2005）006	南水北调中线水源工程江口大坝加高右岸施工营地房屋（Ⅲ）施工合同书	汉江集团丹江口水源招标有限公司	2005年1月27日	2005年2月20日	2005年3月3日	江苏龙海建工集团有限公司	2005年3月19日
4	ZSY/ZX（2005）003	南水北调中线水源工程丹江口大坝加高右岸土建施工及金结设备安装工程建设监理合同书	湖北长江招投标有限公司	2005年4月8日	2005年4月15日	2005年6月18日	中国水利水电建设工程咨询西北公司	2005年7月12日
5	ZSY/JAZ（2005）001	南水北调中线水源工程丹江口大坝加高左岸土建施工及金结设备安装合同书	湖北长江招投标有限公司	2005年5月10日	2005年6月23日	2005年7月5日	中国葛洲坝水利水电工程集团有限公司	2005年7月20日
6	ZSY/JAZ（2005）002	南水北调中线水源工程丹江口大坝加高右岸土建施工及金结设备安装合同书	湖北长江招投标有限公司	2005年5月10日	2005年6月23日	2005年7月5日	中国水利水电第三工程局	2005年7月20日
7	ZSY/CG（2005）003	南水北调中线水源工程丹江口大坝加高热硅酸盐水泥、低热矿渣硅酸盐水泥采购合同书	汉江集团丹江口水源招标有限公司	2005年9月14日	2005年10月10日	2005年10月28日	葛洲坝股份有限公司	2005年11月3日

续表

序号	合同编号	合同名称	招标代理单位	招标文件发售日期	开标日期	定标日期	中标单位	合同签订日期
8	ZSY/CG（2005）004	南水北调中线水源工程丹江口大坝加高普通硅酸盐水泥采购合同书	汉江集团丹江口水源招标有限公司	2005年9月14日	2005年10月10日	2005年10月28日	老河口吉港宝石水泥有限公司	2005年11月3日
9	ZSY/CG（2005）005	南水北调中线水源工程丹江口大坝加高粉煤灰采购合同书	汉江集团丹江口水源招标有限公司	2005年9月14日	2005年10月10日	2005年10月28日	南阳鸭河口发电有限责任公司	2005年11月3日
10	ZSY/CG（2005）008	南水北调中线水源工程丹江口大坝加高柴油采购合同书	汉江集团丹江口水源招标有限公司	2005年12月21日	2006年1月16日	2006年1月25日	中国石油化工股份有限公司湖北十堰石油分公司	2006年3月16日

（魏新柱　夏　真）

工程施工进展

（一）工程前期准备工作

2005年1月18日，公司先期启动了右岸施工营地场平和水源路中段施工。4月底初设批复后，左、右岸施工道路，混凝土及砂石系统、施工营地场平、施工供水、供电等前期准备工程建设相继全面铺开。至年底除坝下过江施工大桥和水源路上段尚在建外，前期准备工程已基本完成，共新修施工道路9.6km，场地平整28.2万m^2，施工房屋3.17万m^2。前期准备工程累计完成土石方开挖78.09万m^3，土石方填筑75.92万m^3，混凝土路面浇筑8.11万m^2，浆砌块石0.94万m^3。

（二）主体工程主要工程量

2005年9月26日，大坝加高工程正式开工建设。11月25日前，完成了左岸王家营砂石加工系统、小胡家岭混凝土系统和右岸柳树林砂石加工系统、军营混凝土系统的安装、调试和试生产；左岸坝顶M900塔机、右岸MQ600门机的安装和调试以及部分混凝土仓号的浇筑准备。11月25日，左、右岸标段同时浇筑了第1仓主体混凝土。主体工程其他项目的施工也都全面展开。

截至2005年底，主体工程共完成土方开挖11.77万m^3，石方开挖8.86万m^3，土石坝填筑0.60万m^3，混凝土浇筑0.49万m^3，混凝土拆除0.42万m^3，混凝土凿毛0.56万m^2，键槽混凝土切割1708m，锚筋埋设975根，植筋441根，裂缝处理640.85m。

（三）机电设备及金属结构制造及安装

2005年度只安排进行了金结机电设备的拆除工作。至年底，完成了垂直升船机承船箱、斜面升船机承船箱的拆除，老虎沟电站坝体范围内的管道全部拆除，2×800kW小水电机组拆除基本完成，坝顶门机滑线柱拆除全部完成。

（四）工程形象进度

（1）左右岸土石坝。左岸土石坝完成了张芭岭段和王大沟段的表层清理；下游挡土墙基础开挖基本完成，下挡5~7号坝段已浇筑部分混凝土。右岸土石坝表层清理、下游挡土墙基础及心墙基槽开挖基本完成。经过现场碾压试验后，已开始坝壳料的填筑。

（2）混凝土坝段基础开挖及混凝土拆除。左联混凝土坝段进行了部分混凝土拆除和基础开挖，厂房坝段栈桥墩部分拆除。右联混凝土坝段基础开挖基本完成，并进行了部分混凝土拆除工作。深孔坝段贴坡部位的混凝土拆除基本完成。

（3）混凝土坝新老结合面处理。厂房25～31号坝段高程102～110m键槽切割、碳化层凿除、裂缝处理基本完成。深孔坝段、右联坝段“一枯”形象以下部位的碳化层凿除、键槽切割基本完成。14号、15号坝段高程128m以下碳化层凿除基本完成。深孔坝段高程123m以下裂缝处理已经完成。

（4）混凝土坝浇筑。左岸厂房25号、26号坝段贴坡混凝土分别浇筑5层和3层，27～29号坝段各浇筑1层。右岸深孔11～13号坝段尾墩浇筑完成，深孔9号坝段贴坡混凝土浇筑2层，11～13号坝段贴坡混凝土浇筑1层。

（杨树明　王从兵　郭武山　李志强　康子军）

工程建设与管理

（一）项目法人组建

南水北调中线水源有限责任公司于2004年8月成立，负责南水北调中线水源工程的建设管理工作，包括丹江口大坝加高、水库移民、陶岔渠首等3大项目。公司下设综合部、计划部、财务部、工程部、环境与移民部及陶岔分公司。至2005年底，公司共到位各类工作人员57人，制定下发各项规章制度31项（其中2005年27项），基本满足工程建设和公司管理工作的需要。

（二）工程参建单位

丹江口大坝加高主体土建工程施工分为左岸标、右岸标两大标段发包，左岸标由中国葛洲坝水利水电工程集团有限公司中标，右岸标由中国水利水电第三工程局中标，其中右岸土石坝由协作单位中国水利水电第十一工程局负责施工。各施工单位于2005年8月开始进场，分别在现场成立了丹江口大坝加高施工项目部（局）。

中国水电建设工程咨询西北公司中标承担大坝加高工程土建施工监理。2005年7月10日进场，并在现场成立了大坝加高工程建设监理中心。

长江勘测规划设计研究院承担大坝加高工程设计任务，2005年7月13日在现场成立了设计代表处。

丹江口大坝加高质量监督项目站于2005年9月22日在现场成立。

（三）工程建设总体进度安排

丹江口大坝加高工程施工总工期为5.5年，其中施工准备期9个月。2005年1～9月主要进行了前期施工准备工作，9月26日，主体工程正式开工建设。按施工计划，2008年5月前，左右岸土石坝应具备阻挡166m水位条件；2009年汛前，除14～17号溢流坝段外，其余混凝土坝和土石坝均应浇筑或填筑至加高工程坝顶；2009年6月，升船机具备通航条件。计划2010年10月工程全面完工，具备向北方通水的条件。另外，库区移民安置及陶岔枢纽目前正在进行总体可行性研究审查，下步重点是加紧初步设计及审查报批工作，并与大坝加高工程同步安排实施计划，在2010年10月全部完工。

（四）年度工程建设组织安排

（1）前期准备。2005年1月5日开始了右岸水源路中段第1户移民的搬迁，1月18日开始了右岸施工营地场平和水源路中段的工程施工。4月底初设报告批复后，及时调整、优化了施工总体布置及施工总进度，以满足7月份主体工程施工队伍进场为目标，确定了7项前期准备工程作为施工重点。7月下旬，前期准备工程施工基本满足主体工程施工队伍进场的需要。至年底，除施工大桥和水源路上段外，其他项目均已按设计要求基本完工，并移交主体工程施工单位使用。

（2）主体施工队伍进场。2005年7月份丹江口大坝加高工程设代、主体工程土建及设备安装监理和施工三方人员及设备陆续进场，并开始进行主体工程施工准备。9月21日，国务院南水北调工程建设委员会办公室批准了《丹江口大坝加高工程开工报告》，9月26日，大坝加高工程正式开工建设。

（3）主体工程施工准备。主体工程建设队伍进场后，中线水源公司及时提出了建好“三大系统”（砂石加工系统、混凝土拌和系统、混凝土浇筑系统），做好“两项准备”（技术准备、仓位准备）的要求，并制定了工作进度计划。2005年9月份开始进行了大坝施工工作面由建设管理单位向施工单位的移交；10月15日开始了丹江口市老虎沟电站的关停、拆除；11月16日右岸升船机系统关停；11月26日开始了汉江集团2×800kW防汛小水电的关停、拆除；同时启动了坝区封闭管理建设。为全面开始主体工程建设创造了条件。与此同时，参建各单位先后完成了左右岸砂石加工系统的安装并开始了净料的试生产、左右岸混凝土拌和系统设备的安装调试、坝顶M900塔机和MQ600门机安装、25号坝段宽槽回填浇筑等施工现场的准备工作。11月25日，在左岸25号（厂房）坝段和右岸12号（深孔）坝段同时浇筑了主体工程第1仓混凝土，提前1个月实现了年底开始主体混凝土浇筑的目标计划。

（五）工程质量和安全管理

丹江口大坝加高工程不同于一般的新建工程，因工程位于市区，施工环境复杂，要在24小时运行的电站上方浇筑混凝土，安全生产要求很高。工程技术难度大，施工质量要求高，部分项目在国内尚无成熟的施工经验。为此，中线水源公司建立了质量、安全生产的保证体系，即：公司全面负责，监理单位控制，设计、施工单位保证和政府监督相结合的质量、安全管理体制。工程施工质量和安全总体处于受控状态，到目前未发生重大及以上安全事故和任何质量事故。

到2005年底已验收的主体工程混凝土浇筑、键槽切割、混凝土结合面凿毛、锚筋等单元共156个，合格156个，优良135个，合格率达100%，优良率达86.5%。右岸土石坝开挖、填筑均为优良。根据混凝土抽样检测及28天抗压强度指标推测，混凝土的强度均能满足设计要求。

（杨树明　王从兵　郭武山
李志强　康子军）

投资计划管理

丹江口大坝加高工程批复初步设计概算242525万元。2005年6月国务院南水北调办以国调办投计［2005］38号下达公司2005年丹江口大坝加高工程投资计划60000万元，其中中央预算内专项资金（国债）55000万元，银行贷款指标5000万元。按照文件要求，公司及时编制并上报了《2005年度中线水源工程丹江口大坝加高建设方案》（中水源计［2005］91号），安排2005年投资计划为35797万元，安排2006年1～4月投资计划为24203万元，共计60000万元。

截至2005年12月31日，公司大坝加高工程实际完成投资42649万元，占2005年计划投资的119%，较好地完成了2005年投资计划。实际完成的投资中，建筑工程完成投资2127万元，机电设备及安装工程完成投资211万元，金结设备及安装工程完成投资56万元，临时工程完成投资10812万元，独立费用完成投资5259万元，建设及施工场地征用费完成投资19547万元，过江大桥完成投资4350万元，建设期贷款利息实际完成投资285万元。

（魏新柱　李全宏　胡士梁）

工　程　监　理

（一）监理单位资格评审和复查

丹江口大坝加高前期准备工程监理单位

均通过招标方式选定。右岸施工营地场平、水源路工程建设监理由丹江口水利枢纽管理局监理中心中标（2004 年 10 月）；左岸施工营地场平、沿江路及上坝公路工程监理由丹江口汉江工程咨询有限责任公司中标（2005 年 3 月）。以上两家监理单位均具有水利部颁发的甲级监理单位资质证书。

主体工程土建施工及金结设备安装工程建设监理采用公开招标方式选定。中国水利水电建设工程咨询西北公司中标（2005 年 5 月），该单位具有建设部、原国家电力公司颁发的甲级监理单位资质证书。

（二）施工监理管理

监理单位进场后，根据监理合同规定，中线水源公司及时向监理单位提供了必要的服务和支持，包括提供办公、生活场所，协调组建试验室，协调监理单位与大坝运行单位之间的关系，提供与工程有关的工程建设技术资料、设计文件，协调解决监理单位在开展工作中遇到的困难，为监理工作提供必要的工作环境和外部条件等等。以便监理单位能够更快、更好的投入到工程的建设管理中，有效地开展监理工作。

同时，根据建设监理合同，履行合同规定的责任和义务，南水北调中线水源有限责任公司对监理工作进行了全面认真的监督管理，主要是及时审批监理机构报送的监理规划、监理实施细则，不定期地查验进场监理人员资格证书；参加监理机构召开的周例会、图纸会审、技术交底会和各种监理专题会以及施工现场会议，发布指令、提出意见建议；审阅监理机构报送的监理周报、监理月报，各种专题报告；审批监理机构报送的各种监理报告和监理资料；现场巡视检查监理项目的进度、质量、安全的控制情况，发现问题，及时发布指令，提出相关意见和建议，督促其及时整改，随后将检查其整改落实情况，使监理“四控制、一管理、一协调”得以充分发挥。

此外，南水北调中线水源有限责任公司通过座谈会、监理驻地检查、函件等方式对现场监理机构监理工作的开展提出了一些建议与意见，以便使监理工作不断改进和提高。

（三）制度建设

在工程前期准备工作中，工程监理单位针对场平、道路、房建等项目均编制了监理规划和相应的监理实施细则。至 2005 年 7 月，西北公司丹江口大坝加高监理中心已经编制了监理规划和 18 份监理实施细则，另有 15 份监理实施细则正在起草；建立健全了监理协调会、专题会议等会议制度，重要部位、关键工序监理旁站制度，技术资料监理审批制度，周报、月报、年报制度，以及监理业务培训与考试制度等规章制度。监理单位的制度建设能够满足工程建设的需要。西北公司丹江口大坝加高监理中心。

（四）主体工程监理工作

2005 年 7 月 7 日，西北公司丹江口大坝加高工程监理中心成立。中心下设综合技术部、工程检测部、土建一部、土建二部及金结工程部。监理中心严格按照有关规定，对丹江口大坝加高工程进行质量控制、施工过程控制，严格进行试验检测和安全管理，同时开展进度与投资控制，在进度控制方面，编制进度计划，确定控制性目标，并采取相应的措施进行控制，如对施工单位报送的实施进度计划进行认真审批；随工程的进展实施动态控制，及时调整进度计划，确保分部工程、标段工程的施工进度符合总的进度目标和阶段性目标，确保工程按期完成；以半月为单位进行单项工程工期控制，每半月、月检查各单项工程的完成情况，了解其中存在的问题，督促施工单位按计划施工；根据形象进度和工程量完成情况，将实际施工进展反映到形象进度图中，便于直观地分析比较和控制；加强工序控制和过程控制，认真检查各项施工措施落实情况（含技术措施、资源投入、施工协调等），及时提出建设性意见；在投资控制方面，编制监理工程项目以及各合同项目的投资控制目标，各年度、季度和月份的合理投资计划；审查承包商提交的资金流计划；对工程计量进行审核，实现对工程量总量的控制和阶段性的控制；认真审核承包商上报的申请结算工程量及工程费用等，并签发支付凭证；控制和减少索赔事件的发生；依据授权审核各类工程变更（包括设计修改、设计变更等），并提出处理意见，报公司批准后下达变更指令；对施工合同费用支付与已完工程量、工程形象进行综合分析；编制每月、季、年施工合同的工程量和统计报表报南水北调中线水源有限责任公司。

（杨树明　李方清　王从兵）

施工科学技术

丹江口大坝加高工程是国内目前最大的加高工程，工程技术复杂，工期紧、工艺要求高。多年来，针对大坝加高工程技术难题，有关科研单位和高校已经做了大量的科学研究，并取得了突破性成果，在此基础上和相关单位的支持下，2005 年 1 月，在丹江口大坝现场进行了混凝土键槽切割、闸墩钻孔植筋、大面积薄层混凝土拆除等现场试验，10 月进行了现场爆破试验。施工单位根据试验成果与经验，较好地完成了相应的施工任务。

（一）混凝土键槽切割试验

为使新老混凝土联合受力，新老混凝土结合面处理项目之一是在结合面形成键槽，新增键槽形式为三角形，考虑新增键槽时不能损伤坝体结构，只能采用静力切割法切割键槽，为此，在现场进行了金刚石盘锯切割试验，试验部位选在 34 号坝段下游。

通过试验，确定了键槽切割的施工工艺，采用盘锯切割形成键槽方案安装简单、快速，切割速度较快，切割成形后质量较好，且不损伤坝体结果，满足设计和施工要求。2005 年 10 月，葛洲坝集团和水电三局分别在厂房坝段和深孔坝段下游侧开始大规模的切割键槽施工，在施工过程中，对键槽切割的施工工艺进行了适当的改进，即三角形键槽的长边采用盘锯切割，短边采用静力爆破拆除，施工进展顺利。

（二）闸墩钻孔植筋试验

根据大坝初期工程施工详图资料，表孔溢流坝闸墩钢筋均采用 A3 钢，大坝加高挡水门槽至检修门槽之间受力钢筋为二排布置，其余部分受力钢筋一排布置。工作门槽前受力筋为 $\phi32@20$、分布筋为 $\phi25@20$、门槽内分布筋为 $\phi32@20$。工作门槽后受力筋为 $\phi19@20$、分布筋为 $\phi25@20$。

由于工作门槽后受力筋配筋量很少，根据抗震规范要求，需对闸墩补筋加固。补筋采用钻孔植筋加固法。闸墩加固部分距闸墩边 50cm 钻孔，间距 50cm、直径 110mm，孔内清洗，插入两根螺纹 36 钢筋（连同注浆管），孔内注浆。灌浆材料采用水泥砂浆或无机黏结材料 ICG。

为了验证闸墩钻深孔植筋方案中最深达 23m，直径 110mm 的深孔施工在现场的可操作性，同时为了积累最接近实际工况的施工数据，南水北调中线水源有限责任公司在相关单位的支持下，分别于 2004 年 12 月 4～5 日及 2005 年 1 月 21～22 日在丹江口大坝进行了 2 次钻孔实验，钻成直径 150mm，深度 22.2m 的深孔 1 个。通过试验，明确了闸墩加固的施工方案，确定了适合于丹江口大坝混凝土的钻头配方。钻孔的速度和进度满足设计和施工要求。

（三）大面积薄层混凝土拆除试验

根据设计方案，大坝顶部下游侧的人行走道（反坡）在施工过程中应拆除，考虑到该切除工程不能损伤大坝主体结构和安全需要，在现场进行了线锯切割试验，试验部位选在右 5 坝段下游坝顶。为了更真实体现工程实际工况在坝上切割 1 条缝，试验采用 DS

-WS15电动钻石线锯系统。通过试验可知，采用钻石线锯系统切割混凝土，其深度与角度可以控制，速度较快，满足设计和施工要求，可在大面积薄层混凝土拆除中采用。

（四）现场爆破试验

丹江口大坝加高工程现场爆破包括混凝土坝基岩石开挖爆破和混凝土拆除爆破，由于爆破部位距离附近建筑物很近，根据招标文件要求，以上两项爆破前必须进行现场试验，为此于2005年10月首先启动了坝基岩石开挖爆破试验，2005年11月混凝土拆除爆破随后展开。

基岩石开挖爆破试验内容包括：炸药和雷管性能试验、基岩保护层爆破试验、梯段+预裂爆破（或光面爆破）试验。通过试验，得出了各部位合理的钻爆参数和起爆方式，提出了建议爆破参数及相应的减震、防护措施，随后施工单位根据试验成果优质、安全的完成了基础开挖和混凝土拆除工作，保证了开挖边坡与基础安全、质量和进度。

（杨树明　王从兵　李志强）

征 地 移 民

根据批复的南水北调中线一期工程丹江口大坝加高施工区征地移民安置规划，坝区施工永久征地2226亩（其中耕园地980亩），施工征地范围内总人口2572人，房屋10.18万 m^2 以及工业企业、专项设施等，审定的征地补偿和移民安置投资为21603万元。

2005年2月，湖北省在概算审查的基础上委托长江水利委员会长江勘测规划设计研究院开展大坝加高工程坝区施工征地移民安置实施计划的编制工程，于5月完成了《丹江口水利枢纽大坝加高工程坝区施工征地移民安置实施规划报告》，并经湖北省人民政府批准。

2005年4月18日湖北省下达了动迁令，对坝区移民工作进行部署，省委、省政府提出了“确保6月30日完成坝区征地移民工作，确保9月30前具备大坝加高主体工程开工的良好条件，确保社会秩序、社会治安稳定”的要求。丹江口市制定、下发了坝区征地移民实施的一系列政策文件，成立了坝区移民搬迁指挥部，下设大坝路、丹赵路、三官殿办事处及经贸局共4个搬迁指挥部。从5月下旬到6月28日，在短短的1个多月内，丹江口市基本完成了坝区移民拆迁任务。整个坝区共完成搬迁移民642户、2572人，行政事业单位30个，工矿企业14家，并完成了占地范围内专项设施的拆除，及时为大坝加高施工准备工程提供了建设用地。随后坝区移民工作重点转入移民生产、生活的安置工作中，居民点建设、移民建房、安置土地的调整、开发工作也相继开始，工业企业、专项设施拆迁复建工作进展顺利。

2005年8月，南水北调中线水源有限责任公司与汉江集团、长江水利委员会水文局进行协商，正式签订了坝区征地补偿和移民安置任务和投资包干协议。11月南水北调中线水源有限责任公司经与湖北省移民局正式签订了坝区征地补偿和移民安置任务和投资包干协议。至2005年底南水北调中线水源有限责任公司共拨付移民资金19534.42万元，其中向湖北省移民局拨付移民资金15216.02万元，向汉江集团拨付移民资金4146.66万元，向长江水利委员会水文局拨付移民资金171.74万元。

2004年12月，坝区征用土地预审获得了国土资源部的批准，2005年8月南水北调中线水源有限责任公司取得了坝区使用林地审核同意书，办理了林木砍伐证，8月底坝区建设先行用地手续所需全部材料已于上报国土资源部，9月21日获得国土资源部的批复（国土资厅函［2005］544号）。并于11月24日南水北调中线水源有限责任公司向丹江口市国土资源局提出了用地申请，并将办理用地手续材料报送相关部门。

（李　勇　金明良　湛若云）

文 物 保 护

在国家对《南水北调中线工程可行性研究总报告》未批复的情况下，为解决丹江口库区文物数量多，发掘时间长，与工程要在2010年建成蓄水的矛盾，根据南水北调文物保护工作协调小组会议的精神，2005年5月南水北调中线水源有限责任公司会同湖北、河南两省文物主管部门，上报中线水源工程2005年度控制性文物项目发掘计划，国务院南水北调办于2005年11月予以批复，南水北调中线水源有限责任公司将批复资金拨付给两省移民主管部门，保证了控制性文物保护发掘工作的顺利进行。

（李 勇 金明良 湛若云）

征 地 移 民

丹江口坝区征地移民年度进展

（一）概述

根据国务院南水北调办公室与湖北省人民政府签订的南水北调主体工程建设征地补偿和移民安置责任书，按照《南水北调工程建设征地补偿和移民安置暂行办法》及《南水北调工程建设征地补偿和移民安置资金管理办法（试行）》等规定，南水北调中线水源有限责任公司与湖北省移民局签订了丹江口大坝加高坝区征地补偿、移民安置投资包干协议。包干协议总额为15731.39万元。其中：农村移民安置4241.53万元；城镇及居民单位迁建7011.14万元；工业企业迁建1566.55万元；专项设施复建13145.18万元；其他费用1091.39万元；基本预备费563.81万元；有关税费931万元。

（二）移民搬迁

2005年1月，湖北省移民局会同十堰市和丹江口市人民政府，以及市移民局等部门，组成了4个工作专班，开展坝区施工场地的征地拆迁工作，对坝区右岸施工通道内所涉及的14户、59人，1个单位，2个村组副业进行了搬迁，为工程开工准备创造了条件。

2005年4月18日，省政府发出了《关于全面启动丹江口水利枢纽大坝加高工程坝区移民搬迁工作的通知》，明确了坝区移民搬迁的责任主体，要求做到“确保搬迁质量、确保社会稳定、确保施工需要”。根据省政府的要求，湖北省移民局迅速组成了工作专班，于5月10日进驻丹江口市，指导移民搬迁工作。5月24日丹江口市召开了坝区移民搬迁动员会。在各级干部辛勤工作和移民群众的大力配合下，历时1个月零4天，圆满完成了坝区642户、2572人，13家企业和31个单位的搬迁任务，确保了9月26日丹江口大坝加高工程顺利开工建设。

在移民搬迁过程中，湖北省坚持党委政府统一领导，各有关部门密切配合，移民部门切实履行了移民政策捍卫者和移民群众利益维护者的双重职责；坚持以人为本，充分宣传、发动群众，充分相信、依靠群众，充分服务、方便群众；坚持阳光操作，把移民政策交给群众，接受移民群众的监督；坚决维护移民政策的统一性和严肃性，一把尺子量到底，决不乱开口子；建立移民搬迁奖励机制，激励移民搬迁的积极性。整个搬迁过程中，没有出现1例刑事案件，没有出现1例安全事故，没有出现1例实行强制措施，较好地做到了和谐移民。

（三）移民安置

为切实做好坝区移民生产生活安置工作，

湖北省移民局2005年9月上旬赴丹江口市专题研究坝区移民生产生活安置问题。提出了按照农村移民以乡镇为主，城区移民以所在地政府为主，工矿企业搬迁以企业主管部门为主，专业设施复建以各专业部门为主的总体原则，坚持以土为本、以农为主的安置原则，坚决杜绝第二、三产业安置、农转非安置和自谋职业安置。在土地资源开发上要坚持高起点规划、高标准设计和高质量建设，抓好土地资源的调整，完善水利设施配套，优化农业种植结构，确保坝区农村移民安置后土地面积多于搬迁前，土地质量高于搬迁前，设施配套优于搬迁前，住房结构好于搬迁前。力争达到“五个一”的安置目标，即：每户有一份稳定高产的农田，每户有一个良好的居住环境，每户有一个稳定可靠的产业，每户转移一个劳动力，每户修建一个沼气池。同时抓紧落实城区移民的生活安置，拓宽移民就业渠道。为此，丹江口市政府出台了一系列有利于移民安置的相关政策：一是对移民自主购房制定了有关税费减免优惠政策；二是对生活困难的城区移民，凡符合低保政策的，均纳入最低生活保障范畴，对少数特困户，由民政部门给予特困救济；三是拓宽就业渠道。对城区移民从事个体经营在办理相关手续时给予优惠，并拿出了部分城市公益岗位安置移民就业；四是对城区分散购房的移民子女义务教育入学问题，本着划片管理、就近上学、学生及家长自愿的原则，统筹安排搬迁后就近入学。

截至2005年12月31日，坝区动迁移民588户、2400人中（不含汉江集团54户、172人），经移民自愿选择，有408户、1762人选择自主购房安置，其中已购房314户、1345人，准备购房94户、417人；有180户、638人选择进居民点安置，正在建房有158户、629人。已开发土地250亩，调整菜地50亩，调整园地100亩，已开发调整土地可分配到移民户，开始新的生活。搬迁单位20个中，已有16个实行一次性补偿，4个采取异地复建。搬迁企业5家中，已有3家实行一次性补偿，2家完成复建。专业项目复建已完成总工程量的90%，公路复建超前于工程建设进度，能满足移民生产生活需要。

（郝　毅）

湖北省征地移民工作

（一）概述

2005年是湖北省南水北调中线工程移民工作关键的1年。在湖北省委、省政府的领导下，在国务院南水北调工程建设委员会办公室的指导下，按照国务院南水北调工程建设委员会二次全会和南水北调办主任会议的精神，围绕丹江口大坝加高工程的开工，全面推进了移民的各项工作，为工程建设创造了良好的环境。

国务院南水北调办和湖北省委、省政府、省人大高度重视湖北省中线工程丹江口坝区移民工作。2005年6月，国务院南水北调工程建设委员会办公室主任张基尧在丹江口大坝加高工程建设现场了解了施工准备工作和坝区移民搬迁进展情况，并提出移民部门既要做移民政策的捍卫者，又要做移民群众利益的维护者。国务院南水北调工程建设委员会办公室李铁军副主任先后3次赴湖北省检查指导移民搬迁工作。湖北省委书记俞正声、省长罗清泉多次深入坝区、库区考察，并主持召开省委常委会和省长办公会，研究中线工程移民工作，确保移民“搬得出、稳得住、能发展”。刘友凡副省长先后5次召开移民工作协调会和办公会，研究移民有关工作。11月，湖北省人大常委会朱纯宣、鲍隆清副主任、委员和人大代表20余人视察了湖北省南水北调中线工程移民工作。各级领导对移民工作的高度重视，推进了湖北省移民工作的开展。

（二）移民规划

在移民安置规划工作中，我们坚持“以人为本”和“实事求是”的原则，坚持把移民安置规划与当地经济社会发展规划结合起来，把移民安置规划与小康建设的目标结合起来，把移民安置规划与生态环境保护结合起来，正确处理好国家、集体和被征地移民的关系；处理好国家的规程规范与库区实际情况的关系；处理好生活安置和生产安置的关系；处理好移民安置与基础设施建设的关系；既要做到移民安置规划与库区、外迁安置区的区域经济社会发展规划相衔接，又要确保移民的各项生产措施得到落实和移民到安置地后建得起新房，从而达到“搬得出、稳得住、能发展”的目标。

（三）制度建设

为规范移民搬迁安置，湖北省制定了有关政策制度。2005 年 4 月，省政府出台了《丹江口水利枢纽大坝加高工程移民资金管理办法》，对移民项目计划、资金及财务管理作出了明确规定，确保坝区移民各项工作的规范化、制度化。组建了移民资金监督网和移民工程质量监督网，加强对移民工作的监督管理。移民资金监督网由湖北省监察厅牵头，湖北省审计厅、湖北省财政厅、湖北省检察院和湖北省移民局共同参与对移民资金监督；移民质量监督网由湖北省建设厅牵头，湖北省电力公司、湖北省交通厅、湖北省通信管理局和湖北省移民局等单位共同参与，对移民搬迁过程进行监督，确保移民资金安全、工程安全和干部安全。编制完成了 2002～2005 年南水北调移民工作《文件汇编》。组织库区、外迁安置区移民干部赴小浪底、万家寨、刘家峡水库考察学习，总结移民搬迁安置的经验教训，探索移民工作思路，增强做好中线工程移民工作的信心和责任感。

（四）移民土地调整

2005 年度，湖北省有移民安置任务的市、县（市、区）党委、政府高度重视移民土地调整工作，各级政府都成立了专班，下发了《关于依法完善农村土地二轮延包工作的若干意见》，认真落实文件精神，在土地二轮延包中库区、外迁安置区都按照标准预留了土地。2005 年 11 月 25 日～12 月 5 日，湖北省委、省政府组织了 13 个专班对全省各地依法完善农村土地二轮延包工作进行检查验收，总体情况良好。

（郝　毅）

河南省征地移民工作

（一）概述

2005 年，南水北调中线工程河南段开始进入正式实施阶段，在征地移民方面，河南省主要完成了 4 个方面的工作：一是组织市、县政府和各有关部门，配合设计单位完成了丹江口库区和中线干线河南段移民有关征地移民规划编制任务；二是按计划完成了穿黄工程和安阳河倒虹吸“四通一平”工程征地移民任务，保证了两个工程项目的按期开工和顺利建设；三是建立健全了有关市县征地移民主管机构；四是研究制定了土地征用和征地移民资金管理制度。

（二）征地移民规划工作

2005 年 3 月 27 日，河南省政府移民办公室邀请国务院南水北调工程建设委员会办公室、中线干线工程建设管理局、水利部水利水电规划设计总院、长江水利委员会长江勘测设计研究院、黄河勘测规划设计有限公司等有关专家对南水北调穿黄工程征地移民设计大纲进行咨询，4 月 13 日，河南省政府召开会议，安排部署穿黄工程征地移民实施规划和黄河北至羑河段初设移民规划编制工作；5 月 9 日，河南省政府移民工作领导小组办公室协调组织长江水利委员会长江勘测设计研究院、黄河勘测规划设计有限公司联合设计组到荥阳、温县开展外业工作；9 月底完成了穿黄工程征地移民实施规划报告初稿。与此同时，河南省政府移民工作领导小组办公室协调组织市县政府和有关部门，配合长江水利委员会长江勘测设计研究院、河南省水利勘测设计院于8月份完成了豫北段初步设计规划，12月份完成了丹江口库区和中线干线总体可行性研究规划编制任务，并于年底前开展了沙河南到黄河南征地移民初步设计工作。

（三）征地移民工作

根据长江水利委员会长江勘测设计研究院、黄河勘测规划设计有限公司联合编制的穿黄工程征地移民实施规划，穿黄工程建设涉及郑州、焦作两市3个县5个乡33个行政村，总用地8531.3亩，搬迁安置移民63户284人，拆迁房屋面积34248m²。2005年3月9日，河南省政府移民工作领导小组办公室会同南水北调中线干线工程建设管理局在郑州召开穿黄工程征地移民工作协调会，商定征地移民进度计划。4月13日，河南省政府召开会议专题部署了穿黄工程征地移民规划编制工作。5月12日和6月8日，国务院南水北调工程建设委员会办公室李铁军副主任两次到穿黄工程实地调研征地移民工作。7月21日河南省政府召开会议，安排部署穿黄工程征地移民实施工作。7月25日，河南省政府李成玉省长、王明义副省长就征地移民补偿标准、土地管理费、林业科研费标准题作出批示。8月17日，国土资源部批准了穿黄工程永久用地的先行用地申请，9月27日，穿黄工程正式开工。10月10日，河南省林业厅核发了穿黄工程林地使用许可证书。

2005年8月22日，南水北调中线工程建设管理局负责人与地方政府和征地移民主管机构负责人就安阳河倒虹吸工程“四通一平”的开工建设事宜进行了座谈。8月27日，河南省政府移民工作领导小组办公室在安阳市召开会议，部署“四通一平”工程征地移民工作，并协调组织安阳市有关单位提供施工用地115亩，办理了临时征用手续。9月9日，“四通一平”工程正式开工建设。

（四）建立健全了有关市县征地移民主管机构

南水北调中线工程涉及河南省的一些市、县，尤其是中线干线征地移民涉及的市、县，多数没有从事过水利工程移民工作。为了保证各项工作的顺利开展，河南省政府移民工作领导小组办公室采取3项措施建立健全移民主管机构和建设干部队伍。

2005年5月，河南省政府调整了省政府移民工作领导小组成员，加强了对全省水库移民工作的领导。同时，根据河南省水利厅2004年10月下发的《关于明确我省南水北调工程移民管理工作的通知》精神，河南省政府移民办进一步理顺了管理关系。到12月底，中线工程涉及到的9个省辖市46个县（市、区），大部分建立了与工作相适应的移民主管机构，明确了职责分工。

加强移民干部业务培训。结合移民规划和土地征用的实际，河南省政府移民办先后在郑州、焦作、南阳市组织举办了10多次业务培训，提高了移民干部的业务水平。

组织南水北调工程有关市、县移民部门到小浪底移民安置区参观考察，熟悉和掌握移民搬迁安置的组织形式、管理经验和有关问题的解决途径等等。

（五）制度建设

2005年，河南省陆续建立健全征地移民规章制度，一是河南省国土资源厅、河南省南水北调工程中线工程领导小组办公室、河南省政府移民工作领导小组办公室联合制定印发了《关于切实做好南水北调工程（河南段）建设用地的通知》，该通知明确了用地申报程序、手续办理事项等；二是河南省政府移民工作领导小组办公室制定印发了《河南省南水北调工程建设征地补偿和移民安置资金管理办法》，该办法规范了征地补偿和移民资金的使用管理；三是河南省政府移民工作领导小组办公室研究拟定了《河南省南水北调工程征地移民实施办法》；四是河南省政府移民工作领导小组办公室收集整理了有关征地移民方面的法律法规和规章制度，完成了《河南省征地移民工作法规文件汇编》初稿，为规范指导各地的征地移民实施工作创造了条件。

（郭贵明）

河北省征地移民工作

2004年12月，水利部和国家发展改革委分别以水总［2004］605号和发改投资［2004］2492号文件，批复了初步设计，批复征地拆迁投资19.5亿元。2005年3月29日，国家发展改革委增补6倍的土地补偿费，调增征迁投资至23.7亿元（发改投资［2005］520号）。按中线总体可行性研究1248元/亩的年产值统一标准，经水利部水利水电规划设计总院审查，提出了投资规模控制在31亿元的审查意见，2005年10月27日，国务院南水北调工程建设委员会办公室、国土资源部、河北省人民政府在北京联合召开京石段征地拆迁安置协调会议，明确京石河北段征地拆迁安置投资按31亿元包干使用。

（杨建强）

北京市征地移民工作

（一）前期工作

国家批准的初步设计的南水北调北京段征地拆迁工程量为：永久占地1018亩，临时用地10977亩，合计11995亩，共需拆迁住户431户，房屋面积8.15万m^2，动迁人口1559人；拆迁企业及单位319个，建筑面积16.53万m^2；伐移树木及苗木84.50万株；管线改移390条。国家投资为3.88亿元。

2005年4月，北京市南水北调工程建设委员会办公室组织对工程征地拆迁补偿和管线改移投资按照本市标准编制投资概算，对实物量重新调查，实物量确定为永久占地1157亩，临时用地10899亩，合计12056亩；共需拆迁住户431户，拆迁企业及单位319个，拆除房屋建筑面积25.6万m^2；伐移树木及苗木84.8万株；管线改移390条。需投资18.03亿元，除了国家投资3.88亿元外，本市需补充资金14.15亿元。8月18日，北京市南水北调工程建设委员会办公室以京调办［2005］111号文《关于报送〈南水北调中线京石段应急供水工程（北京段）征地拆迁投资概算〉的函》报告北京市发展改革委。9月30日，北京市发展改革委审查同意后，以京发改文［2005］449号文《北京市发展和改革委员会关于解决南水北调中线工程北京段征地拆迁投资缺口问题的请示》报告市政府。

2005年11月，北京市南水北调工程拆迁办公室组织房山、丰台、海淀三区和管线改移单位按北京本地投资概算标准正式编制投资概算，并委托北京市水利规划设计研究院进行核实汇总，编制《南水北调中线京石段应急供水工程（北京段）拆迁占地补偿概算》（以下简称《概算》），《概算》最终确立南水北调北京段征地拆迁实物量确定为：永久占地1088.56亩，临时用地10813.9亩，合计11902.46亩，拆迁住户614户，动迁人口1758人，房屋面积86663.2m^2；拆迁企业及单位322个，建筑面积165651.5m^2；伐移树木及苗木858178株；管线改移699条。投资18.7321亿元。

（二）征地拆迁资金

南水北调北京段工程征地拆迁资金由国家安排投资和北京市自筹资金两部分组成。

2005年国家下达征地拆迁资金38181.5万元，北京市发展改革委下达征地拆迁资金90000万元。

（三）征地拆迁进度

2005年4月20日，北京市南水北调工程建设委员会办公室发文成立北京市南水北调工程拆迁办公室（京调办［2005］41号），负责南水北调中线干线工程北京段和市内配套工程征地拆迁工作的管理。

截至2005年5月20日，西四环暗涵12处施工竖井范围内的树木伐移完毕，共移植常绿乔木128株、落叶乔木207株、灌木1099株、月季378.5m^2、色带135m^2、绿地6712m^2。10月8日，惠南庄泵站工程征地拆迁完成，完成永久占地225.65亩，临时占地24.09亩。11月21日完成惠南庄泵站工地下的军用缆线改移，建成2孔管道1532m，穿放光缆2000m。

（陈林涛）

文物保护

概述

2005年，胡锦涛、温家宝、曾培炎和陈至立等党和国家领导同志先后7次批示南水北调工程文物保护工作。2005年3月18日，南水北调工程文物保护工作协调小组召开第三次会议，传达并学习了胡锦涛总书记、温家宝总理关于南水北调工程文物保护问题的重要批示，并对如何落实中央领导批示、文物专题报告纳入工程总体可行性研究报告、控制性文物保护项目编制和拟开工4个单项可行性研究的文物保护等问题进行了研究。9月1日，南水北调工程文物保护工作协调小组召开第四次会议。会议简要总结了南水北调一期工程文物保护工作，肯定了《南水北调中线一期工程文物保护专题报告（送审稿）》专家组评审意见，同意将丹江口库区157m水位以下的文物保护工作纳入《南水北调中线一期工程文物保护专题报告》，补充C级文物中少量具有特别重要价值的古遗址、古墓葬。同时，为进一步加强对南水北调一期工程文物保护工作的管理，会议决定，由国家文物局牵头在总结国内其他基本建设项目文物保护工作经验基础上，起草《南水北调工程文物保护工作实施管理办法》（草案），提交下次协调小组会议讨论。

2005年5月2~9日国家文物局会同水利部、国务院南水北调工程建设委员会办公室、全国政协教科文卫委员会组成调研组，赴北京、河北、河南、湖北、江苏、山东、天津等省（市），对南水北调中、东线工程沿线文物保护工作情况进行了专题调研。2005年9月9~26日，全国政协副主席张思卿率领由国家发展改革委、水利部、南水北调工程建设委员会办公室、国家文物局组成的联合调研组，对山东、江苏、湖北、河南四省进行专题调研。

（闫亚林　王　彬）

文物保护专题报告与制度建设

2005年，国家文物局积极协调各相关部委，精心组织各省文物部门，共同努力，编制完成《南水北调中线一期工程文物保护专题报告》和《南水北调东线一期工程文物保护专题报告》，并多次参加有关部门召开的专家审查会，顺利完成对上述两个报告的专家审查工作。截至2005年底，上述两个文物专题报告已上报国家发展改革委。

各省文物部门纷纷建章立制，规范文物保护工作。河北省文物局和河南省文物局都与本省相关部门联合下发了规范南水北调工程文物保护工作的相关规章制度，包括文物保护工程管理、项目监理、经费使用和考古发掘工作规范等多个方面。北京、湖北的相关管理规定也在制定之中。南水北调沿线各省市还都成立了南水北调文物保护工作领导小组，并下设办公室，专职负责南水北调文物保护抢救的日常管理工作。

2005年，河北省文物局制定并印发了《河北省南水北调中线干线建设工程文物保护管理暂行办法》、《河北省南水北调中线干线建设工程考古发掘项目监理试行办法》、《河北省南水北调中线干线建设工程文物保护统筹经费使用管理办法》，使河北省南水北调工程文物保护工作步入规范管理轨道。

（闫亚林　王　彬　张素洁）

文物保护工作

2005年，南水北调中线工程沿线的文物保护工作，在各省文物部门的积极努力下，取得了一系列可喜的成绩。

湖北省文物局积极组织丹江库区考古发掘工作。郧县老幸福院墓群共发掘4600m²，揭露了从战国至明清时期的墓群，出土遗物有陶器、瓷器、铁器、铜器、银器及饰件，这些对认识了解研究鄂西北地区战国至秦汉时期的社会经济状况、生活习俗、丧葬制度等将具有重要意义。北泰山庙墓群全部完成4500m²的控制性工作计划，发掘土坑竖穴墓33座。从发掘掌握的材料分析，该墓地可能是1处贵族家族墓地。牛场墓群完成2310m²的考古发掘任务，清理东周小型楚墓48座。郧县辽瓦店子遗址经勘探，确定埋藏面积达20万m²以上，时代从新石器一直到汉代，已进行4500m²的发掘，发现有保存较好的夏、商、西周时期的遗存，可望填补鄂西北地区文化发展序列上的空白。

从2005年4月15日开始，河南省南水北调中线工程控制性考古发掘工作陆续展开。截至2005年12月31日，实际发掘面积达44100m²，与年度计划发掘面积28100m²相比，超额57%，并取得了重要考古收获，为深入了解当地古代历史文化面貌提供了一批新的实物资料，特别是薛村遗址、刘庄遗址、娘娘寨遗址、固岸墓地的发掘，为有关重要学术课题研究的深入开展提供了一批十分重要的考古发掘资料，对探讨夏商文化演变的态势，先商文化的墓葬制度、人种族属、社会结构，尤其是商人渊源等重大学术问题，以及解决学术界长期悬而未决的西周东虢国故址问题和我国白瓷制作工艺的起源等具有很大的推进作用。其中刘庄遗址及墓地的考古工作获“2005年全国十大考古新发现”。

河北省文物部门对磁县北朝墓群和林村墓地进行了全面勘探（其中磁县北朝墓群勘探面积1984945m²，林村墓地勘探面积723000m²），还对唐县北放水遗址、林村墓群、满城荆山遗址和墓地以及蔚公遗址进行了发掘。唐县北放水遗址发现了较为丰富的极具地方特色的夏时期文化遗存，填补了保定地区夏时期考古学文化研究的空白，对于研究该地区考古文化的渊源、流布、族属、性质等具有重要意义；林村墓群3号墓的发掘对研究战国时期贵族墓葬形制、结构及埋葬习俗提供了珍贵的实物资料；满城荆山遗址和墓地的发掘，为研究战国时期当地居民的社会生活、两汉时期的墓葬形制和葬俗提供了重要资料；蔚公遗址的发掘为研究满城县汉代至元代当地居民的生活状况，提供了实物资料。

北京市文物研究所对中线干线北京段经过之地进行了全面文物勘探，共勘探272万m²，发现重要文化遗址和墓葬12余处，共计需发掘面积19350m²。

2005年5月2日，国家文物局局长单霁翔同志和北京市副市长张矛同志一起考察南水北调北京段工程文物保护工作，查勘了房山区岩上元代墓葬群。8月，惠南庄泵站工程完成文物勘探工作，发现墓葬9座，其中具有发掘价值的清代墓葬4座。

（闫亚林　王　彬　陈林涛）

中线水源保护

中线水质状况

国家环保总局组织河南、湖北和陕西三省环保部门在丹江口库区、汉江干流及其主要支流开展了20余年水质监测工作，共布设了监测点位43个。监测结果表明，截至2005年底，汉江干流水质保持良好，为Ⅱ类水，库区水质除总氮外均能够保证Ⅱ类水质，其他主要支流基本能够达到Ⅲ类水质要求。但是，局部支流和主要城市江段下游有污染物超标现象。问题比较突出的主要有河南省的入库支流老灌河，流经湖北省十堰市区的神定河，丹江陕西省商州市段以及汉江干流陕西省安康市段，其中老灌河和神定河水质为劣Ⅴ类，丹江商州市段和汉江安康市段水质为Ⅳ－Ⅴ类，主要超标因子是氨氮和高锰酸盐指数。

中线沿线国家共划定了235个水环境功能区，河南、湖北和陕西三省水环境功能区划方案已经三省人民政府批复。国家环境保护总局会同三省政府明确了三省跨省界水质目标，实施跨省界水质达标交接管理。

（国家环境保护总局）

污染防治工作

为保护中线水源地水质，河南、湖北和陕西三省开展了大规模的水污染防治行动。河南省关闭了12家化学制浆造纸企业、786个小选金混汞碾、氰化池，对造纸、酿造、制革、制药等重点排污水企业进行了治理。湖北省先后关停了117家水污染严重的“十五小”企业，治理重点污染企业86家，通过环境影响评价否决了20余个“十五小”项目。中线源头区域内建成了陕西汉中和湖北省十堰两座污水处理厂，日处理能力分别为5万t和5.5万t。沿线5个地级城市建成了简易垃圾填埋场。

（国家环境保护总局）

流域生态保护

根据国务院颁布的《全国生态环境保护纲要》，国家环境保护总局组织陕西、湖北两省编制了秦岭山地、鄂西北山区水源涵养生态保护区建设规划，并在源头区开展了生态环境保护区试点。流域综合整治工作也全面展开，河南省编制完成了省辖南水北调中线工程水源地生态功能保护区规划，南水北调源头已设立为国家级生态功能保护区。湖北省加大了库区的生态保护力度，“十五”期间全面开展了退耕还林和天然林保护工作，停止了天然林商品砍伐；一批重点工程生态保护项目进展顺利，生态重点县、保护母亲河、长防林建设、天保工程、日援林业、生态农业项目逐一开展，完成人工造林210万亩、封山育林1200万亩；综合治理小流域91条，2670km^2，减少了丹江口水库的入库泥沙量。

（国家环境保护总局）

中线工程环境影响评价工作

为防止工程建设造成新的环境污染和生态破坏，国家环境保护总局在坚持预防为主，对南水北调中线工程严格执行环境影响评价和“三同时”制度的同时，为配合南水北调工程的开工计划，对南水北调工程环境影响评价审批实行特事特办，已陆续批复一批单项工程，专门做了具体安排。2005年，国家环境保护总局、水利部和国务院南水北调工程建设委员会办公室及有关单位召开了南水北调环境影响评价管理工作座谈会，为加快南水北调工程环境影响评价工作做了具体安排。

（国家环境保护总局）

水环境标准管理

为切实解决黄姜加工污染问题，按照家宝总理“要及早改进黄姜加工工艺，实现清洁生产，保护南水北调水源地不受污染”的批示精神，2005年10月，国家环境保护总局和国务院南水北调工程建设委员会办公室、国家发展改革委、科技部组成联合检查组赴丹江口库区，就黄姜加工污染防治进行了调研，并向国务院提交了报告。国家环境保护总局还于2005年召开了《皂素工业（黄姜加工行业）污染物排放标准》预审会，该标准正在报批之中，即将颁布实施。

（国家环境保护总局）

汉江中下游治理工程

工　程　简　介

（一）兴隆水利枢纽工程

兴隆水利枢纽位于汉江下游湖北省潜江、天门市境内，上距丹江口大坝378km，下距河口274km，推荐坝址位于汉江右岸兴隆二闸下游约950m处，是南水北调中线汉江中下游4项治理工程之一，同时也是汉江中下游水资源综合开发利用的一项重要工程。兴隆水利枢纽工程作为汉江干流规划的最下一个梯级，其主要任务是枯水期壅高库区水位，改善库区沿岸灌溉和河道航运条件，为了水资源的综合利用和有利于良性运行，可行性研究阶段增加发电功能。

兴隆水利枢纽工程库区罗汉寺灌区、兴隆灌区等均为大型自流灌区，灌溉面积现状约为196.8万亩，规划发展到327.6万亩。

兴隆水利枢纽工程主要由泄水建筑物、通航建筑物、电站厂房、鱼道和两岸连接交通桥组成。正常蓄水位36.2m（黄海高程，以下同），相应静库容2.73亿m^3，设计、校核洪水位41.75m（相当于防洪高水位），总库容（校核洪水位以下库容）4.85亿m^3。库区回水长度76.4km。泄水建筑物最大泄量19400m^3/s，坝轴线总长2835m。泄水建筑物采用56孔开敞式平底闸，泄水闸前缘总长度938m，设计单宽流量19m^2/s，闸底板高程28m，闸顶高程44.7m，闸高19.2m，孔口净宽14m，闸门采用弧形门，尺寸为14m×8.2m；通航建筑物为单线一级船闸，按三级航道标准配套设计，闸室有效尺寸180m×23m×3.5m（长×宽×槛上水深）；电站厂房为河床径流式，水电站装机4台，额定水头4.49m，额定流量248m^3/s，总容量37MW，保证出力（$P=95\%$）13 MW，年发电量2.18亿kW·h，年利用5892h，厂房段宽103m；两岸交通桥桥面宽8m，采用预应力混凝土简支梁桥；鱼道采用单侧竖导式，设置在电站厂房右侧滩地上，进口位于电站厂房尾水渠右侧，鱼道轴线与坝轴线垂直，距厂房安装场右边线距离为55.4m，鱼道有效段为直线段，长461.6m，纵坡1/62.5，过鱼池净宽3m，设计水深2m，侧缝宽40cm，共设95个过鱼池，单个过鱼池长3.2m，间隔设置休息池，直线段上端设挡水闸门，距闸首30m处设观测室。

推荐方案水库淹没耕地11569亩（含排渗工程占地），坝区工程永久占地8028亩，坝区规划迁移人口2237人，坝区占压房屋面积13.14万m^2。工程静态总投资约27.51亿元，总工期4.5年。

（二）引江济汉工程

引江济汉工程主要是为了满足汉江兴隆以下生态环境用水、河道外灌溉、供水及航运需水要求，还可补充东荆河水量。引江济汉工程供水范围包括汉江兴隆河段以下的潜江市、仙桃市、汉川市、孝感市、东西湖区、蔡甸区、武汉市等7个市（区），及谢湾、泽口、东荆河区、江尾引提水区、沉湖区、汉川二站区等6个灌区，现有耕地面积645万亩，总人口889万人。工程建成后，可基本解决调水95亿m^3对汉江下游“水华”的影响，解决东荆河的灌溉水源问题，从一定程度上恢复汉江下游河道水位和航运保证率。

工程拟从长江荆州附近引水到汉江潜江附近河段，工程沿线经过荆州、荆门、潜江等市，需穿越一些大型交通设施及重要水系，部分规划线路还将穿越江汉油田区，涉及面广，情况复杂，同时，工程连接长江和汉江，受三峡、丹江口两处大型水利工程影响较大，规划设计条件十分复杂。

推荐线路龙高Ⅰ线进水口位于荆州市李埠镇龙洲垸，出水口为潜江高石碑。拟在龙洲垸先建泵站，干渠沿东北向穿荆江大堤、太湖港总渠，从荆洲城北穿过汉宜高速公路，在郢城镇南向东偏北穿过庙湖、海子湖，走蛟尾镇北，穿长湖后港湖汉和西荆河后，在潜江市高石碑镇北穿过汉江干堤入汉江。渠道全长67.1km，设计流量350m^3/s，最大引水流量500m^3/s，其中补东荆河设计流量100m^3/s，补东荆河加大流量110m^3/s，多年平均补汉江水量21.9亿m^3，补东荆河水量6.1亿m^3。进口渠底高程26.5m，出口渠底高程25m，设计水深5.72～5.85m，设计底宽60m，各种交叉建筑物共计78座，其中涵闸16座，船闸5座，倒虹吸15座，橡胶坝3座，泵站1座，跨渠公路桥37座，跨渠铁路桥1座，另有与西气东输忠武线工程交叉1处。穿湖长度3.89km，穿砂基长度13.9km。渠首泵站装机6×2100kW，设计提水流量200m^3/s。

引江济汉工程涉及荆州、荆门、潜江3个地市的3个县（市、区），11个乡（镇、农场），34个行政村，移民1887户8492人，拆迁房屋373750m^2，永久征地24808亩，临时占地24196亩。静态总投资47.29亿元，通航需增加的投资不列入南水北调，另行解决，总工期4年。

（三）部分闸站改造工程

汉江中下游闸站改造工程的主要任务是恢复并改善因中线调水而引起下降的各闸站的灌溉水源保证率，维持农业灌溉供水条件。

工程范围为丹江口水库—汉江河口河段，河段长度约629km，涉及两岸主要灌区11个。根据拟定的设计原则，受影响的地市且需采取必要工程措施的闸站项目共31个，分别为襄樊市9项、荆门市7项、天门市4项、潜江市2项、仙桃市3项、孝感市7项，总设计引水流量232.66m^3/s，总装机功率23.163MW。其中规模较大的为谢湾、泽口闸改造。静态总投资3.73亿元。工期1年半。

（四）局部航道整治工程

汉江中下游局部航道整治工程任务是基本消除调水对汉江中下游航运产生的不利影响。汉江中下游局部航道整治工程范围为丹江口至河口652km河段，建设规模为Ⅳ级航道，以维持原通航500t级航道标准。主要建设内容：丹江口至皇庄270km河段，采取整治与疏浚相结合的整治原则，根据2次整治调整后的整治线走向和位置，对已建丁坝加长、增建部分丁坝，并对原有挖槽浚深，确保原设计并已达到的Ⅳ级航道标准；皇庄至兴隆水利枢纽工程110km段，其整治原则为“以整治和护岸（滩）为主，堵汊并流、束水归槽，控制河势”。工程措施主要为筑坝和护岸（滩）；兴隆水利枢纽工程至高石碑（引江济汉出口）3.5km不衔接段，其整治原则为“整治与疏浚相结合，以疏浚为主，整治为辅，固滩护岸、稳定航槽”。工程措施为疏浚、筑坝；高石碑至岳口段59.5km，该段航道整治以过渡段整治为重点，其整治原则为“以整治和护岸（滩）工程为主，稳定和缩窄中枯水河床，束水归槽”。工程措施主要为筑坝、护岸；岳口至河口段206km，整治原则为“以疏浚为主，浚深枯水航槽”。采取的措施主要是针对出浅点进行疏浚。推荐方案总投资为3.57亿元。工期1年半左右。

（马荣辉）

前　期　工　作

2005年，汉江中下游治理工程各项前期工作全面推进，汉江中下游4项治理工程可行性研究阶段及各专题报告全面完成，并纳入南水北调中线一期工程可行性研究总报告；完成兴隆水利枢纽工程初步设计，引江济汉工程初步设计全面开展。同时，兴隆水利枢纽工程、引江济汉和部分闸站改造工程的用地预审得到国土资源部的批复。按照湖北省委、省政府关于争取兴隆水利枢纽工程尽早开工建设的指示，湖北省南水北调局在2004年组建兴隆水利枢纽工程建设管理处筹备组的基础上，进一步充实了筹备组工作人员。同时，为做好工程开工准备工作，湖北省南水北调局研究决定，将枢纽左、右岸的部分临时交通工程先行开工建设。通过招标，湖北大禹水利水电建设有限责任公司和湖北水总水利水电建设股份有限公司分别承担左、右岸临时工程的施工任务，湖北省水利水电工程建设监理中心承担两个标段的监理任务。12月28日，兴隆水利枢纽工程对外交通临时工程开工建设。

（马荣辉）

生态环境保护工作

2005年1月，湖北省南水北调工程建设委员会办公室组织《汉江中下游区环境影响评价报告》编制单位——湖北省环境科学院参加长江水资源保护科学研究所主持的南水北调中线一期工程环境影响复核报告书汇总工作。4月，水利部水利水电规划设计总院对《汉江中下游区环境影响评价报告》进行了审查，并初步同意《汉江中下游区环境影响评价报告》纳入中线工程环境影响评价总报告。

（龚富华）

兴隆水利枢纽工程移民安置工作

2005年1月19日，湖北省人民政府组织召开湖北省南水北调工程建设委员会办公室（局）、天门市、潜江市政府负责人会议，研究兴隆水利枢纽工程移民安置工作。

5月，湖北省水利水电勘测设计院受湖北省南水北调工程建设管理局委托，编制《南水北调中线工程汉江兴隆水利枢纽初设阶段水库淹没及工程占地实物指标调查大纲》和《调查细则》。

6月，省南水北调工程建设委员会办公室（局）在潜江市组织召开兴隆水利枢纽初设阶段水库淹没及工程占地实物指标调查培训班。湖北省水利水电勘测设计院牵头，会同兴隆水利枢纽淹没涉及的市、县、乡（镇）村组干部一道组成联合调查组，按照《调查大纲》的要求，对兴隆水库正常蓄水位36.2m的方案及初步确定的枢纽布置方案的实物指标分别进行了的测量调查。随后，根据修改确定的枢纽布置方案，又对其做了补充调查。主要指标为：兴隆水利枢纽工程占地涉及潜江市、天门市、沙洋县和钟祥市；库区、坝区永久征地5827亩，其中耕地4518亩；淹没和占压滩地18326亩；临时占地10387亩；移民

304户1231人，拆迁房屋4.02万m^2。

8月，根据国务院南水北调工程建设委员会办公室《关于做好南水北调工程项目用地预审工作的通知》（综环移函［2004］66号）和国土资源部、国务院南水北调工程建设委员会办公室《关于南水北调工程建设用地有关问题的通知》（国土资发［2005］110号）的要求，湖北省南水北调工程建设委员会办公室向国务院南水北调工程建设委员会办公室上报了汉江中下游4项治理工程引江济汉和部分闸站改造2个项目用地预审申报材料。其中，引江济汉工程拟永久用地总规模为1480hm^2，部分闸站改造工程拟永久用地总规模为16.53hm^2。

12月，湖北省编制完成了《南水北调中线一期工程汉江兴隆水利枢纽移民安置初步设计专题报告》并上报长江水利委员会。

（颜新安）

兴隆水利枢纽工程文物保护工作

湖北省南水北调工程建设委员会办公室（局）组织省文物部门开展兴隆水利枢纽工程文物保护调查工作。省文物部门编制了《兴隆水利枢纽工程文物保护基础报告》。据调查，兴隆水利枢纽工程区域内有A级文物点1处，B级文物点3处，C级文物点3处。文物点保存面积约58400m^2，其中工程涉及面积27200m^2，涉及面积点保存面积46%。

（颜新安）

新开工项目介绍

穿　黄　工　程

工程任务和规模

（一）工程范围

穿黄工程位于郑州市以西约30km处，于孤柏山湾横穿黄河。据调水局下发的《南水北调中线穿黄工程方案协调工作大纲》（调水项［2001］57号文），穿黄工程范围：南岸起自河南省荥阳县王村乡王村化肥厂南的A点，终点为黄河以北温县南张羌乡马庄东的S点。A点和S点北京坐标系坐标见表1。该渠段渠线全长19304.5m。

表1　穿黄工程范围起止点坐标

坐标＼点号控制点	A（m）	S（m）
x	3859513.335	3870778.958
y	38433903.562	38419017.710

（二）工程任务和规模

穿黄工程是南水北调中线总干渠穿越黄河的关键性工程，工程的主要任务是安全有效地将中线调水从黄河南岸输送到黄河北岸；在水量丰沛时，视需要相机向黄河补水。

根据南水北调工程总体规划，中线工程采取分期建设方式进行。一期工程多年平均调水量95亿m^3，相应穿黄工程设计流量为265m^3/s，加大流量为320m^3/s。后期工程多年平均调水量130亿m^3，最终规模设计流量为440m^3/s，加大流量500m^3/s。根据《南水北调中线一期工程项目建议书》和《南水北调中线一期工程总干渠总体设计报告》审查意见，本阶段穿黄工程按一期工程规模考虑。

根据《南水北调中线工程总干渠水头分配优化研究》报告（由长江水利委员会长江勘测规划设计研究院编制，并经水利水电规划设计总院审查通过），穿黄工程设计流量下，黄河南岸A点水位为118m，黄河北岸S点水位为108m，可利用水头为10m；加大流量下，S点水位按108.71m控制，A点水位按水面线反推得到118.754m。

根据河南省水利水电勘测设计院提供的沁河片分洪串流二维模型计算成果，沁河300年一遇洪水分洪不会影响穿黄工程北岸渠道和新、老蟒河交叉建筑物的安全。

（三）工程规划

1. 穿黄调度控制工程运用方式

（1）穿黄节制闸。为了在实际运用期间灵活而快速地满足用户需水要求的变化，提高渠道系统的响应速度，中线总干渠的输水采用节制闸将渠道分成一个个渠段，由节制闸来控制各渠段的水流状态，并采用闸前常水位的运用方式。穿黄工程调度运用方式与总干渠全线的运用控制方式基本相同。当渠道通过加大流量时，节制闸闸门全开；当流量小于加大流量时，节制闸局部开启，维持闸前水位在设计水位附近，节制闸的开度则由所需通过的流量来确定。在正常调度情况下穿黄工程段的输水控制由穿黄隧洞出口节制闸和S点后的济河节制闸来完成，当渠段的流量小于加大流量时，由这两个节制闸来调节渠段水位，同时满足输水要求和确保渠堤的安全。其中穿黄隧洞出口节制闸用于控制枯河节制闸至穿黄隧洞出口之间长约15km渠段的水流状态；济河节制闸则用于调节穿黄隧洞出口节制闸至济河渠倒虹之间长约18km渠段的水流状态。穿黄工程在输水过程中，如果出现事故或紧急情况，则应根据具体情况采取相应措施：

1）如果A点至隧洞进口的南岸渠道出现严重事故，需要停水检修时，则应关闭穿黄隧洞进口事故闸和枯河节制闸，同时开启隧洞进口前的退水闸退水，待渠道水排干后，抓紧时间抢修。

2）双线穿黄隧洞若其中1条隧洞出现事故，则首先关闭该隧洞进口事故闸，再关闭该隧洞出口检修闸，然后排干隧洞中的积水，实施检修；输水任务由另1条隧洞承担，保持穿黄工程输水不中断。若两条隧洞同时出现事故，则需要停水检修，要求顺序关闭枯河节制闸、进口事故闸门和出口检修闸门，同时开启隧洞进口前的退水闸退水。

3）如果穿黄隧洞出口至S点渠道出现事故，需要停水检修时，应关闭穿黄隧洞出口的节制闸和阎河节制闸（位于S点下游约35km），全开济河节制闸（S点下游约8km）和阎河退水闸，将渠道水退入阎河。然后进行渠道抢修。

4）新蟒河渠道倒虹吸按双孔布置，当其中1孔出现事故时，只需要关闭该孔进、出口检修闸，排干倒虹管中的积水，便可进行检修；输水任务则由另1孔倒虹管承担；若两孔倒虹管均出现事故，则需停水，逐孔检修。

（2）穿黄退水闸。为了确保总干渠安全，满足渠道检修要求，总干渠在重要建筑物、高填方段及重要城市的上游，设置退水闸。穿黄河建筑物是总干渠上的重要建筑物，且过黄河后总干渠为高填方渠段，为保证渠道的安全，根据《总体设计》退水闸的布置，在A点上游约15km的索河涵洞式渡槽进口及距S点下游约36km的阎河渠道倒虹吸进口各布置1座退水闸，同时在穿黄河建筑物进口上游设置1座退水闸，在紧急情况下，将渠道退水分别泄入索河、阎河和黄河，在水量丰沛时也可向黄河相机补水。

2. 渠道衔接布置

根据南水北调中线工程总体布置，与穿黄工程A点相衔接的河南省南岸渠道设计参数为：渠道纵坡1/25000，渠道边坡1：2.0，渠道底高程111.00m，宽19.00m；北岸渠道于S点处设计参数为：渠道纵坡1/28000，渠道边坡1：2.0，渠道底高程101.00m，宽20.50m与该渠段上另一控制点坐标见表2。

渠道衬砌范围为渠底及渠底至设计水面线以上1m处的内侧渠坡，采用混凝土衬砌和土工膜防渗。

表2 与穿黄工程相衔接的渠段控制点坐标

位置	河南省衔接渠段	x	y
南岸	与A点相衔接的直线渠段另一控制点	3859225.000	38440661.000
北岸	与S点相衔接的直线渠段另一控制点	3874328.000	38416730.000

（四）工程与桃花峪水库的关系

根据黄河治理规划，小浪底水库建成后，水库拦沙100亿t，减轻下游淤积75亿t，相当于20年左右的淤积量，拟建的古贤水利枢纽工程可减轻下游淤积77亿t，也相当于20年左右的淤积量；再加上对中游水土流失地区的综合治理，黄河下游特别是东平湖以上河道在今后一个相当长的时期内将不再显著淤积抬高。关于减少小浪底出库不稳定流对下游的影响，其任务将由西霞院水库来承担。根据以上情况，从控制黄河下游洪水和水量调度而言，桃花峪水库在近期修建的必要性不大。

穿黄工程位于桃花峪库区中上部，于坝址以上约20km处过黄河。隧洞方案从地下穿过黄河，渡槽方案以纵坡1/1100跨过黄河，两方案主体工程长度均为3.5km，北岸滩地为填方渠道。千年一遇洪水条件下，考虑穿黄工程对行洪断面缩窄影响，工程断面处的滞洪水位为106.86m。穿黄隧洞和渡槽两个方案的设计均考虑了桃花峪水库滞洪运用的影响，工程建设不会影响水库的规划和开发。

（五）穿黄工程与穿黄河段治导规划关系

穿黄工程修建后，将9.9km宽的河道压缩为3.5km，穿黄工程出口以北为北岸河滩明渠。为了保证工程安全，必须保证各种条件下穿黄断面主流控制在南岸3.5km范围内，以防止出现大水北滚、水流直冲北岸河滩明渠的危险局面。

以往的黄河下游河道整治工程分期建设中没有对该河段的整治工程做出安排，仅是进行了规划研究。现在出于南水北调中线穿黄工程开工建设和安全运行的需要，对黄河主流平面提出了严格限制条件，保证穿黄工程安全运行便成为穿黄河段整治的第一要务，同时该河段的整治还必须与上、下游的河道整治工程相衔接，以保证下游工程和上游河段的河势稳定。

工程布置及建筑物

（一）穿黄工程方案

穿黄线路的轴线定在上线（李村线），以南斜北竖，退水设施在南岸的双洞方案作为穿黄隧洞的布置方案。

（二）主要设计条件和标准

（1）工程等别和建筑物级别。穿黄工程为一等工程，穿黄隧洞及其进出口，退水闸（洞），南岸连接渠道，北岸明渠和新、老蟒河倒虹吸及其他交叉建筑物等为1级建筑物，北岸防护堤、孤柏嘴护湾防护工程等次要建筑物为3级建筑物，临时工程为4级建筑物。

（2）设计流量和总干渠衔接水位。穿黄工程按一期规模设计，设计流量和衔接水位详见表1。

表1 南水北调中线穿黄工程设计流量和衔接水位

项目	设计流量 (m^3/s)	控制点水位（m）		
		南岸A点	北岸S点	水位差
设计流量	265	118.00	108.00	10.00
加大流量	320	推算得118.738	108.71	

注 表中水位为1985国家高程系统。

（3）停水检修。根据需要，穿黄工程可以安排停水检查与维修，一次停水检修时间为15～30天；另外，每3～5年，可安排一次规模较大的停水检查与维修，时间为30～60天；停水检修期一般选在黄河的枯水期（当年的11月～次年4月），在此枯水期间的20

年一遇洪水流量为 3860m³/s，相应李村线水位为 102.6m。

（4）黄河设计洪水。穿黄隧洞工程采用的黄河洪水标准为 300 年一遇洪水设计，千年一遇洪水校核；穿黄隧洞工程施工导流按全年 20 年一遇洪水设计。

（5）地震设计加速度。根据《南水北调中线一期工程总干渠总体设计审查意见》（水总设［2003］53 号文），“穿黄工程按地震危险性分析提供的地震动参数值作为抗震设计依据。”据国家地震局分析预报中心所做的地震危险性分析成果，穿黄工程场址区 50 年超越概率 5% 的基岩面加速度峰值为 0.158g；渠道及其他建筑物均按Ⅶ度地震设计（地震加速度为 0.1g）。

（6）主河床断面冲刷深度。对于隧洞过河方案和渡槽过河方案，主河床水面以下最大冲刷深度分别按 20m 和 25m 考虑。

（7）地基砂土振动液化深度。在Ⅶ度地震下，穿黄工程天然状态下的砂土可能发生液化，主河槽段（桩号（5+608）～（9+108））可能液化的深度为 16m，北岸河滩明渠段（桩号（9+108）～（12+608））可能液化的深度为 12m。

（三）穿黄工程主要建筑物

主要建筑物自南向北包括：南岸连接明渠、进口建筑物、穿黄隧洞、出口建筑物、北岸河滩明渠和北岸连接明渠等 6 部分，此外还有控导工程。

（1）南岸连接明渠。南岸连接明渠位于邙山黄土丘陵区，为挖方渠道，长度 4628.57m；渠道底宽 12.5m，渠底纵坡 1/8000，坡比 1:2.25，采用混凝土衬砌和土工膜防渗；渠顶高程 120m，以上为黄土边坡，以桩号 3+630 为界，以南边坡高度较小，约 20～30m，采用放坡开挖，综合坡比 1:2.6；以北至进口，坡高 30～50m，曾比较放坡开挖和坡体排水洞降低地下水位方案，本阶段拟采用放坡开挖，综合坡比为 1:2.6。

（2）进口建筑物。进口建筑物包括截石坑、进口分流段、进口闸室段、退水建筑物和斜井段，分布长度 1030m。截石坑长 100m；进口分流段长度 80m，进口闸室为双孔闸室，长度 50m，底宽 6m，各设 1 道事故检修闸门；斜井段又称邙山隧洞，为 1 圆形斜洞，双洞方案直径为 7.0m；隧洞上端设有渐变段与进口闸室相接，下端与穿黄隧洞相连；退水建筑物包括闸前段、退水闸室、退水隧洞、消力池、砌石海漫、块石护底等 6 段，退水泄入黄河主河床；退水闸室设有检修闸门和挡水门各 1 扇。

（3）穿黄隧洞段。北岸和南岸施工竖井之间的穿黄隧洞段长 3450m（南岸施工竖井于施工后期拆除，行洪口门宽度仍保持 3500m），双洞方案隧洞直径为 7.0m，南岸起点断面中心高程为 72.45m，北岸终点断面中心高程为 67.00m。隧洞外层为装配式普通钢筋混凝土管片结构，厚 40cm，管片宽度 1.6m；内层为现浇预应力钢筋混凝土整体结构，厚 45cm，标准分段长度为 9.6m，隧洞内衬在与北岸和南岸施工竖井衔接的洞段以及地层变化洞段（在此范围内，隧洞自 Q_2 粉质壤土、粉质黏土进入 Q_4^{1-2} 中、细沙层）将局部加密；内、外层衬砌由弹性防水垫层相隔。隧洞布置有完善的渗漏水与渗压力、衬砌变形与应力以及隧洞沉降等监测设施，能随时监控隧洞运行和检修期工作状态。盾构隧洞采用泥水平衡盾构机自北向南推进。

（4）出口建筑物。出口建筑物位于黄河北岸河滩，上接盾构隧洞，下连北岸河滩明渠段，由出口竖井、闸室段（含侧堰段）、消力池段及出口合流段等组成，分布长度 227.9m。出口竖井由施工竖井改造而成，内部除布置流道外，尚布置隧洞检修排水设施和部分监测设施；出口闸室左边墙设有露顶侧堰，闸室内设有平板检修闸门和弧形工作闸门，通过调节闸门开度可满足总干渠对 A 点水位的要求。闸后的消力池可消除各级流量闸后剩余水头。出口建筑物地基采用碎石振冲桩处理，桩底高程91m。

(5) 北岸河滩明渠。北岸河滩明渠全长6127.50m（桩号（9+336.47）~（15+463.97）)，上接隧洞出口渐变段，下连北岸连接明渠段，位于黄河北岸河滩上，为填方渠道，渠底宽度8m，渠底纵坡1/10000，边坡内外坡比1:2.25，最大填方高度9.7m。其间有新蟒河渠道倒虹吸和老蟒河倒虹吸等交叉建筑物。渠道地基主要为砂壤土、粉细砂，桩号（12+608）以南的低漫滩渠段地基在饱水条件下存在地震砂土液化问题，设计中经作压盖方案和挤密砂桩方案比较，推荐采用挤密砂桩方案。桩号（12+608）~（15+463.97）的高漫滩渠段，根据地层条件，无砂土震动液化问题。

(6) 新蟒河渠道倒虹吸。新蟒河渠道倒虹吸位于北岸滩地，总干渠在桩号（11+768.32）附近以倒虹吸型式从新蟒河下方穿越，形成立体交叉建筑物。渠道倒虹吸与北岸河滩明渠交角约56.55°，总长647m，其中进、出口渐变段长度分别为80m和100m，进、出口闸室段各长15m，倒虹吸管长437m，均为钢筋混凝土结构。新蟒河渠道倒虹吸按双管布置，单管为矩形断面6.9m×6.9m，壁厚1m。倒虹吸地基存在砂土震动液化问题，经方案比较采用振冲碎石桩对虹吸管基础进行加固处理，设计桩径0.6m，按等边三角形布置，边长2m，桩底高程为84m。

(7) 老蟒河河道倒虹吸。老蟒河在北岸河滩明渠桩号（14+593.31）附近以倒虹吸管型式从渠道下方穿越，形成立体交叉建筑物。老蟒河倒虹吸轴线与河滩明渠轴线夹角63.88°，共布置3孔倒虹吸管，每孔断面为6.9m×6.9m（宽×高）。

(8) 北岸连接明渠。北岸连接明渠位于黄河以北阶地，过水断面与河滩明渠相同，为半挖半填渠道，分布长度3835.74m；渠道底宽8.0m，内坡1:2.25，纵坡1/10000，地基为Q_3黄土状粉质壤土，无砂土震动液化问题。

（四）跨渠交叉建筑物

穿黄线路李村线全长约19.30km，其中南岸明渠段长4.80km，邙山隧洞段0.8km，穿黄隧洞段3.50km，北岸明渠段长10.20km。全线涉及黄河以南的荥阳市王村镇的6个村、黄河以北的温县赵堡镇和南张羌镇的16个村、1个镇农场；涉及道路21条，其中二级路4条，四级路2条；涉及灌溉渠道5条，其中主灌渠2条，支渠3条。

为保证沿线公路、灌溉渠道等基础设施的畅通，根据总干渠总体设计原则和穿黄工程移民安置规划，穿黄工程段跨渠公路桥和跨渠渡槽复建规模及标准见表2，其长度由渠道开口宽度、两岸接线标高、交叉形式及要求确定。

表2 跨渠公路桥和跨渠渡槽复建规模及标准表

县（市）	线路名称	隶属关系	等级	桥面宽度（m）	交叉桩号	桥渠荷载标
荥阳（南岸）	河沟北路	市	四级	4.5+2×1	1+414	公路-Ⅱ级
	李村南干渠		主干渠		3+003	
	石化路	市	二级	9+2×1.5	3+190	公路-Ⅱ级
	李村北干渠		主干渠		4+553	
温县（北岸）	4号路	县	三级	7+2×1	11+031	公路-Ⅱ级
	司马路	县	三级	7+2×1	12+591	公路-Ⅱ级
	1号路	县	二级	9+2×1.5	15+430	公路-Ⅱ级
	陈家沟西路	县	四级	4.5+2×1	16+309	公路-Ⅱ级
	新洛路	县	二级	9+2×1.5	17+899	公路-Ⅱ级

从穿黄河段防洪和河道治理及南水北调中线穿黄工程对黄河河势的要求出发，确定该河段的整治工程布设以防洪为主，满足河道排洪能力，适应小浪底水库投入运用后的水沙条件，稳定驾部工程及以下河段的河势，并考虑南水北调中线穿黄工程对黄河河势的要求，保证穿黄工程安全等为主要整治原则。

穿黄河段河势变化比较复杂，目前在总结分析以往实测资料和试验研究成果的基础上，认为该河段选用“两弯方案”治理较合适。两弯方案的基本流路为神堤→张王庄→金沟、英峪、孤柏嘴→驾部。该流路进一步强化了现行流路的稳定性和持续性，对穿黄工程的施工及运行安全十分有利。

穿黄河段上游裴峪至大玉兰之间工程已基本完善，下游驾部、枣树沟、东安、桃花峪工程已经布点。考虑中线穿黄工程的要求，穿黄河段需加强和完善神堤至驾部之间的张王庄、金沟、孤柏嘴3处控导工程。各工程的主要控导河势流路和作用如下：

张王庄工程：控导下大洪水流路，保证干流大洪水和中常洪水入下游孤柏嘴山湾，并防止伊洛河洪水北走危及穿黄渡槽出口及渠道堤身的安全。

金沟工程：上承张王庄来流，平顺导流入孤柏嘴山湾，避免中小洪水在吕布将台以上流势北移。

孤柏嘴工程：平顺连接南岸山湾岸线，保证各种来水条件下出流入驾部工程，稳定下游河势，并防止洪水进一步冲蚀山湾，影响穿黄工程的正常运行。

穿黄河段动床物理模型试验结果表明，孤柏嘴山湾流势稳定，驾部以下工程迎送流平稳，各处工程控导作用发挥正常，选取的整治方案能适应小浪底水库运用后的水沙条件。

各工程规划长度见表3，工程总长度为13700m。

表3　各控导工程的规划工程长度

工程名称	张王庄	金沟	孤柏嘴
迎溜段长度（m）	1500	2000	1500
弯道段长度（m）	2300	1700	2000
送溜段长度（m）	1200	1000	500
合计（m）	5000	4700	4000

穿黄工程施工组织设计

（一）穿黄主体工程施工

1. 施工条件

（1）工程概况。穿黄工程位于河南省郑州市上游约30km处，总长19.30km。穿黄工程由南、北岸渠道，南岸退水设施，进口建筑物（含邙山隧洞），出口建筑物，穿黄隧洞，北岸新、老蟒河交叉工程等组成。穿黄隧洞长3.45km，洞径7.0m，两洞相距32m，南北两岸渠道长分别为4.63km、9.97km，南岸进口段长1030m（其中邙山斜洞段长800m），北岸出口段长227.9m。主体工程主要工程量为：土方开挖1705.45万m^3，其中清基及土方明挖1647.11万m^3，洞挖58.34万m^3，土方填筑380.03万m^3，混凝土42.86万m^3。

（2）施工场地条件。黄河两岸地形变化较大。南岸邙山陡坡临河，坡顶平缓，高程130～179.5m，可布置施工场地。北岸为冲积平原，高程102～103m，因地势较低，可利用弃渣回填形成施工场地。

（3）对外交通条件。两岸靠近国家铁路网及地方公路网。南岸距陇海铁路上街站约9km，北岸距焦作站62km，对外交通较为便利。

（4）主要建材来源及水、电供应条件。水泥可由河南省郑州长城铝业公司水泥厂供应。钢材及其他物资均由郑州市场采购。施工用水和生活用水以地下水作为水源。施工用电从南北两岸地方电力系统架线至施工区变电所。

(5) 天然建筑材料。南岸东竹园块石料场，主要为石英砂岩和长石砂岩，覆盖层较厚，储量和质量满足要求，距穿黄工程约20.0km。北岸陈家沟清风岭土料场，土料储量为2000万m^3，可满足北岸明渠段填方要求，距总干渠约1.5km。丹河砂砾料场，岩性为灰岩、灰质白云岩，砂的含泥量大，但有用层分布稳定，开采条件好，运距约60km，勘探资料表明该料场砂砾石总储量151.2万m^3。馒头山石料场位于穿黄工程北岸博爱县馒头山村，主要为灰质白云岩和灰岩，总储量约1960万m^3，距穿黄工程70km。两料场质量和储量满足要求。

(6) 自然条件。穿黄工程位于河南省温县与孟县交界区，根据孟县气象站实测资料，多年平均气温14.10℃，年平均地面温度16.7℃。每年6~9月份为高温季节，多年月最大冻土深度20cm，多年平均月最大风速14.1m/s，实测最大风速22.0m/s。

2. 施工导流

(1) 导流标准。

1) 导流建筑物级别。南水北调中线一期穿黄工程为一等工程，输水建筑物为1级建筑物，导流建筑物为4级建筑物。

2) 设计洪水标准及水位。根据规范，并考虑到穿黄隧洞的重要性，施工期间盾构机工作竖井挡水标准为全年20年一遇洪水，洪峰流量为11210m^3/s。对于新、老蟒河交叉建筑物，属北方季节性河流，导流建筑物可按规范降低一级取为5级建筑物，设计洪水为5年一遇洪水，相应新蟒河和老蟒河洪峰流量分别为400m^3/s和123m^3/s。

(2) 导流方式。

1) 穿黄隧洞。根据穿黄工程的特点和盾构机施工要求，采用水工建筑物临时断面及北岸工作竖井联合挡水、黄河过流的导流方式保护穿黄隧洞全年施工。北岸竖井在完成盾构隧洞施工竖井的功能后，将改造为竖弯段与穿黄隧洞相连接，成为永久建筑物一部分，其时井内还将布置有水泵室、风机室、楼梯间等永久设施，竖井侧壁安全等级确定为一级，按《建筑基坑支护技术规程》(JGJ 120—1999) 进行设计。

2) 新、老蟒河交叉建筑物。新、老蟒河主槽宽约240m和40m，常年有水，非汛期流量较小，两岸地面高程约为102.0~103.0m。河床覆盖层主要由沙层、砂卵石等组成。曾对一次拦断河床的明渠导流及局部束窄河床的分期围堰两种导流方式进行分析比较，最终选定一次拦断河床的明渠导流方式。导流建筑物包括上、下游围堰和旁引式明渠。

(3) 导流建筑物设计。

1) 地面建筑物。穿黄工程地上建筑物汛期挡水的临时断面填筑高程为105.6m，防冲保护按永久工程结构施工。施工期间，南、北岸竖井需填筑工作平台，平台高程105.6m，平台平面尺寸为72.5m×88m (横河流方向×顺河流方向)，边坡为1:3。为保证第4年汛期邙山隧洞能正常施工，南岸工作平台采用堆石护坡防冲保护。

2) 工作竖井。为穿黄盾构隧洞施工，设南、北岸工作竖井，选用地下连续墙方案，按导流标准竖井修至106.0m。北岸竖井墙体厚1.4m，内径为18.0m，外径为20.8m。墙底高程为29.0m，墙顶高程为106.00m，井底开挖高程为55.5m。南岸竖井墙体厚1.2mm，内径为13.5m，外径为15.9m，墙底高程为57.00m，墙顶高程为106.00m，井底开挖高程为64.05m。

3. 隧洞施工

(1) 穿黄隧洞及邙山隧洞施工。穿黄隧洞长度为3.45km，邙山隧洞800m，两洞断面相同，全长4250m。内径为7.0m，外径为8.7m，衬砌厚度为0.85m，其中一次衬砌为预制钢筋混凝土管片厚0.40m，二次衬砌为现浇钢筋混凝土厚度0.45m。经过技术论证和经济比较，推荐穿黄隧洞采用泥水平衡盾构机施工，南、北岸设工作竖井，盾构机由北向南掘进，至邙山隧洞进口处出洞。

1）盾构施工技术。①保持工作面稳定。工作面稳定主要是通过盾构密封及泥浆的性能指标、输送指标来控制，经工程类比，初步选定泥浆脱水量不大于200mL，泥水压力取1.2～1.4MPa。②壁后注浆。壁后注浆与盾构推进同步进行，通过盾尾同步注浆系统进行注浆。采用双液注浆材料，注浆压力一般5～6kg/cm^3。③施工通风。隧洞内采用机车运输。通风标准为24m^3/s，采用压入和吸出混合式通风方式，串联风机。送、排风口相距50～60m，管径$D=1.2$m。④隧洞施工运输。隧洞采用双线有轨运输，轨距1.4m。右侧设人行道，轨道两侧安排门机用于安装泥水泵管道等。在隧洞内采用电力机车运输管片，采用管道输送泥水。⑤盾构机推进速度。盾构机平均每环推进时间为1h，管片安装时间为1h。每日三班，一班维护，两班工作共完成8环，每日进尺9.6m，考虑综合因素，按200m/月计。二线滞后一线2个月。⑥盾构安装、拆除和井口布置。盾构机现场组装3个月，拆除1个月。盾构机先在地面组装中部、后部，用150t起重机吊入工作井后，在井下组装机头，并与中、后部连接。北岸竖井布置起吊能力为20～25t的门机，吊运管片，轨枕等材料和设备入洞，再平行布置2台塔机连接管片场，材料场和井口，辅助完成管片及其他材料的转运。盾构机到达南岸邙山隧洞进口，推出地层后，拆除盾构机。

2）隧洞二次衬砌施工。穿黄隧洞二次衬砌总长度2×4250m，衬砌厚度45cm，混凝土设计标号C40。在外衬所围的直径7.9m圆形空间内施工。穿黄隧洞二次混凝土衬砌安排在盾构机离开南岸施工竖井后进行，先离开的先衬，后离开的后衬。邙山隧洞掘进与二次衬砌均在穿黄隧洞二次衬砌期间完成，不占直线工期。

（2）退水隧洞施工。退水洞位于渠道右侧，由进口段、洞身段和消力池段组成，隧洞断面为城门洞形，内径3.6m×5.2m，衬砌厚度0.6m。隧洞长795m。退水洞分2层5部位采用半机械化方法开挖，先用管棚法超前支护，接着采用锚喷跟进支护。混凝土施工时，洞外水平运输采用自卸汽车运输，洞内运输采用混凝土泵输送入仓。

4. 南北岸渠道、进出口施工

（1）南北岸渠道施工。

1）南岸明渠段施工。①明挖施工。南岸邙山以南明渠分台阶开挖，台阶高度一般4～5m，主要采用2～3m^{3}挖掘机直接开挖，辅以88260～132390W推土机集渣，15～20t自卸汽车装运。南岸渠道由邙山开挖形成，采用自上而下分层开挖，边开挖、边浆砌块石护坡及修筑排水沟，保护边坡、排除渗水；其中地下水位以下开挖，开挖前，除在基坑四周设置超前排水沟外，在高程140m马道上设置井点降水，井深50m，井间距20m，为进一步排除饱和土层中的孔隙水，在水平开挖面上增设格子状的超前排水沟。开挖分层的台阶高度为2～3m，采用2～3m^{3}挖掘机，配20t自卸汽车出碴，将渣料弃至黄河南岸邙山坡弃渣场。②混凝土施工。明渠段施工机械布置于渠底。垂直运输采用履带吊配3m^{3}混凝土罐，水平运输采用10～15t自卸汽车。混凝土运距约0.5km。③浆砌块石及土工膜施工。浆砌块石采用人工施工，浆砌块石自下而上整齐砌筑。块石料取自于东竹园块石料场，运距20～25km。土工膜采用人工或铺膜机铺筑，现场人工黏结或机械焊接。

2）北岸明渠段施工。明渠土方回填采用分层填筑，进占法卸料，2～3m^{3}挖掘机，配15～20t自卸汽车装运，88260～132390W推土机平料，碾压采用10～15t轮胎碾，初拟铺层厚度40～50cm，碾压5～6遍。①混凝土施工。施工机械：渠线段布置于渠底，倒虹吸布置于轴线两侧。垂直运输采用履带吊配混凝土罐，水平运输采用10～15t自卸汽车。②浆砌块石及土工膜施工。浆砌块石采用人工施工，浆砌块石自下而上整齐砌筑。块石料取自于馒头山块石料场，运距70km。土工膜采用人工或铺膜机铺筑，现场人工黏接或机械焊接。③挤密砂桩施工。挤密砂桩采用振动成桩法施工，挤密砂桩在清基前进行。施工顺序从两侧向中间进行，施工前应进行成桩挤密试验，确定与该工程相适应的成桩参数。挤密砂桩用砂采用丹河砂石系统人工砂，平均运距约60km。

（2）进、出口施工。

1）进口建筑物施工。南岸进口建筑物包括截石坑段、渐变段、连接段、闸室段等，共长230.0m。各部位均采用短间歇均匀浇注上升的常规方法施工。

2）出口建筑物施工。穿黄工程北岸出口段长227.9m；建筑物包括竖井弯管段、闸室段、消力池、合流段等。出口建筑物的结构型式与进口建筑物基本相同，将出口渐变段至出口闸室段为第一工作单元，出口竖井段为第二工作单元。第一个工作单元混凝土的施工特点参照进口建筑物的施工方式进行安排，第二个工作单元混凝土的施工由于竖井内为弯管结构与进口不同，须待盾构隧洞形成并进行二次衬砌后，再完成竖井内弯管段混凝土。

（3）新、老蟒河建筑物施工。

1）新蟒河渠道倒虹吸施工。新蟒河渠道倒虹吸长647m，土方开挖22.00万m^3，选用3.0m^3液压挖掘机挖装，20t自卸汽车运输，配以TY－180型推土机辅助集料。土方填筑部分利用开挖土料，施工方法同渠道施工。新蟒河倒虹吸基础碎石桩，采用振冲法施工。倒虹吸及渠道混凝土浇筑采用搭设支架立模现场浇筑。

2）老蟒河河道倒虹吸施工。老蟒河倒虹吸长313.79m，其中管涵长117.79m，全部采用搭设支架浇筑，混凝土及钢筋由混凝土搅拌系统和钢筋加工厂采用专用车辆运输。

5. 施工交通与总布置

（1）交通运输。对外交通运输采用公路运输方案。南岸对外交通公路起点为上街，跨南岸总干渠，在司村附近与场内公路衔接。北岸对外交通公路起点为南张羌，与沿北岸干渠布置的场内公路衔接。南北两岸改建、新建公路等级按厂矿道路Ⅱ级标准设计。南、北两岸为各自独立施工场区，场内均布置施工道路以满足施工机械设备的运输要求。

（2）施工场地规划。

1）南岸施工区。本区地处南岸邙山，与河床高差70m，邙山山顶较平缓，可布置施工临时设施，为南岸明渠、隧洞进口等施工服务。施工场地布置在邙山脚下高程140m左右，主要布置有：施工营地、综合仓库、综合加工厂、混凝土拌和系统、汽车及机械停放场、金属结构拼装厂、预制管片及泥水处理系统、施工水厂及施工配电所等。砂石系统布置在料场。交叉建筑物及明渠段施工场地主要为少量施工管理营地、汽车及机械设备停放场等，均可设在明渠两侧。混凝土施工可设置移动式搅拌机。

2）北岸施工区。北岸施工区场地较低，一般在102m左右，需平整至高程104.5m。北岸除布置施工营地、综合仓库、综合加工厂、混凝土拌和系统、砂石系统、金属结构拼装厂、基础处理基地、施工水厂及施工变电所外，还需布置隧洞施工所需的管片预制厂、泥水系统等。砂石系统布置在料场。工程施工占地面积为274.84万m^2。

6. 施工总进度

根据工程结构特点及规模，拟定的施工方法，穿黄工程总工期51个月，其中施工准备工期9个月，主体工程施工工期42个月（其中工程筹建期有6个月不计入施工总工期中），部分准备工作在工程筹建期内开始进行。

穿黄隧洞关键线路及控制性施工进度：

盾构机设计、制造与运输12个月（在筹建期开始，占筹建期3个月），盾构机组装3个月，盾构机推进与管片安装18个月，盾构机的拆除、台车的安装1个月，隧洞充水调试1个月，二次衬砌混凝土13个月，台车拆除1个月，出口斜弯管段和进口建筑物部分施工5个月。邙山斜洞段施工不占直线工期。

7. 主要建筑材料

主要建筑材料按2002年部颁水利水电建筑工程概算定额计算，施工附属工程按工程类比指标计算主要建材用量如下：水泥20.7万t；钢材6.28万t；木材1200m^3。

劳动力按2002年部颁水利水电建筑工程概算定额计算劳动力如下。

高峰年劳动力1500人，其中北岸800人，南岸700人；

平均年劳动力780人，其中北岸430人，南岸350人。

（二）控导工程施工组织设计

1. 工程概况

与中线穿黄工程有关的河道控导工程共三处，其中北岸为张王庄工程，南岸为金沟工程和孤柏嘴工程，因张王庄工程已列入亚洲开发银行项目建设，金沟工程拟另行筹资建设，故以下仅对孤柏嘴工程说明。

2. 施工条件

（1）交通条件。工程对外交通条件较好，南岸陇海铁路上街火车站距工地约9km，现有简易公路可到达黄河南岸；北岸焦作市距工地62km，可通行小型车辆。外来物资经公路运输到工地施工现场。

（2）供水、供电条件。施工供电、供水方便。黄河南岸孤柏嘴附近现有110kV变电站1座，变电站增容后施工用电可以从变电站接线；北岸可从清风岭和温县2个110kV变电站引接作为电源。南岸用水可取用黄河水；北岸大片滩地上的地下水丰富，可打井取水或取用黄河水。

（3）施工水位。设计枯水流量为800m^3/s，孤柏嘴工程相应的洪水水位分别为103.80m和101.95m。

3. 孤柏嘴护湾工程施工

孤柏嘴护湾工程设计总长为4000m，为水中修筑，采用不抢险的钢筋混凝土透水桩坝结构，整个工程基本上紧临主河槽岸边布置，水深较浅。根据工程布置特点，拟采用填土进占，修筑长4000m、顶宽15～20m的施工平台，采用土方填筑。

填土段钻孔桩采用埋设5m长钢护筒施工，该施工方案是利用已填筑的平台作为交通运输通道，变水下施工为干地施工。根据防洪设计标准，平台顶高程为104.5m。

其施工程序为：护筒埋设→钻孔→清孔→下钢筋笼→浇筑水下混凝土。

孤柏嘴工程与隧洞轴线交叉布置，拟沿河修建施工道路与主体工程施工道路相连，长度约4km。该段公路按三级道路标准设计，路面宽9m，碎石路面。

工程占地与移民规划

穿黄占地调查范围（包括影响范围、管理范围）为线路A（南岸进口）～S（北岸出口）点全长约19.3km内的工程永久占地和施工临时用地（含料场，弃渣场），全线工程永久占地包括工程建筑物布置占地、防护林带用地、管理区用地，含黄河北岸生产堤（桩号（10+109））以外黄河河滩。施工临时用地包括施工工厂、施工管理及生活、料场用地、弃渣场用地。全线占地共计8655亩。

全线涉及荥阳市、上街区、巩义市、温县、博爱、沁阳市6个县（市）区，7个乡镇，35个村（单位）。全线共占用土地8655亩，永久占地为4690亩，临时占地为3965亩。

占地涉及6kV以上输电线路28条，占压长度共计13.4km；涉及电信线路26条，占压长度共计7.52km；涉及有线电视线路3条，占压长度0.52km；涉及中洛输油管线1条，占压长度0.13km。孤柏嘴至上街输水管道2条，占压长度0.40km。

根据占地区人均土地资源现状标准、发展潜力及老居民人均土地资源标准，按定安置标准为原来人均耕地大于1.0亩的村，工程征地后人均耕地不低于1.0亩；原来人均耕地低于1.0亩的村，要恢复到原水平。

根据施工进度及移民迁建安排，以2004年为规划基准年，至2006年完成征地搬迁，以2006年作为占地区移民安置规划水平年。规划生产安置人口为2719人，结合当地政府和群众意愿，全在本村安置。

工程占地区生产安置规划均采取种植业生产安置。占地全线规划调整原居民耕园地和有偿划拨集体耕园地2981.6亩，全部为水浇地，人均耕园地为1.10亩。

薛村中学、玉皇庙按原有规模就地旁迁进行复建。

工程占地范围内专业项目复（改）建规划包括道路、输变电工程、通信、有线电视、输油管道设施等，根据国家有关政策、法规，结合农村移民安置规则、当地政府有关部门的意见，按原规模、原标准或恢复原有服务功能的原则对专业项目进行复（改）建。

环境保护与水土保护

（一）环境保护

穿黄工程位于河南省郑州铁路桥上游约29km处，南岸属河南省荥阳市，北岸紧靠温县和武陡县。工程区地貌类型，南岸为邙山黄土丘陵台地，北岸为黄河、沁河冲积平原及黄土岗地。工程沿线开发利用程度高，土地利用大部分为黄河滩地及部分农用耕地。

黄河干流孟津大桥、花园口水质类别为劣V类，支流新、老蟒河均为劣V类。根据对工程区大气环境本底的监测，SO_2、NO_2、TSP未超过环境空气质量二级标准，表明空气质量良好。另据现场察勘，工程区地势开阔，滩地较宽，距居民点较远，没有工业企业，噪声背景值低。

穿黄工程施工活动对水质、环境空气质量、噪声环境、人群健康及水土保持等环境因子均有影响，在影响范围和程度上存在差异。根据环境影响评价报告书结论和工程建设特点，对主要不利影响拟采取以下措施：

（1）水质保护。基坑水不需采取另外的处理措施，仅向基坑中加入适量的酸调节pH值呈中性，并让坑水静止沉淀2h后抽出外排即可。在南、北岸施工区设备机修场地分别设置平流式隔油池，机械设备冲洗废水先经过隔油池进行油水分离，再加入药剂使其凝聚，过滤后运往渣场。生活污水采用一体化生活污水净化装置进行处理。生活污水经处理达标后，排入附近农田和滩地。砂石料加工废水中固体悬浮物浓度很高，选择使用平流式沉淀池对废水进行沉淀处理，沉淀后，固体悬浮物可去除90%以上，可将处理后的废水回用至生产加工或农灌，最大限度地提高水资源利用率。对碱性废水的处理采用间歇式自然沉淀的方式去除易沉淀的砂粒。由于废水中pH值较高，可在沉淀池中加入适量的酸调节pH值至中性，再进行沉淀处理。废水经处理达标后排入滩地或农灌。

（2）环境空气质量保护。明渠开挖、填筑采用湿法作业；车辆经常清洗，进场限速；水泥装运过程保持密封；主运输干道经常洒水；拌和楼进料加湿；加强对燃油机械设备的维护保养。

（3）噪声防治。采用低噪声设备；噪声级较高设备加装消声器或减振装置；混凝土拌和楼设置隔声屏；砂石料筛分系统采用橡胶筛网、塑料钢板、涂阻尼材料；对高噪声施工人员采取个人防护措施，采取轮换作业；办公生活区周围栽种绿篱和乔木；加强施工区内外交通道路管理和养护工作，保持良好的路面路况。

（4）固体废物处理。生活垃圾委托当地环卫部门定期清运。在建筑材料运输过程中，应对运输货物采取遮盖方式，避免砂石、土料等沿途洒落。定期对交通干道路面进行清理。工程结束后，拆除施工区的临建设施，对混凝土拌和系统、施工机械停放场、块石备料场、综合仓库和办公生活区及时进行场地清理，清除建筑垃圾及各种杂物；对其周围的生活垃圾、简易厕所、污水坑必须清理平整，并用石炭酸、生石灰进行消毒，做好施工迹地恢复工作。各施工承包商应安排专人负责生产废料的收集，废铁、废钢筋、废木碎块等应堆放在指定的位置，严禁乱堆乱放；废棉纱统一回收，集中处理。

（5）人群健康保护。生活用水取用地下水，并保护好饮用水源；设垃圾箱、修建厕所，并委托当地环卫部门定期清除垃圾粪便；进场前做好场地清理和消毒；食品操作实行健康许可证制度；做好防鼠灭蚊、蝇工作，施工人员定期检疫，建立卫生室，指定急救中心等。此外，工程建设中，要加强环境管理和监理，制定监测计划，对水质、环境空气、噪声、生态和人群健康等进行监测。按 2004 年 1 季度价格水平计算，穿黄工程环境保护投资为 1129.95 万元，其中环境保护措施投资 247.71 万元，环境监测措施投资 60.88 万元，仪器设备及安装工程投资 151 万元，环境保护临时措施投资 299.62 万元，独立费用 306.78 万元，基本预备费 63.96 万元。

（二）水土保持

工程所经地貌单元为黄土丘陵沟壑区和平原滩地区两大部分。工程段南岸为黄土丘陵沟壑区，岸坡较陡，地势起伏较大，水土流失比较严重，水土流失类型以水蚀为主。工程段北岸为平原滩地区，地势平坦，土层深厚，土壤肥沃，是当地主要农业区，由于黄河泥沙淤积，地面处于微淤积状态，水土流失类型除水蚀外，同时伴有风蚀。结合以往的研究成果，南岸土壤侵蚀模数一般在 4900t/（km^2·a）左右，北岸土壤侵蚀模数一般在 1500t/（km^2·a）左右。目前为止，该区域未采取大面积水土流失治理措施。

工程施工和占地移民过程中，征地范围内的地表将受到不同程度的扰动和破坏，局部地貌将发生较大的变化，均可能产生水土流失。根据工程的特性，水土流失主要发生在施工建设期和水土保持方案措施尚未充分发挥防治功能的运行初期。

本工程扰动原地貌和破坏植被面积为 535.97hm^2；工程弃土、弃渣总量约 1511.24 万 m^3，主要集中在南岸。东邙山坡渣场弃渣约 850 万 m^3，西邙山坡渣场弃渣 602.43 万 m^3。洞身开挖弃料 18.97 万 m^3 弃于渠首上游防护堤北侧，北岸明渠土方开挖弃料中 23.8 万 m^3 用于北岸施工场平整，39.84 万 m^3 弃于明渠两侧。

经计算，本工程损毁水土保持设施面积 44.38hm^2，包括园地 26.47hm^2、有林地 12.48hm^2、灌木林地 1.30hm^2、水利设施用地 4.13hm^2。本工程新增水土流失总量为 211.35 万 t，其中扰动地表新增水土流失量 8.25 万 t，弃渣堆放新增水土流失量 203.1 万 t。

依据《开发建设项目水土保持方案技术规范》（SL 204—1998），本工程水土流失防治责任范围包括工程建设区和直接影响区，总面积 570.30hm^2，其中工程建设区 535.97hm^2，直接影响区 34.33hm^2。

穿黄工程造成的水土流失主要集中在施工期，因此，根据主体工程建设特点，结合工程总体布置、施工组织设计、项目区地形地貌特点以及水土流失防治责任范围，水土流失防治分区首先划分为工程建设区和直接影响区。工程建设区又分为主体工程区、料场、弃渣场、施工营地附企区、施工道路、工程运行管理区 6 个防治区；直接影响区包括临时堆渣影响区、施工道路影响区、排泥场泄漏影响区和移民安置区。分区采取水土流失防治措施，具体如下：

（1）明渠两侧。在明渠两侧种植防护林带，林带宽8m，树种可选择柏树、意杨、柳树等乔木。

（2）新、老蟒河交叉建筑物。采用编织袋土方填筑措施对导流明渠和主体建筑物河道进出口段进行临时护岸拦挡。

（3）料场。采取措施防止剥离的覆盖层的水土流失，将临时堆土料用塑料防雨篷布遮盖，地脚四周、坡面和顶面用块石压固。料场开采完毕后，将临时堆放的覆盖层回填，并碾压平整，布设田间林网，复耕前采取渣面种草的临时防护措施。

（4）弃渣场。南岸东山坡渣场为平地堆放式渣场，采用分级回填方式，在回填面上设置排水沟，并布设周边排水沟，坡脚设置浆砌石镇墩，坡顶设置浆砌石田埂。采用种草植树护坡，回填渣堆顶面复耕，布设田间林网，复耕前采取渣面种草的临时防护措施。西邙山坡渣场利用天然冲沟回填，为沟填式渣场。在回填面上设置排水沟，并布设周边排水沟。采用种草植树护坡，回填渣堆顶面复耕，布设田间林网，复耕前采取渣面种草的临时防护措施。防护堤北侧渣场为平地堆放式渣场，位于黄河北岸生产堤外河滩地，场地平均堆填高度约2.5m，堆渣后对原地貌地形基本没有改变，在充分碾压压实后，基本不产生水土流失，因此不另增加水土保持措施。北岸明渠弃渣主要为明渠开挖清基剥离层，集中堆放在开挖渠段附近，明渠填筑完成后堆放于明渠两侧外坡，平均运距200m。工程设计中已对明渠两侧外坡植草护坡，因此弃渣堆放时段可与主体工程施工进度协调，开挖弃渣先堆放在开挖面附近，采取临时措施防护，待明渠填筑完成后转运至外坡处堆放，统一绿化，修建排水沟。

（5）施工营地附企区。以预防措施为主，在施工结束后应清除建筑垃圾，进行迹地恢复。

（6）施工道路。对新建永久施工道路两侧植树，道路施工中两侧布设临时简易排水沟，高陡边坡段采用干砌石坡脚防护。

（7）工程运行管理区。采用乔、灌、草结合方式对可绿化用地进行绿化。

（8）临时堆渣影响区。主要是占用未征地的临时堆渣，为北岸明渠开挖弃料，将临时堆渣用塑料防雨篷布遮盖，地脚四周、坡面和顶面用块石压固。

（9）排泥场泄露影响区。排泥场用于干化、堆置盾构洞挖弃泥，在边界采用临时编织袋土方挡墙措施，以防止泄露。

（10）移民安置区。开垦荒地时应对清理的砖瓦、垃圾、草根等杂物妥善堆放，田边坡度较陡处进行护坡，修建周边排水系统，做好田间绿化；移民建房弃渣妥善处置，新建房屋房前屋后种树等；镇外单位复建、道路复建时采取临时排水措施，妥善处置弃渣；加强水土保持管理。

水土保持措施主要工程量：土方开挖15759m³，浆砌石13277m³，干砌石358m³，乔木65864株，灌木63483株，种草2306240m²，塑料防雨篷布124100m²，编织袋土方1860m³。

水土保持工程总投资1951.54万元。其中工程措施1166.64万元，植物措施332.48万元，临时措施21.52万元，独立费用278.58万元，基本预备费107.95万元，水土保持设施补偿费44.38万元。

工程投资

穿黄工程南起A点，北至S点，全长19.3km。主要建筑物包括：南岸连接明渠，南岸退水洞，进口建筑物（含邙山隧洞），穿黄隧洞段，出口建筑物，北岸连接明渠，北岸新、老蟒河交叉建筑物，北岸导流堤等，南水北调中线一期穿黄工程施工总工期51

个月。

按2004年6月份价格水平核定该工程初步设计概算投资为313706万元。（概算投资数摘自《国家发展改革委关于核定南水北调中线一期穿黄工程初步设计概算的通知》（发改投资［2005］521号））

水　文

穿黄河段位于小浪底水库与花园口之间，穿黄工程以上黄河集水面积约71.6万km^2。对穿黄河段的洪水有较大调蓄控制作用的主要为三门峡、小浪底、陆浑、故县4座水库。

（一）穿黄设计洪水

从暴雨成因、历史洪水和多年实测资料分析，能够造成黄河下游特大洪水只有以三门峡以上来水为主的“上大型”洪水，和以三门峡以下来水为主的“下大型”洪水两种类型，经实测和调查洪水资料分析，“上大型”洪水与“下大型”洪水不发生遭遇。

由于“上大型”洪水有三门峡、小浪底水库控制，穿黄断面设计洪水和校核洪水均为“下大型”洪水，并选用1954、1958、1982年洪水为洪水典型年，按照干、支流水库联合运用原则，对各典型洪水进行各频率调洪演算，求出各穿黄断面各典型年各频率的设计洪峰流量。经分析比较，在小浪底、三门峡、陆浑、故县4库联合作用下，各穿黄断面的洪峰流量，以1 958年典型洪水为最大，特选定以1958年为典型计算的设计洪水成果作为各穿黄断面设计洪水成果。穿黄断面设计洪峰流量见表1。

表1　穿黄断面设计洪峰流量表

频率（%）	0.1	0.2	0.33	1	5	10	20
流量（m^3/s）	17530	15780	14970	12950	11210	10140	9430

（二）穿黄施工设计洪水

三门峡等水库建成后，由于水库调蓄影响，建库前枯期洪水还原到建库后枯期洪水困难，选用刘家峡水库建成后、小浪底水库建成前的1968～1998年小浪底加黑石关实测非汛期洪水系列，通过频率计算方法计算。伊洛河陆浑、故县水库集水面积为8862km^2，占小浪底—穿黄工程区间面积的40%，比重较小，加之两库枯水期的洪水还原较困难，难以准确预估其枯期设计下泄量，计算施工洪水时未对两库进行还原计算。

穿黄工程施工期较长，施工设计洪水的分期采用1、2、3、4、5、6、11、12等8个月和11～4月、11～5月全年3个时段。设计频率采用1%、5%、10%、20%等4个频率。非汛期各月、各时段施工设计洪水成果见表2。

表2　穿黄断面非汛期各月、各时段施工设计洪峰流量表

频率	1月（m^3/s）	2月（m^3/s）	3月（m^3/s）	4月（m^3/s）	5月（m^3/s）	6月（m^3/s）	11月（m^3/s）	12月（m^3/s）	11～4月（m^3/s）	11～5月（m^3/s）
1%	1480	1830	4110	4290	2800	3880	5420	2370	5480	5500
5%	1210	1520	2950	3020	2330	2930	3590	1880	3860	3900
10%	1090	1370	2440	2470	1960	2500	2820	1640	3160	3200
20%	960	1210	1940	1940	1690	2060	2090	1400	2480	2530

（三）穿黄断面水位—流量关系

穿黄工程附近的黄河主河床，属游荡性河床，断面水位流量关系随水量、流速、含沙量及断面的变化而发生变化。小浪底水库1999年建成运用及在以后几十年的运行中，对穿黄断面水位流量关系有较大影响。

穿黄断面现状的水位—流量关系，主要依据下游2.0km处孤柏嘴水文断面2001年10月15日实测大断面资料，和通过实测资料分析的穿黄河段水面比降、糙率等资料，采用水力学计算方法，先计算拟定出孤柏嘴水文断面水位—流量关系，再利用比降法转换成穿黄断面水位—流量关系，见表3。

表3 穿黄断面设计洪水位表

频率（%）	流量（m^3/s）	水位（1985基准以上m）		
		2001年现状	河道最大冲刷	运行50年后
20	9430	103.75	103.10	104.25
10	10140	103.83	103.19	104.33
5	11210	103.93	103.32	104.43
1	12950	104.09	103.51	104.59
0.33	14970	104.27	103.73	104.77
0.2	15780	104.34	103.81	104.84
0.1	17530	104.47	103.99	104.97

（四）新蟒河设计洪水

新蟒河穿黄断面以上集水面积约1200km²，按照南水北调中线工程工作大纲规定，集水面积大于20km²的河流，河渠交叉建筑物需按100年设计，300年校核。但由于新蟒河现阶段设计排洪能力为20年一遇洪水，遇超标准洪水时，猪龙河入汇口以下河段的超出洪水，沿途均可由南堤漫溢排向黄河主槽。因此，新蟒河现阶段仅提供设计频率为5%以下的设计洪水。

焦作市水利局在小浪底移民区蟒河下游治理工程中提出的新蟒河下段（猪龙河入汇口以下河段）5%及以下频率的设计洪峰流量，为白墙水库下泄流量加水库下游区间来水组成，该成果已经审查通过并按此方案完成施工（黄河水利委员会有关部门认为新蟒河在温孟滩以下河段防护采用5%的洪水标准过高，会影响黄河大洪水行洪，一直未予批准确认）。本次对白墙水库入库洪水、不同频率水库调洪下泄量进行复核计算的结果，与焦作市水利局设计成果接近，故新蟒河与穿黄工程交叉处设计频率为5%及以下频率的设计洪峰流量采用整治工程采用的设计成果。设计频率为0.33%、1%、2%的设计洪峰流量，超过了河道过流能力860m³/s，洪水在进入交叉断面以前，超出流量沿程已基本由多于20km长的南堤漫入黄河主槽，经过交叉断面的洪水流量，最大为860m³/s。详见表4。

表4 穿黄工程新蟒河交叉断面设计洪水

设计频率（%）		0.33	1	2	5	10	20
设计流量（m^3/s）	白墙水库下泄	1945	1061	935			
	蟒河	219	175	143			
	猪龙河	341	273	222			
	交叉断面	最大过流量860			670	600	400

（五）新蟒河交叉断面一般冲刷深度

新蟒河与北岸河滩明渠交叉断面100年一遇设计洪峰流量已超过河道最大过流能力，并漫过南堤溢入黄河，因此该断面交叉建筑物的设防水位及流量以河道在该处的最大过流能力860m³/s作为设计依据。按此流量对新蟒河交叉断面分别按黏性土和非黏性土计算得到一般冲刷深度分别为1.30m和2.06m。

（六）老蟒河设计洪水

穿黄工程以上老蟒河集水面积316.7km²（猪龙河分水口门—交叉断面区间），全属平原地区，且无实测水文资料，参照《水利水电工程设计洪水计算规范》（SL 44—1993）有关规定，设计洪水依据《河南省水利工程水文计算常用图集》及参照《小浪底移民区蟒河下游治理工程可行性研究报告》和河南省南水北调中线工程总干渠黄河北岸—焦作市区间交叉河流设计洪水计算方法，采用平原地区排涝公式计算。穿黄工程老蟒河交叉断面设计洪峰流量成果见表5。

表5　穿黄工程老蟒河交叉断面设计洪水

设计频率（%）	0.33	1	2	20
设计流量（m^3/s）	388	309	252	123

（七）区域排涝流量

（1）新、老蟒河之间区域。新、老蟒河之间区域属平原地区，集水面积42.0km^2，无实测流量资料，根据《水利水电工程设计洪水计算规范》（SL 44—1993）有关规定，结合本地区地形与产、汇流情况，新、老蟒河之间区域排涝流量采用排涝公式计算，按5年一遇的设计排涝标准，排涝流量为25.5m^3/s。

（2）老蟒河与清风岭之间区域。老蟒河与清风岭之间区域属平原地区，集水面积2.4km^2，无实测流量资料，根据《水利水电工程设计洪水计算规范》（SL 44—1993）有关规定，结合本地区地形与产、汇流情况，老蟒河与清风岭之间区域排涝流量采用排涝公式计算，按5年一遇排涝标准，排涝流量为2.83m^3/s。

工　程　地　质

（一）区域地质与地震

穿黄工程区位于华北断块南部的二级构造豫皖断块的北部边缘。断裂规模均较小，第四纪尤其晚更新世以来活动性较弱。

据国家地震局分析预报中心鉴定，场地50年超越概率10%和5%对应的地表基岩面峰值加速度分别为0.119g和0.158g，地震设计基本烈度为Ⅶ度。

（二）工程地质条件和主要工程地质问题

1. 工程地质条件

穿黄河段南有邙山，北岸滩地宽广，邙山以南及青风岭以北为冲积平原。

全新统主要为砂层，分布于黄河河床、漫滩和冲积平原；全新统及上更新统砂层分布于北岸漫滩，上更新统黄土、黄土状粉质壤土层和砂层分布于南岸邙山和北岸青风岭至S点一带；中更新统为粉质壤土，在河床、南岸漫滩埋藏于全新统及上更新统之下，在南岸邙山被上更新统黄土覆盖，出露于邙山北坡。下伏基岩为上第三系黏土岩、粉砂岩、砂岩、砂砾岩。

第四系砂层含水层、邙山黄土及黄土状壤土孔隙弱含水层和上第三系砂岩、砂砾岩孔隙、裂隙含水层中地下水和黄河水对混凝土均不具腐蚀性。新蟒河、老蟒河之间地下水受蟒河污水影响，地下水对混凝土有弱结晶类腐蚀。

2. 主要工程地质问题

黄河河床与漫滩分布深厚的第四系全新统砂层，地下水埋藏浅，地震基本烈度Ⅶ度，存在液化可能性。砂土可能液化的最大深度：河床16m；北岸桩号（9+108）~（12+608）段12.0m；桩号（12+608）~（15+500）段洪水条件下为8.0m，自然水位条件下为0.0m。

邙山黄土临河岸坡受靠湾河水淘刷、降水入渗等因素影响下，长期稳定性较差，常见于岸坡后缘的错落台阶以及拉裂缝等变形现象，说明该段岸坡部分地段目前处于临界稳定状态。

南岸连接渠道因过邙山开挖而形成黄土高边坡，坡体内分布有软黄土状粉质壤土，要注意边坡稳定问题。为确保穿黄工程安全，应综合考虑各种不利因素的影响，采取适当的岸坡、渠坡整治措施，以保证其长期稳定性。

（三）建筑物工程地质条件评价

穿黄工程沿线建筑物分为3个部分：穿黄隧洞段、南岸连接段和北岸连接段。现分别评价如下：

1. 主体建筑物部分

过黄河隧洞穿越的主要地层为Q_2粉质壤土、Q_4砂层，砂层中的石英颗粒含量较高，夹砂砾石透镜体；Q_2粉质壤土中含钙质结核，局部呈层状，应考虑其对盾构机刀具的磨损；穿黄隧洞北段自 Q_2 粉质壤土、粉质黏土进入 Q_4 中细砂层，应考虑地层性状不同对隧洞纵向变形的影响。

隧洞出口段位于低漫滩，地基为粉细砂，具中等透水性；隧洞出口段竖井施工要注意基坑涌水、涌砂问题。

2. 南岸连接段

（1）南岸连接明渠段。边坡由上更新统黄土及黄土状粉质壤土组成，其中有软黄土，地下水位较高，需采取措施人工降低地下水，并采取适当的加固措施，保证施工期和运行期边坡的稳定性。

（2）邙山隧洞段。隧洞围土由 Q_3 黄土状粉质壤土和 Q_4^2 粉质壤土、古土壤组成，地下水位高于洞底 24.25～28.5m。饱和（黄土状）粉质壤土自稳性差，采用矿山法施工时需预先排水，并超前支护。南岸进口竖井建筑物地基上部为 Q_4^2 粉细砂，厚约8m，存在涌水、涌砂问题；中下部为 Q_2 粉质壤土，中夹数层古土壤和钙质结核层，施工时需引起注意。退水闸出口位于临河岸坡，黄河贴岸冲刷，须采取防护措施。

3. 北岸连接段

（1）北岸河滩明渠段跨越低漫滩、高漫滩，为填方段，地基为粉细砂，具中等透水性；隧洞出口段竖井施工要注意基坑涌水、涌砂问题；北岸河滩明渠段地基存在饱和砂土震动液化问题。

（2）北岸连接明渠段地基为 Q_3 黄土状粉质壤土，具弱湿陷性。

（四）建筑材料

穿黄工程所需土料，南岸可用邙山开挖弃土，北岸可用陈家沟土料；所需砂砾石料，北岸可用丹河砂砾石料；所需石料，北岸可用馒头山灰质白云岩、灰岩，南岸可用东竹园石英砂岩、陈门灰岩、草店硅质细砂岩。

（张玉山 摘编）

丹江口水利枢纽大坝加高工程

工 程 概 述

丹江口水利枢纽工程位于湖北省丹江口市汉江干流上，是1座具有防洪、供水（灌溉）、发电、航运及水产养殖等综合效益的大型水利枢纽工程。该工程于1958年9月正式开工兴建，1973年底按初期规模全部建成。该工程初期规模为水库正常蓄水位150m（吴淞零点，下同），坝顶高程162m，电站装机容量900MW。1975年原国家计划委员会批准将丹江口水库正常蓄水位提高到157m。丹江口水利枢纽由河床混凝土坝和坝后式电站、连接混凝土坝及两岸土石坝、通航建筑物等组成。其中河床混凝土坝水下部分已按后期最终规模兴建，两岸混凝土坝及土石坝按初期规模兴建。丹江口水利枢纽初期工程运用30多年来，取得了显著的经济效益和社会效益。随着我国国民经济的迅猛发展，北方缺水形势日益严峻，丹江口水利枢纽大坝加高工程作为南水北调中线引水的重要水源工程，对于解决北方水资源短缺，促进地区之间经济、社会和生活的协调发展有着重要意义。根据南水北调工程总体规划、南水北调中线工程修订规划、南水北调中线第一期工程项目建议书及批复的《丹江口水利枢纽大坝加高工程可行性研究报告》丹江口水利枢纽工程正常蓄水位从157m提高至170m，相应增加库容116亿 m^3，可提高中下游防洪能力，扩大防洪效益，近期调水量95亿 m^3，后期调水量120亿～130亿 m^3。

枢纽布置及建筑物

（一）设计标准

丹江口水利枢纽的任务是防洪、供水、发电和航运。正常蓄水位170m，保坝洪水位174.35m，总库容339.1亿m^3，防洪要求保护下游大面积农田及大、中城市等的安全，供水任务为向华北跨流域调水，电站装机容量900MW，过坝建筑物可通过300t级驳船。根据其规模，枢纽定为Ⅰ等工程。大坝（包括丹唐分水岭副坝及左坝头副坝）、电站厂房等主要建筑物定为1级建筑物。通航建筑物的主要部分定为2级建筑物。挡水建筑物的洪水标准按千年一遇洪水设计，按可能最大洪水（万年一遇洪水加大20%）校核。大坝地震设计烈度定为Ⅶ度。

（二）坝轴线及主要建筑物形式

（1）坝轴线。丹江口枢纽大坝加高工程是在初期工程的基础上进行加高，各建筑物轴线除右岸土石坝需改线另建、左岸土石坝尖山段坝轴线需局部调整以及左坝端坝线需向左延伸200m外，其余轴线均与初期工程相同。

（2）主要建筑物形式。挡水建筑物河床部位为混凝土坝，两岸为混凝土连接坝段及土石坝。混凝土坝位于河床地段初期工程为宽缝重力坝，位于两岸与土石坝连接地段初期工程为实体重力坝，右岸土石坝大坝加高改线另建的坝型为黏土心墙土石坝。左岩土石坝初期工程除左联段为黏土心墙土石坝外，其余均为黏土斜墙土石坝，大坝加高工程实施后，除左联坝段由心墙上接斜墙和糖梨树岭（后期续建延长段）为黏土心墙坝外，其余仍为黏土斜墙土石坝。电站厂房为坝后式厂房，初期工程已按大坝加高运用要求设计，并已完建。通航建筑物仍然采用初期工程的型式，即上游采用垂直升船机，下为斜面升船机，两机之间用中间渠道连接，用垂直升船机过坝的布置型式。

（三）枢纽总体布置

丹江口水利枢纽大坝加高工程挡水建筑物由河床及岸边的混凝土坝和两岸土石坝所组成，总长3442m。此外在上游库区内离陶岔渠首约10km处布置有董营副坝；在左坝头穿铁路处离左岸土石坝坝头200m左右设有左坝头副坝，两副坝均为均质土坝。

混凝土坝分为58个坝段，自右向左分别为：右岸联结坝段（右13～右1，1～7）长339m；泄洪深孔坝段（8～13），长144m；溢流表孔坝段（14～24），长264m；厂房坝段（25～32），长174m；左岸接坝段（33～44），长220m。混凝土坝全长1141m。

右岸（续建工程）土石坝与右岸混凝土坝右5、右6坝下游面横缝处正交联接。经直线段约140m后再用圆弧向上游偏转，沿老虎沟上游侧山顶接至张蔡岭，全长877m。

左岸土石坝由五个不同半径的圆弧段和若干个直线段所组成。坝段分为左联、张芭岭、先锋沟、尖山、王大沟、糖梨树岭等6个坝段，右端与混凝土坝左岸联接段上游面正交相接，左端与糖梨树岭相接。全长1424m。

电站厂房位于25～32坝段下游，六台机组，单机容量150MW共900MW。此外初期工程已利用8坝段泄洪深孔右边1号孔改建成自备防汛电厂引水，2台20MW防汛自备电厂布置在混凝土坝右岸联接坝段下游岸边。

改建后的通航建筑物仍然布置在初期工程通航建筑物3坝段的位置上。

（四）枢纽建筑物

枢纽工程需加高的部位，主要是对初期挡水建筑物进行加高和对通航建筑物改建。挡水建筑物除右岸土石坝因改线另做和左岸土石坝左端延长段不在初期工程上面加高外，其余都在初期工程上进行加高和改建。加高断面尺寸由结构稳定应力等条件所确定，混凝土坝须加高14.6m，除加高坝顶外尚须扩大下游面坝体。

1. 混凝土坝

混凝土坝顶高程176.6m，加高后的最大坝高107m（位于27坝段）。

（1）右联混凝土坝：（右13～右1，1～7）共20个坝段。其中3～1坝段，坝轴线呈弧线，向上游转变60°，形成反拱状。初期工程除2和3坝段为宽缝重力坝外，其他均为实体重力坝，加高工程一般只加高坝顶和扩大下游面坝体。由于右5、右6坝段下游面要与改线另建的右岸土石坝正交连接，为改善混凝土与土石坝连接处的防渗条件，需在新扩大的下游坝面设置3道混凝土短齿墙。其基础防渗连接可通过初期工程右6、右7坝段的基础横向廊道进行帷幕灌浆，使上游帷幕与土石坝帷幕相连。

（2）深孔坝段（8～13）：在初期工程中，深孔的体型尺寸、消能方式均考虑了与后期相结合的方式，并已按后期运用条件设计和施工，因此加高工程只须加高坝顶和加大孔口以上（高程120m以上）的下游面坝体，将吊物孔、通气孔向上延伸。无水下工程。

深孔坝段共6个坝段，每个坝段长24m，各设两个泄洪深孔，共计12孔（其中8坝段右侧深孔已改建为自备防汛电厂的进水口，现存11孔），孔底高程113m，孔口尺寸5m×6m。泄洪深孔采用压力短管型式后接明槽，挑流消能。有压段末端设弧形工作门，事故检修门设在进口外缘。

（3）表孔坝段（14～24）：每个坝段长24m，其中18坝段为非溢流坝，与下游纵向围堰连成隔墙，将表孔坝分隔成14～17和19～24坝段两部分。各坝段设置2个8.5m宽的表孔，共计20孔。初期工程堰顶高程138m，闸墩厚3.5m，长30.5m，采取堰面接鼻坎挑流消能型式，鼻坎高程108m，其底宽已按后期要求施工。工作闸门采用平板门。按照初期防洪调度要求，由于19～24坝段表孔当洪水大于1935年洪水（$P=1\%$）时才运用，使用几率小；当时预计初期工程建成后不久将加高，为便于大坝加高施工，19～24坝段溢流坝下游坝坡初期工程建成后不久将加高，为便于大坝加高的施工，19～24坝段溢流坝下游坝坡初期工程中仍保留原柱状浇筑块大台阶形状。

经比选，选定大坝加高后堰顶高程152m，千年一遇洪水设计情况下其堰顶水头与初期设计水头相同，故堰面曲线型式仍按初期采用，闸墩高程由162m抬高至176.6m，鼻坎高程由108m抬高至115m，底宽仍用期工程已建底宽，因而无水下工程。此外，为避免24坝段左边孔挑流水舌危及坝后厂房安全，在本次大坝加高设计中，将左边墙向河床偏转7°角。

（4）厂房坝段（25～32）：25坝段为溢流表孔与厂房坝段的连接坝段，长12m；32坝段为对应厂房的安装场坝段，长24m；26～31坝段为电站引水坝段，长均为23m，埋设直径7.5m引水钢管各1条。上游设喇叭形进口，高程115～123m，设有拦污栅，平板检修门和平板工作门。下游高程102m设有厂坝平台，并用铅垂缝将厂坝分开。大坝加高只需加高坝顶及加厚高程102m厂坝平台以上的下游坝体，无水下工程。

（5）左联混凝土坝（33～44）：33～36坝段上游面为铅直面，37～39坝段上游坝坡渐变成1:0.25，40～44坝段上游坝坡1:0.25，其中40～42坝段共设置了土石坝防渗的4道混凝土齿墙。初期工程中上游面与土石坝防渗满足了后期继续运用要求，加高工程只需根据挡水挡土要求加高坝顶和扩大下游面坝体。

（6）通航建筑物：位于3坝段，初期工程虽按150t级通航，但初期工程的基础是按照2×150t级方案1次建成的。故加高工程按300t级规模扩建，其总体布置不变，对土建部分只进行加高和部分改建。

2. 两岸土石坝

两岸土石坝坝顶高程176.6m，上游坝坡

1:2.75～1:2.5，下游坝坡1:2.5～2.5:2.25，顶宽10m，上设1.4m高防浪墙（包括行人道高0.2m），上、下游护坡均采用预制混凝土。

（1）右岸土石坝：根据地形条件通过对3条坝线比较确定为改线另建的黏土心墙防渗坝，最大坝高60m。为避免左坝头下游坡脚落入通航建筑物中间渠道内，需设置高达30.75m的混凝土挡土墙。挡土墙长约97.94m。

（2）左岸土石坝：初期工程已经过加固处理，其防渗体均能满足后期运用水头要求，加高工程须沿上游坝坡方向顺延，加高坝顶和扩大下游坝体，并向左端延长200m。最大坝高71.6m。除左端延长坝段为黏土心墙防渗外，其余在初期工程上面加高的防渗体均采用斜墙防渗型式并与初期工程防渗体相接（与左联土石坝段心墙顶部联接，其余与斜墙顶部联接）。为避免左联土石坝加高后的下游坡体越过初期工程的下游挡土墙落入开关站，需将初期工程的下游挡土墙加高和延长，加高后的下游混凝土挡土墙最大墙高50m，总长80m。

3. 电站厂房

包括引水建筑物、主厂房、副厂房、主变压器场地、安装场、尾水渠、操作管理大楼、开关站及厂外场地等，初期工程均按后期运用要求设计并建成。大坝加高工程中再无施工任务。电站装机6台，单机容量150MW，总装机容量900MW。

引水建筑物包括进口拦污栅和压力钢管，布置在厂房坝段的26～31坝段；主厂房位于25～31坝段后面，安装场位于主厂房左侧、32坝段下游；操作管理大楼紧邻安装场，在33坝段后面；厂坝平台为变压器场地，并布置有上游副厂房，尾水平台布置有下游副厂房，开关站边缘距主厂房约300～400m，位于左岸芭茅沟处。

4. 通航建筑物

升船机初期工程按150t级规模设计，自1973年11月建成并投入运行以来，运行情况良好，主要运行参数及指标均达一初期设计要求，升船机初期工程的基础按照2×150t级方案一次建成，设备则采用分期兴建。过坝方式为铁驳船干运，其他船湿运。承船厢尺寸干运为33.24m×10.7m，湿运为24.0m×10.7m×0.9m。

大坝加高工程按300t级规模扩建，过坝方式及总体布置不变，承船厢尺寸干运为34m×10.6m，湿运为28m×10.6m×1.4m，大坝加高工程对土建部分只需进行加高改造，重点是设备的改建，其工程造价低，无技术难题。

升船机布置在右岸二、三级阶地和马家湾河漫滩的沿江狭长地带，采用垂直升船机与斜面升船机两级联合运行的型式。建筑物全线在平面上成一折线，上段为垂直升船机轴线，与坝轴线垂直相交并跨越3号坝段中心，下段为斜面升船机轴线，下游从河漫滩出口接汉江。

上游垂直升船机与水库相连，下游为下水式斜面升船机接下游引航道，垂直升船机与斜面升船机之间有中间渠道可供错船。升船机全线长1093m，从上游到下游依次有上游导航、防护建筑物，垂直升船机，中间渠道，斜面升船机和下游引航道等5个主要部分组成，另还有外港等附属设备。

通航建筑物需改建的部分主要有：垂直升船机承重支墩的墩身、墩帽要相应加高、扩大；斜面升船机上、下游斜坡道需延长，相应的轨道梁需重建；改造驼峰系统及绳道；改建升船机机房；扩建外港；近期增设3艘港作轮；金属结构及机电设备需重建或改建。

扩建后的升船机推轮过坝时，年单向通过能力为96.2万t；推轮不过坝时，年单向通过能力为140万t。

5. 库区副坝

（1）库区副坝。在库区左岸离陶岔渠首约10km处布置有董营副坝，为均质土坝，坝长265m。最大坝高约3m，上游边坡1:2.5，下游边坡1:2.25。上游采用混凝土预制块护坡，下游采用草皮护坡。

(2) 左坝头副坝。左坝头副坝位于距左岸土石坝左坝头200m穿铁路处，为均质土坝，坝长190m，最大坝高5m，上游边坡1:2.5，下游边坡1:2.25，上、下游均采用混凝土预制块护坡。

6. 主要工程量　枢纽主要工程量：混凝土浇筑量130.39万m^3，混凝土拆除量4.53万m^3，设备拆除量3687t，钢筋9097t，金结安装12948.5t，土方填筑537.15万m^3，土石方开挖77.3万m^3。

（五）混凝土坝加高新老混凝土结合措施

1. 新老混凝土结合问题

混凝土坝大坝加高工程除加高坝顶外，尚须在下坝坡贴坡加厚。加高坝顶工程除妥善处理原坝顶新老混凝土结合面及新浇混凝土底部受老混凝土约束的温控防裂措施外，一般可按常规施工。而下游坝坡面贴坡混凝土除受底部老混凝土或基岩约束外，还受下游坝坡老混凝土的约束，对新混凝土产生约束应力，同时新混凝土收缩将对老坝体产生应力、特别是对坝踵产生拉应力，结合面因收缩也可能脱开，存在联合受力问题，因而要研究“新老混凝土结合”问题。

混凝土坝加高的所谓新老混凝土结合问题，实际上是解决坝体的整体性和坝体各部位的应力要求等问题。具体要求解决以下3个方面的问题：

(1) 处理好新老混凝土联合受力问题。

(2) 妥善解决加高后的坝体和坝基应力，满足大坝安全要求。

(3) 尽可能减少新浇混凝土因温度收缩对坝体应力产生的不利影响，避免或减少混凝土裂缝，尤其是危害性裂缝。

根据试验研究和大量的计算分析及参考国外有关工程的成功经验，丹江口大坝新老混凝土结合措施采取以直接浇筑为主，在竖直接合面无键槽部位采用人工补凿键槽，溢流坝段堰面采用宽槽回填为辅的总体方案，并根据各类坝段各自的特点，相应采取不同的处理措施及手段。

2. 河床混凝土坝新老混凝土结合措施

(1) 深孔坝段。深孔8～13坝段高程120m以下已全部按后期要求形成深孔。为方便施工，在下游坡采取直接贴坡浇筑混凝土方案对坝体进行加厚，原深孔明流段墩墙2号纵缝在高程120m墙顶并缝处理。

(2) 厂房坝段。厂房坝段25～32坝段及左联段的33坝段，在高程102m厂坝平台以上贴坡加厚。保留原2号纵缝，将贴坡混凝土分成2部分，分别采用柱状浇筑，但3坝块原施工栈桥台阶应部分挖除，以防产生水平裂缝。

(3) 溢流坝段。

1) 14～17坝段。这4个坝段已形成初期溢流面，堰顶高程138m，后期堰顶加高至高程152m，在曲线平缓的溢流面上加高，采用柱状浇筑。原1号纵缝已在高程100m并缝，保留2号纵缝。

2) 18～24坝段。19～24坝段溢面尚保留台阶状，1号纵缝已经并缝，其余纵缝现尚在下游坡面出露。为简化溢流面施工，尽可能保留2、3号纵缝继续上升，4号纵缝并缝处理，原3坝块及并仓后的4、5坝块可按柱状法浇筑上升，2号纵缝上游堰体加高仍按柱状浇筑。18坝段现基本上成3个柱状体大台阶状，可参照19～24坝段措施处理。

3) 溢流坝新浇堰体混凝土与闸墩结合措施。溢流坝初期工程闸墩已由高程138m堰顶伸至高程162m坝顶。加高工程堰顶需由高程138m升高至152m，由于闸墩高达24.6～34.9m，厚度只有3.5m，在与墩顶染板连成框架的条件下，还要求闸墩侧面必须与新浇溢流面堰体混凝土结成整体受力。为确保闸墩与堰体混凝土结成整体，比较了宽槽回填方案和加强温控的整体浇筑方案，决定采取综合措施进行处理，即堰体仍按加强温控整体浇筑，但在与闸墩接合面顶部2～3m留设浅宽槽，待新浇混凝土温度降至准稳定温度后，选择有利时机进行宽槽回填。混凝土坝分期加高，国外已有很多成功先例，根据初步研究分析，新老混凝土缝面有裂开的可能性，缝宽不大，采用相应的设计方案，可保证新老混凝土之间能相互传力，使坝体应力状态满足规范要求。

（六）基础处理设计

1. 加高工程混凝土坝基础开挖

初期工程混凝土坝坝基一般开挖至新鲜或微风化岩石，对一般地质缺陷均加深开挖或尽可能挖除。

河床8～33坝段坝基开挖及处理均已按后期规模设计施工，质量满足设计要求。

左右岸联接坝段坝基开挖质量要求与河床相同，但开挖宽度只满足初期要求，加高工程需在现坝趾加宽坝基。

2. 加高工程混凝土坝基础渗流控制

（1）“排灌型”孔改建。由于左右岸联接坝段坝基不存在较大地质缺陷，基岩透水性甚微，坝高相对较低，同时考虑到大坝加高时在大坝挡水技术上有补灌成常规防渗帷幕的施工条件，因此，初期工程在右13～右7（右半部）、右4～2及33～42坝段大坝基础廊道内设1排“排灌型”帷幕兼排水孔，其中右13～右7，右4～右1及37～41坝段“排灌型”孔设在基础廊道上游侧，1～2、33～37及42坝段“排灌型”孔设在基础廊道下游侧。“排灌型”孔在接触段及局部透水性较大的孔段（$q\geqslant0.5$Lu）均进行了灌浆，其余孔段未灌浆，钻孔深度一般达到排水孔的设计深度。大坝加高后，为确保降低基扬压力，保证大坝稳定安全，须改善坝基防渗和排水条件，为此，将左右岸联接坝段基础廊道的“排灌型”孔改建为完整的防渗帷幕和排水幕，防渗标准为透水率$q\leqslant1$Lu。

（2）坝基排水孔检修。对3～32坝段坝基排水孔全部进行孔深检测，对河床坝段重点检查，确定其是否产生淤堵、塌孔等破坏，对孔内沉积物取样分析鉴定。根据检测结果决定是否进行扫孔，或采取其他处理措施。

3. 两岸混凝土坝基础加完部分固结灌浆

初期工程混凝土坝踵、坝趾一定范围内的基岩普遍进行了固结灌浆加固处理，施工质量基本良好。

两岸混凝土坝后期加高需加宽坝趾基础，为改善后期加高的坝体应力、提高基础加宽部分基岩的弹性模量、减少变形，坝趾加宽部分采用固结灌浆加固处理。

固结灌浆处理范围除混凝土坝基础加宽部分外，坝基范围以外适当的范围内，根据开挖后的实际情况亦进行固结灌浆，以利坝基应力的扩散。

固结灌浆孔排距为2.5m×2.5m，固结灌浆深度为5～10m。

4. 两岸土石坝基础防渗

除左坝头副坝为均质坝外，右岸新建土石与左岸土石坝延长段均为黏土心墙土石坝，黏土心墙通过截水槽与基础防渗帷幕相接。根据新建土石坝基础地质条件，结合后期加高工程土石坝的要求，确定新建土石坝防渗帷幕灌浆的设计原则为：有效地防止坝基集中渗漏和坝端绕坝渗漏，控制基岩渗透水力比降，满足基岩渗透稳定要求。

大坝加高工程新建土石坝基础防渗标准为$q\leqslant5$Lu。

（七）安全监测设计

为了解大坝的安全性和安全程度，根据大坝的结构特点及地质条件，大坝的安全监测范围包括坝体、坝基、坝肩，以及对大坝安全有重大影响的近坝区岸坡和其他与大坝安全有直接关系的建筑物和设备。监测项目有：变形监测（坝体水平与垂直位移、挠度、倾斜、接缝和裂缝等），渗压渗流监测及水质分析，应力应变及温度监测（温度监测含坝基温度、新老混凝土温度、库水温及气温等），上、下游水位及冲淤监测，水力学监测，坝体地震反应监测，金属结构及闸门监测，此外必须对初期工程已有的库区监测设施进行重新调整和更新改造，使之适应后期续建工程水位升高的监测需要。为使安全监测系统及时起到监控作用，确保工程综合效益的发挥，对影响工程安全的重要监测项目或重要部位拟逐步实行监测数据自动采集和管理。

除利用仪器仪表进行监测外，还必须按国家规范要求，从施工期到运行期有计划地对工程各部位进行巡视检查，以弥补监测要求的局限性和不足。

机电及金属结构

（一）机电

1. 水力机械

（1）丹江口水电厂。

电站首台机组于1968年10月1日投产发电。从1995年3月开始，丹江口水电站逐步对水轮机进行了改造，目前，1号、2号、6号机组由原有的HL220转轮改造为东方电机厂的HLD187转轮，3号机组由原有的HL220转轮改造为上海希科水电设备有限公司的HL695转轮，4号、5号机组仍为HL220转轮。由于3号机组HL695转轮完全按大坝加高条件进行改造设计，因此，改造范围暂时不考虑3号机组。

4号、5号机组HL220转轮在当初设计选型中主要是以苏联P0702型转轮进行选型设计，转轮本身在强度上满足丹江口大坝加高至170m水位后的强度要求，并将水轮机额定水头确定为63.5m，所以在确定机组容量、尺寸、厂房规模方面给大坝加高后机组的运行创造了充分的条件。在当初选型过程中，由于电站前期运行水头范围仅为49.2～67.2m，加权平均水头为59.3m，且南水北调工程具体实施日期尚未确定，为充分考虑电站初期的发电效益，真机转轮在转速选型比较中采用了100r/min的同步转速，即将水轮机最优效率区放在了初期电站加权平均水头59.3m附近。

1号、2号、6号机组HLD187转轮基本是在HL220转轮使用寿命期满后进行改造的，改造过程中，考虑了在额定水头时水轮机增设最大出力至165MW，水轮机最优效率区放在了56.76m水头附近。与HL220转轮相比，LHD187更适用于低水头区域。

3号机组HL695转轮的改造完全按大坝加高后的条件进行，并考虑了在额定水头时水轮机增设最大出力至173.4MW，水轮机最优效率区放在大出力（165MW）、69.5m高水头（大坝加高后加权平均水头为71m）附近。该转轮采用了先进的水轮机设计技术，参数水平较高。

丹江口水利枢纽大坝加高后，丹江口水库正常蓄水位将提高至170m，电站最大水头将由67.2m提高至80.3m。与初期运行条件相比，水头条件发生了很大的变化，即电站的运行水头提高10多米。这不仅将在能量特性，而且还在空化、稳定运行方面给机组的运行将带来了一系列的问题。

通过适当降低水轮机单位转速（如$n_1' =$ 66～68r/min左右），适当增大水轮机转轮直径（如D_1加大到1.05倍左右），两者结合提高真机运行单位转速的范围，同时减小模型水轮机最优单位转速的变化范围，改善新转轮的水力设计条件。但这种方式导叶分布圆直径均要保持与原机组分布圆一致，结构上需合理布置，座环、固定导叶要修型，活动导叶要更换。且由于转轮进口直径加大，水轮机出力加大，需要发电机容量同步改造，使水轮机在大容量区才能获得较好水力性能。这种方案技术上是可行的，难度不大，且有实际电站的改造经验。由于1号、2号、6号发电机已改造，增设最大出力至165MW，因此本方案改造范围为除3号机外的5台水轮机和4号、5号发电机，改造的主要内容包括：水轮机转轮、底环、活动导叶、发电机定子定位筋、铁芯和线棒、磁极绕组及引出线。

改造后，电站将挽回每年1530万～1670万元的经济损失，同时有效改善水轮机运行稳定性能和空化性能。但由于转轮水力设计及机组结构改造上的复杂性，下阶段将进一步进行新转轮开发专题研究和机组结构改造设计的专题研究。

（2）自备防汛电厂。

自备防汛电站原有水轮机采用东方电机厂制造的HLD75转轮。电站水头变幅范围为47～65m，额定水头54.8m。丹江口大坝加高后，电站的最大水头为78m，最小水头53m，平均水头68m。大坝加高后水头条件与初期水头条件变化甚大，且最小水头接近原水轮机额定水头。水头的大幅度提高不仅将在强度、水轮机运行区域变化导致的空化特性和水力稳定性方面给机组带来问题，还会给电站引水压力钢管带来强度问题。主要表现在：

水头提高后，电站装置空化系数变低，在高水头区运行时，水轮机空蚀余量降低，78m水头时$K\sigma$仅为1.25，同时由于水轮机进入小开度区运行，转轮叶片头部空化可能性极大。原吸出高程不能满足要求。

进水阀接力器容量偏小，不能动水关闭进水阀。水头提高后，进水阀强度不够，不能确保安全运行。

水头提高后，由于机组最大飞逸转速增加较大，旋转部件应力增加也较大，转子磁极叠片和极靴原采用的材料强度不能满足大坝加高条件下的强度要求，必须予以更换。

在大坝加高水头提高条件下，即使机组以额定负荷运行，HLD75水轮机的运行范围仍然严重偏离了最优工况区，并进入小导叶开度区运行，这使HLD75转轮将长期在较为恶劣的工况下运行。

如水轮机导叶关闭时间不变，大坝加高水头条件下，压力钢管、蜗壳末端水压力计算值超过初设计算值。

为改善自备防汛电站在大坝加高后水机转轮的空化和稳定性问题，并结合电站已有水轮机的尺寸和电站机组的运行方式，采用对电站的水轮机进行改造，更换转轮并对过流部件进行修型，同时对发电机增设最大出力至25MW，以改善水轮机的运行区域，提高水轮机的抗空蚀性能和运行稳定性。发电机增设出力后要更换转子磁极、定子鸽尾筋、定子铁芯和线棒及自动化元件等。

2. 升船机及闸门启闭机的电力拖动与控制

丹江口大坝加高工程将大坝由原来的162m坝顶高程加高至176.6m，升船机及闸门启闭机更新改造的项目主要有：

升船机改建，两级升船机的电力拖动与控制系统更新改造；

电站进水口快速闸门控制系统更新；

泄水闸深孔闸门控制系统更新。

3. 供电

丹江口大坝加高工程，供电改造设计主要完成：

丹江口大坝加高后，原垂直升船机变电所将被拆除，需重新建设。原162m高程上的垂直升船机6kV变电所需改建。

斜面升船机6kV变电所址不变，由于现阶段用电设备容量增大，提升主机电机2台，每台400kV，比原来增加600kV，加之原设备陈旧老化需要更新换代。

改建18坝段6kV变电所及更换有关电气设备，门机共3台，安装于176.6m坝顶，其中2台400t门机为原有设备，1台500t门机为新增设备，门机仍用滑线供电。

丹江口大坝加高工程，根据需要在44坝段建1栋综合楼，相应需新建1个6kV变电所为综合楼供电。

丹江口大坝加高后，原贯穿泄洪坝段及厂房坝段的159.0m高程电缆廊道需封堵，廊道内电气设备全移至高程172.35m的电缆廊道内。

在172.35m高的廊道上游侧设有横向廊道通向18坝段变电所和垂直升船变电所。下游侧设有通向7坝段和32坝段电缆竖井的支廊道。32坝段电缆竖井与安装场电缆室的联系廊道维持原状。

在7~33坝段坝顶照明，利用门机电源定滑块固定杆装设灯具，每间隔一柱（24m）在杆顶上装3×250W灯具1套。各建筑物内照明均分别由供动力电源的变电所供电。在1坝段调度楼，垂直、斜面升船机变电所，左、右坝头电梯井，18坝段变电所，44坝段综合楼内分别设置1至多块照明分电箱。

防雷接地充分利用大坝自然接地体，在现有建筑物和电气设备处外露于混凝土面的接地装置用50mm×5mm扁钢垂直引至各新建建筑物及设备处。

为提高6kV厂用电系统可靠性，更换厂用变压器7B，由SP7－3200/15.75更新为S9－5000/15.75，电压等级、布置地点不变。

更换6kV厂用开关柜Ⅰ段和Ⅱ段母线设备，共更换开关柜16块。

大坝加高工程开工后，需改建坝区内6回220kV输电线路总计1.39km，4回110kV输电线路总计4.8km，重新敷设1条10kV地下直埋电缆250m。

丹江口大坝加高工程中考虑更换4号主变压器1台。

4. 暖通空调

设计的范围包括以下4个内容：

（1）坝面及坝内建筑物的暖通空调及生活给排水设计。

（2）原坝内埋设的电站取水系统的封堵处理。

（3）电站空调系统替代设计。

（4）两个电厂暖通空调改造任务中与大坝加高工程有关的部分。

建筑物的暖通空调设计拟在防汛调度楼（18号坝段，4层）、综合大楼（44号坝段，8层）各设置1套中央空调系统；在其他需要空调的房间如水工调度、机修楼的调度室（2号坝段）、垂直升船机控制室（4号坝段）、电梯机房、保卫值班室等采用分体空调器；变压器室、机修间、升船机主机房、油泵房和油压启闭机房等房间设置轴流风机进行机械排风，以排除室内的余热或油雾。

将原厂房空调系统的取水管封堵，改用水冷式冷水机组，冷却水采用自来水循环使用。

在坝顶各建筑物和斜面升船机等处设置卫生间及给排水设施。

（二）金属结构

丹江口水利枢纽金属结构设备（除升船机以外）在初期工程修建时已考虑了与后期工程相结合，当工程加高后水库正常蓄水位提高，坝顶由162m加高到176.6m后，部分金属结构需拆卸重新安装，或部分设备更新。制造（采购）重新安装的和部分重新制作（采购）和安装的金属结构与机械设备项目包括：升船机设备，泄洪堰顶闸门、深孔事故门及深孔启闭机，电站进水口拦污栅、闸门及启闭机，供水口闸门，自备防汛电厂引水钢管等。在初期工程设计中，电站和泄洪建筑物金属结构已按水库正常蓄水位170.00m设计，升船机的金属结构和机电设备按150t级船型规模设计。加高后工程设计在考虑设备运用所存在问题和对部分设备进行局部改造的基础上进行。

1. 泄洪建筑物金属结构

（1）深孔泄洪闸门和启闭机。大坝加高后，弧形工作门布置不作改变，原深孔事故检修门不满足大坝加高后的运行要求，需重新设计制造。在大坝加高后拟增设11台2000kN固定式卷扬机，以确保泄洪运行要求。大坝加高时，检修门槽需相应加高。

（2）堰顶溢流闸门。工程设计洪水位172.20m，堰顶溢流面高程由138m抬高至

152m，闸门最高挡水位172.2m，调计静水头为20.54m。已有的泄洪堰顶20扇工作门和3扇事故检修门，需将原胶木滑道支承更换为自润滑复合材料支承，同时对水封装置和侧、反向支承装置等部件进行更换改造后可在大坝加高后继续使用。

（3）坝顶门机。加高前坝顶原4000kN单吊点双向门机2台，原门机已运行30多年，机械和电器设备陈旧和老化，因此原4000kN门机应在加高后更换电器设备，同时对部分机械部件进行改造重新安装后使用。鉴于加高后工程的操作条件和技术要求，考虑门机的使用工况、互换备用要求，大坝加高后拟用原两台400kN门机并重新设计制作1台5000kN/250kN双向门机，以满足运行要求。

2. 电站建筑物金属结构

电站6台机组进水口从上游至下游依次均设有拦污栅、检修门及快速门。以上各类闸门全部继续使用，仅需改造和更换部分零部件。

电厂进水口原设有6台液压启闭机及1个液压泵站，经30多年的运行，设备曾出现过严重的缺陷，液压启闭机活塞杆端头及缓冲垫严重刮伤，造成液压启闭机活塞泄漏严重现象，鉴于以上设备目前的状况，为了保障大坝加高后电站设备的安全运行，拟全部更换快速闸门液压启闭机。

3. 防腐

丹江口水利枢纽金属结构投入运行至今已30多年了，金属结构的表面出现不同程度的锈蚀情况，深孔闸门和电站进口快速门锈蚀比较严重。根据目前的锈蚀状态，为了确保今后金属结构的安全运行，大坝加高后须对所有的原金属结构构件进行彻底和全面的防腐处理。

4. 300t级升船机布置

（1）概述。大坝加高前升船机的金属结构和机电设备按150t级过船规模设计建造，大坝后期加高时，需按原规划改建和扩建为300t级规模。扩建后升船机仍由上游导航浮堤、垂直升船机、中间渠道、斜面升船机和下游引航道5部分组成。垂直升船机和斜面升船机由中间渠道相连接，加高后枢纽最大通航水头差81.05m，其中垂直升船机水头差48.3m，斜面升船机水头差32.75m。相应金属结构和机电设备需拆除，并重新设计、制造和安装（小浮堤除外）。

（2）上游导航浮堤。上游导航浮堤大部分设备可继续留用，其中大坝加高前配置的锚链绞车大坝加高后应重新设计、制造和安装，浮堤中部连接钢丝绳应更换，大浮堤导向架埋件，小浮堤埋件需相应加高。

（3）垂直升船机。扩建后的垂直升船机最大提升力加大为7650kN，最大提升高度加大至48.3m。垂直升船机设备仍由承重轨道梁、移动式提升机、提升架和电气设备等部分组成。

（4）斜面升船机。斜面升船机由牵引绞车、斜架车（承船厢）、摩擦驱动机构、斜坡道及供电系统几部分组成。扩建后上下游斜坡道端部及驼峰、绳道、主机室需进行改建，原QU80钢轨道需拆除更换QU120轨道。斜面升船机扩大规模后，设备布置型式与原布置基本相同，但绞车的最大牵引力加大至1400kN，原设计均不能满足要求，需重新设计、制造安装。

（5）下游引航道。改建后下游引航道增设清淤和检修水下工程的挡水闸门。

施　工

丹江口水利枢纽是南水北调中线的水源工程，由两岸土石坝、河床混凝土坝、升船机、电站等组成，初期工程于1973年建成，正常蓄水位157m，坝顶高程162m，河床坝段100m高程以下坝体已按正常蓄水位170m设计施工。大坝加高工程在已建成的初期工程基础上进行，正常蓄水位170m，混凝土坝顶高程 176.6m，土石坝顶高程 176.6m；溢流坝段堰顶由高程 138m 加高至 152m；升船机需进行相应改建，其规模由 150t 级提高到 300t 级。

（一）施工期度汛

丹江口大坝加高工程施工期度汛与新建水利水电工程施工期度汛的条件和要求不一样，加高施工时，既要保证工程的安全度汛和汉江中下游防洪安全，又要尽量满足初期工程各项功能的正常运行。

结合工程实际，考虑到工程加高施工期间，大坝正在按初期规模运行，相应库容 200 亿 m^3 左右，混凝土坝与 1.2km 长的土石坝同时挡水，其施工度汛标准采用 1000 年一遇洪水设计。10000 年一遇洪水校核，10000 年一遇加大 20% 洪水保坝。

按确定的度汛标准、加高工程施工方案和施工总进度，经多方案比较，推荐溢流堰孔按分年、分批加高的施工度汛方案。

第 1～3 年：溢流堰孔溢流顶面未加高，大坝泄流能力不变，大坝度汛按丹江口初期运行期度汛要求执行。

第 4 年：22～24 号溢流坝段 6 个堰孔加高至高程 152m。此时大坝由高程 113m 的 11 个深孔、高程 138m 的 14 个表孔和高程 152m 的 6 个表孔联合泄流。

第 5 年：19～21 号坝段 6 个堰孔加高至高程 152m。此时大坝由高程 113m 的 11 个深孔、14～17 号坝段高程 138m 的 8 个表孔和 19～21 号坝段高程 152m 的 12 个表孔联合泄流。

第 6 年：汛前大坝全部加高完毕。

施工期不同时段的库水位控制如下：

第 1～3 年枯水期，主要进行大坝贴坡施工，考虑初、后期荷载叠加的坝体结构受力条件，限制库水位不高于 152m。1 号坝段和右 1 坝段混凝土拆除时，库水位随拆除高程降至 142.5m；汛前限制水位 149m（同初期运行）。

第 4 年和第 5 年枯水期主要进行大坝加高施工，坝体结构受力对库水位无特殊限制，水库蓄水位提高至初期正常蓄水位 157m。此时坝体泄流能力减少，汛前限制水位降低为 145m。

（二）施工总布置

丹江口水利枢纽加高工程是在已建初期工程的基础上进行施工，初期工程施工时修建的施工附属企业虽然已被附近工厂、企业和居民楼占据一部分，但加高工程施工仍可以充分利用现有场地和部分设施、仓储等。

左岸原有施工场地及道路也由于被工厂、企业和居民楼占用了一部分，使用受到一定的限制；右岸施工场地和道路布置条件较好。

根据枢纽布置、场地条件及施工方法等，施工企业采用两岸布置方式。

（1）砂石加工系统。左右岸各建 1 个砂石加工系统，左岸布置在王宝营，净料生产能力 295t/h，场地占地面积约 4.5 万 m^2；右岸布置在柳林，净料生产能力 500t/h，场地布置高程 97m，占地面积 3.5 万 m^2。需补充左岸王家营砂石系统描述。

（2）混凝土系统。左岸混凝土系统设在土石坝上游小胡家岭，系统布置 $3\times1.5m^3$、$2\times10m^3$ 混凝土拌和楼各 1 座，场地布置高程为 160m。右岸混凝土系统设在土石坝上游军营附近，系统布置 $3\times1.5m^3$ 混凝土拌和楼 1 座，场地布置高程为 162m。

左、右岸混凝土均采用汽车配 3～$6m^3$ 吊罐运输。

（3）综合加工厂。综合加工厂主要集中布置在左岸，右岸仅设土石坝护坡预制块、坝顶公路桥梁等预制加工场地。左岸厂址位于汤家沟，场地高程 130m，总占地面积 $22000m^2$。右岸厂址位于蔡家沟，场地地面高程 152～154m，总占地面积 $6000m^2$。

（4）施工机械停放场及金结拼装场。左、右两岸在承包商营地分别设置汽车停放场和施工机械停放场。左岸在小胡家岭设置金结拼装场，右岸在升船机附近设置临时金结拼装场。

(5) 生活区。左岸生活区设在王大沟；右岸生活区设在农校附近。

(6) 水电供应。左岸施工用电由苏家沟变电所适当改建后供应；右岸施工用电需在右岸土石坝下游新建1座36kV变电所。左岸施工用水供水规模1.34万t/d，扩建1.34万t/d水厂1座；右岸施工用水由新建的1.65万t/d水厂供应。

(三) 施工总进度

根据上述原则拟定的施工程序及施工方法，大坝加高工程施工总工期为5年半，其中包括施工准备工期9个月。

控制施工准备工程工期的项目是砂石加工系统和混凝土拌和系统的修建。河床坝段的贴坡和加高混凝土是控制施工总进度工期的关键部位。

(1) 第1年9月混凝土系统建成投产，10月份左右岸开始浇筑混凝土。

(2) 第3年4月14~17号，19~24号坝段溢流面浇至128m高程，厂房坝段、深孔坝段贴坡基本完全。

(3) 第4年汛前左、右岸土石坝填至高程167m，22~24号坝段浇至坝顶高程（堰顶浇至高程152m）。同时，左、右岸混凝土坝及厂房坝段、深孔坝段均已浇至坝顶高程。

(4) 第5年汛前19~21号坝段浇至坝顶高程176.6m。

(5) 第6年汛前工程全部竣工。

工 程 特 性

丹江口水利枢纽工程特征见表1。

表1　丹江口水利枢纽工程特性表

序号及名称	单位	数量	备注
一、水文			
1. 流域面积			
全流域	km^2	159000	
坝址以上	km^2	95217	
2. 利用的水文系列年限	a	68	1933~2000年
3. 多年平均年径流量	亿 m^3	388	1956~1998年
4. 代表性流量			
多年平均流量	m^3/s	1230	
实测最大流量	m^3/s	5000	1935年7月
入库设计灌水标准及流量（$P=0.1\%$）	m^3/s	79000	1935年7月洪水典型
入库洪水标准及流量（$P=0.1\%$）	m^3/s	98400	1935年7月洪水典型
入库校核洪水标准及流量（$P=0.01\%$ 加大20%）	m^3/s	118000	秋季洪水
5. 泥沙			
多年平均输沙量	万 t	10383	建库前
		100	建库后
多年平均含沙量	kg/m^3	2.44	建库前
		0.03	建库后
实测最大含沙量	kg/m^3	27.1	黄家港

续表

序号及名称	单位	数量	备注
6. 天然水位			
实测最低水位	m	88.26	王家营
实测最高洪水位	m	98.22	王家营
调查最高洪水位	m	104.05	坝址 61000m^3/s 调查历史最大流量推算
二、水库			
1. 水库水位			
校核洪水位	m	174.35	
万年一遇洪水位	m	173.6	
设计洪水位	m	172.2	
正常蓄水位	m	170	
防洪限制水位	m	160 ~163.5	
死水位	m	150 ~ 145	
2. 正常蓄水位时水库面积	km^2	1050	
3. 回水长度	km	177.4	汉江 20 年一遇回水
4. 水库容积			
总库容（校核洪水位以下）	亿 m^3	339.1	
调洪库容（校核洪水位至防洪限制水位）	亿 m^3	111.1 ~ 140.9	
其中共用库容（正常蓄水位至防洪限制水位）	亿 m^3	62.5 ~ 92.3	
死库容	亿 m^3	100 ~ 126.9	
5. 库容系数		40 ~ 46	
6. 调节特性		多年调节	
7. 水量利用系数		85（90）	括号内为 2030 水平年
三、下池流量及相应下游水位			
1. 设计洪水位时最大下泄流量	m^3/s	22300	
相应下游水位	m	97.6	
2. 校核洪水位最大下泄流量	m^3/s	47400	
相应下游水位	m	102.2	
3. 最小下泄流量	m^3/s	200	最小通航流量
相应下游水位	m	88.3	
四、工程效益指标			
1. 防洪			
防洪保护面积	万亩	1700	
标准		1935 年同大洪水	约相当 100 ~ 200 年
2. 供水			
陶岔最大引水流量	m^3/s	420（630）	2010 水平年（2030 水平年）

续表

序号及名称	单位	数量	备注
年平均供水量（$P=50\%$）	亿 m^3	97.13（120.85）	2010 水平年（2030 水平年）
3. 发电			
装机容量	MW	900	
保证出力	MW	258（231）	2010 水平年（2030 水平年）
多年平均发电量	亿 kW·h	33.78（31.09）	2010 水平年（2030 水平年）
年利用小时	h	3750（3450）	2010 水平年（2030 水平年）
4. 航运			
改善航道里程	km	约 150	
过船吨位	t	300	
设计最大年货运量	万 t	140	
五、淹没损失及施工征地			
1. 淹没耕地（$P=20\%$）	万亩	23.43	含园地、鱼塘、菜地等
2. 迁移人口（$P=5\%$）	万人	24.95	
3. 淹没房屋	万 m^2	708.57	
4. 淹没公路长度	km	308.12	
5. 淹没涉及工矿企业	个	106	
6. 施工征地	km^2	1.44	
六、主要建筑物			
1. 挡水建筑物大坝总长度	m	3446	未含副坝长度
（1）混凝土重力坝			河床及两岸连接坝段
坝顶高程	m	176.6	
最大坝高	m	117	
坝顶长度	m	1141	含泄洪建筑物长度
基础防渗型式		帷幕灌浆	
（2）左岸土石坝			
坝型		黏土斜、心墙分区土石坝	
坝顶高程	m	177.6	
最大坝高	m	71.6	
坝顶长度	m	1424	
基础防渗型式		帷幕灌浆	
（3）右岸土石坝			
坝型		黏土心墙分区土石坝	
坝顶高程	m	176.6	
最大坝高	m	60	
坝顶长度	m	877	
基础防渗型式		帷幕灌浆	

续表

序号及名称	单位	数量	备注
（4）副坝			
1）左坝头副坝			
坝型			均质坝
最大坝高	m	3.5	
坝顶长度	m	190	
2）董营副坝			
坝型			均质坝
最大坝高	m	5.0	
坝顶长度	m	265	
2. 泄洪建筑物			
1）溢流表孔			河床混凝土坝中部
孔数	孔	20	
堰顶高程	m	152	
溢流段长度	m	240	
消能方式		挑流	
闸门尺寸	m×m	8.5×22.5	
2）泄洪深孔			河床混凝土坝右部
孔数	孔	11	
底板高程	m	113	
溢流段长度	m	144	
消能方式		挑流	
闸门尺寸	m×m	5×6	
3. 电站			
厂房型式		坝后式	河床左部
机组安装高程	m	88.00	
主厂房尺寸（长×宽×高）	m×m×m	171×44.5×47.9	
开关站型式		户外式	
面积	m^2	14400	
4. 升船机			
1）线数、级数		单线 2 级	一级垂直加一级斜面
2）一次过坝最大吨位	t	300	
3）年通过能力	万 t	14096.2	拖轮不过坝 拖轮过坝
4）上游最高通航水位	m	170	最低 150
5）下游最低通航水位	m	88.30	
6）最小通航流量	m^3/s	200	

续表

序号及名称	单位	数量	备注
7）最大通航流量	m^3/s	6200	相应水位 93.09m
8）船厢尺寸	m	37×11.7 22.8×11.7×1.4	干运 湿运
9）平均过闸时间	min	24.62 26.32	拖轮过坝 拖轮不过坝
七、主要设备			
1. 水轮机			
型式	立轴混流式		
台数	台	6	
额定出力	MW	154	
转速	r/min	100	
吸出高度	m	-4	
最大水头	m	80.3	
平均水头	m	71.2	
最小水头	m	55.3	
额定水头	m	63.5	
每台机组设计流量	m^3/s	275	
2. 发电机			
型式	立轴伞式		
台数	台	6	
单机容量	MV·A	176.5	
电压	kV	15.75	
3. 输电线			
电压	kV	220（110）	
回路数	回	6（220kV） 7（110kV）	
输电目的地		110kV 回至河南 5 回至湖北 220kV 回至河南 4 回至鄂东	
八、施工			
1. 主体工程量			
明挖土方	万 m^3	60.31	
填筑黏土方	万 m^3	57.52	
明挖石方	万 m^3	16.96	
填筑砂卵石方	万 m^3	451.21	
混凝土和钢筋混凝土	万 m^3	127.79	

续表

序号及名称	单位	数量	备注
金属结构安装及钢材	t	12656	
帷幕灌浆	万 m	4.53	不包括排水孔及检查孔
固结灌浆	万 m	1.13	
2. 主要建筑材料			
水泥	万 t	31.2	
钢材	万 t	3.53	
木材	m^3	7300	
3. 所需劳动力			
平均人数	人	3000	
高峰工人数	人	3600	
4. 施工临时房屋	m^2	42500	
5. 施工动力及供电系统			左岸苏家沟变电站及右岸变电站
6. 对外交通运量	万 t	81.34	
7. 施工工期	年	5.5	
九、经济指标		228606	
静态总投资	万元		未含库区淹没补偿

水　　文

汉江丹江口以上流域 1956～1998 年多年平均降水量 890.5mm，平均天然入库水量 387.8 亿 m^3，约占汉江流域的 70%。其中年最大天然入库水量为 1964 年的 795 亿 m^3，最小年入库水量为 1997 年的 169 亿 m^3，两者比值 4 倍以上。丹江口入库径流以汛期为主，5～10 月来水量占年内来总量的 79% 以上。

汉江洪水由暴雨产生，洪水的时空分布与暴雨一致。夏、秋季洪水分期明显是本流域洪水的最显著特征。从 1933～2000 年历年年最大洪水发生在各月频次统计，年最大洪水发生在 7 月和 9 月频次最高。

本次复核，水文资料截至 2000 年，以 1933～2000 年 68 年长系列及 1953～2000 年 48 年实测系列验证原成果的可靠性、合理性，分析中考虑了黄龙滩、安康及丹江口水库调蓄的影响，将坝址洪水过程“还原”为“天然”状况下的洪水。

本次复核丹江口坝址年最大、秋季 7d 洪量设计值均比原采用成果偏大 5% 左右。所以，原成果偏于安全，同时考虑到该成果已被广泛采用，因此仍采用原设计成果。按 7d 洪量设计值放大各典型年入库洪水过程。

碾盘山为丹江口下游防洪控制点，丹—碾区间洪水采用了两种不同组合，即“碾盘山与丹江口同频率区间相应”；“碾盘山与丹碾区间同频率、丹江口相应”，经调洪后取其不利的组合作为设计依据。

丹江口水库泥沙以悬移质为主，来源于汉江干流、堵河及丹江。

1975 年堵河黄龙滩水库建成后，拦截堵河来沙，使黄龙滩输沙量大幅度减小，95% 以上泥沙被拦在黄龙滩水库库内。

汉江干流安康水库 1990 年正式建成，亦将大量拦截干流泥沙，白河站年平均悬移质输沙量由 1952 ~ 1990 年的 0.515 亿 t/a，减少到 1990 年以后的 0.099 亿 t/a，因而丹江口入库泥沙大幅度减少。

丹江口水库暴雨特点是强度大，范围广，时间长，汇流时间短，库水位上升快。为实时地采集汉江中上游的水情信息，满足丹江口水库的防汛调度需要，在安康至丹江口结合原有水文站网布设和丹江口水库现存的水情自动遥测系统，以及丹江口加高后，部分测站必须改建，丹江口水情自动遥测系统需要新建 53 个遥测站，改建 25 个遥测站。

工 程 地 质

丹江口库坝区位于秦岭褶皱系的东南缘，跨北大巴山加里东冒地槽褶皱带及南秦岭印支冒地槽褶皱带，东部紧邻南阳—襄樊凹陷。历史上水库区无中强地震记载。

2003 年，中国地震局以中震安评［2003］3 号文批复的《丹江口水利枢纽大坝加高工程场地地震安全性评价报告》指出："丹江口水利枢纽大坝坝址的地震基本烈度复核评定为Ⅵ度"。"雍水建筑物（大坝）设防概率水准取 $P_{100}=0.02$（相当于年超越概率 0.0002），相应的基岩水平加速度峰值为 150g；非雍水建筑设防概率水准取 $P_{50}=0.05$（相当于年超越概率 0.001），相应的基岩水平加速度峰值为 80g；一般建筑设防概率水准取 $P_{50}=0.10$（相当于年超越概率 0.002），相应的基岩水平加速度峰值为 60g"。

主要库区工程地质问题是库岸稳定和丹唐分水岭部分地段可能渗漏问题，丹唐分水岭董营附近存在地形缺口，需修建副坝。

坝区主要工程地质问题有断裂交汇带引起的不均匀沉降问题、坝基渗透稳定问题和大坝抗滑稳定问题等。

大坝加高后下游冲刷坑对坝基抗滑稳定影响甚微，31、32 坝段缓倾角裂隙对坝体抗滑定不利，建议作抗滑稳定性复核。

经本阶段勘察研究，丹江口水利枢纽库坝区工程地质条件较好，主要工程地质问题清楚，且可通过施工和采取工程处理措施予以解决。

天然建筑材料复核或详查成果表明，防渗土料储量 125.66 万 m^3，砂砾石料储量 1657.8 万 m^3，块石料储量 94.78 万 m^3，含量、质量基本满足要求，运距均在 13km 以内，交通便利，开采条件较好。

（张玉山 摘编）

西 四 环 暗 涵 工 程

工程任务和规模

南水北调中线工程是解决北京水资源紧缺的根本措施。本工程外调水量主要解决北京城市、生活及工业需水，通过联合调度置换出当地水资源以改善水环境及满足农村经济发展。

南水北调中线工程设计水平年为 2010 年，北京口门净调水量为 10.52 亿 m^3，北京段渠首设计流量为 50m^3/s，加大流量为 60m^3/s。

进城段的用户有自来水九厂（150 万 t/d）、田村水厂（51 万 t/d）、门城镇（城子）水厂（10 万 t/d）、沙河镇水厂（10 万 t/d）、海淀山后水厂（15 万 t/d），折合供水量为 27.3m^3/s。

根据北京城市水资源联合调度的需要，在新开渠和永定河引水渠处设分水口门。

预计近期新开渠下游凉水河需水流量为

$1\sim4m^3/s$，考虑留有一定发展余地及调度的灵活性，将新开渠分水口规模定为$5m^3/s$，该分水口兼作退水之用。

永定河引水渠分水口主要是通过永定河引水渠向城市水系补水，有为城区工业、河道补充清水和作为南水北调干渠弃水多重功能。分水口规模为$20m^3/s$。

考虑到城市用水规模以及新开渠和永定河引水渠分水，推荐进城段输水规模为$30m^3/s$，加大流量为$35m^3/s$。

工程布置及主要建筑物

西四环暗涵上接卢沟桥暗渠，下接团城湖明渠，为总干渠的最后控制性工程。本工程总长为12.64km，其中暗挖施工段长11.15km，明挖施工段长1.39km，出口闸长100.2m，暗涵进口位于丰台区大井村西京石高速路永定路立交桥西南角，穿越永定路立交及京石高速路后沿高速路北侧向东北约1.4km由岳各庄桥进入四环路下，沿四环路向北约11km在四海桥处离开四环路北行约500m与团城湖明渠相接。

主要建筑物包括：暗涵涵身；出口闸；新开渠和永定河引水渠分水口；由施工竖井及横通道改建的检修井2处，排气阀井4对，通气孔23对，排水检修进人孔6对。

（一）建筑物总体布置

前期经过比选确定南水北调总干渠终点设在颐和园内团城湖；通过比较西四环路由、玉泉路路由和西五环路由，确定路由为西四环路由；对西四环暗渠输水方式进行了较深入的探讨，最后确定为双管输水方案，即工程主体采用2孔方涵和2孔并行圆洞的输水方式，由永定河倒虹吸进水闸控制，单孔可独立运行；根据施工方法不同对工程布置进行了比较，确定采用基于浅埋暗挖法施工的工程布置。

暗涵进口桩号（0+000），坐标为$x=300031.457$，$y=491983.925$；出口桩号（12+641.332），坐标为$x=311920.167$，$y=493047.331$，总长约12.64km。工程由1397m长2－3.8m×3.8m暗挖施工方涵、185m长2孔3.8m×3.8m暗挖施工方涵、10959m长2－ϕ4.0m浅埋暗挖圆涵及出口闸4部分组成。

暗涵进口位于京石高速路永定路立交桥西南角大井村附近，穿越永定路立交及京石高速路后沿高速路北侧向东北约1km由岳各庄桥进入四环路下，沿四环路向北约11km由四海桥处脱离四环路北行约500m与团城湖明渠相接。在西四环段采用市政设计院所做的西四环规划中心线为南水北调总干渠中心线。工程主要由暗挖施工段（穿京石高速及西四环）、明挖施工段、出口闸、分水口及沿线排气检修设施等部分组成，设IP点12个。工程沿线穿越主要的公路、桥梁及管线82处。

暗涵纵向折弯7处，除长569.839m段暗涵埋深在2.5～5.5之间为浅埋外，其余段埋深均在5.5～15m之间为深埋，其中引桥填方段（局部土压力，宽约33m）最深可达20m左右。

（二）主要建筑物

1. 暗涵涵身

暗涵涵身段由明挖法施工的输水方涵和暗挖法施工的输水隧洞两部分组成。起始桩号（0+000），终点桩号（12+541.132），总长12.54km。其中明挖段涵洞主要为京石路段和暗涵出口段，总长1.39km；暗挖段主要为穿京石路段和西四环路段，总长11.15km。

明挖箱涵应用于有开挖条件的地段总长约为1396m。方涵的过水断面尺寸为2孔3.8m×3.8m。

穿京石高速路暗挖段总长约为185.8m，采用方涵，过水断面尺寸与相邻的明挖段相同为2孔3.8m×3.8m。

暗挖段圆涵过水断面在城门洞形、马蹄

形和圆形之间进行了比较。经水力计算和承载力计算结果比较，最终选定为圆形断面，过流断面尺寸采用2孔 ϕ4.0m。

暗涵断面尺寸由小流量（$Q=20m^3/s$）控制。

根据规范要求及具体地质情况，明挖方涵除去在轴线和地基变化处设永久变形缝外，一般段永久变形缝分缝长度为20m；暗挖方涵分缝长度为10m；西四环暗涵除去在轴线和地基变化处设永久变形缝外，一般段永久变形缝间距为10m，不再设施工缝。

局部下卧软弱土层密实度及承载力均较高，满足承载力要求，而且不存在地震液化问题，故不需采取地基处理措施，微小的不均匀沉降可通过在地基变化处设变形缝解决。穿越处断层无活性且位于下卧深层岩层中，对暗涵地基无影响。

输水暗涵防水设计的主要目的是防止内水外渗，以防造成水量损失和对交叉建筑物产生不良影响，在地下水受污染的区域防止外水内渗污染饮用水，因本工程持力层为处在地下水位变动区的卵砾石层，渗水对地基变形影响不大。

混凝土主体结构采用C30混凝土，抗渗标号W8。

变形缝采用651橡胶止水带1道，双组分聚硫密封胶封口；暗挖段暗涵另外在初期支护和二衬之间设置连续焊接防水板。

2. 出口闸

西四环暗涵出口闸设在西四环暗涵末端，桩号（12+541.132）～（12+641.332），下游与团城湖明渠相接。

出口闸设计流量 $Q=30m^3/s$，加大流量 $Q=35m^3/s$。经水力计算，设计流量上游水位49.161m，加大流量上游水位49.212m，分水工况最高挡水水位为49.62m。

西四环暗涵出口闸全长100.20m，设斜坡连接段、水平连接段、闸室段、出口渐变段。

3. 出口闸房

总体建筑共分为两部分，西四环暗涵出口闸房，机电设备、办公用房。闸房与设备办公用房采用外廊连接在一起。西四环暗涵出口闸房共两层，底层是闸室，二层是启闭机房，各房子的空间要求满足了水工闸室的需要。机电设备、办公用房共2层，各房子的空间要求满足了水工闸室及办公的需要。房屋结构型式为钢筋混凝土框架结构，基础型式为柱下独立基础。

闸房建筑面积：547.68m^2

闸房建筑占地面积：273.84m^2

检修排水泵库房：76.50m^2

4. 分水口

（1）永定河引水渠分水口。永定河引水渠分水口主要是通过永引渠向城市水系补水，并作为南水北调总干渠退水的通道，具有双重功能。分水口设在总干渠两侧与永定河引水渠交汇处，分左右2个分水口，可分别向河道分水，分水流量各为10m^3/s。右分水口从暗涵右侧洞引出，桩号（6+445），从西四环东侧永定河引水渠右岸接入，长度112.30m。左分水口从暗涵左侧洞引出，桩号（6+666），从西四环西侧永定河引水渠左岸接入，长度152.40m。分水口管道直径为2.5m，设DN2400手电两用检修蝶阀和工作蝶阀各1套，阀井上设控制室，平面尺寸为6.3m×6.8m。在左分水口设配电室，面积217.47m^2。

（2）新开渠分水口。新开渠为北京市城区排洪河道，与干渠交于桩号（3+877），南水北调总干渠穿越处为2孔4.0m×4.5m方涵。新开渠分水口主要是通过丰台新开渠向凉水河补水，以改善城市南部的环境，并作为南水北调总干渠退水的通道，具有双重功能。分水口从西四环暗涵左侧引出，桩号（3+903），从西四环西侧新开渠左岸接入，长度69.75m。分水口管道直径为1.8m，分水流量为5m^3/s。设DN1400手电两用检修蝶阀和工作蝶阀各1套，阀井上设控制室，平面尺寸为 5.7m × 5.9m。分水口配电室面积 217.47m^2。

5. 施工竖井及暗挖进出口、排气阀、通气孔和排水检修进人孔

本工程共设暗挖进出口 3 处，施工竖井 13 处。

在穿永定路立交桥及京石高速路段共有 3 段暗挖，每段设暗挖进口 1 处，共 3 处；在西四环暗挖段进出口设在线施工竖井 2 处，井口尺寸 7m×20m，与其相结合在井下部设混凝土压力箱以便于方涵与圆洞的过渡；在西四环暗挖段设侧面施工竖井 11 座，间距 1km 左右，井口尺寸 6m×8m，竖井与主洞之间垂直设一条双车道连接廊道，结构型式为城门洞形，断面尺寸为 4.6m×4.0m。

由于该暗涵较长，考虑检修需要，在管身段中（7+535）（7 号竖井）和（10+180）（10 号竖井）处，将施工竖井改造为永久检修井。

为了检修时便于排出管内积水并能进入管道内检查，沿线设排水检修进人孔 6 对。

为了运行时排出管道内气体，在管道上设有排气阀和通气孔。本工程设置排气阀井 4 对，通气孔 23 处（其中 12 处在道路隔离带上）。

由于暗涵位于西四环路下，通气孔及检修进人孔只能从路中的隔离带或桥下穿出来，采用浅埋暗挖法施工。

6. 总干渠下穿五棵松地铁站工程

由地铁原设计单位北京市城市建设设计研究总院承担地铁穿越部分的专题初步设计工作。起止桩号为（5+006.84）～（5+206.84），全长 200m，暗涵与地铁站结构净距为 3.5m。

7. 铁路交叉防护工程

西四环暗涵共穿越铁路 2 处，分别为西长线铁路和京门线大台支线。西长线铁路基础为桩基，基础距离洞身较远，可不改变施工工艺直接穿过，没有特殊要求；穿京门线大台支线由铁路框架桥下跨中穿过，起止桩号为（8+086）～（8+143），下穿长度为 57m，暗涵与框架桥主体结构净距约 3.4m。

8. 工程安全监测

西四环暗涵工程观测包括施工期现场监控量测、信息反馈及运行期工程观测。

暗挖段施工期现场监控量测任务为：掌握围岩和支护的动态，经过对测量数据的分析处理与必要的计算和判断后，进行预测和反馈，以保证施工安全和隧道稳定。

施工期主要监测内容有：围岩及支护状况、地面及地面建筑物变化、拱顶下沉、隧洞周边净空收敛位移、围岩压力及支护间应力、钢筋格栅拱架内力、初期支护及二次衬砌内应力、锚杆内力。

施工期所有监测项目观测频次为：开挖断面距量测断面前后小于 10m 时每天量测 2 次，开挖断面距量测断面前后小于 25m 时，每 2 天量 1 次，开挖断面距量测断面前后大于 25m 时，每周量测 1 次。

现场量测数据均应绘制成时态曲线，当位移时态曲线趋于平缓时，通过数据回归分析或其他数学方法分析、推算最终位移值。最终位移值均应小于隧洞周边允许相对位移值 0.2%。实测位移值急剧增长或位移速度无明显下降，而实测位移相对值已接近允许值，支护混凝土表面已出现明显裂缝，必须立即采取补强措施，并改变施工程序或设计参数，必要时立即停止开挖，进行施工处理。工程施工前，甲方与施工单位应制定详细的应急预案，报有关主管部门批准，保证突发事件发生时，上部相关设施的安全。

后期支护应在隧洞周边水平收敛速度小于 0.15mm/d，拱顶或底板垂直位移速度小于 0.1mm/d；隧洞周边水平收敛速度、拱顶或底板垂直位移速度已明显下降，隧洞位移相对值已达到总相对位移量 90% 以上几项指标同时达到时进行。

运行期西四环暗涵工程观测内容主要包

括：隧洞上部地表沉降及地面建筑物沉降，洞身相对位移量，围岩压力及支护间压力，钢筋格栅拱架内力，初期支护及二次衬砌应力、应变，围岩渗透压力，变形缝变形量，隧洞内压水头等项目。

出口闸工程运行期观测内容主要包括：闸室沉降、闸上下游渗透压力、闸上游水位观测。

地表沉降及建筑物沉降观测采用精密水准仪现场观测，工程运行2周内每天观测1次，3个月内每周观测1次，3个月以后每月观测1次。

内压水头观测装置浮子式遥测水位计安装在立交桥下排气孔内，内压水头观测数据可由遥感装置传入中央控制室，随时可监测。

其他项目观测项目可将遥测电缆通过施工竖井接到地面，再接入中央控制室，通过安装在中央控制室的钢弦式自动采集仪直接读数。观测设备埋入后，即开始观测。初始观测采用钢弦式读数仪，观测频次较沉降观测适当加密。施工期由施工单位观测，按施工期监测要求观测频次进行，竣工验收后移交管理单位。

机电与金属结构

（一）水力机械

（1）永定河引水渠分水口。永定河引水渠分水口位于西四环暗涵与永定河引水渠交汇处，分左右2个分水口。分水口管道直径为DN2500，分水流量各为$10m^3/s$。左右分水口在接入永定河引水渠前各设1座阀门井，阀门井内设DN2400的电动蝶阀2台，1台电动蝶阀作为工作阀，另1台电动蝶阀作为检修阀。西四环暗涵正常供水情况下工作蝶阀处于关闭状态，当永定河引水渠需进行分水时，打开分水口工作蝶阀进行分水。在西四环暗涵检修时可打开分水口蝶阀退掉部分西四环暗涵内部积水。

（2）新开渠分水口。新开渠分水口位于西四环暗涵与新开渠交汇处，只设1个左分水口。左分水口管道直径为DN1800，分水流量为$5m^3/s$。左分水口在接入新开渠前设1座阀门井，阀门井内设DN1400的电动蝶阀2台，1台电动蝶阀作为工作阀，另1台电动蝶阀作为检修阀。西四环暗涵正常供水情况下工作蝶阀处于关闭状态，当新开渠需进行分水时，打开分水口工作蝶阀进行分水。在西四环暗涵检修时可打开分水口蝶阀退掉部分西四环暗涵内部积水。

（3）排气与排水设施。根据工程实际情况，本段输水系统的排气采用排气阀和通气孔2种形式，排气阀共有4处8个，通气孔23处。由于自大宁调压池以后至暗涵出口闸之间没有阀门或闸门等关断设施，因此需考虑全线整体排空检修。拟在暗涵出口明渠处设拖车式排水泵把涵洞积水排入团城湖，对本段6处低洼处的积水采用长轴深井泵抽排。排水时间共计约为48h。

（二）电气

（1）电气一次。本段共有2处集中用电负荷点，供电负荷等级按二级。在新开渠分水口、永定河引水渠分水口分别建一座10kV/0.4kV箱式变电站，安装变压器容量各为80kVA；在暗涵出口闸建一座10kV/0.4kV室内降压变电站，变压器容量为125kVA。为保证供电可靠，各处设1台50kW柴油发电机组作为备用电源。各降压变电站从附近10kV电网引接一路电源（电源具体引接方式由供电部门落实）。沿线检修排水用电，专设1套移动式柴油发电机组供电。

（2）电气二次。西四环暗涵出口2孔闸配有卷扬式启闭机。永定河引水渠和新开渠的分水口各配有3个电动阀门。在闸门及阀门的现地设有控制箱，实行就地控制。在西四环暗涵出口闸室及永定河引水渠和新开渠分水口各设1套PLC，实现闸门和阀门的集中控制。经PLC转接可实现远程监控。闸站设有工业电视系统配合闸门远程控制以及对周围情况进行观察。

（三）金属结构

（1）出口闸。本闸位于西四环暗涵的末端，下游与明渠段的首部相接，共设2孔，闸室单孔净宽3.8m，最大挡水高度2.48m。闸门的运用功能：①正常运行时，闸门全部开启；②通过适当局部开启，控制总干渠向永定河引水渠、新开渠的分水流量；③当西四环暗涵有检修需要时，立即落闸挡水，阻止团城湖方向的水流向暗涵倒灌。本闸为工作闸门，动水启闭操作，其设计特点为双向挡水。本闸设计型式为露顶式平板钢闸门，设计规格为3.8m×3.0m－2.48m，采用QP－2×5型固定式平板闸门卷扬启闭机2套，单台启闭机容量为2×50kN，启升扬程为8.0m。

（2）检修闸。为保证闸门或门槽故障时，仍可满足在不中断输水的情况下进行单孔检修，故在双孔工作闸槽的下游约2.0m处，相应设置两孔检修门槽，备用1套浮箱式检修闸门。检修闸门配用启吊设备，选用$CD_1$5D－9型电动葫芦1套，启闭容量50kN，启升扬程为9.0m。

工程拆迁占地

（一）占地实物指标调查

西四环暗涵沿京石高速路段为暗渠，采用明挖法施工，穿永定路立交桥及京石高速路段暗挖法施工。京石高速路段施工临时占地为工程开挖运输、堆土及生活区加工厂。

西四环暗涵在西四环路段采用暗挖法施工，两侧设施工竖井11座。施工临时占地拆迁范围20m×40m，每处临时占地800m^2。7、10号竖井施工后改造为永久检修井，属于工程永久占地。

西四环暗涵设有分水口3个，永定河引水渠左右分水口及新开渠分水口。蝶阀井、管理房及配电室属于工程永久占地，施工开挖范围为临时占地。

西四环暗涵沿四环路四海桥北行约500m与团城湖明渠相接，出口段为暗渠，采用明挖法施工，施工临时占地主要是开挖与运输路。西四环暗涵出口闸外侧道路边线是工程永久占地范围。

西四环暗涵上设有排气阀和通气孔，排气阀井设有4对，通气孔23处。排气阀井和通气孔占地属于工程永久占地。

西四环暗涵基本沿公路布置，交通方便，可利用社会路进行维护与管理，所以全线不设巡线路。

对工程施工占地涉及范围内所有地表物，逐一调查记录统计，按国家标准进行拆迁补偿计算。

经统计计算，西四环暗涵工程永久占地12.7亩，施工临时占地189.4亩，工程总占地202.84亩。经调查分类，工程占林地32亩，占绿地95.7亩，占压宅基地45.3亩，丰台区拆迁房屋面积3187m^2，海淀区拆迁房屋面积25278m^2，迁移居住人口62人，砍伐零星树木3563株。

（二）拆迁安置规划

依据《大中型水利水电工程建设征地补偿和移民安置条件》及《南水北调中线一期工程总干渠渠线占地规划设计及补偿投资概算编制办法》。该工程占地拆迁涉及到人口和房屋较集中的地区有3部分：丰台区岳各庄乡的碾子坟村包括亚东力建筑装饰公司、丰岳桥物资销售中心、7.41亩的宅基地、瑞祥玻璃公司；卢沟桥乡小井村的富邦花木公司、隆盛行汽车修理厂；海淀区四季青乡的四海农贸市场和大潮市场。根据北京市城市规划管理局城规发字［1996］第127号《关于同意南水北调中线工程北京段保护范围的复函》及城规发字［1996］第128号《关于控制南水北调中线工程北京段保护范围用地的通知》，四海农贸市场和大潮市场是在上述两个文件颁布之后建的，本次只做一次性赔偿，不做安置。其他村办企业鉴于目前行政协调的实际情况不予考虑安置，只对地表物进行赔偿。对居民较集中的碾子坟村的拆迁房屋本着就近靠后，恢复原标准、原规模的原则进行安置。

（三）工程占地补偿投资概算

南水北调中线京石段应急供水工程（北京段）是国家大型水利建设项目，西四环暗涵工程是该工程的一部分，故占地补偿投资应按水利部相关标准进行编制。同时，由于近几年北京市内重大基础建设工程占地拆迁均采用货币拆迁，且补偿标准与水利部大中型水利工程征地补偿标准有一定区别。该工程位于北京市境内，鉴于本工程的特殊性，占地补偿投资分别按两个标准进行分析计算。

计算结果：水利部标准总投资 2829.94 万元；北京市标准总投资 7080.82 万元。

环 境 保 护

本段工程地处北京市区，施工期对环境的影响是：施工产生的废水、废气、扬尘、生活污水、噪声、施工渣土、垃圾等对周围环境的污染以及对施工人员健康产生的一定影响。

由于工程经过人口稠密的市区，工程的主要环境问题是施工引起的噪声污染和大气污染，重点环境影响区域是岳各庄施工区紧邻的碾子坟村和西四环竖井周围的敏感区。此外，施工还会产生一些生活污水、施工污水、生活垃圾、工程垃圾，还会影响道路交通。

针对环评报告所述施工期的环境影响，采取具体的环境保护措施：采用隔油池、化粪池等处理生产废水和生活污水；用减少汽车尾气排放、施工区洒水、施工土料遮盖等措施来控制大气质量；采用隔声挡板、车辆加消声装置、限制夜间施工等控制噪声污染；施工场地杀虫灭鼠、对施工人群进行健康观察和预防接种，设立垃圾箱等公共卫生设施、妥善处理生活垃圾等人群健康保护，并列出投资费用。此外，还对施工期的环境监测、环境监理提出了方案和费用，施工期的环境管理和环境监理职责进行了简单论述。本段工程施工期环境保护总投资为 117.91 万元。

水 土 保 持

西四环倒虹吸工程水土保持责任范围 24.11hm^2，其中项目建设区面积 13.47hm^2，直接影响区面积 10.64hm^2。在工程施工期间，可能发生的水土流失形式主要是轻度风蚀与水蚀。工程共产生弃土 53.21 万 m^3，运往大宁砂石坑与永定河主河道砂石坑。因工程施工而增加的水土流失量为 269.41t。

本工程所采取的水土保持措施主要有工程措施、临时措施及植物措施。工程、临时措施包括：对临时堆土采取的防止土体滑动、水蚀以及防风覆盖措施；施工结束后导流围堰的清理以及对存放于弃渣场的弃土的碾压整治工程。植物措施主要是工程占地与施工迹地的恢复。

通过这些水土保持措施，可使扰动土地整治率达到 100%，防治责任范围内水土流失总治理度达到 100%，土壤流失控制比达到 100%，弃土弃渣拦渣率达到 99%，植被恢复系数达到 98%。水土流失防治达到一级标准。

水土保持工程总投资为 262.92 万元。

水 文 气 象

南水北调总干渠西四环暗涵段埋设在北京市区西四环路下。该地区属于永定河冲积扇平原，隶属北运河水系支流凉水河流域。

凉水河是北京城区西南部主要排水及排污河道，起点位于石景山区，流经丰台、海淀、宣武、大兴、朝阳、通州6个行政区，在通州榆林庄汇入北运河。流域内人口密集，工业发达，市政设施完备。

南水北调总干渠西四环暗涵从凉水河支流水衙沟、新开渠及永定河引水渠地下穿过，暗涵与沟渠立交。

为满足城市排水要求，水衙沟及新开渠的治理纳入北京市政工程建设中。经过多次治理，2条沟渠在与南水北调总干渠暗涵相交处为方涵。方涵东西长约80m，上下游河道为混凝土护砌。沟渠其余部分也为护砌的人工渠道。目前河道非汛期排污，汛期按照排涝标准宣泄城区雨水。沿河污水处理厂及截污工程完成后，这2条沟渠不再承担排污任务，将建成为风景观赏河道。

永定河引水渠是人工开挖修建的城市供水渠道，主要担负北京城西部分工业供水。与南水北调总干渠暗涵相交处为明渠，该渠全渠道都进行了人工护砌。

上述渠涵的排水及输水能力见表1。

表1　南水北调总干渠西四环暗涵段交叉沟渠流量表

河道名称	排水或输水流量（m^3/s）	
	$N=20$ 年	$N=50$ 年
水衙沟	34	38
新开渠	130	157
永定河引水渠	50	50

南水北调总干渠工程西四环暗涵段沿线地区属于暖温带半干旱季风气候。年平均气温在11～12℃，年极端最高气温一般在35～40℃之间（1961年曾高达43.5℃）；年极端最低气温一般在－14～－20℃之间（1966年曾达到－27.4℃）。7月最热，月平均气温为26℃左右，1月最冷，月平均气温为－4～－5℃。

根据该渠段沿线气象站多年降水量资料统计，多年平均降水量在590mm左右。降水量年内分配极不均匀，其中6～8月降水量占全年降水量的75%以上。

根据该渠段沿线气象站历年冻土统计资料分析，最大冻土深通常发生在2月份，深度一般在0.5～0.8m之间，多年平均冻土深0.47m。

工　程　地　质

工程区地处在华北平原西北部，永定河以东的冲洪积平原西部，自西南向北东穿越了永定河故道、古漯水故道、古金沟河故道及古清河故道，现已为城市建筑区。工程区地势平坦，总体呈西南高东北低，地面高程49.00～59.00m，地形高差约10.00m。

工程区所在北京地区属华北地层分区。区内钻孔揭露的地层为第四系全新统冲洪积物，岩性为上部厚约1～3m的壤土、砂壤土，部分地区为人工杂填土、素填土，其下为厚层的卵砾石夹中细砂透镜体，卵砾石磨圆度较好，粒径一般3～6cm，最大35cm以上，卵石含量沿洞线由60%～45%过渡到40%～30%，下伏第三系基岩埋深较大，稍浅的五棵松地带埋深仍为26m以上。

近场区虽然存在6条区域性断裂和3条局部性断裂，但断裂的最新活动主要为新第三纪，第四纪以来活动强度很低，活动时代多为早、中更新世，仅黄庄断裂的芦井—晓幼营段晚更新世以来有活动迹象，但强度不大，距本场区最近距离为18km，故不对本工程产生影响。按照中国地震局的《中国地震动峰值加速度区划图（2001年）》，工程区地震动峰值加速度为0.20g（相当于原标准的基本烈度为Ⅷ度）。

工程区内钻探揭露之地下水为第四系松散层孔隙潜水，含水层主要为第四系全新统冲洪积砂卵砾石层，渗透系数为50～80m/d，具有强透水—中等透水性。勘察期间（2003年7月），设计洞底高程之上，未见地下水。工程近场区范围内，近10年内，地下水最高水位 41.98～44.51m（1997 年），最低水位 24.17～27.96m（2003 年）。区内地下水主要受西面永定河地表水入渗，侧向地下径流补给以及大气降水、其他地表水的补给，排泄方式为向东南下游地下径流为主，有人工开采。地下水对混凝土不具腐蚀性，对混凝土内钢筋、对钢管呈弱腐蚀性。

沿线结合场区地质结构及建筑物的型式进行工程地质分段，共分 3 段，即倒虹吸进口—太平路段、太平路—朱各庄段及朱各庄—倒虹吸出口段，各段工程地质条件相对简单，洞身均置于卵砾石夹中细砂透镜体厚层中，该层承载力标准值大于 350kPa，可满足设计要求，在局部段洞底持力层分布下卧中细砂相对较软夹层，经判定，在地震时不会产生液化现象，但需注意地基不均匀的问题。洞线穿过新开渠渠道及其他排水管线，其渗水对工程施工是否产生不利影响，应引起足够的重视，加强对渗水的监测，适当采取防渗措施，建议该段围岩类别采用Ⅴ类，岩石坚固系数 f 为 0.6。需引起注意的是在施工期间，不排除地下水补给源特别是永定河地表水遇丰水年连续入渗补给而使地下水位抬升较大，于桩号（11＋800）～（12＋550）段出现水位高于洞底板现象，而对工程设计施工造成影响，则需进行施工排水设计。

其他控制工程，如倒虹吸出口闸及新开渠分水口门、永定河引水渠分水口门等，建筑物基础均置于卵砾石之上，卵砾石及圆砾内摩擦角 $\phi=36.0°\sim38.0°$，承载力标准值 $f_k=300\sim500$kPa，基础承载力标准值可满足设计基础应力要求。地下水位均在渠底高程以下，工程地质条件较好，但注意采取适当措施避免地基出现渗透变形问题。

工程区位于城区中，沿线两侧建筑物密集，地下管网密集，施工期间应对其周围已有建筑设施进行监测和保护。

（张玉山 摘编）

漕河段工程

工程任务与规模

漕河段工程位于保定市满成县境内，距保定市约 30km，总干渠漕河段作为南水北调中线应急供水工程的一个重要组成部分，近期由河北省的岗南、黄壁庄、王快、西大洋 4 座水库向北京市应急供水，南水北调中线一期全线通水后，还担负着向京、津及河北省部分地区输水的基本任务。根据南水北调中线一期工程总体设计，漕河段总干渠输水规模仍以南水北调中线一期工程要求确定。

漕河段设计流量为 125m^3/s，加大流量为 150m^3/s。起点设计水位 67.275m，加大水位 67.867m；终点设计水位 65.643m，加大水位 66.135m。

工程总布置及主要建筑物

漕河段工程位于保定市满城县境内，根据工程总体布置，该渠段起点桩号（371＋122.5），终点桩号（380＋202），线路全长 9319.7m。

该渠段共布置大小建筑物 7 座，其中隧洞 2 座即吴庄隧洞和岗头隧洞；大型河渠交叉建筑物 1 座，即漕河渡槽；左岸排水建筑物 2 座，即大楼西南沟排水涵洞（兼交通）、大楼西沟排水涵洞；水流控制工程 2 座，即岗头节制闸和漕河退水闸，其中岗头节制闸结合岗头隧洞进行布置，不单独设置。另外漕河段还包括吴庄隧洞和漕河渡槽之间 2101.7m 的土渠以及漕河渡槽和岗头隧洞之间745m的石渠。

渠道工程、吴庄隧洞、岗头隧洞、漕河渡槽（含退水闸）建筑物级别为1级。大楼西南沟排水涵洞、大楼西沟排水涵洞的主体部位亦按1级建筑物设计，上下游连接段等次要部位为3级。

（一）吴庄隧洞

吴庄隧洞线路走向为NW5°51′49″，起点桩号（371+122.5），坐标$x=4316737.766$m，$y=610787.809$m；终点桩号（373+495.5），坐标为$x=4319098.350$m，$y=610545.380$m，总长2373m。本工程采用双洞线布置方案，进口分流角为30°，出口汇流角为25°。隧洞由进口段、洞身段、出口段3大部分组成。

隧洞进口段长70.5m，由直线扭曲面渐变段、矩形槽渐变段、进口检修闸室段、涵洞段4部分组成。其中直线扭曲面渐变段和矩形槽渐变段分别长35m、20m，钢筋混凝土结构；检修闸室段长10.5m，为一开敞式水闸，宽7.8m；闸后为5m长的涵洞段，无压流圆拱直墙型断面，宽7.8m，高8.15m，衬砌厚度0.8m，纵坡为1/5870。

隧洞洞身段长2207m，为无压流圆拱直墙型断面。对于进出口洞段和岩石较破碎、围岩稳定性较差的Ⅳ类围岩区，采用钢筋混凝土全断面衬砌，断面尺寸为：底宽7.8m，直墙高5.9m，顶拱半径4.5m，中心角120°。进出口洞段，衬砌厚0.7m，特殊洞段衬砌厚1.0m；对于围岩稳定性较好的Ⅱ、Ⅲ类围岩区，采用锚喷支护与混凝土组合衬砌，断面尺寸为：侧墙高5.9m，项拱半径4.8m，中心角120°，洞底净宽7.8m，侧墙、底板衬砌厚度均为0.25m，喷混凝土厚度5~10cm。

隧洞出口段长95.5m，由涵洞段、检修闸室段、矩形槽渐变段、下游直线扭曲面渐变段4部分组成。其中出口涵洞段长5m，底宽7.8m，高8.15m，纵坡与隧洞一致，无压流圆拱直墙型断面，衬砌厚度0.8m：检修闸室长10.5m，宽7.8m；闸后矩形槽渐变段长30m；直线扭曲面渐变段长50m。

（二）土渠段

土渠段起点桩号（373+495.5），终点桩号（375+357），为吴庄隧洞与漕河渡槽之间的连接渠，全长2101.7m。设计渠底高程62.327~62.243m，渠道设计水深4.5m，底宽19.5m，纵坡1/25000，设计水位66.827~66.743m，加大水位67.390~67.315m。

渠道横断面型式采用梯形断面弧型坡脚。连续全填方段（桩号（375+000）~（375+357））采用黏土斜墙加隧洞弃渣填筑方案，斜墙顶宽采用5m，斜墙邻弃渣侧边坡采用1:2.0，弃渣外坡采用1:1.5，用0.35m厚干砌石护坡。黏土斜墙与隧洞弃渣之间采用土工布作为反滤材料，土工布下设0.2m砂卵石垫层。

渠道采用全断面现浇混凝土衬砌，厚度为渠底8cm、渠坡10cm；在混凝土衬砌板下铺设二布一膜复合土工膜加强防渗；渠道防冻胀采用保温板和素土压实防冻胀措施，渠底和填方段全部采用压实防冻胀措施，挖方和半挖半填边坡采用保温板防冻胀措施；一级马道以上内坡和外坡设置纵横向排水沟，坡面采用预制混凝土六角框格，格内底部填土，上部填碎石，并采用种草和灌木等措施护坡。弃渣筑堤段外坡采用干砌石护坡，干砌石厚度为35cm。

在渠道外坡脚线外侧布置防护林带，防护林带每侧宽8m；防护林带的外侧设置截流沟和导水沟，排除总干渠堤外地面坡水。一级马道或左右堤顶宽5m，右侧马道或右侧堤顶为总干渠检修道路，采用沥青混凝土路面。

（三）漕河渡槽

漕河渡槽起止桩号为（375+357）~（377+657），全长2300m。渡槽由进口渐变段、进口闸室段、槽身段、出口闸室段和出口渐变段等5部分组成。

进口渐变段桩号（375+357）~（375+402），长45m，采用钢筋混凝土直线扭曲面结构，进口底高程 62.243m，底宽 19.5m，出口底高程 62.414m，底宽 20.4m。

进口检修闸室段桩号（375+402）～（375+412），长 10m，为底板分离式钢筋混凝土结构，共 3 孔，单孔宽 6.0m，底高程 62.414m。

槽身段包括进口连接段、落地矩形槽段、20m 跨多侧墙段、30m 跨多侧墙段和出口连接段 5 部分组成，槽身均按 3 槽布置，单槽净宽 6.0m。进口底高程 62.414m，出口底高程 61.848m。进口连接段桩号（375+412）～（375+420.4），长 8.4m，采用三槽一联结构，中墙厚度由 1.2m 渐变至 0.7m。落地矩形槽段桩号（375+420.4）～（375+660.4），长 240m，共 24 节，每节长 10m，采用 3 槽一联结构。20m 跨多侧墙段为三槽一联简支预应力混凝土结构，桩号（375+660.4）～（376+370.4），长 710m，计 35 跨，其中桩号（375+727.6）～（376+122.8），中心线长 395.2m 的范围为弯道段，转弯半径 500m，中心角 45°17′43″。由于跨越铁路的需要，第 34 跨由桩号（376+320.4）～（376+350.4），跨度为 30m。30m 多侧墙段为三槽一联简支预应力混凝土结构，桩号（376+370.4）～（377+600.4），长 1230m，计 41 跨。出口连接段桩号（377+600.4）～（377+611），长 10.6m，为三槽一联的落地矩形槽结构，中墙厚度由 0.7m 渐变至 1.2m。

出口检修闸室段由（377+611）+（377+621），长 10m，为底板分离式钢筋混凝土结构，共 3 孔，单孔宽 6.0m，中墙厚 1.2m，底高程 61.848m。

出口渐变段由（377+621）～（377+657），长 36m，采用钢筋混凝土直线扭曲面结构，进口底高程 61.848m，底宽 20.4m，出口底高程 61.525m，底宽 22.5m。

（四）漕河退水闸

漕河退水闸位于渡槽下游 15m 处，桩号为（377+672）与总干渠呈斜交布置，两中心线夹角为 60°。退水闸采用钢筋混凝土结构，宽 4.5m，闸室长 15m，1 孔，设工作门和检修门。闸底板高程 61.524m，墩顶高程 68.024m。

退水渠为挖方石渠，采用混凝土喷锚衬砌，梯形断面，底宽 4.5m，纵坡 1/500，边坡系数为 1:0.75。退水渠前 62.83m 为弯道段，转弯半径 60.0m，转角 60°。弯道后接 54.50m 直线段，其后与扩散段相接。扩散段中心线长 30.0m，扩散角左、右侧均为 10°，出口底宽为 15.87m，出口中心线底高程为 61.230m，边坡系数为 0.75。

（五）石渠段

本渠段为漕河渡槽与岗头隧洞之间的连接渠，桩号（377+657）～（378+402），长 745m，行经山坡边缘，渠道以左挖右填为主，少量为全挖方和左填右挖。过水断面采用梯形断面型式，一级马道宽 5.0m，以上开挖岩石的边坡系数 1:0.5，每增高 6m 设一级宽 1m 的马道，填筑段渠道浆砌石基础及挡墙后采用隧洞石渣筑堤，并用 30cm 厚干砌石护坡，外坡系数 1:1.5，每降低 6m 设一级宽 1m 的马道。

渠道设计纵坡 1/20000，设计水深 4.5m，过水断面边坡系数 1:0.75，糙率 0.015，设计底宽 22.5m。

设计对过水断面的挖方侧渠内坡采用喷射混凝土 10cm 加 2cm 砂浆抹面的型式，对渠底及填方侧的渠内坡采用现浇混凝土板 12cm 的型式进行衬砌、减糙，并预留伸缩缝，采用 9cm 厚低发泡聚乙烯闭孔泡沫塑料板加 3cm 厚聚硫密封胶填缝止水。

渠道右岸的一级马道和填方渠段堤顶作为总干渠管理、巡视、检修的主要交通通道。按四级公路设计为沥青路面，宽 4.0m。

本段在总干渠右侧布置对外连通道路，以便渠道、漕河渡槽和岗头隧洞的维护管理。

为排除左岸山坡洪水，在总干渠左侧开口线外布置截流沟，将坡水排入漕河。

（六）岗头隧洞

岗头隧洞轴线走向 NE33°50′10″，起点桩号（378+402），坐标 x=4.322723.350，y=613014.578；终点桩号（380+202），坐标为 x=4324218.490，y=614016.853，总长1800m。隧洞采用双洞线布置方案，进口分流角为35°，出口汇流角为25°。工程分为进口段、洞身段、出口段3部分。

进口段长65m，由直线扭曲面段、矩形槽渐变段、节制闸室段、涵洞段4部分组成。其中直线扭曲面段长25m，底高程61.488m；矩形槽渐变段长20m，底高程为61.488～60.588m，设计纵坡1/22.2；闸室段长16m，闸室宽7.8m，底高程60.588m；涵洞段长4m，无压流圆拱直墙型断面，宽7.8m，高8.25m，设计纵坡与隧洞相同为1/6440。

隧洞洞身段长1650m，采用无压流圆拱直墙型断面。洞身采用钢筋混凝土全断面衬砌和锚喷支护加局部混凝土衬砌两种型式。前者用于围岩稳定性差的Ⅳ类围岩区、断层破碎带及出口洞段，总长207m；后者适用于围岩稳定性较好的Ⅱ、Ⅲ类围岩区，总长1443m。

隧洞出口段长85m，包括涵洞段、检修闸室段、矩形槽渐变段、直线扭曲面段4部分。其中涵洞段长9.5m；出口检修闸室段长10.5m，宽7.8m，底高程60.330m；闸后矩形槽渐变段长30m；直线扭曲面段长35m，底高程61.143m。

隧洞进出口边坡第一级马道宽5m，高程分别为67.988m、67.593m，一级马道以上岩石边坡高12m、土质边坡高6m设一级马道，宽2m。土质边坡采用浆砌石网格内充填干砌块石护砌，石质边坡采用喷混凝土护砌，局部不稳的岩石采用砂浆锚杆进行加固处理。

（七）大楼西南沟排水涵洞

该涵洞位于土渠段，其中心线与总干渠中心线交点桩号为（374+075），交叉角为55°。主体工程由进口、管身段、出口段组成，全长202.5m。

进口渐变段长45m，两岸边墙由钢筋混凝土重力式八字翼墙和圆弧导流墙组成，两岸八字型翼墙长31.42m。底高程由涵洞进口处58.43m，渐变至高程55.63m。

洞身段长112.0m，2孔一联钢筋混凝土箱形结构，单孔断面尺寸3.5m×4.0m，共7节，每节长16m。顶板、底板、侧墙厚度均为0.7m。涵洞洞顶高程60.20m。设计纵坡1/500。

出口段长45.5m，两岸边墙由钢筋混凝土重力式八字翼墙和圆弧导流墙组成。底部设有长10m厚0.5m钢筋混凝土护坦，接31.5m长，厚0.5m浆砌石护底。出口扩散段后设1深2m、长13m的抛石防冲槽。

（八）大楼西沟排水涵洞

该涵洞位于土渠段，其中心线与总干渠中心线交点桩号为（374+650），交叉角为60°。主体工程由进口、管身段、出口段组成，全长161.93m。

进口渐变段长21.93m，两岸边墙由钢筋混凝土重力式八字翼墙和圆弧导流墙组成，底板采用浆砌石护砌。底高程由涵洞进口处59.20m，渐变至高程58.20m。

洞身段长105.0m，两孔一联钢筋混凝土箱形结构，单孔断面尺寸2.4m×2.4m，共7节，每节长15m。顶板、侧墙厚0.5m，底板厚0.6m。涵洞洞顶高程61.4m。

出口段长35m，设20m钢筋混凝土八字翼墙接15m圆弧翼墙与两岸联接。末端设长16.6m深0.9m消力池，接15.4m浆砌石护底，厚0.5m。

机电及金属结构

澧河段工程涉及金属结构设备的建筑物有澧河渡槽、岗头隧洞、吴庄隧洞和澧河退水闸。澧河段共设有3扇工作闸门、9扇检修闸门、1台固定卷扬式启闭机、7台电动葫芦、2台液压启闭机。金属结构总量为260.6t。

澧河渡槽为3槽，设有进、出口检修闸和退水闸。进、出口检修闸均设2扇检修闸门及相应启闭机。退水闸设1扇工作闸门、1扇检修闸门及相应启闭机。该建筑物共有1扇工作闸门、5扇检修闸门、1台固定卷扬式启闭机和3台电动葫芦。金属结构总量为71.2t。

岗头隧洞为2孔，设有进口节制闸和出口检修闸。进口节制闸包括工作闸门和检修闸门。进口节制闸设2扇工作闸门及相应启闭设备、1扇检修闸门及相应启闭设备。出口检修闸设1扇检修闸门及相应启闭设备。该建筑物共有2扇工作闸门，2扇检修闸门，2台电动葫芦，2台液压启闭机。金属结构总重127.0t。

吴庄隧洞为2孔，设有进、出口检修闸。进出口检修闸均设1扇检修闸门及相应启闭设备。该建筑物共有2扇检修闸门、2台电动葫芦。金属结构总重62.4t。

澧河渡槽、岗头隧洞、吴庄隧洞进出口检修闸室的左右岸均设置检修集水井，与检修闸室相通。检修排水方式为手动操作。

钢闸门防冰冻系统采用压力水射流法，控制方式为单独式。

本渠段工程电气负荷虽然不大，但隧洞及渡槽的进、出口间距离较远，均大于2km，已超过低压供电网络传输距离，为保证供电质量，故分别于其进出处设置供电电源点(共计5个)：吴庄隧洞进口电源点由郑家佐分水闸变电站引一路低压电源供电，用电容量为57.39kV·A；吴庄隧洞出口电源点选择1台容量为1 00kV·A的变压器；澧河渡槽进口电源点选择1台容量为50kV·A的变压器；澧河渡槽出口及岗头隧洞进口电源点选择1台容量为125kV·A的变压器（由于澧河渡槽出口距离岗头隧洞进口相对较近，故由岗头隧洞进口变电站引一路低压电源至澧河渡槽出口）；岗头隧洞出口电源点选择1台容量为100kV·A的变压器。

澧河渡槽进口、岗头隧洞出口和吴庄隧洞进出口仅含检修闸门及检修排水泵等负荷，按三类负荷等级设计，采用“T”型接线；澧河出口含退水闸门，按一类负荷等级设计，岗头隧洞进口含节制闸门，按二类负荷等级设计，采用“π”型接线，并设置备用柴油发电机组（75GFZ型）。

监控系统包括闸门监控和图像监控。现地闸站计算机监控系统采用分层分布开放式结构，由现地控制保护单元层和集中控制单元层构成，采用PC+PLC或PLC配置。图像监控系统实现本段总干渠沿线各建筑物运行状态的集中或远程监测，并通过监视屏幕直观了解现场情况。该系统采用分层分布开放式系统，设立1个图像监控站。

安全监测系统由包括安全监测站、监测单元和网络线组成。安全监测站设在闸站；监测单元分布于渡槽及隧洞。安全监测系统的网络通信采用有线联接的方式。此外，观测仪器、观测仪器至监测单元的电缆连接由水工部分完成。

澧河渡槽、吴庄隧洞及岗头隧洞作为区段通信中继站，分别于进出口选用1套STM-1等级（通信速率为155Mb/s）的SDH光传输设备作为区段通信主设备，通信电路结构采用环网结构，工作方式采用四纤主备冗余保护方式。另以公网通信作为备用通道。

征地与占迁

经调查核实，总干渠澧河段共占地4416亩，其中永久占地2475亩，临时占地1941亩。

按占压土地类别划分，占压农用地面积3943亩，永久占压农用地面积2234亩，临时占压农用地面积1709亩；永久占压建设用地面积12亩；占压未利用土地面积461亩，永久占压未利用土地面积229亩，临时占压未利用土地面积232亩。

依据国家有关法律法规规定和有关专业部门规范，定额等，征地与占迁总投资6392万元，其中农村补偿投资4237万元，占压专项设施补偿投资83万元，古文化遗址补偿投资100万元，其他费用265万元，基本预备费468万元，有关税费1239万元。

环境保护设计

环境保护主要是水质保护、施工大气污染防治、施工噪声防护、施工固体废弃物防护、人群健康保护和施工迹地恢复、生态环境与文物保护等。

水质保护重点是对施工生活污水、生产废水进行治理，实现达标排放，工程措施包括：生活污水生化处理、生产废水沉淀滤油等；施工噪声防护采取设置声屏障措施；施工固体废弃物治理包括生活垃圾处理与工程弃土弃渣合理堆放，生活垃圾采用集中堆放，及时清理，并就近运至满城县垃圾处理场进行无害化处置，生产弃土弃渣等固体废弃物结合水土保持设计采取相应措施保护生态环境；人群健康保护与施工迹地恢复采取消毒、填埋、清理等措施；生态环境与文物保护则主要采取复耕和临时防护措施。

建立环境质量报告制度，实施环境监理和环境工程“三同时”验收检查制度，对施工期施工范围进行环境监测。

环保工程概算投资为276.58万元。

水土保持设计

根据工程对周围环境影响特点，将工程建设区和直接影响区确定为水土流失防治责任范围，并将项目防治责任范围划分为弃土弃渣区、施工道路区、料场区、施工附属企业区、施工生活区、主体建筑物和其他功能区等。

根据防治责任目标和施工组织，布置水土保持措施，主要有：工程措施、植物措施、土地整治措施和管理措施等，重点是弃土弃渣的防护。具体包括：在弃渣场修建弃渣拦挡工程、在弃渣场上部修建截水沟拦截弃渣场以上山体坡面径流、弃渣场土地整治与栽植防护林；施工道路两侧开挖路边排水；砂砾料场土地整平；施工附属企业和施工生活区则主要采取施工迹地恢复与复耕等。

施工期要实施水土保持管理，在工程招标过程中将水土保持措施纳入工程建设招标合同内容，制定水土流失监测计划。

水土保持工程概算总投资1554.26万元，其中水保工程投资1366.66万元，水土保持设施补偿费146.61万元。

水文气象

南水北调中线工程总干渠漕河段出吴庄隧洞后，先后穿过大楼西南沟、大楼西沟、马连川河和漕河，其中漕河渡槽横跨马连川河和漕河，大楼西南沟和大楼西沟均单独布置左岸排水工程，型式为排水涵洞。

漕河是大清河南系的一条支流，发源于易县五回岭，流经易县、满城县、徐水县，于徐水县的漕河村穿过京广铁路，经清苑县至安新县东、西马村入白洋淀。河道全长110km，总流域面积800km^2，交叉断面以上流域面积588km^2。漕河上游建有龙门水库，控制流域面积470km^2，马连川河建有马连川小（1）型水库。交叉断面百年设计洪峰流量4494m^2/s，相应洪水位46.67m，300年一遇校核洪峰流量5885m^3/s，相应洪水位47.07m。布置建筑物后百年设计洪水位47.03m，300年一遇校核洪水位47.48m。大楼西南构、大楼西沟为漕河的2条支流，其流域面积分别为3.44km^{2}和1.56km^2，50年一遇设计洪水流量为106m^3/s、62m^3/s；200年一遇校核洪水流量为 145m³/s、82m³/s。

工程所在区域为暖温带大陆性季风气候区，多年平均气温 12.2℃，极端最高气温 40.4℃，极端最低气温 23.4℃，最大风速 18.0m/s。年均无霜冻期 191d。多年平均降水量 545mm。

工 程 地 质

漕河段地处太行山东麓低山丘陵区，属低山丘陵及丘陵河谷地貌。吴庄隧洞、岗头隧洞山体最大高程 293.0～411.6m。两隧洞之间为漕河宽谷地貌，河谷总宽度约 3000m，主河槽宽约 230m，河底高程 42.1m，右岸发育一、二级阶地，阶面高程 45.0～65.0m，二级阶地上冲沟较发育。

本区出露基岩为蓟县系雾迷山组第三段、第四段中厚层燧石条带白云岩，局部有火成岩脉侵入。河谷覆盖较深的第四系松散岩层。

本区地震动峰值加速度为 0.05g，地震动反应谱特征周期为 0.45s，相当于地震基本烈度Ⅵ度区。

吴庄隧洞洞轴线附近有 2 条断层。漕河渡槽仅在西部山坡地表出露两条小断层，主槽段基岩中发育多条构造破碎带及煌斑岩脉。岗头隧洞处于舒缓向斜构造之中，洞身段发育 2 条规模较大的断层。

吴庄隧洞全长 2373m，洞身段长 2207m，其中Ⅱ类围岩长 1813m，占 82.1%；Ⅲ类围岩长 354m，占 16.1%；Ⅳ类围岩长 40m，占 1.8%。隧洞工程地质条件较好。土渠段土层具中等压缩性，黄土状壤土不具湿陷性，渠底及渠坡具微渗漏，工程地质条件较好。大楼西南沟涵洞及大楼西沟涵洞各地层承载力较高，工程地质条件较好。漕河渡槽建筑物区未发现较大的断裂构造，覆盖层一般厚度 20～30m，设计桩基多为端承桩，弱风化白云岩为较好的桩端持力层，工程地质条件较好，仅局部构造破碎带及煌斑岩脉发育地段工程地质条件较差。石渠段基岩为弱风化白云岩，左边坡稳定性较好，右边坡局部稳定性较差，渠道具中等渗漏，局部需采取固坡措施。岗头隧洞全长 1800m，洞身段长 1650m，其中Ⅱ类围岩 1160m，占洞长 70.3%；Ⅲ类围岩长 303m，占洞长 18.4%；Ⅳ类围岩 187m，占洞长 11.3%。工程地质条件较好。

漕河段工程特性

工程特性表见表 1。

表 1　漕河段工程特性表

序号及名称	单位	数　量	备　注
一、建设地点			河北省满城县
二、工程规模			
1. 渠段输水线路长度	m	9319.7	（371 +122.5） ～ （378 +202）
2. 设计流量	m³/s	125	
3. 加大流量	m³/s	150	
4. 渠段进口设计水位	m	67.275	
5. 渠段进口设计水位	m	65.643	
三、水文、地质			
1. 气象			暖温带大陆季风区
2. 漕河			

续表

序号及名称	单位	数量	备注
槽址以上汇流面积	km^2	588	
百年设计洪峰流量	m^3/s	4494	
百年设计洪水位	m	46.67	
300年设计洪峰流量	m^3/s	5885	
300年设计洪水位	m	47.07	
3. 地形地貌			低山丘陵及丘陵河谷地貌
4. 地震动峰值加速度	g	0.05	基本地震烈度Ⅵ度
四、工程标准			
1. 建筑物级别			
主要部位		1	
次要部位		3	
2. 洪水标准（重现期）			
（1）大型交叉建筑物			
设计	a	100	
校核	a	300	
（2）左岸排水建筑物			
设计	a	50	
校核	a	200	
3. 地震设计烈度	度	Ⅵ	
五、主要建筑物			
1. 吴庄隧洞			
（1）断面型式及尺寸	m×m	7.8×8.15	圆拱直墙型
（2）建筑物长	m	2373	（371+122.5）～（373+495.5）
（3）洞身长	m	2207	
（4）设计纵坡		1/5870	
（5）衬砌型式			全断面衬砌，锚喷支护与减糙混凝土衬砌
（6）进、出口检修闸门数量及型式	扇	1	平面叠梁门，2孔共用
（7）进、出口检修闸启闭机	kN	2×100	电动葫芦
2. 土渠工程			
（1）断面型式			梯形断面
（2）建筑物长	m	2101.7	（373+495.5）～（375+357）
（3）衬砌型式			混凝土衬砌
（4）设计底宽	m	19.5	
（5）过水断面边坡系数		2.5	
（6）设计水深	m	4.5	
（7）设计纵坡		1/25000	

续表

序号及名称	单位	数　量	备　注
3. 漕河渡槽			
（1）上部结构型式			板梁式
（2）下部结构、基础型式			墩台、桩基
（3）输水断面型式及尺寸	m×m	6.0×5.4	3 槽
（4）建筑物长	m	2300	(375+357) ~ (377+657)
（5）设计纵坡		1/3900	
（6）进、出口检修闸门数量及形式	扇	2	平面钢闸门，3 孔共用
（7）进、出口检修闸启闭机	kN	2×100	电动葫芦
（8）退水闸型式			平面钢闸门
（9）退水闸工作闸门启闭机	kN	2×80	卷扬式启闭机
（10）退水闸检修闸门启闭机	kN	2×100	电动葫芦
4. 石渠工程			
（1）断面型式			梯形断面
（2）建筑物长	m	745	(377+657) ~ (378+402)
（3）衬砌型式			喷混凝土、砂浆抹面
（4）设计底宽	m	22.5	
（5）过水断面边坡系数		0.75	
（6）设计水深	m	4.5	
（7）设计纵坡		1/20000	
5. 岗头隧洞			
（1）断面型式及尺寸	m×m	7.8×8.25	圆拱直墙型
（2）建筑物长	m	1800	(378+402) ~ (380+202)
（3）洞身长	m	1650	
（4）设计纵坡		1/6440	
（5）衬砌型式			全断面衬砌，锚喷支护与减糙混凝土衬砌
（6）进口节制闸门型式			弧形钢闸门
（7）出口检修闸门数量及形式	扇	1	平面叠梁门，2 孔共用
（8）进口节制闸启闭机	kN	2×320	液压启闭机
（9）出口检修闸启闭机	kN	2×100	电动葫芦
6. 大楼西南沟排水涵洞		2 孔 3.5m×4m	
（1）断面型式及尺寸			钢筋混凝土箱形结构
（2）建筑物长	m	202.5	
（3）洞身长	m	112	
7. 大楼西沟排水涵洞			
（1）断面型式及尺寸			
（2）建筑物长			

续表

序号及名称	单位	数　量	备　注
（3）洞身长			
六、施工			
1. 工程量			
土方开挖	万 m^3	131.39	
土方回填	万 m^3	85.99	
石方开挖	万 m^3	128.60	
混凝土	万 m^3	35.17	
钢筋制安	t	30612	
预应力钢绞线	t	1224	
2. 主要建筑材料			
水泥	t	163304	
钢筋	t	33826	
3. 所需劳动力			
总工时	万工时	1650.5	
平均人数	人	4811	
高峰人数	人	6210	
4. 总工期	a	3	
七、征地与占迁	亩	4416	
永久占地	亩	2475	
临时占地	亩	1941	

（张玉山 摘编）

古运河枢纽工程

工程任务和规模

古运河枢纽工程位于河北省石家庄市郊区，枢纽工程的起点即为京石段应急供水工程的起点，应急供水工程除近期担负向北京市应急供水任务外，南水北调中线工程全线通水后还担负着南水北调中线一期工程输水基本任务。田庄分水闸的供水目标为跨地市供水，担负着向石家庄、衡水等城市的供水任务。

古运河枢纽的工程规模仍以南水北调中线一期工程要求确定。田庄分水闸上游总干渠设计流量为220m^3/s，加大流量为240m^3/s；古运河暗渠设计流量为170m^3/s，加大流量为200m^3/s；田庄分水闸设计流量为65m^3/s。

工程布置及主要建筑物

古运河枢纽工程包括上游渠道工程、古运河暗渠工程及田庄分水闸工程。枢纽工程起点桩号为（236 + 934.9），坐标为 x =

4219268.828，$y=536966.390$，终点桩号为（237＋529.6），坐标为 $x=4219921.1833$，$y=537044.834$。总长657.7m，其中渠道段长92.7m，古运河暗渠长565m。田庄分水闸位于古运河暗渠进口处，分水角度为60°，建筑物总长129m。

（一）工程等别及建筑物级别

根据《水利水电工程等级划分及洪水标准》（SL—252—2000），南水北调中线一期工程为Ⅰ等工程，京石段应急供水工程古运河枢纽中主体建筑物、进口两岸连接渠道和田庄分水闸等主要建筑物为1级建筑物，河道防护工程等附属建筑物为3级建筑物，临时建筑物为4级建筑物。古运河枢纽工程主要建筑物的设计洪水标准为100年一遇，校核洪水标准为300年一遇。

依据中国地震局分析预报中心2003年11月编制的《南水北调中线北段石家庄－北京（天津）渠段设计地震加速度区划图编制报告》，本区的地震动峰值加速度为0.05g，相当于地震基本烈度Ⅵ度区。

根据《水工建筑物抗震设计规范》（SL－203—1997），确定古运河枢纽工程主要建筑物的地震设计烈度为Ⅵ度。

（二）渠线的选择

总干渠石家庄市段线路，共进行了原线、东线、西线3条线路的比较。

原线起止桩号为（229＋314）～（242＋789），长13.475km，渠线自方台村东起，沿石家庄西防洪堤外北行，穿307国道、107复线，于南新城南穿石太铁路编组站（17条标轨），在北新城南穿太平河后沿石太高速公路向东北行，于徐家庄村东穿越石太高速公路，在小马村西穿越古运河后在上京村南穿石岗路和石津渠，经杜北村东穿小青河后到达该段线路的终点。此段渠道所处地形较高，多为挖方和深挖方段，一般挖深在15～21m。另外，尚需穿越2处220kV高压线，需另辟线路予以解决。

东线在与石太铁路交叉处较原线向东移900m，渠线由防洪堤外改为防洪堤内经过，线路自方台村东起，沿石家庄市南防洪堤外北行290m后折向东，穿过南防洪堤（107复线），进入防洪堤内继续向北，穿307国道后两穿石太段路（分别为2条和5条标轨），再穿307复线后经康庄、于底两村之间，沿防洪堤东北行，从岳村和大马村之间穿过，并在太平河与古运河汇流口下游，一次穿越107复线、古运河及石太高速公路，在田庄电站处先后穿石岗公路和石津渠，至杜北村东穿小青河后与原线相接。该方案线路起止桩号为（229＋314）～（241＋433），长12.119km。

西线方案线路走向大体与原线方案相同，仅在原线桩号（229＋948.5）～（232＋825）段（长2876.5m）向西移约460m，其主要目的是避开铁路编组站，其余段与原线相同。为统一比较，西线的起止点与上述两方案一致，即（229＋948.5）～（223＋163），总长3214.5m，较原线增长338m，所经地形较原线在石太铁路附近抬高了约5m。该段线路自方台村东起，沿石家庄市防洪堤外侧西北行，穿过307国道后拐向北偏东，而后依次穿越石太铁路（4条标轨）、307复线、石太铁路（1条标轨），在北新城东南与原线相交后至比较线终点。

主要工程投资比较见表1。

表1　石家庄段主要工程量比较表

项目	单位	原线	东线	西线
土方开挖	万 m^3	1549	1079	1751
土方填筑	万 m^3	146	73	149
混凝土	万 m^3	46	36	47
钢材	t	22168	16247	21312
永久占地	亩	3433	2441	3650
临时占地	亩	8370	5869	9340
房屋拆迁	m^2	9554	3590	13080
投资	万元	58547	42623	62153

东线与原线相比，渠线缩短了1356m，挖深减小2～5m。避开了方台北、太平河、杜北东220kV高压电线杆。穿越石太铁路工程条件较好，减少了一处穿河工程，且穿越石太高速公路及古运河工程规模减小，投资减少了1.59亿元。

西线与原线相比，渠线增长338m，挖深在石太铁路附近增大了约5m，最大挖深达25.6m。工程投资增加了0.36亿元。

综合分析，石家庄市段总干渠确实采用东线方案。

（三）建筑物交叉型式的选择

南水北调中线总干渠在规划和总体布置阶段对交叉建筑物的型式作了比较、论证。从水位和高程关系看，采用暗渠型式符合“低穿高”的原则，且河底高程满足无压涵洞的设计要求。从流量关系看，选择暗渠型式符合“小（流量）穿大（流量）”的原则。修建暗渠从河底穿过，既不影响古运河的洪水宣泄，又不影响石家庄市城市防洪规划，其技术可行、经济合理。

（四）工程位置

古运河暗渠的工程位置选择主要取决于地形条件及工程布置。

选定的工程位置位于古运河与太平河汇合口下游约50m处。该处正处于石家庄市北防洪堤与石太高速公路的卡口段，防洪堤南移后，该处河道宽度亦是最窄的。总干渠只需一次穿越石家庄市北防洪堤（107国道副线）、古运河河道及石太高速公路，暗渠洞身段长度为435m，工程投资最经济。

（五）建筑物长度的确定

本工程建筑物长度主要取决于该河道治理规划中确定防洪标准和行洪河道的宽度，以免影响当地的防洪排涝系统以及远景规划目标。

2000年5月，石家庄市人民政府以［2000］市政第33号文批复《石家庄市城市防洪排涝规划》。规划将“岳村西北至古运粮河汇流处4080m堤段，将现有堤防从（原）桩号（8+000）～（10+200）长2.2km的堤段南移，平均移160m，最宽移180m，使该段石太高速公路与新堤之间行洪最窄处保证290m左右”。

2003年12月，河北省水利水电勘测设计研究院、石家庄市水利水电勘测设计研究院编制完成了《石家庄市城市防洪除险加固工程可行性研究报告》。石家庄市城市等别为一等，防洪标准为200年一遇。为确保南水北调中线总干渠安全，对田家庄（桩号（7+001））以上北防洪堤按300年标准校核。

设计将现状北防洪堤（3+800）～（6+300）段平均南移153m，最大南移182m，以确保石太高速公路与北防洪堤间行洪断面宽度不小于290m的要求。北防洪堤与总干渠交叉处桩号为（5+744）。设计堤顶宽40m，路面为双幅六车道，沥青混凝土路面。防浪墙高0.8m，路面高程为88.75m。

古运河暗渠工程布置时，暗渠进口考虑了北防洪堤南移及堤顶宽度因素，洞身段长度按一次穿越石家庄市北防洪堤（规划城市三环路）、古运河河道和石太高速公路考虑，确定洞身段长度为435m，古运河暗渠总长为565m。

（六）主要建筑物型式

1. 渠道工程

渠道工程起、止桩号为（236+934.9）～（237+027.6），长度为92.7m。该段渠道为全挖方渠道，横断面型式采用梯形断面。一级马道以下为单一边坡，边坡为1:2.5。右堤一级马道兼作运行维护道路，按四级公路设计，路基宽5.0m，沥青混凝土路面净宽3.5m。一级马道以上每增6.0m设一级马道，边坡为1:2，马道宽2m。

渠道边坡稳定分析根据简化毕肖普圆弧滑动法计算，计算成果见表2。

表2　渠道边坡稳定计算成果表

渠段	设计边坡			安全系数			
	一级马道以下内坡	一级马道以上内坡	外坡	设计工况Ⅰ	设计工况Ⅱ	校核工况Ⅰ	校核工况Ⅱ
进口段	1:2.5	1:2	1:2	1.62	1.61	1.55	1.56

过水断面采用现浇混凝土板衬砌，板厚8~10cm。填缝材料一般选用聚氯乙烯胶泥，坡脚选用聚硫密封胶。在混凝土衬砌板下铺设复合土工膜加强防渗。保温材料为聚苯乙烯泡沫板，板厚4cm。一级马道以上渠坡采用混凝土六角框格并植草护坡。

总干渠防洪标准按100年一遇洪水设计，300年一遇洪水校核。进口段渠道左堤高程为89.9m，出口段左堤为90.4m，出口段右堤为89.43m。为防止沥水进入渠道，在渠道右侧设防护堤，堤顶高程按地面高程加1.0m确定。

渠道两侧设防护林带及截流沟，防护林带宽8m，截流沟的设计断面为深1m、底宽1m、边坡1:1.5。

2. 古运河暗渠工程

古运河暗渠工程进口桩号为（237+027.6），坐标为 x = 4219360.866，y = 536977.446。出口桩号为（237+592.6），坐标为 x = 4219921.833，y = 537044.834。建筑物总长565m，由进口渐变段、进口闸室段、洞身段、出口闸室段及出口渐变段5部分组成。

（1）进口渐变段。

进口渐变段桩号为（237+027.6）~（237+067.6），长40m。采用钢筋混凝土直线扭曲面，边坡系数2.5~0，底宽14~22m，底板高程为70.402m。

（2）进口闸室段。

进口闸室段桩号为（237+067.6）~（237+087.6），长20m。闸室为三孔一联的开敞式闸室结构，每孔净宽6.6m，底板高程为70.402m。闸室设有交通桥、人行便桥及排架。

进口闸室内设有3扇工作门和1扇检修门。工作闸门采用露顶式弧形钢闸门，弧门半径为9.5m。工作闸门启闭机采用后拉式液压启闭机，共3台，容量为2×250kN。检修闸门为平面叠梁门，平时放置于门库中，采用2×100kN电动葫芦起吊。

（3）洞身段。

洞身段桩号为（237+087.6）~（237+522.6），长435m，分22节。洞身过水断面为三孔一联拱形结构，单孔过水断面为6.6m×8.2m（宽×高）。进口洞底高程为70.402m，出口洞底高程为70.336m。

因暗渠顶部覆土厚度不同，采用三种断面尺寸。

1）规划三环路段，桩号为（237+087.6）~（237+167.6），长度为80m。拱涵顶板厚1.3m，底板厚1.7m，边墙厚1.4m，中墙厚1.1m。

2）古运河河床段，桩号为（237+167.6）~（237+442.6），长275m。拱涵顶板厚1.1m，底板厚1.4m，边墙厚1.3m，中墙厚1.1m。

3）石太高速公路段，桩号（237+442.6）~（237+522.6），长度为80m。拱涵顶板厚1.2m，底板厚1.5m，边墙厚1.4m，中墙厚1.1m。

（4）出口闸室段。

出口闸室段桩号为（237+522.6）~（237+532.6），长10m，闸室为三孔一联的开敞式闸室结构，每孔净宽6.6m，底板高程为70.336m。闸室内设有交通桥及排架。

出口闸室内设有2扇检修门，平时放置于门库中，采用2×100kN电动葫芦起吊。

（5）出口渐变段。

出口渐变段桩号为（237+532.6）~（237+592.6），长60m，为钢筋混凝土直线扭曲面结构，边坡系数0~2.5，底宽22~

11m，底板高程为70.336～70.244m。

3. 田庄分水闸工程

田庄分水闸布置在古运河暗渠进口，闸室中心线与总干渠中心线交点桩号确定为（236+974.6），坐标为$x=4219308.244$，$y=536971.125$。交点处距上游弯道末端39.7m，距暗渠进口渐变段始端53m。分水角度为60°，分水流量为$65m^3/s$。建筑物总长129.0m，由进口圆弧翼墙段、闸室段、消力池段、出口渐变段、下游渠道防护段5部分组成。

（1）进口圆弧翼墙段。进口圆弧翼墙段顺水流方向长34m，底宽59.3～6.5m，底板高程为70.406～71.706m，侧为圆弧斜降翼墙与总干渠护坡相连。

（2）闸室段。闸室为开敞式结构，单孔净宽6.5m，底板顺水流向长11m，底板高程为71.706m。闸室内设有交通桥、检修便桥、排架及工作桥。闸室内设有1扇工作门和1扇检修门。工作门为露顶式平面钢闸门，采用2×100kN固定卷扬式启闭机启闭。检修闸门为露顶式平面钢闸门，平时放置于门库中，采用2×100kN电动葫芦起吊。

（3）消力池段。消能工型式为底流式消力池，长24.0m，池深1.6m，为落地矩形槽结构。边墙上部厚1.0m，下部厚1.5m，底板厚1.5m。

（4）出口渐变段。出口渐变段长36m，采用钢筋混凝土直线扭曲面，边坡系数0～2.0，底宽6.5～4.0m。

（5）下游渠道防护段。防护段长24m，采用钢筋混凝土护坡、护底，与下游尾渠相接。护坡、护底厚0.3m。

金属结构与电气

（一）金属结构

1. 古运河暗渠

暗渠进口闸设有3扇工作闸门和1扇检修闸门，出口闸设有2扇检修闸门。

进口节制闸共3孔，孔口尺寸为6.6m×6.6m（宽×高），每孔设置1扇工作闸门，工作闸门采用露顶式弧形钢闸门，圆柱铰支承，轴承采用柱面滑动轴承，轴套材料为增强型钢基聚甲醛四层复合材料，轴套自带密封。正常运用时操作水头较小，检修挡水时设计水头为6.6m，支铰高度为6.5m，弧门半径为9.5m。工作闸门启闭机采用后拉式液压启闭机，共3台，容量为2×250kN，行程为4.5m，启门速度约为0.8m/min。3台启闭机共用一个液压站，液压站设2套泵组，1台工作，1台备用。闸门操作方式为动水启闭，闸门有局开要求。

进口检修闸门采用露顶式叠梁钢闸门，滑动支承，每扇分3节。孔口尺寸为6.6m×6.3m（宽×高），设计水头为6.0m。采用1台移动式电动葫芦，容量为2×100kN，扬程为9m。

出口检修闸门采用露顶式叠梁钢闸门，滑动支承，每扇分3节。孔口尺寸为6.6m×6.6m（宽×高），设计水头为6.5m。采用1台移动式电动葫芦，容量为2×100kN，扬程为9m。

2. 田庄分水闸

分水闸设有1扇工作闸门和1扇检修闸门。工作闸门采用露顶式平面钢闸门，滚轮支承，其轴承材料为工程塑料合金，轴承润滑条件为水润滑。孔口尺寸为6.5m×5.7m（宽×高），设计水头为5.31m。该工作闸门启闭机采用固定卷扬式启闭机，共1台，容量为2×100kN，扬程为7.5m，自重为3.0t。闸门操作方式为动水启闭。

检修闸门采用露顶式平面钢闸门，滑动支承。孔口尺寸为6.5m×4.7m（宽×高），设计水头为4.7m。采用1台移动式电动葫芦，容量为2×100kN，扬程为9m。

（二）电气

1. 供配电

本枢纽工程进、出口间距离较近，故设1

台变压器装于枢纽进口处集中供电，按最大计算负荷选择变压器容量为125kVA。暗渠进口含节制闸门，属于二类负荷，故进口变电站35kV侧与供电专网均采用"π"型连接，35kV母线采用单母线接线；并设置备用柴油发电机组（75 GFZ 型），接至进口 0.4kV 母线。

2. 监控系统

监控系统包括闸门监控和图像监控。

（1）现地闸站计算机监控系统采用分层分布开放式结构，由现地控制保护单元层和集中控制单元层构成，采用 PC + PLC 配置。其中，PC机及PLC的CPU为双机冗余配置。

（2）图像监控系统实现本段总干渠沿线各建筑物运行状态的集中或远程监测，并通过监视屏幕直观了解现场情况。该系统采用分层分布开放式系统，设立1个图像监控站。

3. 安全监测

为监视建筑物的运行状况或安全运行程度，并进行预报，以便一旦发生异常现象及时采取补救措施，建立建筑物安全监测系统。

安全监测系统软件内容包括：在线监控、离线分析、安全管理、数据库管理、网络评估管理、远程监测及远程辅助服务系统。

4. 通信系统

古运河枢纽的数据通信包括古运河暗渠及田庄分水闸的闸门监控系统、建筑物安全监测系统及建筑物图像监视系统。其中闸门监控系统单独组网，在进出口分别通过带光纤接口的以太网交换机组成监控专网。建筑物安全监测及图像监视系统在进出口以10/100M以太网信号接入SDH光端设备，通过工程专用光纤通信网进行数据交换。

为保障本段工程的安全运行、满足维护人员日常巡检和紧急事故时对通信的需要，利用中国移动、中国联通等通信公司的无线通信系统配备4部手机，并配置4部无线对讲机以满足应急及现场通信的需要。

（三）检修排水与闸门防冻

1. 检修排水

在古运河出口检修闸室的一侧设置检修集水井。集水井通过预埋 UPVC 管道与检修闸室相通。

古运河暗渠单孔检修最大排水量为1.74万m^3，采用2台250QW520－8A型潜水泵，检修排水时间为1.1天。

2. 闸门防冰冻

在古运河暗渠进口节制闸、田庄分水闸工作闸门前均设置钢闸门防冰冻系统，采用压力水射流法。钢闸门压力水射流法防冰冻系统由潜水泵、射流管、铠装胶管等组成。系统控制方式为单独式，每1孔闸门为1个控制单元。每个控制单元均配置1台QS65－13－4型潜水泵。潜水泵底座放置于闸底板上。

在暗渠进口节制闸和田庄分水闸工作闸门门槽埋件与闸门水封橡皮接触部位设置电融冰装置，以满足闸门冬季运用要求。

征地与占迁

（一）占压范围

工程占压区包括永久占压和临时占压两部分，永久占压区包括进口连接段渠道、进口段、洞身段、出口段占地，以及为保证建筑物运行时管理、维修和安全，建筑物主体及轮廓以外2m的土地范围。临时占压区包括施工对外交通道路占地、附属工厂占地、施工营地、仓库占地、场内交通占地、弃土、借土料场及土料临时堆放场占地等。

（二）调查结果

建筑物共占地902亩，其中永久占地365亩，临时占地537亩。按占压土地类别划分，占压农用地面积752亩，其中永久占压农用地面积247亩，临时占压农用地面积505亩；占压未利用土地面积130亩，其中永久占压未利用土地面积98亩，临时占压未利用土地面积32亩。

拆迁的房屋面积468m^2；占压一般树木2889株，其中成树763株，幼树2126株；建筑物沿线需拆迁坟墓442座，民用机井3个；建筑物进口占压石家庄市三鹿集团奶牛厂西北角一部分房屋及附属设施；占压低压线路550m。

在建筑物占地范围内，影响到地下通信线路560m，中国移动总公司河北分公司微波发射塔1座。占压地下灌溉管道3500m。

（三）工程占地复垦规划

复垦后规划农业用地505亩。恢复水浇地444亩。

建筑物进口占压石家庄市三鹿集团奶牛厂西北角一部分房屋及附属设施，占压部分不到全厂的10%，因此未对企业造成太大的影响，企业不必搬迁，占压部分按有关赔偿标准进行一次性补偿。

占压电力、通信设施及地下隐蔽工程，按有关赔偿标准进行一次性补偿，由原部门复建。

（四）补偿投资

征地与占迁总投资1565.86万元，其中农村补偿投资1031.16万元，城镇单位补偿投资220.11万元，占压专项设施补偿投资129.22万元，其他费用82.83万元，基本预备费146.33万元，有关税费176.32万元。

环　境　保　护

（一）环境影响评价结论

工程建设对环境的不利影响主要是挤占水源水库下游农业和生态环境用水、施工新增水土流失、“三废一声”等。这些影响是暂时的，并可采取环境保护、管理、监控及补偿措施予以减免与缓解。

通过对本工程的环境影响预测与分析，在落实各项环保措施的前提下，从环保角度分析，本工程是可行的。

（二）环境保护措施

（1）水质保护措施。总干渠永久征地范围两侧外各30～50m划为一级保护区；永久征地范围两侧外各500m划为二级保护区；准保护区为总干渠两侧外延2000m。施工期对生活污水和生产废水进行处理，定期监测，实现达标排放。

（2）生态环境保护措施。结合土地复垦和水土保持，对施工场地进行复垦或绿化。

（3）环境空气质量保护措施。施工运输和材料的露天堆放要有遮盖、洒水措施；施工点尽量采用封闭半封闭施工法；机械要安装尾气净化器；燃煤锅炉要选用环保型锅炉等。

（4）噪声防护措施。施工单位施工时间执行申报批准制度；施工选用低噪声设备；对施工噪声进行监测。

（三）环保投资

环保工程静态投资为34.22万元。

水　土　保　持

通过工程措施、植物措施、土地整治措施与临时措施，形成综合防护体系。

水土保持的重点是工程弃土、弃渣的防护和植被恢复。

在临时土料场上部覆盖土工网防护，周围设编织袋装土挡水埂。利用临时弃土填筑施工围堰，永久弃土用于石家庄市城市防洪堤建设。水土保持工程概算总投资163.09万元。

水　文

（一）流域基本情况

古运河上游由古运河和太平河两大支流组成。古运河发源于黄壁庄水库副坝下游附近，太平河发源于鹿泉市西南的太行山浅山区，古运河与太平河在田家庄西北约1km处汇合，汇合口以上古运河流域面积117.3km^2，太平河流域面积131.1km^2，汇合后仍称古运河。至田家庄北与石津渠汇合，以下分为两支，南支为小运河，流入市区，北支古运河与石津渠合二为一，至赵陵铺又与石津渠分开，在柳林铺穿过京广铁路，并于滹沱河铁路桥下游约2km处汇入滹沱河。

古运河位于暖温带大陆性季风气候区，夏秋两季受太平洋副热带高压控制，多东南风，炎热多雨，冬春季受西伯利亚和蒙古高压控制，盛行西北风，气候干旱少雨。据实测资料统计，极端最低气温为-19.8℃，极端最高气温为42.7℃；多年平均风速为1.8m/s，最大风速为16m/s，风向为NW；多年平均无霜冻期199天，最大冻土深度56cm，多年平均水面蒸发量1568mm，多年平均日照时数2643小时，多年平均降水量528mm。降水量年内、年际分配悬殊，年内降水量的75%集中于汛期，且多以暴雨形式出现。

（二）交叉断面设计洪水

1. 设计标准

根据《防洪标准》，交叉建筑物防洪标准按100年一遇洪水设计，300年一遇洪水校核。

2. 设计洪水计算方法

古运河交叉断面设计洪水采用先分别计算汇合口以上古运河与太平河两个流域的设计洪水，然后将洪峰流量直接相加的方法。其中太平河上游有3座小型水库，古运河上游有1座小型水库，其防洪库容均较小，且校核标准均达到300年一遇，故计算设计洪水时均未考虑水库的调蓄作用。

古运河和太平河均为中小流域，无实测洪水资料，其设计洪水由暴雨途径分别采用推理公式法、瞬时单位线法和经验公式法计算。设计洪峰流量成果见表1、表2、表3。

表1 古运河、太平河设计洪峰流量成果表（推理公式法）

重现期（a）	300	100	50	20	10	5
古运河	1156	755	538	309	179	91
太平河	1466	966	690	397	230	116
交叉断面	2622	1721	1228	706	409	207

表2 古运河交叉断面设计洪峰流量成果表（单位线法）

重现期（a）	300	100	50	20	10	5
古运河	1320	908	697	443	276	170
太平河	1317	885	674	433	274	165
交叉断面	2637	1793	1371	876	550	335

表3 古运河、太平河设计洪峰流量成果表（经验公式法）

重现期（a）	300	100	50	20	10	5
古运河	803	602	483	342	245	160
太平河	1029	772	619	438	314	205

3. 设计洪水成果

南水北调古运河枢纽工程采用100年一遇洪水设计，300年一遇洪水校核，从以上成果分析，这两个标准洪水推理公式和单位线法交叉断面成果很接近。分析单河的成果，推理公式法太平河成果较大，由此确定古运河暗渠上游段总干渠左堤高程较为安全，因此100年和300年一遇洪水以推理公式法成果作为工程设计依据。50年一遇及以下标准洪水采用单位线法计算成果。

古运河交叉断面采用设计洪水成果见表4。

表4 古运河交叉断面设计洪峰流量采用成果表

重现期（a）	300	100	50	20	10	5
洪峰（m^3/s）	2622	1721	1371	876	550	335

（三）交叉断面水位流量关系

为确定交叉断面处的水位流量关系和总干渠左堤设防水位，本次采用了常规恒定非均匀流方法，对本区域行洪规律进行计算分析。

计算了现状条件下（石家庄市北防洪堤位置不变）和石家庄市北防洪堤南移且河槽整治后两种情况下总干渠工程建成前、后的洪水位，成果见表5。

表5 古运河交叉断面天然条件下行洪水位成果表

重现期（a）	设计流量（m^3/s）	现状水位		北防洪堤南移整治后水位	
		交叉断面右岸（m）	交叉断面左岸高速路北（m）	交叉断面右岸（m）	交叉断面左岸高速路北（m）
300	2622	88.43	88.43	87.98	87.98
100	1721	87.67	87.99	86.89	87.22
50	1371	87.19	87.44	86.46	86.82
20	876	86.22	86.46	85.44	85.76
10	550	85.46	85.61	84.63	84.66

（四）施工设计洪水

根据海河流域的暴雨洪水特点，全年的最大暴雨洪水基本发生在6~9月的汛期，因此期施工设计洪水可以采用工程设计洪水成果。

考虑到古运河暗渠计划2004年开工，将早于石家庄市北防洪堤的南移，因此施工洪水位为现状河道推算成果。依据上述求得的施工期设计洪峰流量和现状河道纵横断面资料，采用水面线推算法求得交叉断面天然河道施工洪水位，成果见表6。

表6 古运河施工期设计洪峰流量、水位成果表

施工期	重现期（a）	设计流量（m^3/s）	水位（m）
汛期	50	1371	87.19/87.44
	20	876	86.22/86.46
	10	550	85.46/85.61
	5	335	84.77/84.82
9月1日~6月30日	20	80.0	83.23
	10	47.6	82.70
	5	25.1	82.25
9月1日~6月15日	20	45.4	82.66
	10	27.0	82.29
	5	14.3	81.95
9月15日~6月30日	20	64.7	82.97
	10	38.5	82.53
	5	20.3	82.13

续表

施工期	重现期（a）	设计流量（m^3/s）	水位（m）
9月15日~6月15日	20	23.1	82.20
	10	13.8	81.94
	5	7.3	81.68
10月1日~5月31日	20	9.5	81.78
	10	5.6	81.60
	5	3.0	81.43

注 汛期水位 a/b 分别为高速公路右侧和左侧水位。

工 程 地 质

（一）地层岩性

在勘探深度范围内岩性为第四系松散层，由老至新分述如下。

（1）第四系上更新统下段，分三大层：

1）下部为砾石层，层厚大于17m。局部为砾砂及中细砂层。

2）中部为黏性土层：主要为壤土及砂壤土，层厚2.3~9.8m。

3）上部为砂层：以中砂为主局部夹细砂、砾砂透镜体。中间夹一层较稳定的薄层壤土。层厚7.1~14.5m。

（2）第四系上更新统中段，岩性以黄土状壤土为主，夹黄土状砂壤土，层厚0.6~9.9m。

（3）第四系全新统，分三大层：

1）壤土，厚度 0.2～0.5m。

2）淤泥，厚 0.5m。

（二）地震烈度

依据中国地震局分析预报中心 2003 年 11 月编制的《南水北调中线北段石家庄－北京（天津）渠段设计地震加速度区划图编制报告》，本区的地震动峰值加速度为 0.05g，相当于地震基本烈度Ⅵ度区。

本区地层勘探揭露地质年代除河床表层局部薄层为第四纪全新世外，其余均为第四纪上更新世，根据规程判定无饱和砂土地震液化问题。

（三）水文地质条件

工程区下部砾石层为地下水主要含水层，砾石层顶板高程为 57.1～65.86m，钻孔揭露最大厚度为 17.0m。汛期地下水位为 58.5～60.2m，主要受上部河水渗入及上游地下水渗流补给；枯水期地下水埋深在 40m 以下。

古运河途经路线较长，沿途受污染较重，河水呈灰色，微具臭味。经水质分析，地表水及地下水对混凝土无腐蚀性。

（四）暗渠工程地质条件及评价

工程区由第四系松散层组成，为黏性土、砂性土、碎石土组成的土体多层结构。根据地层时代、岩性及土体空间分布特征，将建筑物区地层划分为 10 个工程地质单元，分述如下。

第①工程地质单元：黄土状壤土，层厚 0.6～8.6m，层底高程 74.92～81.0m。局部夹薄层黏土。

第②工程地质单元：黄土状砂壤土，层厚 0.6～6.5m，层底高程 74.32～78.77m。

第③工程地质单元：中砂，层厚 2.5～9.8m，层底高程 65.1～71.7m。

第④工程地质单元：壤土，层厚 0.5～5.85m，层底高程 67.4～71.32m。

第⑤工程地质单元：细砂，层厚 2.15～12.5m，层底高程 64.78～69.37m。以透镜体形式存在。

第⑥工程地质单元：中砂，层厚 1.75～7.2m，层底高程 62.89～67.62m。

第⑦工程地质单元：壤土，层厚 1.1～9.6m，层底高程 57.1～65.86m。局部夹黏土透镜体及薄层细砂透镜体。

第⑧工程地质单元：砂壤土，层厚 1.0～6.0m，层底高程 57.78～62.27m。以透镜体形式存在。

第⑨工程地质单元：细砂，层厚 2.5～6.8m，层底高程 56.26～60.64m。

第⑩工程地质单元：砾石，层厚度大于 17m。局部砾石层上部有砾砂透镜体。

该区地层具有岩性复杂、厚度变化大、尖灭与相变频繁、透镜体分布广的特点。暗渠基础持力层为第⑤工程地质单元细砂层及第⑥工程地质单元中砂层，其承载力分别为 200kPa、230kPa。

基坑挖深 13.5～14.8m，并有较厚的砂层，应注意边坡稳定问题。

（五）分水闸工程地质条件及评价

工程区地层为第四系覆盖层组成，为黏性土、砂性土、砾石组成的土体多层结构。根据地质时代、岩性及土体空间分布特征，将建筑物区分为如下 8 个工程地质单元，分述如下。

第①工程地质单元：黄土状壤土，层厚 1.35～4m，层底高程 78.4～79.6m，分布稳定、连续。上部有 2.8～3.5m 的人工堆积物，主要为建筑及生活垃圾。

第②工程地质单元：黄土状砂壤土，层厚 0.9～4.1m，层底高程 75.3～78.4m。

第③工程地质单元：岩性为中砂，层厚 4～7.5m，层底高程 70.8～71.7m。局部夹细砂透镜体。

第④工程地质单元：壤土，层厚 0.5～1m，层底高程 70.09～71.1m。

第⑤工程地质单元：中砂，层厚 4.2～7.2m，层底高程 62.9～66.9m。

第⑥工程地质单元：壤土，层厚 1.5～

5m，层底高程 57.9～63.6m。局部夹黏土、细砂透镜体。

第⑦工程地质单元：砂壤土，层厚 0.5～3.9m，层底高程 59.3～61.75m，以透镜体形式存在。

第⑧工程地质单元：砾石，层厚大于 6.2m。局部夹砾砂透镜体。

该区地层结构为上黄土状（砂）壤土，下中砂、壤土、砾砂多层结构。分水闸闸基置于第③工程地质单元的中砂层中，有效厚度约 0.5m。该层分布稳定，连续性好，其承载力标准值为 230kPa，内摩擦角为 28°，混凝土与中砂摩擦系数建议值为 0.40；其下伏地层为壤土，层厚 1m 左右。其承载力标准值为 180kPa，内摩擦角为 26°，凝聚力为 19.5kPa。30m 孔深未见地下水，地下水对施工开挖无影响，为干场作业。

（六）天然建材

天然建材选择滹沱河砂料场及石井人工骨料（碎石）及块石料作为料源地。天然建筑材料的储量及质量满足规程要求。

工　程　特　性

古运河枢纽工程特性见表 1。

表 1　古运河枢纽工程特性表

序号及名称	单位	数　量	备　注
一、工程位置			石家庄市郊区
二、总干渠设计指标			
1. 上游渠道			
设计流量	m^3/s	220	
加大流量	m^3/s	240	
底宽	m	14.0	
纵坡		1/16000	
边坡		1:2.5	
设计水深	m	6.000	
加大水深	m	6.478	
一级马道高程	m	78.402	
2. 下游渠道			
设计流量	m^3/s	170	
加大流量	m^3/s	200	
底宽	m	1.0	
纵坡		1/20000	
边坡		1:2.5	
设计水深	m	6.000	
加大水深	m	6.447	
一级马道高程	m	78.244	
三、河道水文			
1. 流域面积			

续表

序号及名称	单位	数　量	备　注
交叉断面以上流域面积	km^2	248.4	
2. 代表性流量			
设计洪水流量（$P=1\%$）	m^3/s	1721	
校核洪水流量（$P=0.33\%$）	m^3/s	2622	
施工导流流量	m^3/s	47.6	枯水期10年一遇
3. 洪量			
设计洪水洪量	万 m^3		
校核洪水洪量	万 m^3		
四、古运河暗渠			
1. 设计指标			
进口桩号			（237+027.6）
出口桩号			（237+592.6）
设计流量	m^3/s	170	
加大流量	m^3/s	200	
进口设计水位	m	76.402	
进口加大水位	m	76.880	
出口设计水位	m	76.244	
出口加大水位	m	76.691	
分配水头	m	0.158	
建筑物总长	m	565	
2. 地基特性			黏性土、砂、砾
3. 地震基本烈度/设防烈度	度	Ⅵ/Ⅵ	
4. 进口渐变段			
长度及型式	m	40.0	直线扭曲面
底板高程（始端/末端）	m	70.402/70.402	
底宽（始端/末端）	m	14/22	
5. 进口闸室段			
闸室长度及结构型式	m	20.0	三孔一联开敞式
闸室底板高程	m	70.402	
工作闸门数量及型式	扇	3	弧形钢闸门
工作闸门尺寸（宽×高）	m×m	1.6×6.6	
工作闸门启闭机容量及型式	kN	2×250	液压式启闭机
检修闸门数量及型式	扇	1	露顶式叠梁闸门
检修闸门尺寸（宽×高）	m×m	6.6×6.3	
检修闸门启闭机容量及型式	N	2×100	电动葫芦
6. 洞身段			

续表

序号及名称	单位	数 量	备 注
长度	m	435	
过水断面（宽×高）	m×m	6.6×8.2	三孔一联拱涵
洞底高程（进口/出口）	m	70.402/70.336	
7. 出口闸室段			
闸室长度及结构型式	m	10.0	三孔一联开敞式
闸室底板高程	m	70.336	
检修闸门数量及型式	扇	2	露顶式叠梁闸门
检修闸门尺寸（宽×高）	m×m	6.6×6.6	
检修闸门启闭机容量及型式	kN	2×100	电动葫芦
8. 出口渐变段			
长度及型式	m	60.0	直线扭曲面
底板高程（始端/末端）	m	70.336/70.244	
底宽（始端/末端）	m	22/11	
五、田庄分水闸			
1. 设计指标			
闸室中心线桩号			（236+974.6）
分水角度	（°）	60	
设计流量	m^3/s	65.0	
闸前设计水位	m	76.402	
闸后设计水位	m	74.746	
建筑物总长	m	129.0	
尾渠底宽	m	4.0	
尾渠边坡		1:2.0	
2. 地基特性			中砂层
3. 地震基本烈度/设防烈度	度	Ⅵ/Ⅵ	
4. 进口圆弧翼墙段			
长度及型式	m	34.0	圆弧斜降墙
底板高程（始端/末端）	m	70.406/71.706	
底宽（始端/末端）	m	59/6.5	
5. 闸室段			
闸室长度及结构型式	m	11.0	一孔开敞式
闸室底板高程	m	71.706	
工作闸门数量及型式	扇	1	露顶式平面闸门
工作闸门尺寸（宽×高）	m×m	6.5×5.7	
工作闸门启闭机容量及型式	kN	2×100	卷扬式启闭机
检修闸门数量及型式	扇	1	露顶式平面闸门

续表

序号及名称	单位	数　量	备　注
检修闸门尺寸（宽×高）	m×m	6.5×4.7	
检修闸门启闭机容量及型式	kN	2×100	电动葫芦
6. 消力池段			
消能型式		底流式消能	
池长及结构型式	m	24.0	落地矩形槽
池深	m	1.6	
7. 下游渐变段			
长度及型式	m	36	直线扭曲面
底宽（始端/末端）	m×m	4/4	
8. 下游防护段			
长度及结构型式	m	24	钢筋混凝土护坡
六、施工			
1. 主体工程数量			
明挖土方	万 m^3	82.81	
填筑土方	万 m^3	66.10	
砌筑石方	万 m^3	5.78	
混凝土和钢筋混凝土	万 m^3	7.95	
2. 主要建筑材料			
水泥	万 t	3.90	
钢筋	t	6973	
3. 所需劳动力			
总用工	万工时	300	
4. 施工总工期	月	23	
七、经济指标			
1. 静态总投资	万元	19199.35	
2. 总投资	万元	19553.17	
建筑工程	万元	11844.24	
机电设备及安装工程	万元	758.08	
金属结构设备及安装工程	万元	345.62	
临时工程	万元	1040.75	
独立费用	万元	2155.93	
基本预备费	万元	1291.57	
占地、环境及水土保持工程	万元	1763.17	

（张玉山 摘编）

CHINA SOUTH-TO-NORTH WATER DIVERSION PROJECT CONSTRUCTION YEARBOOK

陆 西线工程

THE WESTERN ROUTE PROJECT OF THE SNWDP

综　述

概　述

2005年是南水北调西线项目工作任务有重大调整的一年。上半年按照水利部审查通过的《南水北调西线一期工程项目建议书阶段勘测设计任务书》要求，以2005年底完成南水北调西线一期工程项目建议书为目标开展工作。6月以后，根据水利部办公厅办调水函［2005］296号文《关于在南水北调西线工程项目建议书阶段开展一、二期水源结合方案论证工作的函》的要求，开展第一、二期工程水源结合方案项目建议书工作。同时，根据水利部的部署，由黄河水利委员会（以下简称黄委会）牵头，长江水利委员会配合，在2004年工作的基础上，深入开展引江济渭入黄方案研究工作。

2005年初黄委会对2003年版《南水北调西线第一期工程项目建议书阶段项目计划》（以下简称《项目计划》）进行了修订，重新编制第一期工程2005年度《项目计划》，进一步落实各专业的工作任务、成果要求、控制进度。在2005年3月初，黄委会组织召开了“2005年南水北调西线项目工作会议”，对2005年西线项目工作进行了全面动员和部署。与承担西线工作的单位签订了目标责任书，严肃工作计划，层层落实责任。

截至6月底，第一期工程项目建议书阶段的地勘外业工作全部结束，内业资料整理及工程地质专题报告初稿编制完成；规划、设计等专业绝大部分专题报告和附件初稿完成，对委托单位承担的研究课题成果进行了验收。

6月以后，根据水利部办公厅办调水函［2005］296号文，调整工作计划，编制《西线第一、二期工程方案项目建议书阶段勘测设计任务书》及《设计大纲》、《勘测大纲》，全面开展第一、二期工程结合方案的勘测、规划、设计、移民、环评等工作。

2005年还全面开展了引江济渭入黄方案研究工作。水利部成立咨询专家组对引江济渭入黄方案研究工作进行全程跟踪咨询，有关领导和专家到现场进行了查勘调研，6月水利部组织专家对《引江济渭入黄方案研究阶段成果》进行了咨询，于年底提出了《引江济渭入黄方案研究》初稿。

（崔　荃）

前期工作进展

（一）阶段成果咨询

2005年5月底，水利水电设计规划总院江河咨询中心在北京对《南水北调西线第一期工程项目建议书水文气象分析》专题报告进行了技术咨询，认为水文成果基本满足本阶段设计要求，为西线项目建议书阶段的工作提供了支撑。2005年9月，水利部水利水电规划设计总院江河咨询中心组织专家对《西线工程深埋长隧洞地质勘察方案》进行咨询。专家们肯定了目前采用的勘察方案，并对下一步工作提出了建议。2005年9月，黄河勘测规划设计有限公司组织水工专业的老专家，对第一期工程水源水库枢纽总布置方案进行咨询。

（二）专题研究验收

2005年2～4月，完成对四川省水文水资源局承担的“对调水河流水资源开发利用影响”、四川大学承担的“对调水河流发电影响”、中国科学院地理与资源研究所承担的“调水河流生态环境需水量研究”、中国水利水电科学院承担的“调水对下游河道水环境质量影响预测”、中国科学院成都生物所承担的“工程影响区干旱河谷分布现状与影响分析”、中国科学院盐湖所承担的“调水影响区域生物本底调查及影响预测”、中国科学院水资源所承担的“水资源对国民经济贡献量研究”、国家发展和改革委员会宏观经济研究所承担的“黄河流域及临近地区国民经济发展格局研究”、北师大承担的“生态供水效益分析”、中国科学院成都山地所承担的“工程区山地灾害调查与评价”等10个课题的验收。

（三）设计任务书编制

2005年7月，根据水利部办公厅《关于在南水北调西线工程项目建议书阶段开展一、二期水源结合方案论证工作的函》，黄河勘测规划设计有限公司编制完成了《南水北调西线第一、二期工程方案项目建议书阶段勘测设计任务书》和第一、二期工程《设计大纲》、《勘测大纲》，并上报黄委会和水利部。2005年11月23日，水利部水利水电规划设计总院组织对《南水北调西线第一、二期工程方案项目建议书阶段勘测设计任务书》进行了审查。

（四）勘测工作

完成雅砻江干流阿达、博爱、热巴3个坝址、库区、线路区1:2000～1:50000地形图测绘，其中1:2000比例尺地形图21.9km^2，1:10000比例尺地形图403.0km^2，1:25000比例尺地形图456.8km^2，1:50000比例尺地形图2800km^2。完成雅砻江干流三个坝址、阿达库区、天然建材场和输水线路的地质测绘，其中1:10000比例尺地质测绘64km^2，1:50000比例尺地质测绘1700km^2；并进行实测剖面、坑槽探、点荷载、回探等工作，坑槽探6865m^3，平洞5个进尺305m；物探19.8km，深层物探14.5km；钻探10个孔进尺1683.6m，最深孔450.8m。完成室内水质、岩矿鉴定、岩石物理力学性质、沙砾石料、土料等分析，阿达坝址现场进行了岩体变形、剪切、地应力等试验，在线路区、阿达、博爱坝址进行了水压至裂应力测试。

（五）规划设计工作

分析提出了雅砻江干流阿达、博爱、热巴3个水源水库径流、洪水、泥沙成果，进行雅砻江干流坝址上下游不同河段水资源开发利用现状和需水预测分析，进行3个水源水库不同调水规模下水库及输水线路工程规模分析。开展第二期工程水库淹没及移民安置外业调查，初步查明了库区淹没人口、土地、房屋、交通、电力、寺庙等实物指标。进行第一、二期工程方案总体布局研究，初步分析了第一、二期工程方案衔接方式以及自流、压力流、局部抽水等不同方式的工程布置方案。

（六）专题研究

西线第一、二期工程水源结合后，扩大了调水量，工程规模、范围和内容有较大变化，安排部分课题进行补充研究。委托中国科学院武汉生物研究所承担《调水对河道内水生生物影响研究》、中国科学院武汉岩土研究所承担《西线第二期工程地应力测试》，并选择在雅砻江支流泥曲的泥柯、大渡河支流杜柯河的上杜柯两个专用水文站增加泥沙观测项目。

（七）现场考察

2005年6月26日～7月2日，水利部科学技术委员会组织专家开展了引江济渭入黄方案研究专题调研。专家组由水利部副部长、水利部科学技术委员会主任索丽生带队，参加调研活动成员有水利部总工刘宁、国际合作与科技司司长高波，陈志恺院士、张楚汉院士，以及国务院三峡建设委员会办公室、中国水利学会、国务院南水北调办公室、国家防汛抗旱总指挥办公室、水利部规划计划司、水利部调水局、长江水利委员会、以及重庆市、陕西省等方面领导和专家40余人。6月26日晚，专家组在重庆召开调研预备会议，听取黄委会关于引江济渭入黄方案研究阶段成果的汇报。6月27日～7月1日，专家组实地考察了调水区和受水区的自然地理和社会经济状况、调水河流水资源开发利用状况、调水路线和调水工程。7月2日，水利部科学技术委员会在西安召开咨询会议，专家就引江济渭入黄的开发目标、关键技术问题、方案比较等问题进行了认真讨论，在引江济渭入黄方案研究的必要性及一些重要问题上取得了共识，并对有关方面的问题和工作提出了建议。调研结束后，水利部科学技术委员会根据考察情况和专家意见提出咨询报告。

2005年8月3～25日，国务院南水北调工程建设委员会办公室副主任孟学农率团赴实地考察南水北调西线工程和青藏高原水系。考察行程1万余公里，涉及甘肃、四川、青海、西藏等省（区），先后跨越黄河、大渡河、雅砻江、金沙江、通天河、澜沧江、怒江、雅鲁藏布江、沱沱河、昆仑河等河流水系。实地查勘南水北调西线工程（包括一、二、三期）及其后续水源（澜沧江、怒江）、有关西部调水方案涉及的河流水系、地形地貌、输水线路及若干坝址；了解沿线的人文、历史和社会经济发展状况；并慰问西线现场的地质勘探工作人员。

（崔　荃　谈英武　曹海涛　张　玫）

重点研究项目

一期工程水文气象分析

在调水河流有关坝址河段自1999年5月份以来先后布设了5个专用水文站，尽可能收集调水区及附近地区的水文气象资料，专业人员多次赴现场查勘和调研，进行了专题研究，对流域特征、下垫面情况、水文和气象特性、径流特性、暴雨和洪水特性等进行了大量的分析研究工作。经专家咨询认为，对参证站短缺的径流资料，采用插补方法以及得出计算成果基本合理；对参证站的设计洪水采用比拟法推求各坝址设计洪水成果和对采用参证站的含沙量推求坝址悬移质输沙量是合适的；对本阶段推求各坝址径流采用1960～2003年径流系列和成果基本合理。

一期工程受水区规划（初稿）

报告初稿提出的开发任务：一期工程调入水量，将为恢复黄河河道的基本功能创造条件；缓解黄河流域水资源的紧缺状况，以水资源的可持续利用支撑黄河流域，特别是上中游地区经济社会的可持续发展；减轻生态环境脆弱区的生态环境压力，改善脆弱的生态环境，为实现生态移民创造条件。

规划目标：① 增加黄河水资源量，为恢复黄河基本功能创造条件；合理配置黄河河道的生态用水，为黄河骨干工程建设和联合调水调沙运用创造条件；塑造协调的水沙过程，修复河道形态，恢复和增加过河能力，有效遏制宁蒙河段、禹潼河段、黄河下游河段淤积和河槽萎缩加剧的局面；保障黄河河口段河道关键期（4～6月）维持50m³/s生态基流，从根本上解决黄河下游断流问题。② 缓解黄河上中游重点受水地区水资源紧缺的严峻局面，支撑经济社会的可持续发展；在重点受水区节水、治污初见成效的基础上，为黄河上中游沿黄的大中城市供水，保障居民生活饮水安全；为黄河上中游地区宁东能源基地、陕北榆林能源重化工基地、山西离柳煤电基地和内蒙古鄂尔多斯能源基地供水，实现水资源支撑经济社会的可持续发展，为实施西部大开发战略服务。③ 遏制黄河上中游局部地区生态环境严重退化的趋势；结合黑山峡河段的开发，在其供水区实施开发式生态移民，为20万山区贫困农民稳定解决温饱问题、脱贫致富创造基础条件，减轻生态环境极其脆弱的长城沿线生态与环境承载压力，改善生态环境。

报告初稿还阐述了重点受水区的范围和供水对象，河道内与河道外不同的水量配置方案，调水的作用和效益，以及管理体制和运行机制等内容。

一期工程筹融资（初稿）

初步提出3种可能开发的模式：纯水开发模式，开发的重点仅仅是调水工程，建设期内无法获得当期现金流收入，工程建设并实现调水后主要依靠向受水区收取增量水费作为收入来源。水电开发模式，调水会产生增电效益，西线工程项目公司将能够（全部或部分）获得调水增电收益，西线项目公司的主要收入包括水收入和调水增电收入。综合滚动开发模式，在调水工程建设同时，西线项目公司通过划拨、入股等方式取得黄河上游现有大中型电站的部分所有权和新电站的开发权，这样，在调水工程建设期开始后就可以获得稳定的发电收入，并增强西线项目公司的融资能力。

此3种开发模式尚需进一步探讨研究。

一、二期结合方案雅砻江干流坝址研究

西线工程规划阶段雅砻江干流选择阿达坝址，一、二期工程结合方案，又增选了博爱、热巴2个比较坝址。分析了3个水源水库径流、洪水、泥沙成果，进行了坝址上下游不同河段水资源开发利用现状和需水预测分析，进行了3个水源水库不同调水规模及输水线路工程规模分析。开展水库淹没及移民安置外业调查，初步调查统计了淹没人口、土地、房屋、交通、电力、寺庙等主要实物指标。在此基础上，拟综合地形、地质、可调水量、投资、施工、运行、淹没等条件，对3个坝址进行比选。在雅砻江干流调水50亿m^3时，采用阿达坝址，调水45亿m^3以下时，采用热巴坝址。

一、二期结合方案玛柯河引水方式研究

工程方案总体布置研究的关键问题之一是，大渡河支流玛柯河引水方式。玛柯河在调水河流中，位置居中，河床高程在调水河流中最低，坝较高，贡杰水库正常高水位将淹没青海省班玛县城。因此，玛柯河引水方式研究是本阶段工作重点之一。避免或减少淹没班玛县城的措施有多种：① 玛柯河坝址下移，以班前坝址代替扎洛坝址，减少上游淹没。② 在班玛县城上游采用霍纳坝址，单库引水，或者和县城下游的扎洛水库联合调节，以降低扎洛水库正常蓄水位，即双库方案。③ 玛柯河以后输水隧洞采用压力洞非均匀流方案，大水多引，以减少调蓄库容，从而降低正常蓄水位。④ 局部抽水方案。⑤ 进一步减少玛柯河调水量或降低其调水保证率。以上各措施，需进一步研究，综合分析比较。

长隧洞输水明流与压力流研究

西线深埋长隧洞输水一般采用明流。为减少大坝和输水隧洞的规模，故对压力流进行了研究。研究了压力流均匀流和非均匀流的方案，进行了水力学计算、调洪计算、工程量计算、简单的隧洞结构计算，并结合工程地质和水文地质条件，综合比较建筑物总体布置，不同方案的施工方法和运行方式等因素，初步认为，压力流，主要是非均匀压

力流，可以充分利用水头降低水库坝高，进行水库联通调节，隧洞内径相对较小。但是大型长距离调水工程深埋长隧洞采用压力流，目前国内外尚没有工程实例，从输水的水力控制到隧洞的施工、衬砌、运行等都需要进一步研究。

西线工程前方保障基地建设

水利部以水规计［2005］442号文，《关于南水北调西线一期工程前期工作前方保障基地建设初步设计的批复》，同意建4座西线工程前方保障基地。在西线一、二期工程首、中、末端附近的四川省甘孜县、壤塘县、阿坝县各建设一处前方保障基地；同意在松潘县城郊建设总保障基地。

第一期工程综合基础数据库

在应用服务专题需求分析和功能扩充设计基础上，优化数据库结构，西线综合基础数据库基础应用服务功能开发初步完成，功能包括数据管理、图层导航与管理、空间属性交互查询、空间分析、专题查询统计、专题数据分析、专题图制作、文档管理、系统维护等，并提供C/S和B/S两种工作模式。在专业数据整理、生产、入库方面，完成了西线一期工程17个工点1:2000数字地图、数字高程模型、正射影像生产。调水区1:500000、线路区1:50000、库坝址区1:10000数字地质图基本完成，范围包括调水区4条线路、15个坝址、6个库区、6条河流的天然建材；空间数据生产任务基本完成，涉及各种比例尺图纸200余幅图，生产空间数据500个图层，大部分地质、移民、水文气象、社会经济、生态环境等属性数据完成整理，入库数据记录3500余条。

引江济渭入黄方案研究（初稿）

分析研究了渭河及黄河流域缺水情况、导致的主要问题和缓解缺水的对策措施；从维持黄河健康生命、促进流域经济社会可持续发展的高度，进行了工程建设必要性论证；认为引江济渭入黄是解决黄河流域缺水的措施之一。

初步确定引江济渭入黄的受水区范围为渭河流域和黄河干流潼关以下河段；通过对渭河流域供需形势、输沙水量分析和黄河下游生态环境用水分析，提出了引江济渭入黄的供水目标。

根据渭河及长江干支流之间的平面位置、高差关系，结合缺水地点及用水要求，分析了可能的调水河流、调水河段以及受水河段；从宏观上研究了可能成立的引水线路，提出了可能的引水线路组成。

根据引水坝址径流系列，考虑调水河流国民经济发展及下游河道生态用水要求，提出了各引水坝址的可调水量及工程规模，分析了调水对调水河流可能产生的不利影响。

分析了小江调水、引汉济渭及补汉方案、引嘉入汉济渭等三类调水线路的15个比较方案，提出了各类调水线路的代表性方案；对代表性方案进行了工程布置、地质、施工、水库淹没、工程量计算及投资估算等方面的工作。

开展了不同调水方案对渭河及黄河的作用分析工作，提出了不同调水方案的水量配置意见，分析了调水对渭河及黄河下游在防洪减淤、国民经济供水、梯级发电及补充河道生态基流等方面的作用，初步分析了调水的经济效益。

研究了调水工程中存在的主要问题，对深埋长隧道施工方法、跨越汉江结构型式、抽水蓄能与抽水泵站相结合问题、小江调水调蓄水库方案、调水工程资金筹措及运行管理问题进行了深入研究，并提出了解决方案。

分析了调水方案与已批准的南水北调西线工程的关系，初步提出了跨流域调水的分期实施意见。

从调水工程的可调水量、技术可行性、经济指标、供水作用和运行管理等方面综合分析，认为近期水平年（2020年）实施引汉济渭工程，基本解决渭河关中地区的缺水问题，并适当补充河道生态水量，中远期水平年（2030～2050年）实施小江调水工程，为渭河及黄河下游提供输沙用水，为维持河流健康生命提供水量。

（崔　荃　谈英武　曹海涛）

重　要　会　议

西线一期工程调水影响专题论证工作座谈会

2005年3月22～23日，水利部在成都召开了南水北调西线一期工程调水影响专题论证工作座谈会。会议的目的为全面落实水利部南水北调前期工作会议精神，向有关专家和调出区汇报南水北调西线一期工程项目建议书工作进展情况，对可调水量及调水影响研究论证情况进行交流沟通，充分听取专家及调出区代表的意见和建议，研究确定下阶段可调水量及调水影响还需进一步补充和加强的工作，推进西线一期工程项目建议书的编制。中国工程院院士陈志恺等14位特邀专家和水利部规划计划司、水资源管理司、南水北调规划设计管理局、水利水电规划设计总院、长江水利委员会、黄河水利委员会，四川省、青海省人民政府及计划、国土、水利、环保、林业、文物、畜牧、民族宗教事务等部门，青海省果洛州政府，四川省甘孜州、阿坝州政府及有关部门，以及有关科研、高校和设计单位的领导和代表共110人出席了会议。

引江济渭入黄方案研究阶段成果专家咨询会

2005年6月9～10日，黄委会在北京组织召开了《引江济渭入黄方案研究阶段成果》专家咨询会。参加会议的有咨询专家组专家，以及国务院三峡工程建设委员会办公室、国家防汛抗旱总指挥部办公室、水利部有关司局、长江水利委员会、重庆市水利局、陕西省水利厅等有关单位的代表，共计80余人。政协原副主席、咨询专家组顾问钱正英院士，长江三峡工程建设委员会办公室原主任、咨询专家组顾问郭树言，水利部副部长矫勇，水利部总工程师刘宁等出席了会议。会议听取了引江济渭入黄方案研究项目组关于《引江济渭入黄方案研究阶段成果》的汇报。会议充分肯定了项目组1年来完成的工作，认为项目组按照工作大纲要求，对工程建设的必要性、受水区用水需求、可能调水线路选择、可调水量分析、工程方案比选等方面，做了大量分析研究工作，提出的阶段研究成果内容丰富、论证充分、结论合理，为完成研究工作奠定了良好的基础。会议肯定了阶段研究提出的供水目标和工程分期意见。

南水北调西线工程深埋、长大隧道关键技术对掘进机应用研讨会

2005年9月12~14日，国务院南水北调工程建设委员会专家委员会、中国水利学会、中国岩石力学与工程学会在北京召开了“南水北调西线工程深埋、长大隧道关键技术对掘进机应用研讨会”，参加会议的领导、专家、代表等145人。水利部副部长索丽生，院士钱士虎、葛修运、曹楚生，设计大师高安泽、林昭等出席了会议，参加会议的国外厂商有德国海瑞克公司、德国隧道工程公司、瑞士瓦特公司、瑞士安伯格公司、意大利都林公司代表和专家16人。会上介绍了国内外深埋长大隧道TBM开挖工程实例和勘察方法，在高地应力、高压涌水、多活动断裂、岩爆和大变形条件下的TBM设计和施工方法；研讨了西线深埋长大输水隧道工程的关键技术问题。

南水北调西线第一、二期工程项目建议书任务书审查会

水利部水利水电规划设计总院于11月23日在北京组织召开了“南水北调西线第一、二期工程项目建议书任务书审查会”。水利部总工程师刘宁、规划计划司副司长庞进武，水利部水利水电规划设计总院副院长沈凤生等领导和专家40余人参加了会议。会议对南水北调西线第一、二期项目建议书工作思路、技术路线和工作方法提出了许多修改意见和建议，为下一步的工作奠定了基础。会议要求黄河勘测设计有限公司根据审查会提出的意见对任务书进一步修改后上报。

（崔　荃　谈英武　曹海涛）

配套工程

THE MATCHING PROJECT

北京市

前期工作

2005年度，北京市南水北调办公室组织开展并基本完成了《北京市南水北调配套工程总体规划》及《团城湖至第九水厂输水工程规划》、《南水北调来水配置及水厂布局规划》、《南干渠工程规划》、《新建和改扩建水厂工程规划》、《现有水厂改造项目规划》、《调蓄系统及调蓄工程规划》、《南水北调来水监测及调度系统规划》、《南水北调来水与地下水联合调度及调蓄规划》、《配套工程环境影响评价及水土保持规划》等12项专项规划。

南干渠工程规划方案于2005年底报市规划委协调确定。新建和改扩建水厂工程中，《郭公庄水厂特许经营方案》已编制完成；其他各项工程前期工作已经全面展开。

（将春芹）

天津市

概述

2005年，南水北调天津市配套工程工作机构组建到位，配套工程总体规划编制完成，各项建设管理准备有序进行。12月16日，天津市南水北调工程建设委员会办公室批复南水北调天津市配套工程项目法人组建方案，同意由天津市水利工程建设管理中心作为南水北调天津市配套工程的项目法人，负责南水北调天津市配套工程的建设管理工作，业务上接受天津市南水北调工程建设委员会办公室的领导。

（何　睦）

前期工作

2005年，由天津市发改委牵头，会同天津市建设管理委员会、水利、市政、物价、南水北调工程建设委员会办公室等部门共同编制完成了南水北调天津市配套工程总体规划，报市政府待批。

总体规划根据受水区需水量和城市水源可供水量的预测结果，考虑受水区和城市水源的空间位置以及受水区的重要程度，综合平衡划分出各个水源的供水区域。规划确定城市供水系统的空间布局为：引滦入津工程在天津市北部入境，供水范围以中心城区和北部、东部地区为主，包括中心城区及新四区、蓟县、宝坻区、武清区、宁河县和塘沽区、大港区、汉沽区；南水北调中线工程在天津市西南部入境，供水范围以中心城区、西部、南部和东部为主，包括中心城区及新四区、塘沽区、大港区，静海县。由于中心城区及新四区、滨海新区的塘沽区、大港区是天津市经济社会发展重点地区，采取引滦水、引江水、地下水、淡化海水、再生水等多水源供水，各水源配置的供水区域为：引滦水主要供蓟县、宝坻区、武清区、宁河县、汉沽区，以及中心城区、新四区、塘沽区、大港区；南水北调中线水主要供中心城区、新四区、塘沽区、大港区、静海县；地下水主要供大港区、塘沽区、蓟县、宁河县和武清区；淡化海水及海水利用主要用于塘沽区、汉沽区、大港区；再生水主要用于城市外围河湖环境，少量经深度处理后用于工业和市政杂项。

规划市内配套工程项目主要包括新建天津干线分流井至西河泵站输水工程、天津干线末端至滨海新区输水工程，新建王庆坨水库和完善北塘水库，扩建现有引滦供水管线，新建、扩建自来水厂等。

经天津市发展和改革委员会批准，组织开展了天津干线分流井至西河泵站输水工程和王庆坨水库工程的可行性研究工作，通过公开招标，选定天津市水利勘测设计院和河北省水利水电第二勘测设计院分别负责这两个项目的可行性研究工作，其中天津干线分流井至西河泵站输水线路可行性研究报告已经基本完成。

（何　睦）

河　北　省

概　　述

2005年，河北省南水北调办公室多次组织专家对南水北调配套工程规划进行咨询研究，在年内完成了规划的审查论证工作；在工程规划审查论证过程中，有组织、有计划地开展了配套工程可行性研究各项工作；按照水利部要求，组织编制完成了河北省南水北调受水区地下水压采方案。

（李国强　韩　平）

前　期　工　作

一、配套工程规划

南水北调配套工程规划，既是河北省南水北调配套工程建设最基础性的工作，也是指导今后配套工程各阶段前期工作乃至工程建设和运行管理的纲领性文件。规划成果不仅直接影响配套工程的良性运行，也直接关系河北省各市和有关部门的利益。因此，河北省委、河北省政府、河北省直属有关部门、受水区市县政府，对配套工程规划都非常重视，并给予了高度关注。在规划编制过程中，河北省南水北调工程建设委员会办公室多次组织规划、设计、科研人员深入受水区各市县进行调查研究，认真听取各方意见，对工程方案进行反复研究论证，力求使河北省配套工程规划做到布局合理、调度灵活、运用方便。

为了推动审查论证工作的顺利开展，河北省南水北调办公室组织河北省水利水电勘测设计研究院在2004年工作基础上对规划报告进行了修改完善，于2005年初编制完成了《河北省南水北调配套工程规划》（汇报稿）。2005年3月，河北省水利水电勘测设计研究院向河北省南水北调办公室和河北省水利厅主管领导以及有关专家对规划成果进行了汇报。会后，针对配套工程规划中筹资、建设管理体制等热点、难点问题，河北省南水北调办公室邀请河北省发展和改革委员会、财政厅、水利厅、物价局等省直有关部门进行了专题研究。2005年9月完成了《河北省南水北调配套工程规划》（送审稿）。2005年11月，河北省南水北调办公室组织召开了河北省南水北调配套工程规划审查会，对规划报告进行技术审查。会后，根据审查意见，河北省南水北调办公室再次组织技术报告编制单位和受水区7个市对规划报告进行修改完善，为配套工程规划进入报批阶段奠定了坚实的基础。

二、配套工程可行性研究

在2005年召开的河北省南水北调工作会议上，河北省政府对省南水北调配套工程建设进行了总体安排部署，要求加快配套工程前期工作，及时用好汉江水。为落实会议精神，河北省南水北调办公室在积极推进配套工程规划论证审查工作的同时，组织开展了配套工程的可行性研究工作。

2005年4月，河北省南水北调办公室组织省内两个水利设计院和受水区（石家庄、邯郸、邢台、石家庄、保定、廊坊、沧州、衡水等7个市）召开了河北省南水北调配套工程可行性研究工作会议，对配套工程可行性研究阶段总体计划安排、组织形式、工作任务分工等进行了统一安排。

（一）可行性研究阶段工作总体安排

根据配套工程可行性研究阶段总体工作思路，河北省南水北调办公室对可行性研究阶段工作进行了任务分工和进度安排。两个省级水利设计院承担跨市输水干渠、大型调蓄工程的可研工作，各市承担本辖区内输（蓄）水工程可行性研究工作并负责本辖区内配水工程的可行性研究工作；2007年在完成各单项可行性研究设计工作的基础上，汇总完成河北省南水北调配套工程可行性研究报告，并及时组织开展论证审查和报批工作。

（二）2005年可行性研究阶段工作开展情况

河北省南水北调办公室委托河北省水利水电勘测设计院编制了河北省南水北调配套工程可行性研究阶段测量工作大纲、技术要求，作为开展测量工作的技术依据。从2005年6月开始，相继展开了C、D级GPS平面控制网测设工作，并于9月份完成C级网外业测量工作，10月份河北省水利水电勘测设计研究院向南水北调办公室提交测量正式成果，并通过专家验收。

（李国强　韩　平）

山　东　省

综　　述

山东省南水北调配套工程处于规划阶段，其配套工程主要建设内容包括：新建48个分水口门；新建输水渠和利用原河道长506.06km，新建输水管道392.43km；61座调蓄水库（其中新建19座）；新建加压泵站装机79630kW；新建调蓄水库至水厂间378.39km长的供水管道；新建净水厂51座，供水规模为255.67万t/d；新建配套管网长1676.42km。配套工程按输水干线实施情况分3片进行建设，计划在“十一五”期间全部完成。首先实施鲁南片配套工程，从韩庄运河至东平湖段输水干线上分水，涉及到枣庄、济宁、菏泽、泰安4个城市；其次实施胶东片配套工程，从胶东输水干线上分水，涉及到济南、淄博、滨州、东营、潍坊、青岛、烟台、威海8个城市；最后实施鲁北片配套工程，从鲁北输水干线上分水，涉及到聊城、德州2个城市。该项目已纳入“十一五”规划。

（徐国涛）

河 南 省

前 期 工 作

2005年，河南省编制完成了南水北调配套工程规划（草案）和配套工程可行性研究阶段工作任务书。河南省受水区内规划供水城镇为43座，其中11座省辖市市区、7座县级市和25座县城，输水形式采用管道为主，计划2010年与主体工程同步建成。

（耿万东）

CHINA SOUTH-TO-NORTH WATER DIVERSION PROJECT CONSTRUCTION YEARBOOK

捌 队伍建设

TEAM BUILDING

综　述

概　述

2005年在党中央、国务院的亲切关怀和南水北调建委会的正确领导下，在各有关部门和地方政府的大力支持下，南水北调组织机构全部到位并开始履行职责；建设管理模式已经确立，建管体系基本形成。

国务院南水北调工程建设委员会，作为工程建设高层次的决策机构，决定南水北调工程建设的重大方针、政策、措施和其他重大问题。国务院南水北调办公室作为建设委员会的办事机构，负责研究提出南水北调工程建设的有关政策和管理办法，起草有关法规草案；协调国务院有关部门加强节水、治污和生态环境保护；对南水北调主体工程建设实施政府行政管理。

工程沿线各省、直辖市成立南水北调工程建设领导小组，下设办事机构，贯彻落实国家有关南水北调工程建设的法律、法规、政策、措施和决定；负责组织协调征地拆迁、移民安置；参与协调省、自治区、直辖市有关部门实施节水治污及生态环境保护工作，检查监督治污工程建设；受国务院南水北调办委托，对委托由地方南水北调建设管理机构管理的主体工程实施部分政府管理职责，负责地方配套工程建设的组织协调，研究制定配套工程建设管理办法。

南水北调工程建设组织以南水北调工程项目法人为主导，包括承担南水北调工程项目管理、勘测设计、监理、施工、咨询等建设业务单位的合同管理及相互之间的协调和联系。南水北调工程项目法人是工程建设和运营的责任主体。建设期间，主体工程的项目法人对主体工程建设的质量、安全、进度、筹资和资金使用负总责；负责组织编制单项工程初步设计；协调工程建设的外部关系。

（胡周汉）

国务院南水北调工程建设委员会办公室

概　述

2005年南水北调办公室干部人事工作以邓小平理论和“三个代表”重要思想为指导，认真贯彻全国组织部长和全国人事厅局长会议精神，牢固树立和落实科学发展观，紧紧围绕南水北调工程建设大局和办公室的中心工作，以促进“三个安全”为重点，以能力建设为核心，进一步加强领导班子、公务员队伍、专业技术人才队伍建设，大力加强人才培养和教育培训工作，为南水北调工程建设提供组织保证和人才支持。

（胡周汉　何韵华）

南水北调工程设计管理中心成立

2005年9月20号，中央机构编制委员会办公室以中央编办复字［2005］108号文批复成立南水北调工程设计管理中心。

12月16日，国务院南水北调工程建设委员会办公室以国调办综［2005］112号文印发南水北调工程设计管理中心主要职责、内设机构和人员编制规定。

一、主要职责

受国务院南水北调工程建设委员会办公室（以下简称办公室）委托，承担以下主要职责：

1. 负责组织南水北调工程初步设计审查及相关工作。

2. 负责组织南水北调工程建设重大设计变更审查及相关工作。

3. 负责组织南水北调工程投资静态控制、动态管理中相关工作。

4. 承担南水北调工程设计有关方案、管理办法的研究、编制工作。

5. 承担南水北调工程规划设计管理、投资管理、建设评价、前期工作信息建设等咨询服务工作。

6. 参与相关部门组织的南水北调工程前期工作、有关研究成果审查、评估，相关行业规划、项目建设方案论证及与南水北调工程设计协调的有关工作。

7. 办公室交办的其他工作。

二、内设机构

根据以上职责，中心内部设置 2 个处，分别为综合处、技术管理处。

（胡周汉　何韵华）

人 事 任 免

2005 年 1 月 10 日，国务院南水北调工程建设委员会办公室以办任［2005］1 号文，任命张忠义为南水北调工程建设监管中心主任（正司级）（试用期一年）。

2005 年 1 月 19 日，经任职试用期满考核合格，国务院南水北调工程建设委员会办公室以办任［2005］2 号文任命：熊中才为国务院南水北调工程建设委员会办公室经济与财务司副司长；刘岩为国务院南水北调工程建设委员会办公室监督司副司长。

2005 年 3 月 21 日，国务院南水北调工程建设委员会办公室以办任［2005］3 号文，任命欧阳琪为国务院南水北调工程建设委员会办公室政策及技术研究中心副主任（副司级）（试用期一年）。

2005 年 4 月 15 日，国务院南水北调工程建设委员会办公室以办任［2005］4 号文，任命王松春为国务院南水北调工程建设委员会办公室建设管理司副司长。

2005 年 4 月 28 日，国务院南水北调工程建设委员会办公室以办任［2005］5 号文，任命胡保林为国务院南水北调工程建设委员会办公室主任助理（挂职一年）；黄荣为南水北调中线干线工程建设管理局副局长（挂职一年）。

2005 年 6 月 23 日，国务院南水北调工程建设委员会办公室以办任［2005］6 号文，任命周宇为南水北调工程建设监管中心副主任。

2005 年 7 月 5 日，经任职试用期满考核合格，国务院南水北调工程建设委员会办公室以办任［2005］7 号文任命：徐子恺为国务院南水北调工程建设委员会办公室政策及技术研究中心副主任。

2005 年 10 月 26 日，国务院南水北调工程建设委员会办公室以办任［2005］8 号文，任命刘国华为国务院南水北调工程建设委员会办公室环境与移民司副司长（试用期一年）。

2005 年 12 月 27 日，国务院南水北调工程建设委员会办公室以办任［2005］9 号文，任命沈凤生为国务院南水北调工程建设委员会办公室总工程师；免去汪易森的国务院南水北调工程建设委员会办公室总工程师职务。

（胡周汉　何韵华）

党的建设与精神文明建设

国务院南水北调办公室机关 2005 年党建工作，坚持以邓小平理论和“三个代表”重要思想为指导，围绕中心，服务大局，认真贯彻中央国家机关工委和办党组的年度工作部署，推进机关党的思想、组织、作风和制度建设，扎实开展保持共产党员先进性教育活动，发挥基层党组织和工青妇等群众组织的积极性和创造性，在推进三个文明建设，促进“三个安全”等方面取得了显著成效。

一、思想政治建设

建设一支思想过硬、政治坚定、作风优良、具有高度责任感和使命感的党员队伍，对于团结和带领广大工程建设者不畏艰难、勇往直前，又快又好地推进南水北调工程建设具有重要的意义。在中央国家机关工委具体指导下，根据办党组的部署和要求，机关党的思想政治建设，主要开展了以下几个方面的工作：

（1）坚持理论学习，提高党员理论思维能力和政治意识。一年来，机关党建工作充分发挥办党组中心组学习的龙头作用，丰富学习内容，创新学习方式，带动党员干部开展理论学习。一是牢牢抓住学习“三个代表”重要思想这条主线。通过组织广大党员深入学习“三个代表”重要思想，学习《党章》、胡锦涛同志在保持共产党员先进性专题报告会上的讲话和《保持共产党员先进性教育读本》，对“三个代表”重要思想的根本要求、时代背景、实践基础、科学内涵、精神实质和历史地位，有了更加全面的认识，实践“三个代表”重要思想，科学分析问题、解决问题的能力有了较大提高。二是深入学习十六届三中、四中、五中全会精神。认真组织党员学习十六届三中、四中、五中全会精神，学习胡锦涛同志在省部级主要领导干部提高构建社会主义和谐社会能力专题研讨班上的讲话，党员干部把握科学发展观和构建和谐社会理论的能力得到了一定提高，政治意识明显增强。三是积极开展形势政策教育。在先进性教育活动中，办党组成员结合分管工作作专题辅导报告，机关党委邀请中央党校、国家发展改革委宏观院的教授作政治经济形势报告，组织100余人次党员干部参加中央国家机关工委等部门组织的有关国际关系、经济政策、财政政策等形势报告会和先进人物事迹报告会，党员干部对我国经济社会和南水北调工程建设的形势有了更加全面的了解，加快建设南水北调工程的紧迫感和使命感进一步增强。

（2）坚持革命传统教育，加强爱国主义教育。办机关党委以纪念中国人民抗日战争暨世界反法西斯战争胜利60周年活动为契机，开展了多种形式的纪念活动，进一步加强了党员干部的爱国主义教育。先后组织党员干部参观“侵华日军南京大屠杀史实展”和“伟大胜利”大型主题展览，以党支部为单位分别组织党员和入党积极分子到西柏坡学习参观，在党的七届二中全会会址前宣誓，重温入党誓词，瞻仰李大钊烈士墓和冉庄地道战遗址，进行深刻的爱国主义和革命传统教育。特别是9月1日，办公室召开了南水北调办纪念抗日战争胜利60周年座谈会，办党组书记、主任张基尧发表了重要讲话，使广大党员进一步增强了党性意识和爱国情怀。大家深刻地认识到，在南水北调工程建设中，爱国主义是具体和现实的，就是要在工作中自觉学习和发扬抗日战争中孕育和发展的爱国主义精神、团结协作精神、民族创新精神和勇于牺牲、甘于奉献的精神，促进南水北调工程建设顺利实施。

（3）坚持正面教育、自我教育，增强党员党性意识。先进性教育活动中，广大党员干部自觉参加党内集中学习教育，主动征求和听取群众的意见和建议，普遍开展谈心活动，进行批评与自我批评。每个党员都对照南水北调办公室保持共产党员先进性的具体要求，结合征求到的意见和开展谈心活动的体会，认真总结自己近年来的思想、工作和作风等方面的情况，重点检查在理想信念、宗旨、作风、学习、遵纪守法和立足本职发挥作用等方面存在的问题，剖析思想根源，进行深刻的党性分析，进一步增强了党性意识。办党组成员在工作十分繁忙的情况下，充分利用各种机会和时间，征求意见和开展谈心活动，先后与党员群众开展谈心活动达50人次，以普通党员身份参加所在支部的组织生活会，接受党员群众的评议。各部门、各单位党支部书记切实履行直接责任人的职责，司局级领导同志开展谈心活动达到258人次。

二、基层组织建设

作为新组建单位，南水北调办基层党建工作，人手少，任务重，抓党建的能力和意识相对薄弱，党建工作与业务工作存在着"不相适应"的问题。经过先进性教育活动，各级基层组织得到了充分锻炼，抓党建的能力得到了较大增强。

（1）着力提高基层党务工作者的综合素质，提高党务工作水平。先进性教育活动中，机关党委采取多种形式，加强对党支部书记和骨干的培训，积极创造条件增加党支部书记之间的交流，促使司局长结合自己的思想、工作、学习，联系本单位的工作实际，去认真思考和体会党建工作与业务工作的结合点，落实"一岗双责"要求，增强他们做好党建工作的政治意识、责任意识和大局意识。同时，一批兼职的党务工作干部在先进性教育活动中得到了理论和实践上的系统锻炼，党务工作水平有了明显的提高，责任意识明显增强。

（2）着力提高基层党组织的战斗力，发挥基层党组织的战斗堡垒作用。先进性教育活动中，广大基层党组织采取多种形式，开展丰富多彩的党建活动，提升战斗力。各支部纷纷采取上党课、学习交流会、到爱国主义教育基地、南水北调工程建设工地一线参观学习等教育形式，以及围绕工程建设实践开展学先进、比先进、赶先进主题实践活动，丰富学习教育内容，扩大学习教育效果，增强支部活动的凝聚力。七一前夕，机关党委对涌现出来的9名优秀共产党员、3个优秀基层党组织和5名优秀党务工作者进行了表彰。

（3）健全基层组织，做好组织发展工作。目前，南水北调办公室机关和直属事业单位、中线建管局及其项目部党的组织机构已经健全。同时，各支部以先进性教育活动为契机，按照"坚持标准、保证质量、改善结构、慎重发展"的十六字方针，积极开展组织发展工作，发展1名同志为预备党员，4位预备党员按期转正，入党积极分子队伍进一步扩大。

三、党风廉政和机关作风建设

在先进性教育活动中，办党组把党风廉政和机关作风建设作为先进性教育活动的重要内容，按照中央颁布的《建立健全教育、制度、监督并重的惩治和预防腐败体系实施纲要》的要求，加强宣传教育，建立健全各项规章制度，抓好责任落实，促进机关作风建设，取得了明显成效。

（1）加强宣传教育，提高廉政意识。办党组把领导干部廉洁自律和党风廉政建设的宣传教育工作作为先进性教育活动的重要内容，组织党员干部深入学习胡锦涛同志在中央纪律检查委员会第五次全会上的重要讲话、吴官正同志的重要报告、《建立健全教育、制度、监督并重的惩治和预防腐败体系实施纲要》以及《中国共产党党内监督条例（试行）》、《中国共产党纪律处分条例》等重要文件，不断增强党员干部的纪律观念和廉洁从政意识。

（2）加强制度建设，建立健全党风廉政建设各项规章制度。一是根据《中共中央关于建立健全教育、制度、监督并重的惩治和预防腐败体系实施纲要》的要求，结合南水北调工程建设的实际，制定了《中共国务院南水北调办党组关于构建教育、制度、监督并重的惩治和预防腐败体系实施意见》，明确了党风廉政建设和反腐败斗争的指导思想、工作目标、基本原则、主要任务和实施步骤。

二是认真贯彻执行党风廉政建设责任制。根据国务院第三次廉政工作会议精神，修改完善了《中共国务院南水北调工程建设委员会办公室党组党风廉政建设责任制实施办法》进一步明确了领导班子和领导干部在党风廉政建设中所负的责任。三是制定了《中共国务院南水北调办党组关于进一步加强领导班子思想政治建设的意见》。围绕加强各级领导班子建设，提高领导班子党性修养和拒腐防变能力，从反腐倡廉工作的关口前移、预防为主的角度，就党风廉政建设作为领导班子建设的一项重要内容，提出了具体要求。四是制定了《国务院南水北调办党务公开暂行办法》。为充分发扬党内民主，加强党内监督，密切党群关系，保障党员和干部民主权利，办党组把开展党务公开工作作为贯彻《中国共产党党内监督条例（试行）》和加强党的建设的一项重要任务，列入重要工作日程，明确责任单位。五是制定了《中共国务院南水北调办党组关于实行谈话提醒制度的暂行规定》。坚决贯彻落实从严治党、从严治政的方针，围绕加强对党员干部的“严格要求、严格管理、严格监督”，推动领导干部廉洁自律这个中心，坚持教育为主、预防为主，对各级领导干部和党组织提出了明确的任务和要求。六是制定了《国务院南水北调工程建设委员会办公室2005年党风廉政建设工作要点》，对党风廉政建设工作作出部署，严格落实重大事项报告制度、述职述廉、民主评议等制度。

（3）加强日常监督和提醒。在先进性教育活动分析评议活动期间，办公室党组和司局级党员领导干部召开了民主生活会，会上，各级领导干部对自己廉洁自律和党风廉政建设方面存在的问题进行了反思，查找了问题，进行了认真整改，收到了良好的效果。配合《中共国务院南水北调办党组关于构建教育、制度、监督并重的惩治和预防腐败体系的实施意见》的实施，制订了《中共国务院南水北调办党组关于实行谈话提醒制度的暂行规定》，加强事前监督，进行关口前移。

（4）加强作风建设，改进工作作风。一年来，办党组不断加强和改进作风建设，坚持一切从南水北调工程建设的实际出发，不惟上，不惟书，只惟实。一是坚持深入工地进行调查研究。办党组成员经常深入南水北调工程沿线省市调查工程建设情况，实地了解工程一线存在的问题，协调处理各方面的关系。同时，办公室还制定了《中共国务院南水北调办党组关于领导干部深入基层开展调查研究的实施意见》，规定办领导每年至少抽出一个月的时间到基层调查研究，把调查研究工作作为一项经常性工作，开展起来。二是求真务实，提高工作效率。在先进性教育活动中，引导干部职工在工作中自觉转变观念，服务工程，服务基层，提高工作效率，克服文来文往、互不通气、推诿扯皮的不良机关作风，使上下协调、人与人协调、部门与部门协调、办公室与外单位协调和谐、顺畅。三是走群众路线，关心爱护干部职工。办党组成员经常深入群众，发扬朴实亲民的作风。办党组成员利用日常工作中接触普通干部职工较多的机会，注意与干部职工谈思想，谈体会，征求意见，了解群众所思所想，吸收群众的智慧，尊重他们的首创精神。先进性教育活动中，办党组成员与干部职工开展谈心活动达50人次，各支部也以不同方式，与干部职工进行交流，达到了增进团结的目的。四是艰苦奋斗，主动服务工程。积极引导广大党员在南水北调工程建设中发扬艰苦奋斗的精神，把艰苦奋斗作为衡量南水北调办公室共产党员保持先进性的一项具体要求，随时对照检查。努力做到意志上艰苦奋斗、思想上艰苦奋斗、工作上艰苦奋斗和生活上艰苦奋斗。五是主动征求意见。在先进性教育活动中，我们开展了“我为南水北调工程建设献计策”主题实践活动。154名党员提出意见和建议189条，经过梳理归纳，总计51条，经过边议边改和深入整改，全部完成整改任务。

四、制度建设

以巩固和扩大先进性教育活动成果，建立健全办公室保持共产党员先进性长效机制为契机，办公室制订了《中共国务院南水北调办公室党组关于建立健全保持共产党员先进性长效机制的意见》，并着手从七个方面建立健全长效机制，先后制定实施了九个制度和办法。

五、机关青年队伍建设

机关团委围绕机关党建工作的中心任务开展工作，自觉地以团的建设服从和服务于党的建设，发挥党联系青年的桥梁和纽带作用，不断巩固党在青年中的群众基础，努力增强团组织的战斗力，形成机关党建和团建工作积极配合、协调一致的良好局面。

一是开展了增强团员意识主题教育活动。组织团员青年认真学习“三个代表”重要思想，开展拓展训练和“激情促建设，青春献工程”主题团日活动，充分调动了团员的积极性和主动性。二是积极探索团员青年工作新的实现形式，促进团员青年活动的项目化、系列化。开展了纪念五四运动86周年和抗日战争胜利60周年系列活动。先后4次组织团员青年参观了相关专题展览。三是开展了南水北调工程现场实地考察活动。12月上旬，组织团员青年赴山东济平干渠工程现场进行了考察和调研，增强了团员青年对南水北调工程的感性认识和投身工程建设的自豪感、责任心。四是加强学习，积极创建学习型团组织。通过组织青年参加中央国家机关团工委组织的法律知识系列讲座、哲学知识系列讲座和国际关系系列讲座，使他们不断拓宽知识面，不断提高政策理论水平、依法行政的水平和为南水北调事业服务的能力。五是通过组织申报“中央国家机关五四红旗团组织创建单位”，民主推选“中央国家机关优秀共青团员”候选人及“中央国家机关优秀共青团干部”候选人，进一步激发了青年同志争先创优的积极性。

2005年机关团委被列为“五四红旗团组织创建单位”并获得奖牌，组织评选了青联代表，并参加了第三届全委会，向中央国家机关申报了保护母亲河先进集体等等。

六、机关建设

机关工会、机关妇委会认真履行职责，积极开展形式多样的活动，促进了和谐机关建设。

一是维护职工合法权益。积极协助并督促有关部门与工勤人员及时签订用工合同，办理了“三险一金”，为职工安心工作提供了保障。在配合综合司组织公务员休假的基础上，组织了全体工会会员的短期休假活动，修养身心，陶冶情操。二是积极开展文体活动。组建了乒乓球队、足球队、篮球队、羽毛球队，积极组织各种形式、各种层次的比赛，比如足球赛、乒乓球赛、棋牌赛等活动。工会还积极组织参加了中央国家机关工会联合会组织的保龄球赛、中央国家机关第二届职工运动会，取得了良好的成绩。这些活动的开展，活跃了机关工作气氛，丰富了职工文化生活，强健了体魄、凝聚了人心。三是积极做好职工福利工作。采取各种措施，给职工以温暖。比如每逢职工生日，工会都在生日那天送去贺卡，送上工会的祝福。每遇职工生病住院，都前去看望。在做好日常职工福利工作的同时，工会还结合预防禽流感的要求，发放了劳保、消毒液等卫生用品，用实际行动来关心职工的健康。四是关心女职工的合法权益。机关妇委会建立了女职工信息档案，建立了女职工图书阅览室，订阅了《中国妇女报》等多种杂志和报刊，丰富了女职工的业余生活。积极组织女职工学习《中华人民共和国妇女权益保障法》、《中央国家机关妇女工作委员会工作条例》、《中国妇女纲要》等有关妇女工作的法律、法规，组织女职工专项健康检查，收听心理辅导报告，组织参加未成年子女教育报告会，了解女职工工作和生活中的困难，并切实协调解决，让女职工感到了“女工之家”的关心与温暖。

工会、妇委会坚持以人为本，有针对性地开展工作，促进了广大职工在繁忙工作中得到了身心愉悦，促进了和谐机关建设。

七、精神文明建设

一年来，机关精神文明建设在2004年荣获中央国家机关文明单位之后，大力发挥工、青、妇等组织的作用，抓好各项创建工作的融合，增强精神文明创建活动的针对性、实效性，实现了精神文明创建工作相互促进、整体推进。

一是抓素质锻炼，群众性文体活动蓬勃开展。今年，机关党委带领工青妇等组织，扎扎实实开展群众性文体活动，调动干部职工的积极参与，定期与兄弟单位开展足球、篮球等比赛，活跃了机关气氛，丰富了业余文体生活。二是抓典型，发挥示范带头作用。今年，我们深入开展文明创建“细胞工程”，评选出了2005年度机关“文明处室”、“文明职工”、“文明家庭”，在机关形成了较好的精神文化生活氛围。三是抓普法，树立依法行政的机关形象。2005年是“四五”普法规划、决议贯彻实施的最后一年，12月4日是第五个全国法制宣传日。机关干部职工采取多种形式，认真学习《中华人民共和国宪法》、《公务员法》、《行政许可法》等法律法规，及时收看中央电视台《法治的力量》特别节目，进行《公务员法》、《实施纲要》和《学习纲要》的竞答活动，进一步增强法律观念，形成学法、用法、守法的良好氛围。四是抓和谐，积极开展送温暖活动。今年，办公室在全体干部职工中开展了为灾区“送温暖、献爱心”活动，为灾区群众捐赠了棉被褥、棉衣裤、毛衣裤、御寒大衣，及时向灾区人民送去了温暖。

一年来，机关党建工作得到了广大基层党组织和党员的支持，取得了一点成绩，也得到了一些启示：

一是机关党建工作必须坚持以邓小平理论和“三个代表”重要思想为指导，坚持围绕中心，服务大局；二是机关党建工作必须充分发挥基层党组织的作用，充分尊重党员的主体地位，贴近党员思想和工作实际；三是机关党建工作必须充分发挥兼职党务工作者的作用，民主集中，推进机关党建工作规范化、制度化；四是机关党建工作必须结合业务工作一道去做，贴近实际，贴近工程建设，服务工程建设；五是机关党建工作必须坚持与时俱进，不断创新，丰富活动内容和形式，增强凝聚力和吸引力，增强针对性和实效性，焕发机关党建工作的生机与活力。

（倪春飞）

机关党群系统机构建设

一、机构建设

1月6日，中共国务院南水北调工程建设委员会办公室机关党委以机党［2005］1号文件，决定由张景芳、谢民英、何韵华、边玮、李笑一五位同志组成国务院南水北调工程建设委员会办公室第一届机关妇女工作委员会，张景芳同志任主任，谢民英同志任副主任。

12月28日，中共国务院南水北调工程建设委员会办公室机关党委以机党［2005］20号文件，批准王春林同志任中线建管局机关党委书记，韩连峰同志任中线建管局机关党委副书记。

12月29日，国务院南水北调办公室机关工会委员会以机工［2005］16号文件，批准由王小娥、刘平、杜元强、张德华、高春萍、杨成宏、韩连峰七人组成南水北调中线干线工程管理局机关工会。韩连峰同志任主席，张德华同志任副主席。由王小娥、冯晓晶、杜元强三人组成南水北调中线干线工程管理局机关工会经费审查委员会，王小娥同志任主任。

二、获得荣誉

中央国家机关精神文明建设协调领导小组2005年2月24日授予国务院南水北调办公室机关2004年度文明单位。

2005年9月，国务院南水北调办公室参加中央国家机关第二届职工运动会，获得组委会颁发的“体育道德风尚奖”。

（倪春飞）

保持共产党员先进性教育活动

根据党中央的统一部署和要求，国务院南水北调办保持共产党员先进性教育活动从2005年1月21日正式开始，到2005年6月20日结束，历时5个月。经过办公室机关、直属事业单位和中线建管局各级党组织和广大共产党员的努力及广大群众的支持，顺利完成了先进性教育活动各阶段的任务，切实做到了“规定动作”不走样，“自选动作”有创新，党员队伍思想、组织、作风建设得到了明显加强，达到了“提高党员素质、加强基层组织、服务人民群众、促进各项工作”的目标要求。

一、主要做法

（一）深入思想发动，激发广大党员开展先进性教育活动的内在动力

一是各级党组织负责人在先进性教育活动的每一个阶段都进行动员。办党组书记、主任、先进性教育活动领导小组组长张基尧同志在先进性教育活动的各个重要阶段和关键环节都作动员讲话，明确工作任务和要求。各部门、各单位党组织在先进性教育活动的各个阶段、各个环节也都结合实际，分别采取动员会、学习会、讨论会等多种形式进行再动员、再部署。二是深入学习，统一思想，提高认识。通过组织广大党员以深入学习“三个代表”重要思想为主线，集中学习《党章》、胡锦涛同志在保持共产党员先进性专题报告会上的讲话、《保持共产党员先进性教育读本》等重要文件，不断提高广大党员参加先进性教育活动的思想认识和自觉性。办党组成员分别结合分管工作作了专题辅导报告或讲党课，邀请中央党校教授、国家发展改革委宏观院专家作形势报告会，组织70余人次党员干部参加中央组织的有关国际关系、经济政策、财政政策等形势报告会和先进人物事迹报告会，以党支部为单位分别组织党员和入党积极分子到西柏坡学习参观，在党的七届二中全会会址前宣誓，重温入党誓词，瞻仰李大钊烈士墓，参观冉庄地道战遗址，使广大党员接受了中国共产党艰苦创业和“牢记过去、勿忘国耻”革命传统教育，党员保持先进性的意识显著增强。三是利用鲜活的典型材料，促使广大党员深入进行剖析，查找差距，剖析思想根源。联合三峡办举行了“何贵平、张宇仙同志先进事迹报告会”，并以党支部为单位组织党员观看了牛玉儒先进事迹报告会录像，开展了以“学习先进、查找差距、分析评议、明确方向”为主题的保持共产党先进性专题讨论。同时，各党支部还组织党员干部观看了最高人民检察院拍摄的《职责与犯罪》警示片，进行警示教育。四是加强宣传，把握舆论导向。开办了办公室先进性教育活动网上专栏；创办了办公室先进性教育工作简报，共编印简报100多期，及时宣传贯彻了中央精神，反映办公室先进性教育活动的进展情况，总结了各部门、各单位在先进性教育活动中好的做法和经验。

（二）加强组织领导，统筹安排，周密部署，扎实推动先进性教育活动顺利开展

一是组建了先进性教育活动的专门机构。成立了以办党组书记、主任张基尧同志为组长，办党组副书记、副主任孟学农同志为副组长，其他党组成员为成员的办公室先进性教育活动领导小组，并成立了由机关党委、综合司等部门的同志组成的领导小组办公室和督导组。机关各司和直属事业单位各确定了一名先进性教育活动的工作骨干，负责联络先进性教育活动的各项工作。二是切实加强对党支部书记和先进性教育活动工作骨干的培训。张基尧同志在先进性教育活动的每一个重要环节开始前都亲自主持召开支部书记座谈会，深入学习贯彻中央精神，提出要求。办党组副书记、副主任孟学农同志先后多次听取先进性教育活动办公室工作汇报，及时提出指导意见，研究讨论先进性教育活动有关工作。三是统筹考虑，精心策划，制定切实可行的各个阶段实施方案和工作计划。在先进性教育活动的每一个阶段和“回头看”工作中，办党组都认真按照中央文件精神，集体讨论实施方案，集体研究各项工作安排，做到统筹考虑，统一部署。四是制定了一套较完整的制度保障体系。根据中央要求和南水北调办公室的实际，建立了先进性教育活动领导责任制、党员领导干部联系点制度、督查制度、群众监督评价等一系列制度和办法，并认真付诸实施。五是加强对各部门、各单位的督查指导。办先进性教育活动督导组认真贯彻办先进性教育活动领导小组的一系列指示精神，对各部门、各单位先进性教育活动的各个环节及时进行督导，保证了办公室先进性教育活动各项活动安排顺利实施。

（三）党员领导干部自觉带头，发挥了示范带动作用

办党组带头参加学习培训和撰写学习体会，带头讲党课、做专题报告，带头撰写党性分析材料，制定整改措施，落实整改责任。学习动员阶段，办党组领导率先垂范，主持召开支部书记座谈会，为支部书记和先进性教育活动骨干作学习辅导报告，进行了6次集中（扩大）学习。张基尧同志为办公室机关全体党员作了《搞好南水北调工程建设是南水北调办公室保持共产党员先进性的具体体现》的专题报告。孟学农同志讲了题为《树立正确的世界观、权力观，坚持立党为公、执政为民》的党课。李铁军、宁远同志分别以《坚持科学发展观，做好南水北调工程征地移民工作》、《弘扬南水北调精神，建设世界一流水利工程》为题，作了专题报告。

办党组成员积极参加联系点活动，指导和督察联系单位的先进性教育活动。张基尧同志认真参加所在支部活动和联系点活动，先后6次到中线建管局参加先进性教育活动。孟学农同志积极参加所在支部的组织生活会并作党性分析发言。李铁军同志不仅带头搞好所在支部的先进性教育活动，对联系点的各项工作也非常关心，认真审核分管单位的整改方案，提出具体修改意见。宁远同志认真参加所在党支部的每一次活动，对联系点先进性教育活动各项工作起到了积极的促进和指导作用。

办党组成员还经常深入群众，注意与干部职工谈思想，谈体会，征求意见，了解干部职工的思想动态。分析评议阶段，办党组成员与党员干部开展谈心活动达50余人次。

各部门、各单位党员领导干部也都积极履行直接责任人的职责，带头参加教育活动，带头讲党课，带头写学习体会，带头查摆不足，带头制定整改措施，较好地发挥了带头示范作用。据统计，司局级党员领导干部先后为党员上党课、作专题报告25场次，撰写心得体会33篇，与党员干部开展谈心活动达到258人次。党员领导干部的实际行动，极大地调动了广大党员的积极性，带动了先进性教育活动的顺利开展。

（四）坚持边学边改、边议边改、边整边改

办党组坚持边学边改、边议边改、边整边改的指导思想，针对党员群众提出的意见建议和工程建设中出现的矛盾和问题，认真研究，慎重决策，积极行动，采取有力的整改措施，切实整改，取得了明显的成效。

学习动员阶段，为了加强班子成员间的信息沟通，办党组建立了每周一上午的碰头会制度。针对机关干部思想观念和工作方法中存在的不足，南水北调工程建设中的一些问题，及时提出了转变观念、服务一线的任务。针对南水北调工程建设涉及部门多、省市多，管理难度大，协调工作量大等特点，办公室逐步建立健全了中央层面、南水北调工程沿线省市政府层面、各级南水北调办层面和项目法人层面的工作协调机制。与南水北调东、中线一期工程沿线七省（市）人民政府有关负责同志签订了《南水北调主体工程建设征地补偿和移民安置责任书》，进一步落实了建委会二次会议确定的南水北调工程征地移民工作实行“南水北调建委会领导、沿线省（市）负责、县为基础、项目法人参与”的管理体制。

（五）坚持发扬党内民主，走群众路线，开门搞教育

办公室先进性教育活动充分相信和依靠群众，把走群众路线贯穿于先进性教育活动的始终。在学习动员阶段，办公室学习活动主动吸收群众参与，召开群众座谈会听取群众对各级党组织的意见和建议，以座谈会等多种方式征求群众对保持共产党员先进性教育活动具体要求的意见；在分析评议阶段，邀请群众参加党员专题组织生活会，及时向群众通报办党组和司局级领导干部民主生活会情况；在整改提高阶段，广泛听取群众对党组整改方案的意见和建议，整改措施向群众公布，接受群众监督，广泛听取群众意见，自觉接受群众的评议和监督。每个阶段开展的“回头看”活动都重视听取群众的意见和反映，召开群众代表座谈会，先后三次进行群众问卷调查，使群众监督和评价制度得到了很好的落实。

（六）广泛讨论，形成共识，明确了南水北调办保持共产党员先进性具体要求

学习动员阶段，办公室始终把制定南水北调办保持共产党员先进性具体要求作为重要环节来抓。办党组根据党章规定、胡锦涛同志提出的“六个坚持”和华建敏同志在中央国家机关先进性教育活动动员大会上提出的“六点要求”，结合南水北调工程建设实际，提出了南水北调办保持共产党员先进性具体要求征求意见稿，“三下三上”，六易其稿，制订了以“坚持理想信念，服务南水北调；坚持勤奋学习，提高综合素质；坚持党的宗旨，密切联系群众；坚持勤奋工作，做到恪尽职守；坚持廉洁自律，遵守党纪国法；坚持‘两个务必’，永葆政治本色”为主要内容的南水北调办保持共产党员先进性具体要求。各部门、各单位按照办党组的统一要求，结合自己工作和岗位特点，明确了本部门、本单位乃至本岗位始终保持共产党员先进性的具体要求。

（七）着手研究健全和完善保持党员先进性的长效机制

按照中央先进性教育活动领导小组关于建立先进性教育活动长效机制“既要立足当前，又要着眼长远，既要继承又要创新，既要讲求系统配套又要注重务实管用，既要建章立制又要确保落实”的四项要求，办党组制订了《中共国务院南水北调办公室党组关于建立健全保持共产党员先进性长效机制的意见》。并根据这个意见精神，建立了保持共产党员先进性长效机制的9个制度和办法，即：《中共国务院南水北调办党组关于构建教育、制度、监督并重的惩治和预防腐败体系的实施意见》、《中共国务院南水北调办党组关于领导干部深入基层开展调查研究的意见》、《国务院南水北调办党员领导干部民主生活会和党员组织生活会制度》、《中共国务院南水北调办公室机关委员会关于创建学习型党支部工作的意见》、《国务院南水北调办党员干部理论学习考核办法》、《国务院南水北调办党务公开暂行办法》、《国务院南水北调办机关党员日常管理办法》、《中共国务院南水北调办党组关于实行谈话提醒制度的暂行规定》、《国务院南水北调办党员谈心制度》等。

二、取得的成效

（一）党员素质有了明显提高

在保持共产党员先进性教育活动中，各部门、各单位党组织把坚定理想信念作为共产党员保持先进性基本要求的首要内容突出强调，组织集体学习、召开座谈会、重温入党誓词、开展保持共产党员先进性具体要求大讨论、先进典型报告会、多种形式的党课教育等，一是理想信念进一步坚定；二是学习实践"三个代表"重要思想的自觉性、坚定性进一步增强，政治理论素质不断提高；三是党员先锋模范作用进一步发挥，党员的先进性进一步体现。

（二）加强了基层组织建设

先进性教育活动中，我们注重对党支部书记的培训和骨干的培训，强化了他们做好党建工作的政治意识、责任意识和大局意识，司局长切实把自己摆进去，结合自己的思想、工作、学习，联系本单位的工作实际，去思考、去体会，一批兼职的党务工作干部在先进性教育活动中得到了理论和实践上的系统锻炼，党务工作水平有了明显的提高，责任意识明显增强，基本形成了两手抓的格局。

各级党组织以创建学习型支部为契机，通过讲党课、作专题报告、学习讨论、主题实践活动等形式多样的党建活动，进一步增强了党员的组织观念和党性意识，在分析评议阶段，党员领导干部和普通党员一起撰写党性分析材料，过组织生活，生活会上开展相互评议，批评与自我批评，在民主和谐的氛围中，沟通思想，增进了解，消除隔阂，使党员的民主权利得到了保障，党组织在党员心目中的分量加重了，用先进的理论推进工作的意识和能力明显增强。

（三）服务基层、服务工程的意识明显增强

一是项目管理的认识不断深化。我们大力提倡和弘扬献身、负责、求实、创新的南水北调精神，培育艰苦奋斗、脚踏实地、埋头苦干的工作作风。二是党员干部精神面貌有了积极的变化。通过参加分析评议阶段的教育活动，广大党员干部对南水北调工程建设伟大而深远的意义有了更加深刻的认识，对建设南水北调工程的责任感、使命感进一步增强，勇往直前的信心更加坚定，工作中表现出了空前的积极性和主动性。三是深入基层考察调研蔚成风气。按照项目管理的要求，各部门、各单位加强了基层调研的力度，通过深入工程一线了解情况，获得第一手资料。四是密切了党组织与群众的关系。各部门、各单位党组织在征求意见中能够认真听取群众意见，做到了在召开组织生活会时吸收群众参与，民主生活会召开后及时向群众通报情况，制定整改措施时接受群众监督，认真落实整改措施。

（四）南水北调工程建设各项工作取得了新进展

随着先进性教育活动的深入开展，办党组牢牢抓住这次难得的机遇，加强组织领导，统筹安排，既锻炼了干部队伍，又促进了工程建设，切实做到了"两不误、两促进"。

（倪春飞）

项目法人单位

南水北调中线干线工程建设管理局

（一）机构设置

南水北调中线干线工程建设管理局（以下简称中线建管局）按照2004年11月8日国务院南水北调办公室批复的组织机构和人员编制方案，加强组织、思想、作风建设，慎重补充人员、任命干部、强化职能，提高工作效率，服务工程建设。4月份，审计部、信息中心成立，至此，中线建管局机关11个职能部室全部建立并投入运转，22名部门正副职和通过竞争上岗的26名正副处长到位，招聘37名业务骨干和11名应届大学毕业生充实机关部门和项目建管部。至2005年底，中线建管局有正式职工143人，其中机关正式员工有84人。

至2005年底，中线建管局设立有3个直接管理工程项目的建设管理部，代表项目法人在施工现场开展建设管理工作。1月，对2004年建立的漕河工程建设管理部进行了调整充实；2月，成立南水北调中线干线工程建设管理局惠南庄泵站项目建设管理部，下设四个处，定编18人；4月，成立南水北调中线干线工程建设管理局穿黄工程建设管理部，下设共六个处室，定编40人。

（陈志荣）

（二）人事管理

5月10日，中组部挂职干部、秦皇岛市副市长黄荣任中线建管局副局长（挂职一年）。

4月25日，中线建管局任命李舜才为工程建设部部长、曾国栋为机电物资部部长，陈志荣任综合管理部副部长、侯纯辉任综合管理部副部长、鲁小新任计划合同部副部长、贾琦任计划合同部副部长、鞠连义任工程建设部副部长、蔡建平任工程建设部副部长、苏明中任财务与资产管理部副部长、庞敏任工程技术部副部长、黄礼林任审计部副部长、尚宇鸣任移民环保局副局长、翟宜峰任信息中心副主任；11月，任命李志勇为人力资源部副部长、王以亮为党群工作部副部长。

1月，中线建管局任命李长春为漕河项目建设管理部部长，胡金洲为副部长兼总工程师。2月，任命蔡建平兼惠南庄项目建设管理部副部长（主持工作），戴昆任副部长兼总工程师，孙晓峰任副部长。4月，任命高必华为穿黄工程建设管理部部长、刘瑞源为副部长、王江涛为总工程师。

（许开健）

（三）党建工作

中线建管局党组紧密围绕工程建设中心，结合中线建管局实际大力开展党建工作。

（1）认真抓好党组理论学习中心组理论学习会。以邓小平理论和“三个代表”重要思想武装头脑，组织学习党的十六大和十六届三中、四中、五中全会精神，学习《中共中央关于制定国民经济和社会发展第十一个五年规划的建议》，局党组书记王春林同志传达了胡锦涛总书记在十六届五中全会上的重要讲话和南水北调办公室领导同志在办党组中心组学习十六届五中全会精神会议上的讲话精神。局长、党组副书记张野同志在会上讲了话。局党组成员石春先、郑征宇、曹为民，以及各党支部、各部门负责同志参加了学习。党组还积极抓好机关临时党委、党支部书记和部门领导的学习，系统学习邓小平理论和江泽民、胡锦涛同志一系列重要论述，不断提高政治理论水平，采取集中办班、举办报告会等形式，使学习取得了实效。同时组织干部职工结合工程建设实际，学习经济、法律、现代管理等方面的知识。

（2）认真抓好机关和各支部组织建设。党组召开会议，听取并研究召开中线建管局党员大会筹备情况的汇报，于12月初召开中线建管局党员大会，成立了中线建管局机关党委。围绕工程建设中心，大力加强党的基层组织建设，根据局机关和工程项目部设置情况，对党支部进行了重新划分，进一步健全了基层党组织。按照一岗双责的要求，培训了支部书记和党务干部；定期召开支委会、支部党员大会、党小组会。局领导分别到所在的党支部参加组织活动，使"三会一课"制度得到了较好坚持。

（3）积极推进党风廉政建设和反腐败斗争。以落实"三个安全"为宗旨，组织党员、干部深入学习《中国共产党党内监督条例（试行）》和《中国共产党纪律处分条例》及中纪委二次全会精神，组织反腐倡廉理论学习的知识竞答活动，采取有力监督措施，保证工程招投标等一些重大事项能够公开、公正、公平。

（4）积极开展保持共产党员先进性教育活动。从1月27日至6月24日，历时5个月，全局8个党支部71名党员全部参加了共产党员先进性教育学习培训、分析评议、整改提高三个阶段的教育活动。坚持把提高认识、发挥领导带头作用、发动群众、学用结合、取得实际成效的要求贯彻教育活动始终，通过精心组织、周密安排，取得了一定成果，广大党员的政治素质、思想观念、精神面貌、工作作风有了明显进步和提高。受到中央国家党工委督导组和南水北调办公室党组的好评，相关简报、网站登载了中线建管局先进性教育活动的做法和经验。党组还专门制发了《南水北调中线建管局保持共产党员先进性长效机制初步方案》。

（5）以群众活动为载体，不断丰富职工精神文化生活。举办形式多样的群众性活动，丰富职工精神和文化生活，开展了"自愿为东南亚地震和海啸受灾国家和人民捐款活动"，共捐款5360元。组织了为贫困地区人民送温暖、献爱心活动，共捐款9170元，衣物若干。组织新接收的应届毕业学生参观《太行山抗日大型图片展》，组织党员干部参观《侵华日军南京大屠杀史实展》，到西柏坡参观学习等。开展"我为中线工程献计策"活动，从两百多条中梳理成68条，为局领导所采纳。开展体育比赛活动。关心职工身心健康，邀请专家进行心理咨询和定期为员工体检。召开妇女节座谈会，座谈妇女同志如何在南水北调工程建设中发挥积极作用。

（王以亮　张德华）

（四）制度建设

2005年，按照制度建设规划，共制订和颁发了57项规章制度，基本形成了支撑中线干线工程管理运行的制度体系。

计划合同类：《南水北调中线干线工程建设管理局招标委员会议事规则》、《南水北调中线干线工程直接管理建设项目招标投标管理办法（试行）》、《南水北调中线干线工程建设管理局合同管理办法（试行）》、《南水北调中线干线工程建设投资计划管理暂行办法》、《南水北调中线干线工程建设投资统计管理暂行办法》等。

工程建设管理类：《南水北调中线干线工程安全生产管理办法（试行）》、《南水北调中线干线工程建设管理局安全生产管理办法（试行）》、《南水北调中线干线工程质量管理办法（试行）》、《南水北调中线干线工程建设监理管理办法（试行）》、《南水北调中线干线工程建设管理局预算管理工作规则》等。

财务类：《南水北调中线干线工程建设管理局会计基础工作规程》、《南水北调中线干线工程建设管理局会计核算办法》、《南水北调中线干线工程建设管理局财务管理办法

（试行）》等。

技术管理类：《南水北调中线干线工程初步设计管理办法》、《南水北调中线干线工程科技项目管理办法》等。

机电管理类：《南水北调中线干线工程直接管理建设项目重要机电设备招标采购管理办法（试行）》、《南水北调中线干线机电安装工程管理办法（试行）》等。

综合管理类：《中线建管局2006～2010年宣传工作规划》。

审计工作类：《南水北调中线干线工程建设管理局内部审计工作规定》、《南水北调中线干线工程建设管理局内部审计质量控制规范》等。

人力资源管理类：《中线建管局人才资源五年发展规划（2006～2010）》、《中线建管局职工培训管理办法》、《中线建管局机关处级干部竞争上岗暂行办法》、《南水北调中线干线工程建设管理局因公出国（境）工作管理暂行办法》、《南水北调中线干线工程建设管理局员工业绩考核管理暂行办法》、《南水北调中线干线工程建设管理局社会保险管理办法》以及住房公积金、基本医疗保险、企业补充医疗保险等管理办法。

（王志文）

南水北调中线水源有限责任公司

（一）机构设置

2005年2月，中线水源公司《南水北调中线水源有限责任公司机构设置方案》获水利部批准。根据《南水北调中线水源有限责任公司机构设置方案》，公司内设综合、计划、财务、工程、环境与移民5个部门。

（二）人事管理

2月28日，中线水源公司在丹江口召开第一届董事会第二次会议，聘任王新友为南水北调中线水源有限责任公司副总经理（主持工作），汤元昌、齐耀华为南水北调中线水源有限责任公司副总经理，张小厅为南水北调中线水源有限责任公司总工程师；免去杨甫生南水北调中线水源有限责任公司总经理职务。

通过组织推荐、公开招聘等方式，公司2005年录用正式员工42人。其中：高级职称19人，中级职称21人，初级职称2人。按照《党政领导干部选拔任用条例》和《南水北调中线水源有限责任公司科员管理暂行办法》，分别考核、聘任了16名中层管理人员和各岗位的工作人员。根据工作需要，外聘和借用了13名员工，依据《南水北调中线水源有限责任公司聘用员工管理暂行办法》，与其签订了相应的劳动合同（或上岗协议）。

按照"效率优先，兼顾公平"的原则，结合中线水源工程实际和当地工资水平，公司制定了《南水北调中线水源公司薪酬管理过渡性方案》，并完成了薪酬套改工作。根据国家相关政策，建立了员工的养老、医疗等社会保险。

11月至12月，公司举办了"中线水源工程首期干部培训班"，公司全体员工与设计、监理和各参建单位部分员工共计70余人参加了培训，经考试合格，颁发了《水利行业干部继续教育证书》。为学习和借鉴国内外水电工程建设管理单位的经验，先后选派人员分批赴三峡、小浪底、澧水等公司进行调研和考察，并组织4名处级干部到国外学习考察。为增强干部工作能力，公司与南水北调办相互交流了6名干部。

（周建华　吴世凡　曹俊启　季丹勇）

南水北调东线江苏水源有限责任公司

（一）机构设置

2005年3月29日，南水北调东线江苏水源有限公司（以下简称水源公司）在江苏省工商行政管理局登记注册。

工程建设期，主要承担工程建设项目法人职责，负责江苏省境内南水北调工程建设管理，负责组织编制单项工程初步设计，负责落实工程建设计划和资金，负责对工程质量、安全、进度和资金进行管理；工程建成后，负责江苏省境内南水北调工程的供水经营业务，从事相关水产品的开发经营。

根据有关规定和公司章程，公司设立董事会、监事会，实行董事会领导下的总经理负责制。公司董事会设董事长1名，董事会成员5名。公司设总经理1名，副总经理2名。公司监事会设主席1名，监事会成员3名。公司内设机构设综合部、计划发展部、工程建设部、财务审计部、资产运营部等5个职能部门。

（1）综合部。负责组织协调、拟定公司内部规章制度和管理办法，承担公司重要事项的督办查办工作；负责会议组织、文秘管理、机要档案、信息宣传等工作；负责公司机构组建、人事管理、劳动工资、教育培训等工作；负责公司精神文明工作；负责公司后勤保障等日常事务工作。

（2）计划发展部。负责研究制定公司发展规划；负责编制工程总体实施方案及年度建设计划和投资计划；负责单项工程初步设计的组织和报批；负责工程项目建设评价和工程建设投资统计工作；负责建设中科研立项和管理工作。

（3）工程建设部。负责组建现场建设管理单位，组织完成建设工程目标；负责工程建设的招标管理工作；负责工程建设质量、进度、投资控制工作；负责组织协调工程建设中的技术工作；负责工程建设安全生产和文明工地管理工作；负责组织单项工程验收工作；配合做好征地拆迁和移民安置工作等。

（4）财务审计部。负责协调、落实和监督工程建设资金的筹集、管理和使用；负责拟定年度工程建设资金预算；负责工程建设资金支付工作；负责公司日常财务及管理工作；负责公司财务收支内部审计工作。

（5）资产运营部。负责公司资产的保值增值，研究制定公司营运管理策略和运行机制；负责完建工程的接收、管理和维护工作；负责制定水量调配方案、供水计划和计量测定；负责工程成本核算和供水水价方案的研究。

2005年，水源公司充分利用社会和水利系统人才技术资源，积极探索委托建设和代建制模式，组建成立2个工程现场建设管理机构，具体负责工程现场建设管理。8月3日，分别成立江苏省南水北调淮阴三站淮安四站工程建设局和江苏省南水北调江都站改造工程建设处。

（二）人事管理

2005年3月，江苏省国有资产监督管理委员会发文，明确在水源公司董事会组建成立之前由邓东升同志代行公司法人代表职责。4月，江苏省国有资产监督管理委员会发文任命荣迎春同志为江苏水源公司副总经理。8月，江苏省纪委和江苏省监察厅发文，任命荣迎春同志兼任省纪委省监察厅派驻南水北调工程纪检监察工作组副组长。

2005年，水源公司按照精简高效、分期控制的原则逐步配备公司人员，全年选调工作人员15人，录用大学毕业生3人，录用短期合同制人员2人，至2005年底，公司在岗人员20人。

（三）党建工作

水源公司组建成后十分重视队伍建设，始终把锻炼培养一支优秀的建设管理队伍贯穿于工程建设全过程：

一是加强党建理论和业务知识学习，组织职工系统学习党的十六届五中全会精神及曾培炎副总理视察东线工程时的重要讲话，组织学习南水北调工程建设管理有关法规和制度，努力提高职工队伍的思想理论和业务工作水平。

二是切实加强党风廉政建设，注重党风

廉政教育，积极开展廉政文化进工地活动，实行工程建设“双合同制”，在签订工程合同的同时，签订党风廉政建设合同。对公司中层以上干部和现场机构领导班子成员，签订党风廉政建设承诺书，保证了“工程安全、资金安全、干部安全”。三是大力弘扬“三创”精神，团结带领职工弘扬团队精神，发挥团队合力，各项工作争先创优，较好地完成年度建设任务，体现了甘于奉献的精神风貌。

（四）制度建设

2005年，为努力实现工程优质、管理高效、技术先进、资源节省、投资节约的项目管理目标，江苏水源公司高度重视规章制度建设，按照国家水利工程建设法律法规和国务院南水北调办有关管理办法，结合江苏境内工程实际，有重点、有计划、有步骤地制订和颁发了13项规章制度：《南水北调东线江苏水源有限责任公司工作规则（试行）》、《南水北调东线江苏水源有限责任公司公文处理暂行办法》、《南水北调东线一期江苏境内工程建设项目档案管理暂行办法》、《南水北调江苏段工程项目财务管理办法（试行）》、《南水北调东线江苏境内工程质量管理办法（试行）》、《南水北调东线江苏境内工程安全生产管理办法（试行）》、《南水北调东线江苏水源有限责任公司管理费报销管理办法》、《江苏省南水北调工程招标设计编制要求（试行）》、《南水北调东线江苏水源公司设计工作管理暂行办法》、《南水北调东线江苏水源有限责任公司投资计划管理暂行办法》、《南水北调东线江苏水源有限责任公司科技管理暂行办法》、《南水北调东线江苏水源有限责任公司合同管理办法（试行）》、《南水北调江苏境内工程招标投标工作细则（试行）》。

（五）档案管理

水源公司组建成立后即成立了江苏南水北调档案室，配备了档案管理人员和设施，并积极收集整理和归档项目前期和工程开工以来的档案资料。为进一步规范江苏省南水北调工程建设项目档案管理工作，经深入调研并多次征求有关专家意见和建议，制定了《南水北调东线一期江苏境内工程建设项目档案管理暂行办法》。暂行办法从项目档案的管理、项目档案的质量要求、文件材料的收集、整理归档以及移交、验收等都作了明确规定，各现场机构也加强了工程建设档案的管理。

截至2005年底，江苏南水北调档案组织管理网络、库房设施等基本健全，档案管理人员基本到位。

（李松柏　白传贞）

南水北调东线山东干线有限责任公司

（一）党建工作

2005年，南水北调东线山东干线有限责任公司完成了党支部的组建工作，共设立6个党支部，选举了支部书记和委员，制定了党建的各项规章制度，加强了党员干部的学习培训。定期召开支委会、支部党员大会、党小组会。局领导分别到所在的党支部参加组织活动，使“三会一课”制度得到了较好坚持。

2005年1月至6月，南水北调东线山东干线有限责任公司认真开展保持共产党员先进性教育活动，期间全局党员全部参加了共产党员先进性教育学习培训、分析评议、整改提高三个阶段的教育活动。在工程建设时间紧、任务重，驻工地现场人员多、工作人员外出办事多的情况下，科学组织、精心安排，圆满完成了保持共产党员先进性教育活动。广大党员的政治素质、思想观念、精神面貌、工作作风有了明显进步和提高。

2005年，南水北调东线山东干线有限责任公司制定了《关于加强领导班子思想政治建设的实施意见》、《2005年党风廉政建设和反腐败工作实施意见》。与山东省纪委、省检察院、水利厅纪检组一起成立了预防职务犯罪指导委员会，制定了《南水北调预防职务犯罪工作方案》，实行了“工程合同”和“廉政合同”同签的制度，保证了对工程建设各个环节的有效监督。

（二）制度建设

2005年，南水北调山东干线有限责任公司出台了《新闻宣传工作暂行管理规定》、《南水北调济平干渠质量奖惩暂行办法》、《山东省南水北调局日常财务工作暂行规定》、《督办工作制度（暂行）》等一系列规章制度。通过进一步建立健全规章制度，使内部管理进一步规范化。

（高德刚）

有关省（直辖市）南水北调工程建设管理机构

北京市

（一）机构设置

3月8日，北京市南水北调办印发通知成立北京市南水北调工程建设管理中心（京调办［2005］16号文）。

4月20日，北京市南水北调办印发通知成立北京市南水北调工程拆迁办公室（京调办［2005］41号）。

6月3日，北京市南水北调工程建设委员会召开会议，专题研究南水北调工程的拆迁工作。会议明确市南水北调工程建委会有关成员单位在征地拆迁方面的职责，并以建委会文件《关于印发北京市南水北调工程征地拆迁工作职责的通知》（京调委［2005］3号）下发。南水北调工程沿线的海淀、丰台、房山三区政府也相应成立南水北调领导小组和办事机构（海政函［2005］38号、丰政办发［2005］41号、房政办发［2005］38号），负责辖区内工程征地拆迁和有关协调工作。

6月2日，经国务院南水北调办公室以《关于成立南水北调工程北京质量监督站的批复》（国调办建管函［2005］49号）批准，成立南水北调工程北京质量监督站，接受北京市南水北调办领导。8月2日，北京市机构编制委员会办公室以《关于同意北京市水利基本建设工程质量监督中心站加挂南水北调工程北京质量监督站牌子的函》（京编办事［2005］80号），同意北京市水利基本建设工程质量监督中心站加挂南水北调工程北京质量监督站牌子。

8月2日，北京市编办以《关于调整南水北调工程建设委员会办公室部分职责的函（京编办函［2005］16号），同意市南水北调办增加负责机关人事管理工作的职责。从此，北京市南水北调办开始独立行使机关党的工作、干部人事管理和机关后勤服务。

（二）党建工作

2005年1月至6月，按照中央、北京市委保持共产党员先进性教育活动的总体要求和部署，北京市南水北调办作为第一批进行先进性教育活动的单位认真开展了先进性教育活动，活动期间认真组织，严格要求，周密计划，注重实效。办公室4个临时党支部、16名党员，结合北京市南水北调工程建设工作实际，经过学习动员、分析评议、整改提高等三个阶段，深刻理解和把握了共产党员保持先进性的基本要求、具体要求和实践途径，得到北京市委先进性教育活动督导组好评。

（三）政策法规

2005年6月，北京市政府以京政办发［2005］21号发布《北京市南水北调工程基金筹集管理办法》。

（李闽峰）

天　津　市

2005年3月，天津市南水北调工程建设委员会办公室成立党支部，挂靠天津市水利局机关党委。

2005年1月至6月，天津市南水北调工程建设委员会办公室认真组织开展了保持共产党员先进性教育活动，办公室全体党员参加了教育活动，通过学习动员、分析评议和整改提高三个阶段，广大党员进一步深化了对邓小平理论和“三个代表”重要思想的理解，提高了对加强党的执政能力建设的认识，明确了新时期保持共产党员先进性的基本要求，坚定了搞好南水北调工程建设的信心。先进性教育活动初步建立起党员长期受教育、永葆先进性的有效机制，广大党员思想政治素质得到明显提高，党组织战斗力得到明显增强，党群干群关系更加和谐，机关工作作风得到明显转变，有力地促进了南水北调各项工作的顺利开展，做到了先进性教育与南水北调工程建设“两不误、两促进”，得到了天津市委督导组的充分肯定。

（何　睦）

河　北　省

（一）机构设置

2005年6月，河北省政府批准成立河北省南水北调工程建设征迁安置管理中心，作为河北省南水北调工程建设委员会办公室内部临时机构，其主要工作职责是：贯彻国家有关建设用地和征迁安置工作的方针、政策、法规，研究制定河北省南水北调工程征迁安置工作的实施规定；做好协调、服务、监督检查、指导等各项工作，确保按时保质保量完成征迁安置工作任务，确保社会稳定和资金安全。管理中心下设综合计划组、财务组、征地实施组和城区企事业专项实施组。

2005年6月，经国务院南水北调工程建设委员会办公室建设管理司以国调办建管函［2005］53号文批复同意，成立南水北调工程河北质量监督站，具体负责南水北调中线干线河北段委托项目的质量监督工作。监督站设站长1名、常务副站长1名、副站长1名、常设质量监督人员7名。

（二）人事管理

2005年，省南水北调工程建设委员会办公室完成了办机关公务员招录工作，充实了办公室工作力量，使办公室干部队伍形成了合理的梯次结构。

（三）党建工作

2005年，按照中央和河北省委部署，在河北省南水北调办公室全体党员中开展了保持共产党员先进性教育活动。通过学习培训和开展党性分析、民主评议及制定和落实整改措施，全体党员进一步明确了开展先进性教育活动的目标、任务和要求，加深了对“三个代表”重要思想时代背景、科学内涵、精神实质、历史地位的认识和理解，党员的宗旨意识有了明显的增强，大家进一步的统一思想，端正态度，自觉加强理论学习，增强政治敏锐性和鉴别力，在工作中努力提高服务水平，党员的理论修养和综合素质有了显著的提高。通过开展先进性教育活动，使办公室党员队伍保持了思想上、政治上、组织上、作风上的先进性和纯洁性，始终站在了时代前列，有利地促进了党的政治优势、组织优势和亲密联系群众作用的充分发挥。

（四）制度建设

2005年，河北省南水北调办公室印发了《关于机关公务员培训工作的暂行规定的通知》、《关于加强机关效能建设的实施意见》、《关于进一步做好机关效能建设工作的通知》和《中共河北省委省直工委关于印发〈河北省直机关工作人员“五条禁令”〉的通知》，实现“提速、提质、为人民、促发展”的工作目标，进一步转变工作作风，规范行政行为，提高办事效率。

（王　强）

江　苏　省

（一）人事管理

2005年7月12日，江苏省人民政府以苏政发［2005］66号文印发省政府关于调整省南水北调工程建设领导小组成员的通知。调整后名单如下：

组　长：梁保华　省长
副组长：黄莉新　副省长
成　员：李福全　徐州市市长
刘永忠　连云港市市长
樊金龙　淮安市市长
赵　鹏　盐城市市长
王燕文　扬州市市长
毛伟明　泰州市市长
张新实　宿迁市市长
吴沛良　省政府副秘书长
钱志新　省发展改革委主任
王永顺　省科技厅厅长
谢秀兰　省监察厅厅长
包国新　省财政厅厅长
陶培荣　省国土资源厅厅长
周　游　省建设厅厅长
潘永和　省交通厅厅长
吕振霖　省水利厅厅长
刘立仁　省农林厅厅长
章剑华　省文化厅厅长
史振华　省环保厅厅长
赵耿毅　省物价局局长
孙工声　人行南京分行行长
费圣英　省电力公司总经理

领导小组办公室设在省水利厅，吕振霖同志兼任办公室主任，张劲松同志任办公室副主任。

（二）党建工作

2005年7月22日，中共江苏省水利厅机关党委印发《关于同意成立省南水北调工程建设领导小组办公室党支部的通知》（苏水机党［2005］12号），同意成立江苏省南水北调工程建设领导小组办公室党支部。

（三）制度建设

2005年，江苏省南水北调工程建设领导小组印发了《江苏省南水北调工程建设领导小组成员单位职责》；江苏省南水北调办公室先后制定印发了《江苏省南水北调办公室江苏水源公司联席会议制度》、《江苏省南水北办公室工作规则》、《江苏省南水北调办公室公文处理办法》、《江苏省南水北调工程征地补偿和移民安置资金财务管理办法（试行）》等内部管理制度。

（王　军）

山　东　省

（一）机构设置

2005年，山东省政府办公厅印发了《山东省南水北调指挥部成员单位职责》，明确省南水北调工程建设管理局作为省指挥部的办事机构，承担省指挥部的日常工作，负责对指挥部决定事项的执行和督办。

主要职责：负责草拟境内南水北调工程建设的政策、管理办法和有关法规草案；负责组织境内南水北调的各项前期工作；组织境内南水北调配套工程规划编制工作，并负责配套工程的建设管理；按照有关规定，管理南水北调工程建设资金，协调境内南水北调工程年度开工项目建议计划和投资规模控制；审查并提出境内南水北调工程配套投资总量意见；协调配合山东省政府有关职能部门和地方政府做好工程项目区的节水、征地、移民和生态环境与文物保护等工作；承担国务院南水北调办委托的山东境内南水北调干线工程建设的行政管理和行政监督工作；协调解决山东境内南水北调工程建设中的有关重大技术问题；负责境内南水北调工程建设的科技和对外技术合作与交流；负责工程建成后的运行管理总体方案的拟定、队伍建设等。

4月21日，成立枣庄市南水北调工程建设管理局，为枣庄市水利和渔业局所属财政拨款的正县级事业单位，同时也是枣庄市南水北调工程建设指挥部的办事机构。2005年7月14日，成立泰安市南水北调工程建设管理局，为泰安市水利和渔业局所属正县级事业单位。

（二）人事管理

2005年，南水北调东线山东干线有限责任公司分别在上半年和下半年组织了两次人员招聘工作。通过笔试、面试答辩、体检、综合测评、试用考核，第一批已正式录用15人。

（高德刚）

河　南　省

2005年，河南省南水北调中线工程建设领导小组办公室在开展保持共产党员先进性教育活动中，认真贯彻党的十六大和十六届四中全会精神，积极践行“三个代表”重要思想，以“提高党员素质，加强基层组织，服务人民群众，促进各项工作”为目标，按照中央、省委、省水利厅党组先进性教育活动的总体要求和部署，精心组织，周密部署，求真务实，扎实推进，通过学习教育、分析评议、整改提高三个阶段的工作学习，圆满完成了先进性教育活动的各项工作任务，先进性教育活动达到了预期效果。

（田自红）

湖　北　省

（一）机构设置

4月11日，湖北省委召开常委会。会议决定：在出席省里召开的重要会议和列为省委、省政府直接发文单位等方面，将湖北“省南水北调工程领导小组办公室”与省政府办事机构同等对待。

5月10日，湖北省南水北调办（省南水北调局）印发《关于内设机构职责的通知》（鄂调水办［2005］22号文），共设综合处、财务处、工程处、规划处、经济发展处五个处并明确各处职责。

7月18日，湖北省机构编制委员会印发《关于省南水北调工程领导小组办公室体制和工作职责问题的批复》（鄂编发［2005］29号）。

内容如下：①省南水北调工程领导小组办公室与省南水北调工程建设管理局实行“两块牌子、一套班子”的管理体制不变。省南水北调工程建设管理局既是具体负责南水北调工程建设的资金筹划、组织招投标、质量监督及汉江流域水利综合开发的管理机构，同时又是省南水北调工程领导小组的办事、协调机构。②省南水北调工程领导小组办公室的主要职责是：具体承担领导小组全体（扩大）会议以及办公会议的准备工作，督促、检查和落实会议决定的事项；负责工程建设中的行政监督管理工作；组织协调工程建设中的环境保护、生态建设、移民安置、投资立项、技术攻关、对口支援等重大问题；承办领导小组交办的其他事项。

7月26日，国务院南水北调办发文，委托湖北省南水北调办承担汉江中下游治理工程建设部分行政监督管理工作，并接受国务院南水北调办的监督检查和业务指导。具体为：①工程项目招标投标活动的行政监督管理。主要包括对工程项目的招标、投标、开标、评标、中标全过程进行监督管理。负责工程项目招标分标方案的核准，并向国务院南水北调办备案。负责工程项目招标投标情况的汇总和招标投标行政监督管理工作情况的总结，每半年向国务院南水北调办报告一次。②负责工程质量监督管理。承担南水北调工程质量监督管理具体工作机构的组建和日常管理。③ 承担工程项目安全生产监管，负责制定并实施《南水北调工程建设重特大事故应急预案》的配套预案。④ 承担有关验收的组织和协调工作。⑤ 承担部分工程项目的经常性稽察和举报调查，具体稽察任务在国务院南水北调办年度稽察工作计划中明确。⑥ 负责汉江中下游治理工程项目法人日常建设管理行为的监督管理。

8月16日，国务院南水北调办批准成立南水北调工程质量监督湖北站。

11月16日，湖北省政府办公厅印发《关于南水北调汉江中下游治理工程项目法人有关问题的批复》（鄂政办函［2005］126号）。内容如下：① 同意由省南水北调工程建设管理局担任汉江中下游引江济汉、兴隆水利枢纽工程、部分闸站改造和局部航道整治等四项治理工程项目法人。② 省南水北调工程建设管理局作为汉江中下游治理工程项目建设的责任主体，对项目建设的工程质量、工程进度、资金管理和生产安全负总责。项目法人在建设阶段的主要职责是：按照工程建设程序和批准的建设规模、内容、标准组织工程建设；根据工程建设需要招标选择或组建工程项目建设管理单位，或委托地方建设管理机构从事主体工程建设管理，并监督检查其建设管理行为；负责办理工程质量监督和工程开工报告报批手续；负责与工程所在地人民政府及有关部门协调解决征地移民、房屋拆迁、挖压占补偿、施工治安环境等外部条件；依法对工程项目的建设管理、勘测设计、监理、施工和材料及设备等组织招标，签订有关合同，实行合同管理并认真履行合同责任和义务；组织编制、审核、上报项目年度建设计划，落实工程建设资金，严格按照概算控制工程投资，管好、用好建设资金并按照合同及时支付工程款；负责工程建设质量管理和安全生产工作；负责工程进度和工程建设信息管理工作；组织制订、上报在建工程安全度汛方案，并对在建工程安全度汛负责；负责组织编制竣工决算；负责工程档案资料的管理，包括对各参建单位所形成档案资料的收集、整理、归档工作进行监督、检查；按照有关验收规程负责组织或参与验收工作；负责突发事件预警方案的制定和预警机制的建设。③ 四项治理工程中，引江济汉和兴隆水利枢纽工程两项工程实行法人自建制；部分闸站改造和局部航道整治项目根据工程的进展情况，实行委托制或代建制。④ 省南水北调工程建设管理局法人代表为吴克刚，技术负责人为周汉奎。

（二）人事管理

3月22日，湖北省以湖北省水利厅印发《关于吴克刚等同志职务任免的通知》（鄂水干［2005］14号）文件，任命吴克刚为省南水北调局局长、周汉奎为省南水北调局（省南水北调办）总工程师。

（三）党建工作

2005年，湖北省南水北调办党总支紧紧围绕南水北调工程建设中心，切实做好汉江中下游四项治理工程前期工作，进一步强化职能、健全制度、完善管理，狠抓工作落实，取得了可喜成绩。一是以保持共产党员先进性教育活动为重点，创新教育方法，强化理论学习，切实提高了党员干部的党性意识和政治觉悟。经过由全体党员、职工参加的群众测评，先进性教育活动满意度达到98%，实现了“提高党员素质、加强基层组织、服务人民群众、促进各项工作”的目标。二是以强化党组织领导为核心，创新思想观念，切实抓好党风廉政建设，进一步发挥了党组织战斗堡垒作用。根据兴隆水利枢纽工程建设需要和工程管理人员增加的实际，及时成立了兴隆水利枢纽工程建设筹备办公室党支部；经严格考察，吸收一名同志为预备党员，为一名预备党员按时办理了转正手续。三是以作风建设为基础，创新工作手段，进一步完善了工作程序和制度，切实提高了机关工作效率。

认真做好省人大代表、政协委员建议、提案的办理工作，负责办理的20件建议、提案全部做到了及时沟通，及时回复。

12月，开展了捐款捐物献爱心活动，在向鄂州对口帮扶社区捐款的基础上，捐款4400元、衣物53件，为灾区群众献上了一片真诚爱心。

8月，参加了水利厅举办的纪念抗日战争胜利60周年歌咏演唱活动。

（四）制度建设

2005年，先后制定了《省南水北调办（省南水北调局）公文处理实施细则》、《省南水北调办（省南水北调局）机关督办工作暂行规定》、《省南水北调办（省南水北调局）机要保密规定》《湖北南水北调网管理办法》等多项管理规定，强化了工作程序管理，逐步实现了办公秩序规范化、制度化、高效化。

（龚富华）

CHINA SOUTH-TO-NORTH WATER DIVERSION PROJECT CONSTRUCTION YEARBOOK

玖 统计资料

THE STATISTICAL INFORMATION

在建工程基建投资统计

概　　述

2005 年，南水北调东、中线一期工程进入开工建设的重要一年。截至年底，8 项单项工程（共含 23 个设计单元工程）中的 16 个设计单元工程已开工建设。这 8 项单项工程是：东线一期工程中的济平干渠工程，骆马湖至南四湖江苏境内工程，韩庄运河段工程，长江至骆马湖2003 年度工程，三阳河、潼河、宝应站工程；中线一期工程中的京石段应急供水工程，穿黄工程，丹江口大坝加高工程。这 8 项单项工程总投资规模达 279 亿元。

已开工建设的 16 个设计单元工程总投资为 132 亿元，其中 2005 年新开工设计单元工程 7 项（长江至骆马湖 2003 年度工程，蔺家坝泵站工程，漕河渡槽段工程，北京西四环暗涵工程，古运河枢纽工程，中线穿黄工程，丹江口大坝加高工程），2004 年开工设计单元工程 5 项（刘山泵站工程，解台泵站工程，韩庄、万年闸泵站工程，唐河倒虹吸工程，釜山隧洞工程），2003 年开工 2 项（滹沱河倒虹吸工程，永定河倒虹吸工程），2002 年开工 2 项（三阳河、潼河、宝应站工程和济平干渠工程）。

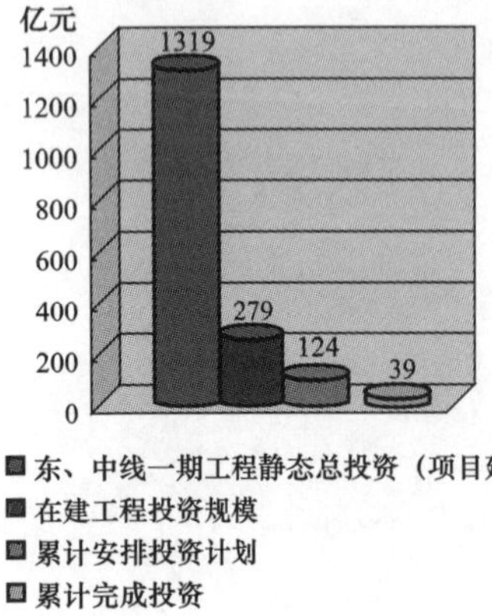

图 1　南水北调东、中线一期工程投资情况

截至 2005 年底，南水北调工程累计安排投资计划 123.8 亿元，累计完成投资 39 亿元。累计完成土石方 6116 万 m^3，累计完成混凝土浇筑 101 万 m^3，见图 1。

（周曰农）

累计投资安排及完成情况

截至 2005 年底，南水北调工程累计安排投资计划 123.8 亿元，其中中央预算内资金（含国债）95 亿元，基金（地方配套）8.1 亿元，贷款 20.7 亿元。见图 2。

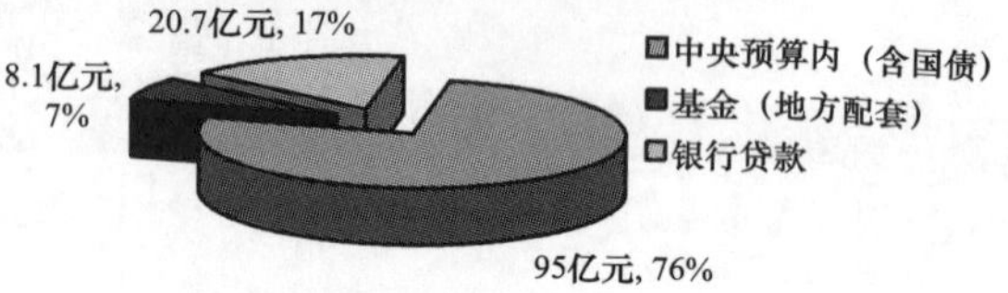

图 2　南水北调工程投资计划累计安排情况

累计安排东线一期工程 30.3 亿元，其中中央预算内资金（含国债）18.3 亿元，基金（地方配套）8.1 亿元，贷款 3.9 亿元；安排中线一期工程 91.5 亿元，其中中央预算内资金（含国债）74.7 亿元，贷款 16.8 亿元；安排初步设计工作投资计划 2 亿元。

截至 2005 年底，南水北调工程累计完成投资 39 亿元，其中工程建设投资完成 38 亿元。见图 3。

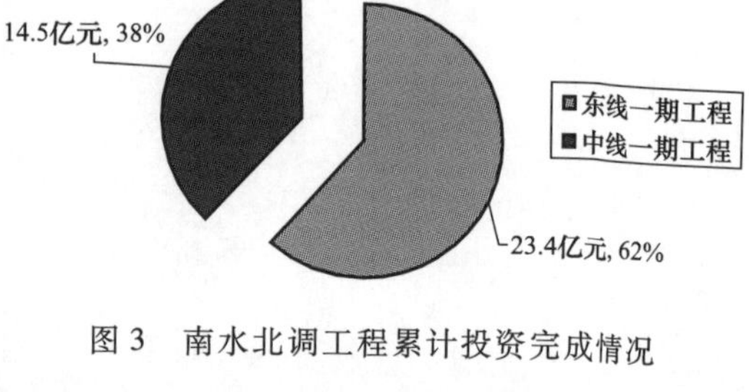

图 3　南水北调工程累计投资完成情况

东线一期工程累计完成投资23.4亿元，占东线一期在建设计单元项目总投资的55%。中线一期工程累计完成投资14.5亿元，占中线一期在建设计单元项目总投资的16%。

（周日农）

2005年投资安排及完成情况

2005年共安排投资计划62.1亿元，其中中央预算内资金（含国债）44.6亿元，贷款17.5亿元。

2005年安排东线一期工程6.6亿元，其中中央预算内资金（含国债）4.8亿元，贷款1.8亿元；安排中线一期工程53.5亿元，其中中央预算内资金（含国债）37.8亿元，贷款15.8亿元。见图4。

2005年安排初步设计工作投资计划2亿元，用于23个项目的初步设计工作。

2005年在工程建设投资中安排5000万元，用于南水北调工程45个文物项目的保护工作。

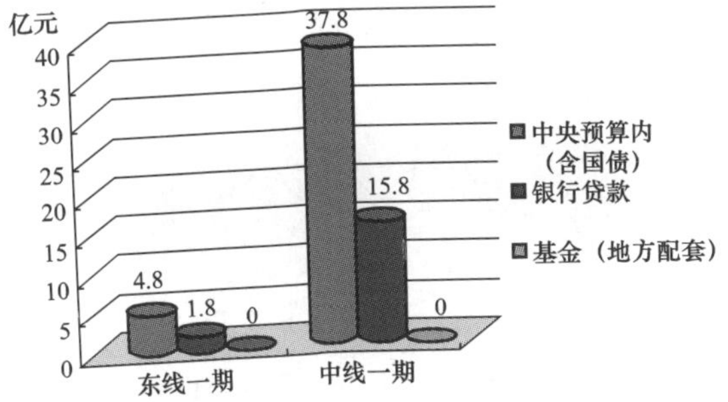

图4　南水北调工程2005年投资计划安排情况

南水北调工程建设2005年完成投资18.3亿元，其中东线一期工程完成7亿元，中线一期工程完成11.3亿元；2005年初步设计工作投资完成1亿元。见图5。

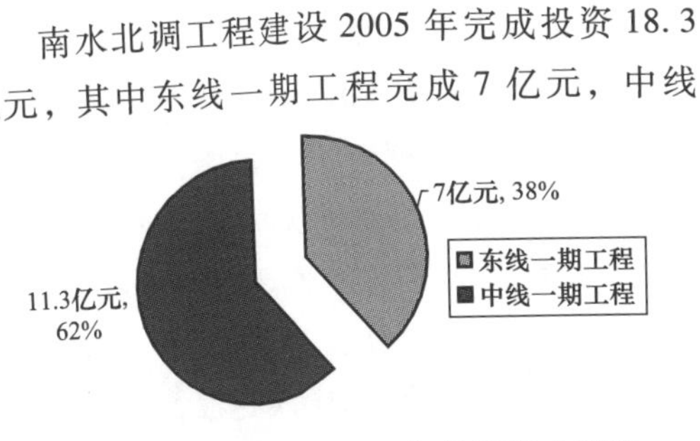

图5　南水北调工程2005年投资完成情况

（周日农）

东线一期在建工程建设进展情况

（一）三阳河、潼河、宝应站工程

三阳河、潼河、宝应站工程2002年12月开工建设，总投资9.18亿元。截至2005年底，工程投资计划全部下达，累计完成投资8.3亿元，占工程总投资的90%。累计完成土石方2716万m^3，完成混凝土浇筑13万m^3。

图6　新建成的宝应泵站

工程主体工程已完工，共完成44km河道工程和21座桥梁；宝应泵站工程土建和机电安装工程均已完工，并已通过试运行验收，见图6。

（二）长江至骆马湖2003年度工程

长江至骆马湖2003年度工程包括淮阴三站、江都站改造、淮安四站及淮安四站输水河道等工程，总投资9.3亿元。工程于2005年10月正式开工建设，截至2005年底，累计下达投资计划4亿元，已累计完成投资1.6亿元，占工程总投资的17%。累计完成土石方125万m^3，完成混凝土浇筑0.7万m^3。

图7　淮安四站新河东闸

淮阴三站（见图8）累计完成投资2161万元，完成土石方60万m^3；淮安四站目前正在建设新河东闸（见图7）、鸭州生产桥及闸下引河工程，累计完成工程投资3018万元，完成土石方30万m^3；淮安四站输水河道工程累计完成工程投资9642万元，完成土石方40万m^3；江都站改造工程累计完成工程投资1129万元，完成土石方28万m^3。

图8 淮阴三站工程

（三）刘山泵站工程

刘山泵站工程（见图9）2004年10月开工建设，总投资2.4亿元，截至2005年底，累计下达投资计划0.7亿元，累计完成投资0.8亿元，占工程总投资的34%。累计完成土石方145万m^3，混凝土浇筑1万m^3。

图9 刘山泵站底板封底

刘山泵站施工导流工程已完工，主体工程基坑土方开挖基本完成，目前正在进行防渗墙施工。

（四）解台泵站工程

解台泵站工程（见图10）2004年10月开工建设，总投资1.9亿元，截至2005年底，累计下达投资计划0.6亿元，累计完成投资0.8亿元，占工程总投资的44%。累计完成土石方91万m^3，混凝土浇筑2万m^3。

泵站导流工程已通过验收并投入使用，主体工程正在进行水泵层、下游翼墙底板和节制闸底板混凝土浇筑工作。

图10 解台泵站钢筋绑扎

（五）蔺家坝泵站工程

蔺家坝泵站工程2005年11月开工建设，总投资1.5亿元，截至2005年底，累计下达投资计划0.8亿元，累计完成投资0.2亿元，占工程总投资的10%。累计完成土石方5万m^3。

（六）韩庄、万年闸泵站工程

韩庄、万年闸泵站工程（见图11）2004年11月开工建设，总投资4.8亿元，截至2005年底，累计下达投资计划1.6亿元，累计完成投资0.4亿元，占工程总投资的7%。累计完成土石方92万m^3，完成混凝土浇筑1万m^3。

图11 万年闸泵站工程

（七）济平干渠工程

济平干渠工程2002年12月开工建设，总投资13.1亿元，截至2005年底，累计下达投资计划12.1亿元，累计完成投资11.4亿元，占工程总投资的87%。累计完成土石方1529万m^3，完成混凝土浇筑28万m^3。

工程于12月26日全线建成，12月27日全线通水调试，12月29日渠首闸（见图12）

正式开闸放水，调试运行试通水一次成功。

图12　济平干渠渠首闸

（周日农）

中线一期在建工程建设进展情况

（一）丹江口大坝加高工程

丹江口大坝加高工程2005年9月开工建设，总投资24.3亿元，截至2005年底，累计下达投资计划6亿元，累计完成投资3.6亿元，占工程总投资的15%。累计完成土石方175万m^3，完成混凝土浇筑3万m^3。

图13　厂房坝段裂缝处理

图14　深孔坝段混凝土浇筑准备

土石坝正在进行基础土石方开挖和挡墙混凝土浇筑，混凝土坝段正在进行旧混凝土拆除、键槽混凝土切割、混凝土凿毛、基础开挖、锚杆施工、裂缝处理等工作，见图13、图14，其中25号坝段混凝土已浇筑四层，从高程102m浇至109.5m，26号坝段浇筑两层，从高程101.38m浇至105.45m。11号~13号坝段尾墩混凝土加高全部完成，共浇筑混凝土12仓。

（二）穿黄工程

穿黄工程（见图15、图16）2005年9月开工建设，总投资31.4亿元，截至2005年底，累计下达投资计划7亿元，累计完成投资0.6亿元，占工程总投资的2%。累计完成土石方5万m^3。

图15　孤柏嘴控导工程施工现场

施工供电及生活营地建设土建部分已完工；降水试验已经完成，完成50m深抽水井钻井23眼、35m深观测井钻井38眼；完成北岸竖井平台填筑；Ⅱ－A标北岸竖井平台深层搅拌桩已完工，共成桩175组，累计长度7975m；自凝灰浆墙混凝土导墙已经完成，地连墙混凝土导墙正在施工。混凝土拌和系统基础正在施工。竖井地连墙和自凝灰浆墙造孔设备液压洗槽机已完成现场组装。Ⅱ－B标完成北岸竖井平台深层搅拌桩完成126组，累计长度为6000m，丹河砂石料加工系统土建部分已完成。

图16　具备通车条件的北岸3号进场公路

（三）古运河枢纽工程

古运河枢纽工程（见图17）2005年6月开工建设，总投资1.8亿元，截至2005年底，累计下达投资计划0.6亿元，累计完成投资0.3亿元，占工程总投资的14%。累计完成土石方23万m^3，完成混凝土浇筑1万m^3。

图17　古运河枢纽工程

工程正在进行暗渠混凝土浇筑施工，目前暗涵9个管节段的底板混凝土及侧墙混凝土、进口闸室底板混凝土已经浇筑完成，1号顶拱浇筑完成。

（四）滹沱河倒虹吸工程

滹沱河倒虹吸工程（见图18）2003年12月开工建设，总投资5.5亿元，截至2005年底，累计下达投资计划5.1亿元，累计完成投资3.1亿元，占工程总投资的57%。累计完成土石方489万m^3，完成混凝土浇筑21万m^3。

图18　滹沱河倒虹吸工程

倒虹吸2043m管身水平段已经全部完成，同时进口闸和退水闸闸墩以下部位混凝土、进口渐变段4号挡墙及部分导流堤防冲墙及出口渐变段1号~6号挡墙混凝土浇筑完成。

（五）唐河倒虹吸工程

唐河倒虹吸工程（见图19）2004年9月开工建设，总投资2.2亿元，截至2005年底，累计下达投资计划1.5亿元，累计完成投资0.9亿元，占工程总投资的42%。累计完成土石方189万m^3，完成混凝土浇筑7万m^3。

图19　唐河倒虹吸土方回填

已经完成倒虹吸管身段混凝土浇筑47节（313+245~314+155），完成管身段（313+485~314+125）的土方回填，已完成进出口防冲墙的施工，目前正在进行管身段土方回填工作。

（六）漕河渡槽段工程

漕河渡槽段工程（见图20、图21）包括吴庄隧洞、漕河渡槽、岗头隧洞等工程，2005年6月开工建设，总投资8.8亿元，截至2005年底，累计下达投资计划2.6亿元，累计完成投资1.2亿元，占工程总投资的14%。累计完成土石方211万m^3，完成混凝土浇筑5万m^3。

图20　渡槽试验跨建设

吴庄隧洞进口段土石方开挖正在施工，出口段土石方开挖全部完成，洞脸及锁口支护基本完成，洞身段开挖进尺总计807m；土渠有三段约700m基本挖填成型，大楼西沟和大楼西南沟排水涵洞的洞身混凝土全部浇筑完成。渡槽的600根灌注桩已完成529根；19个扩大基础中已开挖完成12个，2个正在开挖施工中；76个承台混凝土浇筑完成26个；77个墩身混凝土浇筑完成3个，7个正在浇筑；试验跨槽身混凝土浇筑及预应力钢绞线张拉全部完成；240m 落地槽基础开挖全部完成，并进行了部分碎石回填。退水闸开挖全部完成；石渠段开挖基本完成。岗头隧洞进出口段开挖、洞脸锚喷支护等基本完成，洞身段开挖进尺总计 918m。

图 21　吴庄隧洞开挖施工

（七）釜山隧洞工程

釜山隧洞工程（见图 22）2004 年 9 月开工建设，总投资 2 亿元，截至 2005 年底，累计下达投资计划 1.4 亿元，累计完成投资 0.5 亿元，占工程总投资的 27%。累计完成土石方 60 万 m^3，完成混凝土浇筑 1 万 m^3。

图 22　釜山隧洞出口段

工程 1 号洞洞挖完成 1595m，占总量的 64%，锚喷支护完成 1505m，占总量的 60%；2 号洞洞挖完成 1648m，占总量的 66%。锚喷支护完成 1567m，占总量的 63%。

（八）永定河倒虹吸工程

永定河倒虹吸工程 2003 年 12 月开工建设，总投资 2.9 亿元，截至 2005 年底，投资计划全部下达，累计完成投资 2.5 亿元，占工程总投资的 87%。累计完成土石方 247 万 m^3，完成混凝土浇筑 13 万 m^3。截至 12 月底，工程主体工程已经完工。

（九）北京西四环暗涵工程

西四环暗涵工程（见图 23）2005 年 5 月开工建设，总投资 11 亿元，截至 2005 年底，累计下达投资计划 3 亿元，累计完成投资 1.8 亿元，占工程总投资的 16%。累计完成土石方 14 万 m^3，完成混凝土浇筑 3 万 m^3。

图 23　主洞施工断面

西四环暗涵工程现已开工的八个标段共有施工竖井 13 个，已累计完成主洞开挖 4746m。

（周曰农）

在建工程投资计划统计表

南水北调东、中线一期在建设计单元项目投资情况表

截至 2005 年底　　　　亿元

序号	工程名称	在建设计单元工程总投资	累计安排投资计划	累计完成投资	投资完成占总投资的比例	2005 年完成投资
	总计	132.38	59.02	37.96	29%	18.31
一	东线一期工程	42.46	28.89	23.43	55%	6.96

续表

序号	工程名称	在建设计单元工程总投资	累计安排投资计划	累计完成投资	投资完成占总投资的比例	2005 年完成投资
1	三阳河、潼河、宝应站工程	9.18	9.18	8.29	90%	1.06
2	济平干渠工程	13.06	12.06	11.36	87%	2.36
3	刘山泵站工程	2.41	0.7	0.82	34%	0.82
4	解台泵站工程	1.88	0.6	0.83	44%	0.78
5	韩庄、万年闸泵站工程	4.79	1.6	0.36	7%	0.16
6	长江至骆马湖（2003 年度）工程	9.32	3.95	1.60	17%	1.60
7	蔺家坝泵站工程	1.81	0.8	0.18	10%	0.18
二	中线一期工程	89.93	30.13	14.53	16%	11.35
8	滹沱河倒虹吸工程	5.47	5.1	3.10	57%	1.35
9	永定河倒虹吸工程	2.92	2.9	2.54	87%	0.63
10	唐河倒虹吸工程	2.21	1.5	0.92	42%	1.15
11	釜山隧洞工程	2.02	1.4	0.54	27%	0.80
12	漕河渡槽段工程	8.84	2.6	1.21	14%	1.21
13	西四环暗涵工程	11.00	3.0	1.77	16%	1.77
14	古运河枢纽工程	1.85	0.6	0.26	14%	0.24
15	丹江口大坝加高工程	24.25	6.0	3.60	15%	3.60
16	穿黄工程	31.37	7.0	0.60	2%	0.60

（国务院南水北调办投资计划司）

南水北调东、中线一期在建设计单元项目完成工程量表

截至 2005 年底

万 m^3

序号	工程名称	总土石方量	累计完成土石方量	土石方完成比例	累计完成混凝土量	备注
	总计	10645	6116	57%	101	
一	东线一期工程	6145	4704	77%	47	
1	三阳河、潼河、宝应站工程	2716	2716	100%	13.4	2001.12.27 开工 建设工期 36 个月
2	济平干渠工程	1550	1529	99%	28.2	2002.12.27 开工 建设工期 30 个月
3	刘山泵站工程	200	146	73%	1.0	2004.10.24 开工 建设工期 30 个月
4	解台泵站工程	177	91	78%	2.1	2004.10.24 开工 建设工期 24 个月
5	韩庄、万年闸泵站工程	343	92	27%	1.3	2004.11.18 开工 建设工期 30 个月
6	长江至骆马湖 2003 年度工程	1078	125	12%	0.7	2005.10.28 开工 建设工期 27 个月

续表

序号	工程名称	总土石方量	累计完成土石方量	土石方完成比例	累计完成混凝土量	备注
7	蔺家坝泵站工程	142	5	0%	0.0	2005.11 开工 建设工期 28 个月
二	中线一期工程	4500	1412	31%	54	
8	滹沱河倒虹吸工程	604	489	81%	20.9	2003.12.30 开工 建设工期 34 个月
9	永定河倒虹吸工程	251	247	98%	13.2	2003.12.30 开工 建设工期 25 个月
10	唐河倒虹吸工程	248	189	76%	7.4	2004.9.1 开工 建设工期 24 个月
11	釜山隧洞工程	73	60	83%	0.9	2004.9.1 开工 建设工期 35 个月
12	漕河渡槽段工程	306	211	69%	4.8	2005.6.7 开工 建设工期 36 个月
13	西四环暗涵工程	104	14	13%	3.0	2005.5.28 开工 建设工期 32 个月
14	古运河枢纽工程	136	23	17%	1.4	2005.6.20 开工 建设工期 23 个月
15	丹江口大坝加高工程	620	175	28%	2.9	2005.9.26 开工 建设工期 60 个月
16	穿黄工程	2158	5	0%	0.0	2005.9.10 开工 建设工期 55 个月

（国务院南水北调办投资计划司）

南水北调工程初步设计工作投资情况表

截至 2005 年　　　　万元

序号	单项工程名称	累计安排投资计划	累计完成投资计划	2005 年安排投资计划
	总计	20000	10163	20000
一	东线一期工程	6600	3540	6600
1	长江至骆马湖段其他工程	2800	540	2800
2	江苏省境内截污导流工程	300	0	300
3	江苏段工程管理信息系统	200	0	200
4	南四湖至东平湖段工程	500	500	500
5	胶东输水干线西段济南至引黄济青段工程	1100	1000	1100
6	鲁北段输水工程	700	700	700
7	东平湖蓄水影响处理工程	300	300	300
8	山东省境内截污导流工程	500	500	500
9	山东段工程管理信息系统	200	0	200

续表

序号	单项工程名称	累计安排投资计划	累计完成投资计划	2005年安排投资计划
二	中线一期工程	12900	6623	12900
1	中线水源工程通信调度专项	200	0	200
2	穿漳河工程	300	0	300
3	漳河北至石家庄段工程	900	500	900
4	黄河北至漳河南段工程	900	2500	900
5	沙河南至黄河南段工程	2000		2000
6	天津干渠工程	2500	2000	2500
7	陶岔渠首至沙河南段工程	2000	0	2000
8	陶岔渠首工程	300	0	300
9	干线工程通信调度管理专项	1800	373	1800
10	兴隆水利枢纽工程	1100	700	1100
11	引江济汉工程	700	550	700
12	汉江中下游治理部分闸站改造工程	100	0	100
13	汉江中下游治理局部航道整治工程	100	0	100
三	总体设计	500	0	500
1	建筑与环境总体方案设计	500	0	500

注 此表南水北调工程初步设计投资专指由国务院南水北调办下达的初步设计工作投资计划。

（国务院南水北调办投资计划司）

拾 大事记

MAJOR EVENTS

一　月

1日　《南水北调工程基金筹集和使用管理办法》开始施行。

4日　山东省人民政府召开第39次常务会议，研究部署进一步加强南四湖、东平湖及省辖淮河、小清河流域水污染防治工作，确定实施“两湖一河”碧水行动计划。

6日　国家发展改革委审查通过《南水北调东线工程江苏段控制单元治污实施方案》。

17日　全国人大环资委对山东省南水北调工程水污染防治情况进行专题调研。

20日　国务院南水北调办组织召开《南水北调东线一期工程水泵采购、监造、安装、验收指导意见（送审稿）》专家审查会。

25～26日　国务院南水北调办主任张基尧、副主任宁远率队赴河北省考察南水北调中线干线工程。

27日　国务院南水北调工程建设委员会印发《南水北调工程建设征地补偿和移民安置暂行办法》。

二　月

17日　水利部组织召开2005年南水北调工程前期工作会议。

21～24日　国务院南水北调办、国家发展改革委、财政部联合调研组赴天津、山东、江苏三省市对南水北调工程基金方案落实情况进行调研。

22～23日　水利部组织召开《南水北调中线一期工程总干渠冰期输水专题报告》审查会。

25～27日　水利部组织召开《南水北调中线一期工程穿漳工程段可行性研究报告》审查会。

三　月

1日　国家发展改革委、财政部联合颁布南水北调工程建设质量监督费收费标准。

1日　国务院南水北调工程建设委员会印发《关于南水北调工程建设中城市征地拆迁补偿有关问题的通知》。

2～3日　水利部组织召开《南水北调东线第一期工程淮阴三站泵站工程初步设计报告》审查会。

5日　水利部组织召开《南水北调中线一期沙河南至黄河南段工程水土保持方案报告书》审查会。

8日　北京市南水北调工程建设管理中心成立，受中线建管局委托负责对南水北调中线工程北京段工程的建设管理。

11日　国务院南水北调办组织召开《南水北调工程质量监督管理办法（报批稿）》专家审查会。

14日　国务院南水北调办主任张基尧，副主任李铁军、宁远会见湖北省省长罗清泉、副省长刘友凡一行，商谈南水北调工程有关问题。

18日　南水北调一期工程文物保护工作协调小组在北京召开第三次会议，国家发展改革委、水利部、国务院南水北调办和国家文物局有关负责同志参加。

29日　南水北调东线、中线一期主体工程银团贷款合同签订。

四　月

4日　国务院南水北调工程建设委员会印发《关于南水北调工程建设征地有关税费计列问题的通知》。

5日　南水北调征地移民工作会议在北京召开。

7日　河南省人民政府办公厅印发《河南

省南水北调工程基金（资金）筹集和使用管理实施办法》。

8日　河北省召开全省南水北调工作会议。

13日　河南省人民政府召开南水北调中线工程豫北段移民规划会。

14日　国务院南水北调办、公安部联合发出《关于严厉打击和防范不法分子假借南水北调工程名义进行诈骗活动的通知》。

18日　湖北省人民政府办公厅下发《关于全面启动丹江口水利枢纽大坝加高工程坝区移民搬迁工作的通知》。

21日　水利部批准《南水北调中线一期穿黄工程初步设计报告》。

21～22日　国务院南水北调办在北京组织召开南水北调工程项目法人工作座谈会。

27日　《南水北调中线一期工程总干渠陶岔至黄河南段环境影响评价报告书》通过了水利部水利水电规划设计总院组织的技术评审。

29日　水利部批复《丹江口水利枢纽大坝加高工程初步设计报告》。

五　月

2～9日　国家文物局会同水利部、国务院南水北调办、全国政协教科文卫委员会组成调研组，对南水北调中、东线工程沿线文物保护工作情况进行专题调研。

8日　北京市人民政府办公厅印发《北京市南水北调工程基金筹集管理实施办法》。

10日　国家发展改革委、财政部联合印发《关于南水北调工程受水区对中央直属电厂用水征收水资源费有关问题的通知》。

10日　水利部批复南水北调东线第一期工程二级坝泵站工程初步设计和南水北调东线第一期工程南四湖水资源控制工程姚楼河闸、杨官屯河闸工程初步设计。

12日　国务院南水北调办对中线一期主体工程中采取委托制方式进行建设管理项目的部分行政监督管理工作，分别委托河南、河北、天津、北京等省（直辖市）南水北调办承担。

13日　国务院南水北调办印发《南水北调工程质量监督管理办法》。

16日　河北省人民政府印发《河北省南水北调干渠工程基金筹集和使用管理实施办法》。

18日　国务院南水北调办对东线山东、江苏境内工程的部分行政管理工作，分别委托山东省南水北调工程建设管理局、江苏省南水北调工程建设领导小组办公室承担。

28日　南水北调中线一期总干渠末端控制性工程——北京西四环暗涵工程开工建设。

30日　国家发展改革委批准《南水北调中线一期工程项目建议书》。

六　月

3日　南水北调工程北京段征地拆迁工作会召开。

6日　国土资源部和国务院南水北调办联合印发《关于南水北调工程建设用地有关问题的通知》。

8日　国务院南水北调办印发《南水北调工程建设征地补偿和移民安置资金管理办法（试行）》。

10日　国务院南水北调办主任张基尧会见了荷兰水利、交通与公共工程部代表团公共工程及水资源管理总司长凯茨先生一行。

10日　南水北调西线一期工程前期工作省部协商会议在成都召开。

13日　南水北调中线京石段应急供水工程漕河渡槽段工程开工建设。

14～19日　国务院南水北调办主任张基尧对南水北调湖北省境内工程进行考察。

16～21日　国务院南水北调办、财政部、建设部、水利部、国家环保总局等部门组成联合调研组，对南水北调东线工程江苏及山东段治污工作进行调研。

19～21日　国家环保总局副局长汪纪戎率财政部、建设部、水利部、国务院南水北调办等有关人员对南水北调东线治污工作进行调研。

20日　南水北调中线古运河枢纽主体工程正式开工。

22日　财政部和国务院南水北调办在北京联合召开南水北调工程基金工作座谈会，南水北调工程受水区6省市财政部门和南水北调办事机构基金工作负责同志参加了会议。

22～23日　国家发展改革委会同国务院南水北调办、建设部、水利部、国家环保总局等在烟台召开了南水北调东线工程山东段治污控制单元实施方案审查会。

26日　水利部组织开展引江济渭入黄方案专题调研活动。

七　月

7～27日　全国人大环境与资源委员会组织中华环保世纪行记者团，对南水北调中线丹江口水库及汉江上游和中线沿线有关省区进行采访报道。

8日　国务院南水北调办和水利部在京联合召开2005年南水北调工作协商会议。

12～15日　国务院南水北调办主任张基尧率团考察南水北调中线干线工程。

18日　南水北调东线山东干线银团贷款工作会议在济南召开，南水北调东线山东干线主体工程银团贷款正式启动。

20日　南水北调中线丹江口大坝加高工程施工合同签订。

25日　南水北调中线建管局与河北省南水北调办签订南水北调中线京石段应急供水工程（石家庄至北据马河段）征地补偿和移民安置工作协议。

26日　国务院南水北调办对中线汉江中下游治理工程建设的部分行政管理工作，委托湖北省南水北调办承担。

27日　国务院南水北调办与全国人大环资委在京联合召开中华环保世纪行南水北调中线座谈会。

八　月

1日　国务院南水北调办主任张基尧接受中央电视台中华环保世纪行南水北调中线采访团随行记者采访。

3日　国务院南水北调办印发《南水北调工程移民安置监测暂行办法》和《南水北调工程建设征地补偿和移民安置监理暂行办法》。

10日　水利部副部长矫勇一行考察了南水北调中线水源工程丹江口大坝加高建设工地。

17日　国务院南水北调办主任张基尧一行在北京市副市长牛有成的陪同下，视察了中线北京段工程。

17日　水利部批复南水北调东线第一期工程长江—骆马湖段（2003）年度工程江都站改造工程、淮安四站工程、淮安四站输水河道工程、淮阴三站工程初步设计。

18日　南水北调工程招标投标工作座谈会在京召开。

21日　国务院南水北调办和水利部共同召开2005年南水北调工程建设第二次协商会议。

九　月

1日　南水北调一期工程文物保护工作协调小组在北京召开第四次会议，国家发展改革委、水利部、国务院南水北调办和国家文物局有关负责同志参加。

7日　南水北调中线建管局与北京市南水北调办签订南水北调中线京石段应急供水工

程（北京段）征地、拆迁补偿工作协议。

9日　国务院南水北调办组织召开的“南水北调办新闻通气会”，张基尧出席并回答了人民日报、新华社、中央电视台等14家媒体记者的提问。

9日　安阳河倒虹吸“四通一平”工程开工建设。

9～26日　全国政协副主席张思卿率领由国家发展改革委、水利部、国务院南水北调办、国家文物局组成的联合调研组，对山东、江苏、湖北、河南四省进行专题调研。

12日　国务院南水北调办印发《南水北调工程建设质量监督费管理办法》。

13日　国务院南水北调办主任张基尧接受《新闻会客厅》节目《决策者说》栏目专访。

13日　国务院南水北调办印发《南水北调工程建设质量监督费管理办法》。

20号　中央机构编制委员会办公室批复成立南水北调工程设计管理中心。

24日　水利部在京组织专家对《南水北调中线一期工程可行性研究总报告》进行审查。

26日　南水北调中线水源地——丹江口水利枢纽加高工程开工建设。

27日　南水北调中线穿黄工程开工建设。

27日　国务院南水北调办主任张基尧做客“强国论坛”，就南水北调工程建设情况与广大网民实时交谈。

十　月

9日　南水北调东线一期工程宝应站试运行成功。

10日　财政部会同国家发展改革委、国务院南水北调办研究提出受水区六省市基金年度征收方案并上报国务院。

18日　国务院副总理曾培炎、回良玉主持召开会议，审议《丹江口库区及上游水污染防治和水土保持规划》。

20日　国家发展改革委批复水利部《南水北调东线第一期工程项目建议书》。

21日　国家发展改革委审批通过《南水北调中线一期工程总干渠黄河北至漳河南段工程可行性研究报告》。

27日　国务院南水北调办召开南水北调中线京石段应急供水河北境内工程建设用地协调会，国务院南水北调办、国土资源部、河北省人民政府、河北省南水北调办、中线建管局等单位有关负责同志参加了会议。

28日　南水北调东线一期工程长江至骆马湖段（2003年度）工程淮安四站、淮阴三站工程开工建设。

29日　中共中央政治局委员、国务院副总理、国务院南水北调工程建设委员会副主任曾培炎视察南水北调东线工程。

十　一　月

1日　国务院南水北调东线治污工作现场会在山东济宁召开，中共中央政治局委员、国务院副总理、国务院南水北调工程建设委员会副主任曾培炎强调切实贯彻五中全会精神，坚持“三先三后”原则，把调水沿线打造成“清水走廊”、“绿色走廊”。

1日　国务院南水北调办组织召开《南水北调中线一期丹江口水利枢纽大坝加高工程施工技术规程（送审稿）》专家审查会。

8～12日　国务院南水北调工程建设委员会专家委员会组织专家组对南水北调中线干线一期工程进行质量检查。

11日　财政部印发《南水北调工程征地移民资金会计核算办法》。

11日　国家发展改革委会同建设部、水利部、国家环保总局、国务院南水北调办等在北京召开南水北调东线工程山东段治污控制单元实施方案第二次审查会，原则同意山东省编制的《南水北调东线工程山东段治污控制单元实施方案》。

12日 水利部组织召开《南水北调中线工程征地移民安置规划设计》复审会。

14日 国务院南水北调办经商国家文物局批复了南水北调东、中线一期工程2005年度控制性文物保护方案，下达项目专项资金5000万元。

14日 国务院南水北调办召开南水北调文物保护工作进展新闻媒体通气会，新华社、人民日报、中央电视台、中央人民广播电台、经济日报、中国日报等中央主要新闻媒体记者参加。

15～20日 水利部在京组织专家对南水北调东线一期工程可行性研究总报告、水土保持总体方案报告书审查会议及环境影响报告书进行审查。

16～21日 国务院南水北调办、国家发展改革委、监察部、建设部、水利部和国家环保总局六部委联合对南水北调东线治污工作阶段性目标完成情况进行考核检查。

16日 湖北省人民政府明确湖北省南水北调建管局为汉江中下游四项治理工程的项目法人。

22日 汉江梯级开发的重点工程崔家营航电枢纽工程开工。

23日 国务院南水北调办印发《关于进一步规范南水北调工程招标投标活动的意见》。

23日 水利部组织召开《南水北调西线第一、二期工程项目建议书阶段勘测设计任务书》审查会。

28日 国务院南水北调工程建设委员会专家委员会组织专家组对南水北调东线一期江苏境内工程进行质量检查。

十 二 月

1日 国务院南水北调办组织召开南水北调工程文物保护工作座谈会，国务院南水北调办、国家文物局、水利部等单位负责同志参加。

3日 陕西省十届人大常委会第22次会议通过《陕西汉江丹江流域水污染防治条例》。

7日 国务院南水北调办主任张基尧考察南水北调中线干线穿黄工程工地。

9日 南水北调中线干线建设管理局与南水北调石京段河北建设管理处签订“南水北调中线一期京石段应急供水工程（河北段）建设管理委托合同”。

22日 北京市编制完成《北京市南水北调配套工程总体规划》。

22日 南水北调东线一期工程江都站改造工程正式开工建设。

26日 南水北调东线台儿庄泵站工程全线开工建设。

28日 兴隆水利枢纽工程对外交通临时工程开工建设。

29日 国务院南水北调办组织召开南水北调工程建设安全生产管理工作会议，国务院南水北调办、国家安全生产监督管理总局、中国水利水电科学研究院、七省市南水北调办、各项目法人等单位负责同志参加。

31日 南水北调东线济平干渠工程试通水成功。

Contents

Editorial Explanation

Chapter One Important Event Records

Important Speech ······ 2

Speech by Vice-Premier Zeng Peiyan at the On-the-Spot Meeting of the ERP Pollution Control of the SNWDP of the State Council ······ 2

Speech by Zhang Jiyao, Minister in the Office of the SNWDP Construction Commission of the State Council, at the Working Conference on Land Requisition and Resettlement of the SNWDP ······ 5

Speech by Lu Xinshe, Vice Minister of the Ministry of Land and Resources, at the Working Conference on Land Requisition and Resettlement of the SNWDP ······ 14

Speech by Zhang Bai, Vice Minister of the State Administration of Cultural Heritage, at the Working Conference on Land Requisition and Resettlement of the SNWDP ······ 15

Speech by Zhang Jiyao, Minister in the Office of the SNWDP Construction Commission of the State Council, at the Symposium on the SNWDP Entity Units ······ 16

Institutional Innovation is a Guarantee for Better Constructing and Managing the SNWDP ...... by Zhang Jiyao, Minister in the Office of the SNWDP Construction Commission of the State Council ······ 28

Important Events ······ 35

Signing the Syndicated Loan Contract on the SNWDP Mainbody ······ 35

The Working Conference on Land Requisition and Resettlement of the SNWDP by the Office of the SNWDP Construction Commission of the State Council ······ 36

Circular Jointly Issued by the Office of the SNWDP Construction Commission of the State Council and the Ministry of Public Security on Cracking Down and Preventing From Defrauding Under the Guise of the SNWDP ······ 37

The Symposium on the SNWDP Entity Units was Held in Beijing ······ 38

Investigation Led by the State Administration of Cultural Heritage on Historical Relics Protection along the MRP and the ERP of the SNWDP ······ 38

The Member's Meeting of Shandong Provincial Headquarters of the SNWDP was Held ······ 39

"Engineering Quality Supervision Management Method on the SNWDP" Issued by the Office of the SNWDP Construction Commission of the State Council ······ 40

The Leaders in the Office of the SNWDP Construction Commission of the State Council Gave an Inspection Tour on the ERP Pollution Control …… 40
The Examination Meeting on Controlling Historical Relics Protection in the Phase-I of the SNWDP was Held in Beijing …… 40
The Buried Culvert Project Initiated in Beijing West Fourth Ring …… 41
Zhang Jiyao, Minister in the Office of the SNWDP Construction Commission of the State Council Led a Delegation for an Inspection Tour on the Phase-I of the MRP of the SNWDP …… 41
Printing, Distribution and Implementation for "the Fund Management Regulation (Trial) on Land Requisition Compensation and Resettlement of the SNWDP" …… 42
The Project of Hebei's the Cao River's Aqueduct Section Started in Beijing-Shijiazhuang Emergency Water Supply Project of the MRP …… 43
Investigation Led by Wang Jirong, Vice Minister in the State Administration of Environment Protection on Pollution Control in Jiangsu-Shandong Section along the ERP of the SNWDP …… 43
Starting the Syndicated Loan on Shandong Trunk's Mainbody of the ERP of the SNWDP …… 44
The Symposium on the MRP Jointly Convened by the Office of the SNWDP Construction Commission of the State Council and the Environment & Resources Commission of NPC …… 44
Printing and Distribution for "the Temporary Management Regulation on Land Requisition Compensation and Resettlement Supervision of the SNWDP" and "the Temporary Management Regulation on Resettlement Monitoring of the SNWDP" by the Office of the SNWDP Construction Commission of the State Council …… 45
Jiao Yong, Vice Minister in the Ministry of Water Resources, Gave an Inspection Tour on the Water Source Project in the MRP of the SNWDP …… 45
Zhang Jiyao, Minister in the Office of the SNWDP Construction Commission of the State Council, Gave an Inspection Tour on Beijing Section in the MRP …… 45
The Symposium on Tendering & Bidding for the SNWDP Held in Beijing …… 46
The Third and Fourth Sessions on Historic Relics Protection in the Phase-I of the SNWDP by the Coordination Group were Held in Beijing …… 46
The CPPCC Members Led by Zhang Siqing, Vice Chairman of the CPPCC, Visited Shandong, Jiangsu, Hubei and Henan Provinces for Investigating the SNWDP …… 47
The Experts Selected by MWR Examined the Feasibility Study General Report of the Phase-I in the MRP of the SNWDP in Beijing …… 47
The Starting of The Dam Heightening Project of the Danjiangkou Water Conservancy Project — the Water Source Project for the MRP of the SNWDP …… 48
The Starting of the Yellow River Crossing Project of the Phase-I in the MRP of the SNWDP …… 49

The Baoying Pump Station Project of the Phase-I in the ERP of the SNWDP has its Trial Operation ······ 50
Vice-Premiers Zeng Peiyan and Hui Liangyu Co-chaired the Meeting for Deliberating on " the Plan for Water Pollution Control and Soil Conservation in the Danjiangkou Reservoir Areas and Its Upstream" ······ 50
The Starting of the Yangtze River-Luoma Lake Project (2003) of the Phase-I in the ERP of the SNWDP ······ 51
Vice-Premiers Zeng Peiyan Inspected the ERP of the SNWDP ······ 51
The On-the-Spot Meeting of the ERP Pollution Control of the SNWDP of the State Council Held in Ji'ning ······ 52
Quality Checks were Carried out on the Phase-I in the MRP of the SNWDP by the Experts Chosen by the Expert Committee of the SNWDP Construction Commission of the State Council ······ 52
"The Implementation Scheme for Pollution Control of Shandong Section's Controlling Unit in ERP" was Approved ······ 53
Reply to "the Protection Scheme on Controlling Historic Relics in Phase-I of the ERP and the MRP of the SNWDP ······ 53
The Feasibility Study General Report of the Phase-I in the ERP of the SNWDP was Approved by MWR ······ 54
Experts Organized by Expert Committee of the SNWDP Construction Commission of the State Council, Gave the Quality Inspection in Jiangsu Province on the Phase-I in the ERP of the SNWDP ······ 55
Zhang Jiyao, Minister in the Office of the SNWDP Construction Commission of the State Council, Gave an Inspection Tour on the Yellow River Crossing Project in the MRP of the SNWDP ······ 55
Signing the First Formal Entrustment Contract on Construction and Management in the MRP of the SNWDP ······ 56
The Starting of the Jiangdu Station Upgrade Project of the Phase-I in ERP of the SNWDP ······ 57
The Working Conference on the Management of Project Construction Safety was Held In Beijing ······ 57
Jiping Main Canal Began to Pre-operate in ERP of the SNWDP ······ 58

Chapter Two Policies, Laws and Regulations · Important Files

Policies, Laws and Regulations 60

The SNWDP Construction Commission of the State Council 60

Temporary Regulations for Land Requisition and Resettlement of the SNWDP (Guo-diao-wei-fa No. 1, 2005) 60

National Development and Reform Commission 63

Regulations of Tendering & Bidding for Goods Procurement in Project Construction — No. 27 Decree Promulgated by National Development and Reform Commission, Ministry of Construction, Ministry of Construction, Ministry of Railways, Ministry of Communications, Ministry of Information Industry, Ministry of Water Resources, General Administration of Civil Aviation 63

The Ministry of Finance 70

Regulation of the Fund Accounting in Land Requisition and Resettlement of the SNWDP (Cai-kuai No. 19, 2005) 70

Office of the SNWDP Construction Commission of the State Council 84

Regulation for Letters-and-Calls of Office of the SNWDP Construction Commission of the State Council (Guo-diao-ban-zong No. 101, 2005) 84

Temporary Regulation for the Investment Plan Management in the Year 2005 of the SNWDP (Guo-diao-ban-tou-ji No. 38, 2005) 87

Temporary Regulation for the Investment Plan Management in the Preliminary Design of the SNWDP (Guo-diao-ban-tou-ji No. 41, 2005) 90

Regulation for the Fund Management in the Land Requisition Compensation and Resettlement of the SNWDP (Trial) (Guo-diao-ban-jing-cai No. 39, 2005) 91

Regulation for Quality Supervision Fee's Management of the SNWDP (Guo-diao-ban-jing-cai No. 78, 2005) 94

Regulation for Quality Supervision Management of the SNWDP (Guo-diao-ban-jing-guan No. 33, 2005). 96

Temporary Regulation for Monitoring the Land Requisition Compensation and Resettlement of the SNWDP (Guo-diao-ban-huan-yi No. 58, 2005) 99

Temporary Regulation for Monitoring & Evaluation of the Resettlement of the SNWDP (Guo-diao-ban-huan-yi No. 58, 2005) 100

Emergency Plan for the Extraordinary and Major Safety Accidents of the SNWDP (Guo-diao-ban-jian-guan No. 109, 2005) 101

Related Provinces (Municipalities) Along the SNWDP Routes 113

Beijing's Water Saving Regulation — No. 155 Decree by Beijing Municipality Government

…… 113
The Implementation Regulation for Fund Raising Management of SNWDP in Beijing (Jing-zheng-ban-fa No. 21, 2005) …… 117
Regulation for the Early-Stage Work Management of SNWDP in Tianjin (Jin-diao-shui-ban No. 26, 2005) …… 117
The Implementation Regulation for Fund Raising and Use Management of SNWDP in Hebei Province (Ji-zheng No. 41, 2005) …… 119
Temporary Regulation for the Land Requisition and Resettlement in MRP of SNWDP in Hebei Province (Ji-zheng No. 77, 2005) …… 120
The Implementation Regulation for Fund Raising and Use Management of SNWDP in Henan Province (Yu-zheng-ban No. 29, 2005) …… 126
Temporary Regulation for Protection of Historical Relics in MRP of SNWDP in Henan Province (Yu-wen-wu No. 165, 2005) …… 128
Regulation for the Fund Management in the Land Requisition Compensation and Resettlement of SNWDP in Henan Province (Trial) (Yu-yi-zong No. 69, 2005) …… 132
Regulation for the Resettlers' Fund Management in The Dam Heightening Project of the Danjiangkou Water Conservancy Project (E-zheng-ban-fa No. 45, 2005) …… 135
Water Pollution Control Rules in the River Basin of the Hanjiang and Danjiang of Shaanxi Province — No. 47 Announcement by the Standing Committee of Shaanxi Provincial People's Congress …… 137
The Project Entity Units of the SNWDP …… 141
Temporary Regulation for Tendering in Project Construction of Mid-Route Water Source Co. Ltd. of the South-to-North Water Transfer (Zhong-shui-yuan-ji No. 89, 2005) …… 141
Temporary Regulation for the Contract Management of Mid-Route Water Source Co. Ltd. of the South-to-North Water Transfer (Zhong-shui-yuan-ji No. 90, 2005) …… 142
Temporary Regulation for Project Construction Supervision of Mid-Route Water Source Co. Ltd. of the South-to-North Water Transfer (Zhong-shui-yuan-shen No. 113, 2005) …… 147
Regulation for Project Safety Production Management by the Construction and Administration Bureau of the Middle Route of the SNWDP (Trial) (Zhong-xian-ju-gong No. 1, 2005) …… 149
Regulation for Project Quality Management of the Trunk Project in the MRP of the SNWDP (Trial) (Zhong-xian-ju-gong No. 3, 2005) …… 173
Regulation for Project Construction Supervision of the Trunk Project in the MRP of the SNWDP (Trial) (Zhong-xian-ju-gong No. 5, 2005) …… 182
Regulation for Tendering & Bidding of the Construction Projects Directly under the Construction and Administration Bureau of the Middle Route of the SNWDP (Trial) (Zhong-xian-ju-zhao No. 17, 2005) …… 186

Important Files 192

The SNWDP Construction Commission of the State Council 192

Circular on Some Problems in Urban Land Requisition and Compensation of the SNWDP (Guo-diao-wei-fa No. 2, 2005) 192

Circular on Taxation Calculation in Land Requisition of the SNWDP (Guo-diao-wei-fa No. 3, 2005) 192

National Development and Reform Commission 193

Circular on Collection Standard for Quality Supervision Fee of the SNWDP by NDRC and the Ministry of Finance (Fa-gai-jia-ge No. 312,2005) 193

A Reply Letter to "Check Opinions on the Implementation Scheme for Pollution Control of the Jiangsu Section's Controlling Unit of the ERP of the SNWDP" (Fa-gai-di-qu No. 318, 2005) 193

Circular on Increase Compensation Budgetary Estimate for Land Requisition at 19 Single Projects Including the Sanyanghe, the Tong River and the Baoying Station in the Phase-I of the ERP and the MRP of the SNWDP (Fa-gai-tou-zi No. 520,2005) 194

Circular on Determination Preliminary Design Budgetary Estimate of the Yellow River Crossing Project of the Phase-I in the MRP of the SNWDP (Fa-gai-tou-zi No. 521, 2005) 194

Circular on Determination Preliminary Design Budgetary Estimate of The Dam Heightening Project of the Danjiangkou Water Conservancy Project (Fa-gai-tou-zi No. 687, 2005) 197

Circular on "Some Problems in Water Resources Fees Collection on the Power Plants Under Central Government by the Benefited Areas of the SNWDP" by NDRC and the Ministry of Finance (Fa-gai-jia-ge No. 787,2005) 200

Reply to the Project Proposals of the Phase-I in the MRP of the SNWDP (Fa-gai-nong-jing No. 922, 2005) 200

Request on Examining "the Plan for Water Pollution Control and Soil Conservation in the Danjiangkou Reservoir Areas and Its Upstream" (Fa-gai-di-qu No. 1187, 2005) 202

Reply to the Project Proposals of the Phase-I in the ERP of the SNWDP (Fa-gai-nong-jing No. 2108,2005) 202

Reply to the Feasibility Study Report of the Section from the Northern Part of the Yellow River to the Southern Part of the Zhang River of the Main Canal in the Phase-I in the MRP of the SNWDP (Fa-gai-nong-jing No. 2126,2005) 204

Circular on Determination the Budgetary Estimate of "the Protection Scheme on Controlling Historic Relics in Phase-I of the ERP and the MRP of the SNWDP

(Fa-gai-tou-zi No. 2138,2005) ······ 205

The Ministry of Finance ······ 208

A Reply Letter on Agreeing to Collect Quality Supervision Fee of the SNWDP by the Ministry of Finance and NDRC (Cai-zong No. 2,2005) ······ 208

The Ministry of Land and Resources ······ 208

Circular on Some Problems in Land Use of the SNWDP (Guo-tu-zi-fa No. 110, 2005) ······ 208

The Ministry of Water Resources ······ 211

Circular on Printing and Distribution for Hand-over of Preliminary Design Administration in the Phase-I in the MRP of the SNWDP (Ban-diao-shui No. 32, 2005) ······ 211

Circular on Resettlement Plan During the Preliminary Design Started Pre-Flood Season in 2005 of the SNWDP (Ban-shui-zong No. 60, 2005) ······ 216

Circular on Preparations for Examining the Integral Feasibility Study Report of the Phase-I in the MRP of the SNWDP (Ban-shui-zong No. 77, 2005) ······ 217

Reply to the Preliminary Design of the Yellow River Crossing in the Phase-I in the MRP of the SNWDP (Shui-zong No. 156, 2005) ······ 217

Reply to the Preliminary Design of The Dam Heightening Project of the Danjiangkou Water Conservancy Project (Shui-zong No. 168, 2005) ······ 227

Reply to the Preliminary Design of the Pump Station Project of the Second-Order Dam of the Phase-I in the ERP of the SNWDP (Shui-zong No. 178, 2005) ······ 239

Reply to the Preliminary Designs of the Yaolou River Sluice and the Yangguantun River Sluice of the Nansi Lake Water Resources Control Project of the Phase-I in the ERP of the SNWDP (Shui-zong No. 179, 2005) ······ 239

A Letter on Argumentation for Water Source Combination Scheme of the Phase-I and-II in the Proposal of the WRP of the SNWDP (Ban-shui-diao-han No. 296, 2005) ······ 240

Reply to the Preliminary Designs of the Jiangdu Upgrade, the Huai'an Fourth Station, Water Channel of the Huai'an Fourth Station and the Huaiyin Third Station Project in the Section from the Yangtze River to Luoma Lake, the Phase-I in the ERP of the SNWDP (Shui-zong No. 350, 2005) ······ 241

A Letter on Further Confirming Water Volume Transferred in the Phase-I in the MRP of the SNWDP (Shui-diao-han No. 445, 2005) ······ 243

The State Administration of Cultural Heritage ······ 244

Circular on Printing and Distribution for the Summary of the Second Meeting of Historical Relics Protection Coordination Group in the Phase-I of the SNWDP (Wen-wu-bao-fa No. 1, 2005) ······ 244

Circular on Printing and Distribution for the Summary of the Third Meeting of Historical Relics Protection Coordination Group in the Phase-I of the SNWDP (Wen-wu-bao-fa No. 9, 2005) ······ 245

Circular on Printing and Distribution for the Summary of the Fourth Meeting of Historical Relics Protection Coordination Group in the Phase-I of the SNWDP (Wen-wu-bao-han No. 1040, 2005) ······ 245

Office of the SNWDP Construction Commission of the State Council ······ 246

Circular on Speeding the Preparations Before the Phase-I of the ERP and the MRP of the SNWDP Starting, Further Improving the Construction of the SNWDP (Guo-diao-ban-tou-ji-han No. 74, 2005) ······ 246

Circular on the Specific Standard to Collect Quality Supervision Fee of the SNWDP (Guo-diao-ban-jing-cai No. 34, 2005) ······ 248

A Letter on Agreeing the Buried Culvert Project Initiated in Beijing West Fourth Ring of the Emergency Water Supply Project in Beijing-Shijiazhuang Section in the MRP of the SNWDP (Guo-diao-ban-jian-guan-han No. 46, 2005) ······ 249

A Letter on Agreeing the Cao River Project of the Emergency Water Supply Project in Beijing-Shijiazhuang Section in the MRP of the SNWDP Initiated (Guo-diao-ban-jian-guan-han No. 52, 2005) ······ 249

A Letter on Agreeing the Ancient Canal Project Initiated in the Beijing-Shijiazhuang Section in the MRP of the SNWDP (Guo-diao-ban-jian-guan-han No. 61, 2005) ······ 249

Opinion for Improving Scientific and Technological Management of the SNWDP by Office of the SNWDP Construction Commission of the State Council (Guo-diao-ban-jian-guan No. 80, 2005) ······ 249

Reply on Agreeing the Starting of The Dam Heightening Project of the Danjiangkou Water Conservancy Project in the MRP of the SNWDP (Guo-diao-ban-jian-guan No. 81, 2005) ······ 253

Reply on Agreeing the Starting of the Yellow River Crossing of the Phase-I in the MRP of the SNWDP (Guo-diao-ban-jian-guan No. 82, 2005) ······ 253

Reply on Agreeing the Starting of the Huaiyin Third Station and the Huai'an Fourth Station Project of the Phase-I in the ERP of the SNWDP (Guo-diao-ban-jian-guan No. 94, 2005) ······ 253

Reply on Agreeing the Starting of the Liushan Pump Station in the Section from the Luoma Lake to Nansi Lake of Jiangsu of the Phase-I in the ERP of the SNWDP (Guo-diao-ban-jian-guan No. 95, 2005) ······ 253

Opinion for Further Standardizing Bidding Activities of the SNWDP (Guo-diao-ban-jian-guan No. 103, 2005) ······ 254

Reply on the Related Problems Concerning a Joint Section's Construction and Management of the Emergency Water Supply Project in Beijing-Shijiazhuang Section of the MRP of the SNWDP (Guo-diao-ban-jian-guan No. 117, 2005) ······ 259

Reply to the Protection Scheme on Controlling Historic Relics in Phase-I of the ERP and the MRP of the SNWDP (Guo-diao-ban-huan-yi No. 97, 2005) ······ 259

Circular Jointly Issued by the Office of the SNWDP Construction Commission of the State Council and the Ministry of Public Security on Cracking Down and Preventing From Defrauding Under the Guise of the SNWDP (Guo-diao-ban-jian-du No. 24, 2005) …… 261

Related Provinces (Municipalities) Along the SNWDP Routes …… 262

Circular by the Office of the SNWDP Construction Commission of Beijing on Establishment of Beijing Quality Supervision Station for the SNWDP (Jing-diao-ban No. 74, 2005) …… 262

Circular by Tianjin Municipality Government on Strictly Control for Basic Construction Scale and Population Increase in Tianjin Trunk Requisition Areas of the SNWDP (Jin-zheng-fa No. 116, 2005) …… 263

Reply by Jiangsu Provincial Government on the Implementation Scheme for Pollution Control of Jiangsu Section's Controlling Unit in ERP (Su-zheng-fu No. 28, 2005) …… 263

Reply by the General Office of Shandong Provincial Government on Ascertaining the Working Institution for the Land Requisition Compensation and Resettlement of the SNWDP (Lu-zheng-ban-zi No. 3, 2005) …… 264

Letter by Shandong Provincial Government on Reporting for Pollution Control of Shandong Section in ERP of the SNWDP (Lu-zheng-zi No. 251, 2005) …… 264

Circular by Henan Provincial Dept. of Land and Resources on Land Use in the Construction (in Henan Section) of the SNWDP (Yu-guo-tu-zi-fa No. 98, 2005) …… 267

Printing and Distribution "Reply to Some Problems in the Project Entity Units in the Mid-and Lower Reaches of the Hanjiang River of the SNWDP by the General Office of Hubei Provincial Government (E-zheng-ban-han No. 126, 2005) …… 270

Chapter Three General Management

Overview …… 272

Outline …… 272

Progress of the Early-Stage Work of the Construction Projects in Advance Started …… 274

Technical Examination …… 274

Investing and Plan …… 275

Outline …… 275

Early-Stage Work …… 275

Management of Investment and Plan …… 278

Implementation of Key Projects and Infrastructure …… 278

Regulations Building …… 279

Situation of Project Investment. …… 279

Fund Raising and Use ································ 279

Outline ································ 279
Fund Raising ································ 280
Situation of the Fund ································ 281
Management of Using the Fund ································ 281
Information System Building for Economic Financial Management of the SNWDP ·········· 283
Economic Policy Research of the SNWDP ································ 283

Construction and Management ································ 284

Outline ································ 284
Situation of the Project ································ 284
Management of the Project and Construction ································ 284
Technical Management ································ 284
Regulations Building ································ 285
Quality Management ································ 285
Quality Supervision ································ 286
Safety Production ································ 286

Eco-Environment and Resettlement ································ 287

The Water Pollution Control of the ERP of the SNWDP ································ 287
Environment Protection and Eco-Environment Construction ································ 289
Progress of Early-Stage Work in Environment Evaluation and Soil & Water Conservation ································ 290
Project Land Use ································ 291
Land Requisition and Resettlement ································ 291
Study on Occurrence of Schistosomiasis induced by the ERP of the SNWDP and the Countermeasures ································ 293
System Building and Policy Research for Land Requisition and Resettlement ················ 293

Historical Relics Protection ································ 294

Outline ································ 294
Leaders from the State Council Attached great Importance to the Historical Relics Protection ································ 294
Progress of the Historical Relics Protection ································ 294
Coordination Meeting for the Historical Relics Protection ································ 295
Investigation Work ································ 295
Compilation and Examination of the Special Reports for the Historical Relics Protection ··· 296

Supervisal of the Project …… 296

Project Supervisal …… 296
Supervisal Work …… 296
Team Building for Supervisal …… 297
Regulations Building …… 297
Accusation and its Handling …… 297

Technical Consultation …… 298

The Work by the Expert Committee of the SNWDP Construction Commission of the State Council …… 298
The Consulting Symposium for Water Distribution in Freezing Period of the Phase-I in the MRP of the SNWDP …… 299
The Investigation by the Expert Committee to Prevent Concrete Alkaline Aggregate Reaction in Beijing and Hebei Sections …… 300
The Quality Examination by the Expert Committee on the Phase-I in the MRP of the SNWDP …… 302
The Quality Examination by the Expert Committee on the ERP of the SNWDP …… 302
The Technical Discussion by the Expert Committee on Applying the Technology of Large Admixture of Slag in Tianjin Trunk Project of the MRP of the SNWDP …… 303

International Cooperation and Exchange …… 304

Outline …… 304
Management of Foreign Affairs …… 304
Important Activities of Foreign Affairs …… 305
Project Training …… 306

Report …… 306

Outline …… 306
Media Reports …… 306
Information Work …… 308
Special Topics …… 309
Regulations Building …… 309
Reports from Beijing Municipality …… 309
Reports from Hebei Province …… 309
Reports from Henan Province …… 310
Reports from Hubei Province …… 310
Reports from JiangsuProvince …… 310

Reports from Shandong Province ······ 310
Reports from Mid-Route Water Source Co. , Ltd. of the South-to-North Water Transfer ··· 311
Reports from the Construction and Administration Bureau of the Middle Route of the SNWDP ······ 311

Chapter Four The Eastern Route Project of the SNWDP

Overview ······ 314

Jiangsu Section ······ 314
Outline ······ 314
Early-Stage Work ······ 314
The Arrangement and Situation of Investment ······ 315
Construction Management ······ 315
Science & Technology ······ 319
Land Requisition & Resettlement ······ 319
Environment & Historical Relics Protection ······ 320
Project Audit & Supervisal ······ 321

Shandong Section. ······ 321
Outline ······ 321
Early-Stage Work ······ 321
The Management of Investment and Plan ······ 322
Land Requisition ······ 322
Historical Relics Protection ······ 322
Scientific Innovation ······ 322
Pollution Control ······ 323

Early-Stage Work ······ 323
Project Proposal ······ 323
Feasibility Study on the Single Project ······ 323
Preliminary Design ······ 324
The Yellow River Crossing Project in ERP of the SNWDP ······ 325
The Projects Approved and Examined by The Ministry of Water Resources ······ 326

The Feasibility Study Report of the Phase-I of the ERP ······ 327
Report Compilation ······ 327
Main Achievements ······ 327

Main Work Contents ··· 328
Report Revise ··· 328
Report Examination ··· 328

Projects Being Built ··· 329

Sanyang River, Tong River, Baoying Pumping Station Project ··· 329
Progress of Project ··· 329
Luoma Lake-Nansi Lake Section Project of Jiangsu Province ··· 329
Outline ··· 329
Early-Stage Work ··· 330
Tendering & Bidding ··· 331
Progress of Project ··· 332
Yangtze River-Luoma Lake Section Project ··· 333
Outline ··· 333
Early-Stage Work ··· 333
Progress of Project ··· 336
Jiping Canal Project ··· 337
Outline ··· 337
Project Finished ··· 337
Project on-Site Management ··· 337
Project Quality Management ··· 337
Project Construction Supervision ··· 337
Safety Production ··· 337
Hanzhuang's Canal Section Project ··· 338
Outline ··· 338
Project Finished ··· 338
Project on-Site Management ··· 338
Project Quality Management ··· 338
Project Construction Supervision ··· 338
Safety Production ··· 339
Tendering & Bidding ··· 339

Water Pollution Control ··· 339

Outline ··· 339
Pollution Control of Jiangsu Section ··· 341
Pollution Control of Shandong Section ··· 342
Pollution Control Plan of Jiangsu Section ··· 345
The Examination of Scheme for Pollution Control of Shandong Section's Controlling Unit

…… 345
Progress of Pollution Control of Jiangsu Section …… 345
Artificial Wetland of Shandong Section …… 346
Water Quality of Jiangsu Section …… 348
Water Quality of Shandong Section …… 348

Newly Started Projects …… 348

Jiangdu Station Upgrade Project …… 348
Outline …… 348
Classification of Projects and Structures …… 349
The Third Station of Jiangdu Upgrade Project …… 349
The Fourth Station of Jiangdu Upgrade Project …… 352
Substation of Jiangdu Upgrade Project …… 354
West Sluice of Jiangdu Upgrade Project …… 355
The Dredging Project for River Diversion between West and East Sluices of Jiangdu …… 355
Ship Lock Expansion Project of Jiangdu …… 356

Huai'an Fourth Station Project …… 357
Outline …… 357
Classification of Projects and Structures …… 358
Project Overall Layout …… 358
Design of Structures …… 358
Hydro-Machinery …… 359
Electricians …… 359

Channel Project for Water Conveying in Huai'an Fourth Station …… 360
Outline …… 360
Channel Project Design …… 360
Design of Structures …… 361
Design of Influence Treatment …… 363

Huaiyin Third Station Project …… 365
Outline …… 365
Classification of Projects and Structures …… 366
Project Overall Layout …… 366
Design of Structures …… 367
Hydro-Machinery …… 368
Electricians …… 369
Auto-Control Scheme for the Pump Station …… 371
Design for Fire Fight …… 371

Chapter Five The Middle Route Project of the SNWDP

Overview ······ 374

Outline ······ 374
Trunk Project ······ 374
Water Source Project ······ 376

The Feasibility Study Report of the Phase-I of the MRP ······ 377

Report Compilation ······ 377
Main Achievements ······ 377
Main Work Contents ······ 378
The Feasibility Study Report Revise ······ 379
The Feasibility Study Report Examination ······ 379

Projects Being Built ······ 380

The Emergency Water Supply Project in Beijing-Shijiazhuang Section ······ 380
Outline ······ 380
The Buried Culvert Project of West Fourth Ring in Beijing ······ 380
The Yongding River Inverted Siphon Project ······ 382
The Buried Culvert Project from Huinan Zhuang to Da Ning and Lugou Qiao, Tuancheng Lake Free Channel ······ 383
The Fushan Tunnel Project ······ 384
The Cao River Section Project ······ 386
The Tang River Inverted Siphon Project ······ 387
The Hutuo River Inverted Siphon Project ······ 389
The Ancient Canal Project ······ 391

The Yellow River Crossing Project ······ 393

Outline ······ 393
Early-Stage Work ······ 394
Tendering & Bidding ······ 394
Progress of Project ······ 395
Construction & Management ······ 395
Project Supervision ······ 395
Construction Techniques ······ 395
Land Requisition and Resettlement ······ 396

The Dam Heightening Project of the Danjiangkou Water Conservancy Project ········ 396

Outline ········ 396

Early-Stage Work ········ 397

Tendering & Bidding ········ 398

Progress of Project's Construction ········ 399

Construction & Management ········ 400

Management of Investment Plan ········ 401

Project Supervision ········ 401

Construction Techniques ········ 403

Land Requisition and Resettlement ········ 404

Historical Relics Protection ········ 405

Land Requisition and Resettlement ········ 405

Annual Progress of Land Requisition and Resettlement in the Danjiangkou Reservoir ········ 405

Resettlement in Hubei Province ········ 406

Resettlement in Henan Province ········ 407

Resettlement in Hebei Province ········ 409

Resettlement in Beijing ········ 409

The Historical Relics Protection ········ 410

Outline ········ 410

Special Report for Protection of the Historical Relics and System Building ········ 410

Historical Relics Protection ········ 411

Water Source Protection in the MRP ········ 412

Water Quality Situation of the MRP ········ 412

Pollution Control ········ 412

Basin Eco-Environment Protection ········ 412

Environment Influence Evaluation of the MRP ········ 412

Standard Management for Water Environment ········ 413

Control Project in the Middle and Lower Reaches of the Hanjiang River in the MRP ········ 413

Outline ········ 413

Early-Stage Work ········ 415

Eco-Environment Protection ········ 415

Resettlement in the Xinglong Project ········ 415

The Historical Relics Protection in the Xinglong Project ········ 416

Newly Started Projects 416

The Yellow River Crossing Project 416
Project Objcctive and Scale 416
Project Layout and Structures 418
Construction Design 421
Project Land Use and Resettlement Plan 425
Environment Protection and Soil & Water Conservation 426
Project Investment 428
Hydrology 429
Engineering Geology 431
The Dam Heightening Project of the Danjiangkou Water Conservancy Project 432
Outline 432
Project Layout and Structures 433
Machine & Electrical Equipment, Metal Structure 438
Construction 441
Characteristics of the Project 443
Hydrology 448
Engineering Geology 449
The Buried Culvert Project of West Fourth Ring in Beijing 449
Project Objective and Scale 449
Project Layout and Main Structures 450
Machine & Electrical Equipment, Metal Structure 453
Project Land Use 454
Environment Protection 455
Soil & Water Conservation 455
Hydrology & Meteorology 455
Engineering Geology 456
The Cao River Section Project 457
Project Objective and Scale 457
Project Layout and Main Structures 457
Machine & Electrical Equipment, Metal Structure 460
Project Land Use 461
Environment Protection Design 462
Soil & Water Conservation Design 462
Hydrology & Meteorology 462
Engineering Geology 463
Characteristics of the Project 463

The Ancient Canal Project ······ 466
Project Objective and Scale ······ 466
Project Layout and Main Structures ······ 466
Metal Structure, Machine & Electrical Equipment ······ 470
Project Land Use ······ 471
Environment Protection ······ 472
Soil & Water Conservation ······ 472
Hydrology ······ 472
Engineering Geology ······ 474
Characteristics of the Project ······ 476

Chapter Six The Western Route Project of the SNWDP

Overview ······ 482
Outline ······ 482
Progress of the WRP ······ 482

The Key Research Projects ······ 484
Hydrology & Meteorology Analysis of the Phase-I of the WRP ······ 484
The Benefited Areas Plan of the Phase-I of the WRP (First Draft) ······ 484
Fund Raising of the Phase-I of the WRP (First Draft) ······ 485
Study on Dam Site for the Mainstream of the Yalongjiang in the Combination Scheme of the Phase-I and the Phase-II of the WRP ······ 485
Study on Diversion Type of the Make River in the Combination Scheme of the Phase-I and the Phase-II of the WRP ······ 485
Study on Free Flow and Pressure Flow in Long Tunnel Water Delivery ······ 485
Construction of Guarantee Base for the WRP Front ······ 486
Comprehensive Basic Database of the Phase-I of the WRP ······ 486
Study on Diversion the Yangtze River for the Wei River and the Yellow River (First Draft) ······ 486

Important Conferences ······ 487
Argumentation Symposium on Influence by Water Diversion of the Phase-I of the WRP ··· 487
Expert Consulting Meeting on the Diversion the Yangtze River for the Weihe and the Yellow River ······ 487
Seminar on Application Advancing Grubbers to Deep Buried and Long Tunnel Projects ··· 488

The Examination Meeting for the Proposal and Target of the Phase-I and the Phase-II of the WRP ········ 488

Chapter Seven The Matching Project

Beijing City ········ 490

The Early Stage Work ········ 490

Tianjin City ········ 490

Outline ········ 490

The Early Stage Work ········ 490

Hebei Province ········ 491

Outline ········ 491

The Early Stage Work ········ 491

Shandong Province ········ 492

Outline ········ 492

Henan Province ········ 493

The Early Stage Work ········ 493

Chapter Eight Team Building

Overview ········ 496

Outline ········ 496

Office of the SNWDP Construction Commission of the State Council ········ 496

Outline ········ 496

Centre for Design & Management of the SNWDP Founded ········ 496

Appointment and Removal ········ 497

Party System Building and Spiritual Civilization Construction ········ 497

Institutional Construction between the Party Members and the Masses ········ 502

Activities for Keeping Advanced of CPC's Members ········ 503

The Project Entity Units of the SNWDP ········ 507

Construction and Administration Bureau of the Middle Route of the SNWDP ········ 507

Mid-Route Water Source Co., Ltd. of the South-to North Water Transfer ······ 509
Jiangsu Water Source Co., Ltd. of the Eastern Route of the SNWDP ······ 509
Shandong Trunk Co., Ltd. in ERP ······ 511

SNWDP Construction Management Organization in Related Provinces (Municipalities) Along the SNWDP Routes ······ 512

Beijing City ······ 512
Tianjin City ······ 513
Hebei Province ······ 513
Jiangsu Province ······ 514
Shandong Province ······ 514
Henan Province ······ 515
Hubei Province ······ 515

Chapter Nine The Statistical Information

The Statistical Table for Capital Construction Investment of the Projects Being Built ······ 520

Outline ······ 520
Cumulate Investment and Situation of the Investment ······ 520
Investment and Its Situation of 2005 ······ 521
Progress of the Projects Being Built of the Phase-I of the ERP ······ 521
Progress of the Projects Being Built of the Phase-I of the MRP ······ 523

The Statistical Table for Investment Plan of the Projects Being Built ······ 525

Design Unit Investment Table of the Projects Being Built in the Phase-I of the ERP and the MRP ······ 525
Design Unit Table for Quantity Accomplishment of the Projects Being Built in the Phase-I of the ERP and the MRP ······ 526
Investment Table for the Preliminary Design of the SNWDP ······ 527

Chapter Ten Major Events

中铁十六局集团有限公司

董事长–刘汝臣

党委书记–侯向东

总经理–覃正标

中铁十六局集团有限公司系铁路工程、房屋建筑工程总承包特级，公路工程、市政公用工程、水利水电工程施工总承包一级，公路路面工程、建筑装修装饰工程、隧道工程施工专业承包一级，城市轨道交通工程专业承包和地质灾害防治工程施工甲级资质企业；拥有对外承包工程、对外劳务合作经营资质。集团公司共有职工14500多人，总资产42亿元，具有与施工生产能力相适应的各类机械设备1500台（套）。

集团公司坚持走人才兴企、科技强企之路，坚持“争第一、超常规”发展理念，企业生产经营、改革发展不断取得新成就，在国家重大工程项目施工中屡创佳绩。先后获得詹天佑土木工程大奖7项、鲁班奖8项，国家优质工程（银质）奖6项，省部级优质工程奖55项；4项施工技术获国家科技进步奖；在4项工程中创“中国企业新纪录”。自1998年起先后通过质量、环境、职工健康安全管理体系认证及其历次监督审核，被列入中国优秀企业数据库。集团公司曾荣获“全国先进施工企业”、“全国施工技术进步先进企业”、“全国施工企业管理优胜奖”、“全国行业质量示范企业”、“全国优秀施工企业”称号；3次荣获全国“安康杯”竞赛优胜企业，连续16年保持“全国思想政治工作优秀企业”称号。

集团公司下辖9个子公司，均在建筑领域保持着各自的施工优势强项。其中轨道交通工程建设有限公司以从事大跨度地铁车站及其区间隧道暗挖、盾构等地下工程施工而享誉建筑行业。具有市政工程施工总承包一级，房屋建筑工程施工总承包三级，地基与基础工程、隧道工程、起重设备安装工程专业承包一级，建筑防水工程专业承包二级、城市轨道交通工程专业承包资质。曾先后参建、承建了北京地铁西单、王府井车站，上海地铁江苏路车站，南京地铁张府园、新街口车站，广州地铁一、二号线工程以及深圳地铁盾构和西气东输穿越黄河工程施工。2005年起，又承担了南水北调穿越黄河盾构和穿越石太线、北京西四环暗涵以及pccp管道等四个标段工程施工。先后荣获鲁班奖1项，省部级优质工程奖2项，国家科技进步二等奖1项，并在西气东输穿黄工程和深圳地铁盾构工程施工中创2项“中国企业新纪录”。

北京地铁工程

广州地铁工程

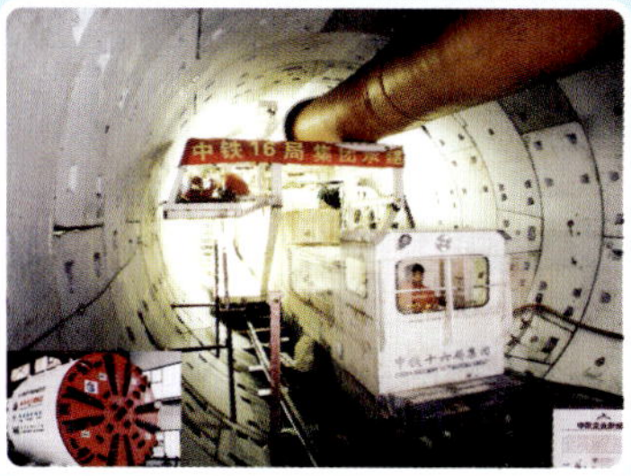

深圳地铁盾构工程

黄河盾构工程

中铁十六局集团有限公司

地址：北京市朝阳区红松园北里2号

电话：(010)84311177　　传真：(010)84313253

德国海瑞克股份公司

Herrenknecht AG

德国海瑞克股份公司是一家集设计，制造和销售各种隧道掘进设备于一体的企业。其产品适用于各种地质条件；种类涵盖土压平衡盾构机，泥水平衡式盾构机，复合式盾构机，硬岩护盾式掘进机，硬岩敞开式掘进机，微型盾构机，顶管及水平定向钻设备；规格范围从直径100毫米至15500毫米。德国海瑞克股份公司不断致力于高新技术的研发，其设备处于世界领先地位并保持着多项世界记录，包括世界上最大的土压平衡式盾构机之一（直径15.2米）；最大的泥水平衡式盾构机之一（直径15.44米）和世界上顶进距离最长的顶管项目之一（一次顶进距离2,535米）等。

德国海瑞克股份公司在世界范围内拥有强大的销售和服务网络，为世界范围的地铁隧道、公路隧道、铁路隧道、引水隧道、饮用水以及污水隧道和自来水管道隧道提供过掘进设备。自2000年，德国海瑞克股份公司开始进入中国大陆市场，已为地铁隧道、公路隧道、引水隧道、油气管线、污水管线等市政工程提供了70多台套设备。德国海瑞克股份公司与广大中国用户倾力合作，提供一整套的服务，从项目规划阶段中的地质和技术咨询，到项目实施阶段的现场及设备服务，以使用户达到理想施工效率。

业务范围

- 土压平衡式（EPB）盾构机
- 泥水平衡式盾构机
- 复合式盾构机
- 硬岩护盾式掘进机
- 硬岩敞开式掘进机
- 蜗形钻机
- 微型钻机（泥浆Slurry/EPB）
- 带盾构的TBM（隧道建筑机械）设备
- 两边带有切刀的立轴式挖掘设备
- 卧式（水平方向）钻机HDD
- 部分断面盾构机

服　务

海瑞克股份有限公司的服务包括在项目设计阶段向客户提供有针对性的咨询，提供后勤项目管理和与项目并行的培训等。通过与外部的服务提供商进行密切合作，以保证项目的顺利进行。

土压平衡盾构机

硬岩盾构机

混合盾构—elbe

参考业绩

- 世界范围的地铁隧道、公路隧道、铁路隧道、引水隧道、饮用水以及污水隧道和自来水管道隧道
- 广州、北京、南京、天津、成都、沈阳、上海和深圳地铁隧道
- 汉堡易北河隧道，泥水平衡式盾机，直径：14.2米
- 西班牙马德里隧道项目，土压平衡式（EPB）盾构机，直径：15.2米
- 全世界最大的上海双向六车道公路隧道项目，泥水平衡式盾机，直径：15.44米

认证情况

- EN ISO 9001

德国海瑞克股份公司总部

Schlehenweg 2

77963 Schwanau

Germany

电话：+49 7824/ 30 20

传真：+49 7824/ 3403

电子邮件：info@herrenknecht.de

公司网站：www.herrenknecht.de

德国海瑞克股份公司北京代表处

地址：北京市朝阳区建国路126号瑞赛大厦12B08室 100022

电话Tel：+86-10-6567 5088/0389/0390

传真Fax：+86-10-6567 6769

海瑞克（广州）隧道设备有限公司

地址：广州市保税区保盈大道41号 510760

电话Tel：+86-20-8220 9300/8221 0101

传真Fax：+86-20-8221 9020

广州海瑞克隧道机械有限公司

地址：广州市南沙开发区黄阁工业园 511455

电话Tel：+86-20-3497 0388

传真Fax：+86-20-3497 1918

海瑞克（上海）隧道设备有限公司

地址：上海市外高桥保税区芬辛路20号304室 200131

电话Tel：+86-21-5869 9006/9007/9008

传真Fax：+86-21-5869 9005

单撑靴装置

直径15.2米的土压平衡式盾构机

直径15.44米的泥水式平衡盾构机

隧道衬砌

硬岩检查工具

《中国南水北调工程建设年鉴 2006》编辑出版工作人员

终　　审　刘广峰　丁　雁

复　　审　丁　莉　杨伟国

责任编辑　姜　萍　谭学奇　赵　鹏　韩世韬

美术设计　王红柳

版式设计　张秋雁

责任校对　刘振英

出版印制　邹树群